引汉济渭工程技术丛书

秦岭输水隧洞工程

主编　董鹏　陈祖煜　刘赪　齐梦学　游金虎

中国水利水电出版社
www.waterpub.com.cn

·北京·

内 容 提 要

长距离隧洞工程在国民经济、社会效应、环境保护等领域发挥了重大的作用，其规划、设计与施工过程是多学科知识与技术的综合体现，能够在社会、经济、科技、制度等多方面体现出国家和地区的发展水平与技术能力，而引汉济渭秦岭输水隧洞工程正是我国长距离隧洞建设的杰出代表。

秦岭输水隧洞工程全长 98.3km，最大埋深 2012m，是人类首次横穿世界十大山脉之一的秦岭山脉，其深埋超长属世界第一，施工单机连续掘进 20km，同为世界之最。本书共 13 章，从规划、设计、施工、应急抢险等多个方面对工程进行记录与说明。其中，第 1 章主要从隧洞工程的建设背景、布局、技术特点等角度出发，对工程进行了整体性介绍；第 2~7 章分别从工程地质与水文地质、规划与选线、输水隧洞水力学设计、隧洞工程布局及设计、岩石隧洞 TBM 施工、岩石隧洞钻爆法施工等方面介绍了隧洞的设计施工过程；第 8~13 章从岩爆、突涌水、特硬岩、高地温与有害气体、破碎岩体与大变形、超长隧洞施工关键技术等方面专题介绍了施工过程中的关键技术难点与应对措施，尽可能还原工程建设的实际过程。

全书内容翔实，数据丰富，部分资料取材于工程技术报告，尚属首次公开，具有很高的学术价值及实践指导意义，可作为隧洞相关工程及技术人员的重要参考资料。

图书在版编目（CIP）数据

秦岭输水隧洞工程 / 董鹏等主编. -- 北京 : 中国水利水电出版社, 2024.5
（引汉济渭工程技术丛书）
ISBN 978-7-5226-1382-6

Ⅰ. ①秦… Ⅱ. ①董… Ⅲ. ①秦岭－水工隧洞－工程施工 Ⅳ. ①TV554

中国国家版本馆CIP数据核字(2024)第095539号

审图号：GS（2023）1984 号

书　　名	引汉济渭工程技术丛书 **秦岭输水隧洞工程** QIN LING SHUSHUI SUIDONG GONGCHENG
作　　者	主编　董鹏　陈祖煜　刘赪　齐梦学　游金虎
出版发行	中国水利水电出版社 （北京市海淀区玉渊潭南路1号D座　100038） 网址：www.waterpub.com.cn E-mail：sales@mwr.gov.cn 电话：（010）68545888（营销中心）
经　　售	北京科水图书销售有限公司 电话：（010）68545874、63202643 全国各地新华书店和相关出版物销售网点
排　　版	中国水利水电出版社微机排版中心
印　　刷	北京科信印刷有限公司
规　　格	184mm×260mm　16 开本　38.75 印张　949 千字
版　　次	2024 年 5 月第 1 版　2024 年 5 月第 1 次印刷
印　　数	0001—1800 册
定　　价	**368.00 元**

凡购买我社图书，如有缺页、倒页、脱页的，本社营销中心负责调换
版权所有·侵权必究

《引汉济渭工程技术丛书》
编辑委员会

主　任：董　鹏

副主任：田再强　田养军　王亚锋　张艳飞　徐国鑫
　　　　石亚龙

委　员：李晓峰　刘国平　杨振彪　刘福生　李厚峰
　　　　王智阳　宋晓峰　赵　力　井德刚　张鹏利
　　　　曹双利　杨　诚

《秦岭输水隧洞工程》编委会

顾　问：陈祖煜

主　编：董　鹏　陈祖煜　刘　赪　齐梦学
　　　　游金虎

副主编：石亚龙　张忠东　苏　岩　魏军政
　　　　李凌志　徐　海　李立民

编 写 人 员 名 单

章 题	编写人员
第1章　绪论	李凌志
第2章　工程地质与水文地质	李立民、齐国庆、王胜乐
第3章　规划与选线	董鹏、刘国平、曹双利
第4章　输水隧洞水力学设计	苏岩、宋晓峰、王智阳
第5章　隧洞工程布局及设计	魏军政、游金虎、吕二超、郑州
第6章　岩石隧洞 TBM 施工	游金虎、薛永庆、李晓峰、王振林
第7章　岩石隧洞钻爆法施工	吕二超、游金虎、王佐荣、王新
第8章　复杂工程地质条件与应对（一）：岩爆	苏岩、刘福生、游金虎、陶磊
第9章　复杂工程地质条件与应对（二）：突涌水	游金虎、王佐荣、齐国庆、李炎隆
第10章　复杂工程地质条件与应对（三）：特硬岩	游金虎、李晓峰、齐国庆、赵力
第11章　复杂工程地质条件与应对（四）：高地温与有害气体	薛永庆、王振林、肖瑜、石宁
第12章　复杂工程地质条件与应对（五）：破碎岩体与大变形	薛永庆、王振林、雷雨萌
第13章　超长隧洞施工关键技术	李凌志、游金虎、吕二超、刘国平、张野

总序一

引汉济渭工程的开工建设是陕西省的一件大事，也是中国水利史上的一件大事，在国家水资源战略布局中占有重要且不可替代的地位。引汉济渭工程是破解陕西省水资源短缺和时空分布不平衡，实现全省南北统筹、丰枯相济、多元保障的重大国家水资源战略工程，也是陕西有史以来投资规模最大、受益范围最广、供水量最大的跨流域调水工程。工程设计每年从汉江流域调水 15 亿 m^3 到渭河流域，通过水权置换，还可间接辐射陕北地区，为陕北能源化工基地争取黄河取水指标。工程的实施，既可补给关中、解渴陕北，又可调剂陕南，实现区域江、河、库、渠水系的联通、联控、联调，使水资源得到合理配置，达到关中可留水、陕北可引水、陕南可防水的战略目标。对于优化陕西省水资源配置，保障关中城市群、西安国家中心城市建设和国家能源安全，促进渭河流域生态保护和高质量发展具有重要的作用和意义。

引汉济渭工程穿越了中国南北地理分界线秦岭，连通了汉江流域和渭河流域，在长江和黄河之间新增了一条重要的连接通道。与引汉济渭工程相比，南水北调东、中线工程虽然极大地缓解了海河流域和淮河流域的水资源供需矛盾，但黄河流域由于其下游"地上河"的特点，无法利用到南水北调东、中线工程的"一滴水"。西线工程能够给黄河供水，但尚在论证中，即使未来通水了，依然无法解决黄河最大支流——渭河的供水问题，引汉济渭工程可有效补充南水北调工程对黄河中下游，特别是渭河流域的水资源保障，成为国家南水北调工程的重要补充。此外，引汉济渭受水区范围在关中平原，其退水进入渭河，再从潼关汇入黄河，退水的流程较南水北调东、中线工程长 500km 以上，其单方水的生态环境、输沙效用大大增加，潜在的重复利用次数也大大增加。引汉济渭工程因此也成为国家水资源战略布局和国家水网建设的重要一环，对建设南北调配、东西互济的国家水网格局，扭转东中西南北方发展不平衡问题，保障区域和国家水安全，具有重大的国家层面的战略意义，对促进黄河流域的生态保护和丝绸之路经济带起点高质量发展具有重要的支撑和保障作用。

本着建设千年工程的目标，我有幸从工程前期论证、勘察设计一直到工程建设都参与其中，先后四次到过引汉济渭工程所在地。早在2010年工程前期论证过程中，便牵头开展了《引汉济渭工程关键技术研究计划》，梳理出了工程建设过程中可能遇到的重大关键技术问题，尤其是首次从底部穿越世界十大山脉之一的秦岭，面临着一系列的世界级技术难题，如深埋超长隧洞精准贯通，超长距离施工通风，大埋深隧洞的高地应力、高地热、高耐磨性硬岩、软岩变形等带来的岩爆、高温、突涌水（泥）等一系列复杂的施工地质问题。其他还有高碾压混凝土拱坝温控问题；高扬程、大流量的泵站参数优化及机组整合问题；还需要解决与南水北调中线工程竞争用水的挑战，以及水文预报、工程调蓄、优化配置、运行调度等方面的极端难题，工程综合施工难度世界罕见。2016年第十八届中国科学技术协会年会期间，全国政协委员、水利部原副部长、中国水利学会理事长胡四一带队，我受邀牵头组织中国水利学会、中国水利水电科学研究院、南水北调工程建设委员会等单位的18位专家形成调研专家组，深入工程现场，开展了为期4天的"引汉济渭水资源优化配置保护及工程施工关键技术"专题调研，针对工程建设遇到的问题提出科学的建议和意见，专家组一致认为引汉济渭工程的管理与施工技术，都处于国内前端，引汉济渭公司以精准管理为抓手，通过科技创新应用，严控安全质量，加强环保水保，有力地促进了工程建设顺利开展。2016年，我还参与组建了引汉济渭公司"院士专家工作站"和"博士后科研工作站（创新基地）"。

引汉济渭公司高度重视工程建设过程中技术难题的攻关，依托"院士专家工作站"和"博士后科研工作站（创新基地）"等科研平台，引入国内一流科研单位和知名大学走产学研道路，组织科研、设计、施工、监理、咨询等单位，攻坚克难，形成了一批先进的技术成果，积累了丰富的施工管理经验，确保了工程安全顺利建设。引汉济渭工程在深埋超长隧洞等方面挑战了当前工程技术的极限，体现了人类智慧的伟大力量。引汉济渭工程以中国力量为主体兴建，体现了中华民族坚韧顽强的民族性格，就像昆仑——秦岭是中华大地的脊梁一样。

引汉济渭工程三河口水利枢纽已于2021年2月正式下闸蓄水，同年12月首台机组并网发电，98.3km的秦岭输水隧洞于2022年2月实现全线贯通。引汉济渭工程的建设者们，全面、系统地总结了工程勘察设计、工程建设管理以及科研攻关、信息化等新技术应用的成功经验，编写出版了这套技术丛书。引汉济渭工程的建设堪称跨流域调水工程的典范，这套丛书的出版，也必将为国家推进南水北调西线工程及其他引调水工程提供重要的借鉴和参考。

中国水利水电科学研究院
教授级高工、中国工程院院士

2022 年 3 月

总序二

在引汉济渭秦岭输水隧洞工程贯通之际，又欣闻《引汉济渭工程技术丛书》即将陆续出版，我内心充满期待。与引汉济渭工程结缘始于 2017 年初春的一次施工现场考察，我第一次进入秦岭输水隧洞，身处地面几百米以下，体验了高温高湿，切身感受到施工的艰难，更被隧洞施工面临的岩爆、涌水、超长距离通风等一系列地质灾害和技术难题所震撼。身为一名陕西人，我被这项造福三秦乃至全国的跨流域调水工程的魅力所吸引，此后，在与引汉济渭公司的多次合作交流过程中，深深被引汉济渭工程建设者的勇气和智慧所触动。引汉济渭工程建设者不仅在完成一项举世瞩目的工程，同时也将管理之美、科技之美、文化之美融入其中。

引汉济渭工程是可与都江堰、郑国渠、灵渠相媲美的，是非常了不起的现代调水工程，其建设有多项世界第一。工程点多线长面广，地质环境复杂，生态敏感性极强，多项技术超过现有规范。尤其是引汉济渭工程的"大动脉"——98.3km 的秦岭输水隧洞，是人类第一次穿越秦岭底部，最大埋深 2012m，具有高围岩强度、高石英含量、高温湿、强岩爆、强涌水、长距离独头施工的"三高两强一长"的突出特点，施工中既面临条件上的难度也存在技术上的瓶颈，为现场施工带来巨大的威胁和挑战。在超长距离隧洞施工中遇到岩爆、涌水、硬岩三种地质灾害中的任何一个都是非常困难的，秦岭输水隧洞 TBM 施工时多种地质灾害叠加发生，综合施工难度世界罕见。

引汉济渭公司高度重视并大力投入科研创新力量，这种决心令人敬佩。工程开建前公司顶层设计，瞄准难题深入攻关，汇聚优秀的科研团队和建设人才，在工程建设和管理方面应用科技和创新不断应对挑战，相关科研成果在工程建设中得到了成功应用，成效显著。如提出了超长隧洞 TBM 法和钻爆法新的施工通风成套技术体系，创造了钻爆法无轨运输施工通风距离 7.2km、TBM 法独头掘进施工通风距离 16.5km 的新纪录，还牵头编制并发布了陕西地方标准《水工隧洞施工通风技术规范》(DB61/T 1417—2021)；秦岭输水隧洞施工中遇到了 4000 余次岩爆事件，为现场施工带来巨大的安全威胁，为此，引汉济渭公司开展科研攻关，深入研究岩爆预测及防治技术，不仅做到了秦岭输水隧洞施工没有发生一般及以上安全生产事故的好成绩，其牵头完成的"引汉济渭隧洞施工岩爆预警与防治"成果还获得了第十二届中国岩石力学与工程学会科学技术进步一等奖。应该说，引汉济渭工程在坚持科技创新、攻克众多难题方面发挥了示范引领作用。

智能建造是未来工程建设的必然选择方向，三河口水利枢纽率先引入基于BIM技术的"1+10"智能建造监管系统，对大坝建设全过程的关键信息进行智能采集、统一集成、实时分析与智能监控，提高了整个枢纽区的数字化管理水平。无人驾驶碾压混凝土筑坝和摊铺技术首次使用在三河口水利枢纽和黄金峡水利枢纽工程上，实现水利工程建设的新四化：电气化、数字化、网络化、智能化，意义重大，该举措不仅保障了大坝的碾压施工质量，还为水利工程智能化施工开创了先河。

引汉济渭公司以打造智慧引汉济渭为目标，全面推进工程管理数字化、信息化、智能化，促进水利工程建设与现代信息化技术深度融合，从设计到施工实现智能化全过程覆盖，成为行业示范的支撑引领。此外，引汉济渭工程建设坚持全生命周期可持续发展，对于维护环境和谐、社会和谐、发展和谐、文化和谐毫不松懈，将工程建设、科学技术和人文艺术高度融合，为社会做出巨大贡献。引汉济渭工程为水利工程的建设积累了难能可贵的经验，必将载入水利建设史册。

为总结引汉济渭工程建设成果、分享引汉济渭工程建设经验，引汉济渭公司邀请中国科学院陈祖煜院士作为《引汉济渭工程技术丛书》总顾问，策划了《秦岭输水隧洞工程》《三河口水利枢纽》等分册，从多个维度全面展现工程建设中采用的新技术、新方法、新理念、新思维。编纂过程中，又汇聚了众多科研院所的力量，将工程问题进行了凝练和升华，使丛书具有较高的学术价值和推广应用价值，对今后南水北调工程乃至我国水利建设将具有很好的借鉴作用，对大中专院校师生、工程技术人员、科研人员也极有参考价值。

引汉济渭工程一期已经接近尾声，二期、三期工程相继开展，我为能对家乡这项惠民惠秦工程尽绵薄之力而有幸，为引汉济渭人建设这样的水利工程而感到骄傲，也为丛书的出版而欣喜。

清华大学教授、中国工程院院士 张建民

2022年3月

前 言

长距离隧洞工程的建设在国民经济、社会效应、环境保护等领域发挥了重大的作用，工程的规划、设计与施工，能够在社会、经济、科技、制度等多方面体现出国家和地区的发展水平与技术能力。随着我国基础建设能力的不断提升，长距离隧洞工程在水利、铁路、公路等行业不断涌现。截至2020年年底，已建成并投入运营的公路、铁路、地铁隧道里程分别达19630km、21999km、6281km，累计开工重大水利工程146项，在建投资规模超1万亿元。以引汉济渭秦岭输水隧洞、大伙房引水隧洞、引黄入晋输水隧洞等为代表的长距离隧洞工程施工建造，表明我国已由隧洞建设大国逐渐转变为隧洞建设强国，在制度、方法、技术及应急管理等领域基础上形成了较为成熟的施工体系。

长距离隧洞工程的设计与施工是多学科知识与技术的综合体现，过程伴随着工程规划、地层地质缺陷、开挖与掘进施工、隧洞通风、应急抢险等多种多样的问题，每一项都对工程的成败起着决定性的作用。为解决长距离隧洞工程中遇到的问题，众多来自不同行业不同学科的专家与学者展开了大量的试验与研究，可以说每一项长距离隧洞工程都像是人类工程史上的丰碑，足以载入人类文明发展的史册，而引汉济渭秦岭输水隧洞工程正是其中最为璀璨的明珠之一。

引汉济渭秦岭输水隧洞工程全长98.299km，最大埋深2012m，是人类第一次从底部横穿世界十大山脉之一的秦岭山脉，其深埋超长世界第一，施工单机连续掘进20km，同为世界最长。隧洞工程的总体布局、规划、实施难度空前，最大独头通风距离达14642m，最大贯通测量距离27.26km，国内外鲜有类似案例，同时高地应力、岩爆、高岩温、软岩变形、深层地下水等特殊地质问题也对工程提出了极大的挑战。本书共13章，从规划、设计、施工的角度对引汉济渭秦岭输水隧洞工程进行记录与说明，其中第1章为绪论，第2～7章为隧洞设计施工，第8～13章为工程所遇到的关键问题及技术措施，尽可能详尽地还原工程的实际建设过程。

秦岭输水隧洞工程的施工经验，是广大技术人员在实际中探索出来的宝贵财富，凝聚了他们的智慧、勇气、责任与担当。本书的编写历时多年，编撰者不断完善修改，尽最大努力收集文献资料，部分内容取材于相关技术简报与报告，当为首次与读者见面，实属珍贵。全书从设计施工到应急抢险进行了全面的陈述，内容翔实，资料丰富，具有很高的实用价值。在编写本书的过程中，受到了陕西省引汉济渭工程建设有限公司、中铁第一勘察设计院集团有限公司、中铁隧道局集团有限公司、中铁十八局集团有限公司、四川二滩国际监理有限公司、陕西大安工程建设监理有限责任公司、中国水利水电科学研究院、西安理工大学等单位的鼎力支持，在此表示衷心的感谢。

长距离隧洞工程面对的问题复杂多样，每个工程所面临的问题均有所不同，常需针对实际问题进行深入研究与探索，以保证工程建设的顺利开展，本书仅以引汉济渭秦岭输水隧洞工程为例，可供相关工程及技术人员参考使用。

由于编者认识水平的限制及部分工程资料的缺失，本书的研究深度与广度均有待拓展与完善，真诚地希望相关专家学者、技术人员及广大读者能够对本书提出批评指正意见，在讨论和研究过程中推进我国长距离隧洞工程建设水平，为我国的繁荣富强做出更大的贡献。

编者

2022 年 8 月

目 录

总序一
总序二
前言

第1章 绪论 ··· 1
  1.1 工程建设的背景及意义 ··· 1
    1.1.1 建设背景 ··· 1
    1.1.2 修建意义 ··· 3
  1.2 国内外典型隧洞工程 ·· 3
    1.2.1 深埋长隧洞工程 ··· 3
    1.2.2 隧道掘进机工程 ··· 5
  1.3 秦岭输水隧洞的特点 ·· 6
    1.3.1 工程的总体布局、规划、实施难度空前 ··· 6
    1.3.2 长距离施工通风难度世界罕见 ·· 6
    1.3.3 深层围岩特性的推断及判释相当困难 ·· 6
    1.3.4 TBM单机长距离连续掘进距离超长、施工难度大 ··· 6
    1.3.5 高地应力及岩爆、高岩温、软岩变形、深层地下水等地质问题突出 ···················· 7
    1.3.6 合理应对深层地下水对结构的影响难度巨大 ··· 7
    1.3.7 超长距离的贯通测量难度未见同例 ·· 7
  1.4 秦岭输水隧洞关键技术 ··· 8
    1.4.1 隧洞综合选线技术 ·· 8
    1.4.2 隧洞衬砌结构确定 ·· 8
    1.4.3 施工相关技术 ·· 9
  1.5 本书的结构和主要内容 ·· 13
  参考文献 ··· 14

第2章 工程地质与水文地质 ··· 16
  2.1 引言 ·· 16
  2.2 气象 ·· 19
  2.3 地震 ·· 19
  2.4 地层岩性 ·· 20

2.4.1	概述	20
2.4.2	第四系地层	22
2.4.3	变质岩	23
2.4.4	侵入岩	27

2.5 地质构造 · 28
 2.5.1 概述 · 28
 2.5.2 褶皱构造 · 28
 2.5.3 断裂构造 · 29
 2.5.4 推覆构造 · 32
2.6 水文地质 · 34
 2.6.1 概述 · 34
 2.6.2 地表水 · 36
 2.6.3 地下水 · 36
 2.6.4 水化学特征 · 37
2.7 围岩分类 · 37
2.8 隧洞围岩工程地质评价 · 54
 2.8.1 概述 · 54
 2.8.2 基本工程条件评价 · 54
 2.8.3 特殊工程地质问题 · 56
2.9 隧洞围岩岩石力学特性 · 58
 2.9.1 概述 · 58
 2.9.2 岩石物理力学特性 · 59
 2.9.3 岩石风化卸荷特征 · 62
 2.9.4 构造岩及构造岩综合探测结果 · 62
 2.9.5 岩体地应力测试结果及工程区构造应力场分析 · 63
2.10 本章小结 · 69
参考文献 · 69

第3章 规划与选线 · 70

3.1 引言 · 70
3.2 秦岭输水隧洞主要技术标准 · 71
3.3 隧洞洞线选择 · 72
 3.3.1 概述 · 72
 3.3.2 越岭段洞线研究 · 74
 3.3.3 黄三段洞线研究 · 84
 3.3.4 控制闸及交通洞比选 · 86
3.4 隧洞输水方式及进出口位置 · 90
3.5 隧洞断面选型与优化 · 91

3.5.1　隧洞断面型式选择 ··· 91
　　3.5.2　隧洞断面尺寸优化 ··· 92
　3.6　本章小结 ··· 96
　参考文献 ··· 96

第4章　输水隧洞水力学设计 ·· 98
　4.1　引言 ·· 98
　4.2　无压输水隧洞的水力学计算 ·· 98
　　4.2.1　水力计算和水面线计算的基本方法 ······································ 98
　　4.2.2　工程设计的相关问题 ··· 101
　4.3　洞身过流能力 ··· 103
　　4.3.1　计算相关参数 ·· 103
　　4.3.2　过流能力计算 ·· 104
　4.4　水流流态 ··· 106
　　4.4.1　隧洞水流流态的判断 ··· 106
　　4.4.2　控制室水流三维计算分析 ··· 107
　4.5　水面线计算 ·· 110
　　4.5.1　黄三段隧洞水面线计算 ·· 110
　　4.5.2　越岭段隧洞水面线计算 ·· 111
　4.6　原型观测设计 ··· 113
　　4.6.1　水面线监测 ··· 113
　　4.6.2　糙率的确定以及输水能力的复核 ·· 113
　4.7　本章小结 ··· 113
　参考文献 ··· 114

第5章　隧洞工程布局及设计 ·· 115
　5.1　引言 ·· 115
　5.2　隧洞混凝土衬砌结构设计基本理论和方法 ····································· 116
　　5.2.1　计算工况及荷载组合 ··· 116
　　5.2.2　结构计算程序及物理力学指标 ··· 117
　5.3　隧洞工程布局 ··· 119
　　5.3.1　工程总体布局 ·· 119
　　5.3.2　支洞的布置原则与布置条件 ·· 122
　　5.3.3　钻爆段施工支洞布置方案 ··· 122
　　5.3.4　岭脊TBM施工段支洞布置方案 ··· 123
　5.4　隧洞工程结构设计 ··· 125
　　5.4.1　洞门设计 ·· 125
　　5.4.2　横断面衬砌结构计算 ··· 126
　　5.4.3　钻爆法施工段支护参数 ·· 141

5.4.4 TBM 施工段支护参数 150
5.5 隧洞结构安全设计 158
  5.5.1 防排水设计 158
  5.5.2 灌浆设计 159
  5.5.3 检修洞设计 160
  5.5.4 补气口设计 161
5.6 隧洞安全监测设计 161
  5.6.1 设计原则 161
  5.6.2 监测项目与断面选择 161
  5.6.3 变形监测布置 164
  5.6.4 应力应变监测 167
  5.6.5 外水压力监测 168
  5.6.6 环境量监测 168
  5.6.7 监测站布置 168
5.7 仪器选型及技术指标 171
5.8 本章小结 172
参考文献 173

第6章 岩石隧洞 TBM 施工 174

6.1 引言 174
6.2 TBM 施工段的施工组织设计 174
  6.2.1 TBM 施工段施工布局 174
  6.2.2 TBM 段施工的总体筹划 176
  6.2.3 设备的现场调试 179
  6.2.4 进场计划与要求 180
6.3 TBM 设备选型 185
  6.3.1 TBM 掘进机发展进程 185
  6.3.2 岭南隧洞 TBM 设计参数 186
  6.3.3 岭北隧洞 TBM 设计参数 190
6.4 TBM 设备组装 194
  6.4.1 TBM 设备安装洞场地放置 194
  6.4.2 TBM 设备组装流程 195
  6.4.3 TBM 组装方案 196
  6.4.4 组装注意事项及刀盘焊接拼装 208
  6.4.5 TBM 调试 213
6.5 TBM 掘进施工 216
  6.5.1 掘进 216
  6.5.2 支护 224

6.5.3　出渣及运输 ·· 229
　　6.5.4　同步衬砌 ·· 233
　　6.5.5　灌浆 ··· 242
　　6.5.6　支洞施工排水 ·· 244
　　6.5.7　通风，防尘，施工供风、水、电 ·· 250
6.6　岩石掘进参数评价和优化 ·· 251
　　6.6.1　TBM 刀具磨损评估预测 ·· 251
　　6.6.2　TBM 滚刀磨损形式 ·· 252
　　6.6.3　TBM 滚刀磨损预测 ·· 253
　　6.6.4　刀具磨损预测分析 ··· 255
6.7　TBM 施工段施工情况 ·· 257
　　6.7.1　岭南工程 TBM 施工情况 ·· 257
　　6.7.2　岭北工程 TBM 施工情况 ·· 259
6.8　本章小结 ·· 263
参考文献 ··· 263

第7章　岩石隧洞钻爆法施工 ·· 265

7.1　引言 ·· 265
7.2　施工组织设计 ··· 265
　　7.2.1　施工方案说明 ·· 265
　　7.2.2　施工进度计划 ·· 267
　　7.2.3　主要建筑工程的施工程序和方法 ·· 268
7.3　爆破开挖 ·· 271
　　7.3.1　爆破开挖主要工序 ·· 271
　　7.3.2　不同围岩各工序耗时与进尺 ·· 272
　　7.3.3　不同围岩装药及钻爆设计 ··· 272
7.4　支护及出渣运输 ··· 275
　　7.4.1　主要工序 ·· 275
　　7.4.2　开挖台车与衬砌钢模台车 ··· 278
　　7.4.3　不同围岩各工序设计 ··· 279
　　7.4.4　出渣及运输 ··· 279
7.5　二次衬砌 ·· 282
　　7.5.1　工序及主要指标 ·· 282
　　7.5.2　养护及关键技术问题 ··· 283
7.6　灌浆及施工排水 ··· 283
　　7.6.1　灌浆施工 ·· 283
　　7.6.2　排水系统 ·· 284
　　7.6.3　施工问题及处理 ··· 286

 7.7 机械配套 ··· 290
 7.8 场地布置 ··· 293
 7.9 本章小结 ··· 294
 参考文献 ··· 295

第8章 复杂工程地质条件与应对（一）：岩爆 ··· 296
 8.1 引言 ··· 296
  8.1.1 岩爆 ··· 296
  8.1.2 国内外岩爆研究综述 ··· 301
  8.1.3 岩爆的主要研究方向 ··· 303
 8.2 岩爆分类及其特征 ··· 304
  8.2.1 岩爆的分类 ··· 304
  8.2.2 岩爆的等级 ··· 306
  8.2.3 岩爆的特征 ··· 307
 8.3 岩爆发生条件及其影响因素 ··· 309
  8.3.1 地层岩性条件 ··· 309
  8.3.2 应力条件 ··· 310
  8.3.3 岩爆与围岩应力的关系 ··· 312
  8.3.4 岩爆与洞室埋深的关系 ··· 313
  8.3.5 岩爆与洞面形状关系 ··· 314
  8.3.6 洞轴与最大主应力和施工方法的关系 ··· 315
 8.4 岩爆机理研究 ··· 315
  8.4.1 岩爆机制理论 ··· 315
  8.4.2 岩爆形成机制 ··· 317
  8.4.3 秦岭输水隧洞岩爆地质力学模式 ··· 319
 8.5 秦岭输水隧洞岩爆特征 ··· 322
 8.6 岩爆的预测预报 ··· 323
  8.6.1 地质调查分析法 ··· 323
  8.6.2 利用岩爆判据进行预测 ··· 324
  8.6.3 现场实测法 ··· 324
  8.6.4 岩爆监测预报方法 ··· 324
 8.7 岩爆预测的主要判据 ··· 325
  8.7.1 岩爆预测的主要判据方法 ··· 325
  8.7.2 岩爆判据图表表示法 ··· 326
  8.7.3 秦岭输水隧洞岩爆判据修正 ··· 329
 8.8 岩爆微震监测技术 ··· 330
  8.8.1 微震监测技术的发展历程 ··· 330
  8.8.2 微震监测技术的原理 ··· 330

8.8.3　微震监测技术的系统 ····· 332
　　8.8.4　微震风险预测方法 ····· 334
　　8.8.5　引汉济渭工程秦岭输水隧洞钻爆法洞段监测成果 ····· 339
　　8.8.6　引汉济渭工程秦岭输水隧洞岭南 TBM 洞段监测成果 ····· 340
　　8.8.7　引汉济渭工程秦岭输水隧洞岭北 TBM 施工段监测成果 ····· 342
　8.9　基于微震监测的岩爆人工智能预测预警研究 ····· 357
　　8.9.1　概述 ····· 357
　　8.9.2　人工智能方法介绍及基本原理 ····· 357
　　8.9.3　微震监测信号及岩爆台账数据库 ····· 359
　　8.9.4　基于卷积神经网络的岩爆预测 ····· 362
　8.10　岩爆的防治措施 ····· 367
　　8.10.1　岩爆灾害应急预案 ····· 367
　　8.10.2　岩爆灾害的综合治理措施 ····· 368
　　8.10.3　秦岭输水隧洞岩爆灾害的分级防治措施 ····· 369
　　8.10.4　岩爆治理实例 ····· 371
　8.11　本章小结 ····· 372
　参考文献 ····· 372

第9章　复杂工程地质条件与应对（二）：突涌水 ····· 375
　9.1　引言 ····· 375
　　9.1.1　突涌水灾害现象 ····· 375
　　9.1.2　突涌水理论研究 ····· 376
　9.2　秦岭输水隧洞地质条件及突涌水特征 ····· 379
　　9.2.1　地形地貌 ····· 379
　　9.2.2　地表水与地下水 ····· 379
　　9.2.3　地质构造条件 ····· 381
　　9.2.4　围岩赋水条件 ····· 382
　　9.2.5　典型地段的涌水过程与机理研究 ····· 383
　9.3　突涌水水量预测 ····· 386
　　9.3.1　常用预测方法 ····· 386
　　9.3.2　秦岭输水隧洞涌水量预测计算 ····· 387
　9.4　突涌水超前地质预报方法 ····· 389
　　9.4.1　常用超前地质预报方法 ····· 389
　　9.4.2　秦岭输水隧洞突涌水灾害超前地质预报技术 ····· 392
　9.5　突涌水防治措施 ····· 401
　　9.5.1　隧洞突涌水灾害应急预案 ····· 402
　　9.5.2　隧洞突涌水灾害治理措施 ····· 402
　　9.5.3　隧洞突涌水灾害治理工程实例 ····· 403

9.6 本章小结 ·· 409
参考文献 ··· 409

第10章 复杂工程地质条件与应对（三）：特硬岩 ································· 411

10.1 引言 ·· 411
10.2 TBM施工法研究现状 ··· 412
10.3 特硬岩理论与标准研究 ·· 413
 10.3.1 概述 ·· 413
 10.3.2 特硬岩划分指标 ·· 414
 10.3.3 特硬岩基本特性与工程案例 ·· 419
10.4 秦岭输水隧洞特硬岩特性分析 ··· 421
 10.4.1 特硬岩对秦岭输水隧洞工程的影响 ·· 421
 10.4.2 秦岭输水隧洞特硬岩特性检验 ·· 422
10.5 秦岭输水隧洞硬岩TBM掘进 ··· 427
 10.5.1 隧洞TBM施工情况 ··· 427
 10.5.2 室内破岩试验与TBM现场掘进数据对比 ································· 433
 10.5.3 TBM施工预测与现场掘进数据对比 ··· 433
 10.5.4 秦岭输水隧洞特硬岩施工应对措施 ·· 435
10.6 本章小结 ·· 436
参考文献 ··· 437

第11章 复杂工程地质条件与应对（四）：高地温与有害气体 ················· 441

11.1 引言 ·· 441
11.2 高地温 ··· 442
 11.2.1 地表浅部温度场划分 ··· 443
 11.2.2 洞内高温的热源与热害类型 ·· 443
 11.2.3 洞内高温环境的危害与评价指标 ··· 443
 11.2.4 秦岭输水隧洞地温预测方法 ·· 445
 11.2.5 热害防治措施 ··· 447
11.3 有害气体 ·· 449
 11.3.1 概述 ·· 449
 11.3.2 瓦斯隧道中常见有害气体 ··· 449
 11.3.3 引汉济渭工程秦岭输水隧洞有害气体 ······································ 450
 11.3.4 有害气体的危害与评价指标 ·· 451
 11.3.5 有害气体监测 ··· 453
 11.3.6 防治措施 ·· 456
11.4 本章小结 ·· 459
参考文献 ··· 459

第 12 章　复杂工程地质条件与应对（五）：破碎岩体与大变形 …… 461

12.1　引言 …… 461
12.2　岭北 TBM 施工段破碎岩体卡机历程 …… 462
12.2.1　卡机经过 …… 462
12.2.2　地质预报 …… 462
12.2.3　实施方案设计 …… 465
12.3　岭北 TBM 施工段破碎岩体卡机脱困处理 …… 468
12.3.1　护盾后方已施工段加固 …… 468
12.3.2　爬坡孔 …… 469
12.3.3　纵向小导洞 …… 469
12.3.4　横向导洞（管棚工作间） …… 470
12.3.5　反向管棚施工 …… 471
12.3.6　管棚工作间小里程端超前地质预报验证及掌子面处理 …… 473
12.3.7　管棚工作间至刀盘段处理 …… 474
12.3.8　护盾区域开挖与支护（K51+603.2～K51+597.6） …… 475
12.3.9　换拱 …… 476
12.3.10　TBM 缓慢掘进通过断层带 …… 477
12.3.11　二次衬砌 …… 478
12.3.12　围岩和支护钢拱架受力变形监测 …… 478
12.4　本章小结 …… 480
参考文献 …… 480

第 13 章　超长隧洞施工关键技术 …… 482

13.1　引言 …… 482
13.2　施工通风 …… 482
13.2.1　施工通风研究概述 …… 482
13.2.2　长距离隧洞施工通风控制标准 …… 488
13.2.3　长距离隧洞施工通风设备选型 …… 489
13.2.4　秦岭输水隧洞长距离施工通风方案 …… 503
13.2.5　秦岭输水隧洞长距离施工通风实施方法 …… 511
13.2.6　秦岭输水隧洞长距离 TBM 施工通风效果及环境自动监测 …… 517
13.3　超长隧洞测量设计 …… 518
13.3.1　概述 …… 518
13.3.2　洞外控制测量设计 …… 520
13.3.3　进洞联系测量方案 …… 531
13.3.4　洞内控制测量方案 …… 535
13.3.5　多源数据融合处理 …… 547
13.3.6　结论 …… 562

13.4 长距离运输 ·········· 564
　13.4.1 岭北 TBM 洞内运输设计 ·········· 564
　13.4.2 运输组织与调度 ·········· 565
　13.4.3 有轨运输设备配置 ·········· 566
13.5 TBM 动态施工组织设计 ·········· 567
　13.5.1 TBM 刀盘边块更换 ·········· 567
　13.5.2 TBM 主驱动故障处理 ·········· 570
参考文献 ·········· 573

附录 A 国内外典型 TBM 施工长隧洞工程 ·········· 575

A.1 兰州市水源地工程输水隧洞主洞 ·········· 575
　A.1.1 工程简介与地质概况 ·········· 575
　A.1.2 掘进过程 ·········· 575
A.2 台湾省新武界引水隧洞 ·········· 576
　A.2.1 工程简介与地质概况 ·········· 576
　A.2.2 掘进情况 ·········· 576
A.3 锦屏二级水电站 ·········· 577
　A.3.1 工程概况 ·········· 577
　A.3.2 基本施工情况 ·········· 577
　A.3.3 主要问题 ·········· 578
A.4 辽宁大伙房水库输水工程 ·········· 578
　A.4.1 工程概况 ·········· 578
　A.4.2 施工情况及典型问题 ·········· 579
A.5 南水北调中线一期穿黄隧洞 ·········· 579
　A.5.1 工程概况 ·········· 579
　A.5.2 施工遇到的主要典型问题 ·········· 580
A.6 天生桥二级水电站 ·········· 581
　A.6.1 工程概况 ·········· 581
　A.6.2 施工遇到的主要典型问题 ·········· 581
A.7 滇中引水工程 ·········· 582
　A.7.1 工程概况 ·········· 582
　A.7.2 典型问题 ·········· 583
A.8 挪威新斯瓦蒂森水电站引水隧洞 ·········· 584
　A.8.1 工程简介与地质概况 ·········· 584
　A.8.2 TBM 参数 ·········· 584
　A.8.3 掘进效果 ·········· 584
A.9 加拿大尼亚加拉引水隧洞 ·········· 586
　A.9.1 工程概况与地质条件 ·········· 586

A.9.2　TBM 参数 ··· 586
　　A.9.3　掘进情况 ··· 587
A.10　南非莱索托高原水利工程 ··· 587
　　A.10.1　工程概况 ·· 587
　　A.10.2　IA 期工程隧洞建设介绍 ··· 588
　　A.10.3　IB 期工程隧洞建设介绍 ··· 590
A.11　巴基斯坦尼拉姆-吉拉姆（N-J）水电站工程 ······························ 591
　　A.11.1　工程概况 ·· 591
　　A.11.2　引水隧洞典型问题 ··· 591
A.12　厄瓜多尔 CCS 水电站 ·· 592
　　A.12.1　工程概况 ·· 592
　　A.12.2　典型问题 ·· 593
参考文献 ··· 593

第1章 绪 论

1.1 工程建设的背景及意义

1.1.1 建设背景

秦岭位于北纬 32°~34°，介于关中平原和南面的汉江谷地之间，是我国南北地理的分界线，也是长江流域和黄河流域的分水岭。自西向东绵延 1500km 的秦岭山脉将西北大地分成了气候和经济发展具有显著差异的南北方。秦岭以南的汉江谷地属亚热带气候，雨量充沛；以北的关中平原则属暖温带气候，降雨量相对偏少。

关中平原现有五个大中型城市，包括西安、咸阳、宝鸡、渭南以及铜川，周边还聚集了阎良航空城以及众多小型城市，加上杨凌农业高新技术产业示范区，已被列为全国重点建设的八大城市群、九大经济区以及四大装备制造业基地之一。目前，关中地区利用基础设施改造升级，已形成一个集装备制造业、航空航天和现代农业于一体的重点经济区。

然而，关中地区缺水严重，水资源利用难以摆脱地下水超采、生态水难保障、农业用水短缺的窘境。近年来，水资源供求失衡的情况变得愈发突出，地下水超采面积高达 595km^2，年失灌面积达到 400 万亩，生态环境进一步恶化。水资源的过度开发利用，导致渭河水系干支流多次出现断流现象。同时，随着水污染现象愈发严重，生态环境问题日益严峻，水资源已然成为制约当地社会经济的主要问题之一。

20 世纪 80 年代起，陕西省水利厅、汉江流域和渭河流域主要管理机构等多家相关单位先后对比论证了多项跨区域调水方案，包括南水北调西线工程、黄河古贤水库、引洮入渭工程，以及省内的引汉济渭工程等，在分析各种措施的可能性和现实性后，经多年研究，认为在保证节水、治污、用好当地水等基本前提下，还必须从区外调水，才能缓解关中地区严重缺水局面，满足今后经济社会发展需要。当前，只有引汉济渭工程才是解决关中地区缺水，缓解水环境问题最现实、最有效的途径。

为了支撑与保障关中地区经济、社会可持续发展，优化水资源配置，改善区域生态环境，1999 年，国务院批复了《渭河流域重点治理规划》（国发〔1999〕12 号），规划提出实施引汉济渭工程。

引汉济渭工程是由国家发展改革委正式批复的重大基础建设项目。该工程的实施可补齐关中地区水资源利用短板，优化陕西省内水资源基本配置条件，保护渭河流域生态环境,并进一步提升全省经济、社会发展水平,有力保障西部地区可持续发展。作为一项大型跨流域调水工程,引汉济渭工程的规划、设计与实施遵循了《全国水资源综合规划》《渭河流域重点治理规划》以及《〈渭河流域重点治理规划〉陕西省水利项目实施方案》中的要求,将陕西南部汉江流域的水调往渭河流域的关中地区,向渭河沿线重要城市和工业园区供水,并逐步归还占用的农业和生态环境用水,缓解局部地区城市、农业和生态之间的用水矛盾,为陕西省水资源优化配置提供有利条件。

作为陕西省的大型跨流域调水项目,引汉济渭工程地跨长江、黄河两大流域,项目在汉江干流黄金峡和左岸支流子午河分别建设黄金峡水利工程和三河口水利工程作为水源工程,项目超长的输水隧洞过境秦岭,将汉江流域的水输送到陕西关中地区渭河流域,实现对水资源的调配。工程主要包括六个部分:黄金峡水库、黄金峡泵站、黄三隧洞(黄金峡—三河口)、三河口水利枢纽、秦岭输水隧洞(越岭段)及金盆水库扩建工程。工程整体起点黄金峡水库位于陕西省汉中洋县境内黄金峡,末端金盆水库位于渭河一级支流黑河流域,在原有黑河金盆水库基础上开展增建工程,向关中地区计划多年平均年调水 15.0 亿 m^3。

连通长江与黄河两大水系的秦岭输水隧洞工程,是整个引汉济渭工程中的重中之重。隧洞进口位于黄金峡水利枢纽坝后左岸,隧洞出口位于关中周至县黑河右岸支流黄池沟,工程从底部穿越秦岭山脉,跨越陕南、关中两个地区,采用无压自流输水的形式,将经三河口水利枢纽调节后的水输送到黑河金盆水库的下游黄池沟配水枢纽,全长 98.299km,其中越岭段长 81.779km,采用钻爆法和全断面隧道掘进机(tunnel boring machine,TBM)法联合掘进的施工方式,整体设计流量 70.0m^3/s,纵比降 1/2500,其整体工程布局如图 1.1 所示。

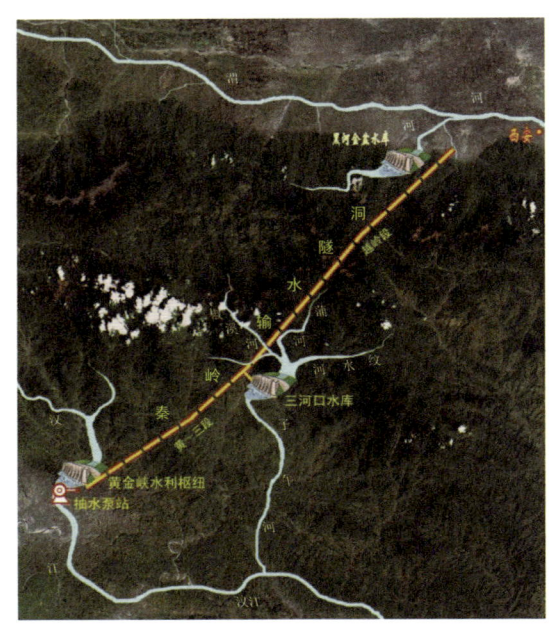

图 1.1 整体工程布局图

通过对不同调水方案的研究与对比论证,陕西省人民政府和相关流域机构确定了引汉济渭工程的可行性与其对于陕西省经济、社会发展的重大意义。工程的主要规划与实施进程包括:2001 年,编制完成了《陕西省南水北调工程总体规划》;2006 年,编制完成了《陕西省引汉济渭调水工程规划》;2009 年,编制完成了《陕西省引汉济渭工程项目建议书》,并通过水利部审查;2010 年,《陕西省引汉济渭工程项目建议书》通过中国国际工程咨询公司的评估;2011 年,国家发展改革委对《陕西省引汉济渭工程项目建议书》进行了批复;2012 年,编制完成了《陕西省引汉济渭工程可行性研究报告》,并通过水利部审查;2012 年,《陕西省引汉济渭工程可行性研究报告》通过中国国际工程咨询公司的评估；2014年，国家发展改革委对《陕西省引汉济渭工程可行性研究报告》进行了批复。

1.1.2 修建意义

秦岭输水隧洞是一项重要的历史性工程，具有连通我国南北水系的重要历史性意义。秦岭输水隧洞的顺利贯通实现了人类首次从底部横穿秦岭，并刷新了钻爆法无轨运输施工通风距离、硬岩掘进机独头掘进施工通风距离等世界纪录，工程规模及施工难度令世界瞩目。秦岭输水隧洞在施工过程中克服了长距离施工通风，隧洞沿线高地应力、高硬岩、多岩爆、高温湿、软岩变形、深层地下水等一系列施工难题，形成了一整套关键技术，对进一步提升我国输水隧洞建设技术，推动国家经济发展具有深远的意义。

引汉济渭工程的实施能优化陕西省内水资源时空分布，重新分配陕南与关中水资源利用格局，实现区域水资源的优化配给，缓解关中地区的水资源供需矛盾，协调区域社会发展不平衡问题。该工程实施后，不但可以解决关中地区缺水问题，为陕西省可持续发展提供有力保障，还能通过减少开采地下水，保证农业和生态用水等措施，有效解决地下水超采问题，保证渭河生态水量，遏制渭河水生态恶化，缓解黄河水环境压力，助力关中地区经济社会可持续发展，具有显著的经济、社会和生态效益。此外，由于陕西省黄河流域可开发水资源量有限和国家对黄河水权的配额管理，在国家西线调水工程建成之前，陕北能源化工基地对黄河调用水量迅速增长的需求必须与关中地区统筹考虑。在符合陕西省用水总量红线前提下，将陕南富余水资源引入关中地区，将关中用水指标转移到陕北地区，能够合理地满足不同区域用水需求。因此，引汉济渭工程不仅能够缓解关中地区用水压力，也能进一步解决陕北能源化工基地中短期用水需求问题。故此，引汉济渭工程将成为陕西省水资源优化配置和实现社会经济可持续发展的有力保障。

1.2 国内外典型隧洞工程

1.2.1 深埋长隧洞工程

世界范围内规模较大的隧道工程有瑞士新圣哥达铁路隧道（长约57km）、英法海底隧道（长约48km）和日本青函铁路隧道（长约53km）[1-2]；国内规模较大的隧洞有辽宁大伙房引水隧洞（长约85km）和吉林松花江引水工程（长72.30km）[3-4]。由于各隧洞历史背景、工程任务和工程作用的不同，各自呈现出不同的特点。秦岭输水隧洞作为复杂山岭区超长深埋隧洞，对解决工业生产、生活和水资源保护具有重要意义。通过秦岭输水隧洞的建设、关键技术的研究和工程的实施，能进一步提高我国隧洞建设技术水平。

目前，世界范围内已建成的单项长度第一的隧洞为芬兰赫尔辛基调水工程隧洞，隧洞全长120km，隧洞最大埋深100m[5]；世界范围内，锦屏二级水电站引水隧洞埋深属第一，隧洞最大埋深达到了2525m[6]。表1.1为国内外已建/在建的部分特长隧道/引水隧洞情况统计。

表 1.1　　　　　国内外已建/在建的部分特长隧道/引水隧洞情况统计

序号	隧道名	地点	修建贯通时间	长度/km	最大埋深/m	隧道所属工程	施工方法
1	圣哥达基线隧道（Gotthard-Basis Tunnel）	瑞士	1996—2013年	57.100	2450	阿尔卑斯铁路新干线	TBM法+钻爆法
2	布伦纳基线隧道（Brenner Base Tunnel）	意大利—奥地利	2011年至今在建	55.000（远期64.000）	1600	布伦纳基铁路	TBM法+钻爆法
3	勒奇堡隧道（Lötschberg Base Tunnel）	瑞士	1999—2005年	34.600	2100	阿尔卑斯山铁路新通道	钻爆法+TBM法
4	高黎贡山隧道	中国	2014年12月至今在建	34.500	1155	大瑞铁路	钻爆法+TBM法
5	科拉尔姆隧道（Koralm Tunnel）	奥地利	2011年至今在建	32.900	1250	科拉尔姆铁路	TBM法+钻爆法
6	瓜达拉马隧道（Guadarrama Tunnel）	西班牙	2002—2007年	28.380	900	马德里—巴亚多利德高铁	TBM法
7	西秦岭隧道	中国	2008—2014年	28.240	1400	兰渝铁路	TBM法+钻爆法
8	莱因泽—维也纳森林隧道（Lainz-Wienerwald Tunnel）	奥地利	2004—2012年	26.200（莱因泽：12.800，维也纳森林：13.400）	200	奥地利西部铁路，维也纳—圣普尔顿部分	NATM+TBM法
9	中天山隧道	中国	2007—2014年	22.450	1728	南疆铁路吐库二线	TBM法+钻爆法
10	秦岭隧道	中国	1995—1999年	18.460	>1000	西康铁路	TBM法
11	切内里基线隧道	瑞士	2006—2016年	15.400			NATM+TBM法
12	洛达尔隧道（Laerdal Tunnel）	挪威	1995—2000年	24.510	1400	奥斯陆—卑尔根公路	TBM法+钻爆法
13	雪山隧道（林坪隧道）	中国	1991—2004年	12.900	近600	台湾5号高速	TBM法+钻爆法
14	高楼山隧道	中国	2017年至今在建	12.250	1500	武九高速	TBM法+钻爆法
15	飞弹隧道（Hida Tunnel）	日本	1996—2008年	10.740	1015	东海北陆自动车道	TBM法+NATM
16	彭亨—雪兰莪输水隧洞（Pahang Selangor Raw Water Transfer Tunnel）	马来西亚	2010—2014年	44.600	1246	彭亨-雪兰莪输水隧洞项目	NATM+TBM法
17	锦屏二级水电站引水隧洞	中国	2007—2011年	16.670	2525	锦屏二级水电站	TBM法+钻爆法
18	云南滇中引水工程隧洞群	中国	2017—2025年	607.220			TBM法+钻爆法

1.2 国内外典型隧洞工程

续表

序号	隧道名	地点	修建贯通时间	长度/km	最大埋深/m	隧道所属工程	施工方法
19	辽宁大伙房水库输水工程	中国	2003—2010年	85.308	300	辽宁省大伙房水库	TBM法＋钻爆法
20	南水北调中线一期穿黄隧洞	中国	2005—2009年	4.250		南水北调	TBM法
21	天生桥二级水电站引水发电隧洞	中国	1985—1991年	9.550	760	天生桥二级水电站	TBM法＋钻爆法
22	尼拉姆—吉拉姆水电站工程引水隧洞	巴基斯坦	2008—2017年	28.600	1950	尼拉姆—吉拉姆水电站	TBM法＋钻爆法
23	厄瓜多尔CCS水电站引水隧洞	厄瓜多尔	2010—2016年	24.800	700	厄瓜多尔CCS水电站	TBM法＋钻爆法
24	兰州市水源地输水主洞	中国	2016—2018年	31.290	918	兰州市水源地建设工程	TBM法＋钻爆法
25	台湾新武界引水隧洞	中国	2000—2002年	16.500	1705	日月潭水库水源工程	TBM法＋钻爆法
26	加拿大尼亚加拉引水隧洞	加拿大	2006—2011年	10.200	140	锡亚当贝克发电厂	TBM法

1.2.2 隧道掘进机工程

TBM是隧道及地下工程建设的高端装备。与钻爆法相比，掘进机具有施工速度快、劳动强度低的优点[7]。在长距离隧道施工中，TBM施工可克服钻爆法难以解决的通风困难问题。

1846年，意大利人莫斯发明了世界首台TBM；1953年，美国罗宾斯公司研制出世界直径7.85m的首台现代意义上的掘进机[8]。1975年，德国海瑞克公司开始制造TBM，成为目前国际市场重要制造商[9]。在"863""973"计划支持下，我国掘进机制造业经历了一个从无到有、不断做强的过程。2013年起我国TBM研制进入自主研发创新阶段。

亚洲最大直径土压平衡盾构于2015年4月在北方重工集团有限公司下线，并成功应用于香港莲塘公路隧道[10]。2015年，中铁工程装备集团有限公司、中国铁建重工集团股份有限公司分别研发的8m级敞开式TBM成功应用于吉林引松供水工程，表明我国TBM拥有完全自主知识产权。随后国产TBM在兰州水源地引水工程、新疆引水工程、内蒙古引绰济辽工程、滇中引水工程相继获得应用。据统计，2021年，我国共生产673台全断面隧道掘进机，总销售额约234亿元人民币。图1.2为国产掘进机

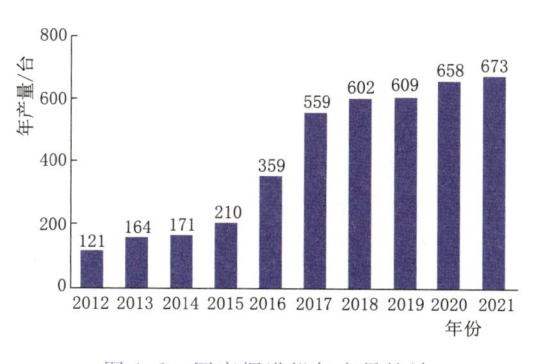

图1.2 国产掘进机年产量统计

年产量统计[11]。

1.3 秦岭输水隧洞的特点

通过对全球40多个国家和地区的350余项调水工程资料的调查统计，发现秦岭输水隧洞的建成实现了人类首次对秦岭的底部横穿，其创造了TBM单机连续掘进世界第一、深埋超长世界第一等多项世界纪录。对秦岭输水隧洞的特点总结如下。

1.3.1 工程的总体布局、规划、实施难度空前

秦岭输水隧洞越岭段长81.779km，最大埋深2012m，从深部穿越秦岭[12]。隧洞穿越区域地质条件复杂，穿越山体宽厚、隧洞埋深大。建设困难段（40km）隧洞两侧4km范围内支洞口位置布设困难，最长支洞5.82km，其工程布局、施工组织、实施难度前所未有。

1.3.2 长距离施工通风难度世界罕见

秦岭输水隧洞岭脊段施工通风距离较长，钻爆法施工段3号支洞工区、7号支洞工区、出口工区，独头通风距离分别为6.39km、6.43km、6.49km。TBM施工段在秦岭以北段和秦岭以南段施工最长通风距离分别达1.35km和14.64km，考虑工区不平衡接应，则通风距离将更长。无论是TBM施工段还是钻爆法施工段，其通风距离均远超已建工程。加之埋深大、地温高，使得施工通风难度极大。

1.3.3 深层围岩特性的推断及判释相当困难

秦岭输水隧洞为超长深埋隧洞，最大埋深2012m，穿过地区的地形地貌、地质构造和岩性分区等极为复杂，设计制约因素多，施工条件复杂。地质构造对隧洞围岩的稳定性影响重大，围岩变形作用机理非常复杂[13]。虽然国内学者已从秦岭山区构造特性、矿物特性、工程特性等方面展开了大量的研究，但对于秦岭深部围岩的工程特性、水文地质条件，如何依靠现有的技术手段进行科学合理的分析、评价仍有待深入研究。

1.3.4 TBM单机长距离连续掘进距离超长、施工难度大

秦岭输水隧洞岭脊TBM施工段长34.96km，采用2台TBM掘进施工，要求单台掘进机开挖长度约20km。TBM施工段沿线围岩相对软弱，沿线围岩构成较复杂，主要由变砂岩、千枚岩、千枚岩夹变砂岩、角闪石英片岩及局部的碳质千枚岩组成[14]。隧洞沿线岩性变化较大，变质岩中劈理面发育，在掘进过程中掘进机通过多条断层和次生小断层，隧洞沿线岩石强度和力学性质差异大，导致岩体稳定性差，高地应力条件可能产生较大的隧洞变形[15]。例如，2016年5月31日，掘进施工时于通过断层处发生TBM卡机，洞内实时围岩压力为10.22MPa，密排钢架最大应力达322MPa，部分钢架发生了屈服。

秦岭输水隧洞岭南段以硬岩为主，岩体相对完整，现场试验显示岩石最高抗压强度高达280MPa，平均抗压强度150MPa。掘进机掘进过程中，施工速度慢，刀具磨损量大，

岩爆频发。岭脊段洞线施工长度和洞线地质条件给 TBM 施工带来了极大的难度。

1.3.5　高地应力及岩爆、高岩温、软岩变形、深层地下水等地质问题突出

秦岭输水隧洞埋深大，埋深超过 500m 的段落有 61.369km。在洞址 9 处深孔进行地应力实测，得到主应力大小关系为：$S_H>S_h>S_V$（即最大水平主应力>最小水平主应力>垂直主应力），表现出明显水平构造应力作用，得到的主应力最大值为 33.1MPa，表明埋深洞段位于高水平应力区，易发生岩爆，隧洞最大水平地应力预估为 50~60MPa。据统计，秦岭输水隧洞全线贯通为止，累计发生不同程度岩爆 4000 余次，中等以上岩爆发生 3000 余次，非常不利于施工生产和人员安全。随着秦岭输水隧洞施工进程的深入，隧洞埋深将超过 1500m，最大埋深将达 2012m，高应力条件下岩爆频发，岩爆等级增强。

隧洞工程需穿过许多复杂地质单元和构造带，断层多且规模大，岩性复杂而多变。其中越岭段洞线穿越多处构造断裂带，包括 3 条区域性大断裂带、4 条次一级断层和 33 条区域性一般断层，穿越破碎带共计 2.57km。穿越地层岩性比较复杂，包括大理岩、花岗岩、花岗闪长岩、石英片岩、千枚岩夹变质砂岩、片麻岩、闪长岩等变质岩和岩浆岩地段。

隧洞穿越埋深大、地应力高的软岩、断层等段落时，坍塌、变形等地质问题突出[16]；由于岩溶水发育和构造裂隙水的存在，在穿越各种断层破碎带和大理岩地段时，地下水循环速度快，突涌水发生风险大。施工过程中出现突涌水超 600 处，其中有 123 处涌水量大于 1000m³/d，不利于施工生产。部分工区的局部点、段的突涌水曾造成了工期延误。其中，钻爆段椒溪河主洞区每天涌水量多达 23600m³；TBM 岭南工区 K30+382.6 处，每天涌水量 20640m³。

1.3.6　合理应对深层地下水对结构的影响难度巨大

秦岭输水隧洞区域地表水系发育，隧洞沿线穿越多处透水岩层和地质构造带，高水头给工程的建设带来巨大挑战。如何对最大埋深达 2012m 的秦岭输水隧洞进行合理、经济、有效的结构设计是国内外岩土专家关注的焦点；而是否能够精准确定外水荷载，对衬砌结构设计方案的成败起着决定性作用。合理应对秦岭输水隧洞外水压力的难点主要表现为：隧洞跨度超长、穿越地层的构造多，水力边界条件极其复杂；隧洞埋深大、水头高，隧洞结构参数对外水的影响敏感，缺乏科学支护设计依据；地下水应对措施多、机理少，应对技术效果不明。

1.3.7　超长距离的贯通测量难度未见同例

秦岭输水隧洞创造了世界范围隧洞贯通距离最长的壮举，国内长大隧洞多采用长隧短打的掘进方式，贯通距离超出 20km 的隧洞尚无工程实例[17]。秦岭输水隧洞 3~4 号支洞和 4~5 号支洞间的贯通距离分别为 21.926km 和 27.259km，贯通距离之长远超实践，尚无工程实例可以参考。除此之外，在现行国内外相关测量规范中，对于相向开挖长度大于 20km 的隧洞，尚无可供参考执行的洞内外测量控制技术标准。

1.4 秦岭输水隧洞关键技术

1.4.1 隧洞综合选线技术

工程地质条件是影响隧洞位置选择的关键因素，应加强控制段地质工作，在开展大量地质工作的基础上确定隧洞位置[18]。除考虑地形条件影响外，还应对地质构造、岩层岩性、岩层走向及倾角、地下水发育情况等因素展开研究，做好关键控制点地质分析评价工作。隧洞洞线高程应符合工程功能和工程总体规划，同时考虑与两端工程之间的协调，最终通过技术经济比较确定[19]。

由于秦岭地区地质构造复杂，岩层种类繁多，为明确隧洞围岩结构与地质构造之间的相互作用关系，选线过程中通过遥感、钻探、物探等多种勘测技术相结合的方式来探查各方案区域内的地质构造及岩性，针对隧洞选线起控制作用的岩性、地应力、地下水、地温等因素，开展地质条件综合分析评价工作，选定越岭隧洞走行通道。

秦岭输水隧洞位置的确立应考虑两端工程，通过对多个可行通道方案进行地质条件对比分析，最终选定了始于三河口水利枢纽坝后右岸接黄三段，经子午河右岸穿行 2.75km 后过椒溪河，最终横穿秦岭至周至县黄池沟出洞的越岭方案。

秦岭作为南北水系（长江和黄河）的分水岭，隧洞洞线穿越山岭地势险要、地形条件复杂。应结合工程实施方案，对可能遇到的地质灾害风险和工期风险进行分析评估，综合考虑确定辅助坑道的功能定位，结合地形条件、施工运输、施工工期、排水条件等因素选取辅助坑道。综合考虑技术、经济、安全等因素，最终选定斜井方案。方案的实施应兼顾合理的钻爆段划分、降低 TBM 段实施风险、工期匹配性。

1.4.2 隧洞衬砌结构确定

水工隧洞基本结构类型划分为五类，分别为无衬砌、喷锚衬砌、混凝土衬砌、钢筋混凝土衬砌和钢板衬砌。考虑衬砌的施工方式，可分为预制混凝土衬砌与现浇混凝土衬砌。基于受力特性又可分为普通混凝土衬砌和预应力混凝土衬砌。隧洞结构是指由围岩和加固措施组成的整体，不能单独对衬砌结构进行分析研究，而应考虑围岩和支护体系的整体稳定性和衬砌结构的安全性[20]。秦岭输水隧洞衬砌结构的确定需结合隧洞施工方法、沿线地层地质条件、地下水情况、衬砌结构耐久性和可维护性等因素进行综合考虑。

（1）施工方法的影响。TBM 和钻爆是常用的两种隧道施工方法[21]。TBM 掘进能有效减少对围岩的扰动，开挖断面规整平顺。因此，对于围岩自稳性好，二次衬砌不受力的Ⅰ类、Ⅱ类围岩施工段，TBM 施工可采用喷锚衬砌。然而采用钻爆法施工的Ⅱ类围岩段落，选择混凝土减糙衬砌更为合适。现阶段，我国并未针对采用 TBM 技术施工的围岩构建专门的划分体系，钻爆法与 TBM 施工的围岩尚无严格区分，而围岩自身稳定性对隧道工程结构非常重要，不同施工方法对围岩稳定性质造成的影响有很大差异。此外，隧洞断面形式受到施工方法的制约，不同的断面形式会带来受力条件的变化。因此，确定隧洞断面衬砌结构形式应充分考虑隧洞施工方法的影响。

（2）地层地质条件的影响。目前在地下工程设计中，根据不同的地层条件、地质条件，将围岩划分为六类。而在具体工程实施过程中，还应根据地层条件和地质条件分别考虑。在地层方面，需要对地层产状、节理展开深入分析，确定衬砌结构的初始支护体系；在地质条件方面，要详细了解围岩的特征和物理性质，对一些特殊岩性足够重视，如围岩的塑性和膨胀性等。此外，还应区别对待地质构造带。

（3）地下水的影响。秦岭输水隧洞具有埋深大、水头高的显著特征，难以合理确定地下水对结构的影响。地下水应根据岩溶水、地下裂隙水和大型储水结构区分对待。首先根据调查资料对隧洞地下水分布划分宏观段落，再根据不同的节理裂隙发育程度综合判断渗流能力，并根据渗流能力考虑外部水压的折减。秦岭输水隧洞与交通隧道在结构的防排水体系上有显著区别。交通隧道防水排水系统完善，内衬外侧设防水板、盲沟，衬砌背后无有效的水压。借助于完善排水体系，深埋隧道中可不考虑外水压力。而由于秦岭输水隧洞埋深大、水头高，很难根据现有水力规范折减外水压。借鉴于类似已建工程经验，对隧洞拱顶120°范围布设排水孔，对较差围岩段落实施固结灌浆。考虑排水措施后，外水压按5~25m考虑。与秦岭输水隧洞类似的长大深埋地下工程，虽然在布设泄水孔的基础上进行了水压折减，但衬砌结构也强于交通隧道。

此外，过长的隧洞导致难以确定地下水头，分段采用折减系数仍难以选定衬砌结构。在满足环境要求基础上，进一步加强排水和衬砌结构优化，值得继续深入研究。秦岭输水隧洞作为引汉济渭工程中的重要关键性工程，应根据隧洞的生命周期和运行环境，充分考虑隧洞结构的耐久性和可维护性等因素。

1.4.3 施工相关技术

秦岭输水隧洞越岭段长81.779km，两端埋深超900m的隧洞段均超过20km。隧洞沿线地质条件岩石组成成分复杂，包含了石英片岩、大理岩、千枚岩、花岗岩等。越岭段地质构造发育，岩性较差，地下水丰富。同时，由于岩层中千枚岩、云母片岩、断层破碎带的存在，一些隧洞段面临软岩变形问题；含破碎带、可溶岩的隧洞段突涌水地质灾害问题突出，宜开展结合超前地质预报和钻爆法的施工方法。在考虑工程投资和施工工期的前提下，钻爆法相较于TBM法更能节省工程投资，有利于项目总工期的控制。施工通风方面，隧洞两端相对埋深较小，易于灵活选择辅助坑道，现行施工通风技术也能克服斜井过长问题。

秦岭输水隧洞岭脊段洞线长约40km，难以选取辅助坑道，岭脊段为控制性节点工程，其建设期长短影响工程总工期。加之施工通风的限制，岭脊段无法开展钻爆法施工。因而，TBM施工更有利于工程建设。综合考虑地形地质条件、施工进度要求、工程投资等因素，确定在岭脊段隧洞首尾两端采用钻爆法施工、中间段采用2台TBM施工的组合方案。此外，秦岭输水隧洞施工方案还应重视如下几方面。

1. TBM的选型技术

在制定TBM施工方案的过程中，受到工期、功能、掘进距离、掘进方向、不良地质处理灵活性等诸多因素的制约。秦岭输水隧洞TBM施工段沿线地层分布以硬岩、中硬岩为主，岩石饱和抗压强度为30~133MPa，大部分处于贫水及弱富水区，围岩透水性差但自稳能力较好。通过对围岩整体性、稳定性、岩石强度、耐磨性的对比分析，综合考虑认为秦岭输水隧洞沿线地质条件，大部分适合开敞式 TBM 施工。对于长度约 5km 千枚岩地层和局部的断裂带，通过采取必要技术措施可开展开敞式 TBM 施工，技术措施能有效降低工程风险。结合 TBM 及后配套相关技术参数，确定采用开敞式 TBM 配合皮带出渣的施工方式。

2. TBM 长距离掘进技术

随着工程建设的需要，世界范围内涌现出大量长距离隧洞工程实例。长距离隧洞对工程技术有着非常高的要求，因此推动了长距离掘进技术的快速发展。目前，辽宁大伙房输水隧洞保持着国内 TBM 单次掘进最长纪录，长度为 17.2km。国外单次掘进最长隧道为瑞士圣哥达基线隧道，该隧道在东线掘进 13.96km 后更换主轴承，随后继续掘进 11.581km，西线掘进 14.80m 后更换主轴承又继续掘进 12.22km。相比之下，秦岭输水隧洞采用 2 台 TBM 完成 39.08km 的掘进任务，在隧道建设史上较为罕见，施工任务异常艰巨。

深埋隧洞长距离掘进中 TBM 制约因素较多，主要包含地质条件不确定性和设备使用寿命两方面[22]。地质条件固有的复杂性是导致地质条件不确定性的主要原因，相对于复杂的地质条件，当前工程人员了解地质条件的技术手段还十分有限，难以精准掌握长距离深埋地下工程的地质条件。隧洞施工过程中，地质灾害的发生给长距离施工带来巨大风险，如塌方、突涌水、岩爆等。在制造 TBM 前，应结合掌握的地质条件，提出设备自身超前预报和实施应急措施功能的需求，做好超前地质预报，并制定应急预案。主轴承是影响 TBM 长距离掘进的关键因素，秦岭输水隧洞工程 TBM 施工段掘进距离约 20km，该长度基本达到 TBM 主轴承更换标准。在过去的 TBM 施工中，尚无掘进距离 20km 更换主轴承的施工案例。因此，秦岭输水隧洞施工过程中应重视 TBM 的掘进、检修、维护等，加强设备的维修保养，还应在招标过程中对主轴承寿命提出明确要求。

为了确保 TBM 长距离掘进的施工质量和效率，除定期对设备进行维修保养外，有必要对 TBM 施工的支护方式、掘进参数与围岩适应性进行系统梳理总结，开展 TBM 掘进参数与岩石的耐磨性指标、强度指标和完整性系数等相关性分析，开展 TBM 施工不同段落支护方式、掘进参数与围岩适应性的研究。结合试验研究结果，把握影响 TBM 施工效率、支护参数的关键性地质参数指标，通过研究分析，总结出各因素对 TBM 施工的影响规律。

3. 长距离施工通风技术

参考国内外隧洞通风设计相关资料发现，钻爆法独头施工通风距离多控制在 3～5km 之间，TBM 施工独头通风长度控制在 10～15km 之间。在我国，采用 TBM 施工的典型工程兰渝铁路西秦岭隧道独头施工通风距离为 12.5km，采用 TBM 施工的辽宁大伙房输水隧洞独头施工通风距离为 11.23km，采用钻爆法施工的西康铁路秦岭隧道独头施工通风距离达 7.5km。相比之下，秦岭输水隧洞工程的施工通风距离最长。隧洞工程在钻爆段斜井工区独头通风长度约 6.7km，而在 TBM 施工段长达 20km，在设置辅助坑道后独头通风距离约 16km。

由于秦岭输水隧洞独头通风距离过长，缺乏类似工程经验借鉴，因此，工程实施存在一定风险。隧洞无平行旁洞能够利用，导致巷道式通风效果受限。长斜井加上较大的纵坡度，不利于施工产生的废气排出，加之隧洞埋深大、地温高，导致洞内环境差。由于工程隧洞施工通风的局限，故此对通风设计方案提出了较高的要求。合理的施工通风方案，将对隧洞工程布局，施工组织产生明显的积极影响，而研究优化通风方案、分析洞内环境、选择设备、计算参数等措施均对施工通风效果有重大意义。

施工通风方案研究充分考虑地质条件、设备条件、运输方式、掘进长度、断面及洞内污染物的种类和含量等因素的影响。对风道式、纵向接力、射流诱导洞内送排混合式、增设必要辅助坑道等方案进行重点研究。经比较论证，最终确定秦岭输水隧洞的施工通风方案为巷道＋独头送风的组合运行方式。在实践中，该方案在TBM法及钻爆法施工段均取得了理想的通风效果，为隧洞的顺利安全施工创造了有利条件。

4. 岩爆预测与防治技术

目前，岩爆相关理论取得了大量研究成果，其方法主要包括理论分析和现场测试两类。理论分析以应力和能量作为分析判据；现场测试手段众多，包括微流变法、重力法、回弹法、微震监测法、应力测试法等[23]。以锦屏二级水电站引水隧洞为例，该隧洞最大埋深达2525m，实测最大地应力高达46.51MPa。施工过程中发生数以千计的各类岩爆，其中更有近百起强烈以上岩爆，对安全生产造成了极大的威胁。当前，通过微震监测法进行岩爆预测，取得了一定的工程应用效果[24-25]。但地应力固有的不确定性和复杂的地层岩性导致岩爆问题预测技术还存在一定局限性。

引汉济渭秦岭输水隧洞最大埋深达2012m，隧洞穿越多个复杂的地质构造和地质单元。隧洞沿线多为变质岩和岩浆岩地段，岩性多变复杂。据推测，隧洞最大水平地应力超过60MPa，采用地质方法对围岩高地应力形成预判，考虑岩性、高地应力、构造、地下水等因素，为准确预测岩爆提供可能。在考虑地质构造前提下，合理应用现场微震监测法。施工过程中，加强实时观测和预报相结合，研究对策应充分考虑超前支护、初期支护、掘进参数多方面的影响，对比总结获得满意的岩爆预测及防治方法。

5. TBM长距离出碴技术

隧洞采用2台TBM＋钻爆法施工的总体实施方案，其中TBM施工段的总长度达39.08km。TBM掘进是一个复杂的综合性系统工程，为确保掘进弃渣及时排出洞外，要求与掘进速度相匹配的出渣能力。隧洞工程施工中，出渣速度的快慢直接影响着掘进的效率[26]。为了满足TBM的快速掘进需要，就必须确保TBM的出渣系统技术成熟、运行可靠、保养便捷、故障率低、维修方便等。通过对TBM长距离出渣技术的系统研究，确定了TBM长距离出渣系统。

6. 突涌水的预测与处置技术

秦岭输水隧洞距离长、埋深大，穿越区地形地质条件复杂，岩溶、断裂等不良地质极为发育，加之深埋隧洞开挖过程中高地应力、高水压等原因，容易引发突涌水等地质灾害[27]。一旦发生了大规模的涌水，不仅容易造成安全事故发生，导致施工进度滞后，还易引起环境效应和环境地质一系列问题[28]。改进富水性分区标准，构建危险性分级与评价的指标体系，进行隧洞沿线突涌水灾害发生的位置及危险程度预判；对隧洞沿线不同水文地质单元构建水文地质条件概念模型，进行数值模拟计算，预测突涌水量；提出秦岭输水隧洞突涌水灾害的防治预案及处理措施，是秦岭输水隧洞突涌水专项的关键技术。

7. 特硬岩掘进技术

隧洞岭南 TBM 施工工区围岩多为花岗岩，岩体完整、岩质坚硬，平均抗压强度高达 150MPa[29]。在 TBM 掘进过程中，掘进速度低，刀具消耗量大，设备故障率高，加之岩爆及突涌水影响，导致岭脊段 TBM 施工段难度极大。通过隧洞沿线岩体条件分区分段研究，不同岩体段施工参数与掘进速度预测，TBM 滚刀磨损情况实测分析和预测与反分析，典型岩体条件下掘进机施工损伤区规律及支护参数优化，TBM 掘进参数与岩体条件相关性分析，隧洞 TBM 施工支护方式、掘进参数与围岩适应性等研究，总结分析不同围岩条件段的岩体参数、掘进参数、支护参数，分析 TBM 选型参数对各种岩体条件的适应性[30]。同时通过做好刀具对比分析、增加刀盘检查频次、加强设备维修保养以提升设备可靠率，提高 TBM 的施工效率，优化施工组织设计提升设备利用率，优化 TBM 掘进参数等手段，总结出成套硬岩 TBM 掘进技术。

8. 高地温与有害气体的应对技术

随着国民经济的发展和隧洞施工技术的进步，与交通运输、水利开发相关的隧洞以及其他地下项目正逐步向长距离、大埋深发展，高地温病害问题变得日益突出[31]。坚硬致密的岩石具有热导率较低、传热性差等特点，导致热能易于聚集，故此隧道工程埋深的增加将导致地温逐渐增加。对于 TBM 施工，由于产生热源的因素不同，且施工距离长，所以应根据工程实际制定相应的温控基准。因此，秦岭输水隧洞工程为建立沿纵向分布的温控预测方法并给出相应的温降措施，对长距离 TBM 施工降温技术进行了深入研究，以保障施工中的人员安全和高效施工。

2018 年 2 月 23 日，隧洞岭北 TBM 工区护盾尾部岩体节理缝隙有不明可燃气体逸出。从大地构造单元的角度来看，隧洞区属于秦岭褶皱系，沉积巨厚，岩浆活跃，变质作用复杂，褶皱、断裂发育，构造稳定性好。在侵入体、断层构造破坏的影响下，褶皱形态的完整性较差，次一级褶皱、劈理及挠曲发育。地层岩性以变质砂岩、千枚岩为主。工程针对秦岭输水隧洞的有害气体进行专项设计，形成了包含现场测试分析、施工通风、设备改造调整、超前预报、结构调整、现场监测等手段在内的系统化非煤层有害气体 TBM 安全掘进技术。

9. 控制测量技术

目前国外采用 TBM 施工双向贯通距离最长的是冰岛卡兰尤卡水电站的引水隧洞，长 16.2km。国内最长的辽宁大伙房输水隧洞贯通距离仅为 13.8km。秦岭输水隧洞是引汉济渭工程中的关键控制性工程，隧洞沿线山高林密，地势险峻。在施工测量过程中，涉及洞外地形复杂，斜井高差大，洞内高地温、高气压、高地应力以及受气压涡流、湿度、灰尘、旁折光和空气动力等因素的影响，给洞内外控制测量工作的实施带来较大的困难。为了及时指导和配合秦岭输水隧洞的施工，结合现场情况，开展超长深埋隧洞测量设计分析及施测精度控制研究，取得了包含超长隧洞进洞联系测量技术、洞内控制测量技术、洞内控制测量多源数据融合应用技术、基于 GPS 网坐标协因数阵的隧道横向贯通误差预计方法、洞外平面和高程控制测量技术及其精度指标体系、自由测站边角交会网数据处理自动化系统等在内的主要关键技术成果。

1.5　本书的结构和主要内容

本书系统总结引汉济渭工程秦岭输水隧洞建设的关键技术和科研成果，为推动我国复杂地质条件下引（输）水隧洞的建设技术水平留下了宝贵的数据资料。本书第 1 章介绍引汉济渭工程秦岭输水隧洞的背景、意义、特点及关键技术，第 2～5 章介绍秦岭输水隧洞工程地质和布置设计信息，第 6～7 章介绍隧洞施工工艺和方法，第 8～12 章系统介绍几类复杂工程地质条件下隧洞的施工技术与应对措施，第 13 章总结超长隧洞施工过程中的关键技术。各章内容分别介绍如下：

第 2 章为秦岭输水隧洞建设的工程地质与水文地质条件。系统介绍气象、地震、地层岩性、地质构造、水文地质等工程地质和水文地质信息，同时对围岩分类、隧洞围岩工程地质评价、隧洞围岩岩石力学特性进行分析和评价。

第 3 章为秦岭输水隧洞建设的规划与选线。在对秦岭输水隧洞主要技术标准分析的基础上，系统对比优化分析隧洞洞线、隧洞输水方式及进出口位置、主要建筑物选型，最终确定秦岭输水隧洞规划与选线总布置方案。

第 4 章为秦岭输水隧洞水力学设计。介绍长距离输水明渠水力学计算的基本理论和方法，分别对秦岭输水隧洞黄三段和越岭段洞身过流能力、水面线进行计算，分析水流流态，并提出相应的原型观测设计。

第 5 章对秦岭输水隧洞工程布局及设计进行专门介绍。基于隧洞混凝土衬砌结构设计的基本理论和方法，进行隧洞工程布局及隧洞工程衬砌结构设计。

第 6 章介绍岩石隧洞 TBM 施工。分别详细论述 TBM 段的施工组织设计、TBM 设备选型、TBM 设备组装等施工信息，同时进行 TBM 施工岩石掘进参数评价和优化研究。

第 7 章详细总结岩石隧洞钻爆法施工技术。分别介绍施工组织设计、爆破开挖、开挖台车、衬砌钢模台、支护及出碴运输、二次衬砌、灌浆及施工排水、机械配套等施工信息。

第 8 章研究岩爆复杂工程地质条件与应对。首先对岩爆分类及其特征、岩爆发生条件及其影响因素、岩爆孕育过程及机理开展研究。进而介绍秦岭输水隧洞地质特征、秦岭地区应力场环境特征、秦岭输水隧洞岩爆特征，进而结合隧洞岩爆问题提出岩爆的预测预报方法、岩爆微震监测技术及岩爆的防治措施。

第 9 章研究突涌水复杂工程地质条件与应对。首先研究突涌水的分类、隧洞突涌水的基本规律，进而研究秦岭输水隧洞水文地质特征突涌水水量预测及突涌水超前地质预报方法，最终提出突涌水的防治措施。

第 10 章研究特硬岩复杂工程地质条件与应对。在研究特硬岩的定义、划分及力学特征基础上，记录特硬岩工程实录并分析特硬岩对工程的影响，提出硬岩段 TBM 掘进参数及工程应对措施。

第 11 章研究高地温与有害气体复杂工程地质条件与应对。分别研究高地温和有害气体对隧洞施工和建设的影响，进而提出合理改善应对措施。

第 12 章研究软岩大变形与破碎岩体复杂工程地质条件与应对。主要介绍受软岩、破碎岩体等条件影响下的岭北 TBM 施工卡机经过、处理措施及实施方案。

第 13 章研究超长隧洞施工关键技术，分别系统总结秦岭输水隧洞施工过程中的通风、超长隧洞测量、长距离输运、TBM 动态施工组织设计等技术。

参考文献

［1］ 张民庆．由新圣哥达隧道思考高黎贡山隧道的修建［J］．铁道工程学报，2016，33（7）：36-40，53．

［2］ 杨家岭，邱祥波，陈卫忠，等．海峡海底隧道及其最小岩石覆盖厚度问题［J］．岩石力学与工程学报，2003，22（增 1）：2132-2137．

［3］ 张镜剑，傅冰骏．隧道掘进机在我国应用的进展［J］．岩石力学与工程学报，2007（2）：226-238．

［4］ 齐梦学．我国 TBM 法隧道工程技术的发展、现状及展望［J］．隧道建设（中英文），2021，41（11）：1964-1979．

［5］ ZHU Hehua, YAN Jinxiu, LIANG Wenhao. Challenges and development prospects of ultra-long and ultra-deep mountain tunnels［J］. Engineering, 2019, 5（3）: 384-392.

［6］ 张春生，陈祥荣，侯靖，等．锦屏二级水电站深埋大理岩力学特性研究［J］．岩石力学与工程学报，2010，29（10）：1999-2009．

［7］ 陈炳瑞，冯夏庭，肖亚勋，等．深埋隧洞 TBM 施工过程围岩损伤演化声发射试验［J］．岩石力学与工程学报，2010，29（8）：1562-1569．

［8］ 杜世回，杨德宏，孟祥连，等．川藏交通廊道 TBM 隧道岩石磨蚀性与物理力学指标的相关性［J］．地球科学，2022，47（6）：2094-2105．

［9］ 马建，孙守增，芮海田，等．中国筑路机械学术研究综述·2018［J］．中国公路学报，2018，31（6）：1-164．

［10］ 李建斌．我国掘进机研制现状、问题和展望［J］．隧道建设（中英文），2021，41（6）：877-896．

［11］ 宋振华．中国全断面隧道掘进机制造行业 2021 年度数据统计［J］．隧道建设（中英文），2022，42（7）：1318-1319．

［12］ 许增光，王亚萍，肖瑜，等．长深隧洞突涌水危险性等级指标及评价方法［J］．中国公路学报，2018，31（10）：91-100．

［13］ 周春华，尹健民，丁秀丽，等．秦岭深埋引水隧洞地应力综合测量及区域应力场分布规律研究［J］．岩石力学与工程学报，2012，31（A01）：2956-2964．

［14］ 张杰，李玮，李立民，等．引汉济渭输水隧洞围岩构造特征对工程地质的影响［J］．现代隧道技术，2021，58（3）：23-32．

［15］ 佘诗刚，林鹏．中国岩石工程若干进展与挑战［J］．岩石力学与工程学报，2014，33（3）：433-457．

［16］ 赵德才．复杂地质深埋长隧洞关键技术与管理［M］．北京：中国铁道出版社，2015．

［17］ 洪开荣，冯欢欢．中国公路隧道近 10 年的发展趋势与思考［J］．中国公路学报，2020，33（12）：62-76．

［18］ 邓铭江．深埋超特长输水隧洞 TBM 集群施工关键技术探析［J］．岩土工程学报，2016，38（4）：577-587．

［19］《中国公路学报》编辑部．中国隧道工程学术研究综述·2015［J］．中国公路学报，2015，28（5）：1-65．

［20］ 任明洋，张强勇，陈尚远，等．复杂地质条件下大埋深隧洞衬砌与围岩协同作用物理模型试验研究［J］．土木工程学报，2019，52（8）：98-109．

[21] 严鹏，卢文波，陈明，等．TBM 和钻爆开挖条件下隧洞围岩损伤特性研究 [J]．土木工程学报，2009，42（11）：121－128．
[22] 黄继敏．超长隧洞敞开式 TBM 安全高效施工技术 [M]．北京：中国水利水电出版社，2020．
[23] 刘立鹏．深埋水工隧洞岩爆灾害研究与实例分析 [M]．北京：中国水利水电出版社，2019．
[24] 王继敏．锦屏二级水电站深埋引水隧洞群岩爆综合防治技术研究与实践 [M]．北京：中国水利水电出版社，2018．
[25] 任明洋，张强勇，陈尚远，等．复杂地质条件下大埋深隧洞衬砌与围岩协同作用物理模型试验研究 [J]．土木工程学报，2019，52（8）：98－109．
[26] 王杜娟，贺飞，王勇，等．煤矿岩巷全断面掘进机（TBM）及智能化关键技术 [J]．煤炭学报，2020，45（6）：2031－2044．
[27] 李术才．隧道突涌水监测方法与预警技术 [M]．上海：上海科学技术出版社，2019．
[28] 周宗青，李术才，李利平，等．岩溶隧道突涌水危险性评价的属性识别模型及其工程应用 [J]．岩土力学，2013，34（3）：818－826．
[29] 祝捷．引汉济渭工程输水隧洞施工废水处理工艺研究 [J]．铁道工程学报，2014（6）：109－113．
[30] 周小雄，龚秋明，殷丽君，等．基于 BLSTM－AM 模型的 TBM 稳定段掘进参数预测 [J]．岩石力学与工程学报，2020，39（S2）：3505－3515．
[31] 邓铭江．深埋超特长输水隧洞 TBM 集群施工关键技术探析 [J]．岩土工程学报，2016，38（4）：577－587．

第 2 章 工程地质与水文地质

2.1 引言

秦岭输水隧洞从底部穿越横亘在我国中部的秦岭山脉,工程区域内地层地质条件极其复杂。能否处理好所遇到的地质问题,是工程成败的关键。隧洞以三河口水利枢纽坝后泵站控制闸为界,分为黄三段和越岭段,其中越岭段洞线长、埋深大,地质条件更为复杂[1],如图2.1所示。工程区域跨越了多个秦岭褶皱、断裂和推覆构造,南与扬子准地台接邻,北与华北准地台接邻,沉积巨厚,岩浆活动频繁,变质作用复杂,褶皱及断裂较为发育。隧洞区山高谷深,地形起伏很大,岩性复杂,断裂构造发育,存在热害、高地应力、软岩变形、岩爆、突涌水、围岩失稳及深层地下水等多种工程地质问题,这些都给隧洞施工带来了极大的挑战。

秦岭输水隧洞两端村镇密布,108国道和西成高铁横贯全区,交通较为便利,如图2.2和图2.3所示。隧洞岭南各支洞口有便道可以到达,地形均较开阔,分别位于椒溪河及蒲河内。岭北各支洞洞口分别位于黑河支流王家河及黄池沟内,有便道可以到达[2]。

(a)

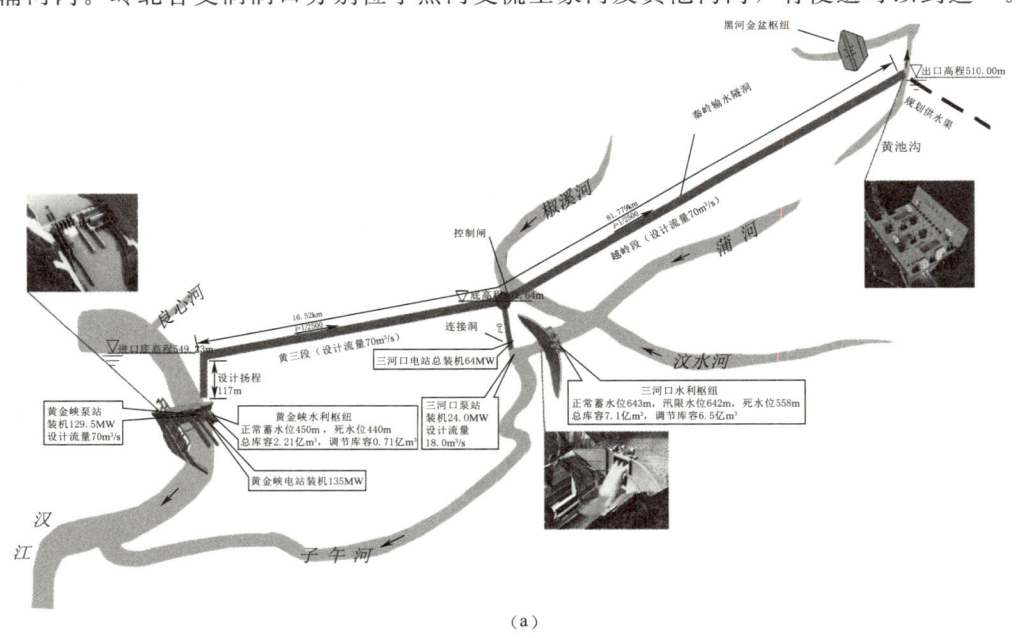

图 2.1(一) 秦岭输水隧洞工程总布置概况
(a) 平面布置示意图

2.1 引言

图 2.1（二） 秦岭输水隧洞工程总布置概况
(b) 纵向布置示意图

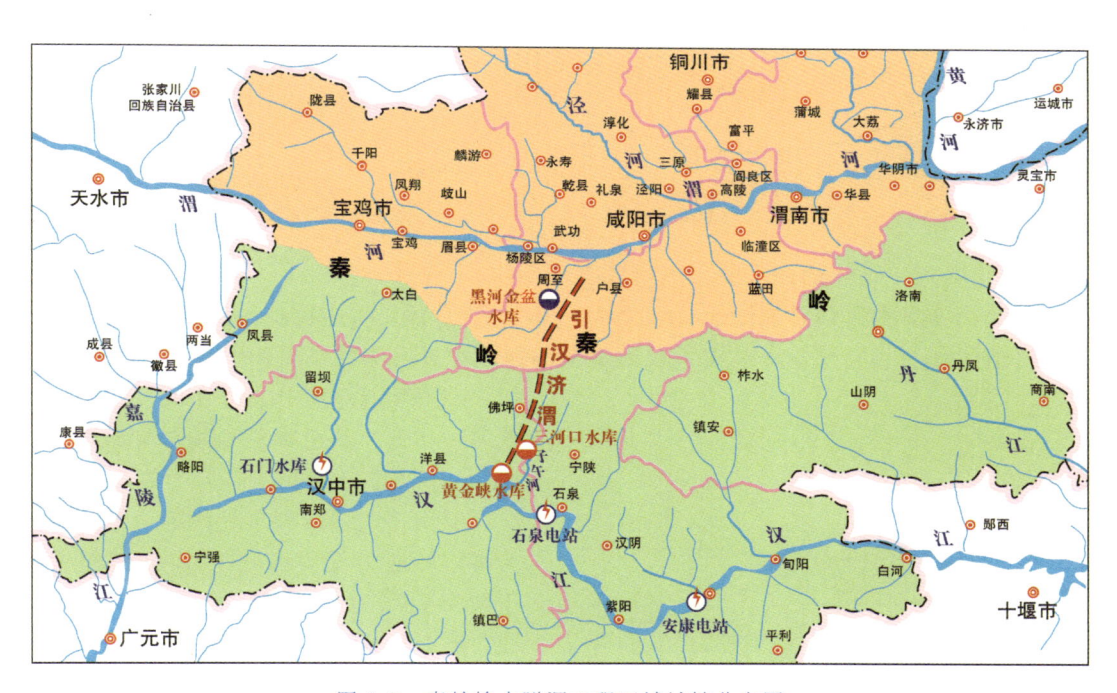

图 2.2 秦岭输水隧洞工程区域城镇分布图

秦岭输水隧洞出口端地形狭窄，位于黑河水库下游右侧 2km 处黄池沟内。秦岭山区水系发达，汉江、渭河、嘉陵江等均发源于此，地表水系发育，输水隧洞洞线穿越多处透水岩层，高水头是工程面临的又一挑战[3]。地质条件的复杂性给地质勘探工作增添了不少难题，施工中需要采取多种施工技术、施工手段以及较为先进的施工设备来应对所面临的复杂地质问题，根据地质条件选择不同的施工方法，减少地质灾害的发生，保障工期和质

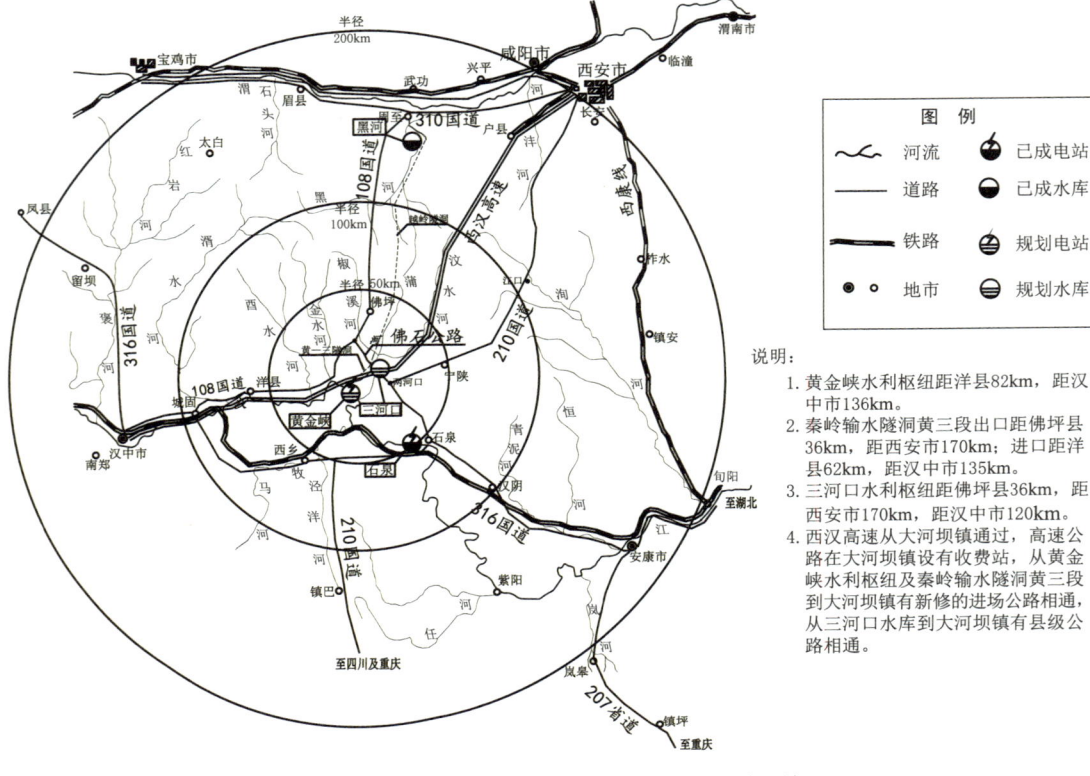

图 2.3 秦岭输水隧洞工程区域交通图地形地貌

量，确保世界第一埋深的输水隧洞顺利贯通。

秦岭输水隧洞越岭段整体属于秦岭西部山区，地貌总体受构造控制，在新构造作用影响下，经长期水流侵蚀、切割，形成了较为复杂的地貌单元。测区主要由秦岭岭南中低山区（Ⅰ）、秦岭岭脊高中山区（Ⅱ）、秦岭岭北中低山区（Ⅲ）三个大的地貌单元组成，如图 2.4 所示。

从南至北，隧洞穿越的第一个地貌区为秦岭岭南中低山区（Ⅰ），该地貌区位于柴家关以南，由蒲河及其支流河谷组成，属长江水系，发源于光秃山一带，水源主要来自基岩裂隙水和大气降水，水量随季节变化幅度较大。其中，蒲河河谷较开阔，河谷一般宽度为 100～300m，最窄处仅有 50m，最宽处达 800m，河谷坡降平均约为 14.5‰，斜坡自然坡度 30°～40°。河谷总体呈北东东向，支沟发育，多呈羽状及树枝状，区内山峰的高程为

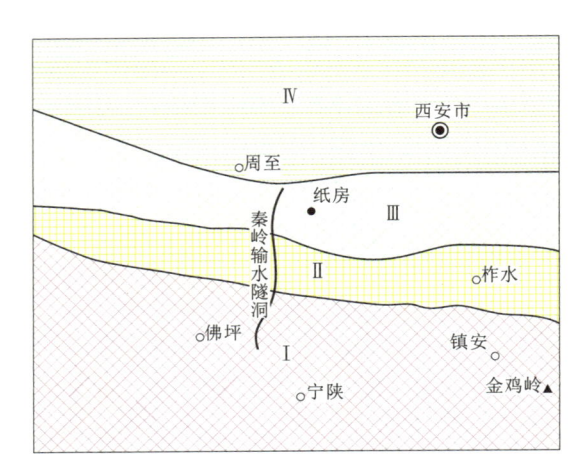

图 2.4 秦岭输水隧洞越岭段地貌分区图
Ⅰ—秦岭岭南中低山区；Ⅱ—秦岭岭脊高中山区；
Ⅲ—秦岭岭北中低山区；Ⅳ—渭河盆地区

500～1500m。沟口均有洪积扇发育，多为泥石流沟，逢雨季常常洪涝成灾。

隧洞穿越的第二个地貌区为秦岭岭脊高中山区（Ⅱ），该区位于柴家关以北，小王涧和板房子以南，包括三十担银梁、光秃山等，均为秦岭西部山脉，为本区南北分水岭。该区内地势陡峻，山坡坡度大于45°，区内山峰高程为1000～2500m，最高峰光秃山海拔2704.6m。

隧洞穿越的最后一个地貌区为秦岭岭北中低山区（Ⅲ），该区位于小王涧和板房子以北，由黑河河谷及其支流王家河、虎豹河组成。上述河流属于黄河水系，发源于光秃山一带，水源主要来自基岩裂隙水和大气降水，水量随季节变化幅度较大。其中，黑河河谷总体呈北东向，王家河、虎豹河河谷总体呈南北—北西西向，区内山峰高程为500～1500m，支沟发育，多呈羽状及树枝状。黑河河谷较狭窄，河谷一般宽度30～50m，最窄处仅20m，最宽处约100m，河谷坡降平均约8.2‰，斜坡自然坡度40°～60°。

因此，隧洞区穿越的地貌总体上较为复杂，河谷宽阔，山峰陡峭，支沟较为发育，区内水源主要来自基岩裂隙水和大气降水，且季节变化幅度大。

2.2　气象

秦岭岭脊以南地区[4]为暖温带山地气候区，降水充沛，气候湿润，冬冷夏凉。每年的7—10月为集中降雨期，年平均气温13℃，极端最高气温可达36.4℃，极端最低气温−13.1℃，年平均降水量1108.5mm，年平均蒸发量911mm，气候比较湿润。工程区域内最大风速33m/s，风向北北西—北东；最大积雪厚度15cm；土壤的最大冻结深度13cm。

秦岭岭脊以北地区为南方湿润型与北方大陆型的过渡型气候，冬季寒冷，夏季凉爽，气温四季变化较大，8—9月为多雨期。年平均气温12.7℃，极端最高气温可达40.6℃，极端最低气温−20.2℃；年平均降水量650.5mm，年平均蒸发量985mm；最大风速13m/s，风向西北西；最大积雪厚度20cm；土壤最大冻结深度24cm，相较于岭南都要大。

2.3　地震

参照《中国地震动参数区划图》（GB 18306—2015）（2008年版）国标1号修改单[5]，以及《陕西省引汉济渭工程地震安全性评价工作报告》和《陕西省引汉济渭工程地震安全性评价地震动参数复核报告》的结论分析[6-7]，以板房子—杨家山—老庄子为界，引汉济渭工程秦岭输水隧洞越岭段（50年超越概率10%）岭南复核地震动峰值加速度为0.062g，特征周期$T_g=0.53s$；岭北复核地震动峰值加速度为0.139g，特征周期$T_g=0.39s$。秦岭输水隧洞工程区域地震烈度分布如图2.5所示，

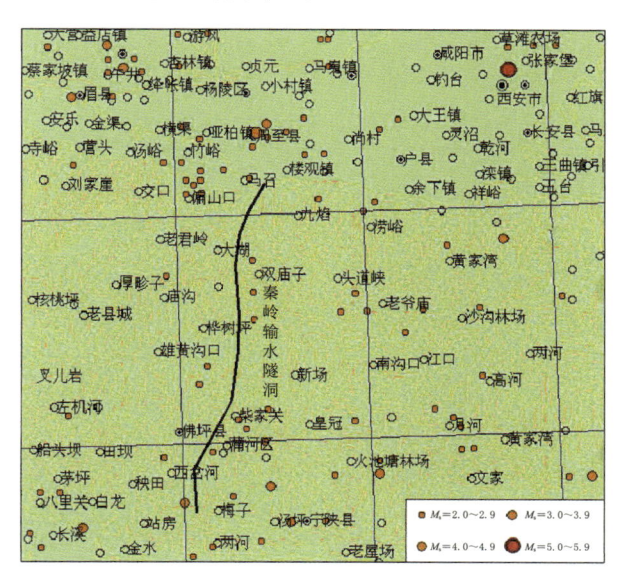

图2.5　秦岭输水隧洞工程区域地震烈度分布

秦岭输水隧洞越岭段进口段、出口段场地相应的地震基本烈度及设计地震烈度分别见表2.1和表2.2。

表 2.1　　　　　　　　　工程场地地面地震动参数一览

工程场地名称	50年超越概率10%		
	峰值加速度 a_{max}/g	特征周期 T_g/s	对应基本烈度/度
秦岭输水隧洞越岭段进口段	0.062	0.53	Ⅵ
秦岭输水隧洞越岭段出口段	0.139	0.39	Ⅶ

表 2.2　　　　　　　　　设计地震烈度地震动参数一览

工程场地名称	50年超越概率10%		
	峰值加速度 a_{max}/g	特征周期 T_g/s	对应基本烈度/度
秦岭输水隧洞越岭段进口段	0.146	0.58	Ⅵ
秦岭输水隧洞越岭段出口段	0.397	0.48	Ⅶ

2.4　地层岩性

2.4.1　概述

隧洞区蒲河、椒溪河、虎豹河、王家河、黑河河谷区内漫滩、一级阶地、沟口洪积扇及斜坡地带主要分布有新生界第四系全新统冲积、洪积和坡积层。河谷两岸二级以上的阶地上分布有第四系中、上更新统冲积和风积层[8]。

隧洞区基岩地层主要分布有中生界白垩系、晚古生界石炭系及泥盆系，下古生界、中元古界、中—上元古界、下元古界、上太古界等地层，并伴有燕山期花岗闪长岩，印支期花岗岩、花岗闪长岩，华力西期闪长岩，加里东期花岗岩、花岗斑岩、花岗闪长岩、闪长岩体等岩浆岩体侵入，相互之间多呈断层接触、侵入接触及角度不整合接触[9]。越岭段和黄三段地质平面如图2.6和图2.7所示。

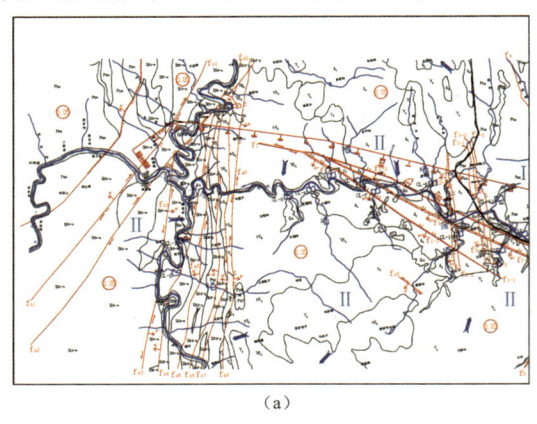

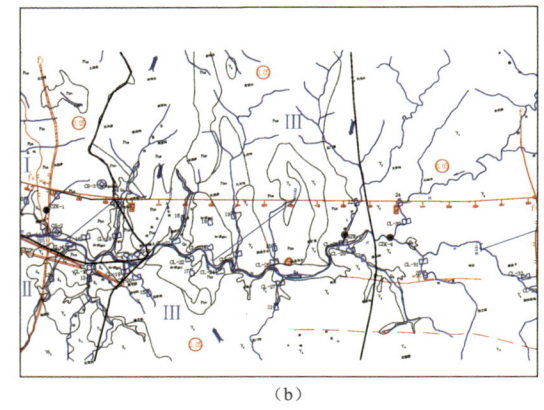

图 2.6（一）　秦岭输水隧洞越岭段地质平面图
(a) 平面图1；(b) 平面图2

2.4 地层岩性

(c)　　　　　　　　　　　　　　(d)

地质图例

符号	名称	符号	名称	符号	名称
Q_4	第四系全新统	γ_5	印支期花岗岩		断层泥
K_{1t}	白垩系下统田家坝组	$\gamma\delta_5$	印支期花岗闪长岩		断层角砾
T_{3W}	三叠系上统五里川组	δ_4	华力西期闪长岩		糜棱岩
P_{sh}	二叠系石盒子组	γ_3	加里东期花岗岩		碎裂岩
C_{2c}	石炭系上统草凉驿组	$\gamma\delta_3$	加里东期花岗闪长岩		地层分界线
C_{1er}	石炭系下统二峪河组	$\gamma\pi_3$	加里东期花岗斑岩	f_{15}	断层及编号
D_{3ty}	泥盆系上统刘岭群桐峪寺组	δ_3	加里东期闪长岩		正断层
D_{2-3q}	泥盆系中上统刘岭群青石垭组	al	冲积		逆断层
D_{2c}	泥盆系中统刘岭群池沟组	pl	洪积	f_{15}	推测断层及性质不明断层
$D_{2d\text{-}g}$	泥盆系中统大枫沟组	dl	坡积		滑坡
D_{1h}	泥盆系罗汉寺岩组		角砾		岩堆
$S_{2b\text{-}m}$	下古生界志留系中统斑鸠关岩组		卵石土		泥石流
Pz_T	古生界土地岭岩段		漂石	SZK-1 (CZK-3)	已完成钻孔
Pz_Y	古生界余家庄岩段	Mss	变砂岩		地震动峰值加速度(g)
Pz_{1E}	下古生界二郎坪安坪组	Sc	片岩		地震动峰值加速度分区界线
Pz_{1L}	下古生界罗汉寺岩组	qSc	石英片岩		水文地质分区界线
Pz_{1D}	下古生界丹凤岩群		斜长绿泥片岩	1	采取水样地点
Pt_{2g}	中元古界宽坪岩群广东坪岩组		云母片岩	CS-7	下降泉
Pt_{2Sc}	中元古界宽坪岩群四岔口岩组	Ph	千枚岩	CS-2	有水溶洞
Pt_{1g}	下元古界秦岭群郭庄岩组	Qu	石英岩		地下水流向
Pt_{1CS}	下元古界长角坝岩群沙坝岩组	Mb	大理岩		地表水流向
Pt_{1CH}	下元古界长角坝岩群黑龙潭岩组	Gr	变粒岩	CL-11	堰测地点
Pt_{1CD}	下元古界长角坝岩群低庄沟岩组	Gn	片麻岩		
Ar_3Wgn	上太古界龙草坪温泉岩组		黑云钾长片麻岩		
		γ	花岗岩		
		$\gamma\pi$	花岗斑岩		
		$\gamma\delta$	花岗闪长岩		
		δ	闪长岩		

(e)

图 2.6（二）　秦岭输水隧洞越岭段地质平面图
（c）平面图 3；（d）平面图 4；（e）平面图 5

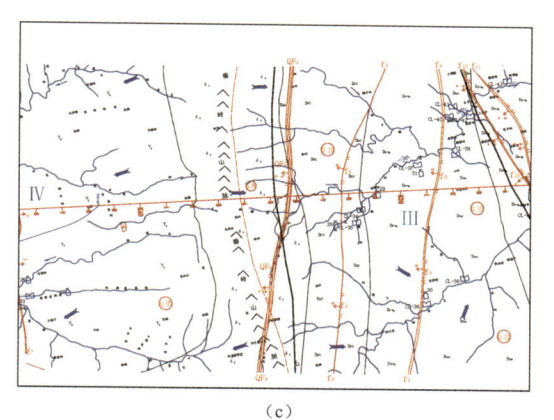

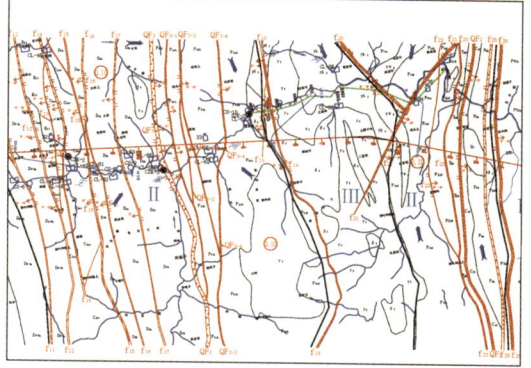

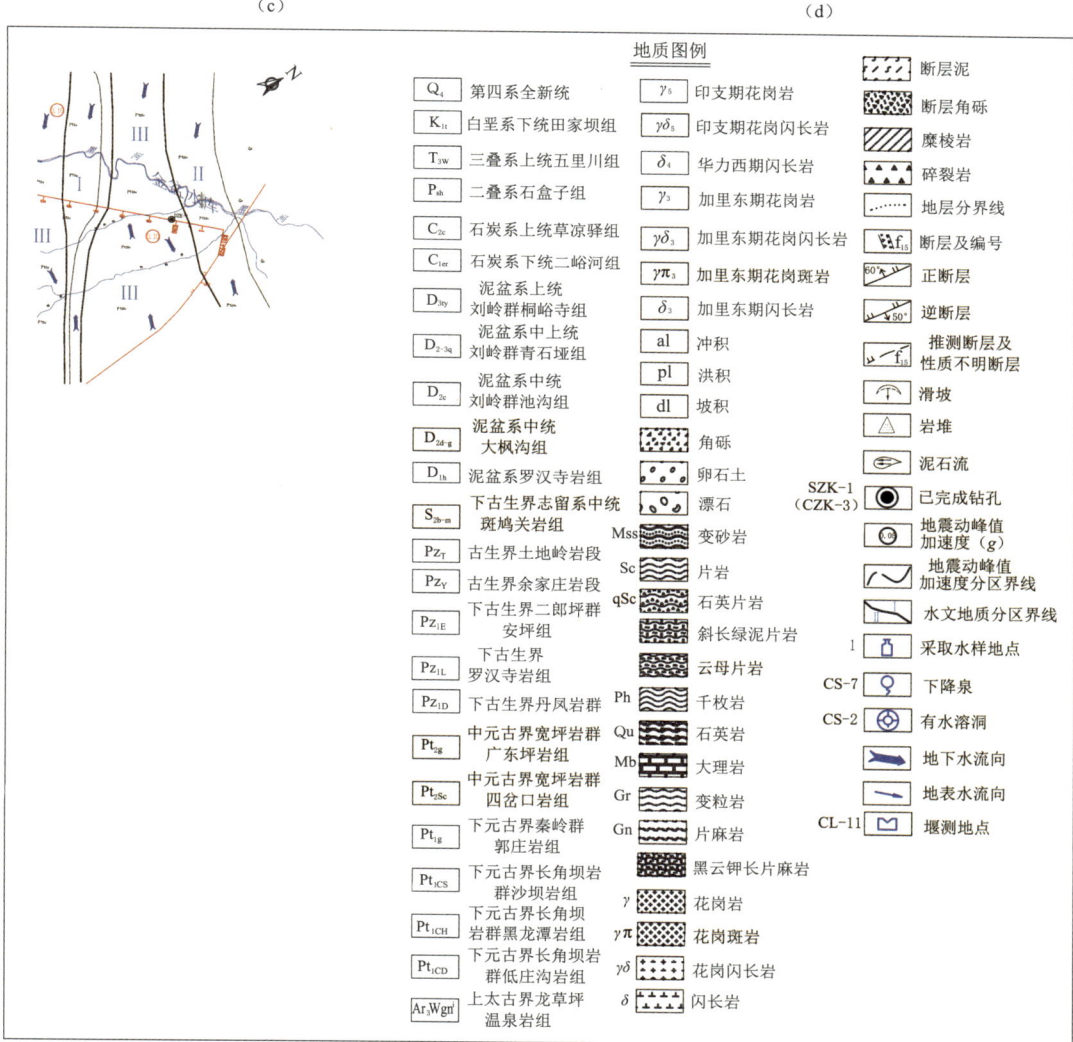

2.4.2 第四系地层

第四系地层多分布在河谷下游、山坡的坡脚地段、短小支流交汇处，结构较为松散。其岩性特征如下。

(1) 全新统冲积、洪积堆积（Q_4^{al+pl}）。主要分布在椒溪河、蒲河、木河、虎豹河、王家河、黑河河漫滩、阶地及部分较大河沟的下游河谷，沿河谷呈条带状展布。在河床漫滩，一般由砂卵石组成，结构松散，厚5～10m。在一级阶地，表部由砂质壤土组成，浅灰黄色，粉粒含量较高，含少量黏粒，其下为砂层和卵砾石层。

(2) 全新统崩积、坡积堆积（Q_4^{col+dl}）。主要分布于地势陡峻的坡脚地段，厚度变化大，崩积物多呈锥体状，主要由块石组成，块石直径一般2m，个别可达10～15m，坡积物主要由碎石组成，夹少量砂及砂壤土，结构杂乱且松散，厚度悬殊，局部有架空现象。

(3) 全新统坡积、洪积堆积（Q_4^{dl+pl}）。主要分布于短小支流交汇处和一些靠近河床部位的缓坡地带。以壤土及砾砂为主，结构杂乱，厚度差异性大，有一定的固结性，规模较小。

(4) 全新统坡积堆积（Q_4^{dl}）。主要分布于山区基岩缓坡地带及坡脚处。由碎石质壤土

(a)

(b)

(c)

(d)

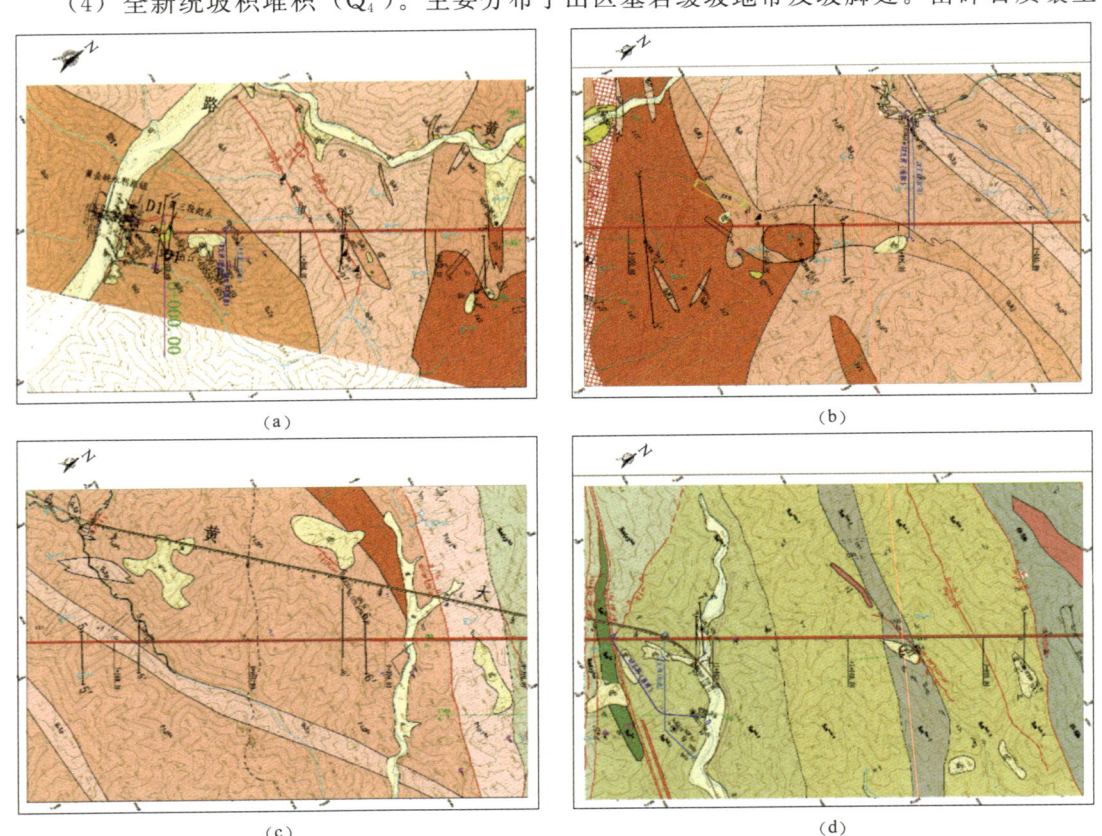

图2.7（一） 秦岭输水隧洞黄三段地质平面图
(a) 平面图1；(b) 平面图2；(c) 平面图3；(d) 平面图4

(e)

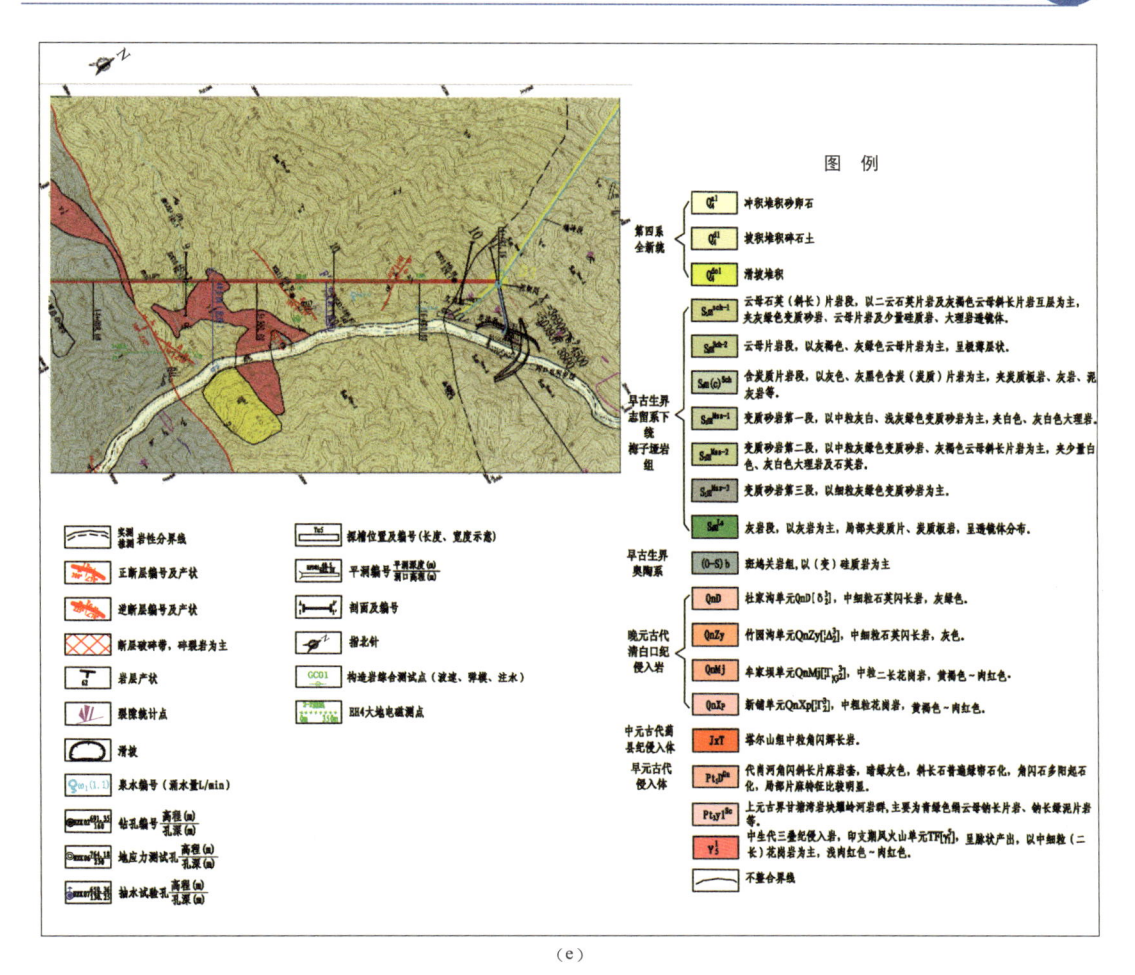

图 2.7（二） 秦岭输水隧洞黄三段地质平面图
(e) 平面图 5

组成，不均一，结构松散。

（5）全新统滑坡、崩塌堆积（$Q_4^{del+col}$）。工程临近区分布有三处，一处位于蒲家沟隧洞出口下游 0.3km 处，另两处位于良心沟中的张家院子对面和东沟口与良心沟交汇处上游约 300m 处。滑坡、崩积堆积主要分布在陡峻的山坡坡角，结构松散，以块石、碎石为主。

（6）上更新统、全新统残积、坡积堆积（Q_{3+4}^{edl+dl}）。分布在较缓山坡。由壤土夹碎石组成，多呈浅棕红色，黏粒含量较高。

2.4.3 变质岩

区内变质岩多分布在断层位置，岩组多为砂岩、变砂岩、千枚岩和石英片岩，夹杂有片麻岩、大理岩，岩组组成较为复杂。

1. 中生界（Mz）

（1）白垩系下统田家坝组（K_{1t}）。主要分布于秦岭岭北虎豹河内杨家山至安家岐一带，位于 f_{12} 和 f_{13} 断层之间。主要岩组为砂岩（K_{1t}^{Ss}）：紫红～灰绿色，呈中～厚层状，其主要成分以石英、长石为主，岩质较硬，属坚硬岩。

（2）三叠系上统五里川组（T_3w）。主要分布于秦岭岭北黑河水库库尾附近，位于 f_{23} 和 QF_2 断层之间。主要岩组为砂岩（T_{3w}^{Ss}）：青灰～灰绿色，呈中～厚层状，其主要成分以石英、长石为主，泥质胶结，细粒结构，岩质较硬，属坚硬岩。

2. 古生界（Pz）

（1）二叠系石盒子组（P_{sh}）。分布于秦岭岭北黑河水库库尾附近，QF_2 和 f_{25} 断层之间。主要岩组为砂岩（P_{sh}^{Ss}）：青灰色，主要成分为长石、石英，泥质胶结，细粒结构，岩质较硬，属坚硬岩。

（2）石炭系中统草凉驿组（C_{2c}）。分布于秦岭岭北黑河水库库尾，QF_2 断层以北党家阳坡附近。主要岩组为变砂岩（C_{2c}^{Mss}）：青灰色，夹有灰黑色炭质页岩及结晶灰岩透镜体，主要成分为长石、石英，泥质胶结，细粒结构，岩质较硬，属坚硬岩。

（3）石炭系下统二峪河组（C_{1er}）。分布于秦岭岭北王家河沟内小王涧及虎豹河内的安家岐一带，f_{12} 和 f_{15} 断层之间。主要岩组如下：

1）千枚岩（C_{1er}^{Ph}）：青灰～灰绿色，呈互层及薄层状，含绢云母、绿泥石，胶结性差，千枚状构造，属较软岩。

2）炭质千枚岩（C_{1er}^{Ph}）：灰黑～黑灰色，呈薄层状分布，炭质含量高，胶结性差，千枚状构造，属软岩。

（4）泥盆系上统刘岭群桐峪寺组（D_{3ty}）。分布于秦岭岭北虎豹河内阳坡、石头沟、马召梁，王家河沟内北沟、小西沟，f_9 断层以北。主要岩组如下：

1）千枚岩（D_{3ty}^{Ph}）：青灰～灰绿色，呈互层及薄层状，含绢云母、绿泥石，胶结性差，千枚状构造，属较软岩。

2）炭质千枚岩（D_{3ty}^{Ph}）：灰黑～黑灰色，呈薄层状分布，炭质含量高，胶结性差，千枚状构造，属软岩。

3）变砂岩（D_{3ty}^{Mss}）：青灰色，主要成分为长石、石英，中厚层状结构，块状构造，钙质胶结，岩质较硬，属坚硬岩。

（5）泥盆系中上统刘岭群青石垭组（D_{2-3q}）。分布于秦岭岭北虎豹河内上二台子、岳家池、纪家梁，王家河沟内黄家梁、冉家梁、老庄子，f_{10} 和 f_{12} 断层之间。主要岩组如下：

1）千枚岩（D_{2-3q}^{Ph}）：青灰～灰绿色，呈互层及薄层状，属较软岩。

2）炭质千枚岩（D_{2-3q}^{Ph}）：灰黑～黑灰色，炭质含量高，千枚状构造，属软岩。

3）变砂岩（D_{2-3q}^{Mss}）：青灰色，主要成分为长石、石英，钙质胶结，细粒结构，岩质较硬，属坚硬岩。

（6）泥盆系中统刘岭群池沟组（D_{2c}）。分布于秦岭岭北虎豹河内龙王沟、碾子沟沟口至秦岭岭脊间。主要岩组为变砂岩（D_{2c}^{Mss}）：青灰色，主要成分为长石、石英，钙质胶结，细粒结构，岩质较硬，属坚硬岩。

（7）泥盆系罗汉寺岩组（D_{lh}）。分布于秦岭岭北虎豹河内寨子坡与大坪，王家河内宋家岭、高家梁、下沙坝一带，f_{15} 和 QF_3 断层之间。主要岩组如下：

1）千枚岩（D_{lh}^{Ph}）：青灰～灰绿色，呈互层及薄层状，胶结性差，属较软岩。

2）炭质千枚岩（D_{lh}^{Ph}）：灰黑～黑灰色，呈薄层状分布，胶结性差，属软岩。

3）变砂岩（D_{lh}^{Mss}）：青灰色，钙质胶结，细粒结构，岩质较硬，属坚硬岩。

（8）古生界土地岭岩段（Pz_T）。呈线状分布于秦岭岭南。主要岩组为糜棱岩化大理岩（Pz_T^{Mb}）：灰色、灰白色，主要成分以方解石、白云石为主，粒状变晶结构，条带状构造，多具明显层理，局部有轻微溶蚀现象，属中硬岩。

（9）古生界余家庄岩段（Pz_Y）。呈条带状分布于秦岭岭南，蒲河左岸 f_{s6} 与 f_{s8} 断层之间。主要岩组为石英片岩（Pz_Y^{qSc}）：浅灰色、灰绿色为主，主要成分为石英、斜长石、黑云母，粒状变晶结构，片状构造，属中硬岩。

（10）下古生界志留系中统斑鸠关岩组（S_{2b-m}）。分布于秦岭岭南椒溪河两岸的浦家沟、垭子沟、杨家沟，隧洞起点和 f_{s5} 断层之间。主要岩组如下：

1）石英片岩（S_{2b-m}^{qSc}）：浅灰色、灰绿色为主，主要成分为石英、斜长石，粒状变晶结构，属中硬岩。

2）大理岩（S_{2b-m}^{Mb}）：灰色、灰白色，主要成分为方解石、白云石，粒状变晶结构，条带状构造，多具明显层理，属中硬岩。

（11）下古生界二郎坪群安坪组（Pz_{1E}）。分布于秦岭岭北隧洞出口一带。主要岩组如下：

1）角闪石英片岩（Pz_{1E}^{Sc}）：浅灰色、灰绿色，主要成分为绿泥石、石英等，片理较发育，属中硬岩。

2）千枚岩（Pz_{1E}^{Ph}）：青灰～灰绿色，呈互层及薄层状，含绢云母、绿泥石，胶结性差，千枚状构造，属较软岩。

3）炭质千枚岩（Pz_{1E}^{Ph}）：灰黑～黑灰色，呈薄层状分布，炭质含量高，胶结性差，千枚状构造，属软岩。

4）变砂岩（Pz_{1E}^{Mss}）：青灰色，主要成分为长石、石英，钙质胶结，细粒结构，岩质较硬，属坚硬岩。

（12）下古生界罗汉寺岩组（Pz_{1L}）。分布于秦岭岭北王家河沟内下沙坝至黑沟滩一带，QF_3 和 QF_{3-4} 断层之间。主要岩组如下：

1）千枚岩（Pz_{1L}^{Ph}）：青灰～灰绿色，呈互层及薄层状，含绢云母、绿泥石，胶结性差，千枚状构造，属较软岩。

2）炭质千枚岩（Pz_{1L}^{Ph}）：灰黑～黑灰色，呈薄层状分布，炭质含量高，胶结性差，千枚状构造，属软岩。

3）角闪石英片岩（Pz_{1L}^{Sc}）：浅灰色、灰绿色，主要成分为绿泥石、石英等，片理较发育，属中硬岩。

（13）下古生界丹凤岩群（Pz_{1D}）。分布于秦岭岭北王家河沟内黑沟滩至黄草坡一带，

f_{18} 断层以北。主要岩组为角闪石英片岩（Pz_{1D}^{Sc}）：浅灰色、灰绿色，主要成分为阳起石、长石、石英、角闪石等，片理不发育，块状构造，属中硬岩。

3. 元古界（Pt）

（1）中元古界宽坪岩群广东坪岩组（Pt_{2g}）。分布于秦岭岭北 f_{26} 断层以北及隧洞出口段。主要岩组如下：

1）云母片岩（Pt_{2g}^{Sc}）：浅灰色，主要成分为二云母，片理较发育，片状构造，属较软岩。

2）绿泥片岩（Pt_{2g}^{Sc}）：灰绿色，主要成分为绿泥石、阳起石，长石、石英少量，片理较发育，片状构造，属中硬岩。

3）石英片岩（Pt_{2g}^{qSc}）：浅灰色，主要成分为长石、石英，二云母少量，片理较发育，片状构造，属中硬岩。

4）炭质片岩（Pt_{2g}^{Sc}）：黑灰色、灰黑色，呈薄层状，主要成分为绿泥石、阳起石、二云母、长石、石英等，片理较发育，片状构造，属软岩。

5）大理岩（Pt_{2g}^{Mb}）：灰色、灰白色，主要成分以方解石、白云石为主，粒状变晶结构，条带状构造，多具明显层理，局部有轻微溶蚀现象，属中硬岩。

（2）中元古界宽坪岩群四岔口岩组（Pt_{2Sc}）。分布于秦岭岭北隧洞出口段。主要岩组为云母石英片岩、绿泥片岩（Pt_{2Sc}^{Sc}）：浅灰色、灰绿色等，主要成分为绿泥石、阳起石、二云母、长石、石英等，片理较发育，片状构造，属中硬岩～较软岩。

（3）下元古界秦岭群郭庄岩组（Pt_{1g}）。主要分布于秦岭岭北 f_{22} 与 f_{23} 断层之间。主要岩组为片麻岩（Pt_{1g}^{Gn}）：浅灰色～深灰色，主要成分以石英、斜长石、黑云母、角闪石为主，中粒粒状变晶结构，片麻理发育，块状构造，岩质坚硬，属坚硬岩。

（4）下元古界长角坝岩群沙坝岩组（Pt_{1CS}）。分布于秦岭岭南蒲河内枸园沟和古里沟之间。主要岩组为大理岩（Pt_{1CS}^{Mb}）：纯白色、灰白色、灰绿色、褐黄色，主要成分以方解石、白云石为主，部分含有石墨或角闪石，细粒变晶结构，块状构造，属中硬岩。

（5）下元古界长角坝岩群黑龙潭岩组（Pt_{1CW}）。分布于秦岭岭南三郎沟、龙窝沟段，局部出露。主要岩组为石英片岩（Pt_{1CW}^{qSc}）：灰白色，主要成分以石英、斜长石为主，粒状变晶结构，片状构造，属中硬岩。

（6）下元古界长角坝岩群黑龙潭岩组（Pt_{1CH}）。分布于秦岭岭南大面积出露老安山至萝卜峪沟口一带。主要岩组为石英岩（Pt_{1CH}^{Qu}）：灰白色、灰黑色，主要成分以石英、斜长石为主，局部含石墨，细粒变晶结构，块状构造，在柴家关西沟片理化严重，属坚硬岩。

（7）下元古界长角坝岩群低庄沟岩组（Pt_{1CD}）。分布于秦岭岭南，在枸园沟的西沟一带出露，广泛出露于石板沟、小里长沟、大里长沟、天坡寨一带。主要岩组如下：

1）石英片岩（Pt_{1CD}^{qSc}）：灰白色，主要成分以石英、斜长石为主，片状构造，属坚硬岩。

2）变粒岩（Pt_{1CD}^{Gr}）：黑灰色，主要成分为石英，块状构造，属坚硬岩。

3）片麻岩（Pt_{1CD}^{Gn}）：灰黑色，主要成分以长石、石英、黑云母、角闪石为主，片麻状构造，属坚硬岩。

4. 太古界（Ar）

（1）上太古界龙草坪片麻岩套（Ar_3Wgn、Ar_3Ngn）。分布于秦岭岭南蒲河五根树、古里沟一带。主要岩组如下：

1）片麻岩（Ar_3Wgn^{Gn}）：浅灰色～深灰色，主要成分以石英、斜长石、黑云母、角闪石为主，中粒粒状变晶结构，片麻理发育，块状构造，属坚硬岩。

2）片麻岩（Ar_3Ngn^{Gn}）：浅灰色、深灰色，主要成分以石英、斜长石、角闪石为主，含少量黑云母，中粒粒状变晶结构，片麻理较发育，块状构造，属坚硬岩。

（2）上太古界佛坪岩群（Ar_{3F}）。分布于秦岭岭南蒲河内四亩地一带。主要岩组为片麻岩（Ar_{3F}^{Gn}）：浅灰色、深灰色、灰绿色，主要成分以石英、斜长石、黑云母、角闪石为主，中粒粒状变晶结构，片麻理发育，块状构造，岩质坚硬，属坚硬岩。

2.4.4　侵入岩

区域内分布的侵入岩主要有燕山期侵入岩、印支期侵入岩、华力西期侵入岩、加里东期侵入岩，岩组主要由花岗岩、闪长岩组成，岩石硬度较大。各侵入岩岩性特征如下。

（1）燕山期侵入岩。区域内燕山期侵入岩主要分布于秦岭输水隧洞岭北出口段黑河水库库区右岸党家阳坡，呈小岩株侵入。主要岩组为花岗闪长岩（$\gamma\delta_5$）：灰白色，主要成分为长石、石英、角闪石、黑云母，中粗粒结构，节理裂隙不发育，岩体完整，岩质坚硬，属坚硬岩。

（2）印支期侵入岩。工程区域内印支期侵入岩大面积分布于秦岭岭南垭子沟至金砖沟、岭脊至萝卜峪沟之间，以及蒲河左岸，其余地段呈小岩株侵入。主要岩组如下：

1）花岗岩（γ_5）：灰白色，主要成分为长石、石英，含少量角闪石、黑云母，中粗粒结构，节理裂隙不发育，岩体完整，岩质坚硬，属坚硬岩。

2）花岗闪长岩（$\gamma\delta_5$）：灰白色，主要成分为长石、石英、角闪石、黑云母，中粗粒结构，节理裂隙不发育，岩体完整，岩质坚硬，属坚硬岩。

（3）华力西期侵入岩。工程区域内华力西期侵入岩分布于秦岭岭南金砖沟至枸园沟一带、岭北虎豹河内松桦坪至岭脊一带，其余地段呈小岩株侵入。闪长岩（δ_4）：灰色及灰白色，主要成分为斜长石、石英、普通角闪石、黑云母，中细粒、中粗粒结构，节理裂隙不发育，岩体完整，岩质坚硬，属坚硬岩。

（4）加里东期侵入岩。隧洞区内加里东期侵入岩主要分布于秦岭岭北王家河内黄草坡以北及黑河两岸。

1）花岗岩（γ_3）：浅肉红色、灰白色，主要成分为长石、石英，含少量角闪石、黑云母、中细粒、中粗粒结构，节理裂隙不发育，岩体完整，属坚硬岩。

2）花岗斑岩（$\gamma\pi_3$）：浅肉红色，主要成分为长石、石英，含少量角闪石、黑云母，斑晶体主要为钾长石，中粗粒结构，节理裂隙不发育，岩体完整，岩质坚硬，属坚硬岩。

3）花岗闪长岩（$\gamma\delta_3$）：灰白色、浅肉红色，主要成分为长石、石英等，中粗粒结构，节理裂隙不发育，岩体完整，岩质坚硬，属坚硬岩。

4）闪长岩（δ_3）：灰色、青灰色及灰白色，主要成分为斜长石、普通角闪石、黑云母，中细粒、中粗粒结构，节理裂隙不发育，岩体完整，岩质坚硬，属坚硬岩。

2.5 地质构造

2.5.1 概述

工程区域跨越了1个一级大地构造单元区秦岭褶皱系,南与扬子准地台接邻,北与华北准地台接邻。沉积巨厚,岩浆活动频繁,变质作用复杂,褶皱及断裂发育[10],如图2.8所示。

2.5.2 褶皱构造

秦岭褶皱系的次一级褶皱带内,褶皱带总体呈近东西向展布,褶皱构造较为发育,主要发育加里东期褶皱带和华力西期、印支期褶皱带,褶皱形态复杂。因受侵入体和断裂构造的破坏,褶皱形态已极不完整,但次一级褶皱劈理及挠曲仍较发育。

(1) 佛坪复背斜。褶皱带总体呈近东西向展布于岭南四亩地—佛坪一线,出露上太古界片麻岩,翼部为长角坝岩群变质岩系。因受侵入体和断裂构造的破坏,褶皱形态已极不完整,但次一级褶皱劈理及挠曲仍较发育。

(2) 板房子—小王涧复式坡向斜。向斜呈近东西向展布于岭北小王涧—清水河一线,长度约18km,卷入地层为石炭系二峪河组,因受断裂严重破坏,其原始产状已难以查明。核部由石炭系二峪河组上段组成,两翼依次为石炭系二峪河组下段和

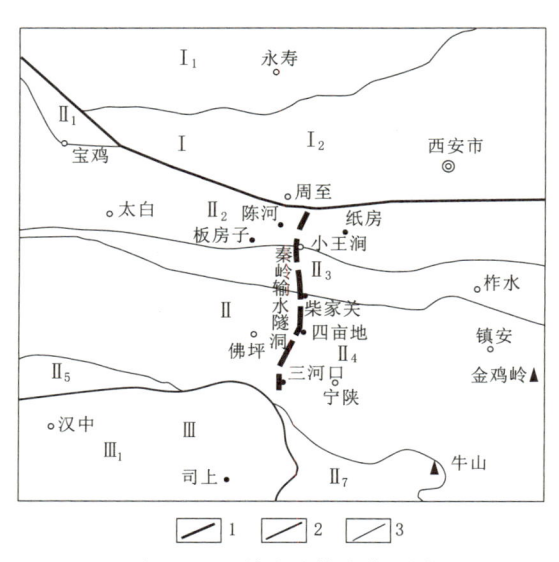

图2.8 区域大地构造分区图

1—一级构造分区界线;2—二级构造分区界线;3—三级构造分区界线;Ⅰ—中朝准地台;Ⅰ₁—陕甘宁台坳;Ⅰ₂—汾渭断陷;Ⅱ—秦岭褶皱系;Ⅱ₁—北秦岭加里东褶皱带;Ⅱ₃—礼县—柞水华力西褶皱带;Ⅱ₄—南秦岭印支褶皱带;Ⅱ₅—康县—略阳华力西褶皱带;Ⅱ₇—北大巴山加里东褶皱带;Ⅲ—扬子准地台;Ⅲ₁—龙门—大巴台缘隆褶带

红岩寺组,南翼缺失严重,北翼总体产状 N80°~70°W/50°~80°S(190°~200°∠50°~80°),局部有倒转,南翼产状 N85°E~N75°W/50°~70°N(355°~15°∠50°~70°),形成时代为印支期。

(3) 黄石板背斜。近东西向展布于岭北王家河黄石板一带,长数千米,轴面劈理较发育,卷入地层为罗汉寺岩群a岩段,北翼产状 EW~N75°W/50°~77°N(0°~25°∠50°~77°),南翼产状 N20°~60°W/45°~70°S(160°~210°∠45°~70°),为印支期形成。

(4) 高桥—黄桶梁复式向斜。夹持于岭北庙沟口—罗家坪断裂(f_{12})和陈家咀—黑疙瘩断层(QF_4)之间,呈北西西向展布,两翼地层缺失严重,核部被古城岭—老君滩断裂(f_9)破坏,形态极不完整。该复式向斜以桐峪寺组为核部,青石垭组、池沟组为两

翼，向东倾伏向西扬起，轴面劈理不发育，北翼产状 N60°W～N85°E/50°～70°S（175°～210°∠50°～70°），局部倒转，南翼产状 N55°E～75°E/60°～80°N（325°～345°∠60°～80°）。两翼次一级褶皱较为发育，其形成于海西—印支期。

2.5.3　断裂构造

区域性大断裂主要发育有 3 条：第一条是山阳—凤镇断裂，走向为北西西向，表现为压性；第二条是商县—丹凤断裂及其 4 条分支断裂，走向为近东西向，表现为压性，具有切割深、延伸长，规模大的特点；第三条是黄台断裂，走向为近东西向，表现为压性。另外，该区内有 33 条地区性一般性断裂（含 6 条推覆断层，单独叙述），走向多为近东西向，少量为北东向、北西向，多数表现为压性，少数表现为张性及平移性质，规模相对较小，多为较窄的破碎带，断带物质主要由碎裂岩、糜棱岩、断层角砾、断层泥组成。断裂在线路附近由南向北，依次分布如下：

（1）陈家咀—黑疙瘩断层（QF_4）。该断层呈北西—南东向展布，延伸长度大于 300km，为区域上的山阳—凤镇断裂（区域编号为 F_{13}），在东河上游附近为大枫沟岩组和刘岭群的分界断裂，早期具韧性变形特征，表现有含钙成分层及石英脉形成顺层掩卧褶皱和不对称褶皱，长英质脉形成钩状褶皱、旋转斑、黏滞型石香肠等，在平面上指示右行剪切，剖面上指示由北向南逆冲剪切，韧性剪带一般宽 100～200m。片理化带较为发育，形成宽大的破碎带，断面波状弯曲，多表现为正断层性质，产状 N60°～70°W/70°～80°S（200°～210°∠70°～80°）。该断层海西中期主要表现为伸展机制下的滑脱性质，印支期为由北向南的韧性推覆，燕山期以来为剪切走滑、逆冲推覆和正断层等活动。

（2）六窝峰—双庙子断层（QF_3）。该断层呈近东西向带状展布，为区域上的商县—丹凤断裂（区域编号为 F_{12}）。在加里东期为扬子板块向华北板块的俯冲消减带，印支期形成了巨大的由北向南的逆冲推覆剪切带，中新生代以来表现为先右行后左行的平移剪切，向南的逆冲推覆活动，在走向上具有分散和弥合现象。主断裂两侧位置存在数条分支断裂发育，即沙梁子—西湾断裂（线路未通过）、虎豹河口—庙梁子断裂（QF_{3-1}、QF_{3-2}、QF_{3-3}）及严家梁—黑沟滩断裂（QF_{3-4}）等。

1）沙梁子—西湾断裂：主要构造岩为碳酸盐质、粉砂质、绿泥斜长质糜棱岩，拖尾、拔丝、矿物拉伸线理、斜长石和碳酸盐质旋转斑、方解石细脉及长英质脉的不对称褶皱十分发育，在剖面指示由北向南的逆冲剪切，平面上可见先右行后左行的平移剪切特征。该断裂带的（脆性）破碎带一般宽 40～200m，带内构造角砾岩、碎裂岩等十分发育，主断面产状 N80°E/60°～70°N（350°∠60°～70°）。晚期脆性断裂走向与早期韧性剪切带一致，但断裂面多向北西西陡倾，表现出逆断层的性质，断裂在两次平移剪切活动具先右行后左行韧性改造的特征。

2）虎豹河口—庙梁子断裂（QF_{3-1}、QF_{3-2}、QF_{3-3}）：近东西向横贯本区，为六窝峰—双庙子断层的分支断层，在王家河又分支为三条次级断层，延伸长度约 18km。主要构造岩为砂质糜棱岩、凝灰质棱岩。断层走向近东西向，脆性断裂面产状 N85°E～N85°W/60°～80°N（355°～5°∠60°～80°），剪切带宽 40～100m，向北倾。该断裂带在印支期至燕山期由北向南逆冲推覆。

3）严家梁—黑沟滩断裂（QF$_{3-4}$）：近东西向横贯本区，为六窝峰—双庙子断层的分支断层，延伸长度大于25km。主要构造岩为绿泥斜长质、黑云斜长质、斜长角闪质糜棱岩，该断裂带宽40～60m，糜棱面理产状N50°～70°W/65°N（200°～220°∠65°），断层走向近东西—北西西向，向北倾，倾角65°，多表现出逆断层的性质。该断裂带在印支期表现为由北向南逆冲推覆。

（3）张四沟—柳叶河断裂带（QF$_2$）。该断裂带为区域上的皇台断裂（区域编号为F$_{11}$），近东西向展布，由于两条边界断裂所限，带内发育了一套晚古生代—中生代的陆相地层。破碎带宽100～200m，南界断层面呈波状弯曲，产状N55°～75°W/50°～70°N（15°～35°∠50°～70°），北界断层面亦波状弯曲，总体产状N80°E/51°N（350°∠51°），南北断裂属逆断层性质。断裂带内石炭纪沉积的石英砾岩和钙质砾岩中的砾石具脆～韧性变形特征，多指示具逆断层性质，部分由含炭片岩及石英条带形成的不对称褶皱显示正断层性质。该断裂活动于燕山—喜山期。

（4）三河口—十亩地断层组（f$_{s1}$、f$_{s2}$）。该断层组位于三河口—十亩地一线，由两条平行的右旋平移逆断层组成，与佛爷沟—蒿林湾断层为一组共轭断层。断层走向在N40°～60°W（30°～50°）范围内，断层带物质主要为断层角砾及断层泥，断层带宽度30～70m。

（5）秧田坝—十亩地断层组（f$_{s3}$、f$_{s4}$、f$_{s5}$、f$_{s6}$、f$_{s7}$、f$_{s8}$）。该断层组位于十亩地—老人寨一线，沿秧田坝—十亩地剪切走滑带展布，长度超过20km。由多条平行的不同性质断层组成，其为早期韧～脆性剪切带的继承性断层。断层走向多在N50°～75°W（15°～40°）范围内，断层产状向南或向北陡倾（55°～80°），断层带物质主要为断层角砾及断层泥，断层带宽度10～50m，在断层带有下降泉出露。

（6）佛爷沟—蒿林湾断层（f$_{1-1}$、f$_{1-2}$、f$_{1-3}$）。该断层全长约13km，为一北东向正断层束，由近似平行的2～3条断裂组成（线路未通过）。单个断层面平直，断层产状为N30°～60°E/65°S（120°～150°∠65°），断层带物质为碎裂岩、断层角砾岩及少量断层泥，断层破碎带宽度30～60m，显示为左旋平移断层。

（7）玉皇庙—陈家坝断层（f$_5$）。该断层东西延伸约24km，为一南西方向倾斜的正断层。断层产状N75°～80°W/70°S（190°～195°∠70°），断层带物质主要为碎裂岩、断层角砾及少量断层泥，断层破碎带宽度80～100m。

（8）东木河—石板沟断层（f$_7$）。该断层通过东木河及石板沟，断层宽度较窄，断面平直光滑，有擦痕，局部集中为断层组。产状N80°～85°W/70°～85°N（5°～10°∠70°～85°），断层带物质以碎裂岩为主，断层破碎带宽度10～30m，具有逆断层性质。

（9）古城岭—老君滩断层及其分支断层（f$_8$、f$_9$、f$_{10}$）。该断层组呈北西西及北东东向展布，延伸长度大于25km。可见不对称褶皱、旋转斑及拔丝构造等早期脆韧性变形特征，平面上反映右行剪切，断层破碎带一般宽50～100m，老君滩处糜棱面理产状N60°W/70°S（210°∠70°）。带内碎裂岩、糜棱岩、构造角砾岩、断层角砾发育。古城岭附近断面十分平直，断层走向北西西—北东东向，倾向南，倾角65°～75°，产状N85°W/60°～70°S（175°∠69°），其上可见两组产状分别为N45°E和N60°W的擦痕。该断层可能形成于印支期，表现为由北向南的逆冲推覆和右行剪切走滑。

（10）铁场坪—冉家梁断层（f_{11}）。该断层出露于虎豹河铁场坪及王家河的冉家梁附近，走向呈北东东向，延伸长度大于25km。断层沿冉家梁方向延伸，倾向南，倾角70°～80°，产状N75°～85°E/70°～80°S，断层破碎带宽50～70m，为逆断层。

（11）庙沟口—罗家坪断层（f_{12}）。该断层近东西向横穿本区，延伸长度大于25km。早期韧性变形形成长英质脉的不对称褶皱和石英矿物的压扁拉长、拔丝构造等，平面指示北盘上冲剪切，晚期脆性断裂形成的破碎带较宽，断层破碎带宽50～80m，主断面向南陡倾，多表现出逆断层的性质，断层走向近东西向，倾角80°。该断层最早可能活动于印支期，表现为由北向南的逆冲推覆。

（12）安家岐—小王涧断层及其支断层（f_{13}、f_{14}）。该断层出露于虎豹河的安家岐及王家河的小王涧附近，近东西向横穿本区，延伸长度大于25km。断层破碎带宽40～60m，主断面向南倾，表现为逆断层性质，断层走向近东西向，倾角50°～70°。

（13）元潭子—孙家阳坡断层（f_{15}）。该断层呈北东东向延伸，延伸长度大于25km，为泥盆系罗汉寺岩群和石炭系下统地层的分界断裂。带内早期糜棱面理发育，平面上石英脉的不对称褶皱和旋转斑指示左行剪切，含砾变砂岩中部分δ型碎斑指示右行剪切。剖面上大理岩条带形成的不对称褶皱指示逆冲剪切，后期的脆性断裂带宽20～50m，断面平直，向南倾，断层走向近东西向，倾角50°～75°，产状EW～N70°W/50°～75°S（180°～200°∠50°～75°），多表现出逆断层的性质。其中，在孙家阳坡处产状为N85°W/60°N（5°∠60°）。

（14）f_{16}断层。f_{16}断层为太平河口—田湾断裂的分支断裂和罗汉寺岩群内部b岩段与d岩段的分界断裂，呈东西向横穿测区，早期脆性变形可见石英脉的拔丝构造，不对称褶皱、黏滞型石香肠及绿泥石集合体压扁定向等，反映由南向北的逆（反冲）剪切，断层面主产状N85°E～N85°W/60°～70°S（175°～185°∠60°～70°），剪切破碎带宽30m左右，主要构造岩为初糜棱岩、碎裂岩。断裂性质形成于印支期，表现为由南向北逆冲。

（15）高庄碥—窑子坪脆韧性断裂（f_{17}）。该断裂为太平河口—田湾断裂的分支断裂和罗汉寺岩群内部a岩段与b岩段的分界断裂，呈东西向横穿测区。早期脆性变形可见石英脉的拔丝构造，不对称褶皱、黏滞型石香肠及绿泥石集合体压扁定向等，反映由南向北的逆（反冲）剪切，糜棱面理产状N80°E～N70°W/65°～85°S（170°～200°∠65°～85°）。后期被逆断层叠加，断层面主产状N85°E～N85°W/60°～70°S（175°～185°∠60°～70°）。剪切破碎带宽60m左右，主要构造岩为初糜棱岩、糜棱岩、碎裂糜棱岩。断裂性质形成于印支期，表现为由南向北逆冲。

（16）f_{18}断层。f_{18}断层近东西向展布，延伸长度小于5km，主要构造岩为碎裂岩，断层带宽5～10m，断层产状N88°E/55°～65°S（268°∠55°～65°），表现为逆断层性质。

（17）祖师庙梁—油房坪断层（f_{19}）。该断层近东西向横贯本区，延伸长度大于25km。岩石中可见长石、角闪石的定向及矿物拉伸线理等，剖面上石英脉不对称褶皱指示为由北向南的逆冲剪切。破碎带宽40～60m，带内发育挤压片理化带和构造角砾岩，断层走向近东西—北西西向，向南倾，倾角45°～60°。主断面产状EW～N80°W/45°～60°S（180°～190°∠45°～60°）。该断裂北侧的金井岩体明显受其控制，推测其于加里东期已开始活动。

(18) 陈河口—蒋家梁断层（f_{20}）。该断层为一剪切走滑构造，发育于陈河口—蒋家梁一带，规模较小，呈北东向，延伸约 4km。断层破碎带宽 80～120m，主要构造岩为构造角砾、碎粉岩等。断层面南倾，断层面产状 N50°～60°E/80°～85°S（130°∠80°～85°），断层两侧地质体分布特征显示左行平移剪切，使早期东西向构造发生明显左行错移，形成于燕山期。

(19) 刘家坪—木匠河口断层（f_{21}）。f_{21} 发育于陈河乡木匠河口—刘家坪一带，规模较大，北西向延伸约 10km。断层破碎带宽 80～100m，主要构造岩为碎裂岩、构造角砾岩、断层泥、碎粉岩等。断层面北倾，断层面产状 N40°～60°W/80°～85°N（230°～240°∠80°～85°），该断裂使秦岭岩群、二郎坪岩群和柳叶河断陷带发生了右行错移，水平断距可达 4.5km。该断层斜切北东向断层，使早期东西向构造明显发生右行错移，形成于燕山末期。

(20) 文家沟—木匠河口断层（f_{22}）。f_{22} 呈北西西向横贯本区，主要构造岩为长英质糜棱岩、超糜棱岩，断层剪切带宽 80～100m，断层走向北西西向，向北倾，倾角 50°～65°，多表现出逆断层的性质。该断层由北向南逆冲推覆。

(21) 柳叶河脑上—木匠河口断层（f_{23}）。沿柳叶河一线的断陷从石炭纪—白垩纪曾多次发生，发育了草凉驿组、石盒子组、五里川组及田家坝组等多处陆相地层，红层、磨拉石建造较为特征，可见到平行不整合、角度不整合接触关系，脆性断裂十分发育。该断层带宽 60～80m，断层走向北西西向，向北倾，倾角 50°～65°，多表现出逆断层的性质。

(22) 石牛滩—黄池沟断裂（f_{25}、f_{26}）。该断裂呈近东西向延伸，为宽坪岩群广东坪岩组（Pt_{2g}）与二郎坪岩群文家山岩组（Pz_{1w}）之间的分界断裂。早期形成的脆～韧性剪切带一般宽 150～200m，N70°～80°W（100°～110°）走向。构造岩主要为绿泥钠长质构造片岩、长英质和石英碳酸盐质糜棱岩，矿物定向性较好，石英拔丝构造发育，同构造分泌石英脉的不对称褶皱、钩状褶皱、黏滞型石香肠多见。不对称褶皱在平面上指示先右行后左行，在剖面上指示北盘逆冲剪切的性质。晚期脆性断裂性质以挤压为主，表现为片理化带和碎裂岩带，带宽 60～100m，主断裂面产状 N80°W/70°N（10°∠70°）。

印支期主要表现为由北向南的逆冲推覆，使宽坪岩群广东坪岩组（Pt_{2g}）逆冲于二郎坪岩群文家山岩组（Pz_{1w}）之上，燕山期表现为先右行后左行的平移剪切及自北而南的逆冲推覆，使二郎坪岩群逆冲于柳叶河断陷带之上。

2.5.4 推覆构造

工程区内由南向北推覆构造是秦岭造山带印支期主要的造山运动，主构造带多沿构造薄弱地带展布，岭南主要发育有四组：第一组从梅园沟附近通过；第二组从郭家坝附近通过，即 f_{2-1}、f_{2-2} 断层组，与隧洞洞身交于 K11+760、K11+790；第三组从陈家坝附近通过，即 f_{3-1}、f_{3-2}、f_{3-3} 断层组，与隧洞洞身交于 K12+810、K12+980、K13+140 范围内；第四组 f_4 断层与隧洞洞身交于 K15+460，推覆构造近东西走向，30°～50°向南缓倾。构造带广泛发育构造片岩、糜棱岩、剪切作用夹持了大量变形的构造透镜体或岩石条带，调查可见大量擦痕，部分位置为侵入岩与变质岩分界点。岭北较为典型的逆冲推覆构造，即石牛滩—黄池沟断裂（f_{25}、f_{26}），位于隧洞里程 K72+900～K72+975 及 K73+290～K73+380 处的柳叶河逆冲推覆构造，该构造带近东西向展布，局部地段较宽，为一系列叠瓦状高角度倾北的韧性剪切带和逆断层组合，由北向南的逆冲剪切使宽坪岩群逆冲于二郎坪岩群之上，二郎坪岩群又逆冲于石炭系—二叠系之上。该逆冲推覆构造形成于印支—燕山期。

秦岭输水隧洞所通过的断层见表2.3。

表 2.3　　　　　　　　　　秦岭输水隧洞所通过的断层一览

断层编号	断层产状	断层性质	断层带主要物质组成	通过洞身位置	长度/m
f_{s1}	N40°～60°W/(30°～50°)	右旋旋平移逆断层	碎裂岩	K1+800～K1+830	30
f_{s2}	N60°～70°W/(30°～50°)	右旋旋平移逆断层	碎裂岩	K2+980～K3+050	70
f_{s3}	N60°～70°W/60°～80°S	逆断层	断层泥砾、碎裂岩	K2+845～K2+860	15
f_{s4}	N75°W/65°S	逆断层	碎裂岩、断层泥砾	K3+290～K3+320	30
f_{s5}	N75°W/80°S	逆断层	碎裂岩	K3+485～K3+515	30
f_{s6}	N85°W/75°S	逆断层	碎裂岩、断层泥砾	K3+620～K3+650	30
f_{s7}	N75°W/50°S	逆断层	碎裂岩	K3+900～K3+950	50
f_{s8}	N70°W/50°N	逆断层	碎裂岩	K5+010～K5+060	50
f_{2-1}	N70°～85°E/30°～50°S	逆断层	碎裂岩	K12+020～K12+060	40
f_{2-2}	N70°～85°E/30°～50°S	逆断层	碎裂岩	K12+060～K12+100	40
f_{3-1}	N70°～85°E/30°～50°S	逆断层	碎裂岩	K13+070～K13+120	50
f_{3-2}	N70°～85°E/30°～50°S	逆断层	碎裂岩	K13+240～K13+290	50
f_{3-3}	N70°～85°E/30°～50°S	逆断层	碎裂岩	K13+400～K13+450	50
f_4	N80°E/30°～50°S	逆断层	碎裂岩	K15+720～K15+770	50
f_5	N75°～80°W/70°S	正断层	碎裂岩、断层泥砾	K16+560～K16+660	100
f_7	N80°～85°W/70°～85°N	走滑剪切	碎裂岩	K35+450～K35+480	30
QF_4	N60°～70°W/70°～80°S	正断层	碎裂岩、糜棱岩	K45+180～K45+370	190
f_8	N85°W/65°～75°S	逆断层	碎裂岩	K47+480～K47+530	50
f_9	N70°～85°W/65°～75°S	逆断层	碎裂岩、糜棱岩	K50+930～K51+020	90
f_{10}	N60°～70°E/60°～70°S	逆断层	碎裂岩	K54+240～K54+320	80
f_{11}	N75°～85°E/70°～80°S	逆断层	碎裂岩	K54+800～K54+860	60
f_{12}	N80°～85°E/70°～80°S	逆断层	碎裂岩	K55+875～K55+945	70
f_{13}	N80°～85°W/50°～70°S	逆断层	碎裂岩	K56+305～K56+345	40
f_{14}	N75°～80°W/60°S	逆断层	碎裂岩	K56+715～K56+775	60
f_{15}	EW～N70°W/50°～75°S	逆断层	糜棱岩、碎裂岩	K57+530～K57+570	40

续表

断层编号	断层产状	断层性质	断层带主要物质组成	通过洞身位置	长度/m
f$_{16}$	N85°E～EW/60°～70°S	逆断层	碎裂岩	K57+645～K57+675	30
f$_{17}$	N85°E～EW/60°～70°S	逆断层	糜棱岩、碎裂岩	K58+800～K58+860	60
QF$_3$	N80°E/60°～70°N	逆断层	碎裂岩、断层泥砾	K60+990～K61+180	190
QF$_{3-1}$	N75°～85°E/60°～80°N	逆断层	碎裂岩及断层角砾	K61+600～K61+650	50
QF$_{3-2}$	N75°～85°E/60°～80°N	逆断层	糜棱岩、碎裂岩	K62+070～K62+130	60
QF$_{3-3}$	N75°～85°E/60°～80°N	逆断层	断层泥砾、碎裂岩	K62+340～K62+380	40
QF$_{3-4}$	N50°～70°W/65°N	逆断层	糜棱岩、碎裂岩	K63+550～K63+600	50
f$_{18}$	N88°E/55°～65°S	逆断层	碎裂岩	K64+590～K64+640	50
f$_{19}$	N80°W～EW/70°～80°S	逆断层	断层泥砾、碎裂岩	K64+785～K64+840	55
f$_{21}$	N40°～60°W/80°～85°N	剪切走滑逆断层	碎裂岩	K69+905～K69+995	90
f$_{22}$	N65°～80°W/50°～65°N	逆断层	碎裂岩	K71+820～K71+920	100
f$_{23}$	N60°～70°W/50°～65°N	逆断层	碎裂岩	K72+260～K72+335	75
QF$_3$	N55°～75°W/50°～70°N	逆断层	碎裂岩、断层泥砾	K72+450～K72+620	170
QF$_{3-1}$	N70°～80°W/65°～75°N	逆断层	碎裂岩	K73+180～K73+255	75
QF$_{3-2}$	N70°～80°W/65°～75°N	逆断层	碎裂岩	K73+570～K73+660	90

2.6 水文地质

2.6.1 概述

秦岭输水隧洞南起黄金峡泵站出水池，沿东北方向到达三河口水利枢纽右岸坝后穿越椒溪河后，继续北上穿越黑河支流王家河最终到达周至县马召镇黄池沟，全长98.299km，其中黄三段长16.52km，越岭段长81.779km。共布设14条施工支洞，其中黄三段4条，越岭段10条。主要支流有汉江支流良心河、沙坪河、椒溪河、蒲河，黑河支流黄池沟、虎豹河、王家河。

秦岭输水隧洞穿越区地表水、构造裂隙水及岩溶水发育，隧洞通过区地下水以潜水为主，局部具有弱承压性，由于其含水介质的各向异性，地下水的补给、径流、排泄十分复杂。地下水循环过程短，分布范围广且零散，水量大，使得隧洞在钻进过程中容易发生涌水、岩体变形、塌方等地质问题。隧洞施工过程中穿越埋深较浅和岩溶发育地段时，可能会出现地下水的大量流失，从而引发地表水的加速下渗及部分泉水的干涸，洞线穿越多处透水岩层，由于隧洞埋深较大，高水头问题给隧洞衬砌结构的设计带来极大挑战性。其中，隧洞最具挑战性的越岭段以三河口水库为起点，中间地表水经过蒲河、虎豹河、王家河和黑河等较大河流，最后到达金盆水库，如图2.9所示。

2.6 水文地质

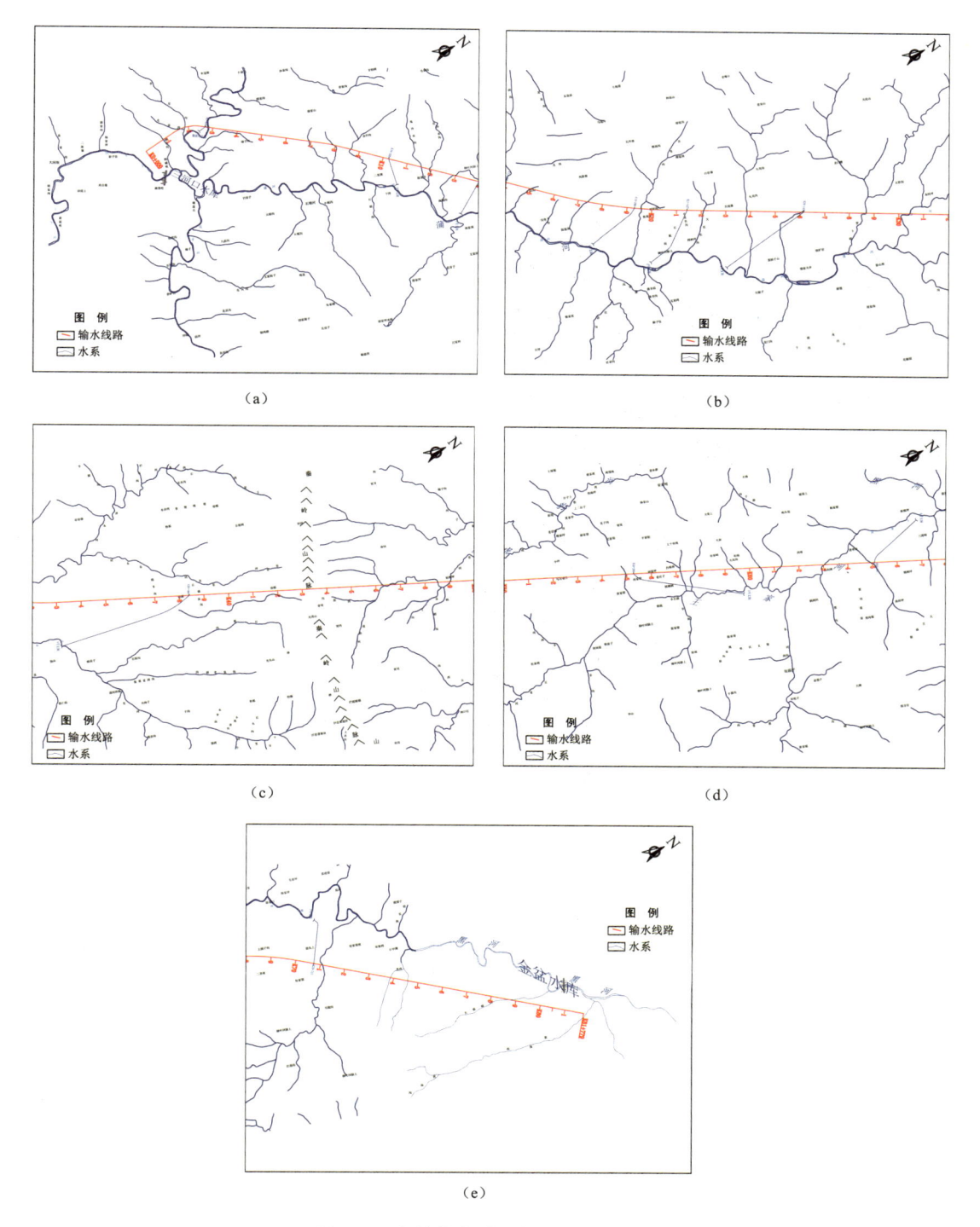

图 2.9 秦岭输水隧洞越岭段水系分布
(a) 分布图 1；(b) 分布图 2；(c) 分布图 3；(d) 分布图 4；(e) 分布图 5

· 35 ·

2.6.2 地表水

隧洞区地表水发育。岭南主要由椒溪河、蒲河及其支流河谷组成，岭北主要由黑河河谷及其支流王家河、虎豹河组成。水源均主要来自基岩裂隙水和大气降水，水量随季节变化幅度较大，夏季有山洪暴发，水质良好，如图 2.10 所示。

图 2.10 隧洞区地表水情况
(a) 黑河上游；(b) 蒲河；(c) 王家河

2.6.3 地下水

根据隧洞通过区出露的地层岩性及地质构造特征，结合含水介质的不同，将地下水主要分为第四系松散岩类孔隙水、碳酸盐岩类岩溶水和基岩裂隙水三大类。

(1) 第四系松散岩类孔隙水。孔隙水赋存于岭南子午河、椒溪河、蒲河及其几十条支流的山区沟谷中的第四系全新统冲积层、洪积层及坡积层之中。由于岭南较岭北地形相对平缓，沟水流域面积相对较大，有利于第四系松散岩类孔隙水的赋存，因此这一区域水量丰富，水质良好。而岭北的地形相对较陡，黑河、王家河、虎豹河及其支流流域面积相对较小，不利于第四系松散岩类孔隙水的赋存，因此地下水水量相对较小，水质良好。

(2) 碳酸盐岩类岩溶水。这一类岩溶水主要分布于岭南中下元古界（Pt_1）的大理岩地层中。由于构造的影响，又加上大理岩具有岩性脆、易溶等特点，节理、裂隙发育，因此地下水往往沿其裂隙产生强烈的溶蚀作用，线状溶隙和溶洞都较为发育。经地面调查发现，该地层中有 8 处溶洞，其大小程度不一，小者见深仅为几十厘米，大者见深达 1～2m，最深可达 8m 左右，宽 5m，高 2m（位于龙洞沟沟脑），其中有 2 处为有水溶洞，上游大的有水溶洞（位于龙洞沟沟脑）测得流量约 700m³/d，下游小的有水溶洞测得流量 320～774m³/d，受大气降水的影响较大，诸多因素给岩溶水的赋存运移创造了良好的条件。岭南调查到的 3 处水量较大的下降泉，均出露于大理岩地层中，其中有 2 处泉水流量较大（流量大于 250m³/d）。岭北上元古界（Pt_3）的大理岩夹片岩地层中泉水分布较少。

（3）基岩裂隙水。基岩裂隙水主要赋存于越岭地段岩层及区域大断裂破碎带附近，依据储水裂隙成因的不同，可分为构造裂隙水、风化裂隙水及原生层理裂隙水。根据测区裂隙网络分布特征，基岩裂隙水类型又可分为网状（或层状）裂隙水及脉状裂隙水。风化裂隙水主要赋存于岩体表层风化带中，多为网状裂隙水；构造裂隙水主要赋存于断层、构造节理或裂隙、岩脉侵入接触带中，多为脉状裂隙水，具有弱承压性。

测区受多次构造运动和基岩风化作用的影响，故裂隙水的分布较普遍，而且裂隙含水介质具有非均质各向异性。基岩裂隙水的主要含水层主要分布在进口段和出口段，岭北出口段单泉流量一般在 27.73～603.42m³/d。基岩裂隙水的次要含水层主要分布于岭南、岭北隧洞埋深较大地段，岭北单泉流量一般在 5.00～485.40m³/d。

岭脊侵入岩网状风化裂隙水主要赋存于岭脊各期侵入岩的风化裂隙中，含水层岩性为闪长岩、花岗岩，地下水天然露头（泉）出露很少，受大气降水影响较大。

构造破碎带脉状裂隙水：测区在多次构造运动的影响下，断裂较为发育，且规模较大，多为压性断裂，压性断层破碎带往往是阻水的，秦岭输水隧洞通过区出露有许多泉点，多数分布于断层附近，均为佐证。一般在压性断裂的上盘靠近断裂地带，张性、扭性断裂破碎带及其复合部位，节理裂隙较为发育，岩层破碎，在补给源充沛的情况下，往往为较富水地段，具各向异性及弱承压性。

2.6.4 水化学特征

岭脊两侧水化学类型属 $HCO_3·SO_4-Ca$ 型及 HCO_3-Ca 型；进口—九关沟一带水化学类型属 HCO_3-Ca 型及 $HCO_3·SO_4-Ca·Mg$ 型；岭北水化学类型属 $HCO_3·SO_4-Ca$ 型、$HCO_3·SO_4-Ca·Mg·Na$ 型及 HCO_3-Ca 型；黄草坡—出口一带水化学类型属 $HCO_3·SO_4-Ca·Mg$ 型及 $SO4·HCO_3-Ca·Mg$ 型。矿化度小于 0.5g/L，水中侵蚀性 CO_2 基本不含或含量很低，不具侵蚀性。环境水对混凝土及钢筋混凝土均无腐蚀性。

2.7 围岩分类

根据地表地质调绘并结合物探、钻探、试验资料综合分析，依据《水利水电工程地质勘察规范》（GB 50487—2008）[11]，对黄三段和越岭段两段隧洞的围岩进行分类。秦岭输水隧洞围岩分类评分见表 2.4，秦岭输水隧洞黄三段围岩工程地质分段评价见表 2.5、围岩分类长度统计见表 2.6，越岭段围岩工程地质分段评价见表 2.7、围岩分类长度统计见表 2.8。

表 2.4　　秦岭输水隧洞围岩分类评分

岩石名称	风化程度	单轴饱和抗压强度 R_c/MPa 评分	岩石完整程度及评分	结构面状态评分	地下水评分	主要结构面产状评分	围岩总评分	围岩类别	单位弹性抗力系数 K_0/(MPa/cm)
花岗岩	未风化	139.0 / 30.0	完整 / 35	27	0	−5	87	Ⅰ	18～25
	微风化	114.0 / 30.0	较完整 / 28	24	−2	−10	70	Ⅱ	12～18
	微风化	114.0 / 30.0	完整性差 / 20	15	−4		61	Ⅲ	5～12
	弱风化	91.2 / 28.0	较破碎 / 12	12	−8		44	Ⅳ	2～5
石英闪长岩	未风化	127.2 / 30.0	较完整 / 30	27	0	−5	82	Ⅱ	12～18
	微风化	86.1 / 25.0	完整性差 / 22	17	−2		62	Ⅲ	5～12
	弱风化	74.9 / 24.0	较破碎 / 12	12	−8		40	Ⅳ	2～5
大理岩	微风化	65.0 / 21.0	完整性差 / 20	21	−10		52	Ⅲ	5～12
	弱风化	53.5 / 16.0	较破碎 / 14	12	−14		28	Ⅳ	2～5
石英岩	微风化	114.8 / 30.0	完整性差 / 22	21	−2		61	Ⅲ	5～12
	弱风化	91.8 / 28.0	较破碎 / 13	12	−8		45	Ⅳ	2～5
片麻岩	微风化	90.0 / 28.0	完整性差 / 22	21	−2		59	Ⅲ	5～12
	弱风化	72.0 / 23.0	较破碎 / 12	12	−12		35	Ⅳ	2～5
变粒岩	弱风化	66.6 / 23.0	完整性差 / 22	21	−2		65	Ⅲ	5～12
	微风化	66.6 / 23.0	较破碎 / 12	12	−12		35	Ⅳ	2～5
片岩	微风化	58.7 / 19.0	完整性差 / 22	21	−4		58	Ⅲ	5～12
	弱风化	58.7 / 19.0	较破碎 / 14	15	−8		40	Ⅳ	2～5

续表

岩石名称	风化程度	单轴饱和抗压强度 R_c/MPa 评分	岩石完整程度及评分	结构面状态评分	地下水评分	主要结构面产状评分	围岩总评分	围岩类别	单位弹性抗力系数 K_0 /(MPa/cm)
千枚岩	微风化	55.0 / 18.0	完整性差 / 17	15	−4		46	Ⅲ	5~12
	弱风化	46.3 / 16.0	较破碎 / 10	12	−4		34	Ⅳ	2~5
变砂岩	微风化	73.9 / 24.0	完整性差 / 20	15	−4		55	Ⅲ	5~12
	弱风化	73.9 / 24.0	较破碎 / 12	12	−8		40	Ⅳ	2~5

表2.5　　　　秦岭输水隧洞黄三段围岩工程地质分段评价

桩号	段长/m	工程地质特征及围岩稳定性	围岩类别
0+000 0+626	626.00	岩性以中粗粒石英闪长岩为主，偶见小型花岗岩脉，微风化，中硬~坚硬岩，块状~次块状结构，裂隙中等发育，岩体较完整	Ⅲ类为主（Ⅳ类约占20%）
0+626 1+041	415.00	岩性以中细粒石英闪长岩为主，偶见小型花岗岩脉，微风化~新鲜，坚硬岩，块状~次块状结构，裂隙中等发育，岩体较完整	Ⅲ
1+041 1+051	10.00	岩性以闪长岩碎块为主，断带两侧主滑面可见宽0.2~2.0m的断层泥夹碎石	Ⅳ
1+051 1+211	160.00	岩性以中细粒石英闪长岩为主，偶见小型花岗岩脉，微风化~新鲜，坚硬岩，块状~次块状结构，裂隙中等发育，岩体较完整	Ⅲ
1+211 1+221	10.00	岩性以闪长岩碎块为主，断带两侧主滑面可见宽0.2~2.0m的断层泥夹碎石	Ⅴ
1+221 1+315	94.00	岩性以中细粒石英闪长岩为主，偶见小型花岗岩脉，微风化~新鲜，坚硬岩，块状~次块状结构，裂隙中等发育，岩体较完整	Ⅲ
1+315 1+442	127.00	岩性以二长花岗岩为主，微风化~新鲜，坚硬岩，块状结构，裂隙不发育，岩体完整	Ⅱ
1+442 1+575	133.00	岩性以中细粒石英闪长岩为主，微风化~新鲜，坚硬岩，块状~次块状结构，岩体较完整	Ⅲ
1+575 1+712	137.00	岩性以中细粒石英闪长岩为主，微风化~新鲜，埋深较浅，裂隙中等发育，岩体完整性差	Ⅳ
1+712 1+914	202.00	岩性以中细粒石英闪长岩为主，微风化~新鲜，坚硬岩，块状~次块状结构，岩体较完整	Ⅲ
1+914 2+284	370.00	岩性以二长花岗岩为主，微风化~新鲜，坚硬岩，块状结构，裂隙不发育，岩体完整	Ⅱ

续表

桩号	段长/m	工程地质特征及围岩稳定性	围岩类别
2+284 2+732.5	448.50	岩性以二长花岗岩为主，其中桩号 2+402～2+497 为角闪辉长岩，弱风化～微风化，坚硬岩，块状～次块状结构，裂隙不发育，岩体较完整	Ⅲ
2+732.5 2+765.5	33.00	岩性以中粒二长花岗岩、角闪辉长岩为主，弱风化～微风化，受构造影响，裂隙发育，岩体破碎	Ⅴ
2+765.5 2+820.2	54.70	岩性以中粒二长花岗岩、角闪辉长岩为主，弱风化～微风化，受构造影响，裂隙发育，岩体破碎	Ⅳ
2+820.2 2+833.2	13.00	岩性以中粒二长花岗岩、角闪辉长岩为主，弱风化～微风化，受构造影响，裂隙发育，岩体破碎。穿越 f_{24} 断层，产状为 33°∠70°～80°，断层宽 3～4m，影响带宽 30m	Ⅴ
2+833.2 3+420	586.80	岩性以角闪辉长岩为主，夹石英闪长岩，局部夹花岗岩脉，微风化，中硬岩～坚硬岩，块状～次块状结构，裂隙中等发育，岩体较完整	Ⅲ
3+420 3+430	10.00	岩性以碎裂岩夹泥质及角砾为主，岩体破碎，地下水以渗水为主，断层走向与洞轴线夹角约 75°，洞顶极易坍塌	Ⅴ
3+430 3+746	316.00	岩性以角闪辉长岩为主，夹石英闪长岩，局部夹花岗岩脉，微风化，中硬岩～坚硬岩，次块状结构，裂隙中等发育，岩体较完整	Ⅲ
3+746 4+045	299.00	岩性以二长花岗岩为主，微风化～新鲜，坚硬岩，块状结构，裂隙中等发育，岩体较完整	Ⅲ
4+045 4+342	297.00	岩性以斜长角闪岩为主，夹花岗岩脉，微风化，中硬岩～坚硬岩，次块状结构为主，局部呈碎裂状，裂隙发育，岩体完整性差	Ⅳ
4+342 4+941	599.00	岩性以二长花岗岩为主，微风化，坚硬岩，块状～次块状结构，裂隙不发育，岩体较完整	Ⅲ
4+941 5+104	163.00	岩性以二长花岗岩为主，微风化～新鲜，坚硬岩，块状结构，裂隙不发育，岩体完整	Ⅱ
5+104 5+766	662.00	岩性以角闪斜长片麻岩为主，局部为帘石化闪长岩及花岗岩脉，岩体微风化，坚硬岩，局部片麻理较发育，块状～似层状结构，岩体较完整	Ⅲ
5+766 6+171	405.00	岩性以中粒花岗岩为主，微风化～新鲜，坚硬岩，块状结构，裂隙不发育，岩体完整	Ⅱ
6+171 6+862	691.00	岩性以角闪斜长片麻岩为主，局部为帘石化闪长岩及花岗岩脉，岩体微风化，坚硬岩，局部片麻理较发育，块状～似层状结构，岩体较完整	Ⅲ
6+862 7+188	326.00	岩性以中粒花岗岩为主，微风化～新鲜，中硬岩～坚硬岩，块状结构，裂隙不发育，岩体完整	Ⅱ
7+188 9+337	2149.00	岩性以角闪斜长片麻岩为主，局部为帘石化闪长岩及花岗岩脉，岩体微风化，坚硬岩，块状～似层状结构，局部片麻理较发育，片理产状 202°～293°∠53°～76°，岩体较完整，局部完整性较差	Ⅲ 为主 （Ⅳ类约占 30%）
9+337 9+347	10.00	岩性主要由构造角砾岩、糜棱岩构成，极不稳定，岩体完整性很差	Ⅴ

续表

桩号	段长/m	工程地质特征及围岩稳定性	围岩类别
9+347 9+695	348.00	岩性以钠长绿泥片岩为主,微风化,中硬岩,解理较反映,镶嵌结构,属中硬岩,局部片理较发育,岩体完整性较差	Ⅲ
9+695 9+880	185.00	岩性以含炭(炭质)片岩为主,夹炭质板岩、灰岩、泥灰岩等,软岩~较软岩,微风化,薄层~极薄层层状结构,片理较发育,岩体完整性差	Ⅳ
9+880 9+900	20.00	岩性由构造碎裂岩、角砾岩及白色断层泥组成,挤压强烈,呈糜棱状,该断层影响带较宽,影响带内岩体裂隙极为发育	Ⅴ
9+900 9+959	59.00	岩性以含炭(炭质)片岩为主,夹炭质板岩、灰岩、泥灰岩等,软岩~较软岩,微风化,薄层~极薄层层状结构,片理较发育,岩体完整性差	Ⅳ
9+959 9+979	20.00	岩性由构造碎裂岩、角砾岩及白色断层泥组成,挤压强烈,呈糜棱状,该断层影响带较宽,影响带内岩体裂隙极为发育	Ⅴ
9+979 10+022	43.00	岩性以含炭(炭质)片岩为主,夹炭质板岩、灰岩、泥灰岩等,软岩~较软岩,微风化,薄层~极薄层层状结构,片理较发育,岩体完整性差	Ⅳ
10+022 10+122	100.00	岩性以灰岩为主,夹炭质板岩、灰岩、泥灰岩等,微风化,互层状结构,中硬岩,局部片理较发育,岩体完整性较差	Ⅲ
10+122 10+146	24.00	岩性以炭质片岩为主,主要由灰色断层泥及构造碎裂岩组成,挤压强烈,呈糜棱状。该断层两侧影响带较宽,两侧岩体裂隙极为发育,裂隙密集带宽度约20~30m。岩体完整性极差	Ⅴ
10+146 11+515	1369.00	岩性以云母片岩为主,夹云母石英片岩、变质砂岩等,软岩,片理极发育,呈极薄层状,岩体完整性差、破碎	Ⅳ
11+515 12+309	794.00	岩性以二云石英片岩及灰褐色云母斜长片岩互层为主,夹变质砂岩、云母片岩及少量硅质岩、大理岩透镜体,微风化~新鲜,较软岩~中硬岩,互层状结构,岩体较完整	Ⅲ
12+309 12+596	287.00	岩性以细粒灰绿色变质砂岩为主,夹云母斜长片岩,薄层~中厚层状结构,较软岩~中硬岩,岩体较完整	Ⅲ
12+596 12+606	10.00	岩性以细粒灰绿色变质砂岩为主,附近与逆断层相交,产状350°~360°∠55°~60°,与洞轴线夹角约50°,断带宽约5m,岩体完整性极差,对洞顶及边墙稳定不利	Ⅴ
12+606 12+620	14.00	岩性以细粒灰绿色变质砂岩为主,夹云母斜长片岩,薄层~中厚层状结构,较软岩~中硬岩,岩体较完整	Ⅲ
12+620 12+788	168.00	岩性以二云石英片岩及灰褐色云母斜长片岩互层为主,夹变质砂岩、云母片岩及少量硅质岩、大理岩透镜体,微风化~新鲜,较软岩~中硬岩,互层状结构,岩体完整性差,局部破碎	Ⅳ类为主 (Ⅲ类约占30%)
12+788 12+803	15.00	该段发育F_{i9-2}断层,产状180°∠65°~70°,与洞轴线夹角约50°,断带宽约15m,对洞顶及边墙稳定不利	Ⅴ
12+803 13+314	511.00	岩性以二云石英片岩及灰褐色云母斜长片岩互层为主,夹变质砂岩、云母片岩及少量硅质岩、大理岩透镜体,微风化~新鲜,较软岩~中硬岩,互层状结构,岩体完整性差,局部破碎	Ⅳ

续表

桩号	段长/m	工程地质特征及围岩稳定性	围岩类别
13+314 13+324	10.00	岩性为糜棱岩，与洞轴线夹角约70°，洞顶易坍塌。断带间常伴生小型褶皱、揉皱，对洞室围岩稳定不利	Ⅴ
13+324 13+430.6	106.60	岩性以（变）硅质岩为主，主要岩性为硅质板岩、含石墨石英岩，微风化～新鲜，坚硬岩，一般为极薄层～薄层状结构局部节理较发育，优势节理产状115°～122°∠42°～77°，岩体较完整	Ⅲ
13+430.6 13+507.6	77.00	岩性为花岗岩脉，块状构造，裂隙不发育，岩体完整，局部可能产生轻微岩爆	Ⅱ
13+507.6 13+666.6	159.00	岩性以（变）硅质岩为主，主要岩性为硅质板岩、含石墨石英岩，微风化～新鲜，坚硬岩，一般为极薄层～薄层状结构局部节理较发育，优势节理产状115°～122°∠42°～77°，岩体较完整	Ⅲ
13+666.6 13+765.6	99.00	岩性以巨厚层状硅质岩，裂隙不发育，岩体完整，局部可能产生轻微～中等岩爆	Ⅱ
13+765.6 14+072	306.40	岩性以（变）硅质岩为主，主要岩性为硅质板岩、含石墨石英岩，微风化～新鲜，坚硬岩，一般为极薄层～薄层状结构局部节理较发育，优势节理产状115°～122°∠42°～77°，岩体较完整	Ⅲ
14+072 14+104	32.00	岩性以巨厚层状硅质岩，裂隙不发育，岩体完整，局部可能产生轻微～中等岩爆	Ⅱ
14+104 14+114	10.00	花岗岩侵入体边界发育F_{44}断层，为逆断层，产状180°∠65°，与洞轴线夹角约60°，断层带宽约5m，以角砾岩为主，碎裂结构，夹灰黑色泥状物，沿断层可能有集中出水，其他部位渗滴水为主	Ⅴ
14+114 14+540	426.00	岩性以变质砂岩、灰褐色云母斜长片岩为主，夹大理岩及石英岩等，侵入多条花岗岩脉。微风化～新鲜，一般属中硬岩，块状～似层状结构，岩体较完整，局部较差	Ⅲ
14+540 14+616	76.00	岩性以灰褐色云母斜长片岩为主，片理发育，该段发育性质不明断层，含承压水，岩体完整性差	Ⅳ
14+616 14+858	242.00	岩性为二长花岗岩，微风化～新鲜，坚硬岩，块状结构，裂隙不发育，岩体完整	Ⅱ
14+858 15+050	192.00	岩性以变质砂岩、灰褐色云母斜长片岩为主，夹大理岩及石英岩等，南部侵入多条花岗岩脉。微风化～新鲜，一般属中硬岩，块状～似层状结构，岩体较完整，局部较差	Ⅲ
15+050 15+100	50.00	F_{42}断层于15+075附近与隧洞相交，为逆断层，产状160°∠70°，与洞轴线交角约40°，断层带宽约3.5m，以糜棱岩为主，断层带内挤压强烈，断面弧形弯曲，两侧影响带宽度各25m	Ⅴ
15+100 15+802	702.00	岩性以变质砂岩、灰褐色云母斜长片岩为主，夹大理岩及石英岩等，南部侵入多条花岗岩脉。微风化～新鲜，一般属中硬岩，块状～似层状结构，岩体较完整，局部较差	Ⅲ

续表

桩号	段长/m	工程地质特征及围岩稳定性	围岩类别
15+802 15+902	100.00	F_{41}断层约15+807附近与隧洞相交，为逆断层，产状225°∠70°，与洞轴线交角约75°，断层带宽约1m，以角砾岩为主，岩体碎裂，局部为钙质胶结	V
15+902 16+272	370.00	岩性以变质砂岩、灰褐色云母斜长片岩为主，夹大理岩及石英岩等，南部侵入多条花岗岩脉。微风化～新鲜，一般属中硬岩，块状～似层状结构，岩体较完整，局部较差	Ⅲ
16+272 16+481	209.00	岩性以中粒变质砂岩为主，夹大理岩，微风化～新鲜，坚硬岩，局部节理较发育，岩体完整	Ⅱ

注　无16+481～16+520段数据。

表2.6　　　　　　　　　　秦岭输水隧洞黄三段围岩分类长度统计

围岩类别	长度/m	占黄三段总长百分比/%	围岩类别	长度/m	占黄三段总长百分比/%
Ⅰ	0.00	0.0	Ⅳ	2909.70	17.6
Ⅱ	2050.00	12.6	V	245.00	1.5
Ⅲ	11276.30	68.3			

根据黄三段隧洞地质剖面图按照桩号对围岩类别进行划分，并统计该段隧洞的长度，将不同围岩类别的隧洞长度进行累加汇总，分别计算相应段所占隧洞总长的百分比。

可以看到，黄三段隧洞围岩类别以Ⅲ类、Ⅳ类围岩为主，其中Ⅲ类围岩最多，没有Ⅰ类围岩，V类围岩有近245m，围岩整体质量一般，个别区段围岩完整性极差，非常不稳定，这些因素都增大了施工难度和挑战。

根据地质纵剖面图，将越岭段隧洞的围岩类别按照桩号、工程地质特征及围岩稳定性进行划分，见表2.7。越岭段各种围岩分类长度统计见表2.8。

表2.7　　　　　　　　　　秦岭输水隧洞越岭段围岩工程地质分段评价

桩号	段长/m	工程地质特征及围岩稳定性	围岩类别
0+000 0+650	650	岩性为石英片岩、大理岩，岩体弱风化～微风化，受构造影响较严重，节理裂隙发育，岩体较破碎，洞室位于地下水位以下，围岩局部稳定性差	Ⅲ
0+650 0+830	180	岩性为石英片岩、大理岩，岩体弱风化，节理裂隙发育，岩体破碎，洞室位于地下水位以下，围岩不稳定	Ⅳ
0+830 1+750	920	岩性为石英片岩、大理岩，岩体弱风化～微风化，受构造影响较严重，节理裂隙发育，岩体较破碎，洞室位于地下水位以下，围岩局部稳定性差	Ⅲ
1+750 1+800	50	岩性为石英片岩、大理岩，岩体弱风化，位于f_{s1}断层影响带，节理裂隙发育，岩体破碎，洞室位于地下水位以下，围岩不稳定	Ⅳ
1+800 1+830	30	f_{s1}断层带，主要物质为碎裂岩，夹有少量断层泥及断层角砾，岩体强风化，受构造影响极严重，节理裂隙发育，岩体极破碎，洞室位于地下水位以下，围岩极不稳定	V
1+830 1+880	50	岩性为大理岩、石英片岩，岩体弱风化，位于f_{s1}断层影响带，岩体破碎，洞室位于地下水位以下，围岩不稳定	Ⅳ

续表

桩号	段长/m	工程地质特征及围岩稳定性	围岩类别
1+880 2+750	870	岩性为大理岩、石英片岩，岩体较风化，受构造影响较严重，节理裂隙发育，岩体较破碎，洞室位于地下水位以下，围岩局部稳定性差	Ⅲ
2+750 2+845	95	岩性为大理岩、石英片岩，洞室埋深较浅，位于f_{s3}断层影响带，节理裂隙发育，岩体破碎，洞室在地下水位以下，围岩不稳定	Ⅳ
2+845 2+860	15	f_{s3}断层带，主要物质为碎裂岩，夹有少量断层泥及断层角砾，洞室埋深较浅，岩体强风化，受构造影响极严重节理裂隙发育，岩体极破碎，洞室位于地下水位以下，极不稳定	Ⅴ
2+860 2+980	120	岩性为大理岩、石英片岩，位于f_{s3}、f_{s2}断层影响带，节理裂隙发育，岩体破碎，洞室位于地下水位以下，围岩不稳定	Ⅳ
2+980 3+050	70	f_{s2}断层带，主要物质为碎裂岩，夹有少量断层泥及断层角砾，洞室埋深较浅，岩体强风化，受构造影响极严重，节理裂隙发育，岩体极破碎，洞室位于地下水位以下，围岩极不稳定	Ⅴ
3+050 3+100	50	岩性为大理岩、石英片岩，位于f_{s2}断层影响带，节理裂隙发育，岩体破碎，洞室位于地下水位以下，围岩不稳定	Ⅳ
3+100 3+240	140	岩性为大理岩、石英片岩，岩体弱风化，受构造影响较严重，节理裂隙发育，岩体较破碎，洞室位于地下水位以下，围岩局部稳定性差	Ⅲ
3+240 3+290	50	岩性为大理岩、石英片岩，岩体弱风化，节理裂隙发育，岩体破碎，洞室位于地下水位以下，围岩不稳定	Ⅳ
3+290 3+320	30	f_{s4}断层带，主要物质为碎裂岩，夹有少量断层泥及断层角砾，岩体强风化，受构造影响极严重，节理裂隙发育，岩体极破碎，洞室位于地下水位以下，围岩极不稳定	Ⅴ
3+320 3+485	165	岩性为大理岩、石英片岩，岩体弱风化，位于f_{s4}、f_{s5}断层影响严重，节理裂隙发育，岩体破碎，洞室位于地下水位以下，围岩不稳定	Ⅳ
3+485 3+515	30	f_{s5}断层带，主要物质为碎裂岩，夹有少量断层泥及断层角砾，岩体强风化，受构造影响极严重，节理裂隙发育，岩体极破碎，洞室位于地下水位以下，围岩极不稳定	Ⅴ
3+515 3+620	105	岩性为大理岩、石英片岩、花岗闪长岩，岩体弱风化，位于f_{s5}、f_{s6}断层影响带，节理裂隙发育，岩体破碎，洞室位于地下水位以下，围岩不稳定	Ⅳ
3+620 3+650	30	f_{s6}断层带，主要物质为碎裂岩，夹有少量断层泥及断层角砾，岩体强风化，受构造影响极严重，节理裂隙发育，岩体极破碎，洞室位于地下水位以下，围岩极不稳定	Ⅴ
3+650 3+700	50	岩性为花岗闪长岩，岩体弱风化，位于f_{s6}断层影响带，节理裂隙发育，岩体破碎，洞室位于地下水位以下，围岩不稳定	Ⅳ
3+700 3+900	200	岩性为花岗闪长岩，岩体弱风化，受构造影响较严重，节理裂隙发育，岩体较破碎，洞室位于地下水位以下，围岩局部稳定性差	Ⅲ
3+900 3+950	50	f_{s7}断层带及其影响带，岩性为碎裂岩、花岗闪长岩，夹有少量断层泥及断层角砾，受构造影响严重，节理裂隙发育，岩体破碎，洞室位于地下水位以下，围岩不稳定	Ⅳ

续表

桩号	段长/m	工程地质特征及围岩稳定性	围岩类别
3+950 5+010	1060	岩性为花岗闪长岩，岩体弱风化～微风化，受构造影响较严重，节理裂隙发育，岩体较破碎，洞室位于地下水位以下，围岩局部稳定性差	Ⅲ
5+010 5+060	50	f_{s8}断层带及其影响带，岩性为碎裂岩、花岗闪长岩，夹有少量断层泥及断层角砾，受构造影响严重，节理裂隙发育，岩体破碎，洞室位于地下水位以下，围岩不稳定	Ⅳ
5+060 8+110	3050	岩性为花岗闪长岩，岩体弱风化～微风化，受构造影响较严重，节理裂隙发育，岩体较破碎，洞室位于地下水位以下，围岩局部稳定性差	Ⅲ
8+110 8+160	50	岩性为花岗闪长岩，岩体弱风化，受构造影响严重，节理裂隙发育，岩体破碎，洞室位于地下水位以下，围岩不稳定	Ⅳ
8+160 8+590	430	岩性为花岗闪长岩，岩体弱风化～微风化，受构造影响较严重，节理裂隙发育，岩体较破碎，洞室位于地下水位以下，围岩局部稳定性差	Ⅲ
8+590 8+640	50	岩性为花岗闪长岩、闪长岩，为侵入接触带，岩体弱风化，受构造影响严重，节理裂隙发育，岩体破碎，洞室位于地下水位以下，围岩不稳定	Ⅳ
8+640 8+940	300	岩性为闪长岩，岩体弱风化～微风化，受构造影响较严重，节理裂隙发育，岩体较破碎，洞室位于地下水位以下，围岩局部稳定性差	Ⅲ
8+940 9+010	70	岩性为闪长岩，岩体弱风化，受构造影响严重，节理裂隙发育，岩体破碎，洞室位于地下水位以下，围岩不稳定	Ⅳ
9+010 12+020	3010	岩性为闪长岩，岩体弱风化～微风化，受构造影响较严重，节理裂隙发育，岩体较破碎，洞室位于地下水位以下，围岩局部稳定性差	Ⅲ
12+020 12+220	200	f_{2-1}、f_{2-2}断层带及其影响带，岩性为碎裂岩、闪长岩，夹有少量断层泥及断层角砾，受构造影响严重，节理裂隙发育，岩体破碎，洞室位于地下水位以下，围岩不稳定	Ⅳ
12+220 12+780	560	岩性为闪长岩，岩体弱风化～微风化，受构造影响较严重，节理裂隙发育，岩体较破碎，洞室位于地下水位以下，围岩局部稳定性差	Ⅲ
12+780 12+830	50	岩性为闪长岩、片岩、大理岩，为岩性接触带，岩体弱风化，受构造影响严重，节理裂隙发育，岩体破碎，洞室位于地下水位以下，围岩不稳定	Ⅳ
12+830 13+070	240	岩性为大理岩，岩体弱风化，受构造影响较严重，节理裂隙发育，岩体较破碎，洞室位于地下水位以下，围岩局部稳定性差	Ⅲ
13+070 13+650	580	f_{3-1}、f_{3-2}、f_{3-3}断层带及其影响带，岩性为碎裂岩、大理岩，夹有少量断层泥及断层角砾，受构造影响严重，节理裂隙发育，岩体破碎，洞室位于地下水位以下，围岩不稳定	Ⅳ
13+650 14+280	630	岩性为大理岩，岩体弱风化，受构造影响较严重，节理裂隙发育，岩体较破碎，洞室位于地下水位以下，围岩局部稳定性差	Ⅲ
14+280 14+480	200	岩性为片岩、大理岩，为岩性接触带，岩体弱风化，受构造影响严重，节理裂隙发育，岩体破碎，洞室位于地下水位以下，围岩不稳定	Ⅳ

续表

桩号	段长/m	工程地质特征及围岩稳定性	围岩类别
14+480 15+720	1240	岩性为大理岩，岩体弱风化~微风化，受构造影响较严重，节理裂隙发育，岩体较破碎，洞室位于地下水位以下，围岩局部稳定性差	Ⅲ
15+720 15+770	50	岩性为大理岩，岩体弱风化，位于f_4断层带及其影响带，节理裂隙发育，岩体破碎，洞室位于地下水位以下，围岩不稳定	Ⅳ
15+770 16+390	620	岩性为大理岩，岩体弱风化，受构造影响较严重，节理裂隙发育，岩体较破碎，洞室位于地下水位以下，围岩局部稳定性差	Ⅲ
16+390 16+560	170	岩性为大理岩，岩体弱风化，位于f_5断层影响带，节理裂隙发育，岩体破碎，洞室位于地下水位以下，围岩不稳定	Ⅳ
16+560 16+660	100	f_5断层带，主要物质为碎裂岩，夹有少量断层泥及断层角砾，岩体强风化，受构造影响极严重，节理裂隙发育，岩体极破碎，洞室位于地下水位以下，围岩极不稳定	Ⅴ
16+660 16+710	50	大理岩，岩体弱风化，位于f_5断层影响带，节理裂隙发育，岩体破碎，洞室位于地下水位以下，围岩不稳定	Ⅳ
16+710 17+760	1050	岩性为大理岩，岩体弱风化，受构造影响较严重，节理裂隙发育，岩体较破碎，洞室位于地下水位以下，围岩局部稳定性差	Ⅲ
17+760 17+810	50	岩性为大理岩，岩体弱风化，节理裂隙发育，岩体破碎，洞室位于地下水位以下，围岩不稳定	Ⅳ
17+810 19+230	1420	岩性为大理岩，岩体弱风化，节理裂隙发育，岩体较破碎，洞室位于地下水位以下，围岩局部稳定性差	Ⅲ
19+230 19+280	50	岩性为片麻岩、大理岩，为不整合接触带，岩体弱风化，受构造影响严重，节理裂隙发育，岩体破碎，洞室位于地下水位以下，围岩不稳定	Ⅳ
19+280 19+660	380	岩性为片麻岩，岩体弱风化，受构造影响较严重，节理裂隙发育，岩体较破碎，洞室位于地下水位以下，围岩局部稳定性差	Ⅲ
19+660 19+710	50	岩性为片麻岩、变粒岩夹石英片岩，为不整合接触带，岩体弱风化，受构造影响严重，节理裂隙发育，岩体破碎，洞室位于地下水位以下，围岩不稳定	Ⅳ
19+710 20+500	790	岩性为石英片岩夹变粒岩，岩体弱风化，节理裂隙发育，岩体较破碎，洞室位于地下水位以下，围岩局部稳定性差	Ⅲ
20+500 21+680	1180	岩性为石英片岩夹变粒岩，岩体弱风化~微风化，受构造作用影响较严重~轻微，节理裂隙较发育，岩体较完整，洞室位于地下水位以下，围岩基本稳定	Ⅱ
21+680 22+270	590	岩性为石英片岩夹变粒岩，岩体弱风化，受构造影响较严重，节理裂隙发育，岩体较破碎，洞室位于地下水位以下，围岩局部稳定性差	Ⅲ
22+270 22+320	50	岩性为石英片岩夹变粒岩、片麻岩，为不整合接触带，岩体弱风化，受构造影响严重，节理裂隙发育，岩体破碎，洞室位于地下水位以下，围岩不稳定	Ⅳ
22+320 22+850	530	岩性为片麻岩，岩体弱风化，受构造影响较严重，节理裂隙发育，岩体较破碎，洞室位于地下水位以下，围岩局部稳定性差	Ⅲ

续表

桩号	段长/m	工程地质特征及围岩稳定性	围岩类别
22+850 22+900	50	岩性为片麻岩、石英片岩，为不整合接触带，岩体弱风化，受构造影响严重，节理裂隙发育，岩体破碎，洞室位于地下水位以下，围岩不稳定	IV
22+900 23+880	980	岩性为石英片岩夹变粒岩、花岗岩，岩体弱风化，受构造影响较严重，围岩局部稳定性差	III
23+880 24+830	950	岩性为花岗岩，岩体微风化~未风化，受构造作用影响较严重~轻微，节理裂隙较发育，岩体较完整，洞室位于地下水位以下，围岩基本稳定	II
24+830 26+780	1950	岩性为石英岩、花岗岩，岩体弱风化~微风化，洞室通过侵入不整合接触带，受构造影响较严重，裂隙发育，岩体较破碎，洞室位于地下水位以下，围岩局部稳定性差	III
26+780 27+930	1150	岩性为花岗岩，岩体微风化~未风化，受构造作用影响较严重~轻微，节理裂隙较发育，岩体较完整，洞室位于地下水位以下，围岩基本稳定	II
27+930 28+880	950	岩性为石英岩、花岗岩，岩体弱风化~微风化，洞室通过侵入不整合接触带，受构造影响较严重，裂隙发育，岩体较破碎，洞室位于地下水位以下，围岩局部稳定性差	III
28+880 35+400	6520	岩性为花岗岩，岩体微风化~未风化，受构造作用影响较严重~轻微，节理裂隙较发育，岩体较完整，洞室位于地下水位以下，围岩基本稳定	II
35+400 35+450	50	岩性为花岗岩，岩体弱风化，受构造影响较严重，裂隙发育，岩体较破碎，洞室位于地下水位以下，围岩局部稳定性差	III
35+450 35+480	30	f_7断层带，主要物质为花岗岩、碎裂岩，夹有少量断层泥及断层角砾，岩体强风化，受构造影响极严重，节理裂隙发育，岩体极破碎，洞室位于地下水位以下，围岩极不稳定	IV
35+480 35+530	50	岩性为花岗岩，岩体弱风化，受构造影响较严重，裂隙发育，岩体较破碎，洞室位于地下水位以下，围岩局部稳定性差	III
35+530 38+730	3200	岩性为花岗岩，岩体微风化~未风化，受构造作用影响较严重~轻微，节理裂隙较发育，岩体较完整，洞室位于地下水位以下，围岩基本稳定	II
38+730 41+780	3050	岩性为花岗岩，岩体微风化~未风化，受构造作用影响轻微，节理裂隙不发育，岩体完整，洞室位于地下水位以下，围岩稳定	I
41+780 42+280	500	岩性为花岗岩，岩体弱风化~微风化，受构造作用影响较严重~轻微，节理裂隙较发育，岩体较完整，洞室位于地下水位以下，围岩基本稳定	II
42+280 42+380	100	岩性为花岗岩、闪长岩，为侵入不整合接触带，岩体弱风化，受构造影响较严重，节理裂隙发育，岩体较破碎，洞室位于地下水位以下，围岩局部稳定性差	III
42+380 44+880	2500	岩性为闪长岩，岩体微风化~未风化，受构造作用影响较严重~轻微，节理裂隙较发育，岩体较完整，洞室位于地下水位以下，围岩基本稳定	II
44+880 44+980	100	岩性为闪长岩，岩体弱风化~微风化，受构造影响较严重，节理裂隙发育，岩体较破碎，围岩局部稳定性差	III

续表

桩号	段长/m	工程地质特征及围岩稳定性	围岩类别
44+980 45+180	200	岩性为闪长岩，岩体弱风化，位于QF_4断层影响带，节理裂隙发育，岩体破碎，洞室位于地下水位以下，围岩不稳定	Ⅳ
45+180 45+370	190	QF_4断层带，主要物质为糜棱岩，夹有少量断层泥及断层角砾，岩体强风化，受构造影响极严重，节理裂隙发育，岩体极破碎，洞室位于地下水位以下，围岩极不稳定	Ⅴ
45+370 45+570	200	岩性为闪长岩，岩体弱风化，位于QF_4断层影响带，受构造影响严重，节理裂隙发育，岩体破碎，洞室位于地下水位以下，围岩不稳定	Ⅳ
45+570 45+670	100	岩性为闪长岩，岩体弱风化～微风化，受构造影响较严重，节理裂隙发育，岩体较破碎，洞室位于地下水位以下，围岩局部稳定性差	Ⅲ
45+670 46+020	350	岩性为闪长岩，岩体微风化～未风化，受构造作用影响较严重～轻微，节理裂隙较发育，岩体较完整，洞室位于地下水位以下，围岩基本稳定	Ⅱ
46+020 46+120	100	岩性为闪长岩，岩体弱风化～微风化，受构造影响较严重，节理裂隙发育，岩体较破碎，洞室位于地下水位以下，围岩局部稳定性差	Ⅲ
46+120 46+220	100	岩性为闪长岩、变砂岩，岩体弱风化，位于岩性接触带，受构造影响严重，节理裂隙发育，岩体破碎，洞室位于地下水位以下，围岩不稳定	Ⅳ
46+220 46+800	580	岩性为变砂岩，岩体弱风化～微风化，受构造影响较严重，节理裂隙发育，岩体较破碎，洞室位于地下水位以下，围岩局部稳定性差	Ⅲ
46+800 47+080	280	岩性为变砂岩，岩体弱风化，节理裂隙发育，岩体破碎，洞室位于地下水位以下，围岩不稳定	Ⅳ
47+080 47+480	400	岩性为变砂岩，岩体弱风化～微风化，受构造影响较严重，节理裂隙发育，岩体较破碎，洞室位于地下水位以下，围岩局部稳定性差	Ⅲ
47+480 47+530	50	岩性为变砂岩，岩体弱风化，位于f_8断层带及影响带，节理裂隙发育，岩体破碎，洞室位于地下水位以下，围岩不稳定	Ⅳ
47+530 47+730	200	岩性为变砂岩，岩体弱风化，受构造影响较严重，节理裂隙发育，岩体较破碎，洞室位于地下水位以下，围岩局部稳定性差	Ⅲ
47+730 47+960	230	岩性为变砂岩，岩体弱风化，节理裂隙发育，岩体破碎，洞室位于地下水位以下，围岩不稳定	Ⅳ
47+960 48+340	380	岩性为变砂岩，岩体弱风化，受构造影响较严重，节理裂隙发育，岩体较破碎，洞室位于地下水位以下，围岩局部稳定性差	Ⅲ
48+340 48+390	50	岩性为变砂岩，岩体弱风化，不整合接触带，节理裂隙发育，岩体破碎，洞室位于地下水位以下，围岩不稳定	Ⅳ
48+390 50+880	2490	岩性为变砂岩，岩体弱风化～微风化，受构造影响较严重，节理裂隙发育，岩体较破碎，洞室位于地下水位以下，围岩局部稳定性差	Ⅲ
50+880 50+930	50	岩性为变砂岩，岩体弱风化，位于f_9断层影响带，节理裂隙发育，岩体破碎，洞室位于地下水位以下，围岩不稳定	Ⅳ

续表

桩号	段长/m	工程地质特征及围岩稳定性	围岩类别
50+930 51+020	90	f_9断层带，主要物质为碎裂岩、糜棱岩，夹有少量断层泥及断层角砾，岩体强风化，受构造影响极严重，节理裂隙发育，岩体极破碎，洞室位于地下水位以下，围岩极不稳定	V
51+020 51+420	400	岩性为千枚岩夹变砂岩，岩体弱风化，洞室通过f_9断层影响带，受构造影响严重，节理裂隙发育，岩体破碎，洞室位于地下水位以下，围岩不稳定	IV
51+420 52+800	1380	岩性为千枚岩夹变砂岩，岩体弱风化，受构造影响较严重，节理裂隙发育，岩体较破碎，洞室位于地下水位以下，围岩局部稳定性差	III
52+800 53+200	400	岩性为千枚岩夹变砂岩，岩体弱风化，洞室通过不整合接触带，受构造影响严重，节理裂隙发育，岩体破碎，洞室位于地下水位以下，围岩不稳定	IV
53+200 54+040	840	岩性为千枚岩夹变砂岩，岩体弱风化，受构造影响较严重，节理裂隙发育，岩体较破碎，洞室位于地下水位以下，围岩局部稳定性差	III
54+040 54+240	200	岩性为千枚岩夹变砂岩，岩体弱风化，洞室通过f_{10}断层影响带，节理裂隙发育，岩体破碎，围岩不稳定	IV
54+240 54+320	80	f_{10}断层带，主要物质为碎裂岩，夹有少量断层泥及断层角砾，岩体强风化，节理裂隙发育，岩体极破碎，洞室位于地下水位以下，围岩极不稳定	V
54+320 54+800	480	岩性为千枚岩夹变砂岩，岩体弱风化，洞室通过f_{10}断层影响带及f_{11}断层影响带，节理裂隙发育，岩体破碎，洞室位于地下水位以下，围岩不稳定	IV
54+800 54+860	60	f_{11}断层带，主要物质为碎裂岩，夹有少量断层泥及断层角砾，岩体强风化，受构造影响很严重，节理裂隙发育，岩体极破碎，洞室位于地下水位以下，围岩极不稳定	V
54+860 55+160	300	岩性为千枚岩夹变砂岩，岩体弱风化，洞室通过f_{11}断层影响带，受构造影响严重，节理裂隙发育，岩体破碎，洞室位于地下水位以下，围岩不稳定	IV
55+160 55+675	515	岩性为千枚岩夹变砂岩，岩体弱风化，节理裂隙发育，岩体较破碎，洞室位于地下水位以下，围岩局部稳定性差	III
55+675 55+875	200	岩性为千枚岩夹变砂岩，岩体弱风化，洞室通过f_{12}断层影响带，节理裂隙发育，岩体破碎，洞室位于地下水位以下，围岩不稳定	IV
55+875 55+945	70	f_{12}断层带，主要物质为碎裂岩，夹有少量断层泥及断层角砾，岩体强风化，受构造影响很严重，节理裂隙发育，岩体极破碎，洞室位于地下水位以下，围岩极不稳定	V
55+945 56+305	360	岩性为千枚岩，岩体弱风化，洞室通过f_{12}断层影响带及f_{13}断层影响带，受构造影响严重，节理裂隙发育，岩体破碎，洞室位于地下水位以下，围岩不稳定	IV
56+305 56+345	40	f_{13}断层带，主要物质为碎裂岩，夹有少量断层泥及断层角砾，岩体强风化，受构造影响严重，节理裂隙发育，岩体极破碎，洞室位于地下水位以下，围岩极不稳定	V
56+345 56+715	370	岩性为千枚岩，岩体弱风化，洞室通过f_{13}断层影响带及f_{14}断层影响带，受构造影响严重，节理裂隙发育，岩体破碎，洞室位于地下水位以下，围岩不稳定	IV

续表

桩号	段长/m	工程地质特征及围岩稳定性	围岩类别
56+715 56+775	60	f_{14}断层带，主要物质为碎裂岩，夹有少量断层泥及断层角砾，岩体强风化，受构造影响很严重，节理裂隙发育，岩体极破碎，洞室位于地下水位以下，围岩极不稳定	Ⅴ
56+775 57+225	450	岩性为千枚岩，岩体弱风化，洞室通过f_{14}断层影响带，受构造影响严重，节理裂隙发育，岩体破碎，洞室位于地下水位以下，围岩不稳定	Ⅳ
57+225 57+475	250	岩性为千枚岩，岩体弱风化，受构造影响较严重，节理裂隙发育，岩体较破碎，洞室位于地下水位以下，围岩局部稳定性差	Ⅲ
57+475 57+530	55	岩性为千枚岩，岩体弱风化，洞室通过f_{15}断层影响带，受构造影响严重，节理裂隙发育，岩体破碎，洞室位于地下水位以下，围岩不稳定	Ⅳ
57+530 57+570	40	f_{15}断层带，主要物质为碎裂岩、糜棱岩，夹有少量断层泥及断层角砾，岩体强风化，受构造影响很严重，节理裂隙发育，岩体极破碎，洞室位于地下水位以下，围岩极不稳定	Ⅴ
57+570 57+645	75	岩性为千枚岩夹变砂岩，岩体弱风化，洞室通过f_{15}断层影响带及f_{16}断层影响带，受构造影响严重，节理裂隙发育，岩体破碎，洞室位于地下水位以下，围岩不稳定	Ⅳ
57+645 57+675	30	f_{16}断层带，主要物质为碎裂岩、糜棱岩，岩体强风化，受构造影响很严重，节理裂隙发育，岩体极破碎，洞室位于地下水位以下，围岩极不稳定	Ⅴ
57+675 58+125	450	岩性为千枚岩夹变砂岩，岩体弱风化，洞室通过f_{16}断层影响带，节理裂隙发育，岩体破碎，围岩不稳定	Ⅳ
58+125 58+600	475	岩性为千枚岩夹变砂岩，岩体弱风化，受构造影响较严重，节理裂隙发育，岩体较破碎，洞室位于地下水位以下，围岩局部稳定性差	Ⅲ
58+600 58+800	200	岩性为千枚岩夹变砂岩，岩体弱风化，洞室通过f_{17}断层影响带，受构造影响严重，节理裂隙发育，岩体破碎，洞室位于地下水位以下，围岩不稳定	Ⅳ
58+800 58+860	60	f_{17}断层带，主要物质为碎裂岩、糜棱岩，夹有少量断层泥及断层角砾，岩体强风化，受构造影响很严重，节理裂隙发育，岩体极破碎，洞室位于地下水位以下，围岩极不稳定	Ⅴ
58+860 59+160	300	岩性为千枚岩夹变砂岩，岩体弱风化，洞室通过f_{17}断层影响带，受构造影响严重，节理裂隙发育，岩体破碎，洞室位于地下水位以下，围岩不稳定	Ⅳ
59+160 60+690	1530	岩性为千枚岩夹变砂岩，岩体弱风化，受构造影响较严重，节理裂隙发育，岩体较破碎，洞室位于地下水位以下，围岩局部稳定性差	Ⅲ
60+690 60+990	300	岩性为千枚岩夹变砂岩，岩体弱风化，洞室通过QF_3断层影响带，受构造影响严重，节理裂隙发育，岩体破碎，洞室位于地下水位以下，围岩不稳定	Ⅳ
60+990 61+180	190	QF_3断层带，主要物质为碎裂岩、糜棱岩，夹有少量断层泥及断层角砾，岩体强风化，受构造影响很严重，节理裂隙发育，岩体极破碎，洞室位于地下水位以下，围岩极不稳定	Ⅴ
61+180 61+230	50	岩性为角闪片岩，岩体弱风化，位于QF_3断层影响带，受构造影响严重，节理裂隙发育，岩体破碎，洞室位于地下水位以下，围岩不稳定	Ⅳ

续表

桩号	段长/m	工程地质特征及围岩稳定性	围岩类别
61+230 61+550	320	岩性为角闪片岩，岩体弱风化，受构造影响较严重，节理裂隙发育，岩体较破碎，洞室位于地下水位以下，围岩局部稳定性差	Ⅲ
61+550 61+600	50	岩性为角闪片岩，岩体弱风化，位于 QF_{3-1} 断层影响带，受构造影响严重，节理裂隙发育，岩体破碎，洞室位于地下水位以下，围岩不稳定	Ⅳ
61+600 61+650	50	QF_{3-1} 断层带，主要物质为碎裂岩、糜棱岩，夹有少量断层泥及断层角砾，岩体强风化，受构造影响很严重，节理裂隙发育，岩体极破碎，洞室位于地下水位以下，围岩极不稳定	Ⅴ
61+650 62+070	420	岩性为千枚岩夹角闪片岩，岩体弱风化，洞室通过 QF_{3-1}、QF_{3-2} 断层带，洞室位于地下水位以下，围岩不稳定	Ⅳ
62+070 62+130	60	QF_{3-2} 断层带，主要物质为碎裂岩、糜棱岩，夹有少量断层泥及断层角砾，岩体强风化，受构造影响很严重，节理裂隙发育，岩体极破碎，洞室位于地下水位以下，围岩极不稳定	Ⅴ
62+130 62+340	210	岩性为千枚岩夹角闪片岩，岩体弱风化，洞室通过 QF_{3-2}、QF_{3-3} 断层带，受构造影响严重，节理裂隙发育，岩体破碎，洞室位于地下水位以下，围岩不稳定	Ⅳ
62+340 62+380	40	QF_{3-3} 断层带，主要物质为碎裂岩、糜棱岩，夹有少量断层泥及断层角砾，岩体强风化，受构造影响很严重，节理裂隙发育，岩体极破碎，洞室位于地下水位以下，围岩极不稳定	Ⅴ
62+380 62+480	100	岩性为千枚岩夹角闪片岩，岩体弱风化，洞室通过 QF_{3-3} 断层影响带，受构造影响严重，节理裂隙发育，岩体破碎，洞室位于地下水位以下，围岩不稳定	Ⅳ
62+480 62+830	350	岩性为千枚岩夹角闪片岩，岩体弱风化，受构造影响较严重，节理裂隙发育，岩体较破碎，洞室位于地下水位以下，围岩局部稳定性差	Ⅲ
62+830 63+550	720	岩性为千枚岩夹角闪片岩，岩体弱风化，洞室通过 QF_{3-4} 断层影响带，受构造影响严重，节理裂隙发育，岩体破碎，洞室位于地下水位以下，围岩不稳定	Ⅳ
63+550 63+600	50	QF_{3-4} 断层带，主要物质为碎裂岩、糜棱岩，夹有少量断层泥及断层角砾，岩体强风化，受构造影响很严重，节理裂隙发育，岩体极破碎，洞室位于地下水位以下，围岩极不稳定	Ⅴ
63+600 63+650	50	岩性为角闪片岩，岩体弱风化，位于 QF_{3-4} 断层影响带，受构造影响严重，节理裂隙发育，岩体破碎，洞室位于地下水位以下，围岩不稳定	Ⅳ
63+650 64+590	940	岩性为角闪片岩，岩体弱风化，受构造影响较严重，节理裂隙发育，岩体较破碎，洞室位于地下水位以下，围岩局部稳定性差	Ⅲ
64+590 64+640	50	岩性为角闪片岩、碎裂岩、糜棱岩，洞室通过 f_{18} 断层带及其影响带，岩体弱风化，受构造影响严重，节理裂隙发育，岩体破碎，洞室位于地下水位以下，围岩不稳定	Ⅳ
64+640 64+735	95	岩性为角闪片岩，岩体弱风化，节理裂隙发育，岩体较破碎，洞室位于地下水位以下，围岩局部稳定性差	Ⅲ
64+735 64+785	50	岩性为碎裂岩，洞室通过 f_{19} 断层影响带，岩体弱风化，受构造影响严重，岩体破碎，洞室位于地下水位以下，围岩不稳定	Ⅳ

续表

桩号	段长/m	工程地质特征及围岩稳定性	围岩类别
64+785 64+840	55	f_{19}断层带，主要物质为碎裂岩、糜棱岩，夹有少量断层泥及断层角砾，岩体强风化，受构造影响很严重，节理裂隙发育，岩体极破碎，洞室位于地下水位以下，围岩极不稳定	V
64+840 64+890	50	岩性为花岗岩，洞室通过f_{19}断层影响带，岩体弱风化，受构造影响严重，节理裂隙发育，岩体破碎，洞室位于地下水位以下，围岩不稳定	IV
64+890 64+940	50	岩性为花岗岩，岩体弱风化～微风化，受构造影响较严重，节理裂隙发育，岩体较破碎，洞室位于地下水位以下，围岩局部稳定性差	III
64+940 69+480	4540	岩性为花岗岩，岩体微风化～未风化，受构造作用影响较严重～轻微，节理裂隙较发育，岩体较完整，洞室位于地下水位以下，围岩基本稳定	II
69+480 69+530	50	岩性为花岗岩、花岗闪长岩，岩体弱风化～微风化，为侵入接触界线，受构造影响较严重，节理裂隙发育，岩体较破碎，洞室位于地下水位以下，围岩局部稳定性差	III
69+530 69+805	275	岩性为花岗闪长岩，岩体微风化～未风化，受构造作用影响较严重～轻微，节理裂隙较发育，岩体较完整，洞室位于地下水位以下，围岩基本稳定	II
69+805 69+855	50	岩性为花岗闪长岩，岩体弱风化～微风化，受构造影响较严重，节理裂隙发育，岩体较破碎，洞室位于地下水位以下，围岩局部稳定性差	III
69+855 69+905	50	岩性为花岗闪长岩，岩体弱风化，位于f_{21}断层影响带，受构造影响严重，节理裂隙发育，岩体破碎，洞室位于地下水位以下，围岩不稳定	IV
69+905 69+995	90	f_{21}断层带，主要物质为碎裂岩、糜棱岩，夹有少量断层泥及断层角砾，岩体强风化，受构造影响很严重，节理裂隙发育，岩体极破碎，洞室位于地下水位以下，围岩极不稳定	V
69+995 70+125	130	岩性为花岗斑岩，岩体弱风化，位于f_{21}断层影响带，受构造影响严重，节理裂隙发育，岩体破碎，洞室位于地下水位以下，围岩不稳定	IV
70+125 70+840	715	岩性为花岗斑岩、片麻岩，岩体弱风化～微风化，洞室通过侵入接触界线，受构造影响较严重，节理裂隙发育，岩体较破碎，洞室位于地下水位以下，围岩局部稳定性差	III
70+840 70+960	120	岩性为片麻岩，岩体弱风化，受构造影响严重，节理裂隙发育，岩体破碎，洞室位于地下水位以下，围岩不稳定	IV
70+960 71+260	300	岩性为片麻岩，岩体弱风化～微风化，受构造影响较严重，节理裂隙发育，岩体较破碎，洞室位于地下水位以下，围岩局部稳定性差	III
71+260 71+410	150	岩性为片麻岩，岩体弱风化，受构造影响严重，节理裂隙发育，岩体破碎，洞室位于地下水位以下，围岩不稳定	IV
71+410 71+770	360	岩性为片麻岩，岩体弱风化～微风化，受构造影响较严重，节理裂隙发育，岩体较破碎，围岩局部稳定性差	III
71+770 71+820	50	岩性为片麻岩，岩体弱风化，位于f_{22}断层影响带，受构造影响严重，节理裂隙发育，岩体破碎，洞室位于地下水位以下，围岩不稳定	IV

续表

桩号	段长/m	工程地质特征及围岩稳定性	围岩类别
71+820 71+920	100	f_{22}断层带,主要物质为碎裂岩、糜棱岩,夹有少量断层泥及断层角砾,岩体强风化,受构造影响很严重,节理裂隙发育,岩体极破碎,洞室位于地下水位以下,围岩极不稳定	V
71+920 72+260	340	岩性为角闪片岩,岩体弱风化,洞室通过f_{22}断层影响带及f_{23}断层影响带,受构造影响严重,节理裂隙发育,岩体破碎,洞室位于地下水位以下,围岩不稳定	IV
72+260 72+335	75	f_{23}断层带,主要物质为碎裂岩、糜棱岩,夹有少量断层泥及断层角砾,岩体强风化,受构造影响很严重,节理裂隙发育,岩体极破碎,洞室位于地下水位以下,围岩极不稳定	V
72+335 72+450	115	岩性为变砂岩,岩体弱风化,洞室通过f_{23}断层影响带及QF_2断层影响带,受构造影响严重,节理裂隙发育,岩体破碎,洞室位于地下水位以下,围岩不稳定	IV
72+450 72+620	170	QF_2断层带,主要物质为碎裂岩、糜棱岩,夹有少量断层泥及断层角砾,岩体强风化,受构造影响严重,围岩极不稳定	V
72+620 72+670	50	岩性为变砂岩,岩体弱风化,洞室通过QF_2断层影响带,受构造影响严重,节理裂隙发育,岩体破碎,洞室位于地下水位以下,围岩不稳定	IV
72+670 72+800	130	岩性为变砂岩、花岗闪长岩,岩体弱风化~微风化,洞室通过侵入接触界线,受构造影响较严重,节理裂隙发育,岩体较破碎,洞室位于地下水位以下,围岩局部稳定性差	III
72+800 73+080	280	岩性为花岗闪长岩,岩体微风化~未风化,受构造作用影响较严重~轻微,节理裂隙较发育,岩体较完整,洞室位于地下水位以下,围岩基本稳定	II
73+080 73+130	50	岩性为花岗闪长岩,岩体弱风化~微风化,受构造影响较严重,节理裂隙发育,岩体较破碎,洞室位于地下水位以下,围岩局部稳定性差	III
73+130 73+180	50	岩性为花岗闪长岩,岩体弱风化,位于f_{25}断层影响带,受构造影响严重,节理裂隙发育,岩体破碎,洞室位于地下水位以下,围岩不稳定	IV
73+180 73+255	75	f_{25}断层带,主要物质为碎裂岩、糜棱岩,夹有少量断层泥及断层角砾,岩体强风化,受构造影响很严重,节理裂隙发育,岩体极破碎,洞室位于地下水位以下,围岩极不稳定	V
73+255 73+570	315	岩性为千枚岩夹变砂岩,岩体弱风化,洞室通过f_{25}断层影响带及f_{26}断层影响带,受构造影响严重,节理裂隙发育,岩体破碎,洞室位于地下水位以下,围岩不稳定	IV
73+570 73+660	90	f_{26}断层带,主要物质为碎裂岩、糜棱岩,夹有少量断层泥及断层角砾,岩体强风化,受构造影响很严重,节理裂隙发育,岩体极破碎,围岩极不稳定	V
73+660 75+705	2045	岩性为云母片岩夹绿泥片岩,岩体弱风化,洞室通过f_{26}断层影响带及整合接触带,受构造影响严重,节理裂隙发育,岩体破碎,洞室位于地下水位以下,围岩不稳定	IV
75+705 77+430	1725	岩性为大理岩夹云母片岩,岩体弱风化,受构造影响较严重,节理裂隙发育,岩体较破碎,洞室位于地下水位以下,围岩局部稳定性差	III
77+430 80+500	3070	岩性为云母片岩夹石英片岩,岩体弱风化,洞室通过整合接触带,受构造影响严重,节理裂隙发育,岩体破碎,洞室位于地下水位以下,围岩不稳定	IV

续表

桩号	段长/m	工程地质特征及围岩稳定性	围岩类别
80+500 80+900	400	岩性为云母片岩夹石英片岩，岩体弱风化，受构造影响较严重，节理裂隙发育，岩体较破碎，洞室位于地下水位以下，围岩局部稳定性差	Ⅲ
80+900 81+680	780	岩性为云母片岩夹石英片岩，岩体弱风化，洞室通过整合接触带，受构造影响严重，节理裂隙发育，岩体破碎，洞室位于地下水位以下，围岩不稳定	Ⅳ
81+680 81+779	99	隧洞出口段，岩性为云母片岩夹石英片岩，强风化，受构造影响极严重，节理裂隙发育，岩体极破碎，洞室位于地下水位以上，围岩极不稳定	Ⅴ

表 2.8　　　　　　　　　　秦岭输水隧洞越岭段围岩分类长度统计

围岩类别	长度/m	占越岭段总长百分比/%	围岩类别	长度/m	占越岭段总长百分比/%
Ⅰ	3050	3.7	Ⅳ	17875	21.7
Ⅱ	21695	26.5	Ⅴ	2169	2.7
Ⅲ	36990	45.4			

隧洞越岭段隧洞同样也是以Ⅲ类围岩居多，但与黄三段不同的是，该段隧洞的Ⅰ类、Ⅱ类围岩约占总长度的30%，此类隧洞段可以采用TBM掘进施工，但同时可以看到，越岭段隧洞围岩中Ⅳ类、Ⅴ类围岩的总长度达到了20km，地质情况仍然较差，围岩较为破碎，断层破碎带密集，不适宜采用TBM施工。

2.8 隧洞围岩工程地质评价

2.8.1 概述

秦岭输水隧洞沿洞线地质条件复杂，穿越断层数量众多，多处围岩稳定性差，且存在高地温及岩爆、突涌水（泥）等多种不良地质问题[12]，有些不良地质问题为工程特有，因此处理应对起来相对复杂，且隧洞洞线穿越秦岭山脉，地形地貌复杂，也给施工机械及施工材料的运输带来了不小的难度。前期的地质勘测以及隧洞围岩工程地质评价，对工程的施工具有指导意义，同时也为不良地质条件的应对提供了超前预报。

2.8.2 基本工程条件评价

隧洞基本工程条件评价包括对隧洞洞线基本地质条件评价和按照桩号及断层对隧洞区经过的岩体岩性、断层带、岩体构造、节理裂隙发育以及围岩类别等做概括性评价。

1. 洞线基本地质条件评价

隧洞埋深20~2012m，沿线断层与洞线多呈大角度相交，围岩以Ⅱ类、Ⅲ类硬质岩为主，成洞条件较好。隧洞区山高谷深，地形起伏很大，岩性复杂，断裂构造发育，存在热害、岩爆、突涌水、围岩失稳及塑性变形等工程地质问题，秦岭输水隧洞越岭段整体地质条件较为复杂。

2. 工程地质分区评价

(1) 进口至 f_{s8} 断层（K0+000～K5+060）。岩性以大理岩、石英片岩、花岗闪长岩为主，干抗压强度 20～90MPa，洞室通过 f_{s1}、f_{s2}、f_{s3}、f_{s4}、f_{s5}、f_{s6}、f_{s7}、f_{s8} 断层，岩体受构造影响较重～严重，节理裂隙较发育～发育，基岩裂隙水及构造裂隙水较发育，围岩类别以Ⅲ类为主，断层破碎带及影响带为Ⅳ类、Ⅴ类围岩。

(2) f_{s8} 断层至枸园沟（K5+060～K12+780）。岩性以花岗闪长岩为主，干抗压强度 40～157MPa，洞室通过侵入接触带及 f_{2-1}、f_{2-2} 断层，岩体受构造影响较重～严重，节理裂隙较发育～发育，基岩裂隙水及构造裂隙水较发育，围岩类别以Ⅲ类为主，侵入接触带、断层破碎带及影响带为Ⅳ类围岩。

(3) 枸园沟至古里沟（K12+780～K19+280）。岩性以大理岩、石英片岩、片麻岩为主，干抗压强度 55～159MPa，洞室通过 f_{3-1}、f_{3-2}、f_{3-3}、f_4、f_5 断层及不整合接触带，岩体受构造影响较重～严重，节理裂隙较发育～发育，基岩裂隙水、构造裂隙水及岩溶水发育，围岩类别以Ⅲ类为主，不整合接触带、断层带及影响带为Ⅳ类、Ⅴ类围岩。

(4) 古里沟至萝卜峪沟（K19+280～K28+880）。岩性以石英片岩、变粒岩、片麻岩、石英岩、花岗岩为主，干抗压强度 37～157MPa，经过多处不整合接触带，岩体受构造影响较重～严重，节理裂隙较发育～发育，围岩类别以Ⅱ类、Ⅲ类为主，不整合接触带为Ⅳ类围岩。

(5) 萝卜峪沟至四面沟（K28+880～K45+180）。岩性以花岗岩、闪长岩为主，干抗压强度 40～113MPa，经过 f_7 断层及不整合接触带，岩体受构造影响轻微～较重，节理裂隙不发育～较发育，围岩类别以Ⅰ类、Ⅱ类为主，断层影响带为Ⅲ类、Ⅳ类围岩。

(6) 四面沟至冉家梁（K45+180～K54+240）。岩性以闪长岩、千枚岩、变砂岩为主，干抗压强度 26～126MPa，经过 QF_4、f_8、f_9 断层及不整合接触带，岩体受构造影响较重～严重，节理裂隙较发育～发育，围岩类别以Ⅲ类、Ⅳ类为主，QF_4、f_9 断层为Ⅴ类围岩。

(7) 冉家梁至黄草坡（K54+240～K64+940）。岩性以千枚岩、变砂岩、角闪石英片岩、花岗岩为主，干抗压强度 50～149MPa，经过 f_{10}、f_{11}、f_{12}、f_{13}、f_{14}、f_{15}、f_{16}、f_{17}、QF_3、QF_{3-1}、QF_{3-2}、QF_{3-3}、QF_{3-4}、f_{18}、f_{19} 断层及不整合接触带，岩体受构造影响较重～严重，节理裂隙较发育～发育，基岩裂隙水及构造裂隙水较发育，围岩类别以Ⅲ类、Ⅳ类为主，断层带为Ⅴ类围岩。

(8) 黄草坡至 f_{21} 断层（K64+940～K69+530）。岩性以花岗岩、花岗闪长岩为主，干抗压强度 50～149MPa，经过侵入接触带，岩体受构造影响较重～严重，节理裂隙较发育～发育，基岩裂隙水及构造裂隙水较发育，围岩类别以Ⅱ类为主，不整合接触带为Ⅲ类围岩。

(9) f_{21} 断层至北沟（K69+530～K73+660）。岩性以千枚岩、变砂岩、片麻岩、角闪石英片岩、花岗闪长岩、花岗斑岩为主，干抗压强度 50～149MPa，经过 f_{21}、f_{22}、f_{23}、QF_2、f_{25}、f_{26} 断层及不整合接触带，岩体受构造影响较重～严重，节理裂隙较发育～发育，基岩裂隙水及构造裂隙水较发育，围岩类别以Ⅱ类、Ⅲ类、Ⅳ类为主，断层带为Ⅴ类围岩。

(10) 北沟至大甘峪沟（K73+660～K75+705）。岩性以绿泥片岩、云母片岩为主，干抗压强度 20～60MPa，岩体受构造影响较重～严重，节理裂隙较发育～发育，围岩类别为Ⅳ类。

(11) 大甘峪沟至大韩峪沟（K75+705～K77+430）。岩性以大理岩夹云母片岩为主，干抗压强度 20～60MPa，岩体受构造影响较重～严重，节理裂隙较发育～发育，围岩类别为Ⅲ类、Ⅳ类。

(12) 大韩峪沟至老湾（K77+430～K80+500）。岩性以云母片岩、石英片岩为主，干抗压强度 20～60MPa，岩体受构造影响较重～严重，节理裂隙较发育，围岩类别为Ⅳ类。

(13) 老湾至黄池沟出口（K80+500～K81+779）。岩性以云母片岩、石英片岩为主，干抗压强度 20～60MPa，岩体受构造影响较重～严重，节理裂隙较发育～发育，围岩类别为Ⅳ类、Ⅴ类。

3. 围岩稳定性评价

秦岭输水隧洞黄三段无Ⅰ类围岩；Ⅱ类围岩通过长度 2050m，约占 12.6%，围岩基本稳定；Ⅲ类围岩通过长度 11276.3m，约占 68.3%，围岩总体稳定，局部通过断层地区岩体质量变差，稳定性差；Ⅳ类围岩通过长度 2909.70m，约占 17.6%，围岩不稳定；Ⅴ类围岩通过长度 245m，约占 1.5%，围岩极不稳定，极易出现塌方段。

秦岭输水隧洞越岭段Ⅰ类围岩通过长度 3050m，约占 3.7%，围岩稳定；Ⅱ类围岩通过长度 21695m，约占 26.5%，围岩基本稳定；Ⅲ类围岩通过长度 36990m，约占 45.4%，围岩总体稳定，局部稳定性差；Ⅳ类围岩通过长度 17875m，约占 21.7%，围岩不稳定；Ⅴ类围岩通过长度 2169m，约占 2.7%，围岩极不稳定。

总体上，秦岭输水隧洞通过的地域多以坚硬岩石为主，风化程度低。在 TBM 施工过程中，对刀具的磨损较大；在钻爆法施工中，对打孔深度和装填药量都有着较高的要求。另外，隧洞穿越的断层破碎带较多，裂隙较发育，围岩质量差的位置较多，对施工的连贯性有较大的影响。因此，工程在施工方式的选择和施工进度的保证上，都面临巨大挑战。

2.8.3 特殊工程地质问题

秦岭输水隧洞穿越地质区断层带众多，裂隙、构造裂隙水及岩溶水较为发育，隧洞埋深大，岩性组分复杂，地下水发育，产生了高地应力及岩爆、突涌水（泥）、围岩失稳、软岩变形、高地温及热害、有害气体及放射性等不良地质问题，给工程的正常施工带来了巨大挑战，也是对施工应对能力的极大考验。

1. 高地应力及岩爆问题

在洞址 6 个深孔中（孔深 260～655m），地应力实测结果一致表明，三项主应力的关系为：$S_H > S_h > S_V$，具有较为明显的水平构造应力的作用，地应力值较大。根据岩石的极限抗压强度 R_c 与垂直隧洞轴线的最大主应力 σ_{max} 之比对岩体初始应力场作出评估。在隧洞埋深部位处，$R_c/\sigma_{max} < 4$，这说明岩体中均存在极高初始应力。根据巴顿的切向应力准则，将围岩的切向应力 σ_θ 与岩石的极限抗压强度 R_c 之比作为判断岩爆的等级。在隧洞埋深部位处，$\sigma_\theta/R_c > 0.7$。从各孔的计算结果可以看出，在相应的埋深条件下，由于隧洞的开挖，洞室附近产生应力集中，具备发生岩爆的应力条件。

从岩爆段隧洞埋深条件分析，秦岭输水隧洞高地应力区主要分布在埋深大于500m的洞段。而在隧洞浅埋段斜坡应力集中带内，存在局部应力集中，也有发生岩爆的可能性。岩爆的等级以中等～轻微为主，局部可能发生强烈岩爆。

2. 突涌水（泥）问题

隧洞通过各断层破碎带、大理岩地段，由于构造裂隙水及岩溶水较发育，地下水循环较快，施工中可能产生突然涌水现象。在通过断层泥砾带、含泥质地层的影响带时也可能产生突涌泥现象。据秦岭输水隧洞7个深钻孔的水文地质资料揭示，区内地下水主要活跃于120～360m的深度范围内，其他埋深范围或水量较少，或水流处于滞流状态。在此环境下，预测秦岭输水隧洞施工中将有地下水出露，但出水点分布不均，主要分布在断层带及影响带、节理密集带、软弱结构面、岩性接触带、岩脉和岩溶发育地段，出现大段落突然涌水的可能性不大。但由于断裂带物质组成和岩溶发育程度的不均一性，特别是断层中还有泥砾等软弱夹层，因此，对局部可能出现的突涌水仍须有所防备。预测隧洞通过f_5、QF_4、QF_3、QF_{3-1}、QF_{3-2}、QF_{3-3}、QF_{3-4}、f_9、QF_2、f_{25}、f_{26}等断层带、岭南及岭北岩溶溶隙发育带及节理密集带时，可能出现较大突然涌水（泥）。

3. 围岩失稳问题

秦岭输水隧洞通过3条区域性大断层及其4条次一级断层和33条地区性一般性断层及次级小断层，多呈北西西—近东西向在测区连续展布，秦岭输水隧洞无法绕避。断层破碎带物质多由断层泥砾、角砾岩、糜棱岩、碎裂岩等组成，松散、破碎、含水。另外，在岩浆岩侵入接触带，岩体中节理裂隙发育，岩体破碎，富水性强。隧洞围岩自稳能力差，施工时容易发生坍塌、掉块等围岩失稳现象。

4. 软岩变形问题

秦岭输水隧洞通过各断层泥砾带、云母片岩及炭质片岩、千枚岩中局部破碎的炭质千枚岩地段，由于岩质软弱，洞室埋深较大，地应力值相对较高，施工中有可能产生软岩塑性变形现象。根据地表调查及钻探揭示，断层泥砾带主要分布于f_{s4}、f_{s6}、f_5、QF_4、QF_3、QF_2等断层带内；云母片岩及炭质片岩呈透镜体状分布于隧洞出口段，无规律性；炭质千枚岩呈透镜体状分布于千枚岩地层中，无规律性。

5. 高地温及热害问题

秦岭输水隧洞通过地段最大高程2551m，隧洞最大埋深约2012m，根据区域地质资料和地质调查，隧洞区无活动性断裂及近代火山岩浆活动，也未发现温泉、热泉等，故该区应处于"正常增温区"。该区年平均气温值为13℃。参考中铁第一勘察设计院集团有限公司秦岭地区长大深埋隧道地温计算模型及计算公式，区内地下水活跃带地温梯度为16.7℃/1000m，地下水滞留带地温梯度为22.3℃/1000m。结合秦岭输水隧洞7个深钻孔测井资料的实测地温梯度，经综合分析计算，在隧洞埋深大于1000m的地段，预测岩温超过28℃，最高可达42℃，为高温施工地段，对隧洞施工有一定影响，必须保证工作面施工所需的足够通风量以及采取防热措施。

通过工程类比，秦岭输水隧洞区的地热状况主要特点为：北秦岭最后封闭于早古生代晚期，岩浆活动对该区现在的浅部地温场没有影响。岩浆岩、变质岩及各类构造岩，热物理性质较为接近。隧洞区附近无温泉及地下热水分布；隧洞区无断裂构造引起的地温升高异常；该区地表下约360m以上地段，一般都具有地下水补给、径流、排泄条件良好，地下水丰富、运移活跃的特点。地下水发育地段，地温比正常背景值偏低，地温梯度偏小；断层带往往因为节理裂隙发育，地下水补给、径流、排泄条件良好，地下水丰富、运移活跃，一般亦具有地温偏低、地温梯度偏小的特点；隧洞区地表下360m以下，特别是随着深度的不断增加，地下水的补给、径流、排泄条件都会越来越差，一般都具有地下水运移不活跃的特点，地温梯度一般为2.15℃/100m～2.29℃/100m，代表了该区深部地质体的正常增温。西康铁路秦岭隧道的研究结果表明，地形起伏变化很大的、高海拔的秦岭岭脊与其岭南、岭北两侧相对较低的低海拔地区相比，按照同一地温梯度考虑，秦岭岭脊的地温偏低。

综合以上分析可知：该区除地表下360m以上地段因地下水发育，地温场歪曲以外，其深部地温场正常。

6. 有害气体及放射性问题

（1）有害气体。隧洞施工中，可能产生的有害气体主要有甲烷（CH_4）、二氧化碳（CO_2）、硫化氢（H_2S）及施工爆破产生的一氧化碳（CO）、氮氧化物（NO_x）及二氧化硫（SO_2）、粉尘等。秦岭输水隧洞埋深大、延伸长，具有良好的储存封闭条件，有利于地下有害气体的储存富集。

（2）放射性。秦岭输水隧洞的放射性影响主要来自岩体中所产生的氡及其子体、γ辐射，以及隧洞涌水中的放射性，施工过程中的放射性污染物的释放等。

根据既有西康铁路秦岭隧道地面测量及测井资料综合分析，放射性异常主要集中在断裂带附近，分布无规则。这是因为断裂带中多有伟晶岩脉侵入，其中含有一定放射性物质；而断裂带的破碎岩石亦常常吸附了一些放射性矿物，造成构造淋积型异常。

秦岭输水隧洞的深孔自然γ测井表明，在局部地段有异常出现，分析认为这与花岗岩脉侵入有关。通过对秦岭输水隧洞区的地面测量及测井资料分析，隧洞区地层岩性天然放射性的背景值一般为20～50Bq/L。根据这一客观情况，借鉴既有西康铁路秦岭隧道的资料，预测隧洞通过段不会有较大的放射性岩体存在，但不排除局部有放射性异常的存在。

2.9 隧洞围岩岩石力学特性

2.9.1 概述

秦岭输水隧洞穿越秦岭山脉，洞线经过的地区岩石种类多样，岩体特性存在各种差异，隧洞采用钻爆法和TBM掘进施工结合的施工方法，两种施工方法都极需要对不同种类的围岩进行分类，掌握不同种类隧洞围岩的岩石力学特性[13]。钻爆法需要根据岩石力学特性来判断钻孔位置、深度、装药量等参数，以达到更佳的钻爆效果；TBM掘进机则需要根据岩石指标进行调整推进速度、刀盘转速、扭矩等钻进参数，以保障掘进机安全、稳定地进行施工。岩石力学各项特性需要岩石力学试验和测试进行确定，包括岩石物理力学特性，抗压、抗剪特性，岩石风化卸荷特征及岩体地应力等。

2.9.2 岩石物理力学特性

岩石的物理力学特性需要通过试验获得，主要包括室内试验和现场原位测试两种[14]。秦岭输水隧洞工程施工期间，施工技术人员做了大量的室内和室外试验，获得了隧洞区不同种类岩体的各项力学指标，并进行归纳，为隧洞掘进施工和钻进施工提供了宝贵的地质资料。

1. 岩石物理力学基本指标

根据不同的地层岩性，在地表和深孔中对主要岩性分别取代表岩样做了岩块含水量、固相密度和密度试验、声速波速测试试验、变形试验、单轴抗压单轴抗拉试验、抗剪强度试验、抗拉试验等物理力学试验，并专门做了37组岩石耐磨性试验，耐磨性结果见表2.9，岩石物理力学指标见表2.10和表2.11。

表2.9　　　　　　　　　秦岭输水隧洞岩石耐磨性结果

地层岩性	变砂岩	千枚岩	石英片岩	石英岩	花岗岩	闪长岩
耐磨性指数 Ab (1/10mm)	3.26～3.74	3.41～3.57	4.43～4.70	4.34	4.14～4.53	4.46
岩石耐磨性等级	低耐磨性	低耐磨性	中等耐磨性	中等耐磨性	中等耐磨性	中等耐磨性

表2.10　　　　　　　　秦岭输水隧洞岩石物理力学指标统计1

地层岩性			石英岩	花岗岩	闪长岩	变砂岩	千枚岩
矿物组成	碎屑物占比/%	石英	58～97	25～30	10～18	34～85	9～49
		斜长石	3～19	26～39	50～70	20～25	1～3
		长石		31～44	5～21		
		角闪石			4～6		
		绢云母					32～77
	胶结物或基质占比/%	黑云母	1～14	3～6	8～12	15～46	7～15
		绿泥石					5～40
磨蚀指标	磨耗损失/%						
物理性质	颗粒密度 ρ/(g/cm³)		2.75～2.89	2.65～2.81	2.73～3.01	2.72	2.78～3.09
	重度 γ/(kN/m³)	自然 γ_a	26.6～27.7	25.0～27.1	26.4～29.3	26.3～26.4	26.6～30.2
		饱和 γ_b					
	含水率 W_{a1}/%						
	吸水率 W_{a2}/%		0.04～0.11	0.23～0.79	0.29～0.31	0.11～0.30	0.06～0.14
	饱和吸水率 W_{sa}/%		0.06～0.14	0.27～0.88	0.33～0.34	0.16～0.34	0.09～0.17
	孔隙率 n_o/%		0～8.70	0.04～2.80	0.20～0.30	0.65	0.79～4.00
抗压指标 /MPa	干燥 R_a		86.1～216.0	96.7～242.0	127.3～167.0	80.8～197.0	26.5～69.5
	饱和 R_b		74.9～184.0	85.0～193.0	116.4～138.0	60.2～185.0	19.9～63.6

续表

地层岩性		石英岩	花岗岩	闪长岩	变砂岩	千枚岩
变形指标	变形模量 $E_0/10^4$ MPa	5.35~7.84	1.31~10.6	3.19~5.20	3.20~5.40	1.70~7.55
	弹性模量 $E/10^4$ MPa	3.66~6.05	3.52~9.39	3.24~5.60	3.85~5.95	0.26~5.72
	泊松比 μ	0.18~0.19	0.13~0.25	0.17~0.31	0.18~0.24	0.19~0.26
	抗拉强度 σ_t/MPa	2.5~6.8	2.1~3.3	3.4~5.7	1.4~5.2	3.4~4.0
抗剪强度	内摩擦角 $\varphi/(°)$	58.50~62.63	51.00~68.53	51.50~67.02	46.50~66.63	38.50~68.10
	内聚力 C/MPa	2.98~16.21	1.44~12.53	1.80~15.21	1.30~11.48	0.95~9.28
波速	弹性波速/(m/s)	3922~6950	2985~7250	3390~6250	3448~6400	1227~6300
	完整系数	0.55~0.83	0.59~0.89	0.41~0.70	0.36~0.56	0.33~0.71

表 2.11　　秦岭输水隧洞岩石物理力学指标统计 2

地层岩性			大理岩	变粒岩	片麻岩	石英片岩
矿物组成	碎屑物占比/%	石英	0~3	20~35	29	40~65
		斜长石		19~62	20	5~20
		长石		30~55	21	1~3
		方解石	39~80			
		白云石	97~99			
	胶结物或基质占比/%	黑云母		10~31	27	39~45
		绿泥石				
磨蚀指标	磨耗损失/%					
物理性质	颗粒密度 ρ/(g/cm³)		2.78~2.81	2.69~2.76	2.72~2.76	2.80~2.86
	重度 γ/(kN/m³)	自然 γ_a	27.0~27.5	26.4~27.0	26.3~26.5	
		饱和 γ_b				
	含水率 W_{a1}/%					
	吸水率 W_{a2}/%		0.05~0.09	0.07~0.33	0.34~0.41	0.11~0.41
	饱和吸水率 W_{sa}/%		0.12~0.18		0.24	0.16~0.44
	孔隙率 n_0/%		0.1~6.0		0.3~2.4	1.7
抗压指标/MPa	干燥 R_a		55.4~83.9	50.4~84.5	57.9~66.4	37.5~218.0
	饱和 R_b		42.4~67.4	23.4~66.6	39.6~51.6	43.4~180.0
变形指标	变形模量 $E_0/10^4$ MPa		1.21~5.89	5.85~7.63	4.98	1.68~5.56
	弹性模量 $E/10^4$ MPa		5.31~5.77	4.31~5.22	10.81	5.42~6.10
	泊松比 μ		0.11~0.36	0.12~0.17	0.20	0.18~0.24
	抗拉强度 σ_t/MPa		2.0~4.0	1.0~2.5	2.2~2.8	1.6~5.1
抗剪强度	内摩擦角 $\varphi/(°)$		49.12~52.69	42.50~43.60	42.00~43.40	56.00~58.00
	内聚力 C/MPa		10.89~11.68	14.20~15.30	13.70~13.90	2.58~2.88
波速	弹性波速/(m/s)		4167~6000	4318~4762	4272~4551	2564~6900
	完整系数		0.58~0.75	0.40~0.60	0.65~0.85	0.45~0.65

2. 岩体物探测试结果

岩体物探测试分别对不同地层岩体的波速、电阻率、放射性进行了测试，另外也对岩体的弹性模量进行了测试，发现岩体的弹性模量较大，这和隧洞区岩石较为坚硬的特点相对应。同时，对于越岭段采用 TBM 施工的洞段，岩石坚硬会增加换刀频率和刀具破坏的概率。

（1）岩体、岩块波速及其他物性参数。在秦岭输水隧洞越岭段范围内，为了查明隧洞进口、出口及洞身地质条件，验证地面调绘结果，施工技术人员开展了电法、震法、大地电磁测深、放射性和测氡等相结合的地面综合物探工作；加强了资料的相互验证和综合分析，并对隧洞通过的主要地层选代表性段落测试岩体及岩块的弹性波速。岩体的物性参数见表 2.12，岩体的完整性系数测试结果见表 2.13。

表 2.12　　　　　　秦岭输水隧洞岩体的物性参数统计

序号	地层岩性	电阻率 $\rho/(\Omega \cdot m)$	岩体波速 $V_p/(m/s)$	放射性 $\gamma/(bq/kg)$
1	变质砂岩	2000～7000	3300～4130	4～37
2	绿泥绢云千枚岩	1500～4500	2800～4100	7～40
3	石英片岩	1000～3000	3260～4580	20～32
4	大理岩	1500～8000	3800～4450	8～38
5	石英岩	5000～10000	4070～5000	—
6	黑云斜长片麻岩	3000～6500	4500～5200	13～35
7	花岗岩	1500～8000	3900～4800	20～78
8	花岗闪长岩	1000～2500	3940～4700	18～25
9	石英闪长岩	3000～15000	3720～4880	14～20
10	断层破碎带	100～700	1500～2670	—

表 2.13　　　　　　秦岭输水隧洞岩体的完整性系数测试结果

序号	地层岩性	岩体波速 $V_p/(m/s)$	岩块波速 $V_p/(m/s)$	完整系数 K_v
1	变质砂岩	3300～4130	5518	0.36～0.56
2	绿泥绢云千枚岩	2800～4100	4878	0.33～0.71
3	石英片岩	3260～4580	5268	0.38～0.76
4	大理岩	3800～4450	5000	0.58～0.79
5	石英岩	4070～5000	5480	0.55～0.83
6	黑云斜长片麻岩	4500～5200	5400	0.69～0.93
7	花岗岩	3900～4800	5080	0.59～0.89
8	花岗闪长岩	3940～4700	5130	0.59～0.84
9	石英闪长岩	3720～4880	5838	0.41～0.70
10	断层破碎带	1500～2670	3800	0.16～0.49

（2）岩体弹性模量。在钻孔重点部位进行了弹性模量测试，测试结果见表 2.14。通过测试的结果可以发现，岩体的弹性模量普遍较高，抗变形能力较强，和钻孔波速测试的结果基本相符，在参数选取时可参考使用。

表 2.14　　　　　　　　　　　　岩体钻孔弹性模量测试结果

地层岩性	弹性模量/GPa 范围值	弹性模量/GPa 平均值	变形模量/GPa 范围值	变形模量/GPa 平均值
石英闪长岩	41.2~56.1	51.2	30.8~47.1	39.7
花岗岩	21.5~39.6	31.9	16.2~31.6	24.7
角闪斜长片麻岩	14.3~44.1	34.3	12.9~37.1	28.1
云母石英片岩	13.3~38.8	22.3	11.0~38.0	18.1
变质砂岩	14.2~40.3	24.4	9.0~39.5	19.6
大理岩	16.0~36.4	27.1	11.5~31.2	21.7

2.9.3　岩石风化卸荷特征

风化作用与岩性、构造、地形条件、水文地质条件和气候等因素密切相关[15]。工程区构造复杂，岩石复杂多变，沟谷切割强烈，岩体的风化卸荷强烈，风化规律不明显，风化的差异较大。根据地表调查、钻孔揭露、钻孔波速测试和已施工勘探试验洞开挖揭露等，风化卸荷具有如下特点：

（1）风化卸荷带厚度：全风化厚度一般小于 5m，强风化厚度一般小于 10m，弱风化厚度一般小于 60m，局部受构造影响表现出明显的异常。

（2）山坡与沟底风化卸荷特征存在明显差异：从野外调查情况看，在山坡部位，风化卸荷带厚度大，一般存在较厚的强风化卸荷带，节理发育，局部为张裂隙，充填岩屑或泥质，而在沟谷底部，风化卸荷带较薄，一般直接出露弱风化或微风化岩体，节理较发育。

（3）卸荷裂隙深度：从勘探试验洞开挖和钻孔揭露来看，卸荷裂隙一般到达弱风化的底部就比较少见，位于山梁的钻孔深度一般不超过 60m，位于沟底的钻孔一般不超过 30m。

2.9.4　构造岩及构造岩综合探测结果

工程区域内的构造岩为岩体类别较低的岩石，也是地质条件较差的岩石，通过综合物探工作，可以获取其详细的地质信息，为工程的施工提供参考。弹性模量和岩体波速是构造岩体的两个重要力学指标，勘测工作对其进行了测量。

1. 构造岩

区域内构造岩主要分布于区域性断层破碎带内，主要为碎裂岩、糜棱岩、断层角砾、断层泥等。

碎裂岩的原岩主要为变砂岩、片岩、大理岩、闪长岩、花岗岩等，岩体较破碎，碎块大小不等，其间无大的位移，岩石具有明显的碎裂结构、碎斑结构、碎粒结构，块状构造。沿裂纹多有硅质、白云石及方解石、绿泥石、绢云母等矿物充填，其 f_k 值为 300~500kPa。

糜棱岩的原岩无法辨认，矿物蚀变明显，糜棱结构，其 f_k 值为 300~500kPa。

断层角砾和断层泥为组成主断层带的物质，仅在少数断层中可见，颜色杂乱，多呈灰白色、灰绿色、灰黑色等，形状多呈棱角状，少数呈碾碎具磨圆化的砾石，角砾直径一般在 3～10cm，夹于断层泥中，呈散体结构，极破碎，常常呈脉状断续出现在构造带中，但规模很小，其 f_k 值为 150～300kPa。

2. 构造岩综合探测结果

为了解构造岩及构造破碎带的工程地质特性，在工程区布置了综合物探测试工作，主要进行波速测试及弹性模量测试工作。

针对断层糜棱岩，在物探测试断面布置了弹性模量测试点。弹性模量测试结果表明：其弹性模量为 1.1～1.9GPa，平均值为 1.6GPa；其变形模量为 0.7～1.2GPa，平均值为 1.0GPa。波速测试结果表明：断层糜棱岩的波速为 520～1150m/s，断层破碎带的波速为 150～2670m/s。

在主断层破碎带周围布置了弹性模量测试点，弹性模量测试结果表明：其变形参数差别较大，临近主断层带的岩体，其弹性模量为 1.1～1.2GPa，与糜棱岩弹性模量基本一致，远离主断层带的岩体，岩体受断层影响较小，弹性模量为 10.2GPa。

2.9.5 岩体地应力测试结果及工程区构造应力场分析

岩体地应力是影响地下结构稳定的主要因素，也是引起地下结构变形和破坏的根本作用力。地应力决定了地下结构几乎所有的边界条件和地下工程实施的初始条件。重力作用和构造作用是引起地应力的主要原因，尤其是水平方向的构造运动对地应力场的形成影响最大。

对于秦岭输水隧洞这样的深埋隧洞而言，其洞室稳定性不可避免地会受到高地应力与岩爆的威胁，当秦岭输水隧洞洞段穿越高地应力区，可能会发生比较严重的岩爆灾害，因此，地应力的测量对于秦岭输水隧洞施工有着非常关键的作用。工程中采用水压致裂法和钻孔变形法对多处钻孔进行了地应力测试。

1. 可行性研究阶段地应力测试结果

秦岭输水隧洞越岭段在可行性研究阶段委托中国地震局地壳应力所分别在 CZK-1、SZK-1、CZK-4、CZK-2、CZK-3、SZK-2 深钻孔中采用水压致裂法进行了 48 段地应力测试及 22 个测段的印模定向测试，各钻孔基本情况见表 2.15，其测试结果见表 2.16。

表 2.15　　　　　　　　　　秦岭输水隧洞各钻孔基本情况

编号	桩号	坐标	孔口标高/m	孔深/m	孔底标高/m	洞底标高/m	地 层 概 况
CZK-1	K16+908 右 888m	N：509361.09 E：3706074.24	852.81	266.0	586.81	536.11	上部为第四系地层，下部为下元古界沙坝岩组大理岩、花岗岩、花岗片麻岩及 f_5 断层破碎带
SZK-1	K28+078 右 1376m	N：17053.15 E：12240.32	974.75	420.26	554.49	531.31	上部为第四系卵石土，下部为石英岩、石英片岩、花岗岩
CZK-4	K29+819 右 1444m	N：512618.89 E：3718752.43	1018.23	500.6	517.63	530.82	上部为第四系地层，下部为花岗岩

续表

编号	桩号	坐标	孔口标高/m	孔深/m	孔底标高/m	洞底标高/m	地 层 概 况
CZK-2	K57+323 右389m	N: 514816.75 E: 3746247.82	1239.88	655.6	584.28	519.80	上部为第四系地层，下部为石炭系下统二峪河组千枚岩
CZK-3	K60+929 右1119m	N: 515945.51 E: 3749778.52	950.95	370.5	580.45	518.33	上部为第四系地层，下部为QF₃断层破碎带下古生界火神庙岩组及泥盆系罗汉寺岩群变质砂岩
SZK-2	K64+315 左919m	N: 14372.24 E: 53298.55	849.83	300.8	549.03	517.00	上部为第四系卵石土，下部为下元古界石英片岩、角闪片岩

表 2.16　　可行性研究阶段引汉济渭秦岭输水隧洞越岭段水压致裂测试结果

钻孔	最大水平主应力/MPa	最小水平主应力/MPa	最大水平主应力方向（印模）
CZK-1	7.09~15.14	3.99~9.54	N29°W/N42°W/N32°W
SZK-1	8.32~21.70	4.78~13.66	N35°W/N40°W/N38°W/N50°W/N54°W
CZK-4	16.11~23.70	10.11~15.41	N38°W/N46°W/N30°W
CZK-2	15.42~20.49	10.88~14.14	N52°W/N47°W/N37°W
CZK-3	6.64~11.03	4.79~7.47	N40°W/N43°W/N46°W
SZK-2	17.77~29.85	4.78~13.66	N16°E/N9°E/N16°W/N33°W/N35°W

地应力测试结果表明，$S_H>S_h>S_V$，反映了较强的现今水平构造应力作用的特点。其中，22个测段的印模定向测试表明，秦岭岭北区的最大水平主应力优势方向为北西向，与西康铁路秦岭隧道地应力测试结果一致。但与区域分析与地震震源机制解的结果不一致，这反映了现代应力场与地质历史时期的区域应力场方向已有所变化，实测应力场为第二期构造应力场的残余应力，距离秦岭主脊近，受重力影响显著。

2. 地应力测试结果

初设阶段在秦岭输水隧洞3号、6号勘探试验洞内采用水压致裂法和钻孔变形法进行了钻孔三维地应力测试，测试钻孔基本情况见表2.17，3号勘探试验洞SYZK4、SYZK5、SYZK6三个钻孔的测试结果见表2.18~表2.20，地应力测试结果见表2.21。6号勘探试验洞SYZK1、SYZK2、SYZK3三个钻孔的测试结果见表2.22~表2.24，地应力测试结果见表2.25。图2.11、图2.12分别为3号勘探试验洞SYZK4、SYZK5、SYZK6三维水压致裂法地应力莫尔圆和6号勘探试验洞SYZK1、SYZK2、SYZK3三维水压致裂法地应力莫尔圆。

表 2.17　　　　　　　　　　测 试 钻 孔 基 本 情 况

试验位置	钻孔编号	钻孔方向		测段（点）数量	
		方位角/(°)	倾角/(°)	水压致裂法/段	钻孔变形法/点
距3号试验洞洞口3800m	SYZK4	—	90	5	6
	SYZK5	120	3	5	6
	SYZK6	165	3	5	6

续表

试验位置	钻孔编号	钻孔方向		测段（点）数量	
		方位角/(°)	倾角/(°)	水压致裂法/段	钻孔变形法/点
距6号试验洞口2450m	SYZK1	—	90	5	6
	SYZK2	75	−5	5	6
	SYZK3	350	−3	5	6
合计				30	36

注　钻孔孔口向下为正，反之为负。

表2.18　　　　　3号勘探试验洞SYZK4钻孔（垂直）的测试结果

序号	测段深度/m	P_b/MPa	P_r/MPa	P_s/MPa	P_0/MPa	σ_t/MPa	σ_H/MPa	σ_h/MPa	σ_z/MPa	λ	σ_H方位
1	1064.5	22.4	20.4	12.5	0.1	2.0	17.2	12.6	27.2	0.6	
2	1067.5	19.7	17.0	13.6	0.1	2.7	23.9	13.7	27.3	0.9	
3	1070.5	18.5	16.4	14.3	0.1	2.1	26.6	14.4	27.4	1.0	
4	1073.5	22.0	20.0	17.0	0.2	2.0	31.8	17.2	27.5	1.1	
5	1076.5	24.2	21.6	17.6	0.2	2.6	31.4	17.8	27.6	1.1	N74°W

注　P_b—岩石破裂压力，P_r—裂缝重张压力，P_s—瞬时闭合压力，P_0—岩石孔隙压力，σ_t—岩石抗拉强度（下同），σ_H—最大水平主应力，σ_h—最小水平主应力，σ_z—自重应力，λ—最大水平主应力方向的侧压系数（σ_H/σ_z）；破裂压力、重张压力及关闭压力为测点孔口压力值，自重应力按岩石的容重计算，岩石容重取27kN/m³。孔口埋深1056m，钻孔平面位置K26+127右13m。

表2.19　　　　　3号勘探试验洞SYZK5钻孔（水平）的测试结果

序号	孔深/m	P_b/MPa	P_r/MPa	P_s/MPa	P_0/MPa	σ_t/MPa	σ_A/MPa	σ_B/MPa	σ_A方位 走向/倾向/倾角
1	8.5	21.0	17.7	11.8	0.0	3.3	17.7	11.8	
2	11.5	23.6	20.0	12.7	0.0	3.6	18.1	12.7	
3	14.5	23.2	18.2	14.5	0.0	5.0	25.3	14.5	
4	17.5	17.5	14.8	13.7	0.0	2.7	26.3	13.7	
5	20.5	23.7	18.4	15.3	0.0	5.3	27.5	15.3	N120°E/NE/85°

注　σ_A—钻孔截面最大主应力，σ_B—钻孔截面最小主应力。

表2.20　　　　　3号勘探试验洞SYZK6钻孔（水平）的测试结果

序号	孔深/m	P_b/MPa	P_r/MPa	P_s/MPa	P_0/MPa	σ_t/MPa	σ_A/MPa	σ_B/MPa	σ_A方位 走向/倾向/倾角
1	8.5	19.5	17.1	11.4	0.0	2.4	17.1	11.4	
2	11.5	17.8	15.8	11.3	0.0	2.0	18.1	11.3	
3	14.5	23.7	18.2	13.1	0.0	5.5	21.1	13.1	
4	17.5	23.9	20.4	15.3	0.0	3.5	25.8	15.3	
5	20.5	21.8	18.9	15.6	0.0	2.9	27.9	15.6	N165°E/NE/70°

表 2.21　3 号勘探试验洞 SYZK4、SYZK5、SYZK6 三维水压致裂法地应力测试结果

σ_X/MPa	σ_Y/MPa	σ_Z/MPa	τ_{XY}/MPa	τ_{YZ}/MPa	τ_{ZX}/MPa	最大水平主应力σ_H/MPa	最小水平主应力σ_h/MPa	最大水平主应力方位α/(°)	侧压系数$\lambda=\sigma_H/\sigma_z$
18.5	22.4	23.2	1.2	−4.5	−1.4	22.7	18.2	106	1.0

第一主应力 σ_1			第二主应力 σ_2			第三主应力 σ_3		
量值/MPa	倾角/(°)	方位角/(°)	量值/MPa	倾角/(°)	方位角/(°)	量值/MPa	倾角/(°)	方位角/(°)
27.7	46	106	18.3	29	233	18.1	29	341

表 2.22　6 号勘探试验洞 SYZK1 钻孔（垂直）的测试结果

序号	测段深度/m	P_b/MPa	P_r/MPa	P_s/MPa	P_0/MPa	σ_t/MPa	σ_H/MPa	σ_h/MPa	σ_z/MPa	λ	σ_H 方位
1	770.5	25.8	21.5	11.8	0.1	4.3	14.0	11.9	20.7	0.7	
2	773.5	23.1	18.8	12.7	0.1	4.3	19.4	12.8	20.8	0.9	
3	776.5	24.4	18.7	14.0	0.1	5.7	23.4	14.1	20.9	1.1	
4	779.5	23.7	18.0	14.7	0.2	5.7	26.3	14.9	21.0	1.3	
5	782.5	22.1	17.8	15.0	0.2	4.3	27.4	15.2	21.0	1.3	N84°W

注　P_b—岩石破裂压力，P_r—裂缝重张压力，P_s—瞬时闭合压力，P_0—岩石孔隙压力，σ_t—岩石抗拉强度（下同）；σ_H—最大水平主应力，σ_h—最小水平主应力，σ_z—自重应力，λ—最大水平主应力方向的侧压系数（σ_H/σ_z）；破裂压力、重张压力及关闭压力为测点孔口压力值，自重应力按岩石的容重计算，岩石容重取 27kN/m³。孔口埋深 763m，钻孔平面位置 K65+190 左 67m。

表 2.23　6 号勘探试验洞 SYZK2 钻孔（水平）的测试结果

序号	孔深/m	P_b/MPa	P_r/MPa	P_s/MPa	P_0/MPa	σ_t/MPa	σ_A/MPa	σ_B/MPa	σ_A 方位走向/倾向/倾角
1	8.5	22.6	21.4	12.8	0.0	1.2	17.0	12.8	
2	11.5	21.3	18.2	13.0	0.0	3.1	20.8	13.0	
3	14.5	18.4	17.2	12.8	0.0	1.2	21.2	12.8	
4	17.5	18.1	16.5	13.0	0.0	1.6	22.5	13.0	
5	20.5	20.0	17.5	14.0	0.0	2.5	24.3	14.0	N75°E/NW/80°

注　σ_A—钻孔截面最大主应力，σ_B—钻孔截面最小主应力。

表 2.24　6 号勘探试验洞 SYZK3 钻孔（水平）的测试结果

序号	孔深/m	P_b/MPa	P_r/MPa	P_s/MPa	P_0/MPa	σ_t/MPa	σ_A/MPa	σ_B/MPa	σ_A 方位走向/倾向/倾角
1	8.5	18.9	13.6	10.9	0.0	5.3	19.1	10.9	
2	11.5	20.6	16	12.5	0.0	4.6	21.2	12.5	
3	14.5	21.2	15.5	12.5	0.0	5.8	22.1	12.5	
4	17.5	18.8	15.4	13.0	0.0	3.4	23.3	13.0	
5	19.5	21.5	19.3	14.4	0.0	2.2	23.9	14.4	N10°W/SW/50°

表 2.25 6 号勘探试验洞 SYZK1、SYZK2、SYZK3 三维水压致裂法地应力测试结果

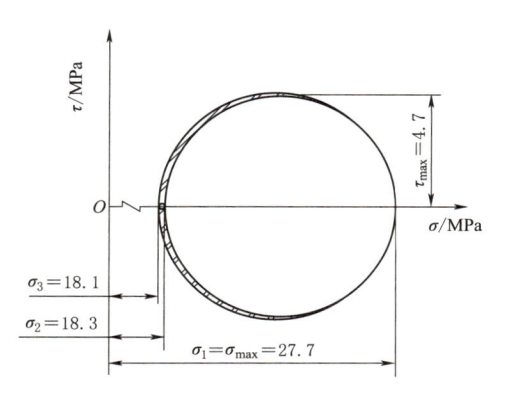

σ_X/MPa	σ_Y/MPa	σ_Z/MPa	τ_{XY}/MPa	τ_{YZ}/MPa	τ_{ZX}/MPa	最大水平主应力 σ_H/MPa	最小水平主应力 σ_h/MPa	最大水平主应力方位 α/(°)	侧压系数 $\lambda=\sigma_H/\sigma_z$
14.7	21.1	19.2	2.1	4.6	1.2	21.7	14.1	106	1.1

第一主应力 σ_1			第二主应力 σ_2			第三主应力 σ_3		
量值/MPa	倾角/(°)	方位角/(°)	量值/MPa	倾角/(°)	方位角/(°)	量值/MPa	倾角/(°)	方位角/(°)
25.4	38	286	15.5	52	112	14.1	3	18

图 2.11 3 号勘探试验洞 SYZK4、SYZK5、SYZK6 三维水压致裂法地应力莫尔圆

图 2.12 6 号勘探试验洞 SYZK1、SYZK2、SYZK3 三维水压致裂法地应力莫尔圆

通过测试结果可以看到，3 号和 6 号两个勘探试验洞所测结果表现出的规律比较一致，最大水平主应力为 25.4～27.7MPa，垂直孔测得最大水平主应力方向稳定在近 EW 向。

4 号支洞 DZK-1、DZK-2、DZK-3 三个钻孔的地应力测试结果见表 2.26～表 2.29，表 2.30 为 4 号支洞的三维地应力测量的计算参数，表 2.31 为 4 号支洞三维地应力计算结果。

表 2.26 4 号支洞 DZK-1 钻孔水压致裂法地应力测试结果

序号	测段深度/m	压裂参数/MPa				主应力值/MPa			破裂方向/(°)
		$P_{b地面}$	$P_{r地面}$	$P_{s地面}$	P_w	P_0	T	S_H	S_h	
1	19.80～20.70	21.05	20.35	15.35	0.14	0.14	0.70	25.84	15.49	
2	21.90～22.80	18.54	16.38	12.68	0.15	0.15	2.16	21.81	12.83	190
3	24.00～24.90	22.97	18.32	13.53	0.17	0.17	4.65	22.44	13.70	
4	26.10～27.00	20.25	16.81	12.47	0.18	0.18	3.44	20.78	12.65	
5	28.20～29.10	25.22	21.87	15.58	0.20	0.20	3.35	25.07	15.78	206
6	32.40～33.30	23.52	20.72	14.87	0.23	0.23	2.78	24.12	15.10	

表 2.27　　　　　4 号支洞 DZK-2 钻孔水压致裂法地应力测试结果

序号	测段深度 /m	压裂参数/MPa					主应力值/MPa			破裂方向 /(°)
		$P_{b地面}$	$P_{r地面}$	$P_{s地面}$	P_w	P_0	T	S_H	S_h	
1	23.35~24.25	22.60	22.60	16.53	0.23	0.23	—	27.22	16.76	N78°W
2	25.45~26.35	19.82	17.04	14.71	0.25	0.25	2.78	27.34	14.96	
3	27.55~28.45	22.35	22.35	17.25	0.28	0.28		29.68	17.53	
4	29.65~30.55	22.13	21.83	18.21	0.30	0.30	0.30	33.10	18.51	N53°W
5	44.35~45.25	21.82	20.66	16.37	0.44	0.44	1.16	28.89	16.81	

表 2.28　　　　　4 号支洞 DZK-3 钻孔水压致裂法地应力测试结果

序号	测段深度 /m	压裂参数/MPa					主应力值/MPa			破裂方向 /(°)
		$P_{b地面}$	$P_{r地面}$	$P_{s地面}$	P_w	P_0	T	S_H	S_h	
1	17.61~18.51	22.47	21.07	15.25	0.12	0.12	1.40	24.80	15.37	
2	19.71~20.61	21.30	17.16	14.40	0.14	0.14	4.14	26.18	14.54	135
3	28.11~29.01	24.93	22.67	14.61	0.20	0.20	2.26	21.36	14.81	
4	30.21~31.11	26.73	23.21	18.24	0.21	0.21	3.52	31.72	18.45	117
5	32.31~33.21	25.48	23.60	17.08	0.23	0.23	1.88	27.87	17.31	

表 2.29　　　　4 号支洞 DZK-2 垂直钻孔常规水压致裂法地应力测试结果

编号	测段埋设 /m	主应力值/MPa		
		最大水平主应力 S_H	最小水平主应力 S_h	垂直主应力 S_V
1	1358.35~1359.25	27.22	16.76	35.59
2	1360.45~1361.35	27.34	14.96	35.64
3	1362.55~1363.45	29.68	17.53	35.70
4	1364.65~1365.55	33.10	18.51	35.75
5	1379.35~1380.25	28.89	16.81	36.14

注　垂直主应力 S_V 由上覆岩体自重求得，为计算值。受地形、构造及开挖影响，计算值与实测值不同。岩石容重取 26.2kN/m³，孔口埋深 1335m。

表 2.30　　　　　4 号支洞的三维地应力测量的计算参数

钻孔编号	方位角/(°)	倾角/(°)	S_H	S_h	破裂方向/(°)
DZK-1	234	47	23.34	14.26	198
DZK-2	垂直孔	90	29.25	16.91	N66°W
DZK-3	153	46	26.39	16.10	126

表 2.31　　　　　　4 号支洞三维地应力计算结果

主应力/MPa		方位/(°)	倾角/(°)	正应力/MPa	
σ_1	28.24	293	14	σ_x	17.61
σ_2	15.81	194	34	σ_y	25.65
σ_3	15.62	42	53	σ_z	16.40

注　大地坐标系中 x 轴指向正北，y 轴指向正西，z 轴向上，xyz 符合右手准则。

4号支洞水压致裂地应力测试结果显示，最大水平主应力在 27.22～33.10MPa 之间，最小水平应力在 14.96～18.51MPa 之间，垂直孔测得最大水平主应力方向稳定在近 NW 向，三维地应力中最大主应力为 28.24MPa，最小主应力为 15.62MPa，最大切应力为 6.31MPa，应力水平比之前的 3 号、6 号勘探试验洞的要高。4号支洞三维地应力莫尔圆如图 2.13。

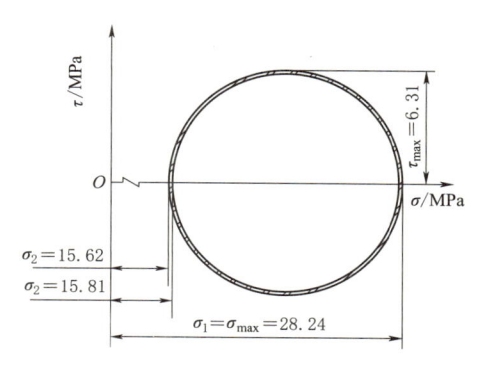

图 2.13　4 号支洞三维地应力莫尔圆

2.10　本章小结

本章主要介绍了秦岭输水隧洞的工程地质及水文地质情况，包括其气象条件、地形地貌特征、地层岩性、岩石特性、区域地质构造等。由于隧洞工程地质条件复杂，前人所做工作极少，可利用资料缺乏，工程建设中遇到了多项难题，因此详细查明其工程地质条件可以为后续工程提供宝贵的参考资料。

参考文献

[1]　蒋锐，焦振华. 引汉济渭工程主要工程地质问题 [J]. 水利规划与设计，2019 (6)：133-135，147.
[2]　卢锟明. 引汉济渭输水隧洞（岭北段）地下水环境影响研究 [D]. 西安：长安大学，2012.
[3]　李凌志. 引汉济渭秦岭特长输水隧洞 [J]. 隧道建设（中英文），2018，38 (1)：148-151.
[4]　宋佃星，延军平，马莉. 近 50 年来秦岭南北气候分异研究 [J]. 干旱区研究，2011，28 (3)：492-498.
[5]　GB 18306—2015 中国地震动参数区划图 [S]
[6]　陕西省引汉济渭公司. 陕西省引汉济渭工程地震安全性评价工作报告 [R]. 西安：陕西省引汉济渭公司，2019.
[7]　陕西省引汉济渭公司. 陕西省引汉济渭工程地震安全性评价地震动参数复核报告 [R]. 西安：陕西省引汉济渭公司，2019.
[8]　《工程地质手册》编委会. 工程地质手册 [M]. 北京：中国建筑工业出版社，2018.
[9]　施以仁. 工程地质试验手册 [M]. 北京：中国铁道出版社，1986.
[10]　樊志威. 引汉济渭秦岭隧洞岭北 TBM 段围岩工程地质环境研究 [D]. 西安：西安理工大学，2018.
[11]　GB 50487—2008 水利水电工程地质勘察规范 [S]
[12]　王亚萍. 超长深埋隧洞（道）突涌水灾害危险性评价及水量预测方法 [D]. 西安：西安理工大学，2019.
[13]　蔡现阳. 长大深埋隧道工程开挖施工方法比选研究 [D]. 北京：清华大学，2016.
[14]　魏伟，沈军辉，苗朝，等. 风化、蚀变对花岗斑岩物理力学特性影响分析 [J]. 工程地质学报，2012，20 (4)：599-606.
[15]　贺汇文. 秦岭变质岩区岩体结构特征及公路边坡稳定性研究 [D]. 西安：长安大学，2009.

第3章 规划与选线

3.1 引言

引汉济渭工程地跨长江、黄河两大流域，穿越秦岭山脉，工程浩大且意义深远。根据引汉济渭工程的总体布局要求，决定在汉江干流修建黄金峡水利枢纽，在汉江支流子午河上修建三河口水利枢纽作为水源，由黄金峡泵站自黄金峡水库提水，入秦岭输水隧洞输运至黑河金盆水库下游黄池沟。工程整体可分为两个部分，即由黄金峡水利枢纽至三河口水利枢纽的黄三段，以及由三河口水利枢纽至秦岭输水隧洞黄池沟出口的越岭段。秦岭输水隧洞作为引汉济渭工程的重要组成部分，是沟通汉江干流与其支流子午河，并调水至渭河黄池沟的唯一输水管线，对工程的成败起着决定性作用[1-2]。引汉济渭工程整体规划布置如图3.1所示[3]。

秦岭输水隧洞从底部穿越秦岭山脉，具有地质复杂、埋深大、高地应力、高地温及热害、围岩失稳严重、突涌水（泥）及软岩变形大等特点，是引汉济渭工程中的控制性关键工程。作为意义重大、造福三秦的引汉济渭工程重要组成部分，秦岭输水隧洞的选址、选线方案比选范围大，可选线路多，所占工程投资比重大，为此，在大量的勘察与选线技术研究基础上，相关人员对工程的选址与选线进行了深入研究。

图3.1 引汉济渭工程整体规划布置示意图

3.2 秦岭输水隧洞主要技术标准

1. 设计水平年及设计保证率

设计基准年选择为 2007 年。按照有关规范要求，根据引汉济渭工程调水区、受水区国民经济发展水平及规划，考虑引汉济渭工程"以供定需"进行调水的因素，采用受水区 2020 水平年水资源供需平衡成果，确定引汉济渭调水工程近期多年平均调水 10 亿 m^3 的设计水平年为 2025 年。采用受水区 2030 水平年水资源供需平衡成果，确定远期多年平均调水 15 亿 m^3 的设计水平年在实施南水北调中线后续水源工程建设后（2030 年以后）[4]。

引汉济渭工程调入关中水量主要用于渭河沿岸重要城镇及大型工业园区的生活和工业生产，根据《室外给水设计规范》（GB 50013—2006）的规定，确定引汉济渭工程调入水量与关中地区当地水联合时，供水保证率不低于 95%。

2. 工程等别及建筑物级别

工程属于跨流域调水工程，其供水对象为陕西省关中地区的重点城市、县城以及大型工业园区，属特别重要的供水对象，工程设计调水流量 $70m^3/s$，年调水量 15 亿 m^3，依据《防洪标准》（GB 50201—2014）和《调水工程设计导则》（SL 430—2008）规定，工程等别为Ⅰ等工程，工程规模为大（1）型。

秦岭输水隧洞是连通调水区和受水区的输水工程，设计输水流量 $70m^3/s$，根据《调水工程设计导则》（SL 430—2008）、《防洪标准》（GB 50201—2014）、《水利水电工程等级划分及洪水标准》（SL 252—2017）有关规定，确定秦岭输水隧洞主要建筑物级别为 1 级，次要建筑物级别为 3 级，临时建筑物级别为 4 级。因此秦岭输水隧洞越岭段主洞建筑物级别为 1 级，3 号、6 号检修洞建筑物级别为 1 级。施工支洞为临时建筑物，按 4 级建筑物设计。

3. 洪水标准

根据《调水工程设计导则》（SL 430—2008）规定，秦岭输水隧洞的洪水标准根据其在引汉济渭总体工程中的地位和作用，按《防洪标准》（GB 50201—2014）和《水利水电工程等级划分及洪水标准》（SL 252—2017）的规定分别选取。按供水工程防洪标准：秦岭输水隧洞主洞为 1 级建筑物，设计洪水标准为 50 年一遇，校核洪水标准为 200 年一遇；检修洞为 1 级建筑物，设计洪水标准为 50 年一遇，校核洪水标准为 200 年一遇；施工支洞为 4 级建筑物，设计洪水标准为 20 年一遇。

4. 抗震设计标准

参照《中国地震动参数区划图》（GB 18306—2015）、《陕西省引汉济渭工程地震安全性评价工作报告》和《陕西省引汉济渭工程地震安全性评价地震动参数复核报告》的结论分析，秦岭输水隧洞越岭段秦岭以南，即岭南部分对应基本烈度为Ⅵ度，岭北部分对应基本烈度为Ⅶ度，属非壅水建筑物，其工程抗震设防类别为乙级，主要建筑物抗震设计烈度与基本烈度相同，岭南按Ⅵ度抗震设计，岭北按Ⅶ度抗震设计。黄三段隧洞的基本烈度为Ⅵ度，非壅水建筑物，其工程抗震设防类别为乙级，主要建筑物抗震设计烈度与基本烈度相同，按Ⅵ度抗震设计。

3.3 隧洞洞线选择

3.3.1 概述

秦岭输水隧洞的选线过程经历了大量的方案对比与选择，在规划设计与技术勘探等各方面，不断地在范围上由大到小、精度上由粗到细、认识上由表及里，找到了一条经济合理的隧洞洞线。考虑各规范、手册及实际效果，确定洞线选取的基本原则为：充分考虑工程区地形、地质、水力学条件、施工、运行、沿线建筑物、工程布置对周边环境的影响等因素，通过技术经济比较选定[5-6]。

隧洞洞线应选择线路短、沿线地质构造简单、岩体完整稳定、上覆岩层厚度适中、水文地质条件有利、尽量避开不良地质地段，选择施工便利的地区。隧洞纵坡应根据其运行要求，上下衔接段、沿线建筑物的底部高程以及施工和检修条件等综合分析确定。洞线布置应避免对相邻建筑物产生不利影响，如有与其他建筑物交叉、穿越或跨越时，应符合相关规范要求。

当洞线遇有沟谷时，应根据地形、地质、水文及施工条件进行绕沟或跨沟方案的技术与经济比较。当采用跨沟方案时，应合理选择跨沟位置，对跨沟建筑物基础、隧洞的连接部位及洞脸边坡等应加强工程措施。同时，考虑秦岭输水隧洞的超长距离，根据不同的施工方法，选择合理的支洞位置及运输方式，以使各个施工工区的工期趋于均衡。

隧洞进口、出口位置，应根据总体布置要求和地形地质条件，使水流顺畅，进流均匀，出流平稳，满足使用功能和运行安全的要求，并考虑闸门、拦污清淤设备的设置及对外交通的要求。同时考虑隧洞临时占地、永久占地、植被破坏和恢复、施工污染、运行期地下水位变化等对环境的影响和水土保持的要求，尽可能使原自然环境少破坏，易恢复，环境投资最小。

在确定隧洞洞线选取原则的基础上，经过对整体效益、洞线布置、输水方式、进出口高程、施工断面型式等多方面的综合论证对比，最终确定的秦岭输水隧洞整体规划如图3.2所示。根据工程总体布局与调度方案设计，秦岭输水隧洞通过黄三段与越岭段两部分将黄金峡水利枢纽、三河口水利枢纽、秦岭输水隧洞黄池沟出口连接为一体，通过黄三段进口处的黄金峡泵站、黄三段末端（越岭段进口）的三河口水利枢纽与秦岭输水隧洞控制闸枢纽对隧洞水流进行调节，主洞两段始末端水流相接，全程采用无压明流输水方式，以实现沟通汉江流域与渭河流域的历史性任务。

秦岭输水隧洞黄三段全长16.52km，进口处位于黄金峡水利枢纽坝址下游左岸戴母鸡沟入汉江口北侧，接泵站出水池，底板高程549.26m，而后经汉江左岸向东北方向穿行，先后经过罗家坪、穆家湾、涧槽湾、杨家坪等地，沿线穿越西汉高速，于三河口水利枢纽右岸坝后，底板542.65m处，与控制闸及三河口水利枢纽连接洞相接。秦岭输水隧洞越岭段全长81.779km，进口处位于三河口水库坝后佛坪县三河口乡下游，与黄三段隧洞出口相接，高程542.65m，而后过椒溪河，沿途经大河坝镇、石墩河乡、陈家坝镇、四亩地镇、柴家关村、木河、秦岭主峰、虎豹河的松桦坪、王家河的小王涧乡、双庙子乡，在黑河东岸穿行；出口位于黑河金盆水库下游的黄池沟内，高程510.00m，采用钻爆法与TBM联合的方式进行施工作业。

3.3 隧洞洞线选择

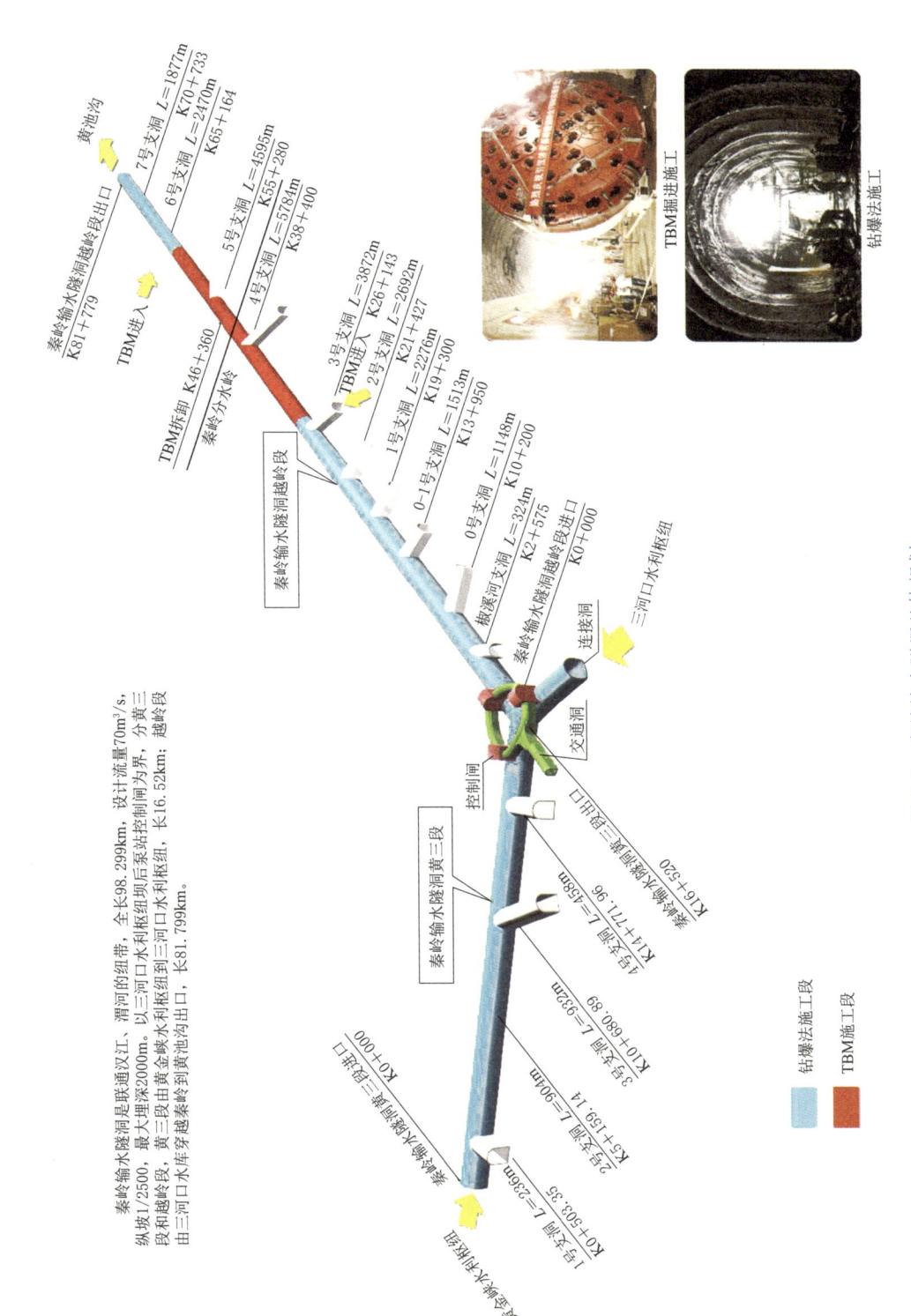

图 3.2 秦岭输水隧洞整体规划

3.3.2 越岭段洞线研究

根据引汉济渭工程总体规划，秦岭输水隧洞越岭段洞线研究主要对出口入金盆水库和不入金盆水库两大方案，进水口设置于三河口水库坝前、坝后两大方案进行比较研究，各方案中又根据不同的地质、水文及施工等条件对不同的洞线布置进行对比，其基本研究方案比选如图3.3所示。经综合比选后，越岭段洞线最终决定出口采用不入金盆水库方案，进口采用三河口水库坝后方案，通过2台TBM与钻爆法联合施工，下面将对比选过程详细描述。

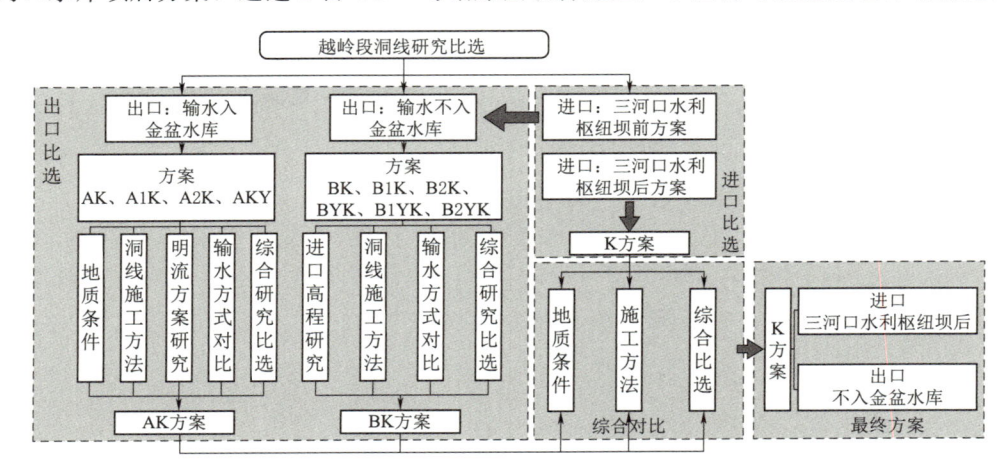

图 3.3 越岭洞线基本研究方案比选

1. 输水入黑河金盆水库

根据引汉济渭工程规划，秦岭输水隧洞取水点需选在三河口水库库区，即汶水河、蒲河、椒溪河三条支流下游，出水点在渭河支流已建成的黑河金盆水库库尾。在充分研究整个工程枢纽总体布置的前提下，结合三河口水库不同死水位比较方案以及库区水域分布情况，根据其用途，综合考虑地形地貌、工程地质及水文地质条件、施工方法、交通条件及后期运营等多方面不同的影响因素，共提出并研究了四种计划方案：①进水口位于岭南蒲河石墩河乡乡政府处进洞的明流洞AK方案；②位于椒溪河下游火烧坡处进洞的明流洞A1K方案；③位于汶水河下游梅子乡处进洞的明流洞A2K方案；④位于三河口水库库尾（蒲河）石墩河乡下游约2.0km处进洞的压力洞AYK方案。

（1）布置方案及主要地质条件。四种方案的洞线平面布置及主要地质条件见表3.1。

（2）洞线施工方法研究。洞线施工的主要方法包括钻爆法、TBM法、钻爆法＋TBM法。考虑到秦岭输水隧洞距离超长、地质条件复杂的特点，决定按照钻爆法、钻爆法＋2台TBM、钻爆法＋3台TBM、3台TBM四种施工方法分别对四种洞线布置方案进行对比研究。具体施工方案对比见表3.2～表3.5。经过研究对比，在综合考虑工期、投资、施工条件等各方面因素后决定采用钻爆法＋2台TBM的施工方法。

（3）输水方案研究。在地质角度上，三条明流洞线方案（AK、A1K、A2K）的隧洞洞身均位于同一地质构造单元中，各方案隧洞进出口基岩裸露，边坡稳定且无不良地质现象，洞身都斜交通过数条断层，只是通过破碎带夹角、长度略有差异；从隧洞埋深、围岩分级和隧洞可能发生的最大总涌水量角度相比较，AK、A1K 方案隧洞工程地质和水文地质条件基本相当，均较好，而 A2K 方案隧洞工程地质和水文地质条件较差。结合隧洞规模、便道条件、弃渣条件、施工条件等因素，经技术经济综合比较，明流洞推荐选择 AK 方案。

表 3.1　　　　　　　　　　四种方案的洞线平面布置及主要地质条件

序号	方案	平 面 布 置	地 质 条 件
1	明流洞 AK	隧洞全长 64.897km，进口位于三河口水库库尾石墩河乡，出口位于黑河陈家河乡下游约 2km 处，在 AK36+000 处穿越秦岭山脉峰顶（2529m），最大埋深 1925m。进口洞底高程约 608.00m，出口洞底高程约 590.50m，纵坡 1/3700	隧洞进口处基岩裸露，地质条件较好，场地较开阔，具备较好的施工和弃渣条件。出口位于悬崖陡壁上，沟谷狭窄，场地相对狭小，施工条件和弃渣条件较差。隧洞岩体受地质构造影响较重，地层均匀性较差。洞身通过Ⅱ类围岩长度 14150m，约占 21.80%；通过Ⅲ类围岩长度 32972m，约占 50.81%
2	明流洞 A1K	隧洞全长 67.138km，进口位于三河口水库西端火烧坡，出口位于黑河陈家河乡下游约 2km 处，在 A1K38+200 处穿越秦岭山脉峰顶（2500m），最大埋深 1900m。进口洞底高程约 608.00m，出口洞底高程约 590.50m，纵坡 1/3836	隧洞进口处基岩裸露，地质条件较好，场地开阔，具备较好的施工和弃渣条件。出口地质条件较好，但场地相对狭小，施工条件和弃渣条件均较差。洞身地质条件与 AK 方案较为相似，通过Ⅱ类围岩长度 14000m，约占 20.85%；通过Ⅲ类围岩长度 33500m，约占 49.90%
3	明流洞 A2K	隧洞全长 72.447km，进口位于三河口水库东端梅子乡，出口位于黑河陈家河乡下游约 6km 处，在 A2K41+150 处穿越秦岭山脉峰顶（2555m），最大埋深 1957m。进口洞底高程约 608.00m，出口洞底高程约 590.50m，纵坡 1/4140	隧洞进口处基岩裸露，地质条件较好，场地较开阔，具备较好的施工和弃渣条件。出口地质条件较好，但场地相对狭小，施工条件和弃渣条件均较差。洞身地质条件与 AK 方案较为相似，通过Ⅱ类围岩长度 15200m，约占 20.98%；通过Ⅲ类围岩长度 36100m，约占 49.83%
4	压力洞 AYK	压力洞 AYK 方案是在明流洞 AK 方案基础上优化而成，隧洞全长 68.881km，进口位于三河口水库库尾石墩河乡，出口位于黑河陈家河乡下游约 5km 处，最大埋深 1911m，进口洞底高程约 580.00m，出口洞底高程约 560.00m，纵坡 1/3444	隧洞进口位于坡积层上，出口处基岩裸露，地质条件较好。洞室全部位于基岩中，通过 16 条断层，断层带总长度约 1125m，洞身通过Ⅱ类围岩长度 14500m，约占 21.05%；通过Ⅲ类围岩长度 34300m，约占 49.80%

表 3.2　　　　　　　　　　AK 方案施工方式对比

施工方法	钻爆法	钻爆法+2 台 TBM	钻爆法+3 台 TBM	3 台 TBM
工期/月	86.96	74.96	74.96	74.34
斜井布置	13374m/9 座	11485m/8 座	10194m/7 座	7397m/4 座
优点	应对不良地质，施工方法灵活	机械化施工程度高；工期短，施工粉尘小，安全环保性好	机械化施工程度高；工期短，施工粉尘小，安全环保性好	机械化施工程度最高；斜井个数少，施工粉尘小，安全环保性好
缺点	斜井数目多，机械化程度低，出渣进料困难；斜井独头通风最大长度 10419m，通风困难；工期最长，施工粉尘大，安全环保性差	斜井独头通风最大长度 14570m，4 号、5 号斜井有轨运输斜井施工较困难	斜井独头通风最大长度 14570m；3 台 TBM，投资费用较大；出口采用 TBM 施工，场地较为困难	斜井独头通风最大长度 14570m；3 台 TBM，投资费用较大；出口端场地条件较差，组织施工较为困难
方案选择	比较方案	推荐方案	比较方案	比较方案

表 3.3　　　　　　　　　　　　A1K 方案施工方式对比

施工方法	钻爆法	钻爆法+2 台 TBM	钻爆法+3 台 TBM	3 台 TBM
工期/月	104.03	76.04	76.04	77.85
斜井布置	17900m/7 座	17900m/7 座	17900m/7 座	14715m/5 座
优点	应对不良地质，施工方法灵活	采用皮带机运渣，出渣方便；机械化施工程度高；施工粉尘小，安全环保性好	采用皮带机运渣，出渣方便；机械化施工程度高；施工粉尘小，安全环保性好	采用皮带机运渣，出渣方便；机械化施工程度高；施工粉尘小，安全环保性好
缺点	斜井数目多，机械化程度低，出渣进料困难；斜井独头通风最大长度10419m，通风困难；工期最长，施工粉尘大，安全环保性差	斜井独头通风最大长度14570m，4号、5号斜井有轨运输斜井施工较困难	斜井独头通风最大长度14570m；3台TBM，投资费用较大；出口采用TBM施工，场地较为困难	斜井独头通风最大长度14570m；3台TBM，投资费用较大；出口端地条件较差，组织施工较为困难
方案选择	比较方案	推荐方案	比较方案	比较方案

表 3.4　　　　　　　　　　　　A2K 方案施工方式对比

施工方法	钻爆法	钻爆法+2 台 TBM	钻爆法+3 台 TBM	3 台 TBM
工期/月	106.19	82.49	82.49	86.57
斜井布置	22085m/9 座	22085m/9 座	17377m/7 座	14880m/6 座
优点	应对不良地质，施工方法灵活	采用皮带机运渣，出渣方便；机械化施工程度高；施工粉尘小，安全环保性好	采用皮带机运渣，出渣方便；机械化施工程度高；施工粉尘小，安全环保性好	采用皮带机运渣，出渣方便；机械化施工程度高；施工粉尘小，安全环保性好
缺点	斜井座数最多，斜井独头通风最大长度13387m，通风困难；工期最长，施工粉尘大；岭脊地段钻爆施工距离长	斜井独头通风最大长度13848m	斜井独头通风最大长度13848m；3台TBM，投资费用较大	斜井独头通风最大长度14744m；3台TBM，投资费用较大
方案选择	比较方案	推荐方案	比较方案	比较方案

表 3.5　　　　　　　　　　　　AYK 方案施工方式对比

施工方法	钻爆法	钻爆法+2 台 TBM	钻爆法+3 台 TBM	3 台 TBM
工期/月	85.60	77.63	77.63	76.20
斜井布置	15033m/10 座	13283m/9 座	10324m/7 座	8405m/5 座

3.3 隧洞洞线选择

续表

优点	应对不良地质，施工方法灵活	机械化施工程度高；施工粉尘小，安全环保性好	机械化施工程度高；施工粉尘小，安全环保性好	机械化施工程度高；施工粉尘小，安全环保性好
缺点	斜井数目最多，其中3座采用有轨运输，机械化程度低，出渣、进料困难；斜井独头通风最大长度9987m，通风困难；工期最长，施工粉尘大，安全环保性差	斜井独头通风最大长度12717m	斜井独头通风最大长度12717m；3台TBM，投资费用较大	斜井独头通风最大长度14335m；3台TBM，投资费用较大
方案选择	比较方案	推荐方案	比较方案	比较方案

比较明流洞 AK 方案与压力洞 AYK 方案。对 AK 方案，经计算，在保证进口及洞身过流量满足 70m³/s 及洞身净空余幅不小于 20% 的情况下，钻爆法施工混凝土模筑衬砌段洞身尺寸为 7.2m×7.2m，TBM 法施工混凝土衬砌段洞身尺寸为直径 $D=7.37$m，锚喷段直径 $D=8.26$m。对 AYK 方案，隧洞过水能力在 70m³/s 的情况下，混凝土模筑衬砌段洞身尺寸为直径 $D=6.1$m，TBM 掘进喷锚段洞身尺寸为直径 $D=6.9$m，两种方案详细对比如图 3.4 及表 3.6 所示。

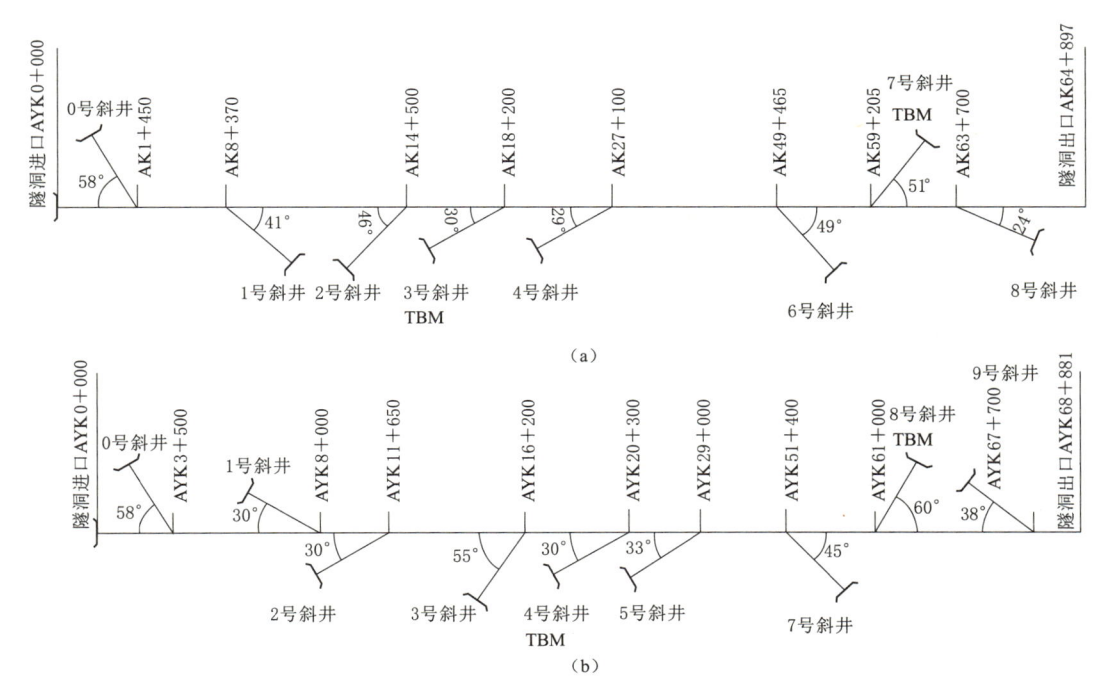

图 3.4 明流洞 AK 方案与压力洞 AYK 方案示意图
(a) 明流洞 AK 方案；(b) 压力洞 AYK 方案

表 3.6　　　　　　　　　　　明流洞 AK 方案与压力洞 AYK 方案比较

线路方案	明流洞 AK 方案	压力洞 AYK 方案
隧洞长度/km	64.897	68.881
地质概况	进出口均位于基岩内，无不良地质现象，洞身通过1条区域性大断层和13条地区性一般断层，通过断层带长度约900m，总体工程地质和水文地质条件较好	进出口均位于基岩内，无不良地质现象，洞身通过1条区域性大断层和15条地区性一般断层，通过断层带长度约1125m，总体工程地质和水文地质条件较好
施工方法	钻爆法＋2 台 TBM	钻爆法＋2 台 TBM
断面型式	马蹄形断面（钻爆法过水断面7.2m×7.2m）；圆形断面（TBM 直径8.47m）	圆形断面（TBM 直径7.8m）
工期/月	74.96	77.63
斜井布置	11485m/8 座	13283m/9 座
优点	洞线短，投资省，便于进口放水塔等建筑物的布置；明流输水，利用现有的施工支洞作为检修通道，便于后期维修养护；隧洞洞线埋深较小，施工斜井的设置条件（坡度、夹角）较好，辅助施工主洞的能力较强；后期运行条件好，调度灵活，不影响黑河金盆水库的运行方式；总体工程地质和水文地质条件较好，通过断层带条数、长度均小于压力洞方案；钻爆法施工圆拱直墙型断面，工艺简单，灵活方便，各工序间干扰较小	可以取消石墩河泵站。由于采用压力洞输水，三河口水库的死水位588m 以下都可以自流输入黑河，因此不需要修建石墩河泵站也可以满足供水保证率的要求
缺点	岭脊地段埋深较大，辅助坑道设置困难，设置2座有轨运输斜井，其长度均大于1km，施工难度较大；需要增设一个石墩河泵站，将自流水位614m 至死水位588m 之间的水量加压后输入黑河金盆水库，从节能方面分析不利	进口、出口分别在两端水库的正常蓄水位以下30～40m，运行管理困难。检修时需抽空洞内水体，并设专门的检修设施（若15d 抽完洞内250万 m^3 水，需配20台水泵及相应的抽水管路，投资约6100万元）；出口需增加放水塔，使出口建筑物布置复杂。且闸门完全在水下运行，运行条件差。进口放水塔的高度也较明流洞高，运行条件较差；由于隧洞埋深加大，使斜井的设置条件（坡度、夹角）恶化，长度加大，辅助施工主洞的能力降低；钻爆法施工圆形断面，施工工艺复杂，出渣、进料实施相对困难，干扰较大；工程投资虽然与明流洞加石墩河泵站的投资相当，但带来的运行和施工困难较大
方案选择	推荐方案	比较方案

经比较，明流洞 AK 方案与压力洞 AYK 方案平面位置大部分相同，仅进出口位置分别向两端延伸，洞线工程地质与水文地质特征、施工方法等基本相同，结合隧洞规模、便道条件、弃渣条件、施工条件等因素，经比较推荐明流洞 AK 方案。

2. 输水不入黑河金盆水库

根据引汉济渭工程总体规划，秦岭输水隧洞进水口必须位于三河口水库库区内，三河口水库死水位为588m 时，秦岭输水隧洞进水口高程经水力学计算选取为580.10m，为了衔接关中配水网，出水口高程取510.00m，因此对金盆水库库区东侧、西侧垭口进行研究比较，库区西侧垭口不具备隧洞出口高程要求，东侧分别选取满足出水口要求的黄池沟、就峪河、田峪口、涝峪口、化羊峪口五个垭口进行洞线布置。

（1）不同越岭方案研究。各方案基本情况见表 3.7。

表 3.7　　　　　　　　　　　　越岭方案基本情况对比

方案	基 本 情 况
黄池沟	隧洞全长 77.087km，进口位于石墩河乡蒲河下游 2km 处，于黑河金盆水库东侧黄池沟出洞，在桩号 38＋100 处穿越秦岭山脉峰顶（2535m），最大埋深 1990m
就峪河	隧洞全长 77.954km，进口位于石墩河乡蒲河下游 2km 处，在就峪河西岸的西楼观台出洞，在桩号 38＋500 处穿越秦岭山脉峰顶（2700m），最大埋深 2170m
田峪口	隧洞全长 79.264km，进口位于石墩河乡蒲河下游 2km 处，于田峪河田峪口出洞，在桩号 41＋500 处穿越秦岭山脉峰顶（2420m），最大埋深 1891m
涝峪口	隧洞全长 84.906km，进口位于石墩河乡蒲河下游 2km 处，于涝峪河西涝峪口出洞，在桩号 53＋400 处穿越秦岭山脉峰顶（2820m），最大埋深 2296m
化羊峪口	隧洞全长 89.986km，进口位于石墩河乡蒲河下游 2km 处，于化羊峪的化羊坡西面出洞，在桩号 60＋500 处穿越秦岭山脉峰顶（2150m），最大埋深 1627m

对上述五种不同的越岭方案，经现场踏勘，从地形地貌、工程地质、水文地质、进场道路、施工供电、场地布置、施工斜井、施工运输、施工通风、排水、弃渣及环境保护等方面进行经济、技术综合比较，推荐洞线最短、投资最少的黄池沟方案为不入黑河金盆水库的代表方案。

（2）不同进水口高程研究。在推荐黄池沟方案为不入金盆水库代表方案的基础上，结合地形地貌、地质及水文条件等各方面因素，考虑尽量使洞线顺直、地质条件较好、便于斜井布置及出渣进料运输、对沿线环境影响较小等原则，依据工程总体布置的要求，对三种进口高程（580.10m、565.00m 和 550.00m）所对应三条洞线分别进行明流及压力洞共六种方案的研究对比。

三条洞线为 BK、B1K、B2K 洞线：BK 洞线进水口位于佛坪县石墩河乡下游约 2km 附近蒲河左岸斜坡上，出水口位于金盆水库东侧黄池沟口；B1K 洞线进水口位于蒲河下游端八子台附近，出水口位于金盆水库东侧黄池沟口；B2K 洞线进水口位于佛坪县汶水河下游端，出水口位于金盆水库东侧黄池沟口。

六种方案分别为明流洞 BK、B1K、B2K 方案和压力洞 BYK、B1YK、B2YK 方案。BYK、B1YK、B2YK 是 BK、B1K、B2K 方案相对应洞线压力洞方案，其工程布置及主要地质条件与 BK、B1K、B2K 方案相同，其对比见表 3.8。

表 3.8　　　　　　　　　三条洞线平面布置方案及其主要地质条件对比

方案	平 面 布 置	地 质 条 件
明流洞 BK	隧洞全长 77.087km，进口位于佛坪县石墩河乡下游约 2km，出口位于黑河金盆水库下游黄池沟内，在桩号 BK38＋100 处穿越秦岭山脉峰顶（2535m），最大埋深 1990m，进口洞底高程约 580.10m，出口洞底高程约 510.00m，纵坡 1/1100	进口处表层有坡积层覆盖，斜坡稳定，地质条件较好，场地较开阔，具备较好的施工条件，出口处地质条件较好，但沟谷狭窄，施工条件较差。洞身通过断层破碎带长度 1125m，断层带附近岩层揉皱褶曲较发育，通过Ⅲ类围岩长度 41092m，约占 53.3%；通过Ⅳ类围岩长度 13070m，约占 17.0%

续表

方案	平 面 布 置	地 质 条 件
明流洞 B1K	隧洞全长78.532km，进口位于佛坪县石墩河乡蒲河下游约3.5km，出口位于黑河金盆水库下游黄池沟口，在桩号B1K39+560处穿越秦岭山脉峰顶（2535m），最大埋深1998m，进口洞底高程约565.00m，出口洞底高程约510.00m，纵坡1/1430	工程地质条件与BK洞线基本相同
明流洞 B2K	隧洞全长78.996km，进口位于佛坪县汶水河右岸斜坡上，出口位于黑河金盆水库下游的黄池沟口，在桩号B2K40+020处穿越秦岭山脉峰顶（2535m），最大埋深2005m，进口洞底高程约550.00m，出口洞底高程约510.00m，纵坡1/1975	隧洞进口表层有坡积层覆盖，斜坡稳定，地质条件较好，场地开阔，具备较好的施工条件。出口基岩裸露，地质条件较好，但场地相对狭小，施工条件较差。隧洞通过断层破碎带长度1250m，在断层带附近岩层揉皱褶曲较发育，通过Ⅲ类围岩，长度40616m，约占51.4%；通过Ⅳ类围岩长度15465m，约占19.6%

（3）洞线施工方法研究。针对秦岭输水隧洞超长的特点，考虑技术、工期、投资等多方面因素，决定对洞线施工方法按照钻爆法、钻爆法+2台TBM、钻爆法+3台TBM、4台TBM四种施工方法进行研究，其对比见表3.9。

表3.9　　　　　　　　　　BK方案施工方式对比

施工方法	钻爆法	钻爆法+2台TBM	钻爆法+3台TBM	4台TBM
工期/月	83.51	78.73	78.73	78.73
斜井布置	20008m/11座	20008m/11座	20008m/11座	12818m/6座
优点	应对不良地质，施工方法灵活	机械化施工程度高；工期最短，施工粉尘小，安全环保性好	机械化施工程度高；工期最短，施工粉尘小，安全环保性好	机械化施工程度最高；斜井个数少，施工粉尘小，安全环保性好
缺点	斜井数目多，机械化程度低，出渣进料困难；斜井独头通风最大长度11629m，通风困难；工期最长，施工粉尘大，安全环保性差	斜井独头通风最大长度15087m	斜井独头通风最大长度15087m；3台TBM，投资费用较大	斜井独头通风最大长度15087m；4台TBM，投资费用较大
方案选择	比较方案	推荐方案	比较方案	比较方案

BK方案，隧洞全长77.087km；B1K方案，隧洞全长78.996km。按照钻爆法、钻爆法+2台TBM、钻爆法+3台TBM、4台TBM四种施工方法进行比较，其比较方法与BK方案基本一致，推荐采取钻爆法+2台TBM的施工方法。

B2K方案，输水隧洞全长78.996km，同样按照钻爆法、钻爆法+2台TBM、钻爆法+3台TBM、4台TBM四种施工方法进行比较，考虑多方面因素后决定推荐采取钻爆法+2台TBM的施工方法。

BYK、B1YK、B2YK是前述三种方案相对应的压力洞方案，其不同施工方法比较与BK、B1K、B2K方案基本相同。

3.3 隧洞洞线选择

比较各方案的四种施工方法可以看出，钻爆法＋2台TBM的施工方法在考虑施工难度、投资等各方面因素的条件下表现出较好的优势，故此决定采用钻爆法＋2台TBM的方法作为最终施工方案。

（4）输水方案研究。对明流洞BK方案及压力洞BYK方案，在考虑采用钻爆法＋2台TBM施工方法的基础上，经计算保证进口及洞身过流量满足$70m^3/s$及洞身净空余幅不小于20%的情况下，钻爆法施工混凝土模筑衬砌段洞身尺寸为$5.8m×5.8m$，TBM法施工混凝土衬砌段洞身尺寸为直径$D=5.93m$，锚喷段直径$D=6.65m$。具体对比如图3.5及表3.10所示。

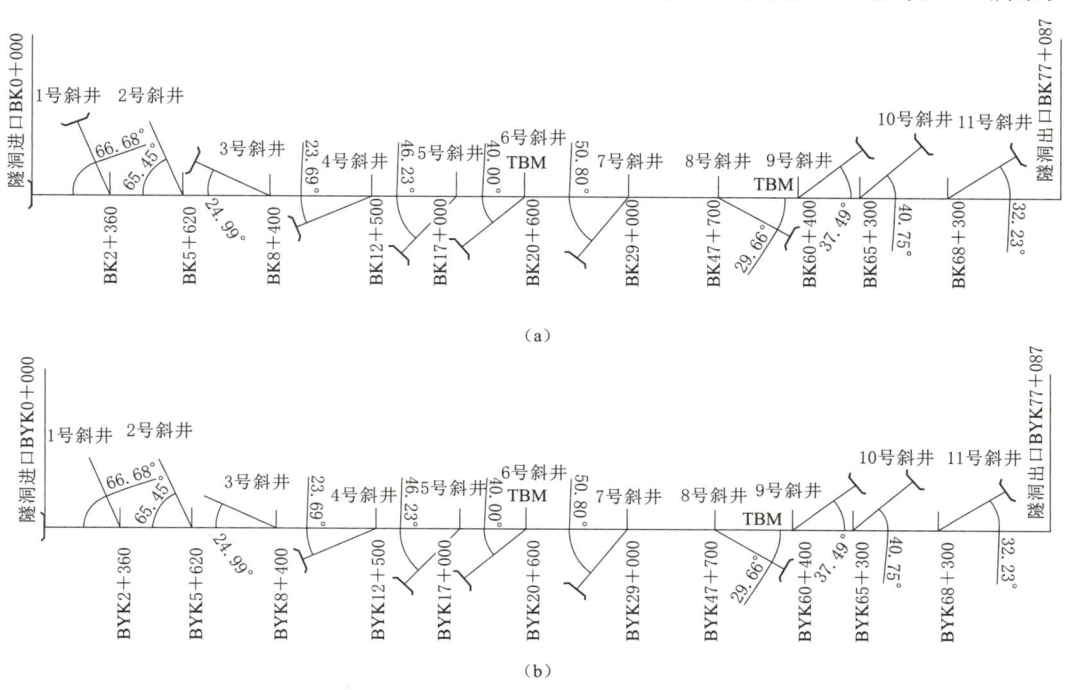

图3.5 明流洞BK方案与压力洞BYK方案示意图
（a）明流洞BK方案；（b）压力洞BYK方案

表3.10　　　　　　明流洞BK方案与压力洞BYK方案对比

方案	明流洞BK方案	压力洞BYK方案
输水隧洞长度/m	77.087	77.087
地质概况	隧洞进出口均位于基岩内，无不良地质现象，洞身通过3条区域性大断层和33条地区性一般断层，通过断层带长度约1125m，总体工程地质和水文地质条件较好	隧洞进出口均位于基岩内，无不良地质现象，洞身通过3条区域性大断层和33条地区性一般断层，通过断层带长度约1125m，总体工程地质和水文地质条件较好
断面型式	马蹄形断面（钻爆法过水断面$5.8m×5.8m$）；圆形断面（TBM直径7.03m）	圆形断面（TBM直径7.5m）
工期/月	74.96	77.63
斜井布置	20008m/11座	20008m/11座

续表

优点	明流洞方案投资较少，且采用明流输水时，后期运行条件好，维修养护方便，调度灵活；钻爆法施工圆拱直墙型断面，工艺简单，灵活方便，各工序间干扰较小；施工斜井的设置条件（坡度、夹角）较好，辅助施工主洞的能力较强；总体工程地质和水文地质条件较好	施工斜井的设置条件（坡度、夹角）较好，辅助施工主洞的能力较强，总体工程地质和水文地质条件较好
缺点	2台TBM，施工机械一次性投资较大	采用压力洞方案时投资较大，后期运行维修养护较困难；钻爆法施工圆形断面，施工工艺复杂，出渣、进料实施相对困难，干扰较大；2台TBM，施工机械一次性投资较大

明流洞B1K方案与压力洞B1YK方案、明流洞B2K方案与压力洞B2YK方案比较和明流洞BK方案及压力洞BYK方案比较过程基本相同，经对比认为采用明流洞方式在技术、工期、投资上具有更大的优势，故此决定采用明流方式作为隧洞输水方案。

对明流洞BK、B1K、B2K方案进行工程地质与水文地质特征、施工方法因素技术方案进行比选，结合隧洞规模、施工便利条件、技术经济等因素，推荐选用BK方案作为最终输水不入金盆水库的比选方案。

3. 越岭洞线方案

经过前述的比较选取，输水入黑河金盆水库AK方案、输水不入黑河金盆水库BK方案，均为进口位置位于三河口水利枢纽坝前的情况。根据设计规划的需求及运行条件，又提出了进口位于三河口水库坝后的K方案作为对比方案。

K方案洞线全长81.779km，进口处位于佛坪县三河口乡下游约2km附近，表层有坡积层覆盖，斜坡稳定，地质条件较好。出口位于黑河金盆水库下游的黄池沟内，所处位置基岩裸露，无不良地质，但因为其地形为沟谷状，场地相对狭小，施工条件较差。隧洞通过断层破碎带长度共2158m，断层带附近岩层揉皱褶曲较发育，通过Ⅱ类围岩长度22355m，约占全长的27.3%；Ⅲ类围岩长度37720m，约占全长的46.2%；Ⅳ类围岩长度16496m，约占全长的20.2%。隧洞可能发生的最大总涌水量为107018m³/d。隧洞共布置有10个施工斜井，各斜井均位于基岩中，边坡稳定，无不良地质，地质条件较好。具体对比如图3.6及表3.11所示。

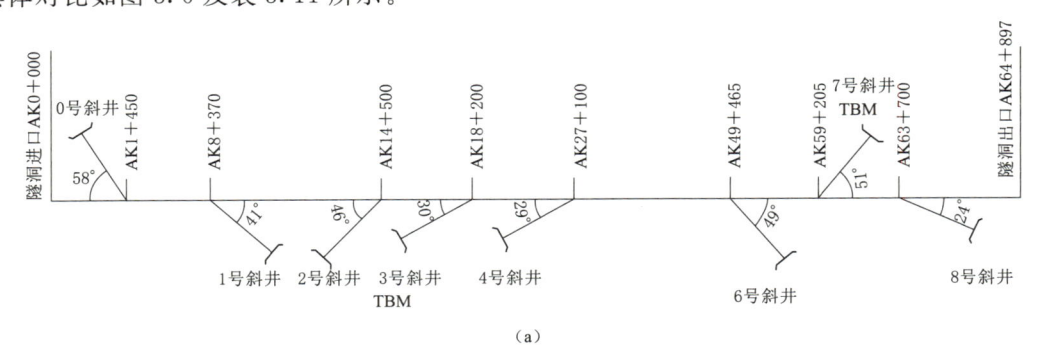

图3.6（一） AK、BK与K方案对比示意图
(a) AK方案

3.3 隧洞洞线选择

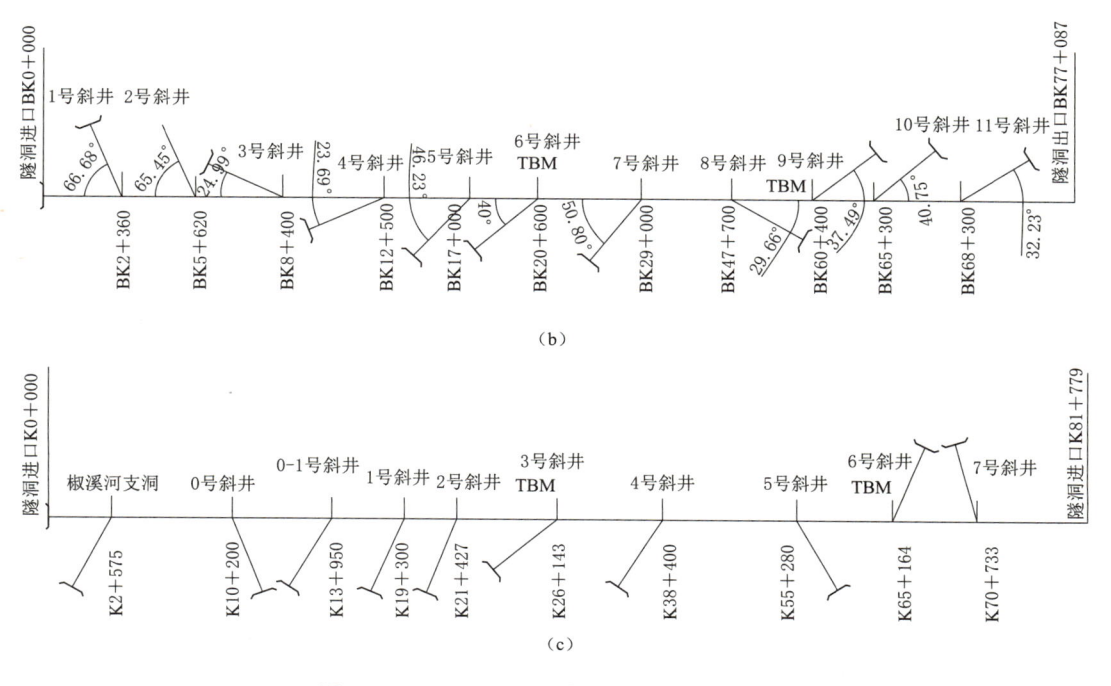

图 3.6（二） AK、BK 与 K 方案对比示意图
(b) BK 方案；(c) K 方案

表 3.11　　　　　　　　　AK、BK 与 K 方案对比

线路方案	AK 方案	BK 方案	K 方案
洞线长度 /km	64.897	77.087	81.779
地质概况	隧洞进出口均位于基岩内，无不良地质现象，洞身通过 2 条区域性大断层和 23 条地区性一般断层，通过断层带长度约 900m，总体工程地质和水文地质条件较好	隧洞进出口均位于基岩内，无不良地质现象，洞身通过 3 条区域性大断层和 33 条地区性一般断层，通过断层带长度约 1125m，总体工程地质和水文地质条件较好	隧洞进出口均位于基岩内，无不良地质现象，洞身通过 3 条区域性大断层及 4 条一级大断层和 33 条地区性一般断层，通过断层带长度约 2158m，总体工程地质和水文地质条件较好
进出口高程	进水口高程：608.00m 出水口高程：590.50m	进水口高程：580.10m 出水口高程：510.00m	进水口高程：542.60m 出水口高程：510.00m
施工方法	钻爆法＋2 台 TBM	钻爆法＋2 台 TBM	钻爆法＋2 台 TBM
断面型式	马蹄形断面（7.2m×7.2m）；圆形断面（TBM 开挖直径 8.47m）	马蹄形断面（5.8m×5.8m）；圆形断面（TBM 开挖直径 7.03m）	马蹄形断面（6.76m×6.76m）；圆形断面（TBM 开挖直径 8.02m）
钻爆长度 /km	23.892	37.797	42.697
TBM 长度 /km	41.005	39.29	39.082
工期/月	74.96	73.73	73.73

续表

斜井情况	11485m/8座	20008m/9座	22367m/10座
优点	洞线短，投资省；隧洞洞线埋深较小，施工斜井的设置条件（坡度、夹角）较好，辅助施工主洞的能力较强，总体工程地质和水文地质条件较好，洞线通过断层带为最短且基本上是大夹角过；明流输水，运行期维修养护方便	总体工程地质和水文地质条件较好；明流输水，运行期维修养护方便；岭脊地段2台TBM施工段落略小于AK方案；较AK方案增加三河口水库调水库容，并且去除石墩河抽水泵站	总体工程地质和水文地质条件较好；明流输水，运行期维修养护方便；岭脊地段2台TBM施工段落略小于AK方案；增加三河口水库调水库容，并且去除石墩河抽水泵站；工程后期运行条件最优；三河口水库调节功能优
缺点	岭脊地段2台TBM施工距离长达41km，存在一定的施工风险；出口位于黑河金盆水库库尾，存在一定的施工干扰，且施工期应加强对水质环境监测；石墩河泵站施工难度较大，投资较高；调水受金盆水库限制，无调节功能	洞线较长，投资增大；洞线埋深较大（1990m），施工斜井的设置条件（坡度、夹角）较差，斜井较长（最长达3214m），辅助施工主洞的能力较低；洞线通过断层数量较多，增大了工程处理的难度和费用；施工通风、排水距离较长，施工组织较困难；隧洞洞线和施工工期较长，其投资及施工风险较AK方案大；三河口调节功能较小	洞线最长，投资最大；隧洞洞线埋深较大（达2012m），施工斜井的设置条件（坡度、夹角）较差，斜井总长度最长（最长达3885m），辅助施工主洞的能力较低；洞线通过断层数量最多，增大工程处理的难度和费用；施工通风、排水距离较长，施工组织较困难；隧洞洞线和施工工期较长，其投资及施工风险较AK方案大

地质角度上，三条洞线方案（AK、BK、K）的隧洞洞身均位于同一地质构造单元中，各方案进出口基岩裸露，边坡稳定，无不良地质现象，洞身都通过数条断层，从隧洞埋深、围岩分级、隧洞可能发生的最大总涌水量、通过破碎带数量、夹角及长度等比较，AK方案隧洞工程地质和水文地质条件较好，但K方案工程运行条件最优。结合工程总体布局、隧洞规模、便道条件、弃渣条件、施工条件及运行条件等因素，经技术、经济综合研究，推荐K方案作为隧洞选线的最终方案。

3.3.3 黄三段洞线研究

从水源总体分布、供需及工程地理环境综合分析，秦岭输水隧洞项目选出了三河口左线方案、右线方案，并结合黄金峡泵站的选址对右线方案细化，提出了黄三段东线方案和东一线方案，全面比选后，推荐选择东线方案。东线方案起点位于黄金峡枢纽坝址下游左岸戴母鸡沟入汉江口北侧，进口接泵站出水池，底板高程549.26m。经汉江左岸向东北方向穿行，先后经过罗家坪、穆家湾、涧槽湾、杨家坪等地，沿线穿越西汉高速、临京石公路；末端位于三河口枢纽右岸坝后约300m处，通过在末端设置控制闸与越岭段和三河口枢纽连接洞相接，洞线长16.52km；隧洞过流设计为无压流，隧洞出口底板高程542.65m，设计纵比降1/2500。沿途穿越的沟道有柳树沟、邓家沟、东沟河、马家沟、蒲家沟等，该方案隧洞埋深80～575m，隧洞埋深大于300m长度占线路总长41.9%，较大断层切穿洞线9次。

根据隧洞沿线地形、地质、对外交通等条件，沿线共布设4条施工支洞，总长为2621m。支洞最长932m，为3号支洞；最短236m，为1号支洞；支洞总长占隧洞主洞长

3.3 隧洞洞线选择

的15.87%。

在可行性研究阶段成果推荐的东线方案基础上，开展初步设计阶段的洞线布置及工程地质勘察工作。在此基础上对黄三段洞线进行进一步复核、优化，比选了两条线路：方案一，直线线路；方案二，折线线路。采用可行性研究阶段推荐的东线线路，隧洞起点由黄金峡泵站出水竖井引一斜线与原洞线平顺连接，其对比见表3.12。

表3.12　　　　　　　　　　　黄三段洞线方案比较

方案	直线线路	折线线路
路线布置	自黄金峡泵站出水竖井起至控制闸三洞交汇点止，采用直线连接，洞线方向为东偏北59.42°	黄金峡泵站出水竖井起沿东偏北50.47°方向行约312m后，转向东偏北59.59°，偏至控制闸三洞交汇点止，转弯半径100m
隧洞长度/km	16.481	16.485
隧洞埋深	隧洞埋深34~567m，部分洞段埋深较浅。其中埋深小于300m洞段长度8.515km，占51.7%；埋深300~500m洞段长度6.773km，占41.1%；埋深大于500m洞段长度1.193km，占7.2%	隧洞埋深64~567m。其中埋深小于300m洞段长度8.698km，占52.8%；埋深300~500m洞段长度6.761km，占41.0%；埋深大于500m洞段长度1.026km，占6.2%
地应力及构造条件	隧洞沿线断层与洞线呈大角度相交，北区段岩层走向与洞线近垂直，断层与岩层倾角较陡，上述主要地质条件均对围岩稳定有利。工程区属以水平构造应力为主导的地应力场，最大主应力方向为近东西向，与洞线夹角较大，对围岩稳定不利，但主要地质条件基本决定洞线走向	与直线线路基本一致
地下水分布	沿线中等富水区有2段，主要分布在区域性断裂带，约占隧洞全长的7.9%；弱富水区有5段，约占隧洞全长的15.4%；隧洞沿线其他区段为贫水段，约占隧洞全长的76.7%	沿线中等富水区有2段，主要分布在区域性断裂带，约占隧洞全长的7.9%；弱富水区有4段，约占隧洞全长的15.5%；隧洞沿线其他区段为贫水段，约占隧洞全长的76.6%
围岩类别	Ⅱ类围岩洞段累计长度：2282.0m Ⅲ类围岩洞段累计长度：10478.0m Ⅳ类围岩洞段累计长度：3466.0m Ⅴ类围岩洞段累计长度：255.0m	Ⅱ类围岩洞段累计长度：2308.0m Ⅲ类围岩洞段累计长度：10421.0m Ⅳ类围岩洞段累计长度：3499.0m Ⅴ类围岩洞段累计长度：257.0m
施工条件	两方案洞线均距210国道较近，现有佛坪—大河坝乡镇公路将108国道与210国道连通，且西安高速穿越该隧洞，对外交通条件相对较优。 根据主隧洞布置及沿线地形条件分析，主隧洞桩号0+000~7+000洞段左侧有良心河和东沟河通过，沿良心河和东沟河两岸有支沟和台地分布，且有大黄公路从附近经过，支洞布置条件较好。桩号10+000以后洞段沿沙坪河左岸和子午河右岸布置，均可利用临河一侧地形较低的特点布置施工支洞，施工条件相对较好
推荐方案	综合对比，直线线路方案水流更为平顺，地质条件上两方案差异不大，均具备成洞条件，故推荐直线线路方案为最终选定的主洞洞线方案
最终路线	最终确定的秦岭输水隧洞黄三段隧洞洞线起点位于黄金峡出水竖井以外45m处。终点位置为秦岭输水隧洞越岭段进口处的控制闸三洞交汇处中心点，隧洞洞线方向为东偏北59.42°，隧洞长度16.481km

3.3.4 控制闸及交通洞比选

控制闸在越岭段隧洞进口、连接洞进口、黄三段隧洞末端设闸门和闸室。建筑物由黄三段检修闸、越岭段控制闸、三河口连接洞检修闸、输水岔管段和交通洞组成。控制闸的布置选定原则应当满足黄三段、越岭段隧洞和三河口连接洞在各工况下流态良好、水流平顺衔接；在满足工程总体布置要求的前提下，隧洞洞线力求最短；沿线地质构造简单、岩体完整稳定、上覆岩层厚度适中，尽量避开不良地质地段；应满足施工交通、通风要求，便于布置施工支洞；同时应考虑闸门、启闭机设备的布置，管理运行方便。

1. 三洞交汇点平面位置及布置比选

秦岭输水隧洞经分析比选，总体洞线已选定，控制闸应在不改变总体洞线的前提下进行选择。根据总体洞线布置，控制闸宜在 4 号支洞进口（$X=3689771.544$、$Y=503403.8336$，1954 年北京坐标系）及椒溪河转弯点（$X=3691905.532$、$Y=503340.952$，1954 年北京坐标系）和导流洞中心线之间的区域布置。据此，控制闸中心布置调整为两种方案：方案一，控制闸靠近导流洞及岸边布置，该布置的特点是交通洞和连接洞较短；方案二，在秦岭输水隧洞主洞分支连接洞，该布置的特点是主洞最短。按两种方案分别进行布置，在满足其他工程布置运用要求的前提下，选择 Y 形布置和 T 形布置两种代表方案，其对比见表 3.13，两种方案设计的洞线长度见表 3.14。

表 3.13 控制闸方案对比

方　案	Y 形布置	T 形布置
控制闸三洞交汇点坐标 （1954 年北京坐标系）	$X=3690676.45$ $Y=503937.38$	$X=3690546.60$ $Y=503380.99$
黄三段隧洞与越岭段隧洞轴线夹角	123.6073°	0°
越岭段隧洞与连接洞轴线夹角	135.2895°	90°
三河口连接洞与黄三段隧洞轴线夹角	101.1032°	90°

表 3.14 控制闸洞线长度比较

部　位	Y 形布置洞线长度/m	T 形布置洞线长度/m	洞身直径/m
黄三段	1050.489	775.398	6.764
越岭段	1366.151	1359.517	6.765
三河口连接洞	278.810	785.173	6.942
交通洞	358.130	660.701	5.607
合计	3053.580	3580.788	

综上所述，Y 形布置比 T 形布置合计洞线短 527.208m；从地质条件分析，两种方案在隧洞埋深、地应力及构造条件、地下水分布情况及围岩类别上差异不大，均具备成洞条件；从施工交通、通风条件上考虑，越靠近山边，交通洞线越短，通风条件越好；从控制

闸结构来看，三叉洞夹角最好为120°左右，便于三个闸室的布置，工程结构条件较好。因此控制闸在可能的情况下应向岸边布置，故选择工程量较小、施工条件好、管理运行方便的 Y 形布置作为推荐方案。

2. 控制闸及交通洞布置比选

根据水闸枢纽功能、运用要求以及工程总体布置要求，平面布置上比较了圆形和蛋形两种方案。圆形方案：交通洞平面采用圆形布置，优点为结构紧凑、工程投资小，缺点为三个控制闸的间距较近、洞室围岩稳定差、工程措施费用高。蛋形方案：交通洞平面采用蛋形布置，优点为加大了闸室间的岩体厚度，利于洞室围岩稳定，缺点为增加了交通洞的工程投资。

控制闸枢纽洞室群位于地下深部，洞室布置纵横交错，规模较大，且开挖后形成的围岩应力及变形场极为复杂，洞室围岩的稳定性将是影响工程整体安全的重要问题之一。为此，对控制闸枢纽围岩安全稳定性做专门评价，结果表明：圆形方案黄三段闸室与越岭段闸室间的岔洞顶部在2.6m深度范围内，围岩塑性区是贯通的；交通洞与三河口闸室左侧交叉处之前约6.7m处的塑性变形，虽深度方向不大，但数值较大。改为蛋形方案后，普通洞室和闸室段的围岩应力和变形值均较为正常，无明显突变现象。故此，从安全角度考虑，控制闸枢纽采用蛋形方案。

3. 三洞设控制闸方案论证

控制闸枢纽位于黄三段隧洞末端，是水流输送、调蓄的转换中心，同时还担负着输水隧洞的检修任务。控制闸闸室群由黄三段控制闸、越岭段控制闸、三河口连接洞控制闸、输水岔管段和环向交通洞组成，上层为控制闸启闭机室，中层为交通洞，下层为输水隧洞。其三闸交汇点桩号为16+481.16。

控制室是黄金峡水库、三河口水库向越岭段单供、合供、两库间调水的中枢，闸门结合输调水功能设置。可行性研究阶段设计方案为在黄三段隧洞出口、越岭段隧洞进口和三河口连接洞出口均布置控制闸。初步设计阶段从总体布局分析三个方向设置闸门的必要性，根据总体布置和调度运用等要求，控制闸比较了一闸、两闸和三闸共三种方案，相应的交通洞布置了三种方案，其比选见表3.15。

（1）方案一：一闸方案，仅在越岭段隧洞进口设控制闸，黄三段和三河口连接洞不设控制闸。控制闸位于秦岭输水隧洞越岭段进口，控制闸包括闸室段和渐变段两部分，采用

表 3.15　　　　　　　　　　控 制 闸 方 案 比 选

项目	比 选 说 明
功能	三种方案均能满足黄三段隧洞的正常运用要求
水流条件	控制闸处存在单股水流、两股水流交汇和单股水流分流等工况，易产生折流、涡流和顶冲等多种流态，流态较为复杂。 三闸方案三向控制，调水时越岭段隧洞、三河口连接洞及黄三段隧洞间互不影响，流态相对较为稳定。 两闸方案当三河口单独供水时，黄三段隧洞存在回水问题，流态不稳定。 单闸方案不仅存在黄三段隧洞回水问题，且在黄金峡单独供水时，连接洞洞内充水，影响连接洞安全运行

续表

项目	比 选 说 明
运行管理	三闸方案集中控制，操作简便易行，黄三段隧洞可利用三河口水库单独供水时段进行单独检修，连接洞可利用黄金峡水库单独供水时段进行单独检修，均不影响供水。 两闸方案集中控制，操作简便易行，黄三段隧洞无法单独检修，只能随越岭段隧洞放空或者连接洞放空时检修。 单闸方案分散控制，连接洞的控制设在出口处，管理运行不便，黄三段隧洞、三河口连接洞无法单独检修，只能在越岭段隧洞放空时进行
运行调度	越岭段控制闸为工作闸门。黄金峡水库向越岭段供水，同时向三河口水库调蓄，秦岭输水隧洞无闸控制的水位不能满足连接洞抽水需求时，需越岭段控制闸下闸，升高水位控制越岭段隧洞与三河口连接洞的流量。 黄三段隧洞出口的控制闸是检修闸门。当三河口水库单独向越岭段隧洞供水，黄三段隧洞控制闸可关闭进行检修，不影响引汉济渭正常供水。 连接洞控制闸是工作闸门。当黄金峡水库单库给越岭段供水，连接闸门关闭，三河口连接洞及尾水洞可检修。当三河口水库单库给越岭段供水，连接闸门全开
投资	土建、金属结构及电气三部分合计投资：三闸方案1592.83万元，两闸方案1139.01万元，单闸方案792.84万元

C25钢筋混凝土结构，闸室底板高程542.65m。水闸为单孔，闸孔净宽7.0m，闸室长度12.0m。闸室底板和边墩厚度均为1.0m，闸室内设一道工作闸门。闸墩顶部布置交通桥连接对外交通洞，交通桥宽6.0m。闸室上部设启闭机室，其高程为558.55m。在闸室一侧设楼梯间，连接卷扬机层与闸室间的交通。渐变段体形为矩形断面过渡到马蹄形断面，底板高程为542.65m，长度为12.0m。

考虑闸室对外交通布置交通洞。交通洞洞线选择结合三河口水利枢纽总体布置、进场道路以及控制闸的位置和高程等因素，进口位置选在三河口水利枢纽场区内，为避免交通洞与连接洞的交叉干扰，进口设在三河口水利枢纽场区泵站西侧，进口高程542.35m。交通洞包括进口直线段、弧线段和出口直线段，总长度344.2m。进口直线段洞轴线与三河口连接洞平行，长度194.4m，两洞之间的净间距22m；弧线段长度140.2m，洞轴线转弯半径102.5m，转角78.37m；出口直线段长度9.6m，出口位于控制闸处，高程为549.55m。隧洞纵比降为1/47.78。

（2）方案二：两闸方案，在越岭段隧洞进口、三河口连接洞末端设控制闸，黄三段方向不设控制闸。隧洞Y形布置，越岭段控制闸布置同方案一，三河口连接洞控制闸位于连接洞末端，结构尺寸同越岭段控制闸。交通洞进口仍布置在三河口水利枢纽场区泵站西侧，进口高程542.35m。线路布置同方案一，不同之处为在距越岭段控制闸约59m处设岔口至连接洞控制闸。分岔处至进口段长度288.22m，纵比降为1/47.78；分岔处至越岭段控制闸段长度55.98m，纵比降为1/47.78；分岔处至连接洞控制闸段长度52.69m，纵比降为1/45.03。交通洞总长度396.89m。

（3）方案三：三闸方案，越岭段隧洞进口、三河口连接洞末端及黄三段隧洞末端均设控制闸。越岭段控制闸、三河口连接洞控制闸布置同方案二，黄三段控制闸设在黄三段隧洞末端，结构尺寸同越岭段控制闸。在控制闸处设环向隧洞，满足交通要求。经比较，交通洞进口布置在三河口水利枢纽进场道路附近时，线路较短且不影响场区内建筑物布置，进口距三河口水利枢纽约170m，交通便利。交通洞包括进口直线段和环向段两部分，长度分别为305.3m和208m，纵比降分别为1/40.644和0。

综上所述，三闸方案的水流流态和隧洞的运行环境相对较好。各种运行调度方式下，三洞各自独立，管理调度更灵活。工程投资三闸方案较两闸方案多453.82万元，较单闸方案多799.99万元。结合引汉济渭工程的重要性，方案布置应更侧重于安全和方便管理，经分析，采用三闸方案，即在越岭段、黄三段和三河口连接洞三个方向均设置控制闸，交通洞采用环形布置。

4. 闸孔尺寸比选

按照水闸过流能力，选取了闸室净宽7m和净宽5m两种布置进行方案比选，确定控制闸的规模。控制闸平面体型均采用圆形布置考虑。方案一，控制闸闸室净宽均取7m，闸室主结构为圆拱直墙型。竖向分三层布置，最大高度24.02m。底层为闸室层，二层为交通层，三层为控制层。闸室结构型式为开敞式，底板为平底板，采用平板钢闸门，单体门重13t。方案二，控制闸闸室净宽均取5m，采用平板钢闸门，单体门重约10t，其余和方案一类似。

两种方案和上下游的连接水流转角相同，洞室整体布置结构相似，闸室结构型式一致，主要不同为闸孔尺寸。孔洞净宽5m闸为常规水闸，闸孔较上游水道断面束窄，收缩比例0.74，在收缩比例经验值0.6~0.85范围之内，其优势在于节省、闸门轻、操作简便。孔洞净宽7m为非常规水闸，闸孔宽超出上游过流断面，是上游洞宽的1.04倍，方案的优势在于控制室过流有利，能相对减小水流不利影响，施工操作方便，洞室空间布置、工程运用检修及通风等方面更有利。两种方案设计参数和比较见表3.16与表3.17。

表3.16　　　　　　　　　控制闸设计参数

参　　数	方案一	方案二
三闸交汇点设计桩号	16+481.16	
黄三段控制闸与三河口控制闸夹角/(°)	101.1032	
三河口控制闸与越岭段控制闸夹角/(°)	135.2895	
越岭段控制闸与黄三段控制闸夹角/(°)	123.6073	
水闸型式	开敞式	
设计过闸流量/(m³/s)	70.00	
闸孔净宽/m	7.00	5.00
设计单宽流量/[m³/(s·m)]	10.00	14.00
闸室底高程/m	542.65	
交通层底高程/m	549.55	
控制层底高程/m	558.55	
黄三段控制闸闸室长/m	12.00	
三河口控制闸闸室长/m	15.00	
越岭段控制闸闸室长/m	12.00	

表 3.17　　　　　　　　　　　　控制闸闸孔方案比较

方　案	方案一	方案二	备注
地质条件	两种方案控制闸位置均位于隧洞末端，地质条件相当		
水闸过流条件	闸孔宽，相应三洞交汇处的空间大，适应复杂运行工况的能力强	闸孔窄，相应三洞交汇处的空间小，适应复杂运行工况的能力弱	
施工条件	施工空间大、施工通风条件好	相对差	钻爆法施工
优点	对控制室过流有利，能相对减小水流不利影响，施工操作方便，洞室空间大，对工程运用、检修及通风等有利，水流过渡、衔接条件较好	闸门轻，操作方便，投资小	
缺点	投资稍大	对控制室过流不利，施工操作相对差，洞室空间布置狭小，对工程运用、检修及通风等不利	
闸门净宽/m	7	5	
启闭机容量/kN	2	2	
洞挖石方/m³	16809.44	12607.08	
C25 混凝土/m³	1904.49	1428.37	
钢筋/t	211	158.25	
模板/m²	3440.48	2580.36	
主要工程量投资/万元	625.48	469.11	

综合比较两种方案，方案一的投资略高于方案二，但方案一的水流条件及施工条件均优于方案二。因此，控制闸闸孔尺寸推荐选用方案一，即闸室净宽7m。

3.4　隧洞输水方式及进出口位置

通过洞线方案研究，在综合考虑隧洞规模、便道条件、弃渣条件、施工条件、运行维护等因素的情况下，经技术、经济比较，决定采用无压明流输水的方案作为秦岭输水隧洞的输水方法。

根据引汉济渭工程最终的总体布局方案，引汉济渭工程由黄金峡水利枢纽、三河口水利枢纽和秦岭输水隧洞组成，根据工程调度运行方式将秦岭输水隧洞分为黄三段和越岭段，并在黄三段末端、越岭段始端设置了秦岭输水隧洞控制闸枢纽和三河口连接洞，将调水工程各建筑物连成一体。秦岭输水隧洞进口接黄金峡泵站，黄三段末端、越岭段始端直接接控制闸和三河口连接洞，隧洞出口为黄池沟，隧洞供水直接由控制闸和三河口连接洞调节，连接洞无压输水，越岭段无压输水，主洞两段始末端水流相接，因此，在从水流衔接和工程布置方面，越岭段隧洞均不具备采用有压输水的条件。因此在规划与技术比较的基础上，最终决定秦岭输水隧洞采用无压明流输水。

作为引汉济渭工程中至关重要的部分，秦岭输水隧洞承担着将汉江水输送到关中的任务，其进出口的高程对隧洞的输水能力有很大的影响。隧洞的进出口高程主要控制点有三点：黄金峡泵站出水闸处黄三段进口高程、越岭段始端高程及越岭段黄池沟出口高程，分别与黄金峡水库泵站扬程、三河口水库死水位和关中受水区控制高程密切相关。

考虑调水任务需求，按照调水工程设计方案与受水区配水工程设计方案的规划，拟定了出口510.00m、514.00m两种不同高程方案。通过技术经济综合分析论证，对比了三河口水库不同死水位运行调度方案、秦岭输水隧洞不同比降与进口高程方案，认为当秦岭输水隧洞出口高程为510.00m时，可与三河口水库拟定的死水位558m相适应，满足秦岭输水隧洞技术经济比较中确定的要求。故取越岭段出口高程为510.00m，其相应位置坐标结合关中配水管网分水池确定。

引汉济渭输配水干线工程从调水入关中配水节点黄池沟起，输水干线末端西到杨陵，东到华县，北到富平，南到户县，输配水区域范围东西长约163km，南北宽约84km，总面积约1.4万km²。输配水干线工程由黄池沟分水池、南干线、过渭干线、渭北东干线、渭北西干线、渭北北干线、黑河金盆水库连接洞工程7部分组成，干线总长约380km。在此基础上确定的隧洞进出口高程及坐标见表3.18。

表3.18 秦岭输水隧洞进出口高程及坐标

位　　置	X（1954年北京坐标系）	Y（1954年北京坐标系）	高程/m
黄三段进口	3676481.549	495567.851	549.23
越岭段进口（黄三段出口）	3690676.450	503937.380	542.65
越岭段出口	3769910.013	520200.208	510.00

在秦岭输水隧洞越岭段出口高程确定的情况下，越岭段进口高程由总体方案比选后确定的最优比降决定。根据工程规模及总体方案成果，秦岭输水隧洞越岭段平均坡降按1/2500进行递推，计算得越岭段进口高程为542.65m，进口位置接三河口控制闸，坐标见表3.18。

在黄金峡泵站出水池、三河口水库死水位及黄三段出口（越岭段进口）高程确定的情况下，黄三段进口高程由总体方案比选后确定的最优比降决定。根据陕西省水利电力勘测设计研究院初步设计阶段工程规模及总体方案成果，确定秦岭输水隧洞黄三段平均坡降按1/2500进行递推，计算得出黄三段进口高程为549.23m。进口位置接黄金峡泵站出水池，距黄金峡水利枢纽出水竖井中心点45m，其坐标见表3.18。

3.5　隧洞断面选型与优化

3.5.1　隧洞断面型式选择

秦岭输水隧洞采用无压明流方式输水，隧洞沿线穿越岩层岩性较好，进出口段隧洞埋深相对较浅，且辅助坑道设置较为容易，因此采用钻爆法施工。中间段埋深较大（最大达2012m），辅助坑道设置困难，且通风距离长，钻爆法施工无法满足通风条件，因此中间段采用TBM施工，故此需对两种施工方法对应的断面型式进行选型分析。

秦岭输水隧洞越岭段采用钻爆法与TBM法相结合的方式施工，黄三段采用钻爆法施工。钻爆法施工的断面主要型式有圆拱直墙形、马蹄形和圆形三种。对于圆拱直墙形，其优点是施工条件较好，缺点是受力条件较差。而圆形断面及马蹄形断面受力条件及过流条件较好，但圆形断面对施工运输影响较大，马蹄形断面影响适中。隧洞整体按照设计流量 70.0m³/s，比降 1/2500，分别拟定了圆拱直墙形、圆形和马蹄形断面尺寸，如图 3.7 所示。综合考虑过水断面面积、净空面积比等多方面因素，对三种断面型式进行比选，见表 3.19。

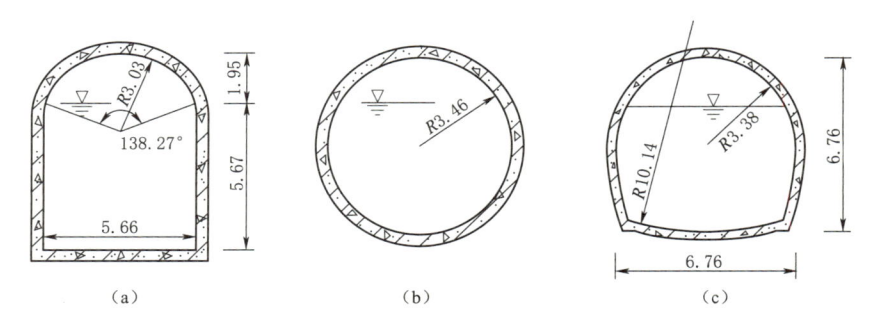

图 3.7　钻爆法施工断面型式对比（单位：m）
（a）圆拱直墙形；（b）圆形；（c）马蹄形

表 3.19　　　　　　　　　　　主洞断面型式选用对比

	项　目	圆拱直墙形	圆形	马蹄形	备　注
断面设计参数	设计过流/(m³/s)	70	70	70	
	断面尺寸/m	5.66×7.62	$R=3.46$	$R1=3.38, R2=10.14$	圆拱直墙形为宽×高
	水深/m	5.67	5.15	4.98	
	宽/m	5.66	6.92	6.76	
	流速/(m/s)	2.18	2.33	2.31	
	净空高/m	1.95	1.76	1.79	
	净空比/%	20	20	20	
	总面积/m²	40.10	37.61	37.96	
	受力均匀性	差	好	中	

分析表 3.19 可知，在满足相同输水流量情况下，三种断面型式过流能力均能满足设计要求，圆形断面最小，过流条件最好，马蹄形断面次之，圆拱直墙形较差；从结构受力条件考虑，圆形最好，马蹄形次之，圆拱直墙形较差；从施工条件分析，弧形底面对施工运输有影响，需垫底或改变开挖断面，圆拱直墙形较优，马蹄形次之，圆形较差。三种断面型式均没有明显的制约因素，均可选用。根据秦岭输水隧洞越岭段各勘探试验洞主洞试验段施工经验，综合考虑隧洞沿线围岩条件、隧洞施工效率及工程投资等因素，最终确定钻爆法施工段主洞采用马蹄形断面，各施工支洞均采用圆拱直墙形断面。

TBM 施工断面型式为圆形，故采用 TBM 施工的部分其断面型式均采用圆形。

3.5.2　隧洞断面尺寸优化

秦岭输水隧洞部分采用钻爆法施工，断面型式为马蹄形。马蹄形断面包括两种标准形式：一种是顶拱内缘半径 $R1$，侧拱及底拱内缘半径为 $R2=2R1$（Ⅰ型）；另一种是顶拱

3.5 隧洞断面选型与优化

内缘半径 $R1$，侧拱及底拱内缘半径为 $R2=3R1$（Ⅱ型）。在相同流量、比降、糙率和 $R1$ 的情况下，拟定了马蹄形Ⅰ型、Ⅱ型的断面尺寸，两种断面均在侧拱拱脚处设置半径为 0.9m 的倒角以改善受力条件，如图 3.8 所示。

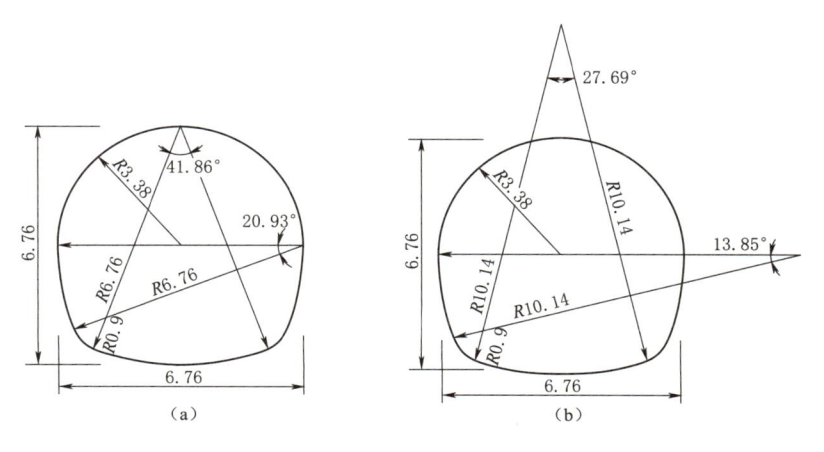

图 3.8　马蹄形Ⅰ型、Ⅱ型断面（单位：m）
(a) Ⅰ型；(b) Ⅱ型

通过对Ⅰ型、Ⅱ型断面过流能力、受力情况、施工技术、工程投资等方面的对比发现，在结构受力、投资差异不大的情况下，马蹄形Ⅱ型断面更利于施工、提高施工效率，故此采用Ⅱ型断面为钻爆法施工段的断面。

对马蹄形Ⅱ型断面，根据倒角半径不同划分了三种型式断面，即标准马蹄形断面、倒角半径为 0.9m 的马蹄形断面、倒角半径为 1.5m 的马蹄形断面，其对比如表 3.20 及图 3.9 所示。

表 3.20　　　　　　　　　　　　三种马蹄形Ⅱ型断面尺寸

序号	断面型式	顶拱内缘半径 $R1$/圆心角	侧拱内缘半径 $R2$/圆心角	底拱内缘半径 $R2$/圆心角	侧拱拱脚处倒角半径/圆心角
断面 1	标准马蹄形	3.38m/180°	10.14m/13.85°	10.14m/27.69°	无倒角
断面 2	倒角半径为 0.9m 的马蹄形	3.38m/180°	10.14m/13.85°	10.14m/27.69°	0.9m/62.31°
断面 3	倒角半径为 1.5m 的马蹄形	3.38m/180°	10.14m/13.85°	10.14m/27.69°	1.5m/67.18°

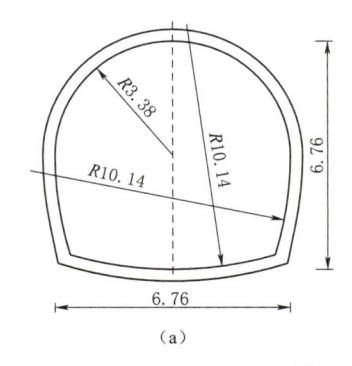

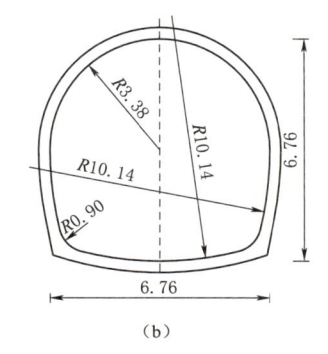

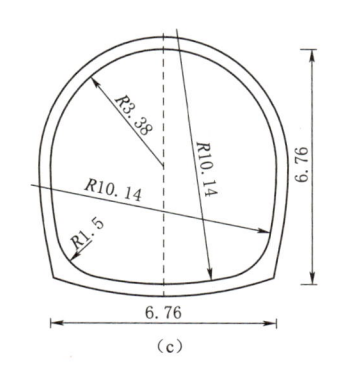

图 3.9　三种马蹄形Ⅱ型断面示意图（单位：m）
(a) 断面 1；(b) 断面 2；(c) 断面 3

在过流能力方面，三种断面均满足过流能力，而断面 3 倒角最大，与 TBM 圆形断面衔接更好；在结构受力方面，对比三种断面在施工期、检修期、运营期的轴力与弯矩发现，断面 3 在拱脚处倒角半径最大，衬砌厚度相对较厚，结构相对较为安全，且断面 3 更趋近于圆形，其轴力分布更为均衡，结构受力条件相对较好；在工程量方面，三种断面差异较小，工程投资基本一致。

以Ⅲ类围岩断面为例，三种断面的内力分布如图 3.10～图 3.12 所示。

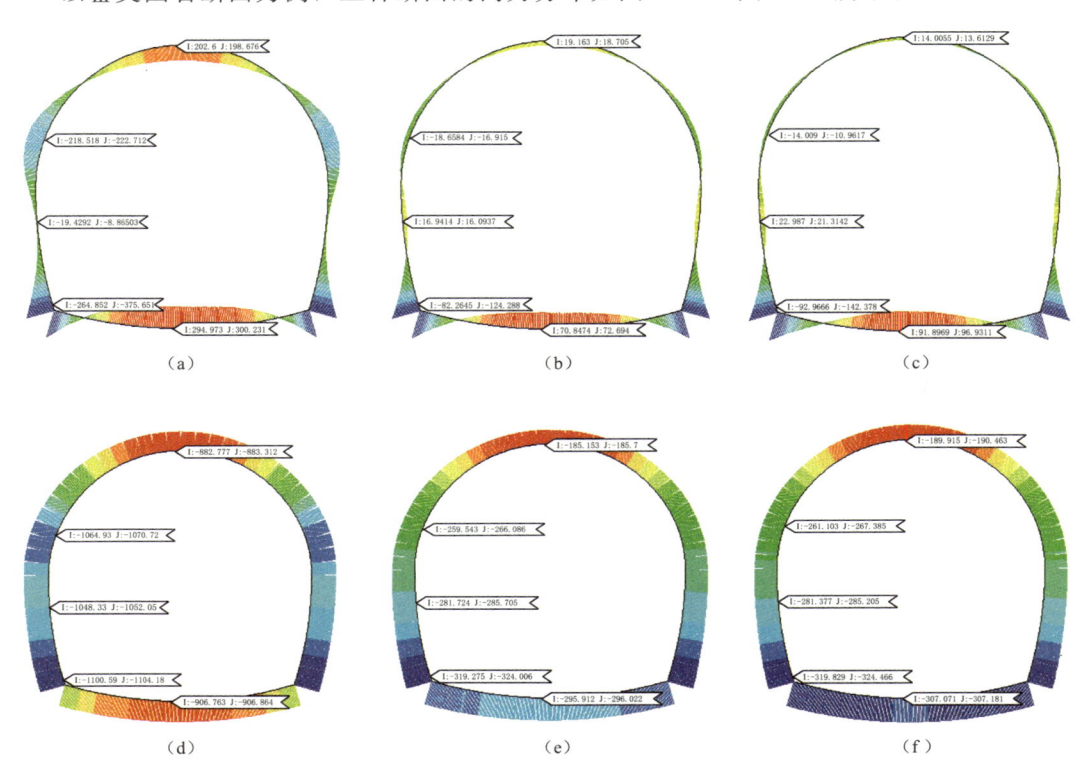

图 3.10 断面 1 的内力分布
(a) 施工期弯矩图；(b) 检修期弯矩图；(c) 运营期弯矩图；
(d) 施工期轴力图；(e) 检修期轴力图；(f) 运营期轴力图

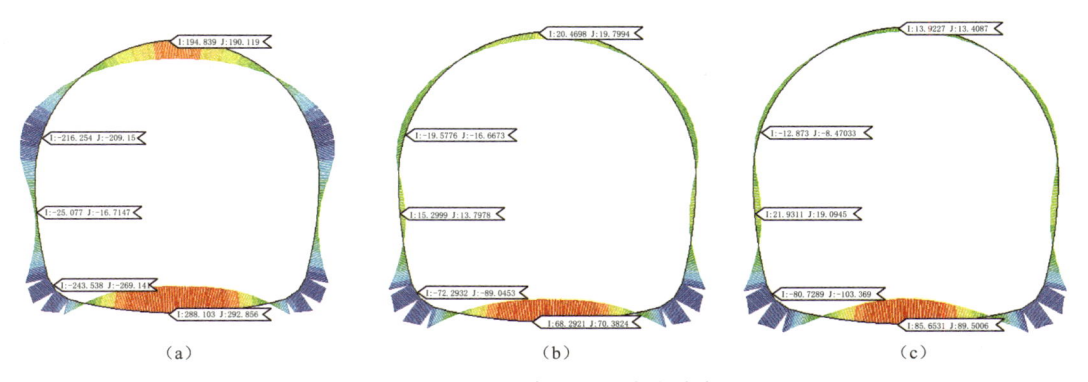

图 3.11（一） 断面 2 的内力分布
(a) 施工期弯矩图；(b) 检修期弯矩图；(c) 运营期弯矩图

(d)　　　　　　　　　　　　　　(e)　　　　　　　　　　　　　　(f)

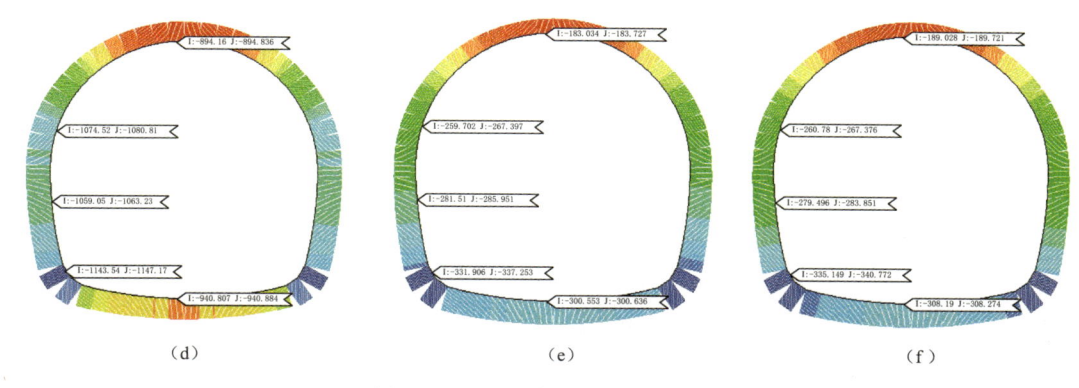

图 3.11（二）　断面 2 的内力分布

(d) 施工期轴力图；(e) 检修期轴力图；(f) 运营期轴力图

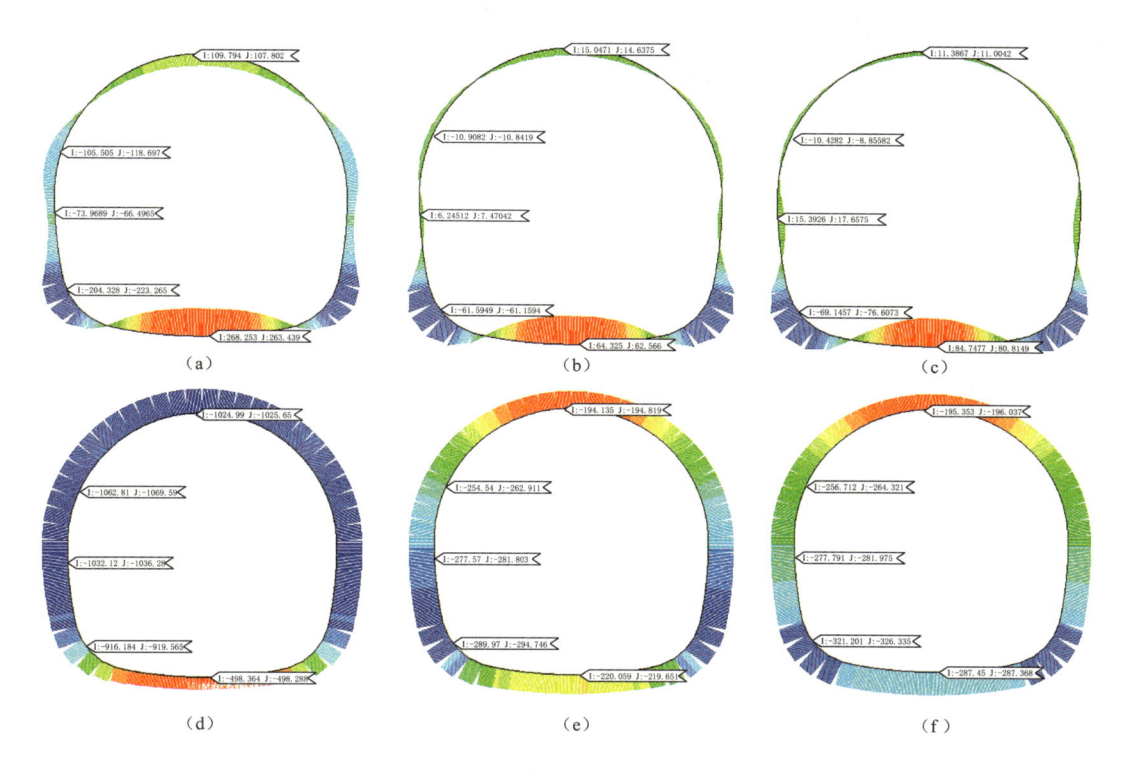

(a)　　　　　　　　　　　　　　(b)　　　　　　　　　　　　　　(c)

(d)　　　　　　　　　　　　　　(e)　　　　　　　　　　　　　　(f)

图 3.12　断面 3 的内力分布

(a) 施工期弯矩图；(b) 检修期弯矩图；(c) 运营期弯矩图；
(d) 施工期轴力图；(e) 检修期轴力图；(f) 运营期轴力图

综合考虑过流能力等多方面因素，在工程投资、施工条件均相差不大的情况下，决定采用受力条件更好、断面衔接更为顺畅的断面 3，即马蹄形Ⅱ型断面带倒角（$R=1.5\text{m}$），作为钻爆法施工的断面型式。钻爆法断面实际施工现场如图 3.13 所示。

对于 TBM 施工断面，依据《铁路隧道全断面岩石掘进机法技术指南》推荐，对 TBM 刀盘直径进行计算，其计算公式为

$$D = d + \sum h_i \times 2 \tag{3.1}$$

式中：D 为刀盘直径；d 为工程最终要求的成洞洞径；h_i 为其他厚度，包括预留变形量、初期支护厚度、二次衬砌厚度、施工误差。

经计算，确定的敞开式 TBM 刀盘直径为 8.02m。TBM 施工现场如图 3.14 所示。

图 3.13　钻爆法断面实际施工现场

图 3.14　TBM 施工现场

3.6　本章小结

秦岭输水隧洞是引汉济渭工程中的重要部分，决定着工程的成败。隧洞整体需从底部穿越秦岭山脉，各种复杂的地质特性将对工程施工产生重大影响，故此规划与选线工作至关重要。经过对整体效益、洞线布置、输水方式、进出口高程、施工断面型式等多方面的综合论证对比，最终确定的秦岭输水隧洞整体规划可参见图 3.2。

秦岭输水隧洞通过黄三段与越岭段两部分沟通黄金峡水利枢纽与三河口水利枢纽，将水资源输运至黄池沟，通过黄金峡水利枢纽泵站与秦岭输水隧洞控制闸进行水流衔接与控制，从而实现跨流域调水任务。

经研究比选，最终确定的秦岭输水隧洞洞线为：黄三段全长 16.52km，进口处位于黄金峡水利枢纽坝址下游左岸戴母鸡沟入汉江口北侧，接泵站出水池，底板高程 549.23m，出口位于三河口水利枢纽右岸坝后，底板高程 542.65m，采用钻爆法施工作业。越岭段全长 81.779km，进口处位于佛坪县三河口乡下游，高程 542.65m，出口位于黑河金盆水库下游的黄池沟内，高程 510.00m，采用钻爆法与 TBM 联合的方式进行施工作业。隧洞整体均采用无压明流输水，其中钻爆法施工部分采用马蹄形断面，TBM 施工部分采用圆形断面，施工支洞均采用圆拱直墙形。

参考文献

[1]　李凌志. 引汉济渭秦岭特长输水隧洞 [J]. 隧道建设（中英文），2018，38（1）：148-151.
[2]　刘斌，毛拥政. 引汉济渭工程选址及总体布置研究 [J]. 水利水电技术，2017，48（8）：31-35，73.
[3]　李凌志. 引汉济渭秦岭特长隧洞设计概况 [J]. 中国水利，2015（14）：80-81，85.

［4］ 惠强. 引汉济渭工程数字水网及水量调配研究与系统实现［D］. 西安：西安理工大学，2021.

［5］ 孙铁蕾，杨莉，王洁，等. 引汉济渭输配水干线工程总体布局方案研究［J］. 水利规划与设计，2019（8）：137-142.

［6］ 王静，刘战平，李玉洁. 引汉济渭工程西安调蓄库规划选址分析［J］. 西北水电，2020（S1）：31-35，40.

第 4 章 输水隧洞水力学设计

4.1 引言

引汉济渭工程由黄金峡水利枢纽、三河口水利枢纽、秦岭输水隧洞三大部分组成。秦岭输水隧洞是连通汉江、渭河的纽带,是连接调水区与受水区供水管网的枢纽中心,也是调水区与受水区水资源联合配置、合理调度的关键性控制工程。其主要任务是将汉江干流的调水量与支流子午河的调水量输送至渭河的黄池沟。秦岭输水隧洞包含黄三段与越岭段两大部分,黄三段的起点接黄金峡泵站出水池,终点位于三河口水利枢纽坝后约300m处右岸的控制闸。其主要任务是将汉江干流黄金峡水库泵站提升的调水量输送至隧洞的控制闸处。越岭段隧洞的主要任务是将汉江干流与支流三河口水库的调水量输送至渭河黄池沟,可参考第3章图3.1引汉济渭工程整体规划布置示意图。

输水隧洞[1]作为应用较为广泛的引水建筑物,保证其自身结构安全和运行安全尤为重要。隧洞的进口布置直接影响工程的水流流态[2],故必须确保输水隧洞内流体流态良好。对于输水隧洞的水流特性[3]研究主要是确保无压隧洞内水流平顺,沿程水面线平稳,在工程运行时不能出现明流、满流交替现象。当时均压力以及流速过大时,建筑物出现空蚀现象从而导致破损。故需在工程运行时保证其压力与流速在合理范围内,确保工程运行安全。

秦岭输水隧洞的输水方式采用明流无压方案,隧洞全长为98.299km,其中黄三段长16.52km,越岭段长81.779km。多年平均输水量15亿m^3,设计流量为70m^3/s。钻爆法施工段采用马蹄形断面,净宽6.76m,净高6.76m;TBM施工段采用圆形断面,洞内径6.92m。黄三段进口底板高程549.23m、越岭段出口底板高程510.00m,全洞坡比1/2500。

4.2 无压输水隧洞的水力学计算

4.2.1 水力计算和水面线计算的基本方法[4-5]

在调水工程中,明渠以人工渠道、渡槽、无压隧洞等为主,无压隧洞洞内水流呈明流状态,秦岭输水隧洞工程就是典型的明渠输水工程。在明渠工程设计和运行调度中,需要了解闸门启闭过程中明渠流量、水深等随时间和流程的变化规律,最高、最低水位波动幅度以及每小时起落的幅度,以避免发生漫堤、决堤及护坡脱落等事故。

4.2 无压输水隧洞的水力学计算

秦岭输水隧洞的水力计算主要分为隧洞水力计算和水面线计算两部分，水力计算采用恒定均匀流方法计算隧洞过流能力，以明渠恒定非均匀流逐段试算法推求隧洞沿程水面线。下面将对计算时所用到的方法和公式进行详细说明。

明渠均匀流水力计算的基本公式为谢才公式[4]。在明渠均匀流中，$J=i$，故将谢才公式表示为

$$v = C\sqrt{Ri} \tag{4.1}$$

式中：v 为断面平均流速，m/s；C 为谢才系数；R 为水力半径，m；i 为明渠坡比。

故流量公式为

$$Q = vA = CA\sqrt{Ri} \tag{4.2}$$

式中：Q 为流量，m³/s；A 为过水断面面积，m²。

由于明渠水流多属于阻力平方区，故谢才系数 C 采用曼宁公式 $C=\dfrac{1}{n}R^{1/6}$ 计算。

明渠非均匀流是指通过明渠的流速和水深沿程变化的流动，其流线接近于相互平行的直线。研究输水隧洞的水力要素（主要是水深）沿程变化的规律，则是要分析水面线的变化及其计算。明渠恒定非均匀渐变流[4]示意如图4.1所示，其基本微分方程式为

$$i\,\mathrm{d}s = \cos\theta\,\mathrm{d}h + (\alpha+\zeta)\mathrm{d}\left(\frac{v^2}{2g}\right) + \frac{Q^2}{K^2}\mathrm{d}s \tag{4.3}$$

其中

$$K = CA\sqrt{R}$$

式中：θ 为渠底线与水平线的夹角，(°)；h 为水深，m；α 为动能修正系数；ζ 为局部阻力系数；g 为重力加速度，m/s²；s 为渠道沿流动方向的沿程坐标，m。

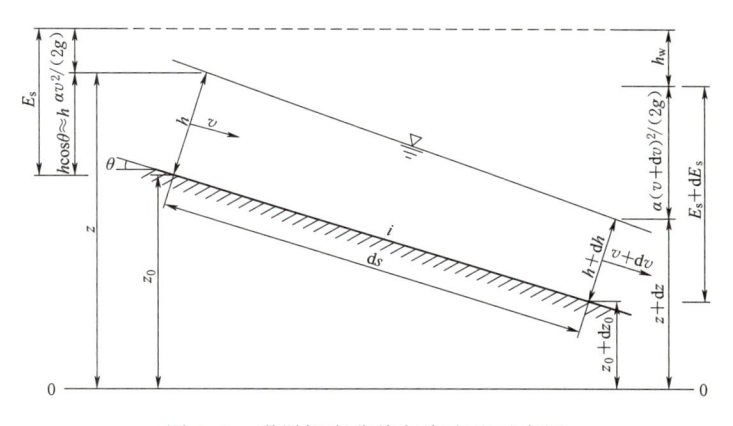

图 4.1 明渠恒定非均匀渐变流示意图

考虑到渐变流中局部水头损失 h_w 很小，可以忽略不计，即取 $\zeta=0$，并令 $\alpha=1$，式（4.3）可表示为

$$\frac{\mathrm{d}E_s}{\mathrm{d}s} = i - \frac{Q^2}{K^2} = i - J \tag{4.4}$$

其中

$$J = \frac{Q^2}{K^2} = \frac{v^2}{C^2 R}$$

式中：J、i 分别为渠道的水力坡度和底坡；s 为渠道沿流动方向的沿程坐标，m；E_s 为明渠过水断面的断面比能，m。

过水断面面积 A 在流量 Q 及明渠横断面形状尺寸已知的条件下仅是水深 h 的函数，对于坡度较小的渠道，断面比能表达式为

$$E_s = h + \frac{\alpha v^2}{2g} = h + \frac{\alpha Q^2}{2gA^2} \tag{4.5}$$

式中：Q 为流量，m³/s；g 为重力加速度，m/s²；α 为动能修正系数；h 为水深，m；v 为流速，m/s；A 为过水断面面积，m²。

在渠道中，从控制断面（$p=1$）开始，每隔一定距离取一个断面。在两个相邻断面之间的渠段上，用差分格式将式（4.4）离散化，得

$$E_{s,p+1} - E_{s,p} = \pm \Delta s_p (i - \overline{J}_p) \quad (p=1,2,\cdots) \tag{4.6}$$

或

$$\left(h_{p+1} + \frac{\alpha Q^2}{2gA_{p+1}^2}\right) - \left(h_p + \frac{\alpha Q^2}{2gA_p^2}\right) = \pm \Delta s_p (i - \overline{J}_p) \quad (p=1,2,\cdots) \tag{4.7}$$

其中

$$\overline{J}_p = \frac{1}{2}(J_p + J_{p+1}) = \frac{Q^2 n^2}{2}\left(\frac{1}{A_p^2 R_p^{4/3}} + \frac{1}{A_{p+1}^2 R_{p+1}^{4/3}}\right) \tag{4.8}$$

式中：$E_{s,p}$、$E_{s,p+1}$ 为断面 p、$p+1$ 的断面比能；Δs_p 为两个断面的间距；n 为渠道糙率；h_p、A_p、R_p、J_p 为各断面的水深、过水断面面积、水力半径和水力坡度。

式（4.6）、式（4.7）中等号右边"±"项急流时取"+"，缓流时取"−"。根据控制水深可判别流态的急缓。

急流时，波的干扰只能向下游传播，控制断面是下游渠段水面线的起点，断面序号向下游方向增加；缓流时，波的干扰可以向上游传播，控制断面是上游渠段水面线的起点，断面序号向上游方向增加。

1. 分段求和法

分段求和法[5]是水面线推求的基本计算方法，计算原理通俗易懂，其主要思想是将流程划分为若干流段，先假设各断面的水深，然后确定其位置，具体步骤为：

（1）先对水面曲线进行定性分析，确定其水深变化趋势和范围。

（2）从控制断面开始，按一定变化幅度递增或递减地取各断面的水深值，为保证计算精度，两相邻断面的水深变幅不宜太大，一般控制在2cm以内。

（3）计算各断面之间的间距：

$$\Delta s_p = \pm \frac{E_{s,p+1} - E_{s,p}}{i - \overline{J}_p} = \pm \frac{\left(h_{p+1} + \frac{\alpha Q^2}{2gA_{p+1}^2}\right) - \left(h_p + \frac{\alpha Q^2}{2gA_p^2}\right)}{i - \overline{J}_p} \tag{4.9}$$

（4）将分段计算出的断面间距求和，确定各断面的位置，从而确定水深的沿程变化规律 $h(s)$。

如：断面 p 距控制断面的距离为

$$s_p = \sum_{k=1}^{p-1} \Delta s_k \tag{4.10}$$

分段求和法计算比较简便，式（4.9）中可以由已知的水深直接计算出过水断面面积、断面比能、平均水力坡度以及断面间距。

2. 逐段求水深法

对于非棱柱形渠道，其断面形状和尺寸是沿程变化的，断面上各水力要素均为水深 h 和断面间距 s 的函数，故上述方法将不再适用，而选择逐段求水深法进行计算。这种方法先给定各断面的位置，再从控制断面出发逐个计算出下一个断面的水深。设已求出断面 p 的水深 h_p，且断面间距 Δs_p 已知，要求断面 $p+1$ 的水深 h_{p+1}，则可由式（4.7）、式（4.8）得到求解 h_{p+1} 的方程：

$$h_p + \frac{\alpha Q^2}{2gA_p^2} \pm \Delta s_p \left(i - \frac{Q^2 n^2}{2A_p^2 R_p^{4/3}}\right) = h_{p+1} + \frac{\alpha Q^2}{2gA_{p+1}^2} \pm \frac{Q^2 n^2}{2A_{p+1}^2 R_{p+1}^{4/3}} \Delta s_p \quad (p=1,2,\cdots)$$

(4.11)

因此，已知控制水深 h_p，可以依此类推，计算出所有断面的水深。

该方法需要求解 h_{p+1} 的非线性方程，对棱柱形渠道和非棱柱形渠道都适用，水面线计算的计算机程序中多用这种解法。

注意，式（4.11）可能有两个解，但只有一个是正解，一般采用二分法求解 h_{p+1}，需要先给出一个解的初始区间，可以根据水面线的类型以及其水深变化趋势、范围来给出这个初始区间，保证得到的解是正确的。

断面间距 Δs_p 的选取可分两种情况：急流和水深接近临界水深的情况，Δs_p 取小些有利于保证精度，最好在 10m 以下；考虑堰、闸上游回水问题时，Δs_p 可放宽到 100m 以上。

4.2.2 工程设计的相关问题

在设计秦岭输水隧洞时，从确定隧洞输水方式到隧洞的布置设计都有着牵一发而动全身的重要性，时刻影响着水力学设计部分乃至整个工程的作用效益。

1. 隧洞输水方式的确定

引汉济渭工程在确定输水方式时，总体布置及运行方式已经确定，秦岭输水隧洞黄三段在三河口水利枢纽坝后与越岭段以及连接三河口泵站和电站的连接洞衔接，即工程运行需要黄三段隧洞有向越岭段隧洞及通过连接洞向三河口泵站输水的条件，工程运行时还需要三河口电站尾水具有通过连接洞进入越岭段隧洞的条件，以满足调水需要，从各部分建筑物的布置、连接关系及水流衔接条件等考虑，若隧洞采用有压方式输水，其水力过渡条件极其复杂，与明流输水相比，压力输水会使得工程运行非常不方便，在可研阶段经综合考量，因此秦岭输水隧洞采用明流方式输水。

隧洞水力设计是在隧洞进出口位置已经确定的基础上进行的，所以，上下游渠道的断面型式和尺寸、通过各级流量时的水深以及渠底高程和隧洞所允许的水头损失均已经确定。由于渠道的断面型式和尺寸与隧洞的断面型式和尺寸差别较大，在隧洞进出口处需要布置连接段。因此，布置隧洞的纵坡时，要考虑进出口的水头损失。在隧洞总的水头损失已经确定的情况下，总水头损失减去进出口水头损失所剩余的水头，决定隧洞的纵坡。

一般情况下，隧洞的洞身段长度常大于进口前渠道水深的 20 倍，故对于长洞的水力计算，在设计流量条件下，洞中水流按明渠均匀流考虑。隧洞水力计算简图如图 4.2 所示，通过隧洞的总水面降落 ΔZ 可按下式计算：

$$\Delta Z = Z_1 + Z_2 - Z_3 \tag{4.12}$$

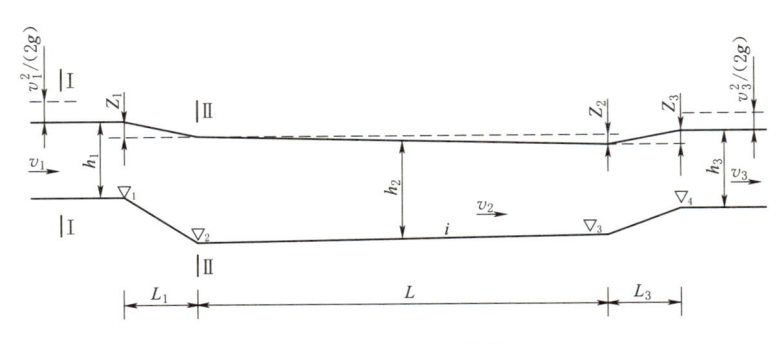

图 4.2 隧洞水力计算简图

进口的水面降落 Z_1 包括进口断面收缩和渐变引起的局部水头损失和摩阻损失以及势能转变为动能的部分。水流在流经隧洞末端的连接段与渐变段时，一部分能量消耗于摩阻及断面扩大的损失，一部分动能恢复为势能而产生水面回升现象。Z_3、Z_2 为通过洞身的沿程水头损失，$Z_2 = iL$，i 为洞底纵坡。

2. 隧洞布置设计

引汉济渭工程主要作用是通过修建水利枢纽和输水隧洞，将汉江流域的富余水量调入关中缺水地区。通过在汉江流域修建黄金峡及三河口两大水库，将联合调度的水源汇入引汉济渭秦岭输水隧洞，由南向北进行自流，最终进入黄池沟配水枢纽工程，通过渭河支流，从而实现向关中地区供水。隧洞的布置设计包括进口段、洞身段、出口段三个部位，本书着重介绍洞身段相关尺寸的选择及计算公式。

（1）隧洞纵坡和断面尺寸确定方法：洞身段结构布置设计，就是在所给定设计流量的水头损失情况下，确定洞身段纵坡 i、隧洞断面宽度（即洞宽）B 和洞高 H。已知隧洞进出口渠道断面形状和尺寸，按设计流量时隧洞内形成均匀流的条件确定洞身的断面。在均匀流的情况下，洞身各断面的水深、断面的平均流速和流速分布沿程不变，洞底线、水面线和水力坡线为三条平行直线。为确定洞宽 B 和洞高 H 以及纵坡 i，可以初步拟定洞宽 B，计算进口段水面降落 Z_1 和出口水面回升 Z_3，根据式（4.12）求得洞身段的允许水头损失 Z_2，隧洞的纵坡由 $i = Z_2/L$ 确定。

确定了隧洞的纵坡之后，由谢才公式可知，不同的洞宽 B_i 将有相应的洞内水深 h_i 与之对应，再考虑水面以上适当的净空则可以确定洞高 H_i。此时，对应设计流量将有无数组洞宽和洞高的组合，应选择合适的洞身断面高宽比，使结构受力最有利和工程量最少。在低地应力区，隧洞断面的高宽比在 1.0～1.5 的范围内对结构受力最有利，工程量最省。确定洞高 H 时，还要考虑通过加大流量，确保水面以上净空满足规范要求。对拟定的 i、B 和 H，应进一步复合进口的水面降落和出口的水面回升值，若计算值与初始拟定值的差异在允许范围之内，则 i、B 和 H 便得以确定，否则应进行调整。重复上述计算，直到满足要求为止。例如，当总水头损失大于所给定的水头损失时，应适当减小 i，相应增大 B 和 H；反之，应适当增大 i，相应减小 B 和 H。一般情况下，隧洞进出口的水头损失在总水头损失中所占的比例较小，初拟洞宽 B 所引起的进口水面降落和出口水面回升的误差不大，经过上述的适当调整即可求得满足要求的 i、B 和 H。

（2）隧洞底高程的确定：在求得隧洞纵坡 i 和洞内水深 h_1 之后，便可通过进出口渠道的水位和底高程确定洞底高程，隧洞进口底高程按下式确定：

$$\triangledown_2 = \triangledown_1 + h_1 - h_2 - Z_1 \tag{4.13}$$

当渠道水深较小时，按上述原则确定的隧洞断面洞内水深较渠道水深大，因此，计算所得隧洞进口底高程 $\triangledown_2$ 要低于进口渠道的底高程 $\triangledown_1$。隧洞进口底高程确定以后，出口底高程可根据纵坡和洞长计算，隧洞降低底高程以后，出口底高程便低于出口渠道的底高程，在出口需要布置反坡连接段。

（3）加大水面线推求：按设计流量确定洞宽和纵坡后，只有在通过设计流量时隧洞内为均匀流，通过加大流量时，隧洞进口将产生壅水，出口将产生降水，进出口水位对洞身内水流产生影响，洞内产生非均匀渐变流，采用非均匀渐变流能量方程，通过推求水面线的方法计算加大流量时的洞内水深。

4.3 洞身过流能力

4.3.1 计算相关参数

大型长距离调水工程的输水系统一般十分复杂，引汉济渭工程将汉江水引入渭河以补充西安、宝鸡、咸阳、渭南和铜川等 5 个大中城市的给水量，故其隧洞的过流能力按均匀流公式（4.2）进行计算，以下参数的选择都对结果有着很大的影响，在确定参数时，按照工程实际资料与相关规范要求进行选择。

1. 断面尺寸

对钻爆法施工段进行圆拱直墙形、马蹄形和圆形三种横断面型式的比较，最终选择马蹄形断面结构，在第 3.5.1 节隧洞断面型式选择中已进行详细介绍。经过分析后得知，圆形断面结构受力条件好，投资最少，但其施工条件差[6]；圆拱直墙形断面结构受力条件差，投资最多，但其施工条件好；马蹄形断面各项指标居中。就本工程而言，三种断面没有明显的制约因素，均可选用，综合考虑隧洞沿线围岩条件、隧洞施工效率及工程投资等因素，秦岭输水隧洞钻爆法施工段确定采用马蹄形断面。考虑带倒角的断面 3（$R=1.5\text{m}$）马蹄形断面结构受力最优、投资最小，因此，确定钻爆法施工段采用该断面，该断面内壁尺寸为：高 6.76m，宽 6.76m，其中顶拱半径 3.38m，侧拱及底拱半径 10.14m，侧拱与底拱连接的倒角圆弧半径 1.5m。

2. 净空高度及净空比

《水工隧洞设计规范》（SL 279—2016）要求，在恒定低流速无压隧洞中，通气条件良好时，洞内水面线以上的空间不宜小于隧洞断面面积的 15%，且高度不应小于 40cm。对较长的隧洞和不衬砌或喷锚衬砌的隧洞，净空面积可适当增加。类比国内已建的长隧洞输水工程：山东省淄博市太河水库一干渠洞长 10.29km，设计净空比 34.51%；引滦入津工程主隧洞洞长 9.67km，设计净空比 23.87%；辽宁省大伙房隧洞洞长 85.3km，设计净空比 30.90%。

从国内规范、工程类比和试验段情况多方面分析，特长隧洞净空比大于 15% 的较多，引汉济渭秦岭输水隧洞下游出口试验段净空比为 20%，运行正常。考虑运行安全、投资、试验段成果，确定黄三段和越岭段隧洞净空比：通过设计流量时不小于 20%，最大流量时不小于 15%，净空高度不小于 40cm。

3. 糙率

糙率与洞壁粗糙度、隧洞断面形状尺寸、施工质量、使用年限和养护条件等因素有关，按规范推荐，混凝土衬砌糙率按 0.014 设计。考虑工程使用过程中衬砌混凝土的老化，工程运用后期糙率加大。全断面掘进机开挖，岩面喷混凝土衬砌糙率按 0.019 设计。综上，喷锚段糙率取 0.019，衬砌段前期糙率取 0.014，运用后期考虑混凝土的老化取 0.0145，复核该情况下的过流。

4. 比降

可行性研究阶段报告中详细分析了引汉济渭工程总体情况，从充分发挥水库枢纽效益考虑，确定隧洞比降不宜缓于 1/3000。受下游及三河口水库连接洞的制约，三河口水库连接洞出口控制闸枢纽底高程 542.65m 已定，黄三段隧洞比降变化仅受隧洞和黄金峡泵站出水池进口高程影响。初设阶段黄金峡水库泵站出水池进口高程不变，输水线路不变，黄三段隧洞设计纵比降 1/2500。

受出口及三河口水库连接洞的制约，越岭段进口高程 542.65m、出口高程 510.00m 已定，比降变化仅受洞线变化影响。初设阶段输水线路不变，由于调整 TBM 施工段落长度，越岭段隧洞进口钻爆法施工段设计纵比降 1/2527，出口钻爆法施工段设计纵比降 1/2530，中间 TBM 施工段设计纵比降为 1/2479.665。

4.3.2 过流能力计算

秦岭输水隧洞黄三段长度 16.52km，为明流长隧洞，采用马蹄形Ⅱ型横断面（3R）其尺寸为 6.76m×6.76m。设计流量 70.0m³/s，最大流量 75.5m³/s，过流按均匀流公式计算，水力要素详见表 4.1。在给定流量的情况下，过水面积由水深确定，n、i 为已知值，水力半径为过流面积和湿周的比，由水深确定。故可根据试算法确定水深，求得水深后可确定其他参数。

表 4.1　　　　　黄三段隧洞过流计算水力要素

流量/(m³/s)	比降	糙率	水深/m	宽/m	半径/m	过流面积/m²	流速/(m/s)	湿周/m	水力半径/m	谢才系数	总面积/m²	净空比/%	净空高度/m
70.0	1/2500	0.0140	4.880	6.76	3.38	30.274	2.31	14.702	2.06	80.57	38.426	21.22	1.88
	1/2500	0.0145	5.037	6.76	3.38	31.216	2.24	15.058	2.07	77.87	38.426	18.76	1.72
75.5	1/2500	0.0140	5.239	6.76	3.38	32.383	2.33	15.532	2.08	80.73	38.426	15.73	1.52

由表 4.1 可知，在糙率为 0.0140 情况下，设计流量时黄三段隧洞断面净空比为 21.22%，满足不小于 20% 的要求；最大流量时断面净空比为 15.73%，满足不小于 15% 的要求；考虑工程运用后期糙率加大为 0.0145 时，设计流量情况下的断面净空比为 18.76%，稍有下降。

越岭段长度 81.779km，为明流长隧洞，过流按均匀流公式计算。在保证隧洞过流量满足 70m³/s 下，各洞段正常水深及水力计算结果详见表 4.2～表 4.9。

表 4.2　马蹄形衬砌断面均匀流正常水深计算结果（6.76m×6.76m）

设计流量 Q/(m³/s)	比降	糙率 n	流速 /(m/s)	水深 h /m	顶拱宽 2R /m	半径 R /m	过流面积 A/m²	湿周 X /m	总面积 /m²	净空比 /%	净空高度 /m
70.0	1/2530	0.0140	2.300	4.906	6.76	3.38	30.436	14.767	38.43	20.79	1.854
70.0	1/2527	0.0140	2.301	4.904	6.76	3.38	30.421	14.761	38.43	20.83	1.856
70.0	1/2530	0.0145	2.230	5.066	6.76	3.38	31.388	15.131	38.43	18.32	1.694
70.0	1/2527	0.0145	2.231	5.064	6.76	3.38	31.372	15.123	38.43	18.36	1.696

表 4.3　圆形衬砌断面均匀流正常水深计算结果（D=6.92m、7.02m）

设计流量 Q/(m³/s)	直径 D /m	比降 i	糙率 n	水深 h /m	过流面积 A/m²	湿周 X /m	流速 V /(m/s)	净空比 /%	净空高度 /m
70.0	6.92	1/2479.665	0.0140	5.134	29.921	14.365	2.340	20.44	1.786
70.0	6.92	1/2479.665	0.0145	5.293	30.871	14.735	2.268	19.92	1.627
70.0	7.02	1/2479.665	0.0140	5.015	29.798	14.218	2.349	24.59	1.955
70.0	7.02	1/2479.665	0.0145	5.162	30.717	14.552	2.279	22.26	1.808

表 4.4　圆形喷锚断面均匀流正常水深计算结果（D=7.76m）

设计流量 Q/(m³/s)	直径 D /m	渠底比降 i	糙率 n	水深 h /m	过流面积 A/m²	湿周 X /m	流速 V /(m/s)	净空比 /%	净空高度 /m
70.0	7.76	1/2479.665	0.019	5.281	35.144	15.707	1.992	22.70	2.059

表 4.5　TBM 安装洞均匀流水力计算结果

设计流量 Q/(m³/s)	洞宽 B /m	渠底比降 i	糙率 n	水深 h /m	过流面积 A/m²	湿周 X /m	流速 V /(m/s)	净空比 /%	净空高度 /m
70.0	13.85	1/2479.665	0.0140	2.398	33.212	18.646	2.108	86.90	16.062
70.0	13.85	1/2479.665	0.0145	2.455	34.002	18.760	2.059	86.64	16.005

表 4.6　TBM 检修洞均匀流水力计算结果

设计流量 Q/(m³/s)	洞宽 B /m	渠底比降 i	糙率 n	水深 h /m	过流面积 A/m²	湿周 X /m	流速 V /(m/s)	净空比 /%	净空高度 /m
70.0	9.42	1/2479.665	0.0140	3.322	31.293	16.064	2.237	68.21	7.769
70.0	9.42	1/2479.665	0.0145	3.407	32.094	16.234	2.182	67.40	7.684

表 4.7　　　　　　　　　　TBM 后配套洞室均匀流水力计算结果

设计流量 Q/(m³/s)	洞宽 B /m	渠底比降 i	糙率 n	水深 h /m	过流面积 A/m²	湿周 X /m	流速 V /(m/s)	净空比 /%	净空高度 /m
70.0	10.6	1/2479.665	0.0140	2.989	31.687	16.579	2.209	80.31	13.011
70.0	10.6	1/2479.665	0.0145	3.064	32.478	16.728	2.155	79.82	12.936

表 4.8　　　　　　　　　　TBM 步进洞均匀流水力计算结果

设计流量 Q/(m³/s)	洞宽 B /m	渠底比降 i	糙率 n	水深 h /m	过流面积 A/m²	湿周 X /m	流速 V /(m/s)	净空比 /%	净空高度 /m
70.0	7.72	1/2479.665	0.0140	4.023	31.057	15.766	2.254	41.20	3.647
70.0	7.72	1/2479.665	0.0145	4.132	31.893	15.984	2.195	39.62	3.647

表 4.9　　　　　　　　　　TBM 始发洞均匀流水力计算结果

设计流量 Q/(m³/s)	洞宽 B /m	渠底比降 i	糙率 n	水深 h /m	过流面积 A/m²	湿周 X /m	流速 V /(m/s)	净空比 /%	净空高度 /m
70.0	8.22	1/2479.665	0.0140	4.281	29.721	14.123	2.356	40.02	3.289
70.0	8.22	1/2479.665	0.0145	4.381	30.524	14.328	2.293	38.40	3.189

由表 4.2~表 4.9 可知，在糙率为 0.0140 情况下，设计流量时越岭段隧洞断面净空比满足不小于 20% 的要求；考虑工程运用后期糙率加大为 0.0145 时，设计流量情况下的断面净空比稍有下降，但仍能满足水工隧洞设计规范的净空比不小于 15% 的要求。

4.4　水流流态

流态，通常是指水流各式各样的运动形态。自然界中，水流的运动形态千变万化，无压隧洞由于具有自由水面而与有压流具有较大区别，明渠的流态通常分为急流、临界流和缓流。水力学中对于明渠均匀流判断水流流态的方法有多种，如波速法、弗劳德数法、断面比能法、临界水深法和底坡法。在引汉济渭秦岭输水隧洞工程中，将采用计算设计流量下的临界水深和临界底坡来判断水流流态，分析水面变化情况。

4.4.1　隧洞水流流态的判断

秦岭输水隧洞黄三段和越岭段均为明流长洞，设计水流为恒定均匀流，故可以采用临界水深法和底坡法判断水流流态。临界水深是指对应设计流量的过水断面比能最小时的水深，以 h_K 表示，临界水深需满足以下条件：

$$1-\frac{\alpha Q^2}{gA_K^2 h_K}=0 \tag{4.14}$$

式中：α 为动能修正系数，取 1；Q 为流量，取 70m³/s；g 为重力加速度，取 9.81m/s²；h_K 为临界水深，m；A_K 为临界状态过流面积，m²。

经过表 4.10 的计算，得到黄三段和越岭钻爆段隧洞设计断面的临界水深 $h_K=2.543$m，临界坡比 $i_K=0.00259$，$h_K<h_0=4.88$m，$i_K>i_0=1/2500$，根据上述临界水深和正常水深计算成果，各断面正常水深均大于临界水深，故隧洞的水流流态为缓流，底坡为缓坡。

表 4.10　　　　秦岭输水隧洞的临界水深、临界底坡计算

参　　数	数　　值	备　　注
流量/(m³/s)	70	
半径/m	3.38	马蹄形 3R、倒角半径 1.5m
α 角（角 5）	4.732	水面远边点与侧圆心连线的水平角
临界水面宽/m	6.549	
临界水深/m	2.543	
A_K/m²	14.015	
谢才系数 C	76.393	
临界底坡	0.00259	
流速/(m/s)	4.756	

对于进口为无压流的无压泄流隧洞，其洞长不影响泄流的隧洞称为短洞，洞长影响泄流的隧洞称为长洞。其长短洞判别的界限长度为

$$l_K = (5\sim12)H = (5\sim12)\times1.2\times6.76 = 40.56\sim97.344 (\text{m}) \tag{4.15}$$

式中：H 为洞口水深，m，取最大可能水深 8.112m。

本工程洞长为 98.299km，远大于临界洞长，故为长洞。

4.4.2　控制室水流三维计算分析

计算流体动力学（computational fluid pynamics，CFD）相当于"虚拟"地在计算机上做实验，用以模拟实际的流体流动情况[7]。其基本原理则是数值求解控制流体流动的微分方程，得出流体流动的流场在连续区域上的离散分布，从而近似模拟流体流动情况。可以认为 CFD 是现代模拟仿真技术的一种。

本计算建立了耦合流体体积法（volume of fluid，VOF）的 RNG k-ε 模型，用来模拟控制闸段的三维水流流态。VOF 法[8] 是一种通过求解流体占据网格单元体积份额来追踪自由表面的方法。VOF 模型是通过求解单独的动量方程和处理穿过区域的每一流体的体积分数来模拟两种或三种不能混合的流体。在每个控制体积内，所有相的体积分数的和为 1。在任何给定单元内的变量及其属性可能是纯粹的其中一相的变量或属性，或者是多相混合的变量及其属性，这取决于体积分数值。换句话说，在单元中，如果第 q 相流体的体积分数记为 αq，那么就会出现下面三个可能的情况[9]：①$\alpha q=0$，第 q 相流体在单元中是空的；②$\alpha q=1$，第 q 相流体在单元中是充满的；③$0<\alpha q<1$，单元中包含了第 q 相流体和一相或其他多相流体的界面。

秦岭输水隧洞黄三段的水面线推求时，从越岭段隧洞起点自下而上，应首先计算各种运行工况下控制室的水面情况，再按明渠恒定非均匀渐变流水面线逐段推算。因控制闸闸室内流态复杂，水流分析以三维数值计算为主，一维计算为辅。控制室三维水流计算情况概述如下。

1. 控制室水流条件分析

控制室为水流过渡、交汇处，对应不同工况下，将发生水流折转、顶冲、涡流等，且

边界条件复杂，利用传统的水力学计算方法难以得到控制闸段的流态信息。为此，有必要利用计算流体动力学技术对控制闸段中的水流条件进行三维模拟和分析，从而合理地优化方案。

2. 计算结果及分析

计算体型选用图 4.3 所示的控制闸实体模型，三条输水隧洞断面均为马蹄形断面，三条输水隧洞通过控制闸进行分流。模拟的三个工况及边界条件见表 4.11，严格按照表中所列边界条件计算，不考虑边界区域以外因素影响。下面给出三个工况的计算结果。

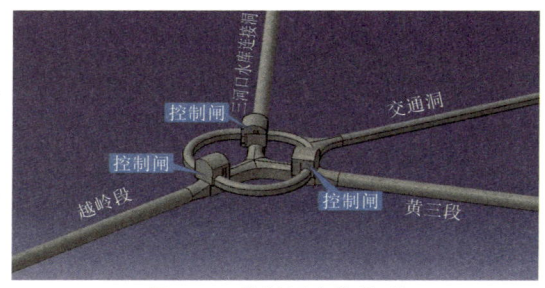

图 4.3 控制闸实体模型

表 4.11 工况及边界条件

工 况	越岭段 流量/(m³/s)	黄三段 水深/m	黄三段 流量/(m³/s)	三河口水库连接洞 流量/(m³/s)
工况 1：黄金峡水库单独供水	70	4.81	70	关闸
工况 2：三河口水库单独供水	70	4.81	关闸	70
工况 3：黄金峡水库同时向越岭段、三河口供水	52	3.78	70	18

（1）工况 1：黄金峡水库单独供水情况下控制闸段水流流态如图 4.4 所示。因三河口水库连接洞闸门关闭，秦岭输水隧洞黄三段单独供水，造成交叉部位流速分布不均匀，下游秦岭输水隧洞越岭段出现偏流，且三河口水库连接洞闸前出现漩涡，但是强度较弱。图 4.5 为控制闸段水深云图，黄金峡水库单独供水时，闸室段水面较平顺，因弧顶的顶冲作用，弧顶处最大水深为 5.15m；黄三段闸室处的水深为 4.95m，越岭段闸室处的水深为 4.88m，满足隧洞明流净空要求。

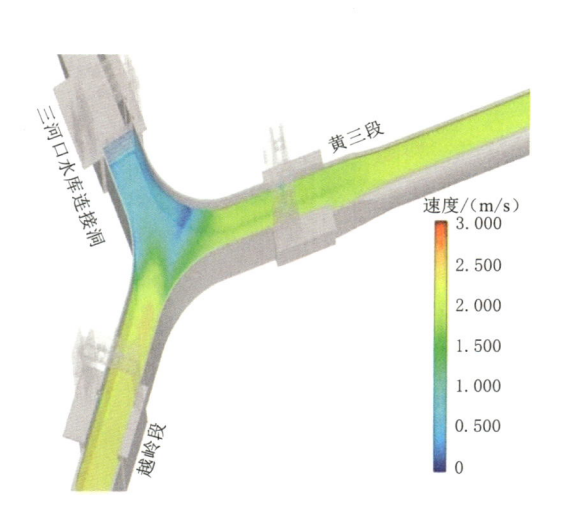

图 4.4 工况 1 控制闸段水流流态

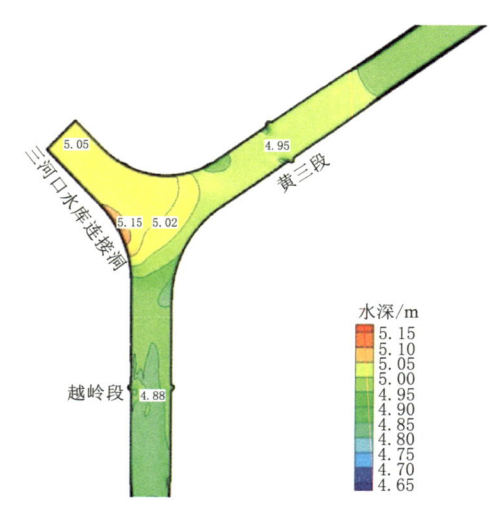

图 4.5 工况 1 控制闸段水深云图

4.4 水流流态

（2）工况2：三河口水库单独供水情况下控制闸段水流流态如图4.6所示。因秦岭输水隧洞黄三段闸门关闭，三河口水库连接洞单独供水，造成交叉部位流速分布不均匀以及下游秦岭输水隧洞越岭段出现偏流，且造成秦岭输水隧洞黄三段闸前出现漩涡，但是强度较弱。图4.7为控制闸段水深云图，三河口水库单独供水时，闸室段水面较平顺，因弧顶的顶冲作用，最大水深为5.15m；连接洞段闸室处的水深为5.00m，越岭段闸室处的水深为4.95m，满足隧洞明流净空要求。

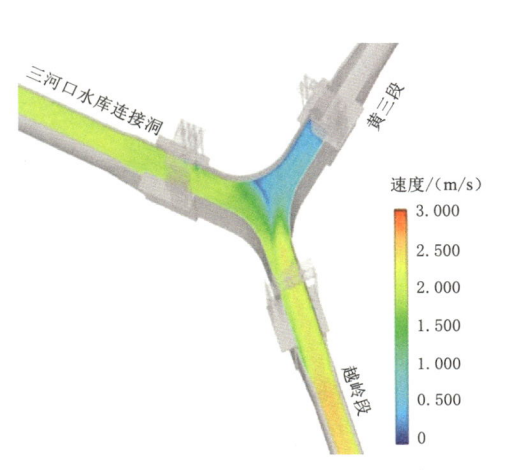

图4.6 工况2控制闸段水流流态 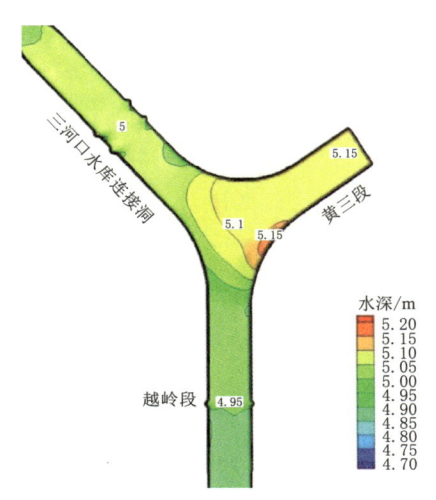　　　　　图4.7 工况2控制闸段水库云图

（3）工况3：黄金峡水库同时向越岭段和三河口供水情况下控制闸段水流流态如图4.8所示。秦岭输水隧洞黄三段来流流量为70m³/s，秦岭输水隧洞越岭段流量为52m³/s、三河口水库连接洞流量为18m³/s。在控制闸段，主流偏向左方，且在秦岭输水隧洞左方形成一低速区。三河口水库连接洞的水流流速相对较低。图4.9为控制闸段水深云图，闸室段水面较平顺，因弧顶的顶冲作用，最大水深为4.10m；连接洞闸室处水深为4.02m，黄三段水深为3.71m，满足隧洞明流净空要求。

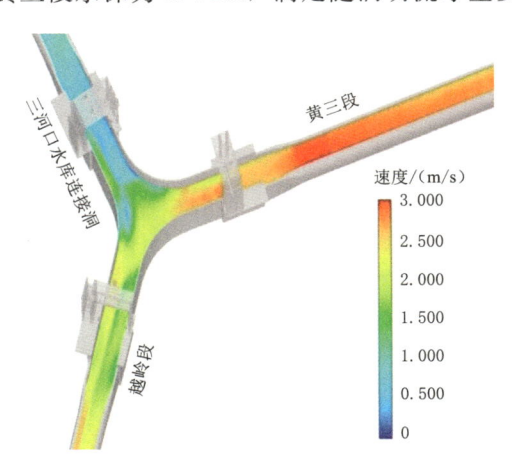

图4.8 工况3控制闸段水流流态 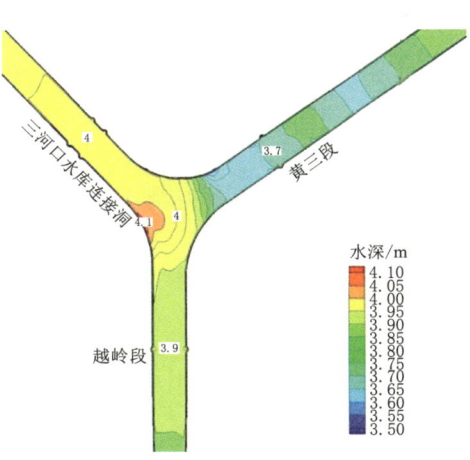　　　　　图4.9 工况3控制闸段水深云图

3. 结论

三种工况下控制室内各部位的水深见表4.12。从以上计算结果可以得出以下结论：在给定边界条件下，各个工况闸室段水流均满足规范规定的净空比要求；通过CFD技术模拟控制闸室段内的水流流态，结果显示：工况1、工况2下，在连接洞以及黄三段洞内闸前部位分别出现漩涡，但闸前流速较小，漩涡强度较弱。

表4.12　　　　　　　　　　　各部位的水深

工况	部位（控制闸处）	水深/m	净空/m	净空比/%	备注
工况1：黄金峡水库单独供水	连接洞段	5.05	—	—	满足净空要求
	黄三段	4.95	1.95	25.36	满足净空要求
	越岭段	4.88	2.02	26.81	满足净空要求
工况2：三河口水库单独供水	连接洞段	5.00	1.88	26.09	满足净空要求
	黄三段	5.15	—	—	满足净空要求
	越岭段	4.95	1.95	26.81	满足净空要求
工况3：黄金峡水库同时向越岭段、三河口供水	连接洞段	4.02	2.88	40.58	满足净空要求
	黄三段	3.71	3.19	42.75	满足净空要求
	越岭段	3.92	2.98	42.75	满足净空要求

4.5　水面线计算

4.5.1　黄三段隧洞水面线计算

秦岭输水隧洞黄三段正常运行工况共三种，其中三河口水库单独供水工况时，黄三段洞内无水，因此，仅对另外两种工况推算黄三段主洞沿程水面线，为各支洞口及其他建筑提供对应水位，计算工况见表4.11。

水面线推算分隧洞输水段和水流过渡段两部分，从黄金峡泵站出水池到控制闸为隧洞输水段，控制室起点到越岭段起点为水流过渡段。根据工程布置，三洞交汇中心至黄三段控制闸处长25.5m，隧洞输水段长16.52km。明流洞马蹄形断面，设计过流为恒定均匀流或渐变流。水流过渡段为平底段，呈Y形，包括三洞交汇连接段、三座闸门及其连接段，单流向中心线长46m，设计过流为无压恒定非均匀流或非恒定非均匀流。控制室用三维计算法分析水面变化；隧洞输水段在过渡段成果的基础上，由下向上逐段试算，推求各工况下的沿程水面线。

黄三段进口高程为549.23m，出口底板高程为542.65m，设计流量70m^3/s，由下向上推算。

水流过渡段水面分析：控制室为水流过渡、交汇处，对应不同工况下，有水流折转、顶冲、涡流、顶托、分流等复杂流态，对黄三段主洞内水体直接影响，因此，客观分析这些条件的作用，是计算黄三段水流变化的基础。通过三维建模与水流动力学方法分析计算，确定控制室的水流变化。

隧洞输水段水面线计算：采用明渠恒定非均匀渐变流水面线逐段试算法，以500m为一分段，上推至黄金峡泵站进水池入口，不考虑池内水体影响。推算起点为控制室端点，该处水位为控制室较大变化水位，并且水位稳定。黄三段隧洞水流从平坡到缓坡，单独供水情况，水面线为壅水曲线，单供水面线在正常水面线 N-N 和临界水面线 K 临界以上，属第①区 M1 型壅水曲线。供水且调水运行时，因分流原因，水面线为降水曲线，水面线在正常水面线 N-N 和临界水面线 K 临界之间，属第②区 M2 型降水曲线。水面线推算结果如图 4.10 和图 4.11 所示。

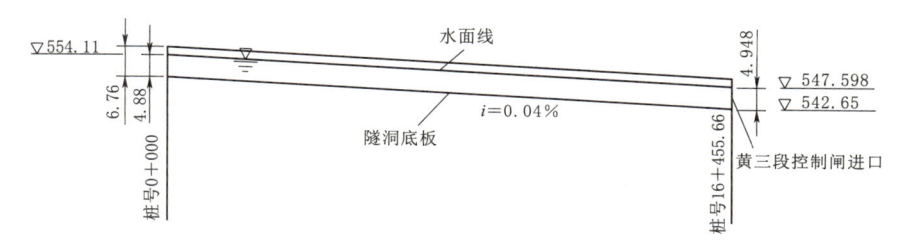

图 4.10　黄金峡水库单供 70m³/s 时黄三段隧洞水面线（单位：m）

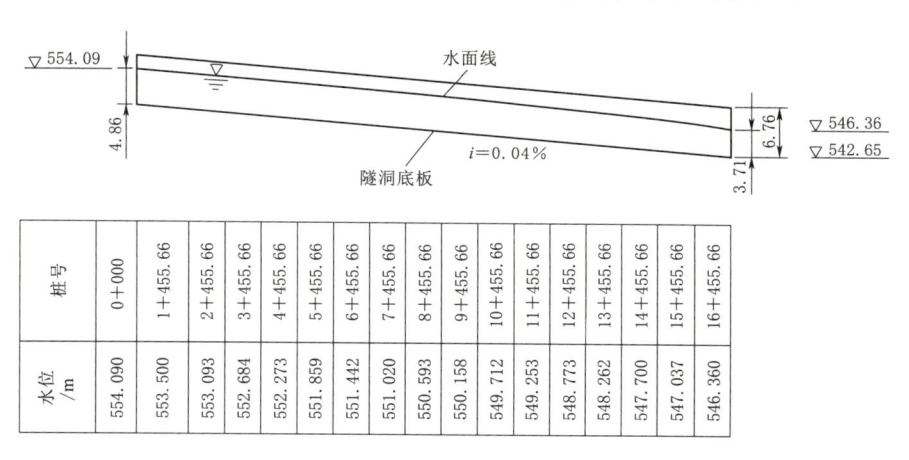

图 4.11　黄金峡水库供 70m³/s（越岭段分 52m³/s、三河口分 18m³/s）时黄三段水面线（单位：m）

桩号	0+000	1+455.66	2+455.66	3+455.66	4+455.66	5+455.66	6+455.66	7+455.66	8+455.66	9+455.66	10+455.66	11+455.66	12+455.66	13+455.66	14+455.66	15+455.66	16+455.66
水位/m	554.090	553.500	553.093	552.684	552.273	551.859	551.442	551.020	550.593	550.158	549.712	549.253	548.773	548.262	547.700	547.037	546.360

分段计算差分公式：

$$\Delta S = \frac{\Delta E}{i - \overline{J}} \tag{4.16}$$

其中

$$C = \frac{1}{n} R^{\frac{1}{6}} \quad J = \frac{v^2}{C^2 R}$$

式中：ΔS 为计算分段间距离，m；ΔE 为分段两断面之间比能差值，m；i 为断面两过流断面间底坡比降；$\overline{J}$ 为两断面平均水力坡度；v 为断面流速，m/s；C 为谢才系数；R 为水力半径，m。

4.5.2　越岭段隧洞水面线计算

隧洞水面线计算采用分段法，计算公式为

$$\Delta s = \frac{E_{sd} - E_{su}}{i - \overline{J}} \tag{4.17}$$

$$\overline{J} = \frac{\overline{v}^2}{C^2 \overline{R}} \tag{4.18}$$

式中：E_{sd}、E_{su} 分别为下游及上游断面比能；$\overline{R}$ 为平均水力半径，m；i 为底坡比降；$\overline{J}$ 为流段的平均水力坡度；C 为谢才系数；$\overline{v}$ 为断面平均流速，m/s。

越岭段全长 81.779km，进口底板高程为 542.65m，出口底板高程为 510.00m，隧洞水面线采用分段法进行计算，成果如图 4.12 和图 4.13 所示。

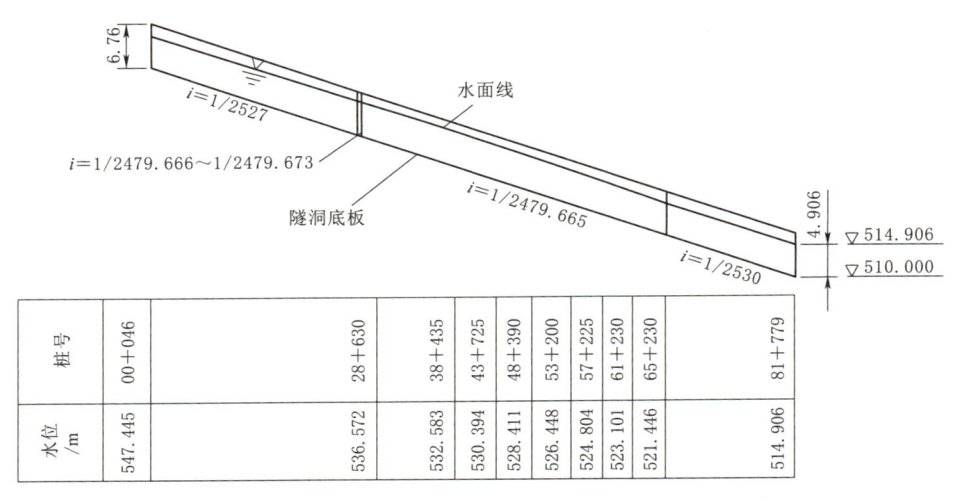

桩号	00+046	28+630	38+435	43+725	48+390	53+200	57+225	61+230	65+230	81+779
水位/m	547.445	536.572	532.583	530.394	528.411	526.448	524.804	523.101	521.446	514.906

图 4.12　黄金峡水库单供 70m³/s 时越岭段隧洞水面线（单位：m）

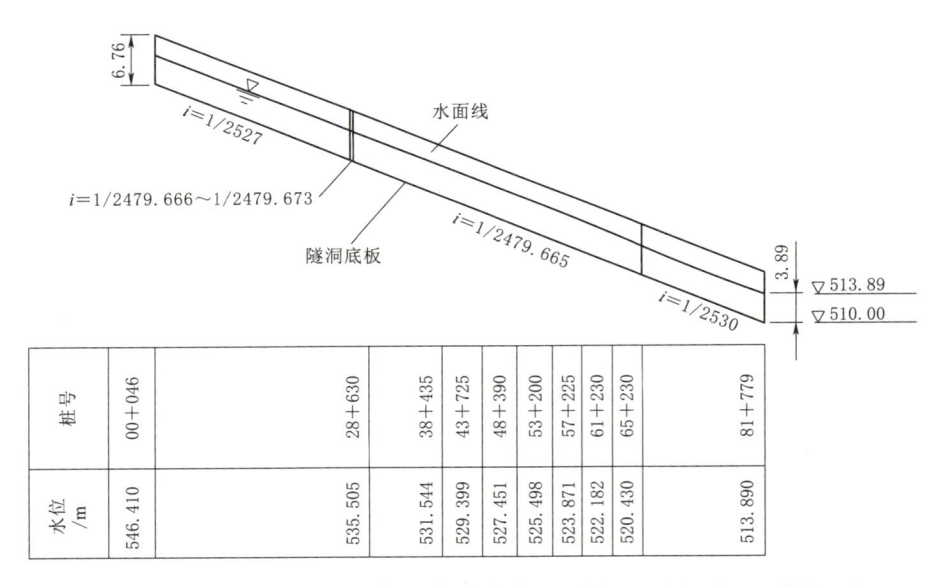

桩号	00+046	28+630	38+435	43+725	48+390	53+200	57+225	61+230	65+230	81+779
水位/m	546.410	535.505	531.544	529.399	527.451	525.498	523.871	522.182	520.430	513.890

图 4.13　黄金峡水库供 70m³/s（越岭段分 52m³/s、三河口分 18m³/s）时越岭段水面线（单位：m）

4.6 原型观测设计

4.6.1 水面线监测

为了即时了解洞内水流运动状态，在工程沿线每隔一段距离设一个水位测点，把测点水位信号即时收集传输到中心站的计算机监控系统，屏幕上即可显示沿线水位，组成一个水面线监测系统。通过观测可以发现沿线水流情况是否正常，可以校核输水工程的糙率是否满足设计要求，是否有集中渗漏点，输水线路中有无局部坍塌或堵塞情况，涵洞通气量是否满足要求，各分水闸的流量调节也需要通过水面观测来实现。在泵站开机、关机或事故情况下可以观测输水涵洞中的波浪情况，确保输水工程安全、经济运行。可以说，水面线监测是对隧洞全线进行实时监测的重点手段。

在隧洞进出口及沿程共布置14个监测断面，每个断面各布置2支水位计，以观测输水过程中水位沿程变化的情况，同时可以换算出输水流量的变化。其中1支安装在水面线以上，1支安装在水面线以下1.5m，以矫正大气压强变化对水位计测值的影响。

4.6.2 糙率的确定以及输水能力的复核

糙率n是过水建筑物表面粗糙程度和边壁形状不规则的综合表征，也是表示水流经过不同边界条件所受阻力的综合系数。各种过水建筑物的过水能力及其经济、安全问题均与糙率有关，因此，设计、计算时需要正确地选择n值。然而，影响糙率的因素很复杂，致使n值不易确定，而且无法直接取得，要通过其他水力要素的原型观测取得资料，然后利用公式计算求得。在隧洞的输水能力复核中糙率的选取更是十分重要的一步。

流量和水位的观测采用LS25-11号流速仪进行测验。在断面上布设6条测速垂线，根据水深情况确定垂线上测点个数。各级流量测验一般在流量水位平稳后进行。同级流量同一断面往返各测一次，两者误差在±3%以内。洞内水位观测与流量测验同时进行，该水位由洞内水尺（水尺位于衬砌段）直接观测。根据所测得的流量和水位，联立曼宁公式和谢才公式计算出糙率n。

隧洞的输水能力亦为过水能力。传统隧洞过水能力复核计算，需结合隧洞出口断面流量测定数据，对过水能力复核计算，但是输水隧洞沿程水流由于糙率影响，均有损失，传统方法推算的隧洞过水能力可能小于隧洞实际的过水能力，因此可采用隧洞糙率反推结果，通过设定隧洞最大水深，利用非恒定流方程推算隧洞最大的过水能力，使得隧洞输水能力计算更加合理化。

4.7 本章小结

秦岭输水隧洞水力学设计部分在确定输水方式和隧洞断面尺寸后，对各断面进行过流能力的计算、水流流态判别及水面线的计算。过流能力计算和水流流态的判别采用明渠均匀流方法，水面线计算时采用明渠恒定非均匀渐变流的方法。液体流动是一个非常复杂的过程，本章通过水力计算为工程提供设计需要的数据，水力学设计还影响着隧洞的施工导流，对工程设计、建设意义重大。

参考文献

［1］ 邱秀云，牧振伟，赵涛. 无压隧洞水深变化规律分析［J］. 新疆农业大学学报，2003（3）：22-25.
［2］ 赵秀凤. 引水隧洞洞内消能问题的研究［D］. 郑州：华北水利水电学院，2006.
［3］ 凌金龙. 闸门局开时输水隧洞的水力特性［D］. 大连：大连理工大学，2016.
［4］ 赵振兴，何建京. 水力学［M］. 2版. 北京：清华大学出版社，2010.
［5］ 清华大学水力学教研组编. 水力学（下册）［M］. 北京：人民教育出版社，1981.
［6］ 李平. 圆拱直墙式隧道的内力分析［D］. 西安：西安建筑科技大学，2009.
［7］ 张爱玲. 计算流体力学-CFD技术在土木工程的应用浅析［J］. 山东工业技术，2016（5）：123.
［8］ 于跃，王晨晨，安娟，等. 基于VOF法的长距离无压引水隧洞充水过程模拟［J］. 水利水电技术，2009，40（4）：36-40.
［9］ 郭烈锦. 两相与多相流动力学［M］. 西安：西安交通大学出版社，2002.

第 5 章　隧洞工程布局及设计

5.1　引言

　　隧洞工程的合理布局及设计是控制工程投资、发挥工程效益的前提，也是工程顺利建设与安全运行的基础。隧洞的开挖扰动改变了原岩应力场，围岩应力重分布情况随地质条件、隧洞尺寸、支护参数、支护时机的不同而存在明显的差异[1]。隧洞初期支护须确保施工过程安全，二次支护必须保证工程长期运行安全[2]。分析水工隧洞在不同外荷载作用下衬砌与围岩联合承载结构的变形和受力机制，为隧洞结构的合理设计提供了可靠依据。

　　隧洞建设过程中，岩体荷载变化、充水期隧洞内水作用、围岩蠕变荷载、外水压力以及岩体地温与隧洞过水温度荷载等均对衬砌的稳定安全产生一定影响，合理的设计对隧洞结构稳定安全尤为重要[3]。设计时应考虑围岩与衬砌的相互作用，准确模拟不同工况下衬砌结构和围岩工作状态，正确分析衬砌与围岩联合承载结构的稳定性，优化、完善隧洞结构设计[4]。随着工程实践和理论研究的深入，水工隧洞计算方法和设计理论取得了很大进展，对荷载作用形式和结构承载激励等方面都形成了深刻的认识，水工隧洞设计理念也发生了显著变化：从以往以设计衬砌为主的设计理念，发展到考虑衬砌与围岩的共同承载作用，进而形成围岩与衬砌联合承载的设计理念；计算方法从只能进行近似计算的结构力学方法，到考虑衬砌和围岩弹塑性的现代有限元方法的使用[4]。目前，国际上较为认可的压力隧洞设计准则有挪威准则、雪山准则、最小地应力准则、初始应力场最小主应力准则以及围岩渗透准则[5]。钢筋混凝土衬砌结构计算分析方法主要有刚性结构法、弹性结构法、假定抗力法以及有限元法[6]。在此计算理论基础上，我国现行规范也与国际设计方法相符合，采用可靠度理论，考虑结构重要性系数及设计状况系数等，荷载取值采用极限状态理念，荷载组合划分更为精确合理；同时对混凝土和钢筋混凝土衬砌采用抗裂设计原则，反映工程的实际受力情况，能够减小衬砌厚度，可以充分发挥钢筋的作用[7]。

　　秦岭输水隧洞属于超长隧洞，隧洞全长 98.299km。主要由进出口段、洞身段、施工支洞等主要建筑物组成。秦岭输水隧洞工程采用 TBM 与钻爆法联合施工的方式。隧洞沿线地质条件复杂，具有大埋深、高地应力、高地温、施工通风及运输距离长、反坡排水困难等特点。本章在回顾现有隧洞混凝土衬砌结构设计的基本理论和方法的基础上，着重介绍秦岭输水隧洞的工程布局和不同施工方式下典型断面的设计成果，包括隧洞工程结构设计、隧洞结构安全设计、隧洞安全监测设计。秦岭输水隧洞设计成果可为类似工程提供理论基础与经验指导。

5.2 隧洞混凝土衬砌结构设计基本理论和方法

5.2.1 计算工况及荷载组合

隧洞结构设计参照《水工隧洞设计规范》(SL 279—2016)和《水工混凝土结构设计规范》(SL 191—2008)进行[8-9],采用极限状态设计法、分项系数的设计方法进行结构计算分析。结构构件根据承载力极限状态的要求进行强度计算和验算,采用正常使用极限状态对裂缝进行验算。

结构设计时,应明确结构设计计算所采用的工况以及可能出现的若干荷载。秦岭输水隧洞混凝土衬砌结构设计工况分为施工期、运行期和检修期,各工况下考虑的荷载组合见表5.1。

表 5.1　　　　　　各工况下考虑的荷载组合

工况	荷 载 组 合
施工期	围岩压力、衬砌自重、弹性抗力、灌浆压力、外水压力、施工荷载
运行期	围岩压力、衬砌自重、弹性抗力、外水压力、内水压力、水重
检修期	围岩压力、衬砌自重、弹性抗力、外水压力

计算荷载包括永久荷载和可变荷载,其中永久荷载包括衬砌自重、围岩压力、弹性抗力、外水压力;可变荷载包括静水压力、灌浆压力和温度作用。永久荷载根据规范要求计算得到,可变荷载根据秦岭输水隧洞的工程实际情况取值如下。

(1) 外水压力:外水压力的确定方法主要有折减系数法、理论计算法和数值分析法。通过分析以上三种方法,综合考虑岩体力学特性、区域富水性、地下水补给能力以及施工、投资和工程运行安全等因素,结合衬砌布设排水孔的排水方案,参考国内外相关规范规定、外水压力理论计算及工程经验,考虑排水后,秦岭输水隧洞越岭段Ⅱ~Ⅴ类围岩中,作用于衬砌上的外水压力均值水头(地下水位线至隧洞中心处)分别为5m、5m、17m和25m。秦岭输水隧洞黄三段Ⅲ~Ⅴ类围岩中,作用于衬砌上的外水压力均值分别为27kPa、132kPa和189kPa。

(2) 灌浆压力:灌浆压力仅在施工期存在,根据《水工隧洞设计规范》(SL 279—2016)有关规定,对于钢筋混凝土衬砌,回填灌浆压力设计值取0.1MPa。

(3) 温度作用:温度作用包括混凝土浇筑施工期温度作用和结构运行期温度作用,对于隧洞衬砌这样的超静定结构可只考虑运行期的温度作用。围岩的地温受气温影响较小,冬季略有降低,夏季略有增高,隧洞洞内水温受气温影响相对较大。冬季时的围岩地温与水温温差大于夏季,因此,设计时温度作用考虑冬季运用工况。冬季时水温取6℃,围岩地温参考有关越岭段试验洞的资料,取16℃,温度梯度按10℃考虑。

综合考虑计算工况和计算荷载,荷载效应组合根据使用过程中可能同时出现的荷载进行统计分析,对不同极限状态取用各种荷载及其相应的代表值,并取最不利情况进行计算,荷载组合见表5.2。

表 5.2　　　　　　　　　　　　　　　　荷　载　组　合

荷载组合	工况	永久荷载				可变荷载		
		衬砌自重	围岩压力	弹性抗力	外水压力	静水压力	灌浆压力	温度应力
基本组合	施工期	1.05	1.20	1.00		1.20	1.10	
	运行期	1.05	1.20	1.00	1.20	1.20		1.00
	检修期	1.05	1.20	1.00	1.20			
标准组合	施工期	1.00	1.00	1.00		1.00	1.00	
	运行期	1.00	1.00	1.00	1.00	1.00		1.00
	检修期	1.00	1.00	1.00	1.00			

5.2.2　结构计算程序及物理力学指标

秦岭输水隧洞衬砌结构计算中，充分考虑衬砌的结构特点、荷载作用和围岩环境以及施工方法等，做以下基本假定：假定结构为小变形弹性梁，结构为离散足够多个等厚度直杆梁单元；用布置于各节点上的弹簧单元来模拟围岩与结构的相互约束；假定弹簧不承受拉力，即不计围岩与衬砌间的黏结力；弹簧受压时的反力即土体对衬砌的弹性抗力。

对秦岭输水隧洞越岭段，采用 Midas GTS 及 ANSYS 有限元结构分析程序，对复合式衬砌结构进行计算分析。计算采用荷载-结构法，对隧洞结构进行受力及裂缝验算。

对秦岭输水隧洞黄三段，采用有限元计算程序 SAP84 进行计算，按荷载-结构法计算隧洞衬砌内力，该程序采用的是衬砌边值问题的数值解法，即计算衬砌的内力和变形时，不需事先对抗力作假设，而由程序自动迭代求出。

根据地表地质调绘，并结合钻探、试验及综合物探资料综合分析，依据《水利水电工程地质勘察规范》（GB 50487—2008）[10]，结合秦岭输水隧洞各类围岩所处的工程地质及水文条件，越岭段各类围岩的物理力学指标建议值见表 5.3，黄三段各类围岩的物理力学指标建议值见表 5.4，混凝土衬砌采用 C25 钢筋混凝土，重度为 25kN/m³，弹性模量为 2.95 万 MPa。

表 5.3　　　　　　　　　越岭段各类围岩的物理力学指标建议值

围岩类别	埋深控制标准	重度 /(kN/m³)	黏聚力 c'/MPa	摩擦角 φ/(°)	抗力系数 K /(10^3 kN/m³)	泊松比 μ
Ⅱ	深埋	26	2.0	55	1200	0.20
Ⅲ	深埋	25	1.5	50	700	0.25
Ⅳ	深埋	23	0.7	45	250	0.30
Ⅴ	深埋	20	0.2	40	100	0.35

表 5.4　黄三段各类围岩的物理力学指标建议值

地层代号	岩石名称	岩体基本情况	围岩类别	密度 ρ /(g/cm³)	饱和单轴抗压强度 R_b /MPa	饱和抗拉强度 R_t /MPa	抗剪断强度 黏聚力 c' /MPa	抗剪断强度 摩擦系数 f' /MPa	变形模量 E /GPa	泊松比 μ	单位弹性抗力系数 k_0 /(MPa/cm)	坚固系数 f_k	渗透系数 k /(10^{-5} cm/s)
QnZy	石英闪长岩	块状~次块状、较完整、微新岩体	Ⅲ	2.80	60~80	2.0~3.0	1.40~1.50	1.25~1.35	12~15	0.25	50~60	4.0~6.0	2~5
QnZy	石英闪长岩	次块状、完整性差、弱风化岩体	Ⅳ	2.70	40~60	1.0~1.5	0.90~1.00	1.05~1.15	5~6	0.27	20~25	2.0~2.5	10~15
QnD	石英闪长岩	块状~次块状、完整性差、弱风化岩体	Ⅲ	2.75	60~85	2.5~3.5	1.50~1.60	1.30~1.40	13~15	0.24	55~65	5.0~7.0	2~5
QnD	石英闪长岩	次块状、完整性差、弱风化岩体	Ⅳ	2.65	40~60	1.0~1.5	0.90~1.00	1.05~1.15	5~6	0.27	20~25	2.0~2.5	10~15
QnMj	二长花岗岩	块状、完整~较完整、微新岩体	Ⅱ	2.80	90~110	4.5~5.5	1.70~1.80	1.40~1.50	20~23	0.20	90~100	7.0~9.0	0.5~0.7
QnMj	二长花岗岩	块状~次块状、较完整、微新岩体	Ⅲ	2.70	80~100	2.5~3.5	1.40~1.50	1.20~1.30	12~15	0.22	60~70	6.0~7.0	2~5
QnMj	斜长角闪岩	次块状、完整性差、微新岩体	Ⅳ	2.60	40~50	1.0~1.5	0.70~0.80	0.85~0.95	5~6	0.28	20~25	2.0~2.5	8~10
JxT	角闪斜长片麻岩	块状~次块状、较完整、微新岩体	Ⅲ	2.73	50~70	1.0~1.5	1.30~1.40	1.10~1.20	9~12	0.23	40~50	4.0~5.0	2~5
JxT	角闪斜长片麻岩	次块状、完整性差、微新岩体	Ⅳ	2.55	30~40	0.5~0.7	0.50~0.60	0.75~0.85	2~4	0.30	8~10	1.5~2.0	10~20
QnXp	花岗岩	块状、完整~较完整、微新岩体	Ⅱ	2.85	120~140	6.0~8.0	1.80~2.00	1.45~1.55	22~25	0.18	100~110	9.0~10.0	0.5~0.7
Pt1D^{Gn}	角闪斜长片麻岩	块状~似层状、完整、微新岩体	Ⅱ	2.85	85~100	4.5~5.5	1.80~1.90	1.35~1.45	17~20	0.22	90~100	7.5~9.0	0.5~0.7
Pt1D^{Gn}	角闪斜长片麻岩	块状~似层状、较完整、微新岩体	Ⅲ	2.78	80~90	2.5~3.5	1.40~1.50	1.25~1.35	12~15	0.25	60~70	5.5~7.0	2~5
Pt1D^{Gn}	角闪斜长片麻岩	次块状~似层状、完整性差、断层影响带	Ⅳ	2.55	60~70	1.5~2.0	0.80~1.00	0.90~1.00	4~5	0.28	18~20	2.0~2.5	6~8
Pt3yl^{Sc}	钠长片岩	镶嵌、较完整、微新岩体	Ⅲ	2.67	30~45	2.0~3.0	0.95~1.05	0.95~1.05	5~7	0.26	25~30	2.5~3.0	2~5
S1m(c)^{Sch}	含炭片岩	薄层~极薄层、完整性差、微新岩体	Ⅳ	2.60	10~15	0.3~0.5	0.40~0.45	0.45~0.55	2~3	0.30	12~15	1.5~2.0	20~30
S1m(c)^{Sch}	含炭片岩	碎裂结构、较破碎、断层带	Ⅴ	2.45	—	—	0.10~0.15	0.40~0.45	0.8~1.0	0.35	3.5~5.0	0.8~0.9	100~150
S1m^{Sch-2}	云母片岩	薄层~极薄层、完整、微新岩体	Ⅳ	2.60	7~12	0.3~0.5	0.35~0.40	0.45~0.55	2~3	0.30	10~12	1.5~2.0	20~30
S1m^{Sch-1}	云母石英片岩	薄层状、完整、微新岩体	Ⅲ	2.65	25~40	1.5~2.0	1.00~1.10	0.80~0.90	7~9	0.26	30~35	2.5~3.0	2~5
S1m^{Sch-1}	云母石英片岩	互层状、完整性差、微新岩体	Ⅳ	2.50	10~15	—	0.50~0.55	0.45~0.50	1.5~2.0	0.33	15~20	1.5~2.0	20~30
S1m^{Mss-3}	变质砂岩	互层厚、较完整、微新岩体	Ⅲ	2.65	40~45	1.5~2.0	1.00~1.10	0.80~0.90	7~9	0.26	40~45	2.5~3.0	2~5
(O-S)b	硅质砂岩	巨厚层、完整、微新岩体	Ⅱ	2.68	70~80	3.0~3.5	1.70~1.80	1.40~1.50	18~20	0.22	80~90	7.0~8.0	0.5~0.7
(O-S)b	硅质岩	薄层、完整、微新岩体	Ⅲ	2.65	70~80	1.5~2.0	1.3~1.35	1.15~1.20	13~15	0.22	55~60	4.5~5.0	2~5
S1m^{Mss-2}	云母斜长片岩	互层状、完整性差、微新岩体	Ⅲ	2.65	20~35	1.5~2.0	0.95~1.05	0.80~0.90	7~9	0.26	30~35	2.5~3.0	2~5
S1m^{Mss-1}	变质砂岩/大理岩	互层状、完整~较完整、微新岩体	Ⅱ	2.75	85~95	4.0~5.0	1.65~1.70	1.30~1.40	18~20	0.22	80~90	7.0~8.0	0.5~0.7

5.3 隧洞工程布局

5.3.1 工程总体布局

秦岭输水隧洞属于超长隧洞，具有地质复杂、埋深大（最大2012m）、高地应力、高地温、施工通风及运输距离长、反坡排水困难等特点。隧洞输水线路：经过黄金峡泵站提水，通过黄三段隧洞进入调节池，经控制闸进入秦岭输水隧洞明流输水。秦岭输水隧洞工程主要由进出口段、洞身段、施工支洞等主要建筑物组成。秦岭输水隧洞全长98.299km，其中越岭段长81.779km，黄三段长16.52km。

1. 秦岭输水隧洞越岭段总体布局

秦岭输水隧洞越岭段长81.779km，进口位于子午河上三河口水库坝后右侧，与黄三段出口相接，线路在K2+800处过椒溪河，沿途经过大河坝镇、石墩河乡、陈家坝镇、四亩地镇、柴家关村、木河、秦岭主峰、虎豹河的松桦坪、王家河的王家河乡、黑河的陈河乡，后在黑河东岸穿行，出口位于黑河金盆水库下游周至县马召镇东约2km的黄池沟内。隧洞在K43+300处穿越秦岭山脉峰顶（2535m），最大埋深2012m。隧洞布置10座施工支洞，进口洞底高程542.65m，出口洞底高程510.00m，平均坡比1/2500。越岭段隧洞采用10座施工支洞作为辅助坑道进行施工，越岭段平剖面如图5.1所示。

(a)

(b)

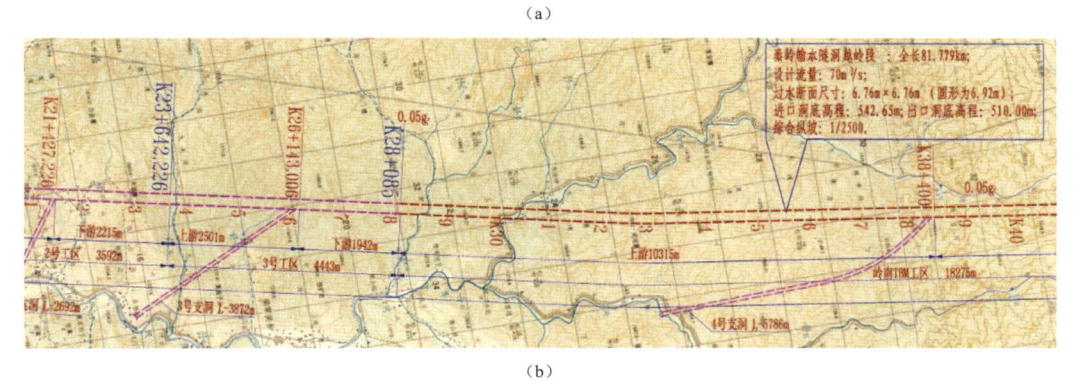

图5.1（一） 秦岭输水隧洞越岭段平剖面图
(a) 分幅图1；(b) 分幅图2

(c)

(d)

图 5.1（二） 秦岭输水隧洞越岭段平剖面图
(c) 分幅图 3；(d) 分幅图 4

秦岭输水隧洞越岭段采用钻爆法和 2 台 TBM 施工，2 台 TBM 分别从 3 号支洞和 6 号支洞运入，井底组装调试，相向施工。4 号、5 号支洞作为通风及辅助施工通道，主要解决中间长段落隧洞施工通风、出渣、进料等问题，同时在需要的情况下接应 TBM 的施工。出口端、10 座施工支洞自身及与其相连的主洞钻爆段（3 号支洞以南洞段、6 号支洞以北洞段）采用钻爆法施工。

2. 秦岭输水隧洞黄三段总体布局

秦岭输水隧洞黄三段长 16.52km，起点自黄金峡泵站出水池渐变段末端（坐标 $X=3676481.549$，$Y=495567.851$，1954 年北京坐标系，下同）起，沿东偏北 59.42°，经邓家沟、香炉垭、罗家坪，在桩号 7+314 处横穿东沟河，在桩号 10+714 处横穿大黄公路，在沙坪水库东南侧桩号 11+000 处横穿西汉高速，经韩家梁、杨家坪、马庙沟等地至控制闸（坐标 $X=3690676.45$，$Y=503937.38$）。黄三段隧洞末端通过控制闸与越岭段隧洞起端和三河口水库连接洞末端相接。黄三段平均坡比为 1/2500，相应的进口高程 549.23m，出口高程 542.65m。黄三段隧洞分别在桩号 0+457.98、5+085.31、10+248.49 和 15+426.88 处与 1 号、2 号、3 号和 4 号施工支洞相连接，其中 2 号施工支洞后期作为永久检修洞，施工支洞全长 2323m。黄三段平剖面如图 5.2 所示。

(a)

(b)

(c)

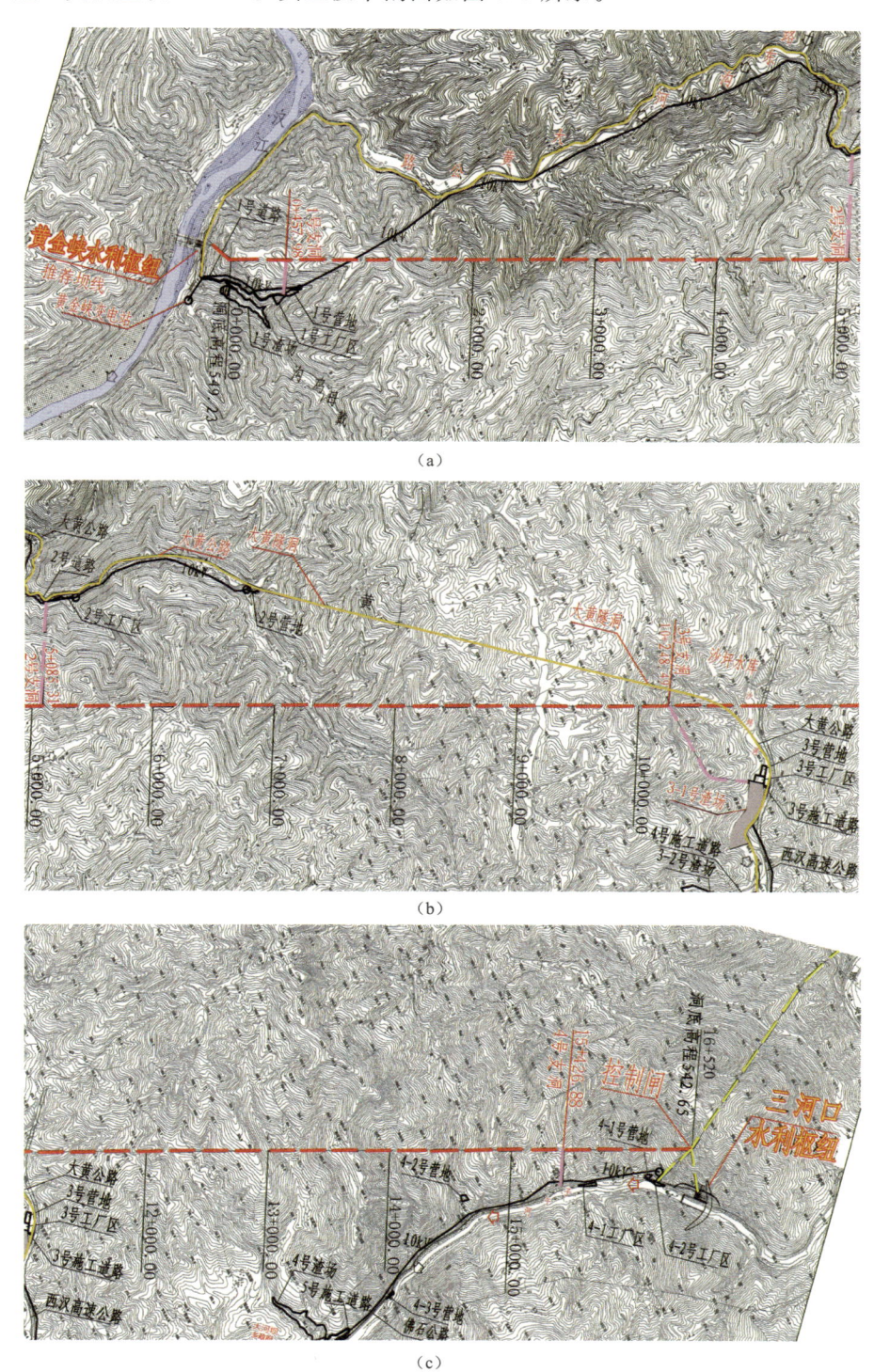

图 5.2 秦岭输水隧洞黄三段平剖面图
(a) 分幅图 1；(b) 分幅图 2；(c) 分幅图 3

5.3.2 支洞的布置原则与布置条件

根据引汉济渭工程总体布置方案，秦岭输水隧洞越岭段岭脊段采用 2 台 TBM 施工，两端进出口段采用钻爆法施工，秦岭输水隧洞黄三段采用钻爆法施工。下面对秦岭输水隧洞施工支洞布置方案进行研究分析。

1. 施工支洞布置原则

施工支洞的布置根据支洞的需求、施工安全、地质条件、环境保护、经济效益等来确定，具体原则主要包括：施工支洞的设置应根据隧洞长度、工期要求并结合施工期及运行期功能需求确定；施工支洞设置解决主洞施工运输、通风、排水并兼顾相应段超前地质预报等需求；施工支洞井口不得设在可能被洪水淹没处，井口应高于防洪标准的设防水位至少 0.5m；当设于山沟低洼处时，必须有防洪措施；施工支洞应尽量避免穿过工程地质、水文地质复杂和严重不良地质地段，必须通过时，应有切实可靠的工程技术措施；施工支洞井口位置的选择应充分考虑洞口施工场地及弃渣条件，同时应满足环境保护要求，节约用地；施工支洞与主洞的交点应位于地质较好的地段；无轨运输支洞采用汽车运输的支洞，其坡度一般不大于 12%；有轨运输支洞采用皮带运输机、卷扬机轨道运输，倾角不宜大于 25°；竖井一般设置在隧洞上方有低洼地形处，且应避免穿过含水的砂层及卵砾石地层。竖井深度主要受地形条件控制，一般长隧洞竖井深度小于 200m，特长隧洞竖井深度不大于 600m。

2. 施工支洞布置条件分析

根据主隧洞布置及沿线地形条件分析，主隧洞越岭段进口钻爆段（K0+000～K26+143），洞线主要位于蒲河西岸，蒲河沟内沟谷较多，与洞线高差较低，且有佛宁公路从附近经过，施工支洞布置条件较好；主隧洞越岭段出口钻爆段（K65+225～K81+779），洞线主要位于黑河东岸，大部分段落位于黑河金盆水库东侧，受库区影响不能设置施工支洞，施工支洞选择较为有限，布置条件较差；主隧洞 TBM 施工段（K26+143～K65+225），穿越秦岭山区岭脊段落，地形起伏较大，交通条件差，施工支洞布置困难。

5.3.3 钻爆段施工支洞布置方案

经过工程地形地质条件分析，结合主隧洞工程布置、施工方法及工程控制性工期要求，钻爆段分为进口钻爆段和出口钻爆段。

进口钻爆段采用钻爆法施工，隧洞的独头施工通风距离一般在 4.5km 以内，在此基础上，结合进口钻爆段沿线地形地貌、地质条件及施工方法、工期等因素，同时考虑越岭段进口位于三河口水库坝后右侧山体内，没有施工工作面，经综合考虑，隧洞进口钻爆段共布设 6 座施工支洞，作为辅助施工进口钻爆段支洞。黄三段进口钻爆段共布设 2 座施工支洞，作为辅助施工进口钻爆段支洞。对于独头通风距离大于 4.5km 的段落，结合相关科研成果，采用进口通风设备，可保证通风效果。

出口钻爆段施工支洞布置条件较差，考虑到采用进口通风设备并结合科研工作，钻爆法独头通风距离可达到 6km 左右。结合沿线地形地貌、地质条件及施工方法、工期等因素，同时考虑出口本身具有一个施工工作面，越岭段出口钻爆段共布设 2 座施工支洞，与出口同时施作钻爆段。黄三段出口钻爆段共布设 2 座施工支洞，与出口同时施作出口钻爆段。

5.3.4 岭脊 TBM 施工段支洞布置方案

岭脊约 39km 的 TBM 施工段穿越秦岭主峰，地形起伏较大，施工支洞设置困难，存在施工通风、出渣、反坡排水距离长等工程难点。岭脊段辅助坑道的选择及布置，成为秦岭输水隧洞岭脊段能否安全实施、风险降低到最小的关键。

考虑的方案主要有岭脊 TBM 段不设辅助坑道以及岭脊 TBM 段设置辅助坑道两种。岭脊 TBM 段设置辅助坑道又包括竖井加横通道、有轨运输支洞（倾角 21°）、有轨运输支洞（倾角 14°）和无轨运输支洞四种方案，各方案布置情况如图 5.3 所示。

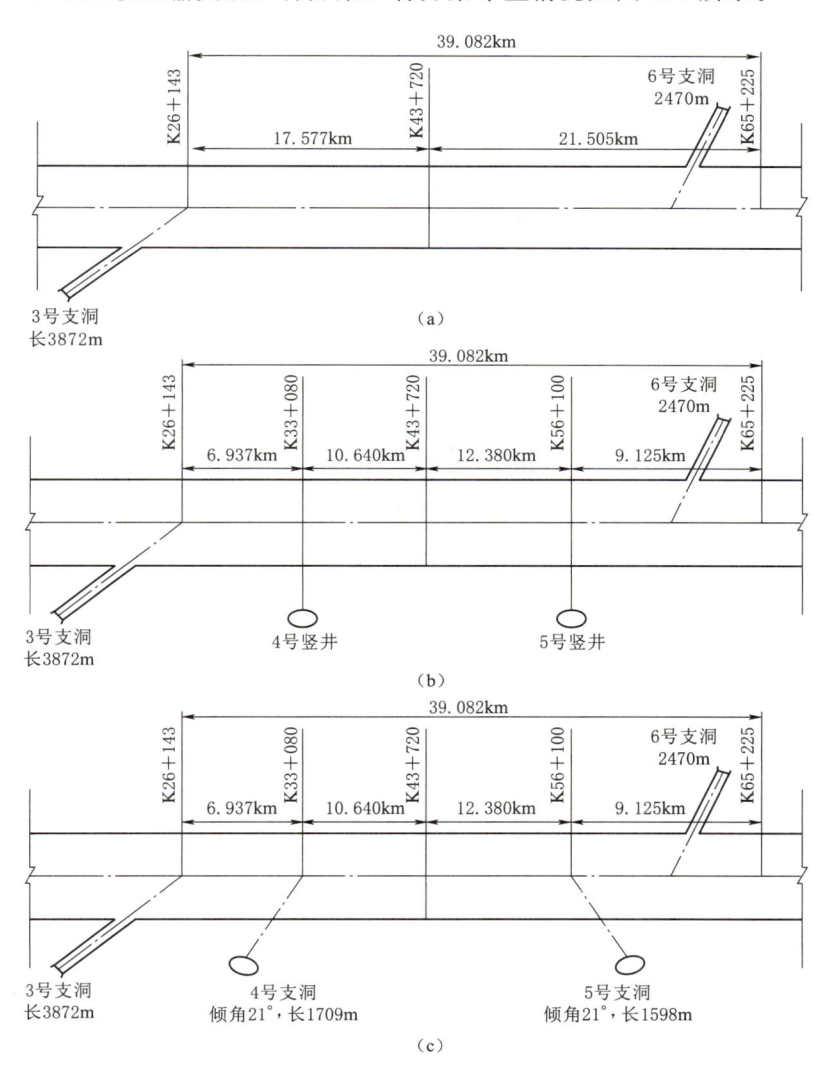

图 5.3（一） 岭脊 TBM 段设置辅助坑道各方案布置情况
(a) 不设辅助坑道；(b) 竖井加横通道；(c) 有轨运输支洞（倾角 21°）

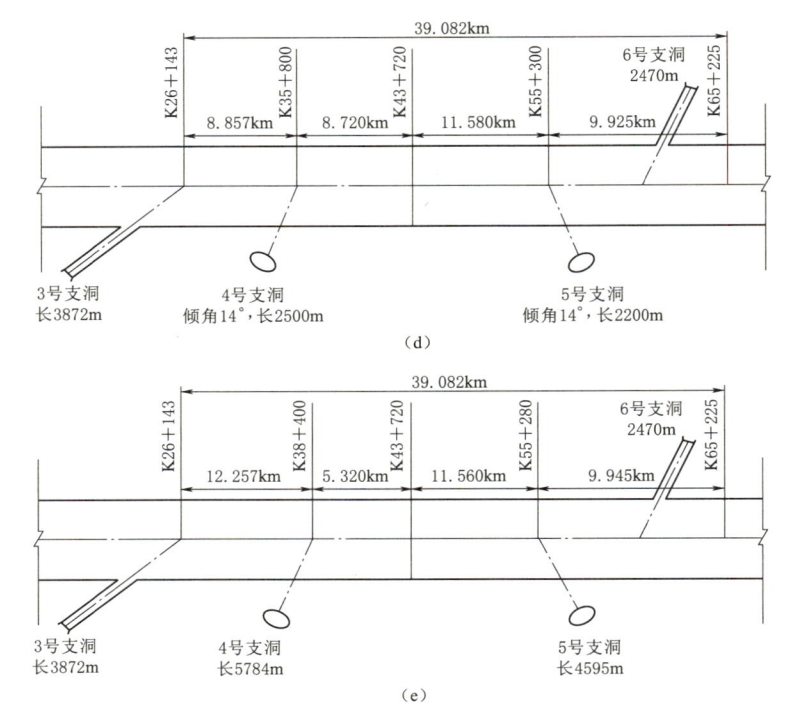

图 5.3（二） 岭脊 TBM 段设置辅助坑道各方案布置情况
（d）有轨运输支洞（倾角 14°）；（e）无轨运输支洞

岭脊 TBM 段设置辅助坑道四种方案对比情况见表 5.5，各方案具体情况如下。

表 5.5　　　　　　　岭脊 TBM 段设置辅助坑道四种方案对比

方　案		竖井加横通道	有轨运输支洞		无轨运输支洞
			倾角 21°	倾角 14°	
最大通风距离/km	岭南	12.840	12.349	12.729	16.129
	岭北	14.430	13.978	13.780	16.155
提供 TBM 设备检修		√	√	√	√
提供超前地质预报		√	√	√	√
辅助坑道功能	通风	√	√	√	√
	出渣	×	√	√	√
	进料	×	√	√	√
	排水	×	√	√	√
辅助主洞施工		×	×	×	√
运行期检修		×	×	×	√
自身建井难度		较大	大	大	较小
特殊设备		竖井提升设备	特殊卷扬机＋特殊皮带机	两套卷扬设备	—
工程投资估算/万元	岭南	26852	27455	26808	33471
	岭北	30039	30514	29774	34352

注　工程投资含洞内出渣、特殊设备、自身建井费用。

不设置辅助坑道：其通风方式理论上可采用纵向接力通风、钢风管加柔性风管、玻璃钢风管加柔性风管、风道加柔性风管以及混合式通风方式实现，但目前国内外均无类似工程实例，施工通风风险较大；皮带运输机出渣距离较长，洞内皮带运输机功率较大，实施较为困难，出渣风险较大；岭脊段地质条件较为复杂，TBM单机连续掘进较长距离，施工中存在不确定因素较多，施工及工期风险较大，且运行期检修较为困难。

竖井加横通道：施工通风距离缩短、通风长度分布较均匀，可降低施工通风风险；可通过竖井横通道与主洞交汇处预留检修通道，以进行设备检修，降低TBM单机连续掘进距离过长的风险；工程规模较小，工程总造价相对较低。竖井及横通道施工难度较大；出渣、进料距离较长，费用较高；竖井辅助主洞施工能力差，需要配备专门的竖井提升设备，且不能作为后期检修通道，运行期检修较为困难。

有轨运输支洞（倾角21°）：施工通风距离缩短，降低施工通风风险，同时提供检修洞室能力；当TBM通过4号、5号支洞后，出渣、进料改移至4号、5号支洞进入，可节省工程投资及降低施工风险。有轨支洞长度较长（斜长达1709m、1598m），坡度较陡（37%），施工时需配备特殊卷扬机设备及特殊皮带机（带挡板的皮带机），自身建井难度大。有轨支洞辅助主洞施工能力较差，且不能作为后期检修通道，运行期检修较为困难。

有轨运输支洞（倾角14°）：与采用有轨运输支洞（倾角21°）方案相比，其支洞长度大于2km，自身建井施工难度大，且长度大于2km的有轨支洞工程实例较为罕见。

无轨运输支洞：采用无轨运输支洞方案，4号支洞长5784m，与主洞交汇里程为K38+400；5号支洞长4595m，与主洞交汇里程为K55+280。施工通风长度被分为四段，其长度分别为12.257km、5.320km、11.560km、9.945km。无轨运输支洞可以作为出渣、进料、施工通风辅助坑道，并具备较强的辅助主洞施工能力。无轨运输支洞虽然较长，但坡度较缓，施工难度相对较小，自身施工风险相对较低。无轨运输支洞辅助主洞施工能力较强，且从工期考虑，具备辅助主洞施工的时间，可以降低工期风险。无轨运输支洞方案工程规模较大，工程总造价较高。

比选结果：各种辅助坑道布置方案对比见表5.5，结合施工通风风险、工期风险、工程投资、支洞实施的难易程度、现场试验洞的现状及运行期隧洞的检修等因素综合考虑，秦岭输水隧洞岭脊TBM段施工支洞推荐采用无轨运输支洞（4号支洞）+无轨运输支洞（5号支洞）的实施方案。采用无轨运输支洞方案时，虽然工程投资较大，但支洞施工较易，可兼作运行期检修通道，满足通风、出渣、进料、TBM检修等功能，可以对主洞TBM段做较长段落的地质超前预报，并具备辅助主洞施工的功能。

5.4 隧洞工程结构设计

5.4.1 洞门设计

根据《水工隧洞设计规范》（SL 279—2016）要求，隧洞进出口布置应根据工程总体布置及地形条件等因素综合确定。按照引汉济渭工程隧洞总体布局，秦岭输水隧洞进口位于三河口水利枢纽坝后右侧控制闸，进口接三河口控制闸，未出露。斜坡稳定，基岩裸露，无不良地质，地质条件较好。

秦岭输水隧洞出口位于周至县马召镇附近黑河金盆水库下游右侧 2km 处黄池沟内，基岩裸露，无不良地质，地质条件较好。出口洞门采用端墙式洞门，接黄池沟配水枢纽。图 5.4 所示为隧洞结构布置情况，洞口边仰坡采用锚网喷防护，喷混凝土厚 10cm，钢筋网采用 Φ8，间距 20cm×20cm。锚杆采用 Φ25 中空锚杆，长 3.0~5.0m，长度宜使锚杆嵌入基岩为准，间距 1m×1m，按梅花形布置。

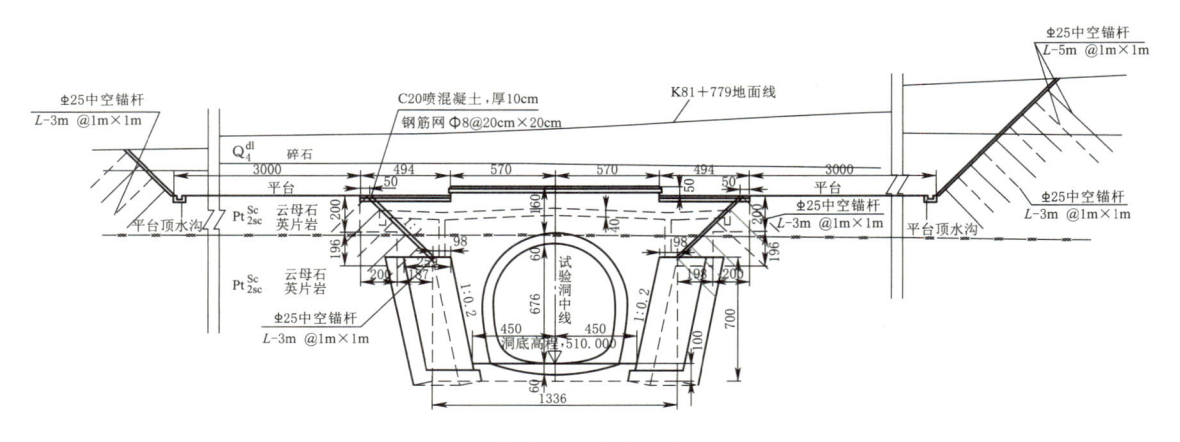

图 5.4 隧洞结构布置（单位：cm）

5.4.2 横断面衬砌结构计算

对秦岭输水隧洞越岭段、黄三段横断面进行衬砌结构计算。考虑不同工况下的荷载组合，采用有限元方法计算衬砌结构内力，并给出各个典型衬砌结构型式和配筋设计。

1. 秦岭输水隧洞越岭段横断面衬砌结构计算

秦岭输水隧洞越岭段钻爆法施工段采用马蹄形 Ⅱ 型断面型式。顶拱内缘半径 $R_1=3.38$m，圆心角 180°；侧拱和底拱内缘半径均为 $R_2=3R_1=10.14$m，其圆心角分别为 13.85° 和 27.69°；在侧拱拱脚处设圆弧倒角改善其受力条件，倒角半径 $r=1.5$m，圆心角 67.18°。TBM 施工段采用圆形断面型式，外径为 8.02m。

（1）过椒溪河段断面结构计算。隧洞下穿三河口水库段，隧洞位于椒溪河河床下，对应里程为 K2+845~K2+860。此段隧洞所处围岩为 Ⅴ 类围岩，埋深为 20m（上层 9m 鹅卵石层＋下层 11m Ⅴ 类围岩），河床上方为三河口水库蓄水区，最大蓄水深度为 78m。本段隧洞属于典型的高外水压力隧洞，隧洞采用"初期支护＋二次衬砌"的复合式衬砌，二次衬砌采用钢筋混凝土结构，全包防水设计。结构检算分别计算了五种情况，衬砌厚度分别为 90cm、100cm 和 120cm，全水头考虑外水压力的三种情况；衬砌厚度为 100cm，围岩承受部分水压、外水压力折减系数取值 0.8 的情况；以及衬砌厚度为 100cm，水库水排空（水库水位下降至椒溪河原河床底以下，不考虑外水压力）情况。综合五种情况的计算结果分析，在考虑全水头及水压适当折减时，衬砌结构偏心距较小，根据规范规定属小偏心受压构件，采用强度控制，可不检算裂缝。在水库水排空情况下，轴力相对较小，在仰拱和墙角部位属大偏心受压构件，配筋由裂缝控制。本书仅详细列出所选衬砌结构（厚度为100cm）的详细计算过程。

采用ANSYS有限元结构分析程序，采用荷载-结构方法，对复合式衬砌进行计算分析，确保衬砌结构满足各阶段的承载能力和正常使用要求。

1）全水头结构计算（外水头为98m）。全水头结构计算包括荷载基本组合计算和标准组合计算，计算工况包括运行期和检修期。表5.6～表5.9为结构内力计算结果。图5.5～图5.8分别为荷载基本组合和荷载标准组合结构计算成果效果图，包括弯矩图、轴力图、剪力图以及变形图。

表5.6　　　　　　　荷载基本组合运行期结构内力计算结果

编号	位置	弯矩/(kN·m)	轴力/kN	编号	位置	弯矩/(kN·m)	轴力/kN
1	拱顶	288.94	−5621.4	4	墙脚	−1441.60	−6257.6
2	拱腰	−151.84	−6113.6	5	仰拱	1649.50	−5094.1
3	边墙	263.90	−6155.1				

表5.7　　　　　　　荷载基本组合检修期结构内力计算结果

编号	位置	弯矩/(kN·m)	轴力/kN	编号	位置	弯矩/(kN·m)	轴力/kN
1	拱顶	268.38	−5634.9	4	墙脚	−1458.80	−6300.6
2	拱腰	−145.92	−6119.8	5	仰拱	1674.20	−5195.9
3	边墙	297.36	−6155.8				

表5.8　　　　　　　荷载标准组合运行期结构内力计算结果

编号	位置	弯矩/(kN·m)	轴力/kN	编号	位置	弯矩/(kN·m)	轴力/kN
1	拱顶	256.45	−4686.1	4	墙脚	−1204.50	−5242.9
2	拱腰	−135.04	−5111.5	5	仰拱	1387.60	−4256.1
3	边墙	205.44	−5157.7				

表5.9　　　　　　　荷载标准组合检修期结构内力计算结果

编号	位置	弯矩/(kN·m)	轴力/kN	编号	位置	弯矩/(kN·m)	轴力/kN
1	拱顶	235.05	−4696.7	4	墙脚	−1216.20	−5268.9
2	拱腰	−127.74	−5111.8	5	仰拱	1401.50	−4335.3
3	边墙	237.02	−5150.1				

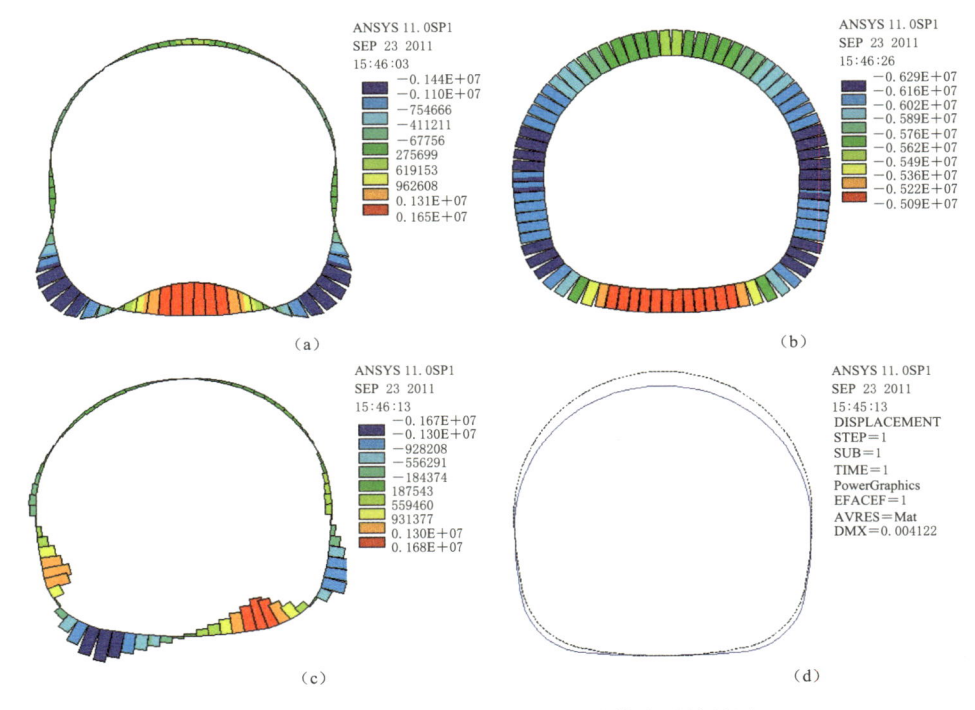

图 5.5 荷载基本组合运行期结构计算成果效果图
（a）弯矩图；（b）轴力图；（c）剪力图；（d）变形图

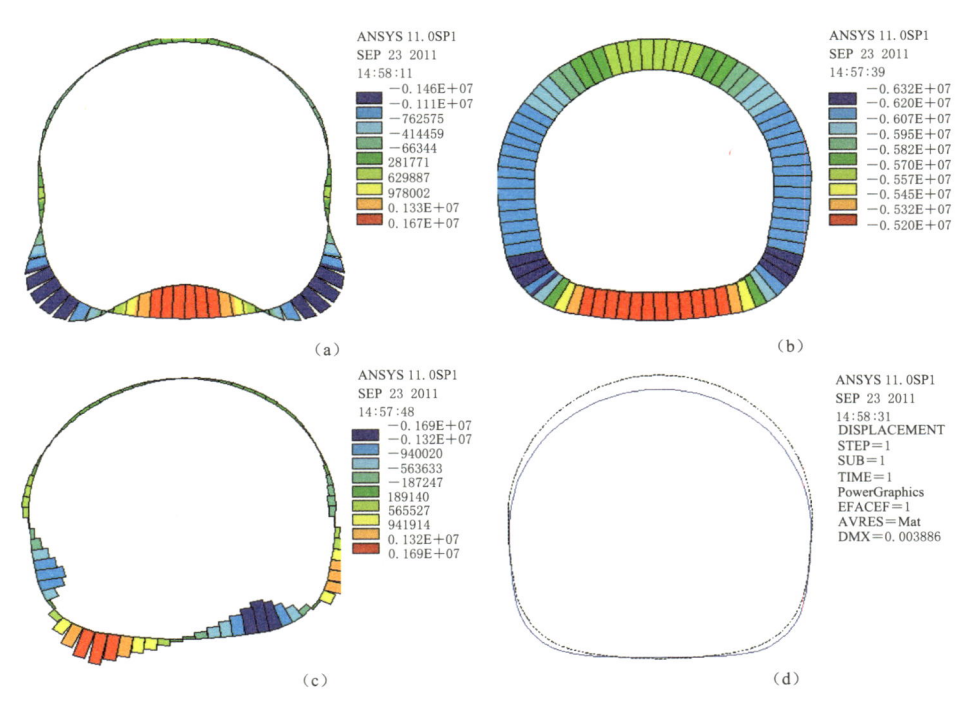

图 5.6 荷载基本组合检修期结构计算成果效果图
（a）弯矩图；（b）轴力图；（c）剪力图；（d）变形图

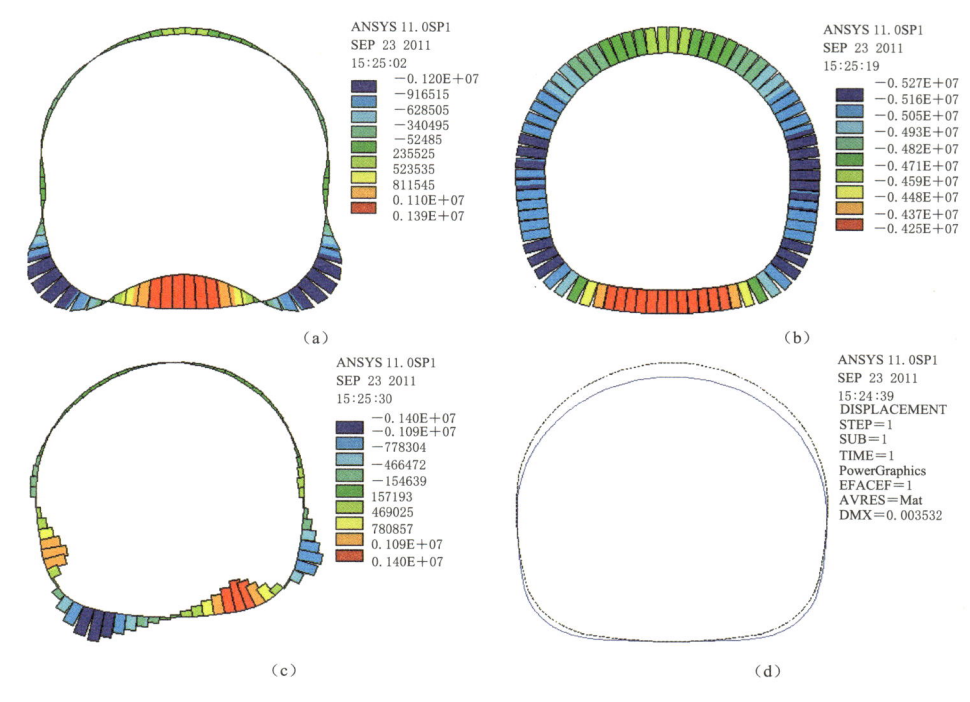

图 5.7　荷载标准组合运行期结构计算成果效果图
(a) 弯矩图；(b) 轴力图；(c) 剪力图；(d) 变形图

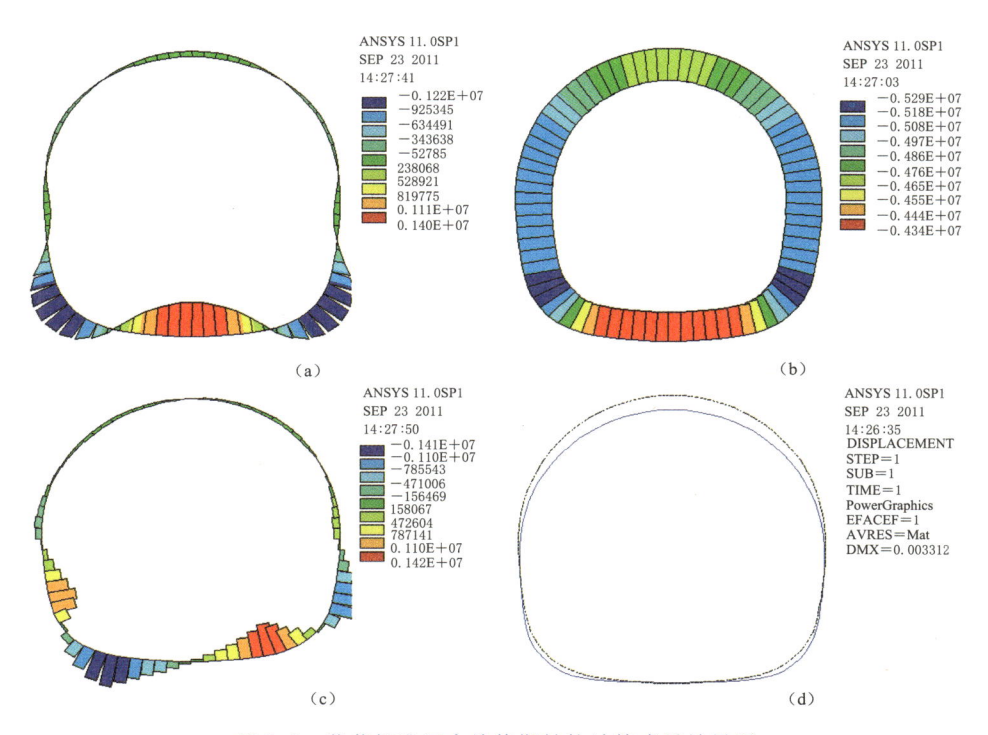

图 5.8　荷载标准组合检修期结构计算成果效果图
(a) 弯矩图；(b) 轴力图；(c) 剪力图；(d) 变形图

通过上述计算可得结构内力及偏心距，见表 5.10。可以看出，偏心距 e_0 均远小于 0.5225（$0.55h_0$），为小偏心受压，由此可得在外水压力比较大的情况下，衬砌结构由强度控制，可不检算裂缝，并且由检修期强度控制，全水头结构计算强度配筋结果见表 5.11。

表 5.10　　结构内力及偏心距

荷载组合	衬砌厚度/cm	工况	位置	计算弯矩/(kN·m)	计算轴力/kN	偏心距 e_0
基本组合	100	运行期	拱顶	288.94	−5621.4	0.051
			拱腰	−151.84	−6113.6	0.025
			边墙	263.90	−6155.1	0.043
			墙脚	−1441.60	−6257.6	0.230
			仰拱	1649.50	−5094.1	0.324
		检修期	拱顶	268.38	−5634.9	0.048
			拱腰	−145.92	−6119.8	0.024
			边墙	297.36	−6155.8	0.048
			墙脚	−1458.80	−6300.6	0.232
			仰拱	1674.20	−5195.9	0.322
标准组合	100	运行期	拱顶	256.45	−4686.1	0.055
			拱腰	−135.04	−5111.5	0.026
			边墙	205.44	−5157.7	0.040
			墙脚	−1204.50	−5242.9	0.230
			仰拱	1387.60	−4256.1	0.326
		检修期	拱顶	235.05	−4696.7	0.050
			拱腰	−127.74	−5111.8	0.025
			边墙	237.02	−5150.1	0.046
			墙脚	−1216.20	−5268.9	0.231
			仰拱	1401.50	−4335.3	0.323

表 5.11　　全水头结构计算强度配筋

荷载组合	工况	位置	设计弯矩/(kN·m)	设计轴力/kN	配筋面积/mm²	实际配筋	实际配筋面积/mm²
基本组合	运行期	拱顶	390.069	7588.890	2000	5Φ25	2454
		拱腰	204.984	8253.360	2000	5Φ25	2454
		边墙	356.265	8309.385	2000	5Φ25	2454
		墙脚	1946.160	8447.760	3861	5Φ32	4021
		仰拱	2226.825	6877.035	3543	5Φ32	4021
	检修期	拱顶	362.313	7607.115	2000	5Φ25	2454
		拱腰	196.992	8261.730	2000	5Φ25	2454
		边墙	401.436	8310.330	2000	5Φ25	2454
		墙脚	1969.380	8505.810	4020	5Φ32	4021
		仰拱	2260.170	7014.465	3786	5Φ32	4021

2) 考虑水库水排空情况。水库水排空情况主要考虑在输水隧洞投入运营后，上部水库水位下降至椒溪河原河床底以下时隧洞的受力情况。荷载计算方法同上，不考虑外水压力，计算工况同样包括运行期和检修期。考虑本书篇幅，只列出表5.12所示水库水排空情况结构内力及偏心距计算结果。

表5.12　　　　　　水库水排空情况结构内力及偏心距计算结果

荷载组合	衬砌厚度/cm	工况	位置	弯矩/(kN·m)	轴力/kN	偏心距 e_0
基本组合	100	运行期	拱顶	517.66	−1685.5	0.307
			拱腰	−309.64	−2412.5	0.128
			边墙	−178.50	−2495.0	0.072
			墙脚	−592.89	−2338.2	0.254
			仰拱	836.13	−1527.4	0.547
		检修期	拱顶	513.23	−1684.6	0.305
			拱腰	−314.15	−2414.0	0.130
			边墙	−159.35	−2494.6	0.064
			墙脚	−580.56	−2365.4	0.245
			仰拱	825.52	−1607.4	0.514
标准组合	100	运行期	拱顶	430.44	−1415.4	0.304
			拱腰	−257.97	−2026.6	0.127
			边墙	−144.36	−2100.7	0.069
			墙脚	−498.04	−1977.8	0.252
			仰拱	701.23	−1306.6	0.537
		检修期	拱顶	426.75	−1414.7	0.302
			拱腰	−261.73	−2027.4	0.129
			边墙	−128.40	−2100.4	0.061
			墙脚	−487.76	−2000.5	0.244
			仰拱	692.38	−1373.3	0.504

由表5.12可知，在不考虑外水压力情况下，衬砌结构局部由裂缝控制，结构配筋及裂缝检算见表5.13。由此可知，在水库水排空不考虑外水压力情况下，衬砌结构采用厚度1m，每延米5Φ32对称配筋的C25钢筋混凝土衬砌，能满足强度及抗裂要求。

3) 计算结果分析。过椒溪河断面结构分别计算了90cm、100cm和120cm衬砌厚度，全水头考虑外水压力的三种情况；衬砌厚度为100cm，围岩承受部分水压、外水压力折减系数取值0.8的情况；以及衬砌厚度为100cm，水库水排空（水库水位下降至椒溪河原河床底以下，不考虑外水压力）情况。结合以上计算结果和各对比方案，得出过椒溪河断面结构计算结果统计见表5.14。综上所述，在考虑全水头外水压力时，衬砌结构各种工况下均属小偏心受压构件，由强度控制。衬砌厚度为90cm时，最大配筋量为每延米7Φ32，衬砌越厚，配筋面积越小；当超过120cm后，构造配筋即能满足强度要求。综合考虑工程

表 5.13　　　　　　　　　水库水排空情况结构配筋及裂缝检算

荷载组合	衬砌厚度/cm	工况	位置	计算弯矩/(kN·m)	计算轴力/kN	裂缝宽度/mm	实际配筋	实际配筋面积/mm²
标准组合	100	运行期	拱顶	430.44	1415.4	无须检算	5Φ25	2454
			拱腰	257.97	2026.6		5Φ25	2454
			边墙	144.36	2100.7		5Φ25	2454
			墙脚	498.04	1977.8		5Φ32	4021
			仰拱	701.23	1306.6	0.193	5Φ32	4021
		检修期	拱顶	426.75	1414.7	无须检算	5Φ25	2454
			拱腰	261.73	2027.8		5Φ25	2454
			边墙	128.4	2100.4		5Φ25	2454
			墙脚	487.76	2000.5		5Φ32	4021
			仰拱	692.38	1373.3		5Φ32	4021

造价和工程类比，选取厚度100cm，每延米配筋5Φ32的钢筋混凝土衬砌。同时根据在水库水排空不考虑外水压力情况下的计算结果可知，采用此衬砌参数可满足受力和抗裂要求，过椒溪河段衬砌断面钢筋布置见图5.9。

表 5.14　　　　　　　　　过椒溪河断面结构计算结果统计

荷载组合	衬砌厚度+工况	工况	位置	设计弯矩/(kN·m)	设计轴力/kN	配筋面积/mm²	实际配筋	实际配筋面积/mm²
基本组合	90cm+全水头	运行期	拱顶	292.3020	7315.380	1800	7Φ20	2199
			拱腰	154.0080	7910.055	1800	7Φ20	2199
			边墙	352.8495	7920.315	1800	7Φ20	2199
			墙脚	1844.1000	8078.670	5364	7Φ32	5630
			仰拱	2023.6500	6571.935	4550	6Φ32	4825
		检修期	拱顶	277.1280	7325.775	1800	7Φ20	2199
			拱腰	145.8540	7915.050	1800	7Φ20	2199
			边墙	380.0925	7920.990	1800	7Φ20	2199
			墙脚	1870.6950	8127.000	5552	7Φ32	5630
			仰拱	2065.2300	6676.290	4835	7Φ32	5630
	100cm+全水头	运行期	拱顶	390.0690	7588.890	2000	5Φ25	2454
			拱腰	204.9840	8253.360	2000	5Φ25	2454
			边墙	356.2650	8309.385	2000	5Φ25	2454
			墙脚	1946.1600	8447.760	3861	5Φ32	4021
			仰拱	2226.8250	6877.035	3543	5Φ32	4021
		检修期	拱顶	362.3130	7607.115	2000	5Φ25	2454
			拱腰	196.9920	8261.730	2000	5Φ25	2454
			边墙	401.4360	8310.330	2000	5Φ25	2454
			墙脚	1969.3800	8505.810	4020	5Φ32	4021
			仰拱	2260.1700	7014.465	3786	5Φ32	4021

5.4 隧洞工程结构设计

续表

荷载组合	衬砌厚度+工况	工况	位置	设计弯矩/(kN·m)	设计轴力/kN	配筋面积/mm²	实际配筋	实际配筋面积/mm²
基本组合	120cm+全水头	检修期	拱顶	474.4305	−7561.890	2400	5Φ25	2454
			拱腰	−225.9900	−8279.415	2400	5Φ25	2454
			边墙	252.0720	−8364.195	2400	5Φ25	2454
			墙脚	−2139.2100	−8625.960	2400	5Φ25	2454
			仰拱	2585.6550	−7014.735	2400	5Φ25	2454
	100cm+0.8×外水压力	运行期	拱顶	452.0610	−6304.095	2000	5Φ25	2454
			拱腰	−260.8200	−7008.390	2000	5Φ25	2454
			边墙	211.1265	−7077.240	2000	5Φ25	2454
			墙脚	−1618.2450	−7158.105	2000	5Φ25	2454
			仰拱	1912.9500	−5772.060	2200	5Φ25	2454
		检修期	拱顶	453.5190	−6305.040	2000	5Φ25	2454
			拱腰	−257.6880	−7008.795	2000	5Φ25	2454
			边墙	208.6425	−7078.590	2000	5Φ25	2454
			墙脚	−1632.8250	−7153.110	2000	5Φ25	2454
			仰拱	1954.8000	−5808.645	2200	5Φ25	2454
标准组合	90cm+全水头	运行期	拱顶	−200.5100	−4515.900	小偏心，无须检算裂缝	7Φ20	2199
			拱腰	109.1800	−4912.300		7Φ20	2199
			边墙	−193.6500	−4939.400		7Φ20	2199
			墙脚	1138.4000	−5025.000		7Φ32	5630
			仰拱	−1258.9000	−4084.600		6Φ32	4825
		检修期	拱顶	−187.4000	−4525.200		7Φ20	2199
			拱腰	102.1300	−4916.500		7Φ20	2199
			边墙	−215.3200	−4940.000		7Φ20	2199
			墙脚	1157.4000	−5061.200		7Φ32	5630
			仰拱	−1287.3000	−4164.200		7Φ32	5630
	100cm+全水头	运行期	拱顶	256.4500	−4686.100		5Φ25	2454
			拱腰	−135.0400	−5111.500		5Φ25	2454
			边墙	205.4400	−5157.700		5Φ25	2454
			墙脚	−1204.5000	−5242.900		5Φ32	4021
			仰拱	1387.6000	−4256.100		5Φ32	4021
		检修期	拱顶	235.0500	−4696.700		5Φ25	2454
			拱腰	−127.7400	−5111.800		5Φ25	2454
			边墙	237.0200	−5150.100		5Φ25	2454
			墙脚	−1216.2000	−5268.900		5Φ32	4021
			仰拱	1401.5000	−4335.300		5Φ32	4021

在对椒溪河水库和秦岭输水隧洞所处场地的地层特征、地质构造及库水渗透等进行分析的基础上，评价水库蓄水后对隧洞工程的影响，并为隧洞结构的防护措施提出了建议。依据《混凝土面板堆石坝设计规范》(SL 228—2013)，岩石地基的容许水力梯度应根据地基岩石的冲蚀性及其存在的缺陷情况确定，可按表5.15选用[11]。由于椒溪河段Ⅴ类围岩处于库区侵蚀范围，为安全起见，按全风化考虑，围岩容许水力梯度取3，由此得出影响范围为$L=98/3≈32.67$（m）。因此，在衬砌结构设计时，椒溪河段衬砌结构的使用范围应在河床底面宽度基础上向两端延伸，以保证隧洞排水断面距离水库水体间有厚度大于33m的围岩存在。

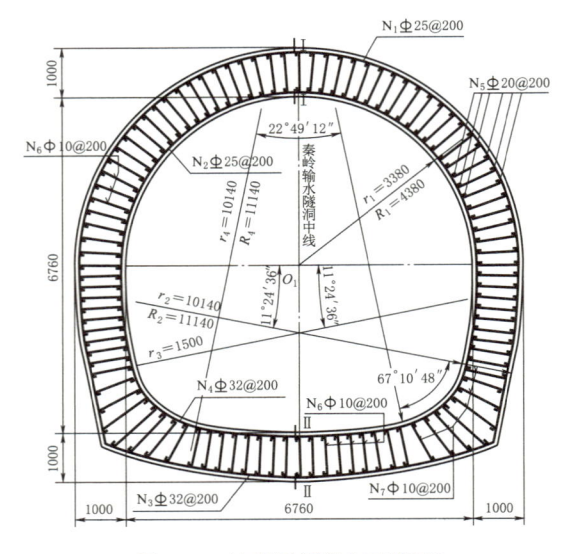

图5.9　过椒溪河段衬砌断面钢筋布置图（单位：mm）

表5.15　　　　　　　　　　　岩石地基的容许水力梯度

岩石风化程度	容许水力梯度	岩石风化程度	容许水力梯度
新鲜、弱风化	≥20	强风化	5~10
弱风化	10~20	全风化	3~5

（2）邻近金盆水库段断面结构计算。邻近金盆水库段隧洞为Ⅳ类围岩且均属深埋，金盆水库水位高于隧洞拱顶72m，按土压深埋全水头水压计算。根据各段拟定的衬砌厚度和施工期、运行期及检修期三种工况内力计算结果，分别进行配筋和裂缝宽度计算，依据灌浆压力小于外水压力时可不予计算的原则，将施工期与检修期合并分析，运行期单独考虑。从计算结果可以看出，结构无须进行裂缝检算，强度控制配筋，在运行期和检修期内结构外水压力比较大，在内力计算配筋方面以强度控制为标准，但构造配筋不能满足要求，考虑到初期支护及围岩固结灌浆，计算结果及构件强度验算见表5.16，钢筋布置情况如图5.10和图5.11所示。

（3）一般钻爆法施工段断面结构计算。结合地质勘查成果、围岩压力的计算分析结果及隧洞排水设计方案的计算分析结果，对于钻爆法一般衬砌段落采用如下二次衬砌方案：Ⅱ类围岩，素混凝土全断面减糙衬砌，混凝土强度等级C25，厚0.30m；Ⅲ类围岩，单层钢筋混凝土全断面衬砌，混凝土强度等级C25，厚0.35m；Ⅳ类围岩，双层钢筋混凝土全断面衬砌，混凝土强度等级C25，厚0.45m；Ⅴ类围岩，双层钢筋混凝土全断面衬砌，混凝土强度等级C25，厚0.50m。

对于Ⅱ类围岩，素混凝土衬砌仅起减糙作用，仅需按温度应力进行构造配筋。根据Ⅲ~Ⅴ类围岩拟定的衬砌厚度和施工期、运行期及检修期三种工况进行内力计算，并根据结果分别进行配筋和裂缝宽度计算，断面结构计算成果见表5.17。

表 5.16　　　　　　　　　　　　　计算结果及构件强度验算

围岩类别	荷载组合	工况	检算部位	结构内力弯矩 /(kN·m)	轴力 /kN	控制状态	配筋
Ⅳ类深埋 （衬砌厚度60cm）	基本组合	施工期	拱顶	58.502	−2163.1	抗压	4Φ22
			拱腰	−52.601	−2213.4	抗压	4Φ22
			边墙	−223.160	−2202.1	抗压	4Φ22
			墙脚	565.170	−2384.7	抗拉	4Φ22
			仰拱	−576.440	−2171.9	抗拉	4Φ22
		检修期	拱顶	58.502	−2163.1	抗压	4Φ22
			拱腰	−52.601	−2213.4	抗压	4Φ22
			边墙	−223.160	−2202.1	抗压	4Φ22
			墙脚	565.170	−2384.7	抗拉	4Φ22
			仰拱	−576.440	−2171.9	抗拉	4Φ22
		运行期	拱顶	55.429	−2159.6	抗压	4Φ22
			拱腰	−47.937	−2211.8	抗压	4Φ22
			边墙	−217.540	−2199.4	抗压	4Φ22
			墙脚	516.840	−2296.9	抗拉	6Φ22
			仰拱	−517.510	−2032.1	抗拉	6Φ22

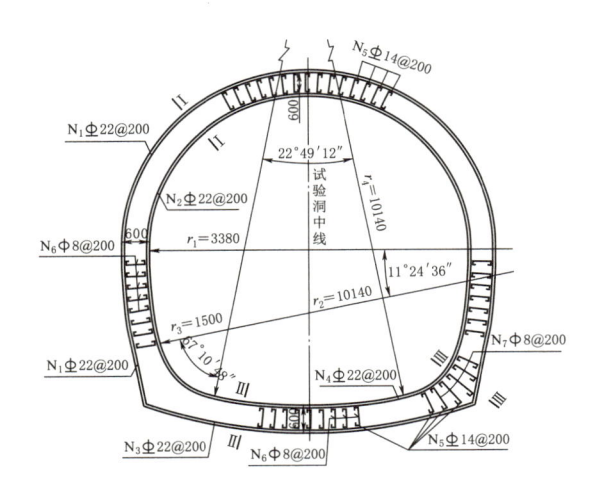

图 5.10　邻近金盆水库段Ⅳ类围岩衬砌断面钢筋布置图（单位：mm）

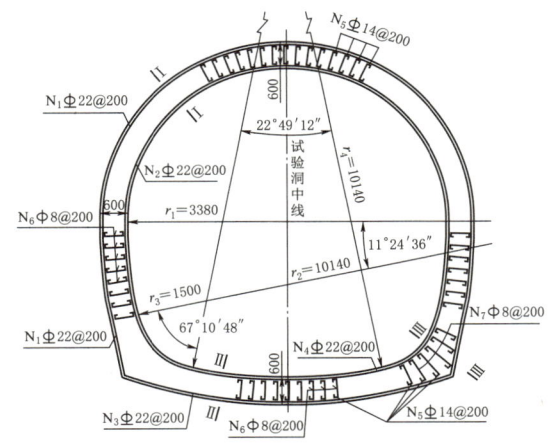

图 5.11　邻近金盆水库段Ⅴ类围岩衬砌断面钢筋布置图（单位：mm）

由计算结果可知，各种工况下Ⅲ～Ⅴ类围岩最大裂缝开展宽度分别为 0.08mm、0.264mm、0.255mm，小于规范规定限裂宽度 0.3mm，均满足规范要求。对于Ⅱ类围岩素混凝土衬砌，考虑温度变化影响配置构造筋。斜截面抗剪经计算满足规范要求。配筋结果见表 5.18，钢筋布置如图 5.12 和图 5.13 所示。

表 5.17　秦岭输水隧洞越岭段钻爆法马蹄形断面结构计算

围岩类别	工况	衬砌厚度/m	顶拱 轴力/kN	顶拱 剪力/kN	顶拱 弯矩/(kN·m)	侧拱 轴力/kN	侧拱 剪力/kN	侧拱 弯矩/(kN·m)	倒角 轴力/kN	倒角 剪力/kN	倒角 弯矩/(kN·m)	底拱 轴力/kN	底拱 剪力/kN	底拱 弯矩/(kN·m)	配筋情况	最大裂缝宽度/mm	抗剪
Ⅲ	运行期	0.35	−213.59	−11.70	10.84	−253.37	−18.97	8.13	−286.53	−16.18	−27.35	−273.91	2.74	17.13	5Φ14（受力筋） 5Φ10（分布筋）	0.080	截面抗剪满足要求
Ⅲ	检修期	0.35	−223.06	−12.23	10.01	−253.21	−16.68	15.60	−292.65	−17.70	−38.14	−279.04	−13.72	32.20			
Ⅲ	施工期	0.35	−356.20	−19.53	31.34	−397.96	−22.84	12.54	−436.26	−21.25	−38.84	−416.07	3.68	29.07			
Ⅳ	运行期	0.45	−1098.18	−113.77	80.13	−1182.15	−100.50	65.99	−1286.93	−166.69	−210.89	−1079.99	−94.54	210.42	5Φ20（受力筋） 5Φ16（分布筋）	0.264	截面抗剪满足要求
Ⅳ	检修期	0.45	−1113.43	−114.59	63.43	−1182.41	−97.50	103.88	−1297.31	−164.29	−217.65	−1093.59	−106.21	203.56			
Ⅳ	施工期	0.45	−699.74	−101.91	153.48	−829.80	−95.58	−99.87	−878.69	−132.69	−154.03	−713.21	−58.99	170.59			
Ⅴ	运行期	0.50	−1368.34	−96.97	58.41	−1435.03	−68.17	114.85	−1463.60	−279.71	−317.39	−1753.89	−132.97	310.95	5Φ25（受力筋） 5Φ20（分布筋）	0.255	截面抗剪满足要求
Ⅴ	检修期	0.50	−1789.95	−98.13	−107.04	−1835.16	−65.58	247.17	−2047.49	−269.19	−424.63	−1777.51	−144.25	393.45			
Ⅴ	施工期	0.50	−663.17	−79.91	179.50	−546.86	−43.28	−133.11	−560.75	−141.64	−123.57	−459.67	−76.24	269.42			

注　轴力以拉为正，弯矩以结构内侧为正。

表 5.18　　　　　秦岭输水隧洞越岭段钻爆法一般衬砌结构配筋结果

围岩类别	衬砌厚/m	单、双层配筋	受力钢筋	分布钢筋	联系筋	含筋量/(kg/m³)
Ⅱ	0.30	单层	5Φ8@200	5Φ8@200		13.10
Ⅲ	0.35	单层	5Φ14@200	5Φ10@200		25.56
Ⅳ	0.45	双层	5Φ20@200	5Φ16@200	Φ8@1000×1000	92.26
Ⅴ	0.50	双层	5Φ25@200	5Φ20@200	Φ8@1000×1000	133.70

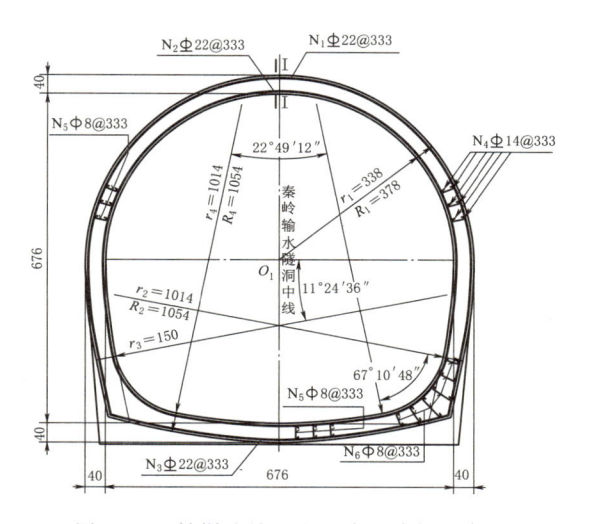

图 5.12　钻爆法施工段Ⅳ类围岩衬砌断面钢筋布置图（单位：cm）

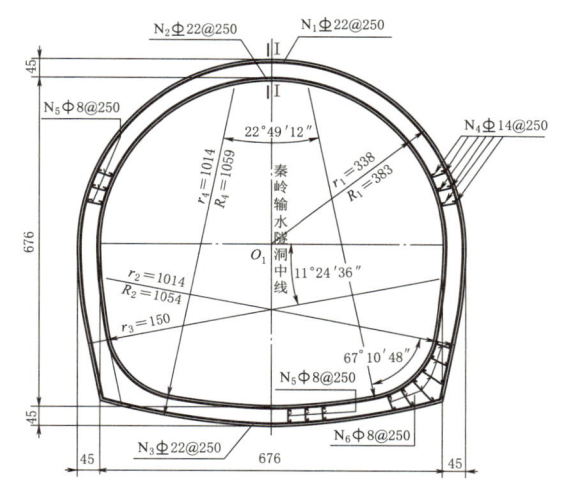

图 5.13　钻爆法施工段Ⅴ类围岩衬砌断面钢筋布置图（单位：cm）

（4）TBM 施工段断面结构计算。对于 TBM 法一般衬砌段落采用如下二次衬砌方案：Ⅰ类、Ⅱ类围岩，喷锚衬砌；Ⅲ类围岩，单层钢筋混凝土全断面衬砌，混凝土强度等级 C25，厚 0.3m；Ⅳ类、Ⅴ类围岩，双层钢筋混凝土全断面衬砌，混凝土强度等级 C25，厚 0.3m；根据Ⅲ～Ⅴ类围岩拟定的衬砌厚度和施工期、运行期及检修期三种工况进行内力计算，并根据结果分别进行配筋和裂缝宽度计算，配筋结果见表 5.19。

表 5.19　　　　　秦岭输水隧洞越岭段 TBM 法一般衬砌结构配筋结果

围岩类别	衬砌厚度/m	单、双层配筋	受力钢筋	分布钢筋	联系筋	含筋量/(kg/m³)
Ⅲ	0.3	单层	5Φ12@200	5Φ10@200		27.4
Ⅳ	0.3	双层	5Φ16@200	5Φ12@200	Φ8@1000×1000	82.3
Ⅴ	0.3	双层	5Φ20@200	5Φ12@200	Φ8@1000×1000	124.2

由计算结果可知，各种工况下Ⅲ～Ⅴ类围岩均为小偏心受压构件，无须检算裂缝。对于Ⅰ类、Ⅱ类围岩喷锚衬砌，无须考虑配筋。斜截面抗剪经计算满足规范要求。计算成果见表 5.20，衬砌内轮廓和衬砌钢筋布置情况如图 5.14～图 5.16 所示。

第5章 隧洞工程布局及设计

表 5.20   秦岭输水隧洞越岭段 TBM 法圆形断面结构计算

围岩类别	工况	衬砌厚度/m	顶拱 轴力/kN	顶拱 剪力/kN	顶拱 弯矩/(kN·m)	侧拱 轴力/kN	侧拱 剪力/kN	侧拱 弯矩/(kN·m)	倒角 轴力/kN	倒角 剪力/kN	倒角 弯矩/(kN·m)	底拱 轴力/kN	底拱 剪力/kN	底拱 弯矩/(kN·m)	配筋情况	最大裂缝宽度/mm	抗剪
Ⅲ	运行期 T	0.3	−240.04	13.43	21.70	−266.11	8.20	16.39	−165.08	0.49	21.21	−132.37	−1.29	18.68	5Φ12（受力筋）5Φ10（分布筋）		截面抗剪满足要求
Ⅲ	运行期	0.3	−240.04	13.43	2.80	−266.11	8.20	−2.51	−165.08	0.49	2.31	−132.37	−1.29	−0.22	5Φ12（受力筋）5Φ10（分布筋）		截面抗剪满足要求
Ⅲ	检修期	0.3	−240.25	13.42	2.61	−266.53	13.30	−3.79	−227.54	12.50	0.98	−226.43	10.03	−1.24			
Ⅲ	施工期	0.3	−896.10	48.00	7.04	−804.06	0.95	−5.07	−471.32	−6.57	6.83	−362.68	−0.54	1.53			
Ⅳ	运行期 T	0.3	−859.90	49.82	33.65	−927.48	38.31	8.22	−751.99	24.86	25.97	−703.76	27.39	17.98	5Φ16（受力筋）5Φ12（分布筋）	小偏心受压构件，无须检算裂缝	截面抗剪满足要求
Ⅳ	运行期	0.3	−859.90	49.82	14.75	−927.48	38.31	−10.68	−751.99	24.86	7.07	−703.76	27.39	−0.92			
Ⅳ	检修期	0.3	−859.64	49.81	14.50	−927.85	42.46	−10.66	−810.05	38.09	6.15	−795.16	38.66	−3.02			
Ⅳ	施工期	0.3	−1002.66	56.20	14.94	−977.91	−5.41	−17.92	−665.93	−12.04	10.41	−514.79	−0.28	10.72			
Ⅴ	运行期 T	0.3	−1882.60	108.68	56.47	−1979.46	93.34	−3.06	−1787.88	76.74	29.90	−1749.37	77.80	24.66	5Φ20（受力筋）5Φ12（分布筋）		截面抗剪满足要求
Ⅴ	运行期	0.3	−1885.78	106.36	28.66	−1977.24	91.54	−25.41	−1787.34	76.63	10.69	−1748.87	77.57	5.89			
Ⅴ	检修期	0.3	−1884.84	106.50	28.76	−1976.57	91.83	−23.65	−1841.89	88.66	8.97	−1825.93	89.05	2.65			
Ⅴ	施工期	0.3	−1035.01	59.09	33.12	−1022.43	−6.82	−48.76	−687.11	−23.70	27.85	−569.83	−1.17	39.85			

注：1. 轴力以压为正，弯矩以结构内侧为正。
    2. 运行期工况未考虑温度作用，运行期T工况考虑温度作用。

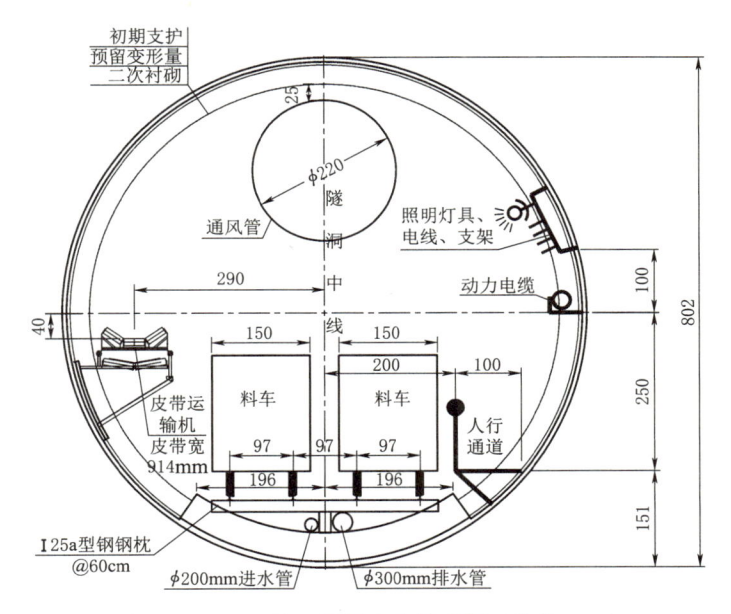

图 5.14　TBM 施工段衬砌内轮廓图（单位：cm）

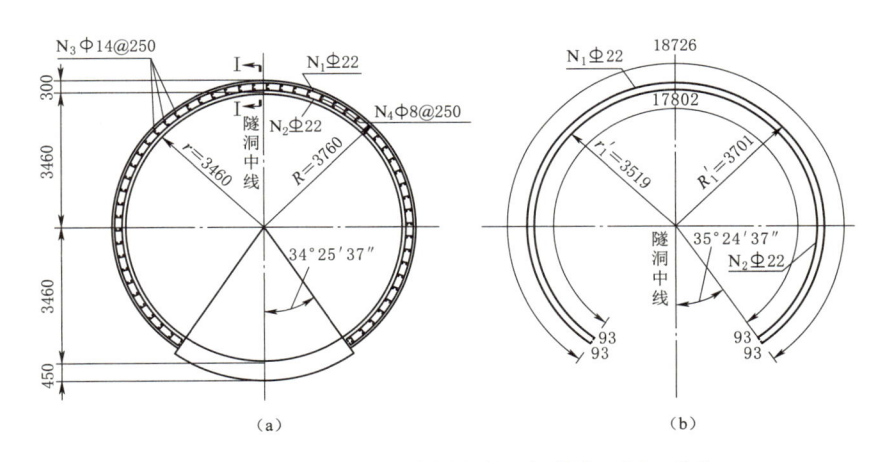

图 5.15　TBM 施工段 V 类围岩衬砌断面钢筋布置图（单位：mm）
(a) 钢筋布置图；(b) $N_1 \sim N_2$ 钢筋大样图

2. 秦岭输水隧洞黄三段横断面衬砌结构计算

秦岭输水隧洞黄三段采用马蹄形Ⅱ型断面型式。顶拱内缘半径 $R_1=3.38\text{m}$，圆心角 180°；侧拱和底拱内缘半径均为 $R_2=3R_1=10.14\text{m}$，其圆心角分别为 11.42°和 27.69°；在侧拱拱脚处设圆弧倒角改善其受力条件，倒角半径 $r=1.5\text{m}$，圆心角 67.17°。

结合地质勘查成果、围岩压力的计算分析结果及隧洞排水设计方案的计算分析结果，采用如下二次衬砌方案：

A 型断面：Ⅱ类围岩，素混凝土全断面减糙衬砌，混凝土强度等级 C25，厚 0.30m，如图 5.17 所示；B 型断面：Ⅲ类围岩，单层钢筋混凝土全断面衬砌，混凝土强度等级 C25，厚 0.35m，如图 5.18 所示；C 型断面：Ⅳ类围岩，双层钢筋混凝土全断面衬砌，

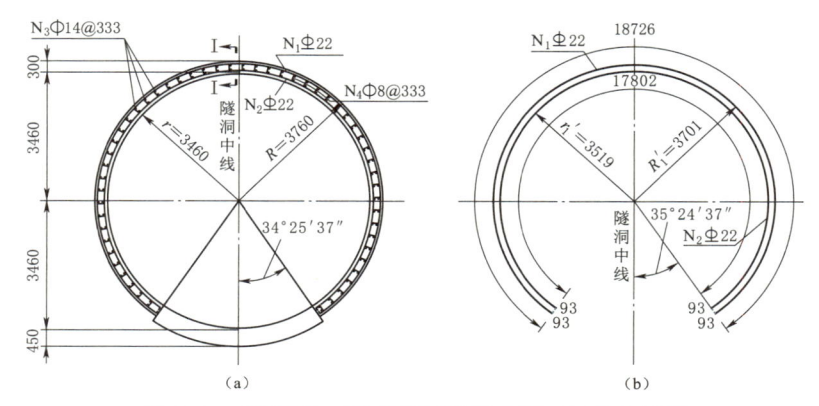

图 5.16 TBM 施工段Ⅳ类围岩衬砌断面钢筋布置图
(a) 钢筋布置图；(b) N₁～N₂ 钢筋大样图

混凝土强度等级 C25，厚 0.45m，如图 5.19 所示；D 型断面：Ⅴ类围岩，双层钢筋混凝土全断面衬砌，混凝土强度等级 C25，厚 0.5m，如图 5.20 所示。

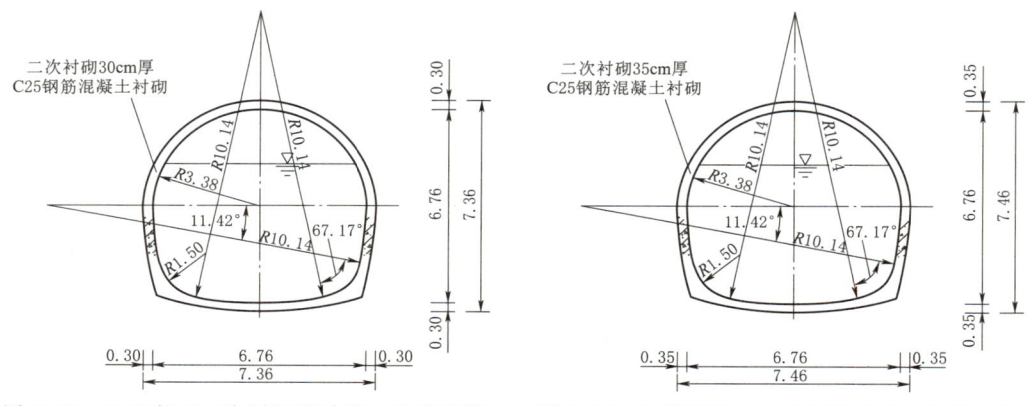

图 5.17 A 型断面二次衬砌设计图（Ⅱ类围岩）
（单位：m）

图 5.18 B 型断面二次衬砌设计图（Ⅲ类围岩）
（单位：m）

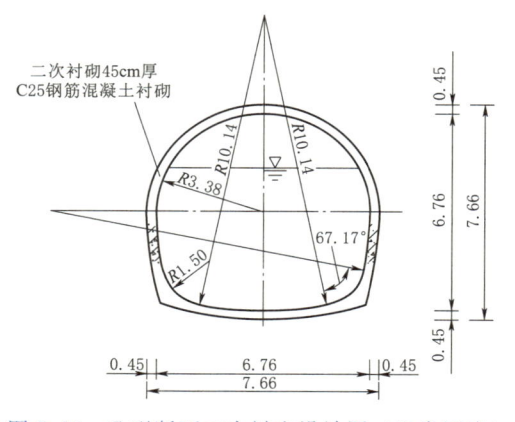

图 5.19 C 型断面二次衬砌设计图（Ⅳ类围岩）
（单位：m）

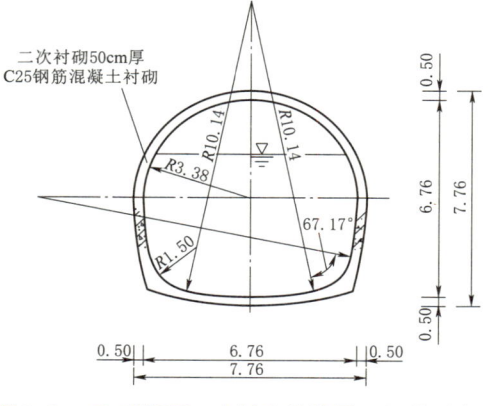

图 5.20 D 型断面二次衬砌设计图（Ⅴ类围岩）
（单位：m）

秦岭输水隧洞黄三段穿越Ⅱ～Ⅴ类围岩，根据围岩及荷载情况，Ⅲ～Ⅴ类围岩段各选取1个典型断面进行计算，黄三段衬砌结构配筋结果见表5.21，衬砌断面钢筋布置参照图5.12和图5.13。黄三段马蹄形断面结构计算见表5.22，衬砌设计见图5.17～图5.20。

表5.21　　　　　　　秦岭输水隧洞黄三段衬砌结构配筋结果

围岩类别	衬砌厚度/m	单、双层配筋	受力钢筋	分布钢筋	联系筋	含筋量/(kg/m³)
Ⅱ	0.30	单层	5Φ8@200	5Φ8@200		13.10
Ⅲ	0.35	单层	5Φ14@200	5Φ10@200		25.56
Ⅳ	0.45	双层	5Φ20@200	5Φ16@200	Φ8@1000×1000	92.26
Ⅴ	0.50	双层	5Φ25@200	5Φ20@200	Φ8@1000×1000	133.66

由表5.21可知，隧洞衬砌结构的配筋满足规范要求。对于Ⅱ类围岩中素混凝土衬砌，考虑温度变化影响配置了一定量构造筋。经计算，斜截面抗剪满足规范要求。

5.4.3　钻爆法施工段支护参数

隧洞结构根据《水工隧洞设计规范》（SL 279—2016）及《水工混凝土结构设计规范》（SL 191—2008），采用以概率理论为基础的极限状态设计法，以可靠指标度量结构构件的可靠度，采用以分项系数的设计方法进行结构计算分析。

1. 秦岭输水隧洞越岭段

（1）过椒溪河段设计。桩号K1+750～K1+930及K2+685～K3+080，合计长575m；隧洞穿越的地层岩性以石英片岩夹大理岩、花岗闪长岩为主，围岩类别为Ⅲ～Ⅴ类；隧洞平均坡比1/2527；设计断面型式为马蹄形，过水断面尺寸为6.76m×6.76m。隧洞建成后位于库区内，需承受78m的外水压力。因此，运行期隧洞结构设计需考虑78m高的外水压力，衬砌结构结合结构计算及以上基本资料进行结构设计。

按喷锚构筑法技术要求设计，全隧洞采用复合式衬砌，初期支护采用喷、锚、网支护；Ⅲ～Ⅴ类围岩段衬砌采用C25钢筋混凝土结构；衬砌及支护设计参数见表5.23，衬砌断面支护设计如图5.21～图5.23所示。对于Ⅴ类围岩洞段，拱部120°设φ42超前小导管注浆加固地层，小导管长3.5m，间距0.3m，搭接长度不小于1.5m，初期支护采用锚喷网、全断面设1榀/0.8m的工16型钢钢架。全断面喷C20混凝土厚23cm，拱部120°范围内设Φ25中空注浆锚杆，长3.5m，边墙设Φ22全螺纹砂浆锚杆，间距120cm×100cm，拱墙挂Φ8钢筋网，间距20cm×20cm。二次衬砌采用C25钢筋混凝土衬砌，衬砌厚度100cm。对于Ⅳ类围岩洞段，初期支护采用锚喷网、拱墙设1榀/1.2m的工16型钢钢架。拱墙喷C20混凝土厚21cm，拱部120°范围内设Φ25中空注浆锚杆，长3.0m，边墙设Φ22全螺纹砂浆锚杆，间距120cm×120cm，拱墙挂Φ8钢筋网，间距20cm×20cm。二次衬砌采用C25钢筋混凝土衬砌，衬砌厚度100cm。对于Ⅲ类围岩洞段，初期支护采用锚喷网，拱墙喷C20混凝土厚10cm，拱部120°范围内设Φ22全螺纹砂浆锚杆，长2.5m，间距120cm×150cm。二次衬砌采用C25钢筋混凝土衬砌，衬砌厚度100cm。

（2）邻近金盆水库段设计。桩号K78+779～K81+779，长3.0km；隧洞穿越的地层岩性以石英片岩夹云母片岩、云母片岩为主，围岩类别为Ⅲ类、Ⅴ类；纵向坡比1/2530，断面型

表5.22　秦岭输水隧洞黄三段马蹄形断面结构计算

围岩类别	工况	衬砌厚度/m	顶拱 轴力/kN	顶拱 剪力/kN	顶拱 弯矩/(kN·m)	侧拱 轴力/kN	侧拱 剪力/kN	侧拱 弯矩/(kN·m)	倒角 轴力/kN	倒角 剪力/kN	倒角 弯矩/(kN·m)	底拱 轴力/kN	底拱 剪力/kN	底拱 弯矩/(kN·m)	配筋情况	最大裂缝宽度/mm	抗剪
Ⅲ	运行期Ⅰ	0.35	−263.2	−29.67	−11.63	−280.8	28.45	9.69	292.3	−21.58	−13.10	−288.7	−21.17	11.91	5Φ14(受力筋) 5Φ10(分布筋)	0.060	截面抗剪满足要求
	运行期		−263.1	−29.45	−11.91	−280.7	−28.39	9.18	−292.4	−21.47	−13.57	−288.9	−21.26	11.25			
	检修期		−264.3	32.73	−7.46	−301.3	53.30	17.73	−283.3	−53.60	−26.69	−295.9	−42.03	31.22			
	施工期		−412.3	−61.38	−45.69	−441.6	39.39	19.32	−429.4	−30.91	−20.09	−433.7	−12.87	17.65			
Ⅳ	运行期Ⅰ	0.45	−1173.0	−127.30	−94.13	−1195.0	198.50	85.35	−1257.0	−257.20	−157.40	−1204.0	−134.90	185.20	5Φ20(受力筋) 5Φ16(分布筋)	0.241	截面抗剪满足要求
	运行期		−1177.0	−124.80	−85.40	−1201.0	−247.60	62.08	−1271.0	−270	−188.00	−1171.0	−143.70	178.30			
	检修期		−1176.0	137.90	−64.80	−1201.0	248.00	181.90	−1280.0	−274.40	−181.90	−1225.0	−149.20	186.90			
	施工期		−791.0	−140.90	−145.60	−809.5	108.80	114.70	−857.9	−163.90	−164.50	−831.5	−169.30	164.50			
Ⅴ	运行期Ⅰ	0.50	−2016.0	215.80	105.90	−2065.0	491.60	243.20	−2201.0	−588.0	−429.00	−2016.0	−384.50	425.30	5Φ25(受力筋) 5Φ22(分布筋)	0.281	截面抗剪满足要求
	运行期		−1363.0	−139.60	−77.47	−1398.0	257.90	157.50	−1463.0	−350.90	−243.00	−1325.0	−189.30	269.90			
	检修期		−2020.0	228.80	−140.20	−2069.0	539.80	466.70	−2227.0	−580.40	−453.30	−2030.0	−618.80	457.10			
	施工期		−627.5	−133.20	−133.80	−650.0	98.92	84.77	−684.8	−131.10	−112.90	−648.0	−165.50	185.10			

注：1. 轴力拉为正、弯矩以相对于衬砌截面形心内侧受拉、外侧受压为正。
2. 运行期Ⅰ工况未考虑温度作用，运行期Ⅱ工况考虑温度作用。

5.4 隧洞工程结构设计

表 5.23 下穿椒溪河断面衬砌及支护设计参数

围岩类别	预留变形量/cm	初期支护参数							二次衬砌/cm	
^	^	喷层位置	Φ22全螺纹砂浆锚杆和Φ25中空注浆锚杆				Φ8钢筋网		钢拱架	拱墙/cm	仰拱/cm
^	^	^	厚度/cm	位置	长度/m	间距(纵×环)/(m×m)	位置	间距/(cm×cm)	^	^	^
Ⅲ	5	拱墙	10	拱部120°	2.5	1.2×1.5	拱墙	25×25		100*	100*
Ⅳ	6	拱墙	21	拱部120°φ25 边墙φ22	3.0	1.2×1.2	拱墙	20×20	工16槡/1.2m	100*	100*
Ⅴ	8	全断面	23	拱部120°φ25 边墙φ22	3.5	1.2×1.0	拱墙	20×20	工16槡/0.8m	100*	100*

注 二次衬砌中带*的为钢筋混凝土。

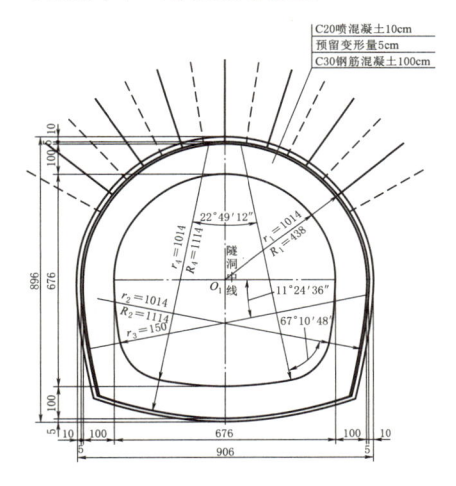

图 5.21 过椒溪河段Ⅲ类围岩衬砌断面支护设计（单位：cm）

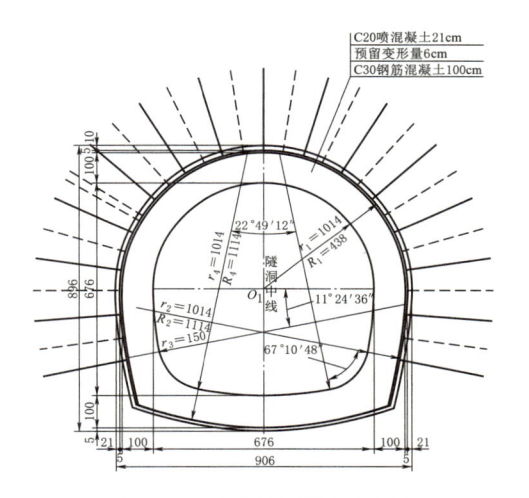

图 5.22 过椒溪河段Ⅳ类围岩衬砌断面支护设计（单位：cm）

式为马蹄形，过水断面尺寸为 6.76m×6.76m。隧洞建成后邻近黑河金盆水库库区内水平距离为 200m，隧洞与水库水位高差为 80m，衬砌结构结合结构计算及以上基本资料进行结构设计。

洞口段Ⅴ类围岩，拱部采用 φ42 超前小导管注浆加固地层，小导管长 4.0m，间距 0.3m，搭接长度不小于 1.0m，初期支护采用喷锚网、全断面设 1 榀/0.8m 的工 16 型钢钢架。全断面喷 C20 混凝土厚 23cm，拱墙设 Φ22 砂浆锚杆，长 3.5m，间距 120cm×100cm，拱墙挂 Φ8 钢筋网，间距 20cm×20cm。

洞身段Ⅳ类围岩，初期支护采用喷锚网、拱墙设 1 榀/1.2m 的工 16 型钢钢架。拱墙喷

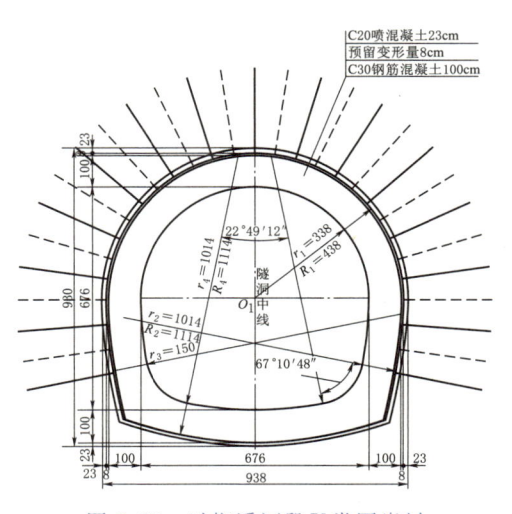

图 5.23 过椒溪河段Ⅴ类围岩衬砌断面支护设计（单位：cm）

C20 混凝土厚 21cm，拱墙设Φ22 砂浆锚杆，长 3.0m，间距 120cm×120cm，拱墙挂Φ8 钢筋网，间距 20cm×20cm。

洞身段Ⅲ类围岩，初期支护采用喷锚网支护。拱墙喷 C20 混凝土厚 10cm，拱部 120°设Φ22 砂浆锚杆，长 2.5m，间距 120cm×150cm，拱部挂Φ8 钢筋网，间距 25cm×25cm，详细参数见表 5.24。

表 5.24　　　　　　　　　　　衬　砌　支　护　参　数

围岩类别	预留变形量/cm	初期支护参数 喷混凝土 厚度/cm	初期支护参数 喷混凝土 位置	Φ22砂浆锚杆 位置	Φ22砂浆锚杆 长度/m	Φ22砂浆锚杆 间距/(m×m)	Φ8钢筋网 位置	Φ8钢筋网 间距/(cm×cm)	钢拱架	二次衬砌 拱墙/cm	二次衬砌 仰拱/cm
Ⅲ	5	10	拱墙	拱部120°	2.5	1.2×1.5	拱部	25×25		50*	50*
Ⅳ	6	21	拱墙	拱墙	3.0	1.2×1.2	拱墙	20×20	工16 1榀/1.2m	60*	60*
Ⅴ	8	23	全断面	拱墙	3.5	1.2×1.0	拱墙	20×20	工16 1榀/0.8m	60*	60*

注　二次衬砌中带 * 的为钢筋混凝土。

（3）主支交叉段设计。秦岭输水隧洞越岭段共设 10 座施工支洞辅助施工，支洞与主洞交叉段处围岩类别主要为Ⅱ类、Ⅲ类，各支洞与主洞交叉口围岩类别具体情况见表 5.25。

各支洞交叉段根据表 5.25 可知均位于Ⅱ类、Ⅲ类围岩洞段，按喷锚构筑法技术要求设计，交叉段采用复合式衬砌，初期支护采用喷、锚、网支护；Ⅱ类、Ⅲ类围岩段拱墙衬砌采用 C25 钢筋混凝土结构。

对于Ⅲ类围岩洞段，初期支护采用锚喷网，拱墙喷 C20 混凝土厚 10cm，拱部 120°范围内设Φ22 全螺纹砂浆锚杆，长 2.5m，间距 120cm×150cm。二次衬砌采用 C25 钢筋混凝土衬砌，衬砌厚度 35cm。对于Ⅱ类围岩洞段，初期支护采用锚喷网，拱墙喷 C20 混凝土厚 8cm；拱部设Φ22 随机锚杆，长 2.0m，二次衬砌拱墙采用 C25 钢筋混凝土，衬砌厚度 30cm。

表 5.25　　　　　　　　各支洞与主洞交叉口围岩类别统计

支洞名称	支洞底与主洞交叉口围岩类别	支洞名称	支洞底与主洞交叉口围岩类别
椒溪河支洞	Ⅲ	3号支洞	Ⅲ
0号支洞	Ⅲ	4号支洞	Ⅱ
0-1号支洞	Ⅲ	5号支洞	Ⅲ
1号支洞	Ⅲ	6号支洞	Ⅱ
2号支洞	Ⅱ	7号支洞	Ⅲ

（4）其余钻爆段设计。桩号 K0+000～K1+750、K1+930～K2+685、K3+080～K26+143 段隧洞，长 25.568km；隧洞穿越的地层岩性以石英片岩夹大理岩、花岗闪长岩、大理岩、大理岩夹片麻岩、片麻岩、石英片岩夹变粒岩、花岗岩及石英岩为主，围岩

类别为Ⅱ～Ⅳ类；隧洞平均坡比 1/2527；设计断面型式为马蹄形，过水断面尺寸为 6.76m×6.76m。

桩号 K65+225～K78+779 段隧洞，长 13.554km；隧洞穿越的地层岩性以花岗岩、花岗闪长岩、花岗斑岩、角闪石英片岩、变砂岩、千枚岩夹变砂岩、绿泥片岩夹云母片岩、大理岩夹云母片岩为主，围岩类别为Ⅱ～Ⅴ类；平均坡比 1/2530，断面型式为马蹄形，过水断面尺寸为 6.76m×6.76m。

按喷锚构筑法技术要求设计，隧洞采用复合式衬砌，初期支护采用喷、锚、网支护；Ⅳ类、Ⅴ类围岩段衬砌采用 C25 钢筋混凝土结构；Ⅱ类、Ⅲ类围岩段衬砌采用 C25 混凝土结构，衬砌内侧设单层钢筋网，以防变形开裂。

对于Ⅴ类围岩洞段，拱部 120°设 ϕ42 超前小导管注浆加固地层，小导管长 3.5m，间距 0.3m，搭接长度不小于 1.5m，初期支护采用锚喷网、全断面设 1 榀/0.5m 的工 16 型钢钢架。全断面喷 C20 混凝土厚 20cm，拱部 120°范围内设 ⏀25 中空注浆锚杆，长 3.5m，边墙设 ⏀22 全螺纹砂浆锚杆，间距 120cm×100cm，拱墙挂 Φ8 钢筋网，间距 20cm×20cm。二次衬砌采用 C25 钢筋混凝土衬砌，衬砌厚度 50cm；二次衬砌设置受力钢筋 5Φ25@200、分布钢筋 5Φ20@200。

对于Ⅳ类围岩洞段，初期支护采用锚喷网、拱墙设 1 榀/m 的工 16 型钢钢架。拱墙喷 C20 混凝土厚 20cm，拱部 120°范围内设 ⏀25 中空注浆锚杆，长 3.0m，边墙设 ⏀22 全螺纹砂浆锚杆，间距 120cm×120cm，拱墙挂 Φ8 钢筋网，间距 20cm×20cm。二次衬砌采用 C25 钢筋混凝土衬砌，衬砌厚度 45cm；二次衬砌设置受力钢筋 5Φ20@200、分布钢筋 5Φ16@200。

对于Ⅲ类围岩洞段，初期支护采用锚喷网，拱墙喷 C20 混凝土厚 10cm，拱部 120°范围内设 ⏀22 全螺纹砂浆锚杆，长 2.5m，间距 120cm×150cm。二次衬砌拱墙采用 C25 混凝土，衬砌厚度 35cm，二次衬砌内侧设置受力钢筋 5Φ14@200、分布钢筋 5Φ10@200。

对于Ⅱ类围岩洞段，初期支护采用锚喷网，拱墙喷 C20 混凝土厚 10cm；二次衬砌拱墙采用 C25 混凝土，衬砌厚度 30cm，二次衬砌内侧设置受力钢筋 5Φ8@200、分布钢筋 5Φ8@200。衬砌及支护设计参数详见表 5.26。

表 5.26　　　　　　　　　衬砌及支护设计参数

围岩类别	预留变形量/cm	初期支护参数							二次衬砌	
		喷层位置	厚度/cm	⏀22全螺纹砂浆锚杆和⏀25中空注浆锚杆			Φ8钢筋网		钢拱架	拱墙/cm	仰拱/cm
				位置	长度/m	间距（纵×环）/(m×m)	位置	间距/(cm×cm)			
Ⅱ		拱墙	10	局部	2.0	随机	无	无		30*	30*
Ⅲ		拱墙	10	拱部120°	2.5	1.2×1.5	拱部	25×25		35*	35*
Ⅳ	6	拱墙	20	拱部120° ⏀25 边墙⏀22	3.0	1.2×1.2	拱墙	20×20	工16 1榀/m	45*	45*
Ⅴ	8	全断面	20	拱部120° ⏀25 边墙⏀22	3.5	1.2×1.0	拱墙	20×20	工16 1榀/0.5m	50*	50*

注　二次衬砌中带 * 的为钢筋混凝土。

2. 秦岭输水隧洞黄三段

黄三段围岩以Ⅲ类为主，部分洞段为Ⅱ类、Ⅳ类围岩，在断层带分布少量Ⅴ类围岩。已有数据中Ⅱ类围岩洞段累计长度2050m，占12.6%；Ⅲ类围岩洞段累计长度11276.30m，占68.3%；Ⅳ类围岩洞段累计长度2909.70m，占17.6%；Ⅴ类围岩洞段累计长度245m，占1.5%。

结合地质勘查成果及施工设计方案、越岭段试验洞支护设计施工情况以及数值计算分析结果，黄三段主隧洞一次支护设计见表5.27，采用如下一次支护方案：

（1）A型。Ⅱ类围岩，全断面法开挖，顶拱及边墙喷射C20混凝土，厚10cm，局部随机布设2m长Φ22全螺纹砂浆锚杆，一次支护设计如图5.24所示。

（2）B型。Ⅲ类围岩，全断面法开挖，顶拱及边墙喷射C20混凝土，厚10cm，顶拱挂间距为250mm×250mm的Φ8钢筋网，顶拱120°范围内布设间距为1.2m×1.5m、2.5m长Φ22全螺纹砂浆锚杆，一次支护设计如图5.25所示。

（3）C型。Ⅳ类围岩，台阶法开挖，顶拱及边墙布设间距为1.2m×1.2m、长3m的系统锚杆，锚杆采取梅花形布置，其中顶拱120°范围内布设的锚杆类型为Φ25中空注浆锚杆，其余为Φ22全螺纹砂浆锚杆，顶拱及边墙挂间距为200mm×200mm的Φ8钢筋网，并设间距为1m的工16钢拱架支护，顶拱及边墙喷射厚20cm的C20混凝土，一次支护设计如图5.26所示。

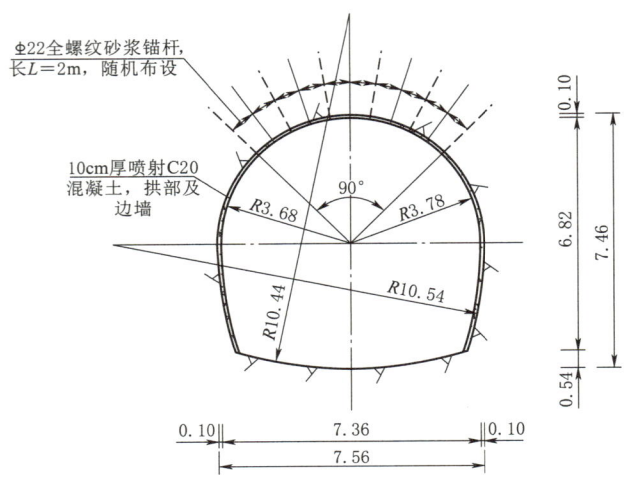

图5.24 A型断面一次支护设计图（Ⅱ类围岩）（单位：m）

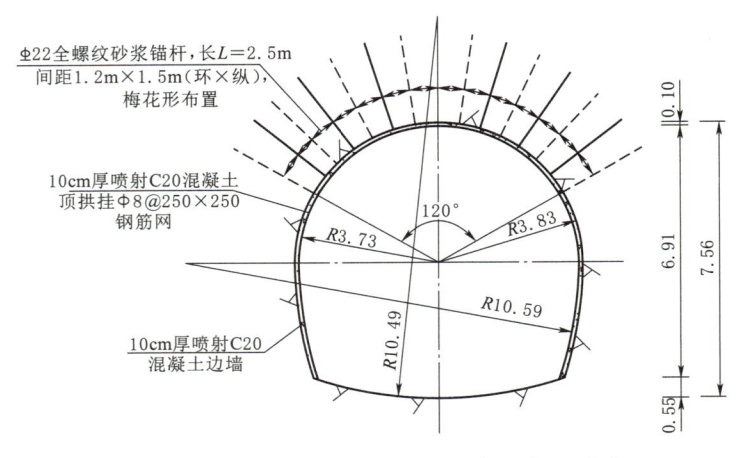

图5.25 B型断面一次支护设计图（Ⅲ类围岩）（单位：m）

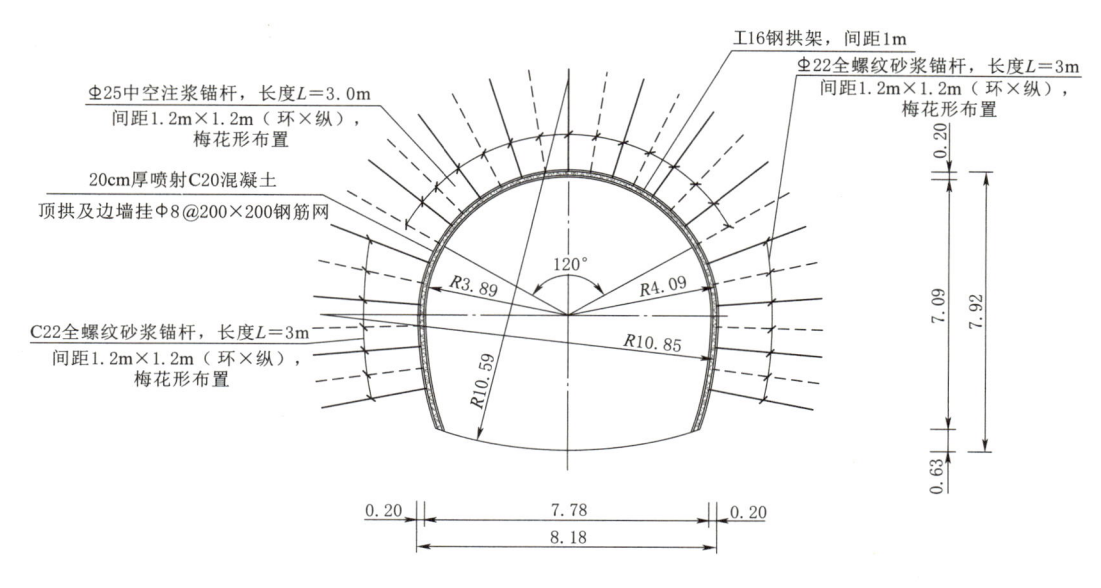

图5.26　C型断面一次支护设计图（Ⅳ类围岩）（单位：m）

（4）D型。Ⅴ类围岩，对围岩实施超前注浆，注浆区半径8m，台阶法开挖后，顶拱及边墙布设间距为1.2m×1.0m、长3.5m的系统锚杆，锚杆采取梅花形布置，其中顶拱120°范围内布设的锚杆类型为Φ25中空注浆锚杆，其余为Φ22全螺纹砂浆锚杆，并挂间距为200mm×200mm的Φ8钢筋网，全断面设间距为0.5m的工16钢拱架支护，全断面喷射厚20cm的C20混凝土，一次支护设计如图5.27所示。

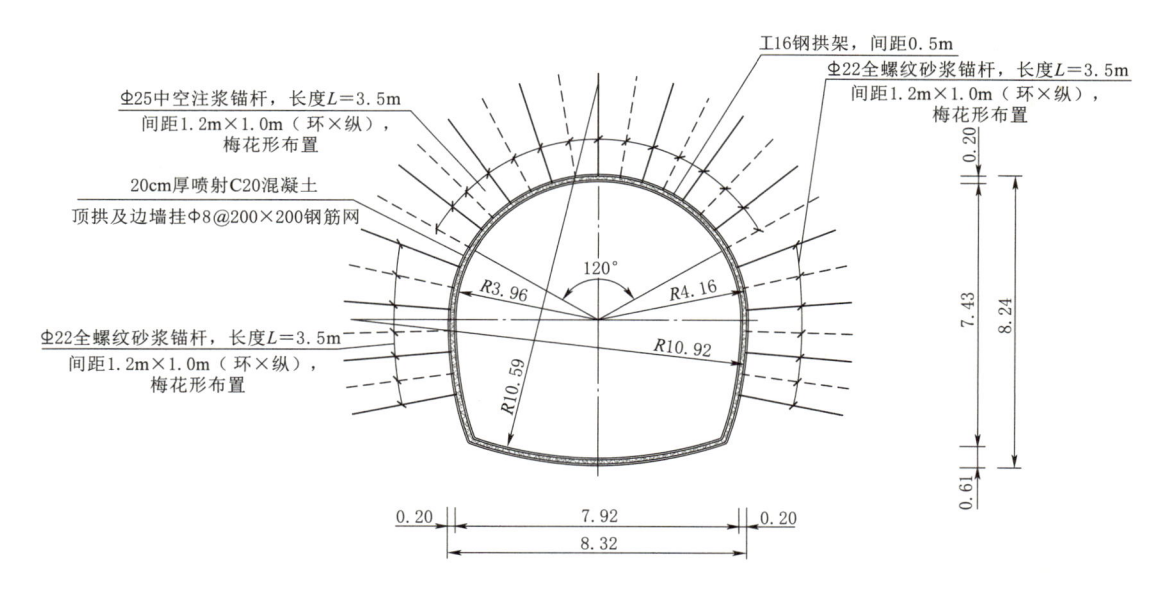

图5.27　D型断面一次支护设计图（Ⅴ类围岩）（单位：m）

表 5.27　　　　　　　　　　　　黄三段主隧洞一次支护设计

桩　　号	段长/m	围岩类别	代表岩石	埋深/m	富水性	开挖方式	支护和衬砌型式
00+000~00+626	501	Ⅲ	中粗粒石英闪长岩	101~154	贫水区	全断面	B型
	125	Ⅳ			贫水区	短台阶	C型
00+626~01+041	415	Ⅲ	中细粒石英闪长岩	128~224	贫水区	全断面	B型
01+041~01+051	10	Ⅴ	断层带	218~220	贫水区	短台阶	D型，超前注浆加固
01+051~01+211	160	Ⅲ	中细粒石英闪长岩	184~218	贫水区	全断面	B型
01+211~01+221	10	Ⅴ	断层带	194	贫水区	短台阶	D型，超前注浆加固
01+221~01+315	94	Ⅲ	中细粒石英闪长岩	186~194	贫水区	全断面	B型
01+315~01+442	127	Ⅱ	二长花岗岩	119~186	贫水区	全断面	A型
01+442~01+575	133	Ⅲ	中细粒石英闪长岩	54~119	贫水区	全断面	B型
01+575~01+712	137	Ⅳ	中细粒石英闪长岩	34~63	弱富水区	短台阶	C型
01+712~01+914	202	Ⅲ	中细粒石英闪长岩	63~180	贫水区	全断面	B型
01+914~02+284	370	Ⅱ	二长花岗岩	114~184	贫水区	全断面	A型
02+284~02+732	448	Ⅲ	二长花岗岩	40~164	贫水区	全断面	B型
02+732~02+765	33	Ⅴ	断层带	115~139	弱富水区	短台阶	D型，超前注浆加固
02+765~02+820	55	Ⅳ	二长花岗岩	115~127	弱富水区	短台阶	C型
02+820~02+833	13	Ⅴ	断层带	127~128	弱富水区	短台阶	D型，超前注浆加固
02+833~03+420	587	Ⅲ	角闪辉长岩	125~315	贫水区	全断面	B型
03+420~03+430	10	Ⅴ	断层带	315	贫水区		D型，超前注浆加固
03+430~03+746	316	Ⅲ	角闪辉长岩	245~315	贫水区		B型
03+746~04+045	299	Ⅲ	二长花岗岩	255~285	贫水区	全断面	B型
04+045~04+342	297	Ⅳ	斜长角闪岩	194~285	弱富水区	短台阶	C型
04+342~04+941	599	Ⅲ	二长花岗岩	215~386	贫水区	全断面	B型
04+941~05+104	163	Ⅱ	二长花岗岩	386~406	贫水区	全断面	A型
05+104~05+766	232	Ⅱ	角闪斜长片麻岩	386~506	贫水区	全断面	B型
	430	Ⅲ					A型
05+766~06+171	405	Ⅱ	中粒花岗岩	509~536	贫水区	全断面	A型
06+171~06+862	691	Ⅲ	角闪斜长片麻岩	311~556	贫水区	全断面	B型
06+862~07+188	326	Ⅱ	中粒花岗岩	306~356	贫水区	全断面	A型
07+188~09+337	1504	Ⅲ	角闪斜长片麻岩	216~549	贫水区	全断面	D型，超前注浆加固
	645	Ⅳ	钠长绿泥片岩	466~468	贫水区	短台阶	B型
09+337~09+347	10	Ⅴ	钠长绿泥片岩	466~468	贫水区	短台阶	D型，超前注浆加固
09+347~09+695	348	Ⅲ	钠长绿泥片岩	456~510	贫水区	全断面	B型
09+695~09+880	185	Ⅳ	含炭（炭质）片岩	510~568	贫水区	短台阶	C型
09+880~09+900	20	Ⅴ	含炭（炭质）片岩	557~563	中等富水区	短台阶	D型，超前注浆加固

5.4 隧洞工程结构设计

续表

桩　　号	段长/m	围岩类别	代表岩石	埋深/m	富水性	开挖方式	支护和衬砌型式
09＋900～09＋959	59	Ⅳ	含炭（炭质）片岩	531～557	中等富水区	短台阶	C型
09＋959～09＋979	20	Ⅴ	含炭（炭质）片岩	519～531	中等富水区	短台阶	D型，超前注浆加固
09＋979～10＋022	43	Ⅳ	含炭（炭质）片岩	484～519	中等富水区	短台阶	C型
10＋022～10＋122	100	Ⅲ	灰岩	408～484	中等富水区	全断面	B型
10＋122～10＋146	24	Ⅴ	断层带	386～408	中等富水区	短台阶	D型，超前注浆加固
10＋146～10＋530	384	Ⅳ	云母片岩	208～386	中等富水区	短台阶	C型
10＋530～11＋515	985	Ⅳ	云母片岩	98～269	弱富水区	短台阶	C型
11＋515～12＋309	794	Ⅲ	二云石英片岩及灰褐色云母斜长片岩互层	209～348	弱富水区	全断面	B型
12＋309～12＋370	61	Ⅲ	细粒灰绿色变质砂岩	213～218	弱富水区	全断面	B型
12＋370～12＋596	226	Ⅲ	细粒灰绿色变质砂岩	218～294	中等富水区	全断面	B型
12＋596～12＋606	10	Ⅴ	细粒灰绿色变质砂岩	294～296	中等富水区	短台阶	D型，超前注浆加固
12＋606～12＋620	14	Ⅲ	细粒灰绿色变质砂岩	296～298	中等富水区	全断面	B型
12＋620～12＋788	50	Ⅲ	二云石英片岩及灰褐色云母斜长片岩互层	298～344	中等富水区	全断面	B型
12＋620～12＋788	118	Ⅳ	二云石英片岩及灰褐色云母斜长片岩互层	298～344	中等富水区	短台阶	C型
12＋788～12＋803	15	Ⅴ	二云石英片岩及灰褐色云母斜长片岩互层	344～347	中等富水区	短台阶	D型，超前注浆加固
12＋803～13＋030	68	Ⅲ	二云石英片岩及灰褐色云母斜长片岩互层	260～359	中等富水区	全断面	B型
12＋803～13＋030	159	Ⅳ	二云石英片岩及灰褐色云母斜长片岩互层	260～359	中等富水区	短台阶	C型
13＋030～13＋314	85	Ⅲ	二云石英片岩及灰褐色云母斜长片岩互层	219～260	贫水区	全断面	B型
13＋030～13＋314	199	Ⅳ	二云石英片岩及灰褐色云母斜长片岩互层	219～260	贫水区	短台阶	C型
13＋314～13＋324	10	Ⅴ	二云石英片岩及灰褐色云母斜长片岩互层	250～259	贫水区	短台阶	D型，超前注浆加固
13＋324～13＋434	110	Ⅲ	硅质板岩、含石墨石英岩	259～343	贫水区	全断面	B型
13＋434～13＋511	77	Ⅱ	花岗岩脉	343～391	贫水区	全断面	A型
13＋511～13＋670	159	Ⅲ	硅质板岩、含石墨石英岩	391～439	贫水区	全断面	B型
13＋670～13＋769	99	Ⅱ	硅质岩	376～439	贫水区	全断面	A型
13＋769～14＋072	303	Ⅲ	硅质板岩、含石墨石英岩	209～376	贫水区	全断面	B型
14＋072～14＋104	32	Ⅱ	花岗岩脉	209～228	贫水区	全断面	A型
14＋104～14＋114	10	Ⅴ	硅质板岩、含石墨石英岩	228～229	贫水区	短台阶	D型，超前注浆加固
14＋114～14＋461	347	Ⅲ	变质砂岩、灰褐色云母斜长片岩	102～230	贫水区	全断面	B型

续表

桩　号	段长/m	围岩类别	代表岩石	埋深/m	富水性	开挖方式	支护和衬砌型式
14+461～14+540	79	Ⅲ	变质砂岩、灰褐色云母斜长片岩	79～102	弱富水区	全断面	B型
14+540～14+616	76	Ⅳ	灰褐色云母斜长片麻岩	86～144	弱富水区	短台阶	C型
14+616～14+858	242	Ⅱ	二长花岗岩	157～250	贫水区	全断面	A型
14+858～15+050	192	Ⅲ	变质砂岩、灰褐色云母斜长片岩	116～238	贫水区	全断面	B型
15+050～15+100	50	Ⅴ	变质砂岩、灰褐色云母斜长片岩	110～116	贫水区	短台阶	D型，超前注浆加固
15+100～15+802	702	Ⅲ	变质砂岩、灰褐色云母斜长片岩	80～160	贫水区	全断面	B型
15+802～15+812	10	Ⅴ	变质砂岩、灰褐色云母斜长片岩	103～110	贫水区	短台阶	D型，超前注浆加固
15+812～16+272	460	Ⅲ	变质砂岩、灰褐色云母斜长片岩	70～140	贫水区	全断面	B型
16+272～16+481	209	Ⅱ	中粒变质砂岩	140～225	贫水区	全断面	A型

5.4.4　TBM施工段支护参数

依据TBM设备及配套设备高度、长度、最大起重重量和TBM设备检修的需要，对组装洞室、检修洞室、拆卸洞室进行设计。

1. 组装洞室设计

岭南3号支洞井底组装洞室设计长514m，组装洞起止里程为K26+143.006～K26+657.006；岭北6号支洞井底组装洞室设计长514m，组装洞起止里程为K65+225～K64+711。TBM组装段根据施工需要分为四段：后配套安装洞长100m，成洞尺寸10.6m×16m，为城门洞形；主机安装洞长82m，成洞尺寸$r=10.5$m，拱部角度106°42′58″，$B=13.85$m，$H=18.46$m，为城门洞形；步进洞长307m，成洞尺寸7.72m×7.67m，为城门洞形；始发洞长25m，成洞尺寸$r=4.11$m，圆形，具体情况如图5.28～图5.31所示。按喷锚构筑法技术要求设计，隧洞采用复合式衬砌，初期支护采用喷、锚、网支护；二次衬砌采用模筑衬砌，详细支护参数见表5.28～表5.31。

表5.28　主机安装洞支护参数

围岩类别	施工部位	喷层厚度/cm	Φ8钢筋网网格间距/(cm×cm)	Φ25中空锚杆 长度/m	Φ25中空锚杆 间距/(m×m)	钢架/(榀/m)	二次衬砌/cm
Ⅱ、Ⅲ	拱部	10	20×20	4.0	1.0×1.0（环×纵）	—	50*
Ⅱ、Ⅲ	上部边墙	10	20×20	4.5	1.0×1.0（环×纵）	—	50*
Ⅱ、Ⅲ	下部边墙	10	20×20	4.0	1.2×1.2（环×纵）	—	50*
Ⅱ、Ⅲ	基底						50*
Ⅱ、Ⅲ	铺底						20

注　二次衬砌中带*的为钢筋混凝土。

表 5.29　　　　　　　　　　　　　后配套洞室支护参数

围岩类别	预留变形量/cm	喷层厚度/cm	Φ8钢筋网 位置	Φ8钢筋网 间距/(cm×cm)	Φ25中空锚杆/Φ22砂浆锚杆 位置	长度/m	间距/(m×m)	二次衬砌/cm	铺底/cm
Ⅱ、Ⅲ	5	10	拱墙	25×25	拱墙	4.0	1.2×1.2	50*	20

注　二次衬砌中带*的为钢筋混凝土。

表 5.30　　　　　　　　　　　　　步进洞室支护参数

围岩类别	喷层厚度/cm	Φ8钢筋网 位置	Φ8钢筋网 间距/(cm×cm)	Φ22砂浆锚杆 位置	长度/m	间距/(m×m)	二次衬砌/cm	铺底/cm
Ⅱ、Ⅲ	10	拱部	20×20	拱部	3.0	1.2×1.5	40	15

表 5.31　　　　　　　　　　　　　始发洞室支护参数

围岩类别	喷层厚度/cm	Φ8钢筋网 位置	Φ8钢筋网 间距/(cm×cm)	Φ25中空锚杆 位置	长度/m	间距/(m×m)	二次衬砌/cm
Ⅲ	10	拱部	20×20	拱部	3	1.2×1.5	30*

注　二次衬砌中带*的为钢筋混凝土。

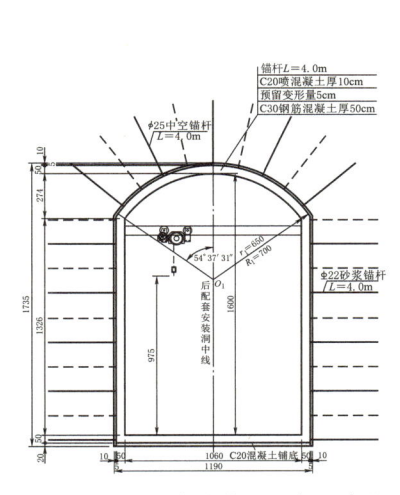

图 5.28　后配套安装洞室断面支护设计（单位：cm）

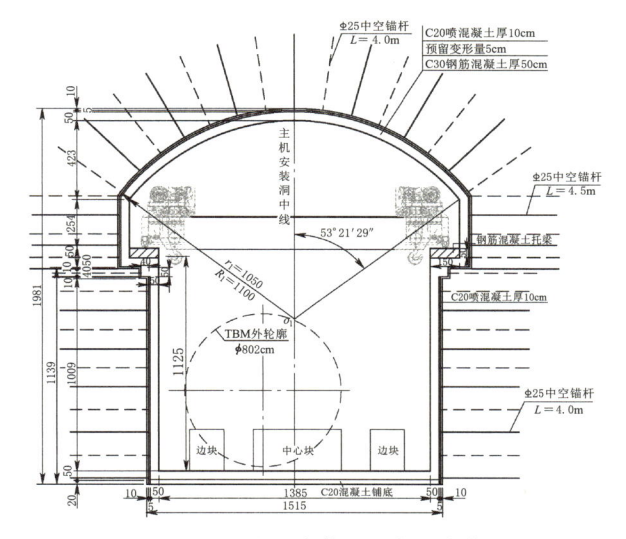

图 5.29　主机安装洞室断面支护设计（单位：cm）

2. 检修洞室设计

岭南 4 号支洞井底检修洞室设计长 60m，检修洞室起止里程为 K38+370～K38+430，围岩类别为Ⅱ类；岭北 5 号支洞井底检修洞室设计长 60m，检修洞起止里程为 K55+250～K55+310，围岩类别为Ⅲ类。TBM 检修洞室采用城门洞形，尺寸为 9.42m×11.09m（宽×高）。按喷锚构筑法技术要求设计，隧洞采用复合式衬砌，初期支护采用喷、锚、网支护，布置情况如图 5.32 和图 5.33 所示；检修洞室支护参数见表 5.32。

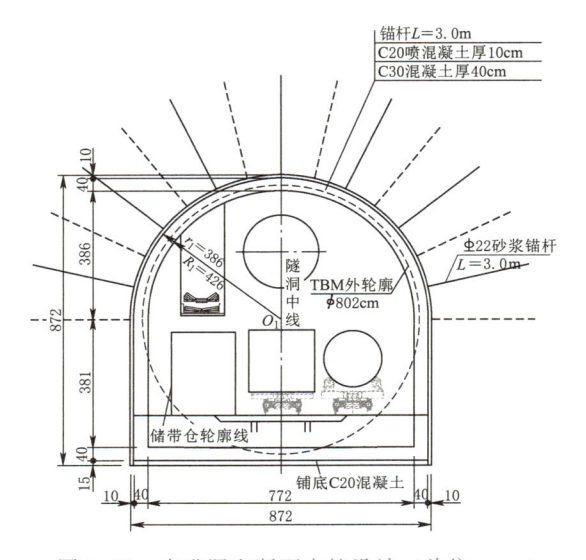

图 5.30 步进洞室断面支护设计（单位：cm）

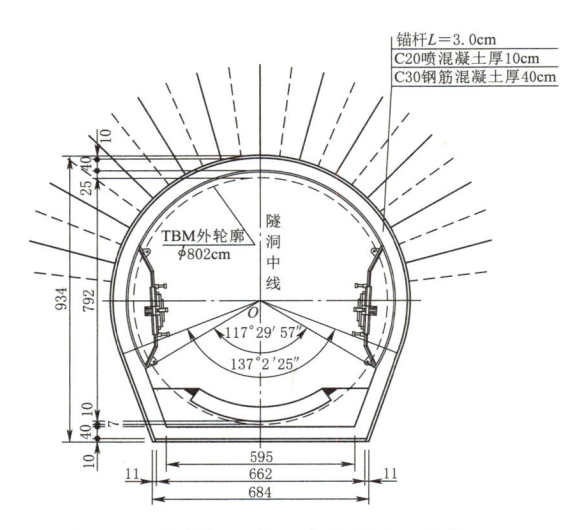

图 5.31 始发洞室断面支护设计（单位：cm）

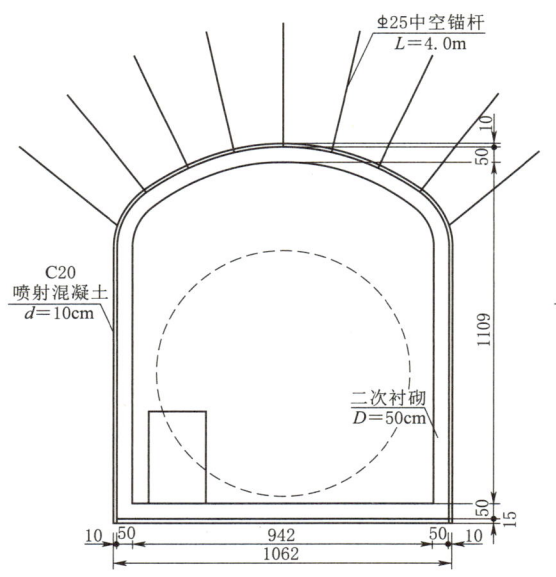

图 5.32 TBM 施工段 Ⅱ 类围岩检修洞衬砌断面支护布置（单位：cm）

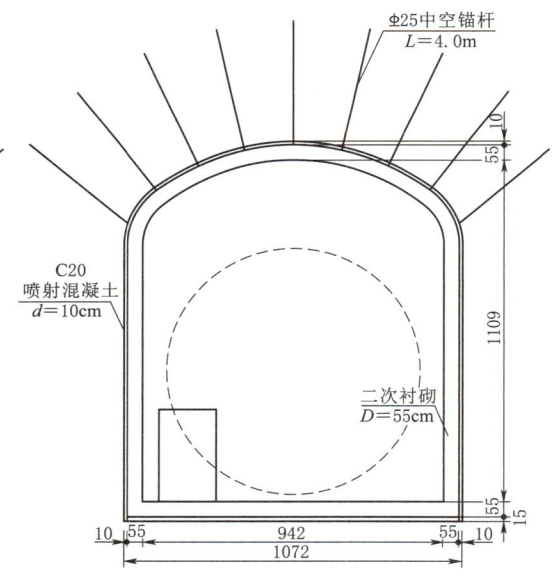

图 5.33 TBM 施工段 Ⅲ 类围岩检修洞衬砌断面支护布置（单位：cm）

3. 拆卸洞室设计

依据 TBM 设备及配套设备高度、长度、最大起重重量和 TBM 设备拆卸的需要，进行拆卸洞设计，详细尺寸待 TBM 机型确定后，根据其部件尺寸、重量选择吊机的主要技术参数，从而确定拆卸洞室的具体尺寸，本次设计依据《铁路隧道全断面岩石掘进机法施工技术指南》（铁建设〔2007〕106 号）及工程类比拟定洞室内轮廓。

表 5.32　　　　　　　　　　检修洞室支护参数

围岩类别	预留变形量/cm	喷层厚度/cm	Φ8钢筋网 位置	Φ8钢筋网 间距/(cm×cm)	Φ25中空锚杆 位置	Φ25中空锚杆 长度/m	Φ25中空锚杆 间距/(m×m)	二次衬砌/cm
Ⅱ	3	10	拱部	25×25	拱部	4	1.2×1.2	50*
Ⅲ	5	10	拱墙	25×25	拱部	4	1.2×1.2	55*

注　二次衬砌中带*的为钢筋混凝土。

拆卸洞室起止里程为 K43+670~K43+720，长 50m，成洞尺寸 r=10.5m，拱部角度 106°42′58″，B=13.85m，H=18.46m，为城门洞形，支护设计如图 5.34 所示，拆卸洞支护参数见表 5.33。

4. TBM 施工段设计

（1）岭脊 TBM 施工段参数。桩号 K26+657.006~K33+065、K33+095~K43+670、K43+720~K55+265、K55+295~K64+711，长约 37.94km，采用 TBM 施工，输水隧洞断面型式为圆形，复合式衬砌段过水断面内径为 6.92m，锚喷衬砌段过水断面为 7.76m。

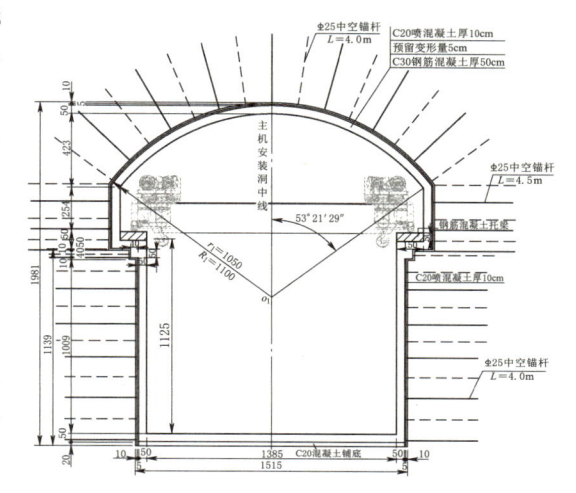

图 5.34　主机拆卸洞室断面支护设计（单位：cm）

表 5.33　　　　　　　　　　拆卸洞支护参数

围岩类别	施工部位	喷层厚度/cm	Φ8钢筋网网格间距/(cm×cm)	Φ25中空锚杆 长度/m	Φ25中空锚杆 间距/(m×m)	钢架/(榀/m)	二次衬砌/cm
Ⅱ、Ⅲ	拱部	10	20×20	4.0	1.0×1.0（环×纵）	—	50*
	上部边墙	10	20×20	4.5	1.0×1.0（环×纵）	—	50*
	下部边墙	10	20×20	4.0	1.2×1.2（环×纵）	—	50*
	基底						50*
	铺底						20

注　二次衬砌中带*的为钢筋混凝土。

（2）TBM 直径确定。岭脊段由于埋深较大，辅助坑道设置困难，经研究采用 TBM 施工，结合水力计算及工程类比，对Ⅲ~Ⅴ类围岩地段采用复合式衬砌，对Ⅰ~Ⅱ类围岩地段采用锚喷衬砌。在 TBM 施工隧洞的断面设计中，考虑了 10cm 的施工误差和预留变形量。因此，TBM 外径尺寸拟定如下：

对于复合式衬砌段：8.02m=6.92m（过水断面）+2×0.30m（衬砌厚度）+2×0.1m（预留变形量+施工误差）+2×0.15m（喷混凝土）。

对于锚喷衬砌段：8.02m＝7.76m（过水断面）+2×0.05m（预留施工误差）+2×0.08m（喷混凝土）。

(3) TBM段仰拱型式比较。根据隧洞有轨进料+皮带出渣运输方式，对仰拱处理采取两种型式作比较，即仰拱预制块和现浇仰拱，如图5.35所示。结合越岭段岭脊段为整个工程的控制工期点，同时考虑施组等方面要求，推荐采用仰拱预制块型式。

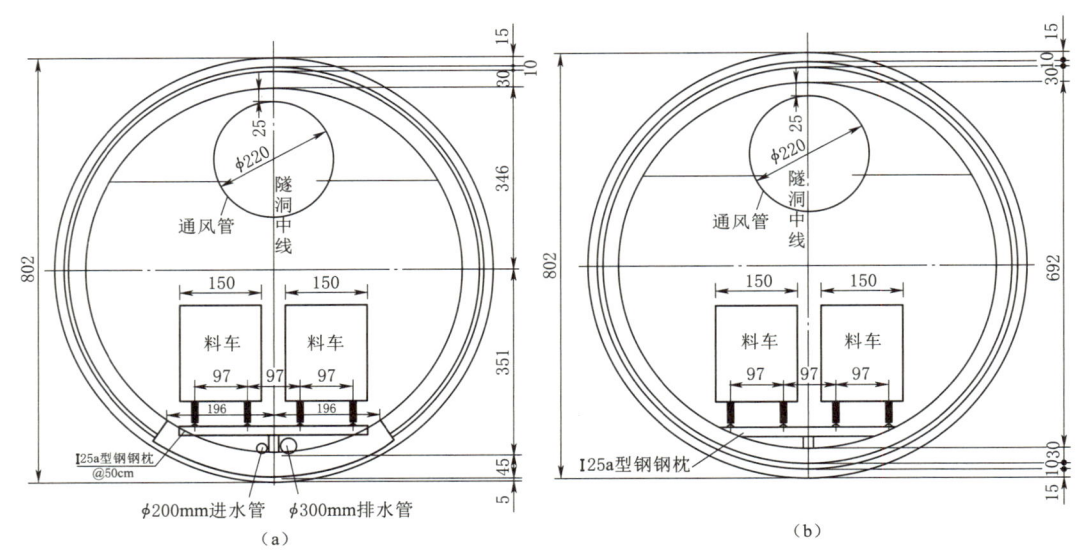

图5.35 仰拱型式示意图（单位：cm）
(a) 仰拱预制块；(b) 现浇仰拱

仰拱预制块的优点包括：仰拱块预制工厂化作业，安装工序成熟，质量有保障；在TBM掘进同时，仰拱块、轨排、轨线铺设一次性全部安装到位，工序简单，施工快速，在二次衬砌边基及拱墙同步二次衬砌施工期间，不调整轨道，能确保TBM掘进运输的连续性，对运输的影响小。缺点主要有：影响隧洞过水断面，需要大型的预制块制作及养护场地，投资较大。

现浇仰拱的优点包括：断面二次衬砌一次成型，隧洞稳定性较好；对隧洞过水断面无任何影响；不需要大型的预制块场地，经济性较好。缺点主要有：现浇仰拱两侧不能超过轨枕下沿，为浇注边基，使边基面高出轨枕下表面，必须切断运输轨线，更换轨枕并调整轨线纵断面后方可施工，待边基强度达到要求后再恢复运输轨排，中间存在两次中断运输调整轨线，不能确保TBM掘进运输的连续性；受断面尺寸限制，考虑后续进行拱墙二次衬砌，进水、排水管线必须布置在轨排下方，会对仰拱现浇立模、脱模造成较大影响；进行仰拱现浇，轨排不能有中间支腿，轨排型钢很长并完全靠其自身刚度承受行车压力，要求轨排型钢刚度非常强，投入大，且轨排自身重量大，在几次轨道调整期间，搬运困难；仰拱浇注前和浇注后轨排长度、型号不一样，需来回更换，劳动强度大；仰拱立模、加固、混凝土浇筑、拆模等工序均在轨排下进行，存在安全隐患，并受规避上部车辆行驶影响较大；由于现浇施工条件复杂，仰拱现浇成型及混凝土振捣质量不容易保证，施工效率低，容易对拱墙衬砌进度造成影响。

5.4 隧洞工程结构设计

根据以上比较可知，仰拱布设现浇块影响隧洞施工，且施工工序复杂，同时考虑隧洞工期及同步衬砌等因素，推荐秦岭输水隧洞采用仰拱预制块型式。

（4）Ⅰ类、Ⅱ类围岩段衬砌型式比较。为满足隧洞输水能力和结构安全，对于Ⅰ类、Ⅱ类围岩段有两种衬砌型式可以选择，即喷锚衬砌型式和模筑减糙衬砌型式，如图5.36和图5.37所示。从功能、造价、施工等方面进行比选，比较情况见表5.34。

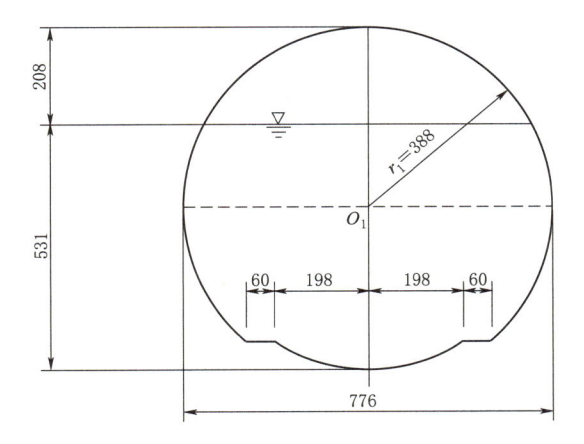

图5.36　Ⅰ类、Ⅱ类围岩段喷锚衬砌图（单位：cm）

图5.37　Ⅰ类、Ⅱ类围岩段模筑减糙衬砌图（单位：cm）

表5.34　Ⅰ类、Ⅱ类围岩衬砌型式比较

项　目	喷锚衬砌	模筑减糙衬砌
设计流量/(m³/s)	70.0	70.0
隧洞断面型式	圆形	圆形
纵坡比	1/2500	1/2500
水深/m	5.31	4.87
净空比/%	22.47	27.11
净空高度/m	2.08	2.27
施工条件	工序简单	工序复杂
造价/(万元/m)	5.62	5.83
综合比较	1. 满足输水功能需要； 2. 支护工作方便灵活，工作量较小； 3. 造价低； 4. 与TBM施工段Ⅲ类围岩模筑衬砌断面衔接时水面线跌、涌量较小	1. 满足输水功能需要； 2. 支护工作工作量较大； 3. 造价高； 4. 与TBM施工段Ⅲ类围岩模筑衬砌断面衔接时水面线跌、涌量较大
衬砌选择	推荐衬砌断面	比较衬砌断面

（5）衬砌支护结构设计。隧洞按喷锚构筑法技术要求设计，Ⅰ类、Ⅱ类围岩采用锚喷衬砌支护；Ⅲ～Ⅴ类围岩采用复合式衬砌，初期支护采用喷、锚、网支护；Ⅲ类围岩段衬砌采用C25混凝土，Ⅳ类、Ⅴ类围岩段衬砌采用C25钢筋混凝土结构；仰拱采用C40钢

筋混凝土预制块。

对于Ⅴ类围岩洞段，拱部120°设 ϕ42 超前小导管注浆加固地层，小导管长3.5m，间距0.3m，搭接长度不小于1.5m，外插角6°，初期支护采用锚喷网、全断面设1榀/0.9m的H150型钢钢架。全断面喷C20混凝土，厚15cm，拱部180°设Φ25中空锚杆，边墙设Φ22砂浆锚杆，长3.5m，间距100cm×100cm，全断面挂Φ8钢筋网，间距15cm×15cm。二次衬砌采用C25钢筋混凝土衬砌，衬砌厚度30cm。

对于Ⅳ类围岩洞段，拱部120°设 ϕ42 超前小导管注浆加固地层，小导管长3.5m，间距0.4m，搭接长度不小于1.5m，外插角6°，初期支护采用锚喷网、全断面设1榀/1.8m的H125型钢钢架。全断面喷C20混凝土，厚15cm，拱部180°设Φ25中空锚杆，边墙设Φ22砂浆锚杆，长3.5m，间距100cm×100cm，拱墙挂Φ8钢筋网，间距20cm×20cm。二次衬砌采用C25钢筋混凝土衬砌，衬砌厚度30cm。

对于Ⅲ类围岩洞段，初期支护采用锚喷网，全断面喷C20混凝土，厚10cm，拱部90°设Φ25中空锚杆，长3.0m，间距120cm×120cm，拱部180°挂Φ8钢筋网，间距20cm×20cm。二次衬砌采用C25混凝土衬砌，衬砌厚度30cm，衬砌内侧设置单层钢筋网片。

对于Ⅰ类、Ⅱ类围岩洞段，结构型式采用锚喷衬砌，全断面喷C20混凝土，厚8cm，随机设Φ25中空锚杆，长2.5m，间距150cm×150cm。详细参数见表5.35，TBM施工段Ⅰ～Ⅴ类围岩衬砌断面支护设计如图5.38～图5.41所示。

表5.35　　　　　　　　　TBM施工段支护衬砌参数

围岩类别	预留变形量/cm	喷层位置	喷层厚度/cm	Φ22全螺纹砂浆锚杆和Φ25中空注浆锚杆 位置	长度/m	间距（纵×环）/(m×m)	Φ8钢筋网 位置	间距/(cm×cm)	钢拱架	二次衬砌/cm
Ⅰ		全断面	8	随机Φ25	2.5	1.5×1.5				
Ⅱ		全断面	8	随机Φ25	2.5	1.5×1.5				
Ⅲ	5	全断面	10	拱部90°Φ25	3.0	1.2×1.2	拱部180°	20×20		30*
Ⅳ	5	全断面	15	拱部180°Φ25 边墙Φ22	3.5	1.0×1.0	全断面	20×20	H125 1榀/1.8m	30*
Ⅴ	5	全断面	15	拱部180°Φ25 边墙Φ22	3.5	1.0×1.0	全断面	15×15	H150 1榀/0.9m	30*

注　二次衬砌中带*的为钢筋混凝土。

Ⅰ～Ⅴ类围岩洞段，衬砌结构底部68°51′14″设置仰拱预制块，预制块半径 $r=3.46$m，厚度0.45m，长度按TBM一个掘进行程1.8m设计。仰拱预制块顶面宽度满足施工期间铺设四轨双线（轨距900mm）施工轨道的要求，仰拱轨道排架采用工25a型钢钢枕，纵向间距60cm。在仰拱预制块上预留注浆孔、起吊杆、螺栓孔以及安装止水带所需的凹槽等，每节仰拱预制块之间采用凹凸面连接方式。仰拱预制块设计为两种形式：初期支护设置钢架地段采用底部开槽式仰拱预制块，不设钢架地段采用不开槽式仰拱预制块。仰拱预制块采用C40钢筋混凝土现场预制。

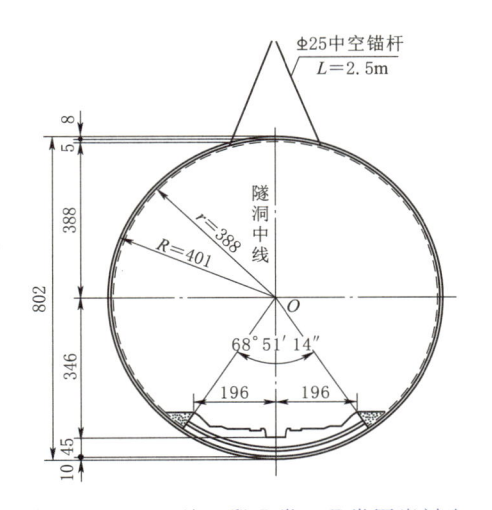

图 5.38　TBM 施工段 Ⅰ 类、Ⅱ 类围岩衬砌断面支护设计（单位：cm）

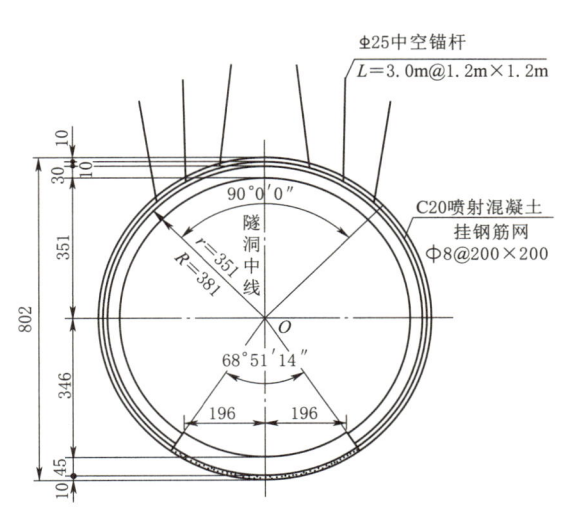

图 5.39　TBM 施工段 Ⅲ 类围岩衬砌断面支护设计（单位：cm）

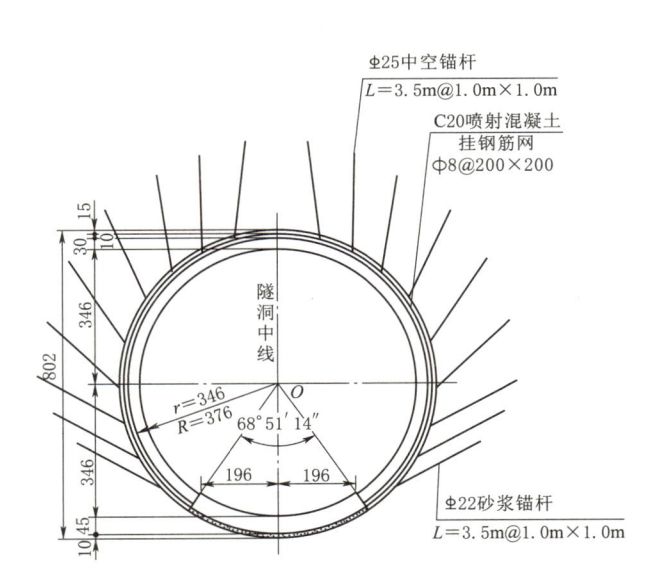

图 5.40　TBM 施工段 Ⅳ 类围岩衬砌断面支护设计（单位：cm）

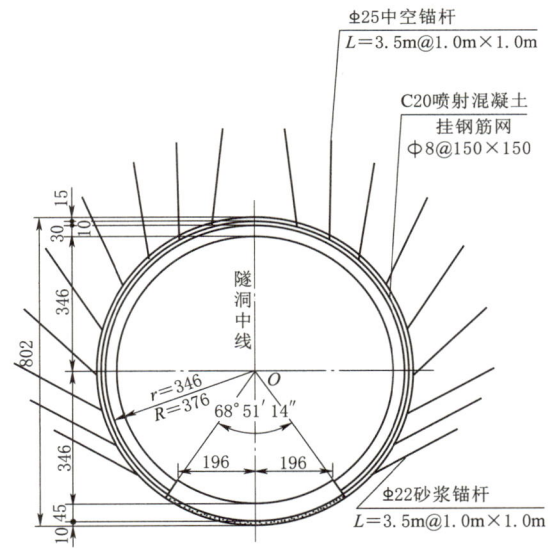

图 5.41　TBM 施工段 Ⅴ 类围岩衬砌断面支护设计（单位：cm）

铺设仰拱预制块后，仰拱预制块底部与围岩尚有10cm间隙，可利用两侧空隙向底部注入C20细石混凝土回填密实，然后再通过注浆孔补充注浆，以保证隧洞底部密实。

5.5 隧洞结构安全设计

5.5.1 防排水设计

防排水设计应遵循"防、排、截、堵结合,因地制宜,综合治理"的原则,采取切实可靠的设计、施工措施,达到防水可靠、排水畅通、经济合理的目的。

1. 洞内防排水设计

对于主洞洞身地下水发育地段及软弱破碎带地段,采用超前预注浆或径向注浆的措施加固地层和堵水。

对于秦岭输水隧洞下穿椒溪河段进行专门的防水设计。该段落所处围岩为Ⅴ类围岩,最小埋深为20m(上层9m鹅卵石层+下层11m Ⅴ类围岩),河床上方为三河口水库蓄水区,最大蓄水深度为78m。为保证该段落的安全,下穿椒溪河段不设排水孔,并采用全包防水设计。设计中,对K2+685~K3+080下穿椒溪河段及K1+750~K1+930下穿木耳沟段衬砌背后设排水板防水(全断面布置),其材料采用PVC毛细防排水板,其幅宽2~4m,厚度不小于1.5mm,具有耐穿刺性、阻燃性、耐久性、耐水性、耐腐蚀性、耐菌性等特点。

2. 排水孔设计

排水孔的设置可以减少隧洞衬砌承受的外水压力。结合秦岭输水隧洞的埋深、工程地质及水文地质条件,考虑在主洞进行固结灌浆和对涌水量大的洞段进行必要的封堵后,排除衬砌与围岩间的渗水,进一步减少外水压力。对隧洞排水孔设计如下:

(1)排水孔布置。拱部120°范围内,每排2个或3个孔,排距3m,梅花形布置,纵向与回填灌浆孔交错布置,根据施工现场情况局部有较大涌水地段可加密排水孔。

(2)钻孔直径。终孔直径96mm,Ⅱ~Ⅳ类围岩孔深2m,Ⅴ类围岩孔深2~3m。

(3)钻孔中安设外径80mm、内径45mm的圆形塑料排水盲沟,塑料排水盲沟外缘包裹厚度不小于3mm的土工无纺布。

(4)在集中出水点处衬砌上做好标记,以便后期施作排水孔,衬砌完成后应尽快施作排水孔。

3. 止水设计

(1)秦岭输水隧洞越岭段。止水设计包括施工缝止水、变形缝止水。按照施工方式不同,施工缝止水在钻爆法施工段和TBM施工段采用不同构造形式。

钻爆法施工段环向施工缝采用中埋钢边止水带止水构造,并贯通二次衬砌拱墙、底板;纵向施工缝采用中埋钢边止水带止水构造。TBM施工段环向施工缝拱墙采用中埋钢边止水带止水构造,仰拱预制块采用DP-821BF复合型膨胀止水带止水。纵向施工缝仰拱预制块与拱墙衬砌纵向施工缝采用20mm×30mm遇水膨胀橡胶止水条。

变形缝止水环向施工缝应与变形缝结合设置,变形缝要贯通二次衬砌拱墙、仰拱,在变形缝部位中部设中埋式橡胶止水带、外贴式止水带及填缝材料组成复合止水层。变形缝内侧采用密封膏进行嵌缝密封止水带,密封膏要求沿变形缝环向封闭,任何部位均不得出现断点,以免出现窜水现象,填缝材料采用聚乙烯泡沫塑料板材。

(2)秦岭输水隧洞黄三段。在隧洞沿线地质条件明显变化处、主洞与支洞交汇处、断面型式变化处、进出口处等设置永久伸缩缝,缝宽1.5cm,并设置一道橡胶止水,缝内填聚乙烯闭孔泡沫板,永久缝的迎水面设3cm的聚硫密封胶封堵。围岩地质条件均一的洞身段,只设置施工缝,根据衬砌台车的长度一般按8~12m设一条环向施工缝,施工缝设止水带,施工缝采用钢边橡胶止水带止水构造。底拱、侧顶拱的环向缝不得错开,纵向施工缝应设在衬砌结构拉应力及剪应力均较小的部位。

5.5.2 灌浆设计

水工隧洞在混凝土衬砌施工结束以后,为了提高岩石承载能力,通常采用回填灌浆、固结灌浆及接触灌浆等灌浆技术。秦岭输水隧洞主隧洞灌浆设计包括回填灌浆和固结灌浆。

1. 回填灌浆

衬砌结构顶部施工中都存在缝隙或空腔,是由两个原因形成的:①混凝土浇筑和凝结过程中由于自重作用和收缩(或干缩),使混凝土与围岩之间形成缝隙;②开挖岩面不平整以及局部超挖,形成凸凹不平的岩面,正常浇筑时,在衬砌结构的顶部与岩面之间形成缝隙或空腔。考虑围岩承受内水压力的衬砌结构,只有通过回填灌浆充填顶部的缝隙或空腔,才能保证围岩能够承担内水压力,否则将恶化衬砌结构的设计条件,对衬砌结构是危险的。洞顶变形空间在内外水的作用下(包括内水外渗),对围岩稳定是不利的,甚至造成新的坍塌失稳,回填灌浆以后可消除或减少这种隐患。

《水工隧洞设计规范》(SL 279—2016)中作为强制性条文对隧洞回填灌浆提出明确要求:混凝土、钢筋混凝土衬砌及封堵体(顶拱)与围岩之间,必须进行回填灌浆。对于衬砌与围岩之间的缝隙,需进行回填灌浆,才能发挥围岩的承载作用,改善衬砌的受力条件。

根据秦岭输水隧洞的衬砌结构型式、运行条件及施工方法等分析,结合相关规范要求及工程类比,对秦岭输水隧洞越岭段钻爆法Ⅱ~Ⅴ类围岩及TBM施工段Ⅲ~Ⅴ类围岩实施回填灌浆,回填灌浆范围为拱部120°范围内。回填灌浆主要设计参数为:灌浆孔布置在拱部120°范围内,每排2个或3个孔,排距3m,梅花形布置;终孔直径采用50mm,孔深进入岩石10cm;灌浆压力根据衬砌厚度和配筋情况确定,对混凝土衬砌可采用0.2~0.3MPa,对钢筋混凝土可采用0.3~0.5MPa,现场应根据实验参数进行调整。

对秦岭输水隧洞黄三段Ⅱ~Ⅴ类围岩实施回填灌浆,灌浆范围为顶拱120°,灌浆孔间、排距3m,梅花形布置。沿隧洞轴向,回填灌浆孔与排水孔交错布置。

2. 固结灌浆

固结灌浆是加固围岩、提高围岩承载能力和减少渗漏的重要措施,特别是对围岩裂隙较发育的洞段进行固结灌浆,对于围岩稳定、保证隧洞安全运行、延长隧洞使用年限有显著作用。围岩固结灌浆应根据隧洞工程地质和水文地质条件、衬砌型式、施工对围岩的影响程度以及运行要求,通过技术经济比较确定。

结合规范要求及工程类比，对秦岭输水隧洞越岭段Ⅳ类、Ⅴ类围岩实施固结灌浆，灌浆范围为全断面。钻爆法施工段全断面每环设7个灌浆孔，TBM施工段除仰拱预制块外每环设5～6个灌浆孔，排距3m，梅花形布置，其中拱部120°范围内，固结灌浆孔结合回填灌浆孔设置。TBM施工段仰拱预制块利用预留灌浆孔进行回填灌浆，排距1.8m，交叉布置。钻孔直径采用50mm，孔深4～5m。灌浆压力设计值0.7MPa，应根据现场试验进行参数调整。除仰拱预制块外每环设5～6个灌浆孔，排距3m，梅花形布置；其中拱部120°范围内，固结灌浆孔结合回填灌浆孔设置。钻孔直径采用50mm，孔深4～5m。仰拱预制块利用预留灌浆孔进行回填灌浆，排距1.8m，交叉布置，孔深4～5m。

结合规范要求及工程类比，对秦岭输水隧洞黄三段Ⅳ类、Ⅴ类围岩实施固结灌浆，灌浆范围为全断面，灌浆孔间距2m，排距3m，矩形布置，灌浆孔深入围岩4m。沿隧洞轴向，固结灌浆孔与回填灌浆孔交错布置。

5.5.3 检修洞设计

为减少单项工程、降低工程造价，采用永久建筑物和临时建筑物相结合的结构型式，检修洞与施工支洞结合布置方案。

1. 检修洞布置

秦岭输水隧洞越岭段全长81.779km，具有地形、地质条件复杂和洞线长、埋深大、辅助坑道设置困难等特点，沿线布置有10条施工支洞。为便于检修，检修洞宜布置在隧洞的中部，因此选择3号支洞和6号支洞。3号、6号支洞为TBM设备进场通道，位于隧洞的中间，能满足主洞检修的要求。两条支洞的洞口位于四亩地至麻房子及108至小王洞进场道路附近，对外交通条件较好。检修洞作为永久建筑物，应选择围岩条件较好的支洞考虑，3号、6号支洞围岩以Ⅲ类为主，因此选择3号、6号支洞作为检修洞，检修整个越岭段隧洞。3号检修洞平均纵坡比为-8.18%，长度为3872m；6号检修洞平均纵坡比为-8.32%，长度为2470m。

秦岭输水隧洞黄三段全长16.52km，具有洞线长、埋深大等特点，沿线布置有4条施工支洞。为便于检修，检修洞宜布置在隧洞的中部，且为顺向坡的支洞，可选择2号支洞或3号支洞。经分析比较，两条支洞均位于隧洞的中间，均能满足主洞检修的要求，洞内最大交通长度相差不大。两条支洞的洞口均位于大黄公路附近，对外交通条件亦相差不大。但是，3号支洞长度比2号支洞长约200m。另外，从支洞的围岩条件来看，2号支洞的围岩Ⅱ类和Ⅲ类约各占一半，3号支洞的围岩以Ⅳ类为主，检修洞作为永久建筑物，应选择围岩条件较好的支洞。综上所述，选择2号支洞作为检修洞，检修整个黄三段隧洞。检修洞平均纵坡比为-7.03%，长度为793m。

2. 设计标准

检修洞为次要建筑物，建筑物级别为3级。根据支洞布置情况、检修管理等要求来设计检修洞。其设计包括洞口加固工程、洞身结构措施、防洪和路面等内容。

（1）洞口加固及洞身结构。3号支洞除进口52m段采用钢筋混凝土衬砌结构外，其余洞段均采用素混凝土结构；6号支洞除进口50m段采用钢筋混凝土衬砌结构外，其余洞段均采用素混凝土结构，支洞洞口设铁门。秦岭输水隧洞黄三段支洞除进口20m段采用钢筋混凝土衬砌结构外，其余洞段均利用支洞喷锚支护型式。支洞洞口设铁门。

（2）防洪。秦岭输水隧洞越岭段检修通道洪水标准按 50 年一遇设计、200 年一遇洪水校核。3 号支洞设计为顺向坡，进口高程 848.99m，高于 50 年一遇洪水位加安全超高（0.5m）。6 号支洞设计为顺向坡，进口高程 721.93m，高于 50 年一遇洪水位加安全超高（0.5m）。3 号支洞进口高程较高，不受蒲河及王家河洪水影响。

秦岭输水隧洞黄三段检修通道洪水标准按 50 年一遇设计、200 年一遇洪水校核。支洞设计为顺向坡，进口高程 603.00m，超过 200 年一遇洪水位 1.11m。由于 2 号支洞进口高程较高，不受东沟河洪水影响。

（3）路面。秦岭输水隧洞越岭段检修通道路面采用 28d 龄期弯拉强度不小于 5.0MPa 的混凝土，厚 23cm。秦岭输水隧洞黄三段检修通道路面利用 2 号支洞临时路面，不再设计。

5.5.4　补气口设计

秦岭输水隧洞越岭段隧洞进口控制闸交通洞设为通气交通洞。通气交通洞和秦岭输水隧洞越岭段出口联合运用，满足洞内通风补气的要求。秦岭输水隧洞黄三段隧洞进口出水池设通气交通洞，通气交通洞和秦岭输水隧洞黄三段出口处控制闸交通洞联合运用，满足洞内通风补气的要求。利用温差自然通风，使输水隧洞内的空气与隧洞两端的交通洞洞内空气形成对流交换，达到通风补气目的。

5.6　隧洞安全监测设计

5.6.1　设计原则

各部位不同时期监测项目的选定应以运行期为基础，尽可能兼顾施工期，监测项目相互兼顾，做到一个项目实现多种用途，在不同时期能反映不同重点。在设备选型时，种类尽量少，以利于管理，也利于实现安全监测自动化。测点布置时，对关键部位应集中优势重点反映，做到投资省、重点突出、设备选型合理、反映全面。

监测项目的设置应满足监控建筑物的运行情况，了解测值变化规律的需要。工程监测是全过程监测，设计时应明确各时段的监测目的，要求有针对性，既突出重点，又兼顾全面，对互有联系的监测项目，要结合进行。

监测仪器设备的选型，应对各类设备进行充分论证和对比，使所选仪器设备种类尽可能少，并能满足本工程超长隧洞的特点。仪器设备具有耐久性、稳定性、适应性，并满足精度要求，也要为运行管理和后期自动化系统提供方便。

监测仪器布置要合理，除按有关规范外，结合工程具体情况进行监测设计，还应结合科研要求设置部分项目，为设计及科研积累经验。

5.6.2　监测项目与断面选择

根据规范要求、地质条件及结构计算成果，秦岭输水隧洞主要布置围岩深部变形监测、隧洞衬砌与围岩接触缝的监测、外水压观测、围岩支护的锚杆应力及衬砌混凝土的应力应变监测和围岩压力监测等监测项目。

(1) 秦岭输水隧洞越岭段监测断面位置。根据输水隧洞洞身段的地质条件及结构计算结果，同时参考类似工程的经验，进行监测断面布置。监测断面主要布置在通过断层破碎带围岩稳定性较差、洞室埋深较大的洞段，监测断面主要布置在Ⅳ类、Ⅴ类围岩处，也就是断层带或断层影响带处。

设计共选定监测断面31个，其中TBM段选定监测断面4个，钻爆段选定监测断面19个，交叉洞监测断面3个，TBM洞室监测断面5个。具体位置见表5.36，监测断面的位置在施工中可根据施工时揭露的实际地质情况进行必要的调整。

表5.36　　　　　　　　秦岭输水隧洞越岭段监测断面具体位置

序号	断面桩号	断面类型	监测仪器布置	断 面 选 择 依 据
			进口 0+000	
1	1+815		↓	断面位于Ⅴ类围岩段，f_{s1}断层带
			椒溪河支洞 2+575	
2	2+850		↑	断面位于Ⅴ类围岩段，f_{s3}断层带
3	3+000		↑	断面位于Ⅴ类围岩段，f_{s2}断层带
4	13+300		↓	断面位于Ⅳ类围岩洞段，f_{3-1}、f_{3-2}、f_{3-3}断层带及其影响带
			进口 0+000	
5	13+950	交叉口断面	↓	主洞与0-1号支洞交叉口
			0-1号支洞 13+950	
6	16+600		↑	断面位于Ⅴ类围岩段，f_5断层带及其影响带，节理裂隙发育，岩体破碎，洞室位于地下水位以下，围岩极不稳定
7	18+600		↓	断面位于Ⅴ类围岩段
8	19+300	交叉口断面	↓	主洞与1号支洞交叉口
			1号支洞 19+300	
9	24+300		↓	塌方段
10	25+764		↓	涌水段
11	26+140	交叉口断面	↓	主洞与3号支洞交叉口
			3号支洞 26+143	
12	26+770	综合性监测断面	↑	塌方段
13	27+700	后配套洞室断面	↑	后配套洞室段
14	27+780	主机安装洞断面	↑	主机组装洞室段
			4号支洞 38+400	
15	38+400	TBM检修洞室断面	↑	主洞与4号支洞交叉口
16	45+275		↓	断面位于Ⅴ类围岩段，QF_4断层带

续表

序号	断面桩号	断面类型	监测仪器布置	断面选择依据
17	46+385	主机拆卸洞断面	↓	主机拆卸洞室段
18	51+000		↓	断面位于Ⅴ类围岩洞段，f_9断层带
19	55+280	TBM检修洞室断面	↓	主洞与5号支洞交叉口
			5号支洞 55+280	
20	56+750		↑	断面位于Ⅴ类围岩洞段，f_{14}断层带
21	61+100		↓	断面位于Ⅴ类围岩洞段，QF_3断层带
22	62+920	主机安装洞断面	↓	主机组装洞室段
23	63+000	后配套洞室断面	↓	后配套洞室段
24	63+580		↓	断面位于Ⅴ类围岩洞段，QF_{3-4}断层带
25	64+800		↓	断面位于Ⅴ类围岩洞段，f_{19}断层带
			6号支洞 5+164	
26	66+740		↑	富水段
27	69+950		↓	断面位于Ⅴ类围岩洞段，f_{21}断层带
			7号支洞 70+733	
28	71+870		↑	断面位于Ⅴ类围岩洞段，f_{22}断层带
29	72+530		↑	断面位于Ⅴ类围岩洞段，QF_2断层带
30	79+500		↓	断面位于Ⅳ类围岩洞段，Ⅳ类围岩 32900m，节理裂隙发育，岩体破碎，洞室位于地下水位以下，围岩不稳定
31	81+500		↓	断面位于Ⅳ类围岩洞段，Ⅳ类围岩 780m，节理裂隙发育，岩体破碎，洞室位于地下水位以下，围岩不稳定
			出口 81+779	

注 ↑↓表示监测仪器电缆牵引方向。

（2）秦岭输水隧洞黄三段隧洞监测断面位置。根据输水隧洞洞身段的地质条件及结构计算结果，同时参考类似工程的经验，监测断面主要布置在通过断层破碎带围岩稳定性较差、洞室埋深较大的洞段，根据本工程情况，主要布置在Ⅴ类围岩处，也就是断层带或断层影响带处；在隧洞通过断层处布置监测断面，并在这些断面上布置各类监测仪器进行较全面的监测；在越岭段控制闸、三河口控制闸、黄三段控制闸各选取1个监测断面，以监测其应力应变和位移情况。

选定隧洞监测断面6个，控制闸室断面3个。其中1号支洞控制区选定监测断面2个，2号支洞控制区无监测断面，3号支洞控制区选定监测断面3个，4号支洞控制区选定综合性监测断面1个；具体位置见表5.37，在施工中应根据施工时的具体情况进行必要的调整。

表5.37　　　　　　　秦岭输水隧洞黄三段隧洞监测断面具体位置

序号	断面桩号	监测仪器布置	断面选择依据
	1号支洞0+457.98		
1	1+067	↑	断面位于f_{49}断层，以闪长岩碎块为主，断层附近可能出现较集中涌水，属Ⅴ类围岩，开挖后洞顶极易坍塌
2	2+745	↑	断面位于Ⅴ类围岩洞段，f_{24}断层带
3	9+880	↓	断面位于Ⅴ类围岩洞段，IF_{11-2}断层带，岩体极不稳定
4	9+960	↓	断面位于Ⅴ类围岩洞段，IF_{11-2}断层带，岩体极不稳定
5	10+140	↓	断面位于Ⅴ类围岩洞段，IF_{11-1}断层带，岩体极不稳定
	3号支洞10+264.14	3号支洞	
6	15+085	↓	断面位于Ⅴ类围岩洞段，f_{42}断层带，洞室位于地下水位以下，岩体极不稳定
7	越岭段控制闸	↓	
8	三河口控制闸	↓	
9	黄三段控制闸	↓	
		黄三段控制闸室	

注　↑↓表示监测仪器电缆牵引方向。

5.6.3　变形监测布置

隧洞的掘进施工将对洞室围岩产生不同程度的扰动，洞室开挖后，围岩在经历应力重分布的过程中断层破碎带有可能进入塑性变形受力状态，使附近围岩的位移量增大，继而出现滑移、错动、断裂或较大裂缝开合变形等现象。变形监测的目的就是为揭示和发现围岩的松动和影响范围、洞室围岩稳定性、支护构造效果，以及各工况条件下洞室结构的变形情况，具体布置情况见表5.36和表5.37。

1. 秦岭输水隧洞围岩深部变形监测

（1）秦岭输水隧洞越岭段。在输水隧洞TBM洞身段选定的监测断面上，每个断面各布置3套三点位移计，分别布置在拱顶和两侧拱墙，监测隧洞围岩深部变形范围，TBM段监测断面监测布置如图5.42所示。多点位移计最深点伸入围岩深度要求大于1倍的拱径，由于TBM对周围岩石扰动较小，取最深锚固点距表面8m。

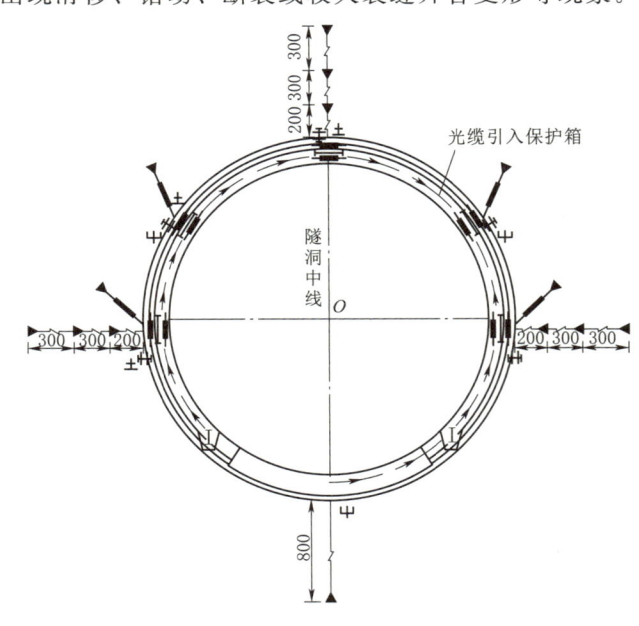

图5.42　TBM段监测断面监测布置图（单位：cm）

5.6 隧洞安全监测设计

(2) 在输水隧洞钻爆洞身段选定的监测断面上，每个断面各布置 3 套三点位移计，分别布置在拱顶和两侧拱墙，监测隧洞围岩深部位移范围，钻爆段监测断面监测布置如图 5.43 所示。多点位移计最深点伸入围岩深度要求大于 1 倍的拱径，取最深锚固点距表面 10m。

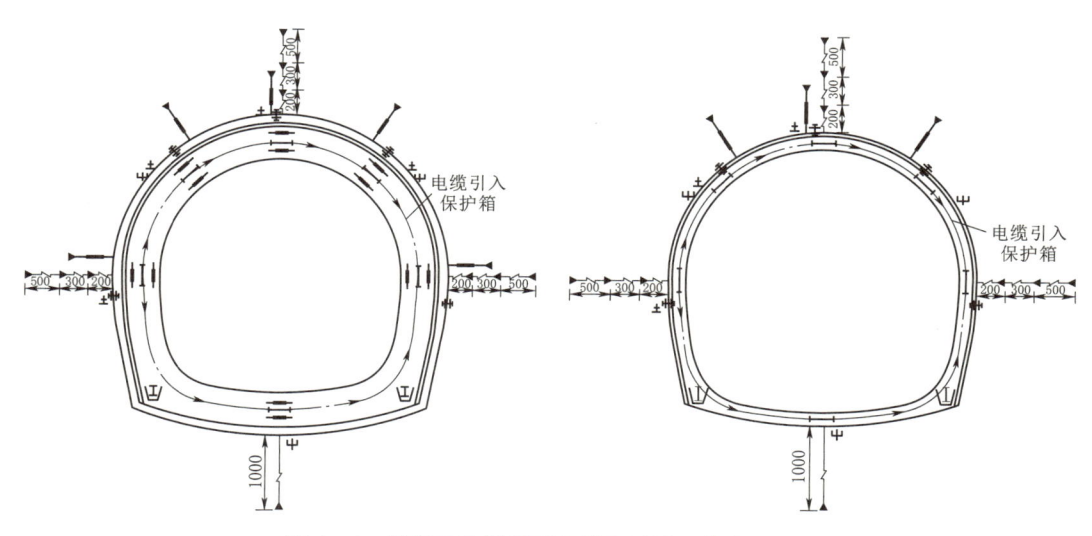

图 5.43 钻爆段监测断面监测布置图（单位：cm）

TBM 主机安装洞断面每个断面各布置 7 套三点位移计，分别布置在顶拱、两拱角和两侧墙，其中侧墙每侧上部、中部各布置 1 套三点位移计，监测隧洞围岩深部位移范围，主机安装洞监测断面监测布置如图 5.44 所示。多点位移计最深点伸入围岩深度要求大于 1 倍的拱径，取最深锚固点距表面 18m。

后配套洞监测断面监测布置如图 5.45 所示，每个断面各布置 5 套三点位移计，分别布置在顶拱、两拱角和两侧墙，监测隧洞围岩深部位移范围。多点位移计最深点伸入围岩深度要求大于 1 倍的拱径，取最深锚固点距表面 12m。

检修洞监测断面监测布置如图 5.46 所示，每个断面各布置 5 套三点位移计，分别布置在顶拱、两拱角和两侧墙，监测隧洞围岩深部位移范围。多点位移计最深点伸入围岩深度要求大于 1 倍的拱径，取最深锚固点距表面 12m。

交叉口监测断面监测布置如图 5.47 所示，每个断面各布置 4 套三点位移计，分别布置在顶拱、内侧拱角和两侧墙，监测隧洞围岩深部位移范围。多点位移

图 5.44 主机安装洞监测断面监测布置图（单位：cm）

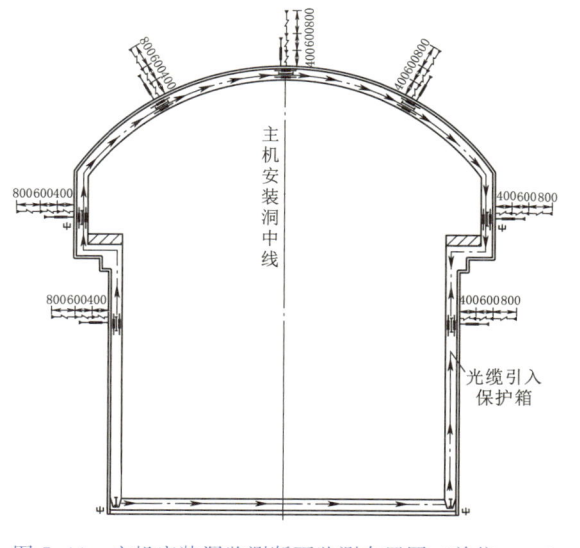

计最深点伸入围岩深度要求大于1倍的拱径，取最深锚固点距表面15m。

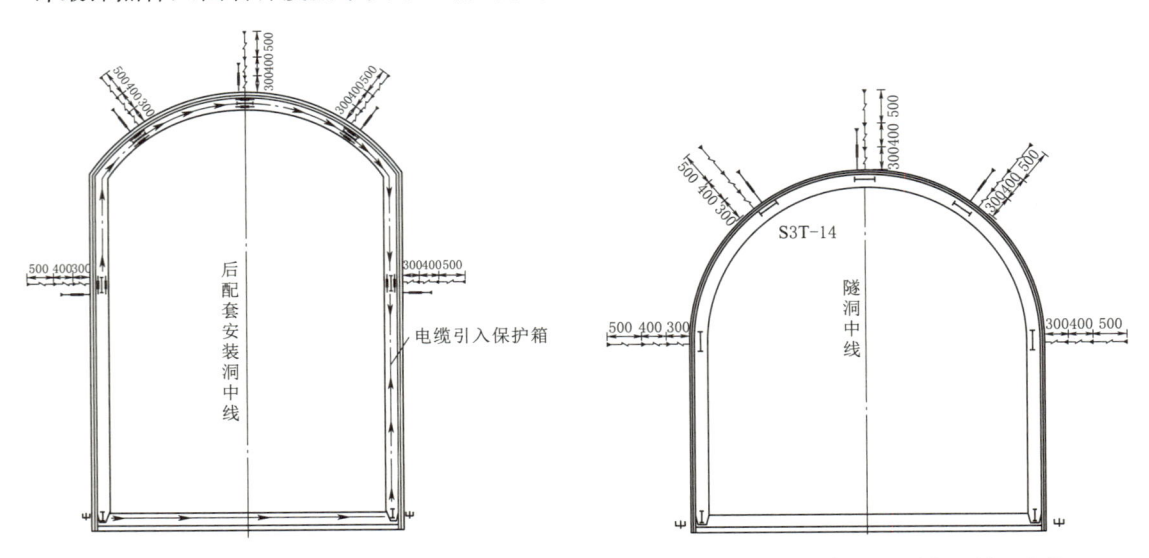

图 5.45　后配套洞监测断面监测布置图（单位：cm）　　图 5.46　检修洞监测断面监测布置图（单位：cm）

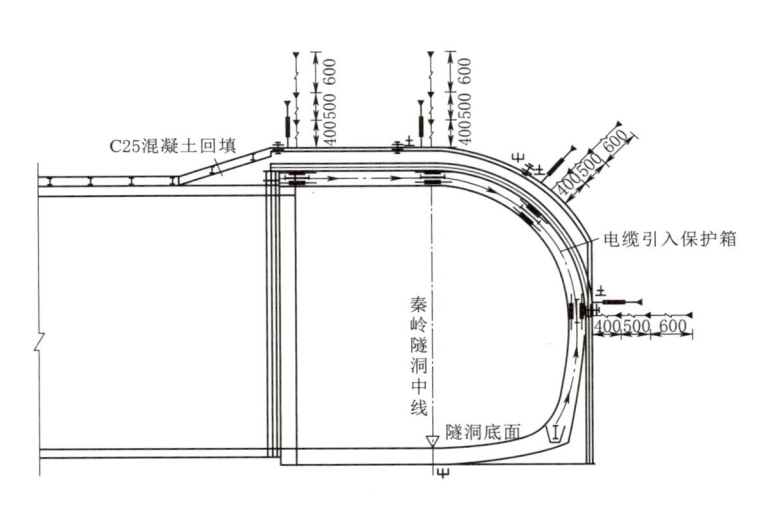

图 5.47　交叉口监测断面监测布置图（单位：cm）

（3）秦岭输水隧洞黄三段。在输水隧洞选定的监测断面上，据工程经验，拱顶范围内的最大变位一般发生在顶拱附近，因此多点位移计布置在顶拱和两侧拱墙，监测隧洞围岩深部位移范围。多点位移计最深点伸入围岩深度需大于1倍的拱径，最深锚固点距开挖面10m。控制闸室的每个监测断面各布置5套三点位移计，分别布置在顶拱和两侧拱墙，监测控制闸室围岩深部位移范围。多点位移计最深点伸入围岩深度要求大于1倍的拱径，取最深锚固点距表面18m。

2. 底板变形监测

秦岭输水隧洞越岭段，在每个主洞监测断面上，在仰拱围岩内安装1套单点位移计，以监测底板在各种工况下的变形情况。秦岭输水隧洞黄三段,在隧洞仰拱围岩内安装1套单点位移计,以监测底板在各种工况下的变形情况。

3. 隧洞衬砌与围岩接触缝的监测

(1) 秦岭输水隧洞越岭段。①TBM段:在TBM段的每个监测断面的拱角及拱墙4个部位衬砌与围岩的结合部各布设1支测缝计,以监测洞室衬砌后各工况条件下隧洞衬砌与围岩间接缝开合度变化情况;②钻爆段:在钻爆段监测断面的拱顶、拱角及拱墙5个部位衬砌与围岩的结合部各布设1支测缝计,以监测洞室衬砌后各工况条件下隧洞衬砌与围岩间接缝开合度变化情况;③交叉洞段:在每个监测断面的拱顶、拱角及拱墙4个部位衬砌与围岩的结合部各布设1支测缝计,以监测洞室衬砌后各工况条件下隧洞衬砌与围岩间接缝开合度变化情况。

(2) 秦岭输水隧洞黄三段。在输水隧洞洞身段的综合监测断面的拱顶、拱角及拱墙5个部位衬砌与围岩的结合部各布设1支测缝计,以监测洞室衬砌后各工况条件下隧洞衬砌与围岩间接缝开合度变化情况。

5.6.4 应力应变监测

隧洞的施工和支护衬砌结构的实施导致围岩应力重新分布。隧洞在不同时期不同荷载作用下围岩应力分布及变形特性,可通过对各部位应力应变的监测数据得到反映。实时掌握隧洞围岩和衬砌结构的变形及应力特性,对掌握隧洞在施工期和运行期的围岩稳定情况和支护衬砌结构的可靠性有重要意义。

1. 围岩支护的锚杆应力监测

(1) 秦岭输水隧洞越岭段。所选综合监测断面处围岩均采用了喷锚支护处理,为监测支护效果,在所选监测断面选择锚杆对其应力进行监测,TBM监测断面仪器安装在两拱角及两侧拱墙部位;钻爆段监测断面仪器安装在拱顶、两拱角及两侧拱墙部位,其中涌水段监测断面两侧拱墙没有设置锚杆。

(2) 秦岭输水隧洞黄三段。所选综合监测断面处围岩均采用了喷锚支护处理,为监测支护效果,在所选监测断面及控制闸监测断面选择锚杆对其应力进行监测,仪器安装在拱顶、拱角、两侧拱墙部位。对于Ⅴ类围岩洞段,根据实际情况,选择几个监测断面进行锚杆沿程的受力分布情况监测。

2. 衬砌混凝土的应力应变监测

(1) 秦岭输水隧洞越岭段。根据计算结果,在所选钻爆段监测断面的拱顶、拱角、拱墙及仰拱6个部位布设有钢筋计、应变计和无应力计,其中涌水段仅布置混凝土应变计和无应力计;在TBM、后配套洞监测断面的拱顶、拱角、拱墙等5个部位布设有钢筋计、混凝土应变计和无应力计;在主机安装洞监测断面的拱顶、拱角、拱墙等7个部位布设有钢筋计、混凝土应变计和无应力计;在检修洞监测断面的拱顶、拱角、拱墙等5个部位布设混凝土应变计和无应力计;在交叉洞监测断面的拱顶、内侧拱角和侧墙等4个部位布设有钢筋计、混凝土应变计和无应力计,以监测衬砌结构混凝土稳定、结构变化情况,进而推断混凝土衬砌的效果。

(2) 秦岭输水隧洞黄三段。根据计算结果,在综合监测断面的拱顶、拱角、拱墙及仰拱 6 个部位布设有钢筋计、混凝土应变计和无应力计，以监测衬砌结构混凝土稳定、结构变化情况，进而推断混凝土衬砌的效果。

3. 围岩压力监测

为监测围岩对衬砌结构的压力，在主洞监测断面以及交叉口处监测断面上布置 3 支土压力计，分别位于拱顶、一侧拱角及一侧拱墙。

5.6.5 外水压力监测

（1）秦岭输水隧洞越岭段。在每个主洞监测断面上，各布置 3 支渗压计，分别安装在拱角两侧（各 1 支）、仰拱（底板）部位（1 支），监测各工况条件下隧洞外水压力的变化情况。

（2）秦岭输水隧洞黄三段。在输水隧洞洞身段选定的监测断面上，每个断面各布置 3 支渗压计，分别安装在拱角（各 1 支）、仰拱（底板）部位（1 支），监测各工况条件下隧洞外水压力的变化情况。在控制闸闸室布置 4 支渗压计，以监测闸室的外水压力情况。

5.6.6 环境量监测

（1）秦岭输水隧洞越岭段水面线监测。在出口、椒溪河、13＋945、19＋295、26＋140、33＋075、55＋275、65＋160、70＋730 位置各布置 2 支水位计，以观测输水过程中水位沿程变化情况，同时可以换算出输水流量的变化。其中 1 支安装在水面线以上，1 支安装在水面线以下 1.5m，来矫正大气压强变化对水位计测值的影响。共布设水位计 18 支。

（2）秦岭输水隧洞黄三段水面线监测。在进口、出口、10＋255、15＋435 位置各布置 2 支水位计，以观测输水过程中水位沿程变化情况，同时可以换算出输水流量的变化。其中 1 支安装在水面线以上，1 支安装在水面线以下 1.5m，来矫正大气压强变化对水位计测值的影响。共布设水位计 8 支。所安装仪器均能够进行温度监测，不再单设温度计。

5.6.7 监测站布置

监测站布置应满足经济、交通便利及便于运行期管理等条件，在监测站布置时应尽量利用已有设施。

（1）秦岭输水隧洞越岭段。综合考虑在秦岭输水隧洞出口和椒溪河支洞、0-1 号支洞、1 号支洞及 3~7 号支洞设监测站，出口在洞外合适位置建监测站，椒溪河支洞、0 号支洞、0-1 号支洞、1 号支洞及 3~7 号支洞在土建施工完成后在支洞内水面以上设监测站。在接入自动化系统前，进行人工采集，当具备自动采集条件后，将仪器接入数据自动采集设备，布置情况见表 5.38。

（2）秦岭输水隧洞黄三段。监测站布置在隧洞进口、3 号支洞、黄三段控制闸室的适当位置，布置情况见表 5.39。

表 5.38　　　　秦岭输水隧洞越岭段监测仪器布置情况

序号	断面桩号	监测仪器布置	三点位移计/套	单点位移计/套	渗压计/支	锚杆测力计/支	土压力计/支	应变计/支	钢筋计/支	无应力计/支	测缝计/支	水位计/支
1	1+815	↑	3	1	3	5	3	6	12	2	5	
		椒溪河支洞 2+575										
2	2+850	↑	3	1	3	5	3	6	12	2	5	
3	3+000	↑	3	1	3	5	3	6	12	2	5	
4	13+300	↓	3	1	3	5	3	6	12	2	5	
5	13+950	↓	4		2	4	3	4	8	1	4	
		0-1号支洞 13+950										2
6	16+600	↑	3	1	3	5	3	6	12	2	5	
7	18+600	↓	3	1	3	5	3	6	12	2	5	
8	19+300	↓	4		2	4	3	4	8	1	4	
		1号支洞 19+300										2
9	24+300	↓	3				3			2	5	
10	25+764	↓	3	1	3	3	3	6		2	5	
11	26+140	↓	4		2	4	3	4	8	1	4	
		3号支洞 26+143										2
12	26+770	↑	3	1	3	5	3	6	12	2	5	
13	27+700	↑	5		2	5		5	10	2	5	
14	27+780	↑	7		4	7		7	14	2		
		4号支洞 38+400										2
15	38+400		5		2	3		5				
16	45+275	↓	3	1	3	4	3	5	10	2	5	
17	46+385	↓	7		4	7		7	14	2		
18	51+000	↓	3	1	3	4	3	5	10	2	5	
19	55+280	↓	5					5				
		5号支洞 55+280										2
20	56+750	↑	3	1	3	4	3	5	10	2	5	
21	61+100	↑	3	1	3	4	3	5	10	2	5	
22	62+920	↓	7		4	7		7	14	2		
23	63+000	↓	5		2			5	10	2		
24	63+580	↓	3	1	3	5	3	6	12	2	5	
25	64+800	↓	3	1	3	5	3	6	12	2	5	
		6号支洞 65+164										2

续表

序号	断面桩号	监测仪器布置	三点位移计/套	单点位移计/套	渗压计/支	锚杆测力计/支	土压力计/支	应变计/支	钢筋计/支	无应力计/支	测缝计/支	水位计/支
26	66+740	↑	3	1	3	3	3	6		2	5	
27	69+950	↓	3	1	3	5	3	6	12	2	5	
		7号支洞 70+733										2
28	71+870	↑	3	1	3	5	3	6	12	2	5	
29	72+530	↑	3	1	3	5	3	6	12	2	5	
30	79+500	↓	3	1	3	5	3	6	12	2	5	
31	81+500	↓	3	1	3	5	3	6	12	2	5	
		出口 81+779										2
		合计	116	21	89	146	72	175	306	55	117	18

注 ↑↓表示监测仪器电缆牵引方向。

表 5.39　　　　　　秦岭输水隧洞黄三段监测仪器布置情况

序号	断面位置	三点位移计/套	单点位移计/套	渗压计/支	锚杆测力计/支	土压力计/支	应变计/支	钢筋计/支	无应力计/支	测缝计/支	水位计/支
	进口										2
	1号支洞 0+457.98										
1	1+067	3	1	3	5	3	6	12	2	5	
2	2+745	3	1	3	5	3	6	12	2	5	
	2号支洞 5+085.31										
3	9+880	3	1	3	5	3	6	12	2	5	
4	9+960	3	1	3	5	3	6	12	2	5	
5	10+140	3	1	3	5	3	6	12	2	5	
	3号支洞 10+248.49										2
6	15+085	3	1	3	5	3	6	12	2	5	
	4号支洞 15+426.88										2
	出口										2
7	越岭段控制闸	5		4	7						
8	三河口控制闸	5		4	7						
9	黄三段控制闸	5		4	7						
	控制闸室										
	合计	33	6	30	51	18	36	72	12	30	8

5.7 仪器选型及技术指标

目前监测仪器的类型很多，如振弦式、光纤光栅式、差动电阻式、电容式、压阻式等，这些类型仪器各有优缺点，仪器性能比较见表5.40。

表 5.40　　　　　　　　　　　　　仪　器　性　能　比　较

仪器类型	工程应用	精度	长期稳定性	信号传输距离	电磁干扰	单价
振弦式	广泛	高	较好	≤3km	不受	高
光纤光栅式	一般	高	—	长距离	不受	高
差动电阻式	广泛	高	一般	≤500m	受	较低
电容式	一般	高	一般	—	受	较低
压阻式	一般	高	一般	—	受	较低

现工程上普遍采用传统仪器，如差动电阻式、压阻式、振弦式等。差动电阻式、压阻式虽然便宜，但存在长期稳定性差、对仪器电缆要求苛刻、传感器本身信号弱、受外界干扰大的缺点。振弦式仪器是测量频率信号，具有信号传输距离较长（可达3km）、长期稳定性好、对电缆的绝缘度要求低、便于实现自动化等特点，并且每支仪器都可以自带温度传感器，可以同时测量温度。同时，每支传感器均带有雷击保护装置，以防止雷击对仪器造成损坏。

光纤光栅式仪器，由于是光信号，受外界干扰小，能够长距离传输。但其和常规仪器相比，实现自动化监测较为不便，不能和常规传感器实现自动化时混接，实施人工监测对人员素质要求高，存在监测速度慢等缺点。

鉴于秦岭输水隧洞工程普遍引设距离超过500m，因此秦岭输水隧洞工程的观测仪器电缆引设距离在3km以内的监测仪器建议采用振弦式仪器。对于电缆引设距离超过3km的监测仪器来说，采用常规的监测仪器显然无法满足长电缆的敷设要求，只能采用光纤传感器。振弦式和光纤光栅式主要仪器技术指标分别见表5.41和表5.42。

表 5.41　　　　　　　　　　　　振弦式主要仪器技术指标

仪器名称	技　术　指　标
渗压计	量程0.35～2MPa，超量程2×额定压力，灵敏度0.025%F·S，精度±0.1%F·S，温度测量范围0～60℃，温度测量精度±0.5℃
位移计	测量范围100mm，灵敏度0.02%F·S，精度±0.1%F·S，温度测量范围−25～60℃，温度测量精度±0.5℃，耐水压0.5MPa，多点位移计的传递杆应采用不锈钢杆及减摩材料
钢筋计及锚杆测力计	杆式仪器，拉伸应力最大量程200MPa，压缩应力最大量程100MPa，精度±0.25%F·S，温度测量范围−25～60℃，温度测量精度±0.5℃，耐水压0.5MPa，直径依据工程使用的钢筋、锚杆直径而定
应变计及无应力计	量程3000$\mu\varepsilon$，分辨率0.1%F·S，温度测量范围−25～60℃，温度测量精度±0.5℃
土压力计	量程3MPa，超量程150%F·S，精度±0.1%F·S，温度测量范围−20～80℃，灵敏度0.025%F·S，温度测量精度±0.5℃

续表

仪器名称	技 术 指 标
测缝计	量程50mm，灵敏度0.025%F·S，精度±0.1%F·S，温度测量范围−25～60℃，温度测量精度±0.5℃，耐水压0.5MPa
水位计	测量范围10m，精度±5mm，温度测量范围−10～50℃

表5.42　　　　　　　　　　　　光纤光栅式主要仪器技术指标

仪器名称	技 术 指 标
位移计	量程100mm，精度±0.3%F·S，灵敏度0.1%F·S，温度测量范围−30～80℃。多点位移计的传递杆应采用不锈钢杆及减摩材料，锚头采用灌浆型锚头，光缆采用单模轻铠光缆
测缝计	量程50mm，灵敏度0.1%F·S，精度0.3%F·S，温度测量范围−30～80℃，光缆采用单模轻铠光缆
钢筋计	拉伸应力最大量程200MPa，压缩应力最大量程100MPa，精度±0.3%F·S，灵敏度0.1%F·S，温度测量范围−30～80℃，耐水压0.5MPa，直径依据工程使用的钢筋而定，光缆采用单模轻铠光缆
应变计和无应力计	量程3000$\mu\varepsilon$，精度0.3%F·S，灵敏度0.1%F·S，温度测量范围−30～80℃，标距150mm，无应力计桶采用厂家配套产品，光缆采用单模轻铠光缆
土压力计	量程3.0MPa，精度0.3%F·S，灵敏度0.1%F·S，温度测量范围−30～80℃，光缆采用单模轻铠光缆
渗压计	量程0.35～2MPa，灵敏度0.05%F·S，精度0.25%F·S，温度测量范围−30～80℃，光缆采用单模轻铠光缆
锚杆应力计	拉伸应力最大量程200MPa，压缩应力最大量程100MPa，精度±0.3%F·S，灵敏度0.1%F·S，温度测量范围−30～80℃，耐水压0.5MPa，直径依据工程使用的锚杆而定，光缆采用单模轻铠光缆

5.8　本章小结

本章在回顾现有隧洞混凝土衬砌结构设计的基本理论和方法的基础上，着重介绍秦岭输水隧洞的工程布局和不同施工方式下典型断面的设计成果，包括隧洞工程结构设计、隧洞结构安全设计、隧洞安全监测设计。

基本理论和方法介绍了计算工况和荷载组合的选取，结合衬砌的结构特点、荷载作用和围岩环境以及施工方法等，介绍了结构计算基本假定和有限元计算程序，根据地表地质调绘，并结合钻探、试验及综合物探资料，给出了物理力学指标。隧洞工程布局介绍了秦岭输水隧洞总体布局，详细分析了支洞的布置原则与布置条件，给出了钻爆段施工支洞布置方案和岭脊TBM段施工支洞布置方案。隧洞工程结构设计，根据工程总体布置及地形条件等因素综合确定隧洞洞门设计，依据秦岭输水隧洞越岭段、黄三段横断面进行衬砌结构计算结果，给出了钻爆法施工段支护参数和TBM施工段支护参数。在隧洞结构安全设计部分，详细介绍了防排水设计、灌浆设计、检修洞设计、补气口设计。隧洞安全监测设计部分，基于监测设计原则，介绍了监测项目与断面选择、变形监测布置、应力应变监测、外水压力监测、环境量监测、监测站布置、仪器选型及技术指标。秦岭输水隧洞设计成果和工程实施经验可为类似的工程提供理论基础与经验指导。

参考文献

［1］ 凌永玉，刘立鹏，汪小刚，等．大尺寸水工隧洞衬砌物理模型试验系统研制与应用［J］．水利学报，2020，51（12）：1495-1501.
［2］ 付睿聪，王华宁，蒋明镜，等．考虑加卸载路径的深埋水工隧道弹塑性解析解［J］．岩石力学与工程学报，2021，40（S2）：3174-3181.
［3］ 周辉，高阳，张传庆，等．考虑围岩衬砌相互作用的钢筋混凝土衬砌数值模拟［J］．水利学报，2016，47（6）：763-771.
［4］ 佘磊，王玉杰，曹瑞琅，等．高压水工隧洞钢筋混凝土衬砌裂缝开度计算方法评析［J］．水利水电技术，2018，49（8）：142-149.
［5］ 沈威．圆形水工压力隧洞衬砌变形特性与限裂设计研究［D］．大连：大连理工大学，2012.
［6］ 李志龙．水工高压隧洞衬砌计算方法研究［D］．大连：大连理工大学，2015.
［7］ 彭守拙，钟建文．非均质围岩压力隧洞混凝土衬砌的初裂间距［J］．工程力学，2013，30（1）：205-214.
［8］ SL 279—2016 水工隧洞设计规范［S］
［9］ SL 191—2008 水工混凝土结构设计规范［S］
［10］ GB 50487—2008 水利水电工程地质勘察规范［S］
［11］ SL 228—2013 混凝土面板堆石坝设计规范［S］

第 6 章 岩石隧洞 TBM 施工

6.1 引言

随着国民经济快速、可持续发展以及"一带一路"倡议的推行,一大批跨流域调水工程及国际合作的水利工程进入持续建设阶段[1-3],秦岭输水隧洞作为其中之一,有着大埋深、长距离、多条件等诸多特点。全断面岩石隧道掘进机凭借其快速、优质、安全、环保等优点在深埋长隧洞的施工中有着无法取代的地位[4]。秦岭输水隧洞中埋深大的隧洞段采用 TBM 施工方法,TBM 作为非常庞大的施工设备,其施工过程有着严格的规程和复杂的注意事项。本章将依托秦岭输水隧洞工程,结合工程特点和现场情况,从 TBM 的施工组织设计、设备选型、设备组装、掘进施工、岩石掘进参数评价和优化以及 TBM 施工段施工情况等方面,详尽介绍 TBM 施工的完整过程。

6.2 TBM 施工段的施工组织设计

秦岭输水隧洞 TBM 施工段采用双向掘进的方式,选用了 2 台 TBM 设备。TBM 段的施工组织设计包括施工布局、施工的总体筹划、设备的现场调试以及 TBM 的进场。

6.2.1 TBM 施工段施工布局

秦岭输水隧洞施工采用 2 台 TBM 施工(施工总长度 39021m)为主、钻爆施工(施工总长度 42758m)为辅的施工方案。隧洞出口、10 条支洞(总长 22367m)、TBM 组装(拆卸)洞室、支洞与其相连的主洞钻爆段采用钻爆法施工,其中椒溪河、0 号、0-1 号、1 号、2 号、7 号支洞为钻爆工区施工支洞,辅助施工主洞。3 号、6 号支洞为 TBM 设备进洞通道,TBM 通过支洞运至井底进行组装;4 号、5 号支洞为 TBM 中间辅助通风支洞,当 TBM 施工通过 4 号、5 号支洞后,出渣、进料、通风管道等分别改为从 4 号、5 号支洞进出;TBM 拆卸洞设在岭脊地段 2 台 TBM 贯通面附近,拆卸洞施工时,TBM 先沿掘进相反方向倒推 30m,然后通过开挖刀盘侧下方小导洞进入前方 30m 已掘进成洞地段,进行拆卸洞室的施工,最后 2 台 TBM 先后在拆卸洞内拆卸运出。TBM 施工布置示意如图 6.1 所示。

岭脊 TBM 施工段采用 2 台 $\phi 8.02\mathrm{m}$ 开敞式硬岩掘进机(图 6.2)掘进施工、连续皮带机出渣加有轨进料的运输方案。由于岭脊段围岩条件较好,隧洞衬砌基本采用复合衬砌

6.2 TBM施工段的施工组织设计

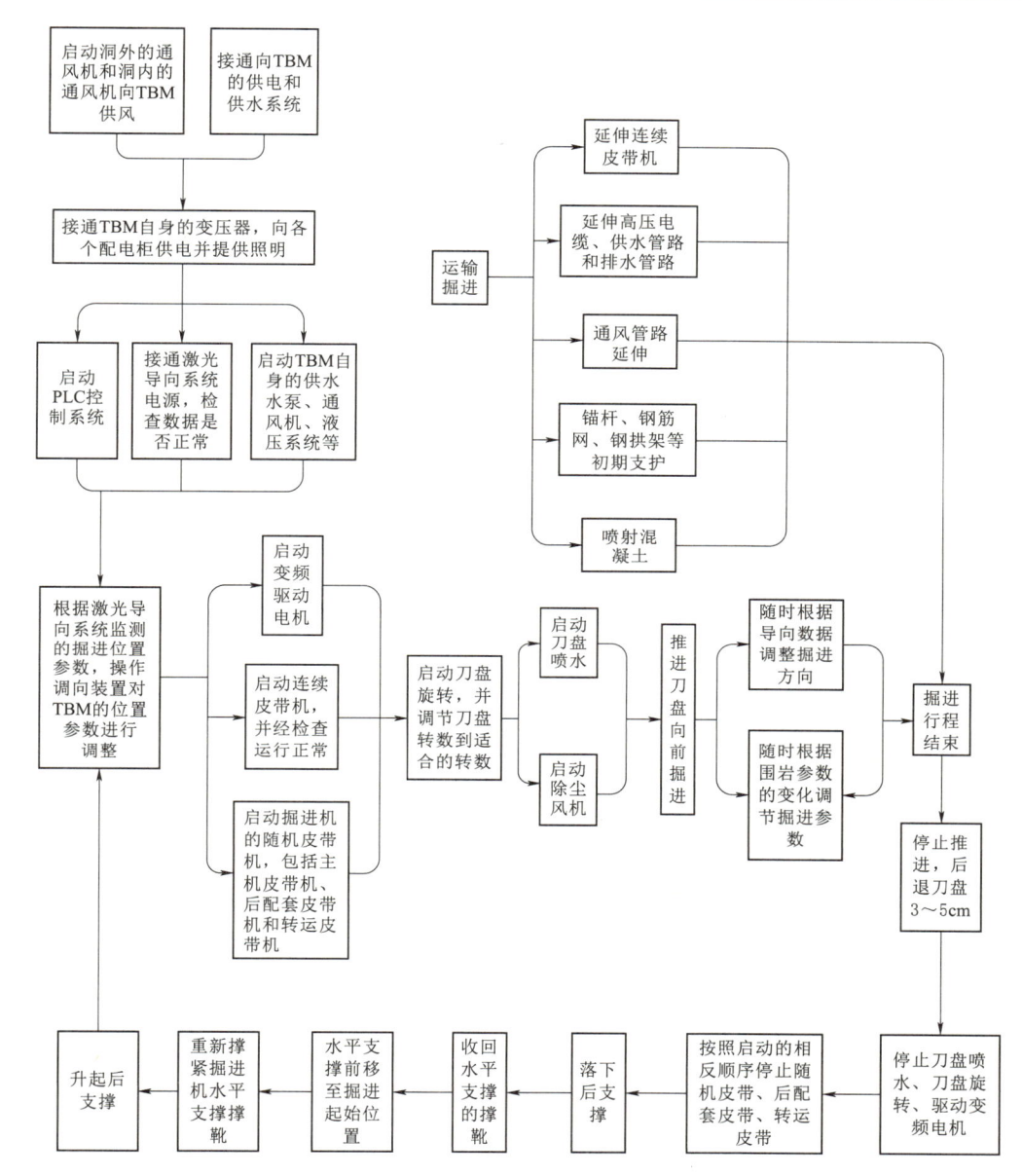

图 6.1 TBM施工布置示意图

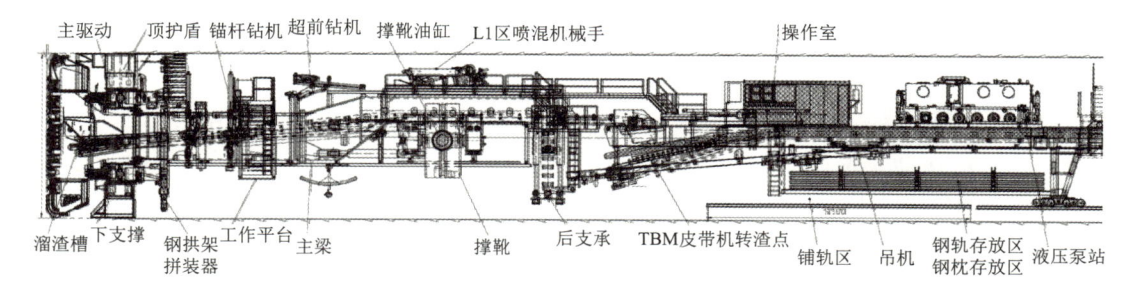

图 6.2 $\phi 8.02 \mathrm{m}$ 开敞式硬岩掘进机结构简图

或减糙衬砌，局部围岩较差地段采用加强支护，二次衬砌采用同步衬砌。岭南岭脊 TBM 设备通过 3 号支洞运至井底，在洞内组装并完成调试后向出口方向掘进；岭北岭脊 TBM 设备通过 6 号支洞运至井底，在洞内组装并完成调试后向进口方向掘进。总体施工布置如图 6.3 所示。

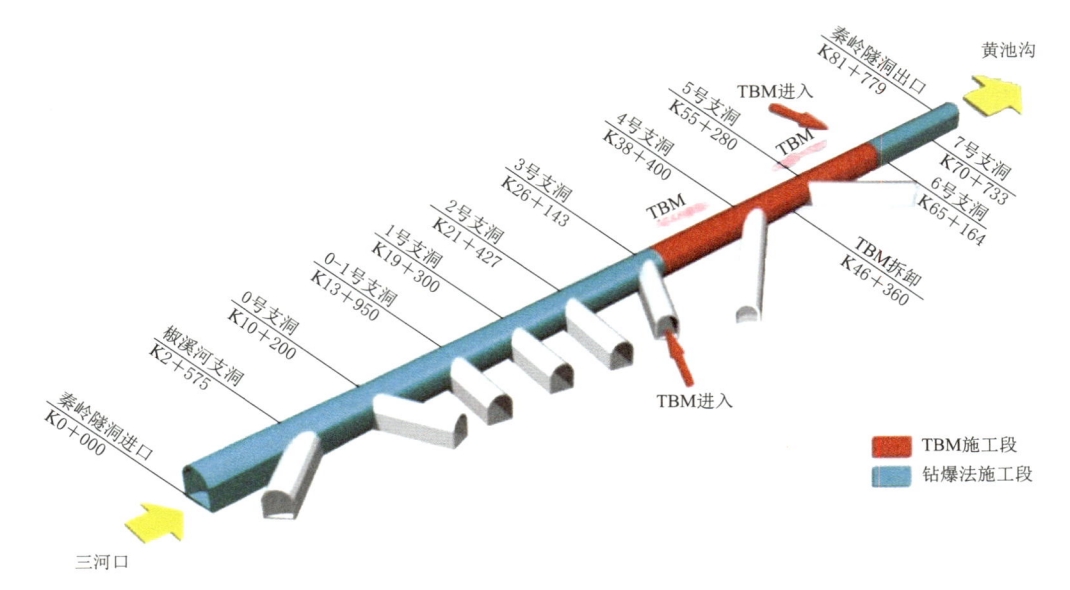

图 6.3　总体施工布置

6.2.2　TBM 段施工的总体筹划

掘进施工是最主要的 TBM 工作阶段，但是要顺利实现 TBM 持续向前掘进，需要对 TBM 的施工做总体规划，包括前期对 TBM 设备的整体调试、后期的维护以及施工后隧洞的支护和衬砌等，以实现完整的掘进工作。

1. TBM 施工规划

TBM 施工规划编制存在多条原则。首先，控制关键路线，以确保各控制性节点工期目标和总工期目标的实现；其次，要保障 TBM 的掘进工效，避免其他工序对 TBM 掘进造成影响；同时保证 TBM 的正常掘进，加强设备的维护、保养，合理安排易损耗部件的备用量；最后，进度计划编制应当合理，切实可行，有可调整的余地。

2. TBM 掘进施工主要工作内容

TBM 掘进施工分成三个阶段：前期调试期、正常施工期和后期运行期。各个阶段相应的主要工作内容如下：

（1）前期调试期。前期调试期一般计划为期 1 个月（即 450h），主要进行设备的运行调试及人员的培训，初步确定刀盘推力、转速、扭矩与掘进速度的变化关系，以及其他掘进参数的取值；制订合理的维修、保养计划，弃渣运输计划，以及人员、材料及运输设备的合理调度计划，为以后正常运转创造良好条件；进行长期地质预报工作，总体上掌握隧洞围岩的基本情况，并在此期间初步制订不良地质体的预防处理方案。

(2) 正常施工期。正常施工期计划工作时间为 25 个月（即 11250h）。在此时期内，需要保证 TBM 在掘进过程中，设备始终处于良好的运行状态，因此本阶段是 TBM 施工的重点。此阶段主要在长期地质预报的基础上进行短期地质勘探预报，发出施工地质灾害警报，提高超前地质预报的准确性，并按调试期确定的 TBM 施工参数进行施工，不断地调整优化，保证 TBM 持续的高效运转。同时调整好掘进、出渣、进料、运输和永久衬砌支护等各工序之间的调度关系，完善设备的维修和保养制度。

(3) 后期运行期。后期运行期计划工作时间为 4 个月（即 1800h），根据设备厂家提供的寿命分析，随着掘进施工的不断进行，设备上各部件均将出现不同程度的磨损，此时的主要工作是随着 TBM 的掘进速度下降，增加 TBM 及附属设备的维护、保养频率，以及设备的检查次数，保证设备的正常运转，同时加强易损机件的监护，及时更换磨损程度高的部件，避免机械事故发生。

3. TBM 主洞掘进段施工方案

秦岭输水隧洞分为岭南和岭北两个大的掘进施工段，但施工主洞的施工方案基本类似，其中包括开挖、出渣、初期支护、二次衬砌、施工材料运输、仰拱预制与铺设、施工期通风、施工排水等关键步骤，各个步骤之间相互衔接紧密，同步进行。

开挖采用全断面开敞式硬岩 TBM，开挖直径为 8.02m（边刀磨损到极限时），连续掘进情况下掘进行程为 1.8m。

出渣采用连续皮带机和支洞皮带机接力，把弃渣从 TBM 后配套运至支洞洞口，利用洞外转载皮带机运输至临时弃渣场（图 6.4），之后以自卸车运至永久弃渣场。在秦岭输水隧洞 TBM 第一阶段掘进施工过程中，弃渣通过 6 号支洞被运至支洞洞口；在 TBM 第二阶段掘进时，弃渣通过 5 号支洞被运至支洞洞口。

初期支护利用 TBM 上配置的锚杆钻机、钢拱架安装器、喷射混凝土系统等设备进行隧洞开挖洞面的初期支护。

图 6.4 皮带机传送石渣现场图

二次衬砌采用 TBM 同步衬砌施工技术，TBM 掘进的同时，在后配套后方适当的位置同步施工二次衬砌并保持二者综合作业速度相匹配。

施工材料从洞外采用汽车经 6 号支洞运至 TBM 组装洞室，转载到有轨运输列车上，再以有轨运输方式运抵 TBM 以及二次衬砌作业点。TBM 第一阶段掘进所需要的全部施工材料均通过 6 号支洞运至洞内。

施工中建设了专业的仰拱预制厂，采用专用模具生产、蒸汽养护至强度达到设计要求，完成预制。TBM 上配备仰拱块吊机，在 TBM 掘进的同时完成仰拱预制块铺设，如图 6.5 和图 6.6 所示。

图 6.5　施工现场仰拱预制块铺设　　　　图 6.6　施工现场通风筒和铺设完
毕的仰拱预制块

施工期通风采用欧美进口风机，一站压入式通风，TBM 第一阶段掘进由 6 号支洞口取风，后经支洞、主洞到达 TBM 作业区；TBM 第二阶段掘进由 5 号支洞口取风，后经支洞、主洞到达 TBM 作业区。

TBM 施工段施工排水全部采用梯级泵站，由 6 号支洞排出。

4. TBM 主洞钻爆段施工方案

TBM 在掘进施工前，由于设备庞大、零部件众多，需要开挖 TBM 主机安装洞、步进洞、始发洞等辅助洞室进行 TBM 的组装、调试；在设备运行过程中，TBM 难免会遇到因不良地质条件、设备部件更换等因素造成的卡机、停机等故障，需要开挖检修洞对TBM 进行检修；在掘进施工完成后，需要对 TBM 进行拆卸，分部分运输出洞，需要开挖 TBM 拆卸洞对设备进行拆卸、运输。这些洞室的洞线往往较短，相较于主洞开挖量小，适用于钻爆法施工，以下将介绍钻爆段的施工方案。

(1) TBM 后配套安装洞、TBM 检修洞。在进行开挖作业时，后配套安装洞采用挑顶导洞法，先开挖挑顶小导洞，再进行二次扩挖，并分区分部进行施工，采用钻爆法施工，光面爆破，风动凿岩机钻孔。挑顶导洞断面根据围岩情况合理确定，掘进循环进尺为3m，出渣主要采用 $3m^3$ 侧卸装载机配 20t 自卸车运输，人工配合 $1.6m^3$ 挖掘机进行安全处理及岩面清理。TBM 检修洞虽然围岩质量较好，但由于断面较大，考虑出渣运输等因素，开挖作业时采用台阶法施工。

后配套安装洞、TBM 检修洞采用压入式通风、无轨运输出渣，组合钢模衬砌。

(2) TBM 主机安装洞。利用先期完成的后配套安装洞挑顶导洞为作业面和施工通道，采用钻爆法施工、光面爆破、导洞先行、分步台阶法二次扩挖成型的施工工艺进行开挖。风动凿岩机钻孔，装载机配合自卸车出渣，组合钢模衬砌，压入式通风。风动凿岩机如图 6.7 所示。

图 6.7 风动凿岩机实物

(a) 风动凿岩机缸体；(b) 工人使用风动凿岩机钻孔

TBM 主机安装洞采用光面爆破技术，严格按设计控制好周边孔眼的间距和装药密度，以减少超欠挖情况，最大限度地减少对托梁基础部分的扰动和破坏。掘进循环进尺控制在 3m，出渣主要采用 3m³ 侧卸装载机配 20t 自卸车运输，人工配合 1.6m³ 挖掘机进行安全处理及岩面清理。

（3）TBM 步进洞与始发洞。步进洞中Ⅲ类围岩开挖作业时采用全断面法，Ⅳ类围岩开挖作业时采用台阶法。台阶高度考虑运输条件，为便于施工作业，断面上半部分高度不低于 6m，采用光面爆破（图 6.8），并通过侧卸式装载机配合自卸车进行装渣运输。

（4）TBM 拆卸洞室。根据总体施工安排，拆卸洞首先采用 TBM 掘进穿过计划的拆卸洞段，然后采用钻爆法扩挖至设计的拆卸洞室断面，出渣时利用小型装载机将石渣转运至 TBM 刀头附近，利用 TBM 主机刀头附近的皮带机来传送石渣，再通过 5 号支洞皮带机将石渣传送至洞外。支

图 6.8 光面爆破施工现场

护、衬砌施工方法同主机组装洞室。TBM 拆卸运至洞外后，立即对洞面喷护 5cm 厚的 C20 混凝土进行支护，并采用钢模支撑，做内衬混凝土。

6.2.3 设备的现场调试

秦岭输水隧洞中，TBM 施工段由 TBM 后配套安装洞、TBM 主机安装洞、TBM 步进洞和 TBM 始发洞组成。以岭北工程为例（图 6.9），TBM 后配套安装洞长 120m，TBM 主机安装洞长 82m，TBM 步进洞长 245m，TBM 始发洞长 25m。TBM 主机及后配套安装分别位于 TBM 主机安装洞及后配套安装洞，实现边步进边安装，充分利用现场资源，合理计划及安排，有序地组织 TBM 洞内的组装、步进及调试工作，直至 TBM 具备

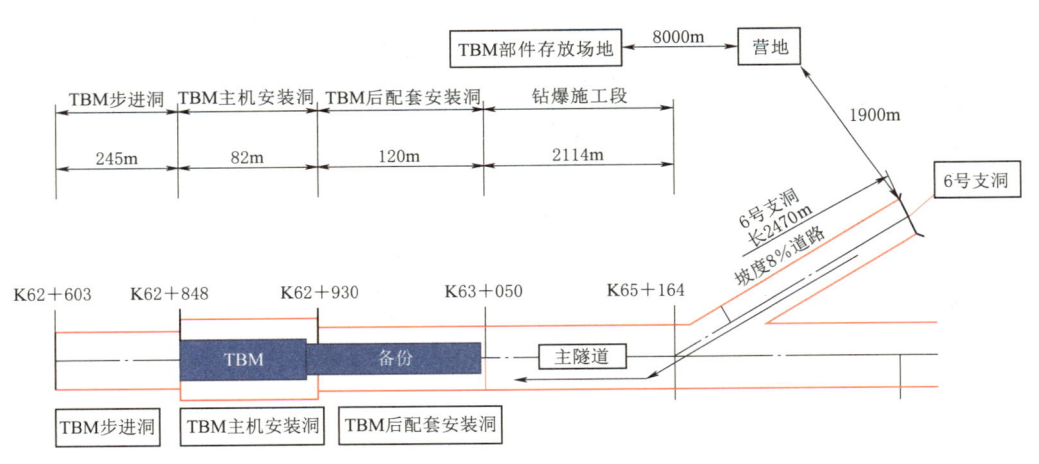

图 6.9 现场施工位置分布概图

始发条件。

1. 主要设计指标及工程量完成情况

组装调试工作应在设备到达施工现场后在规定的 75d 内完成，每天步进的平均距离不小于 80m，并达到试掘进条件。TBM 从开始安装到开始步进为期 25d，从开始步进到具备始发条件为期 49d，步进速率可达 120m/d。

2. 施工过程及方法

TBM 现场安装完毕后，需要进行现场步进，以检验安装是否合格，以下将介绍 TBM 设备的安装和步进过程。

（1）TBM 现场安装。顺序为：布置场地→部件现场摆放→部件拼装→部件摆放位置调整→部件拼装→主体部件起吊定位→附属部件安装→设备管路及电缆连接→通电调试→TBM 步进→部件安装→步进完成→TBM 总体性能调试检测，图 6.10 为现场安装图。

（2）TBM 现场步进。施工步骤如图 6.11 所示，具体步骤为 TBM 主梁支撑撑起及后支撑落下，撑在底部岩体上；撑靴放松岩壁，并随推进油缸收回，TBM 连接桥靠后支承系统支撑；撑靴撑紧岩壁，后支承随之收起，准备向前步进；步进油缸推动撑靴，撑靴支架相对地面静止，进而推动 TBM 向前推进，连接桥及后配套台车通过拖拉油缸与 TBM 向前运动；TBM 步进一个掘进步后停止，后支承再次落下撑紧岩壁，单个步进循环结束。TBM 现场步进如图 6.12 所示。

6.2.4 进场计划与要求

根据 TBM 组装及步进要求，设备进场前，要完成 TBM 主机安装洞室衬砌支护和混凝土底板，并预埋轨道。安装调试完毕 1 台行吊和 2 台龙门吊，就位风、水、电等相关配套设施。

1. 行吊和龙门吊安装

TBM 主机安装洞室配备 2×80t 行吊 1 台，行吊施工现场如图 6.13 所示，TBM 主机安装洞行吊安装如图 6.14 所示；后配套安装洞室配备 1×25t 龙门吊 2 台，龙门吊施工现场如图 6.15 所示。行吊和龙门吊的技术参数见表 6.1 和表 6.2。

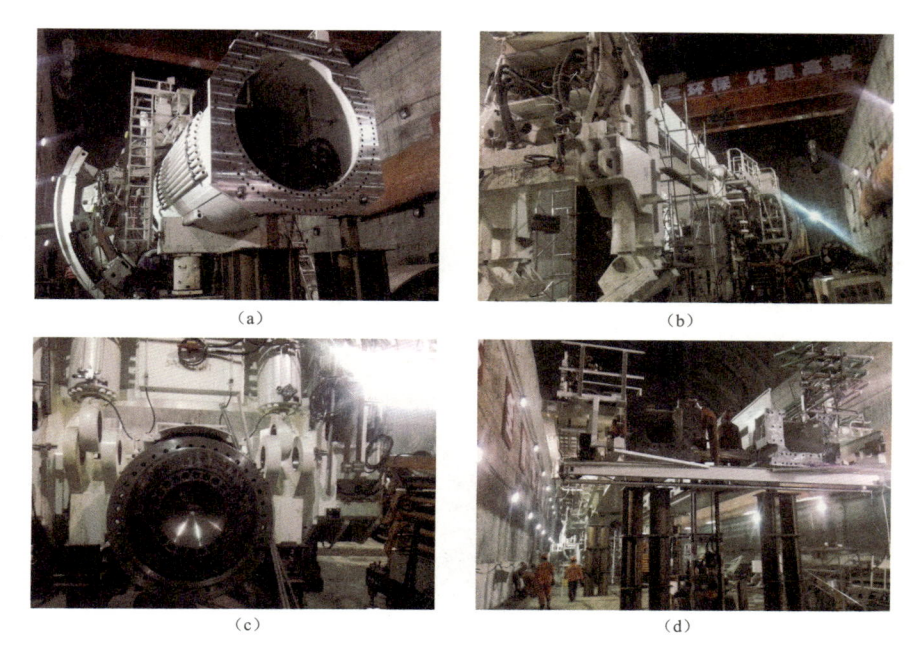

图 6.10 TBM 现场安装

(a) L1 主梁安装；(b) 连接架安装；(c) 主驱动轴安装；(d) 桥架安装

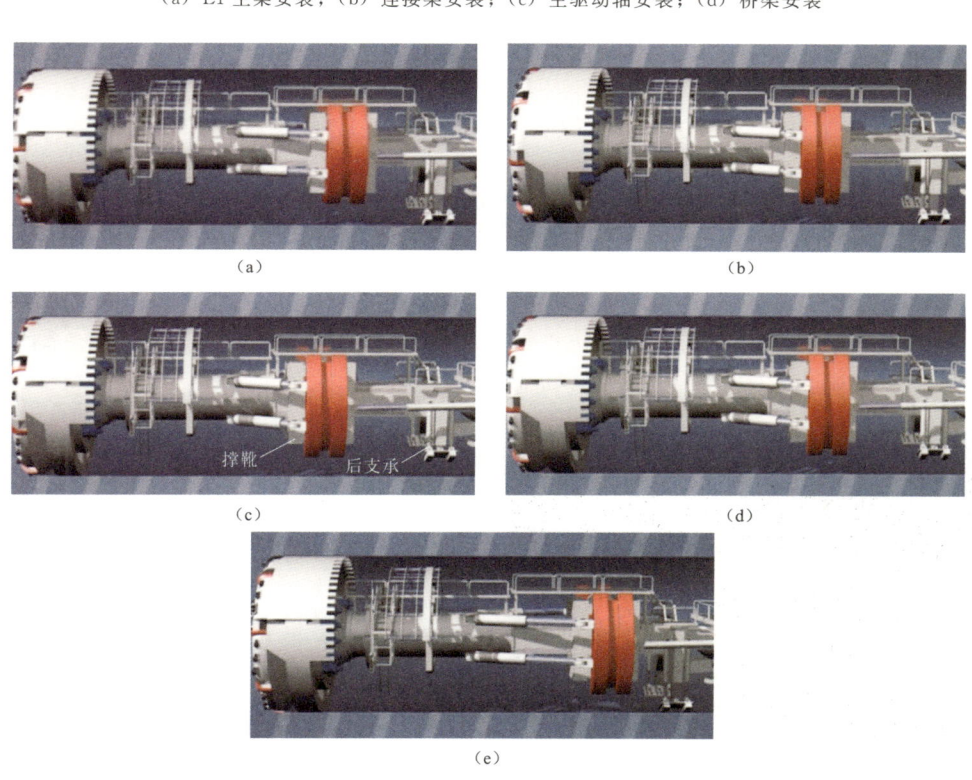

图 6.11 TBM 施工步骤示意图

(a) 施工步骤 1；(b) 施工步骤 2；(c) 施工步骤 3；(d) 施工步骤 4；(e) 施工步骤 5

(a)

(b)

(c)

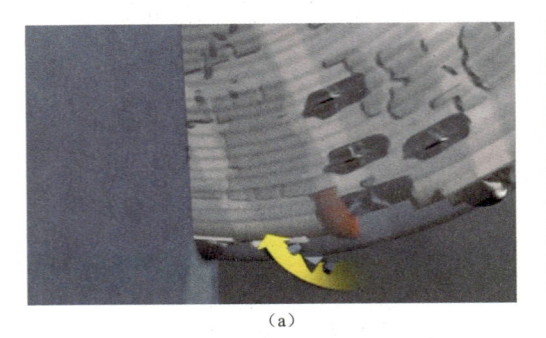

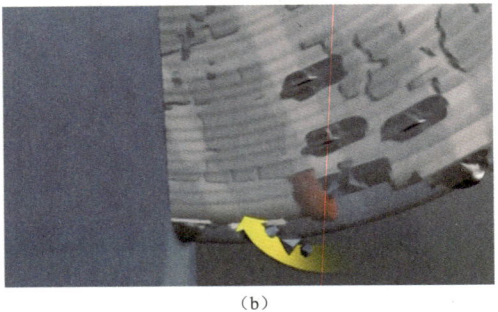

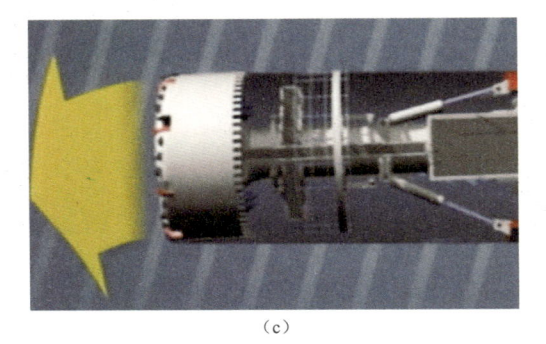

图 6.12　TBM 现场步进示意图
（a）TBM 刀盘切削石渣；（b）TBM 刀盘溜渣过程；（c）TBM 掘进过程中转向（俯视）

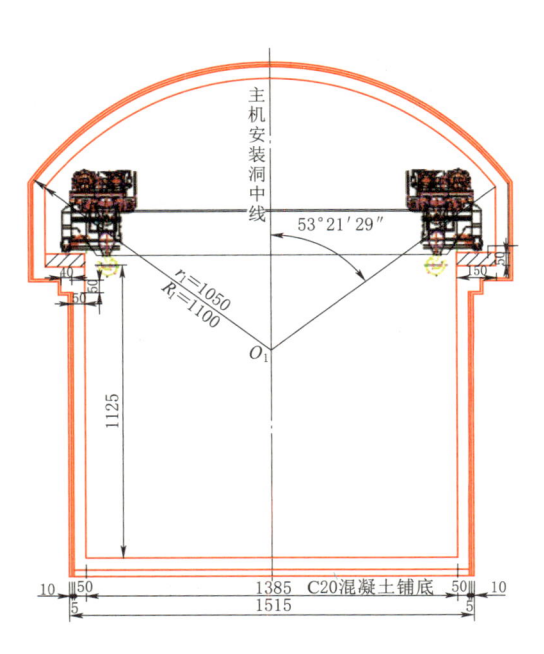

图 6.13　行吊施工现场　　　图 6.14　TBM 主机安装洞行吊安装图（单位：cm）

表 6.1　　　　　　　　　　　　2×80t 行吊的技术参数

参　　数	指　　标	参　　数	指　　标
起重机工作级别	M3	小车运行速度	0~4m/min（变频调速）
额定起重量	80t＋80t	整机重量	105t（不含轨道）
轨距	15m	大车最大轮压	315kN
起升高度	11.25m	整机功率	114.6kW（含制动器电机）
起升速度	0~1m/min	大车运行速度	0~20m/min（变频调速）
小车吊钩最小距离	2.3m	操作方式	线控＋遥控
电源	三相交流 380V、50Hz	供电方式	电缆滑车
桥机型式	双箱形梁、双运行小车、电动		

表 6.2　　　　　　　　　　　　1×25t 龙门吊的技术参数

参　　数	指　　标	参　　数	指　　标
起重机工作级别	M3	小车运行速度	0~20m/min（变频调速）
额定起重量	25t	整机重量	52t（不含轨道）
轨距	9m	大车最大轮压	240kN
起升高度	10m	整机功率	48kW（含制动器电机）
起升速度	0~3m/min	大车运行速度	0~20m/min（变频调速）
小车吊钩最小距离	0.8m	操作方式	线控＋遥控
电源	三相交流 380V、50Hz	供电方式	电缆滑车
桥机型式	双箱形梁、双运行小车、电动		

龙门吊安装工作由厂家负责。现场工作人员负责及时与厂家人员沟通，施工现场现有的工具或小型机具由必要的人员进行协助运作。安装过程中，首先使用 25t 汽车吊安装 1×25t 龙门吊，待其余龙门吊和行吊到达工地后，再利用已装好的龙门吊进行卸货，最后由 50t 和 25t 汽车吊安装。

在龙门吊安装时应注意，安装所需要的部件均需要在厂内进行组装并试运转，并附带出厂合格证；设备部件在运输至现场后，首先要清洁销轴孔和销，将其上附着的油漆和锈渍除去；安装调试后的大小车运行机构的车轮和轨道之间不得出现啃轨现象，在调试过程中，调好大小车行走极限位置，然后固定大车限位开关撞尺和

图 6.15　龙门吊施工现场

小车行程限位装置在合适的位置。所有部件组装并调试完成后,进行空载、静载、1.1倍动载和1.25倍静载试验,以对设备进行进一步检验。

2. 风、水、电、通信及洞内照明

TBM 主机安装洞风、水、电如图 6.16 所示,风、水、电、通信及洞内照明等布置详见表 6.3。

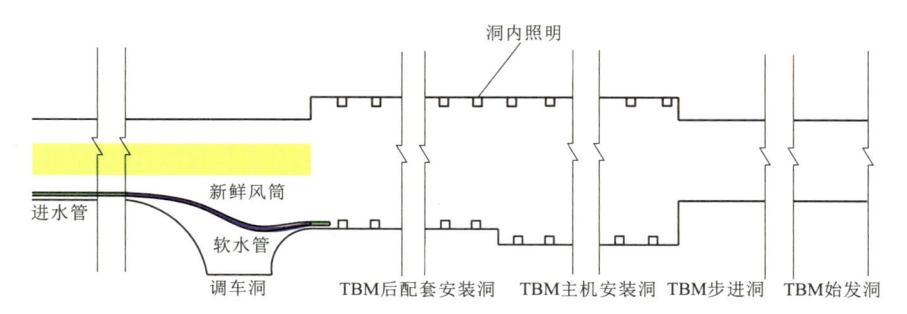

图 6.16　TBM 主机安装洞风、水、电示意图

表 6.3　　　　　　　　风、水、电、通信及洞内照明等布置

项目	施 工 内 容	示意图
施工通风	TBM 的组装工作完全在洞内完成,组装时刀盘焊接、运输车辆等将产生大量烟尘,掘进机组装时粉尘污染影响较大,通风条件复杂。 在 6 号支洞架设 1 台 3×200kW 的风机,通过直径 2200mm 的通风管向 6 号支洞内压入式供风到后配套安装洞,在支洞和主洞交叉位置为硬质风筒。出风通过主洞与 6 号支洞间的通道,从 6 号支洞排出。施工中防止风筒破损导致风量减少,避免影响正常施工。洞外停风机时应通知洞内,洞内做好应急措施,防止缺风缺氧对人身造成伤害	图 6.17
施工供排水	组装用水从 6 号支洞洞口接水点接入,通过隧洞右侧水管输送,在调车洞段用软管从空中导入到 TBM 后配套安装洞。 组装期间只有少量污水排出,通过安装洞流水方向左侧的排水管排到 6 号支洞洞口排水槽排出	图 6.18
施工供电及洞内照明	TBM 安装洞布置 1 台 2000kVA 箱式变压器,靠安装洞室入口左侧布置,做防水处理。5 台配电柜分别布置于洞壁两侧。主机安装洞室岩壁梁处采用 TB-168-400 灯照明,分上下两排。上排灯具安装间距为 7m,离地面 9m;下排安装间距为 7m,离地面 4m。每台桥机上安装 3 盏高亮度照明灯,以满足洞内组装照明的要求,防止照明不足影响组装施工或引起安全事故,并留用备用照明电源以供组装临时用电	
通信	在 TBM 组装时洞内应保持通信畅通,时时有信号,洞内添加无线通信发射器,联系移动公司或电信公司安装,便于洞内和外界联系	
设备物资配置	组装所需设备(行吊、龙门吊、叉车等)、工具及物资材料已准备齐全。对其应做好记录,分类保管,公制、英制工具明确标记,分开放置	

· 184 ·

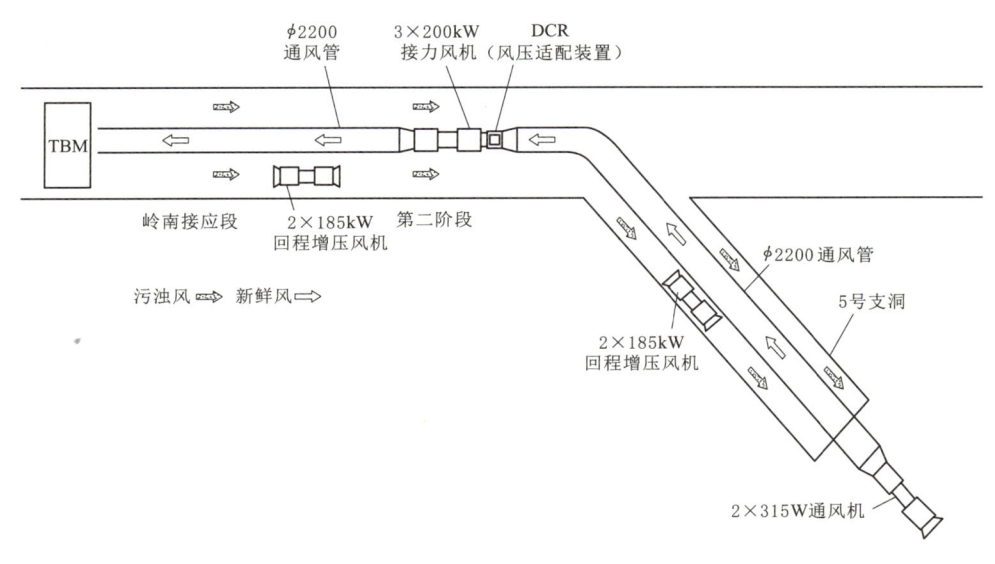

图 6.17 施工通风布置图

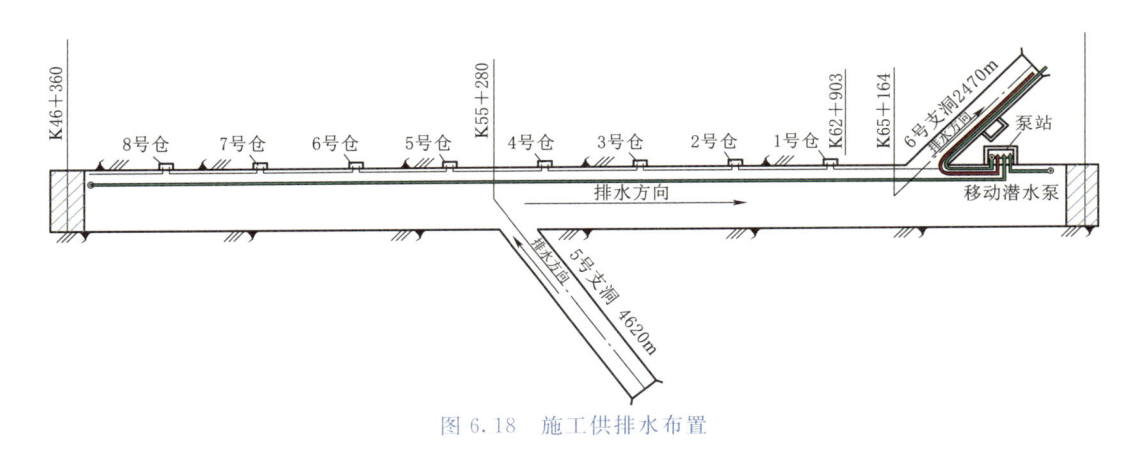

图 6.18 施工供排水布置

6.3 TBM 设备选型

6.3.1 TBM 掘进机发展进程

TBM 掘进机主要分为开敞式、双护盾式、单护盾式三种类型[5]。在实际工程中，往往综合考虑隧洞外径、长度、埋深和地质条件、沿线地形、洞口条件以及经济预算等条件来进行设备的选型[6]。相较于传统的钻爆法，TBM 掘进施工具有快速、优质、高效、安全、环保、自动化信息化程度高等优点，但是对于地质条件的针对性较强，不同的地质条件、不同的隧道断面，需要设计成满足不同施工要求的 TBM、配置适应不同要求的辅助设备[7-8]。此外，掘进机施工还存在地质适应性差、对中短距离隧洞的施工不适宜、断面适应性较差、部件运输困难及购置使用成本大等缺点[5]。因此，TBM 的选型工作是一个较为复杂的综合考虑的过程。

TBM自诞生以来，随着工程建设的需要，在技术和设备上都得到了飞速的发展[9-10]。世界上第一台TBM于1856年由美国约翰·威尔逊制造，这台TBM在美国马萨诸塞州的胡萨克铁路隧道（该隧道长6.56km，工期达21年）中部地段进行过试验，由于技术不成熟，威尔逊制造的TBM仅仅掘进了3.48m就被放弃[11-12]。另外两台类似的TBM也在同一隧道中使用过，但都没有获得成功。第一台能较为顺利地进行掘进的TBM于1880年由英国博蒙特上校研制成功，直径为2.13m，这台TBM曾用于英国默西河下一座隧道的开挖，周进尺约3.5m[13-14]。博蒙特研制的另外一台TBM则于1882年用在当时修建的英法海峡隧道中，这台TBM先后从两岸掘进，在海床各开挖了1.6km长的导洞。这台TBM采用了安在转动头上的切割工具进行开挖，其动力为压缩空气。在53个连续工作日内，这台TBM在白垩系地层中的掘进速度仅为1.5m/d[12]。

此后70年，全世界仅设计和制造了约15台TBM，但都没有获得很成功的应用[12]。

TBM在20世纪50年代中期真正进入实用阶段。美国西雅图詹姆斯·罗宾斯首先成立制造公司[15]。1954年，罗宾斯公司制造的TBM首次成功地应用于美国南部达科他地区的达赫大坝的隧洞工程中[16]。该TBM的直径为8m，穿过的岩层为断层破碎带和节理发育的页岩。该TBM与1955年提供的另一台TBM的掘进总长度为6750m，最大日掘进速度为42m，最大周掘进速度达190m[12]。罗宾斯公司的TBM应用于加拿大多伦多的一座污水隧洞的施工时，其施工效率得到了世界的认可[17]。此设备是第一台完全装有旋转盘形滚刀的TBM，其直径为3.7m，最高掘进速度可达到3m/h。TBM在该工程中的成功应用引起了世界隧道工程界的广泛注意，并激起了世界各国开发TBM的热情。与此同时，其他机械制造商也开始寻求进入TBM制造领域的机会。此后，一项项TBM技术难题被攻破，TBM技术得到了迅猛发展，应用也日益普遍[18-21]。

1964年起，我国开始研究TBM。经过多年的研究和工程实践，当前我国的一些生产厂已能制造TBM。但是，我国隧道掘进机（TBM、盾构机和顶管机）的制造技术和能力还不能完全满足对全断面掘进机量和质的需求，一些关键部件（主轴承、液压系统、控制系统）仍需要依赖进口，因此，实现生产制造全面国产化，建立自己的全断面掘进机工业体系迫在眉睫[4,22-24]。

6.3.2 岭南隧洞TBM设计参数

秦岭输水隧洞工程分为岭南、岭北两个施工段，根据岭南、岭北的地形地质条件以及水文条件，分别进行TBM设备选型，然后进行双向掘进。岭南段TBM如图6.19所示。

1. TBM整机设计参数

岭南隧洞TBM为罗宾斯公司生产的MB266-395型开敞式TBM，刀盘为分块式设计，其主要技术指标见表6.4。

图6.19 秦岭输水隧洞岭南段TBM

表 6.4　　岭南隧洞 TBM 的主要技术指标

项　目	内　容	技　术　指　标
TBM 型号	罗宾斯公司	MB266-395
整机	直径	新装刀 8050mm，磨损至极限 8020mm
整机	长度	287m
整机	重量	约 1300t
整机	装机功率	5280kW
整机	最小转弯半径	500m
整机	适应最大坡度	±2%
刀具	滚刀直径	17″、20″
刀具	刀具数量	中心刀 8 把（17″），正滚刀/边缘滚刀 43 把（20″）
刀具	平均刀间距	82mm
刀具	滚刀安装方式	背装
刀具	刀具额定荷载	31.7t
刀盘	功率	3300kW
刀盘	转速范围	0～6.87r/min
刀盘	额定扭矩	9743kN·m（0～3.23r/min） 436kN·m（6.87r/min）
刀盘	脱困扭矩	14614kN·m
刀盘	刀盘推力（推荐）	15881kN
推进油缸	油缸数量	4 个
推进油缸	行程	829mm
推进油缸	总推力（最大）	21087kN
推进油缸	最大伸出速度	150mm/min
推进油缸	最大回缩速度	1080mm/min
撑靴系统	撑靴油缸数量	2 个
撑靴系统	撑靴油缸行程	635mm（每个）
撑靴系统	撑靴与洞壁接触面积	5.5m^2
撑靴系统	最大操作压力	45394kN（345bar）
主机皮带输送机	胶带宽度	1067mm
主机皮带输送机	皮带运行速度	2.5m/s
主机皮带输送机	出渣能力	1078m^3/h
设备桥皮带输送机	胶带宽度	914mm
设备桥皮带输送机	皮带运行速度	2.8m/s
设备桥皮带输送机	出渣能力	1020m^3/h

续表

项　　目	内　　容	技　术　指　标
转载皮带输送机	胶带宽度	914mm
	皮带运行速度	2.8m/s
	出渣能力	1020m³/h
锚杆钻机系统	数量	4套
	钻孔范围	360°
	钻孔最大深度	3.0～3.5m
	钻孔直径	38～70mm
	操作方式	液压操作
L1混凝土喷射系统	安装位置	L1区锚杆钻机后方
	设备数量	1套
	喷射范围	≥120°（机械手120°，人工平台360°）
	移动行程	2m
	工作能力	15m³/h
钢拱架安装器	工作范围	2000mm
	环型梁规格	H150钢或工16工字钢
	作业周期	30min
	撑紧力	约4.7t
	安装方式	手动
钢筋网超前支护钻机	钻孔直径范围	38～70mm
	最大钻孔长度	40m
注浆系统	底拱注浆系统	6.3m³，2MPa
	锚杆钻机注浆系统	1.6m³，2MPa
	超前注浆系统	3.2m³，5MPa
超前探测钻机（可取岩芯）	钻孔直径范围	75～114mm
	最大钻孔长度	50m
L2混凝土喷射系统	操作方式	遥控＋手动
	机械手数量	2个
	喷射范围	300°
	移动行程	8m＋8m
	单台设备工作能力	20m³/h
仰拱块安装机	超吊高度	2m
	运行范围	桥架下方轴向30m
	侧向位移	±250mm
	额定起吊重量	10t
拖拉油缸	数量	2台
	行程	2159mm
	拖拉力	2×93.5t=187t

TBM的支护能力分为前部支护区域和后部支护区域两个区。前部支护区域为L1区，可以施作锚杆、注浆、钢拱架、钢筋网、超前钻探、喷射混凝土；后部支护区域为L2区，可以施作喷射混凝土。两侧的撑靴负责支撑洞壁，为设备提供向前的推力，每个撑靴面积约为5.5m²，细长形设计。

2. TBM刀盘设计参数

岭南隧洞TBM刀盘及滚刀安装示意如图6.20所示，中心刀（图6.21）采用17″直径双刃滚刀，正滚刀与边缘滚刀采用20″直径单刃滚刀，平均滚刀间距为82mm（表6.5）。

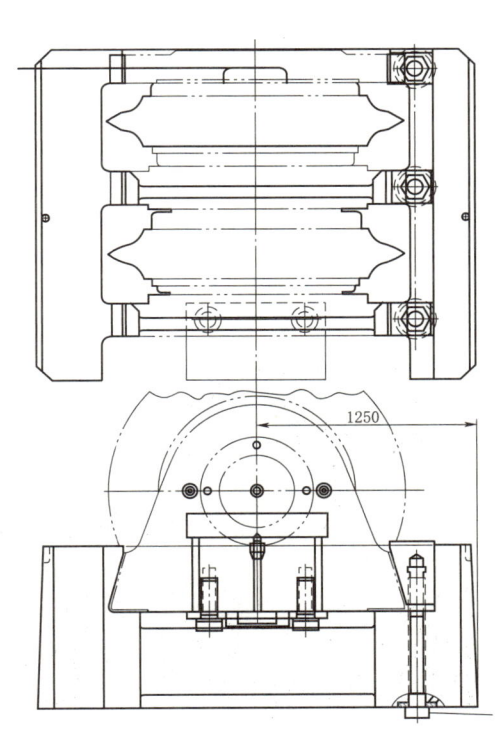

图6.20 岭南隧洞TBM刀盘及滚刀安装示意图　　图6.21 岭南隧洞TBM中心刀安装示意图

表6.5　　岭南隧洞滚刀间距

滚刀编号	滚刀转动半径/mm	滚刀间距/mm	滚刀编号	滚刀转动半径/mm	滚刀间距/mm	滚刀编号	滚刀转动半径/mm	滚刀间距/mm
1	68.6	137.2	9	878.9	99.1	17	1563.9	80.0
2	170.2	101.6	10	975.4	96.5	18	1643.8	80.0
3	271.8	101.6	11	1068.1	92.7	19	1723.7	80.0
4	373.4	101.6	12	1156.4	88.3	20	1803.7	80.0
5	475.0	101.6	13	1240.9	84.5	21	1883.7	80.0
6	576.6	101.6	14	1323.2	82.3	22	1963.6	80.0
7	678.2	101.6	15	1404.0	80.7	23	2043.6	80.0
8	779.8	101.6	16	1483.9	80.0	24	2123.5	80.0

续表

滚刀编号	滚刀转动半径/mm	滚刀间距/mm	滚刀编号	滚刀转动半径/mm	滚刀间距/mm	滚刀编号	滚刀转动半径/mm	滚刀间距/mm
25	2203.5	80.0	34	2923.0	80.0	43	3637.8	77.4
26	2283.4	80.0	35	3002.9	80.0	44	3713.3	75.5
27	2363.3	80.0	36	3082.9	80.0	45	3786.3	73.0
28	2443.3	80.0	37	3162.8	80.0	46	3854.2	67.9
29	2523.2	80.0	38	3242.8	80.0	47	3914.4	60.2
30	2603.2	80.0	39	3322.7	80.0	48	3963.3	48.8
31	2683.2	80.0	40	3402.4	79.7	49	3996.9	33.6
32	2763.1	80.0	41	3481.8	79.3	50	4010.0	13.1
33	2843.0	80.0	42	3560.4	78.7	51	4015.0	5.0

6.3.3 岭北隧洞 TBM 设计参数

岭南和岭北的 TBM 不是同一个生产厂家，这也体现了 TBM 设备与工程配套的专一性以及进行 TBM 选型的必要性。以下为岭北隧洞 TBM 的基本介绍。岭北隧洞 TBM 如图 6.22 所示。

图 6.22 岭北隧洞 TBM

1. TBM 整机设计参数

岭北隧洞 TBM 为德国 Herrenknecht 公司生产的 S-795 型撑靴式硬岩掘进机，分块式刀盘设计，其主要技术指标见表 6.6。中心刀采用 19″直径双刃滚刀，正滚刀与边缘滚刀采用 19″直径单刃滚刀，平均刀间距为 82.2mm。TBM 的支护能力同样分为两个区，L1 区为前部支护区域，可以施作锚杆、注浆、钢拱架、钢筋网、超前钻探、喷射混凝土；L2 区为后部支护区域，可以施作喷射混凝土。

表 6.6　　　　　　　　岭北隧洞 TBM 的主要技术指标

项目	内容	性能指标
	TBM 型号	Herrenknecht	S-795
整机	直径	8060mm
	长度	约 209m
	重量	1542t
	装机功率	7100kW
	最小转弯半径	500m

续表

项　目	内　容	性　能　指　标
刀具	滚刀直径	19″
	刀具数量	中心刀 8 把（19″），正滚刀/边缘滚刀 42 把（19″）
	平均刀间距	82.2mm
	刀具额定荷载	31t
刀盘	功率	3500kW
	转速范围	0～7.3r/min
	额定扭矩	7661kN·m
	脱困扭矩	10725kN·m
推进油缸	油缸数量	4 个
	行程	2100mm
	总推力（最大）	27488kN
撑靴系统	撑靴油缸数量	2 个
	撑靴油缸行程	1000mm（每个）
	最大操作压力	64978kN（350bar）
主机皮带输送机	皮带宽度	800mm
	皮带运行速度	3m/s
	出渣能力	860t/h
后配套皮带输送机	胶带宽度	800mm
	皮带运行速度	3m/s
	出渣能力	860t/h
超前钻机装置	数量	1 台
	工作区域	120°
	倾角	6°～8°
	冲程	60mm
	冲击功率	18kW
锚杆钻机 L1	设备数量	1 台
	工作区域	270°
	冲击功率	11kW
	行程	3000mm（直向）
	扭矩	110N·m
	转速	500r/min
锚杆钻机 L2	设备数量	2000mm
	工作区域	H150 钢或工 16 工字钢
	冲击功率	30min
	行程	3000mm（直向）
	扭矩	110N·m
	转速	500r/min

2. TBM 刀盘设计参数

岭北隧洞 TBM 刀盘直径 8.06m，刀盘上安装 19″ 盘形滚刀 50 把（图 6.23 和图 6.24），平均刀间距为 82.2mm，不同滚刀转动半径与滚刀间距见表 6.7。

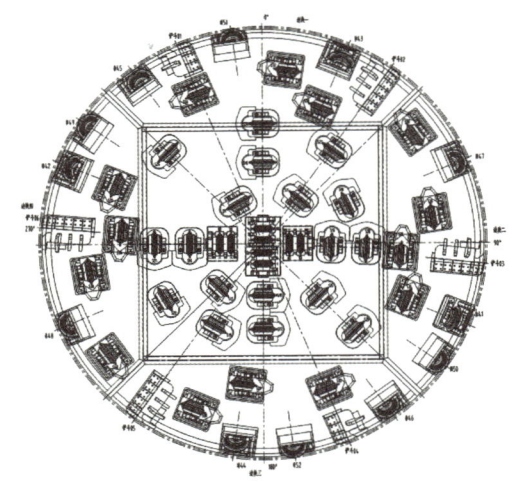

图 6.23　岭北隧洞 TBM 刀盘及滚刀安装示意图　　图 6.24　岭北隧洞 TBM 刀盘及滚刀安装完毕后实物

表 6.7　　　　　　　　　岭北隧洞不同滚刀转动半径与滚刀间距

滚刀编号	滚刀转动半径/mm	滚刀间距/mm	滚刀编号	滚刀转动半径/mm	滚刀间距/mm	滚刀编号	滚刀转动半径/mm	滚刀间距/mm
1	80.00	160.00	18	1680.00	90.00	35	3210.00	90.00
2	180.00	100.00	19	1770.00	90.00	36	3300.00	90.00
3	280.00	100.00	20	1860.00	90.00	37	3385.00	85.00
4	380.00	100.00	21	1950.00	90.00	38	3465.00	80.00
5	480.00	100.00	22	2040.00	90.00	39	3539.31	74.31
6	580.00	100.00	23	2130.00	90.00	40	3611.34	72.03
7	680.00	100.00	24	2220.00	90.00	41	3681.21	69.87
8	780.00	100.00	25	2310.00	90.00	42	3747.87	66.66
9	870.00	90.00	26	2400.00	90.00	43	3806.03	58.16
10	960.00	90.00	27	2490.00	90.00	44	3859.82	53.79
11	1050.00	90.00	28	2580.00	90.00	45	3908.55	48.73
12	1140.00	90.00	29	2670.00	90.00	46	3948.5	39.95
13	1230.00	90.00	30	2760.00	90.00	47	3980.48	31.98
14	1320.00	90.00	31	2850.00	90.00	48	4005.46	24.98
15	1410.00	90.00	32	2940.00	90.00	49	4022.49	17.03
16	1500.00	90.00	33	3030.00	90.00	50	4030.00	7.51
17	1590.00	90.00	34	3120.00	90.00			

TBM 的破岩方式属于机械破岩，直接参与破岩的部件为固定在刀盘上的盘形滚刀，通过刀盘在推进旋转过程中带动滚刀滚动破岩从而实现洞室开挖。盘形滚刀按照其在刀盘

上的安装方式可分为正安装式滚刀（中心刀和正滚刀）和倾斜安装式滚刀（边缘滚刀）两类，如图 6.25 和图 6.26 所示。倾斜安装式滚刀（边缘滚刀）刀轴与刀盘掘进方向存在一个

(a)

(b)

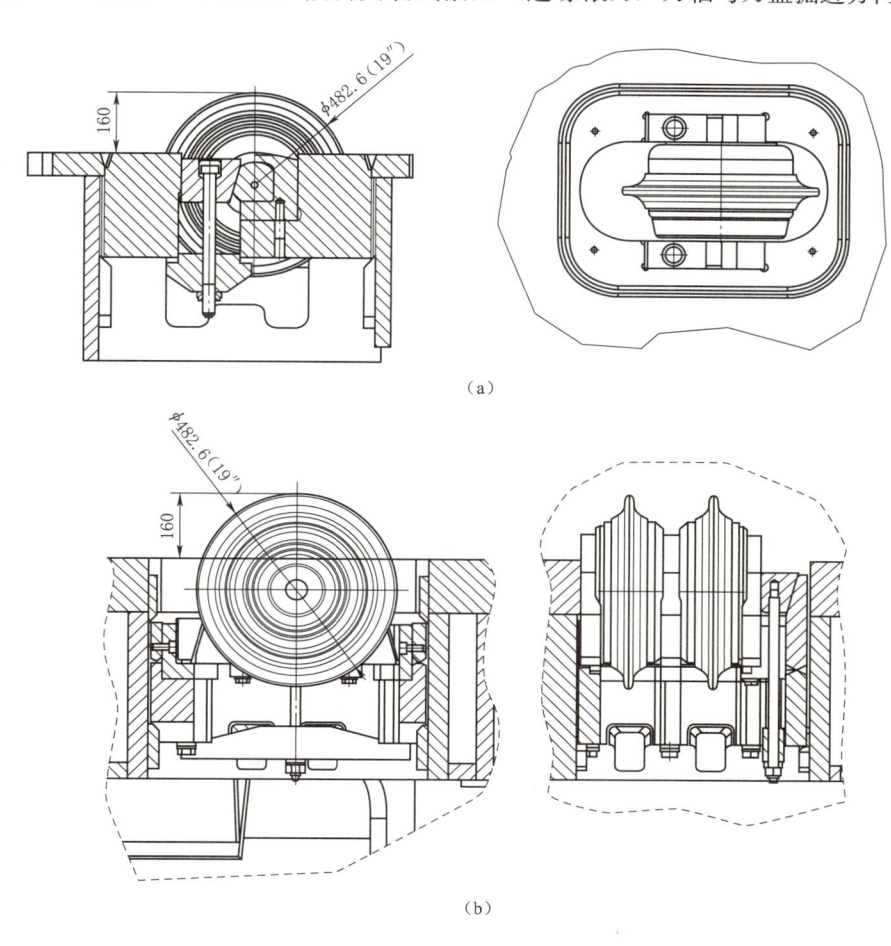

图 6.25　正安装式滚刀（中心刀和正滚刀）示意图
(a) 正滚刀；(b) 中心刀

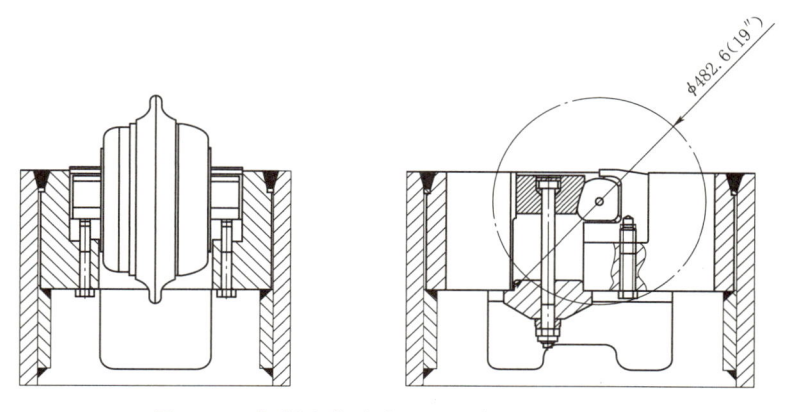

图 6.26　倾斜安装式滚刀（边缘滚刀）示意图

夹角，在 TBM 掘进中边缘滚刀位于掘进面与洞壁交界面上，控制着掘进洞径的大小及开挖洞壁的损伤范围。岭北隧洞 TBM 中心刀采用双刃滚刀，正滚刀与边缘滚刀采用单刃滚刀，如图 6.27 所示。

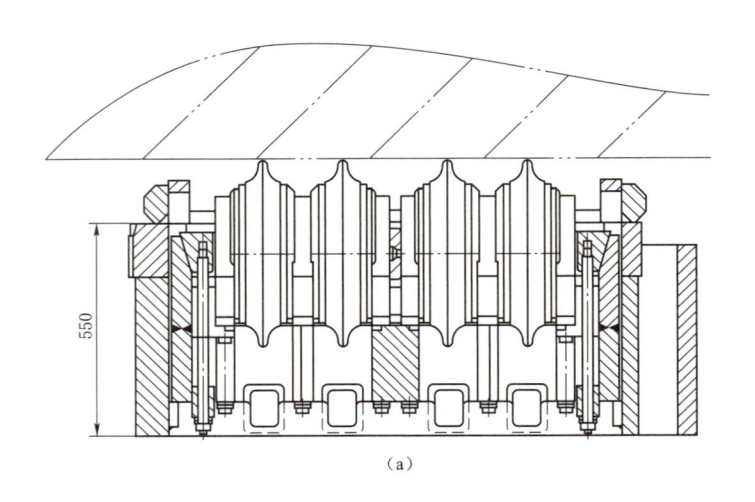

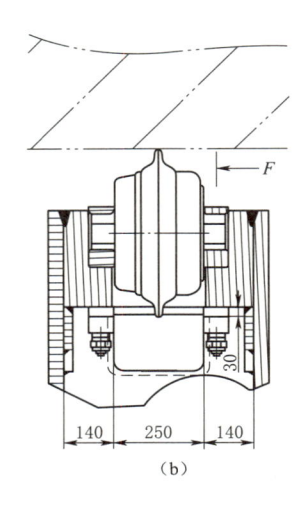

图 6.27 双刃滚刀和单刃滚刀
(a) 双刃滚刀；(b) 单刃滚刀

6.4 TBM 设备组装

6.4.1 TBM 设备安装洞场地放置

TBM 设备非常庞大，一台组装完整的 TBM 设备可长达 200m 以上，零部件达上万个，组装工作非常复杂。TBM 由主机和后配套系统两大部分组成。主机用于破碎岩石、集渣转载；后配套系统用于出渣、支护等。

现场组装工作可分为装备工作阶段、组装工作阶段、现场工作阶段三个阶段。根据组装场地的不同又可分为洞外组装和洞内组装两种。

TBM 设备组装是施工前的一项非常重要的环节，直接关系到施工过程进展是否顺利以及工期是否按期完成。

在秦岭输水隧洞工程 TBM 施工中，考虑到主机超限部件的卸车及主机组装的需要，部分主机大件需经陕南的四亩地镇转运站运至组装洞室卸车。运送大件到组装洞时，应根据 TBM 组装计划，按照主机、桥架、后配套的顺序，从前至后放置。同时，根据实际组装进度，灵活调整部件进洞时间及放置位置。

主机主要部件按照从前至后的顺序放置，依次是盾体侧块（侧护盾）、一块刀盘中心块、四块刀盘边块、滑移板、步进机构、盾体顶块、盾体底块（底支撑）、主驱动、推进缸、撑靴分块、L1 主梁、撑靴油缸、L2 主梁、撑靴、后支撑（腿）、护盾其余分块，如图 6.28 所示，其尺寸及重量见表 6.8。

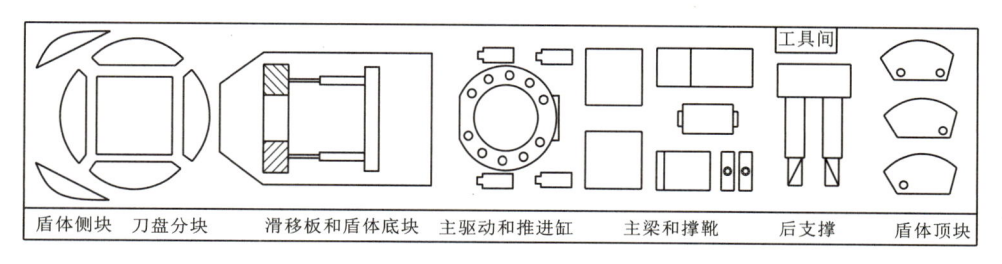

图 6.28　安装洞主机主要部件摆放

表 6.8　　　　　　　　　　　　TBM 主机主要部件尺寸及重量

编号	中 文 名 称	英 文 名 称	数量	重量/t	长度/m	宽度/m	高度/m
1	刀盘中心块	cutter head center	1	65.0	4.5	4.5	2.25
2	刀盘边块 1	cutter head segment 1	1	23.0	5.8	2.25	2.15
3	刀盘边块 2	cutter head segment 2	1	23.0	5.8	2.25	2.15
4	刀盘边块 3	cutter head segment 3	1	23.0	5.8	2.25	2.15
5	刀盘边块 4	cutter head segment 4	1	23.0	5.8	2.25	2.15
6	出渣环	muck ring	1	5.0	3.1	3.10	3.00
7	主驱动不含电机	main drive without motors	1	120.0	5.9	5.60	2.60
8	顶部护盾备有边护设备	roof support with side wings	1	47.0	8.2	4.00	3.20
9	左侧侧翼	side support left	1	18.0	5.9	4.00	2.00
10	右侧侧翼	side support right	1	18.0	5.9	4.00	2.00
11	底部护盾	bottom shield with cradle	1	27.0	5.1	2.50	2.10
12	主梁	guiding frame	1	68.0	12.5	3.80	3.80
13	主梁前部圆形段	middle frame with cone	1	158.0	7.0	3.80	3.80
14	后支撑	rear support	1	139.0	5.8	3.80	2.70
15	左侧撑靴	gripper shoe left	1	24.0	4.2	2.80	1.50
16	右侧撑靴	gripper shoe right	1	24.0	4.2	2.80	1.50
17	撑靴油缸×2	gripper cylinders×2	1	58.0	7.3	2.60	1.50
18	撑靴单元不含油缸	gripper unit without cylinder	1	60.0	5.8	4.10	3.30
19	钢拱架安装机 1～3 段	ring erector segment 1 to 3	1	11.0	38.0	2.90	2.00
20	集装箱 40″OT L1 设备	container 40″ OT　L1 equipment	2	20	12.0	2.50	2.50

6.4.2　TBM 设备组装流程

受安装洞长度所限，TBM 设备组装主要分为三个步骤，见表 6.9。

表 6.9　　　　　　　　　　　　　TBM 设备组装过程

组装步骤	内　容
第一步	组装主机、连接桥、后配套台车（1 号台车 A、1 号台车 B、2 号台车、3 号台车、4 号台车、5 号台车，共 6 节台车）
第二步	主机步进离开主机安装洞（临时供电），组装剩下的 2 节台车（6 号台车和 7 号台车）
第三步	主机继续步进到始发洞（移除前部立式支撑下方防滑板，移除步进机构），在后配套安装洞室安装连续皮带机

TBM 组装整体顺序为主机、桥架、后配套及辅助设备，如图 6.29 所示。按照从前至后、先内后外、先下后上的原则，组装以大型结构件拼装为主。首先完成整体架构的拼装，然后完成辅助设备的安装，最后完成走台、扶梯、传感器、电气线路、液压管路等的安装和布设。在不发生冲突的前提下，上述顺序可以根据现场条件灵活调整、穿插进行，以提高安装效率，节约安装时间。

图 6.29　TBM 组装整体顺序

6.4.3　TBM 组装方案

在组装时，首先用汽车将 TBM 大件运送至安装洞室内，使用已安装好的桥吊进行卸车。卸车时，现场工作人员须严格按照起吊规范操作，避免碰撞或安全事故的发生。对于刀盘支撑、驱动总成等精密部件，一般放置在枕木上，避免与地面直接接触。刀盘中心块与边块放置时，需要预留足够的空间，以便刀盘焊接后的吊装。

1. TBM 组装顺序

岭南和岭北的 TBM 在整体的安装顺序上基本相同，以下将介绍 TBM 的组装顺序。TBM 组装进度的快慢关键取决于行吊使用率的高低，提高行吊的使用率，可明显缩短组装工期。例如，当拼装刀盘各块时，可同时吊装底靴，与底座焊接，并组装机头架主轴承等，以提高行吊使用率。TBM 整体组装流程如图 6.30 所示。

2. TBM 组装方法

（1）组装原则。在岭南施工现场，由于 TBM 安装洞内空间限制，无法做到将施工所用的 TBM 所有配件摆放完成后再组装，实际操作采用边运输边组装的方式。由于 2×80t 行吊的使用率直接关系到 TBM 的组装工期，故在有限的空间内尽量多摆放将要装配的零件，同时装配，协调使用行吊，提高行吊使用率。

（2）主机组装。主机组装包括刀盘组装，TBM 步进底座铺设和安装，安装底靴，安装主驱动，安装 L1 主梁，安装 L2 主梁，安装盾体侧块和顶块油缸座，吊装刀盘，安装顶块，安装撑靴和 L1、L2 主梁上的其他附件（锚杆钻机等），安装后支撑，钢拱架安装装置以及连接桥架等部分。

1）刀盘组装。组装示意如图 6.31 所示。第一步在主机组装洞最前方组装刀盘，刀盘整体吊装吊耳中心线和中心块的对角线重合，放置刀盘中心块时吊耳朝向主轴承，刀盘掘进面朝上。要求刀盘各块严格按照吊装要求摆放，摆放场地垫枕木并要求平整，中心块与边块各处距离尽量短，边块与中心块定位销与定位孔轴线尽量重合。

6.4 TBM 设备组装

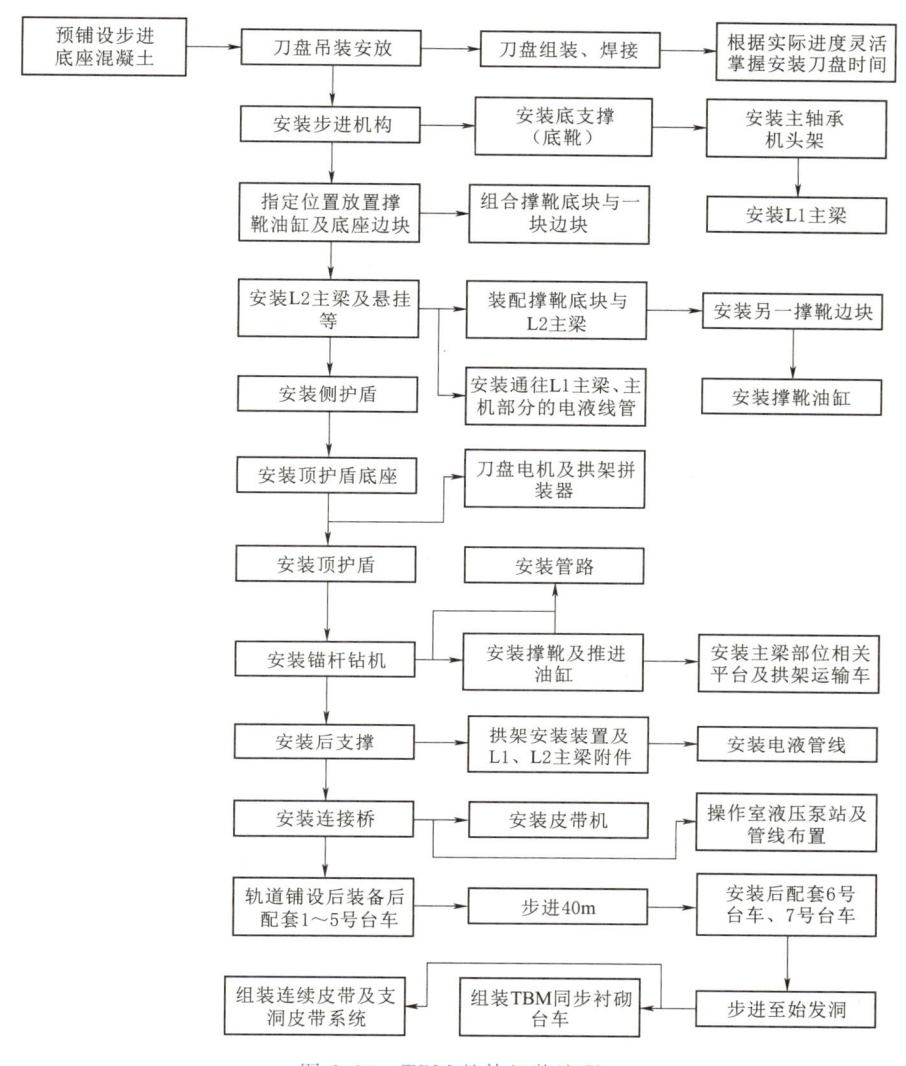

图 6.30　TBM 整体组装流程

第二步将连接螺栓等其他附件运输至最前方，用液压千斤顶调整边块与中心块相对位置，穿入连接螺栓，紧固，打好扭矩。接下来接好焊机电源，准备焊材及相应工具等，将连接好的刀盘中心块与边块根据焊接要求焊接。

最后，在刀盘组装过程中需要注意，如果选择螺栓打完扭矩后再进行刀盘焊接工序，那么在螺栓打扭矩时，需要考虑应力释放，并按照先整体紧固再补打的原则进行。

2) TBM 步进底座铺设和安装。首先进行底板放线，需保证 TBM 安装到步进机构后 TBM 轴线与步进洞轴线相同，即需要复核底板水平及底板与洞轴线高差。放线后浇筑 15cm 混凝土，然后将钢板滑移处涂抹润滑油或润滑脂。因此，现场需准备气动油脂泵以备用。最底部长滑板一般为混凝土结构。在混凝土铺筑完成后再复核平整度。

如图 6.32 所示，测量好前后支撑点的位置（①、②和③，③和①之间），并在测量好的位置安装步进底座。安装完成后，复核测量步进机构水平，为安装底靴做准备。

3）安装底靴。底靴安装示意如图6.33所示。在运输底靴油缸时，需要将其保持在完全回缩状态。在工地安装时，可以将油缸伸出一定长度。将底靴吊装至滑移板上，并用千斤顶调整底靴水平，复核其中心线是否和步进机构中心线重合。

前面的各项调整完成后，再将底靴与底部滑移板焊接。另外，在安装过程中，施工现场一般备有小型手摇液压站，为以后调整主驱动和L1主梁安装位置，使螺栓孔位置对应做准备。

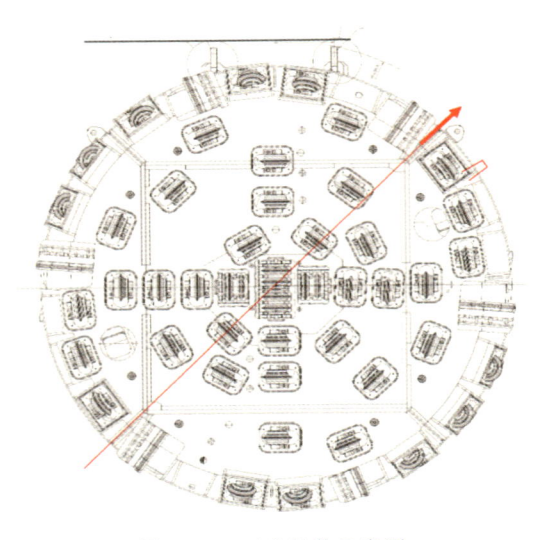

图6.31 刀盘组装示意图

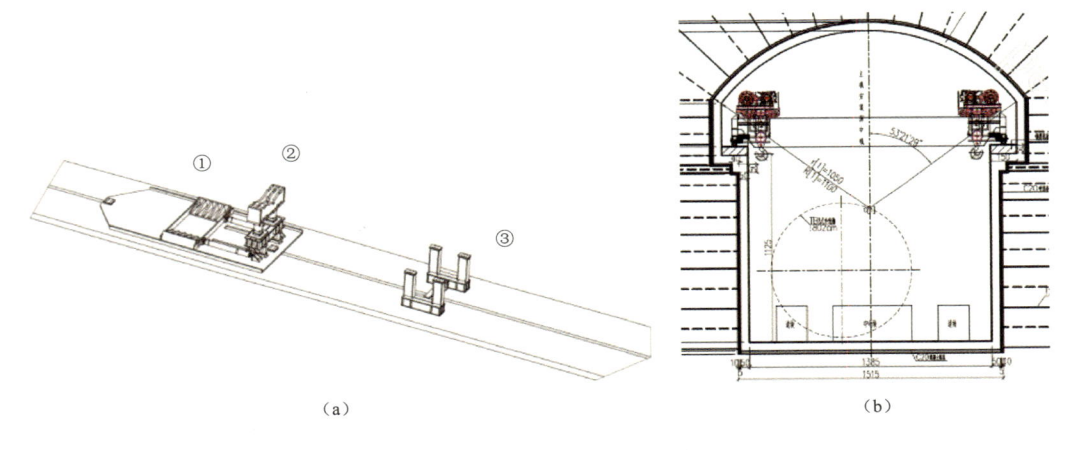

图6.32 步进底座铺设安装示意图（单位：cm）
(a) 全视图；(b) 正面图
①、②、③—支撑点的位置

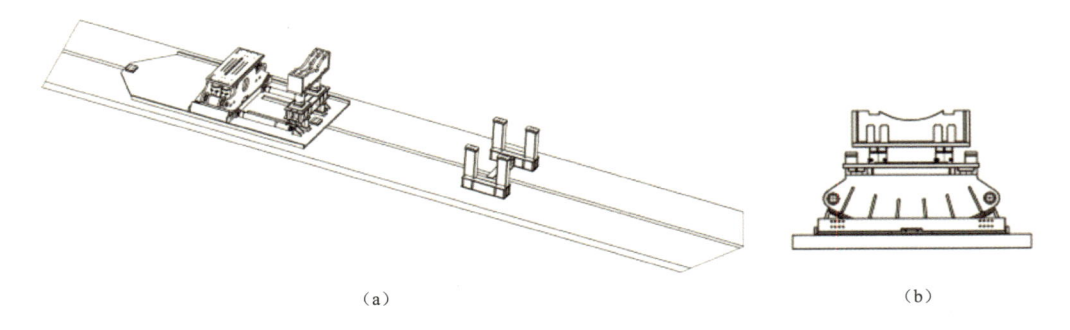

图6.33 底靴安装示意图
(a) 全视图；(b) 正面图

4) 安装主驱动。主驱动安装示意如图 6.34 所示。主驱动包括电机、起吊和翻身主驱动的相关吊具。在主驱动安装时，首先将主驱动平放，当主驱动运输车辆到达支撑点③（图 6.32）的位置时，准备 6 组枕木以供平放主驱动，同时注意枕木不能垫太高，以刚能装入翻转机构为宜，且枕木避开翻身吊耳安装位置。电机朝上放置，之后清洗干净主驱动的各个机械加工面。主驱动重量为 133t，两吊耳间距 1700mm，吊钩双钩最小距离为 2000mm。为了避免损坏部件，不能直接起吊，中间位置需加吊梁。吊梁安装时需要保证其中心在主驱动的重心线上。

（a）

（b）

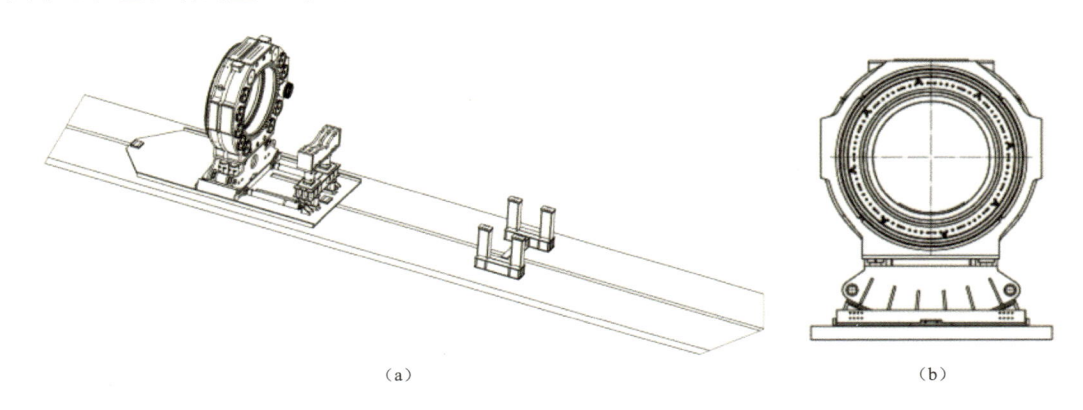

图 6.34　主驱动安装示意图
（a）全视图；（b）正面图

主驱动起吊后，在主驱动底面安装翻转机构，拆除 2 号、3 号、10 号、11 号四个电机，这样便于组装，但这会导致主驱动吊装时重心偏转，故可以在 2×80t 的行吊吊钩上各挂一个 10t 导链，调平主驱动，拆卸翻转机构，再次擦拭主驱动与底靴连接机加工面，通过驾驶行吊实现主驱动与底靴的装配。装配完成后，首先尝试松行吊，并观察机头架，确认紧固后再撤离行吊，再进行下一环节的组装。

5) 安装 L1 主梁。L1 主梁安装示意如图 6.35 所示。工厂拆机时，L1 主梁锚杆钻机底座一般会保留，而将钻机拆掉。拆机时，钻机底座将移至最前端，L1 主梁前端的喇叭筒上的两个吊耳在吊装时发挥调平主梁的功能。

（a）

（b）

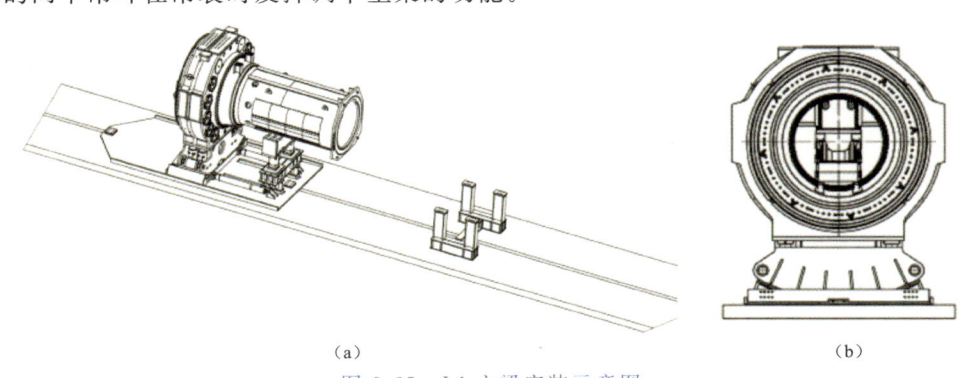

图 6.35　L1 主梁安装示意图
（a）全视图；（b）正面图

首先进行 L1 主梁的吊装,并通过在行吊吊钩上挂导链的方式将主梁调平。主梁的临时支撑②(图 6.32)可以调节,可以将油缸在安装前安全收回。在油缸的承压腔内加装球阀,当 L1 主梁装好后,给油缸加压,当行吊称重传感器归零时关闭球阀,保持其支撑力。L1 主梁内的皮带机随主梁一起运输,装配时整体装配。在主驱动与 L1 主梁连接完成后,可从主驱动前段装入皮带机伸缩头。

6)安装 L2 主梁。L2 主梁安装示意如图 6.36 所示。首先,将撑靴油缸放至主梁下的安装位置(要 4 个 500mm 高的支撑),再将撑靴的其中一边块与底块连接好并放至主梁下的安装位置(用 700mm 高的支撑放于撑靴油缸上方),在装备工作完成后再安装主梁,并在主梁后部加 2 个四柱支撑进行定位(连接法兰时可在前后两端用液压千斤顶辅助调节水平,安装好后在后部的支撑上用 300 工字钢加固,工字钢需与支撑焊接在一起)。为了便于吊装,主梁中前方一般都加焊有两个吊耳,起吊时用 80t 吊钩吊前后两个吊点。在此期间,通往主驱动、L1 主梁的管路、电线等同时施放到位。

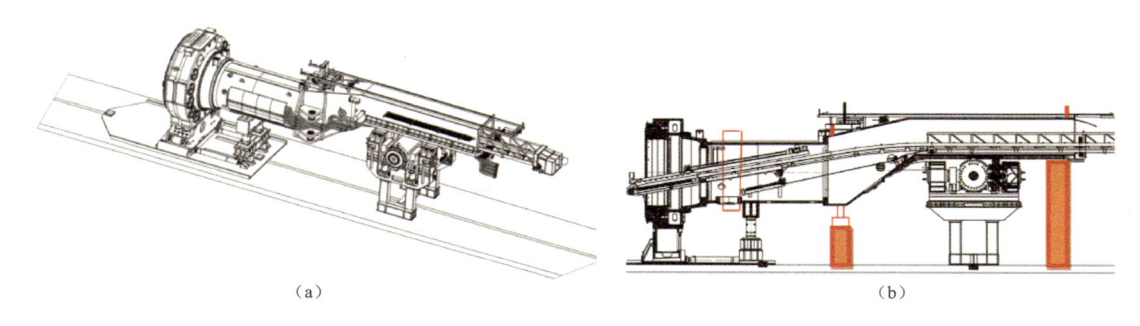

图 6.36　L2 主梁安装示意图
(a)全视图;(b)侧视图

吊起撑靴底块与主梁上轨道连接(注意轨道滑板上下都有铜板,尤其是上部的铜板安装时容易掉落),连接好后,在底部用支撑进行固定,再吊另一边块参与安装,最后安装好撑靴油缸。

7)安装盾体侧块和顶块油缸座。在安装这两个部件时,保证左右侧油缸回缩至最短状态,吊装前确认侧向靴块油缸及靴块已固定在盾体上,由于吊点不在重心上,在接近安装位时需用两个 3t 手扳导链将侧块向盾体中间拉拢才能进行装销。撑靴油缸安装示意如图 6.37 所示。

安装盾体侧块时,在主驱动上挂好一个 10t 手拉导链,当盾体下部销轴安装好后,用导链将盾体固定,解掉吊钩并调整导链,连接液压油缸。之后进行拱架拼装机和刀盘驱动电机的安装,最后安装顶块油缸座。

8)吊装刀盘。刀盘焊接完成后,翻转刀盘,进行另一半的焊接。工程所使用的刀盘整体带初装刀具的总重量为 168t,吊装时采用行吊钩子上挂导链的方法调节刀盘垂直度。垂直度调整完成后,缓慢将刀盘与刀盘转接座对接,连接螺栓,分两次打扭矩,在此期间灵活掌握行吊使用情况,利用行吊使用的间隙进行刀具的安装。在安装前,需使用刀具维修专用工具检查滚刀内润滑油液位是否符合要求。

(a)　　　　　　　　　　　　　　　　　　(b)

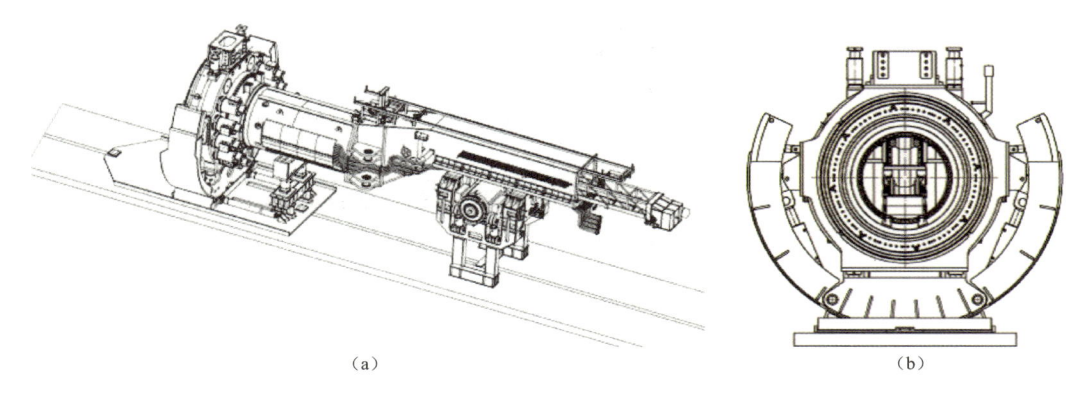

图 6.37　撑靴油缸安装示意图
(a) 全视图；(b) 正面图

9) 安装顶块。顶块安装示意如图 6.38 所示。在吊装顶块时，现场工作人员会注意起吊高度，分别由两个人各自观察 TBM 和行吊的相对位置，防止事故的发生。在进行互相嵌套顶块和侧块之间的钢结构时，现场安装人员用手拉导链协助完成。

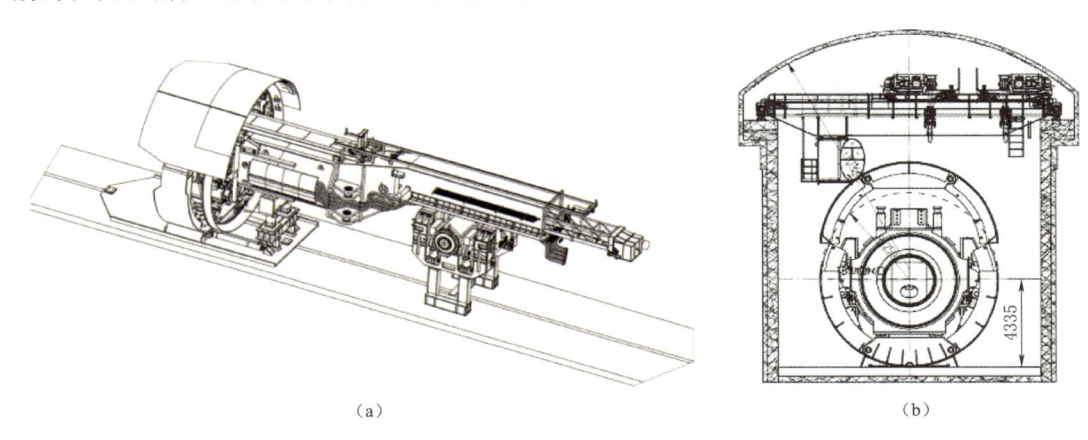

(a)　　　　　　　　　　　　　　　　　　(b)

图 6.38　顶块安装示意图
(a) 全视图；(b) 正面图

起吊之前将行吊两侧钩子挂上导链，以调节顶块姿态。安装开始前，先将中间顶块用 3m 高的支撑支起，再将左右两侧的顶块装于其上，并在铰接处点焊一小块钢板，使两侧顶块在起吊时向外略张开，待顶块装好后再将其去除。

10) 安装撑靴和 L1、L2 主梁上的其他附件（锚杆钻机等）。安装示意如图 6.39 所示。在安装推进油缸前，不能安装其上面的平台，吊装推进油缸前先将其销轴放至油缸座上边并固定好，因为在起吊油缸时没有辅助的吊钩可用，当油缸吊到安装位置时再用手扳导链将销轴拉进安装孔。在用 80t＋80t 门吊对单侧的撑靴进行吊装时，需考虑前后平衡问题。在撑靴底部布置两个 30t 机械千斤顶作临时支撑，以便推进油缸销轴的安装。安装好油缸后依次安装主梁上平台、拱架运送车、锚杆钻机平台，最后连接好所有管路并妥善紧固。

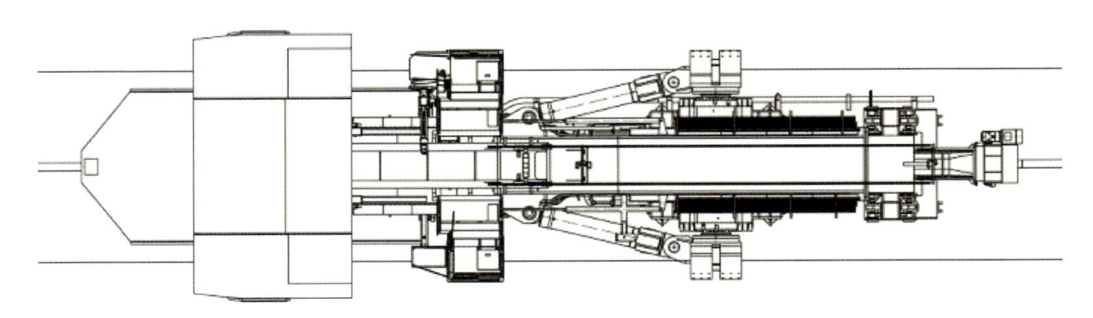

图 6.39　撑靴和 L1、L2 主梁上的其他附件安装示意图

11）安装后支撑，钢拱架以及 L1、L2 的其他附件。安装示意如图 6.40 所示。为了不影响桥架与后支撑的搭接，皮带机和风管可先不安装，等桥架搭好后再进行安装。支撑底座需要添加工字钢固定，避免油缸自锁不牢向下滑动造成事故。

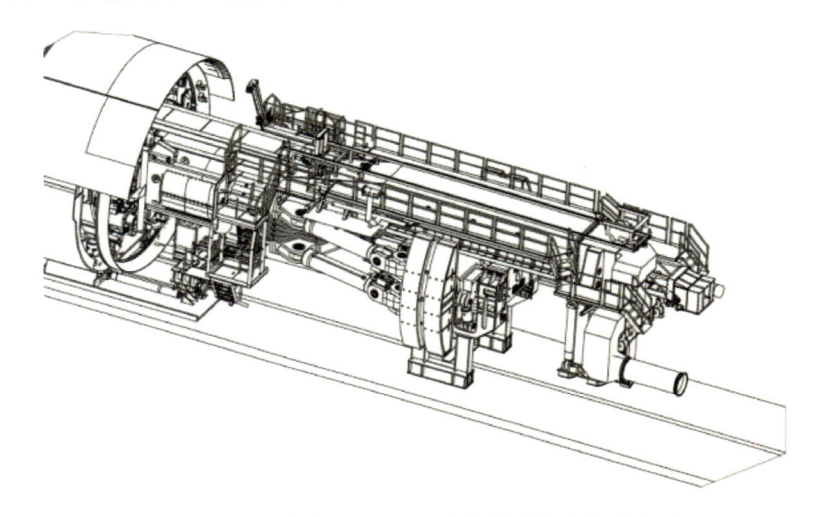

图 6.40　后支撑及 L1、L2 的其他附件安装示意图

12）连接桥架长 35m，采用分段安装方式，如图 6.41 所示。首先安装前部控制室和液压站分段。第一步安装前端左右分块，两分块前端直接搭在主梁后支撑上，后部用 2500mm 的四柱支撑再加千斤顶进行支撑。第二步安装中间皮带架，前段装好后在四柱支撑上的千斤顶两边加 200 工字钢支撑加固。第三步安装中间段，与前端安装方式一样，先装两侧块并在其后部用 2500mm 的四柱支撑加千斤顶支撑，再安装中间皮带架、液压站和操作室。第四步安装后段，同样是先安装两侧块，后部用 2500mm 的四柱支撑加千斤顶支撑。第五步安装喷浆机，先在地下预装行走架和挡板，装成两个半边后再吊到桥架上进行拼装。最后一步安装拱架吊机。

（3）后配套组装。后配套组装拟铺设钢枕，前 10m 钢枕之间采用 100 型钢连接，其余钢枕之间用 ϕ28 螺纹钢连接，钢枕上铺设轨道，轨道高度与设计 TBM 掘进洞中轨道安装高度相同。示意如图 6.42 所示。

1）安装 1 号台车 A，并连接至连接桥。1 号台车 A 长度约 12.5m，整体安装后重

6.4 TBM设备组装

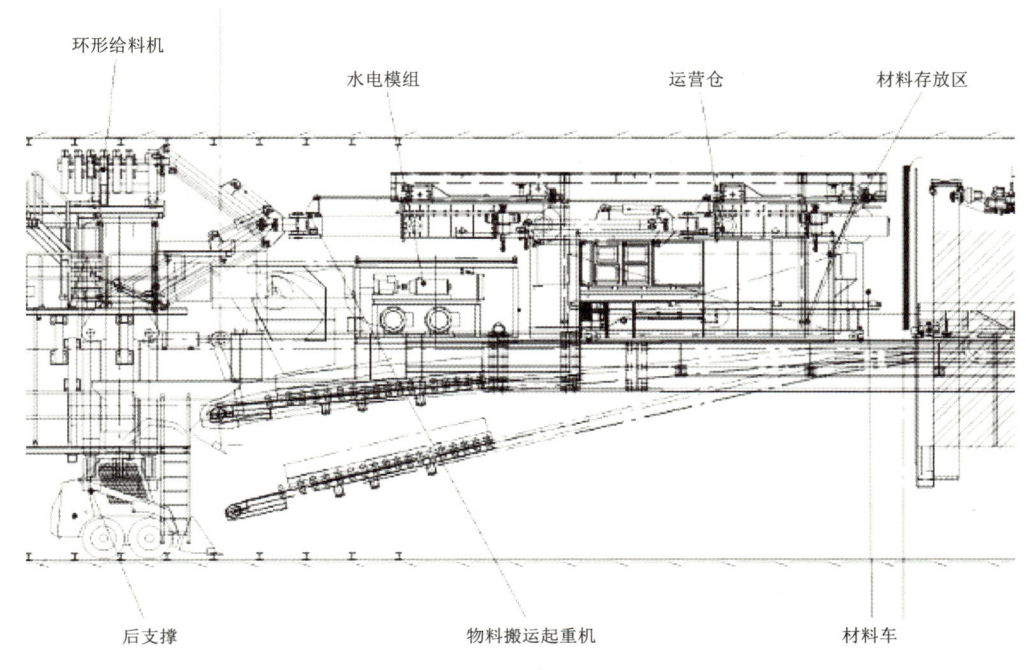

图 6.41 连接桥架安装示意图

量 58t。

此台车主要分为 6 个部分：台车前端头、台车中段、台车后端头、中前皮带架、中后皮带架、L2 前区喷混。

安装前先将 1 号台车的所有部件运到安装洞内，按前后顺序摆放好，等所有大部件到齐后再开始拼装。将底层前后对接，并将左右两边按图纸尺寸在中轴线两边放好。吊运前后端头，使之分别与左右底层对接。将上层部分按照左、中、右的顺序进行安装，先安装整个台车行走机构，之后安装扶手、栏杆等附件部分，最后安装喷混部件及平台和楼梯。安装示意如图 6.43 所示。

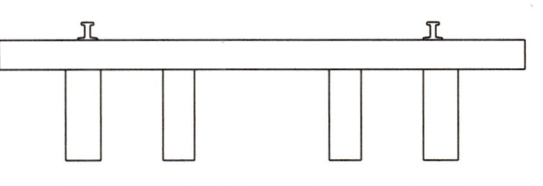

图 6.42 后配套钢枕轨道铺设示意图

2）安装 1 号台车 B，并连接至 1 号台车 A。1 号台车 B 长约 18m，整体安装后重 66t。

安装前将 1 号台车的所有部件运到安装洞内，分两边按前后顺序摆好，卸车时注意留出中间进车通道，待所有大部件到齐后再开始拼装。将底层前后对接，并将左右两边按图纸尺寸在中轴线两边放好。吊运前后端头，使之分别与左右底层对接。将上层部分按照左、中、右的顺序进行安装，首先将支腿安装到行走机构上，并加支撑固定，然后支起整个台车，将其安装在支腿上。最后一步安装喷混部件及平台，以及后部回弹料收集装置和楼梯。安装示意如图 6.44 所示。

3）安装 2 号台车，并连接至 1 号台车 B。2 号台车长约 20m，整体安装后重 68t。

此台车主要分为 13 个部分：台车前端头、台车后端头、底层右前、底层右后（空压

· 203 ·

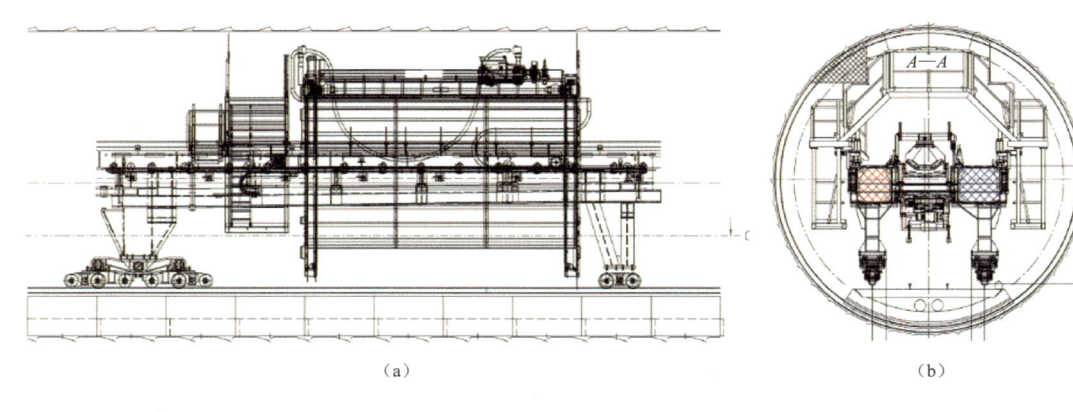

图 6.43　1号台车 A 安装示意图
（a）主视图；（b）侧视图

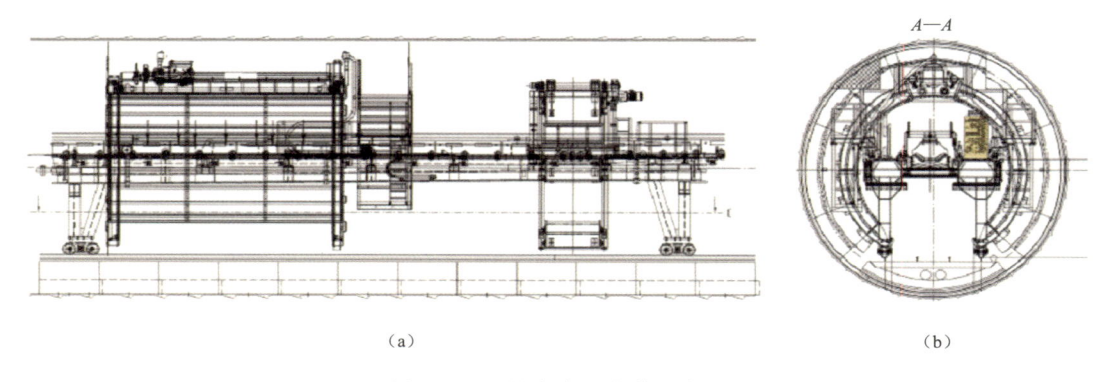

图 6.44　1号台车 B 安装示意图
（a）主视图；（b）侧视图

机）、底层左前、底层左后（油脂泵）、上层右前、上层右后、上层左前、上层左后（除尘器）、中前皮带架、中后皮带架、物料吊机龙门架。附件有行走机构（4套）、风管和物料吊机。

安装前，先将2号台车的所有部件运到安装洞内，按前后顺序摆放好，待所有大部件到齐后再开始拼装。然后将底层前后对接，并将左右两边按图纸尺寸在中轴线两边放好，安装好底层部件。将底层平台放置到行走机构上，并加临时支撑保持平衡。将上层按照左、中、右顺序安装，吊运前后端头分别与左右底层对接，安装好与底层连接的支腿。接下来支起整个台车二层并安装到底层。最后依次安装物料吊机、辅助吊机和仰拱块吊机。安装示意如图6.45所示。

4）安装3号台车，并与2号台车连接。3号台车长约22m，整体安装后重量为100t。此台车主要分为12个部分：台车前端头、台车后端头、底层右前（注浆泵）、底层右后（注浆泵）、底层左前（空压机）、底层左后、上层右前、上层右后、上层左前（风机）、上层左后、中前带主电柜 HV2+HV3、中后带变压器。附件有行走机构（4套）、皮带架、风管。有可能主电柜和两台变压器单独运输，不在中间平台上。

(a)　　　　　　　　　　　　　　　　　　　　(b)

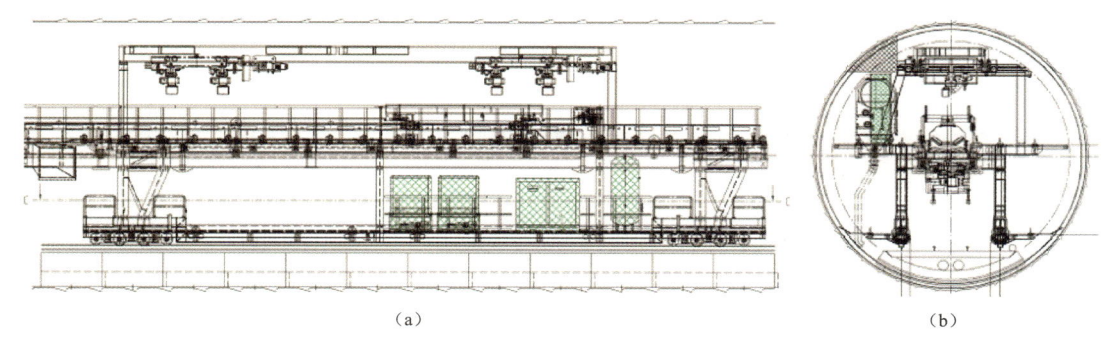

图 6.45　2 号台车安装示意图
(a) 主视图；(b) 侧视图

同理，安装前先将 3 号台车的所有部件运到安装洞内，按前后顺序摆放好，等所有大部件到齐后开始拼装。将底层前后对接，并将左右两边按图纸尺寸在中轴线两边放好，安装好底层部件，并做到分层定位安装。之后将底层平台放置到行走机构上，并加临时支撑保持平衡。上层部分按照左、中、右的顺序安装，吊运前后端头分别与左右底层对接，安装好与底层连接的支腿，然后支起整个台车二层安装到底层，再安装电柜、变压器及其他钢结构部件。安装示意如图 6.46 所示。

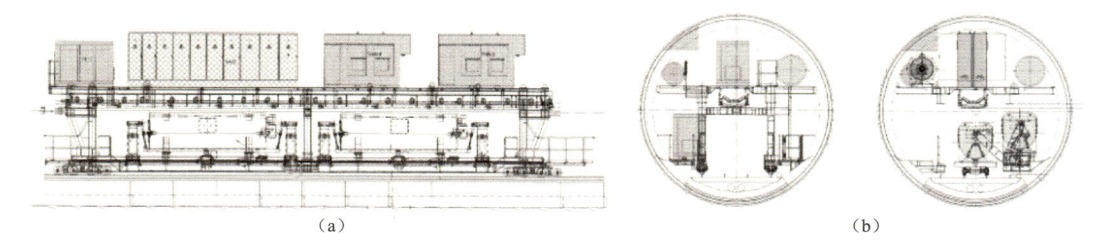

(a)　　　　　　　　　　　　　　　　　　　　(b)

图 6.46　3 号台车安装示意图
(a) 主视图；(b) 侧视图

5) 安装 4 号台车，并连接至 3 号台车。4 号台车长约 17m，整体安装后重量达 67t。

如图 6.47 所示，此台车主要分为 12 个部分：台车前端头、台车后端头、底层右前、底层右后（超前注浆设备）、底层左前、底层左后（工业水罐）、上层右前、上层右后、上层左前、上层左后、中前带电柜、中后（变压器）。附件有行走机构（4 套）、中继柜、皮带机架、风管。安装前，先将 4 号台车的所有部件运到安装洞内，按前后顺序摆放好，等所有大部件到齐后开始拼装。然后将底层前后对接，并将左右两边按图纸尺寸在中轴线两边放好。接下来吊运前后端头分别与左右底层对接，并安装工业水罐。上层安装仍按照左、中、右顺序，之后支起整个台车安装行走机构，安装电柜、变压器及其他钢结构部件。

6) 安装 5 号台车，并连接至 4 号台车。5 号台车长约 17m，整体安装后重 45t。

如图 6.48 所示，此台车主要分为 14 个部分：台车前端头、台车后端头、底层右前（空气冷却器）、底层右后（空气冷却器）、底层左前、底层左后、上层右前、上层右

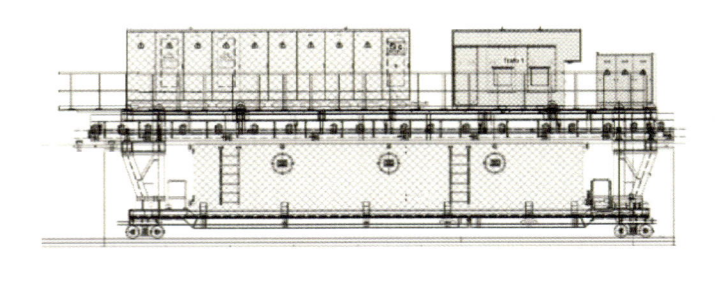

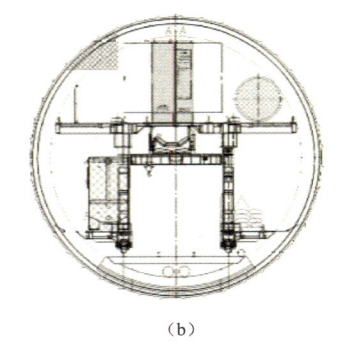

（a）

（b）

图 6.47　4 号台车安装示意图

(a) 左视图；(b) 侧视图

后、上层左前、上层左后、中前皮带架、中后皮带架、中前避难舱、中后人员休息室。附件有行走机构（4 套）、送风管和物料吊机。

安装步骤与之前台车基本相同，首先在安装前将 5 号台车的所有部件运到安装洞内，按前后顺序摆放好，待所有大部件到齐后再开始拼装。然后将底层前后对接，并将左右两边按图纸尺寸在中轴线两边放好，并安装好底层部件。吊运前后端头分别与左右底层对接，并将上层按照左、中、右顺序安装。支起整个台车，安装行走机构，休息室及避难舱等必须在安装行走机构后安装。下一步连接好台车和位于安装洞室后部的桥架，连接完成后进行设备联调。最后拆除桥架下的支撑，为步进做好准备。由于 TBM＋后配套组装洞室总长度为 202m，TBM 总长为 210m，故 6 号台车及 7 号台车需要步进 40m 后再进行组装。

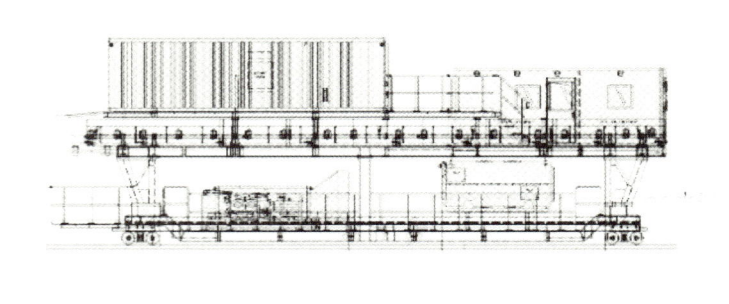

（a）

（b）

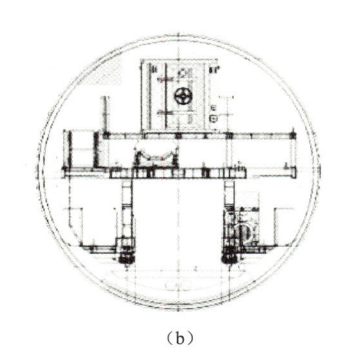

图 6.48　5 号台车安装示意图

(a) 主视图；(b) 侧视图

7）安装 6 号台车。6 号台车长约 17m，安装后整体重 59t。

此台车共分为 10 个部分：台车前端头、台车后端头、底层右前、底层右后（风机）、底层左前（废水罐）、底层左后（废水罐）、上层右前（高压电缆卷筒）、上层右后（空气冷却机＋风机）、上层左前（皮带架）、上层左后（皮带机驱动及卸料斗）。附件还有楼梯、行走机构（4 套）、送风管和除尘风管。

6.4 TBM设备组装

首先，将6号台车的所有部件运到安装洞内，按前后顺序摆放好，待所有大部件到齐后开始拼装。然后将底层前后对接，并将左右两边按图纸尺寸在中轴线两边放好。放好后吊运前后端头分别与左右底层对接。将上层按照左、中、右顺序安装，并安装废水罐、空气冷却机+风机（此时重量约为50t）。支起整个台车安装行走机构。最后，安装高压电缆卷筒、皮带机驱动及卸料斗、风机和楼梯。安装示意如图6.49所示。

(a)

(b)

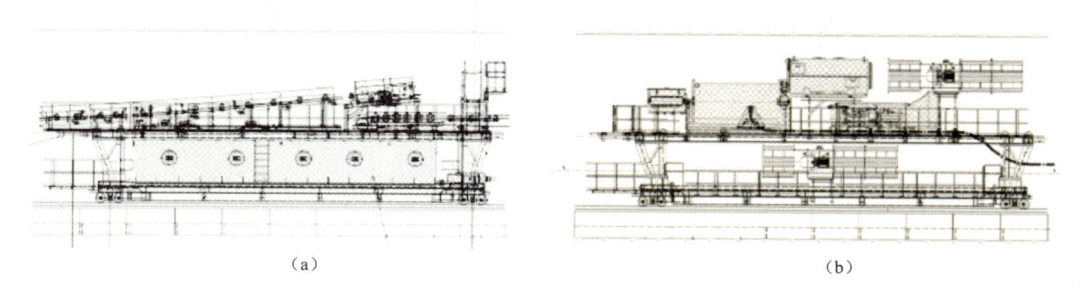

图6.49　6号台车安装示意图
(a) 左视图；(b) 右视图

8）安装7号台车。7号台车长约20m，整体安装后重52t。

此台车主要分为11个部分：台车前端头、台车后端头、底层右前、底层右后、底层左前、底层左后（厕所）、上层右前（水管卷盘）、上层右后、上层左前（皮带架）、上层左后、中间软风管储管器吊机。附件还有楼梯、行走机构（4套）、送风管。安装前将7号台车的所有部件运到安装洞内，按前后顺序摆放好，等所有大部件到齐后开始拼装。将底层前后对接，并将左右两边按图纸尺寸在中轴线两边放好。吊前后端头分别与左右底层对接。将上层按照左、中、右顺序安装，并安装厕所、水管卷盘、吊机（此时重量约为50t）。支起整个台车安装行走机构，最后安装扶手及楼梯。安装示意如图6.50所示，台车现场安装如图6.51所示。

(a)

(b)

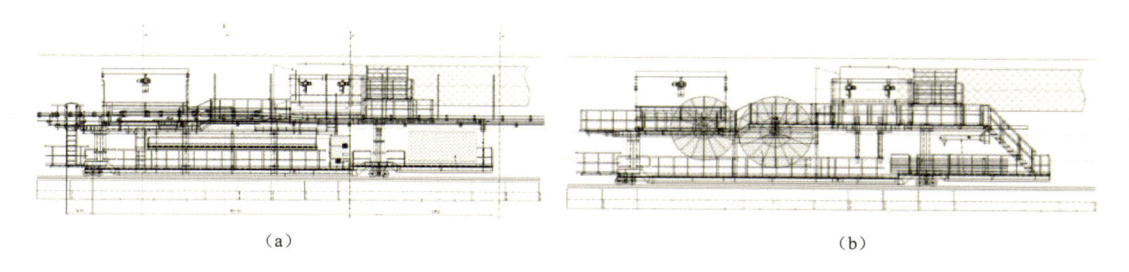

图6.50　7号台车安装示意图
(a) 左视图；(b) 右视图

9）步进机构在步进完成后的拆卸。步进到最后，步进机构会被挡在始发洞室最前端，此时拆除步进的管路，连接TBM上原有管路，并将中间筒下部的步进油缸等部件拆除运出，仅留下滑动底板及盾体托架。调试各系统，伸出后支撑，拆除撑靴临时支架，将撑靴撑到洞壁上，将撑靴临时支架运出。收起后支撑，设备开始掘进。

图 6.51　台车现场安装
(a) 台车现场安装；(b) 安装工人协同配合安装

待盾体完全进入开挖洞室内后，根据情况将盾体托架拆除运出。最后待后配套完全过了滑动底板区域，再根据情况将滑动底板运出。组装完成并投入使用后的 TBM 如图 6.52 所示。

6.4.4　组装注意事项及刀盘焊接拼装

TBM 整体部件繁多，安装过程相当复杂，并且很多部件重量很大，若安装过程中操作稍有失误，就可能导致设备部件的损坏，甚至危及人身安全，因此需要充分了解在部件组装过程中的各项注意事项，确保安装安全有序进行。

1. 组装注意事项

现场组装人员必须熟悉各自负责部分的安装图纸，严格按照技术要求进行组装，不得随意更改组装工艺。组装现场确认签收备件，TBM 制造公司、监理和施工方需要当面清点备件并拍照存档，详细标注备件名称、数量、质量、接收日期，并由第三方签字确认。

图 6.52　组装完成并投入使用后的 TBM

安装前，必须清洁所有部件的接合面，除去毛刺、棱边。相对粗糙的接合面使用砂布或角磨机除去锈斑和油漆、碰撞痕迹、局部凸起打磨平整。对于精密的接合面、螺栓孔等，使用清洗剂反复擦洗，除去污垢。对有某些特殊要求的接合面应参照 TBM 设备说明书进行处理。安装前，清洁所有连接螺栓，使用丝锥板牙除去锈斑油漆，轻微螺纹损伤重新攻丝，严重损伤的螺栓不可再使用。吊装过程需要严格按照起重规范进行。组装现场准备适量橡胶皮，在进行大件吊装时，将其塞于钢丝绳与部件接触处，以免对部件造成损伤。

正确合理使用配套工具，严禁超量程使用。现场操作人员需明确所有螺栓的紧固方法和紧固扭矩，做好标记。并按照技术要求，对特殊要求的特殊螺栓涂抹乐泰胶或螺栓润滑剂。最后，每个工班对各自完成的工作内容进行详细记录，工班交接任务除当面交接外还要进行详细的文字描述签字确认。

螺栓标准等级及拧紧力矩标准见表 6.10 和表 6.11。

表 6.10　　　　　　公制螺栓标准等级及拧紧力矩（ISO 898/1—1988）

螺栓规格	强度等级 8.8 夹持荷载 /N	扭矩 LB·FT	扭矩 N·m	强度等级 10.9 夹持荷载 /N	扭矩 LB·FT	扭矩 N·m	强度等级 12.9 夹持荷载 /N	扭矩 LB·FT	扭矩 N·m
M6	9280	6.4	8.6	13360	9.2	12.4	15600	10.7	14.5
M8	16960	16.0	21.0	24320	22.0	30.0	28400	26.0	35.0
M10	26960	31.0	42.0	38480	44.0	60.0	45040	51.0	70.0
M12	39120	54.0	73.0	56000	77.0	104.0	65440	90.0	122.0
M14	53360	85.0	116.0	76400	122.0	166.0	89600	143.0	194.0
M16	72800	133.0	181.0	104000	190.0	258.0	121600	222.0	302.0
M18	92000	189.0	257.0	127200	262.0	355.0	148800	306.0	415.0
M20	117600	269.0	365.0	162400	371.0	503.0	190400	435.0	590.0
M24	169600	465.0	631.0	234400	643.0	872.0	273600	751.0	1018.0
M30	269600	925.0	1254.0	372800	1279.0	1734.0	435200	1493.0	2024.0
M36	392000	1613.0	2187.0	542400	2232.0	3027.0	633600	2608.0	3535.0
M39	468800	2090.0	2834.0	648000	2889.0	3917.0	757600	3378.0	4580.0
M42	根据实际螺钉长度确定								
M48									

表 6.11　　　　　　英制螺栓标准等级及拧紧力矩（ISO 898/1—1988）

螺栓规格	强度等级 5 夹持荷载 LBS	扭矩 LB·FT	扭矩 N·m	强度等级 8 夹持荷载 LBS	扭矩 LB·FT	扭矩 N·m
0.25－20	2160	7	10	3050	10	13
0.38－16	5270	26	35	7440	36	50
0.50－13	9650	62	85	13600	88	120
0.63－11	15400	124	170	21700	175	240
0.75－10	22700	220	300	32100	310	420
0.88－9	31400	355	480	44400	500	680
1.00－8	41200	530	720	58200	750	1020
1.13－7	45200	655	890	73200	1065	1445
1.25－7	57400	930	1260	93000	1500	2040
1.38－6	68400	1560	2120	110000	2540	3442
1.50－6	83200	1610	2190	134900	2610	3540

2. 刀盘焊接拼装

刀盘焊接拼装如图 6.53 所示。刀盘整体重量为 168t，洞内桥吊不能满足整体组装需要。为了能顺利安装，可以采用以下两种方案：

第一种方案将两个刀盘中心块平放于地面，螺栓连接并焊接后，用 2×80t 行吊吊装，与刀盘转接座螺栓连接，然后依次吊装 4 个刀盘边块，分别与刀盘转接座、刀盘中心块连接，最后焊接剩余焊缝。采用该种方案，可以将两个刀盘边块两两焊接，然后吊装。但是，刀盘焊缝与刀盘连接螺栓在吊装时会受到一定剪力，可能会有不良影响，而且焊接在一起的刀盘边块安装位置不对称，吊装时吊点的选择需要多次尝试才能确定。

图 6.53 刀盘焊接拼装

第二种方案将两个刀盘中心块平放于地面，左右两侧各放置一个刀盘边块，螺栓连接后，焊接固定。然后用 2×80t 桥吊吊装，与刀盘转接座螺栓连接。再依次吊装剩余两个刀盘边块，与刀盘转接座螺栓连接，最后焊接剩余焊缝。

因为平焊比立焊难度低，更能保证焊缝的质量，所以无论采用何种方案，都要尽可能减少刀盘各块与刀盘转接座连接后的焊接工作。连接刀盘与刀盘转接座的双头螺栓使用液压张紧装置分两次紧固。第一次张紧压力为 835～839bar（610～650kN），第二次张紧压力为 1368～1393bar（1000～1018kN）。

（1）步进机构安装。TBMs-795 步进机构为滑板式，示意如图 6.54 所示。

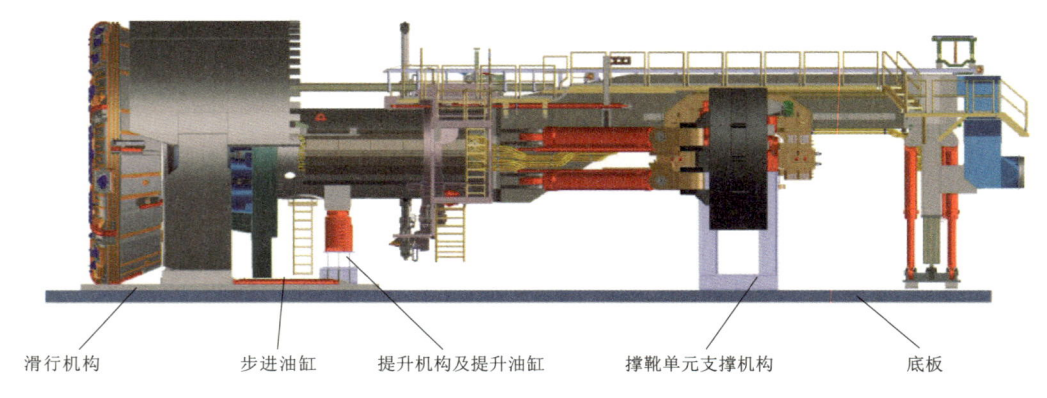

图 6.54 TBMs-795 步进机构示意图

步进机构由滑行机构（滑板和底支撑托架）、步进油缸、提升机构及提升油缸、撑靴单元支撑机构及底板组成。先测量定位安装步进机构滑板，在滑板设计位置安装底护盾托靴、步进油缸、提升机构及提升油缸。撑靴单元支撑机构待安装撑靴架时提前安放。

（2）主驱动电机安装。主驱动电机现场安装如图 6.55 所示。安装在刀盘支撑上的 10 台主驱动电机按顺时针方向从 1 号到 10 号排列，所有驱动电机尾部凸缘均垂直朝下。吊装电机时，要注意保护驱动电机前端小齿轮，避免碰撞。将驱动电机吊装到安装部位，缓慢进入电机安装腔，人工缓慢向内推动电机，并注意观察小齿轮与大齿圈啮合状况。如果小齿轮与主驱动大齿圈不能正好啮合，使用内六角扳手在电机尾部调整小齿轮，使其轻微转动（转动不超过一个齿），然后再缓慢将电机往里轻推，继续观察啮合状态。若仍不能啮合，再调整小齿轮，重复上述步骤，直到小齿轮与大齿圈啮合。注意驱动电机安装前应仔细核对软木塞漏水口方向（全部朝下）无误，否

图 6.55 主驱动电机现场安装

则按照正确方向调整。电机完全进入电机安装腔，与大齿圈啮合后，用螺栓将其与刀盘支撑连接。

（3）主机皮带机安装。后部支撑安装完成后，主机皮带机尾架、驱动筒、张紧滚筒、调偏装置、刮渣板、托辊等在主梁内部一一就位安装。在安装皮带前，必须清除掉所有滚筒上的油脂，防止皮带打滑。将皮带卷筒使用 80t 行吊悬挂于机头架前方，使其可以自由转动，将电动绞车的钢丝绳沿着主机皮带机穿过，直到与皮带接触。钢丝绳与皮带通过两个连接板相连（连接板宽度必须小于滚筒宽度），拧紧螺栓，使连接板压紧皮带，用卡环连接钢丝绳与连接板。在钢丝绳与滚筒接触处垫上橡胶皮，缓慢拖拉皮带（人工或者导链/卷扬机拖拉），拖拉速度不得大于 10m/min（防止悬挂的皮带转动过快），直到皮带完全穿过皮带机，等待硫化。

皮带硫化需由专业人员操作，将皮带两端橡胶用刀削去，露出内部钢丝，彻底清洁钢丝上附着橡胶，两端钢丝搭接后（帆布皮带分层剥离，彻底清洁帆布剥离层，两端按阶梯交错 2cm 搭接，填充封口胶），进行硫化。在操作过程中需要保证硫化时的压力、温度与冷却时间，硫化器具不得提前拆除。

调整皮带机张紧机构，使皮带松紧达到正常要求，不至于产生打滑。皮带调试时，通过调节皮带机尾部的两个油缸，对皮带走偏进行调整。

（4）液压系统安装。液压系统各种管路和元件众多，液压装置与连接机械安装不当，会造成偏磨、拉伤或折断；液压管路连接的紧度、中心重合度、曲率半径、管路长短及固定连接方式对管路的振动、扭动、漏油和进气等都有影响，高压时还可能发生管子破裂。

液压系统出现问题后，排除故障较为困难，所耗时间长短不一，难于估计。安装时尽可能避免液压泵反转、液压阀进出油口错误接管、初设压力值不符合技术要求等人为失误，以便为后期的调试及 TBM 正常工作提供良好的条件。

（5）电气系统安装。TBM 电气安装分为 4 个部分，分别为供电系统、主电机及变频驱动系统、低压配电系统和 PLC 控制系统。

施工中使用的 TBM 设备配置了 3 台变压器，在 3 号台车上安装了 2 台，容量均为 3000kVA，主要为驱动电机供电；在 4 号台车上安装 1 台，容量为 2000kVA，主要为辅

助部分供电。变压器的安装在组装第一阶段完成。

向主机部分供电的低压线路和 PLC 控制系统在组装第一阶段也基本完成，同时完成临时供电系统，以保证向前步进的需要。

所有电气连接和正常供电系统在组装第二阶段完成并完成系统调试工作。

(6) 同步衬砌台车组装。同步衬砌台车组装根据厂家和单位签订的有效合同严格执行。

首先，同步衬砌台车设备运抵现场后，项目部技术人员对货物的质量、规格、数量、重量进行检验，并出具检验证书。如发现货物的规格相关参数、质量与合同不符，应向厂方负责人员现场说明，并进行上报，与厂方协商解决。

其次，同步衬砌台车设备安装由厂方负责提供方案及安装图纸及技术要求，项目部仅提供工地所能提供的现有的工具或小型机具和必要的人员协助；其他所需的设备、工具以及电焊条等耗材由厂方负责提供，由此发生的费用由厂方承担。厂方应派遣足够的有经验的技术人员和熟练的技术工人实施现场安装，对安装的技术、质量、设备安全、人员安全负全责。

同步衬砌台车设备安装完成后，厂方负责对项目部的技术人员进行全面的技术及使用培训并进行设备的调试。在组装和调试期间，若发现设备质量问题可进行上报并做好记录存档。

最后，同步衬砌台车设备的最终验收，在设备调试完成后，生产 5 个衬砌循环的调试期由双方共同检验，并签署最终验收证书。

(7) 连续皮带机安装。连续皮带机的安装分为两部分，分别为 TBM 至组装洞和组装洞至渣场。

1) TBM 至组装洞的皮带机安装。TBM 主机、连接桥、后配套、同步衬砌台车组装完成，步进离开组装洞室后，在后配套组装洞室开始安装连续皮带机。

连续皮带机安装主要分为皮带仓安装、皮带硫化台安装、皮带主驱动安装以及皮带安装。皮带仓安装首先根据图纸确定皮带仓和驱动装置具体位置，预先做混凝土基础，预埋螺栓。第二步安装皮带仓底座，依照由里向外的顺序，依次安放皮带仓底座，使储带仓各底座支架上部的走行滑道衔接紧密，并保持平顺。第三步安装皮带仓固定滚筒，将滚筒吊放到位置，注意对准原先的轴承座定位痕迹，按照推荐扭矩紧固轴承座固定螺栓，力求位置准确，滚筒位置水平。之后依次安装尾轮滑轮组、移动滚筒段、机架支撑、上部机架中间段、滑架、皮带分离器、钢丝绳绞车和分离器拽链，确保部件调整灵活，连接平顺。皮带硫化台的部件安装顺序依次为弯折台第一节、弯折台第二节、硫化平台、平台扶手、楼梯、提升梁、滑道吊机。皮带主驱动需要依次安装 3 个摩擦滚筒、3 个压持滚筒、安全外罩、主驱动滚筒部分、动力设备，最后进行调整测试。皮带的安装需要将皮带一端用夹板夹住并与钢丝绳可靠连接，用绞盘牵引钢丝绳将皮带按照绕行的正确方向从皮带硫化台开始，通过储带仓缠绕，将皮带缓慢拽出，引向掌子面方向；然后皮带沿着洞壁的承重托辊下层引至 TBM 后配套移动尾段驱动滚筒，再将皮带从三角支架上层绕回，经过储带仓上层皮带支架穿绕驱动装置返回到硫化台，与皮带原来的接头进行硫化对接。

2) 组装洞至渣场的皮带机安装。组装洞至渣场的皮带机安装不受 TBM 组装的影响，可以先于 TBM 安装。秦岭输水隧洞施工中具体位置参照图 6.56。

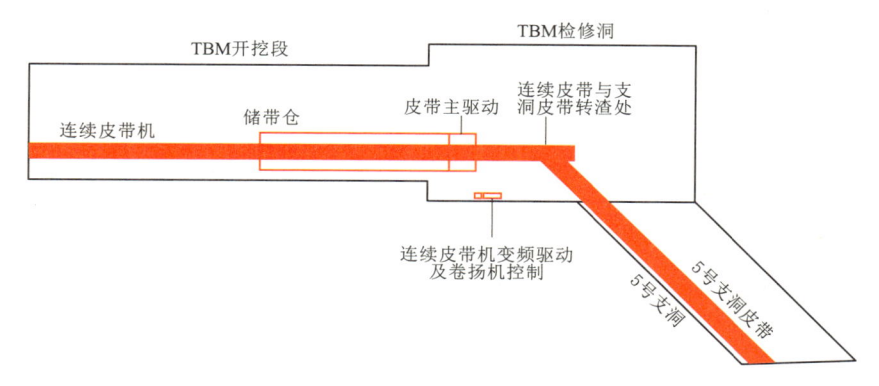

图 6.56 皮带机安装具体位置示意图

秦岭输水隧洞实际施工中，工程组装洞至 6 号洞口（皮带全长 2470×2m），一次硫化可以续接 500m，全程需要添加驱动点三处，分别位于：17+00～16+70、07+80～07+50、00+00（6 号洞口）。先按照设计图纸测量标记皮带架的支点/吊点，然后按照设计在支点上安装门型架或打锚杆装吊链，再用汽车吊吊装皮带架，安装托辊、安装洞内接力点结构架和驱动装置。安装 6 号洞口驱动装置、组装洞内和 6 号洞转渣点接渣设备，紧接着将皮带一端用夹板夹住并与钢丝绳可靠连接，用绞盘牵引钢丝绳将皮带从接渣点处承重托辊上方将皮带缓慢拽出，引向 6 号洞口方向，然后皮带沿着洞壁的承重托辊上层引至 6 号洞口驱动滚筒，穿绕驱动装置返回到组装洞，与皮带原来的接头进行硫化对接。最后，张紧皮带、安装刮渣板等，试运行安装完成后的皮带机。

在 6 号洞口至渣场皮带的安装过程中，首先测量标注门型架的安装方位，然后浇筑水泥墩，安装门型架、皮带系统结构架、皮带托辊等。安装受料斗、缓冲床、从动轮等接渣点结构及驱动电机、驱动轮等出渣点结构，最后安装皮带并张紧调试。

6.4.5 TBM 调试

TBM 整机组装完成后，需要对掘进机各个系统及整机进行调试，以确保整机在无负载的情况下正常运行，调试过程如图 6.57 所示。调试前，全面检查整个系统的完整性和安全性，特别是对液压管路、电气管路要进行细致排查，确保调试安全、顺利进行。调试过程可先分系统进行，再对整机的运行进行测试。测试过程中应详细记录各系统的运行参数，对发现的问题及时分析解决并做好记录存档，可供以后掘进排除故障参考利用。掘进机的分系统可分为液压系统、电气系统及机械结构件等。

1. 液压系统调试

首先，确保所有泵进油口、出油口和阀门工作前打开，检查各个液压元件及管道连接是否正确、可靠。例如液压泵的进油口、出油口及旋转方向是否与泵上标注的符合；各种阀的进油口、出油口及回油口的位置是否正确。

其次，系统中各液压部件、油管及管接头的位置是否便于安装、调节、检查和维修，压力计等仪表是否安装在便于观察的地方，启动液压泵之前必须通过泄油口向泵内注油，

第6章 岩石隧洞 TBM 施工

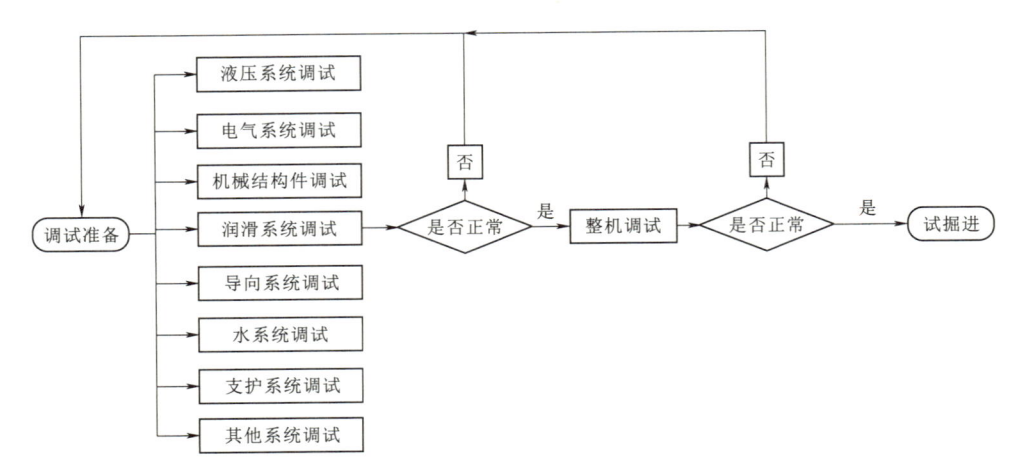

图 6.57 TBM 调试过程

或通过出油口注油。液压泵尽可能在零负载下或在低负载下启动；启动电机前，应确认无其他人员或故障；电源接通前，应确认各控制开关和控制信号在合适的状态下，逐步调节和调整调压阀，直至系统设定值；点动电机，注意液压泵转向、运行及噪声。当液压泵首次运行比较正常后，且在不加载的状态下保持运行 5min 以后加载，逐泵调节和调整调压阀，直至系统设定值；运行一段时间，观察设备运行情况。一旦发现系统或机械漏油，应及时处理。

2. 电气系统调试

首先，工作前必须采取必要的安全措施和组织措施后才可进行。工作中应设专人监护。工作时应站在绝缘物上，并穿长袖衣、戴手套和安全帽，使用有绝缘柄的工具，严禁使用锉刀、金属尺和带有金属物的手刷、手掸等工具。监护应由有带电工作经验的人担任，监护时精神要集中，坚守岗位。检查与高压的距离，采取防止误碰带电高压设备的措施。在低压带电导线未采取绝缘措施时，工作人员不得离开。在带电的低压配电装置上工作时，应采取防止相间短路和单相接地的绝缘隔离措施。

工作前应先分清火线、地线，选好工作位置；断开导线时，应先断开火线，后断开地线；搭接导线时，顺序应相反。人体不得同时接触两根线头。低压接户外线工作应随身携带低压试电笔。在带电的电度表和继电保护二次回路上工作时，要检查电压互感器和电流互感器的二次绕组接地点是否可靠，断开电流回路时应事先将电流互感器二次的专用端子短路，不许带负荷拆装。工作时带电部位应在操作者前面，距离人体不得小于 30cm。在同一位置上不得有两人同时带电作业，操作者周围如有其他带电导线和设备，应用绝缘物隔离。工作时使用的安全用具必须绝缘完好。

3. TBM 组装运输保障措施

TBM 组装开始前，与资质合格的运输公司签订运输合同，按照组装计划向工地运货。成立运输保障工班，负责与监理、业主和广州转运站的沟通、货物移交转运工作。

4. TBM 组装质量保证措施

根据 TBM 设备制造公司提供的 TBM 说明书及相关技术资料，编制组装、调试方案。

保证组装洞前期工程质量，混凝土底板、衬砌段强度达到要求，特别是始发洞洞壁衬砌强度必须达到承压要求。施工用设备、工具和物资材料提前准备齐全，分类保管，做好记录。工班长宏观掌握组装程序，全面协调整体组装工作，各班组装人员按专长分组，技术人员负责组装技术与质量。各班做好每日施工日志，工班交接记录准确详细。对发生的问题要及时处理，当班未解决的问题必须向接班人员交代清楚。国内外TBM专家现场指导，为TBM组装和调试做技术上的保证。

5. TBM组装安全保证措施

为了TBM组装施工的正常进行，尽快开始掘进，组装期间的安全工作是一个关键性问题，因此从零部件运输、装卸、吊装、安装、焊接、用电等方面制定如下安全措施，由专职安全人员负责执行监督。

在TBM零部件到达现场后，设专职安全员负责安全事宜，其他人员积极配合其工作。一般需要配备足够的训练有素的专业保安人员和保安设备，对施工现场周边和现场进行保安巡逻，确保安装安全。同时，施工人员进入现场必须佩戴安全劳动保护用品，戴安全帽、穿绝缘鞋。在人员站立的平台表面，油污必须及时清理并擦干，以免滑倒受伤。

在吊装时，应严格使用完好无损、与构件匹配的专用吊具和索具，严禁操作手在负载悬吊时离开起重机或吊车，严禁使用明显破损的钢丝绳和软吊带，不得将其打结后再次使用。在卸货、组装等需要吊机工作时，必须保证吊点安全可靠，工作用的手动导链吊点也要保证安全可靠。吊车司机操作要精力集中，小心谨慎，绝对服从指挥者命令，做到吊卸物体慢、轻、准。在吊机工作时，任何人禁止在吊车及零部件下方危险区域停留。

在运送零部件时，要求司机操作精力集中，谨慎慢行；安全人员提前通知路上人员避让，防止碰撞伤人等事故发生。

在TBM组装时，高空作业人员必须佩戴安全带，保证安全带吊点安全。高处作业所用材料要堆放平稳，不得妨碍作业，并制定防止坠落的措施；使用工具应防止工具坠落伤人；工具用完应随手放入工具袋内；上下传递物体时，禁止抛掷。由于组装零部件规格型号不一样，数量较多，因此组装人员组装时要安全操作，避免零件掉下来伤人等。

在焊接作业时，焊接用氧气、乙炔等储气瓶要求放置在焊点10m以外的安全地方，与易燃易爆品的距离大于30m。特别是在高空焊接作业时，要严禁储气瓶放在焊点下方的危险区域。

TBM组装时正确选择安装工具，严禁超量程使用。与此同时，组装所用的枕木、各种油等易燃品较多，因此在组装场内安置多处灭火器等消防用品设施，并检查灭火器压力、铅封等是否有效，对失效的灭火器材现场清除更换。地面液压泵站上的操纵阀手柄，应由指定专业人员使用，他人在没有许可的情况下不得动用，以免造成事故。液压工具的使用应严格按照安全规范操作。高压系统发生微小或局部喷泄时，应立即卸荷检修。不得用手去检查或堵挡喷泄。组装时需要的用电设备较多，为保证用电安全，凡可能漏电伤人处必须进行接地，并派专门电工定期进行检查和维修，及时排除电气安全隐患，保证所有人用电安全。对于电压高于24V的电气设备，不允许工作人员站在水中操作。同时，除气体驱动、直流电驱动或液压驱动外的电气设备均不允许在潮湿的环境下工作。所有电气设备配电箱内的开关、电器需要保证完整无损，接线正确，并设置漏电保护器。

所有用电设备的安装、维修或拆除均由专业电工完成，其他人员不允许进行电工作业，电气人员检修电气元件能断电时必须断电且安排专人在断电处（例如断路器、刀开关等）看护，如无人员安排必须挂上禁止警示牌，以免他人误操作造成人为安全事故。

机械设备严格按照操作规程及相关规定进行操作、维修和保养。

6. 应急预案

（1）应急处置基本原则。为了更好地适应法律和经济活动的要求，给企业员工的工作和施工场区所有设备提供更好更安全的环境，保证各种应急资源处于良好的备战状态，指导应急行动按计划有序地进行，防止因应急行动组织不力或现场救援工作的无序和混乱而延误事故的应急救援，有效地避免或降低人员伤亡和财产损失，帮助实现应急行动的快速、有序、高效，充分体现应急救援的"应急精神"。坚持"安全第一，预防为主""保护人员安全优先，保护环境优先"的方针，贯彻"常备不懈、统一指挥、高效协调、持续改进"的原则。

（2）事故应急救援方案。发生一般火警、火灾事故、设备事故、人身伤害事故，当班值班人员应立即报告作业单元责任人、安全小组长，逐级上报。有人身伤害事故，应立即急救，必要时拨打120送往医院急救。不管是哪类事故，抢险救护时都要先切断电源易燃源或采取防护措施后再组织救护，防止事态再次扩大。

若伤者属擦伤、碰伤、压伤等，要及时用消炎止痛药物擦洗患处；若出血严重，要用干净布料进行包扎止血。若伤者发生骨折，要保持静坐或静卧。若发生严重烧伤、烫伤，要立即用冷水冲洗30min以上。若伤者已昏迷、休克，要立即抬至通风良好的地方，进行人工呼吸或按压心脏，待医生到达后立即送医院抢救。

若发生泄漏中毒事故，救援人员在救援时要先关闭气源。在实施抢救时，必须戴好防毒面具，迅速把中毒人员抬至通风良好处进行抢救。救援人员若感觉自己呼吸困难应立即撤离，更换人员。待120救护人员到达后送医院抢救。发生重大设备事故，要立即报告，同时停止设备运转。处理事故时，要有专人监护，严格执行检修程序和停送电确认制度，防止打乱仗，冒险作业。

发生各类事故都要保护好现场，等待事故调查分析。

6.5 TBM 掘进施工

6.5.1 掘进

TBM掘进主要依靠设备最前端的刀盘旋转，通过刀盘上安装的刀具对掌子面岩石进行破碎，并将破碎岩石运输至洞外，实现隧洞的向前贯通掘进。

1. TBM 破岩原理

刀盘旋转由主电机提供动力，电机通过减速器把扭矩提供给刀盘组件上的环形齿轮（大齿圈）驱动刀盘，推进油缸的推力通过大梁、机头架、大轴承传到刀盘。

安装在刀盘上的盘形滚刀在推进液压缸推力的作用下紧压在岩面上，随着刀盘的旋转，盘形滚刀一方面绕刀盘中心轴公转，同时绕自身轴线自转。盘形滚刀在刀盘的推力、扭矩作用下，在掌子面上切出一系列的同心圆沟槽。

当推力超过岩石的强度时，盘形滚刀刀尖下的岩石直接破碎，刀尖贯入岩石，形成压碎区和放射状裂纹；进一步加压，当滚刀与前一次滚压留下来的缺口之间的间距满足一定条件时，两道缺口之间岩石内的裂纹延伸并相互贯通，形成岩石碎片而崩落，岩渣因自重掉入洞底，由刀盘侧铲斗旋转铲起并卸入运渣皮带机，盘形滚刀完成一次破岩过程。刀具破岩机理如图 6.58 所示，形成的破岩面如图 6.59 所示。

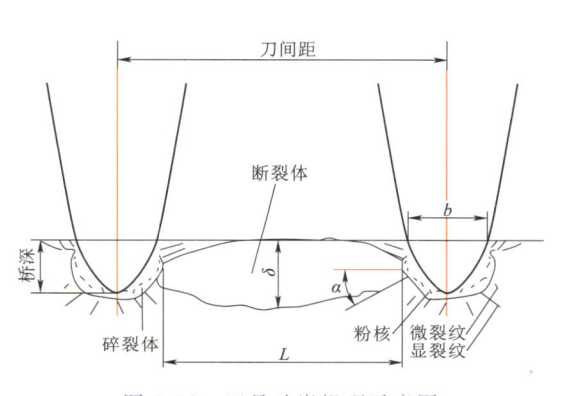

图 6.58　刀具破岩机理示意图　　　　图 6.59　形成的破岩面

岩石断裂体的几何外观一般取决于刀盘规格及刀具的设计。被刀盘破碎的岩石断裂体一般具有一定的几何外观，并呈现一定的统计规律，岩石断裂体的外观特征见表 6.12。

表 6.12　　　　　　　　　　岩石断裂体的外观特征

几何指标	取 值 范 围	几何指标	取 值 范 围
厚度	$\delta \leqslant$贯入度，mm	长度	$L \leqslant$刀间距
宽度	$a=\lambda$（刀间距）$-b$（刀刃宽度）	裂纹角	$\alpha=18°\sim30°$

2. 刀盘刀具选型

在整个 TBM 设备系统中，刀盘刀具是能否掘进的关键，是影响掘进性能的决定性因素。其中刀具的配备需根据地质条件和施工要求进行合理选型。

（1）刀具选型。刀具是 TBM 设备的开挖部件，在不同岩层下，刀具也有所不同。根据 TBM 设备的工程岩土情况（软土层和硬岩层），应合理选择刀具组合，以便 TBM 开挖的顺利进行。

软土层，刀具使用安装硬度低、韧性强的加厚型刀圈，以增加刀圈的耐冲击力，减少刀圈崩刃情况的发生；硬岩层，刀具使用安装硬度高的窄刃刀圈，以增大贯入度，增加掘进速度。目前所用的刀具大体可分为滚动类刀具和切削类刀具。

1) 滚刀类刀具。在随刀盘转动的同时，还在自转运动的破岩刀具统称滚动类刀具，简称滚刀。滚刀均是通过滚动和滑动产生的挤压、剪切、研磨等达到破岩的目的。

根据安装位置不同分为中心滚刀、正滚刀、边滚刀。根据刀刃外径的大小分成13″、15″、17″、19″、20″等不同规格，目前主要使用19″、20″系列滚刀。不同刃数滚刀的使用范围各不相同，见表6.13。

表6.13　　　　　　　　　　　滚 刀 使 用 范 围

刀具名称	适用TBM直径/m	刀具可承受最大冲击载荷/kN
17″滚刀	≤6.5	245.0
19″滚刀	6.5～8.7	311.4
20″滚刀		

2) 切削类刀具。随刀盘转动不具备自转的破岩刀具统称为切削类刀具，这类刀具通过刮削达到破岩及承载的功能，主要安装在刮渣仓位置。

（2）刀盘选型。针对高磨蚀硬岩地层，刀盘应具有足够的刚度和强度，防止刀盘变形、裂纹、断裂。刀盘面板、出渣斗等易磨损部位均采用耐磨材料。

在保证TBM开挖高磨蚀深埋硬岩地层条件下合理布置刀间距（面刀刀间距不宜大于80mm），具备快速、连续的开挖能力，推进系统应有足够的推力以满足高磨蚀深埋硬岩地质条件掘进的需要。

3. 掘进作业过程

掘进作业过程包括掘进模式的选择、不同地质状况下掘进参数的选择和调整以及TBM掘进平台的操作。掘进作业中所遇到的工作环境非常复杂，因此整个过程仍需要依赖技术人员的经验，还不能实现完全的自动化。随着科技的进步，TBM掘进作业未来有向着完全自动化、信息化的发展趋势。

（1）掘进模式的选择。TBM提供了三种工作模式，即自动扭矩控制、自动推力控制和手动控制模式，根据转速可分为高速模式和低速模式两种。自动扭矩控制只适用于均质软岩；自动推力控制只适用于均质硬岩；手动控制模式操作方便，反应灵活，适用于各种地层，因此一般选用手动控制模式。使用高速模式时，周围岩石振动较大，容易引起周围岩石松动，所以在地质情况较差时，采用低转速、高扭矩掘进；围岩较完整时，采用高转速、低扭矩掘进。在Ⅱ类、Ⅲa类围岩条件下掘进时，选择自动推力控制模式，设备不会过载，又能保证有较高的掘进速度；在节理发育或Ⅲb类围岩条件下掘进，设备推力不要太大，而刀盘扭矩却需较高，则选择自动扭矩控制模式；如果不能判定围岩状态或掌子面围岩为Ⅳ类、Ⅴ类时，节理发育或遇有破碎带、断层，须选择手动控制模式。

（2）不同地质状况下掘进参数的选择和调整。

1) 节理不发育的硬岩。对于节理不发育的硬岩，驱动电机选择高速掘进，开始掘进时，掘进速度选择15%，掘进到5cm左右开始提速。在正常情况下，掘进速度一般不大于35%；若围岩本身的干抗压强度较大，不易破碎，此时掘进速度太低将造成刀具刀圈的大量磨损，掘进速度太高，则会造成刀具的超负荷，产生漏油或弦磨现象。

2）节理发育的围岩。掘进推力较小，应选择自动扭矩控制模式，并密切观察扭矩变化，调整最佳掘进参数。

3）节理发育且硬度变化较大围岩。因围岩分布不均匀，硬度变化大，有时会出现较大的振动，所以推力和扭矩的变化范围大，必须选择手动控制模式，并密切观察扭矩变化。依据TBM设备参数，确定推进力、扭矩，且扭矩变化范围不超过10%。

同时，在节理发育且硬度变化较大的围岩下掘进，TBM推力、扭矩均不停的变化，不能选择固定的参数（推力、扭矩）作标准，应密切观察，随时调整掘进速度。若遇到振动突然加剧，扭矩的变化很大，观察渣料有不规则的块体出现情况，可将刀盘转速换成低速，并相应降低推进速度，待振动减少并恢复正常后，再将刀盘转换到高速掘进。

掘进时，即使扭矩和推力都未达到额定值，也会使通过局部硬岩部分的刀具过载，产生冲击载荷，影响刀具寿命，同时也使主轴承和主大梁产生偏载。所以要密切观察掘进参数与岩石变化。当扭矩和推力大幅度变化时，应尽量降低掘进速度，宜控制在30%左右，以保护刀具和改善主轴承受力，必要时停机前往掌子面了解围岩和检查刀具。

4）节理、裂隙发育或存在断层带的围岩。掘进时应以自动扭矩控制模式为主选择和调整掘进参数，同时应密切观察扭矩变化、电流变化及推进力值和围岩状况。遇到此类岩体，掘进参数的选择以及皮带机的出渣参考表6.14掘进操作。

表6.14　　　　　　　节理、裂隙发育或存在断层带的围岩下的掘进操作

操作项目	操作内容
掘进参数选择	电机选用低速，掘进速度开始为20%，等围岩变化趋于稳定后，推进速度可上调，但不应超过一定范围（如35%），扭矩变化范围小于10%
皮带机的出渣情况及应对措施	当皮带机上出现直径较大的岩块，且块体的比例占出渣量20%~30%时，应降低掘进速度，控制贯入度
	当皮带机上出现大量块体，并连续不断成堆向外输出时，停止掘进，变换刀盘转速以低速掘进，并控制贯入度
	当围岩状况变化大，掘进时刀具可能局部承受轴向载荷，影响刀具的寿命，所以必须严格扭矩变化范围不大于10%，以低的掘进速度，一般情况，掘进速度不大于20%

（3）TBM掘进平台的操作。TBM掘进是人机交互的过程，需要操作人员与机器默契配合，以下为掘进作业中的详细操作过程。TBM仪表盘如图6.60所示。

1）TBM掘进流程。TBM掘进时主要依靠由刀盘、机头架与大梁、支撑和推进装置组成的掘进系统来进行，TBM掘进施工现场如图6.61所示。掘进流程主要分为五步进行，循环操作，见表6.15。

图 6.60　TBM 仪表盘　　　　　　　　图 6.61　TBM 掘进施工现场

表 6.15　　　　　　　　　　　掘 进 机 掘 进 流 程

掘进流程	操 作 内 容
第一步	撑靴撑紧洞壁，TBM 找正后提起后支撑，切削盘转动，推进液压缸伸出，推动工作部分前移一个行程
第二步	掘进行程终了，切削盘停止转动，后支撑伸出抵到洞底上以承受 TBM 主机的后端重力，水平支撑油缸收回
第三步	推进油缸主支撑回缩，支撑部分自由地准备换步，推进液压缸反向供油，使活塞杆缩回，带动水平撑靴及外机架向前移动
第四步	水平支撑靴伸出，再与围岩接触撑紧，提起后支撑离开洞底，TBM 定位找正
第五步	启动刀盘，切削盘又一次旋转，准备进行下一个循环

2）整机具体控制操作。TBM 掘进过程是系统整体协调的过程，任何一个独立系统在掘进过程中出现故障，都可能导致掘进停止，施工停滞，因此掘进机各系统的正确操作就显得十分重要。

初步检查和调整。初始的检查和调整是在掘进机已经完成组装、调试，并超过始发洞的情况下进行的。在每班作业之前和每次停机（无论时间长短）后、再次启动之前都要按表 6.16 步骤进行。

表 6.16　　　　　　　　　　　初步检查和调整的步骤

步骤顺序	操 作 内 容
1	确保润滑油和液压油的油位处于合适的位置，如有必要在启动前添加适量的油液
2	确保所有泵的进口阀都已经打开
3	检查所有电控柜和照明配电盘的断路器处于闭合状态
4	确保所有的液压控制开关处于中间或中立位置，逆时针旋转推进压力调整器到尽头
5	检查供水系统的连接，确认阀门都处于打开状态

启动程序。按表 6.17 所列步骤启动刀盘。

表 6.17　　　　　　　　　　　　启动程序步骤和内容

步骤顺序	操　作　内　容
1	把控制钥匙插入电源钥匙开关并转到接通的位置
2	通过观察 RESET 模板并按下相应的控制按钮来接通控制电源
3	检查仪表的正常状态：液压和润滑系统显示无压力；电气仪表读数为 0；水压力表显示相应的压力
4	关注 SIRN 指示模板并按下相应的控制按钮，让声音报警器持续响 10s 左右，提醒作业人员刀盘即将启动。松开报警器按钮停止报警
5	关注 GRP START 指示模板并按下相应的控制按钮，启动液压泵站电机并检查电机的运行情况（通过电机断路器和运转模板及电机的电流柱状图）
6	确认后支撑油缸的位置正确，适合掘进所需的垂直方向上的角度
7	切换 GRIPPER RESET 选择开关至 EXTEND 位置，使撑靴接触洞壁。松开开关（居中）
8	切换 GRIPPER HIGH PRESSURE 选择开关至 EXTEND 位置，观察撑靴压力表，其读数应增加并稳定在设定高压值，选择开关即刻打到 DOWN 的位置
9	将 REAR SUPPORT LEGS 选择开关打到 RETRACT 位置直到后支撑靴离洞底板 25～50mm
10	将 LEFT SIDE SUPPORT 和 RIGHT SIDE SUPPORT 选择开关打到 EXTEND 位置直到侧支撑完全撑到洞壁上。确认两侧的伸长量相等
11	将 LEFT SIDE WEDGE 和 RIGHT SIDE WEDGE 选择开关打到 EXTEND 位置，直到楔块楔紧到侧支撑，将开关置中
12	将 LEFT SIDE SUPPORT 和 RIGHT SIDE SUPPORT 选择开关打到 RETRACT 位置来锁定侧支撑，将开关置中
13	在围岩稳定地段，确保顶支撑回路中的针阀关闭。将 ROOF SUPPORT 选择开关打到 EXTEND 位置
14	在有坍塌的隧洞中，将 ROOF SUPPORT 选择开关打到合适的位置。用先导控制的单向阀防止顶支撑下移
15	关注 COOL WATER 指示模板并按下相应的控制按钮接通冷却水
16	关注 CHD WATER SPRAY 指示模板并按下相应的控制按钮启动刀盘喷水（可选）
17	关注 SIREN 指示模板并按下 START 控制按钮几秒钟以提醒有关人员皮带机即将启动（留 10～15s 让人员离开皮带机区域）
18	关注 MACHINE CONVER 指示模板并按下相应的控制按钮启动皮带机
19	根据围岩状况设定需要的刀盘速度
20	关注 CHD MOTORS 指示模板并按下相应的控制按钮启动刀盘电机
21	观察电机的图示信息来检查电机的运行情况
22	使用定位装置检查机器位置
23	操作 SIDE STEER 选择开关至相应的方向来横向移动机器尾部
24	调整 PROPEL FLOW 选择开关至相应的位置，可调整掘进机推进速度达到期望值。压力显示在推进压力表
25	将 PROPEL HIGH PRESSURE 打到 EXTEND 位置
26	置 PROPEL RESET 选择开关为 EXTEND 位置，以得到所需要的推进压力

掘进过程。在掘进过程中，司机必须连续监视和调整司机室内控制台的所有功能、控制和指示器。另外，主司机还必须通过有效控制来调节向刀盘施加的推进压力。刀盘的掘进速度由推进压力和推进油泵的输出决定。在多数地质条件下的限制因素是主驱动电机的电流载荷。电机负载直接与刀盘的扭矩有关。

换步过程。一旦推进油缸伸展到行程的尽头，掘进机就必须停机进行换步（使鞍架重新定位）。换步过程操作内容见表 6.18。常规和紧急停机程序见表 6.19。

表 6.18　　　　　　　　　　换 步 过 程 操 作 内 容

换步顺序	操 作 内 容
1	确认机器处于水平位置，注意观察机器导向系统显示的机器姿态
2	让刀盘继续旋转几圈，以清除刀盘和溜渣槽上的石渣
3	观察主电机指示模板，并即刻按下 STOP 控制按钮
4	确认主机皮带机上的石渣已清除，然后观察 TBM 皮带机指示模板。按下 STOP 控制按钮停止 1 号皮带机
5	置后支腿选择开关到 EXTEND 位置，直到后支撑接触到底板并且机器的尾部开始抬升，将此开关置中
6	置撑靴高压选择开关到 RETRACT 位置，直到撑靴压力降到规程范围，将开关置中
7	转动撑靴回收选择开关到 RETRACT 位置，使撑靴脱离洞壁 7.62～10.16cm
8	置推进回收选择开关到 RETRACT 位置，使推进油缸完全缩回
9	置撑靴油缸低压选择开关到 EXTEND 位置，直到撑靴接触到洞壁。将开关置中
10	置撑靴油缸高压选择开关到 EXTEND 位置，使回路压力增加到掘进允许范围
11	同时将两个垂直调向选择开关置于 DOWN 的位置，使扭矩油缸端盖一侧增压
12	置后支腿选择开关到 RETRACT 位置，直到后支撑靴脱离底板并有足够的距离，以确保在下一个掘进循环的移动过程中不会遇到障碍
13	观察 SIREN 指示模板并按下控制按钮数秒，以提醒所有人员将要启动皮带机
14	启动后配套皮带机并确认其运行正常
15	启动主机皮带机并确认其运行正常
16	再按响警报器数秒，以提醒所有人员刀盘即将启动
17	关注主电机指示模板并即刻按下 START 控制按钮来启动刀盘
18	确认机器处于水平，根据机器导向系统确定机器姿态，并进行微调
19	继续正常的掘进循环

掘进机调向。正确的调向是掘进机运行最重要的因素之一。正确的调向可以最大限度地减少滚刀由于轴承或刀圈的损坏而失效。过度的调向会导致超载和刀盘、机头架、铲斗唇片和耐磨栅的损坏。TBM 调向操作见表 6.20。

6.5 TBM 掘进施工

表 6.19 常规和紧急停机程序

操作项目	顺序	操作内容
常规停机	1	置推进高压选择开关到 RETRACT 位置足够时间使压力降为 0，将开关置中
	2	让刀盘继续旋转几圈，以清除刀盘和溜渣槽上的石渣
	3	皮带机清空后，关注 TBM 皮带机指示模板。按下 STOP 控制按钮停止皮带机
	4	伸出后支撑直到接触底板，掘进机尾部开始抬升，将开关置中
	5	停止刀盘喷水
	6	一切就绪后，其他选择开关置中
	7	确认主驱动电机惯性运动停止后，置动力 ON/OFF 钥匙开关 OFF
紧急停机		所有的急停开关均是串联的，按任何急停开关都可以停止掘进机所有运转

表 6.20 TBM 调向操作

调向内容	调向方法
掘进机对中的方向控制	在直线掘进时，掘进机的垂直中心线必须和隧洞中心线保持一致。当刀圈是新的时，存在超挖。因此，为了保持设计坡度，机器的水平中心线要稍微高一些以补偿超挖。随着边刀的磨损，补偿就相应减少。主司机必须始终注意相对于隧洞中心线的位置并做出必要的调整。在刀盘转动或掘进机为掘进状态时，都需要在水平和垂直方向上做小幅的调整
垂直方向调整	垂直平面内的调整通过机器的扭矩油缸来控制。无论向上还是向下，都必须两个同时操作
水平方向调整	水平平面内的调整通过机器水平调向开关来控制
撑靴定位	在掘进过程中，有时为了对准隧洞水平中心线，已经撑紧洞壁的撑靴有必要重新定位。该操作需要停止刀盘旋转
偏转角调整	撑靴支撑到洞壁，后支撑抬起后，才能进行掘进机偏转角的调整。掘进机偏转的角度通过操作扭矩油缸控制开关向相反方向上的控制来进行

洞壁上不会产生凹凸不平。如果发现洞壁有明显的凹凸不平，说明调向过度，应采取措施以避免再次发生类似情况。

正确调向还依赖于侧支撑的正确使用。侧支撑使用不当，也会导致刀圈过度磨损和滚刀早期损坏、铲斗唇片磨损以及不允许的轴线和坡度上的误差。侧支撑也为水平调向提供支点并可补偿边刀的磨损。通过联合使用垂直支撑、顶支撑和侧支撑，可以在掘进机作业过程中稳定机器的前部。

除了掘进曲线段外，侧支撑应等量伸出并且与理论上的洞径相符，以保证掘进机中心线与隧洞中心线重合。如果一侧支撑与另一侧支撑伸出量不等，实际的边刀路径就会出现偏差。如果两侧支撑都缩回而未接触洞壁，掘进机失去稳定。这将导致机器头部发生震动、刀圈磨损加快、滚刀过载，同时导致水平调向失去支点。

侧支撑由指示器显示其正常的工作位置。当边刀是新的时，侧支撑应在"0"位置，正常情况应保持在这个位置，即使边刀发生了磨损。侧支撑维持在"0"位，随着边刀的磨损，掘进机有着向上的趋势。为了进行补偿，应升高机器的尾部。如果侧支撑影响掘进作业，就必须将其缩回合适尺寸。随着滚刀的进一步磨损，还应继续缩回。侧支撑应小幅度两侧等量缩回。

（4）注意事项。TBM掘进过程中需要密切关注地质状况，合理调整设备工作状态，以下为需要注意的事项。

1）支撑与洞壁一定要完全接触，由于刀盘的稳定对于滚刀的连续作业轨迹十分关键（消除余震和位移），一个稳定的刀盘和一致的、重复的刀具轨迹，可以提高TBM的进尺和延长刀具及大轴承的寿命，因此，支撑的稳固情况就显得尤为重要。

2）在TBM刀盘前方的喷嘴座上装有喷水嘴，正常施工掘进时，通过喷射水雾来降低刀具的温度，并抑制粉尘的扩散，因此要经常、及时地对喷嘴进行检查，防止因水质不净而堵塞，从而影响施工环境和降低刀具的使用寿命。

3）通过软岩、断层和破碎带时，需尽可能加大支撑靴板与洞壁的接触面积，使支撑靴板在保证足够的支撑力时，对于洞壁的比压足够小，这样可以避免支撑靴板在不良地质条件下陷入洞壁，保证TBM的连续掘进，进而减小机体的震动，保证施工安全、控制掘进速度。

4）因TBM掘进时，抑制粉尘扩散和冷却刀具均需要消耗大量的水，并且在掘进过程中还可能遇到洞壁涌水，这些积水过多时会将刀座淹没，此时需根据水位传感器收集的信号及时启动机头架后面的潜水泵快速排水，以保证TBM的连续掘进不受影响。在每天预留的检修时间内，需对刀盘、支撑系统等重要部位的螺栓、连接装置及液压推进系统的供油管路等进行检查，将事故隐患消灭在萌芽状态。

5）检修期间内，需对刀盘刀具的数量及磨损情况进行认真检查，合理安排刀具的更换。

6）注意掘进方向的控制与调整。对于水平方向的调整，主要是通过活塞腔和活塞杆都充满压力油的水平支撑油缸在缸筒内的单方向移动，因缸筒与滑块是以十字销轴方式连接在一起的，为此滑块和大梁也随着水平支撑缸筒移动，从而实现水平方向上的调整，防止超挖和欠挖情况的发生。

7）对于垂直方向的调整是使用安装在鞍架和大梁之间的斜缸，当斜缸伸长时，大梁相对于水平支撑油缸升高，TBM机器向下掘进；相反，当斜缸缩进时，大梁相对于水平支撑油缸下降，TBM则向上掘进。因此，要控制好前进轴线方向，避免偏斜。

此外，在掘进过程中，要密切注意数据采集系统提供的信息，发现异常情况，应及时采取措施，以保障施工的正常进行。

6.5.2 支护

在TBM掘进施工后，新开挖出的隧洞内壁并不稳定，需要进行支护，对裸露的岩面进行处理，常用支护措施有安装锚杆、喷射混凝土、安装钢拱架等。本小节将对秦岭输水隧洞施工中用到的支护措施进行介绍。

1. TBM主要支护系统

TBM主要支护系统有超前钻机、锚杆钻机、钢支撑及钢筋网安装器和喷射混凝土设备等。

（1）超前钻机。针对开敞式掘进机在自稳时间较短的软弱破碎岩体、岩溶地段、断层破碎带以及大面积淋水或涌水地段，进行超前支护。在进行超前地质预报的基础上，需采用相应的辅助施工措施，即先进行超前加固，再掘进通过，并通过加强初期支护等手段，尽量减少掘进过程中的坍塌剥落量和围岩出护盾后的变形量。

（2）锚杆钻机。鞍架的前面设有两台大功率的锚杆钻机，可完成随机和系统锚杆的施工，以及超前探测和预处理操作，快速及时地对危险或存在潜在危险体进行支护和处理。注浆系统和钻机均由其自带的液压泵站提供动力。锚杆钻机具有冲击、旋转的功能，每台钻机可在其控制台上进行伸长、弯曲、定位、旋转、冲击、输送和返回等单独操作。可采用的锚杆类型有全长黏结型锚杆、自钻式注浆锚杆、预应力中空注浆锚杆等。

（3）钢支撑及钢筋网安装器。TBM 上设置有环形钢支撑（或支架）及钢筋网安装器，位于大梁的前端，进行钢支撑及钢筋网的安装施工和安装环形分块支架，并将其组合成环形，及时地处理危岩体，支护安装如图 6.62 所示。环形安装机在 TBM 上可进行提升、旋转、就位、伸长和收缩移动，与顶支撑呈相对移动。环形支架的安装作业均在顶支撑的保护下进行，操作者使用遥控器来进行作业。

（4）喷射混凝土设备。混凝土喷射系统包括两台混凝土泵、混凝土卸料机、自动喷射装置及手动喷射装置，喷混凝土示意如图 6.63 所示。

图 6.62　支护安装　　　　　　　　图 6.63　喷混凝土示意图

1）自动喷射装置。由操作人员使用遥控装置控制的自动湿喷机械手进行混凝土喷射，喷射作业区长为 25～30m。湿喷系统采用电子控制进料与输出。在混凝土喷射施工时，使喷射嘴处的混凝土流量保持均匀，其变化量极小。该设备具有一套综合的、有记忆的程序控制系统（即 SPC 系统），可协调和控制喷射设备的所有功能，系统可确定和复核施工参数，并打印出一些基本数据，如添加剂的数量、混凝土的输出量等，从而提高混凝土喷射质量和速度。

自动混凝土喷射装置包括环形机架、湿喷射机、自动喷嘴系统、遥控操作装置、操作平台、开关箱、速凝剂添加泵、回弹料收集器、资料输出系统等。自动混凝土喷射装置及施工后的喷混凝土如图 6.64 和图 6.65 所示。

2）手动喷射装置。后配套上设置了一套手动混凝土湿喷系统，包括 45m 长的混凝土输送管、50mm 直径喷嘴、100/65mm 衰减器、65/50mm 湿式喷嘴及直径 100mm 的钢管

(a)   (b)

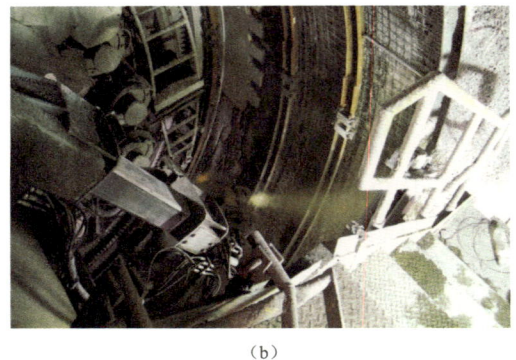

图 6.64 自动混凝土喷射装置
(a) 施工现场 1；(b) 施工现场 2

图 6.65 施工后的喷混凝土

转换接头等。

(5) 不良地质体处理。为了对出现的不良地质体进行及时处理，在后配套上还配备了应急混凝土喷射系统、作业面注浆和岩石锚杆注浆系统。

1) 应急混凝土喷射系统。遇到不良地质体时，需要在掘进机的顶板上方立即进行混凝土喷射作业。施工时，将预先混合的注浆材料，通过配备在后配套上的喷射泵送到掘进机顶板后面，由支护作业人员在掘进机作业平台上进行喷射作业，软管自混凝土泵接到喷头，喷头可以调整，不用时软管可收藏，以节约施工空间。

2) 作业面注浆。通过超前钻孔进行灌浆，使用自动混凝土喷射泵作为灌浆泵。需要进行作业面注浆时，自动混凝土喷射泵的方向阀转向注浆供应管路，泵的压力和流速可根据注浆的要求进行调整。

2. 初期支护施工过程

本工程初期支护形式采用系统锚杆、钢拱架、网喷混凝土。施工顺序：Ⅱ～Ⅴ类围岩每个工作循环按照施作系统锚杆、挂钢筋网（Ⅲ～Ⅴ类）、立钢拱架（Ⅳ类、Ⅴ类）、喷射混凝土的顺序施工。

(1) 系统锚杆施工。采用 YT28 风动凿岩机钻孔，注浆压力控制在 0.5～1.0MPa，并随时排除孔中空气，灰浆搅拌机拌制普通砂浆，"高浓度砂浆真空法"注浆施工。锚杆施工工艺流程如图 6.66 所示。施工时，用红油漆在岩面上标出锚杆孔位置，呈梅花状布置，左右、上下偏差控制在 5cm 以内。钻孔时，保证钻杆与岩面垂直，钻孔完成后用高压风吹尽孔内岩屑，再用水冲洗。最后安装杆体，注入早强砂浆。

(2) 钢拱架制作与安装。钢拱架为隧洞支护的有效部件,在隧洞支护过程中发挥着关键性作用。钢拱架的安装如图 6.67 所示。

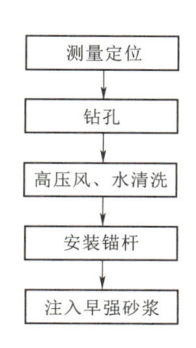

图 6.66　锚杆施工工艺流程

图 6.67　钢拱架的安装

1) 制作。钢拱架在钢筋加工间制作,根据断面尺寸精确放样下料,分 5 节焊制而成,连接板用 A3 钢,厚度 15mm。栓孔用钻床定位加工,螺栓、螺母采用标准件,焊接及加工误差须符合有关规范。加工成型后的钢拱架进行详细标识,分类堆放,做好防锈蚀工作待用。

2) 安装。机械运至安装现场,人工配合装载机进行安装。

3) 安装施工工艺流程。安装施工工艺流程如图 6.68 所示。

4) 安装施工要点。在安装前,对岩面初喷 4cm 混凝土,并测量拱架安装设计顶面标高。施作定位锚管,锚杆采用 $\phi 32$ 钢管,深度 2.5m,清除拱架底角的浮渣。拱架加工好后要进行预拼,合格后方可使用;工作平台就位后,用装载机配合人工安装拱架,自上而下进行,拱架应尽量与围岩接近。安装时,拱架要保持与中线垂直,上下左右偏差控制在±5cm,斜度小于±2°。拱脚要有一定的埋置深度,落到原状岩石上,并与定位锚杆焊连,焊接纵向连接筋。最后检查上述部件是否安装合格,合格后挂网喷混凝土。

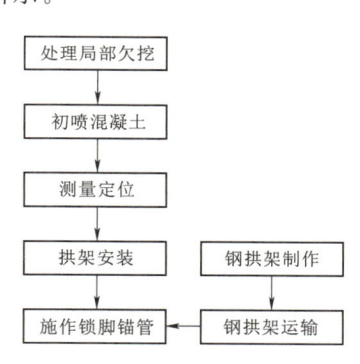

图 6.68　安装施工工艺流程

(3) 网喷混凝土。秦岭输水隧洞工程所采用的喷射作业为挂网、喷射混凝土,现场施工如图 6.69 所示。

1) 施工方法。网片采用洞外钢筋加工后进行棚内加工,洞内人工铺挂,随开挖面起伏铺设,同定位锚杆焊连固定。喷射混凝土采用湿喷法混合料在集中拌合站拌和,经混凝土搅拌运输车运至工作面,再经湿喷机二次拌和,以高压风为动力,经喷头喷射至受喷面。该法具有粉尘少、回弹小的优点。喷混凝土分两次进行,第一次喷射厚度为 5cm,按设计要求施作锚杆、铺设钢筋网,再进行第二次喷射至设计厚度。

2) 工艺流程。湿式喷射混凝土工艺流程如图 6.70 所示。

图 6.69 网喷混凝土现场施工

3) 材料要求。所有材料需要符合相关标准，并经试验检测合格。混凝土配合比通过室内试验和现场试验综合选定，在保证喷层性能指标的前提下，尽量减少水泥和水的用量，配合比试验结果报送监理工程师批准。湿式喷射混凝土的施工要点见表 6.21。

（4）超前小导管施工。

1) 施工方法。采用现场加工小钢管，喷射混凝土封闭岩面，用凿岩机钻孔将小钢管打入岩体，如图 6.71 所示。

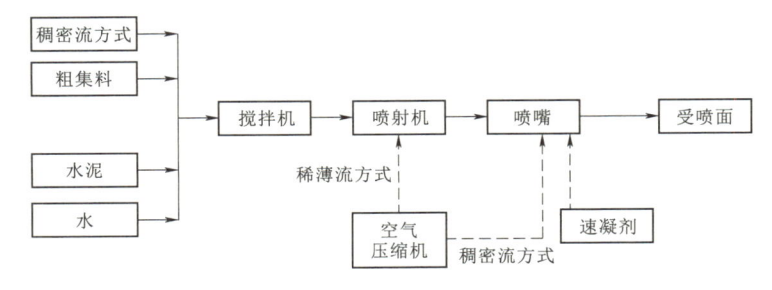

图 6.70 湿式喷射混凝土工艺流程

表 6.21 湿式喷射混凝土的施工要点

序号	施工注意事项
1	喷射前认真检查受喷面，做好以下几项工作：检查受喷面尺寸、几何形状是否符合设计要求；清除开挖面的浮石、坡脚的石渣和堆积物；对欠挖部分及所有开裂、破碎、崩解的破损岩石进行清理和处理；用高压水或风冲洗、清扫岩面；埋设喷射厚度检查钎；对施工机械设备、风及水管路和电线等进行全面检查和试运行
2	喷射混凝土作业分段分片一次进行，按先墙后拱、自下而上的顺序进行。喷射时，喷嘴垂直受喷面做反复缓慢的螺旋形运动，螺旋直径 20~30cm
3	喷混凝土分两次施喷完成，在第一次喷射 5cm 混凝土后，施作系统锚杆、挂钢筋网，再复喷至设计厚度。后一层在前一层混凝土终凝后进行，若终凝 1h 后再喷射时，先用高压水清洗复喷层面
4	喷射作业紧跟开挖工作面，混凝土终凝至下一循环时间不少于 3h
5	严格执行喷射机操作规程：连续向喷射机供料；保持喷射机工作风压稳定；完成或因故中断喷射作业时，将喷射机和输料管内的积料清除干净
6	喷射混凝土的回弹率控制不大于 15%
7	喷射混凝土终凝 2h 后，进行喷水养护，养护时间不少于 7d。当周围的空气湿度达到或超过 85% 时，经监理工程师同意，可自然养护
8	有水地段喷射混凝土时，隧洞壁设置泄水孔，边排水边喷混凝土。同时增加水泥用量，改变配合比，喷混凝土由远而近逐渐向涌水点逼近，然后在涌水点安设导管，将水引出，再向导管附近喷混凝土。当岩面普遍渗水和局部出水量较大时采用埋透水排水管措施，将水引入排水沟后，再喷混凝土

2）设计参数。超前小导管为外径42mm钢化管，管壁四周按15cm间距梅花形、钻设 $\phi 6 \sim 8$ 压浆孔；施工时，小导管按设计的环向间距与衬砌中线平行，以 $5° \sim 10°$ 仰角插入拱部围岩。纵向按设计要求施作，搭接长度不小于1.0m；单液注浆：水泥浆水灰比为1:1，液浆由稀到浓逐级变换，即先注稀浆，然后逐级变浓至1.0为止。通过调整浆液配合比或加入少量磷酸氢二钠的方法调节浆液初凝时间；注浆压力 $0.5 \sim 2.0$ MPa；超前小导管以紧靠开挖面的钢架为支点，打入短钢管后注浆，形成管栅支护环。

图 6.71　超前小导管

3）施工工艺流程。施工工艺流程如图 6.72 所示。

4）施工工艺要点。小导管安设一般采用钻孔打入法，即先按设计要求钻孔，钻孔直径比钢管直径大 $3 \sim 5$ mm，然后将小导管穿过钢架，用锤击或钻机顶入，顶入长度不小于钢管长度的90%，并用高压风将钢管内的砂石吹出。

隧洞的开挖长度小于小导管的预支护长度，预留部分作为下一次循环的止浆墙；开挖掌子面根据地质条件采用喷C20混凝土进行封闭，厚10cm。注浆前，一般进行现场注浆试验，并根据实际情况调整注浆压力等注浆参数，同时施工期间遵守作业操作规则。

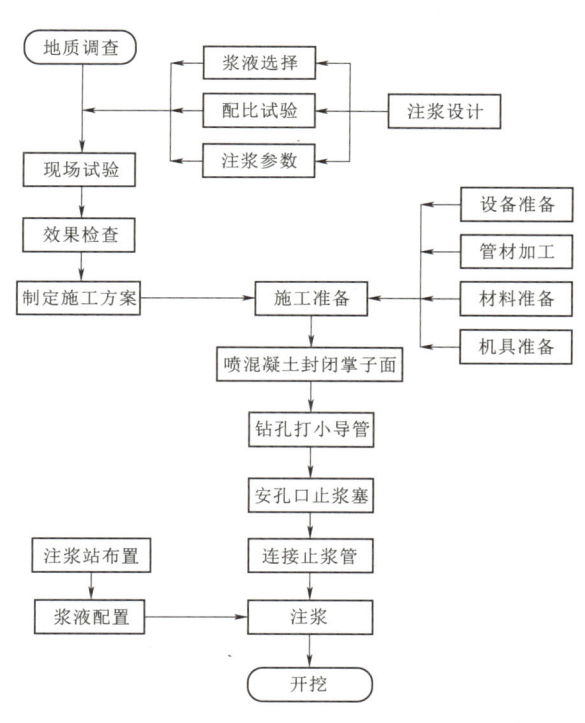

图 6.72　超前小导管施工工艺流程

6.5.3　出渣及运输

TBM掘进作业中，刀盘切削产生的渣片不能长时间堆积在隧洞内，需要不断向外运输，以保证掘进能够连续顺利进行。皮带运输机是TBM施工渣片运输的关键部件，渣片通过皮带运输机皮带循环往复滑动，源源不断被运送至洞外。本小节将介绍秦岭输水隧洞工程中采用的皮带运输机及其关键部件。

1. 出渣运输系统

刀盘切削下来的石渣，经设置在机头端部的收集器收集后，通过皮带机输送至后配套尾部的对外连续皮带机上，由对外连续皮带机运至洞外。最后经洞外转载皮带机运抵临时弃渣场，由自卸车运输到永久弃渣场，如图 6.73 所示。

（1）主洞连续皮带运输机。主洞连续皮带运输机包括变频调频皮带机主驱动装置、辅助驱动、皮带、储带仓、皮带打滑探测装置、回程助力器、移动式尾部装置、皮带机架、支承结构、皮带托辊、皮带接头、控制装置、皮带连接台和硫化设备等，根据工程施工情况确定皮带类型、带宽、输送能力、带速、驱动功率等主要技术参数。其存在多个优点，皮带可以用卷筒存储起来，随着掘进机的前进，连续皮带运输机可以不断伸展；此外，皮带机的尾部具有液压驱动纠偏装置，可以不断纠正、调整皮带机的方向；当储带仓中的皮带用尽时，连续皮带运输机可在设备维修时进行停机加长，不耽误掘进施工。

图 6.73 出渣及皮带机运输

（2）支洞皮带机。主洞连续皮带运输机将石渣运输到主洞与支洞交叉口后，经过一个转渣系统，将主洞连续皮带运输机的石渣转至支洞皮带机上，由支洞皮带机将石渣运到洞外。

（3）人员及材料运输设备。人员及各种材料（如混凝土、钢材等）均通过运输机车从洞外供给，该机车由牵引柴油机车、设有座位的人员乘坐车厢、混凝土罐车及普通材料运输车等组成，可以根据需要加长或缩短列车长度、改变运输车的结构。秦岭输水隧洞工程中，所用的牵引柴油机车长 6.3m、宽 1.4m、轨距 900mm、功率 55kW，最高时速 25km/h，所运送人员及材料的车辆车长 7m、车宽 1.6m、轨距 900mm。

2. 出渣运输系统的运行

（1）主洞连续皮带运输机的运行。首先，启动皮带机的供电系统，沿途对皮带机进行检查。然后确定皮带机的驱动装置的供电系统已经工作正常、沿途的检查点对皮带的检查结果正常，启动皮带机沿途的声电报警系统，为皮带机下一步运行工作做好准备。

连续皮带运输机的控制装置安装在驱动装置附近，通过电缆连接到掘进机的控制室。由掘进机的控制室通过 PLC 程序控制启动整条皮带机，皮带机启动的各种参数及时地反馈到掘进机的控制室。而 PLC 程序根据预先设定的各种数据，自动调节包括皮带的张紧力、皮带的延伸装置的工作状况、驱动装置的输出扭矩等皮带启动运行的重要参数。皮带延伸时，皮带支架、托辊、其他保护装置的安装通过监测设备及时地反映到掘进机的控制室。之后控制室根据观测到的安装情况来控制皮带的延伸作业。张紧机构根据 PLC 程序的设定和传感器监测到的数据，自动根据皮带延伸调整整条皮带的张紧力以保证连续皮带机的正常运行。

在运行过程中，掘进机控制室通过皮带机沿途布置的监控设施提供的皮带运行情况、运输石渣的情况，及时调节皮带机运行的各种参数，确保皮带机正常运行、石渣顺利运输。

6.5 TBM掘进施工

（2）支洞皮带机的运行。首先，皮带机用支架提高，保证下部有一定的空间进行其他作业。在石渣由支洞出洞时，要考虑避免产生较大的竖曲线影响石渣的运输，同时保证所有安装使用的皮带支架、托辊均可以方便自由地更换。

支洞皮带机由洞外控制启动、停止和调节运行参数，皮带机状态的检查由另外的人员负责进行。皮带机的各种监测设施和连续皮带机相同，只是数量相对减少。洞外的控制装置可根据检测的数据及时调整运行参数，调整皮带的张紧力、带速，确保石渣的顺利运输。皮带机的长度可根据不同支洞出渣的需要进行调整。

（3）连续皮带运输机胶带接头硫化工艺。长距离的连续皮带机出渣对皮带机的性能提出了很高的要求。其中，胶带接头硫化的质量是决定皮带正常使用的关键因素。秦岭输水隧洞工程所采用的连续皮带机钢绳芯胶带接头硫化采用三级全搭接方式，如图6.74所示，图中数字表示钢绳芯。硫化工艺具体步骤如下：

硫化前，胶带接头硫化工作施工场地要求通风良好、环境稳定适宜，场地要相对宽敞，备好水源、动力电源、施

图6.74 钢绳芯胶带接头硫化三级全搭接示意图

工机具及所需材料，保证使用的硫化设备状态完好。钢绳芯胶带接头硫化工艺流程如图6.75所示。

在硫化操作中，钢绳芯根部一般剥成20°~30°角，如图6.76所示；修整胶带接头处钢丝绳，打磨去除钢绳上原附着的橡胶，并不损伤钢绳的镀锌层。

温度、压力、时间是钢绳芯胶带硫化接头的三要素，它们随着配料的配方、气温、通风等条件的变化而不同，三者之间相互关联。如果温度过高，会使橡胶升温过快，内外温差过大，内层芯胶尚未完全硫化，外层面胶已经开始硬化；如果温度过低，会使橡胶升温过慢，硫化不完全，接头强度达不到要求，硫化时间需根据胶带技术要求确定。压力低则接头内部橡胶与钢绳以及橡胶之间黏结得不够密实，空气和一些其他挥发性物质不能完全排出，影响接头质量。

胶带在硫化器上对接时，一定要保证中心线一致，否则不仅会造成胶带运行时跑偏，更为严重的是两侧钢绳受力不均，短的一侧受力过大，当受力超过某条钢绳与胶带的黏结力时会被抽出，进而相邻钢绳相继被抽出，在很短的时间内破坏接头。硫化成型阶段注意事项见表6.22。

（4）储存机构皮带的添加。随着开挖进尺的增加，连续皮带机也在不断地延伸；当储带仓中的两套滚筒组将要靠在一起时，表示储带仓中的皮带即将释放完毕，就需要向储带仓中加入更多的皮带，具体操作工序如图6.77所示。

在向储带仓添加新皮带前，不能使两套滚筒组靠到一起，否则将在储带仓内产生过大的皮带张力，损坏滚筒的部分零件。所有蓄能器的球阀必须在断开储带仓电源之前关闭，否则将使蓄能器蓄积大量能量，再次开机时易产生危险。除此之外，在启动电机之前，应仔细检查储带仓的钢丝轮、V形滚筒组滑槽、蓄能器开关等各运动结构。

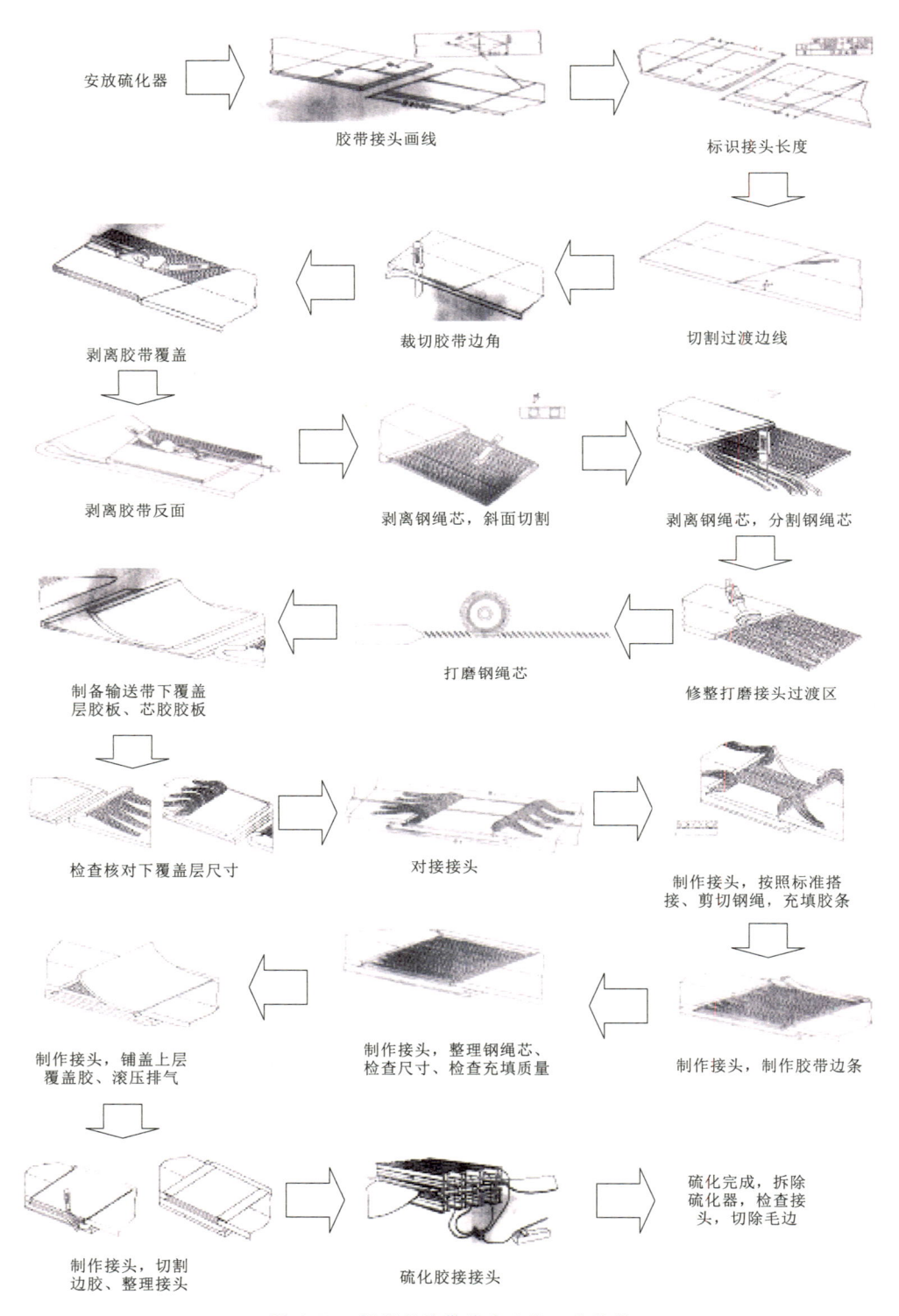

图 6.75 钢绳芯胶带接头硫化工艺流程

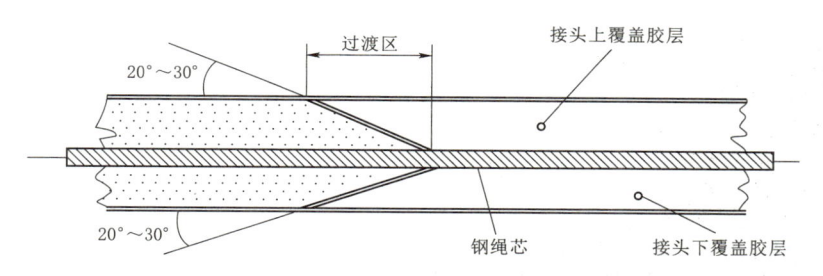

图 6.76　钢绳芯根部过渡区切削示意图

表 6.22　　　　　　　　　　硫化成型阶段注意事项

序号	注意事项
1	把两胶带头钢绳平铺在下加热板上，对放一起，对准胶带中心线，把两胶带头分别用卡子固定，分别翻向两边，用干净白布蘸上120号汽油逐根擦拭打磨过的钢绳，橡胶表面至少清理两遍
2	汽油完全挥发后，涂刷胶浆2～3遍，涂刷时必须在上一遍胶浆干燥后方可进行。一头裁齐并覆盖胶，对准覆盖胶斜坡面边缘平铺在硫化器的下加热板上，再把芯胶清洗干净贴合在覆盖胶胶片上，压牢烘干
3	把带头钢绳铺在芯胶上，去除多余的覆盖胶、芯胶
4	逐根拉直、拉紧钢绳，按三级全搭接形式排列整齐、分均，保证左右两端的每一根钢绳均与对面的钢绳存在搭接。把上覆盖胶、芯胶与下覆盖胶胶片贴在一起
5	盖上硫化器上工作板，拧紧硫化器螺栓。附加压力达到1.5MPa，5min卸压，以帮助排空接头内的空气
6	硫化接头开始，当加热到60℃时，才可使压力升到1.5MPa；当达到144.7℃时，就应停电使温度自动降温；当温度下降到142℃时，再送电反复数次，保温70min后才可切断电源
7	当温度降到80℃以下时，方可卸开压力板，取出胶带，并仔细检查硫化效果

6.5.4　同步衬砌

秦岭输水隧洞工程 TBM 施工段主要为复合式衬砌，复合式衬砌初期支护以锚喷网为主，二次衬砌为模筑混凝土。

衬砌采用液压钢模衬砌台车（图 6.78），所有混凝土由洞外自动计量拌合站集中生产，复合式混凝土运输机运输（中间一次倒运），混凝土输送泵泵送入模，振捣采用插入式振捣器，衬砌施工同时预留回填灌浆孔，在二次衬砌混凝土凝固收缩后进行背后注浆回填。钢筋在钢筋棚内进行加工，由现场简易钢筋台车经人工作业焊接成型。

秦岭输水隧洞工程 TBM 施工段按每月平均掘进540m计算，将采用两部衬砌台车，第一部台车紧跟 TBM 施工，对围岩较差洞段及时衬砌，有能力情况下尽量多施工；第二部台

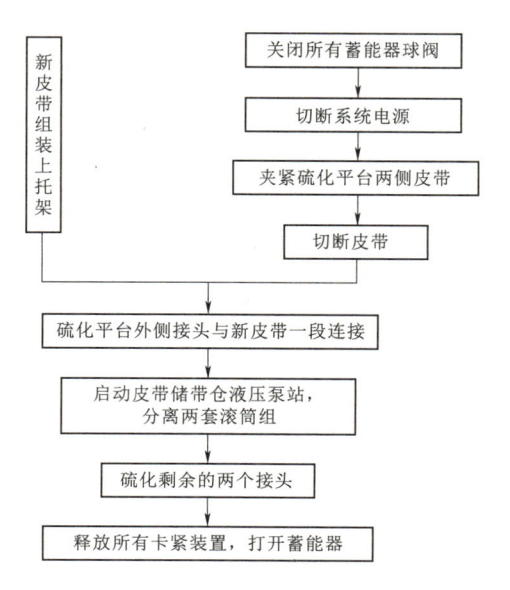

图 6.77　皮带添加操作工序

图 6.78 工作中的液压钢模衬砌台车

车在第一部的后方,完成可施工段的衬砌作业。另外,二次衬砌工作区应保持一台衬砌台车、一个钢筋布设台架、一个错车平台、一台混凝土泵车的标准配置。台车分布如图 6.79 所示。

1. 同步衬砌台车设计选型

秦岭输水隧洞工程中,二次衬砌与 TBM 掘进同步施工,存在两大难题需要解决。一是衬砌作业全过程中所有 TBM 施工的通风、供水、排水、供电、连续皮带机出渣作业不能中断;二是 TBM 掘进与二次衬砌施工材料运输的矛盾。解决上述两大难题是实现同步衬砌施工的前提。

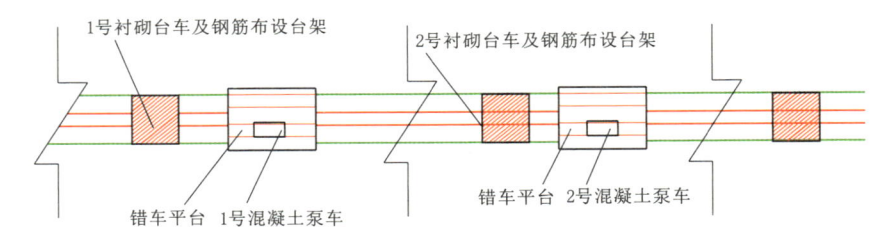

图 6.79 衬砌台车分布示意图

2. 同步衬砌台车总体设计

除常规要求外,秦岭输水隧洞工程中所采用的同步衬砌台车总体设计上有衬砌稳定、施工迅速等特点,具体详见表 6.23。

表 6.23　　　　　　　　同步衬砌台车总体设计特点

序号	设计特点及要求
1	满足与 TBM 掘进同步施工所提出的上述条件
2	衬砌台车模板有效作业长度 16m,同时合理考虑搭接长度,能够满足单独施工、单侧搭接施工和前后两侧搭接施工
3	衬砌台车台架及模板强度与刚度足够,保证寿命期内浇筑过程中不变形
4	衬砌断面:衬砌模板基准半径为 3460mm,要求有±50mm 的可变半径范围
5	作业速度:灌注时间按照不超过 8h 考虑;保证安全与质量的前提下,台车移位、定位时间尽量缩短,以利于提高整体衬砌施工速度
6	配置混凝土布料系统,满足 1 台输送泵浇筑,合理设置混凝土分配器及管路,实现混凝土灌注不倒管作业,以提高二次衬砌的质量与速度
7	台车模板可以实现横向移动,以便隧道掘进方向有偏差时可以调整,单向不小于 100mm
8	立模、脱模、模板调整等动作通过液压实现,以丝杠固定模板
9	模板顶部预留排气孔,以保证封顶浇筑密实,同时设置埋设注浆管的预留孔

续表

序号	设计特点及要求
10	模板表面要求平整光洁，保证使用过程中不出现毛面、麻面现象，设计寿命周期内要保证衬砌外观质量
11	精度要求：模板连接部位零错台，保证浇筑过程中不漏浆，为避免错台，前后两端模板直径误差不大于±5mm
12	抗浮装置可靠，其性能与台车设计的灌注速度相匹配，抗浮机构必须以较大的面积作用于洞壁或者混凝土上，以增大受力面积减小压强

二次衬砌台车主要结构纵断面、横断面结构如图 6.80 和图 6.81 所示。

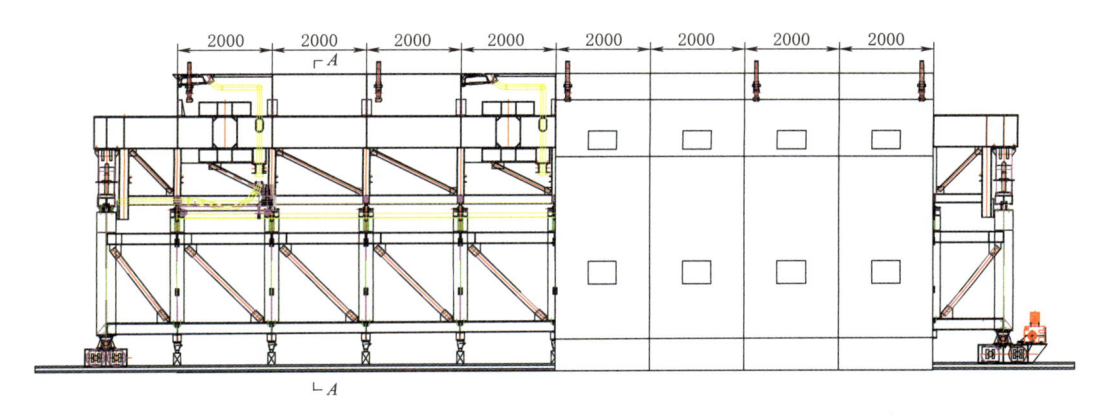

图 6.80　二次衬砌台车主要结构纵断面图

3. 运输机车穿行衬砌台车

以秦岭输水隧洞工程某标段所选用机车及托板的尺寸为例，机车高 2.2m、宽 1.8m，托板宽 1.8m，低板高 20cm（折形托板最低处），高板高（一般平板高度）60cm。考虑运输时不同平板搭配不同类型的材料，机车与所运输材料整体尺寸为宽 1.8m、高 2.7m（低板 20cm+TBM 更换的风筒 2.5m）。

设计台车下部框架高 3.33m，车行界限为宽等于后配套门架轨距 2.97m。此空间完全可以满足单行机车通过（1.8m×2.8m），运输车辆通过衬砌台车的车行界限如图 6.82 所示。

4. 风、水、电管线及连续皮带机穿越衬砌台车

由于施工现场存在风、水、电管线及连续皮带机等设备，而衬砌台车的正常工作范围与上述设备之间存在交集，因此需要考虑上述设备部件穿越衬砌台车的问题。

（1）TBM 通风软管穿行。在台车移动过程中，通风不应被中断，因此需要在台架的上层空间设置通风软管专用通道，设计为 120°弧形槽结构，如图 6.83 所示。软风管脱离洞顶后能够顺

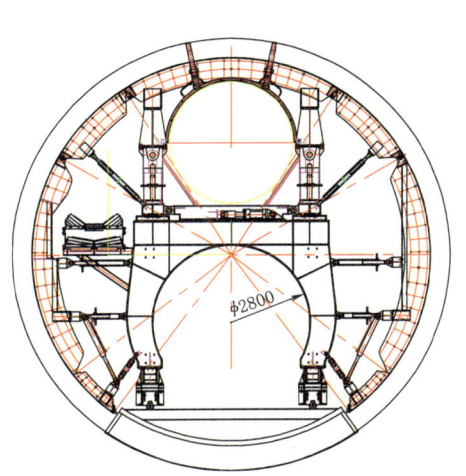

图 6.81　二次衬砌台车主要
结构横断面图

利穿越台车并且在台车移动过程中阻力符合计算要求，保障软风管不受损伤且不会偏离原来的布置位置。为保证衬砌台车结构、模板作业的空间，软风管在竖直方向需向下偏移一定距离，对此，需在台架前后两端设计引导装置。

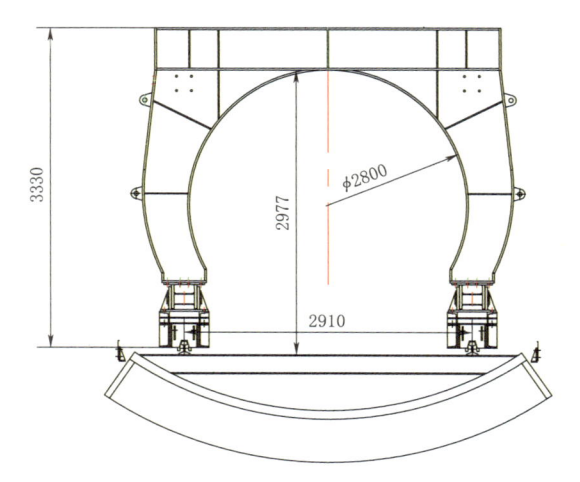

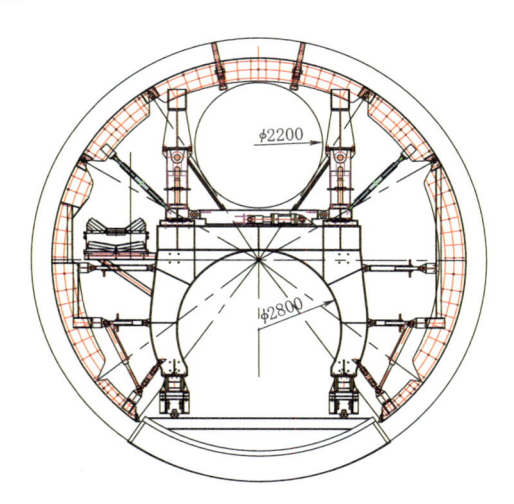

图 6.82　运输车辆通过衬砌台车的车行界限示意图　　图 6.83　TBM 通风软管穿越衬砌台车

在台车移动过程中由于担心风管在弧形滑槽摩擦力作用下向前移动，作用在洞顶悬挂点的反拉力的水平分力远远小于一般铁丝（6号）的极限拉力值，所以软风管不会在摩擦力的作用下向前移动，如图 6.84 所示。

（2）水管穿行。如图 6.85 所示，TBM 供水管半径为 100mm，钢管放置于进洞方向右侧的钢枕上；排水管半径为 150mm，钢管位于仰拱预制块上部钢枕以下的位置，因此可以顺利穿越台车，并且不会影响有轨运输车辆的通行以及衬砌台车施工。

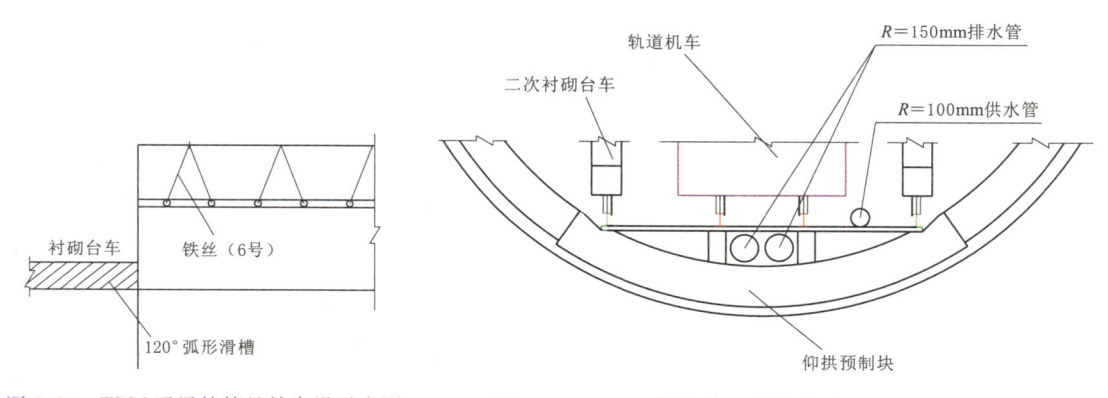

图 6.84　TBM 通风软管悬挂布设示意图　　图 6.85　TBM 供水管及排水管穿越衬砌台车示意图

（3）电缆与照明通信线路穿过台车。根据车辆通行限界尺寸以及台车布置，TBM 高压电缆、洞壁照明线、通信电缆均以托架方式穿越衬砌台车，如图 6.86 所示。电缆配备一套单独的滚轮托架，以利于线缆移动和防止台车移动时损坏电缆，托架安装于衬砌台车车架外侧，避开交通干扰，方便作业施工。

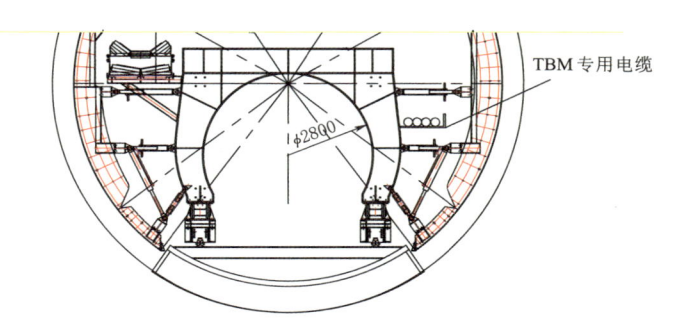

图 6.86　电缆与照明通信线路穿过台车示意图

（4）连续皮带机穿越衬砌台车。在连续皮带机运行中，第一要保证在高运转过程中皮带架必须始终保持在规定的高度和固定位置；第二要保证台车在行走过程中，不影响连续皮带机正常运转。针对上述两个要求，台车设置时，首先台车在皮带穿行区留出一定的空间，保证皮带机的顺利穿行，并且台车上要设置相应的皮带机支撑结构，在皮带机设置的固定高度支撑皮带机，如图 6.87 所示。其次，台车行走过程中会产生摩擦力，但此摩擦力对皮带机影响不大。

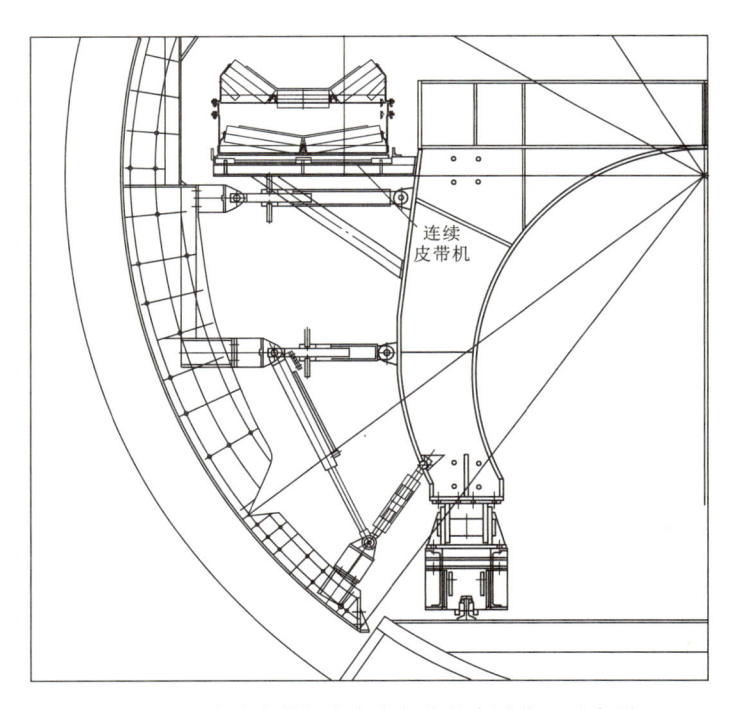

图 6.87　连续皮带机在台车部位的布设位置示意图

根据以上情况，首先对于皮带机，连续皮带机在隧道洞壁上的固定支架设计为两节式，这样可以方便地固定在洞壁上，并且实现二次衬砌前后的转换，同时不增加额外的装置，从衬砌前到衬砌后，只需拆除支架上一小段即可。

连续皮带机穿行衬砌台车时，台车上设计专用皮带架托梁，用于在固定高度将皮带机支撑起来，托梁上设置限位装置防止皮带架左右的位移。专用托梁顶面安装辊轮，以减小移动阻力，利于皮带机穿行。皮带架纵梁下部为防止连续皮带机与台车行走辊轮接触，造成皮带架损坏，一般设置有台车行走板架，如图6.88和图6.89所示。

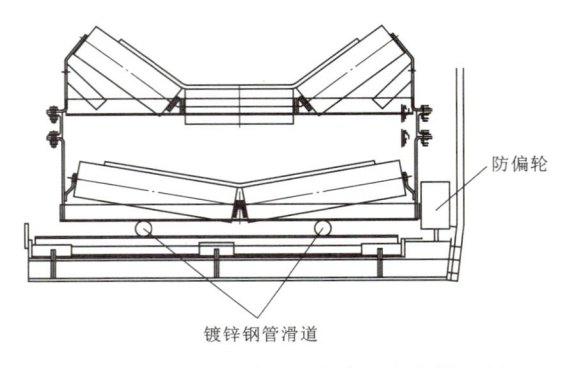

图6.88　连续皮带机在台车区细部设置图

图6.89　台车行走滑道及布设位置示意图

图6.90　连续皮带机台车部位的行走机构示意图

如图6.90所示，在台车行走时，首先拆去前方连续皮带机的挂点，将皮带架置于滑道上方，行走衬砌台车时，皮带架跟随台车的行走而滑动，从而实现台车的循环行走。

5. 拟选用钢模台车的优良性能

钢模台车具有多种优良性能，例如故障率较低、耗能少等，详见表6.24。

表6.24　钢模台车的优良性能

序号	优 良 性 能
1	满足二次衬砌与TBM掘进施工同步作业
2	衬砌表面光滑无错台、无毛刺、无凹坑、无空洞，无须后续修复
3	模板本身可承受巨大压力，性能佳，可靠性高，故障率低
4	严格的防水处理系统使模板缝隙很小，混凝土浇筑坚实、均匀
5	采用了多种先进系统，效率大大提高
6	低消耗，低成本

6. 同步衬砌台车抗浮力装置的布设

为减少对已经完成浇筑的混凝土产生不良影响，同时均衡台车负载，设计了全新的抗浮力装置，改变以往抗浮机构布置在台车前后两端的模式，采用分散式抗浮，模板全长范围内均布抗浮点，以丝杠支撑于洞顶来消除下部混凝土浇筑过程中产生的浮力，待封顶之前收回抗浮丝杠。衬砌台车的抗浮丝杠主要分布于台车顶部60°范围，如图6.91所示。

7. 同步衬砌台车附属台架的设计

Ⅳ类、Ⅴ类围岩的二次衬砌为钢筋混凝土，衬砌中需要设置钢筋，因此每部衬砌台车

图6.91　衬砌台车抗浮力装置

前还应增设一部钢筋布设台架，另外，已衬砌完的洞段需要打孔、注浆，因此在第二部台车后还应布置一工作平台。两个工作平台的设计如图6.92和图6.93所示。

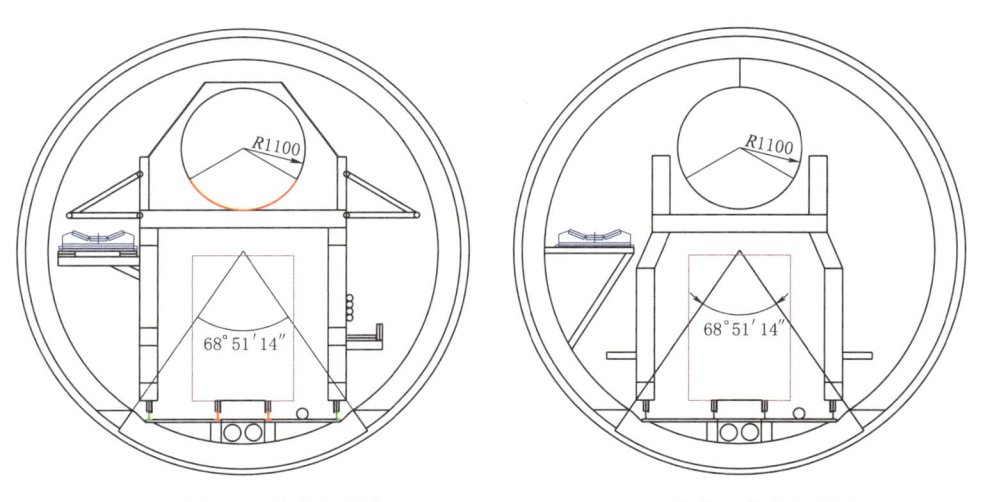

图6.92　钢筋布设工作台架横断面图　　　图6.93　灌浆工作台架横断面图

8. 同步衬砌施工工艺流程与运输施工组织方式

下面将介绍同步衬砌施工工艺的流程以及混衬砌凝土的运输过程。

(1) 衬砌施工工艺流程。衬砌施工工艺流程如图6.94所示。

(2) 混凝土运输施工组织。衬砌所用混凝土由自动计量混凝土拌合站生产，并严格控制混凝土用料，拌和好的混凝土由轮式混凝土罐车运输至TBM主机安装洞，然后转移至有轨混凝土罐机车，进而运至衬砌工作区。

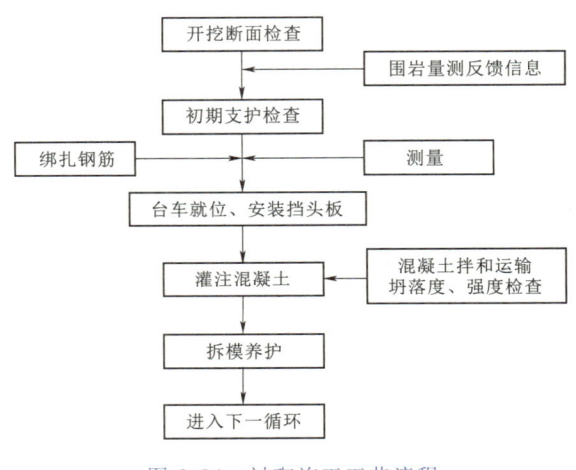

图 6.94　衬砌施工工艺流程

洞内运送采用单线运输，因此，在衬砌台车前方可设置可移动的混凝土浇筑平台，以便于混凝土输送泵布置在一条错车道上，不影响通往 TBM 段的运输。由一个机车牵引头推行两部混凝土罐，一罐混凝土浇筑完后，可在错车平台的道岔处倒罐，倒罐完成后浇筑第二罐混凝土。整个浇筑过程完成后，机车按调度通知原路返回接料点。

（3）混凝土浇筑平台。为了满足衬砌施工期间 TBM 材料运输车辆通行的需要，在衬砌台车前方一般设置可移动的混凝土浇筑平台，平面示意如图 6.95 所示，横断面布置如图 6.96 所示。

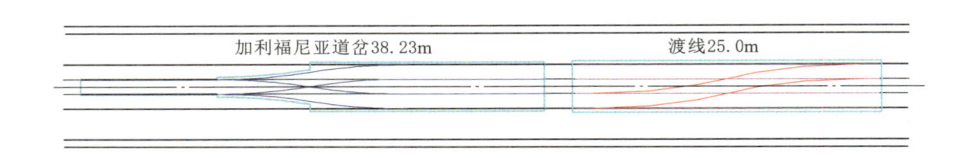

图 6.95　混凝土浇筑平台平面示意图

混凝土浇筑平台设置于道岔上，混凝土罐车向洞内行驶至渡线时，由进洞方向右侧轨道换轨至进洞方向左侧轨道，然后行驶至浇筑平台实施浇筑。右侧轨道可供其他列车正常行驶。浇筑平台由机车拖动前行。

如图 6.95 所示，可见浇筑平台轨道横断面各部位的间距符合慢速行车的安全距离要求；加利福尼亚道岔作为浇筑平台置于同步衬砌台车前，混凝土泵车及混凝土罐车占据右侧轨道，前行车辆在靠近加利福尼亚道岔时，通过渡线（图 6.97）改行左侧轨道行驶，绕开浇筑设备。

9. 同步衬砌施工工艺

如图 6.98 所示，同步衬砌施工现场布满密密麻麻的钢筋网，这是衬砌中非常关键的部分。此外，从钢筋的铺设到立模，再到混凝土浇筑以及最后的拆模，整个施工过程各环节需要把控好时间，保证衬砌平整并具有足够的强度。

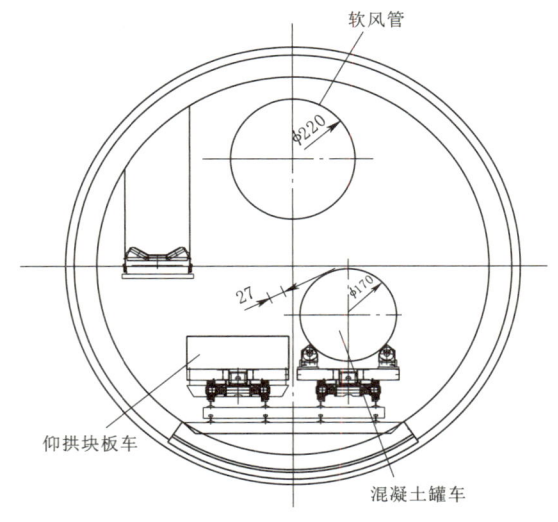

图 6.96　混凝土浇筑平台横断面布置图（单位：cm）

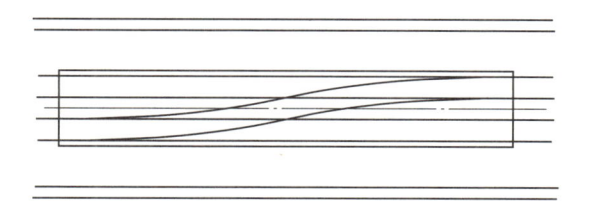

图 6.97　混凝土浇筑平台渡线　　　　　图 6.98　同步衬砌施工

(1) 衬砌钢筋的布设。首先，对表面有锈蚀或油污的钢筋使用前应进行去污、除锈处理，不使用带有颗粒状和片状老锈的钢筋。严格按施工设计图纸绑扎钢筋。钢筋设置偏差同排间不得超过 0.1 倍间距，不同排间钢筋布设的局部误差不得超过 0.1 倍排距。钢筋焊接接头单面焊缝长不得小于 10 倍钢筋直径，双面焊缝长不得小于 5 倍钢筋直径，绑扎接头长不得小于 40 倍钢筋直径。

(2) 立模。台车运行至待衬砌段，清理模板并涂脱模剂，拧紧转角处的对接板螺栓，挂上台车两侧的侧向千斤顶，安装台车顶部的抗浮支撑杠和抗浮机构，基脚贴模并支撑牢固。安装堵头板和输送管，布置好混凝土输送泵。

(3) 混凝土浇筑。衬砌混凝土采用水平分层、对称浇筑的方法，控制浇筑混凝土的速度和单侧浇筑高度，单侧一次连续浇筑高度不超过 0.4m。输送软管管口至浇筑面垂直距离即混凝土自落高度控制在 1.5m 以内，以防混凝土离析，超过时采用串筒或滑槽。混凝土浇筑必须连续，若超过允许间歇时间（表 6.25），要按施工缝处理。

表 6.25　　　　　　　　　　混凝土浇筑允许间歇时间

浇筑时气温/℃	允许间歇时间/min	
	普通硅酸盐水泥	矿渣及火山灰水泥
20～30	90	120
10～20	135	180
5～10	195	—

(4) 衬砌混凝土的施工缝、变形缝处理。衬砌混凝土每隔 16m 设一环向施工缝，环向施工缝采用中埋式止水带的防水构造。防止橡胶止水带的变形和撕裂，将其设在混凝土衬砌内表面 150mm 处。衬砌台车立模时，将橡胶止水带通过带弯钩的钢筋固定在挡头板上，混凝土浇筑完毕拆模时，露出的橡胶止水带随下一模混凝土浇筑入模。止水加固在模板调整到位后进行，安装好的止水条加罩保护。浇筑混凝土时，清除止水周围混凝土料中的大粒径骨料，并用小型振捣器振捣，保证浇筑的质量。根据回填灌浆分段长度，在分段两端顶拱混凝土脱空部位用砂浆或混凝土进行封堵，形成封闭的回填灌浆区域，以提高顶

拱回填灌浆质量。

(5) 拆模。在混凝土强度达到 8MPa 时，脱模进入下一衬砌循环施工。根据温度、湿度情况进行养护，硅酸盐水泥和普通硅酸盐水泥养护期时间为 14d。

6.5.5 灌浆

灌浆主要包含回填灌浆、固结灌浆等内容，作业前应根据工程需要进行灌浆试验。灌浆试验包括室内浆液试验（如采用纯水泥浆液可不进行室内浆液试验）和现场灌浆试验。

1. 回填灌浆

回填灌浆的各项指标详见表 6.26。

表 6.26　　　　　　　　　　回填灌浆的各项指标

项目	内　　容
灌浆目的	提高拱顶混凝土的密实性，增强衬砌混凝土与隧洞初期支护的密贴性和结构受力的完整性，保证隧洞整体结构的承载力和安全性
灌浆范围	隧洞顶拱位置 120°范围
灌孔布置	顶拱部 120°范围内，每排 2 个或 3 个孔，排距 3m，梅花形布置
钻孔直径	钻孔直径采用 50mm，孔深进入岩石 10cm
灌浆压力	根据衬砌厚度和配筋情况确定：对混凝土衬砌可采用 0.2～0.3MPa；对钢筋混凝土衬砌可采用 0.3～0.5MPa。现场应根据试验参数调整
灌浆结束	在规定的压力下，灌浆孔停止吸浆，延续灌注 10min

(1) 回填灌浆质量检查。回填灌浆质量检查应在该部位灌浆结束 7d 后进行。检查孔应布置在拱顶中线、脱空较大、串浆孔集中以及灌浆情况异常的部位，其数量宜为灌浆孔总数的 5%。

回填灌浆质量检查可采用钻孔注浆法，即向孔内注入水灰比 2:1 的浆液，在规定压力下，初始 10min 内注入量不超过 10L 认为合格。

(2) 回填灌浆施工工艺。回填灌浆施工要求详见表 6.27。

回填灌浆压力、回填浆液水灰比由现场试验确定，图 6.99 为灌浆试验现场。

表 6.27　　　　　　　　　　回 填 灌 浆 施 工 要 求

序号	施　工　要　求
1	回填灌浆应在衬砌混凝土达 70%设计强度后进行
2	回填灌浆孔在素混凝土衬砌中宜采用直接钻设的方法；在钢筋混凝土衬砌中应采用从预埋管中钻孔的方法
3	遇有围岩塌陷、溶洞、超挖较大等特殊情况时，应在该部位预埋灌浆管（排气管），其数量不应少于 2 个
4	回填灌浆分区段进行，每区段长度小于 3 个衬砌段，端部应在混凝土施工时封堵严实
5	回填灌浆前应对衬砌混凝土的施工缝和混凝土缺陷等进行全面检查，对可能灌浆的部位应先行处理
6	回填灌浆宜分两个次序进行，两个次序中均应包括顶孔

续表

序号	施 工 要 求
7	回填灌浆施工应自较低的一端开始,向较高的一端推进。同一区段内的同一次序孔可全部或部分钻出后,再进行灌浆。也可单孔分序钻进和灌浆
8	回填灌浆,一序孔可灌注水灰比为0.6或0.5水泥浆,二序孔可灌注1:1和0.6:1两个比级的水泥浆。空隙大的部位应灌注水泥砂浆或高流态混凝土,水泥砂浆的掺砂量不宜大于水泥重量的200%
9	灌浆检查完成后,应采用干硬性水泥砂浆将除同时兼固结灌浆孔以外的回填灌浆孔及检查孔封填密实,孔口压抹齐平

图 6.99 灌浆试验现场
(a) 灌浆压力计;(b) 工人灌浆操作

2. 固结灌浆

固结灌浆范围为Ⅳ类、Ⅴ类围岩全断面,其主要设计参数见表6.28。

表 6.28　　　　　　　固结灌浆主要设计参数

项 目	参 数 要 求
灌浆孔布置	除仰拱预制块(图6.100)外,每环设5~6个灌浆孔,排距3m,梅花形布置;其中拱部120°范围内,固结灌浆孔结合回填灌浆孔设置。钻孔直径采用50mm,孔深4~5m。仰拱预制块利用预留灌浆孔进行回填灌浆,排距1.8m,交叉布置,孔深4~5m
钻孔直径	钻孔直径采用50mm,孔深4~5m
灌浆压力	设计值0.7MPa,应根据现场试验进行参数调整
灌浆结束标准	在规定压力下,单孔注入率不大于1L/min,继续灌注30min

(1) 浆液比级及变换。灌浆浆液应由稀至浓逐级变换,固结灌浆浆液的水灰比可采用3:1、2:1、1:1、1:0.8、1:0.6、1:0.5六个比级,开灌比为3:1。灌浆浆液变化原则见表6.29。

(2) 固结灌浆质量检查。固结灌浆质量检查应在该部位灌浆结束7d后进行,且检查孔数量不少于灌浆孔总数的5%。

固结灌浆质量检查可采用单孔压水试验法,合格标准为:85%以上检查孔的透水率不大于设计透水率(3Lu),其余检查孔的透水率不大于设计值的150%,且分布不集中。

(3) 固结灌浆施工工艺。固结灌浆施工要求详见表6.30。

(a) (b)

图 6.100 仰拱预制块

(a) 运抵施工现场的仰拱预制块；(b) 已经施工完成的仰拱预制块

表 6.29　　　　　　　　　　　灌浆浆液变化原则

项　目	内　　容
浆液变化原则	当灌浆压力保持不变，注入率持续减小时，或当注入率不变而压力持续升高时，不得改变水灰比
	当某一比级浆液的注入量已达 300L 或灌注时间已达 30min，而灌浆压力和注入率均无改变或改变不显著时，应改浓一级
	当注入率大于 30L/min 时，可根据具体情况越级变浓

表 6.30　　　　　　　　　　　固结灌浆施工要求

序号	施　工　要　求
1	固结灌浆宜在该部位的回填灌浆结束 7d 后进行
2	固结灌浆在素混凝土衬砌中宜采用直接钻设的方法；在钢筋混凝土衬砌中应采用从预埋管中钻孔的方法
3	固结灌浆孔钻孔结束后应进行钻孔冲洗，冲净孔内岩粉、杂质
4	在裂隙冲洗后应进行固结灌浆孔的压水试验，以初步确定固结灌浆浆液的水灰比，试验孔数量不宜少于总孔数的 5%。压水试验采用单点法
5	固结灌浆孔在灌浆前应用压力水进行裂隙冲洗，直至回水清净时止。冲洗压力可为灌浆压力的 80%，若该值大于 1MPa，采用 1MPa。地质条件复杂或有特殊要求时，是否需要冲洗以及如何冲洗，宜通过现场试验确定
6	固结灌浆应按环间分序、环内加密的原则进行。环间宜分为两个次序，地质条件不良地段可分为 3 个次序
7	固结灌浆开始的压力，宜采用较小压力，随着注入率的减小增大注浆压力至设计压力
8	固结灌浆宜采用单孔灌浆的方法，但在注入量较小地段，同一环上的灌浆孔可并联灌浆，孔数宜为 2 个，孔位宜保持对称
9	固结灌浆一般情况下全孔一次灌浆。当地质条件不良或有特殊要求时，可分段灌浆
10	施工前，应进行现场固结灌浆试验，调整和确定相关注浆参数，保证结构安全

6.5.6　支洞施工排水

秦岭输水隧洞 TBM 施工段的施工环境和施工条件给施工排水提出了很高的要求，为确保 TBM 施工设备与人员财产的绝对安全，TBM 施工排水由正常排水和突发涌水下的排水方案及设施组成。

当发生涌水后，主机后部的排水泵将污水排至后配套，通过软水管和隧洞内排水管进行连接，再通过隧洞内的 8 级梯级排水和 6 号支洞 2 级排水排出洞外。正常施工排水采取 1 套排水管路，突发涌水时采取 2 套排水管路同时运行，确保设备和人员安全。

根据施工条件，TBM 主机后配套部位安装 2 台离心泵，吸水口通过排水管引到仰拱块铺设区，出水口通过排水管引到后配套尾部，在后配套尾部安装 2 套软排水管滚筒，通过滚筒将 TBM 主机上排水管和隧洞排水管连接起来。下面将以岭北段隧洞排水为例，介绍 TBM 施工中支洞的排水。

施工排水主要包括 TBM 施工段施工排水方案的制定、隧洞集水池和安放平台的建设、水泵的选型以及辅助设备的选定等内容。

(1) TBM 施工段排水方案的制定。因岭北段为上坡施工，坡比为 1/2530，即 $i=0.0004$，水平面按照仰拱块轨槽以下计算。经过计算，过流面积为 $0.8436m^2$，水力半径（过水面积/湿周）为 0.2539，仰拱块内壁糙率 $n=0.014$，掌子面水速每小时位移将达到 2048m。理论可实现自流水，但考虑仰拱块弧形底部散落杂物将堵塞水流，隧洞出水不能及时将其排出洞外，随着洞段的延伸，将出现越来越多的积水，势必影响施工进度和安全，为此洞内采用自流加梯级泵站的排水方式。在洞内设置梯级排水泵站，随着隧洞进度逐级增加，计划每 2000m 左右设置一级水仓，共设 8 级。现场视出水量情况调整泵站位置，在出水点比较集中区域增设小型积水坑，采用移动水泵将积水引入水仓。

每个泵站按工作、检修和备用的原则配置水泵，铺设一路排水管道，在隧洞一侧挖设集水坑。正常施工排水采取 1 套排水管路，突发涌水时将供水管及供风管改成排水管，将水排到 6 号泵站，由 6 号泵站将水排至洞外，确保设备和人员安全。

据图纸显示预测该 TBM 施工段正常涌水量为 $12268m^3/d$（$511.2m^3/h$），可能出现的最大涌水量为 $24536m^3/d$（$1022m^3/h$）。TBM 衬砌施工排水量约为 $70m^3/h$。按照隧洞正常排水量计算，约为 $581m^3/h$；按照最大排水量计算，约为 $1092m^3/h$。

据此流量，每隔 2km 左右处设置 1 个集水池，共 8 处。每个集水池设置 2 套排水管路，正常排水时只启用 1 套管路，另一套管路备用和维修使用。当突发涌水时采取 2 套管路同时排水，从而达到快速排水的目的。洞壁渗水通过引流将水引至集水池，通过梯级排水一起排出洞外。

(2) 隧洞集水池和安放平台的建设。以隧洞 1 号泵站为例，集水池容量按照最大涌水 $1092m^3/h$ 设计，15min 最大汇水量为 $273m^3$，因 1 号泵站位于 TBM 主机安装洞，地方开阔，采取在道岔下开挖 1 个 11m×6m×5m 的集水池以满足施工排水需要。其他 7 个泵站同理按照此方式进行计算，1~8 号泵站集水池基本情况汇总见表 6.31。

表 6.31　　　　　　　　1~8 号泵站集水池基本情况汇总

泵站	15min 最大汇水量/m^3	集水池尺寸（长×宽×高）/(m×m×m)
1 号	273.00	11×6×5
2 号	235.00	9×6×5

续表

泵站	15min 最大汇水量/m³	集水池尺寸（长×宽×高)/(m×m×m)
3号	201.67	8×6×5
4号	166.34	7×6×5
5号	135.00	6×6×5
6号	110.00	5×6×5
7号	73.34	4×6×5
8号	36.67	3×6×5

隧洞内泵站需要配电柜、变压器、分线箱、排水泵等设备，各设备参数见表 6.32。

表 6.32　　　　　　　　　　各 设 备 参 数

名　称	规　格	数量	单位	长×宽×高/(mm×mm×mm)
变压器	500-10/0.4	1	台	1450×815×1376
电容补偿柜		1	套	300×1000×1000
高压电缆分线箱	DFW10-3	1	个	520×640×950
低压配电柜	6回	1	个	1200×300×800
排水泵	QKS230-90-100	3	台	2244×1040×850（带底座）

采取在集水池旁边再开挖一个 8m×3m×2m 的安放平台，用来放置电气设备。集水池和安放平台具体如图 6.101 所示。

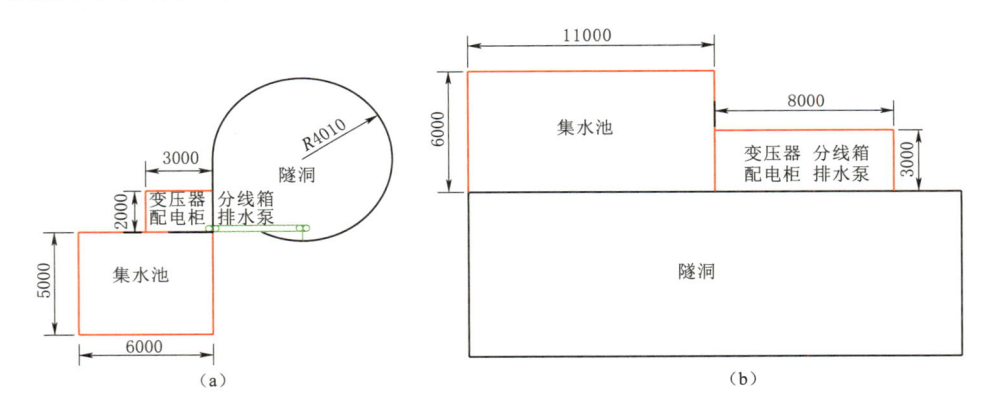

图 6.101　隧洞内集水池和安放平台（单位：mm）
(a) 剖面图；(b) 平面图

隧洞内 1 号泵站集水池位于 TBM 主机安装洞，集水池按照 11m×6m×5m 进行开挖。水池下面用浇筑混凝土柱的方式进行支撑，水池上面用铁皮板进行铺盖，铁皮板上面铺设钢枕。1 号泵站所需设备见表 6.33。

2 号、5 号支洞施工为自身排水。根据 5 号支洞为长距离反坡独头施工的特点，排水系统采用反坡、机械排水、设置多级泵站接力排水，施工掌子面积水采用移动式潜水泵抽至就近泵站或临时集水坑，其余已施工地段出水经临时集水坑自然汇集到泵站水池内，泵站集水

表6.33　　　　　　　　　　　　　1号泵站所需设备

名　称	规　格	数量	单位	长×宽×高/(mm×mm×mm)
变压器	630-10/0.4	1	台	1660×970×1380
变压器	2500-10/0.5	1	台	1900×1050×1800
电容补偿柜		1	个	300×1200×1200
高压电缆分线箱	DWF10-4	1	个	520×740×950
低压配电柜	8回	2	个	1300×300×800
潜水泵	QKS230-90-100	3	台	2244×1040×850（带底座）

由工作泵将水经管路抽排至前一泵站内，如此接力抽排至洞外经污水处理后排放，泵站水仓容量按15min设计正常涌水量设计，并考虑施工和清淤方便及具有应急能力综合确定，临时集水坑根据汇水段水量大小确定。为防止断层突涌水，应设置一套应急排水系统。

考虑到后期主洞内出现涌水，5号支洞泵站参与排水，选用DN300mm+DN200mm钢管各1根，1根正常，1根作为备用。其中，DN200mm钢管水泵所需总扬程为771.164m。5号支洞自身排水布置如图6.102所示。

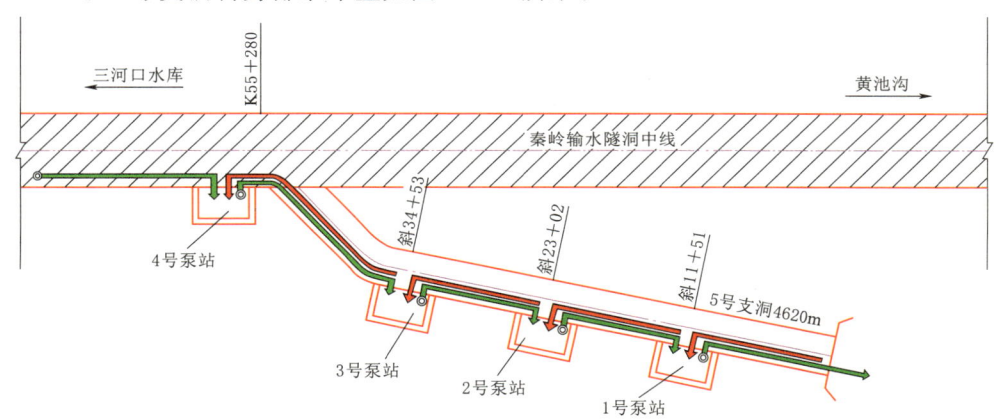

图6.102　5号支洞自身排水布置示意图

针对水泵的选型，水泵可选类型分为潜水泵和离心泵两种。潜水泵结构紧凑，占地小，安装维修方便，具有较强的耐磨性，连续运行时间长，对输送介质适应性强；不存在气蚀破坏；震动噪声小，电机升温低，对环境污染小；不足之处为扬程高度受限，初期投入较大。离心泵流量大，扬程大，初期投入少，但是自重大，需固定安装，安装复杂，占地面积大，需要吸水管辅助，且吸水受真空高度影响，可能产生气蚀现象，维修率高。表6.34为两种水泵成本对比分析。

表6.34　　　　　　　　　　离心泵与潜水泵成本对比分析

序号	比　较　项　目	离心泵	潜水泵
1	采购费用/万元	24	45
2	功率/kW	4×110	410

续表

序号	比较项目	离心泵	潜水泵
3	用电量/万元	11.7	10.8
4	维修频率/(次/a)	24	1
5	维修时间/(d/次)	7	15
6	年材料费用/万元	12.0	0.5
7	年人工费用/万元	1.728	0.072
8	年配合设备费用/万元	2.16	0.20
9	日常人员工资/万元	14.4	7.2

根据成本分析比较以及隧洞内排水水泵工作环境的特殊要求，施工中全部采用潜水泵，安全可靠，可以最大程度地满足洞内排水需要。5号支洞水泵和管道等排水设备使用情况汇总见表6.35。

表6.35　　　　5号支洞水泵和管道等排水设备使用情况汇总

位置	水泵型号	流量/(m³/h)	扬程/m	功率/kW	工作水泵/台	备用水泵/台	检修水泵/台	总水泵数量/台	选用管道/mm
1号泵站	QKSG350-140-260	350	140	260		1	1		DN300
	QKS160-196-160	160	196	160	1				DN200
2号泵站	QKSG350-140-260	350	140	260		1	1		DN300
	QKS160-196-160	160	196	160	1			12	DN200
3号泵站	QKSG350-140-260	350	140	260		1	1		DN300
	QKS160-196-160	160	196	160	1				DN200
4号泵站	QKSG350-140-260	350	140	260		1	1		DN300
	QKS160-196-160	160	196	160	1				DN200

5号支洞共有4个泵站，实现顺利排水需要建设集水池和设备安放平台，同样根据15min最大汇水量确定集水池的尺寸，见表6.36。

表6.36　　　　5号支洞各泵站集水池尺寸

位置	15min最大汇水量/m³	集水池尺寸（长×宽×高)/(m×m×m)
1号泵站	105.00	10×4×3
2号泵站	84.36	9×4×3
3号泵站	63.29	7×4×3
4号泵站	42.21	6×4×3

5号支洞各个泵站需要配备高压电缆分线箱、变压器、潜水泵、低压配电柜等辅助设备，需要配备的设备数量和参数见表6.37。

（3）TBM施工排水主要设备。TBM施工排水所需设备数量和参数见表6.38。

表 6.37　　　　　　　　　　　　5 号支洞每个泵站所需设备参数

名　称	规　格	数量	单位	长×宽×高/(mm×mm×mm)
高压电缆分线箱	DWF10-3	1	个	740×590×950
变压器	1600-10/0.4	1	台	1952×1192×1635
潜水泵	QKS160-196-160 QKSG350-140-260	3	台	1672×1240×1101（不带底座）
低压配电柜	6 回	1	个	1200×300×800

表 6.38　　　　　　　　　　　TBM 施工排水所需设备数量和参数

工段		岭北 TBM 施工段							
泵站		8	7	6	5	4	3	2	1
分段长度/m		2200	2200	2200	1500	2000	2000	2000	2400
泵站水量/(m³/d)		3520	7040	10560	12960	16160	19360	22560	25760
泵站设计流量/(m³/h)		201.10	395.76	581.42	767.00	893.66	1062.44	1231.22	1400.00
水泵设计扬程/m		26	26	26	26	26	26	26	26
水泵型号		QKS230-90-100							
水泵参数	扬程/m	90	90	90	90	90	90	90	90
	流量/(m³/h)	230	230	230	230	230	230	230	230
台数（实用/备用/检修）/台		2/1/1	2/1/1	2/1/1	2/1/1	2/1/1	2/1/1	2/1/1	2/1/1
合计/台		4	4	4	4	4	4	4	4
电机功率/kW		2×110	2×110	2×110	2×110	2×110	2×110	2×110	2×110
排水管直径/mm		300	300	300	300	300	300	300	300
排水线路/套		2	2	2	2	2	2	2	2
15min 汇水量/m³		36.67	73.34	110.00	135.00	166.34	201.67	235.00	268.33
工段		6 号支洞							
泵站		5	4	3	2	1			
分段长度/m		500	500	500	500	479			
泵站水量/(m³/d)		31416.34	32510.42	33604.50	34698.58	35746.70			
泵站设计流量/(m³/d)		1600.82	1655.52	1710.22	1764.93	1817.34			
水泵设计扬程/m		55.32	55.32	55.32	55.32	53.22			
水泵型号		300S-75/300S-90A							
水泵参数	扬程/m	75/78	75/78	75/78	75/78	75/78			
	流量/(m³/h)	1260/756	1260/756	1260/756	1260/756	1260/756			
台数（实用/备用/检修）/台		1+1/1/1+1	1+1/1/1+1	1+1/1/1+1	1+1/1/1+1	1+1/1/1+1			
合计/台		6	6	6	6	6			
电机功率/kW		1×350+1×280							
排水管直径/mm		400	400	400	400	400			
排水线路/套		2	2	2	2	2			
15min 汇水量/m³		327.25	338.65	350.05	361.44	372.36			

6.5.7 通风，防尘，施工供风、水、电

TBM施工隧洞长度长，埋深大，如何确保施工面通风畅通是顺利掘进的关键。同时，TBM设备在掘进过程中掉落的细粉石渣会产生大量灰尘，刀盘与掌子面岩石的摩擦会产生高温，加上隧洞内本身很高的地温，这些都给施工带来了极大的挑战，本节将介绍秦岭输水隧洞中所采用的通风、防尘，以及施工供风、水、电。

1. 通风系统

良好的通风、除尘系统是保证TBM正常作业的保障条件之一。根据秦岭输水隧洞某标段的实际情况，隧洞各个不同作业点都设置排风口，新鲜空气可以通过排风口补给到作业点，以保障施工人员的正常作业。

通风系统包括风机、消音器及1.5t风筒吊车，采用单头压力送风。为了便于延长通风管，后配套上设置有两套软风管卷盘，可分别储存100m软风管，风管直径为2000mm。在风筒轮前部还设有硬风管，在各台车连接处由柔性接头相连。

2. 防尘系统

后配套上设置有带风扇和消声器的干式除尘器，并有连接掘进机至后配套除尘器之间的硬风筒。吸尘器位于后配套的前部，吸入管接到TBM凯式内机架与刀盘机头护盾上，吸尘器在刀盘切削头室内形成负压，使供到TBM前40%的新鲜空气进入刀盘切削头室，这样可防止含有粉尘的空气进入隧洞内。

当含尘空气进入吸尘系统后，吸尘器的轴流式风扇驱使含尘空气穿过一个有若干喷水嘴的空间，迫使这些经过水流湿化的灰尘通过汇流叶片，此时，大量的尘埃被分离出来而流向集尘箱。集尘箱配备有再循环水泵，可以不断地循环用水。

由于含有大量灰尘的空气密度较大，容易沉积在排风管中，因此，在集尘器的排气管处设有增压通风机，将空气向后推送。当监控仪器发现洞内有害气体含量超标、自动切断主机部分的动力装置电源时，集尘器与隧道通风系统仍可正常运转，以保持正常的通风、除尘。

3. 施工供风、水、电

通风筒通过衬砌模板台车时，为避免在台车范围内管路无处吊挂而只能固定在台车上，致使台车无法移动或通风无法进行，不能做到两工序平行作业。施工中采用"立杆吊挂"法，即在通风筒通过模板台车时，在台车附近管路一侧每隔一定距离立一竖杆，竖杆之间拉铁线连接。在接近台车时，风筒由衬砌边墙逐渐过渡到竖杆，并沿连接竖杆的铁线向前吊挂，通过模板台车之后继续向前吊挂直到最后一个竖杆，风筒再过渡回边墙，沿边墙向前吊挂至开挖面附近。隧洞风、水、电管线布置如图6.103所示。

（1）洞内施工供风。隧洞施工供风需要首先计算供风量，之后再进行供风系统的布置，确保供风充足。

秦岭输水隧洞工程施工期通（供）风系统主要供给TBM主洞钻爆法施工期间的供风及施工支洞钻爆法施工期间的施工开挖用风。施工用风主要设备有潜孔钻、手风钻、湿喷机等，根据施工规划和工作面布置，主要施工用风采用分阶段集中供风方式进行，移动供风辅助。

在施工支洞施工开挖时，最大用风为使用手风钻施工用风，施工中铺设 $\phi 200$ 的高压风管。高压供风采用在洞口附近安装 4 台 4L-20/8 型号 $20m^3/min$ 电动空压机组，建高压风站，通过 $\phi 200$ 钢管接至距掌子面 30m 处，再用高压橡胶风管连接到风动机具进行施工。

（2）施工供电。在工程中，自王家河 6/35kV 发电站（装机容量 12500kVA）引 35kV 施工专线至林业检查站，并在林业检查站建有 35/20kV 变电所一座，黄草坡村建有 2×3150kVA 箱变一座，共设两台主变压器，一台为 35/20kV-6300kVA 变压器，一台为 35/10kV-3150kVA 变压器；林业检查站变电所至 5 号支洞口设有 LGJ-95 架空电力线一回。当 TBM 施工至 5 号支洞时，2×3150kVA 箱变将转场至 5 号支洞口。在 5 号支洞口附近配电站接线，引至工作面，供施工设备和通风、照明使用。遭遇停电时，施工现场配备有 2 台 250kW 内燃发电机以备供应洞内照明、施工使用。

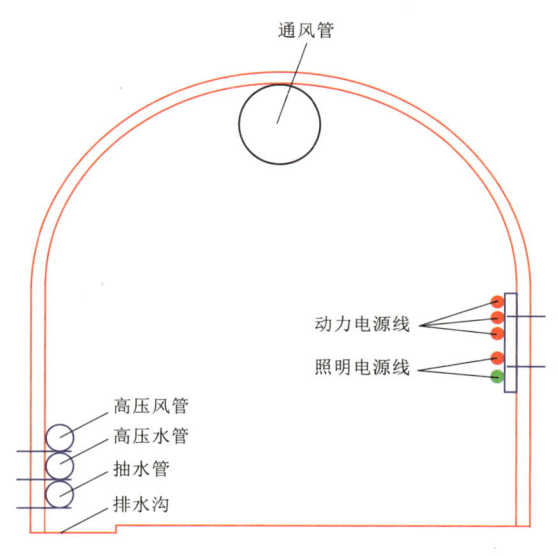

图 6.103　隧洞风、水、电管线布置示意图

（3）施工供水。秦岭输水隧洞北部属渭河水系，发育较大的河流有黑河及其一级支流王家河和虎豹河，常年有水，水量丰富且水质良好，为地表Ⅱ类水以上标准，因此可作为施工期水源，在施工支洞口附近修建蓄水池，通过变频恒压给水系统将水从水池内引至洞内工作面。

6.6　岩石掘进参数评价和优化

6.6.1　TBM 刀具磨损评估预测

刀盘是 TBM 掘进作业的核心部件，其上的刀具又是刀盘的核心部分，因此，对 TBM 设备掘进参数进行评价主要是对刀盘上刀具的性能评价，通过刀具磨损以及更换的分析记录，不断优化刀具使用习惯和方式，达到优化 TBM 设备运行参数的目的。

安装在 TBM 刀盘上的盘形滚刀是全断面岩石掘进机破碎岩石的主要刀具，是 TBM 的关键部件和易损部件。在秦岭输水隧洞的施工中，刀盘上的刀具检查、维修和更换等作业时间约占全部施工时间的 1/3，而刀具的花费也约占总施工费用的 1/3。磨损的滚刀不仅会大大降低 TBM 的掘进效率，还会对隧道开挖的施工成本、设备利用率等产生不利影响。

6.6.2 TBM 滚刀磨损形式

滚刀对掌子面不断贯入切削的同时受到很大的反作用力,在破岩力的持续作用下滚刀逐渐磨损或失效。当磨损到一定程度时,刀具就要及时进行更换和调整,否则将引起刀盘偏载和相邻刀具的严重磨损。TBM 滚刀失效表现形式大致可以分为正常磨损和非正常磨损,其中非正常磨损包括滚刀偏磨、滚刀漏油、轴承失效、刀圈断裂、刀圈崩刃、挡圈断裂或脱落、刀体磨损等。

1. 正常磨损

正常磨损为刀圈在刃口宽度范围内沿圆周产生较为均匀的磨损,且磨损到规定的极限,如图 6.104 所示。这是滚刀失效的主要形式,一般正常磨损情况占换刀总量的 80% 以上。这种磨损一般发生在掌子面岩石相对单一、均匀的地层掘进中。正常磨损的刀具换下来后除去刀圈不能使用,其他各部分均能正常使用。

由于边刀磨损要求比正滚刀高,因此当边刀达到磨损极限后可以更换至正滚刀继续使用。

2. 滚刀偏磨

滚刀偏磨是刀圈不能在刀体上转动而使刀圈顶面的某一段圆周固定地与岩面摩擦,从而刀圈被磨出一个或多个斜边,如图 6.105 所示。这种情况若不能及时发现,损坏甚至会延伸至刀体。造成滚刀偏磨的原因主要包括轴承损坏、相邻的两把刀高度差较大、启动转矩过大、围岩较软且黏性较大等。

图 6.104　滚刀正常磨损　　　　图 6.105　滚刀偏磨

3. 刀圈崩刃、断裂

刀圈崩刃、断裂往往是由于过载造成的,如图 6.106 所示。刀圈一旦断裂,将失去破岩能力,甚至发生脱落。归结其原因主要包括以下几个方面:

(1) 在上软下硬的复合地层中施工,当地层突然变硬,在向前推进的过程中,滚刀存在非常高的推力载荷和瞬间载荷,若刀圈的材质硬而脆,则容易导致滚刀刀圈的崩裂;刀盘调向过大,也易使刀具发生过载。

(2) 当岩体裂隙发育,由于掌子面的不平整,并不是所有的滚刀都与掌子面接触,这

图 6.106 刀圈损坏
(a) 刀圈断裂；(b) 刀圈崩刃

样接触的刀具所承受的载荷可能远大于其所能承受的极限载荷，刀盘在滚动过程中对滚刀产生冲击载荷，易造成滚刀的刀圈崩刃、断裂，甚至导致轴承发生损坏。

(3) 断裂脱落的刀圈或其他硬质金属物未及时取出，掘进中与刀圈发生剧烈撞击，也将造成刀圈断裂。

4. 挡圈断裂或脱落

挡圈的作用是对刀圈进行轴向定位，脱落后刀圈在侧向力的作用下会发生轴向移动。当发现其断裂或脱落后（图 6.107），不需要把刀具拆卸下来进行维修，直接到盘内进行补装。挡圈断裂或脱落的主要原因包括：挡圈安装不到位或者焊接不牢；当掌子面岩石比较破碎，岩渣对挡圈不断进行摩擦，大块岩石不断冲击，容易使挡圈断裂或脱落。

5. 滚刀漏油

绝大多数滚刀漏油的原因都是因为轴承或密封失效。漏油的刀具解体后经常可以发现其轴承已经失效，同时刀具的滑动密封也已经失效。造成滚刀漏油的原因主要包括：

图 6.107 挡圈脱落

刀具过载，大块岩石坍塌冲击刀具端盖密封处，刀盘喷水系统故障，刀具存放、运输中保温措施不到位，刀具的轴承、浮动密封达到极限等。

6.6.3 TBM 滚刀磨损预测

滚刀在 TBM 掘进施工中不断发生磨损（图 6.108），通过大量的工程数据，可以建立合适的数学模型，对滚刀的磨损进行预测，从而为零件配备、更换刀具提供一定的参考。

1. NTNU 滚刀磨损预测

NTNU 滚刀磨损预测模型是由挪威科技大学发展起来的一整套隧道掘进机经验预测模型。它包括预测掘进速度（m/h）、滚刀磨损（h/cutter，m^3/cutter）、掘进机的使用率（%）及费用估计（按挪威工作标准）。这套预测模型从 20 世纪 70 年代中期成型，到目前为止已经修正了 6 次。

布鲁兰（Bruland）通过统计分析提出用如下 3 个公式来计算滚刀刀圈的平均使用寿命。

$$H_h = H_0 k_{DTBM} k_q k_{RPM} k_N / N \quad (6.1)$$

$$H_m = H_h P \quad (6.2)$$

$$H_f = H_h P \pi D_{TBM}^2 / 4 \quad (6.3)$$

式中：H_h 为平均滚刀刀圈使用寿命，h/cutter；H_0 为基本的平均滚刀刀圈使用寿命，是滚刀寿命指数（cutter life index, CLI）与各滚刀直径的函数，如图 6.109 所示；H_m 为平均滚刀刀圈使用寿命，m/cutter；H_f 为平均滚刀刀圈使用寿命，m³/cutter；P 为掘进速度；D_{TBM} 为 TBM 直径；k_{DTBM} 为 TBM 直径修正系数，如图 6.110 所示；k_{RPM} 为 TBM 每分钟转数修正系数；k_N 为滚刀数量修正系数；N 为实际的滚刀数量；k_q 为石英含量修正系数，如图 6.111 所示。如岩石类型组①，曲线偏离主趋势线，可以解释为 CLI 与岩石的石英含量不是独立的变量。

图 6.108 受到磨损的滚刀

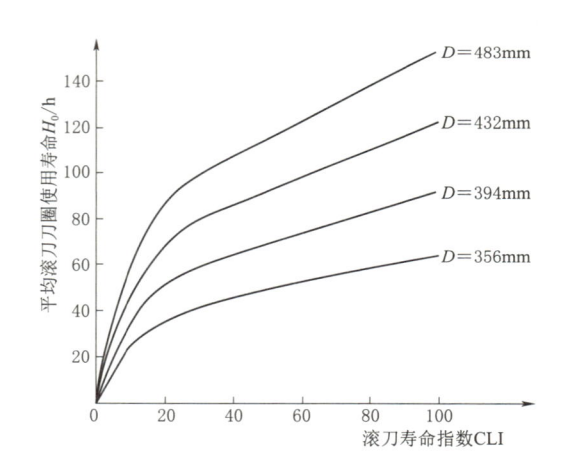

图 6.109 基本的平均滚刀刀圈使用寿命随滚刀寿命指数与滚刀直径的变化

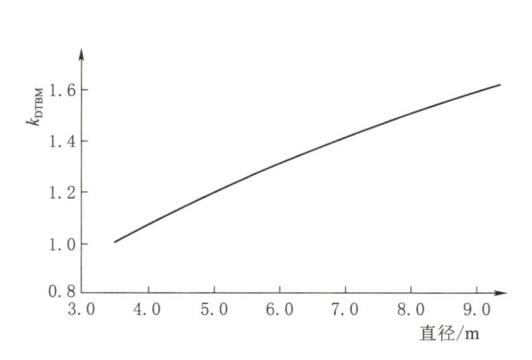

图 6.110 TBM 直径修正系数

根据提供的 TBM 开挖段的地质及岩石物理力学性质资料得到石英含量修正系数 k_q、基本的平均滚刀刀圈使用寿命 H_0，再根据施工方所提供的 TBM 设计资料及运行数据得到其他修正系数，可计算得到每把滚刀的平均开挖量（m³/刀）。

2. 基于 CAI 值的滚刀磨损预测

岩石的磨蚀性与矿物含量、硬度，岩石结构、颗粒尺寸、形状及颗粒间的连接情况密切相关。矿物组成及硬矿物的含量是影响滚刀磨损的一个重要因素。岩石中高硬度矿物的含量越高，摩擦性就越强。通过 Cerchar 摩擦性实验所测得的岩石磨蚀性指数 CAI 值，可以反映岩石磨蚀性的大小。

罗斯塔米（Rostami）通过对岩石磨蚀性指数 CAI 值与 TBM 滚刀的切割距离进行分析，发现滚刀在掌子面运行的距离与 CAI 成反比。

$$\mathrm{LF} = \frac{6.75D}{17\mathrm{CAI}} \tag{6.4}$$

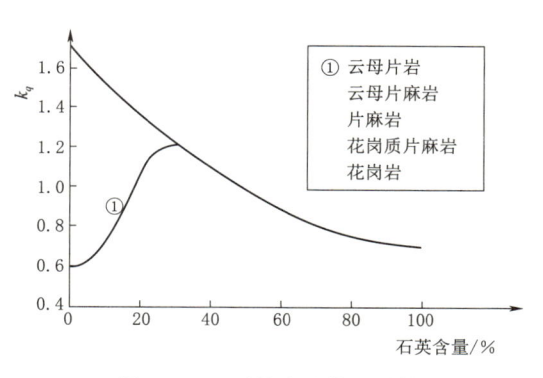

图 6.111 石英含量修正系数

式中：LF 为滚刀在掌子面上运行的线性距离；D 为滚刀直径。

式（6.4）若以 TBM 刀盘转动的圈数表示，则

$$\sharp \mathrm{Rev} = \frac{\mathrm{LF}}{0.32\pi D_{\mathrm{TBM}}} \tag{6.5}$$

式中：D_{TBM} 为 TBM 直径。

如果滚刀寿命以小时计算，可以简单估算如下：

$$H_r = \frac{\sharp \mathrm{Rev}}{60\mathrm{RPM}} \tag{6.6}$$

式中：H_r 为估算滚刀的使用小时数。

典型的滚刀使用寿命在 100h 范围内，依据地质条件不同而变化。将滚刀的使用时间除以 TBM 刀盘滚刀数量，得到每换一把滚刀的平均开挖时间，再用滚刀的平均开挖时间乘以掌子面面积和净掘进速度，就可以计算每把滚刀的平均开挖量（m³/刀）。

格林（Gerhring）提出 17″滚刀刀刃的重量损失为 3.5kg 时，滚刀应该更换。滚刀刀刃的重量损失 v_s（mg/m）可以通过 CAI 获得，即

$$v_s = 0.74\mathrm{CAI}^{1.93} \tag{6.7}$$

通过式（6.7）得出滚刀更换时所滚动的距离，通过 TBM 刀盘滚刀距刀盘中心半径得出其每转的滚动距离，再根据 TBM 的掘进速度、转速及掌子面面积即可得出每把滚刀的平均开挖量（m³/刀）。例如，岭北 TBM 所用滚刀为 19″，岭南 TBM 所用滚刀为 20″，若根据其刀圈的磨损量，查阅相关资料判断其重量损失为 4kg，按照格林的理论，此时应当更换刀具。

6.6.4 刀具磨损预测分析

根据施工现场和设计院提供的 TBM 施工记录和地质资料，以及北京工业大学所做的岩样磨蚀性实验数据，对秦岭输水隧洞岭南、岭北 TBM 开挖段滚刀寿命进行预测，预测结果见表 6.39。

表 6.39　　　　　　　　　　TBM 开挖段滚刀寿命预测

施工段	里程桩号	岩 性	CAI值	长度/m	换刀数	实际滚刀寿命/(m³/刀)	NTNU预测/(m³/刀)	CAI预测/(m³/刀) 罗斯塔米	CAI预测/(m³/刀) 格林
岭北	K62+565~K60+990	石英片岩、千枚岩夹角闪石英片岩，夹炭质千枚岩	2.72	1718	41	2137.90	456.90	997.3	531.2
岭北	K60+990~K57+675　K55+945~K52+288	千枚岩夹变砂岩，夹炭质千枚岩	1.93	6030	391	786.84	585.10	1685.2	1235.0
岭北	K57+575~K55+945	千枚岩，局部夹炭质千枚岩	1.76	1730	135	653.82	641.66	1946.2	1554.0
岭南	K27+930~K31+652	花岗岩、花岗片麻岩、石英片岩	3.60	3162	1643	100.10	441.30	401.8	153.4

根据岭北 TBM 施工记录和滚刀更换记录，2014 年 6 月 15 日（K62+565）至 2016 年 4 月 16 日（K52+288）岭北 TBM 施工段掘进共更换滚刀 589 把，平均单刀寿命 15.8m/刀或 806m³/刀。其中 K62+565~K60+990 施工段共更换滚刀 41 把，平均单刀寿命 41.9m/刀或 2137.90m³/刀，远大于 NTNU 模型刀具磨损预测值 456.90m³/刀，也远大于用 CAI 值预测的 997.3m³/刀（罗斯塔米）和 531.2m³/刀（格林）。此段隧洞换刀数主要集中在 K62+340~K62+130（16 把）和 K61+550~61+230（15 把）段。在 K60+990~K57+675 和 K55+945~K52+288 隧洞施工段共更换滚刀 391 把，平均单刀寿命 15.4m/刀或 786.84m³/刀，大于 NTNU 模型刀具磨损预测值 585.1m³/刀，远小于用 CAI 值预测的 1685.2m³/刀（罗斯塔米）和 1235.0m³/刀（格林）。K60+990~K57+675 隧洞段换刀数主要集中在 K60+160~K59+360（68 把）、K58+105~57+675（45 把）段，在 K60+990~K57+675 段换刀数比较均匀（231 把）。在 K57+575~K55+945 施工段共更换滚刀 135 把，平均单刀寿命 12.8m/刀或 653.82m³/刀，略大于 NTNU 模型刀具磨损预测值 641.66m³/刀，远小于用 CAI 预测的 1946.2m³/刀（罗斯塔米）和 1554.0m³/刀（格林）。该段隧洞换刀数主要集中在 K57+225~K56+775 段（64 把）。

根据岭南 TBM 施工记录和滚刀更换记录，2015 年 2 月 28 日（K27+930）至 2016 年 12 月 15 日（K31+652）岭南 TBM 施工段掘进共更换滚刀 1643 把，平均单刀寿命 1.98m/刀或 100.1m³/刀，低于 NTNU 模型刀具磨损预测值 441.3m³/刀，也低于 CAI 预测的 401.8m³/刀（罗斯塔米），但和格林预测模型所预测的 153.4m³/刀相近。

通过以上统计，对于岭北 TBM 初始掘进段（K62+565~K60+990），TBM 更换刀具很少，NTNU 滚刀磨损预测模型与基于 CAI 值的滚刀磨损预测模型预测的估计值都较保守；对于岭北其他施工段，TBM 滚刀寿命接近于 NTNU 滚刀磨损预测模型，与 CAI 预测模型预测值相差很大，因此 NTNU 滚刀磨损预测模型较适合岭北 TBM 施工，但略微保守。

在实际掘进过程中，千枚岩的千枚状构造与岩体节理裂隙发育有利于 TBM 破岩，另外节理面与高地应力形成的板裂面促进了岩体破碎，TBM 掘进速度较快，同样减少了刀具的正常磨损。在 TBM 通过薄层状、碎块状岩体区域时，应降低刀盘推力，防止滚刀与掌子面、岩体非正常接触所造成的受力过大现象及冲击破坏。对于岭南 TBM 开挖段，NTNU 滚刀磨损预测模型与基于 CAI 预测的罗斯塔米模型预测的估计值都较为接近，格林预测模型预测值与实际滚刀寿命接近，但都大于 TBM 滚刀实际寿命。

由于岩石矿物组成中石英含量较高，具有高强度、高磨蚀性，同时在高地应力等地质条件下，TBM 刀盘及刀具磨损问题会更加突出严重，因此在破碎岩体或岩爆条件下 TBM 掘进过程中，可以通过降低 TBM 总推力、减少 TBM 每分钟转数、降低滚刀的线速度以减少滚刀的异常破坏。另外，从滚刀刀刃材料上加以改进，降低滚刀刀刃的脆性，加强其韧度，也可增加滚刀的使用寿命。

6.7 TBM 施工段施工情况

6.7.1 岭南工程 TBM 施工情况

1. 项目概况

秦岭输水隧洞岭南 TBM 施工段位于陕西省安康市宁陕县四亩地镇境内，全长 18.275km，主洞采用一台由罗宾斯公司制造的 $\phi 8.02 \mathrm{m}$ 开敞式硬岩掘进机施工，采用连续皮带机出渣，施工布置如图 6.112 所示。

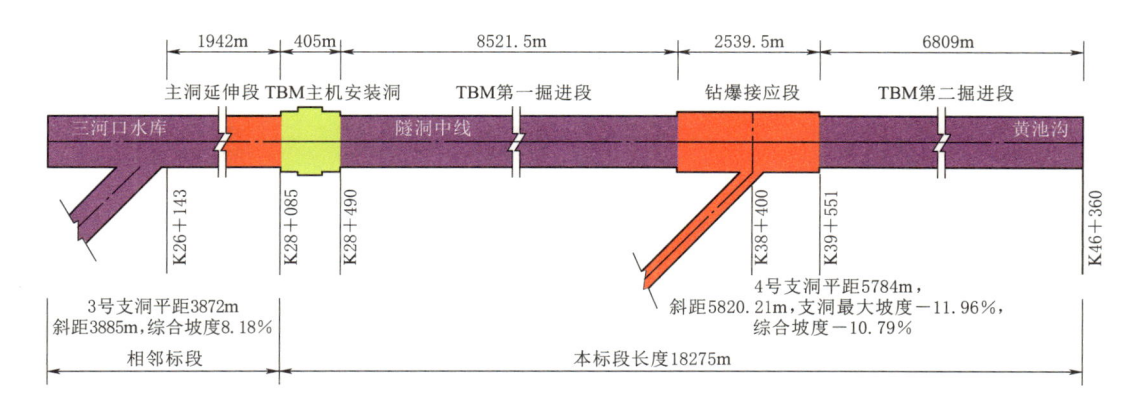

图 6.112 岭南 TBM 施工布置图

2. 岭南 TBM 施工进度

截至 2021 年 4 月 30 日，主洞开挖支护完成 14397.7m，完成工程建设任务的 94.3%，TBM 第二掘进段剩余 877.3m，施工进度见表 6.40。

表 6.40　　　　　　　　　　　岭南 TBM 施工进度

序号	项目名称	设计数量/m	已完成/m	完成比例/%	备注
1	主洞开挖支护	15275.0	14397.7	94.3	
2	主洞衬砌	11512.5	6998.0	60.8	

TBM 第一掘进段于 2015 年 2 月 28 日开始掘进，2018 年 12 月 3 日贯通，历时 1375d，累计掘进 8521.5m。施工中受长距离连续超硬岩、高频强岩爆、突涌水等不良地质影响，平均月进尺 185.3m，最高月进尺 331.5m，月度施工统计如图 6.113 所示。

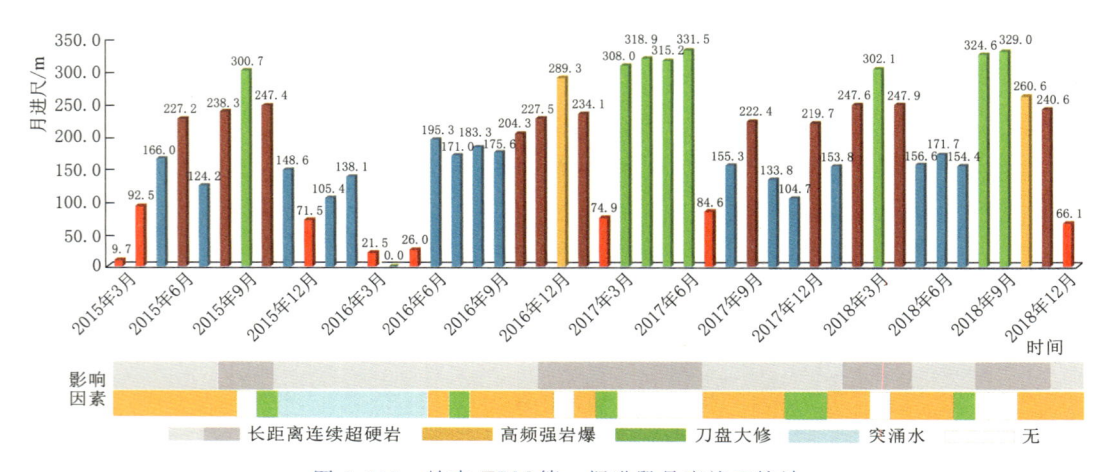

图 6.113　岭南 TBM 第一掘进段月度施工统计

TBM 第二掘进段于 2019 年 4 月二次始发，受高频强岩爆、长距离连续超硬岩等影响，截至 2021 年 4 月 30 日累计掘进 2875.6m，平均月进尺 115.0m，最高月进尺 240.9m，月度施工统计如图 6.114 所示。

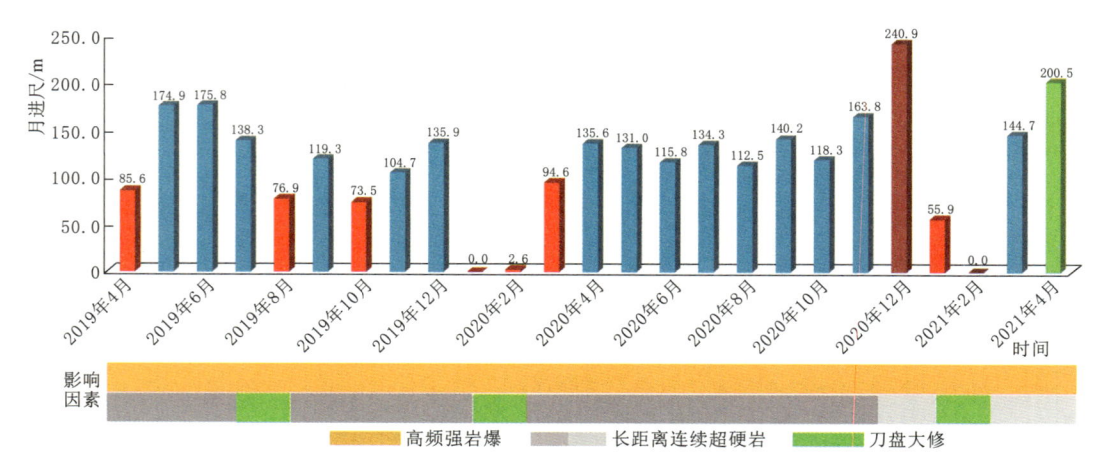

图 6.114　岭南 TBM 第二掘进段月度施工统计

6.7.2 岭北工程 TBM 施工情况

1. 项目概况

秦岭输水隧洞岭北工程 TBM 施工段位于陕西省周至县王家河镇，包含合同掘进长度 16690m 和接应岭南段长度 3000m。采用海瑞克生产的 φ8.02m 开敞式硬岩掘进机施工，连续皮带机出渣。为解决 TBM 长段落施工通风、出渣、检修等问题，在主洞中部设置 5 号支洞，与主洞在 K55+280 处交汇，施工布置如图 6.115 所示。

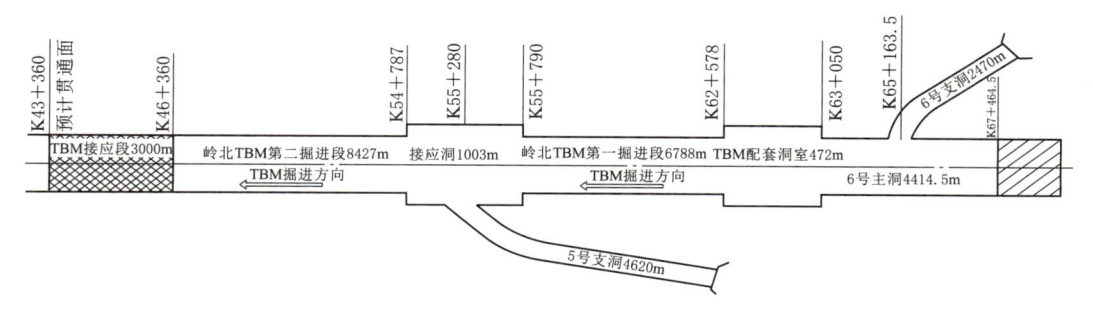

图 6.115　岭北 TBM 施工布置图

2. 岭北工程 TBM 施工进度

岭北工程 TBM 于 2014 年 3 月 8 日开始组装，2014 年 8 月 20 日正常掘进，2015 年 8 月 11 日第一掘进段贯通，经过 73d 的转场和检修，2015 年 10 月 24 日开始第二掘进段，2018 年 12 月 26 日贯通。第二掘进段先后遭遇断层破碎带卡机、有害气体以及岩爆等不良地质条件，平均日进尺 7.26m，平均月进尺 217.8m。第一、二掘进段月度施工统计见表 6.41 和表 6.42。

表 6.41　　　　　　　　　　第一掘进段月度施工统计

序号	施工时间	月进尺/m	掘进时间/d	备注
1	2014 年 6 月	35.0	7	设备调试
2	2014 年 7 月	88.4	18	设备调试
3	2014 年 8 月	161.0	9	试掘进
4	2014 年 9 月	435.6	30	
5	2014 年 10 月	501.4	28	
6	2014 年 11 月	559.3	28	
7	2014 年 12 月	533.3	29	
8	2015 年 1 月	274.6	10	环保停工
9	2015 年 2 月	791.2	25	
10	2015 年 3 月	868.2	27	
11	2015 年 4 月	607.2	29	
12	2015 年 5 月	557.1	25	

续表

序号	施工时间	月进尺/m	掘进时间/d	备注
13	2015 年 6 月	674.9	31	
14	2015 年 7 月	554.2	30	
15	2015 年 8 月	146.6	15	完成
	合计	6788.0	341	

表 6.42　　　　　　　　　　第二掘进段月度施工统计

序号	施工时间	月进尺/m	掘进时间/d	备注
1	2015 年 11 月	256.3	24	
2	2015 年 12 月	473.0	25	
3	2016 年 1 月	502.0	26	
4	2016 年 2 月	423.2	30	
5	2016 年 3 月	401.5	28	
6	2016 年 4 月	514.4	31	
7	2016 年 5 月	432.4	26	
8	2016 年 6 月	186.6	9	卡机处理
9	2016 年 7 月	0.0	0	卡机处理
10	2016 年 8 月	0.0	0	卡机处理
11	2016 年 9 月	0.0	0	卡机处理
12	2016 年 10 月	28.6	8	卡机处理
13	2016 年 11 月	5.9	3	断层破碎带
14	2016 年 12 月	65.7	17	断层破碎带
15	2017 年 1 月	198.8	19	断层破碎带
16	2017 年 2 月	330.7	28	
17	2017 年 3 月	415.2	25	
18	2017 年 4 月	561.3	30	
19	2017 年 5 月	287.2	26	
20	2017 年 6 月	414.5	31	
21	2017 年 7 月	199.2	18	
22	2017 年 8 月	216.6	26	
23	2017 年 9 月	268.7	27	
24	2017 年 10 月	206.2	16	
25	2017 年 11 月	193.8	23	
26	2017 年 12 月	50.5	9	
27	2018 年 1 月	25.6	6	

续表

序号	施工时间	月进尺/m	掘进时间/d	备注
28	2018年2月	196.6	24	
29	2018年3月	19.8	2	
30	2018年4月	308.8	27	
31	2018年5月	212.7	28	
32	2018年6月	113.5	10	
33	2018年7月	208.7	18	
34	2018年8月	214.6	28	
35	2018年9月	130.2	28	
36	2018年10月	112.3	27	
37	2018年11月	97.1	26	
38	2018年12月	141.0	30	
39	2019年1月	13.8	6	
合计		8427.0	765	

接应岭南段自2019年2月22日开始施工，截至2022年3月，岭南接应段累计完成掘进2759m，平均日进尺3.86m，平均月进尺72.6m，最高月进尺293.9m，详见表6.43。

表6.43　　　　　　　　　岭南接应段TBM施工进度统计

序号	施工时间	月进尺/m	掘进时间/d	备注
1	2019年2月	22.6	11	2月22日开始
2	2019年3月	119.4	28	
3	2019年4月	184.2	29	
4	2019年5月	293.9	29	
5	2019年6月	28.9	9	岩爆处理
6	2019年7月	0.9	1	岩爆处理
7	2019年8月	0.0	0	检修改造
8	2019年9月	0.0	0	检修改造
9	2019年10月	0.0	0	检修改造
10	2019年11月	0.0	0	检修改造
11	2019年12月	0.0	0	检修改造
12	2020年1月	36.5	14	试掘进
13	2020年2月	18.1	5	
14	2020年3月	61.8	22	
15	2020年4月	8.7	7	

续表

序号	施工时间	月进尺/m	掘进时间/d	备注
16	2020 年 5 月	21.0	16	
17	2020 年 6 月	56.7	22	
18	2020 年 7 月	100.1	30	
19	2020 年 8 月	97.7	26	
20	2020 年 9 月	115.8	30	
21	2020 年 10 月	113.8	29	
22	2020 年 11 月	112.9	29	
23	2020 年 12 月	129.3	29	
24	2021 年 1 月	80.7	30	
25	2021 年 2 月	82.8	27	
26	2021 年 3 月	78.2	27	
27	2021 年 4 月	33.7	11	刀盘大修
28	2021 年 5 月	81.5	22	
29	2021 年 6 月	111.3	30	
30	2021 年 7 月	84.2	29	
31	2021 年 8 月	94.5	28	
32	2021 年 9 月	83.3	15	
33	2021 年 10 月	115.9	23	
34	2021 年 11 月	101.2	28	
35	2021 年 12 月	140.8	30	
36	2022 年 1 月	88.3	27	
37	2022 年 2 月	56.8	21	
38	2022 年 3 月	3.5	1	
总计		2759.0	715	

岭北各段 TBM 掘进设备的利用率见表 6.44。

表 6.44　　　　　岭北各段 TBM 掘进设备的利用率

序号	桩号	掘进日期 起始日期	掘进日期 结束日期	刀盘时间/h	设备利用率/%
1	K43+551~K44+551	2021-05-01	2022-02-22	746.40	84.50
2	K44+551~K45+551	2020-05-26	2021-05-01	1127.20	76.00
3	K45+551~K46+360	2019-01-23	2020-05-26	398.90	68.67
4	K46+360~K47+360	2018-05-25	2019-01-23	393.82	75.00
5	K47+360~K48+360	2017-10-29	2018-05-25	402.80	77.01
6	K48+360~K49+360	2017-06-16	2017-10-29	449.54	74.42

续表

序号	桩号	掘进日期 起始日期	掘进日期 结束日期	刀盘时间 /h	设备利用率 /%
7	K49+360～K50+360	2017-04-02	2017-06-16	400.60	73.50
8	K50+360～K51+360	2017-01-16	2017-04-02	356.08	77.20
9	K51+360～K52+360	2016-04-13	2017-01-16	314.04	90.10
10	K52+360～K53+360	2016-01-30	2016-04-13	289.30	80.80
11	K53+360～K54+787	2015-10-24	2016-01-30	475.25	67.70
12	K55+790～K56+790	2015-06-03	2015-08-11	344.60	83.70
13	K56+790～K57+790	2015-04-17	2015-06-03	230.60	80.40
14	K57+790～K58+790	2015-03-02	2015-04-17	273.15	70.15
15	K58+790～K59+790	2015-01-15	2015-03-02	292.00	76.30
16	K59+790～K60+790	2014-11-19	2015-01-15	298.00	80.85
17	K60+790～K61+790	2014-09-23	2014-11-19	297.70	77.05
18	K61+790～K62+578	2014-06-15	2014-09-23	322.50	68.65

6.8 本章小结

本章从 TBM 施工组织设计、设备选型、设备组装和掘进施工四个方面来描述秦岭输水隧洞 TBM 施工段的施工布置情况，并采用 NTNU 滚刀磨损预测和基于 CAI 值的滚刀磨损预测两种滚刀磨损预测模型分别对秦岭输水隧洞岭南、岭北 TBM 开挖段滚刀寿命进行了预测。预测结果表明，对于岭北 TBM 开挖段，NTNU 滚刀磨损预测模型较为适合，但略微保守；而对于岭南 TBM 开挖段，NTNU 滚刀磨损预测模型与基于 CAI 值的滚刀磨损预测模型的估计值都较为接近，略大于 TBM 滚刀实际寿命。最后通过岭南 TBM 施工段、岭北 TBM 施工段以及岭南接应段的施工进度来对秦岭输水隧洞整体的施工情况进行描述。

参考文献

[1] 陈长奇，赵一晗，赵立梅. 江苏沿海地区"十三五"水利规划思路研究 [J]. 人民长江，2016，47 (22)：1-5.
[2] 薛亚东，李兴，刁振兴，等. 基于掘进性能的 TBM 施工围岩综合分级方法 [J]. 岩石力学与工程学报，2018，37 (S1)：3382-3391.
[3] 龙驭球，崔京浩，袁驷，等. 力学筑梦中国 [J]. 工程力学，2018，35 (1)：1-54.
[4] 《中国公路学报》编辑部. 中国隧道工程学术研究综述·2015 [J]. 中国公路学报，2015，28 (5)：1-65.
[5] 陈馈. TBM 在铁路隧道施工中的应用前景 [J]. 建筑机械，2006 (15)：14-17.
[6] 朱则浩，何丙全，叶朋岗，等. 复杂地质条件下长大引水隧洞 TBM 主机型式选择方法研究 [J]. 机电信息，2019 (29)：29-30.

［7］ 谢良涛，严鹏，范勇，等. 钻爆法与 TBM 开挖深部洞室诱发围岩应变能释放规律［J］. 岩石力学与工程学报，2015，34（9）：1786-1795.
［8］ 尚彦军，杨志法，曾庆利，等. TBM 施工遇险工程地质问题分析和失误的反思［J］. 岩石力学与工程学报，2007（12）：2404-2411.
［9］ 何发亮，谷明成，王石春. TBM 施工隧道围岩分级方法研究［J］. 岩石力学与工程学报，2002（9）：1350-1354.
［10］ 张镜剑，傅冰骏. 隧道掘进机在我国应用的进展［J］. 岩石力学与工程学报，2007（2）：226-238.
［11］ HANDEWITH H J. 西半球用掘进机（TBM）开挖隧洞概况［J］. 水利电力施工机械，1983（4）：38-42，4.
［12］ 严金秀，王建宇，范文田. 全断面隧道掘进机（TBM）技术发展及应用现状［J］. 世界隧道，1998（4）：1-5.
［13］ 李弼越，ROBBINS R J. 隧道掘进机与中国［J］. 建筑机械，2002（5）：58-60.
［14］ 杨大文. 隧洞开挖方法：采用隧洞掘进机的岩石条件［J］. 世界隧道，1994（5）：9-30.
［15］ 张镜剑. TBM 的应用及其有关问题和展望［J］. 岩石力学与工程学报，1999，18（3）：363-366.
［16］ 董必钦. 对我国全断面隧道掘进设备发展的思考［J］. 中国水利，2005（22）：36-37.
［17］ 翟梁皓，吴景华. TBM 在吉林中部城市引松供水施工中的应用［J］. 长春工程学院学报（自然科学版），2016，17（1）：71-74.
［18］ 张军伟，梅志荣，高菊茹，等. 大伙房输水工程特长隧洞 TBM 选型及施工关键技术研究［J］. 世界隧道，2010，47（5）：1-10.
［19］ 龚秋明，王瑜，卢建炜，等. 基于对 TBM 隧道施工影响的断层带初步分级［J］. 铁道学报，2021，43（9）：153-159.
［20］ 谭忠盛，周振梁，李宗林，等. 高强度围岩隧洞 TBM 刀具磨损规律研究［J］. 土木工程学报，2021，54（12）：104-115.
［21］ 张魁，杨长，陈春雷，等. 激光辅助 TBM 盘形滚刀压头侵岩缩尺试验研究［J］. 岩土力学，2022，43（1）：87-96.
［22］ D 威利斯，程方权. TBM 的发展历程［J］. 水利水电快报，2013，34（11）：24-26.
［23］ 荆留杰，张娜，杨晨. TBM 及其施工技术在中国的发展与趋势［J］. 隧道建设，2016，36（3）：331-337.
［24］ 钱七虎，李朝甫，傅德明. 全断面掘进机在中国地下工程中的应用现状及前景展望［J］. 建筑机械，2002（5）：28-35.

第 7 章 岩石隧洞钻爆法施工

7.1 引言

钻爆法是通过钻孔、装药、爆破开挖岩石的方法，简称钻爆法，是隧洞开挖施工中一种常用的技术[1]。钻爆法相比较其他隧洞施工技术具有经济、高效、对各种地质条件适应能力强的明显特性，因此在全世界范围内都有着广泛的应用[2]。引汉济渭工程秦岭输水隧洞越岭段采用明流洞方案，隧洞沿线穿越岩层岩性较好，进出口段隧洞埋深相对较浅，辅助坑道设置简单，对采用钻爆法施工十分有利，故此决定采用钻爆法进行施工，施工现场如图 7.1 所示。

图 7.1 钻爆法施工现场

7.2 施工组织设计

7.2.1 施工方案说明

钻爆法施工组织设计依照国家、地方颁布的相关法律、法规等要求，结合设计方案与施工现场相关情况制定。秦岭输水隧洞钻爆法施工组织设计主要包括施工方案说明、施工总平面布置、施工进度计划、主要建筑工程的施工程序和方法、质量保证措施和安全施工保证措施等五个方面。

以秦岭输水隧洞 7 号勘探试验洞（以下简称"7 号洞"）主洞为例，进行施工组织设计，其主洞施工总平面布置如图 7.2 所示。

1. 工程概况

引汉济渭工程秦岭输水隧洞越岭段 7 号洞主洞试验段工程位于西安市周至县陈河乡境内，7 号洞洞口位于黑河金盆水库上游约 6km 处黑河右岸陡坡上，7 号洞主洞试验段全长 8.123km（桩号 K67+163～K75+286）。工程按 Ⅰ 级建筑物设计，隧洞设计流量 70m³/s，比降为 1/2530，马蹄形断面，成洞断面尺寸为 6.76m×6.76m（宽×高）。初期支护采用

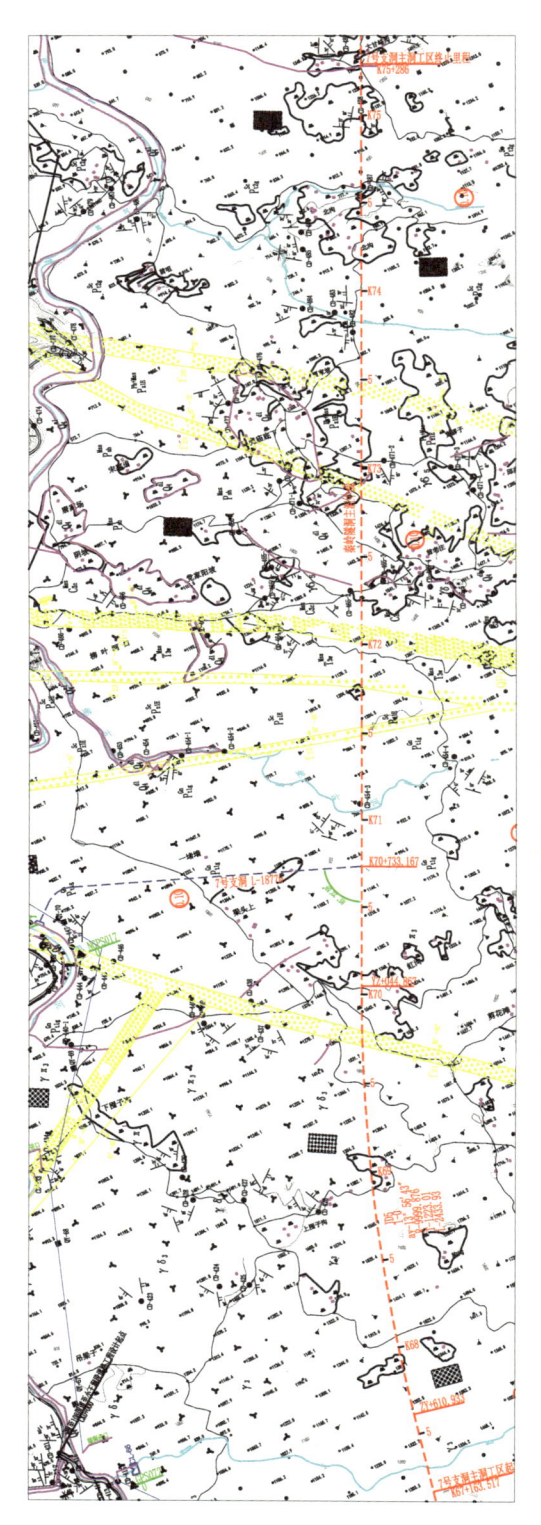

图 7.2 秦岭输水隧洞越岭段 7 号勘探试验洞主洞施工总平面布置图

锚喷支护，C30钢筋混凝土衬砌。

主洞工区位于秦岭岭北中低山区，多为V形峡谷，山高坡陡，地形起伏较大。高程范围750～1750m，洞室最大埋深约1230m。工区范围内主要涉及地层为三叠系及石炭系变砂岩、下古生界变砂岩、千枚岩及角闪石英片岩，中下元古界云母片岩、绿泥片岩、炭质片岩及片麻岩，燕山期花岗闪长岩，加里东晚期花岗岩、花岗闪长岩、花岗斑岩，以及断层带物质。

2. 施工部署

7号洞施工组织机构设置为一个项目部，包含五部二室，即工程管理部、安全质量部、物资保障部、计划合同部、财务部、综合办公室、试验室。下辖施工作业队4个，拌合站1个，如图7.3所示。

项目经理主要负责项目的施工组织指挥与管理，组织落实业主、工程监理、设计单位关于工程建设的指令和要求，确保合同目标的全面实现。总工程师主要协助项目经理抓好施工技术、安全、质量管理，组织编制实施性施工组织设计和推广应用新技术、新工艺，负责组织工程技术交底、职工岗前培训、变更设计、竣工文件等工作。

图7.3 项目组织机构

3. 主要工程的施工方案

路基工程，7号洞段内的路基挖方主要包括挖土方3318m³、挖石方334m³、利用土方3318m³、利用石方334m³、利用隧洞弃渣70877m³。土方开挖以挖掘机为主，推土机辅助配合，并配以装载机及自卸汽车装运。石方开挖以松动爆破为主，后用挖掘机配合自卸汽车装运。填方路堤施工时，填料运输采用自卸汽车，摊铺整平采用推土机和平地机，压实采用重型振动压路机并辅以羊足碾进行分层压实。压实度以试验段取得数据和下沉量控制，并用灌砂法检测。

路基防护及排水工程，路基防护工程在挖填方高度较小时，路基分段成型后及时施工；为高填路基时，其防护工程要与挖填方分台阶施工同步进行，施工完一级，立即防护一级。路基防护工程主要有浆砌石防护、片石混凝土防护等。

路面工程由路基路面作业队施工。在混凝土拌合站旁设立稳定土拌合站，进行路面基层用料的拌制。天然砂砾底基层采用汽车运输，平地机摊铺，洒水车洒水，压路机压实。水泥稳定砂砾底基层、水泥稳定碎石基层采用两层摊铺；填料在拌合厂集中拌制，自卸汽车运输，摊铺机全断面摊铺，采用三轮压路机、双钢轮振动压路机及胶轮压路机联合碾压。封层由路基路面作业队根据路面下承层施工顺序组织施工，施工采用同步封层车同时撒铺沥青和骨料，最后用轻型双钢轮压路机稳压。沥青混合料采用自卸汽车运输，摊铺机全断面摊铺，轻型双钢轮压路机、轮胎压路机及双钢轮振动压路机组合碾压，边角处机械难于压到的地方，采用人工并辅以小型夯实机械施工。

7.2.2 施工进度计划

以引汉济渭秦岭输水隧洞7号洞工程为主要施工案例，该工程计划2013年11月10

日开工，2017年4月14日完工，施工工期42.1个月。各年度工期计划安排为：2013年年底，主洞上游段完成掘进2%；主洞下游段完成掘进3%。2014年年底，主洞上游段完成掘进54%，完成衬砌39%；主洞下游段完成掘进33%，完成衬砌30%。2015年年底，主洞上游段完成掘进100%，完成衬砌79%；主洞下游段完成掘进61%，完成衬砌58%。2016年年底，主洞上游段完成衬砌100%；主洞下游段完成掘进90%，完成衬砌84%。2017年，主洞下游段完成掘进100%，完成衬砌100%，见表7.1。根据拟投入的设备人员及隧洞出口段的相关调整调研情况，隧洞正洞开挖循环进尺进度指标见表7.2。

表7.1　　　　　　　　　秦岭输水隧洞7号洞各年度任务计划

项　目		2013年	2014年	2015年	2016年	2017年	总计
开挖/m	主洞上游段	70.000	1844	1655.65			3569.650
	主洞下游段	141.833	1460	1325.00	1365.00	261.000	4552.833
	合计	211.833	3304	2980.65	1365.00	261.000	8122.483
衬砌/m	主洞上游段	0.000	1380	1440.00	749.65		3569.650
	主洞下游段	0.000	1440	1352.00	1294.00	466.833	4552.833
	合计	0.000	2820	2792.00	2043.65	466.833	8122.483

表7.2　　　　　　　　　　隧洞正洞开挖循环进尺进度指标

序号	施工方法	围岩级别	循环进尺/m	日循环数	日进度/m	月进度/m
1	全断面法	Ⅱ级	2.7	2.5	6.8	184
2	全断面法	Ⅲ级	2.7	2.2	5.9	159
3	全断面法	Ⅳ级	2.6	1.5	4.2	113
4	台阶法	Ⅴ级	1.6	1.7	2.7	73

7.2.3　主要建筑工程的施工程序和方法

1. 隧洞整体施工方案

引汉济渭工程秦岭输水隧洞越岭段7号洞主洞试验段的洞身围岩分类见表7.3。

表7.3　　　　　　　　　　　　隧洞围岩分类

序号	桩　号	围岩分类	长度/m
1	K67+163～K69+480段	Ⅱ	2317
2	K69+480～K69+530段	Ⅲ	50
3	K69+530～K69+805段	Ⅱ	275
4	K69+805～K69+855段	Ⅲ	50
5	K69+855～K69+905段	Ⅳ	50
6	K69+905～K69+995段	Ⅴ	90

续表

序号	桩号	围岩分类	长度/m
7	K69+995～K70+125 段	Ⅳ	130
8	K70+125～K70+840 段	Ⅲ	715
9	K70+840～K70+960 段	Ⅳ	120
10	K70+960～K71+260 段	Ⅲ	300
11	K71+260～K71+410 段	Ⅳ	150
12	K71+410～K71+770 段	Ⅲ	360
13	K71+770～K71+820 段	Ⅳ	50
14	K71+820～K71+920 段	Ⅴ	100
15	K71+920～K72+260 段	Ⅳ	340
16	K72+260～K72+335 段	Ⅴ	75
17	K72+335～K72+450 段	Ⅳ	115
18	K72+450～K72+620 段	Ⅴ	170
19	K72+620～K72+670 段	Ⅳ	50
20	K72+670～K72+800 段	Ⅲ	130
21	K72+800～K73+080 段	Ⅱ	280
22	K73+080～K73+130 段	Ⅲ	50
23	K73+130～K73+180 段	Ⅳ	50
24	K73+180～K73+255 段	Ⅴ	75
25	K73+255～K73+570 段	Ⅳ	315
26	K73+570～K73+660 段	Ⅴ	90
27	K73+660～K75+286 段	Ⅳ	1626

主洞试验段工程首先进行7号洞与主洞交汇段施工，交汇段完成后，为了方便作业，减少施工干扰，先施工下游段主洞洞身，待下游段洞身开挖完成100m进尺后，再开始施工上游段主洞洞身，此时上、下游段洞身同时展开施工。

本段主洞试验段为喷锚衬砌和复合式衬砌相结合设计，按新奥法施工，从7号洞支洞与主洞交汇处K70+733分两个工作面掘进。按照"随开挖、随支护、早封闭、快衬砌"的原则，采用机械开挖、人工配合的方法施工。

施工过程中采用超前预报系统进行超前地质勘探，对不同围岩类别采用不同钻爆设计[3]。总体实施掘进（钻爆、无轨运输出渣）、支护（导管、拌、运、锚、喷）、衬砌（拌、运、灌、振捣）三条机械化作业线。洞身开挖后及时进行初期支护，且仰拱适时紧跟。Ⅴ类围岩地段采用环向开挖，保留核心土的开挖方法，Ⅳ类围岩采用台阶法开挖，Ⅱ类、Ⅲ类围岩采用非电毫秒雷管光面爆破全断面开挖。

超前支护采用风动凿岩机及注浆机施作超前小导管，初期支护采用风动凿岩机打注浆锚杆，湿式混凝土喷射机喷射混凝土，人工架立钢支撑，出渣运输采用侧翻装载机装渣，自卸汽车完成无轨运输施工。

衬砌混凝土采用混凝土自动计量拌合楼、混凝土搅拌运输车、混凝土输送泵、大模板整体液压衬砌台车完成衬砌。

施工通风采用大功率通风机、大口径软管，压入式隧洞供风技术；上游贯通后采用巷道式通风；洞内设置局部风机，洞内排水修建排水沟和临时集水井，利用水泵分级抽排至洞外污水处理设施，对排水进行收集处理后排放；施工用电采用高压进洞方式。施工用水利用隧洞高程差在洞口设水池进行供水；施工用高压风采用空压机供风方式。

隧洞出渣采用无轨运输方式，采用装载机装渣，自卸车运渣到指定弃渣场。

2. 支洞与主洞交汇段施工

7号洞与主洞交汇段小导洞开挖断面如图7.4和图7.5所示。

交汇段门架施工完成后，在上台阶部位沿垂直隧洞方向开挖小导洞，导洞按照剖面轮廓开挖，施工小导洞采用10cm厚C20喷混凝土支护，拱部采用3m长Φ22砂浆锚杆按环纵1.2m×1.2m间距支护。根据交汇段围岩分级，小导洞采用全断面开挖，小导洞施工至主洞中线时，及时将跳高段漏空部分采用C25混凝土回填密实，使门型钢架处于稳定的混凝土结构中。导洞开挖完成后立即架立密排3榀门型钢架。施工时锚、网、钢架及正洞型钢架与小导洞间空隙以及主洞衬砌背

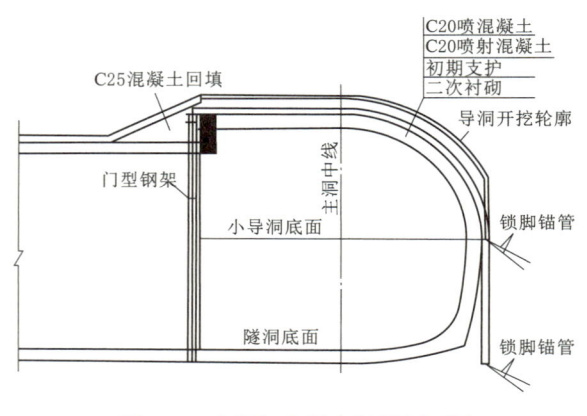

图7.4 支洞与主洞交汇段剖面图

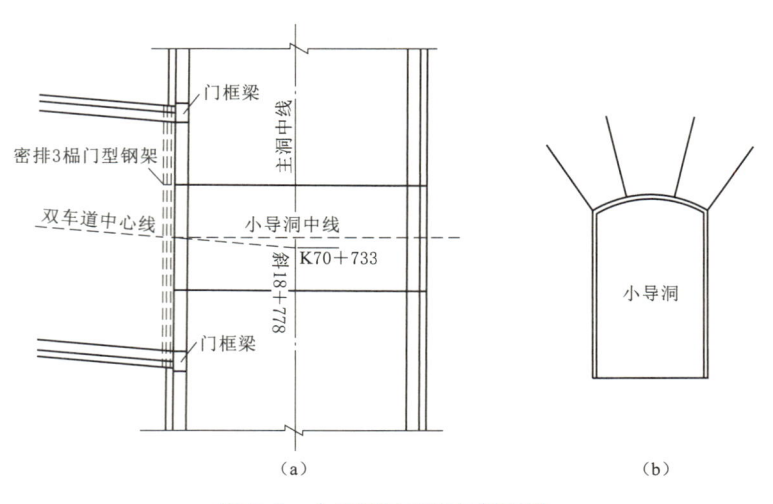

图7.5 小导洞平面图与剖面图
（a）挑顶小导洞平面图；（b）小导洞剖面图

后的空洞均采用 C20 喷混凝土回填密实。

7 号洞与主洞交汇段施工工序为：门型钢架施工，小导洞开挖，小导洞施工至输水隧洞中线，回填跳高段漏空部分，小导洞施工完成，架立 3 榀正洞型钢架，剩余上半部分开挖、支护，下半部分开挖支护，二次衬砌，灌浆及附属。

3. 钻爆

钻爆作业是主洞施工控制工期、保证开挖轮廓的关键。为了充分发挥围岩的自承能力，减轻对围岩的振动破坏，主洞采用微振控制爆破技术，实施全断面光面爆破，并根据围岩情况及时修正爆破参数，达到最佳爆破效果，形成整齐圆顺的开挖断面，减少超欠挖[4]。

钻爆设计时，炮孔布置要适合机械钻孔；提高炸药能量利用率，以减少炸药用量；减少对围岩的破坏，周边采用光面爆破，控制好开挖轮廓。对于Ⅲ类围岩，考虑开挖线内的预留量，爆破后，机械凿除至开挖轮廓线；控制好起爆顺序，提高爆破效果；在保证安全前提下，尽可能提高掘进速度，缩短工期。

爆破器材采用塑料导爆管、毫秒雷管起爆系统。其中，毫秒雷管采用 15 段别毫秒雷管，引爆采用火雷管。炸药采用 2 号岩石铵锑炸药或乳化炸药（有水地段），选用 $\phi 25$、$\phi 32$、$\phi 40$ 三种规格，其中 $\phi 25$ 为周边眼使用的光爆药卷，$\phi 40$ 为掏槽眼使用的药卷，$\phi 32$ 为掘进眼使用的药卷。

炮眼布置时，Ⅳ类、Ⅴ类围岩开挖采用中空孔直眼掏槽，预裂爆破；Ⅲ类围岩开挖采用空孔直眼掏槽及斜眼楔形掏槽相结合。

7.3 爆破开挖

7.3.1 爆破开挖主要工序

钻爆法是我国隧洞建设施工中使用最多的方法之一，但是在爆破开挖的过程中，应该有严格的操作规范来确保施工过程的标准性与安全性。对于秦岭输水隧洞的钻爆法施工过程，同样确定了相关的规划指导方案[5]，主要包括：通过对工程特点和重难点进行分析，施工按"项目法组织、专业化施工、专家组支持"的原则进行组织和管理；钻爆法施工以开挖支护施工为主线，加强对不良地质地段的施工管理和控制，做到及时支护；在施工准备阶段，进一步完善生产、生活设施的修建，为快速完成支洞施工创造条件；建立质量管理部门及体系，按照质量管理手册 ISO 9000 的要求编制项目程序文件，全面贯彻质量管理；施工中，加强组织和管理，保证设备投入，确保工程施工按计划进行，保证所有工程项目优质、高效、有序的按期完工，全面实现预定的工程管理目标；成立专家顾问组，对隧洞重难点的施工方案提供技术咨询支持。

施工爆破开挖的主要工序如图 7.6 所示。在具体的操作过程中应当注意：对于超欠挖部分，爆破后的围岩面应圆顺平整无欠挖，超挖量严格按照设计和规范规定控制。超欠挖检测采用隧道断面测量仪进行。超挖部分Ⅱ～Ⅳ类地段采用喷射混凝土回填，Ⅴ类地段采用衬砌同标号混凝土回填。在围岩的破坏程度方面，爆破后围岩上应无粉碎岩石和明显的裂缝，也不应有浮石，或岩性不好时应无大浮石，炮眼利用率应大于 90%。最后应根据检测的情况适时调整爆破参数，为下一循环光面爆破提供理想的参数。

放样布眼 → 定位开眼 → 钻孔 → 清孔 → 联接起爆网络

爆破效果检查 ← 瞎炮处理 ← 通风 ← 洒水降尘 ← 起爆

图 7.6　施工爆破开挖的主要工序

7.3.2　不同围岩各工序耗时与进尺

根据隧洞地质条件及岩性、技术规范要求、开挖方法及以往施工经验，爆破设计按"短进尺、弱爆破、少扰动"的原则进行，不同等级围岩具体工序设计如下：

（1）Ⅱ类围岩。施工地段采用全断面光面爆破开挖，锚喷初期支护，待围岩变形基本稳定后，全断面施作二次衬砌混凝土，采用人工钻孔，侧卸式装载机装渣，自卸汽车出渣。Ⅱ类围岩比较稳定，开挖时可提高循环进尺，每循环设计进尺2.7m，每天安排2.5个循环，喷锚与掘进平行作业，月掘进184m。

（2）Ⅲ类围岩。施工地段采用全断面光面爆破开挖，锚喷网初期支护，待围岩变形基本稳定后，全断面施作二次衬砌混凝土，采用人工钻孔，侧卸式装载机装渣，自卸汽车出渣。Ⅲ类围岩比较稳定，开挖时可提高循环进尺，每循环设计进尺2.7m，每天安排2.2个循环，喷锚与掘进平行作业，月掘进159m。

（3）Ⅳ类围岩。施工地段采用全断面光面爆破开挖，锚喷网初期支护，待围岩变形基本稳定后，全断面施作二次衬砌混凝土，采用人工钻孔，侧卸式装载机装渣，自卸汽车出渣。Ⅳ类围岩比较稳定，开挖时可提高循环进尺，每循环设计进尺2.6m，每天安排1.5个循环，喷锚与掘进平行作业，月掘进113m。

（4）Ⅴ类围岩。施工地段采用台阶法开挖，锚喷网初期支护，自行式全液压衬砌台车全断面施工混凝土衬砌。上断面超前3~5m，作为上断面钻孔喷锚网工作平台，上、下断面同时爆破开挖。Ⅴ类围岩掘进断面如图7.7所示。

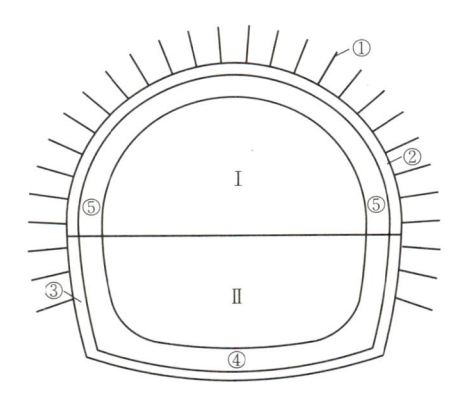

图 7.7　Ⅴ类围岩掘进断面图

台阶法主要施工工序如图7.8所示。施工钻孔时，上、下断面各配8台风枪钻孔，采用反铲挖掘机将上断面石渣扒至下半断面，下半断面由侧卸式装载机装渣，自卸汽车运渣。开挖时按照"短进尺、弱爆破"的原则，以减轻爆破振动对围岩的破坏，确保围岩的稳定，循环进尺设计为1.6m，每天1.7个循环，洞身开挖后，立即施作锚喷网初期支护，及时封闭围岩，月掘进73m。

7.3.3　不同围岩装药及钻爆设计

在施工过程中，严格按照围岩类别和喷锚支护结构的抗震要求控制装药量[6]。炸药选

7.3 爆破开挖

```
拱部锚杆支护①，开挖上端面Ⅰ → 上断面初期支护② → 开挖下断面Ⅱ
初期支护趋于稳定后整体模筑二次衬砌⑤ ← 施作仰拱④ ← 下断面初期支护③
```

图 7.8 台阶法主要施工工序

用乳化炸药，起爆采用非电毫秒雷管起爆，爆破效率按 85%～90% 考虑。装药时需分片分组按炮眼设计图确定的装药量自上而下进行，雷管要"对号入座"。所有的炮眼均需以炮泥堵塞，堵塞长度不小于 20cm。实际施工过程中，参考工地现场开挖钻爆经验，选择合理钻爆参数，同时根据开挖过程中地质条件的变化和围岩变形监测结果，以及监理人的指示对爆破参数进行动态调整，以保证开挖质量和围岩稳定。

1. 钻爆设计

钻爆施工作业是秦岭输水隧洞施工过程控制、施工质量控制的关键部分。输水隧洞主洞通过微振控制爆破技术，进行全断面光面爆破施工，以减少施工振动，充分发挥隧洞的围岩承载能力。

在秦岭输水隧洞钻爆法施工过程中主要遵循的原则包括：炮孔布置适合机械钻孔；提高炸药能量利用率，以减少炸药用量；减少对围岩的破坏，周边采用光面爆破，控制好开挖轮廓。对于Ⅲ类围岩，考虑开挖线内的预留量，爆破后，机械凿除至开挖轮廓线；控制好起爆顺序，提高爆破效果；在保证安全前提下，尽可能提高掘进速度，缩短工期等。

根据围岩的特性，Ⅳ类、Ⅴ类围岩开挖采用中空孔直眼掏槽，预裂爆破；Ⅲ类围岩开挖采用空孔直眼掏槽及斜眼楔形掏槽相结合的炮眼布置型式。施工过程中的炮眼布置现场如图 7.9 所示。

钻爆法开挖经济、高效的关键就是控制好超欠挖[7]。在秦岭输水隧洞钻爆施工过程中为控制超欠挖，根据不同地质情况，选择不同的钻爆参数，选配多种爆破器材，制定不同的施工措施。对于Ⅲ类围岩，考虑开挖线内的预留量，爆破后机械凿到设计开挖轮廓线；认真测画中线高程，准确画出开挖轮廓线，控制画线、钻眼精度；提高装药质量，杜绝随意性，防止雷管混

图 7.9 炮眼布置现场

装；及时进行断面轮廓检查并反馈信息，了解开挖后断面各点的超欠挖情况，分析超欠挖原因，及时更改爆破设计，减少误差。配专职测量工检查开挖断面，超挖量（平均线性超挖）控制在 10cm（眼深 3m）和 13cm（眼深 5m）以内。

2. 不同围岩炮眼布置

根据不同类围岩的特性，隧洞工程在施工过程中设计了不同的炮眼布置型式。

对Ⅱ类围岩，掏槽眼 12 个，周边眼 36 个，辅助眼 57 个（含底板眼 9 个，顶眼和帮眼 48 个），共计 105 个炮眼，其布置如图 7.10 和表 7.4 所示。

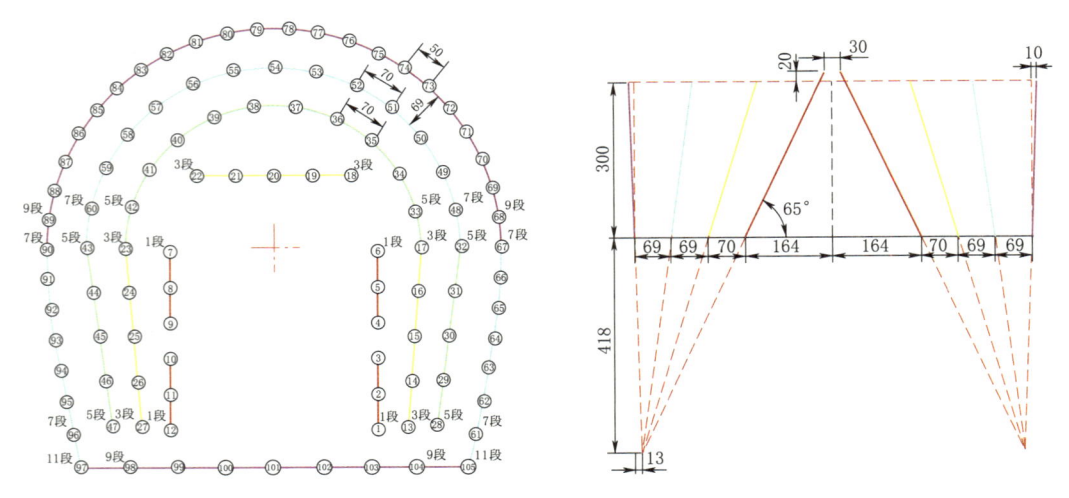

图 7.10 Ⅱ类围岩炮眼布置设计图（单位：cm）

表 7.4　　　　　　　　　　　　Ⅱ类围岩炮孔布置

炮眼名称	炮孔编号	孔深/m	孔数/个	单孔装药量/kg	总装药量/kg	雷管段别
掏槽眼	1～12	3.86	12	2.10	25.20	1
辅助眼	13～27	3.00	15	1.50	22.50	3
	28～47	3.00	20	1.50	30.00	5
	48～60	3.00	13	1.50	19.50	7
周边眼	61～96	3.00	36	1.20	43.20	7～9
底板眼	97～105	3.20	9	1.65	14.85	9～11
合计			105		155.25	

对Ⅲ类围岩，淘槽眼12个，周边眼36个，辅助眼57个（含底板眼9个，顶眼和帮眼48个），共计105个炮眼，其布置如图7.11和表7.5所示。

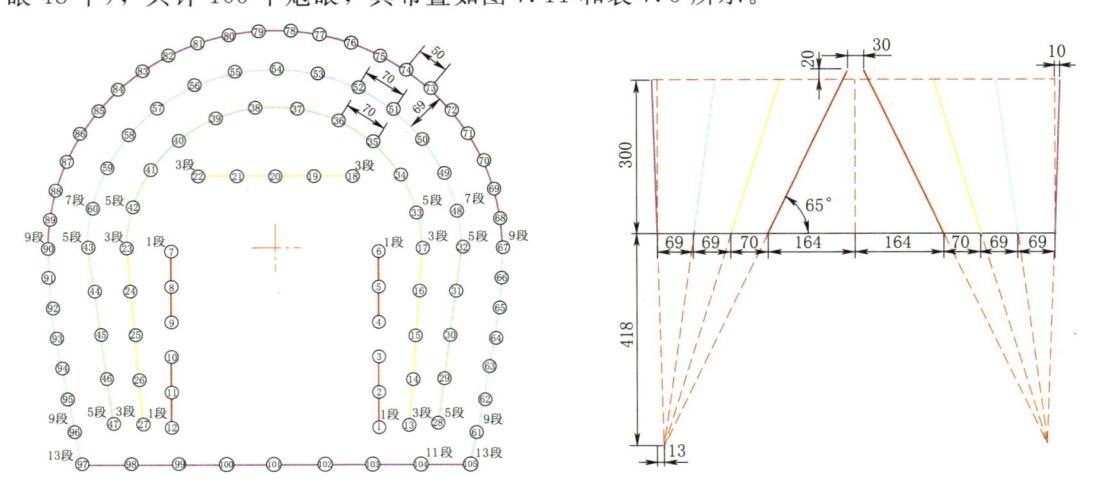

图 7.11 Ⅲ类围岩炮眼布置设计图（单位：cm）

7.4 支护及出渣运输

表 7.5　Ⅲ类围岩炮孔布置

炮眼名称	炮孔编号	孔深/m	孔数/个	单孔装药量/kg	总装药量/kg	雷管段别
掏槽眼	1~12	3.86	12	2.10	25.20	1
辅助眼	13~27	3.00	15	1.35	20.25	3
	28~47	3.00	20	1.35	27.00	5
	48~60	3.00	13	1.35	17.55	7
周边眼	61~96	3.00	36	1.20	43.20	7~9
底板眼	97~105	3.20	9	1.50	13.50	9~11
合计			105		146.70	

对Ⅳ类围岩，掏槽眼12个，周边眼36个，辅助眼75个（含底板眼12个，顶眼和帮眼63个），共计123个炮眼，其布置如图7.12和表7.6所示。

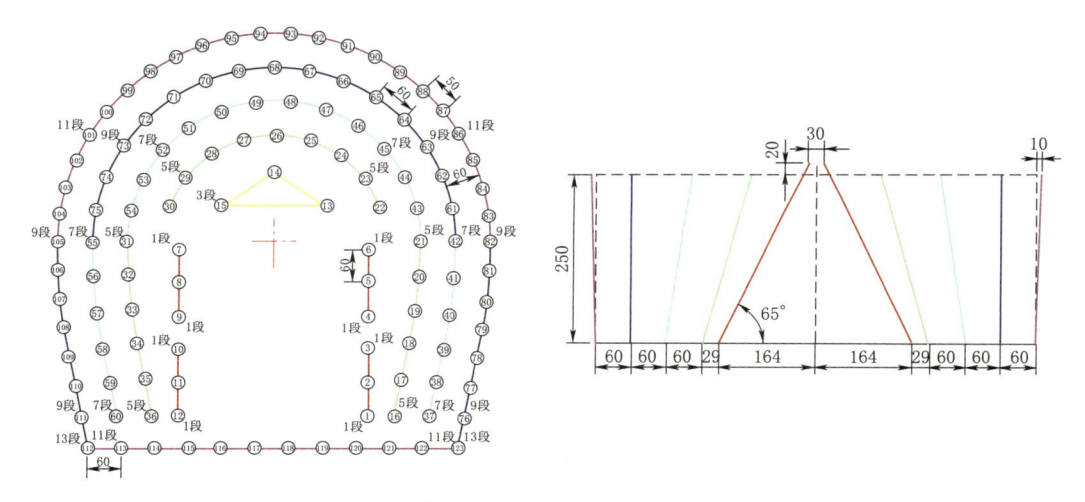

图 7.12　Ⅳ类围岩炮眼布置设计图（单位：cm）

表 7.6　Ⅳ类围岩炮孔布置

炮眼名称	炮孔编号	孔深/m	孔数/个	单孔装药量/kg	总装药量/kg	雷管段别
掏槽眼	1~12	3.3	12	1.80	21.6	1
辅助眼	13~36	2.8	24	1.20	28.8	3~5
	37~60	2.8	24	1.20	28.8	7
	61~75	2.8	15	1.20	18.0	9
周边眼	76~111	2.8	36	0.90	32.4	9~11
底板眼	112~123	3.0	12	1.35	16.2	11~13
合计			123		145.8	

7.4　支护及出渣运输

7.4.1　主要工序

隧洞的支护能够保持隧洞断面的使用净空，防止围岩质量进一步恶化，承受可能出现的各种荷载,起到保护内部结构和为其创造良好的施作环境的作用,是隧洞施工中非常关键的环节之一[8]。

初期支护能迅速控制或限制围岩松弛变形,充分发挥围岩自身承载能力,是试验洞施工的重要环节。只有按照有关规范和设计要求进行施工,做好初期支护,才能保证主洞施工和运营安全。秦岭输水隧洞支护采用的形式主要包括喷射混凝土、砂浆锚杆、钢拱架、网喷混凝土、超前小导管,以及紧随初期支护修筑的仰拱。

1. 喷射混凝土

为了降低粉尘、减少回弹量、提高喷射混凝土的质量,试验洞喷射混凝土均采用湿喷法。混凝土由洞外拌合站拌和,混凝土罐车运输至洞内卸入湿喷机料斗,人工抱喷嘴湿喷。喷射混凝土的材料主要包括水泥、砂、石子、硅粉、外加剂。在施工时,先将水泥、砂、石子、水、硅粉和外加剂(减水剂)按配合比投入强制式搅拌机进行拌和,然后由搅拌运输车运至洞内卸至喷射机进料口,在喷嘴处再加入液态速凝剂4%~7%后喷射至岩面上。

主洞试验段喷射混凝土分两层作业。初次喷射先找平岩面,第二次喷射混凝土若在第一层混凝土终凝1h后进行,需冲洗第一层混凝土面。在有水地段喷射混凝土时,若岩面普遍渗水则先喷砂浆,并加大速凝剂掺量,保证初喷后再按原配比施工;若局部出水量较大时则采用埋管、凿槽,树枝状排水盲沟措施,将水引导疏出后再喷混凝土。

2. 砂浆锚杆

对于砂浆锚杆施工部分,采用YT 28风动凿岩机钻孔,灰浆搅拌机拌制普通砂浆,"高浓度砂浆真空法"进行注浆,其施工要点在于:呈梅花形布置并标出锚杆孔位置;钻孔时应保证钻杆与岩面垂直;使用高压风吹尽孔内岩屑后再用水冲洗;安装杆体后注入早强砂浆。具体施工工艺流程如图7.13所示。

定位测量 → 钻孔 → 高压风、水清洗 → 安装锚杆 → 注入早强砂浆

图7.13 砂浆锚杆施工工艺流程

3. 钢拱架制作与安装

钢拱架在钢筋加工间制作,加工成型后的钢拱架应进行详细标识分类,做好防锈蚀工作,然后机械运至安装现场,钢拱架在加工场地拼装合格后,分节通过机械运至洞内,人工拼装。安装施工工艺流程及施工现场如图7.14和图7.15所示。

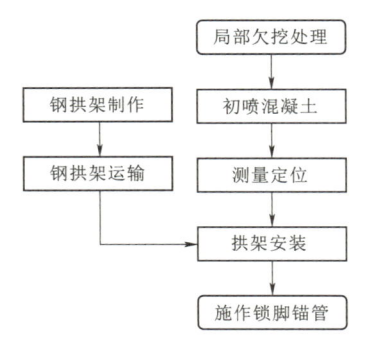

图7.14 钢拱架安装施工工艺流程   图7.15 钢拱架施工现场

4. 网喷混凝土

采用网喷混凝土施工时,网片在洞外钢筋加工棚内加工,洞内人工铺挂,随开挖面起伏铺设,同定位锚杆焊连固定。网喷混凝土时采用湿喷法混合料,在集中拌合站拌和后经混凝土搅拌运输车运至工作面,再经湿喷机二次拌和,以高压风为动力,经喷头喷射至受喷面。网喷施工工艺流程及施工现场如图7.16和图7.17所示。

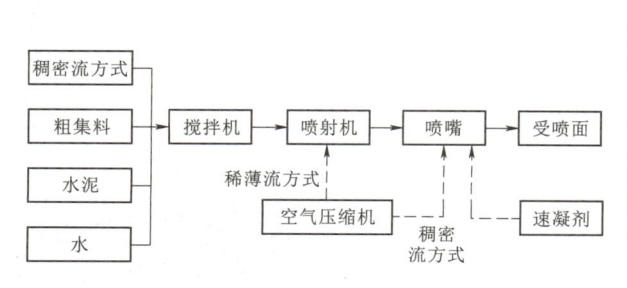

图7.16 网喷混凝土工艺流程　　图7.17 网喷混凝土施工现场

网喷混凝土施工时应注意:喷射前应认真检查受喷面,确认受喷面尺寸、几何形状符合要求,清理岩面及坡脚的石渣和堆积物;施工作业按照先墙后拱、自下而上的顺序分段分片一次进行;严格执行喷射机操作规程,如遇有水地段时,应当在隧洞壁设置泄水孔,边排水边喷混凝土。

5. 超前小导管

超前小导管施工采用现场加工小钢管喷射混凝土封闭岩面的方法,用凿岩机钻孔将小钢管打入岩层,注浆泵压注水泥浆。在有水地段采用压注水泥-水玻璃双液浆。小导管采用外径$\phi42$的热轧无缝钢管,前端加工成尖锥状,尾部焊$\phi6$加劲箍,管壁四周按15cm间距梅花形钻设$\phi6\sim\phi8$压浆孔。其示意如图7.18所示。

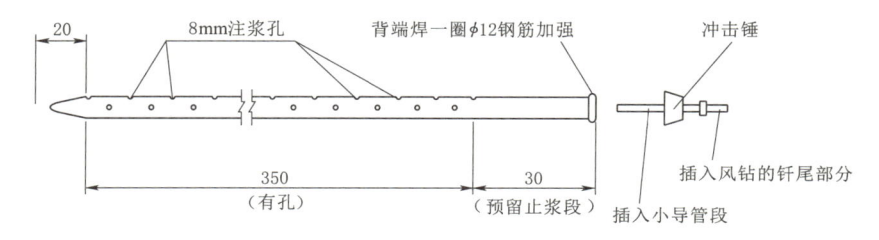

图7.18 超前小导管示意图（单位：cm）

超前小导管施工工艺流程及施工现场如图7.19和图7.20所示。

超前小导管施工过程中应当注意:小导管的安装设置一般采用钻孔打入法,即先按设计要求钻孔,然后将小导管穿过钢架用锤击或钻机顶入;洞的开挖长度小于小导管的预支护长度,预留部分作为下一次循环的止浆墙;注浆前进行现场注浆试验,根据实际情况调整注浆压力等注浆参数。

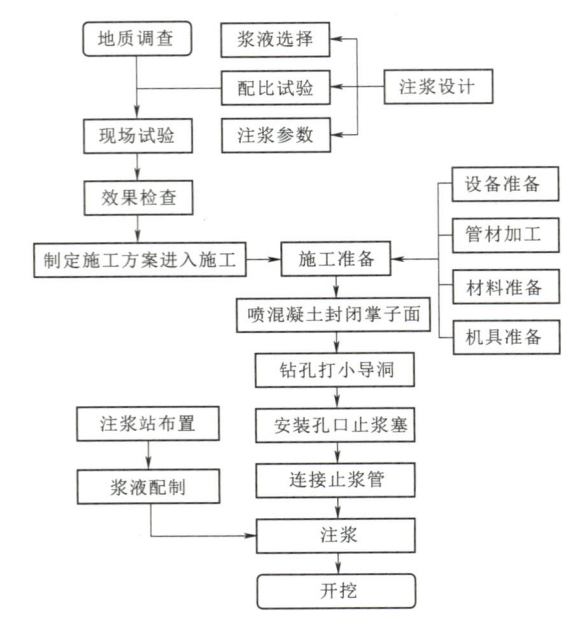

图 7.19　超前小导管施工工艺流程　　　　　图 7.20　超前小导管施工现场

6. 仰拱

仰拱施工紧随初期支护尽早修筑，以利于初期支护结构的整体受力。仰拱浇筑前清除浮渣，排除积水。为了减小仰拱施工与出渣进料等施工作业的相互干扰，采用移动仰拱栈桥进行施工。仰拱采用全幅整体浇筑，移动仰拱栈桥如图 7.21 所示。

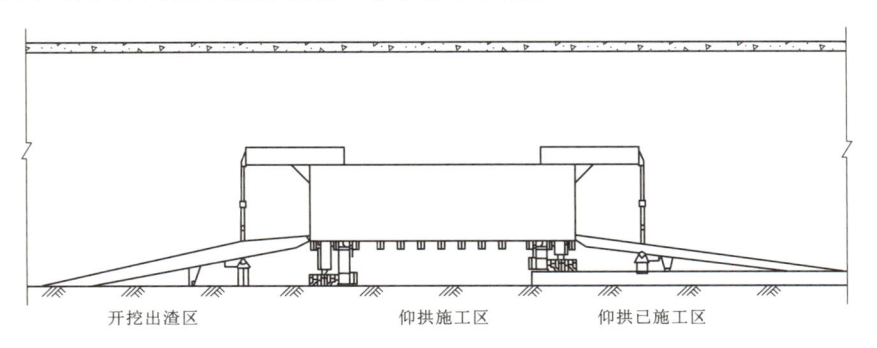

图 7.21　移动仰拱栈桥示意图

7.4.2　开挖台车与衬砌钢模台车

开挖台车用于全断面开挖时钻眼爆破与初期支护时使用。秦岭输水隧洞 7 号洞的开挖台车采用工 16 工字钢加工，宽 500cm，高 430cm，长 500cm，由 4 片门架组装而成。车顶与两侧铺设 8cm×8cm 网片，网片尺寸包括 100cm×500cm、50cm×450cm 与 100cm×450cm 三种，100cm×500cm 网片加工 5 片，50cm×450cm 网片加工 2 片，100cm×450cm 网片加工 2 片；网片采用 ϕ12 螺纹钢焊接而成，开挖台车具体加工尺寸如图 7.22 所示。

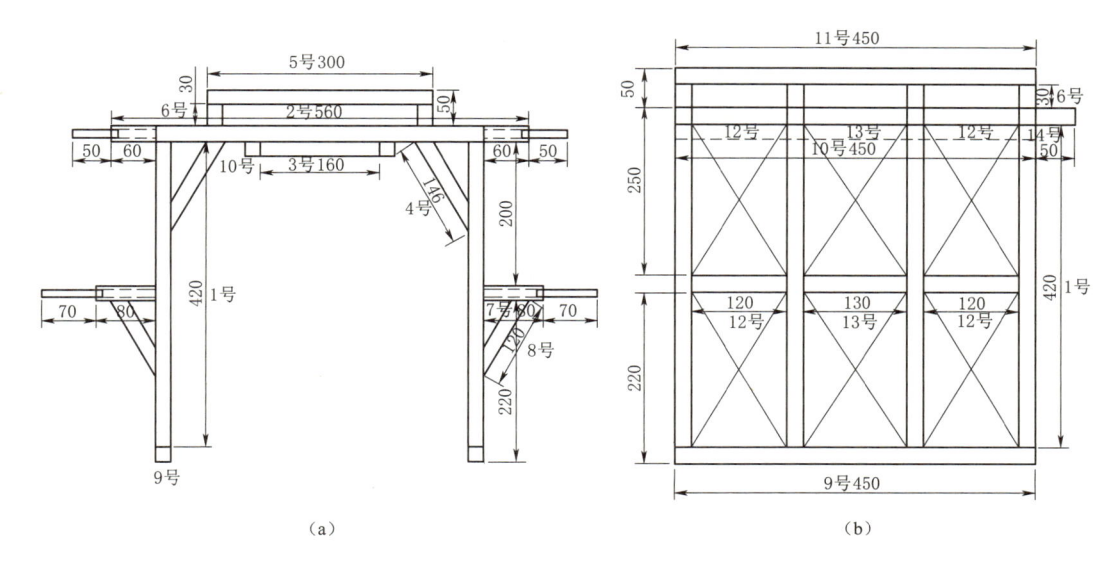

图 7.22 开挖台车具体加工尺寸示意图（单位：cm）
(a) 正视图；(b) 侧视图

对于钻爆法施工的隧洞，常采用钢模台车进行衬砌作业，以保证衬砌施工质量，其组成主要包括模板总成、顶模架、门架总成和行走支撑系统等部分[9-10]。秦岭输水隧洞 7 号洞的衬砌钢模台车具体设计如图 7.23 所示。

7.4.3 不同围岩各工序设计

秦岭输水隧洞初期支护主要采用喷射混凝土、砂浆锚杆、钢拱架、网喷混凝土、灌浆施工。施工顺序为Ⅱ～Ⅴ类围岩每个工作循环按照施作系统锚杆、挂钢筋网（Ⅲ～Ⅴ类）、立钢拱架（Ⅳ类、Ⅴ类）、喷射混凝土的顺序施工，支护参数见表 7.7。

表 7.7 支护参数

围岩类别	衬砌类型	喷层厚度/cm	Φ25中空注浆锚杆 施作部位	长度/m	间距(环×纵)/(cm×cm)	Φ22螺纹砂浆锚杆 施作部位	长度/m	间距(环×纵)/(cm×cm)	Φ8钢筋网 设置部位	间距/(cm×cm)	钢架支撑 间距/cm
Ⅱ	复合	8.0	—	—	—	拱部	2.0	随机	—	—	—
Ⅲ	复合	10.0	—	—	—	拱部	2.5	120×150	拱部	25×25	—
Ⅳ	复合	21.0	拱部	3.0	120×120	边墙	3.0	120×120	拱墙	20×20	120
Ⅴ	复合	23.0	拱部	3.5	120×100	边墙	3.5	120×100	拱墙	20×20	80

7.4.4 出渣及运输

秦岭输水隧洞钻爆法施工段采用装载机装渣、自卸车出渣等方式进行作业，如图 7.24 所示。出渣采用自卸汽车配合装载机出渣，衬砌及铺底混凝土采用轮胎式混凝土输

(a)

(b)

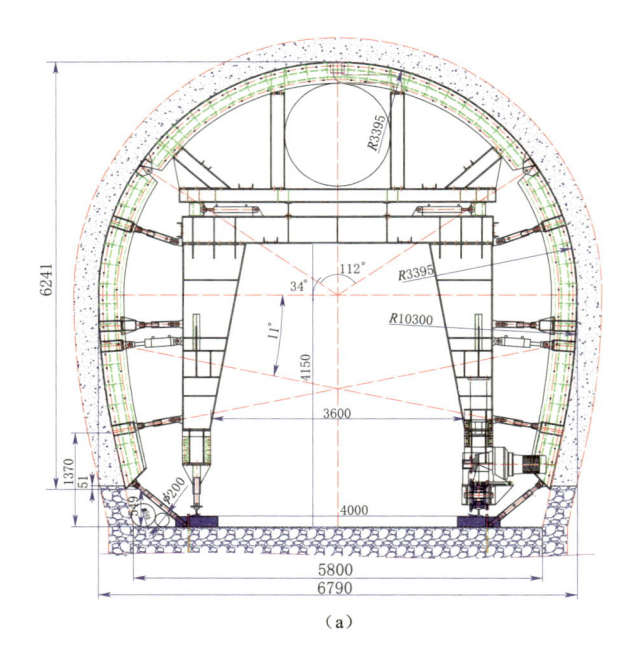

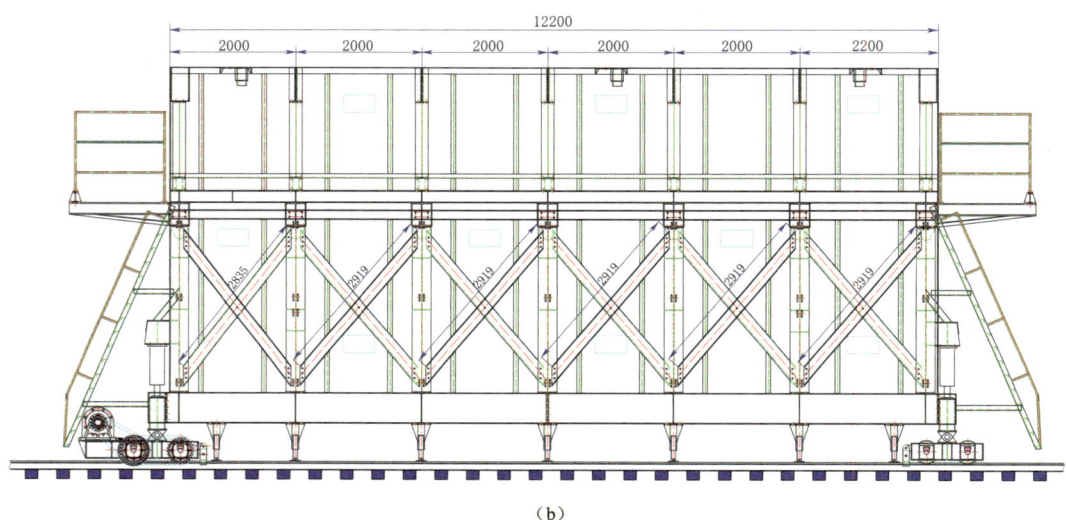

图 7.23　衬砌钢模台车示意图（单位：mm）
(a) 正视图；(b) 侧视图

送车；当弃渣场位置较远时，在洞口附件设置临时弃渣场；支洞内每隔 200m 左右设置一处缓坡错车段，错车道长度 30m，坡度为 3‰下坡，断面采用无轨运输错车道断面；每处错车道 30m 范围终止桩号设置一个调车洞，调车洞大小 7m×4.5m×4m（宽×高×深）。

1. 无轨运输方式

台阶法施工时主要采用挖掘机配合装载机装渣，由挖掘机将上台阶石渣扒到下台阶后，由装载机装渣。全断面时主要采用装载机装渣，自卸汽车运输，挖掘机配合清底渣。

图 7.24 隧洞出渣及运输现场

(a) 装渣；(b) 错车

台阶法出渣装运作业如图 7.25 所示，全断面法出渣装运作业如图 7.26 所示。

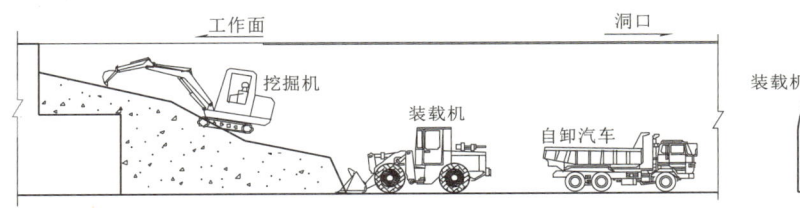

图 7.25 台阶法出渣装运作业示意图

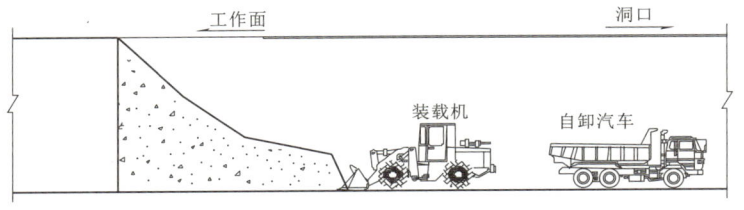

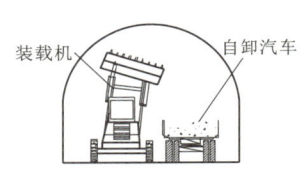

图 7.26 全断面法出渣装运作业示意图

2. 无轨运输运力需求

依据输水隧洞工程施工运输特点，出渣按Ⅱ类、Ⅲ类围岩，施工循环进尺按 3m 计算，一个掌子面每循环出渣量约为 186m³（虚方），每循环出渣时间不超过 2.5h，每辆车运渣来回一次约为 20min，其中包含倒渣、会车等时间 5min，装渣时间每车约为 12min，在保证掌子面时刻有至少 1 辆车出渣的情况下至少应拥有 4 辆出渣车。根据 500m 的施工参数计算，每 500m 需增加 1 辆，全隧需要出渣车 13 辆，每车装渣量不小于 16m³。因此，整个隧洞需配备运输能力为 20m³ 量的出渣车 12 辆。

隧洞设计喷射混凝土采用湿喷工艺，根据设计每循环可喷浆 3.69m³，加上回弹及局部超挖、坍塌等浪费量约为 6m³，因此配置 2 辆 8m³ 罐车用以运送喷浆料及混凝土施工。

7.5 二次衬砌

二次衬砌是指在隧道已经进行初期支护的条件下，用混凝土等材料修建的内层衬砌，以达到加固支护、优化路线防排水系统、美化外观、方便设置通信、照明、监测等设施的作用，以适应现代化隧道建设的要求。二次衬砌是隧道结构中最重要的阶段，代表了最终加固情况，决定地下工作的耐久性与结构强度[11]。二次衬砌施工现场如图 7.27 所示。

图 7.27　二次衬砌施工现场

7.5.1　工序及主要指标

秦岭输水隧洞衬砌施工顺序为：纵向依次从洞口往进洞方向，横向施工先墙后拱再底，其具体工艺流程如图 7.28 所示。在施工过程中，主洞衬砌采用液压混凝土衬砌台车，施工主要步骤包括：混凝土的拌制、运输、浇筑，涂刷脱模剂，振捣器振捣，封顶，拆模。对止水带施工，应当在衬砌台车就位后，在邻近施工缝或沉降缝处的拱架外侧按一定间距安装止水带固定装置，由拱顶向两侧逐段将其放入固定装置的安装槽内并固定，然后安装挡头板。在安装过程中止水带的长度应逐段留有一定的余量，不能绷紧，灌注二次衬砌混凝土时，应随时注意止水带位置的变化，不能被混凝土横向压弯变形，止水带周围混凝土要振捣密实。

施工中需要注意，复合式衬砌施工时，二次衬砌施作应在围岩和初期支护变形基本稳定时进行；混凝土浇筑前应复查台车模板中线、高程、仓内尺寸直到符合设计要求；止水带、止水条安装符合设计及规范要求；基仓清理，底脚施工缝处理；输送泵接头密闭处理；混凝土严格按试验室提供的配合比计量配料，灌筑混凝土时应水平分层对称地进行，当混凝土超过主洞衬砌的拱部以后，混凝土排出管末端应埋在混凝土中，以保证填充完全；混凝土灌注要保持连续性，如因故中止，超过允许时间应按工作缝处理；混凝土灌筑后及时振捣，采用插入式振捣器和附贴式振捣器搭配使用，振捣时避免振动头与模板面接触，不

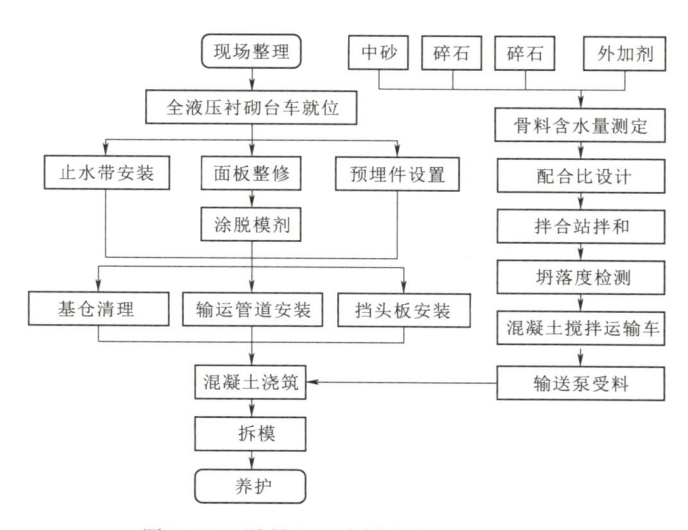

图 7.28　混凝土二次衬砌施工工艺流程

允许振动钢筋。

7.5.2 养护及关键技术问题

混凝土浇筑完成后,应尽量减少暴露时间,并用塑料薄膜紧密覆盖,防止表面水分蒸发。待混凝土初凝前后卷起塑料薄膜,用抹子搓压表面至少 2 遍,使之平整后再次覆盖。混凝土终凝后,撤除薄膜继续进行潮湿养护。现浇混凝土应有充分的潮湿养护时间,尽可能采用蓄水或浇水潮湿养护。普通混凝土结构湿养护时间不少于 14d,大体积混凝土的养护时间不少于 28d。对于带模养护的混凝土结构,保证模板接缝处不至失水干燥。混凝土浇筑 24~48h 后略微松开模板,浇水养护直至下道施工工序为止。在任意养护时间,淋注于混凝土表面的养护水温度低于混凝土表面温度时,二者间温差不大于 15℃。

混凝土养护期间,对有代表性的结构进行温度监控,定时测定混凝土芯部温度、表层温度以及环境气温、相对湿度、风速等参数,并根据混凝土温度和环境参数的变化情况及时调整养护制度,严格控制混凝土的内外温差满足要求。

7.6 灌浆及施工排水

7.6.1 灌浆施工

灌浆是通过钻孔或预埋管,将具有流动性和胶凝性的浆液,按一定配比要求,压入地层或建筑物的缝隙中胶结硬化成整体,以达到防渗、固结、增强效果的一种施工手段[12]。在秦岭输水隧洞中,主要用到的灌浆工艺包括回填灌浆与固结灌浆。

灌浆施工工艺流程如图 7.29 所示。在回填灌浆施工过程中应当注意,在喷射混凝土达到 70%的设计强度后尽早进行回填灌浆;灌浆分两序加密,采用填压式灌浆的方法;回填灌浆范围为隧洞顶拱中心角 120°范围内,且灌浆压力满足设计要求;灌浆过程中如发现漏浆,应根据具体情况采用嵌缝、表面封堵、加浓浆液、降低压力、间歇灌浆等方法处理;在固结灌浆施工中应当注意,固结灌浆施工在回填灌浆结束 7d 以后进行;固结灌浆按环间分两序、环内加密的原则进行,遇有不良地质条件地段则可增为三序;固结灌浆孔范围为隧洞拱墙,且在灌浆前应进行灌浆孔(段)裂隙冲洗。

图 7.29 灌浆施工工艺流程

固结灌浆适用于Ⅳ类、Ⅴ类围岩地段,在初衬完毕后实施。回填灌浆在初衬混凝土强度达到 70%后施工,混凝土喷射前按设计要求预先埋管,然后扫孔入岩 10cm 填压式灌浆。固结灌浆采用全孔一次灌浆,在喷射混凝土前预埋导管,并拴铁丝做标记,回填灌浆结束 7d 后施工,按排间分序、排内加密、下膨胀灌浆塞的方法施工。单孔回填灌浆与单孔固结灌浆的具体工艺流程如图 7.30 所示。

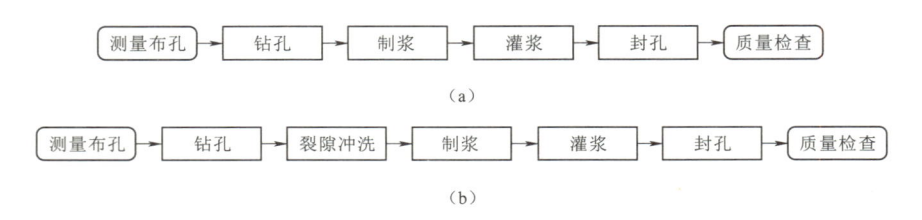

```
测量布孔 → 钻孔 → 制浆 → 灌浆 → 封孔 → 质量检查
```
(a)

```
测量布孔 → 钻孔 → 裂隙冲洗 → 制浆 → 灌浆 → 封孔 → 质量检查
```
(b)

图 7.30 单孔灌浆工艺流程
(a) 单孔回填灌浆工艺流程；(b) 单孔固结灌浆工艺流程

秦岭输水隧洞灌浆施工现场如图 7.31 所示。施工过程中的质量控制主要包含施工过程控制及施工质量检查两个部分。在施工过程中，质检人员的检查验收贯穿于整个过程，以质量检查程序和检测手段来保证工程质量，对原始资料进行严格记录、分析与核对。在施工中对水泥材料质量进行严格把关，对设备仪器进行及时检查并对现场施工人员进行施工质量培训，保障施工过程的质量控制。

对于回填灌浆的质量检查应注意，在回填灌浆结束 7d 后进行，检查孔的数量不少于灌浆孔总数的 5%，检查时在设计规定的压力下 10min 孔内注入水灰比为 2∶1 的浆液，不超过 10L 即为合格。对于固结灌浆的质量检查应注意，在固结灌浆结束 3～7d 后进行，检查采用单点法进行压水试验，检查孔数量不少于灌浆孔总数的 5%，孔段合格率在 80% 以上，不合格孔段合格的透水率不超过设计规定值的 50%，且不集中，则视为灌浆质量合格。

7.6.2 排水系统

秦岭输水隧洞排水系统施工现场如图 7.32 所示。以 3 号洞、6 号洞、7 号洞为例，对其排水系统的基本情况进行概述。

图 7.31 秦岭输水隧洞灌浆施工现场 　　图 7.32 秦岭输水隧洞排水系统施工现场

秦岭输水隧洞 3 号洞在掘进施工时，供水由后配套上设置的容量为 1m³ 的带进水浮阀水箱供给，清水经洞内架设的水管连接到洞外的供水管路，然后通过配套软管流入水箱再分配到各个用水点。为了保证有足够的压力，在水箱旁配置有一水泵，该水泵上配备有直径 50mm 的供水软管，经过 Y 形滤网去除砂粒后接到水箱，由水泵加压后把水供到需

要用水的设备，供水管路一直延伸到掘进机前端。掘进机驱动电动机的冷却循环水通过回水管路回到水箱，压力泵和管路的大小可以保证循环回路所需要的压力和流量，水箱内设有进水浮阀以维持水箱的水位。为了使供水管路具有可延展性，在后配套上还设置了储存供水软管的卷盘，可以存储100m长的供水软管。

3号洞的排水系统主要为机头架后设置的潜水泵，在遇到较大涌水时，可及时将水排走，以保证TBM的连续掘进。水泵装有水位传感器以自动控制排水泵启动及停止，保证连续掘进不受影响。泵上接有直径为100mm的排水管，该水管从掘进机前端一直延伸到后配套尾部的废水箱中，然后通过增压泵经其他管路将水排至洞外。为了保证排水的不间断性，配备了大、小两种功率的排水泵，以便在水泵出现故障后及时更换。

6号洞的主洞试验段水量大，正常涌水量$4679m^3/d$，最大涌水量$9358m^3/d$，考虑斜井正常排水量$500m^3/d$，所以主洞及斜井的总正常涌水量为$5179m^3/d$，最大涌水量为$9858m^3/d$。因此制定合理的地下水处理措施和施工排水方案，配置足够的排水设施，确保施工过程涌水排水安全是工程施工的重点。试验洞段采用2级施工，反坡排水。在3号、6号泵站分别安设3台水泵，采用2用1备的原则设置，将主洞试验段的水分级抽至洞外。主洞试验段的坡比为1/2530，坡度较小，考虑采用小流量大扬程的水泵分级进行排水，试验段每隔1000m设一座接力泵站，每座接力泵站安设2台离心泵。掌子面配备了6台多用泵，将水抽至临时集水坑，再由临时集水坑抽到接力泵站进而排到6号泵站，再由6号泵站将水排到3号泵站进而排到洞外，临时集水坑随着掌子面开挖而同步前移。

秦岭输水隧洞7号洞的主洞试验段纵坡坡比为1/2530，近似于平坡，各作业面的高差影响致使排水不能自流排出，需采用机械排水，故此设置了"泵站＋集水井＋排水管"的方式排水。工作面积水采用移动式潜水泵抽至就近泵站或临时集水坑内，其余已施工地段隧洞渗水、涌水经隧洞内侧沟自然汇集到临时集水坑内或泵站水池内，由固定排水泵站将积水经排水管路抽排至上一级排水泵站内。固定排水泵站工作水泵实用2台，备用2台；集水井工作水泵实用1台，备用1台。泵站之间采用排水管进行长距离输送，前方施工掌子面积水采用临时集水坑来收集积水，小集水泵用消防软管将积水收集并输送至最近的较大的集水泵站内，由排水泵站传递至洞外污水处理池。

秦岭输水隧洞3号洞排水设备主要包括：额定流量为$155m^3/h$，额定扬程为177m，额定效率为0.74的MD155-67×3型工作泵3台；工作水管选用焊接钢管，排水管内径$\phi200$，外径$\phi208$，壁厚4mm；吸水管直径常比排水管直径大一级，流速为0.8~1.5m/s，因此确定吸水管内径为$\phi225$。

施工中采用反坡机械排水，在错车道上游位置设临时集水坑，利用潜水泵将掌子面积水抽排至最近集水坑内，再利用潜水泵将集水坑的水抽至最近泵站内，然后泵站水仓内的水抽至下一级泵站水仓，如此接力将水抽至洞口三级污水沉淀池进行净化，待水质净化达标后，然后排放。

秦岭输水隧洞6号洞的主要抽排水设备包括：155D/30×5（110kW）多级离心泵6台，150D/30×4（90kW）多级离心泵6台；试验洞排水管采用钢管，内径$\phi200$，长5km；主洞试验段排水管同样采用钢管，内径$\phi150$，长4km。

秦岭输水隧洞7号洞的主要抽排水设备包括功率30kW的排污潜水泵和7.5kW的普

通水泵。隧洞内泵站间水量递增较大，考虑到在管理、操作维修上的方便且泵站间高差相近，决定选用与3号洞型号相同的水泵，只在设备数量上相应增加，并设置一条专用380V稳定供电线路。工作面排水采用移动式水泵，管路为 $\phi100$ 消防软管，抽排至就近泵站或临时集水坑内。

7.6.3　施工问题及处理

围绕隧洞钻爆法施工过程中的问题，工程对其相关的灌浆及排水问题进行了专项处理，以保证施工过程中的质量与安全。

1. 灌浆施工的问题及措施

灌浆施工中的特殊情况处理时需注意：钻孔中若出现塌孔、严重掉块等难以成孔现象，采取缩短灌浆段长、浓浆注浆待凝12～24h后扫孔复灌等措施；灌浆过程中发现有冒浆、漏浆，应根据具体情况采取表面封堵、嵌缝、低压限流、浓浆、间歇灌浆等措施进行处理；若相邻孔出现串浆时，如串浆孔具备灌浆条件，可以同时进行灌浆，应一泵灌一孔，否则应将串浆孔内串浆部位以上用灌浆塞塞住，待灌浆孔灌浆结束后，再对串浆孔进行扫孔、冲洗、灌浆。

灌浆工作必须连续进行，若因故中断，应及早恢复灌浆。中断时间超过30min，应立即冲洗，如冲洗无效，应在重新灌浆前进行扫孔。恢复灌浆后，如吸浆量较中断前减少很多，且在极短时间内停止吸浆，则视该段不合格。

施工过程中若出现大量耗浆孔段，首先减小灌浆段长度，降低灌浆压力，减少并限制其注入率，待该段耗浆量仍较大时，且不见压力回升，并无漏浆的现象，则应停止灌浆，待凝24h后复灌。复灌时若注入率逐渐减小，则灌浆至正常结束。若注入率仍很大，灌浆难以结束时，则采用掺中细砂、水玻璃、水泥浆液和水玻璃双液法等方法灌至正常结束。若注入率较待凝前相差悬殊，且耗浆量很小，则应对该段扫孔后再灌浆，如扫孔后注入率仍很小，此孔灌浆即告结束。

对于孔内有涌水的灌浆孔段，在灌浆前应测记涌水量，根据涌水情况，可选择高的灌浆压力、浓浆结束、屏浆、闭浆、纯压式灌浆、速凝浆液、待凝、压力灌浆封孔等措施进行综合处理。若灌浆孔注入量大，灌浆难于结束时，可选用低压、浓浆、限流、限量、间歇灌浆、浆液中掺加速凝剂、灌注稳定浆液或混合浆液等措施进行处理。

在秦岭输水隧洞施工过程中，考虑隧洞断面尺寸较大，精准开孔较难，再加上初期支护钢拱架、锚杆及衬砌钢筋等，给钻孔带来了很大的困难。因此施工中采用金属探测仪，在钻孔前进行定位，尽量避开钢筋，采用多功能地质钻机，避免开孔后在施钻过程中孔位中线偏移。为了准确收集整个灌浆原始数据，采用压力、流量、水灰比三参数压水灌浆自动测控系统，为之后的灌浆分析及成果提供准确数据，如图7.33和图7.34所示。

由于洞内作业面线路长，通信、交通存在困难，尤其是水泥转运问题。附属洞室二次衬砌完成后，转运车辆只能从交叉口倒至灌浆工作面，给作业面施工带来较大难度。因此考虑采取多台车联合作业的方式，同时在少数孔吸浆量较大时，洞内制浆系统无法满足供浆需求时，用混凝土搅拌车从洞外拌合站拌制水泥浆运送至工作面，以满足灌浆需要，如图7.35所示。

7.6　灌浆及施工排水

图 7.33　开孔定位现场　　　　　　　　图 7.34　三参数压水灌浆自动测控系统

2. 施工排水问题及处理

秦岭输水隧洞施工区域地表植被发育，乔木、灌木茂盛，为野生动物良好的栖息地，需进行重点保护，故要求施工现场附近水质良好无污染，环境保护要求高。施工时必须采取切实可行的措施，尽量减少对洞口植被的破坏，确保对周围环境不产生大的影响、防止水土流失。

主洞试验段洞身开挖断面为马蹄形，底部圆弧形开挖难度较大，此外即便开挖出圆弧形，又对出渣及车辆会车行驶造成干扰。主洞试验段底部圆弧形开挖过后对路面施工排水干扰很大，施工中必须考虑开挖低于中心底部的排水沟，难免造成较大的超挖量和仰拱衬砌的回填量。

施工案例：2015年7月7日上午开始，秦岭输水隧洞7号洞主洞上游掌子面掘进至 K68+995 处，开挖面环向多处线状滴水，掌子面呈面状、股状流水，拱腰出现多处直径约 50mm 的带压股状流水。钻孔过程中，大量水自周边孔眼涌出，装药时会推出药卷。经测算，初期涌水量约 13200m³/d，后逐步增加。在污水处理设施超负荷运转情况下，仍不能满足处理洞内污水需要，故在转渣场设置涌水应急处理沉淀池与渗水池以缓解排水压力，编制了《秦岭输水隧洞越岭段7号洞主洞涌水处理应急方案》，从而解决了涌水问题。涌水现场如图 7.36 所示。

图 7.35　多台车联合作业现场　　　　　　　　图 7.36　掌子面涌水现场

应急涌水处理池平面布置如图 7.37 所示。

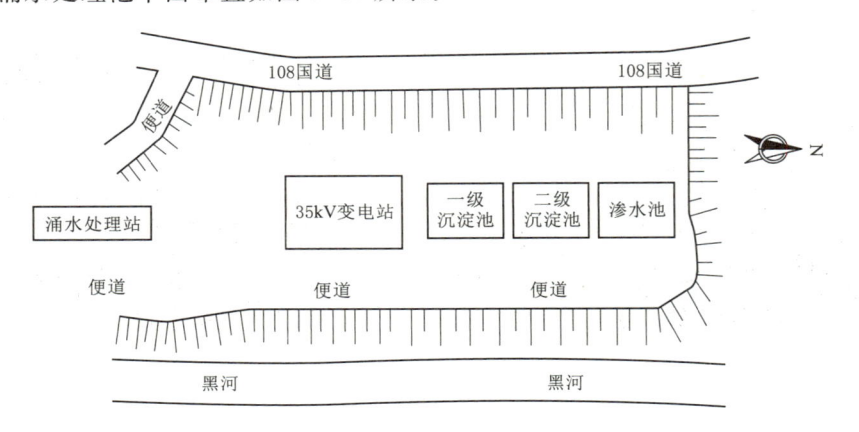

图 7.37 应急涌水处理池平面布置图

突涌水排水工程主要工作量见表 7.8。

表 7.8 突涌水排水工程主要工作量

序号	主要工作	数量	备注
1	转运钢筋、钢管/t	386	
2	破除混凝土/m³	600	
3	翻挖/m³	6000	
4	挖方/m³	1420	
5	人工修整坡面/m²	807	
6	ϕ8 圆钢/t	3.527	
7	砂袋/个	31419	60cm×60cm×15cm
8	I16 工字钢/t	5.785	
9	ϕ22 螺纹钢/t	5.968	
10	ϕ120 钢管/m	30	
11	塑料膜/m²	1787	
12	黄砂过滤层/m³	289	
13	加药机/台	2	
14	搅拌机/台	2	

因材料储备场为多次建设，约有 4 层厚度 30cm 的混凝土硬化层，首先采用破碎锤破碎材料储备场混凝土，再使用挖掘机将 35kV 陈河变电站北侧堆积的洞渣进行厚度为 6m 的翻挖、平整，根据现场实际场地，平整出 50m×20m（长×宽）的场地，在平整过程中将场地按纵向平整为三个台阶，每个台阶长 17m，相邻两个台阶高差为 50cm，如图 7.38 所示。

将平整出来的三块场地依次设置一级沉淀池、二级沉淀池、渗水池，两个沉淀池与渗水池上口 10m×10m（长×宽），深 6m，按 1:0.2 放坡。水池净间距 4~7m。首先在平整好的场地上对沉淀池与渗水池进行放线，撒白灰标志；采用挖掘机进行开挖时，随时观察边坡的稳定情况，尽量避免扰动白灰外的渣体，以免造成边坡滑塌，如图 7.39 所示。

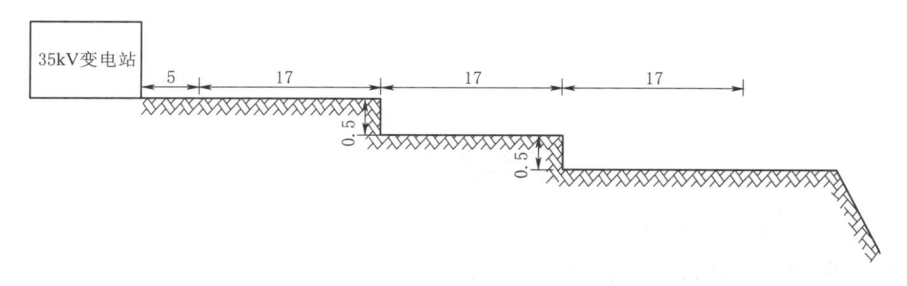

图 7.38　场地平整图（单位：m）

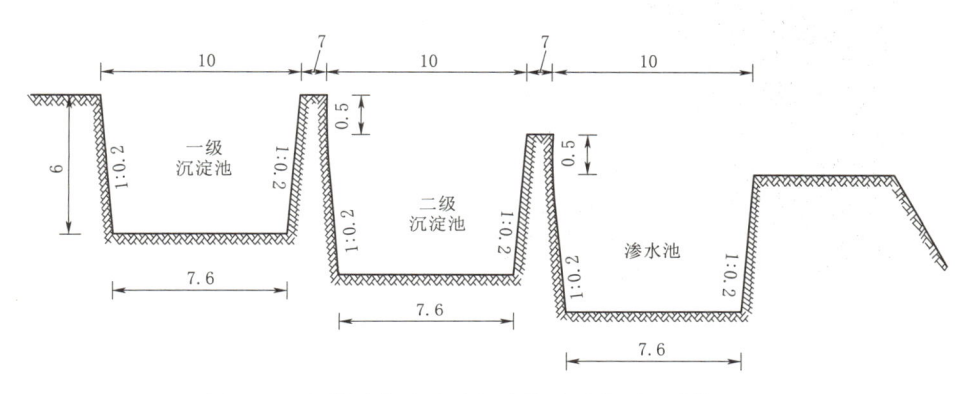

图 7.39　沉淀池与渗水池尺寸设计示意图（单位：m）

沉淀池与渗水池逐个开挖，单个基坑开挖完毕后，及时对其进行支护。首先采用 Φ8 钢筋网片（网格间距 20cm×20cm）对四壁与池底进行铺设，铺设钢筋网片前采用人工对四壁与池底进行平整，清除大块凸起的石块，钢筋网片尽量紧贴开挖面。钢筋网片铺设完毕后，在四壁与池底堆码三层加固砂袋，避免下道工序施工过程中边坡失稳，如图 7.40 所示。

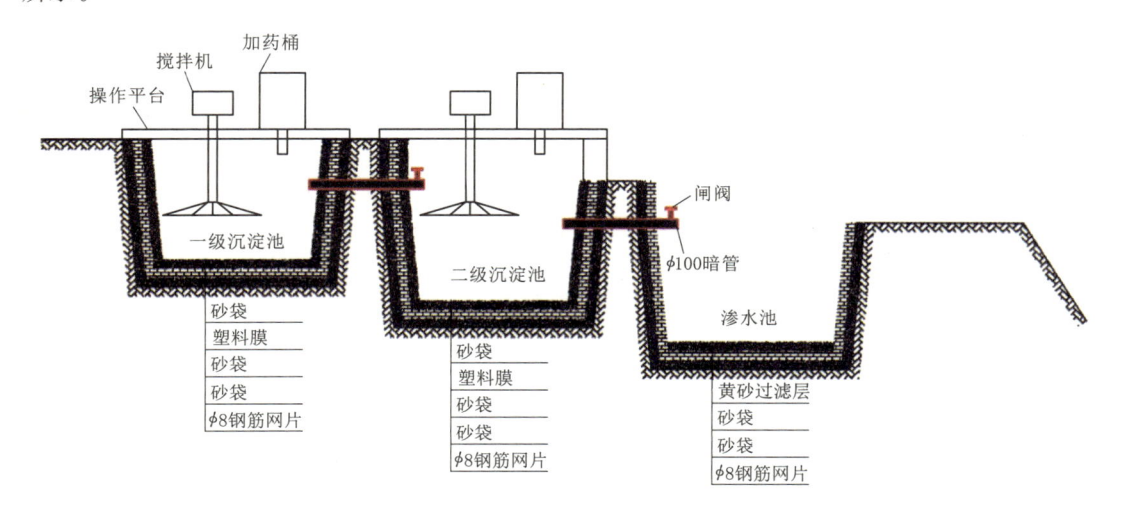

图 7.40　沉淀池与渗水池布置示意图

在一级沉淀池与二级沉淀池中施作隔水层,避免污水渗漏。在做好沉淀池支护的基础上铺设三层加厚塑料膜,在铺设塑料膜时应适当松铺,避免损坏。塑料膜铺设完毕后,再次在四壁与池底堆码砂袋以固定塑料膜。二级沉淀池池底铺设250cm厚黄砂。在渗水池池底及坑壁铺设双层砂袋(麻袋),然后在池底铺设250cm厚黄砂,和砂袋一块组成渗水池过滤层。过滤层施工过程中,在砂袋间每2m间隔设置I16工字钢柱,作为操作平台基础。在两池之间施作暗管,暗管距上级水池池顶80cm,距下级水池池顶30cm,暗管采用ϕ120钢管,首端包裹过滤网,避免石块进入管道将其堵塞,尾端设置闸阀以控制上级水池存水的排放。洞内排水管道布置如图7.41所示。

沉淀池需安装搅拌机与加药设备,需设置设备安装平台与人工操作平台。平台采用I16工字钢与ϕ22螺纹钢加工而成。在沉淀池池顶首先安装1m/根I16工字钢,工字钢固定在工字钢柱及平整好的场地之上。I16工字钢安装完毕后,在工字钢上面铺设ϕ22钢筋网片(网格间距10cm×10cm)。钢筋网片与工字钢焊接牢固。

图7.41　洞内排水管道布置

7.7　机械配套

秦岭输水隧洞3号洞、6号洞、7号洞的主要设备及机具配置见表7.9~表7.13。

表7.9　　　　　　　　　　秦岭输水隧洞3号洞设备配置

序号	设备名称	规格型号	数量	计划到场时间	备注
1	装载机	856(ZF桥、箱)	2台	2013年10月	
2	装载机	ZLC50C	1台	2014年8月	
3	挖掘机	小松PC130-7	1台	2013年10月	
4	空压机	XP825E	2台	2013年10月	
5	空压机	L3.5-20/8	2台	2013年12月	
6	变压器	S11-800-10/0.4	1台	2013年10月	
7	变压器	S11-350-10/0.4	6台	随开挖陆续到场	
8	翻斗运输车	平厢20m³	14辆	2013年10月	运输公司提供(含置换6辆)
9	混凝土运输车	10m³	1辆	2013年10月	运输公司提供
10	火工品运输车	厢式货车	1辆	2013年10月	

续表

序号	设备名称	规格型号	数量	计划到场时间	备注
11	喷浆机	TK600	2台	2013年10月	
12	拌合站	JS750	1个	2013年11月	现有设备
13	通风机	SDFⓒNO12.5	1台	2014年1月	2×110kW
14	通风机	变频风机	1台		
15	通风机	SDFⓒNO11	2台	2014年12月	2×55kW

表7.10　　　　　　　　　　秦岭输水隧洞3号洞机具配置

序号	设备名称	型号	数量	能力	备注
1	电焊机	BX2-500	3台	最大焊接电流500A	洞外
2	电焊机	BX2-400	1台	最大焊接电流400A	洞内
3	钢筋切断机	GD40	1台	最大直径$\phi 40$	
4	钢筋调直机	GT-10	1台	$\phi 4 \sim \phi 10$	
5	台式钻床	Z516	1台	≤16mm	
6	小型空压机	W3.5/5	1台	≤3.5m³/min	
7	小型空压机	W1.6/10	1台	0.8m³/min，1MPa	
8	风动黄油枪	YGL-T08	2个		
9	交流低压配电系统	2000A	1套		含电容补偿
10	交流低压配电系统	630A	6套	100kW	含电容补偿
11	潜污泵	WQ20/45/7.5	27台	扬程45m时20m³/h	
12	砂轮机	M3220	1台	砂轮直径$\phi 200$	钳工、机修
13	砂轮机	M3040	2台	砂轮直径$\phi 400$	磨钻头
14	注浆机	FBY50/70	1台	50L/min	
15	浆液搅拌桶	JW180	2个	筒容180L	
16	混凝土割缝机	HLQ-18	1台	最大切深180mm	

表7.11　　　　　　　　　　秦岭输水隧洞6号洞主要抽排水设备

序号	设备名称	型号	数量	备注
1	多级离心泵	155D/30×5（110kW）	6台	3号泵站
2	多级离心泵	150D/30×4（90kW）	6台	6号泵站
3	污水泵	7.5kW	6台	接力水坑
4	污水泵	5.5kW	多台	掌子面排水
5	钢管	$\phi 200$	5000m	试验洞排水管
6	钢管	$\phi 150$	4000m	主洞试验段排水管
7	发电机组	500kVA		洞外
8	发电机组	300kVA		3号、6号泵站备用电源

表 7.12　　　　　　　　　　秦岭输水隧洞 6 号洞主要施工设备

序号	设备名称	型　号	数量	购置日期	备注
1	挖掘机	小松	1 辆	2010 年 3 月	完好
2	装载机	柳工 ZLC50C	2 辆	2010 年 3 月	完好
3	装载机	信邦 18F	1 辆	2010 年 3 月	完好
4	发电机组	R4105	1 台	2009 年 8 月 14 日	完好
5	变压器	S9－200kVA/10	1 台	2009 年 9 月	完好
6	变压器	S9－1250kVA/10	1 台	2009 年 9 月	完好
7	汽车电子磅	天源	1 个	2009 年 12 月	完好
8	变压器	SP－M－400/10	1 台	2010 年 1 月	完好
9	低压配电柜	环宇	1 个	2010 年 1 月	完好
10	高压配电柜	环宇	1 个	2010 年 1 月	完好
11	水泵机组	30×5 110kW	2 台	2010 年 1 月	完好
12	水泵机组	30×4 90kW	2 台	2011 年 3 月	完好
13	高压计量箱	10kV	1 个	2010 年 1 月	完好
14	发电机组	300kV	1 台	2010 年 3 月	完好
15	螺旋机组	219×8 型	1 台	2010 年 3 月	完好
16	输送泵	中联重科	1 台	2010 年 3 月	完好
17	搅拌机	750	1 台	2010 年 3 月	完好
18	拌合机	500kW×2	1 台	2010 年 3 月	完好
19	空压机	20m^3	5 台	2010 年 3 月	完好
20	通风机	115kW×2	1 台	2010 年 3 月	完好
21	发电机组	500kVA	1 台	2010 年 3 月	完好
22	高压配电柜	10kV	1 个	2010 年 5 月	完好
23	变压器	SQ－400	1 台	2010 年 2 月	完好
24	低压柜组	GGD	1 个	2010 年 2 月	完好
25	高压配电柜	10kV	1 个	2010 年 2 月	完好
26	冷弯机	三港	1 台	2010 年 8 月	完好
27	发电机组	300kW	2 台	2010 年 8 月	完好
28	挖掘机	小松 200－8	1 台	2011 年 2 月	完好
29	空压机	22m^3	2 台	2011 年 2 月	完好
30	风机	185kW×2	1 台	2011 年 2 月	完好
31	高压柜	10kN 1600kVA	2 个	2011 年 2 月	完好
32	低压柜组	400V	1 个	2011 年 2 月	完好
33	变压器	S9－1250kVA/10	1 台	2011 年 2 月	完好

表 7.13　　　　　　　　　秦岭输水隧洞 7 号洞主要施工设备

序号	设备名称	型号规格	数量	制造年份	额定功率/kW	设备技术状态
1	固定式空气压缩机	L3.5-20/8	6 台	2010	110	良好
2	混凝土搅拌机	JS750	2 台	2012	750	良好
3	轴流通风机		2 台	2010	110	良好
4	变压器	1000kVA/10	2 台	2009		良好
5	变压器	200kVA/10	1 台	2011		良好
6	挖掘机	小松 PC220	1 台	2011		良好
7	挖掘机	现代 265	1 台	2011		良好
8	装载机	柳工 856	2 台	2013	163	良好
9	装载机	农工 850	1 台	2011		良好
10	自卸车	红岩金刚	5 辆	2010		良好
11	风动凿岩机	YT 28	20 个	2013		良好
12	混凝土喷射机（湿喷）	TK-961	4 台	2012	7.5	良好
13	电焊机	BX500f	3 台	2012	35	良好
14	钢筋切断机	GJ40A	1 台	2012		良好
15	钢筋弯曲机	GJ7-40	1 台	2012		良好
16	振捣器	插入式	6 个	2011	5	良好
17	潜水泵	QY-15	6 台	2012	10~20m	
18	泥浆泵	NC125-18	4 台	2012		

7.8　场地布置

根据洞口实际地形情况，本着节约用地和满足施工要求的原则，并结合施工标准化要求布设临建设施，以 7 号洞为例，具体相关建设如下：

秦岭输水隧洞 7 号洞主洞建设过程中，在斜井洞口对面南侧布设生活区住房、钢筋场、空压机房；北侧布设拌合站、火工品仓库及临时弃渣场。临建设施分为两部分，分别为生活办公区、施工临时设施区，总共占地为 6500m^2。

生活办公区场地布置在 7 号洞斜井洞口对面。生活区房屋设 6 栋，项目部和施工队分开居住，各占 3 栋，房屋总面积约 2300m^2，颜色为白墙红顶，室内外地面均采用 10cm 厚的 C20 混凝土进行硬化，供施工及管理人员生活，满足安全、卫生、通风、绿化等要求。其中包括职工宿舍，生活配套设施如厨房、浴室、卫生间、化粪池、餐厅等。根据现场情况，在房屋基础外侧设置浆砌片石挡墙以保证板房外边坡的稳定。生产用房采用砖砌结构和彩钢板房，砖砌结构内外进行砂浆抹面，并在结构外侧涂刷成白色，彩钢板房主要是拌合站、空压机房工作人员的工作室和现场存放物质的仓库。项目部、斜井进口处均设置门卫，对进入的人员、车辆进行登记管理。

施工临时设施区包括火工品库、砂石料场、外加剂存放场、混凝土拌合站、钢筋棚、临时材料堆放场地、空压机房、变电设备等，占用场地总共约2043m^2，其中空压机房和配电房占用333m^2，剩余面积用于场地内施工作业和临时弃渣。各区域的主要情况如下：

(1) 钢筋棚。采用轻钢结构搭设，地坪采用石渣铺底、15cm厚C20混凝土硬化，并设置围蔽，围蔽颜色为天蓝色，高度2m。钢筋棚设置在斜井南侧，根据材料的存储量结合钢筋加工场地、焊接场、加工及部分超前小导管加工、半成品、成品的堆放需求。棚内主要分为钢筋原材区、加工区（半成品区）、成品区。原材堆放区设置高0.4m砖砌垫墙，并布置推拉溜槽。变压器场地、调直场地设置面积为300m^2，可满足高峰期钢筋、工字钢堆放。临时供电则根据现场实际情况设置容量为6台630kVA变压器，其中前期洞外2台，后期洞外1台，其余5台进洞周转使用。使用10kV高压线引进洞外和洞内的配电房，再接入各施工场地的配电箱内，在变压器房醒目的位置设置标识标牌，提醒人员切勿靠近，另派专人管理。

(2) 配电房。隧洞外使用10kV高压线从变压器房引进配电房，再接入施工场地的配电箱内，供生产和生活区的生活用电。配电箱分别控制洞外的生活用电、生产用电和洞内的部分生产用电。施工现场供电线路采用架空线和部分埋设电缆，按用电安全技术要求进行布置。现场配1台250kW发电机，以保证停电后的生活、生产用电。随施工进展，采用10kV高压电缆进洞，在洞内分期设置变压器房，再延伸供电，并在影响施工和车辆运行的地方及埋设电缆处设置安全生产标识牌，防生产误挖电缆。

(3) 空压机房。采用彩钢结构，在斜井对面南侧配电房附近，先安装6台20m^{3}空压机，主洞下游掘进500m后，移动5台空压机至洞内，以供隧洞上下游掘进施工使用。主洞上游掘进1500m后，移动1台及购置4台20m^{3}空压机至洞内，以供隧洞上游掘进至贯通使用。空压机摆放间距1.0～1.2m，洞外采用半开放式房屋，洞内开挖扩大断面，以利于通风降温。

(4) 弃渣场。弃渣场距洞口15.8km处，临建工程由相邻标段施工。因弃渣场距离远，为节约车辆投入，在斜井对面北侧设置临时弃渣场，再二次倒运至永久弃渣场。

(5) 施工便道。施工便道利用现有道路直至弃渣场，在使用期间进行维修加固，确保交通畅通无阻。施工便道总长度约15.8km，每500～800m设置长度15m加宽车道用以会车。

(6) 库房。为了满足现场施工的需要，项目部设2间库房，钢筋加工场设4间库房，房体采用彩钢瓦结构，方便安装与拆除。

(7) 场地平整及排水系统。施工场地标高较低处先石渣换填后，再采用15cm厚C20混凝土施作硬化层。现场的排水采用明沟排水，场内雨水通过排水沟排至污水处理系统，洞内污水抽送至污水处理系统。

7.9 本章小结

钻爆法施工是隧洞等地下工程施工中的主要施工方法，在隧洞施工中有着无法替代的作用[13]。本章围绕钻爆法施工，从施工组织设计、施工爆破、衬砌支护、出渣、灌浆、排水、施工特殊情况等多角度，详细介绍了秦岭输水隧洞在采用钻爆法开挖过程中遇到的问题与相应解决方案，展示了钻爆法设计、施工的全过程。

参考文献

[1] 郭陕云．隧道掘进钻爆法施工技术的进步和发展［J］．铁道工程学报，2007（9）：67-74.
[2] 周小松．TBM法与钻爆法技术经济对比分析［D］．西安：西安理工大学，2010.
[3] 李术才，刘斌，孙怀凤，等．隧道施工超前地质预报研究现状及发展趋势［J］．岩石力学与工程学报，2014，33（6）：1090-1113.
[4] 李子华，胡云峰，刘光铭，等．繁华城区明挖地铁基坑微振控制爆破技术［J］．铁道建筑，2015（4）：89-92.
[5] 李立民．秦岭输水隧洞微震活动特征研究［J］．地下空间与工程学报，2021，17（5）：1622-1629.
[6] 王海亮．工程爆破［M］．2版．北京：中国铁道出版社，2018.
[7] 郭建，李兵，刘桂勇，等．钻爆法施工隧道超欠挖控制研究［J］．工程爆破，2021，27（1）：79-84.
[8] 王羿．引汉济渭深埋隧洞衬砌外水荷载应对措施减载规律及应用研究［D］．杨凌：西北农林科技大学，2014.
[9] 张冰．隧洞钢模台车衬砌施工技术措施［J］．山西水利科技，2021（4）：38-39，46.
[10] 廖湘辉，程创，尹麒麟，等．某钢模台车顶部支撑结构多方案设计及比选［J］．现代机械，2020（1）：79-84.
[11] 刘庭金，朱合华，丁文其．某高速公路隧道二次衬砌安全性分析［J］．岩石力学与工程学报，2004（1）：75-78.
[12] 王新，李卓．隧洞衬砌后注浆堵漏技术浅析［J］．陕西水利，2019（10）：146-148.
[13] 王梦恕．中国铁路、隧道与地下空间发展概况［J］．隧道建设，2010，30（4）：351-364.

第 8 章 复杂工程地质条件与应对（一）：岩爆

8.1 引言

8.1.1 岩爆

近年来，在我国经济高速发展的带动下，大批水利水电、交通运输、矿山矿井等领域的深埋长大隧洞全线开工建设，地下洞室呈现"长、大、深、群"的明显特点，由此带来了许多深部岩石力学问题，包含岩爆、突涌水、围岩大变形、高低温、放射性与有害气体，其中尤以岩爆最为突出[1]。同时受复杂的地下环境及高地应力的影响，使岩爆的发生愈加频繁。

1. 岩爆现象

岩爆是深埋地下工程施工过程中常见的一种极为复杂的动力破坏现象，它不仅破坏地下工程结构，损坏生产设备，同时还严重威胁施工人员的生命安全。岩爆具有很强的突发性、随机性，对隧洞工程施工带来了极大的危害，在钻爆法或 TBM 掘进施工过程中，掌子面附近的拱顶、边墙、洞壁处的岩石突然发生爆裂，伴随着噼啪声、子弹射击声、撕裂或清脆、沉闷等人耳可闻的声响，同时弹射出各式各样的岩片，如中部厚的透镜状、棱块状、片状、鳞片状、少数板状、块状、扁豆状，且大小悬殊，厚度不一，强烈岩爆可抛射巨石，甚至一次性抛出数以吨计的岩块和岩片。岩块、岩片或巨石以一定的初速度下落，砸在洞底或者设备上引起明显震动。破坏区域的破碎岩体被清除以后，形成一个"锅底状"的弧形爆坑，具体形态也有平缓弧形或尖棱状弧形、V 形、犬牙状 W 形等。岩爆一般主要发生在掌子面附近的洞壁，在掌子面后方 0.6~1 倍洞径范围内，时间在 24h 以内，但往往也存在滞后型岩爆，一般发生在开挖 1~2 个月甚至更长时间之后。

2009 年 11 月 28 日，四川锦屏二级水电站最大埋深 2500m 的引水隧洞施工过程中发生了历史罕见的极强烈岩爆，距离掌子面 7~20m 范围内，爆坑深度达到 8~9m，爆方总量达到上千立方米，导致了 7 名工人遇难，正在施工作业的 TBM 设备被埋，主梁断裂，严重损坏[2]。

图 8.1 为掌子面附近发生的典型即时型应变型岩爆，施工过程中的隧洞掌子面、距掌子面 0~30m 范围内的隧洞拱顶、拱肩、拱脚侧墙、底板以及隧洞相向掘进的中间岩柱等，多在开挖后几个小时或 1~3d 内发生。发生在完整、坚硬、无结构面的岩体中；爆坑

岩面非常新鲜，爆坑形状有浅窝形、长条深窝形和V形等[3]。图8.2为引汉济渭工程秦岭输水隧洞建设过程中遭遇的岩爆现场照片。

(a)　(b)
(c)　(d)

图8.1　典型即时型应变型岩爆实例
(a) 拱顶；(b) 右侧边墙；(c) 左侧边墙；(d) 起拱线以下南侧边墙

图8.2　岩爆造成的极大破坏和伤害

锦屏二级水电站 1900～2500m 埋深 4 条引水隧洞和施工排水洞（桩号 K5+500～K6+230 和 K7+374～K9+100）约 8.2km 洞段施工过程发生时滞型岩爆。陈炳瑞等[4]研究认为：图 8.3（a）结构面端部岩石完整性较好，具有一定的储能能力，岩爆发生时多以薄片状或薄楔形体碎块为主，厚度一般为 0.2～0.5m，破坏往往以沿结构面的扩展和结构面端部的折断为主。图 8.3（b）结构面多与洞轴线夹角较大，若该区域只存在该类型结构面，则围岩的稳定性一般较好；但若该区域存在其他结构面，且结构面扩展、延伸并贯通时，往往会发生强度较大的时滞型岩爆，爆出块体以楔形体为主，块体相对较大，厚度以 0.4～0.8m 为主，但较少超过 1m。图 8.3（c）、（d）破坏以沿结构面的扩展和滑移为主，钢纤维混凝土喷层支护系统被破坏，小夹角铁锰质渲染原生结构面明显，爆坑为盆地形，爆出岩体较破碎。

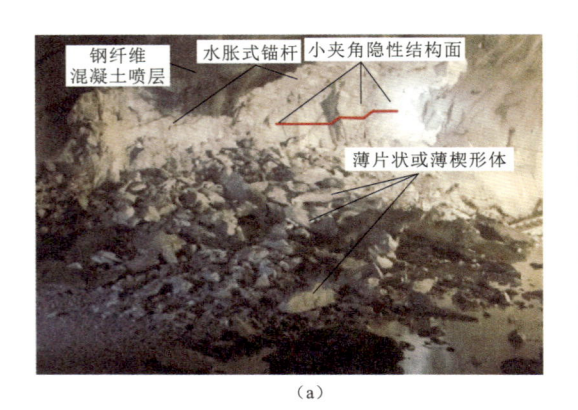

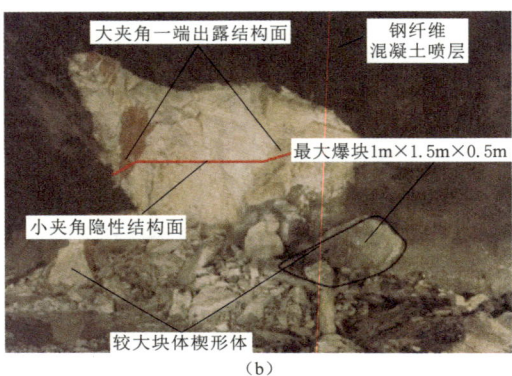

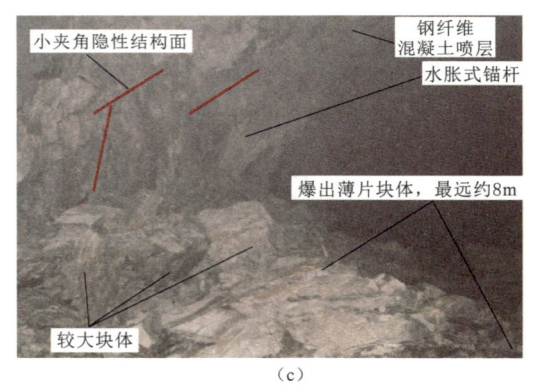

图 8.3 典型的时滞型岩爆破坏形态[4]
(a) 小夹角隐性结构面主导的时滞型岩爆；(b) 组合结构面主导的时滞型岩爆；
(c) 时滞型岩爆（北侧边墙）；(d) 时滞型岩爆（南侧边墙）

2. 岩爆定义

到目前为止，国内外学者对于岩爆的定义仍然难以达成统一的认识[5-6]。2018 年，中南大学学者在 Tunnelling and Underground Space Technology 发表综述类学术论文，列举了 1965—2018 年各国学者关于岩爆的定义[7]。1965 年，学者 Cook[8] 从岩爆的破坏现象出发,将岩爆定义为由于能量的突然释放而引起的微震事件。以 Russenes[9] 为代表的一派学者认为只要岩体破坏时有响声,伴随片帮、爆裂甚至弹射等现象,并有新鲜的破裂面形成即可称为岩爆。而以谭以安[10] 为代表的学者则持另一种观点,认为破坏岩体产生弹射、抛射性的破坏(弹射速度大于 3m/s)才能称为岩爆,而无动力弹射现象的岩石破裂应归于静态下的脆性破坏。唐春安[11] 认为岩爆的孕育过程应属于静力学机制,而岩爆的发生过程则属于动力学范畴。2014 年,钱七虎[12] 从岩爆的防治角度出发,将岩爆定义为高地应力地区由于地下工程开挖卸荷引起的围岩弹射性破裂的现象,而将无动力弹射现象的围岩脆性破坏归于围岩静力稳定性丧失现象。2019 年,冯夏庭等[13] 认为岩爆是在开挖或其他外界扰动下,地下工程岩体中积聚的弹性变形势能突然释放,导致围岩爆裂、弹射的动力现象。此外,加拿大学者将岩爆定义为伴随地震发生并以突然或猛烈声发射方式对地下开挖结构的破坏现象。南非学者 Ortlepp[14] 认为岩爆是对土木工程和采场工作面、井巷硐室等地下巷道造成猛烈严重破坏的因应变能突然释放而导致岩体瞬间运动的微震事件。

综上所述,岩爆定义难以达成共识的主要原因有:岩爆现象在隧洞、竖井、采矿、洞室不同类型工程中均有发生,每个行业人员对其理解和认识不同;在全世界各国均有发生,如南非、加拿大、中国、智利、澳大利亚、挪威、俄罗斯、美国、韩国、瑞典、瑞士等。各国分属不同大洲,地层形成、地质构造等不仅不同,科技经济发展水平也不同,因此对于岩爆的认识相差较大。

3. 硬质脆性隧洞围岩破坏模式

虽然岩爆是围岩的主要破坏模式,但并非唯一破坏模式。国内外多位学者通过研究建立了围岩破坏模式分类体系,见表 8.1。

表 8.1　　　　　　　　硬质脆性隧洞围岩破坏模式分类

研究者	分类依据	分　类
于学馥等[15]	破坏机制	局部落石破坏、拉断破坏、重剪破坏、剪切破坏与复合破坏、岩爆和潮解膨胀破坏
王思敬等[16]	破坏机制和地质结构	脆性破裂、块体滑动和塌落、层体弯折和拱曲、松动解脱
孙广忠[17]	破坏机制和表现形式	张破裂、剪破裂、结构体沿软弱结构面滑动、结构体滚动、倾倒、溃屈、弯折
Hoek 等[18]	岩体结构特征、地应力	块体失稳、片帮、岩爆、断层滑动、弯曲破坏
张倬元等[19]	围岩结构	弯折内鼓、张性塌落、劈裂剥落、剪切滑移和岩爆
Hudson 等[20]	失稳的控制因素	结构控制型破坏、应力控制型破坏
吴文平等[21]	脆性岩石变形破坏特征和围岩的力学响应	岩爆(应变型岩爆、结构面型岩爆)、静态脆性破坏(片帮剥落与溃屈破坏、弯折内鼓、沿节理面或层理面张裂、沿结构面滑移拉裂)、塌方(块体垮落或滑落、沿块体开裂面—结构面滑移、软弱夹层挤出)(图 8.4)
《水力发电工程地质勘察规范》(GB 50287—2016)[22]		岩爆(强度应力型、构造尖端型、构造应变型、构造滑移型) 松弛破坏(强度应力型、构造型) 塑性变形(强度—应力控制型、混合型)

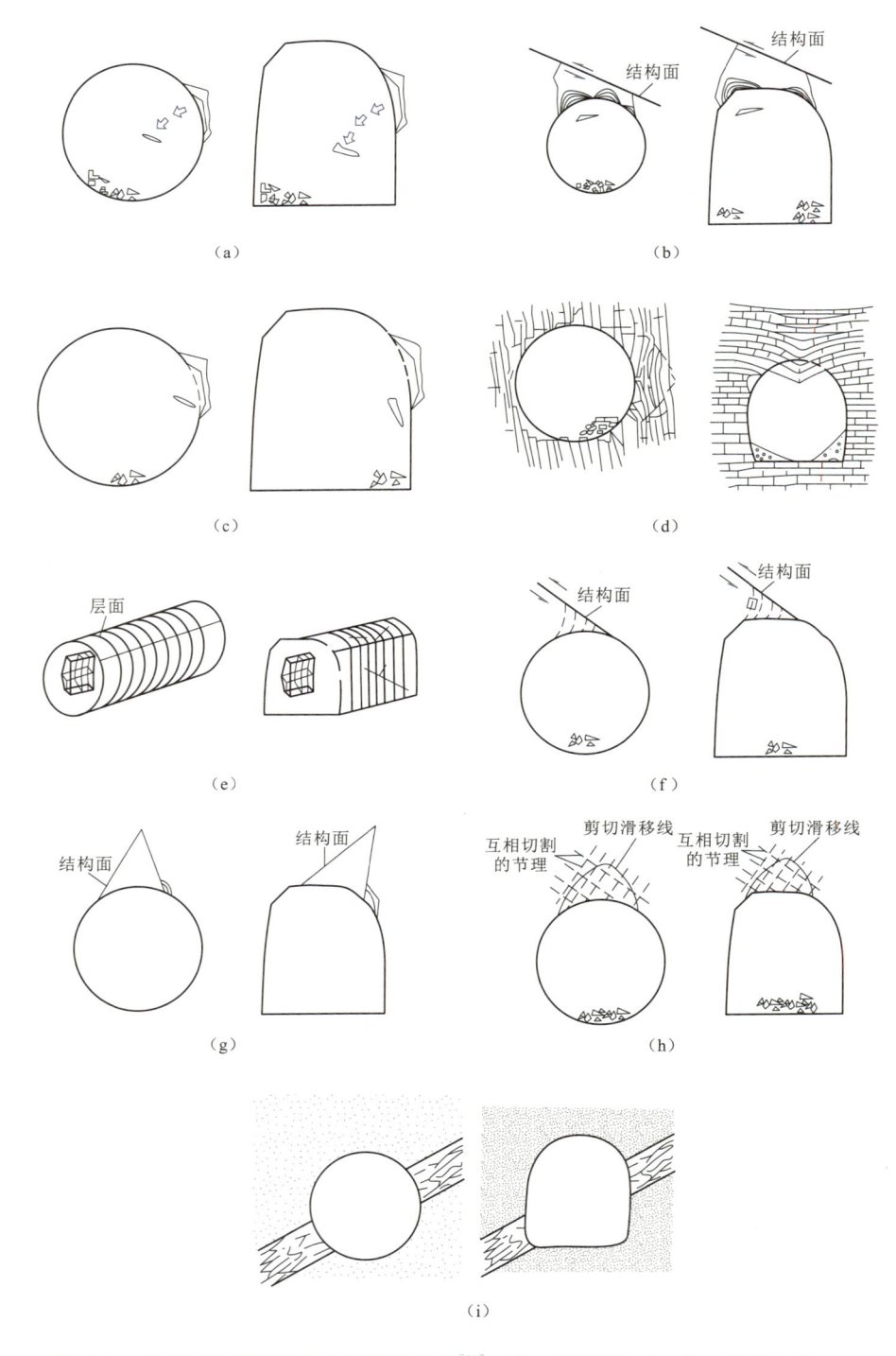

图 8.4　深埋硬岩隧洞围岩典型破坏模式[21]（左：TBM 施工；右：钻爆法施工）
(a) 应变型岩爆；(b) 结构面型岩爆；(c) 片帮剥落与溃屈破坏；(d) 弯折内鼓；(e) 沿节理面或层理面张裂；
(f) 沿结构面滑移拉裂；(g) 块体垮落或滑落；(h) 沿块体开裂面—结构面滑移；(i) 软弱夹层挤出

张春生等[23] 对深埋脆性围岩的主要开挖响应进行了详细的介绍和总结，包含应力损伤、应力节理、片帮、岩爆、应力型坍塌、破裂扩展。应力损伤是脆性岩石的基本特征，脆性岩石应力水平超过启裂强度以后，即可出现微破裂现象，在试验室通过声发射测试得到反映，一般不会对工程造成影响。应力节理是由高应力导致岩体破坏产生的新的破裂现象，其部位与隧洞围岩应力集中区对应，产状受到洞周围应力状态的影响，可以与构造节理形成显著差异。片帮是典型的应力型破坏形式，破坏块体呈薄片状，一般认为片帮属于张拉破坏，或者强烈切向应力集中挤压导致的拉破坏。岩爆对工程影响要大得多，主要是岩爆破坏具有剧烈性特征，岩爆发生时伴随着强烈能量释放及其导致的岩体破坏对施工安全造成严重威胁。应力型坍塌是在岩体应力水平超过岩体强度以后的破坏方式，此时围岩质量相对较差，破坏不是以剧烈方式出现，往往需要经历一个发展过程，破坏出现声响现象，但不具有冲击性。

8.1.2 国内外岩爆研究综述

岩爆灾害问题是岩土与地下工程界亟待解决的一个世界难题，由于岩爆的极端复杂性和各种地质条件的多样性，迄今仍未攻克这一难题。

1640年，德国阿尔滕贝格锡矿发生的岩爆导致多年停工，可能是世界上最早的灾难性岩爆事件[13]，也有很多学者认为世界上最早的岩爆记录是1738年英国南斯坦福煤田。随后在世界范围内就有数十个国家和地区记录有岩爆问题，苏联的塔什塔戈尔深部铁矿在1959—1992年累计岩爆记录就有620起；德国鲁尔盆地的煤矿山1910—1978年记载的对矿山生产造成威胁的岩爆次数为283起；南非1918年深部金矿岩爆次数的记载为233起，到1975年31个深部金矿的岩爆次数上升为680起。据资料，单是1935—1985年，世界范围内记载的较大型深部矿山岩爆就有570余起。1996—2003年，岩爆是南非金属矿山造成致命事故的第二大因素。国外对岩爆的研究已经有几十年的历史，特别是近十几年来十分重视，南非、英国、法国、波兰、加拿大、挪威、美国等国家对岩爆的研究比较活跃。1983年10月在伦敦召开了"岩爆预测与控制"的国际岩爆会议。近年来各种国际性深埋隧道、深部岩石学术会议上都有岩爆方面的论文发表。

秦岭输水隧洞工程具有岩性复杂、埋深大和水平应力大等特点，导致岩爆的岩性涉及岩浆岩和变质岩，岩质坚硬，其发生可能是由于高构造应力或高自重应力产生，其破坏可能是沿节理面、层面等结构面的片帮或局部的弹射等；现有的国内外其他工程实录（如我国天生桥二级水电站引水隧洞、岷江太平驿水电站引水隧洞、锦屏二级水电站勘探平洞、二滩水电站引水隧洞、西康铁路秦岭隧道Ⅱ线平导及川藏公路二郎山隧道等）岩爆的研究成果有一定的借鉴，但是这些工程隧洞的埋深和长度都不及引汉济渭工程秦岭输水隧洞，因此，其岩爆形成机理、判据及分级和岩爆预测等都不能全面满足本工程需要，需要结合本隧洞工程地质环境特点对岩爆进一步研究，以提出与本隧洞工程特点相适应的岩爆预测与防治技术指导工程施工，表8.2为我国1961—2021年已经发生岩爆的工程汇总。

目前关于岩爆理论的研究已取得了一定进展，但是其理论的普遍性、解决所有实际工程灾难等问题，如适用于各类岩性环境中岩爆的控制预防及预测预报还存在许多不足，岩爆成因和破坏机制、岩爆发生判据、岩爆发生等级、岩爆发生时间等关键技术问题没有

表 8.2　我国 1961—2021 年已经发生岩爆的工程汇总（不完全统计）[2]

工程名称	岩性及围岩等级	最大埋深/m	岩爆等级及比例/% 轻微	中等	强烈及极强烈	岩爆次数/次	岩爆段长度/m
成昆铁路关村坝隧道	石灰岩（Ⅰ～Ⅱ类）	1650	为主	少量	无	—	—
二滩水电站左岸导流洞	玄武岩、正长岩、少量辉长岩	200	为主	少量	无	—	315.0
岷江太平驿水电站引水隧洞	花岗岩、花岗闪长岩	600	为主	少量	少量	>400	—
天生桥二级水电站引水隧洞	白云质灰岩	800	70.00	29.5	0.50	30	330.0
西康铁路秦岭隧道	花岗岩、片麻岩（Ⅱ类、Ⅲ类为主）	1615	59.30	34.3	6.40	—	1894.0
川藏公路二郎山隧道	砂岩、泥岩、灰岩	760	为主	少量	无	>200	1252.0
重庆通渝隧道	灰岩、石灰岩、白云岩为主（Ⅲ类、Ⅳ类为主）	1050	91.00	7.8	1.20	—	655.0
重庆陆家岭隧道	凝灰岩	600	55.80	39.7	4.50	93	—
瀑布沟水电站进厂交通洞	闪长花岗岩（Ⅱ类、Ⅲ类）	420	79.08（A洞）/82.60（B洞）		20.92（A）/17.40（B）	183	1731.2（A洞）/1535.9（B洞）
秦岭终南山特长公路隧道	混合片麻岩混合黄岗岩（Ⅳ类、Ⅴ类）	1600	61.70	25.6	12.70	—	2664.0
锦屏二级水电站引水隧洞	大理岩（Ⅱ类、Ⅲ类）	2525	44.90	46.3	8.80	>750	>4893.8
江边电站引水隧洞	片岩、花岗岩	1678	46.40	50.4	3.20	>300	约4027.0
引汉济渭工程秦岭输水隧洞岭南TBM段	石英岩、花岗岩夹石英岩	1351	84.95	14.0	1.05	285	1682.0

彻底研究清楚，从而不能提出所有岩爆类型都适用的技术措施。岩体结构特征包括岩石结构特征和结构面特征，是影响岩爆发生与否和发生烈度的本质因素。目前对这方面的研究缺乏全面系统的理论分析和试验研究，对岩爆的岩体结构特征机理认识还不够全面。

岩爆轻则会影响工程施工的进度，重则会带来巨大的经济损失和人员伤亡。如美国开采深度超过 2000m 的幸运星期五（lucky Friday）深部铅锌银矿山，每年因为岩爆而造成的经济损失约 50 亿美元；埃尔特尼恩特（El Teniente）铜矿年产量 43.2 万 t，作为世界上最大的地下铜矿，因为岩爆的频繁发生导致在 1992 年 3 月停产 22 个月之久。岩爆问题已成为地下工程领域世界性的问题，广泛存在于交通、水工、厂矿等领域的地下洞室建设过程当中，已经严重制约了经济建设的发展。对于岩爆的研究不仅对确保秦岭输水隧洞的安全施工具有重要的现实意义，而且对于丰富和发展岩爆灾害预报、防治理论也将起到积极的推动作用。

8.1.3 岩爆的主要研究方向

1986年，天生桥二级水电站引水隧洞发生弱～中等级别的岩爆，影响了施工安全，引起了工程指挥部的高度重视，组织了多家单位参加岩爆攻关组，开展了系统的岩爆研究工作，发表了大量相关论文，对岩爆发生的条件、机理、分类、防治等各个方面的认识有了显著的进步，为我国岩爆研究作出了重要贡献[24]。

为了降低岩爆可能造成的工程事故风险，国家也先后对岩爆的研究给予了有力的支持，科技部、国家自然科学基金委员会等部门启动了一批重大岩爆科研项目，如国家自然科学基金重大项目"深部岩石力学研究"、"十一五"国家科技支撑计划课题"深埋长隧洞TBM施工的安全性评价"、973项目"深部重大工程灾害孕育演化机制和动态调控理论"等，这些项目的开展大大促进了岩爆的深入研究，在岩爆试验、监测、机制、预警及防控措施等方面的研究均取得了显著成果。

在Engineering Village数据库中搜索关键词"rockburst"，得到1980—2018年中外学者每年发表论文数量，2008年后中国每年发表的外文论文已经超过总量的一半。以"岩爆"为关键词在中国知网CNKI中检索文献，2008年后，每年发表相关论文数量显著增加，为120～180篇。从岩爆的研究方向来看，研究机制比例最高，占37.84%，研究预警、防控的各占25%左右。从研究的工程背景来看，以研究隧道的岩爆问题居多，超过50%。检索结果如图8.5所示。

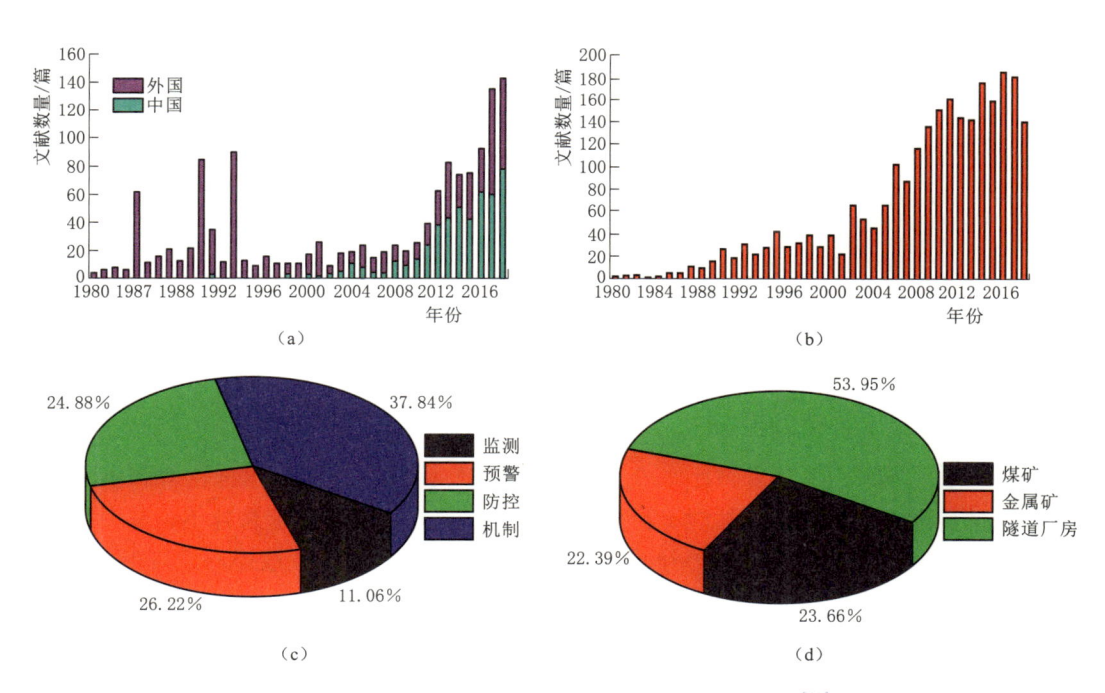

图8.5 以"岩爆"为关键词中外文文献检索结果[13]

(a) 以"rockburst"为关键词在Engineering Village数据库外文文献检索结果；(b) 以"岩爆"为关键词检索文献数量；(c) 岩爆研究方向文献检索结果；(d) 岩爆涉及工程类型文献检索结果

8.2 岩爆分类及其特征

8.2.1 岩爆的分类

通过对岩爆现象的观察，可以了解到，所发生的岩爆都具有一般性规律，如岩爆多发生在高地应力区，埋藏很深的坚硬完整、干燥无水、脆性岩层中；岩爆产生的岩片和岩块多从掌子面和掌子面附近的拱顶、侧壁弹射出来；产生岩爆的时间，一般在隧道开挖后几个小时内或较长时间后发生，并伴随有大小不同的爆裂声等。但是，由于构筑物所处的地理环境、地质构造条件、岩性及工程设计走向、施工方法、洞形等因素的不同，隧洞开挖后，产生岩爆的规模、形态以及破裂程度均有十分显著的差异。为便于描述及统计，根据其破裂程度、几何尺寸、发生的时间和空间、孕育机制和产生的机理等不同方面对岩爆进行分类。

1. 按破裂程度分类

（1）破裂松弛型围岩成块状、板状或片状爆裂，爆裂声响微弱，偶然可听见噼噼啪啪响声，破裂的岩块（板、片）少部分已与洞壁母岩断开，但弹射距离很小；顶板岩爆的石块主要是坠落；底板岩爆石块堆积在原处，大多数与母岩尚未断开，不易从洞壁上撬下来。

（2）爆裂弹射型岩爆的岩块（片）完全脱离母岩，经安全处理后留下岩爆破裂坑。岩爆发生时爆裂声响如枪声，弹射岩块（片）最大不超过 $1/3 m^3$，直径 $5\sim10 cm$，有拳头大小，也有粉末烟雾状的岩粉喷射。危害主要是弹射的岩片伤人，对机械、隧洞影响较小。

（3）爆炸抛射型有巨石抛射，声响如炮弹，抛石体积数立方米至数十立方米，抛射距离数米至 $20 m$，抛石对机械、支撑有损坏，但震动不会造成大的破坏。

（4）冲击地压型是指矿山巷道大规模突石、突煤，伴随有顶板边帮垮塌，底板隆起，造成巷道坍塌堵塞，破坏范围较大，震动亦引起破坏。岩爆发生时释放能量规模较大，这是一种特殊的岩爆形式，与隧洞及地下工程洞室情况不同。

（5）远围岩地震型采矿活动靠近断层、岩脉引起断层、岩脉聚能孕震，在围岩深部产生地震，而坑道洞壁围岩并不发生破坏。

（6）断裂地震型一种情况是在深部矿井中，复杂的巷道使围岩应力集中而突然破裂，产生数百米长的小断层、伴随产生 $3.0\sim4.5$ 级地震，使地下及地面建筑物遭到破坏。另一种情况是深部矿井在回收矿柱时，矿柱个数越来越少，矿柱面积越来越小，其中一个矿柱突然破裂，造成连锁反应，而产生小断层，伴随有 $3.0\sim4.0$ 级地震，造成巷道坍塌、堵塞、冒落，甚至塌陷。

山岭隧道和水工隧洞施工中遇到的岩爆主要属于前三种类型。

2. 按岩爆的几何尺寸分类

岩爆破裂坑中心点大致可以连成一条平行于洞轴的直线，以下将岩爆坑平行于洞轴方向的长度称为长，垂直于洞轴方向的长度称为宽。由于宽度变化幅度不大，以下用岩爆坑连续分布的长度进行分类。其中，零星分布，长 0.5~10m；成片分布，长 10~20m；连续分布，长大于 20m。

3. 按岩爆发生的时间和空间分类

根据岩爆发生的时间与施工时间和空间的关系，可将岩爆分为即时型岩爆、时滞型岩爆和间歇型岩爆[13]，详细岩爆特征见表 8.3。

表 8.3　　　根据岩爆发生的时间与施工时间和空间的关系分类的岩爆特征[13]

岩爆类型	特　征	典　型　案　例
即时型	发生频次相对较多；多在开挖后的几个小时或是 1~3d 内发生；多发生在距工作面 3 倍洞径范围内	在开挖爆破后 1h 内发生岩爆，爆坑位于掌子面后方 0.5 倍洞径范围内
时滞型	发生频次相对较少；在开挖后数天、1 个月、数月后发生；发生位置距离工作面可以达到几百米	岩爆发生时，该部位已经开挖 5d，岩爆位置距离开挖工作面约 5 倍洞径
间歇型	发生频次相对较少；多发生在掌子面附近，在有施工扰动和无施工扰动情况下均可能发生	开挖后，发生中等岩爆，之后该区域停止施工，但是岩爆持续发展，第 3 天发生了强烈岩爆，第 5 天仍有块体弹落，该岩爆持续发展时间超过 100h，并且爆坑长度从 3m 延伸至 20m 左右

4. 按岩爆孕育机制分类

根据岩爆孕育机制可将岩爆分为应变型岩爆、应变—结构面滑移型岩爆和断裂滑移型岩爆，具体岩爆特征见表 8.4。

表 8.4　　　　　　　　　不同孕育机制岩爆的特征[13]

岩爆类型	发生条件	特　征	典　型　案　例
应变型	完整，坚硬，无结构面的岩体中	浅窝形、长条深窝形、V 形等形态的爆坑，爆坑岩面新鲜	无明显结构面，最终形成浅窝形爆坑
应变—结构面滑移型	坚硬、含有零星结构面或层理面的岩体中	结构面控制爆坑边界，一般情况下破坏性较应变型大	受结构面的影响，最终形成长 5.0m、宽 4.5m、深 0.5m 的爆坑
断裂滑移型	有大型断裂构造存在	影响区域更大，破坏力更强，甚至可能诱发连续性强烈岩爆	受断层影响，南非 Carletonville 金矿的一个矿井发生了岩爆，采场受到严重破坏

5. 按岩爆产生的机理划分[23]

按岩爆产生的机理可将岩爆划分为应变型岩爆、构造型岩爆和岩柱型岩爆，表 8.5 为典型岩爆的类型划分。

(1) 应变型岩爆：应力超过岩石强度发生的剧烈破坏，产生弹射的现象。当所释放的能量超过围岩可以消耗的能量，就会导致岩爆破坏，否则不会发生岩爆。按照机理可进一步划分为剧烈应变型、鼓胀应变型、鼓胀扩展应变型。

(2) 构造型岩爆：由于岩体中结构面构造受到高应力作用发生滑移错动导致能量释放冲击围岩，形成围岩破坏，称为构造型岩爆。能量释放称为微震事件，滑移型机理的认识和接受程度较高。按照机理可进一步划分为端部构造型、滑移构造型、应变构造型。

(3) 岩柱型岩爆：两个开挖面之间的残余岩体称为岩柱，岩柱破坏引起的岩爆称为岩柱型岩爆。根据岩柱内是否存在构造分两个亚类，即应变岩柱型和构造岩柱型。

表 8.5　　　　　　　　　　　　　典型岩爆的类型划分

研 究 者	分类依据	岩 爆 类 型
张倬元等[19]	岩爆发生的部位及释放能量的大小	洞室围岩表部突然破裂引起的岩爆、矿柱或大范围围岩突然破裂引起的岩爆、断层错动引起的岩爆
左文智等[25]	岩爆形成的内在因素	水平构造型、垂直压力型和综合型
张津生等[26]	破裂程度	破裂松弛型、爆脱型
	规模	零星岩爆（0.5~10m）、成片岩爆（10~20m）、连续岩爆（20m以上）
谭以安[27]	岩爆岩体高应力成因和主应力 σ_1 方向	水平应力型、垂直应力型和混合应力型
汪泽斌[28]	岩爆特征	破裂松脱型、爆裂弹射型、爆炸抛实型、冲击地压型、远围地震型、断裂地震型
Kaiser 等[29]	—	岩石破裂、震动引起岩石抛射、震动导致落石冲击
Ortlepp[30]	—	应变型岩爆、屈曲型岩爆、岩柱或掌子面压碎、剪切破裂型岩爆和断裂滑移型岩爆
钱七虎[12]	岩爆机理	应变型岩爆、断层滑移或者剪切断裂岩爆
冯夏庭，陈炳瑞等[3-4]	岩爆发生机制、时间	即时型岩爆、时滞型岩爆
He 等[31]	—	应变型（隧洞岩爆、岩柱岩爆）、冲击诱发型（爆破/开挖冲击、洞顶塌落型冲击、断裂滑移型冲击）
Deng 等[32]	—	原生型（inherent）岩爆、触发型（triggered）岩爆和诱发型（induced）岩爆

8.2.2　岩爆的等级

岩爆的等级是岩爆烈度等级的简称，是用来描述岩爆强烈程度与破坏规模的重要指标，常见的等级划分为轻微岩爆、中等岩爆、强烈岩爆和极强岩爆。

勘察设计阶段的岩爆等级评价可采用工程地质分析法、岩石力学判据法、相对活力指数（RVI）指标法、神经网络法，施工阶段还可以采用数值指标分析法和岩爆微震监测预警法。

1974年，拉森斯根据岩爆发生的声响特征、围岩爆裂破坏特征将岩爆烈度划分为0~3共四个等级，该岩爆烈度分级方案在国外影响很大；1981年，德国学者根据岩爆发生时的危害程度，将岩爆烈度划分为轻微损害、中等损害、严重损害三个等级；1988年，谭以安博士依据岩爆危害程度及其发生时的力学和声学特征、破坏方式，将岩爆烈度划分为弱、中等、强烈、极强四个等级。1996年，《二郎山隧道高地应力技术咨询报告》按岩爆判据 σ_θ/R_b，将岩爆烈度划分为弱、中等、强烈三个等级；交通运输部依据岩爆发生的声响、岩体变形破裂状况、σ_θ/R_b 比值及最大水平主应力，将岩爆烈度划分为微弱、中等、剧烈三个等级。王兰生依据岩爆危害程度及其发生时的声响特征、运动特征、爆裂岩块形态特征、断口特征、岩爆发生部位、爆裂时效特征、影响深度和 σ_θ/R_b 比值等，将岩爆烈度划分为轻微、中等、强烈、剧烈四个等级。文献[7]归纳总结了1972—2017年国内外学者关于岩爆等级分类指标、分类依据及详细分类的界限。

此外《水电工程岩爆风险评估技术规范》（NB/T 10143—2019）还依据岩爆危害性，规定了岩爆损失等级和岩爆风险等级。岩爆损失等级的确定，充分考虑围岩与支护破坏和人员伤亡、施工机械损坏等岩爆危害，划分为轻微、较大、严重和灾难性四个等级。岩爆风险等级划分为低风险、中等风险、高风险和极高风险四个等级。表8.6为《水利水电工程地质勘察规范》（GB 50487—2008）的岩爆分级规范，数值交叉时按最不利情况考虑。

表 8.6 岩 爆 分 级[33]

岩爆分级	岩石强度应力比 (R_c/σ_{max})	分 级 描 述
轻微	4～7	围岩表层有爆裂、剥离现象，内部有噼啪、撕裂声，人耳偶然可听到，无弹射现象；主要表现为洞顶的劈裂～松脱破坏和侧壁的劈裂～松脱、隆起等；岩爆零星间隔发生，影响深度小于0.5m；对施工影响小
中等	2～4	围岩爆裂、剥离现象较严重，有少量弹射，破坏范围明显；有似雷管爆破的清脆爆裂声，人耳常可听到围岩内的岩石撕裂声；有一定持续时间，影响深度0.5～1m；对施工有一定影响
强烈	1～2	围岩大片爆裂脱落，出现强烈弹射，发生岩块的抛射及岩粉喷射现象；有似爆破的爆裂声，声响强烈；持续时间长，并向围岩深部发展，破坏范围和块度大，影响深度1～3m；对施工影响大
极强	<1	围岩大片严重爆裂，大块岩片出现剧烈弹射，震动强烈，有似炮弹、闷雷声，声响剧烈；迅速向围岩深部发展，破坏范围和块度大，影响深度大于3m；严重影响施工工程

注 1. 岩爆判别适用于完整～较完整的中硬、坚硬岩体，且无地下水活动的地段。
 2. R_c为岩石饱和单轴抗压强度（MPa），σ_{max}为最大地应力（MPa）。

8.2.3 岩爆的特征

我国工程技术人员通过对天生桥二级水电站引水隧洞、锦屏二级水电站引水隧洞、西康铁路秦岭隧道等隧洞中的岩爆详细调查研究，发现岩爆在其破坏断面及弹射岩块的几何形态特征、一般力学特征、动力学特征等方面具有独自的特点。

1. 爆裂面的几何形态特征

岩爆坑边缘多为阶梯面，其中一组裂面与原开挖洞壁平行，另一组与洞壁斜交。爆裂面以新鲜破裂为主，少数迁就围岩裂隙面。新鲜面上爆裂纹定向排列，与隧洞切向应力大体平行。岩爆从洞壁弹射出来的岩块及靠近岩爆裂面残留下来的断块多为棱块状透镜状、鳞片状、片状，少数为板状。上述特征共同反映出洞室产生岩爆的受力状态。

2. 破裂面的一般力学特征

由岩爆破坏断面统计，爆裂面主要为两组：一组与最大初始应力作用方向平行，破裂角 $\beta=0°\sim5°$；另一组斜交，$\beta=20°\sim25°$，属脆性破坏范围。

通过对两组断面及弹射岩块断口电镜扫描分析，前一组破裂面为张性破裂面，后一组斜交洞壁的破裂面属张剪破裂面。综上可见，岩爆属于张、剪脆性破坏。

3. 岩爆的动力学特征

(1) 震动特征：强度弱的岩爆造成的震动较弱，强度大的灾难性岩爆常引起强烈震动，使洞室及建筑物遭受破坏。

(2) 弹射特征：岩爆抛射具有一定的初速度。据资料介绍，弱岩爆岩块弹射的平均速度 $V_0 < 2\text{m/s}$，中等岩爆 V_0 为 $2 \sim 5\text{m/s}$，强烈岩爆 V_0 为 $5 \sim 10\text{m/s}$，严重岩爆 $V_0 > 10\text{m/s}$；弹射物的分布范围远大于爆裂面的面积，并且具有一定的散射角。岩爆的弹射特征是区别于隧洞一般塌方破坏的重要依据；弱岩爆常发生噼噼啪啪劈柴声响；中等岩爆似子弹射击的清脆声；强烈岩爆有巨响似炮声；严重岩爆强烈声响似闷雷。表 8.7 为典型隧道工程中岩性及其岩爆特征。

表 8.7 典型隧道工程中岩性及其岩爆特征[13]

典型工程	岩 性	岩 爆 特 征
N—J 水电站引水隧洞	砂岩、粉砂岩、泥岩	砂岩中发生的岩爆多于粉砂岩发生的岩爆，泥岩中未发生岩爆
天生桥二级水电站引水隧洞	灰岩、白云岩及砂质页岩	岩爆多发生在距掌子面 5~10m 的地方；在钻爆法施工的洞段，放炮后即可观察到岩爆坑；而掘进机施工的洞段，随着掌子面向前推进可听到岩石的爆裂声和岩爆块体掉在护盾板上的声响
重庆陆家岭隧道	凝灰岩	岩爆发生最高次数出现在距掌子面 0.5~1.0 倍洞径的拱角及两侧壁，岩爆多发生在掌子面开挖后 24h 内
巴玉隧道	花岗岩	岩爆频发，且存在间歇型岩爆
太平驿水电站引水隧洞	花岗岩、闪长岩	从同一部位发生岩爆次数看：有一次型和重复型。前者为一次岩爆后不加支护也不会再次发生岩爆，后者则在同一部位重复发生数次岩爆，有的甚至多达十几次
岷江渔子溪一级水电站引水隧洞	花岗闪长岩、闪长岩	掌子面开挖后在 24h 内最剧烈，1~2 个月内偶有岩爆发生
锦屏二级水电站引水隧洞	大理岩	岩爆多在新开挖的掌子面（工作面）附近发生。岩爆多在拱部或拱腰部位发生。横通道与主洞相交处、断面不规则处、二次扩挖段均为岩爆多发地段
西康铁路秦岭隧道	混合花岗岩、混合片麻岩	所有 43 段岩爆中，除一段 (10m) 发生在混合花岗岩中，其余岩爆均发生在混合片麻岩中

4. 秦岭输水隧洞岭南段岩爆特征

秦岭输水隧洞岭南段花岗岩洞段 (K37+413.3~K39+402.2，共计 1988.9m) 范围内，对施工产生较大影响，并一定程度上制约掌子面开挖进度的轻微程度岩爆长约 1301m，占钻爆接应段施工总长的 65.4%，中等及以上程度岩爆段共计 43 段，累计长度 367.4m，占钻爆接应段施工总长的 18.5%，即岩爆段施工占施工总长的 83.9% 左右。秦岭输水隧洞在施工时遭遇的岩爆主要特征见表 8.8。

(1) 岩爆位置。轻微岩爆多发生在距离掌子面 1 倍洞径范围内，岩爆声较清脆，如爆竹声，主要集中在拱部 90°范围，岩爆掉块后塌坑深度 0.7m 以内，边墙较少，底板无；中等及强烈岩爆多发生在距离掌子面 2 倍洞径范围内，岩爆声较沉闷，如轰雷声，主要集中在拱部 150°范围，岩爆掉块后塌坑深度 0.7~3m，边墙出现概率约为 20%，底板偶有出现；极强烈岩爆会导致整个拱部及边墙岩体破坏，距离掌子面 5 倍洞径内的岩体均会受

表 8.8　　　　　　　　　　秦岭输水隧洞岩爆主要现象及特征

岩爆分级	主要现象					对工程的影响
	声响特征	时效特征	影响深度/m	岩块形态特征	爆坑形态特征	
轻微	噼啪声、撕裂声	零星间断发生	<0.5	片状、薄透镜体状、少量块状	弧形、锅底形、少量三角形	较小
中等	清脆的爆裂声	有一定的持续时间，随时间向深部累进式发展	0.5~1.5	镜体状、板状、棱块状	三角形、少量长槽形	有一定影响
强烈	强烈的爆裂声、闷响声	持续时间长，向围岩深部扩展较快	1.5~3.0	板状、大块状	三角形	较大
极强	剧烈的爆裂声、闷雷声	具突发性，迅速向围岩深部扩展	>3.0	板状、巨块状	三角形	严重

到影响而破坏，岩体瞬间大面积爆落，形成超过 3m 的塌腔。此外，当岩爆地段存在长大节理发育情况时，岩爆规模与等级较大，所形成的围岩坍塌严重，滞后型岩爆发生的概率也较大。

（2）岩爆时间。轻微程度岩爆应力释放时间较为集中，多数在开挖后 10h 以内应力释放完成，其中 4h 之内尤为频繁；中等程度岩爆一般自开挖后 24h 左右完成，其中 8h 之内较为频繁；强烈程度岩爆一般开挖揭示后 48h 左右应力释放才完成，其中 24h 内居多，部分强烈岩爆具有一定的滞后性，其滞后时间难以确定，短则三四天，长则上月。

（3）地质条件。经统计分析，当围岩抗压强度浮动在 100~200MPa 时，发生岩爆的概率较大，当抗压强度介于 130~170MPa（隧洞垂直埋深 1200m 左右）时，岩爆尤为厉害；抗压强度低于 100MPa 时，岩爆较少，多以轻微岩爆为主；当岩体强度超过 200MPa 时，岩爆概率降低，仍以轻微岩爆为主；与地层的节理、方向关系较为密切，如在长大节理较发育时，岩爆较多；整体完整性较好时，爆落块以扁平状为主，长大节理轻微发育时，爆落块以节理切割块状为主；岩体出现基岩裂隙水、涌水时基本无岩爆产生；岩体脆性较大时，岩爆规模相对较大。

（4）其他特征。隧洞开挖、支护、捡铺底等施工扰动，可能导致岩爆应力的重新分布；高压水冲洗岩体有利于应力的快速调整与释放；接应洞施工以来监控量测显示岩体均无收敛变形。

8.3　岩爆发生条件及其影响因素

8.3.1　地层岩性条件

从地层岩性上看，并不是所有岩石都会产生岩爆。根据大量的现场调查发现，岩爆大都发生在新鲜完整、质地坚硬、性脆、抗压强度较高、没有或很少有裂隙的岩层中，如花岗岩、石英岩、片麻岩、斑岩、闪长岩、辉绿岩、砂岩、灰岩、硬煤等。对于那些结构松散、弹性模量小、抗压强度低、含水量高的岩石则不易发生岩爆。

从能量观点出发，认为上述岩石具有良好的储能条件。这是通过分析岩石的全程应力—应变关系解释这一现象的，并用岩石弹性能量指数 W_{ET} 作为衡量岩爆产生的岩性条件，W_{ET} 越大，岩爆的可能性越大。

所谓弹性能量指数是指加载到 $(0.7\sim0.8)\sigma_c$ 时，再卸载到 $0.05\sigma_c$，这时卸载释放出的弹性应变能 E_2 与耗散的弹性应变能 E_1 之比。

在该项研究中曾选择了 8 个水电站 10 种岩石进行弹性变形能指数试验。天生桥、二滩、太平驿及瀑布沟水电站，实测 $W_{ET} \geqslant 5.0$，且应力比值 $\sigma_\theta/\sigma_c > 0.3$，所以它们在不同程度上都发生了岩爆。而李家峡、龙羊峡和鲁布革水电站，实测 W_{ET} 也都大于 5.0，然而应力比值 σ_θ/σ_c 都小于 0.3（龙羊峡实测最大地应力 $\sigma_1=9.4$MPa；李家峡 $\sigma_1=5.5$MPa；鲁布革 $\sigma_1=17$MPa，如果将 σ_1 换算成 σ_θ，再与 σ_c 相比，其比值均小于 0.3），却不曾发生岩爆。这表明 W_{ET} 只反映岩性条件。

在一般情况下，单轴抗压强度 σ_c 不小于 150～200MPa 的岩石（火成岩）或 σ_c 不小于 60～100MPa 的岩石（沉积岩）常易发生岩爆。

具有发生岩爆条件的岩石，现场实测的弹性纵波速度一般大于 6.0km/s。这些岩石的室内单轴抗压强度呈弹性—脆性破坏，而且弹性模量高。

在地应力、地质构造、施工、支护方法等其他条件一致时，岩体的峰值强度越高，其储能性质越好，可能发生的岩爆等级越高；岩体的脆性越强，越容易发生岩爆。沉积岩的强度和弹性模量一般较岩浆岩和变质岩低，因此沉积岩发生岩爆一般较少[13]。

8.3.2 应力条件

岩体只满足岩性条件是不够的，同时还必须满足应力条件，才可能出现岩爆。

1. 高地应力概念

岩爆的发生与地应力集聚特性有密切关系。在同样地质背景条件下，有的岩体具有较高的地应力，有的岩体只具有较低的地应力。在高地应力区通常最易发生岩爆。如我国的成昆铁路关村坝、乌斯河、塔足古等几座隧道及西康铁路秦岭隧道、水电工程的渔子溪、映秀湾、天生桥及太平驿水电站等建设中均发生岩爆，这些工程均位于高地应力区域。

现在人们对地应力的认识大致是：①初始应力场是岩体重力与地质史上历次构造运动的综合产物，影响因素较多，分布规律较为复杂；②一般讲，地应力场可包括自重应力场与构造应力场两部分；③垂直应力基本符合"海姆"假说，等于上覆岩体的重量；④水平应力受地质构造影响较大，如块壳、板块运动、地形（势）的变化，局部剥蚀作用，且有明显的方向性。

人们对什么是高地应力区，给出了一个定性的规定，即所谓高地应力是指其初始应力状态，特别是它们的水平初始应力分量，大大超过其上覆岩体的重量，也就是：

$$\sigma_1 = \sigma_{H\max} \gg \gamma H \tag{8.1}$$

式中：σ_1 为最大主应力（地应力）；$\sigma_{H\max}$ 为地应力的最大水平分量；γ 为岩石容重；H 为上覆岩体厚度。工程实践中往往将 20～25MPa 的岩体初始应力称为高地应力。

8.3 岩爆发生条件及其影响因素

评价高地应力指标有多种方法，我国工程实践中常用的一种是：
$$\sigma_1 \geqslant (0.15 \sim 0.2)\sigma_c \tag{8.2}$$
此法仍有局限性。

在国外的研究中，人们把高地应力区的坚硬岩石列入破碎岩石一类，并且将这种岩石的支护研究与岩爆的研究结合在一起，这是因为高地应力区的岩石常常发育着微裂隙，大大降低了它的原有强度，而且岩石水平压力大，有明显的蠕变性，在施工中容易发生剥离、片帮和岩爆。

2. 峡谷岸坡岩体初始应力分布状态

我国西南地区修建的大型水电站，如渔子溪、映秀湾、二滩坝区及太平驿水电站等的引水隧洞都是沿陡峭山坡穿行，属傍山型隧洞，由于 V 形峡谷地形，岸坡岩体中往往存在较大的初始应力，如图 8.6 和图 8.7 所示。

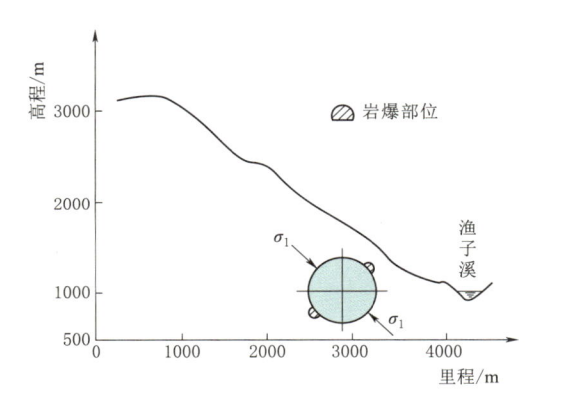

图 8.6　渔子溪引水隧洞地形剖面示意图

图 8.7　隧洞岩爆区位置示意图

峡谷的形成是自然营造力长期作用的结果。岸坡岩体中初始应力分布的特点主要表现在应力方向及大小的变化。越靠近岸坡部分，最大主应力的作用方向基本上平行于岸坡，而最小主应力的作用方向基本上垂直于岸坡，而且随着离岸坡距离的增加，主应力迹线的作用方向亦逐渐过渡到原始地应力状态，如图 8.8 和图 8.9 所示。平行岸坡部分最大主应力具有最大值，垂直于岸坡方向的应力具有最小值。岸坡岩体中应力分布状态的上述规律，虽然受原始地应力场的控制与影响，但是实践证明，无论原始地应力如何变化，都不会改变岸坡岩体中应力分布状态的上述特征。

我国的二滩水电站左岸坝肩岸坡岩体初始应力分布状态的数值模拟计算，清楚地显示了上述应力分布规律，且具有明显的分区特性。随着距河床及岸坡距离的增加，大致可以分成三个区，即风化卸荷区、过渡应力区（集中应力区）及原始应力区。风化卸荷区一般在 60m 左右的深度范围，集中应力区一般在距岸坡 500～1000m 的范围，之后则逐渐过渡到原始地应力状态。根据二滩岸坡岩体初始应力状态研究，可以得出两点

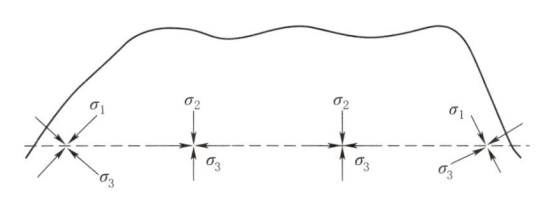

图 8.8　最大、中间和最小主应力的方位

明确的结论:

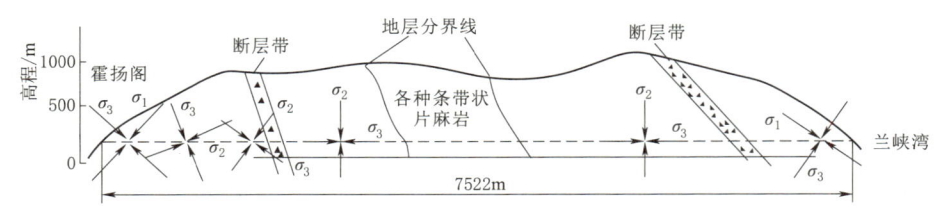

图 8.9　霍扬阁—兰峡湾隧道剖面图

(1) 在应力集中区,河床的应力集中最明显,河床部位实测最大主应力为 60MPa 左右,岸坡部位最大主应力为 25~35MPa。

(2) 二滩坝址虽然地处构造活动的川滇南北向构造带,但在河床侵蚀基准面以上,特别在近岸坡一定范围的工程岩体中,其初始应力状态主要受峡谷地形岩体自重应力作用,而较少受区域性构造应力的影响。

3. 岩芯"饼化"现象

根据我国工程实践,岩爆和岩芯"饼化"产生的共同条件是高初始应力。岩芯"饼化"发生在中等强度以下的岩体中,在我国发生岩爆的正长岩、混合花岗岩、混合片麻岩、玄武岩、白云岩、长石石英砂岩等,勘测和掘进过程中都有岩爆或岩芯"饼化"发生。如果打一钻孔,因孔壁处于二维应力状态,孔壁会产生破坏或者出现岩芯"饼化"现象,实践证明,在这种条件下发生岩爆的危险性极大,而且会在掌子面附近的岩壁上先产生微小的破坏,有时也能听到声响,可以根据这种征兆预测岩爆。

8.3.3　岩爆与围岩应力的关系

隧洞开挖,尤其是爆破触发因素,使洞室周围应力发生急剧变化,产生局部的应力集中,如果应力超过临界值就有可能发生岩爆。大量资料表明,隧洞开挖后的围岩应力状态与岩爆密切相关。据现场调查发现,岩爆主要发生在洞室应力集中的掌子面附近,而这里的应力状态是最复杂的。在《天生桥隧洞岩爆与掌子面附近的应力关系》[34] 一文中,采用有限元进行数值分析法找出了它的应力分布规律。

1. 岩爆发生部位与应力集中系数的关系

洞室开挖后形成了二次应力场。从总体上看,二次应力场的分布规律是,在掌子面和洞壁附近的围岩应力集中,而在距掌子面或洞壁 1 倍洞径的区域以外的岩体内应力趋近原始地应力。最大环向应力 σ_θ 出现在距掌子面 1 倍洞径附近,最大轴向应力 σ_x 出现在掌子面附近,轴向应力变化梯度小于环向应力。沿洞轴向做宏观调查发现,岩爆的产生有一个孕育、发展、形成的过程。表 8.9 给出了岩爆发展中各阶段动态特征及应力集中情况。

可以看出,整个应力场中应力集中最大的部位正好是岩爆最严重的部位。从围岩应力的角度出发,岩爆的发生主要是受应力集中的控制和影响。因此要求设计时,在洞形与洞轴位置的选择上,尽量避免有过大的应力集中。在洞壁与掌子面结合处应力集中比较严重,但由于此处岩体还处于三维应力状态,受掌子面约束,因此岩爆现象并不明显。

表 8.9　　　　　　岩爆发展的动态特征及应力集中系数变化规律

距掌子面距离	(0~0.5)D	(0.5~1.0)D	(1.0~1.4)D	>1.4D
岩爆宏观动态特征	听到洞壁上有岩石的爆裂声和撕裂声	在洞壁上可观察到有微裂隙显现	洞壁突然发生爆裂，并伴有响声和弹射	很少再有岩爆活动
轴向应力集中系数	1.80~1.16	1.16~1.13	1.13~1.10	1.07
环向应力集中系数	1.60~2.10	2.10~2.23	2.23~2.40	2.20
岩爆过程分段	Ⅰ（孕育）	Ⅱ（发展）	Ⅲ（形成）	

注　D 为洞径。

2. 岩爆的形成与洞室开挖的动态关系

现场观察结果，岩爆的形成有一个发展过程，它的发展过程与围岩的动态变化有密切的关系。从表 8.9 可以看出，当距掌子面 1.1D 时，环向主应力出现极值，岩爆发生。由于开挖连续进行，因此岩爆不断发生，在洞壁上形成规则的连续爆槽。

综上所述，可以说岩爆是在一定的地质构造、地层岩性、地应力场和洞室开挖临空条件变化造成瞬间围岩应力集中，改变了围岩周围的应力状态和性质等条件下发生的。

8.3.4　岩爆与洞室埋深的关系

一般来讲，隧道埋深越大，开挖时产生岩爆的烈度和概率越大，岩爆与洞室埋深有一定的关系，但隧道埋深并不是岩爆发生的决定性因素，更多是和地应力有关。

1. 地应力条件

地应力是产生岩爆的决定因素，而地应力的大小又是随岩层深度的变化而发生规律性变化的。

我国国家地震局地质大队和地矿部（现自然资源部）地质力学研究所曾做了大量的地应力测试工作，西南交通大学力学与航空航天学院对国内外的地应力测试资料也进行了收集分析，关于随着岩层深度的增加，地应力状态的变化规律归纳有如下几点：

（1）水平主应力（$\sigma_{H\max}$ 和 $\sigma_{H\min}$）和垂直主应力 σ_v 的量测值均随深度 H 的增加而呈线性增大，但三个主应力随深度增加的速率不相同。在地表与地壳上部，水平主应力往往是大于垂直主应力的，有时甚至大几倍；而随着深度的增加，垂直主应力有成为最大主应力的趋势。从统计资料可知，在深度 $H=3600$m 以下，垂直主应力一般成为最大主应力。

（2）水平主应力主要反映区域构造应力，最大水平主应力方向随深度的增加变化不大。

（3）我国大陆地应力状态的分布具有区域性特征，如华北以太行山为界，最大水平主应力轴在其东部为近东西向，其西为近南北向（山西地堑）；我国西部地区主应力方向以北东向为主。

（4）由世界各地 268 个现场地应力测量数据，得出埋深为 0~5000m 时的地应力统计关系是：

垂直主应力：$\sigma_v = 1.88 + 0.0244H$

最大水平主应力：$\sigma_{H\max} = 13.763 + 0.0211H$

最小水平主应力：$\sigma_{H\min} = 6.466 + 0.0146H$　　$150/H + 0.5 \leqslant K \leqslant 1000/H + 0.8$

平均水平主应力：$\sigma_{Hav}=0.5(\sigma_{Hmax}+\sigma_{Hmin})$

其中，K 为平均水平主应力 σ_{Hav} 与垂直主应力 σ_v 之比。

2. 洞室埋深

实际观察岩爆现象多发生在埋深大于200m的地下洞室中，如成昆线官村坝隧道埋深500～900m，云南天生桥二级水电站引水隧洞埋深200～500m，太平驿水电站引水隧洞埋深200～600m，日本关越隧道埋深750～1000m，西康铁路秦岭隧道埋深500～1600m。隧洞埋深越大，开挖时产生岩爆的烈度和频率就可能越大，但有时观察到的埋深与岩爆的剧烈程度并不对应。

3. 地质构造

洞室埋深对岩爆发生的影响，以地质构造角度分析，认为深埋岩体在两次构造运动之间的暂时稳定期，承受着巨大的地质应力，处于强烈的弹性变形状态，"禁锢"的边界条件使其成为一个封闭的无限体，四周约束变形是有限的，弹性势能释放很少，而强大围压又会提高岩体的弹性极限和屈服强度，这样深埋的岩体比浅埋的岩体会积蓄大得多的强性势能，而大大增加了岩爆发生的可能性。而浅埋岩体，在外力作用下变形大，致使外力所做之功大部分消耗在变形过程中，而自然营力长期破坏作用，又提供了有利的释放条件，因而浅埋岩体积存的弹性能极小，不可能发生岩爆。

4. 岩爆与埋深的关系

岩爆是一种深埋隧道中通常发生的现象，但是岩爆有时也发生在浅埋隧道中。如瑞典福斯马克电站，岩爆发生在埋深5～10m的引水隧洞中，约10cm大小的岩块从隧洞边墙有力地弹射出来，并伴随着很大的响声。同样的现象在引水隧洞重复发生。据Carlsson报告，观察的这种岩爆现象是由表面岩体中极高的水平应力造成的。西康铁路秦岭隧道在埋深仅50m的洞段也曾发生岩爆，而调查结果表明，主要原因在于该洞段处于斜坡应力集中带内，有局部高应力区产生。这说明岩爆的发生不能认为是深埋条件所造成的，岩爆的发生与洞室埋深有一定的关系，但不是决定因素，决定因素还是地应力。

8.3.5 岩爆与洞面形状关系

洞室的断面形状直接影响围岩应力分布及应力集中程度。从应力集中程度来看，圆形断面一般比较有利，具有较小的应力集中系数，而梯形、圆拱直墙断面应力集中比较严重。锦屏二级水电站引水隧洞的开挖断面形态呈现多形态的特点[23]：其断面开挖形态有城门洞形、TBM开挖的圆形、钻爆法施工过程中四心马蹄形的上下台阶等。取三种断面形态：圆形断面（半径6.2m）、上下断面（四心马蹄形13.0m开挖直径，上台阶高度8.5m）和城门洞形（8m×8m）。从能量释放率来看，圆形最小，能量释放率为0.104MJ/m³；四心马蹄形的上半断面能量释放率为0.114MJ/m³；城门洞形最大，能量释放率为0.111MJ/m³。

与岩体的强度相比较，围岩在低得多的初始应力场中产生岩爆，这不仅是由于洞室开挖后围岩应力产生集中，而且由于爆破施工，洞壁凸凹不平增加了壁面应力集中程度。实际上围岩的岩爆亦多沿凸凹不平壁面处发生。应变型岩爆的发生与隧洞的开挖尺寸也有一定关系，吴文平等指出：如图8.10所示，开挖①号隧洞时，围岩为完整岩体，容易出现应变型岩爆；开挖②号隧洞时，高地应力使结构面闭合，结构面附近仍能集聚能量，因此仍有岩爆发生的可能性，甚至可诱发结构面型岩爆；当隧洞尺寸进一步扩大时，如③号隧洞，由于揭露出越来越多结构面，应变型岩爆风险逐渐降低[21]。

8.3.6 洞轴与最大主应力和施工方法的关系

实践经验指出，若要改善围岩应力状态，当岩体中最大主应力是水平主应力时，隧洞轴线方向与初始应力场的最大水平主应力方向平行较为理想，这样做可以使应力集中系数减小，避免围岩应力增加。若与最大主应力的作用方向垂直，则洞壁具有最大的围岩应力。

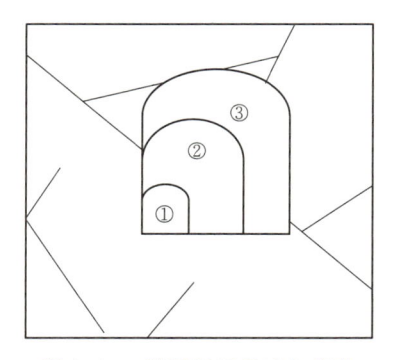

图8.10 隧洞断面尺度与岩体结构的关系[21]

不同施工方法诱发的岩爆是不同的，TBM开挖相对于钻爆法开挖，造成的围岩影响区范围要小，围岩的承载能力强；围岩应力集中区临近洞壁，围岩内部存储的能量逐次释放；开挖扰动弱，能够更及时有效支护。在相同条件下，时滞型岩爆发生的概率，钻爆法施工要大于TBM施工，TBM施工过程中，高等级岩爆发生前往往伴随低等级岩爆的发生。

8.4 岩爆机理研究

8.4.1 岩爆机制理论

岩爆孕育的规律和机制是岩爆预测与动态调控的基础。岩爆的孕育是从岩体的破裂开始的，原位观测试验是观察岩体破裂过程以及岩爆孕育过程的一种有效手段。不同类型岩爆的孕育规律和机制不同，即时型岩爆的孕育机制：岩爆孕育过程中经历了拉张破坏、剪切破坏、拉剪混合型破坏或（和）压剪混合型破坏。发生岩爆的岩体虽然在宏观上是完整的，但在微观上其内部存在着许多随机分布的微裂隙，或用常规手段无法发现的非常小的不均匀粒子，当围岩受力后其中处于最不利方向的裂隙端部，将会产生极高的集中拉应力，这个应力足以克服分子引力造成的内聚力，使裂隙端部产生新的拉伸破裂。

一般情况下，岩体的宏观破裂并非单个裂纹扩展形成，而且单个裂纹的扩展方向与宏观方向也不一致。只有当微裂隙破裂和相邻裂隙相互连通起来，逐步形成裂隙带后，才有可能从微观破裂发展成为宏观破坏。而宏观破坏的形态，可能是剪切或张性破裂，这取决于岩石的结构和裂隙开展的方向等多种因素。由此可以得出，岩爆破坏的进程可以分为三个阶段：首先，低应力状态下的微裂纹扩展；其次，微裂隙相互贯通形成宏观破坏；最后，岩体中储存的弹性应变能转化为动能，使破裂的岩块以不同的速度弹射出去，即为岩爆。

从宏观现象上来看岩爆的本质是弹性应变能的大量突然释放，但其发生机理是岩体的断裂破坏。岩体中存在数目众多的呈随机分布的微裂隙，为岩体的断裂破坏提供了必要的裂纹条件。目前用于分析岩爆的理论主要有以下几种。

1. 强度理论

强度理论是基于岩体的强度准则及岩体的本构关系对岩爆的解释，认为岩爆是围岩应力达到或超过围岩岩体强度时发生的围岩破坏现象。在众多强度理论表达中，最具代表性的是 Hoek 和 Brown 在 1980 年提出的，适用于对各向同性岩石材料的经验性强度准则：

$$\frac{\sigma_1}{\sigma_c} = \frac{\sigma_3}{\sigma_c} + \left(m\frac{\sigma_3}{\sigma_c} + 1.0\right)^{\frac{1}{2}} \tag{8.3}$$

式中：σ_1 为最大主应力，MPa；σ_3 为最小主应力，MPa；σ_c 为完整岩石材料的单轴抗压强度，MPa；m 为常数，取决于岩石性质和承受破坏应力前已破坏的程度。

我国有代表性的基于强度理论的判据为

$$\sigma = (0.15 \sim 0.2) R_c \tag{8.4}$$

式中：σ 为岩体初始应力，MPa。

2. 刚度理论

20 世纪 60 年代，库克（Cook）和霍吉姆（Hodgeim）提出了刚度理论。他们认为如果岩石试验机的刚度小于岩石试样的卸载刚度，试样就会产生猛烈的破坏，并将这一现象的结论用于解释岩爆现象。后来，布莱克（Black）进一步完善了这一理论，指出矿体的刚度大于围岩刚度是产生冲击地压的必要条件。辽宁工程技术大学根据加载过程岩体刚度与卸压后岩体刚度的变化给出了如下岩爆判据，并指出 $F_{CF} < 1$ 时岩爆发生。

$$F_{CF} = \frac{K_m}{|K_s|} \tag{8.5}$$

式中：K_m 为加载过程岩体刚度；$|K_s|$ 为卸载后岩体刚度。

3. 能量理论

库克提出的能量理论认为，岩体中聚集的弹性能转化为动能和声能，即岩爆的发生是岩体中能量转换的过程。该理论没有考虑到时间和空间与岩爆发生的关系，存在一定局限性。随后布朗纳在前人的基础上提出了剩余能量理论，综合考虑了发生岩爆时各部分能量需满足的条件，通过时间变化率反映岩爆的时间效应的判据如下：

$$\alpha \frac{dW_E}{dt} + \beta \frac{dW_s}{dt} > \frac{dW_D}{dt} \tag{8.6}$$

式中：W_E 为围岩内储存的变形能；W_s 为岩体内储存的变形能；W_D 为围岩破坏时所需的能量；α 为围岩能量释放有效系数；β 为岩体能量释放系数。

我国学者在布朗纳的研究基础上，对式（8.6）加上了能反映空间效应的判据：

$$\alpha \frac{\partial^2 W_E}{\partial t \partial x_i} + \beta \frac{\partial^2 W_s}{\partial t \partial x_i} > \frac{\partial^2 W_D}{\partial t \partial x_i} \tag{8.7}$$

式中：x_i 为空间坐标，$i = 1, 2, 3$。

根据大量岩爆实例的统计分析，岩爆的破坏机制主要有两种：劈裂破坏机制和剪切破坏机制。很多岩爆则兼有这两种破坏机制。

岩爆的劈裂破坏机制主要指脆性劈裂破坏。岩石是含有各种缺陷的地质块体，在均匀岩体中含有矿物颗粒、晶体、微裂隙等，较大范围内还有岩脉、节理、裂隙等。大量的室内岩石样品试验结果反映岩石具有脆性断裂性质，就是岩石中的缺陷在起作用。岩石在受力比极限抗压强度低许多时就可能出现这种断裂。

从洞室围岩的应力分布规律看，切向应力为最大主应力，在洞室周边最大，向围岩深部逐渐减小，径向应力在洞室周边最小为零，向围岩深部逐渐增大，因此在脆性岩石中，洞室边缘发生呈劈裂破坏的岩爆属于地应力的脆性断裂失稳，转化成弹射岩石的能量不多，岩爆一般较弱。

岩爆的剪切破坏主要指剪切-拉伸破坏和纯剪切破坏，这种破坏在洞室中常常反映为破坏面向开挖面相反的方向伸展，圆形洞室呈对数螺线形破坏，直边墙洞室呈楔形破坏，被破坏的围岩应力已经达到极限状态，当岩石应力达到极限强度形成不稳定状态时，不仅破坏区内岩石释放能量比初始破裂失稳时多，而已破坏区以外也有一部分岩体应力降低，也要释放能量，因而有较多能量转化为动能，造成岩块（片）的强烈喷射。由于岩体中存在节理、裂隙，岩体剪切区受其影响，破坏面往往不规则，可能呈块状或整块岩体弹射或散射。

8.4.2 岩爆形成机制

目前，虽然国内外众多学者还未就岩爆形成机制达成一致的见解。但都认为岩爆发生的前提是由于洞室开挖造成围岩卸荷，导致岩爆发生。

1. 围岩卸荷作用

卸荷作用不仅引起岩体应力分异，造成围岩应力重分布和集中，而且还会因差异回弹而在围岩中形成一个被约束的残余应力体系。岩体的变形和破坏的发生正是由于应力状态的上述两个方面的变化引起的。

应力分异造成岩体的变形和破坏。在拉应力集中带产生拉裂面，在平行临空面的压应力集中带中形成与临空面近于平行的压致拉裂面以及剪切面等。

差异卸荷回弹造成的变形和破坏，是岩体卸荷过程中所特有的一种变形破坏机制，既可造成拉裂面，也可造成剪裂面。岩体中各组成单元力学性能的差别、应力史的不同以及岩体结构上的原因，都可引起差异卸荷回弹，导致在岩体中产生张性破裂的残余应力，造成岩体的张性破坏。卸荷回弹同样在岩体中造成残余剪应力，并导致剪切破坏。高地应力区钻孔岩芯饼裂现象即为卸荷回弹造成的剪切破坏。

此外，在卸荷过程中也可产生弯曲变形，它总是与一些破裂面的生成相伴生。

2. 围岩破坏过程

谭以安博士根据岩爆岩石电镜扫描的结果把岩爆破坏过程分为劈裂成板，剪断成块，以及块、片弹射三个阶段。

（1）劈裂成板。隧洞开挖后，硬质脆性围岩洞室在洞壁平行于最大初始应力部位，或因初始应力较高加上二次应力集中切向应力梯度较大，致使洞壁压致张裂，形成板状劈裂。板面平直，与洞壁大体平行，无明显擦痕，断口电镜扫描形貌主要具张裂特征，为岩爆初级破坏阶段。

（2）剪断成块。切向应力在平行劈裂板面方向上继续对其作用，岩板产生屈曲失稳，随后产生剪切变形。当剪应力达到抗剪强度时，则发生剪切破坏。由 SEM 证实破裂面为剪性，在板的周边剪切微裂隙进一步贯通，形成宏观 V 形剪裂面，使洞壁处于岩爆破坏的临界状态，该阶段是岩爆弹射的酝酿阶段。

（3）块、片弹射。前两个阶段克服了岩石黏结力和内摩擦力并产生声响和震动而消耗了大量弹性应变能岩块剪切滑移的同时，获得剩余能量，处于"跃跃欲弹"的状态，一旦被剪断，则发展到第三阶段，即块、片弹射阶段，形变能转为动能，使岩块片以一定速度和散射角骤然猛烈地向洞内临空方向弹射，形成岩爆灾害。

由上述岩爆机制分析可知，以上三个阶段只是代表一部分岩爆发生过程。洞室开挖后，岩体破坏初期是以张性破坏为主，随后发生剪切破坏，剩余能量则以弹射方式释放。根据现场岩爆观测资料，结合室内岩爆岩石力学试验，以及岩爆岩石微观研究，认为岩爆发生过程是能量积聚～释放的过程，据此可分为以下三个阶段，即能量积聚、微裂纹形成与扩展、裂纹贯通与爆裂。

（1）能量积聚。洞室开挖前，岩体在三向应力平衡状态下，处于"压密"状态，储存有大量的弹性应变能。洞室开挖，岩体径向应力解除，岩体径向约束减小，岩体沿径向方向向洞室内发生移动，弹性应变能总体减小，但由于围岩二次应力分异，尤其是切向应力增加，以及围岩沿径向向洞室发生位移的约束端应力集中，局部能量增加。

（2）微裂纹形成与扩展。岩石内部存在大量的微缺陷，由于围岩二次应力分异，在裂纹的尖端应力发生高度集中，当尖端的集中应力大于岩石的临界破坏强度，微裂纹扩展，同时释放应变能，当释放出来的弹性应变能大于形成新的微裂纹所需的能量，微裂纹发生不稳定扩展。随着微裂纹的不断扩展以及新微裂纹的形成，邻近微裂纹相互连接贯通。邻近微裂纹相互贯通，形成宏观上的裂纹。

（3）裂纹贯通与爆裂。随着应力集中，裂纹不断扩展增大，最后贯穿。岩爆发生，剩余的弹性应变能转化为动能，使破裂的岩块以剥落、抛掷、弹射等不同的运动方式脱离母体。

3. 岩爆力学机制类型

根据现场调研、室内测试分析与大量地下工程岩爆资料综合分析研究，秦岭输水隧洞岩爆发生的力学机制主要为张性和张剪性两种，其力学机制类型可概括为拉破坏和张剪性破坏。

（1）拉破坏。由电镜扫描研究的结果可知，岩爆岩石断口在微观形貌上表现出典型的拉伸破坏特征。根据断裂力学最大拉应力理论，在受力情况下，微裂纹尖端产生应力集中，微裂纹沿顶端的切向正应力最大值的方向扩展，拉压应力产生Ⅰ型裂纹，剪应力产生Ⅱ型裂纹。由上节围岩应力状态分析以及二次应力状态数值模拟可知，拉应力主要出现在洞顶。拉破坏是洞顶岩爆破坏的主要形式，如图 8.11 所示。

（2）张剪性破坏。岩爆岩石薄片微观断口出现解理花状和河流状以及穿晶的脊状断口形态，此为以张性破坏为主的张剪破坏断口。宏观上，洞室开挖，在压应力集中部位，产生与临空方向大致平行的压致拉裂缝，拉裂缝逐渐扩大，应力逐渐向约束端集中，同时随着岩体的变形，在与压应力成一定角度的软弱面上产生应力集中，形成剪切面，造成张剪性破坏，如图 8.12 所示。

图 8.11　斜 43＋77～43＋83 段岩爆拉破坏　　　图 8.12　斜 43＋77～斜 43＋81 段岩爆张剪性破坏

8.4.3　秦岭输水隧洞岩爆地质力学模式

在已有岩爆形成机制理论的基础上，结合现场岩爆特征，从岩爆的形成条件及影响因素出发，以及岩爆的岩石室内力学试验和力学机制研究、岩爆岩石断口形貌的微观力学和机制分析、岩爆岩石声发射试验，从而提出秦岭输水隧洞岩爆的地质力学模式。

根据以上分析，结合岩爆现场破坏特征，秦岭输水隧洞岩爆地质力学模式有以下六种：张裂—剥落、张裂—倾倒、张裂—滑移、张裂—剪断、弯曲鼓折以及弯状爆裂。

1. 张裂—剥落

岩体在压应力或拉应力作用下，在表层附近产生张裂缝，最后贯通剥落。张裂破坏需要的能量小，发生在围岩表层附近，可单层或多层累进性破坏，范围较大，但波及深度较小，对工程安全影响甚微，多为Ⅰ级岩爆，俗称片帮。该岩爆机制模式及现场典型照片如图 8.13 和图 8.14 所示。

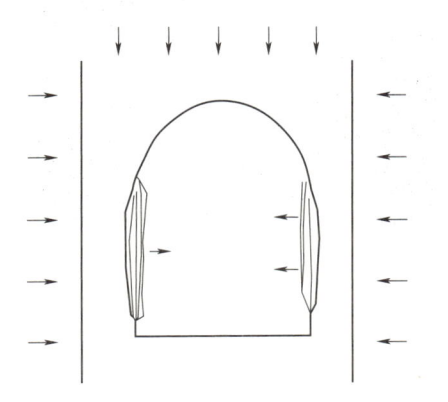

图 8.13　张裂—剥落机制模式图　　　图 8.14　张裂—剥落机制模式现场典型照片

2. 张裂—倾倒

洞室开挖，造成卸荷回弹，以及在切向压应力作用下，围岩向临空面方向发生扩容，在岩体内部产生拉裂缝，拉裂缝端点应力集中，拉裂缝不断扩展延伸，最后贯通，穿过临空面的一端成为"自由端"，在切向压应力的作用下发生倾倒变形破坏，产生岩爆，可形成Ⅰ~Ⅱ级的岩爆。该岩爆机制模式及现场典型照片如图8.15和图8.16所示。

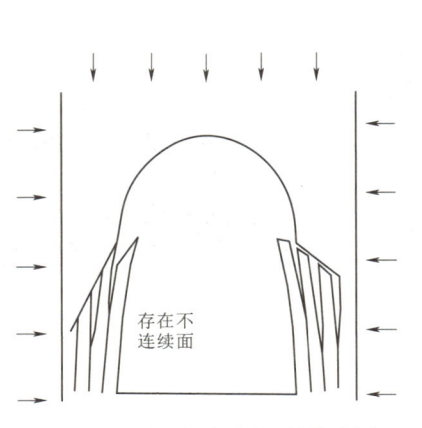

图8.15　张裂—倾倒机制模式图　　　图8.16　张裂—倾倒机制模式现场典型照片

3. 张裂—滑移

岩体有多组微观破裂面，在切向压应力作用下，产生张裂缝，同时沿微观结构面发生剪切滑移，形成贯穿的破裂面，岩爆发生。这种模式的岩爆等级较低，可形成Ⅰ~Ⅱ级的岩爆，释放的能量较小，岩爆烈度小，也有可能发生弹射，但规模不大。该岩爆机制模式及现场典型照片如图8.17和图8.18所示。

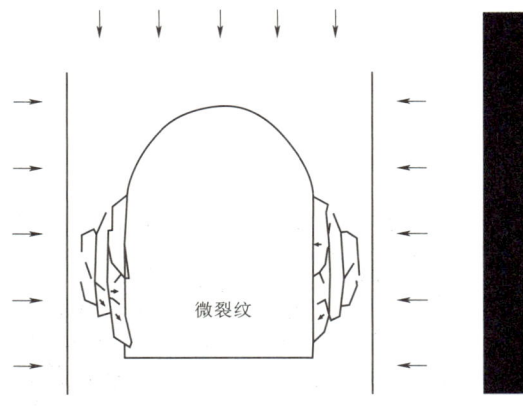

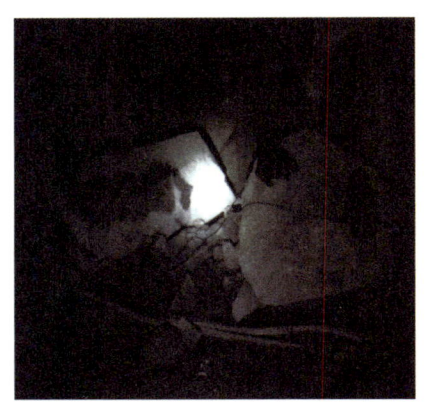

图8.17　张裂—滑移机制模式图　　　图8.18　张裂—滑移机制模式现场典型照片

4. 张裂—剪断

洞室开挖，造成卸荷回弹，以及在压应力作用下，岩体向临空面发生扩容，在岩体内部与临空面大致平行的方向上产生张裂缝，张裂缝不断扩展延伸，由于受到周围岩体的约束，张裂缝端点应力高度集中，最后在周边约束端发生剪断破坏，岩爆发生。这种模式的岩爆规模较大，释放的能量也较大，可形成Ⅱ~Ⅳ级岩爆，需要采取必要的安全措施。该岩爆机制模式及现场典型照片如图8.19和图8.20所示。

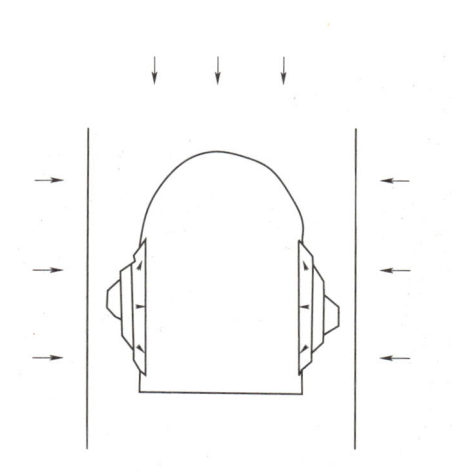

图 8.19　张裂—剪断机制模式图 　　图 8.20　张裂—剪断机制模式现场典型照片

5. 弯曲鼓折

洞室开挖，造成卸荷回弹，以及在压应力作用下，围岩向临空面方向发生扩容弯曲，随着弯曲程度的增加，在弯曲岩体的中部弯曲应力集中程度增加，当弯曲应力大于岩体的抗弯折强度，发生折断破坏，岩爆发生。这种模式多发生在较完整且破裂面两端约束较好的岩层中，可形成Ⅰ～Ⅱ级岩爆，对工程安全有一定影响，采取简单的安全措施即可。该岩爆机制模式及现场典型照片如图 8.21 和图 8.22 所示。

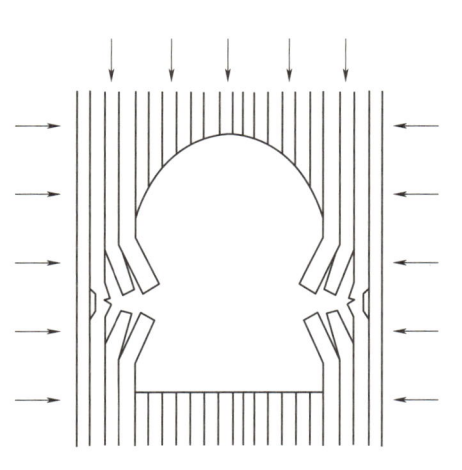

图 8.21　弯曲鼓折机制模式图 　　图 8.22　弯曲鼓折机制模式现场典型照片

6. 弯状爆裂

洞室开挖，造成卸荷回弹，以及在压应力作用下，岩体向临空面发生扩容，由于岩体较完整，积聚的能量较大，在岩体内部形成剪切破坏，弹性应变能释放，岩爆发生。破坏面形态多呈圆形或椭圆形的弯隆状，波及深度与释放的能量大小以及岩体的完整程度有关。破裂面多呈台阶状和贝壳状。大多发生弹射，可形成Ⅱ～Ⅳ级岩爆，需要采取必要的

安全措施。该岩爆机制模式及现场典型照片如图 8.23 和图 8.24 所示。

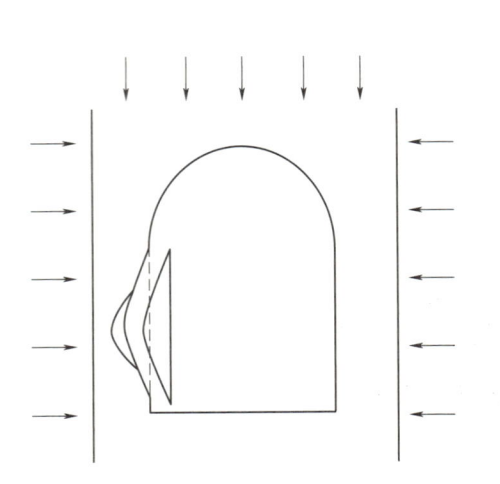

图 8.23　弯状爆裂机制模式图　　　　图 8.24　弯状爆裂机制模式现场典型照片

8.5　秦岭输水隧洞岩爆特征

总结分析秦岭输水隧洞已开挖段的岩爆实录资料，可以得出本研究区域岩爆具有以下特征：

（1）岩爆多发生在整体结构、块状结构的岩体中，围岩稳定、坚硬、干燥、裂隙不发育，围岩类别一般为Ⅱ类以上。

（2）Ⅰ级、Ⅱ级岩爆的破坏方式以层状/片状剥落、弯曲鼓折破裂和穹状爆裂等为主。层状/片状剥落岩石呈薄片或板状，单层厚度为 0.5~10cm，破裂面以平直为主，局部见放射状和平行状花纹，属于张性破裂面；穹状爆裂岩坑上部发生张性破裂，形成粗糙的破裂面，下部发生剪切滑移，形成平行条纹破裂面；阶梯状破裂面，阶梯高度为 0.5~10cm，最大可达 20cm，阶数不等，破裂错动形式为顺阶坎错动，阶面为剪切破坏，阶坎为拉断破坏；逆阶坎错动，阶面、阶坎均发生剪切破坏，垂直错动，阶面为张性，阶坎发生剪断破坏；贝壳状破裂面，形如贝壳状，有放射状微小条纹，为张剪破裂面。

（3）Ⅲ级岩爆的破坏方式主要为张裂—剪断和楔状（穹状）爆裂。张裂—剪断形式的岩爆破坏面往往呈条带状，岩爆规模较大；楔状（穹状）爆裂形式的岩爆破裂面往往呈团状或近似圆状，直径最大达 1.5m，波及深度为 0.3~0.7m，是穹状爆裂产生的破裂面，为剪性、剪张性破裂面；弧形破裂面，岩体发生弯曲，在轴部区发生剪切破坏，造成板梁之间的滑脱脱离现象。

（4）Ⅰ级、Ⅱ级岩爆的运动特征以松脱、剥离为主，少量弹射；Ⅲ级岩爆的运动特征以弹射为主，同时存在松脱、剥离。

（5）受围岩条件和埋深等影响，岩爆发生的烈度级别主要以轻微岩爆（Ⅰ级）为主，其次为中等岩爆（Ⅱ级），深埋地段存在强烈岩爆（Ⅲ级），如图 8.25 所示。

(6) 依据已有岩爆现象，其破裂性质以张性、张剪性破坏为主，伴随少量剪切破坏。

(7) 岩爆烈度以Ⅰ级、Ⅱ级为主，岩爆坑深度多为 0.4~0.8m，最大岩爆坑深度在 3.4m 左右，如图 8.26 所示。

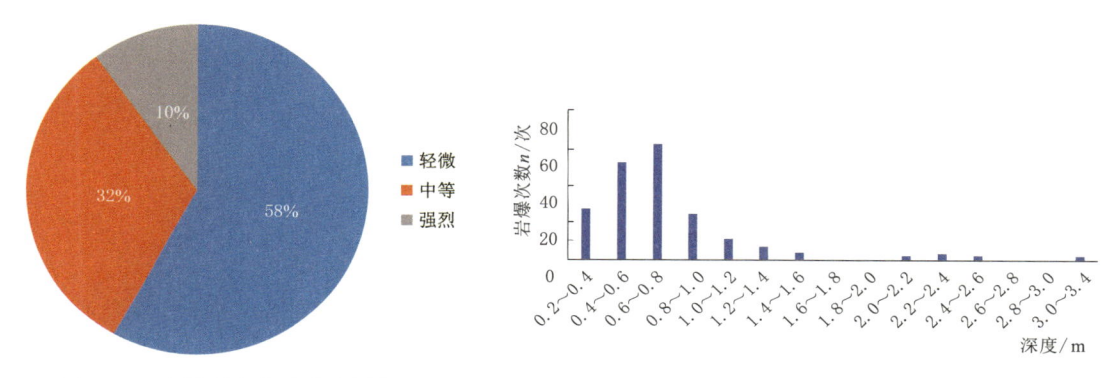

图 8.25　岩爆烈度统计分布饼状图

图 8.26　岩爆次数与岩爆坑深度关系

8.6　岩爆的预测预报

岩爆灾害不仅严重威胁施工人员及设备的安全、影响施工进度，而且还会造成超挖、初期支护失效，甚至可能导致地震的发生等。存在高地应力、较完整或完整的硬岩贫水地段是岩爆超前预测预报的重点。目前岩爆预测预报的方法除了各国学者研究建立的多种岩爆预测理论判据和规范判据外，常用的超前地质预报主要方法还有地质调查分析法、利用岩爆判据进行预测、现场实测法、岩爆监测预报方法等。

8.6.1　地质调查分析法

（1）在地表地质调查基础上，对隧洞开挖段掌子面的岩性、岩石坚硬程度、完整性、围岩稳定性、构造发育情况、地下水状态等进行地质素描。

（2）结合地形地貌、洞室埋深、围岩应力状态等主要影响因素对岩爆情况进行初步分析判定。

1) 地形地貌的分析。某些地区板块上升剧烈，河谷深切，剥蚀作用很强，其岩体的初始应力大于自重应力；地形地貌造成的应力集中现象，在高山峡谷区，谷地为应力高度集中区；地形地貌造成应力释放，地形受密集的沟谷切割山体不雄厚的地方，构造残余应力不易储存。

2) 在以自重应力为主的地区，可根据洞室埋置深度，计算出围岩发生岩爆时的临界应力值，再结合对岩性的分析，进行粗略预测。

3) 借助宏观地质力学的方法，研究区域地应力场分布和大小，利用反映高地应力的几种地质现象，预测可能发生岩爆的地段。

a. 在地质钻孔中，岩芯出现"饼化"现象。

b. 现场大型剪切试验以及用表面应力解除法做岩体应力测量试验时，当岩体四周被解除后（四周和母岩凿断），底部会自动断裂，甚至会被弹起，并伴有断裂声。如将岩样放置一段时间后，会自行破碎。

c. 无论是钻孔压力试验，还是现场大型剪切试验及室内单轴压缩试验，其应力应变关系曲线都可能出现异常。如加载时变形为正值，卸载到零稳定后变形出现负值，或加载时基本不产生变形，卸载出现较大的负变形。

（3）根据已发生岩爆洞段的地质特征和统计规律，预测掘进前方发生岩爆的可能性及岩爆强烈程度，增强岩爆发生的预见性。

（4）可以采用同地质条件类似的邻区工程进行应力场量级的类比分析预测岩爆。

8.6.2 利用岩爆判据进行预测

（1）岩石强度及各种岩爆参数的测试，在有条件的情况下，可以对试件做出许多专项的岩爆评判试验。根据前述的岩爆判别指标，一般应进行如下几项试验测试：

1）岩石抗拉、抗压、弹性模量、泊松比试验及点荷载强度测试。

2）有效弹性能 W_{eff}、弹性应变能指数 W_{ET}、冲击倾向度 A_{CF}、破坏时间的测试等。

（2）根据有关研究成果，对岩性和结构不同洞段的岩石进行弹性应变能指数的测定。在勘察、设计阶段应用这个方法，分别求出不同洞段的围岩应力和 W_{ET} 值，就可以预测岩爆发生的部位和分布状态。在施工阶段，可根据超前地质钻孔所钻取的岩芯样品进一步试验校核 W_{ET} 值，以复核前期判断的正确性。

8.6.3 现场实测法

现场实测法是指借助一些必要的仪器，对岩体直接进行测试，来判别是否发生岩爆。

（1）勘察阶段，可在地表打钻孔到隧道洞身部位进行水压致裂法、应力解除法等地应力测量，获取应力大小和方向，预测岩体失稳破坏及预报岩爆的可能性。该方法施工阶段也可在隧洞内进行测试。

（2）通过在隧道（洞）工作面打钻测量反映应力状态的直接参数，并根据经验和已有的理论进行预测，具体有钻孔应力计、光弹应力计、光弹应变计、压力盒、收敛计、位移计、电阻率法、煤粉钻监测方法等。其主要优点是：经过多年应用，积累了大量的宝贵经验和基本数据指标，各指标直接从前方岩体中取得，具有较高的可靠度。

8.6.4 岩爆监测预报方法

岩爆监测预报方法就是通过对岩体突然破裂发出的前兆信息用精密仪器进行采集分析的一种地球物理方法，具体有微地震监测技术应用、声发射监测技术应用、电磁辐射监测技术应用、超声波探测技术应用以及其他物理化学探测技术应用等。这些方法的共同特点是将灾害发生前的特征信息通过传感器转化为数字化信息，自动采集或汇集，数字化传输，数据库存储并提供分析结果，从很大程度上克服了直接接触式监测预报方法的局限性，并具有可以在全国甚至全球范围内通过互联网实现前兆数据的分布式共享，建立多维岩爆灾害监测系统的发展前景。

目前，以岩体微破裂定位技术为特色的微震监测技术在国际上得到了长足发展，特别是在硬岩矿山安全监测方面已得到广泛的应用，一些矿产资源发达的国家还通过法律形式在矿山推广微震监测技术。锦屏二级水电站工程、引汉济渭秦岭输水隧洞工程和川藏铁路巴玉隧道工程在施工过程中引进了微震监测设备，进行了岩爆危险性预测，均获得了较大成功，在水利和铁路行业内获得极高赞誉。

8.7 岩爆预测的主要判据

8.7.1 岩爆预测的主要判据方法

岩爆的发生与否与许多因素有关，岩爆的特征又可以从多种角度去描述，所以国内外学者们提出了许多关于岩爆的判据方法，有强度理论、能量理论和综合准则等。其中，强度理论判别简易，易于使用。张镜剑等[35]总结了国内外学者提出的许多岩爆判据和岩爆分级。《水力发电工程地质勘察规范》（GB 50287—2016）附录 T 将岩爆的判别方法归纳为应力判据、能量判据和岩性判据。其中，应力判据主要考虑洞室切向应力与岩石单轴抗压强度的关系确定岩爆等级；能量判据根据弹性能量指标（如 W_{ET}）大小判别和预测岩爆等级；岩性判据认为岩爆最主要的岩性条件是单轴抗压强和抗拉强度，洞室切向应力和岩石单轴抗压强度之比要大于或等于单轴抗压强度和抗拉强度的比值才发生岩爆[22]。岩爆风险评价判据见表 8.10。

表 8.10 岩 爆 风 险 评 价 判 据

研究者	依据和背景	判据	危险性评价	符号意义
Hoek	总结了南非采矿巷道围岩破坏的观测结果	$\sigma_v/R_c=0.1$	稳定巷道	σ_v：隧洞原岩垂直应力 R_c：岩石单轴抗压强度
		$\sigma_v/R_c=0.2$	少量片帮	
		$\sigma_v/R_c=0.3$	严重片帮	
		$\sigma_v/R_c=0.4$	需要型支护	
		$\sigma_v/R_c=0.5$	可能出现岩爆	
Turchaninov	根据科拉半岛希宾地块的矿井建设经验	$(\sigma_{\theta max}+\sigma_L)/R_c \leqslant 0.3$	无岩爆	$\sigma_{\theta max}$：洞室最大切向应力 σ_L：洞室轴向应力 R_c：岩石单轴抗压强度
		$0.3<(\sigma_{\theta max}+\sigma_L)/R_c \leqslant 0.5$	可能有岩爆	
		$0.5<(\sigma_{\theta max}+\sigma_L)/R_c \leqslant 0.8$	肯定有岩爆	
		$(\sigma_{\theta max}+\sigma_L)/R_c>0.8$	有严重岩爆	
Russenes	用洞室切向应力及其岩样点载荷强度的关系图	$\sigma_\theta/R_c<0.2$	无岩爆	σ_θ：洞室切向应力 R_c：岩石单轴抗压强度
		$0.2 \leqslant \sigma_\theta/R_c<0.3$	弱岩爆	
		$0.3 \leqslant \sigma_\theta/R_c<0.55$	中岩爆	
		$\sigma_\theta/R_c \geqslant 0.55$	强岩爆	
Kidybinski	认为弹性应变能是岩爆的主导因素	$\phi_{sp}/\phi_{st} \geqslant 5$	强烈岩爆	ϕ_{sp}：试块的弹性应变能 ϕ_{st}：试块的耗损应变能
		$5>\phi_{sp}/\phi_{st} \geqslant 2$	中等岩爆	
		$\phi_{sp}/\phi_{st}<2$	无岩爆	

续表

研究者	依据和背景	风险评价 判据	风险评价 危险性评价	符号意义
《水电工程岩爆风险评估技术规范》（NB/T 10143—2019）[41]	强度应力比法	$4 \leqslant R_b/\sigma_m < 7$	轻微岩爆	R_b：岩石饱和单轴抗压强度 σ_m：最大主应力
		$2 \leqslant R_b/\sigma_m < 4$	中等岩爆	
		$1 \leqslant R_b/\sigma_m < 2$	强烈岩爆	
		$R_b/\sigma_m < 1$	极强岩爆	

8.7.2 岩爆判据图表表示法[7]

岩爆判据图表表示法是拉森斯首先提出用图表表示岩爆活跃程度的一种直观方法。目前根据岩爆指标因素和图像维数，可将岩爆图表分为三个广泛的类别：①一维岩爆图表；②二维岩爆图表；③多维岩爆图表。图 8.27 为典型岩爆判据图表表示的示例。

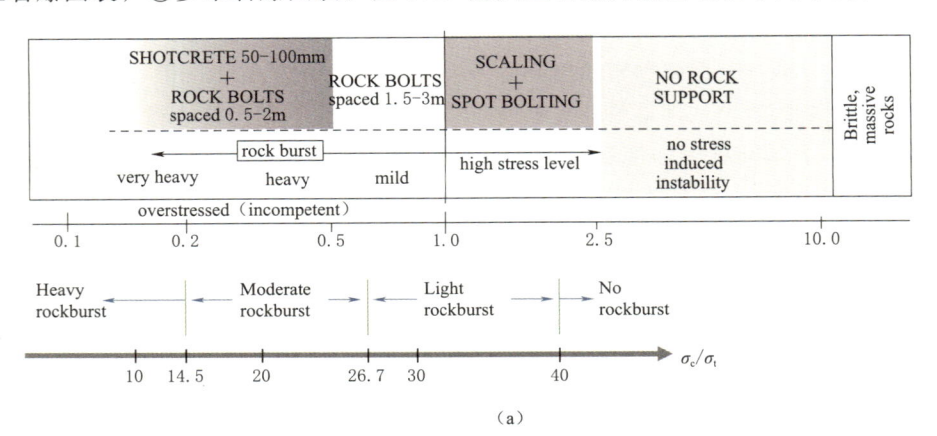

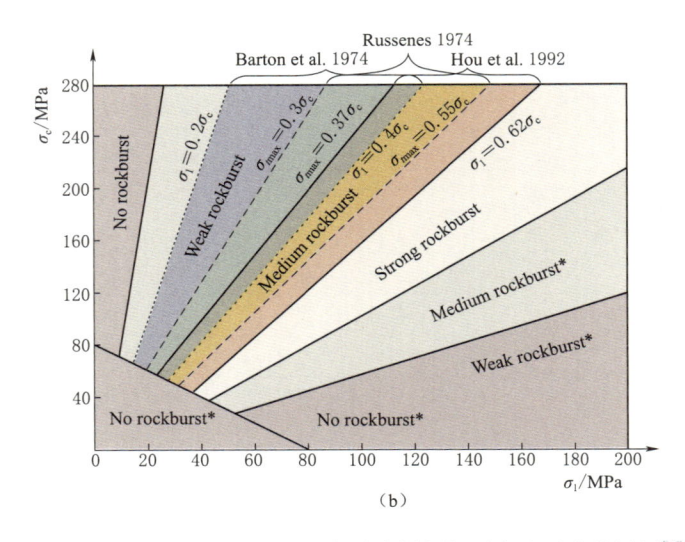

图 8.27（一） 一维、二维及多维岩爆判据图表表示法效果图[7]
（a）一维岩爆图表；（b）二维岩爆图表

8.7 岩爆预测的主要判据

Analysis	Geostructural		Rock mass				
	Tensional		Continuous	←→	Discontinuous	←→	Equivalent C.
Deformational response	δ_o/%	r_p/r_o	Behavioural category	RMR I	II	III	IV	V
Elastic ($\sigma_\theta < \sigma_{cm}$)	Negligible	—	a	Stable				
			b			Instable		Caving
	<0.5	1~2	c	Spalling/ Rockburst		Wedges		
Elastic- Plastic ($\sigma_\theta \geq \sigma_{cm}$)	0.5~1.0	2~4	d					
	>1.0	>4	e					Squeezing
			(f)			Immediate collapse of tunnel face		

Notes: δ_o=radial deformation at the face; r_p/r_o=plastic radius/radius of cavity; σ_θ=max tangential stress; σ_{cm}=rock mass strength.

(c)

$\sigma_c = 110.54 \ln B_3 - 114.84$
$R^2 = 0.79$

$\sigma_c = 10.25 PES^{0.52}$
$R^2 = 0.95$

$PES = 213.94 \ln B_3 - 321.10$
$R^2 = 0.72$

	PES	B_3	σ_c
NR	0~50	0~5.75	0~78.40
LR	50~100	5.75~7.85	78.40~112.39
MR	100~150	7.85~9.87	112.39~138.77
HR	150~200	9.87~12.18	138.77~161.16

$B_3 = \sigma_c/\sigma_t$ $PES = \sigma_c^2/2E_u$

(d)

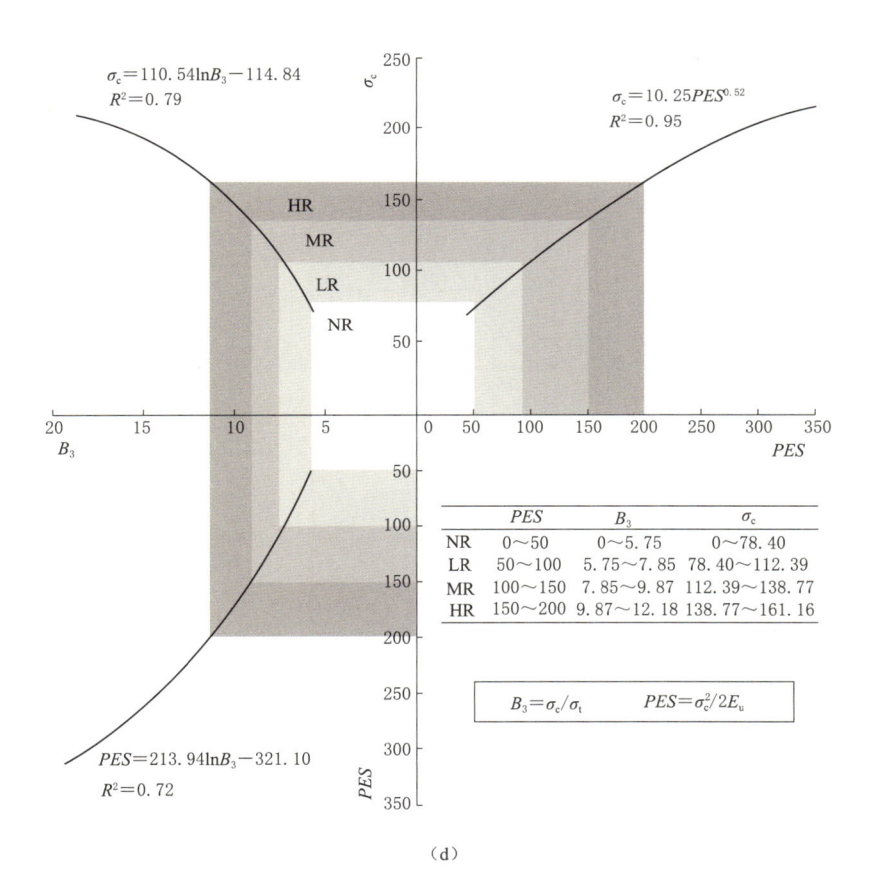

图 8.27（二） 一维、二维及多维岩爆判据图表表示法效果图[7]
(c) 开挖行为的分类日程；(d) 基于 PES 的脆性和 UCS 放大估计

· 327 ·

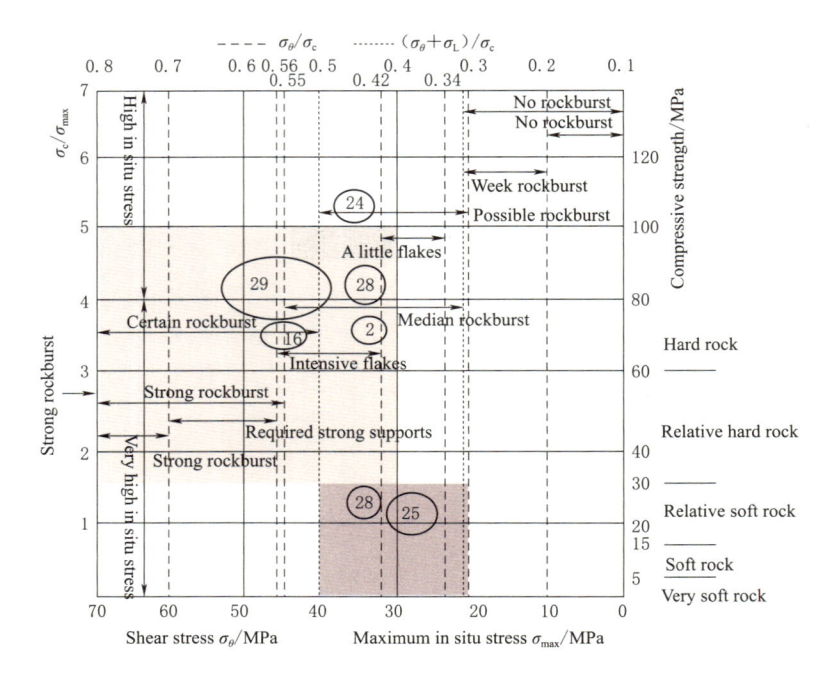

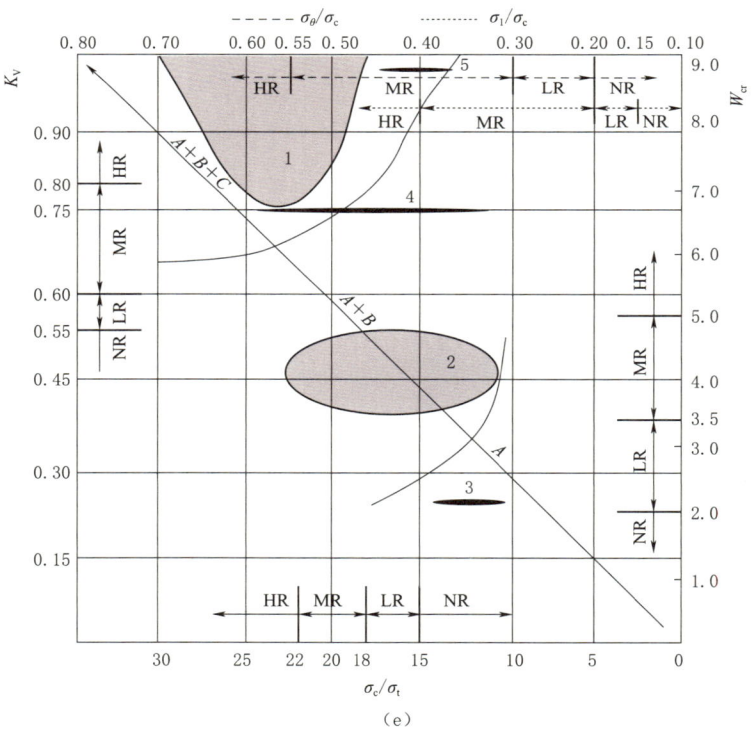

图 8.27（三） 一维、二维及多维岩爆判据图表表示法效果图[7]

（e）多维岩爆图表

8.7.3 秦岭输水隧洞岩爆判据修正

对秦岭输水隧洞已开挖段岩爆发生段（点）的强度应力比进行统计分析，提出适合本工程的强度应力比修正值、Russenes 判据修正值以及 Hoek 判据修正值，并对秦岭输水隧洞 K29+000～K49+000 段发生岩爆可能性进行预测。强度应力比修正前后对比见表 8.11，数值交叉时，按最不利情况考虑。

表 8.11　　　　　　　　　　强度应力比修正前后对比

岩 爆 分 级	轻微岩爆	中等岩爆	强烈岩爆	极强岩爆
岩石强度应力比（$R_b/\sigma_m\sigma_m$）	4～7	2～4	1～2	<1
修正后的岩石强度应力比（$R_b/\sigma_m\sigma_m$）	3.8～7.5	2.2～3.8	1.0～2.2	<1.0

注　R_b 为岩石饱和单轴抗压强度；σ_m 为最大主应力。

(1) Russenes 判据修正前后对比见表 8.12。

表 8.12　　　　　　　Russenes 判据 σ_θ/σ_c 修正前后对比

岩爆等级	无岩爆	轻微岩爆	中等岩爆	强烈岩爆	极强岩爆
Russenes 判据	—	<0.20	[0.20, 0.30)	[0.30, 0.55)	≥0.55
修正后的 Russenes 判据	<0.35	[0.35, 0.70)	[0.70, 1.20)	[1.20, 1.50)	≥1.50

(2) Hoek 判据修正前后对比见表 8.13。

表 8.13　　　　　　　Hoek 判据 σ_v/σ_c 修正前后对比

破坏形式	巷道稳定	轻微片帮	严重片帮	需要支撑	发生岩爆
Hoek 判据	0.1	0.2	0.3	0.4	0.5
岩爆等级	无	轻微岩爆	中等岩爆	强烈岩爆	极强岩爆
修正后的 Hoek 判据	≤0.09	(0.09, 0.20]	(0.20, 0.30]	(0.30, 0.45]	>0.45

修正 Russenes 判据和修正 Hoek 判据岩爆等级预测见表 8.14。

表 8.14　　　　　　修正 Russenes 判据和修正 Hoek 判据岩爆等级预测

里程/m	修正 Russenes 判据			修正 Hoek 判据		
	最大切向应力/MPa	σ_θ/σ_c	岩爆等级预测	σ_v	σ_v/σ_c	岩爆等级预测
29000～30000	43.83	0.64	Ⅰ	17.40	0.24	Ⅱ
30000～31000	46.07	0.68	Ⅰ	17.51	0.24	Ⅱ
31000～32000	45.10	0.66	Ⅰ	17.47	0.24	Ⅱ
32000～33000	57.55	0.85	Ⅱ	25.93	0.35	Ⅲ
33000～34000	80.36	1.18	Ⅱ	29.92	0.40	Ⅲ
34000～35000	75.38	1.02	Ⅱ	32.65	0.43	Ⅲ
35000～36000	87.39	1.18	Ⅱ	34.58	0.45	Ⅳ

续表

里程/m	修正 Russenes 判据			修正 Hoek 判据		
	最大切向应力/MPa	σ_θ/σ_c	岩爆等级预测	σ_v	σ_v/σ_c	岩爆等级预测
36000~37000	89.05	1.21	Ⅲ	35.50	0.46	Ⅳ
37000~38000	55.64	0.75	Ⅱ	33.70	0.44	Ⅲ
38000~39000	78.17	1.06	Ⅱ	31.11	0.41	Ⅲ
39000~40000	73.07	0.99	Ⅱ	32.36	0.42	Ⅲ
40000~41000	99.54	1.35	Ⅲ	36.96	0.48	Ⅳ
41000~42000	91.25	1.24	Ⅲ	39.76	0.52	Ⅳ
42000~43000	103.98	1.41	Ⅲ	46.47	0.61	Ⅳ
43000~44000	94.39	0.92	Ⅱ	46.85	0.43	Ⅲ
44000~45000	91.40	0.89	Ⅱ	46.77	0.43	Ⅲ
45000~46000	56.04	0.54	Ⅰ	38.72	0.35	Ⅲ
46000~47000	57.41	0.56	Ⅰ	32.28	0.29	Ⅱ
47000~48000	51.75	0.50	Ⅰ	28.37	0.26	Ⅱ
48000~49000	47.67	0.46	Ⅰ	25.32	0.23	Ⅱ

8.8 岩爆微震监测技术

8.8.1 微震监测技术的发展历程

目前工程界应用的微震监测技术借鉴了地震的成果，最早起源于深埋矿山工程，出现在 20 世纪 30 年代的南非。随后美国 Obert 和 Duvall、加拿大 Hodgson 等学者也将微震监测技术用于围岩稳定的监测中。到了 80 年代以后，微震监测技术具有了真正的应用价值，并随着全波形采集技术的出现，在矿山行业得到非常普遍的应用，并逐渐推广到石油、核电、地热开采、民用工程等领域[23]。

现代高精度微震监测技术的开发与应用始于 20 世纪 80 年代，在南非、美国、加拿大、澳大利亚、智利、波兰等国的深井矿山等工程中得到普遍应用。我国现代化微震监测技术应用开始于 21 世纪初，且主要集中在深部矿山工程，首次应用于冬瓜山铜矿，主要用于矿震定位、突水、瓦斯监测等方面。

岩爆监测预报的工程实践表明：锦屏二级水电站强烈岩爆区域，岩爆监测的准确率：中国科学院武汉岩土所为 88.36%，大连理工大学为 85.5%[2]。

8.8.2 微震监测技术的原理

不管是哪种岩石动力灾害，在多数情况下，在动力灾害出现之前，都有微破裂前兆。而诱发微破裂活动的直接原因则是岩层中应力或应变增加。这些微破裂会以弹性能释放的形式产生弹性波，并可被安装在有效范围内的传感器接收。利用多个传感器接收这种弹性波信息，通过反演方法就可以得到岩体微破裂发生的时刻、位置和性质，即地球物理学中所谓的"时空强"三要素。根据微破裂的大小、集中程度、破裂密度，则有可能推断岩石宏观破裂的发展趋势，这是岩爆能够被监测预报的理论基础。

岩爆微震监测是岩爆最为广泛的监测方法，是依据评估的岩爆风险源区域，布置多个传感器，对岩爆风险源区域内的岩体破裂释放出的弹性波信号进行采集，根据采集获取的弹性波信号，进一步分析获得破裂位置、时间、能量等震源参数的监测方法[13]。岩爆微震监测原理示意如图 8.28 所示。

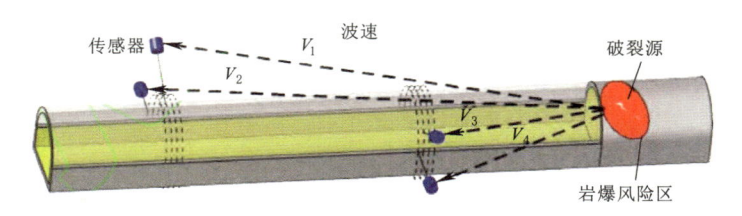

图 8.28 岩爆微震监测原理示意图

材料或结构在外力、内力或温度变化的作用下，其内部将产生局部弹塑性能集中现象，当能量积聚到某一临界值后，会引起微裂隙的产生与扩展，产生声发射现象，对于煤（岩）体来讲，一般指小尺度或小范围的破裂现象。相对于较大尺寸的煤（岩）体，如果声发射能量达到能引发轻微小地震的程度，在地质上称为微震（microseism，MS）。从产生机理的角度分析，岩体中声发射与微地震并没有实质上的不同，只是叫法不同。声发射与微震表征岩体稳定性的机理很复杂，岩体声发射与微震监测技术通过对信号波形的分析，获取其内含信息，以帮助人们对岩体稳定性做出恰当的判断和预测。针对这类信号特征，一般主要记录与分析下列具有统计性质的量：

（1）事件率（频度）。指单位时间内声发射与微震事件数，单位为次/min，是用声发射或微震评价岩体状态时最常用的参数。对于一个突发型信号，经过包络检波后，波形超过预置的阈值电压形成一个矩形脉冲，这样的一个矩形脉冲叫作一个事件，这些事件脉冲数就是事件计数，计数的累计则称为事件总数。

（2）振幅分布。指单位时间内声发射与微震事件振幅分布情况，振幅分布又称幅度分布，被认为是可以更多地反映声发射与微震源信息的一种处理方法。振幅是指声发射与微震波形的峰值振幅，根据设定的阈值可将一个事件划分为小事件或大事件。

（3）能率。指单位时间内声发射与微震能量之和，能量分析是针对仪器输出的信号进行的。

（4）事件变化率和能率变化。反映了岩体状态的变化速度。

（5）频率分布。声发射与微震信号的频率特征与震源性质、所经岩体性质及监测点到震源的距离等因素有关。

基本参数与岩体的稳定状态密切相关，基本反映了岩体的破坏现状。事件率和频率等的变化反映岩体变形和破坏过程，振幅分布与能率大小则主要反映岩体变形和破坏范围。岩体处于稳定状态时，事件率等参数很低，且变化不大。一旦受外界干扰，岩体开始发生破坏，微震活动随之增加，事件率等参数也相应升高。发生动力灾害之前，微震活动增加明显；而在临近发生动力灾害时，微震活动频数反而减少；岩体内部应力重新趋于平衡状态时，其数值也随之降低。若震源周围以一定的网度布置一定数量的传感器，组成传感器阵列，当监测体内出现声发射与微震时，传感器即可将信号拾取，并将这种物理量转换为电压量或电荷量，通过多点同步数据采集测定各传感器接收到该信号的时刻，连同各传感器坐标及所测波速代入方程组求解，即可确定声发射源的时空参数，达到定位目的。岩石在应力作用下会产生微破裂，势能以弹性波的形式释放，在被监测区域的立体空间内安装传感器并形成良好的空间阵列，即可确定微破裂发生的位置，如图 8.29 所示。

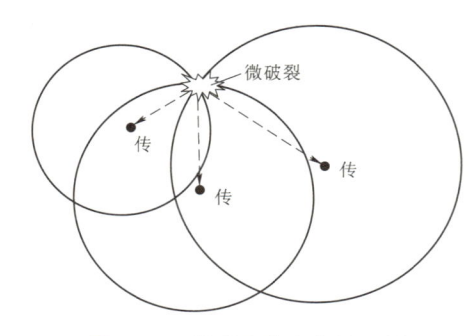

图 8.29 微震事件定位原理图

8.8.3 微震监测技术的系统

目前在我国主要用于岩爆微震监测技术的系统有南非 IMS[42]、加拿大 ESG[43]、波兰 SOS[44] 和中国 SSS[45] 等，如图 8.30 所示。2004 年，大连理工大学唐春安引入加拿大 ESG 微震监测系统；2009 年，在深埋长大隧洞群中进行岩爆监测，并通过集成和创新方式构建了首套应用于 TBM 岩爆的监测系统[46]。陈炳瑞等[47] 对微震监测技术进行优化与改进，并在锦屏二级水电站 3 号引水隧洞 TBM 施工段开展微震监测，获得了岩爆发生前的有效微震信息，以及微震活动的演化特征与规律，为岩爆的发生提供较为准确的预警信息。马天辉等[46] 总结出微震事件密度云图、微震事件震级与频度的关系，微震事件震级、能量集中度等微震监测指标规律，以地震学中的 3S 原理为岩爆判断基础，提出四个

图 8.30 岩爆微震监测系统[13]
(a) IMS；(b) ESG；(c) SOS；(d) SSS

岩爆判据。赵周能等[48-50]研究了深埋隧洞微震活动区与岩爆之间的关系，认为微震活动区范围主要介于掌子面后方3倍洞径至前方1.5倍洞径之间，微震高发区域微震事件主要分布范围相吻合，微震活跃期和高发期处于TBM作业时段及停机后的1h内。黄志平等[51]通过微震监测探讨了岩爆发生的前兆特征及预警预报方法。

ESG微震监测系统主要功能如下：

（1）实时、连续地采集现场产生的各种触发或连续的微破坏信号数据，即时定位微破坏的时空分布规律，分析潜在大破坏的可能性。

（2）有条件的地方可以通过远程无线传输系统实现微震数据远程无线传输，允许用户在世界各地随时查看从远程站点采集到的数据信息。

（3）自动记录、显示并永久保存微震事件的波形数据。

（4）系统采集震源的自动与人工双重拾取，可进行震源定位校正与各种震源参数计算，并实现事件类型的自动识别。

（5）可利用软件的滤波处理器、阈值设定与带宽检波功能等多种方式，修正事件波形并剔除噪声事件。

（6）利用批处理手段可处理多天产生的数据列表。

（7）配置的MMS-View可视化分析软件可导入待监测范围内的硐室、巷道、边坡等几何三维图形，提供可视化三维界面，实时、动态地显示产生的微震事件的时空定位、震级与震源参数等信息，并可查看历史事件的信息及实现监测信息的动态演示。

（8）在交互式三维显示图中，可进行事件的重新定位。

（9）可选择用户设定事件范围内的、所需查看的各种事件类型，并输出包括事件定位图、累积事件数以及各种震源参数的MS Word或MS Excel报告，用户可根据需要查看事件信息。

可视化分析软件MMS-View是力软科技（大连）股份有限公司（Mechsoft）（以下简称"大连力软"）专为ESG微震监测系统研究开发的微震数据可视化分析软件，可实现数据的远程传送，也可更直观地演示地层内部的微破裂的时空分布规律。配置MMS-View的微震监测系统有助于工程师对微震活动的演化规律做出预测，有效地对边坡、隧道、矿山、大坝等岩质或混凝土工程结构稳定性进行监测与分析。

加拿大ESG公司生产的微震监测系统主要包括Hyperion数字信号处理系统、Paladin数字信号采集系统、加速度传感器、电缆光缆、数据通信调制解调器以及由大连力软开发的基于远程网络传输的MMS-View可视化分析软件。ESG微震监测系统采用模块化设计方式，实行远程采集PC配置，其构成主要包括：

软件部分包括Paladin标准版监测系统配备HNAS软件（信号实时采集与记录）、SeisVis软件（事件的三维可视化）、WaveVis软件（波形处理及事件重新定位）、ProLib软件（震源参数计算）、Spectre波谱分析软件、DBEditor软件（数据过滤及报告生成）、Achiever软件（数据存档）、MMS-View可视化分析软件（远程网络传输与三维可视化）等组成的整套监测系统，如图8.31所示。

硬件部分由6通道的加速度计、配有电源并具备信号波形修整功能的Paladin传感器接口盒、Paladin地震记录仪、Paladin主控时间服务器、软件运行监视卡WatchDog等其

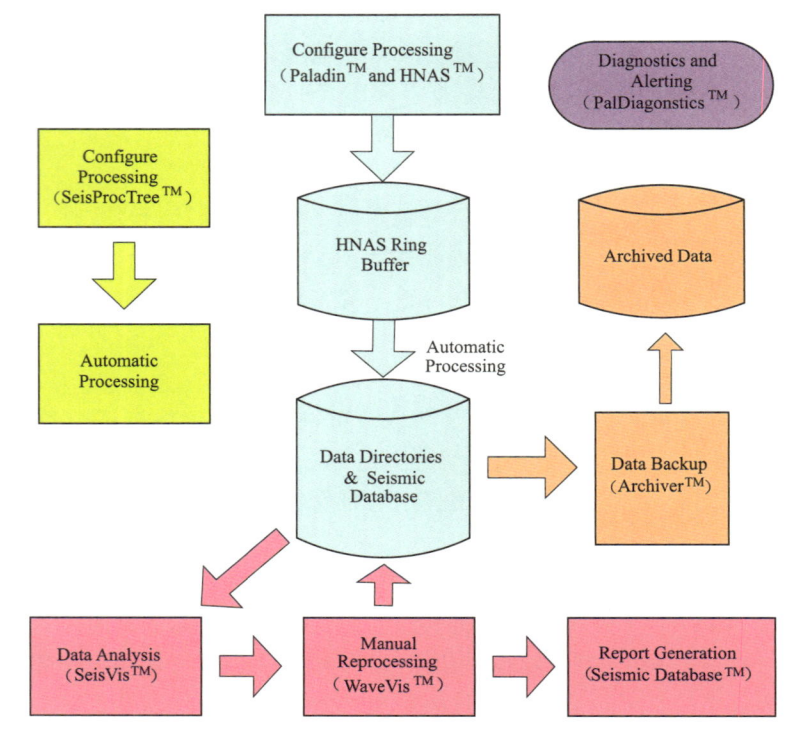

图 8.31　ESG 微震监测系统分析模块

他硬件设施组成,如图 8.32 所示。

主机工作站为一台长期稳定工作的高性能服务器,用于接收数据采集仪传输的数据并进行处理、存储。数据采集仪用于连接传感器与工作站,将电信号转换为数字信号。加速度传感器用于接收岩体内震动波,通过电缆传输给数据采集仪,布置于掌子面后 50~150m,左右各 3 个,间距 50m,掘进 50m 后,将最后传感器挪至最前,循环向前推进,其布置如图 8.33 所示。加速度传感器布置孔孔径 40mm,孔深 1.5m,垂直掘进方向,近水平,离地 1.5m。

加拿大 ESG 微震监测系统界面如图 8.34 所示。图 8.34(a)为传感器参数设置界面,系统共布置 6 个加速度传感器。图 8.34(b)为数据采集界面。左侧界面为 6 个传感器,右侧界面为 TBM 掘进过程中传感器接收到的振动信号随时间变化规律,当其中 4 个及 4 个以上传感器同时接收到的信号达到设定的触发值(阈值)时,形成一个微震事件,界面上用蓝色柱状条带表示。图 8.34(c)为微震事件波形界面。针对一次微震事件,系统可自动拾取 P 波到达时间,S 波到达时间的拾取目前需凭使用者经验设定。图 8.34(d)为微震事件定位界面。该界面可二维显示微震事件的位置、强度等。其中每个彩色小球代表一个微震事件,颜色深浅代表震级强弱,体积大小代表能量高低。

8.8.4　微震风险预测方法[22-23]

结合微震监测岩爆预测手段,将隧洞岩爆按轻微岩爆、中等岩爆、强烈岩爆、极强岩

8.8 岩爆微震监测技术

(a)　　　　　　　　　　　　　　　(b)

(c)　　　　　　　　　　　　　　　(d)

图 8.32　数据采集工作站和传感器（资料来源：大连力软）
(a) 主机工作站；(b) 工作站运行状态；(c) 数据采集仪；(d) 加速度传感器

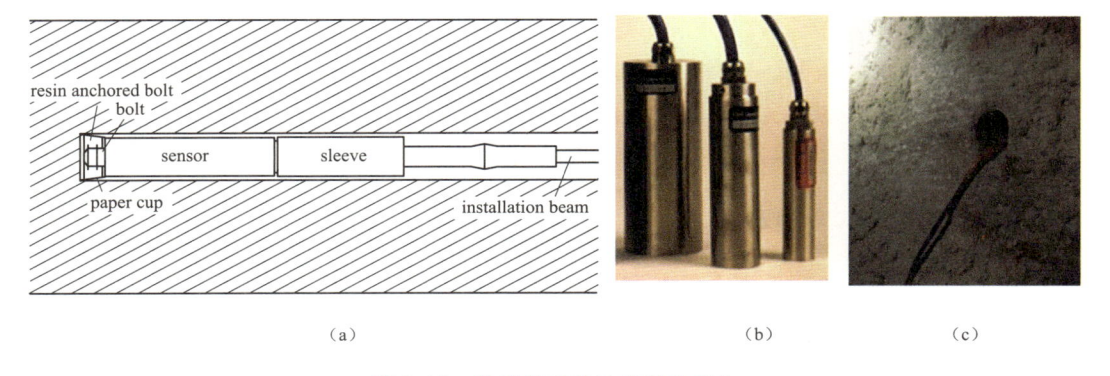

(a)　　　　　　　　　　　(b)　　　　　　　(c)

图 8.33　传感器安装示意图及照片
(a) 传感器安装示意图；(b) 传感器照片；(c) 传感器安装照片

爆 4 个等级，对岩爆危险性进行判断并预测，见表 8.15。

（1）震级强、能量大且集中度高的微震事件达到 5 个以上，或者震级一般、能量一般、集中度高且数量特别多的，发生较强岩爆的概率较大。

(a)　(b)

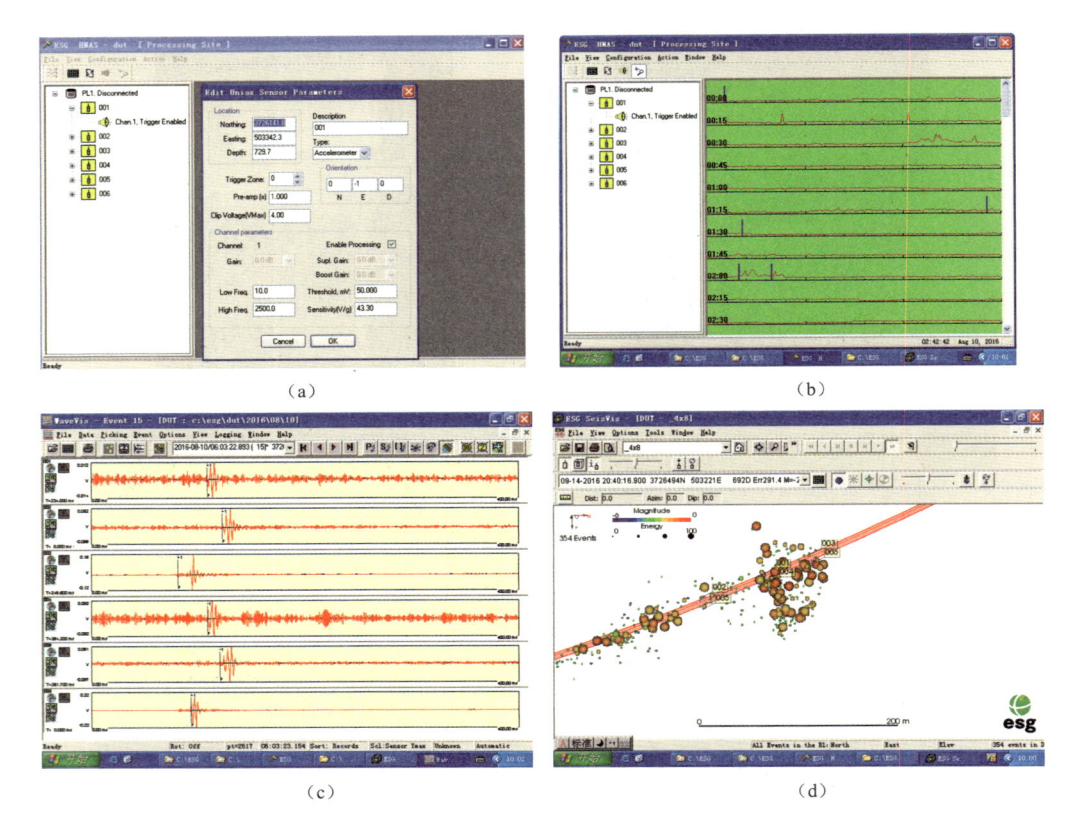

(c)　(d)

图 8.34　ESG 微震监测系统界面（资料来源：大连力软）
(a) 传感器参数设置界面；(b) 数据采集界面；(c) 微震事件波形界面；(d) 微震事件定位界面

表 8.15　　　　　　　　　　基于微震监测技术的岩爆风险预判别标准

岩爆等级	微 震 参 数					
	频次	矩震级	能量/万 J	超标准事件分布范围/m	超标准事件数量/个
轻微	<10	<1.0	<3	>30	0~3
中等	10~30	1.0~2.5	3~10	20~30	>3
强烈	30~60	2.5~3.5	10~80	10~20	>8
极强	>60	>3.5	>80	<10	>15

(2) 震级强、能量大且集中度高的微震事件 2~5 个，或者震级一般、能量一般、集中度高且数量较多的，发生中等岩爆的概率较大。

(3) 震级一般到强、能量一般到强、事件数量较多但集中度不高，发生轻微岩爆的概率较大。

(4) 震级一般或较低、能量一般或较低、集中度不高且数量不多的，发生岩爆的概率较小。

1. 微震事件密度云图

微震事件密度云图表示在一定范围内，在当前视角下微震事件的聚集程度。在对微震事件的分析处理过程中，系统将监测范围分为多个区域，每个区域内的微震事件密度 $q_i=n/s(i=1,2,3,\cdots)$，然后找到 q_i 中最大值 q_{max}，则每个区域的密度 q_i 相对最大值 q_{max} 的相对密度就是 $q'_i=q_i/q_{max}$，然后将 q'_i 值的大小用红、黄、绿、蓝的顺序表示出来。一般将微震事件云图按照颜色划分为 4 个区域，数据交叉时按最不利情况考虑。蓝色为比较安全区域（岩爆发生概率为 0～25%），绿色为一般安全区域（岩爆发生概率为 25%～50%），黄色为危险区域（岩爆发生概率为 50%～75%），红色为较危险区域（岩爆发生概率为 75%～100%），如图 8.35 所示。

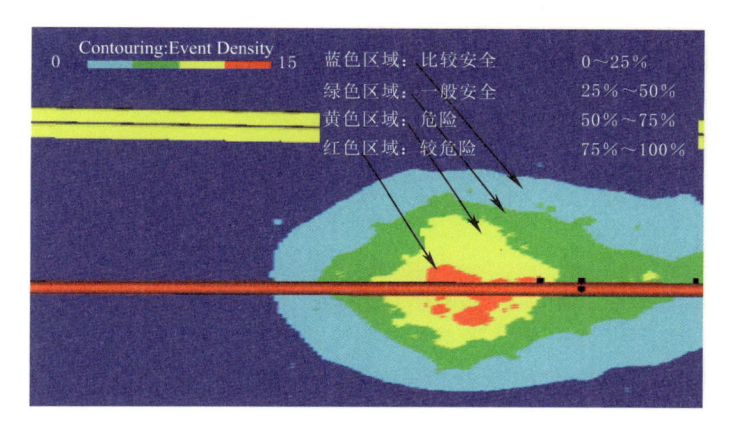

图 8.35 微震事件密度云图判断岩爆危险的区域划分

2. 微震事件震级与频度关系

通过对多次岩爆的数据总结，认为震级与频度关系图可以作为岩爆判别的参考指标，根据震级和频度关系直线判断岩体破坏的趋势：①直线与横坐标交点超过 0.8，发生较强岩爆的风险较高；②直线与横坐标交点在 0.4～0.8 范围，发生中等岩爆的风险较高；③直线与横坐标交点低于 0.4，发生轻微岩爆的风险较高；④直线与横坐标交点低于 0.4，与纵坐标轴交点低于 2.0，则无岩爆风险。

3. 微震事件震级、能量及集中度

岩爆判别中，一般震级相对强弱的定义为：①震级超过 0.3 以上的微震事件定义为震级强；②震级 0～0.3 的定位为震级一般；③震级 0 以下的定义为震级较低。能量相对大小的定义为：能量超过 10000J 的为能量大；能量 5000～10000J 的为能量一般；能量低于 5000J 的为能量低。微震事件的集中度则以范围来判断，一般 20m 范围内微震事件较多，则认为集中度高。图 8.36 为微震事件震级与频度的关系，图 8.37 为微震事件震级、能量及集中度

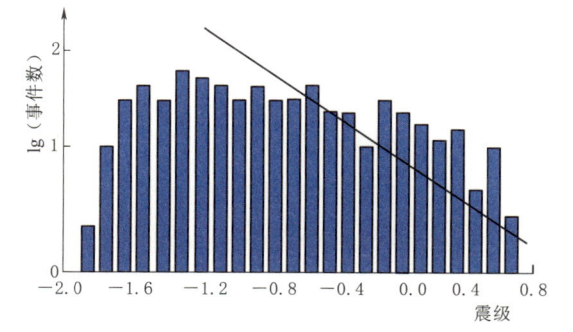

图 8.36 微震事件震级与频度的关系

判断岩爆危险程度示意图。

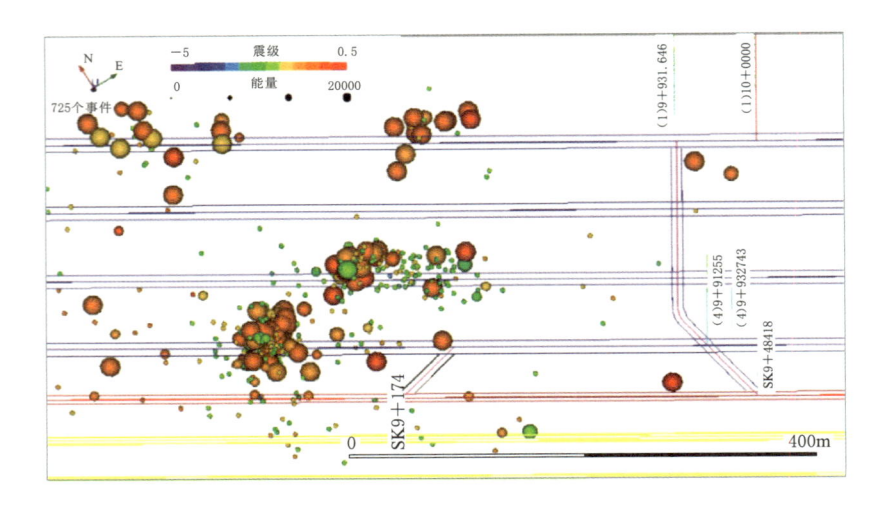

图 8.37　微震事件震级、能量及集中度判断岩爆危险程度示意图

4. 地震法应力变化三准则（3S）判断条件

由于微震是岩体微破裂时释放的能量信号，而岩体中达到破裂的点往往是高应力区域。因此，通过微震监测系统记录的微震事件间接地反映了该区域内的应力变化，3S 在地震学上称作应力的三种状态。岩体中应力调整需要一定的周期，通过对强岩爆发生前一段时间的微震事件进行统计，发现岩爆发生具有一定的重复规律性。根据 3S 原理将岩爆发生前后微震事件分成三个区域，图 8.38 中 P 表示微震高峰期、D 表示微震发展过渡期、B 表示微震平静期或空白区。一般过渡期之后会有微震事件高峰期出现，此时岩体内应力集聚，有发生岩爆的可能性。如果在高峰期没有发生岩爆，说明岩体局部应力还在不断积累；如果在高峰期发生岩爆，说明岩体局部应力得到释放，根据地质条件做出相应的岩爆预警。而岩爆发生以后，会出现一个微震平静期或空白区，说明该区域岩体内的能量完全释放，应力调整完毕。

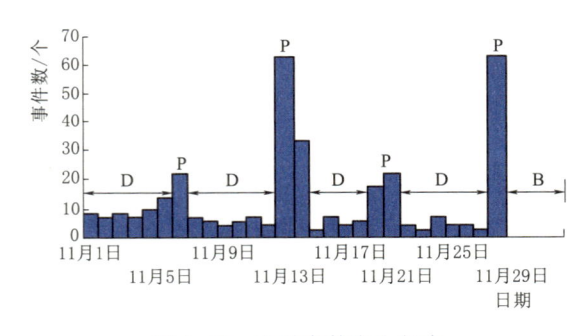

图 8.38　微震事件发生频率

综合以上方法进行岩爆危险性判断并预测：

（1）钻爆隧洞岩爆预测：在钻爆法开挖洞段进行岩爆预测时，分析某一时间段内监测到的微震事件频率，根据微震事件密度云图判断条件、微震事件震级与频度关系和微震事件震级、能量及集中度对某一洞段范围做出相应的岩爆风险范围和等级预测。在继续监测中，当微震事件在这一洞段范围内继续增加，则会相应地根据微震事件信息提高岩爆风险

等级。对于某一岩爆风险预警范围内发生岩爆释放应力而出现微震活动明显减弱，或者随着掌子面的推进，微震活动范围发生明显转移，根据3S原理则解除相应范围的岩爆危险性预警。

(2) TBM开挖隧洞岩爆预测：对于TBM开挖的工作面，需要采取与钻爆法不同的判别标准。总的来说，TBM开挖过程对围岩的扰动相对较小，根据微震活动信息进行岩爆预测过程中，需要比钻爆法调高一个等级，也就是钻爆法工作面微震活动显示有中等岩爆风险的情况，在TBM开挖中则发生较强岩爆的风险较高，依此类推。

8.8.5 引汉济渭工程秦岭输水隧洞钻爆法洞段监测成果

引汉济渭工程秦岭输水隧洞4号支洞接应段为钻爆法施工，其基本概况和取得的成果如下。

1. 引汉济渭工程秦岭输水隧洞4号支洞工程概况

引汉济渭工程秦岭输水隧洞4号支洞为亚洲第一长斜井（图8.39），该斜井口位于陕西省宁陕县四亩地镇鸡冠寨和麻房子之间，与主洞交汇里程为K38+400，全长5786m。地段属秦岭岭南高中山区，山高坡陡，工点范围内地形起伏不平，最大高差约760m。

根据调查资料揭示，斜井通过区地层主要为印支期花岗岩，具体描述如下：

（1）印支期花岗岩（γ_5）：灰白色，主要矿物为斜长石、钾长石、石英和少量黑云母及角闪石，粒状变晶结构，块状构造，强风化层厚度1~5m，$f_k=400\text{kPa}$；完整基岩，$f_k=2500\text{kPa}$。

（2）碎裂岩：分布于F_7断层破碎带内。原岩为花岗岩等，岩体破碎，岩质软弱，$f_k=300\sim500\text{kPa}$。

图8.39 引汉济渭工程秦岭输水隧洞4号支洞洞口

工程区在大地构造单元上属秦岭褶皱系中的南秦岭印支褶皱带。4号斜井洞身穿越F_7断层。F_7断层：通过东木河及石板沟，断层宽度较窄，断面平直光滑，有擦痕，局部集中为断层组。产状N80°~85°W/70°~85°N（5°~10°∠70°~85°），断带物质以碎裂岩为主，断层破碎带宽度10~30m，逆断层性质。斜井洞埋深250~1430m，沿线出露地层为花岗岩。洞身段基本位于弱风化~新鲜岩体中，岩体较完整~较破碎。洞身段基本位于地下水位以下，地下水分布主要受节理、裂隙的发育和分布情况控制，主要表现为少量的基岩裂隙水和构造裂隙水。

2. 微震监测基本情况

测试时间为2016年12月30日至2017年8月25日，共发送报告204期，掌子面里程从斜4+734~斜5+780，该时间段总共掘进1046m。4号支洞工作面的监测报告从2016年12月30日开始正式发送，但由于数据处理电脑出现故障，2016年12月30

日至 2017 年 1 月 31 日的数据丢失，所以汇总数据起始日期为 2017 年 2 月 1 日，截止日期为 2017 年 8 月 25 日。4 号支洞工作面统计时间范围内微震事件能量分布见表 8.16。

表 8.16　　　　4 号支洞工作面统计时间范围内微震事件能量分布

统计时间范围	2017 年 2 月 1 日 0:00 至 8 月 25 日 23:59		
微震事件总数/个	4072		
能量范围/kJ	微震事件数/个	对应岩爆风险等级	百分比/%
0~1	3368	局部掉块	82.71
1~30	548	轻微	13.46
30~100	105	中等	2.58
100~800	37	强烈	0.91
>800	14	极强	0.34

注　能量范围划分及对应岩爆风险等级均为 4 号支洞及上下游工作面监测数据与现场比对后总结的经验值，由于岩体结构多变、岩爆机理复杂，在不同的岩体洞段也可能进行部分调整，因此暂不具备通用性。

在所有监测到的微震事件中，96.17% 为轻微岩爆或局部掉块级别，2.58% 为中等级别，而达到强烈或极强级别的占 1.25%。

4 号支洞总共统计 18 次岩爆，其中 1 次未能提前预测（统计里程有误），2 次预测等级偏低，预测准确率约 83.3%，见表 8.17。

8.8.6　引汉济渭工程秦岭输水隧洞岭南 TBM 洞段监测成果

TBM 洞段的监测时间开始于 2017 年 8 月 29 日，结束于 2018 年 12 月 4 日，监测时间长达 15 个月，起始于桩号 K33+870，结束于 K37+011，共计监测长度达 3141m。

1. 监测基本情况

监测期间发生岩爆共计 261 次。TBM 洞段统计时间范围内微震事件能量分布见表 8.18。

引汉济渭工程秦岭输水隧洞岭南 TBM 洞段监测基本信息见表 8.19。

2. 监测结果

3 号洞 TBM 工作面采集到的有效微震事件中，77.6% 为轻微岩爆或局部掉块级别，19.6% 为中等岩爆级别，2.8% 达到强烈岩爆及以上级别。

2017 年 9 月 8 日至 2018 年 12 月 4 日，施工单位统计的岩爆次数为 261 次，其中 239 次均提前有所预测，提前预测达 91.57%，其中 4 次预测等级偏低、2 次预测范围有偏差；未能提前预测的岩爆共 22 次，其中 5 次由于网络故障，数据无法传输，未能提前预测；9 次由于洞内温度过高导致设备死机，数据停止采集未能提前预测；8 次设备和网络运行正常，但未能提前预测。22 次未能准确预报原因分布如图 8.40 所示。

8.8 岩爆微震监测技术

表 8.17　4 号支洞现场岩爆统计与预测对比

序号	岩爆范围	长度/m	岩爆时间/(年-月-日 时:分)	塌腔尺寸/(m×m×m)	岩石数量/m³	埋深/m	岩爆位置	岩爆等级	预测时间	预测等级	预测结果
1	斜 47+58～斜 47+64	6.0	2017-01-07 22:52	6.00×7.12×0.68	29.050	1417.0	拱部 120°	轻微～偏中度	2017-01-06	轻微	准确
2	斜 48+68～斜 48+81	13.0	2017-02-04 18:03	13.00×5.34×0.84	58.313	1383.0	拱部 90°	轻微～偏中度	2017-02-03	轻微	准确
3	斜 50+28.4～斜 50+32.4	4.0	2017-03-04 1:50	5.34×3.20×1.90	32.470	1333.0	左拱腰至拱顶	中等～偏强烈	2017-03-03	中等	偏低
4	斜 51+11.5～斜 51+15.3	3.8	2017-03-21 0:40	3.80×5.30×0.72	14.638	1362.0	拱部 90°	轻微～偏中度	2017-03-20	中等～较强	准确
5	斜 51+58.7～斜 51+66.7	8.0	2017-03-27 12:42	8.00×5.90×0.49	23.130	1340.0	左侧墙至拱顶	轻微	2017-03-26	轻微	准确
6	斜 51+66.7～斜 51+72.7	6.0	2017-03-28 5:45	6.00×5.90×0.53	18.761	1337.5	左侧墙至拱顶	中度	2017-03-27	中等	准确
7	斜 51+58.0～斜 51+75.0	17.0	2017-03-29 12:20	11.50×5.30×0.98	78.256	1336.0	左墙及拱部	强烈	2017-03-28	中等	准确
8	斜 51+75.0～斜 51+82.2	7.2	2017-03-31 23:52	6.50×7.60×1.35	103.129	1333.0	左墙及拱部	强烈	2017-03-30	中等及以上	准确
9	斜 51+82.2～斜 51+91.8	9.6	2017-04-03 22:45	9.60×7.80×1.08	142.978	1284.4	右侧墙至左拱腰	中等～强烈	2017-04-02	较强	准确
10	斜 52+26.0～斜 52+29.6	3.6	2017-04-11 16:32	3.60×7.30×1.74	41.400	1303.0	左侧墙至拱顶	中等～强烈	2017-04-10	中等	偏低
11	斜 52+29.6～斜 52+35.6	6.0	2017-04-13 15:35	6.00×7.40×1.54	32.200	1298.0	右侧墙至拱顶	中等～强烈	2017-04-12	较强	准确
12	斜 52+41.5～斜 52+45.0	3.5	2017-04-16 13:25	3.50×8.90×2.10	65.415	1290.0	9:00～14:00 方向	中等～强烈	2017-04-15	较强	准确
13	斜 52+53.5～斜 52+81.6	28.1	2017-04-19 22:19	28.10×17.00×4.36	523.450	1283.0	拱墙均有	强烈	2017-04-15	较强	准确
14	斜 52+87.0～斜 53+35.0	48.0	2017-05-07 11:35	48.00×17.90×3.15	761.840	1265.0	拱墙均有	强烈	2017-05-06	中等～强烈	准确
15	斜 53+35.0～斜 53+50.0	15.0	2017-05-29 12:05	15.00×8.90×2.30	147.000	1238.0	拱墙均有	强烈	2017-05-29	中等～强烈	准确
16	斜 53+50.0～斜 54+35.0	85	2017-06-01 19:34	无	无	1240.0	拱部 120°	中等～较强烈	2017-05-31	中等～强烈	准确
17	斜 53+84.5～斜 53+89.9	5.4	2017-06-01 19:34	4.70×5.40×1.50	30.460	1254.0	拱部	滞后生中等	未预测、掌子面斜 5+346		滞后
18	斜 54+35.0～斜 55+63.9	128.9	2017-06-18 19:48	无	无	1268.0	拱部	轻微	2017-06-16	轻微	准确

表 8.18 TBM 洞段统计时间范围内微震事件能量分布

统计时间范围	2017 年 9 月 1 日 6:00 至 2018 年 12 月 4 日 5:59	
微震事件总数/个	4536	
能量范围/kJ	微震事件数/个	对应岩爆风险等级
0～10	2378	局部掉块
10～100	1142	轻微
100～1000	889	中等
1000～5000	110	强烈
>5000	17	极强

注 能量范围划分及对应岩爆风险等级均为 3 号洞 TBM 工作面监测数据与现场比对后总结的经验值，由于岩体结构多变、岩爆机理复杂，在不同的岩体洞段也可能进行部分调整，因此暂不具备通用性。

表 8.19 岭南 TBM 洞段监测基本信息

时 段	时间间隔/d	桩 号	监测长度/m	事件数/个
2017-09-08 至 2018-01-01	115	K33+870～K34+353	483	2142
2018-01-01 至 2018-04-01	90	K34+353～K35+150	797	831
2018-04-01 至 2018-07-01	91	K35+150～K35+723	573	607
2018-07-01 至 2018-10-01	92	K35+723～K36+527	804	291
2018-10-01 至 2018-12-04	64	K36+527～K37+011	484	432
2017-09-08 至 2018-12-04	452	K33+870～K37+011	3141	4303

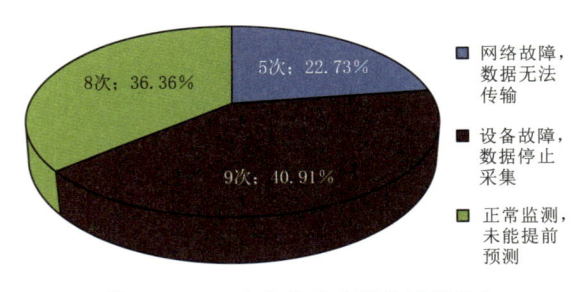

图 8.40 22 次未能准确预报原因分布

由于岩爆的等级划分标准不完全一致，因此施工单位统计的岩爆等级，部分偏低，部分偏高，按照 2017 年 4 月监理例会确定的按照岩爆塌腔深度划分进行了部分修正，在统计的 261 次岩爆中，较准确预测 233 次，占比 89.27%，28 次由于各种原因未能提前预测或预测等级偏低，占比 10.73%，详情见表 8.20。

8.8.7 引汉济渭工程秦岭输水隧洞岭北 TBM 施工段监测成果

岭北 TBM 施工段全长 16.69km，采用钻爆法和 TBM 施工，TBM 施工段采用一台敞开式硬岩掘进机，开挖直径 8.02m，全长 210m，2018 年 12 月底掘进段顺利完工。岭北 TBM 完成掘进任务后，继续向岭南方向接应施工，接应段长度约 3km，截至 2019 年 10 月 TBM 接应段累计完成掘进支护 649.9m，剩余 2350.1m。

8.8 岩爆微震监测技术

表 8.20　预测结果对比（3 号 TBM 洞段 K33+863～K36+964）

序号	岩爆时间	岩爆范围	岩爆尺寸/(m×m×m)	岩爆等级	预测时间	预测范围	预测等级	预测对比
1	2017-09-09	K33+863.5～K33+866.0	8.00×2.50×1.00	中等	2017-09-09	K33+860～K33+875	中等～较强	准确
2	2017-09-10	K33+868.5～K33+870.0	8.00×1.50×1.20	中等	2017-09-09	K33+860～K33+875	中等～较强	准确
3	2017-09-12	K33+869.0～K33+872.5	9.00×3.50×2.00	中等	2017-09-10	K33+870～K33+885	中等～较强	准确
4	2017-09-12	K33+841.0～K33+875.1	6.00×4.20×2.23	中等	2017-09-09	K33+860～K33+885	中等～较强	准确
5	2017-09-13	K33+875.0～K33+877.0	10.00×2.00×3.08	中等	2017-09-12	K33+870～K33+885	中等～强烈	准确
6	2017-09-15	K33+876.8～K33+882.8	10.00×6.00×3.00	轻微	2017-09-14	K33+870～K33+890	中等～强烈	准确
7	2017-09-18	K33+884.7～K33+888.0	8.00×6.00×0.40	中等	2017-09-15	K33+880～K33+895	中等～强烈	准确
8	2017-09-19	K33+888.3～K33+889.5	10.00×1.20×2.70	中等	2017-09-16	K33+880～K33+895	中等～强烈	准确
9	2017-09-21	K33+890.7～K33+893.2	7.00×2.50×3.27	轻微	2017-09-16	K33+880～K33+895	中等～强烈	准确
10	2017-09-21	K33+893.2～K33+895.0	7.00×1.80×2.76	中等	2017-09-20	K33+895～K33+910	中等～较强	准确
11	2017-09-22	K33+896.7～K33+897.6	8.00×1.00×1.10	轻微	2017-09-20	K33+895～K33+910	中等～较强	准确
12	2017-09-24	K33+901.3～K33+903.5	4.00×2.20×0.60	轻微	2017-09-20	K33+895～K33+910	中等～较强	准确
13	2017-09-25	K33+903.5～K33+906.2	5.00×2.70×1.44	轻微	2017-09-24	K33+905～K33+920	中等	准确
14	2017-09-25	K33+909.3～K33+911.3	5.00×2.00×1.10	轻微	2017-09-24	K33+905～K33+920	中等	准确
15	2017-09-26	K33+911.3～K33+913.0	3.00×1.70×1.00	轻微	2017-09-24	K33+905～K33+920	中等	准确
16	2017-09-27	K33+913.0～K33+915.5	5.00×2.50×0.80	轻微	2017-09-25	K33+926 附近	中等	准确
17	2017-09-28	K33+915.5～K33+917.7	5.00×2.20×1.20	轻微	2017-09-27	K33+925～K33+945	中等～较强	准确
18	2017-09-29	K33+921.2～K33+923.9	5.00×4.00×0.86	轻微	2017-09-29	K33+925～K33+945	中等～较强	准确
19	2017-09-30	K33+923.9～K33+926.3	6.00×2.40×1.98	轻微	2017-09-29	K33+925～K33+945	中等～较强	准确
20	2017-10-01	K33+928.1～K33+928.9	5.00×2.00×0.80	轻微	2017-09-30	K33+925～K33+945	中等～较强	准确
21	2017-10-02	K33+935.6～K33+936.7	2.00×1.70×0.60	轻微	2017-10-01	K33+925～K33+945	中等～较强	准确
22	2017-10-04	K33+941.0～K33+943.0	6.00×2.00×1.40	轻微	2017-10-01	K33+925～K33+945	中等～较强	准确

续表

序号	岩爆时间	岩爆范围	岩爆尺寸/(m×m×m)	岩爆等级	预测时间	预测范围	预测等级	预测对比
23	2017-10-05	K33+945.3～K33+946.8	5.00×1.50×0.55	轻微	2017-10-03	K33+940～K33+955	中等～较强	准确
24	2017-10-08	K33+955.0～K33+956.0	4.00×1.10×0.63	轻微	2017-10-06	K33+950～K33+965	中等～较强	准确
25	2017-10-10	K33+962.0～K33+964.0	2.90×2.05×0.80	轻微	2017-10-06	K33+950～K33+965	中等～较强	准确
26	2017-10-10	K33+964.6～K33+967.9	4.11×3.30×0.55	轻微	2017-10-09	K33+960～K33+980	中等	准确
27	2017-10-12	K33+973.0～K33+974.7	6.06×1.70×0.61	轻微	2017-10-10	K33+970～K33+990	中等	准确
28	2017-10-14	K33+986.4～K33+989.3	7.10×2.90×1.26	轻微	2017-10-11	K33+970～K33+990	中等	准确
29	2017-10-15	K33+990.7～K33+992.0	1.50×0.80×0.50	轻微	2017-10-15	K33+990～K34+020	中等	准确
30	2017-10-15	K33+989.3～K33+993.3	7.15×4.08×0.88	轻微	2017-10-15	K33+990～K34+020	中等	准确
31	2017-10-16	K33+994.6～K33+999.1	最深 0.81	轻微	2017-10-15	K33+990～K34+020	中等	准确
32	2017-10-16	K33+995.8～K33+997.3	6.05×1.50×0.81	轻微	2017-10-23	K34+025～K34+060	中等	准确
33	2017-10-25	K34+059.4～K34+061.2	1.10×1.30×0.30	轻微				
34	2017-10-25	K34+061.2～K34+063.0	1.00×1.10×0.20	轻微	10月24—25日停发报告			未能提前预测
35	2017-10-26	K34+071.5～K34+072.8	5.00×1.40×1.26	轻微	2017-10-26	K34+070～K34+090	中等	准确
36	2017-10-27	K34+072.8～K34+074.4	8.00×1.60×0.96	轻微～中等	2017-10-26	K34+070～K34+090	中等	准确
37	2017-10-28	K34+083.0～K34+086.0	5.00×3.00×0.55	轻微	2017-10-28	K34+085～K34+105	中等	准确
38	2017-10-29	K34+086.0～K34+089.0	4.00×3.00×0.81	轻微	2017-10-28	K34+085～K34+105	中等	准确
39	2017-10-29	K34+089.1～K34+091.4	3.10×2.30×1.07	轻微～中等	2017-10-29	K34+085～K34+105	中等	准确
40	2017-10-30	K34+091.6～K34+099.0	8.20×8.00×1.73	中等	2017-10-29	K34+085～K34+105	中等	预测范围有偏差
41	2017-10-31	K34+099.4～K34+102.7	6.10×3.30×1.35	轻微～中等	2017-10-31	K34+095～K34+120	中等	准确
42	2017-11-01	K34+102.7～K34+104.6	5.10×1.90×1.36	轻微	2017-10-31	K34+095～K34+120	中等～较强	准确
43	2017-11-01	K34+105.0～K34+109.8	4.30×2.05×1.21	轻微	2017-11-01	K34+085～K34+120	中等～较强	准确
44	2017-11-02	K34+109.1～K34+115.4	4.10×6.30×1.05	轻微～中等	2017-11-01	K34+085～K34+130	中等～强烈	准确

续表

序号	岩爆时间	岩爆范围	岩爆尺寸/(m×m×m)	岩爆等级	预测时间	预测范围	预测等级	预测对比
45	2017-11-03	K34+115.5~K33+118.2	6.30×2.70×1.18	轻微	2017-11-02	K34+095~K34+140	中等~强烈	准确
46	2017-11-03	K34+119.0~K33+122.0	4.20×3.05×1.17	轻微	2017-11-02	K34+095~K34+140	中等~强烈	准确
47	2017-11-04	K34+122.0~K33+129.5	4.20×7.50×0.99	轻微~中等	2017-11-03	K34+100~K34+145	中等~强烈	准确
48	2017-11-05	K34+129.5~K34+130.7	4.10×1.20×0.72	轻微	2017-11-04	K34+120~K34+150	中等~较强	准确
49	2017-12-12	K34+153.0~K34+154.0	5.10×1.00×0.93	轻微	2017-11-09	K34+150~K34+170	中等岩爆	准确
50	2017-12-12	K34+135.1~K34+135.1	—	轻微	2017-12-12	K34+130~K34+150	中等	准确
51	2017-12-13	K34+158.0~K34+161.0	4.10×3.00×0.82	轻微	2017-12-12	K34+150~K34+170	中等	准确
52	2017-12-13	K34+160.0~K34+162.0	3.10×2.00×1.00	轻微	2017-12-12	K34+150~K34+170	中等	准确
53	2017-12-13	K34+163.2~K34+165.0	4.20×1.10×0.81	轻微	2017-12-12	K34+150~K34+170	中等	准确
54	2017-12-14	K34+167.2~K34+168.0	2.30×1.40×1.00	轻微	2017-12-12	K34+150~K34+170	中等	准确
55	2017-12-15	K34+169.1~K34+172.0	3.50×1.50×0.88	轻微	2017-12-14	K34+165~K34+185	轻微~中等	准确
56	2017-12-16	K34+174.0~K34+177.1	3.70×2.20×0.91	轻微	2017-12-15	K34+165~K34+185	轻微~中等	准确
57	2017-12-17	K34+178.4~K34+180.0	2.10×4.00×0.55	轻微	2017-12-16	K34+165~K34+185	轻微~中等	准确
58	2017-12-17	K34+180.2~K34+183.2	4.50×3.20×0.82	轻微	2017-12-16	K34+165~K34+185	轻微~中等	准确
59	2017-12-17	K34+183.2~K34+185	3.10×1.50×0.20	轻微	2017-12-17	K34+165~K34+185	轻微~中等	准确
60	2017-12-18	K34+191.5~K34+193.1	3.40×2.20×0.40	轻微	2017-12-17	K34+185~K34+200	轻微~中等	准确
61	2017-12-18	K34+194.0~K34+197.5	2.10×1.80×0.51	轻微	2017-12-18	K34+185~K34+200	轻微~中等	准确
62	2017-12-19	K34+202.0~K34+204.6	2.00×2.00×0.46	轻微	2017-12-18	K34+200~K34+215	轻微~中等	准确
63	2017-12-19	K34+204.6~K34+206.9	5.10×1.80×1.10	轻微	2017-12-18	K34+200~K34+215	轻微~中等	准确
64	2017-12-20	K34+207.3~K34+208.8	5.40×1.10×1.00	轻微	2017-12-19	K34+200~K34+220	中等~较强	准确
65	2017-12-21	K34+212.4~K34+213.4	2.70×1.50×0.30	轻微	2017-12-20	K34+210~K34+230	中等~较强	准确
66	2017-12-21	K34+215.6~K34+219.2	4.30×2.10×0.90	轻微	2017-12-20	K34+210~K34+230	中等~较强	准确

续表

序号	岩爆时间	岩爆范围	岩爆尺寸/(m×m×m)	岩爆等级	预测时间	预测范围	预测等级	预测对比
67	2017-12-21	K34+219.4~K34+224.6	5.20×2.60×1.35	轻微	2017-12-20	K34+210~K34+230	中等~较强	准确
68	2017-12-22	K34+229.8~K34+234.0	3.10×2.00×0.40	轻微	2017-12-22	K34+225~K34+240	中等~较强	准确
69	2017-12-22	K34+234.3~K34+236.1	2.20×1.40×0.30	轻微	2017-12-22	K34+225~K34+240	中等~较强	准确
70	2017-12-23	K34+241.2~K34+243.6	3.20×1.70×0.37	轻微	2017-12-23	K34+235~K34+260	中等~较强	准确
71	2017-12-23	K34+244.1~K34+246.0	2.40×2.20×0.70	轻微	2017-12-23	K34+235~K34+260	中等~较强	准确
72	2017-12-25	K34+258.2~K34+261.4	3.40×2.10×0.61	轻微	2017-12-24	K34+240~K34+270	中等~强烈	准确
73	2017-12-25	K34+263.8~K34+266.3	2.80×1.80×2.10	轻微	2017-12-24	K34+240~K34+270	中等~强烈	准确
74	2017-12-27	K34+280.1~K34+281.5	1.60×1.50×0.20	轻微	2017-12-26	K34+270~K34+285	中等	准确
75	2017-12-28	K34+298.4~K34+303.2	5.20×1.10×0.10	轻微	2017-12-27	K34+280~K34+300	轻微~中等	准确
76	2017-12-29	K34+319.8~K34+323.1	3.80×2.10×0.30	轻微	2017-12-28	K34+300~K34+320	轻微	准确
77	2017-12-30	K34+325.2~K34+328.5	3.20×1.40×0.15	轻微	2017-12-30	K34+330~K34+350	轻微	准确
78	2017-12-31	K34+335.1~K34+337.6	2.60×1.30×0.40	轻微	2017-12-30	K34+330~K34+350	轻微	准确
79	2017-12-31	K34+340.2~K34+342.0	2.10×1.40×0.10	轻微	2017-12-30	K34+350~K34+370	轻微	准确
80	2018-01-03	K34+347.3~K34+352.3	3.40×2.20×0.10	轻微	2018-01-01	K34+350~K34+370	轻微	准确
81	2018-01-04	K34+350.2~K34+353.2	2.20×2.10×0.20	轻微	2018-01-01	K34+350~K34+370	轻微	准确
82	2018-01-02	K34+366.2~K34+369.3	8.00×5.00×1.00	轻微~中等	2018-05-10	K34+395~K35+425	轻微~中等	准确
83	2018-05-11	K35+400~K35+393	1.20×0.80×0.30	轻微	2018-05-24	K35+479~K35+509	中等及塌方	准确
84	2018-05-26	k35+483~K35+485	2.20×1.50×0.60	轻微	2018-05-24	K35+479~K35+509	中等及塌方	准确
85	2018-05-28	K35+485~K35+488	2.00×4.00×0.70	轻微	2018-05-24	K35+479~K35+509	中等及塌方	准确
86	2018-05-28	K35+488~K35+492	2.00×1.30×0.30	轻微	2018-05-26	K35+491~K35+511	中等	准确
87	2018-05-28	K35+492~K35+496	2.00×1.00×0.50	轻微	2018-05-28	K35+491~K35+511	轻微	准确
88	2018-05-31	K35+496~K35+497.6						

续表

序号	岩爆时间	岩爆范围	岩爆尺寸/(m×m×m)	岩爆等级	预测时间	预测范围	预测等级	预测对比
89	2018-06-01	K35+497.6~K35+500	2.00×1.00×0.50	轻微~中等	2018-06-01	K35+495~K35+519	中等及塌方	准确
90	2018-06-01	K35+500~K35+501.2	1.50×0.80×0.40	轻微	2018-06-01	K35+495~K35+519	中等及塌方	准确
91	2018-06-02	K35+503~K35+505.7	1.00×0.60×0.60	轻微	2018-06-01	K35+495~K35+519	中等及塌方	准确
92	2018-06-04	K35+506~K35+507.5	2.00×1.50×0.80	轻微~中等	2018-06-03	K35+506~K35+530	中等	准确
93	2018-06-04	K35+507~K35+509	3.00×1.20×0.90	轻微~中等	2018-06-03	K35+506~K35+530	中等	准确
94	2018-06-05	K35+509~K35+513.5	0.80×0.50×0.30	轻微	2018-06-04	K35+506~K35+530	中等	准确
95	2018-06-05	K35+513.5~K35+518	1.80×0.70×0.40	轻微	2018-06-04	K35+506~K35+530	中等	准确
96	2018-06-06	K35+510~K35+515	1.70×1.00×0.70	轻微~中等	2018-06-05	K35+512~K35+532	中等	准确
97	2018-06-06	K35+515~K35+517	1.80×0.80×0.60	轻微	2018-06-06	K35+513~K35+534	强烈	准确
98	2018-06-06	K35+517~K35+519	0.90×1.20×0.40	中等	2018-06-06	K35+513~K35+534	强烈	准确
99	2018-06-06	K35+519~K35+520.3	0.80×1.30×1.65	轻微	2018-06-06	K35+513~K35+534	强烈	准确
100	2018-06-07	K35+520~K35+522.8	2.00×0.50×0.30	轻微	2018-06-06	K35+513~K35+534	强烈	准确
101	2018-06-07	K35+524~K35+527	2.00×0.50×0.70	轻微	2018-06-07	K35+515~K35+545	强烈	准确
102	2018-06-08	K35+530.8~K35+532.5	0.60×0.60×0.40	中等	2018-06-07	K35+515~K35+545	强烈	准确
103	2018-06-08	K35+532.6~K35+536.2	0.50×0.30×0.20	轻微	2018-06-09	K35+527~K35+552	中等	准确
104	2018-06-10	K35+539~K35+542	1.00×0.40×0.30	中等	2018-06-09	K35+527~K35+552	中等	准确
105	2018-06-10	K35+542~K35+545	1.20×0.60×0.40	轻微	2018-06-10	K35+544~K35+564	中等	准确
106	2018-06-11	K35+553~K35+557.4	4.00×3.00×0.65	中等	2018-06-10	K35+544~K35+564	中等	准确
107	2018-06-12	K35+549~K35+552	3.00×2.00×1.40	中等	2018-06-11	K35+548~K35+570	中等	偏低
108	2018-06-13	K35+558.9~K35+562.5	4.00×0.90×3.60	强烈	2018-06-12	K35+552~K35+567	轻微	准确
109	2018-06-13	K35+560~K35+562	0.90×0.40×0.40	轻微	2018-06-13	K35+555~K35+576	中等	准确
110	2018-06-14	K35+563~K35+564.5	7.00×2.00×0.80	中等				

续表

序号	岩爆时间	岩爆范围	岩爆尺寸/(m×m×m)	岩爆等级	预测时间	预测范围	预测等级	预测对比
111	2018-06-14	K35+564.5~K35+567.8	7.00×3.30×1.50	中等	2018-06-13	K35+555~K35+576	中等	准确
112	2018-06-15	K35+568~K35+570	4.00×1.30×0.80	轻微	2018-06-14	K35+553~K35+582	中等	准确
113	2018-06-15	K35+571~K35+573	3.00×1.30×0.70	轻微	2018-06-14	K35+553~K35+582	中等	准确
114	2018-06-15	K35+573~K35+578.5	0.50×0.60×0.80	轻微	2018-06-14	K35+553~K35+582	中等	准确
115	2018-06-16	K35+570~K35+574	0.50×0.30×0.30	轻微~中等	2018-06-15	K35+564~K35+587	强烈	准确
116	2018-06-16	K35+578~K35+579	1.00×1.20×0.50	中等	2018-06-15	K35+564~K35+587	强烈	准确
117	2018-06-16	K35+579~K35+583	0.50×0.30×0.20	轻微	2018-06-15	K35+564~K35+587	强烈	准确
118	2018-06-16	K35+583~K35+585	1.20×0.80×0.40	持续剥落	2018-06-15	K35+564~K35+587	强烈	准确
119	2018-06-16	K35+586~K35+588	1.00×0.60×0.30	轻微	2018-06-15	K35+564~K35+587	强烈	准确
120	2018-06-17	K35+588~K35+589	1.00×1.00×0.40	轻微	2018-06-16	K35+572~K35+592	强烈	准确
121	2018-06-17	K35+594~K35+595	1.00×1.30×0.70	轻微	2018-06-16	K35+572~K35+592	强烈	准确
122	2018-06-17	K35+596~K35+598	1.10×0.60×0.35	轻微	2018-06-16	K35+572~K35+592	强烈	准确
123	2018-06-18	K35+598~K35+600	0.90×0.60×0.40	轻微	2018-06-17	K35+590~K35+605	中等	准确
124	2018-06-18	K35+606~K35+607	1.00×0.80×0.40	轻微	2018-06-17	K35+590~K35+605	中等	准确
125	2018-06-18	K35+608~K35+610	0.80×0.60×0.30	轻微		网络故障，数据无法传输		未能提前预测
126	2018-06-19	K35+620~K35+621	0.80×0.60×0.30	轻微	2018-06-19	K35+615~K35+629	中等	准确
127	2018-06-19	K35+616~K35+620	4.00×3.00×1.00	中等	2018-06-19	K35+615~K35+629	中等	准确
128	2018-06-20	K35+621~K35+623	2.00×2.00×0.50	中等	2018-06-19	K35+615~K35+629	中等	准确
129	2018-06-21	K35+630~K35+632	1.20×0.80×0.40	中等	2018-06-20	K35+627~K35+652	中等	准确
130	2018-06-21	K35+632~K35+633.5	1.80×1.20×0.50	中等	2018-06-20	K35+627~K35+652	中等	准确
131	2018-06-21	K35+638~K35+640	1.00×0.46×0.70	中等	2018-06-20	K35+629~K35+652	中等	准确
132	2018-06-22	K35+639~K35+641	0.40×0.30×0.20	轻微	2018-06-21	K35+629~K35+652	中等	准确

续表

序号	岩爆时间	岩爆范围	岩爆尺寸/(m×m×m)	岩爆等级	预测时间	预测范围	预测等级	预测对比
133	2018-06-22	K35+641~K35+645	4.00×4.00×1.10	中等	2018-06-21	K35+629~K35+652	中等	准确
134	2018-06-22	K35+646~K35+647.5	1.50×1.20×0.50	中等	2018-06-21	K35+629~K35+652	中等	准确
135	2018-06-22	K35+647~K35+648.5	2.00×1.50×0.40	中等	2018-06-21	K35+629~K35+652	中等	准确
136	2018-06-23	K35+647.5~K35+648	6.00×0.50×1.10	中等	2018-06-21	K35+629~K35+652	中等	准确
137	2018-06-23	K35+648~K35+649.5	6.00×1.50×1.20	中等	2018-06-21	K35+629~K35+652	中等	准确
138	2018-06-23	K35+650~K35+651	6.00×1.50×1.20	中等	2018-06-23	K35+639~K35+659	中等	准确
139	2018-06-24	K35+651~K35+652.5	1.80×1.60×0.60	中等	2018-06-23	K35+639~K35+659	中等	准确
140	2018-06-24	K35+652.5~K35+653	1.60×1.60×0.40	中等	2018-06-23	K35+639~K35+659	中等	准确
141	2018-06-24	K35+655~K35+656.5	4.00×1.20×1.30	中等	2018-06-23	K35+639~K35+659	中等	准确
142	2018-06-24	K35+656.5~K35+658	2.00×1.20×1.50	中等	2018-06-24	K35+635~K35+660	中等	准确
143	2018-06-25	K35+659.6~K35+661.4	0.80×0.50×0.40	轻微	2018-06-25	K35+658~K35+674	中等	准确
144	2018-06-25	K35+661.4~K35+662.9	0.90×0.40×0.30	轻微	2018-06-25	K35+658~K35+674	中等	准确
145	2018-06-25	K35+665~K35+667	2.00×2.00×0.90	轻微	2018-06-25	K35+658~K35+674	中等	准确
146	2018-06-25	K35+667~K35+669	1.80×1.80×0.60	轻微	2018-06-25	K35+658~K35+674	中等	准确
147	2018-06-26	K35+669.0~K35+672.0	2.00×3.00×0.60	轻微	2018-06-25	K35+658~K35+674	中等	准确
148	2018-06-26	K35+674.0~K35+675.5	1.30×0.50×0.20	轻微	2018-06-25	K35+658~K35+674	中等	准确
149	2018-06-28	K35+690.0~K35+693.0	2.00×3.00×0.70	轻微	2018-06-27	K35+680~K35+705	轻微	准确
150	2018-07-03	K35+743.0~K35+744.0	0.40×0.40×0.10	轻微		大面积停网，数据无法传输		未提前预测
151	2018-07-04	K35+757.5~K35+759.0	3.00×1.50×0.70	轻微		大面积停网，数据无法传输		未提前预测
152	2018-07-04	K35+759.0~K35+763.0	0.60×0.30×0.30	轻微		大面积停网，数据无法传输		未提前预测
153	2018-07-04	K35+764.0~K35+765.0	0.30×0.30×0.30	轻微		大面积停网，数据无法传输		未提前预测
154	2018-07-28	K35+812.8~K35+814.0	1.50×1.00×0.40	轻微	2018-07-28	K35+810~K35+828	中等	准确

续表

序号	岩爆时间	岩爆范围	岩爆尺寸/(m×m×m)	岩爆等级	预测时间	预测范围	预测等级	预测对比
155	2018-07-28	K35+818.5~K35+820.0	0.80×1.00×0.30	轻微	2018-07-28	K35+810~K35+828	中等	准确
156	2018-07-29	K35+830.0~K35+832.0	2.00×2.00×0.30	轻微	2018-07-29	K35+820~K35+843	中等	准确
157	2018-07-29	K35+780.0~K35+784.0	4.00×4.00×0.45	轻微	滞后50m			未提前预测
158	2018-08-11	K35+991.5~K35+992.5	0.50×0.10×0.20	轻微	2018-08-10	K35+975~K35+991	无岩爆	偏高
159	2018-08-11	K35+997.0~K35+998.0	0.40×0.60×0.30	轻微	2018-08-10	K35+975~K35+991	无岩爆	偏高
160	2018-08-22	K36+119.0~K36+122.0	3.00×4.00×0.40	轻微	2018-08-21		无岩爆	偏高
161	2018-08-24	K36+130.5~K36+131.5	0.30×0.50×0.10	轻微	2018-08-23	K36+130~K36+138	轻微	准确
162	2018-08-26	K36+167.5~K36+169.0	2.10×1.50×0.30	轻微	2018-08-25	K36+162~K36+170	轻微	偏低
163	2018-08-26	K36+173.0~K36+177.0	3.00×4.00×0.75	中等	2018-08-26	K36+163~K36+180	轻微	偏低
164	2018-08-27	K36+178.0~K36+179.8	4.00×1.80×1.50	轻微~中等	2018-08-26	K36+163~K36+180	轻微	准确
165	2018-08-27	K36+180.0~K36+181.5	2.00×1.00×0.40	轻微~中等	2018-08-26	K36+164~K36+180	轻微	准确
166	2018-08-28	K36+181.5~K36+183.5	1.80×2.00×0.50	轻微~中等	2018-08-27	K36+164~K36+199	中等	准确
167	2018-08-28	K36+186.5~K36+187.5	1.00×1.50×0.50	轻微	2018-08-27	K36+164~K36+199	中等	准确
168	2018-08-29	K36+198.5~K36+199.0	1.50×1.00×0.30	轻微	洞内温度高，数据采集工作站死机，未采集数据			未提前预测
169	2018-09-11	K36+222.0~K36+224.0	0.70×2.00×0.10	轻微	2018-09-10	K36+318~K36+332	无岩爆	偏高
170	2018-09-15	K36+367.0~K36+368.0	—	滞后轻微	2018-09-14	K36+340~K36+380	轻微	准确
171	2018-09-20	K36+434.0~K36+435.0	0.80×1.00×0.10	轻微	2018-09-19	K36+349附近	轻微	准确
172	2018-09-26	K36+492.0~K36+494.0	1.50×1.00×0.15	轻微	2018-09-25	K36+482~K36+489	轻微	准确
173	2018-09-29	K36+502.5~K36+503.0	1.10×0.50×0.15	轻微	2018-09-26	K36+488~K36+515	轻微	准确
174	2018-09-29	K36+503.5~K36+507.5	2.50×4.00×0.60	中等	2018-09-28	K36+496~K36+518	中等	准确
175	2018-09-29	K36+507.5~K36+508.5	1.80×1.00×0.40	中等	2018-09-28	K36+496~K36+518	中等	准确
176	2018-09-29	K36+509.0~K36+510.0	1.20×0.80×0.30	轻微	2018-09-28	K36+496~K36+518	中等	准确

8.8 岩爆微震监测技术

续表

序号	岩爆时间	岩爆范围	岩爆尺寸/(m×m×m)	岩爆等级	预测时间	预测范围	预测等级	预测对比
177	2018-09-30	K36+520.5~K36+522.5	3.10×2.00×0.45	轻微		洞内温度高、数据采集工作站死机、未采集数据		未提前预测
178	2018-10-01	K36+522.5~K36+523.5	1.00×0.80×0.30	轻微		洞内温度高、数据采集工作站死机、未采集数据		未提前预测
179	2018-10-02	K36+533.5~K36+535.0	1.20×1.50×0.70	中等	2018-10-01	K36+512~K36+542	轻微	准确
180	2018-10-02	K36+535.0~K36+537.0	1.20×1.40×0.80	中等	2018-10-01	K36+512~K36+542	轻微	准确
181	2018-10-03	K36+553.5~K36+555.0	2.40×1.40×0.55	轻微	2018-10-02	K36+538 附近	轻微	准确
182	2018-10-04	K36+558.5~K36+559.5	1.20×1.00×0.20	轻微		洞内温度高、数据采集工作站死机、未采集数据		未提前预测
183	2018-10-04	K36+559.5~K36+560.5	0.40×1.00×0.20	轻微		洞内温度高、数据采集工作站死机、未采集数据		未提前预测
184	2018-10-05	K36+572.0~K36+573.0	1.20×1.00×0.30	轻微	2018-10-04	K36+547~K36+562	轻微	准确
185	2018-10-07	K36+588.0~K36+589.5	1.10×0.50×0.20	轻微	2018-10-06	K36+552~K36+612	无岩爆	偏高
186	2018-10-07	K36+592.5~K36+594.0	1.50×2.00×0.40	轻微	2018-10-06	K36+552~K36+612	无岩爆	偏高
187	2018-10-07	K36+594.0~K36+597.0	1.00×3.00×0.20	轻微	2018-10-06	K36+552~K36+612	无岩爆	偏高
188	2018-10-08	K36+601.0~K36+603.0	1.80×1.50×0.60	中等	2018-10-07	K36+568~K36+612	轻微	准确
189	2018-10-09	K36+603.5~K36+604.8	5.00×3.00×0.80	轻微	2018-10-08	K36+600~K36+615	轻微	准确
190	2018-10-09	K36+604.8~K36+605.0	4.00×0.20×0.30	中等	2018-10-08	K36+600~K36+615	轻微	准确
191	2018-10-10	K36+607.0~K36+609.0	1.80×0.80×0.30	中等	2018-10-09	K36+589~K36+645	中等	准确
192	2018-10-10	K36+609.0~K36+612.0	6.00×3.00×0.50	轻微	2018-10-09	K36+589~K36+645	中等	准确
193	2018-10-11	K36+612.0~K36+615.5	3.00×4.00×0.33	轻微		洞内温度高、数据采集工作站死机、未采集数据		未提前预测
194	2018-10-11	K36+600.0~K36+602.0	0.60×0.60×0.30	轻微		洞内温度高、数据采集工作站死机、未采集数据		未提前预测
195	2018-10-12	K36+619.5~K36+622.0	3.00×2.50×0.35	轻微	2018-10-11	K36+603~K36+645	中等	准确

续表

序号	岩爆时间	岩爆范围	岩爆尺寸/(m×m×m)	岩爆等级	预测时间	预测范围	预测等级	预测对比
196	2018-10-13	K36+625.0~K36+627.0	1.80×1.60×0.60	中等	2018-10-12	K36+603~K36+645	中等	准确
197	2018-10-13	K36+627.0~K36+629.0	1.20×1.10×0.60	中等	2018-10-12	K36+603~K36+645	中等	准确
198	2018-10-14	K36+635.5~K36+638.0	3.00×2.50×0.45	轻微	2018-10-13	K36+613~K36+645	轻微	准确
199	2018-10-14	K36+643.0~K36+644.0	1.00×0.80×0.40	轻微	2018-10-13	K36+613~K36+645	轻微	准确
200	2018-10-15	K36+646.5~K36+649.0	2.00×1.50×0.10	轻微	2018-10-14	K36+620~K36+645	中等	准确
201	2018-10-16	K36+654.5~K36+655.5	1.20×0.80×0.20	轻微	2018-10-16	K36+651~K36+659	轻微	准确
202	2018-10-16	K36+658.0~K36+659.0	1.50×0.80×0.20	轻微	2018-10-16	K36+651~K36+659	轻微	准确
203	2018-10-16	K36+660.5~K36+664.0	3.00×4.00×0.80	中等	2018-10-16	K36+651~K36+659	轻微	准确
204	2018-10-17	K36+664.0~K36+667.0	2.00×2.50×0.10	轻微	2018-10-17	K36+671~K36+691	轻微	准确
205	2018-10-17	K36+667.0~K36+668.5	0.70×0.80×0.20	轻微	2018-10-17	K36+671~K36+691	轻微	准确
206	2018-10-17	K36+655.0~K36+657.0	1.80×1.50×0.20	轻微	2018-10-17	K36+671~K36+691	轻微	准确
207	2018-10-18	K36+676.5~K36+679.0	2.00×2.50×0.60	轻微	2018-10-17	K36+671~K36+691	轻微	准确
208	2018-10-18	K36+650.0~K36+653.0	2.00×3.00×0.50	滞后轻微	2018-10-16	K36+651~K36+659	轻微	准确
209	2018-10-18	K36+679.0~K36+683.0	2.00×3.00×0.20	轻微	2018-10-17	K36+671~K36+691	轻微	准确
210	2018-10-19	K36+684.0~K36+685.8	1.50×1.00×0.10	轻微	2018-10-18	K36+677附近	轻微	准确
211	2018-10-19	K36+685.0~K36+687.0	1.00×1.20×0.30	轻微	2018-10-18	K36+677附近	轻微	准确
212	2018-10-19	K36+679.0~K36+681.0	1.80×2.30×0.40	中等	2018-10-17	K36+671~K36+691	轻微	准确
213	2018-10-19	K36+689.0~K36+691.0	3.00×2.00×0.20	轻微	2018-10-18	K36+677附近	轻微	准确
214	2018-10-19	K36+696.0~K36+697.0	1.50×1.00×0.10	中等	2018-10-18	K36+677附近	轻微	准确
215	2018-10-20	K36+672.0~K36+677.0	4.00×5.00×0.50	中等	2018-10-18	K36+677附近	轻微	准确
216	2018-10-21	K36+702.5~K36+704.5	3.00×3.00×0.60	中等	2018-10-19	K36+689~K36+711	轻微	准确
217	2018-10-21	K36+704.5~K36+708.5	4.00×3.50×0.75	中等	2018-10-19	K36+689~K36+711	轻微	准确

8.8 岩爆微震监测技术

续表

序号	岩爆时间	岩爆范围	岩爆尺寸/(m×m×m)	岩爆等级	预测时间	预测范围	预测等级	预测对比
218	2018-10-22	K36+710.0~K36+712.0	2.00×2.00×0.60	中等	2018-10-19	K36+689~K36+711	轻微	准确
219	2018-10-22	K36+712.0~K36+713.5	2.10×1.00×0.90	中等	2018-10-21	K36+719附近	轻微	准确
220	2018-10-22	K36+713.5~K36+716.0	2.00×3.00×0.70	中等	2018-10-21	K36+719附近	轻微	准确
221	2018-10-22	K36+717.0~K36+719.0	1.00×2.00×0.40	轻微	2018-10-21	K36+719附近	轻微	准确
222	2018-10-23	K36+719.0~K36+720.0	0.50×1.00×0.20	轻微	2018-10-21	K36+719附近	轻微	准确
223	2018-10-23	K36+720.0~K36+722.0	4.00×1.50×0.45	中等	2018-10-22	K36+680~K36+715	中等	准确
224	2018-10-24	K36+731.0~K36+736.0	3.00×4.00×0.92	中等	2018-10-24	K36+670~K36+735	中等	准确
225	2018-10-25	K36+735.0~K36+737.0	2.00×0.80×0.40	中等	2018-10-24	K36+670~K36+735	中等	准确
226	2018-10-25	K36+737.0~K36+739.0	1.80×2.30×0.50	轻微	2018-10-24	K36+670~K36+735	中等	准确
227	2018-10-25	K36+739.0~K36+740.0	1.00×0.60×0.20	轻微				
228	2018-10-26	K36+740.0~K36+745.0	0.30×0.20×0.12	轻微		洞内温度高、设备死机，数据采集中断，未预测		未提前预测
229	2018-10-26	K36+752.0~K36+753.0	0.80×0.40×0.20	轻微		洞内温度高、设备死机，数据采集中断，未预测		未提前预测
230	2018-10-27	K36+753.0~K36+757.0	0.20×0.10×0.10	中等	2018-10-27	K36+748~K36+788	强烈	准确
231	2018-10-27	K36+763.0~K36+767.0	0.60×0.30×0.04	轻微	2018-10-27	K36+748~K36+788	强烈	准确
232	2018-10-28	K36+767.0~K36+770.0	0.60×0.40×0.30	轻微	2018-10-27	K36+748~K36+788	强烈	准确
233	2018-10-28	K36+772.0~K36+774.0	1.00×1.00×0.60	轻微	2018-10-27	K36+748~K36+788	强烈	准确
234	2018-10-28	K36+774.0~K36+777.0	1.00×0.65×0.03	轻微	2018-10-27	K36+748~K36+788	强烈	准确
235	2018-10-28	K36+774.0~K36+776.0	0.50×0.10×0.30	轻微	2018-10-28	K36+748~K36+788	强烈	准确
236	2018-10-29	K36+777.0~K36+779.0	0.45×0.30×0.03	轻微	2018-10-28	K36+757~K36+787	强烈	准确
237	2018-10-29	K36+779.5~K36+782.0	0.70×0.45×0.30	轻微~中等	2018-10-28	K36+757~K36+787	强烈	准确
238	2018-10-29	K36+782.0~K36+783.0	0.80×0.60×0.30	轻微	2018-10-28	K36+757~K36+787	强烈	准确

续表

序号	岩爆时间	岩爆范围	岩爆尺寸/(m×m×m)	岩爆等级	预测时间	预测范围	预测等级	预测对比
239	2018-10-30	K36+772.0~K36+776.0	1.50×1.40×0.15	轻微~中等	2018-10-29	K36+757~K36+820	强烈	准确
240	2018-10-30	K36+779.0~K36+783.0	0.80×0.80×0.30	轻微	2018-10-29	K36+757~K36+820	强烈	准确
241	2018-10-30	K36+788.0~K36+794.0	0.70×0.50×0.10	中等	2018-10-29	K36+757~K36+820	强烈	准确
242	2018-10-30	K36+794.0~K36+797.0	0.50×0.40×0.05	轻微~中等	2018-10-29	K36+757~K36+820	强烈	准确
243	2018-10-31	K36+796.8~K36+800.5	0.80×0.60×0.40	轻微	2018-10-31	K36+792附近	中等	偏低
244	2018-10-31	K36+804.0~K36+807.0	0.10×0.10×0.20	轻微	2018-10-31	K36+792附近	中等	偏低
245	2018-10-31	K36+807.0~K36+809.0	0.30×0.20×0.30	轻微	2018-10-31	K36+792附近	中等	准确
246	2018-11-01	K36+811.0~K36+814.0	0.60×0.40×0.10	轻微~中等	2018-11-01	掌子面附近及K36+785~K36+800	轻微	准确
247	2018-11-02	K36+817.0~K36+818.0	0.30×0.20×0.05	轻微	2018-11-02	掌子面附近	轻微	准确
248	2018-11-03	K36+821.0~K36+825.0	0.60×0.50×0.30	轻微~中等	2018-11-03	K36+820~K36+828	轻微	准确
249	2018-11-04	K36+825.0~K36+828.6	1.50×0.60×0.30	轻微	2018-11-03	K36+820~K36+828	轻微	准确
250	2018-11-04	K36+828.6~K36+830.6	0.90×0.40×0.10	轻微~中等	2018-11-04	K36+820~K36+830	中等	准确
251	2018-11-04	K36+830.4~K36+833.0	1.50×2.00×0.30	轻微~中等	2018-11-04	K36+820~K36+830	中等	准确
252	2018-11-16	K36+894.5~K36+899.0	0.30×0.15×0.05	轻微	2018-11-15	K36+886~K36+906	中等	准确
253	2018-11-18	K36+912.7~K36+913.5	0.60×0.70×0.04	轻微	2018-11-17	K36+890~K36+915	中等	准确
254	2018-11-19	K36+923.6~K36+924.6	0.50×0.60×0.09	轻微	2018-11-18	K36+907~K36+957	中等	准确
255	2018-11-20	K36+924.6~K36+925.6	0.30×0.40×0.60	轻微	2018-11-18	K36+907~K36+957	中等	准确
256	2018-11-20	K36+925.6~K36+926.6	0.30×0.10×0.10	轻微	2018-11-18	K36+907~K36+957	中等	准确
257	2018-11-20	K36+932.0~K36+934.4	0.70×0.50×0.20	轻微	2018-11-20	K36+913~K36+962	中等	准确
258	2018-11-20	K36+933.4~K36+935.4	0.30×0.10×0.06	轻微	2018-11-20	K36+913~K36+962	中等	准确
259	2018-11-20	K36+935.4~K36+939.4	0.40×0.15×0.05	轻微	2018-11-20	K36+913~K36+962	中等	准确
260	2018-11-22	K36+954.3~K36+955.5	1.00×1.20×0.20	轻微	2018-11-20	K36+913~K36+962	中等	准确
261	2018-11-24	K36+963.0~K36+964.0	0.80×0.40×0.08	轻微	2018-11-22	K36+950~K36+980	中等	准确

1. 岭北 TBM 施工段基本概况

岭北接应段洞室埋深 1100～2012m，工程范围内的岩性主要为变砂岩和闪长岩，微风化～未风化，节理裂隙不发育～较发育，呈整体状及块状结构，以Ⅱ类围岩为主，QF_4 断层与硐室斜交通过，断层带主要物质为糜棱岩，Ⅴ类围岩。岭南接应段的围岩类别为Ⅱ～Ⅴ类，其中Ⅱ类围岩 1870m，占 62.3%；Ⅲ类围岩 440m，占 14.7%；Ⅳ类围岩 500m，占 16.7%；Ⅴ类围岩 190m；占 6.3%。2019 年 7 月采用水压致裂法和压裂缝方向印模测试方法对地应力进行实测，测试段埋深 1135m。测试结果显示：测试部位的最大水平主应力为 64.47MPa，最小水平主应力为 36.36MPa，竖向应力为 40.56MPa，测试部位岩体应力以水平应力为主，属于极高地应力区。

2. 岭北 TBM 微震监测结果

2018 年 6 月 30 日至 2019 年 6 月 30 日，历时 12 个月，掘进 1440m，共采集到有效微震事件 11986 次，其中 197 次达到强烈级别，占比 1.64%；2016 年 12 月 26 日至 2018 年 6 月 30 日，岭北 TBM 工作面统计岩爆 81 次，除去 10 次因为电源、网络或设备故障未提前预警，剩余 71 次正常预警，其中 65 次提前进行了较准确预测，占比 91.5%，其余 6 次预测范围偏差较大，不准确率占比 8.5%。岭北 TBM 微震监测基本情况见表 8.21，岭北 TBM 中等以上微震情况见表 8.22。

表 8.21　　　　　　　岭北 TBM 微震监测基本情况

监测工作面	监测时间	时长	监测里程	里程长度	微震事件次数	统计的岩爆次数	强烈级别微震次数
岭北 TBM	2018-06-30 至 2019-06-30	12 个月	K47+150～K45+710	1440m	11986	81	197

表 8.22　　　　　　　岭北 TBM 中等以上微震情况

序号	发布日期	掌子面桩号	预测风险等级	总事件数/个	能量较大事件数/个	能量最大值/J	备注
1	2018-09-23	K46+713.0	中等偏强	100	15	210265	
2	2018-09-25	K46+706.0	中等偏强	100	25	21603	
3	2018-09-27	K46+695.0	中等偏强	86	12	635993	
4	2018-09-29	K46+681.0	中等偏强	63	25	836381	
5	2018-11-17	K46+530.0	中等偏强	68	14	1303440	
6	2018-11-23	K46+507.0	中等偏强	92	20	305274	
7	2018-11-24	K46+502.0	中等偏强	53	6	356046	
8	2018-11-25	K46+498.0	中等偏强	66	17	505986	
9	2018-11-27	K46+491.0	中等偏强	71	16	1030491	
10	2018-11-28	K46+489.0	中等偏强	216	31	1541876	
11	2018-11-29	K46+488.0	中等偏强	118	27	1748165	

续表

序号	发布日期	掌子面桩号	预测风险等级	总事件数/个	能量较大事件数/个	能量最大值/J	备注
12	2018-11-30	K46+484.0	中等偏强	215	38	755289	
13	2018-12-01	K46+485.0	中等偏强	154	42	2534855	
14	2018-12-02	K46+477.0	中等偏强	135	29	1727205	
15	2018-12-03	K46+475.0	中等偏强	42	15	184032	
16	2018-12-05	K46+470.0	强烈	206	56	6903246	
17	2018-12-14	K46+405.0	中等偏强	112	1	3549094	
18	2018-12-17	K46+389.0	中等偏强	150	30	2188690	
19	2018-12-18	K46+385.0	中等偏强	168	34	2847890	
20	2018-12-19	K46+381.0	强烈	155	48	5283090	
21	2018-12-21	K46+374.0	强烈	74	32	6425221	
22	2018-12-22	K46+369.0	强烈	87	38	2773586	
23	2019-02-28	K46+310.0	中等偏强	110	20	669989	
24	2019-03-06	K46+292.0	中等偏强	62	12	983691	
25	2019-03-07	K46+286.0	中等偏强	61	18	852443	
26	2019-03-09	K46+280.0	中等偏强	65	12	579815	
27	2019-03-29	K46+171.0	中等偏强	111	13	2141814	
28	2019-04-01	K46+157.0	中等偏强	46	15	5289673	
29	2019-04-04	K46+142.0	中等偏强	198	30	452622	
30	2019-04-07	K46+140.0	强烈	184	70	1586419	卡机
31	2019-04-09	K46+125.0	强烈	257	121	3802873	
32	2019-04-10	K46+120.0	强烈	76	40	3871143	
33	2019-04-12	K46+407.0	中等偏强	62	38	508556	
34	2019-04-15	K46+090.0	中等偏强	36	15	764831	
35	2019-04-22	K46+023.0	强烈	305	86	1493598	
36	2019-04-23	K46+012.0	中等偏强	90	32	352456	
37	2019-04-25	K45+990.0	强烈	300	145	6149527	
38	2019-04-26	K45+978.0	中等偏强	51	35	2192850	
39	2019-05-26	K45+724.0	中等偏强	85	8	1507211	
40	2019-05-27	K45+720.0	中等偏强	66	8	771803	
41	2019-06-01	K45+711.0	强烈	69	15	1518665	岩体垮塌
42	2019-06-02	K45+711.0	强烈	6	0	23365	
43	2019-06-03	K45+711.0	强烈	1	0		传感器坏

根据中铁隧道集团现场统计的岩爆信息，2017年1月1日至2022年2月22日的监测期间，监测结果对比统计见表8.23。

表8.23　　　　　　　　　　各监测工作面监测结果对比统计

监测工作面	开挖方式	微震次数	强微震数	岩爆次数	准确预报期数	预测准确率/%
4号支洞	钻爆法	4072	51	18	15	83.33
4号上游	钻爆法	2683	161	23	19	82.61
4号下游	钻爆法	8931	224	26	24	92.31
岭南TBM	TBM	50368	3048	2278	2131	93.55
岭北TBM	TBM	33730	1549	1625	1401	86.22

8.9　基于微震监测的岩爆人工智能预测预警研究

8.9.1　概述

岩爆是一种非常复杂的非线性动力学现象，它的产生受到多种因素的共同作用。由于岩爆的复杂性和随机性，采用微震监测数据进行岩爆预测还主要依靠工程师的经验，尚未形成成熟的理论准确计算岩爆的风险概率。

近年来，快速发展的深度学习（deep learning，DL）理论与技术能够避免传统机器学习算法依赖人工特征工程的问题，引起了人们的广泛关注。深度学习通过深层网络结构可以拟合非常复杂的非线性函数，具有自动特征提取能力。正是如此，深度学习技术极大地推动了人工智能的发展，并在图像处理、自然语言处理、语音识别、生物制药、智能医疗、机器人等领域取得了令人瞩目的成绩。然而在地下工程安全领域，尤其是对岩爆预测预警的研究上，人们还是以物理建模、地质力学分析和传统机器学习为研究手段，基于深度学习的研究工作还是一项空白。目前，人工智能在岩爆预测方向应用主要集中在以下几个方面：①采用神经网络等方法对微震、岩爆波形识别分类，简化现场数据处理工作；②在Hoek、Russenes等准则的基础上，充分考虑工程地质条件及岩石力学参数，采用神经网络等方法，形成考虑多种因素综合影响的岩爆烈度判据。由于缺少足够的训练数据，基于微震监测数据的人工智能岩爆预测方法还未形成体系。

引汉济渭工程在长期的微震监测过程中，形成了大量微震监测数据及详细的岩爆事件记录，可以为人智能提供基础性的研究数据，从而从根本上解决岩爆预警主要依据经验的现状。

8.9.2　人工智能方法介绍及基本原理

卷积神经网络（convolutional neural networks，CNN）是一种包含卷积计算且结构具有一定深度的深度学习算法。与其他深度学习算法相比，卷积神经网络能够利用输入数据的空间结构提取特征，卷积神经网络需要设置的超参数较少，更容易调试到较高性能。在岩爆预测中，微震事件数量的多少、能量的高低与岩爆发生的概率密切相关，因而模型的输入数据需要反映岩爆发生前的微震事件数量及能量等特征。卷积神经网络对输入数据的维度无特定要求，一段时间内，不同数量的微震事件特征数据均可作为模型输入，能够充分反映微震监测数据特点，进行岩爆预测。此外，卷积神经网络可以用于提取数据特征，可以为波形分类、波形特征数据提取提供强有力的工具，从而形成智能化的微震监测系统。卷积神经网络通常包括一个或多个卷积层、池化层和末端的全连接层。

1. 卷积层（convolutional layer）

卷积层是 CNN 的核心构建模块，它承担了绝大多数计算任务[52]。在卷积神经网络中，每层卷积层包含若干个卷积单元，卷积运算的目的是提取输入图片的特征。假设输入的是 5×5 的黑白图片，用一个 3×3 的卷积核去扫描一张完整的图片，可以得到卷积层的运算过程，如图 8.41 所示。

卷积层的运算过程可以理解为，使用一个卷积核（也称过滤器）对所有像素进行遍历，从而得到图片中的局部特征值[53]。根据卷积核不同，可对输入图片执行诸如边缘检测、模糊和锐化的操作。

在一次卷积操作中，涉及滑窗、步长和填充这三个参数。如图 8.41 所示，滑窗的大小与卷积核的大小相同，为 3×3，卷积计算方式就是滑窗中元素与卷积核中的对应位置元素相乘最后求和。卷积步长（stride）是指滑动窗口相邻两次扫过特征图时距离，在图 8.41 中，步长为 1，那么卷积核依次对特征图中的像素进行扫描；当步长为 2 时，卷积核则会在下次扫描时跳过 1 个像素。在卷积核扫描特征图之前，增大特征图的尺寸以抵消卷积运算过程中尺寸不同带来的影响，这种方法称为填充（padding）。常见的填充方法为按零填充和重复边界值填充。图 8.41 中，如果将步长设定为 3，在卷积之前首先会先进行填充，在水平和垂直方向分别填充一层，也就是在两侧各增加 1 个像素，这种操作会将图像大小从 5×5 变为 6×6。因此在通过卷积核后，输出的特征图尺寸将变成 2×2。

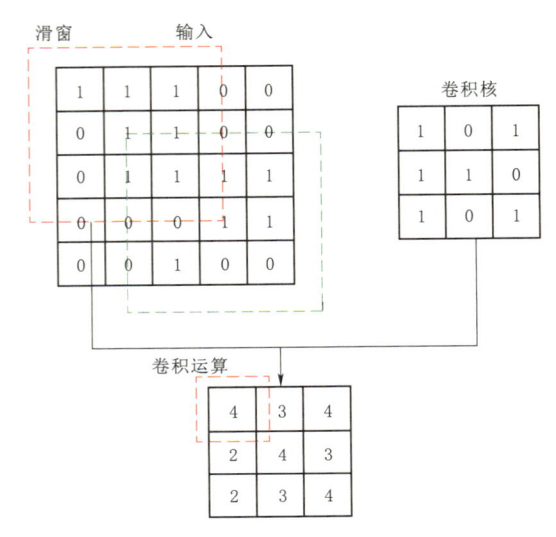

图 8.41 卷积层的运算过程

通常在卷积核之后，会使用激励函数，其作用是对每个像素点实现点乘运算，并用 0 来替换负值像素点，使得输出非线性。大多数研究者将非线性修正函数 ReLU（rectified linear unit）作为激励函数[54]。

2. 池化层（pooling layer）

池化层也称为子采样或下采样。它可以减少网络的参数和运算次数，进而缩短整个训练时间，而且还能控制过度拟合的问题。池化层有最大池化、平均池化、总和池化三种类型。

池化的操作需要事先指定采样窗口的大小，最常见的类型是最大池化和平均池化。如在最大池化中，选取对应窗口内的最大值作为采样值（图 8.42）；而在平均池化中，选取窗口内所有值的平均数作为采样值。图 8.41 中，原始图的大小为 5×5，对其进行下采样，采样窗口设为 2×2，步长为 2，最终会将其采样成一个 3×3 大小的特征图。

3. 全连接层（fully connected layer）

全连接层就是一个传统的多层感知器，其主要作用就是将前面卷积层提取到的特征结合在一起后，根据特征组合的不同来进行分类，这样大大减少了特征位置对分类带来的影响。如图 8.43 所示，全连接层将经过池化层的特征图展开为向量，使用激活函数进行分类。

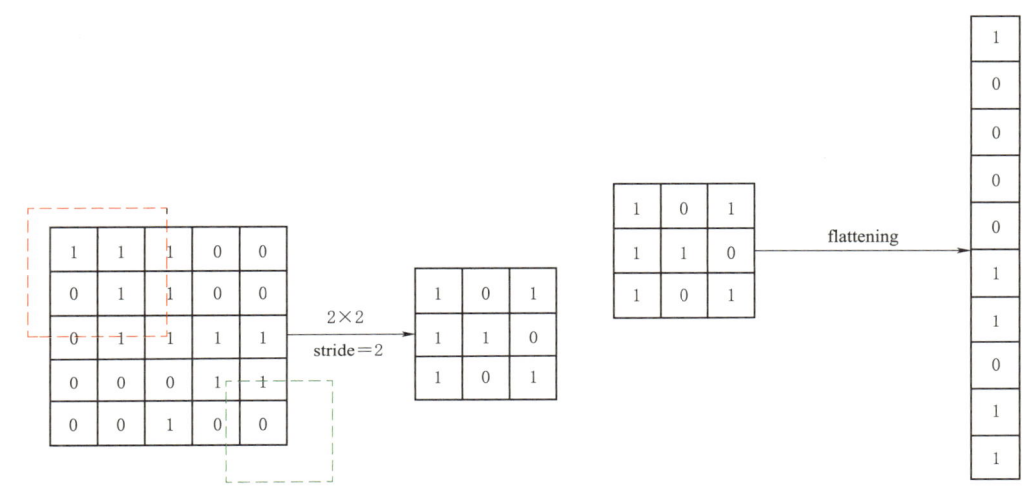

图 8.42　最大池化操作

图 8.43　经过全连接层后的特征图

8.9.3　微震监测信号及岩爆台账数据库

本数据库内容主要包含微震事件记录与岩爆台账记录，微震事件记录主要由现场微震监测技术人员根据实际监测情况按照规范进行有效记录，岩爆台账记录主要由现场施工单位根据实际岩爆发生情况依照规范进行实时记录。

1. 微震监测

（1）微震事件记录。微震事件记录主要包含每日的微震事件原始数据和每日微震监测报告。

（2）微震事件原始数据主要包含每日的原始 TXT 波形、传感器坐标与微震事件记录标记，TXT 波形数据内容格式如图 8.44 所示。

各列说明如下：

文档命名：DUT2019-03-29_03-18-33276 表示日期为：2019 年 3 月 29 日 03:18:33，276 是毫秒。

文档第一列：整数 1 是传感器编号。

文档第二列：全是 1 代表为单轴传感器。

文档第三列：0.000~400.000，增量 0.1，为时间，单位

```
1 1    0.000  -0.071360
1 1    0.100  -0.063555
1 1    0.200  -0.038269
1 1    0.300  -0.027518
1 1    0.400  -0.033011
1 1    0.500  -0.019019
1 1    0.600   0.009177
1 1    0.700   0.014281
1 1    0.800   0.009470
1 1    0.900   0.017018
1 1    1.000   0.021197
1 1    1.100   0.000554
1 1    1.200  -0.003083
1 1    1.300   0.024603
```

图 8.44　TXT 波形数据

是 ms。

文档第四列：−0.071360 是振幅电压值，单位是 V。

传感器坐标记录格式见表 8.24。微震事件标记示例如图 8.45 所示，对原始 TXT 波形进行归类，分成两类保存：一类为当日所有的原始波形，记录在文件夹"Original"里；另一类为当日挑选后的微震事件原始波形，记录在文件夹"Microseismic"里，以便后期汇总成事件记录表。在日后整体数据分析时对该表格进行操作，汇总格式见表 8.25，形成每日一张表，命名为年月日，例如 20200701。

表 8.24　　　　　　　　　　　　传感器坐标记录格式

日期	传感器编号	传感器坐标/m		
		northing	easting	depth
2020−07−01	1	3723097.50	501856.69	532.40
2020−07−01	2	3723147.25	501861.50	530.80
2020−07−01	3	3723198.25	501868.19	533.50
2020−07−01	4	3723095.25	501867.00	532.40
2020−07−01	5	3723146.00	501872.41	531.00
2020−07−01	6	3723197.25	501878.41	534.30

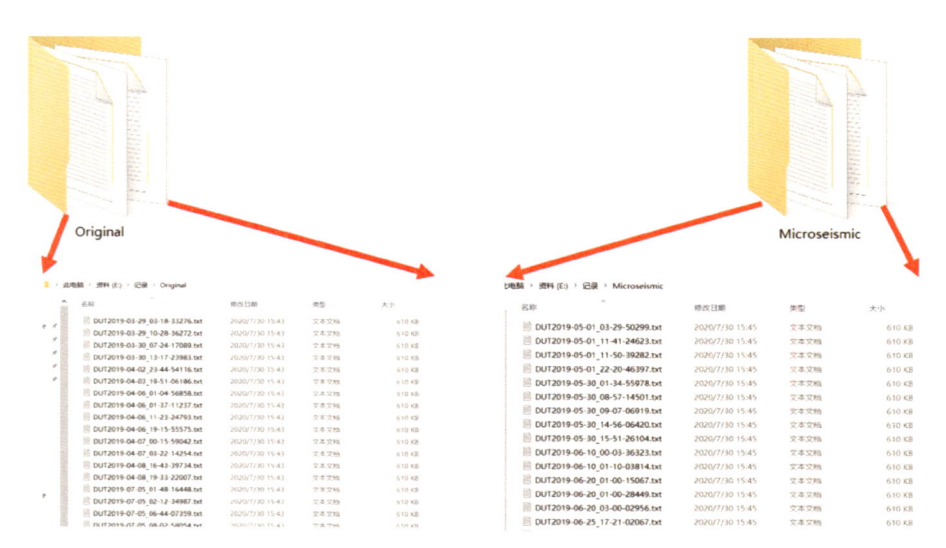

图 8.45　微震事件标记示例

表 8.25　　　　　　　　　　　　事　件　记　录

日期	起始时刻	类型	传感器编号	传感器坐标/m			波形数据/V		
				northing	easting	depth			
2020−07−01	22−00−01−486	微震	1	3723097.50	501856.69	532.40	−0.017918	0.058869	−0.106700 …
2020−07−01	22−00−01−486	微震	2	3723147.25	501861.50	530.80	0.045793	−0.143190	−0.068413 …
2020−07−01	22−00−01−486	微震	3	3723198.25	501868.19	533.50	−0.102586	−0.096744	−0.086424 …

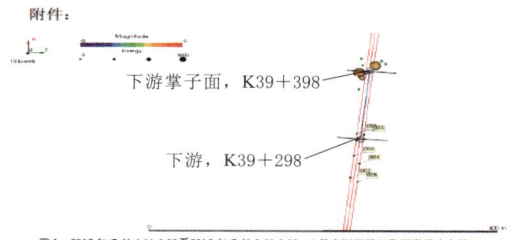

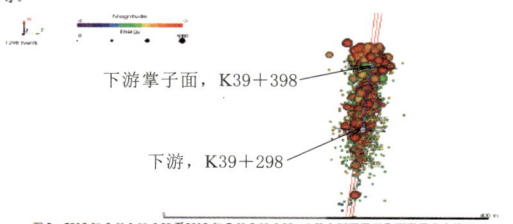

续表

日期	起始时刻	类型	传感器编号	传感器坐标/m			波形数据/V			
				northing	easting	depth				
2020-07-01	22-00-01-486	微震	4	3723095.25	501867.00	532.40	-0.083646	-0.129607	-0.029758	...
2020-07-01	22-00-01-486	微震	5	3723146.00	501872.41	531.19	-0.014599	-0.025768	-0.055016	...
2020-07-01	22-00-01-486	微震	6	3723197.25	501878.41	534.30	0.046227	0.029032	0.010263	...

各列说明如下：

日期：事件发生日期，记录格式为"年-月-日"。

起始时刻：事件记录起始时刻，记录格式为"时-分-秒-毫秒"。

类型：事件类型，包括噪声、爆破、微震、岩爆等。

传感器坐标：按 northing、easting、depth 的顺序记录。

波形数据：各传感器的振幅电压值序列，单位为伏特。

记录保存由现场微震监测技术人员每日处理的微震监测日报，其内容应主要包含监测对象、监测时间、传感器范围、掌子面桩号、岩爆倾向性评价以及附件图表说明，具体形式与其他附加内容可根据现场实际情况进行调整，应尽可能表述清晰翔实，示意如图 8.46 所示。

图 8.46 微震监测日报示意

（a）报告内容；（b）附件内容

2. 岩爆台账

岩爆台账记录主要以现场施工人员实地考察记录为准，应每日一记，尽可能详细，应包含日期、起始时刻、岩爆等级、岩爆发生中心位置坐标、起始桩号、结束桩号、里程与爆坑深度，格式见表 8.26。

表 8.26　　　　　　　　　　　岩　爆　记　录　格　式

日　　期	起始时刻	等级	岩爆发生中心坐标			起始桩号	结束桩号	里程/m	爆坑深度/m		
2020-07-01	22-00-01-486	轻微	3723147.25	501861.50	530.80	40237.0	40238.0	1.0	7.0	0.5	0.9

各列说明如下：

日期：岩爆日期，记录格式为"年-月-日"。

起始时刻：岩爆发生时刻，记录格式为"时-分-秒-毫秒"。

等级：岩爆等级，包含轻微、轻微～中等、中等、中等～强烈、强烈、强烈～极强等。

岩爆发生中心坐标：岩爆发生中心位置的坐标，与传感器坐标采用相同格式。

起始桩号、结束桩号：隧洞轴线上岩爆发生的起始、结束位置。

里程：结束桩号与起始桩号的差。

爆坑深度：按长宽高的顺序记录，单位为米。

引汉济渭工程根据实际岩爆发生情况，形成了岩爆台账，台账主要内容包含岩爆发生的时间、位置（桩号）、洞内发生部位（几点钟方向）、距离掌子面的距离、发生岩爆时围岩岩性、岩体基本参数（围岩强度、完整性、地下水发育程度等）、岩爆等级、爆坑深度和形状、爆落岩石的形状和尺寸、现场岩爆照片以及是否边掘进边岩爆。从表 8.27 可知，截至 2020 年 12 月 31 日，引汉济渭工程秦岭输水隧洞共发生岩爆 2182 次，其中强烈及极强岩爆 1033 次。

表 8.27　　　　　　　引汉济渭工程秦岭输水隧洞岩爆事件统计

监测工作面	开挖方式	时　间	里程/m	岩爆次数	岩爆等级				施工情况
					轻微	中等	强烈	极强	
4号洞接应段 K37+011.5～K39+551	钻爆法	2017-09-01 至 2018-11-13	2539.5	50	1	8	39	2	已完工
岭南 TBM K28+548～K42+025.5	TBM	2015-04-07 至 2020-12-31	13477.5	1710	452	352	893	13	正在施工
岭北 TBM K44+878～K50+645	TBM	2017-03-14 至 2020-12-31	5767	422	195	141	67	19	正在施工

8.9.4　基于卷积神经网络的岩爆预测

借鉴现场岩爆预测的思路，提出基于卷积神经网络的岩爆预测模型，利用微震监测信息与深度学习相结合的方法对岩爆进行预测预警。

1. 基于卷积神经网络的"三参数"岩爆预测模型

为了反映微震活跃程度对岩爆预测的影响，以当前时间为基准，模型输入数据 I 为当前时间之前一定时间段内（回溯时间 Δt_b）的所有微震事件的特征数据，特征数据包括微震震源位置、震源能量、震级"三参数"；模型输出数据 O 为当前时间后（延迟时间 Δt_d）某一时间段（预测时间 Δt_p）是否有岩爆发生；模型的时间步长为 Δt，即每间隔一定时间，生成模型所需的输入数据及输出数据；模型输出数据基于引汉济渭工程的岩爆记录台账生成，如果预测时间段内存在岩爆事件，则输出为（0，1），如无岩爆发生，则输出为（1，0）。由于卷积层计算的特殊性，模型输入数据的维度无须固定，模型可以读取任意长度时间内的微震特征数据进行训练和预测。模型包含6个卷积层、2个最大池化层以及1个全局平均池化层，全局平均池化层对数据在长度方向进行平均，输出数据只与张量的深度方向有关，从而将不同维度的数据转化为相同维度，可以进一步采用全链接模型对数据特征进行二分类处理，由此形成了"三参数"神经网络模型的结构（图8.47）。

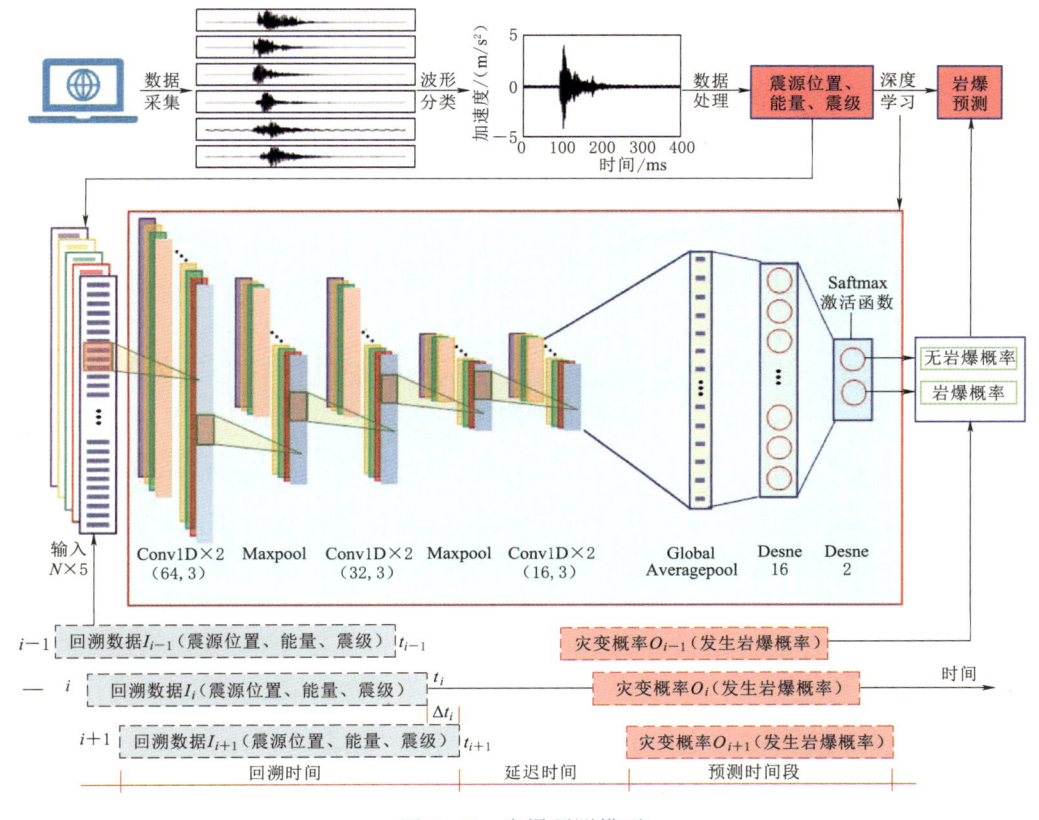

图 8.47 岩爆预测模型

2. 模型预测结果

结合引汉济渭工程的微震监测情况，训练数据为引汉济渭工程岭南TBM段2017年9月4日至2018年12月31日所有微震监测及岩爆数据。为了便于模型训练，将数据划分为训练集及验证集：训练集数据为2017年9月4日0时至2018年10月3日18时，包含4107次微震特征数据及220次岩爆台账记录；验证集数据为2018年10月3日18时至12月3日0时，包含429次微震特征数据及90次岩爆台账记录。测试数据为2020年3月4日0时至11月23日18时，包含21371次微震特征数据及538次岩爆台账数据。

为了确定回溯时间及预测时间段的长度，对训练集及验证集数据进行分析。当预测时间段取2d，采用1h时间步长连续生成训练数据时。总体上，训练集及验证集中岩爆是否发生的数据标签较为均衡，共计 5461 次无岩爆，5237 次岩爆。采用 2d 作为预测时间段可以避免数据标签的不均衡，也可以避免因预测时间太短，使岩爆随机性对模型产生影响。根据测试分析，模型回溯数据时间设置为 9d，在验证集和测试集可以取得较优的效果，这也与现场需要对一定时间数据进行连续分析相符合。

对数据进行分割整合后，训练集数据共包含 9474 个 $N×5$ 数据，N 最大为 434；验证集数据共包含 1200 个 $N×5$ 数据，N 最大为 119。经过 20 个世代的训练，模型在训练集及验证集的精度及损失函数逐渐收敛（图 8.48）。

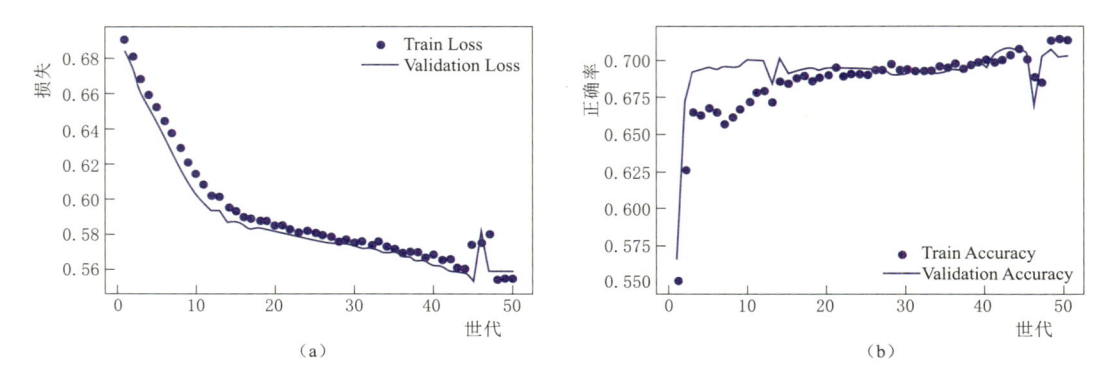

图 8.48 不同世代模型训练结果
（a）损失函数；（b）正确率

根据训练结果，模型在 2017 年 9 月 4 日至 2018 年 12 月 31 日整个数据集上的正确率为 74.09%，其中正确预测岩爆 4372 次，正确预测未发生岩爆 3216 次，未正确预测 3086 次 [图 8.49（a）]。这一结果说明模型对微震监测数据进行了有效学习，初步建立了微震监测与岩爆的相关性。为了进一步说明结果的合理性，采用同样的数据生成办法，对 2020 年 3 月 4 日至 11 月 23 日的数据进行预测，根据微震监测结果，模型认为 2020 年后将频繁发生岩爆，这也与工程的实际情况一致。根据岩爆台账记录，模型共进行 6023 次岩爆预测和 67 次不发生岩爆预测，其中成功预测 5910 次岩爆事件及 39 次未发生岩爆事件，岩爆预测的正确率为 98.1%，不发生岩爆的预测正确率 58.2%，总体预测正确率 97.68% [图 8.49（b）]，模型对岩体微破裂活跃的地质情况做出了正确的响应。

3. 典型预测案例

为了进一步检验模型的合理性，对 2019 年发生的大规模岩爆事故进行预测。

（1）2019 年 6 月 1 日岩爆事故。2019 年 6 月 1 日 8：16—8：17，TBM 掘进至 K45+711.0 处，护盾后方连续发生 3 次强烈岩爆，分别为护盾上方 1 次、护盾后方 2 次，伴有闷雷声，岩块不断崩落，岩爆形成长约 7m、宽约 8.5m、深约 3.9m 的塌腔，岩爆发生处距掌子面 9m，滞后约 5d。护盾后方已支护钢拱架扭曲变形呈 S 状，部分已被压弯抵至 TBM 作业平台上。

该处隧洞埋深 1249m，揭露岩性为闪长岩，左侧（面向掘进方向）岩体完整性较好，测得两组节理，延伸多小于 5m，节理间距 0.3～0.6m，右侧岩体碎块状，开挖段岩体干燥，地下水不发育 [图 8.50（a）]。

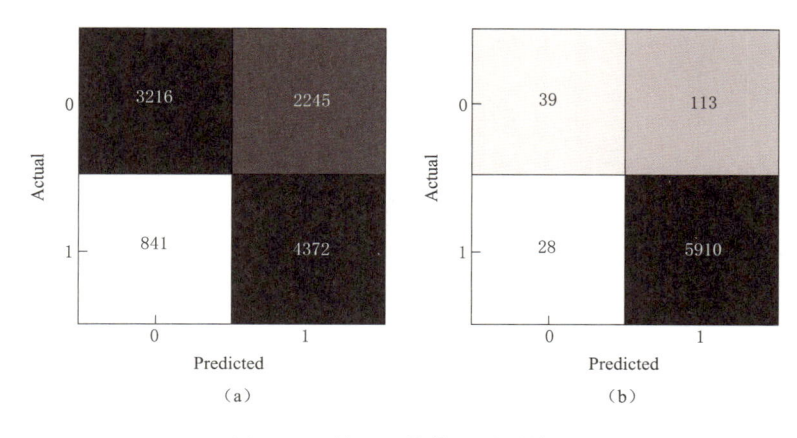

图 8.49　神经网络模型预测结果

(a) 2017 年 9 月 4 日至 2018 年 12 月 31 日；(b) 2020 年 3 月 4 日至 11 月 23 日

图 8.50　2019 年 6 月 1 日岩爆预警报告

(a) 现场岩爆照片；(b) 数据分析报告

针对微震活动的特点，岩爆预警小组及时发出如图 8.50（b）所示的数据分析报告，文中写道："岭北 TBM 工作面采集到的有效微震事件数量较前几日有所增加，震级与能量较大的事件数量明显增加，微震活跃度较前几日明显上升，汇总近期监测数据，有大的弱结构存在的岩体发生岩爆时，同等级岩爆发生时释放的能量要小于完整岩体，建议 K45+730～K45+700 范围暂时以预防强烈岩爆为主。"

2019 年 6 月 1 日 8:16—8:17 发生 3 次强烈岩爆。由于预测时间段为 2d，2019 年 5 月 30 日 9 时至 6 月 1 日 8 时，预测的时间段均包含岩爆事件对应的时间段。从 5 月 30 日 9

· 365 ·

时起至 6 月 1 日 8 时，各个时间段内预测的岩爆发生概率均在 79.0％以上，且呈逐步升高的趋势（图 8.51）。

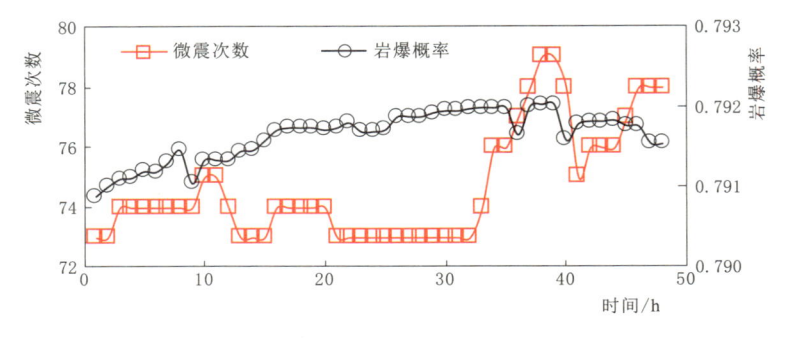

图 8.51 2019 年 6 月 1 日岩爆事件反演结果

（2）2019 年 6 月 26 日岩爆事故。2019 年 6 月 26 日凌晨 5:40，TBM 向前推进至 K45+710.1 处，面向掌子面 12～14 点钟位置和护盾左下侧 7 点钟位置再次发生强烈岩爆，右侧拱部掌子面形成纵向约 2.5m、环向约 8.5m、刀盘上方深约 1.7m 的爆坑，该处隧洞埋深 1249m，岩性为闪长岩。岩爆冲击刀盘导致转接座定位环断裂，转接座与主轴承发生错位，刀盘无法转动，拱架安装器左下侧挤压变形。根据监测数据分析报告，该岩爆发生前仅产生部分小能量事件，前兆信息不明显，长时间停机，轻微扰动，发生本次岩爆，说明应力调整剧烈，可能存在弱结构，建议以预防强烈岩爆为主。

2019 年 6 月 24 日 6 时至 6 月 26 日 5 时，预测的时间段均包含岩爆事件对应的时间段。2019 年 6 月 26 日岩爆微震监测报告与现场岩爆照片如图 8.52 所示。从 6 月 24 日 6 时起各个时间段内预测的岩爆发生概率均在 75.6％以上，如图 8.53 所示。

图 8.52 2019 年 6 月 26 日微震监测报告与现场岩爆照片
（a）数据分析报告；（b）现场岩爆照片

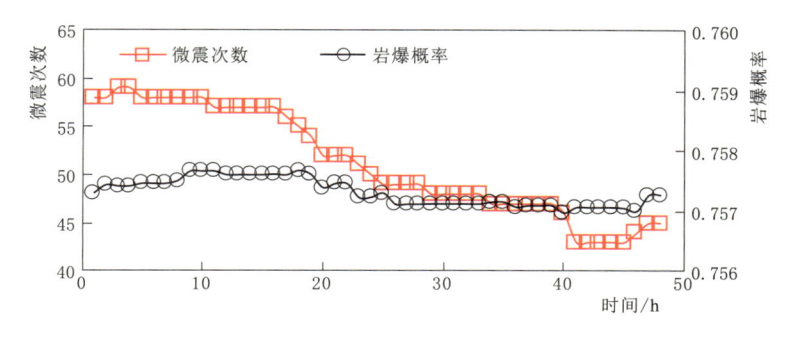

图 8.53　2019 年 6 月 26 日岩爆事件反演结果

岩爆的危害是巨大的，涉及范围是广泛的，因而对岩爆的预防与控制成为工程上亟待解决的问题。鉴于岩爆产生机理的复杂性，要想从根本上解决岩爆问题是十分困难的，这方面还要进行大量的研究探索。本节引入深度学习方法，尝试在前人的研究结果上，利用微震监测信息与深度学习相结合的方法对岩爆进行预测预警。

（1）成功将深度学习理论应用到微震监测信号的多分类应用上，现场测试案例获得了 93.6% 的多分类准确率，说明了深度学习在微震信号分类学习上的可行性，为以后现场应用提供了可能。

（2）尝试建立了一个切实可行的"三参数"神经网络岩爆预测模型。取 6100 次岩爆实例对前面建立的神经网络模型进行岩爆烈度预测，得到的结果是准确率达到 97.68%，模型对微震监测数据进行了有效学习，初步建立了微震监测与岩爆的相关性。

8.10　岩爆的防治措施

8.10.1　岩爆灾害应急预案

为了有效控制岩爆灾害的发生，在发生隧道（洞）岩爆险情时能迅速有效地开展抢救工作，最大限度地减少岩爆所造成的损失和影响，降低人员及机械设备的安全风险。必须制定相应的岩爆灾害应急预案。

（1）在预警存在中等以上岩爆洞段掘进或开挖时，施工人员要戴好钢盔、身着防弹衣，对贵重机械设备要进行防护，架设设备防护网。

（2）发生岩爆时，立即停止施工，切断机械设备电源，施工人员迅速撤离至安全地带。

（3）注意避让岩爆飞石，以免危及人员和设备安全。

（4）在安全教育中，强化施工人员安全防范意识，要求施工人员严格执行有关技术规范和安全操作规程，对施工人员进行岩爆前兆常识讲座、防护知识学习和发生岩爆情况下逃生的紧急应急措施。

（5）积极采纳现场施工人员的防治经验，采取相应的施工技术措施，控制岩爆的进一步发展。确保施工人员安全的环境下，进行处理，恢复正常施工。

8.10.2 岩爆灾害的综合治理措施

鉴于深埋地下工程的复杂性,施工期发生岩爆几乎是不可避免的。因此,在施工阶段必须有足够的准备和相应的措施。

在国内外,通过大量的工程实践及经验的积累,目前已有许多行之有效的治理岩爆的方法,其中大都是在隧洞开挖过程中,通过对岩爆现象的观察分析之后,因地制宜采取综合治理措施。归纳如下:

1. 喷洒高压水

在轻微岩爆和中等岩爆地段,爆破后立即向工作面周边约 15m 范围内围岩喷洒高压水,以适当改变岩石物理力学性质,降低岩石的脆性,达到减弱岩爆烈度的目的,并及时施作支护措施封闭。

对于 TBM 隧洞,在隧洞掘进围岩出露护盾后,利用 TBM 设备喷水系统向掌子面以及拱部 180°范围内喷射一定量的高压水。喷水工序应在围岩出露后立即实施,连续喷水时间根据岩爆等级进行选择,轻微岩爆一般为 2h,中等岩爆一般为 4h 以上。

2. 加强临时支护

(1) 锚、喷、网联合支护围岩。采用超前锚杆,喷混凝土,局部严重地段加挂钢丝网。

(2) 在岩爆较严重地段的掌子面周边斜向洞壁设超前锚杆,采用预应力中空锚杆。

(3) 岩爆严重地段,采用预应力中空锚杆、挂柔性钢丝网、喷纳米钢纤维混凝土、增设钢拱架相结合的联合支护方法,以提高结构的整体支护能力,并防止岩块突然弹射或剥落。

各种锚杆特点见表 8.28。

表 8.28　　　　　　　　各 种 锚 杆 特 点

锚杆类型	规　格	力学性能	特　　点
水胀式锚杆	$L=3.5$m,直径 48mm,壁厚 2mm,无缝钢管压制而成	极限抗拉≥100kN 锚固力≥10kN	安装速度快,设备简单,施工人员少(2人),可防止中等以下岩爆
预应力中空锚杆	$L=3.5$m,直径 32mm,壁厚 6mm,无缝钢管加工	极限抗拉≥290kN 锚固力≥100kN,可施加预应力≥80kN 延伸率≥16%	施工可先插杆,以后再注浆,平行作业,预应力施加后即可起到锚固作用,锚固力大,可防止中等岩爆,降低强岩爆危害
恒阻大变形锚杆	$L=3.0$m,恒阻装置直径 22mm,杆体直径 33mm	伸长力≥120kN 伸长量≥60cm	树脂锚固剂锚固,凝固速度快,安装后即可起到锚固作用,锚固力较大,具有受冲击后大变形优点,可降低强烈、极强岩爆冲击
砂浆锚杆	$L=3.5$m,直径 28mm	极限抗拉≥290kN 锚固力≥100kN	施工简单,抗拉拔力高,需待砂浆凝固后产生锚固力

3. 改善施工方法

(1) 岩爆严重地段,将全断面开挖改为分部开挖,使应力逐步释放,达到降低岩爆的危害程度的目的。

(2) 预先在工作面有可能发生岩爆的部位有规则地打一些空眼，提前释放部分地应力，或在空眼（也可利用炮眼孔）中，注入高压水，使水渗透到岩体内部的裂隙，使岩石强度和弹性模量降低，提高其塑性变形能力，减缓岩爆。

(3) 将深孔爆破改为浅孔爆破，缩短循环进尺，减少一次用药量，减轻爆破对围岩的影响。

4. 增设临时防护措施

给施工人员配发钢盔、防弹背心；对主要施工设备安装防护棚架或防护网；掌子面架设移动防护网，防止岩块飞出，有效保护人员及设备安全。

5. 加强现场岩爆监测

组织专门人员全天候巡视警戒及监测，危险地段增设照明并设置醒目警示标志。岩爆多数发生在 1～2 倍洞室直径范围和掌子面处，一般在爆破后 1h 左右比较激烈，以后则趋于缓和。在爆破后应先高压喷水和反复"找顶"，清除浮石，如听到岩石爆裂声响时，立即撤离人员及设备。岩爆特别严重地段，每次爆破循环之后，作业人员及设备均要躲避一段时间，待岩爆平静后再继续施工。

8.10.3 秦岭输水隧洞岩爆灾害的分级防治措施

秦岭输水隧洞为钻爆法与 TBM 联合施工，在进行岩爆防治时将根据不同的洞段采取不同的防治措施。

1. 钻爆法施工段岩爆分级防治措施

岩爆地段采用钻爆法施工时，通常采用短进尺掘进、减少用药量和爆破频率等工法，其对岩爆灾害的适应性较强，结合岩爆发生的级别采用表 8.29 相应的防治措施。

表 8.29　　　　秦岭输水隧洞钻爆施工段岩爆防治措施

岩爆等级	预防措施	防治措施
轻微岩爆（Ⅰ）	(1) 高压喷水软化围岩，促使应力释放。 (2) 掌子面施作超前应力释放孔，3 个/循环，孔深 5m	初喷混凝土 3～5cm，复喷至 8cm
中等岩爆（Ⅱ）	(1) 高压喷水软化围岩，促使应力释放。 (2) 掌子面施作超前应力释放孔，5 个/循环，孔深 5m	(1) 局部采用工 16 钢拱架，间距 1.2m。 (2) 喷纳米仿钢纤维混凝土，初喷 3～5cm，复喷至 10cm。 (3) ϕ25 涨壳式预应力中空注浆锚杆，$L=3.5$m，间距 1.5m×1.5m，锚杆垫板 20cm×20cm，厚度 8mm；范围根据预测结果确定。 (4) ϕ6.5 柔性钢丝网，网格间距 15cm×15cm。范围根据预测结果确定
强烈岩爆（Ⅲ）	(1) 高压喷水软化围岩，促使应力释放。 (2) 掌子面施作超前应力释放孔，10 个/循环，孔深 5m	(1) 采用工 16 钢拱架，间距 0.8m。 (2) 喷纳米仿钢纤维混凝土，初喷 3～5cm，复喷至 15cm。 (3) ϕ25 涨壳式预应力中空注浆锚杆，$L=4$m，间距 1.2m×1.2m，锚杆垫板 20cm×20cm，厚度 8mm；范围根据预测结果确定。 (4) ϕ6.5 柔性钢丝网，网格间距 15cm×15cm。范围根据预测结果确定

续表

岩爆等级	预防措施	防治措施
极强岩爆（Ⅳ）	(1) 高压喷水软化围岩，促使应力释放。 (2) 掌子面施作超前应力释放孔，15个/循环，孔深5m	(1) 采用I20钢拱架，间距0.5m。 (2) 喷纳米仿钢纤维混凝土，初喷3～5cm，复喷至15cm。 (3) ϕ25涨壳式预应力中空注浆锚杆，$L=5$m，间距1.0m×1.0m，锚杆垫板20cm×20cm，厚度8mm；范围根据预测结果确定。 (4) ϕ6.5柔性钢丝网，网格间距15cm×15cm。范围根据预测结果确定

2. TBM施工段岩爆分级防治措施

岩爆地段采用TBM施工时，开挖过程中对围岩的扰动相对较小，其正常工作状态下，进尺相对钻爆法要快，但由于TBM设备笨重，对岩爆灾害的适应性较差，其处理措施与钻爆法有一定差异，结合岩爆发生的级别采用表8.30相应的处理措施。

表8.30　　　　　　　秦岭输水隧洞TBM施工段岩爆处理措施

岩爆等级	预防措施	处理措施
轻微岩爆（Ⅰ）	高压喷水软化围岩，促使应力释放	(1) 局部拱部120°范围采用格栅拱架（ϕ22钢筋、3根$L=4$m）+钢筋排（ϕ12或ϕ14钢筋，钢筋间距3cm）。 (2) 必要时180°或90°布置ϕ6.5柔性钢丝网或普通钢筋网，间距15cm×15cm
中等岩爆（Ⅱ）	高压喷水软化围岩，促使应力释放	(1) 对岩面高压喷水软化围岩，促使应力释放和调整。 (2) 采用H125型钢拱架，间距0.9m。 (3) 喷纳米仿钢纤维混凝土，厚度15cm。 (4) 拱部180°范围施作ϕ25涨壳式预应力中空注浆锚杆，$L=3.5$m，间距1.5m×1.5m，锚杆垫板20cm×20cm，厚度8mm。 (5) 仰拱块以上施作ϕ6.5柔性钢丝网，网格间距15cm×15cm
强烈岩爆（Ⅲ）	(1) 高压喷水软化围岩，促使应力释放。 (2) 必要时掌子面施作ϕ75超前应力释放孔，孔深10m，孔数根据预测结果确定	(1) 采用H150型钢拱架（间距0.9m）+拱部120°钢筋排（ϕ22钢筋，钢筋间距5cm）。 (2) 喷纳米仿钢纤维混凝土，厚度15cm。 (3) 拱部180°范围施作ϕ32涨壳式预应力中空注浆锚杆，$L=3.5$m，间距1.0m×1.0m，锚杆垫板20cm×20cm，厚度8mm
极强岩爆（Ⅳ）	(1) 高压喷水软化围岩，促使应力释放。 (2) 掌子面施作ϕ75超前应力释放孔，孔深10m，孔数根据预测结果确定	(1) 采用H150型钢拱架（间距0.9m）+拱部120°钢筋排（ϕ22钢筋，钢筋间距5cm）。 (2) 喷纳米仿钢纤维混凝土，厚度15cm。 (3) 拱部180°范围施作ϕ32涨壳式预应力中空注浆锚杆，$L=4.5$m，间距1.0m×1.0m，锚杆垫板20cm×20cm，厚度8mm

强岩爆洞段应按照"超前探、短进尺、强支护、勤量测"的施工原则，遵循"前方地质不探明不开挖、施工方案未充分论证不开挖、后部支护体系不稳固不施工"的原则进行防治[55]。

TBM掘进控制：TBM掘进的扰动会诱发岩爆，因此为降低对围岩的扰动，岩爆洞段TBM掘进参数应较非岩爆洞段小。

在轻微岩爆硬岩段宜选择高转速、高推力、低扭矩掘进参数。掘进参数建议值为推力17000～20000kN，转速5～6r/min，扭矩1500～2200kN·m，速度1.2～1.8m/h；软岩段掘进参数建议值为推力6600～8600kN，转速2～3r/min，扭矩1500～2200kN·m，速度 1.0～1.4m/h。

在中等岩爆段宜选择低转速、中推力、中等扭矩掘进参数。掘进参数建议值为推力 6600～14000kN，转速 2～4.5r/min，扭矩 1300～1750kN·m，速度 1.2～1.8m/h。

在强岩爆地段掘进宜选择低转速、中推力、高扭矩掘进参数。掘进参数建议值为推力 8500～11000kN，转速 3～3.5r/min，扭矩 1550～1850kN·m，速度 1.2～1.6m/h。

8.10.4　岩爆治理实例

以下介绍 3 号勘探试验洞主洞钻爆法施工段和 TBM 施工段的岩爆治理实例。

1. 3 号勘探试验洞主洞钻爆段岩爆治理

2012 年 5 月 18 日，3 号勘探试验洞主洞上游钻爆段施工至桩号 K24+433，原设计为Ⅱ类围岩，岩性为花岗岩，洞室埋深约 920m。实际开挖后，岩性为花岗岩夹石英岩，受地质构造影响轻微～较重，节理裂隙不发育，岩体较完整，围岩基本稳定，实际为Ⅱ类围岩。本段岩体干燥无水，开挖一段时间后拱部发生中等岩爆，围岩开裂、剥落，随后大块岩石间歇性掉落，延伸至桩号 K24+443.6。

处理措施：①挖机配合人工彻底清除悬挂危岩体，及时喷射 C20 混凝土封闭岩面；②加强支护参数：拱部 120°范围内，采用长 3.5m、Φ22 砂浆锚杆，间距 1m×1m；拱部铺设 φ8 钢筋网片，间距 20cm×20cm，其他支护参数不变；③围岩掉落空腔采用衬砌混凝土回填。

2013 年 8 月 4 日，3 号勘探试验洞主洞下游钻爆段施工至桩号 K27+960.8 处，原设计为Ⅲ类围岩，岩性为石英岩，该处埋深约 700m。实际开挖岩性以石英片岩、石英岩为主，夹花岗岩，受地质构造影响轻微～较重，岩体呈片状、块状结构，岩石抗压强度高，属坚硬岩，本段节理裂隙不发育，片理较发育，岩体较完整，围岩大部分稳定，局部稳定性差。爆破开挖后不久拱部发生中等岩爆，导致拱部围岩大面积开裂、剥落，随后大块岩石间歇性掉落，拱部形成一定塌腔，实际开挖仍为Ⅲ类围岩，延伸至桩号 K28+014.8。

处理措施：①多次向新开挖岩面喷洒水，释放围岩应力，同时挖机配合人工彻底清除拱部悬挂危岩体，及时喷射 C20 混凝土，经行初步封闭岩面；②Ⅲ类围岩扩挖 6cm 之后，加强支护参数：岩爆段拱墙架设工16 钢拱架，间距 1 榀/1.5m，钢架之间采用 φ22 纵向拉杆焊接在一起，拉杆环向间距 1m，C20 喷射混凝土厚度 16cm；拱部 120°范围内采用 Φ22 砂浆锚杆，长 $L=3.0$m，间距 1.2m×1.5m；拱部铺设 φ8 钢筋网片，间距 25cm×25cm；③围岩掉落空腔采用 C20 混凝土回填。

2. 3 号勘探试验洞主洞 TBM 施工段岩爆治理

岭南工程 TBM 施工段掘进桩号 K33+070～K33+120 段，原设计为Ⅱ类围岩，岩性为印支期花岗岩，埋深 1172～1164m。TBM 掘进过程中实际揭露岩性以印支期花岗岩为主，夹少量石英岩、石英片岩，围岩受地质构造影响轻微～较重，节理裂隙不发育，局部较发育，岩体整体完整性尚好，局部完整性一般，围岩整体基本稳定，局部稳定性一般，隧洞开挖洞段地下水不发育，岩体干燥为主，实际施工中本段以Ⅱ类围岩为主。受岩爆及长大节理影响，掘进过程中拱部范围有剥落、掉块现象，岩块多呈层状，局部拱顶剥落掉块严重段塌腔最大深度 0.5m。

处理措施：①仍按Ⅱ类围岩开挖、拱部加强初期支护措施；②岩爆或应力型坍塌导致剥落、掉块较为严重的区域，采用 $\phi16$ 钢筋排＋$\phi22$ 单支格栅拱架加强支护，以稳定出露护盾围岩及防止岩体大面积坍塌、剥落形成塌腔；格栅拱架安设范围为拱部120°，间距0.9～1.8m，拱架间采用 $\phi22$ 连接筋连接，连接筋环向间距1.0m；锚杆拱部120°范围内根据格栅钢架施工需要加密布设，型号为 Φ25 中空锚杆；③塌腔采用C20喷射混凝土分层复喷至平顺；④支护完成后对该段坍塌、掉块岩渣及时进行清除。

岭南工程TBM施工段掘进桩号K34＋137～K34＋180段，原设计为Ⅱ类围岩，岩性为印支期花岗岩，埋深1140～1135m。TBM掘进过程中实际揭露岩性以肉红色印支期花岗岩为主，夹少量石英岩、石英片岩岩脉，受地质构造影响轻微～较重，节理裂隙不发育，局部较发育，岩体完整性尚好，局部完整性差，围岩整体稳定，局部稳定性差，拱部发生中等岩爆，沿节理面方向坍塌、掉块。地下水不发育，岩体干燥为主，围岩类别综合判定为Ⅱ类。

处理措施：①仍按Ⅱ类围进行开挖、加强支护施工；②岩爆或应力型剥落、掉块严重区域，采用H150全圆型钢拱架加强支护，拱架间距0.9～1.8m，拱部坍塌部位采用 $\phi22$ 钢筋排辅以超前支护，$\phi22$ 拱架连接筋拱部范围由H125型钢或H150半剖型钢取代，环向间距1.0m；③岩体整体完整性、稳定性较好地段，局部岩爆或应力型剥落、掉块，采用 $\phi22$ 单支格栅拱架加强支护，拱架间距及拱架间连接筋根据现场实际而定；锚杆根据格栅拱架施工需要加密布设，型号为 Φ25 中空锚杆，单根长度 $L=2.5$m，锚杆垫板采用自制的1cm（厚）×20cm（长）×20cm（宽）大垫板；④全圆拱架支护段塌腔及时采用C20细石混凝土进行有效回填；$\phi22$ 单支格栅拱架支护段塌腔采用C20喷射混凝土分层复喷至平顺。

8.11 本章小结

本章主要是有关深埋水工隧洞在复杂工程地质条件下众多问题之一——岩爆课题研究成果总结。从国内外工程中岩爆发生过的主要破坏现象出发，综述了国内外岩爆相关研究进展，详细阐述了岩爆分类、等级、特征、发生条件、影响因素、形成机理机制的研究进展及成果，并以引汉济渭工程秦岭输水隧洞为例，归纳总结了秦岭输水隧洞的岩爆特征、预测预报过程、预测的主要判据、岩爆的微震监测技术以及岩爆防治措施等。

参考文献

[1] 马天辉，唐春安，蔡明. 岩爆分析、监测与控制 [M]. 大连：大连理工大学出版社，2014.
[2] 钱七虎. 地下工程建设安全面临的挑战与对策 [J]. 岩石力学与工程学报，2012，31 (10)：1945-1956.
[3] 冯夏庭，陈炳瑞，明华军，等. 深埋隧洞岩爆孕育规律与机制：即时型岩爆 [J]. 岩石力学与工程学报，2012，31 (3)：433-444.
[4] 陈炳瑞，冯夏庭，明华军，等. 深埋隧洞岩爆孕育规律与机制：时滞型岩爆 [J]. 岩石力学与工程学报，2012，31 (3)：561-569.
[5] 中国岩石力学与工程学会. 锦屏二级水电站深埋长隧洞安全快速施工关键技术国际咨询报告 [R]. 北京：中国岩石力学与工程学会，2009.
[6] ORTLEPP W D. RaSim comes of age – A review of the contribution to the understanding and control of mine rockbursts [C]//POTVIN Y, HUDYMA M. Controlling seismic risk – Proceedings of

sixth international symposium on rockburst and seismicity in mines. Nedlands：Australian Centre for Geomechanics，2005：3－20.

［7］ ZHOU JIAN，LI XIBING，HANI S Mitri. Evaluation method of rockburst：State－of－the－art literature review［J］. Tunnelling and Underground Space Technology，2018，81：632－659.

［8］ COOK N G W. A note on rockburst considered as a problem of stability［J］. JS Afr. Inst. Min. Metall，1965，65（10）：437－446.

［9］ RUSSENES B F. Analysis of rock spalling for tunnels in steep valley sides（in Norwegian）［D］. Trondheim：Norwegian Institute of Technology，1974.

［10］ 谭以安. 岩爆类型及防治［J］. 现代地质，1991，5（4）：450－456.

［11］ 唐春安. 岩石的破裂、失稳及岩爆［M］//王思敬，杨志法，傅冰骏. 中国岩石力学与工程世纪成就. 南京：河海大学出版社，2004：324－335.

［12］ 钱七虎. 岩爆、冲击地压的定义、机制、分类及其定量预测模型［J］. 岩土力学，2014，35（1）：1－6.

［13］ 冯夏庭，肖亚勋，丰光亮，等. 岩爆孕育过程研究［J］. 岩石力学与工程学报，2019，38（4）：649－673.

［14］ ORTLEPP W D. Note on fault－slip motion inferred from a study of micro－Cataclastic particles from an underground shear rupture［J］. Pageoph，1992（139）：3－4.

［15］ 于学馥，郑颖人，刘怀恒，等. 地下工程围岩稳定分析［M］. 北京：煤炭工业出版社，1983.

［16］ 王思敬，杨志法，刘竹华. 地下工程岩体稳定分析［M］. 北京：科学出版社，1984.

［17］ 孙广忠. 岩体结构力学［M］. 北京：科学出版社，1988.

［18］ HOEK E，BROWN E T. Underground excavations in rock［M］. Abingdon：Taylor and Francis，1990.

［19］ 张倬元，王士天，王兰生. 工程地质分析原理［M］. 2版. 北京：地质出版社，1994.

［20］ HUDSON J A，HARRISON J P. Engineering rock mechanics：part 1 an introduction to the principles［M］. Amsterdam：Elsevier Science Ltd，1997：339－359.

［21］ 吴文平，冯夏庭，张传庆，等. 深埋硬岩隧洞围岩的破坏模式分类与调控策略［J］. 岩石力学与工程学报，2011，30（9）：1782－1802.

［22］ GB 50287—2016 水力发电工程地质勘察规范［S］

［23］ 张春生，侯靖，褚卫江，等. 深埋隧洞岩石力学问题与实践［M］. 北京：中国水利水电出版社，2016.

［24］ 宋岳，高玉生，贾国臣，等. 水利水电工程长深埋隧洞工程地质研究［M］. 北京：中国水利水电出版社，2014：43.

［25］ 左文智，张齐桂. 地应力与地质灾害关系探讨［C］//中国地质学会. 第五届全国工程地质大会文集. 北京：中国地质学会，1996：39－44.

［26］ 张津生，陆家佑，贾愚知. 天生桥二级水电站引水隧洞岩爆研究［J］. 水力发电，1991（10）：34－37，76.

［27］ 谭以安. 岩爆类型及其防治［J］. 现代地质，1991（4）：450－456.

［28］ 汪泽斌. 天生桥二级水电站隧洞岩爆规律及预测方法的探索［J］. 人民珠江，1994（3）：11－13，26.

［29］ KAISER P K，TANNANT D D，MCCREATH D R. Canadian rockburst support handbook［M］. Sudbury，Ontario：Geomechanics Research Centre，Laurentian University，1996.

［30］ ORTLEPP W D. Rock fracture and rockbursts：an illustrative study［M］. Johannesburg：South African Institute of Mining and Metallurgy，1997.

［31］ HE M C，XIA H M，JIA X N，et al. Studies on classification，criteria and control of rockbursts

[J]. J. Rock Mech. Geotech. Eng., 2012, 4 (2): 97-114.

[32] DENG J, GU D S. Buckling mechanism of pillar rockbursts in underground hard rock mining [J]. Geomech. Geoeng., 2018, 13 (3): 168-183.

[33] GB 50487—2008 水利水电工程地质勘察规范 [S]

[34] 宋一乐, 侯发亮. 天生桥隧洞岩爆与掌子面附近的应力关系 [C]//中国岩石力学与工程学会岩石动力学专业委员会. 第二届全国岩石动力学学术会议论文选集. 北京: 中国岩石力学与工程学会, 1990: 437-448.

[35] 张镜剑, 傅冰骏. 岩爆及其判据和防治 [J]. 岩石力学与工程学报, 2008, 27 (10): 2034-2042.

[36] 徐林生, 王兰生. 二郎山公路隧道岩爆发生规律与岩爆预测研究 [J]. 岩土工程学报, 1999, 21 (5): 569-572.

[37] 侯发亮. 圆形隧道中岩爆的判据及防治措施 [M]. 北京: 知识出版社, 1989: 195-201.

[38] 谷明成. 秦岭隧道岩爆的研究 [J]. 水电工程研究, 2001 (3/4): 19-26.

[39] 《岩土工程手册》编写组. 岩土工程手册 [M]. 北京: 中国建筑工业出版社, 1994.

[40] 尚彦军, 张镜剑, 傅冰骏. 应变型岩爆三要素分析及岩爆势表达 [J]. 岩石力学与工程学报, 2013, 32 (8): 1520-1527.

[41] NB/T 10143—2019 水电工程岩爆风险评估技术规范 [S]

[42] 杨志国, 于润沧, 郭然, 等. 基于微震监测技术的矿山高应力区采动研究 [J]. 岩石力学与工程学报, 2009, 28 (增2): 3632-3638.

[43] 李庶林, 尹贤刚. 我国金属矿山首套微震监测系统建成并投入使用 [J]. 采矿技术, 2004, 23 (4): 99.

[44] 谢鹏飞, 明月. 基于SOS微震监测系统的综放工作面来压周期分析 [J]. 工程地质学报, 2012, 20 (6): 986-991.

[45] FENG X T. Rockburst: mechanism, monitoring, warning and mitigation [M]. Oxford: Elsevier-Health Sciences Division, 2017.

[46] 马天辉, 唐春安, 唐烈先, 等. 基于微震监测技术的岩爆预测机制研究 [J]. 岩石力学与工程学报, 2016, 35 (3): 470-483.

[47] 陈炳瑞, 冯夏庭, 曾雄辉, 等. 深埋隧洞TBM掘进微震实时监测与特征分析 [J]. 岩石力学与工程学报, 2011, 30 (2): 275-283.

[48] 赵周能, 冯夏庭, 陈炳瑞, 等. 深埋隧洞微震活动区与岩爆的相关性研究 [J]. 岩土力学, 2013, 34 (2): 491-497.

[49] 赵周能, 冯夏庭, 肖亚勋, 等. 不同开挖方式下深埋隧洞微震特性与岩爆风险分析 [J]. 岩土工程学报, 2016, 38 (5): 867-876.

[50] 赵周能, 冯夏庭, 陈炳瑞. 深埋隧洞TBM掘进微震与岩爆活动规律研究 [J]. 岩土工程学报, 2017, 39 (7): 1206-1215.

[51] 黄志平, 唐春安, 李立民, 等. 基于微震监测技术的岩爆预警研究 [J]. 沈阳建筑大学学报（自然科学版）, 2018, 34 (4): 614-622.

[52] 杨培伟, 周余红, 邢岗, 等. 卷积神经网络在生物医学图像上的应用进展 [J]. 计算机工程与应用, 2021, 57 (7): 44-58.

[53] 齐林, 吕旭阳, 杨本强, 等. 基于全卷积网络迁移学习的左心室内膜分割 [J]. 东北大学学报（自然科学版）, 2018, 39 (11): 1577-1581.

[54] 谢文鑫. 基于全卷积神经网络的心脏MR图像左心室分割及其后处理研究 [D]. 南京: 南京邮电大学, 2020.

[55] 薛景沛. 敞开式TBM安全快速通过隧洞强岩爆地层施工技术——以引汉济渭工程秦岭隧洞岭南TBM施工段为例 [J]. 隧道建设, 2019, 39 (6): 989-997.

第 9 章　复杂工程地质条件与应对（二）：突涌水

突涌水是隧洞施工中经常遇到的不利地质条件，在隧洞开挖建造过程中不但影响隧洞的正常施工、增加工程费用，而且危及隧洞建成后的安全运营。因此，如何准确地对隧洞建设过程的突涌水进行预测，为隧洞施工制定合理、经济的防排水设计及治理措施提供依据至关重要。突涌水研究工作的开展不仅对确保隧洞的安全施工具有重要的现实意义，而且对于丰富和发展突涌水灾害预报、防治理论也将起到积极的推动作用。

9.1　引言

9.1.1　突涌水灾害现象

引水隧洞在修建过程中会不可避免地穿过不良地质区，不良地质区隐蔽性高、不可见性强、勘测难度大、评价方法不完善。当隧洞在储水量大、透水性强的不良地质区施工时，大量地下水涌入隧洞，形成突涌水灾害。由于不良地质区自身特性的影响，突涌水灾害具有难以预测、难以控制、突发性强、频率高等问题。突涌水灾害一旦发生，轻则延误工期、导致大量经济损失，重则造成人员伤亡。例如，2007 年 8 月 5 日，宜万铁路野三关隧道发生特大透水事故，导致 52 人被困、3 人死亡、7 人下落不明，现场救援如图 9.1（a）所示；2021 年 7 月 15 日，珠海石景山隧道发生拱顶坍塌及突水事故，造成 14 人死亡，直接经济损失 3678.677 万元，现场救援如图 9.1（b）所示；2019 年 11 月 26 日，云南临沧隧道发生突水突泥事故，造成 11 人遇难；大珠山隧道施工期间突发长期涌水事故，施工难度增大，工期由 5 年延长至 12 年。

引汉济渭工程秦岭输水隧洞无论从洞线长度、洞室埋深、工程规模、技术难度还是影响范围上看，多项参数突破了世界工程纪录，也超越了现有设计规范，工程的设计、施工、运行均面临诸多风险。尤其是作为其控制性工程的秦岭输水隧洞越岭段，由于穿越秦岭山脉，穿越区地形地质条件极其复杂，主要穿越秦岭造山带，加之秦岭造山带的多期造山过程，受秦岭纬向褶皱带的影响，断裂构造极为发育，地下水十分丰富，并具有超长（约 81.8km）、深埋（最大埋深 2012m）等工程特征，在隧洞开挖过程中由于水文地质条件的变化等，极易发生突水、涌水等地质灾害，并可能引发隧洞区地下水资源流失、地表沉陷等次生环境地质问题，将严重影响到工程的施工安全和施工进度，并可能引发一

(a)　　　　　　　　　　　　　(b)

图9.1　隧道工程突涌水现场
(a) 野三关铁路隧道现场救援；(b) 石景山隧道现场救援

定的次生地质灾害与环境问题[1]。由于复杂地质条件的影响，引汉济渭工程秦岭输水隧洞施工期间发生多次典型突涌水灾害。2011年10月23日，K26+760处掌子面发生涌水［图9.2（a）］；2013年2月20日，K2+691处掌子面出现股状涌水，通过帷幕注浆防止了灾害的进一步扩展［图9.2（b）］；2015年8月，K68+984处掌子面出现股状涌水，洞内积水严重［图9.2（c）］。

9.1.2　突涌水理论研究

有关突涌水不利地质条件的研究，国内外学者展开了大量工作，现阶段在岩层断带突水机制及力学模型、岩溶突水通道的形成机理与突变机理、岩体渗流破坏问题的数值模型等方面取得了大量成果，为隧洞施工中不利地质条件的应对提供了非常有价值的参考和指导。

1. 岩层断带突水机制及力学模型研究

国外针对岩层断带突水机制及力学模型研究最早在煤矿突水灾害中应用较多[1]。20世纪70—80年代，岩溶突水机理的研究取得了长足的进步，很多岩石力学工作者开始引入能量法、系统论、突变以及神经网络等非线性观点探讨突水的灾变条件和演化机制[2-5]，其中鲍莱茨基等[6]对煤矿开采岩层底板的变形与破坏提出另外不同的概念，即底板开裂、底鼓、底板断裂和大块底板突起。多尔恰尼诺夫[7]认为，在高应力作用下（如深部开采），岩体或支承压力区出现渐进的脆性破坏，其破坏形式是裂隙渐渐扩展并发生沿裂隙的剥离和掉块，从而为底板高压水突入矿井创造了条件。

我国矿山突水问题一直是制约矿山安全生产的重大技术难题。针对矿山生产过程中断层突水、底板突水和岩溶突水预测与防治问题，我国学者开展了大量的科研工作[8-13]，提出了突水系数法、突水临界指数法、"下三带"理论、原位张裂和零位破坏理论、板模型理论、关键层理论、突变及非线性模型、突水优势面理论、底板突水的动力信息理论、强渗流说、相似理论法、岩—水应力关系说等突水判据和理论。目前，这些研究成果为防治煤矿、隧洞等地下工程突水起到了积极的指导作用。但以上相关研究均不能把岩体和水分开，没有考虑应力场和渗流场的耦合作用，尚且无法解释涌水量与岩层破坏程度的关系，与地下工程实际突水规律吻合度不甚理想[14]。

图 9.2 引汉济渭工程秦岭输水隧洞突涌水现场

(a) K26+760 处掌子面涌水；(b) K2+691 处掌子面股状涌水及帷幕注浆现场；
(c) K68+984 处掌子面股状涌水及洞内积水

2. 岩溶突水通道的形成机理与突变机理研究

岩溶突水通道的形成具有两种形式：一种是完整岩体裂隙演化导致的突水通道，即没有明显的地质缺陷；另一种是地质缺陷式的突水通道，诸如断层、破碎带以及岩溶管道等，其突水通道萌生、生长直至最终形成的演化过程不但与通道本身属性有关，同时与水压、地应力以及爆破等外界干扰因素密切相关。

水力劈裂研究最初是应用于油气田的开发和地应力的测量方面，近年来，在大型水利水电工程及交通运输工程建设中，出现了大量水力劈裂诱发突水的灾害实例，成为深部工程突水通道形成机制的研究热点[15]。早在1957年，Hubbert等[16]利用弹性力学理论研究了水压致裂产生的张破裂与应力场的关系。1992年，Derek Elsworth等[17]将似双重介质岩石格架的位移转移到裂隙上，建立了渗流场计算的固—液耦合模型，实际上是对岩体裂纹内水压的形成与岩体的变形耦合作用的研究[18]。盛金昌和黄润秋等[19-20]分别从Ⅰ型和Ⅱ型裂纹的扩展破坏讨论了水力劈裂的判据，后者还将该理念应用于深埋隧道涌水过程的机理分析中。谢兴华等通过分析矿井工作面推进过程中采场及采空区底板条件变化导致的渗透性改变，来推断底板突水的危险程度，在很大程度上揭示了水力耦合作用在突水机制中的重要性[21]。

此外，很多学者还从试验和数值模拟角度探讨了外载诱发突水的力学灾变机制[22]，并对采动覆岩变形—破断—移动及裂隙演化的过程机制进行了有益探讨。如李晓昭、胡耀青等采用数值分析与试验手段对断层突水和承压水上采煤进行了深入分析[23-24]。在现场试验研究方面，刘天泉院士对采场岩层移动破断与采动裂隙分布规律提出了"横三区""竖三带"的总体认识[25]。显然，突水通道的形成机理主要取决于突水条件和突水模式，随着突水机理与防治工作的逐步完善与发展，外界动荷载诱发突水的动力机制将是突水机理研究的重要方向。

3. 岩体渗流破坏问题的数值模型研究

突水的过程实质上是一个岩溶水流态灾变的演化过程。随着计算机技术的发展，数值模拟方法在岩石渗流力学领域中得到了越来越广泛的应用，由此也产生了许多数值计算方法。数值模拟方法可以综合考虑多方面因素，而且其计算结果直观、可视化。针对突水的渗流-损伤耦合作用机制，一般需要在FLAC、UDEC等商业程序或者基于弹塑性力学、断裂力学和损伤力学理论的数值模型中引入介质断裂、损伤判断准则，嵌入描述介质破坏膨胀区渗透性-损伤演化方程，研究水力劈裂或突水过程的渗流-损伤耦合行为[26]。

应用传统的弹塑性理论和有限元方法，一般是分析计算弹性和塑性区，建立塑性变形和渗透率的关系方程来解释渗流—应力的演化机制[27]。基于断裂力学理论的数值分析中，一般基于线弹性或非线性的断裂力学理论[28]，这种方法假设材料是连续的，预测裂纹萌生的基础在于将计算出的应力强度因子与岩石的断裂韧度做比较。它的缺点是不能预测裂纹的萌生，同时对于某些假定的初始裂纹、裂纹本身临界尺寸（包括过程区）、本构关系（应力与裂纹张开位移之间的关系）需要人为确定[29]。目前已建立的基于断裂力学的数值模型有分离裂缝模型（discrete crack model）、分布裂缝模型（smeared crack model）和内嵌单元裂缝法（element-embedded crack approach）。Wolkersdorfer和Bowell[30]、Noghabai[31]应用断裂力学方法或数值模型研究隧道开挖、矿山开采、带孔的圆环油压胀裂等水力劈裂现象，探讨了水压力对裂纹扩展的力学机制。

9.2 秦岭输水隧洞地质条件及突涌水特征

9.2.1 地形地貌

秦岭输水隧洞越岭段整体属于秦岭西部山区，地貌总体受构造控制，在新构造作用影响下，经长期水流侵蚀、切割，形成了较为复杂的地貌单元。主要由秦岭岭南中低山区（Ⅰ）、秦岭岭脊高中山区（Ⅱ）、秦岭岭北中低山区（Ⅲ）三个大的地貌单元组成，如图9.3和图9.4所示。区内山峰最高海拔为2704.60m，大部分海拔高于1000.00m，穿越椒溪河、东木河、虎豹河、王家河等4条较大河谷，河谷高程为600.00～1000.00m，工程区植被茂密，降雨量较丰富。

（1）秦岭岭南中低山区（Ⅰ）。位于柴家关以南，由蒲河及其支流河谷组成，属长江水系，发源于光秃山一带，水源主要来自基岩裂隙水和大气降水，水量随季节变化幅度较大。蒲河河谷较开阔，河谷一般宽度100～300m，最窄处仅50m，最宽处达800m，河谷坡降平均约14.5‰，斜坡自然坡度30°～40°。河谷总体呈北东东向，支沟发育，多呈羽状及树枝状，区内山峰高程在500～1500m。沟口均有洪积扇发育，多为泥石流沟，雨季常常洪涝成灾。

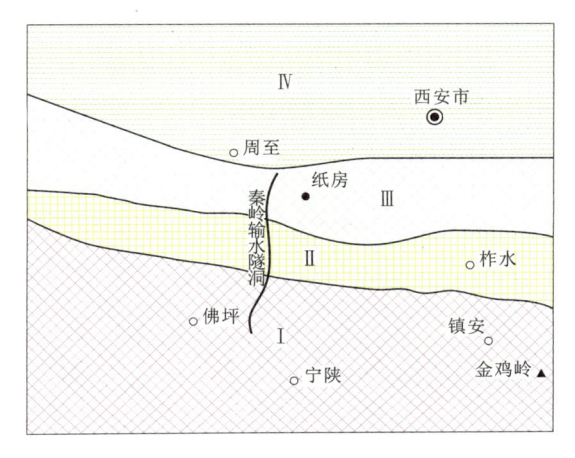

图9.3 秦岭输水隧洞越岭段地貌分区
Ⅰ—秦岭岭南中低山区；Ⅱ—秦岭岭脊高中山区；
Ⅲ—秦岭岭北中低山区；Ⅳ—渭河盆地区

（2）秦岭岭脊高中山区（Ⅱ）。位于柴家关以北，小王涧和板房子以南，包括三十担银梁、光秃山，均为秦岭西部山脉，为本区南北分水岭。地势陡峻，山坡坡度大于45°，区内山峰海拔在1000.00～2500.00m，最高峰光秃山海拔为2704.60m。

（3）秦岭岭北中低山区（Ⅲ）。位于小王涧和板房子以北，由黑河河谷及其支流王家河、虎豹河组成。属黄河水系，发源于光秃山一带，水源主要来自基岩裂隙水和大气降水，水量随季节变化幅度较大。黑河河谷总体呈北东向，王家河、虎豹河河谷总体呈南北—北西西向，区内山峰海拔在500.00～1500.00m，支沟发育，多呈羽状及树枝状。黑河河谷较狭窄，河谷一般宽度30～50m，最窄处仅20m，最宽处约100m，河谷坡降平均约8.2‰，斜坡自然坡度40°～60°。

（4）洞室埋深大多在100～1500m，其中埋深不大于100m洞段长约0.6km，100～500m洞段长约19.9km，500～1000m洞段长约34.1km，1000～1500m洞段长约23.0km，不小于1500m洞段长约4.2km。

9.2.2 地表水与地下水

秦岭输水隧洞通过区地下水分为岭南、岭北两大水流系统，以秦岭岭脊为分界线，岭

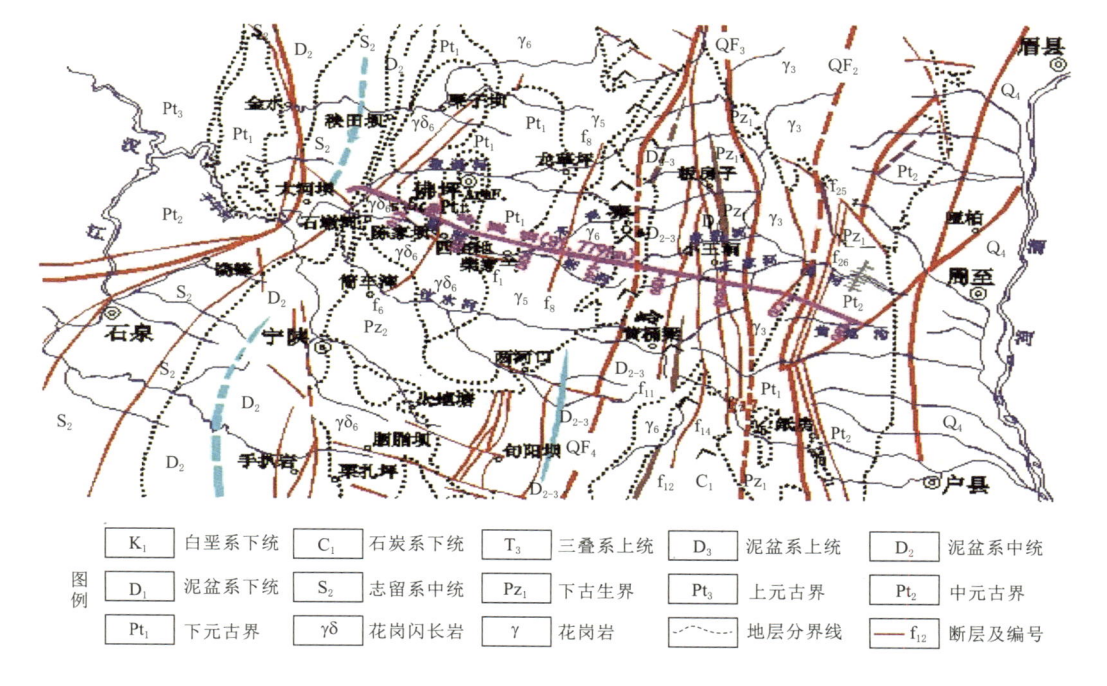

图 9.4　秦岭输水隧洞工程地质平面图

南属于长江流域，岭北属于黄河流域。并根据断裂构造及地形地貌条件分为若干子水流系统，两大水流系统之间及其内部各子水流系统之间水力联系微弱，基本无统一的地下水面，地下水分水岭与地形地貌分水岭是一致的。

1. 地表水

引汉济渭工程跨越长江、黄河两大流域。两大流域以西秦岭光头山—黄桶梁为分水岭，线路由南向北下穿经过的主要河流有汉江干流子午河支流椒溪河、东木河及渭河干流黑河支流虎豹河、王家河等，如图 9.5 所示。

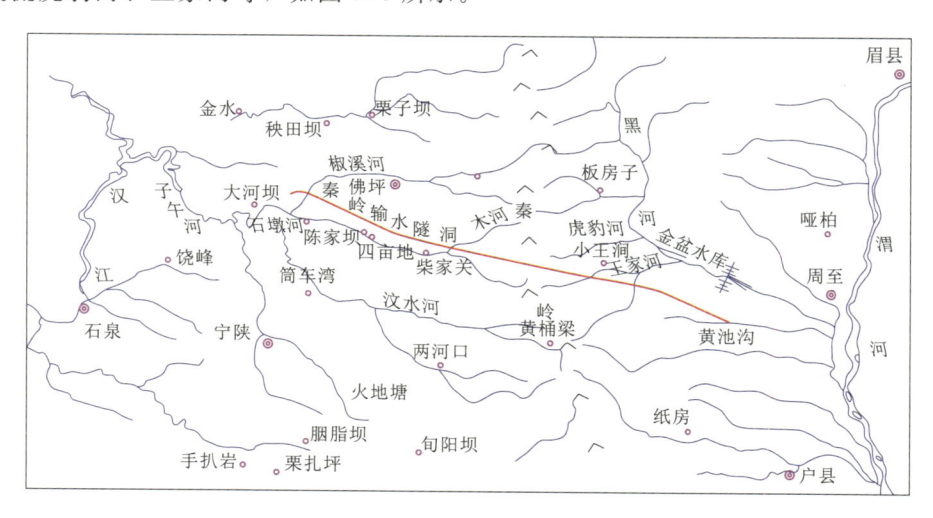

图 9.5　秦岭输水隧洞区水系分布图

2. 地下水

根据秦岭输水隧洞通过区出露的地层岩性及地质构造特征，结合含水介质的不同，将测区地下水分为第四系松散岩类孔隙水、碳酸盐岩类岩溶水和基岩裂隙水三大类。

(1) 第四系松散岩类孔隙水。孔隙水赋存于岭南子午河、椒溪河、蒲河及其几十条支流的山区沟谷中第四系全新统冲、洪积层及坡积层中。岭北的地形相对较陡，黑河、王家河、虎豹河及其支流流域面积相对较小，不利于第四系松散岩类孔隙水的赋存，地下水水量相对较小。由于岭南较岭北地形相对平缓，沟水流域面积相对较大，有利于第四系松散岩类孔隙水的赋存，水量丰富，水质良好。

(2) 碳酸盐岩类岩溶水。主要分布于岭南中下元古界（Pt_1）的大理岩地层中。由于受构造影响，加之大理岩性脆、易溶，节理、裂隙发育，地下水往往沿其裂隙产生强烈的溶蚀作用，线状溶隙和溶洞较发育。经地面调查发现，该地层中有8处溶洞，其大小程度不一，小者仅几十厘米，大者1~8m，其中有2处为有水溶洞。岭南调查到3处水量较大的下降泉，均出露于大理岩地层中，其中有2处泉水流量较大。岭北上元古界（Pt_3）的大理岩夹片岩地层中泉水分布较少。

(3) 基岩裂隙水。基岩裂隙水多赋存于越岭地段岩层及区域大断裂破碎带附近。依据赋水裂隙成因的不同，基岩裂隙水可分为风化裂隙水、构造裂隙水及原生层理裂隙水。根据测区裂隙网络分布特征，基岩裂隙水又可分为网状（或层状）裂隙水及脉状裂隙水。风化裂隙水主要赋存于岩体表层风化带中，多为网状裂隙水；构造裂隙水主要赋存于断层、构造节理及裂隙、岩脉侵入接触带中，以脉状裂隙水为主，网状裂隙水次之；原生层理裂隙水多为脉状裂隙水，具有弱承压性。

9.2.3 地质构造条件

隧洞涌水与地质构造条件密切相关。良透水岩层与相对不透水岩层的接触带、可溶性岩层与非溶解岩层的交接带、断层破碎带尤其是深大断裂破碎带、向斜构造的轴部与背斜构造的两翼等地质构造带常遇涌水。此外，孔隙裂隙多和可溶性岩石地层，遇地下水危害的可能性较大。在节理裂隙极多的风化砂岩、砾岩和石灰岩地区的隧洞，大多遇有较大涌水。

1. 岩性条件

秦岭输水隧洞通过35个岩性段，岩性复杂多变，其中有2段大理岩夹石英片岩、1段大理岩、1段大理岩夹片麻岩、3段片麻岩、2段石英片岩夹变粒岩、2段石英片岩、2段变砂岩、3段千枚岩夹变砂岩、1段千枚岩、4段角闪片岩、1段千枚岩夹角闪片岩、1段大理岩夹云母片岩段、1段云母片岩夹绿泥片岩、1段二云母石英片岩、4段花岗岩、3段花岗闪长岩、1段花岗斑岩、2段闪长岩。突涌水段大部分集中在大理岩、大理岩夹石英片岩、大理岩夹片麻岩、大理岩夹云母片岩段、石英片岩、花岗岩、花岗闪长岩、闪长岩段。经现场观察，并取样试验，查明突涌水地段岩性特征如下：

大理岩：白色，粒状变晶结构，块状构造，岩石组分：方解石（85%~99%）或白云石（97%~99%）、透辉石（6%~10%）、石英（微~4%）、白云母（微~1%）。

石英片岩：灰色，鳞片粒状变晶结构，片状构造，岩石组分：石英（40%~65%）、斜长石（5%～20%）、黑云母（14%～45%）、石榴石（1%）、磁铁矿（微～1%）。

片麻岩：灰白色夹灰黑色条带，鳞片变晶结构，片麻状构造，岩石组分：斜长石（30%～55%）、钾长石（15%～45%）、石英（15%～25%）、黑云母（5%～15%）。

云母片岩：深灰白色，鳞片粒状变晶结构，片状构造，岩石组分：石英（25%）、斜长石（3%）、黑云母（47%）、白云母（23%）、石榴石（1%）、磁铁矿（1%）。

花岗岩：浅灰白色，细～中粗粒花岗结构，块状构造，岩石组分：斜长石（36%～43%）、钾长石（26%～44%）、石英（24%～30%）、黑云母（3%～7%）。

花岗闪长岩：灰白色，中细粒花岗结构，块状构造，岩石组分：石英（23%～29%）、斜长石（50%～61%）、钾长石（8%～21%）、云母（2%～6%）。

闪长岩：灰白色，半自形粒柱状结构，块状构造，岩石组分：石英（10%～18%）、长石（67%～73%）、角闪石（2%～6%）、黑云母（8%～12%）、磁铁矿＋磷灰石＋锆石（微～1%）。

2. 可溶岩的分布

秦岭输水隧洞通过区内可溶岩自南向北主要分布于 3 个地段：

(1) 志留系中统（S_2）。岩性为斑鸠关岩组大理岩夹石英片岩，分布于隧洞 K0＋000～K3＋485 段，岩溶发育受岩性和构造控制。岩溶不发育，规模小，主要为岩溶裂隙和小溶洞。

(2) 下元古界（Pt_1）。岩性为长角坝岩群沙坝岩组大理岩、大理岩夹片麻岩或石英片岩，分布于隧洞 K12＋790～K19＋250 段，岩溶发育受岩性和构造控制。岩溶较发育，规模较小，主要发育为岩溶裂隙和溶洞，有水溶洞平均流量 550m³/d，为区内岩溶作用最强烈的地段。

(3) 中元古界（Pt_2）。岩性为宽坪岩群广东坪岩组大理岩夹云母片岩，分布于隧洞 K75＋700～K77＋430 段，岩溶发育受岩性控制。

3. 突涌水的构造条件

隧洞通过区地质条件复杂，历经多期多次构造运动，断裂及褶皱构造发育。岩体受构造作用影响严重，岩层片理、原生层理、表层风化节理及裂隙、次生构造节理及裂隙发育，节理裂隙的贯通性、张开性均良好，岩体破碎～较破碎，长大节理、节理密集带、小揉皱及褶曲发育。

9.2.4　围岩赋水条件

隧洞区基岩裸露，岩性复杂多变，断裂构造发育，地下水的赋存条件和分布规律，受到岩性、构造、气候及其地形地貌控制。隧洞区断裂带、褶皱带及其原生层理、片理、节理裂隙、岩性接触带等构成了地下水赋存的基本条件，决定了其地下水多以基岩裂隙水存在为主。基岩裂隙水受其所处地貌位置、构造部位和岩性特征的控制，并因补给条件的不同，地下水的分布亦有明显的差异性。

岭南志留系中统（S_2）及下元古界（Pt_1）的大理岩地层原生层理裂隙、次生构造节理、裂隙、表层风化节理、裂隙贯通性及其张开性均良好，为地下水的赋存提供了很好的场所。其中下元古界（Pt_1）大理岩岩溶较发育，有 8 处溶洞，其中有 2 处为有水溶洞，并有3处泉水出露,均为下降泉。岭北分布少量中元古界(Pt$_2$)的大理岩夹云母片岩地层,是区内最主要的岩溶水含水层(体)。

进、出口段的闪长岩、花岗闪长岩、花岗岩、下元古界(Pt$_1$)、上元古界(Pt$_3$)的片麻岩、片岩。岭北泥盆系中上统(D$_{2-3}$)、泥盆系中统(D$_2$)、泥盆系下统(D$_1$)、石炭系下统(C$_1$)、下古生界(Pz$_1$)的变砂岩、千枚岩、变砂岩夹千枚岩、片岩,构造节理、裂隙、表层风化节理、裂隙及其张开性均较好,有利于地下水的赋存,由于该段隧洞埋深多小于200m,洞室顶部地表基本上是沟沟有水,是区内主要的基岩裂隙水含水层(体)。

岭南下元古界(Pt$_1$)的片岩夹变粒岩、石英片岩、石英岩,上太古界(Ar$_3$)片麻岩,燕山期花岗岩,以及岭北泥盆系中上统(D$_{2-3}$)、泥盆系中统(D$_2$)、中元古界(Pt$_2$)的变砂岩、千枚岩、变砂岩夹千枚岩、片岩原生层理、浅层风化节理、裂隙较发育,次生构造节理裂隙总体不发育,节理、裂隙的充填性较好,形成了区内次要基岩裂隙水含水层(体)或弱含水层(体)。岭脊各时期的侵入岩体花岗岩和闪长岩,岩石坚硬,受构造影响轻微,岩体完整性好,浅层风化裂隙较发育,在与断层接触带、侵入接触带发育一些节理、裂隙,整体属基岩非含水层(体)或隔水层(体)。区域性大断裂、地区性断裂多为压性断裂,就断层本身而言,属阻水层(体)或隔水层(体),但受该区多次构造作用影响,节理裂隙的连通性及张开程度得到较大改善,为地下水赋存创造了条件。

9.2.5 典型地段的涌水过程与机理研究

秦岭输水隧洞在施工过程中遭遇了多次大的突涌水过程,其中比较典型的涌水过程在施工中被较完整的记录保存下来,为突涌水的产生过程和机理研究提供了宝贵资料。

1. 秦岭输水隧洞3号勘探试验洞主洞试验段

(1) K25+764.5处涌水。2011年8月4日8时30分,隧洞主洞区上游掌子面(K25+764.5处),在爆破开挖后距拱顶下约2.5m掌子面中心,由于受地下高水压作用,掌子面0.8~1.0m厚度的岩层被顶开,形成一股直径0.2~0.3m的水柱喷出,喷射距离3.0m左右。至17时第一次现场量测,洞内积水最深处0.25~0.35m,洞内积水约2530m^3,初步计算出水量每小时300m^{3}左右;至19时30分第二次现场量测,洞内积水最深处0.40~0.45m,洞内积水约3660m^3,初步计算出水量每小时维持在330m^{3}左右。8月5日14时第三次进洞量测,洞内最大积水深度1m左右,洞内积水已达9290m^3,据施工单位观测,洞内水面上升速度维持在0.03m/h,计算出水量每小时在310m^{3}左右。施工单位排水设施于8月5日15时10分投入使用。8月7日16时第四次进洞进行现场量测并采集水样,掌子面积水深度1.7m左右,洞内积水已达10700m^3,出水量已较8月4日减小,具体特点为水柱喷射距离缩短至2.0m左右,出水直径0.2~0.25m,且股状出水主要部分沿掌子面岩层下流,水流流速有所变缓,预计水面上升速度在0.02m/h左右。8月8日16时第五次进洞进行现场量测,掌子面积附近积水深度1.9m左右,洞内积水已达11540m^3。洞内采用3台100m^3/h水泵进行抽水。8月9日7时第六次进洞进行现场量测,掌子面积水深2.05m左右,洞内积水已达12380m^3。8月10日7时30分第七次进洞进行现场量测，掌子面积水深度 2.25m 左右，洞内积水已达 13500m³。要求对水量大小变化继续进行量测。8月10日下午要求施工单位停止抽水，对掌子面涌水量进行准确量测，16时45分至19时45分连续观测3h，水位上升 0.161m，根据施工单位实测断面长度740m、断面宽度8.1m，计算实际涌水量为965m³，单位涌水量为322m³/h。涌水处隧洞埋深1006m，观察掌子面围岩为灰黑色石英片岩与石英岩交错分布，片状构造，片理发育，片理产状 N85°W/80°S。出水点附近地质构造简单，无断裂构造通过，但由于受构造作用影响，岩体较破碎，节理裂隙比较密集，地下水容易沿这些地带活动。经取样对比分析该涌水处与地表水无水力联系，为岩体内的静储量，随着时间的推移会逐渐衰减变小。

（2）K26+760～K26+810段突泥涌水。2011年10月23日13时10分，隧洞下游爆破后（未出渣），K26+760掌子面拱顶位置出现突泥涌水，自裂隙处涌出灰黑色、淡黄色岩屑，伴随粒径大于50cm孤石，极为浑浊，经估算当时突泥涌水量约100m³/h。至15时突泥涌水裂隙进一步扩大至拱顶120°范围，突泥涌水呈现间歇性突发，经现场测算突泥涌水量约150m³/h。险情发生后，现场项目部立即采取应急预案，并迅速组织人员撤离，没有发生任何事故。2011年10月23—31日，在清淤过程中共发生四次较大溃口突泥，持续时间6～10min，突泥涌水量100～120m³。2011年10月31日，掌子面涌出泥渣累计约1000m³。2011年11月4日，溃口处突泥仍间歇性发生，突泥涌水量约100m³/h。研究发现突泥涌水点发育一长大裂隙，裂隙视倾角30°～45°，裂隙宽度约为25cm，贯穿拱部偏右，拱顶30°范围。涌水段隧洞埋深1120～1170m，掌子面开挖岩性主要为石英岩、片麻岩及花岗岩，片理产状 N75°W/45°S，呈灰白色～黑灰色，主要矿物成分为石英、长石、角闪石，粒状变晶结构，块状～片状构造。掌子面多见印支期花岗岩侵入接触，粒状变晶结构，块状构造，石英岩、片麻岩及花岗岩三种岩性相互交错分布，受构造作用影响，岩石多呈块状及碎块状，岩体完整性差，围岩不稳定。岩体富水性较好，受地质构造影响严重，导致岩性不整合接触带产生较大突泥涌水，并形成了塌腔体。

结合隧洞掌子面及地表地质调查资料进行分析研究，突泥涌水段洞室埋深大于1100m，隧洞所涌之水均来自储存于非均质各向异性的裂隙含水介质中的静储量，与地表水体无直接水力联系，其补给源有限，突泥涌水初期会伴有一定压力，随时间推移，水压和水量会逐渐衰减，衰减至一定量时可实施封堵及对围岩进行支护、加固处理。

2. 椒溪河段涌水

（1）第一次涌水。2013年2月7日，施工开挖至K2+691处，掌子面左侧上部发生小股状涌水，初期涌水量约1400m³/d。2月20日，隧洞开挖至K2+692.5处，距下穿椒溪河段约17.5m处时，爆破后掌子面正中央上部突然出现较大涌水，初期涌水量约11000m³/d，随即采用超前水平钻孔辅助排水减压，涌水量随后有一定衰减，减小至约4800m³/d。后来由于大气降水影响，加之地下水对岩石节理裂隙中充填物的潜蚀，涌水量最大增至约12700m³/d。该段开挖揭示岩性为石英片岩，节理裂隙发育，岩体较破碎，围岩局部不稳定，涌水为基岩裂隙水。经在K2+688.5处采取设止浆墙（墙上布置注浆孔）及周边帷幕注浆的措施，处理后该处涌水量维持在200m³/d左右。

(2) 第二次涌水。2013 年 6 月 15 日，隧洞开挖至 K2+706.9 处，爆破前掌子面炮眼没水，又在掌子面上部增加了 3 个超前探孔（5m），仍无出水点，爆破后，也无涌水现象。但在出渣过程中，掌子面底部及左侧边墙底部发生突然涌水，初期涌水量约 9800m³/d，随后有一定衰减，后由于大气降水影响及地下水对岩石节理裂隙中充填物的潜蚀，7 月 21 日涌水量最大增至约 23600m³/d。开挖揭示该段岩性主要为大理岩，夹有少量石英片岩，受构造作用影响，节理裂隙发育，岩体较破碎，围岩局部不稳定，涌水为岩溶裂隙水。

当时正值汛期，通过在隧洞处椒溪河上下游布设水文断面及洞内涌水量监测，对比分析表明隧洞内涌水量随椒溪河水位突涨有明显增大趋势，说明洞内突涌水和椒溪河河水存在水力联系。为防止由于扰动而导致涌水进一步加大，形成更大的涌水通道，施工中采取局部止浆墙结合出水点处堆渣，渣体内部预埋排水管，并安装 DN300 闸阀，同时对涌水部位注双液浆的处理措施，处理后涌水量维持在 1200m³/d 左右。

(3) 第三次涌水。2013 年 9 月 16 日，隧洞 K2+735 处施作的 9 个水平探孔中有 5 个孔存在不同程度的出水，其中 3 个孔满孔出水，施工时按要求进行提前注浆。在检查孔无出水的情况下，继续开挖至 K2+738 处。此时，左侧边墙上部由少量渗水变为少量集中出水并逐渐增大，随着冲刷范围扩大形成涌水通道，涌水量最大增至约 18500m³/d。该段开挖揭示岩性主要为大理岩，受 f_{s3} 断层影响，节理裂隙发育，岩体破碎，围岩不稳定，涌水为构造裂隙水及岩溶裂隙水；且隧洞涌水量大小随河水水位涨落变化明显，表明突涌水和椒溪河河水存在水力联系。施工时为了减小洞内抽排水压力，在椒溪河河床上对岩溶裂隙通道口周边进行开挖，回填黄土修筑简单防渗墙，并在防渗墙前修筑挡水围堰。同时，对洞内涌水部位进行灌浆堵水，处理后涌水量维持在 1300m³/d 左右。

第三次涌水处理过程中，采用超前水平探孔较准确地探明了前方的涌水情况，并提前进行灌浆处理。由于洞内涌水点与河道有一定的连通关系，通过挡水围堰和防渗墙的修筑，有效地减小了洞内涌水量，使得该次涌水处理时间较前两次大大减少。

3. 7 号支洞主洞段涌水

2015 年 7 月 9 日，隧洞上游施工至 K68+995 时，掌子面及附近拱墙沿节理裂隙出现多处股状、面状流水及线状滴水，初期最大涌水量约 8000m³/d，主要涌水点随掌子面开挖向前（即小里程）推移。7 月 12 日，K68+984 炮眼施作中，拱部一炮孔钻至 3.5m 深度时发生突水，涌水将风枪推出炮孔后，喷射距离达 15m，初期最大涌水量约 10000m³/d。险情发生后，现场项目部立即采取应急预案，并迅速组织人员撤离，没有发生任何事故。至 8 月 4 日，洞内涌水仍未见明显衰减，上游涌水量达 10600m³/d，项目部决定采用超前钻提前释放前方水体，加快衰减速度。8 月 7 日 19 时，在掌子面正中偏下部，采用 RPD-180CBR 多功能钻机实施一超前水平钻孔，至 8 日 7 时钻探结束，孔深 63.4m，沿钻眼有地下水喷出，初期射程达 14m，上游掌子面附近涌水量增大至 14000m³/d。涌水段隧洞埋深约 955m，开挖岩性主要为花岗岩，呈灰白色~肉红色，主要矿物成分以石英、黑云母、角闪石等为主，中~细粒变晶结构，块状构造。受构造作用影响较轻，节理裂隙弱发育~较发育，但多为长大节理，节理延伸长度多大于几十米，岩石多呈块状，岩体完整性较好，围岩基本稳定，局部稳定性差。

结合隧洞地表调查、掘进掌子面地质编录及掌子面前方综合超前地质探测预报成果进行了分析研究，对 K68+841～K68+986 段提前采取了全断面帷幕注浆处理，效果良好。

9.3 突涌水水量预测

突涌水水量是涌水过程最为关键的参数，也是涌水防治措施的重要参考指标。现阶段突涌水水量的计算有多种方法，但都具有一定的适用条件和局限性，实际预测计算中通常采用多种方式计算对比分析，以获得较为准确的结果。

9.3.1 常用预测方法

隧洞涌水量常用的预测方法可分为理论解析法、经验公式法、数值法、工程类比法等。以这些方法为基础，国内外学者总结并提出多种隧洞涌水量预测解析公式或经验方法，实际工作中主要采用以下几种方法。

1. 地下径流模数法

由大气降水直接补给的下降泉或由地下水补给的河流枯水量，反映了该流域气候、地形地貌、地质和植被状况等天然条件。地下径流模数 M 概要反映了地下水赋存状态，计算公式如下：

$$M = \frac{Q}{F} \tag{9.1}$$

式中：M 为地下径流模数，$m^3/(d \cdot km^2)$；Q 为下降泉年平均流量或河流枯水期流量，m^3/d；F 为相应于 Q 的流域面积，km^2。

$$Q = MA \tag{9.2}$$

式中：Q 为隧洞经常性涌水量，m^3/d；A 为隧洞通过含水体地段的集水面积，km^2。

2. 地下径流深度法

某一流域内，大气降水是地表水、地下水、蒸发、蒸腾和地面滞水的总源。使用该方法时需充分搜集测区气象、水文、地质资料。地下径流深度法适用条件同地下径流模数法。由于各项参数难以取得精确数据，故预测的隧洞涌水量只能是宏观的、近似的数量。

$$Q_s = 2.74hA \tag{9.3}$$

$$h = W - H - E - SS \tag{9.4}$$

$$A = LB \tag{9.5}$$

式中：Q_s 为隧洞通过含水体地段的正常涌水量，m^3/d；h 为年地下径流深度，mm；A 为隧洞通过含水体地段的集水面积，km^2；W 为年降水量，mm；H 为年地表径流深度，mm；E 为某流域年蒸发蒸散量，mm；SS 为年地面滞水深度，mm；L 为隧洞通过含水体地段的长度，km；B 为隧洞涌水地段 L 长度内对两侧的影响宽度，km。

3. 大气降水入渗法

当隧洞通过潜水含水体且埋藏深度较浅时，采用大气降水入渗法预测隧洞正常涌水量的计算公式为

$$Q_s = 2.74\alpha WA \tag{9.6}$$

式中：α 为降水入渗系数。

4. 地下水动力学法

隧洞涌水量的解析公式大多以地下水动力学理论为基础，对地质模型进行较大程度的简化，计算模型如图 9.6 所示。图 9.6 中 h 表示隧洞中心点距地下水位线的距离（m）；d 和 r 分别表示隧洞的直径和半径（m）；h_c 表示隧洞所处的含水层厚度（m）。

(1) M. EI. Tani 公式：

$$Q = 2\pi k \frac{\lambda^2 - 1}{\lambda^2 + 1} \frac{h}{\ln\lambda} \tag{9.7}$$

其中

$$\lambda = \frac{h}{r} - \sqrt{(h^2/r^2) - 1}$$

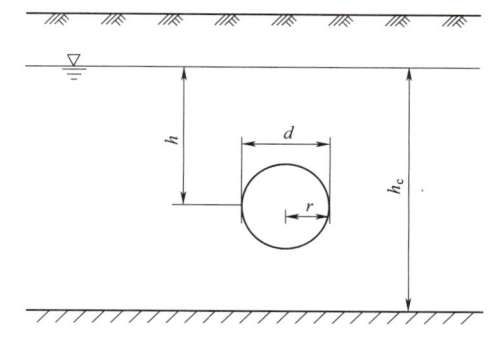

图 9.6 地下水动力学法计算模型

式中：λ 为代数；Q 为预测隧洞涌水量，m^3/s；k 为含水层的渗透系数，m/s。

(2) Goodman 公式：

$$Q = 2\pi kh / \ln(4h/d) \tag{9.8}$$

(3) Karlsrud 公式：

$$Q = 2\pi kh / \ln[2h/(r-1)] \tag{9.9}$$

(4) 裘布依理论式：

$$Q_s = LK \frac{H^2 - h^2}{R - r} \tag{9.10}$$

隧洞涌水量的预测计算方法很多，目前较为常用的是上述几种方法，但其预测精度远远不够，究其原因主要是隧洞是一个复杂的开放系统，是非线性的。目前人们对隧洞的认识还不是很完善，因此涌水量的预测必须采用多种方法结合，多学科交叉的手段，以提高预测精度。

9.3.2 秦岭输水隧洞涌水量预测计算

根据不同预测计算方法的特点，选取三种比较具有代表性的计算方法应用到秦岭输水隧洞涌水量的计算过程中，并对计算结果进行对比分析。

1. 水文地质计算方法

秦岭输水隧洞涌水量的计算，首先选择具有代表性的地下径流模数法、大气降水入渗法和地下水动力学裘布依法进行计算比较，此外还采用了数值模拟法进行分析计算。隧洞涌水影响宽度经综合分析研究、比较，概化后计算时取值见表 9.1。

表 9.1 秦岭输水隧洞涌水影响宽度

富水性分区	影响宽度/m
强富水区	1200
中等富水区	1000
弱富水区	800
贫水区	600

2. 富水性分区特征

根据测区地层岩性、地质构造及地形地貌特征，并结合地表水测流结果及泉水流量，利用既有铁路、公路已施工秦岭特长隧道的水文地质资料，综合分析，按照《铁路工程水文地质勘察规程》（TB 10049—2016）标准，根据地下径流模数 M，将测区围岩的富水性划分为四个区，贫水区：$M<100\text{m}^3/(\text{d}\cdot\text{km}^2)$，弱富水区：$100\text{m}^3/(\text{d}\cdot\text{km}^2)\leqslant M<1000\text{m}^3/(\text{d}\cdot\text{km}^2)$，中等富水区：$1000\text{m}^3/(\text{d}\cdot\text{km}^2)\leqslant M<5000\text{m}^3/(\text{d}\cdot\text{km}^2)$，强富水区：$M\geqslant 5000\text{m}^3/(\text{d}\cdot\text{km}^2)$，即强富水区（Ⅰ）、中等富水区（Ⅱ）、弱富水区（Ⅲ）和贫水区（Ⅳ）。水文地质计算地下径流模数推荐值的采用综合考虑现场测流成果。

3. 涌水量计算成果

根据分析大气降水入渗法、地下径流模数法和地下水动力学裘布依法三种方法计算的结果，大气降水入渗法计算的涌水量与地下径流模数法相比明显小 1/2，主要原因是整个秦岭输水隧洞区域范围内无气象站，岭南及岭北地段降水量采用佛坪县及周至县气象站的资料，距离间隔太远，高程差别太大，两气象站的资料不能真实地代表秦岭输水隧洞区尤其是岭脊范围的降水量。地下水动力学裘布依法利用 6 个深钻孔抽水、压水试验资料，进行相对岩层渗透系数计算，由于钻孔数量有限，所以未用地下水动力学裘布依法对全隧洞涌水量进行计算，只对钻孔相对应的岩层计算单位涌水量。

结合秦岭山区已建成的铁路、公路长大隧道的水文地质资料，通过对比分析，推荐以地下径流模数法、大气降水入渗法、地下水动力学裘布依法三种方法综合计算的涌水量作为秦岭输水隧洞预测涌水量。由于贫水区用地下水径流模数法和地下水动力学裘布依法计算的涌水量过于偏小，考虑该段段落较长，且隧洞涌水量有较大不可预见性，故贫水区的涌水量推荐大气降水入渗法进行计算。隧洞富水性分区段落及涌水量预测详见表 9.2。

表 9.2 隧洞富水性分区段落及涌水量预测

里 程	段长/m	富水性分区	单位涌水量/[m³/(d·m)] 正常	单位涌水量/[m³/(d·m)] 最大	预测隧洞涌水量/(m³/d) 分段正常涌水量	预测隧洞涌水量/(m³/d) 分段最大涌水量
K0+000～K1+750	1750		1.5300	3.0600	2678	5356
K1+750～K3+650	1900	Ⅱ	2.5300	5.0600	4807	9614
K3+650～K12+780	9130		1.5300	3.0600	13969	27938
K12+780～K17+080	4300	Ⅰ	17.0600	34.1200	73358	146716
K17+080～K19+280	2200		6.4416	12.8832	14172	28344
K19+280～K28+880	9600	Ⅲ	0.4442	0.8884	4264	8528
K28+880～K45+180	16300	Ⅳ	0.2221	0.4442	3620	7240
K45+180～K54+240	9060	Ⅲ	0.3499	0.6998	3170	6340
K54+240～K64+940	10700	Ⅱ	1.0980	2.1960	11749	23498
K64+940～K69+530	4590	Ⅲ	0.2944	0.5888	1351	2702

续表

里　程	段长/m	富水性分区	单位涌水量/[m³/(d·m)] 正常	单位涌水量/[m³/(d·m)] 最大	预测隧洞涌水量/(m³/d) 分段正常涌水量	预测隧洞涌水量/(m³/d) 分段最大涌水量
K69+530~K73+660	4130	Ⅱ	1.0980	2.1960	4535	9070
K73+660~K75+705	2045	Ⅲ	0.3499	0.6998	716	1432
K75+705~K77+430	1725	Ⅰ	6.4416	12.8832	11112	22224
K77+430~K80+500	3070	Ⅱ	1.0980	2.1960	3371	6742
K80+500~K81+779	1279	Ⅲ	0.3499	0.6998	448	896
合　计					153320	306640

9.4 突涌水超前地质预报方法

突涌水的发生过程往往具有一定的突发性，严重时不仅会淹没设备，延误施工进度，而且可能造成人员伤亡，给工程施工带来巨大损失。因此，对突涌水进行超前地质预报具有重要意义。但其发生的位置和时间均存在较大的不确定性，预测十分困难。现阶段随着技术的不断发展，雷达、红外、探测波预测等新方法不断涌现，大幅提高了突涌水的预报精度。

9.4.1 常用超前地质预报方法

隧洞突涌水具有突发性强、危害性大的特点，严重危及隧洞施工安全，影响施工进度，而且处理措施不当，常常会使隧洞建成后运营环境、地表环境恶化。突涌水超前地质预报重点是岩溶发育区及储水构造（断层、富水的向斜背斜、节理密集带），主要内容包括富水带的位置、发育方向、规模大小、水压力、溶腔存储量及动态补给量等，从而降低施工风险，确保隧洞工程施工安全。目前突涌水预测预报的方法除了前面章节介绍的涌水量预测方法外，常用的超前地质预报主要方法有以下几种。

1. 地质调查分析法

地质调查分析法包括隧洞地表补充地质调查，对洞内开挖段及掌子面的岩性、岩石坚硬程度及完整情况、褶皱情况、断层及破碎带、节理裂隙、地下水状态（涌水形式、部位、水量）进行地质素描和洞身地质素描，根据地质情况对涌水情况进行初步分析判定。

2. 物探法

物探法主要有 TSP 法、HSP 法、地质雷达法、红外探水法等，需采用两种以上方法进行综合分析（一般准确率 80% 左右）。

（1）TSP 法。这种方法属于多波多分量高分辨率地震反射法，它利用地震波在不均匀地质体中产生的反射波特性来预报隧道（洞）施工掌子面前方地质状况，其预报原理如图 9.7 所示。地震波在设计的震源点用小量炸药激发产生，当地震波遇到岩石波阻抗差异界面（如断层、裂隙密集带和岩性接触带等）时，一部分地震信号反射回来，一部分信号透射进入前方介质。反射的地震信号将被高灵敏度的地震检波器接收，数据通过软件处理，就可以了解隧道（洞）掌子面前方 100～120m 范围内不良地质体的性质（软弱带、破碎带、断层、富水等）和空间分布。

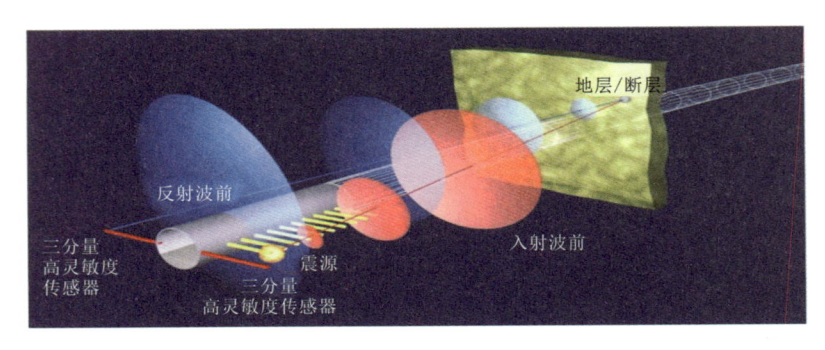

图 9.7　TSP203 预报原理

TSP 法探测的工作装置布置型式为：观测系统采用"一侧激发一侧接收"的方式，一般布置 24 个震源点，震源点位于左边墙或右边墙，1 个或 2 个接收器接收，接收器距离掌子面 50～60m，位于左右边墙（各 1 个）。

（2）HSP 法。这是一种适应于 TBM 施工的隧道（洞）超前地质预报方法（图 9.8），针对不同类型 TBM 施工特点，利用 TBM 掘进时刀盘切割岩石所产生的声波信号作为 HSP 声波反射法预报激发信号，通过刀盘及边墙无线接收，实现阵列式数据采集，并通过深度域绕射扫描偏移叠加成像技术进行反演解释，对隧道（洞）前方 60～80m 范围内的不良地质体进行预报。

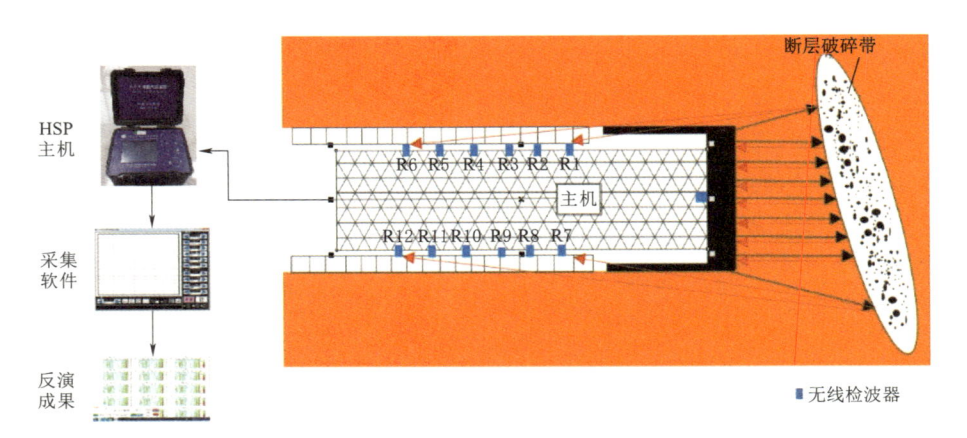

图 9.8　HSP 法工作布置图

（3）地质雷达法。地质雷达俗称探地雷达。地质雷达法是由控制单元向地层发射一组以某一频率为中心的高频电磁波，电磁波在传播的过程中遇到不同的介质分界面时，一部分电磁波能量会转换成反射波返回地面，另一部分能量则透过界面继续向前传播，再次遇到界面时，又一部分电磁波产生反射返回地面。在电磁波传播的过程中，当遇到不同的岩

9.4 突涌水超前地质预报方法

层或岩层的节理发育程度不同时,电磁波的反射系数、衰减系数和反射波频率是不一样的。雷达天线接收器接收到反射波,并输送到控制单元,将信号进行显示,对电磁反射波所带信息进行分析,就可获得被探测地层的层厚、岩层完整性以及岩层含水情况,如图9.9所示。目前利用地质雷达对隧道(洞)前方进行地质预报,预报距离一般为30m以内。

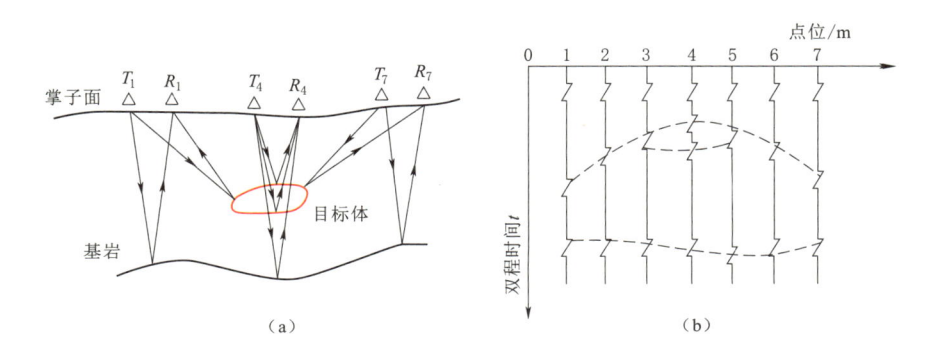

图 9.9 地质雷达反射探测原理图
(a) 电磁波遇到地下物体后的反射示意图;(b) 探地雷达记录的回波曲线

使用地质雷达法探测时,其工作装置布置型式为:隧道(洞)地质情况复杂时掌子面上剖面宜采用十字形或井形布置(图9.10),地质情况简单时可布置一条测线。

(4) 红外探水法。红外探测就是根据红外异常来判断前方30m范围内不良地质体的存在。由于分子振动和转动,地质体每时每刻都在由内部向外部发射红外辐射,并形成红外辐射场。地质体由内向外发射红外辐射时,必然会把地质体内部的地质信息以红外电磁场的形式传递出来。当隧洞前方和外围介质相对比较均匀并不存在隐蔽灾害源时,沿隧洞走向分别对顶板、底板、左边墙、右边墙向外进行探测,所获得的红外探测曲线具有正常场特征。当隧洞前方或者隧洞外围任一空间部位存在隐蔽灾害源时,其产生的红外探测曲线就一定会叠加到正常场上,使正常场中的某一段曲线发生畸变,畸变段称作红外异常。

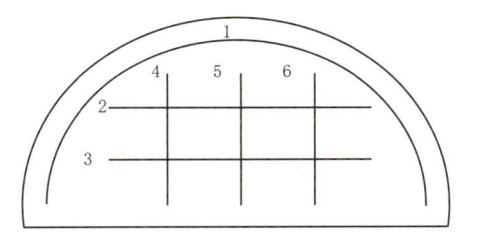

图 9.10 地质雷达法掌子面工作布置示意图

红外探测的工作装置布置如下:

从隧洞开挖面后方60m处向掘进方向每隔5m对隧洞周边探测一次,如图9.11所示,每次探测顺序依次为左边墙、左拱腰、拱顶、右拱腰、右边墙和洞底中线,每个断面的测点布置示意如图9.12所示,共探测12个断面,这样沿隧洞轴线方向共形成6条探测曲线,分别为左边墙探测曲线、左拱腰探测曲线、拱顶探测曲线、右拱腰探测曲线、右边墙探测曲线和洞底中线探测曲线。

隧洞开挖面上的测点布置如图9.13所示,在开挖面上水平方向自上而下布置4条测线,每条测线上布置6个测点。

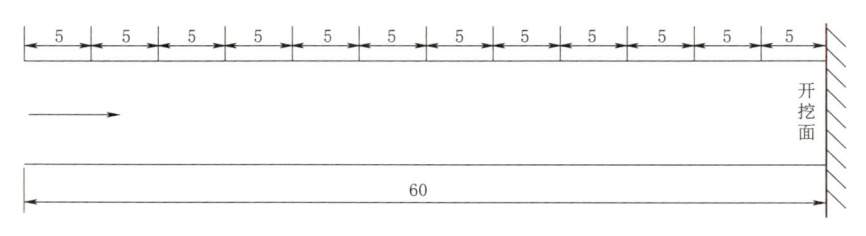

图 9.11　隧洞轴向红外探测断面布置示意图（单位：m）

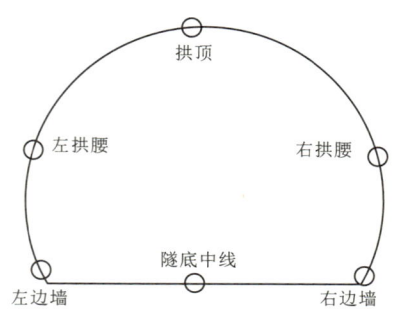

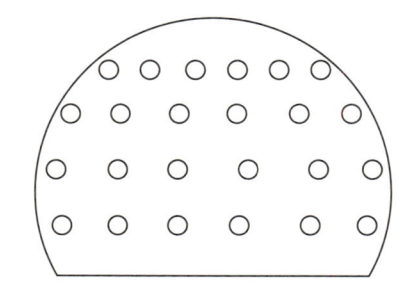

图 9.12　每个断面的测点布置示意图　　图 9.13　隧洞开挖面上的测点布置示意图

3. 超前水平钻探

根据众多隧洞超前探水的经验，超前水平钻探（或加深炮眼）是超前探水预报的主要方法，同时也是预报前方富水体的唯一有效方法。根据不同地质条件，超前水平钻探可采用不同的布置方式。断层带、节理密集带、褶皱构造的向斜背斜等富水构造，由于其构造的特点及受构造作用后其节理裂隙的连通性及富水体的相对可探性，可在掌子面布置 2～3 个钻孔；在岩溶发育区探测地下水，应采用 6 孔定位法（即在掌子面四周对称布置 6 个钻孔）对前方地下水进行风险判定。钻孔深度一般 20～30m，必要时钻孔深度可达 100m以上，并进行连续预报，连续预报时前后两循环钻孔应重叠 5～8m，同时在富水地段进行超前水平钻探时必须采取防突涌水措施。当钻孔中水压、水量突然增大，以及有顶钻等异常时，必须停止钻进，并立即通知现场，配合施工人员进行分析处置。当超前水平钻探施作困难时，可部分采用超前（超长）风钻进行探查。

9.4.2　秦岭输水隧洞突涌水灾害超前地质预报技术

在秦岭输水隧洞施工过程中，在采用常用的地质调查分析法、物探法、超前水平钻探法等方法外，同时还引入了聚焦测深电阻率法、固源阵列瞬变电磁法及三维地震波法三种处于国际领先水平的突涌水灾害地质预报方法，建立了隧洞综合超前地质预报体系，更进一步优化与完善了突涌水灾害超前地质预报处理过程与防治措施。

1. 超长深埋隧洞突涌水灾害超前地质预报工作流程

隧洞突涌水与开挖工作面前方存在的含水构造（岩溶水、节理裂隙密集发育的破碎含水岩体、含水导水的断层破碎带）密切相关。隧洞突涌水预报以地质调查法为基础，结合多种物探手段进行综合超前地质预报，必要时辅以超前钻探法。在可能发生突涌水的地段进行超前钻探时必须设有防突装置。支洞工区、隧洞反坡施工地段处于富水区时,超前钻探作业中应做好突涌水处治的预案。超长深埋隧洞突涌水灾害超前地质预报体系工作流程如图 9.14 所示。

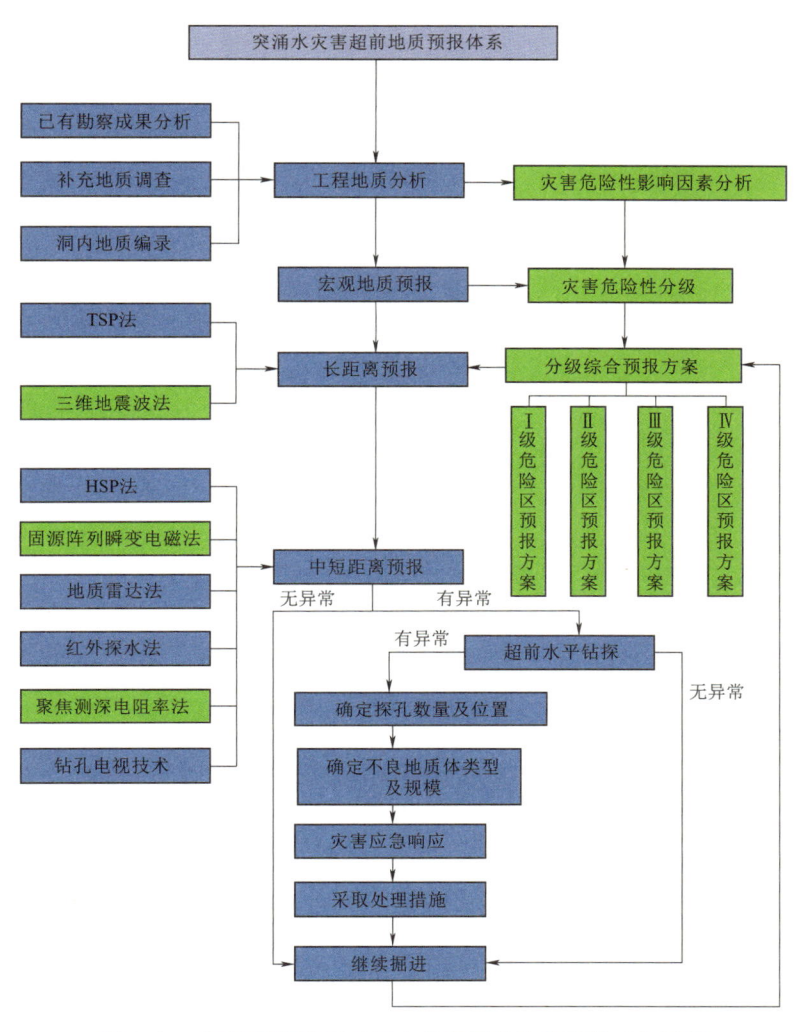

图 9.14 超长深埋隧洞突涌水灾害超前地质预报工作流程

2. 采用的超前地质预报方法

秦岭输水隧洞超前地质预报常用的方法有地质调查分析法、超前水平钻探及 TSP 法、HSP 法、地质雷达法、红外探水法等物探超前预报方法。但以上几种常用物探方法对含水体位置、规模、水量预测等超前探测效果均不太理想,在此基础上引入了目前处于国际领先水平的聚焦测深电阻率法、固源阵列瞬变电磁法及三维地震波法三种超前预报技术,进一步提高了隧洞区突涌水的预报精度。

(1) 聚焦测深电阻率法。聚焦测深电阻率法(induced polarization,IP)是电法勘探的一个重要分支。在向地下供入稳定电流的情况下测量电极之间的电位差,电位差并非瞬间达到饱和值，而是随时间而变化，经过一段时间后趋于稳定的饱和值；而断开供电电流后，电位差也并非瞬间衰减为零，而是在最初的一瞬间很快下降，而后随时间缓慢下降并趋于零。这种发生在地质介质中因外电流激发而引起介质内部出现电荷分离，由于电化学作用引起附加电场的物理化学现象，称为激发极化效应。聚焦测深电阻率法正是以不同地质介质之间的激发极化效应为物质基础，主要采集视电阻率等参数，通过观测和研究被测对象的激电效应，可实现掌子面前方30~40m范围内含水情况的近距离三维成像与定位。

聚焦测深电阻率法在钻爆法施工段的测量电极布置为：掌子面布置2排测量电极，上下间距3.4m，左右间距1.3m，每排5个，共计10个；供电电极布置为：边墙布置供电电极环，每环电极4个（A1、A2、A3、A4），共5环，共计20个电极，电极环与掌子面距离分别为0m、6.6m、10m、16m、30m，如图9.15和图9.16所示。

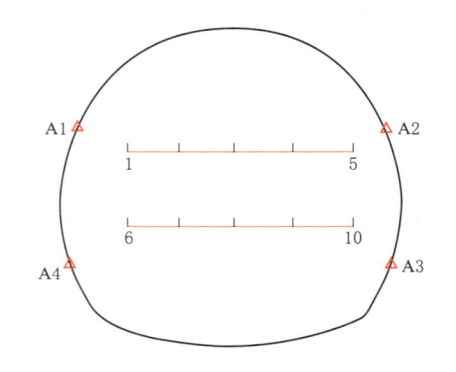

图9.15　聚焦测深电阻率法钻爆法施工段正面工作布置图

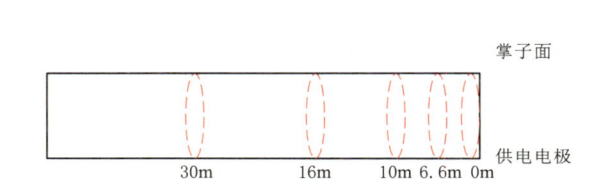

图9.16　聚焦测深电阻率法钻爆法施工段纵向工作布置图

聚焦测深电阻率法在TBM施工段的测量电极布置为：掌子面刀盘上布置9个测量电极，护盾后边墙布置供电电极环，每环电极4个（A1、A2、A3、A4），共2环，共计8个电极。采用1条多芯电缆与供电及测量电极系连接，同时设计1根单芯电缆连接电极，电缆连接到探测仪器，如图9.17所示。

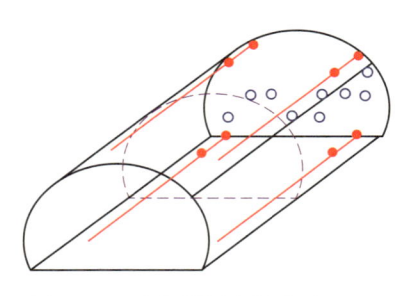

图9.17　聚焦测深电阻率法TBM施工段工作布置图

（2）固源阵列瞬变电磁法。固源阵列瞬变电磁法（transient electromagnetic method，TEM）是隧洞超前地质预报方法的一种，它是利用不接地回线向工作面前方发射一次脉冲磁场，当发射回线中电流突然断开后，介质中将激励起二次涡流场以维持在断开电流以前产生的磁场（即一次场），二次涡流场的大小及衰减特性与周围介质的电性分布有关，在一次场间歇观测二次场随时间的变化特征，经过处理后可以了解地下介质的电性、规模、产状等，从而达到探测目标体的目的，可实现对掌子面前方60~80m范围含水构造的中距离定性预报。

固源阵列瞬变电磁法探测的工作装置为：选用中心回线装置，点测方式，发射线框边长 2m、64 匝，发射频率 25Hz。接收装置为接收线圈，其有效面积 31.4m²，点距 0.8m，测点数为 10，如图 9.18 和图 9.19 所示。

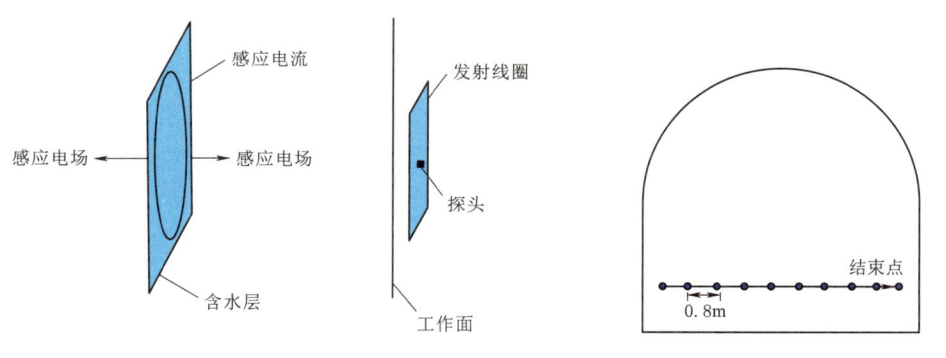

图 9.18　固源阵列瞬变电磁法工作原理图　　图 9.19　固源阵列瞬变电磁法工作布置图

（3）三维地震波法。三维地震波法的基本原理在于当地震波遇到声学阻抗差异（密度和波速的乘积）界面时，一部分信号被反射回来，一部分信号透射进入前方介质。声学阻抗的变化通常发生在地质岩层界面或岩体内不连续界面。反射的地震信号被高灵敏地震信号传感器接收，震波从一种低阻抗物质传播到另一种高阻抗物质时，反射系数是正的，反之反射系数是负的。因此，当地震波从软岩传播到硬岩时，回波的偏转极性和波源是一致的。当岩体内部有破碎带时，回波的极性会反转。反射体的尺寸越大，声学阻抗差别越大，回波就越明显，越容易探测到。通过分析，可以了解隧洞工作面前方地质体（软弱带、破碎带、断层、含水等）的性质、位置及规模，主要利用围岩与不良地质的波速、密度等差异，通过三维地震波解译软件计算，实现对掌子面前方 80～100m 范围内断层及破碎带、空洞的空间位置的远距离定位。三维地震波法探测时，震源和检波器采用分布式的立体布置方式，具体方法如图 9.20 所示。

搭载于 TBM 的三维地震波法探测时，刀盘附近边墙设置 12 个激震点，后方边墙上布置 10 个传感器，如图 9.21 所示。

结合聚焦测深电阻率法、固源阵列瞬变电磁法与三维地震波法，通过约束联合反演和融合联合反演，再通过隧洞与地下工程大数据科学中心云平台大数据处理分析，最终确定掌子面前方不良地质体三维位置、空间形态、充填水量等信息。

综上所述，秦岭输水隧洞综合超前地质预报的实施遵循"地质先行、预案决策、依次进行、动态调整、揭露验证"的原则，具体流程如下：

1）首先通过已有地质成果资料分析、补充调查和洞内地质编录等方法对可能致灾区进行宏观地质分析与预报，推测隧洞全洞段不良地质发育的范围、类型及严重程度，重点给出断层、岩溶等主要不良地质体在隧洞洞身可能的赋存段落，定量评价地质灾害发生风险，为综合预报方案的选择提供依据。

2）针对掌子面前方的不良地质探测情况，通过宏观地质分析推断掌子面前方可能存在的不良地质类型及规模，结合灾害危险性分级评价结果，优选出该位置实施综合超前预报的可用方法，制定综合超前地质预报实施预案。

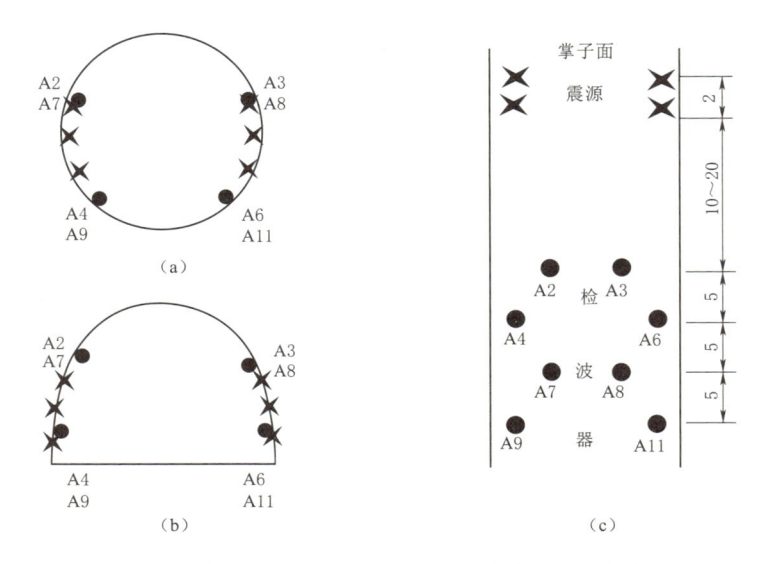

图 9.20 三维地震波法钻爆法施工段工作布置图（单位：m）
(a) TBM 隧洞；(b) 马蹄形隧洞；(c) 震源和检波器布设平面图

图 9.21 三维地震波法 TBM 施工段工作布置图

3）按照综合超前地质预报实施预案，依次进行综合超前地质预报工作，对预报结果进行解译分析，及时反馈预报结果。

4）由于宏观地质分析不可能完全准确地判明掌子面前方的不良地质类型及规模，实际隧洞施工揭露的地质情况往往变化较大，因此需要根据掌握的动态信息及时调整既定的综合预报预案，以使得综合超前地质预报能较好地适应现场实际条件，发挥最佳的探测效果。

5）在综合超前地质预报实施预案的施行过程中，应跟进掌子面开挖进行地质编录整理，验证和校核综合超前地质预报探测结果，丰富超前预报和解释经验，对于提高超前地质预报水平有积极作用。

3. 突涌水灾害超前地质预报实例

本小节介绍隧洞中多个突涌水超前地质预报实例，预报过程和结果可为国内外同类工程提供借鉴参考。

(1) 椒溪河浅埋段突涌水超前预报。椒溪河浅埋段（K2+652～K2+838）岩性为大理岩及石英片岩，发育 2 条断裂构造，宽度分别为 70m 和 15m，埋深最浅处不足 20m，地下水循环活跃。施工中该段共发生了 3 次大的突涌水（K2+692.5、K2+706.9、K2+738），最大涌水量分别为 12700m³/d、23600m³/d、18500m³/d。

隧洞通过浅埋段时发生突涌水灾害的风险极高，为保证施工人员及机具安全，及时发现异常情况，预报掌子面前方不良地质体，施工前通过采用 TSP 法、地质雷达法、红外探水法及超前水平钻孔等综合超前地质预报方法相互补充及印证，较准确地预测了椒溪河浅埋段发生的 3 次大的突然涌水情况、岩体的完整程度及围岩稳定性，大大提高了地质预测的准确性。现场施工超前水平钻机工作如图 9.22 所示，椒溪河浅埋段综合超前预报具体情况见表 9.3，预报结果与施工揭示情况对比见表 9.4。根据超前预报结果采取了灵活的注浆堵水处理措施，有效地指导了施工掘进过程，降低了施工安全风险。

(2) 断层带突泥涌水超前预报。3 号勘探试验洞主洞试验段下游 K26+760～K26+810 段岩性为石英岩、石英片岩及花岗岩，洞室埋深 1120～1170m，部分段落位于断层带及其影响带内，受断层作用影响，岩体破碎，地下水丰富。施工掘进至 K26+761 时掌子面拱顶位置出现突泥涌水，最大涌水量 120m³/h。

图 9.22　现场施工超前水平钻机工作图

表 9.3　　　　　　　　　椒溪河浅埋段综合超前预报具体情况

超前预报方法	里　　程	长度/m
TSP 法	K2+652～K2+752	100.0
红外探水法	K2+652～K2+682	30.0
地质雷达法	K2+707～K2+722	15.0
红外探水法	K2+707～K2+737	30.0
TSP 法	K2+835～K2+915	80.0
超前水平钻孔	K2+688.5～K2+838	149.5

施工处理前先期安排了 TSP 超前地质预报工作，以探明掌子面前方地质围岩情况。掌子面剩余渣体不予扰动，为确保已开挖完段的结构安全，自 K26+740 处采用Ⅲ类围岩加强支护，自 K26+755 处开始拟采用超前加强支护。待支护到渣脚时（K26+750 处）开始施作止浆墙，待止浆墙封闭整个临空面后开始对空腔体进行灌注混凝土，完成后施作超前地质钻孔验证。如钻孔结果与超前地质预报结果一致，则确定按照超前大管棚施工，开挖支护施工中采用迈式锚杆超前预支护，初期支护紧跟掌子面逐步掘进；如钻孔结果与超前地

质预报结果相差较大,出现地质异常、地下水异常丰富、岩质极差等,则重新确定超前加固措施方案。断层带综合超前预报统计见表9.5。

表9.4　　　　　　　浅埋段超前地质预报结果与施工揭示情况对比

里　程	设计围岩类别	超前地质预报结果	施工揭示情况	验证效果
K2+652～K2+677	Ⅲ	Ⅲ类 滴水、线状流水	Ⅲ类 线状流水	相符
K2+677～K2+699	Ⅲ	Ⅲ类为主,局部Ⅳ类 股状涌水	Ⅲ类 股状涌水	基本相符
K2+699～K2+725	Ⅲ	Ⅲ～Ⅳ类 股状涌水	Ⅲ～Ⅳ类 股状涌水	相符
K2+725～K2+752	Ⅲ～Ⅳ	Ⅳ类为主,局部Ⅲ类 股状涌水	Ⅳ类 股状涌水	基本相符

表9.5　　　　　　　　断层带综合超前预报统计

超前预报方法	位　置	长　度/m
TSP法	K26+761～K26+861	100
超前水平钻孔(3孔)	K2+760～K2+795	105

通过采用TSP超前地质预报与超前水平钻孔两种方法相互补充及印证,较准确预测了该段岩体的完整程度、围岩稳定性及突然涌水情况。断层带超前地质预报结果与施工揭示情况对比见表9.6。根据现场施工开挖情况和超前预报结果,决定采取超前管棚施工的处理措施,取得了非常好的治理效果。

表9.6　　　　　　断层带超前地质预报结果与施工揭示情况对比

里　程	设计围岩类别	超前地质预报结果	施工揭示情况	验证效果
K26+740～K2+758	Ⅲ	Ⅲ类 滴水、线状流水	Ⅲ～Ⅳ类 线状流水	基本相符
K26+758～K2+777	Ⅲ	Ⅴ类 股状涌水	Ⅴ类 股状涌水	相符
K26+777～K2+794	Ⅲ	Ⅳ类 线状流水、股状涌水	Ⅲ～Ⅳ类 股状涌水	基本相符
K26+780～K2+804	Ⅱ	Ⅳ类 线状流水、股状涌水	Ⅲ～Ⅳ类 线状流水	基本相符
K26+804～K2+821	Ⅱ	Ⅲ类 滴水、线状流水	Ⅲ类 面状渗水、滴水	相符

(3) 节理密集带突涌水超前预报。7号勘探试验洞主洞试验段上游K68+984～K68+882段岩性为花岗岩,洞室埋深950～985m,受构造作用影响,长大节理裂隙发育,裂隙的贯通性良好,地下水富集。施工掘进至该段时发生了多次大的突涌水(K68+984、K68+980～K68+960、K68+945～K68+913),最大涌水量分别为14000m^3/d、1600m^3/d、1800m^3/d。RPD-180CBR多功能钻机现场工作如图9.23所示,节理密集带

9.4 突涌水超前地质预报方法

综合超前预报统计见表 9.7，节理密集带综合超前预报结果如图 9.24~图 9.28 所示，与施工揭示情况对比见表 9.8。

施工前采用地质雷达法、聚焦测深电阻率法、三维地震波法、固源阵列瞬变电磁法及超前水平钻孔等综合超前地质预报方法相互补充及印证，较准确预测了掌子面前方的含水段落、岩体的完整程度及围岩稳定性。经施工开挖后验证，现场围岩实际情况与超前预报判释结论高度吻合。根据超前地质预报结果，施工采取全断面帷幕注浆的处理措施，达到快速、及时、有效规避施工风险目的。

图 9.23 RPD-180CBR 多功能钻机现场工作

表 9.7　　　　　　　　节理密集带综合超前预报统计

超前预报方法	里　程	长　度/m
地质雷达法	K68+934~K68+905	29
聚焦测深电阻率法	K68+890~K68+860	30
	K68+913~K68+883	30
	K68+932~K68+902	30
三维地震波法	K68+932~K68+832	100
固源阵列瞬变电磁法	K68+932~K68+877	55
超前水平钻孔	K68+984~K68+921	63

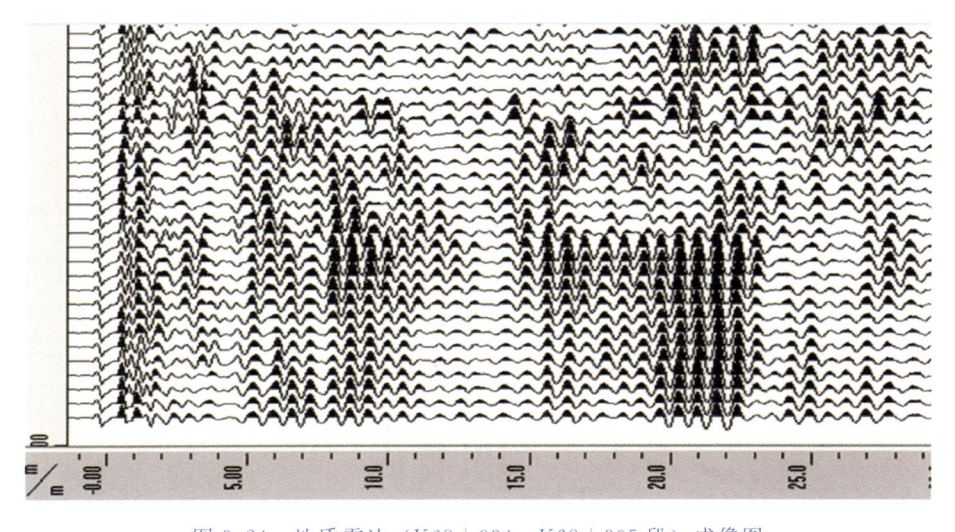

图 9.24　地质雷达（K68+934~K68+905 段）成像图

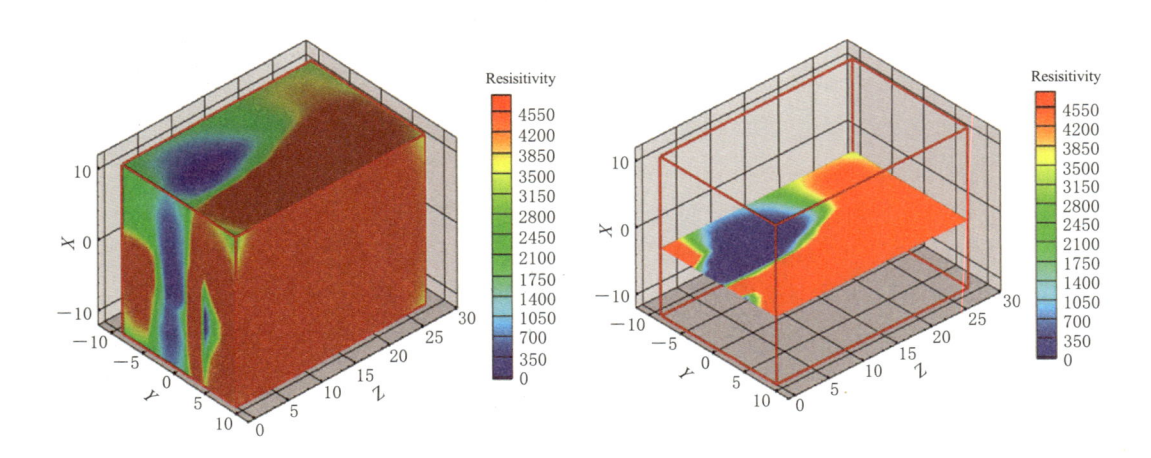

第 9 章 复杂工程地质条件与应对（二）：突涌水

图 9.25 聚焦测深电阻率法（K68+932～K68+902 段）三维成像图

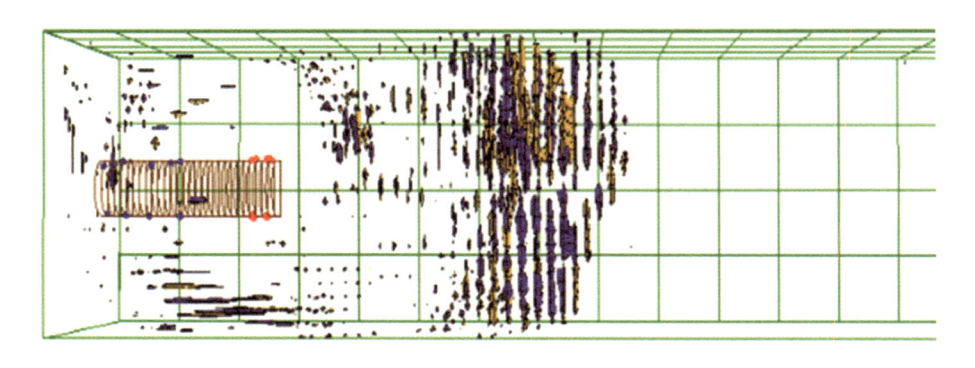

图 9.26 三维地震波法（K68+932～K68+832 段）俯视图

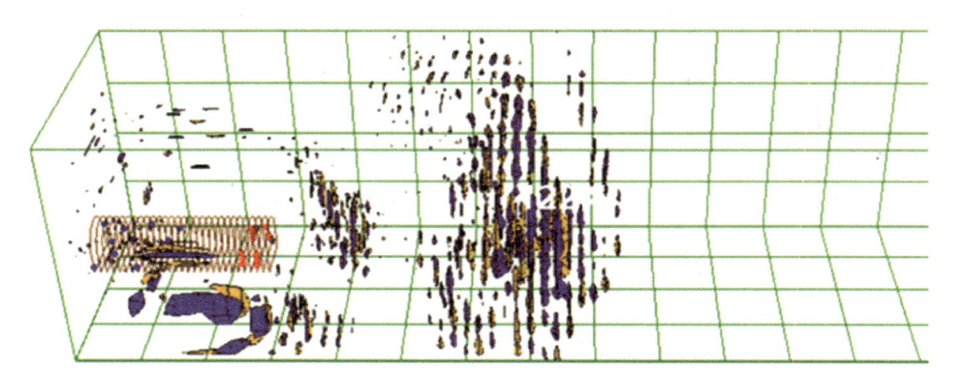

图 9.27 三维地震波法（K68+932～K68+832 段）立体解译图

表 9.8　　　　　　　节理密集带超前地质预报结果与施工揭示情况对比

里　程	设计围岩类别	超前地质预报结果	施工揭示情况	验证效果
K68+984～K68+950	Ⅱ类	Ⅲ类 股状流水	Ⅲ～Ⅳ类 大股状涌水、面状流水	基本相符
K68+950～K68+910	Ⅱ类	Ⅱ～Ⅲ类 股状涌水	Ⅲ类 线状滴水、面状流水	相符
K68+910～K68+882	Ⅱ类	Ⅱ～Ⅲ类 股状涌水	Ⅲ类 线状滴水、面状流水	基本相符

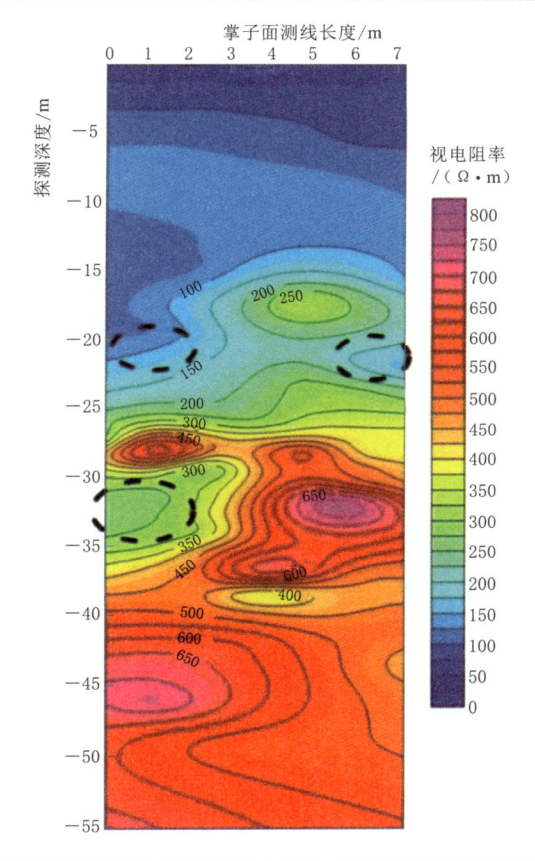

图 9.28　固源阵列瞬变电磁法 K68+932～K68+877 段视电阻率等值线图

9.5　突涌水防治措施

突涌水一般发生在施工过程中，但也有少量涌水出现在隧洞开挖完成后，其处理应遵循"预防为主、疏堵结合、注重保护环境"的原则。降低外水压力的具体方法是：对主洞围岩较差段进行固结灌浆，提高围岩的整体性、承载能力和抗渗性能，使围岩周边形成固结圈，可以有效控制渗漏量，减小衬砌外水压力；隧洞设置排水孔措施，可以减少外水压力。

简而言之，在施工前应做好应急处理措施预案，施工过程中应备好疏堵涌水所用机械，施工后应定期对突涌水易发位置进行监测，才能确保工程安全运行。

9.5.1 隧洞突涌水灾害应急预案

突涌水灾害应急预案是预防和处理突涌水灾害的重要依据，一般在施工前编制完成，在后期施工中不断地进行优化完善。隧洞一旦发生大的突涌水须立即启动应急预案，尽快实施抽排方案和注浆封堵方案。

1. 施工中即将发生突涌水情况

掌子面炮眼或超前水平钻孔出现大量有压涌水，或掌子面出现全断面大量渗水，再进行掘进可能会发生突涌水灾害，应采取一系列措施。首先，掌子面立即停止施工，做好人员机具撤离准备。然后，及时加强掌子面附近初期支护监控量测，密切注意初期支护开裂及变形情况，如发现异常应立即采取相应的应急措施，确保施工安全。接下来做好日涌水量观测和记录，进一步安排物探及水平探孔等超前预报工作，探明前方储水体位置及长度，为下一步处理措施提供基础资料。同时，超前水平钻孔实施中应做好钻孔突水及引起其他灾害的预案。之后核实地质及水文地质资料，对突涌水的成因、地表径流情况、补给关系等进行全面、系统的分析，进行突涌水水文地质特征预判。对反坡排水段，为防止大量涌水淹没隧洞，应根据现场实际情况确定，立即增设抽排水设备。根据实际经验，一般地段抽排水能力需达到1万～2万 m^3/d，岩溶及富水地段抽排水能力需大于5万 m^3/d。最后，根据涌水情况进行综合分析，为下一步突涌水处理提供水文地质资料，必要时可设置监控装置。

2. 施工中已发生突涌水情况

对于施工中已经发生突涌水情况，首先根据突涌水水量及流速初步判断突涌水灾害的危害程度，做好人员、设备撤离的准备，水量很大时应做好洞外人员的疏散工作。当洞内多个作业面工作时，应及时通知进行撤离。反坡排水应做好水位上升高度（或回水里程）与时间的观测工作，前6h观测间隔10min为宜，之后观测间隔30～60min，做突涌水水量随时间的变化曲线。另外，根据地下水涌水特点，初期涌水量以静储量为主，因此在涌水发生后24h内按静储量计算，即仅计算体积量，24h以后的观测量换算为日涌水量。在此基础上根据观测曲线初步确定排水设备的配备量。最后综合分析突涌水发生的原因，必要时补充水文地质调查、测试工作，为下一步突涌水处理提供水文地质资料。

9.5.2 隧洞突涌水灾害治理措施

一般来讲，根据隧洞施工安全及生态环境保护需要，对可能存在突涌水的地段，遵循"先预测、再评估、后施工"的原则，对隧洞涌水坚持"以堵为主、堵排结合、限量排放、减少抽排"的处理方针。切实设置好排水沟。对于反坡段的排水，除设立充足永久的泵站外，还要配备移动泵站。另外，在施工接近可能发生突然涌水地段时，应做好综合超前地质预报，以探明掌子面前方隧洞的水文地质情况，必要时对掌子面前方围岩采取预注浆止水加固措施。施工时应"短进尺、弱爆破、勤支护、及时衬砌"，确保施工安全。

深埋隧洞在高地下水压力水头下，为了降低衬砌结构上的外水压力，围岩灌浆是常采用的一个工程措施。但为了削减衬砌结构上的外水压力，在衬砌上或衬砌背后设置排水措施，是不可缺少的关键措施。灌浆的作用主要是从保护环境和水资源的角度出发，通过减少隧洞围岩的渗漏量，达到减少排水孔数量的目的，避免对自然环境产生较大的影响。

影响衬砌结构外水压力的因素分为两大类。第一类是隧洞所在区域的水文和工程地质环境因素，有关参数有隧洞开挖前洞轴线处的初始压力水头、远场稳定水头半径和围岩渗透系数，这些是客观存在不可改变的，是需要通过理论、数值模拟和现场监测及测试手段进行确定的参数。第二类是隧洞设计中所采用的堵排措施，与堵排措施有关的参数有灌浆区的渗透系数、一次衬砌的渗透系数、二次衬砌的渗透系数，以及灌浆区半径、一次衬砌半径和二次衬砌半径，因此衬砌结构的外水压力大小可以通过改变与堵排措施有关的参数以达到设计控制的目标。

堵排措施的设计是一个系统工程，需要经过不断的计算、复核和优化，堵排措施优化设计的流程如下：

（1）水文和工程地质资料分析，不同洞段围岩富水性分析，现场测试、理论反演分析、施工阶段围岩水压监测，确定围岩的等效渗透系数、隧洞开挖前洞轴线部位的初始压力水头。

（2）根据围岩特性和灌浆工艺、造价等确定初步的固结灌浆区深度和透水性指标，以及衬砌结构上允许的最大外水压力水头，通过衬砌结构稳定性分析，确定一次衬砌及二次衬砌的厚度。

（3）计算二次衬砌等效渗透系数。

（4）通过获得的二次衬砌等效渗透系数计算隧洞必须满足的渗漏量，也就是排水孔必须满足的最小排水量。

（5）进行地质环境评价，结合整条隧洞的地下水排放量对区域生态环境的影响判断是否在允许的程度范围内。

（6）如果超出生态系统允许的程度范围，则需要调整灌浆参数或衬砌结构上允许的最大外水压力水头，重复步骤（3）～(5)，直到满足生态系统所允许的程度范围。

（7）初步确定排水孔深度和排水孔孔径，计算单个排水孔的排水能力。

（8）由每个洞段所需的地下水排放量及单个排水孔的排水能力，计算排水孔的数量。

（9）理论和三维渗流模拟分析复核。

复核、优化过程的关键是对隧洞渗漏量是否超过隧洞允许渗漏量进行分析，如果超过隧洞允许渗漏量，则需要通过调整注浆参数，减小隧洞渗漏量。

通过堵排量化，最终确定适用秦岭输水隧洞突涌水处理方法为：超前围岩预注浆堵水、超前大管棚施工、超前帷幕注浆、开挖后补注浆堵水（径向注浆、局部注浆）、超前钻孔排水等。

9.5.3　隧洞突涌水灾害治理工程实例

本小节介绍秦岭输水隧洞在施工过程中遭遇的突涌水灾害并成功处理的案例，以期为国内外同类工程提高参考借鉴。

1. 椒溪河勘探试验洞主洞试验段突涌水（泥）

（1）K2+692.5处突涌水（泥）。2013年2月7日，施工开挖至K2+692.5处，掌子面正中央上部突然出现较大涌水,初期涌水量 1400m³/d,最大涌水量 12700m³/d。岩性为石英片岩,节理裂隙发育,岩体较破碎,围岩局部不稳定。地下水类型为基岩裂隙水。注浆孔正面布置如图 9.29 所示,纵向布置如图 9.30 所示。

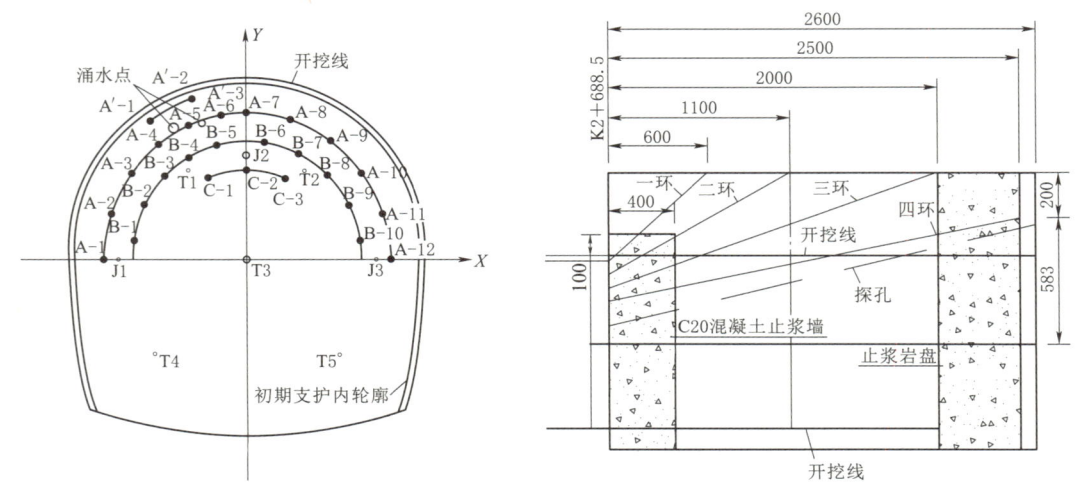

图 9.29 注浆孔正面布置图

图 9.30 注浆孔纵向布置图(单位:cm)

为顺利通过涌水段落,采取周边帷幕注浆处理措施。在 K2+688.5 处设止浆墙,止浆墙上布置 4 环 28 个注浆孔(一环注浆孔 3 个、二环注浆孔 12 个、三环注浆孔 10 个、四环注浆孔 3 个)、5 个超前探孔(超前探孔必要时可作为注浆孔)、4 个检查孔。帷幕注浆实施现场如图 9.31 所示。

(a)

(b)

图 9.31 帷幕注浆实施现场
(a) 现场 1;(b) 现场 2

经在 K2+688.5 处设止浆墙（墙上布置注浆孔）及周边帷幕注浆处理，最终涌水量维持在 200m³/d 左右。

（2）K2+706.9 处突涌水（泥）。2013 年 6 月 15 日，隧洞开挖至 K2+706.9 处，掌子面底部及左侧边墙底部发生突涌水，初期涌水量 9800m³/d，最大涌水量 23600m³/d。开挖揭示岩性主要为大理岩，夹有少量石英片岩，受构造作用影响，节理裂隙发育，岩体较破碎，围岩局部不稳定。地下水类型为岩溶裂隙水。

为防止由于扰动而导致涌水进一步加大，形成更大的涌水通道，本次采用局部止浆墙结合出水点处堆渣处理，止浆墙侵入围岩不小于 1m，渣体内部预埋 3 根 4m 长 DN300 排水管排水，并安装 DN300 闸阀。待关闭闸阀后周边无渗水时，对涌水部位注双液浆进行处理。经过处理后，涌水量维持在 1200m³/d 左右。第二次注浆示意如图 9.32 所示，注浆现场如图 9.33 所示。

图 9.32 第二次注浆示意图（单位：m）　　图 9.33 第二次注浆现场

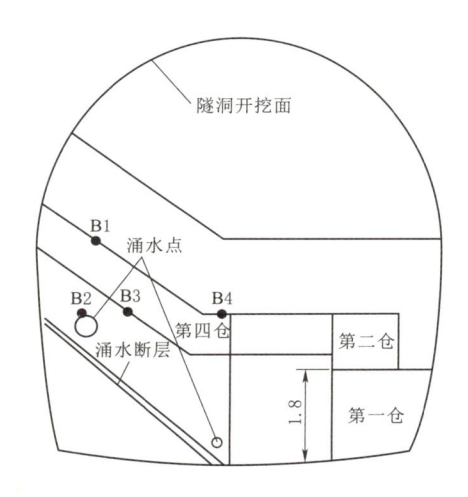

（3）K2+738 处突泥涌水。2013 年 9 月 16 日，隧洞 K2+738 处，左侧边墙上部发生涌水，最大涌水量 18500m³/d。岩性主要为大理岩，受断层影响，节理裂隙发育，岩体破碎，围岩不稳定。地下水类型为构造裂隙水及岩溶裂隙水，且隧洞涌水量大小随河水水位涨落变化明显，表明地下突涌水和椒溪河河水存在水力联系。

为了减小洞内抽排水压力，对隧洞顶部河道内涌水通道口部位周边进行开挖，回填黄土修筑简单防渗墙，并在防渗墙前修筑挡水围堰，减小洞内涌水量。同时，对涌水点部位布置灌浆孔进行堵水。第三次涌水现场如图 9.34 所示，第三次注浆示意如图 9.35 所示。经过处理后，该处涌水量维持在 1300m³/d 左右。

2. 3 号勘探试验洞主洞试验段（K26+760～K26+810 段）突泥涌水

2011 年 10 月 23 日 13 时 10 分，隧洞下游 K26+761 处掌子面拱顶位置出现突泥涌水，初期涌水量 100m³/h。岩性主要为石英岩、片麻岩及花岗岩，掌子面多见花岗岩侵入体，岩石多呈块状及碎块状，K26+758～K26+777 段发育一小断层，受构造作用影响，

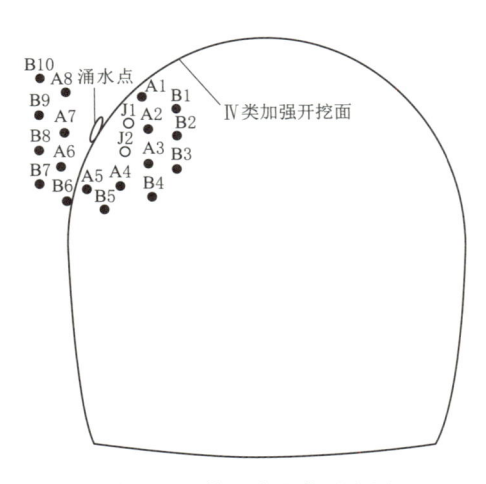

图 9.34　第三次涌水现场　　　　图 9.35　第三次注浆示意图

岩体破碎，完整性差，围岩不稳定~极不稳定。地下水类型为构造裂隙水，岩体富水性较好，受地质构造影响严重，导致断层带及影响带产生较大突泥涌水，并形成了塌腔体。

为顺利通过涌水段落，根据 K26+761 处掌子面开挖揭示地质情况及超前地质预报分析，结合现场实际情况，首先为保证 K26+740~K26+758 已开挖段（不整合接触带影响带）安全及掌子面施工安全，对该段支护进行补强，拱墙设Ⅰ16 型钢钢架，钢架间距 70cm，喷混凝土厚度 21cm，拱墙设 φ8 钢筋网，间距 25cm×25cm，两侧边墙设 ⊈22 砂浆锚杆，锚杆长 2.5m，间距 1.2m×1.5m（环×纵）；二次衬砌采用 C30 钢筋混凝土。在 K26+740~K26+758 段加强支护完成后，利用弃渣对掌子面进行反压，然后施作止浆墙（采用 C25 混凝土），止浆墙厚度不小于 2m。止浆墙分两层施工：第一层止浆墙施工包括回填反压、掌子面渣体注浆、清基、锁脚锚杆、排水孔、接茬筋等；第二层止浆墙施工包括锁脚锚杆、预埋管、空腔回填等。

当止浆墙强度达到 2.5MPa 后，在止浆墙面上布置 3 个超前地质钻孔进行超前探测，将超前地质钻孔结果显示与 TSP 及红外探测超前预报成果进行比较，钻孔结果与超前地质预报基本一致。根据 TSP 与红外探测超前预报及超前地质钻孔分析结果，结合隧洞的围岩情况，最终确定采用超前大管棚的施工方案。在开挖轮廓线拱部 180°范围内设置 φ108 超前管棚，管棚环向间距 40cm，每环共布置 32 根管棚，在管棚中间加设 R38N 自进式注浆锚杆，第一环锚杆环向间距 40cm，从第二环开始锚杆环向间距 30cm。管棚正面布置如图 9.36 所示。K26+758~K26+794 段设置一环 φ108 超前管棚，管棚长 35m；K26+758~K26+777 段 R38N 自进式注浆锚杆长 5m，纵向间距 3.35m；K26+777~K26+794 段 R38N 自进式注浆锚杆长 4.5m，纵向间距 3.2m，配合钢架使用，可根据实际情况适当调整纵向间距，相邻两排自进式注浆锚杆之间水平搭接长度不小于 1m。管棚纵向布置如图 9.37 所示。K26+794~K26+810 段，采用台阶法按Ⅲ类围岩断面设计方案，进行回填灌浆、固结灌浆与排水孔施工。

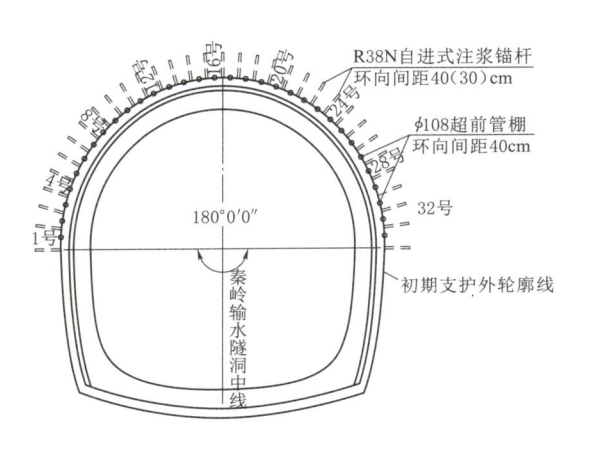

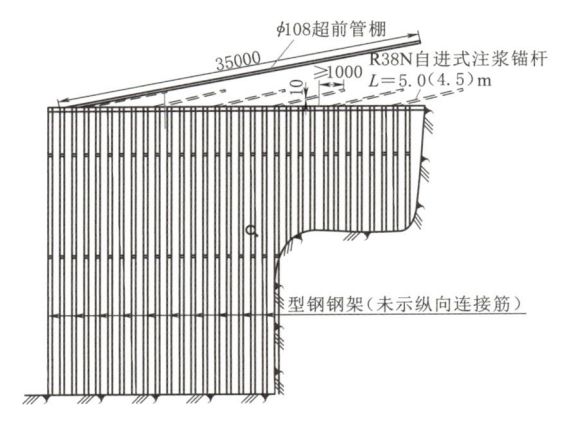

图 9.36　管棚正面布置图　　　　　　　图 9.37　管棚纵向布置图（单位：mm）

在 K26+760～K26+810 段采取管棚施工处理措施后，涌水量维持在 590m³/d 左右，处理效果显著。管棚施工现场如图 9.38 和图 9.39 所示。

图 9.38　管棚施工现场 1
（2011 年 12 月 12 日）

图 9.39　管棚施工现场 2
（2011 年 12 月 12 日）

3. 7 号洞主洞试验段 (K68+882～K68+984) 突涌水

2015 年 7 月 7 日，7 号洞上游掌子面施工至 K68+995 处，拱部、左右侧及底部多处股状涌水、面状流水及线状滴水；7 月 12 日，K68+984 处拱部一炮孔涌水射程达 13～15m。该段原设计岩性为加里东期花岗岩，埋深约 950m，Ⅱ类围岩，原 7 号洞工区涌水量预测：正常 7865m³/d，最大 15730m³/d。实际开挖岩性为加里东期花岗岩，Ⅱ类围岩，掌子面最大涌水量约 10000m³/d，7 号洞工区总涌水量约为 14000m³/d。

由于掌子面 K68+984 处股状涌水水量大，衰减不明显，2015 年 8 月 7 日，调用 RPD-180CBR 多功能钻机对上游掌子面前方进行超前地质钻探，以探明前方围岩及涌水情况。钻孔终孔深度 63m（耗时 13h），钻孔至 K68+930.5～K68+930 段（长 0.5m）

时，钻进速度突增至 5m/min 以上，推断为软弱夹层或空洞，出水量明显增大，水压力 2.0MPa，单孔涌水量达 10000m³/d。

经研究，该段拟采用全断面帷幕注浆，每循环设 68 孔，长度 11～25m，对掌子面前方 25m，开挖轮廓外侧 5m 的范围进行注浆加固，每环注浆长度 25m，开挖长度 20m 留 5m，注浆岩盘作为下一循环的止浆墙，首环设 4m 止浆墙，止浆墙应嵌入基岩 1m，并用锚杆锚固。2015 年 10 月 14—15 日，完成了 4 个注浆试验孔，并在 18 日完成检查验证。止浆墙封闭及作业平台示意如图 9.40 所示，超前帷幕注浆堵水纵剖面图如图 9.41 所示。

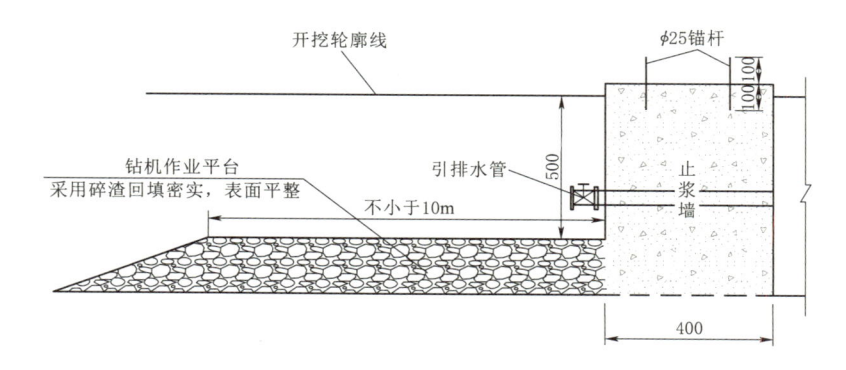

图 9.40　止浆墙封闭及作业平台示意图（单位：cm）

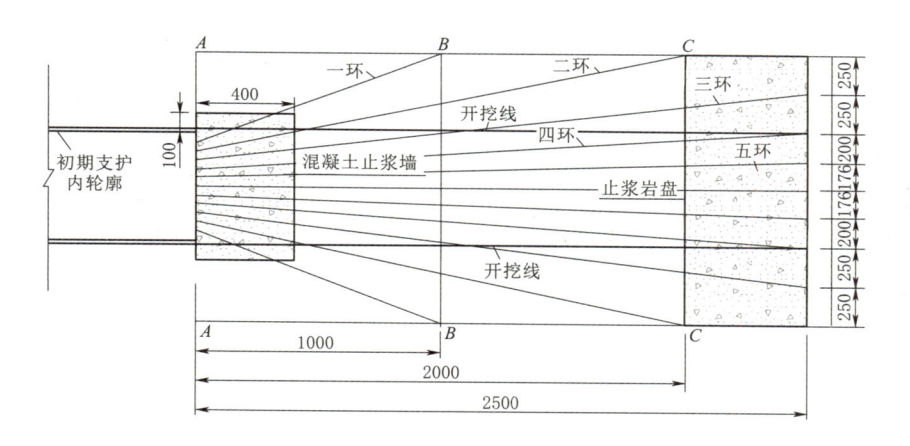

图 9.41　超前帷幕注浆堵水纵剖面图（单位：cm）

全循环注浆完成后，从掘进情况来看，未见股状滴水，效果达到了设计标准，帷幕注浆现场如图 9.42 所示。每循环注浆最小终止压力 4.2MPa，最大终止压力 8MPa，随着注浆段长度的增加，注浆压力相应增加。对施工过程中个别孔位出现吃浆量大的情况进行分析，出现这种情况可能和岩体裂隙发育有关。在施工过程中，采用先封孔再二次钻进注浆的处理措施，效果显著。注浆结束后，在钻孔相邻位置进行钻探分析，存在局部出水的现象，后对出水孔进行封闭，因此注浆后设置检查孔是非常必要的。

图 9.42　帷幕注浆现场
(a) 现场 1；(b) 现场 2

9.6　本章小结

通过分析秦岭输水隧洞突涌水发生与地质条件的关系，构建了超长深埋水工输水隧洞突涌水灾害发生的分级评价体系，对于易发生突涌水灾害地段，研究中应用了目前处于国际领先水平的超前地质预报技术，对掌子面前方可能发生突涌水地段进行危险性分级评价，结合综合分析评价结果，做出宏观地质预报，然后选择合理的超前预报方法开展预报工作指导隧洞施工。在秦岭地区首次将最先进的超前地质预报技术和突涌水灾害危险性分级分区预报方案纳入超前地质预报体系中，有效提高了超前地质预报的准确率，大大降低了施工安全风险，形成了一套完整的超长深埋隧洞突涌水灾害综合超前地质预报体系。

参考文献

[1] 李利平．高风险岩溶隧道突水灾变演化机理及其应用研究 [D]．济南：山东大学，2009．

[2] 杨天鸿，唐春安，谭志宏，等．岩体破坏突水模型研究现状及突水预测预报研究发展趋势 [J]．岩石力学与工程学报，2007（2）：268－277．

[3] WOLKERSDORFER C，BOWELL R. Contemporary reviews of mine water studies in Europe [J]．Mine Water and the Environment，2004，23（4）：161．

[4] SALIS M，DUCKSTEIN L. Mining under a limestone aquifer in southern Sardinia：a multiobjective approach [J]．Geotechnical and Geological Engineering，1983，1（4）：357－374．

[5] KUZENTSOV S V，TROFLMOV V A. Hydrodynamic effect of coal seam compression [J]．Journal of Mining Science，2002，39（3）：205－212．

[6] M 鲍莱茨基，M 胡戴克．矿山岩体力学 [M]．于振海，刘天泉，译．北京：煤炭工业出版社，1985．

[7] N A 多尔恰尼诺夫．构造应力与井巷工程稳定性 [M]．赵义，译．北京：煤炭工业出版社，1984．

[8] 张金才，张玉卓，刘天泉. 岩体渗流与煤层底板突水 [M]. 北京：地质出版社，1997.
[9] 钱鸣高，缪协兴，徐家林，等. 岩层控制的关键层理论 [M]. 北京：中国矿业大学出版社，2000.
[10] 施龙青，韩进. 底板突水机制及预测预报 [M]. 北京：中国矿业大学出版社，2004.
[11] 尹尚先，武强，王尚旭. 北方岩溶陷落柱的充水特征及水文地质模型 [J]. 岩石力学与工程学报，2005，24（1）：77－82.
[12] WANG J A，PARK H D. Coalmining above a confined aquifer [J]. International Journal of Rock Mechanics and Mining Sciences，2003，40（4）：537－551.
[13] 郑少河，朱维申，王书法. 承压水上采煤的固流耦合问题研究 [J]. 岩石力学与工程学报，2000，19（7）：421－424.
[14] 张金才，张玉卓，刘大泉. 岩体渗流与煤层底板突水 [M]. 北京：地质出版社，1997.
[15] 陈卫忠，杨建平，杨家岭，等. 裂隙岩体应力渗流耦合模型在压力隧洞工程中的应用 [J]. 岩石力学与工程学报，2006，25（12）：2384－2391.
[16] HUBBERT M K，WILLIS D G. Mechanics of hydraulic fracturing [J]. Transactions of Society of Petroleum Engineers of AIME，1957，210：153－163.
[17] ELSWORTH D，BAI M. Flow－deformation response of dual－porosity media [J]. Journal of Geotechnical Engineering，1992，18（1）：107－124.
[18] 李宗利，张宏朝，任青文，等. 岩石裂纹水力劈裂分析与临界水压计算 [J]. 岩土力学，2005，26（8）：1216－1220.
[19] 盛金昌，赵坚，速宝玉. 高水头作用下水工压力隧洞的水力劈裂分析 [J]. 岩石力学与工程学报，2005，24（7）：1226－1230.
[20] 黄润秋，王贤能，陈龙生. 深埋隧道涌水过程的水力劈裂作用分析 [J]. 岩石力学与工程学报，2000，19（5）：573－576.
[21] 谢兴华，速宝玉，高延法，等. 矿井底板突水的水力劈裂研究 [J]. 岩石力学与工程学报，2005，24（6）：987－993.
[22] 肖正学，张志呈，郭学彬. 断裂控制爆破裂纹发展规律的研究 [J]. 岩石力学与工程学报，2002，21（4）：546－549.
[23] 李晓昭，罗国煜，陈忠胜. 地下工程突水的断裂变形活化导水机制 [J]. 岩土工程学报，2002，24（6）：695－700.
[24] 胡耀青，严国超，石秀伟. 承压水上采煤突水监测预报理论的物理与数值模拟研究 [J]. 岩石力学与工程学报，2008，27（1）：9－15.
[25] 刘天泉. 矿山岩体采动影响与控制工程学及其应用 [J]. 煤炭学报，1995，20（1）：1－5.
[26] WU Q，WANG M，WU X. Investigations of groundwater bursting into coalmine seam floors from fault zones [J]. International Journal of Rock Mechanics and Mining Sciences，2004，41（4）：557－571.
[27] WANG J A，PARK H D. Fluid permeability of sedimentary rocks in a complete stress－strain process [J]. Engineering Geology，2002，63（3－4）：291－300.
[28] CHARLEZ P A. Rock mechanics（Ⅱ：petroleum applications）[M]. Paris：Technical Publisher，1991.
[29] 孙秀堂，常成，王成勇. 岩石临界CTOD的确定及失稳断裂过程区的研究 [J]. 岩石力学与工程学报，1995，14（4）：312－319.
[30] WOLKERSDORFER C，BOWELL R. Contemporary reviews of mine water studies in Europe，Part 2 [J]. Mine Water and the Environment，2005，24（1）：2－37.
[31] NOGHABAI K. Discrete versus smeared versus element－embedded crack models on ring problem [J]. Journal of Engineering Mechanics，1999，125（3）：307－315.

第 10 章 复杂工程地质条件与应对（三）：特硬岩

10.1 引言

随着水利、铁路、公路工程等领域的迅速发展，跨流域水资源调配、长距离输运等需要的日益增长，我国已逐渐成了隧洞工程建设速度和建设规模的第一大国[1]。随之而来的施工难度不断提升等问题，已成为制约当前隧洞施工水平发展的重要因素。以我国西部山高深谷地区为例，在建和拟建的绝大多数水工、交通等深长隧洞工程，其长径比已达到 600～1000，甚至更高，传统钻爆法已面临极大挑战[2]。相比于传统钻爆法，掘进速度更快、生态扰动小、综合效益更高的全断面隧洞 TBM 施工法已成为当前隧洞施工中的主要手段[3]。广西天生桥二级水电站引水隧洞工程（1985 年）最早在我国水利工程领域中引入 TBM 施工法，随后，甘肃引水入秦工程（1990 年）、山西万家寨水电项目（1998 年）、辽宁大伙房水电工程（2005 年）、四川锦屏水电工程（2007 年）、西藏旁多输水隧洞工程（2016 年）等一批大型工程也均以 TBM 施工法作为掘进的主要手段，相关的 TBM 施工法掘进技术研究逐渐成熟[4-6]。图 10.1 所示为引汉济渭工程秦岭输水隧洞施工过程中使用的其中一台 TBM。

图 10.1 引汉济渭工程秦岭输水隧洞 TBM

然而，已有的众多实际工程经验表明，TBM 施工的安全性和效率受到诸多共性或特性因素的影响，与其施工环境、地质条件具有较大依赖关系[7-8]。随着工程难度的提升，TBM 适应性较差的特点极大限制了其应用[9]。若不能准确总结分析 TBM 在特定工程条件下掘进存在的问题并采取相应的对策，将导致施工受阻，造成工期延误和经济损失，就无法充分发挥 TBM 掘进快速高效的优势。故此，通过开展极端恶劣地质条件下 TBM 施工技术研究，提升 TBM 的工程适应性，对于提高 TBM 施工效率，保障社会经济健康快速发展意义重大。

引汉济渭工程秦岭输水隧洞采用 TBM 与钻爆法联合施工。工程整体在秦岭以南部分以花岗岩、闪长岩、石英岩为主，秦岭以北部分以变砂岩、千枚岩、千枚岩夹变砂岩为主，局部地段为碳质千枚岩、角闪石英片岩等，整体岩体质量变化快，地质条件多变。施工中面临着大埋深、断裂构造发育、高地应力、强岩爆、高压突涌水、瓦斯气体逸出、高岩温等多种复杂地质问题，同时也遇到了岩石饱和单轴极限抗压强度平均值超过150MPa、最高达306.5MPa特硬岩问题的严峻考验。整体工程主要分为三大部分，即进口钻爆法施工段、岭脊TBM施工段、出口钻爆法施工段。其中，岭脊TBM施工段长39.29km，采用2台开敞式TBM掘进施工，相应掘进段的典型硬岩地层主要为花岗岩。经地质勘测与试验分析，岭脊段的岩石饱和单轴极限抗压强度平均值已超过150MPa，岭南段桩号K31+530处岩石样本饱和单轴极限抗压强度已达306.5MPa，属于典型的特硬岩环境。故此，研究长距离特硬岩环境下的TBM施工掘进过程，总结相关问题及其应对措施，对TBM的施工掘进技术的发展具有重要意义。

10.2 TBM 施工法研究现状

对于TBM施工法，国内学者已对相关问题展开了大量研究[5]。国家"973"计划从2007年开始，先后部署多期项目支持TBM设计施工中的基础科学问题研究，如复杂应力载荷下破岩机制[10]、突发灾害下掘进装备的适应性[11-12]、复杂岩体力学条件下超前勘探方法及预警和TBM设备系统设计等[13-15]。施虎等[16]对复杂条件破岩、掘进荷载传递、刀盘动力学行为及刀盘系统设计进行理论研究，解决了TBM装备制作关键问题；通过提高TBM掘进电液动力传递效率，提升TBM破岩效率，降低破岩能耗。谭青等[17]在滚刀破岩机制研究的基础上进行大量切削试验和数值模拟计算，得出滚刀高效破岩理论，对指导刀盘、刀具结构设计有重要意义。刘泉声等[18]深入研究深部地质特征及TBM施工扰动下的围岩力学行为，对深部复合地层与TBM相互作用机制及安全控制进行研究，为预防和解决高应力下围岩变形卡机致灾提供理论支持。李术才等[19]进行了深长隧道突涌水灾害超前预报方法与定量识别理论的研究，其相关研究成果同样适用于TBM施工过程，有助于实现对施工过程风险的预警、防护、治理等工作。通过对TBM关键问题的研究，我国掘进装备设计制造和施工的理论方法和技术体系已逐步建立，为实现TBM装备自主设计、制造和施工奠定了坚实的科学基础。

当前，国外采用TBM施工的隧道达千余座，在TBM施工隧道的衬砌支护类型、硬质围岩、岩爆洞段的开挖及支护措施等方面技术已积累了较为成熟的经验[20-21]。然而，通过已有资料分析发现，国外遇到的不利地质条件因素影响大多并非极端。国内采用TBM施工的隧道相对较少，主要应用于水利水电工程隧洞，轨道交通领域次之，铁路隧道应用较少，其他领域更少[22-23]。水工隧洞工程采用TBM施工的主要有万家寨引黄工程、辽宁大伙房引水项目、辽西北引水项目、锦屏二级水电站引水隧洞等项目；山岭铁路隧道中采用TBM施工的仅有建成的西康铁路秦岭隧道、西合线磨沟岭隧道、桃花铺一号隧道、中天山隧道，以及高黎贡山隧道等少数几座[24-25]，积累的TBM施工经验相对有限。

近年来，针对国内外TBM方面的研究成果很多，但关于TBM关键技术发展方向的研究论述往往较为笼统，特别是极完整特硬岩地质环境下的TBM掘进技术方面的研究更是鲜有介绍[26-27]。若使 TBM 实现更快的施工掘进，从设备能力角度，当前公认的关键技术之一是合理增大推力和扭矩、提高转速，而这要求液压、机械等主要执行系统的可靠性与耐久性预留较大储备，具有更好的容错能力，故障率更低[28]。

实现以上目标需要从关键部件的质量、寿命方面综合考虑，结合设备成本研究找到一个平衡点来满足设备的能力需求。在特硬岩、节理极不发育的情况下，现有 TBM 破岩效率很低，有学者主张在加大推力、扭矩的同时减小刀间距以提高破岩性能。虽然中心刀、小回转半径滚刀间距较大，但没有更多的空间允许缩小。过渡区域滚刀和边刀间距已经很小，不具备继续缩小的可能性。所能缩小间距主要集中于均匀间距的滚刀，但其破岩面积比例有限，对于整体破岩性能提升的贡献也不一定显著[29-33]。该状况在中小断面 TBM 中的表现尤为突出。另外，在高磨蚀性围岩中，滚刀的耐磨性能如何大幅提升也是需要解决的一个重要问题，关键在于材质与热处理等基础工业能力的提升。从根本上解决极端恶劣地质条件下 TBM 破岩问题以及刀具消耗成本持续偏高问题，是当前 TBM 施工技术研究面临的主要技术难题之一。

10.3 特硬岩理论与标准研究

10.3.1 概述

TBM 的掘进过程即驱动系统带动刀盘，通过其上的滚刀与岩体相互挤压、削切、破碎实现开挖的过程。可以说，与岩体的互相作用直接决定了施工的效率。常用的 TBM 掘进效率可由四个指标表示，即掘进速度（penetration rate，PR）、掘进进度（advance rate，AR）、利用率（utilization）、滚刀磨损（cutter wear）[34]。其中，掘进速度指刀盘净掘进过程的开挖速度；掘进进度指平均开挖速度，其尺度可以为天、周、月等；利用率指开挖时间与同期施工时间的比值；滚刀磨损以单个滚刀开挖的岩石体积或行走的距离表示[35-36]。当前，对 TBM 掘进效率预测的研究较多，以挪威科技大学 NTNU 模型[37]、美国科罗拉多矿业学院 CSM 模型[38]、Q_{TBM} 模型[39]、概率模型、模糊神经网络模型等为代表的相关研究成果已形成了较为成熟的 TBM 掘进预测评价体系[40]，相关影响因素从仅考虑硬岩强度的单因素分析，到考虑滚刀间距、刀盘半径、刀盘推力、扭矩、转速、推进效率指标等不同因素的综合分析[41-43]，已有了较大的进步。

TBM 掘进过程的核心即刀盘与开挖面岩体之间的相互作用，故此对地质条件、围岩基本特性的分析一直是 TBM 掘进过程分析的重中之重，如何合理地分析与评价地质条件与围岩基本特性一直是众多专家学者关注的热点，其结果也将对工程的设计、施工产生举足轻重的作用。与 TBM 施工效率相关的地质条件及围岩影响因素主要包括饱和单轴抗压强度（uniaxial compressive strength，UCS）、岩石硬度和耐磨性、岩石结构面发育程度（完整程度），以及其他因素，如主要结构面产状与隧洞轴线的组合关系、初始地应力状态、岩石含水状态等[44]。一般地，TBM 滚刀常适用于单轴抗压强度在 30~150MPa 范围内的中等坚硬~硬岩中，过高的强度与耐磨性将对滚刀产生极大的磨损，严重影响施工掘进效率[45-46]。图 10.2 为秦岭输水隧洞 TBM 施工过程中的刀具磨损情况。

图 10.2 秦岭输水隧洞 TBM 施工中的刀具磨损
(a) 单个滚刀磨损；(b) 刀盘磨蚀检修

在围岩分类方面，国内外相关领域已开展了较多的研究工作。国外相关理论主要包括从早期的普氏分级法、太沙基分级法、基于 RQD 的围岩分级法[47]，到后来广泛使用的 Q 分级法[48]、RMR（rock mass rating）围岩分类法[49]等。我国岩体分类研究工作开展相对较晚，早期以考虑围岩坚固系数的普氏分级法为基础，考虑地下水、结构面、风化条件等其他影响因素建立了不同的改进与优化分级方法[50]，随着工程项目的建设与技术水平的不断发展，当前已形成了以《水利水电工程地质勘察规范》(GB 50487—2008)[51] 和《工程岩体分级标准》(GB/T 50218—2014)[52]为主要核心的基本岩体分类评价体系。

已有的较为成熟的围岩分类理论主要适用于钻爆法等传统施工掘进技术，然而，随着工程难度的不断增大，相关理论已逐渐不能满足实际施工技术的需求。尤其是在 TBM 施工领域，以西康铁路秦岭隧道、云南那帮水电站引水隧洞等为代表的工程，其围岩平均抗压强度均超过了 150MPa。而现行规范中规定，岩石饱和单轴抗压强度不小于 60MPa 即为坚硬岩，难以实现对当前实际工程的指导作用[23,27]。为更好地服务于工程实践，一些优化的围岩分类标准也在各工程中不断涌现。Barton 等[53]结合 Q 分级法与 RMR 围岩分类法系统建立了 Q_{TBM} 围岩分类体系，Bieniawski 等[54]基于围岩的可掘进性建立了 RME 围岩分类评分体系，Laughton[55]考虑围岩稳定性建立了 RCM 分类法，王学潮等[56]综合考虑掘进效率与围岩特征建立了 R_{TBM} 分类法。另外，伴随着计算机技术的发展，基于数值仿真、机器学习等新理论的围岩分类方法研究也在不断展开[57-60]。针对各种具体施工环境，围岩分类方法正在不断地改善与优化，目前尚未形成统一的规范化标准，针对特硬岩等特殊施工环境，适用于 TBM 施工掘进的围岩分类标准仍有待进一步研究[61]。

10.3.2 特硬岩划分指标

目前在国内外工程领域，特硬岩的概念尚没有统一的明确定义。TBM 在掘进的过程中通过滚刀的挤压和磨蚀与围岩发生相互作用，故此其掘进状态与岩体的坚硬程度及摩擦性直接相关。传统的硬岩划分依据未考虑到 TBM 的施工特点，忽略了岩石摩擦性带来的影响，故此，为更好地服务于 TBM 高效掘进施工，需充分考虑岩体的坚硬性与耐磨性，进一步补充完善坚硬岩体相关概念与划分依据。

在秦岭输水隧洞特硬岩特性研究工作的基础上，结合前人关于硬质岩概念的研究与众多工程实践实例，将"特硬岩"认为是未风化、饱和单轴抗压强度 UCS＞150MPa，摩擦性系数 CAI＞4.0 的完整岩石[27]，相关依据如下所述。

1. 岩石坚硬程度定性划分

岩石坚硬程度的确定，主要应考虑岩石的矿物成分、结构及其成因，还应考虑岩石受风化作用的程度，以及岩石受水作用后的软化、吸水反应等情况。为了便于现场勘察时直观地鉴别岩石坚硬程度，在"定性鉴定"中规定采用锤击难易程度、回弹程度、手触感觉和吸水反应等行之有效、简单易行的方法。

在确定岩石坚硬程度的划分档数时，考虑到划分过粗不能满足不同岩石工程对不同岩石的要求，在对岩体基本质量进行分级时，不便于对不同情况进行合理地组合；划分过细又显繁杂，不便使用。基于上述考虑，参考已有的划分方法、标准和工程实践中的经验，目前国内各单位多将硬质岩划分为坚硬岩（极硬岩）、较（中）硬岩两种类型。岩石单轴抗压强度是影响隧道围岩稳定性和 TBM 隧道掘进施工的主要因素。为了在 TBM 施工工作条件分级时更好地应用，结合工程实际与其他相关工程实践经验，在引汉济渭工程秦岭输水隧洞 TBM 掘进施工中，将硬质岩进一步细划分为特硬岩、坚硬岩（极硬岩）、较（坚）硬岩三种类型。

秦岭输水隧洞施工过程中采用"定性鉴定"作为评价岩石坚硬程度的方法，在定性划分时进行综合评价，在相互检验中确定坚硬程度并定名，表 10.1 给出了相应的评价依据与代表性岩石。

表 10.1　　　　　　　　硬质岩石坚硬程度的定性划分

坚硬程度	定性鉴定	代表性岩石
特硬岩	锤击声很清脆，有强力回弹，震手，很难击碎；浸水后，几乎无吸水反应	未风化～微风化的花岗岩、闪长岩、安山岩、混合片麻岩、混合花岗岩、石英岩、变质石英砂岩等
坚硬岩	锤击声清脆，有回弹，震手，难击碎；浸水后，大多无吸水反应	未风化～微风化的花岗岩、正长岩、闪长岩、辉绿岩、玄武岩、安山岩、片麻岩、硅质板岩、石英岩、硅质胶结的砾岩、石英砂岩、硅质石灰岩等
较（坚）硬岩	锤击声较清脆，有轻微回弹，稍震手，较难击碎；浸水后，有轻微吸水反应	1. 中等（弱）风化的坚硬岩； 2. 未风化～微风化的熔结凝灰岩、大理岩、板岩、白云岩、石灰岩、钙质砂岩、粗晶大理岩等

2. 岩石坚硬程度定量划分

岩石坚硬程度是岩石（岩体）的基本性质之一，其定量指标与岩石组成的矿物成分、结构、致密程度、风化程度及受水软化程度有关，具体表现为岩石在外荷载作用下抵抗变形直至破坏的能力。表示这一性质的定量指标主要包括饱和单轴抗压强度、点载荷强度指数 $I_{s(50)}$、回弹值 r 等。在这些指标中，饱和单轴抗压强度容易测得，代表性强，使用最广，与其他强度指标密切相关，同时又能反映出岩石受水软化的性质，因此，国内各部门多采用饱和单轴抗压强度这一定量指标作为反映岩石坚硬程度的定量指标。表 10.2 统计了国内部分硬质岩石坚硬程度的强度划分。由表 10.2 可知，当前各类标准多以 60MPa 作为界限值，与 TBM 实际施工需求有明显差异，不能有效指导 TBM 的施工过程。故基于工程实际，秦岭输水隧洞中对特硬岩划分指标进行了进一步细化研究。

表 10.2　　　　　　　　　国内部分硬质岩石坚硬程度的强度划分

划　分　依　据	硬质岩 UCS/MPa			
	极硬岩	坚硬岩	较硬岩	中硬岩
《建筑地基基础设计规范》（GB 50007）	>60		60～30	
《铁路工程地质勘察规范》（TB 10012）	>60		60～30	
《铁路隧道设计规范》（TB 10003）	>60		60～30	
《工程地质手册》（第四版，2007 年）	>60		60～30	
《岩土工程勘察规范》（GB 50021）	>60		60～30	
《水工隧洞设计规范》（DL/T 5195）	>60		60～30	
《水利水电工程地质勘察规范》（GB 50487）	>60		60～30	
《水力发电工程地质勘察规范》（GB 50287）	>60		60～30	
《水电站大型地下洞室围岩稳定和支护的研究和实践成果汇编》（原水利电力部昆明勘测设计院，1986 年）	>100	100～60	60～30	
《岩体工程分级标准》（GB/T 50218）	>60		60～30	

TBM 的掘进状态与速率和掘进速度密切相关，受岩体的完整性、强度以及掘进机转速、推力、贯入度等因素的直接影响，在掘进机施工状态研究中广泛使用[55]。在 TBM 施工适用岩体强度范围内，随着岩体强度的增加，掘进速度并非一直减小，而是在围岩强度达到某一区间时，维持在某一较低水平范围内上下波动。故此，有研究基于 Barton 等提出的 Q_{TBM}，将掘进速度在 0.5～1.0m/h 范围内、岩石完整性较好的岩体作为超硬岩。另外，现场贯入度指数（field penetration index，FPI）[62] 也常用于反映 TBM 施工掘进效率。FPI 代表了岩体抵抗刀具贯入的能力，避免了掘进参数的影响。通常在坚硬岩体掘进过程中易出现较高的 FPI 值[63]，故此有研究将 FPI 大于 70（kN/cutter）/(mm/rev) 时的完整岩体划定为特硬岩[27]。

(1) 基于 PR-UCS 的特硬岩划分指标。通过收集统计国内外典型 TBM 施工掘进效率预测研究案例，基于其中 Graham[64]、Yagiz 等[65]、杜立杰等[66]、NTNU[37] 四种研究成果建立的 PR-UCS 关系模型曲线如图 10.3 所示。

分析图 10.3 可知，掘进速度 PR 与饱和单轴抗压强度呈现较为明显的指数相关关系。当 UCS 值逐渐增大时，PR 值下降速率在 1.0m/h 与 0.5m/h 处表现出两次明显变缓的趋势，并最终稳定在 0～0.5m/h 范围，故此可将 PR=1.0m/h 与 PR=0.5m/h 作为参考标准，相应的 UCS 值见表 10.3。

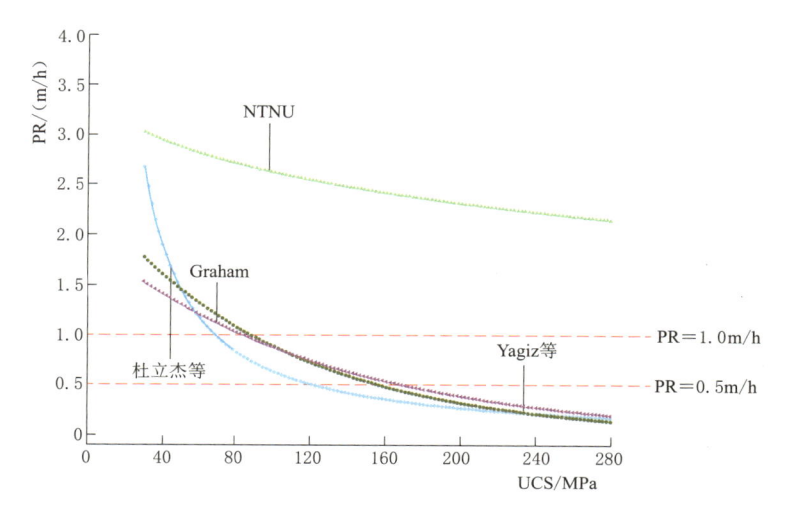

图 10.3　四种典型的 PR‐UCS 关系模型曲线

表 10.3　　PR 为 1m/h 和 0.5m/h 时对应的各模型 UCS 值

PR/(m/h)	UCS/MPa				
	Graham	Yagiz 等	杜立杰等	NTNU	均值
1.0	82.00	84.01	68.82	—	78.28
0.5	169.81	157.05	121.86	—	149.57

分析表 10.3 可知，当 PR=1.0m/h 时，UCS 均值为 78.28MPa；当 PR=0.5m/h 时，UCS 均值为 149.57MPa。考虑到以 TBM 施工过程中的特硬岩为对象，故可考虑将 UCS=150MPa 作为特硬岩的划分阈值。

(2) 基于 FPI‐UCS 的特硬岩划分指标。FPI 作为体现 TBM 掘进效率的重要指标，也是 TBM 施工岩体划分的主要依据。同样的，通过收集统计国内外典型 TBM 施工掘进效率预测研究案例，基于其中 Hassanpour 等[63,67]、杜立杰等[66]、Khademi 等[68]、Salimi 等[69] 五种模型建立的 FPI‐UCS 关系模型曲线如图 10.4 所示。

分析图 10.4 可知，各模型的贯入度指数 FPI 与饱和单轴抗压强度呈现较为统一的规律，随着 UCS 值的增大，FPI 值呈指数型增长。在 FPI=70(kN/cutter)/(mm/rev) 及其 10% 上下范围内对应的 UCS 值见表 10.4。

表 10.4　　FPI=(70±7)(kN/cutter)/(mm/rev) 时对应的各模型 UCS 值

FPI 值 /(kN/cutter)/(mm/rev)	UCS/MPa				
	Hassanpour 等[63]	Salimi 等	杜立杰等	Hassanpour 等[67]	Khademi 等	平均
63	176.020	220.134	161.863	—	—	186.006
70	189.628	241.265	172.051	—	—	200.981
77	200.022	263.422	182.035	—	—	215.160

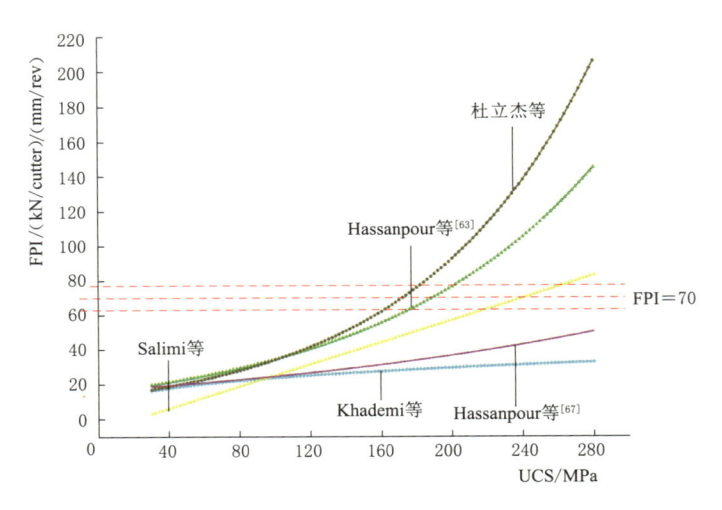

图 10.4　五种典型的 FPI-UCS 关系模型曲线

分析表 10.4 可知，当 FPI 取值为 (70±7)(kN/cutter)/(mm/rev) 时，对应的 UCS 取值范围为 161.863～263.422MPa，平均值为 200.716MPa，能够基本反映此时对应的岩石强度，故此可考虑将 UCS＝200MPa 同样作为特硬岩的划分阈值。

3. 岩石摩擦性指标的划分

理论上，TBM 掘进效率将随着岩体单轴抗压强度的增长而降低，然而实际工程实践证明：对于完整岩体，TBM 的实际掘进状态在相同的 UCS 值下仍表现出一定的差异。例如，法国 Mont Cenis 隧洞在 TBM 施工临时停机过程中，由于高地应力，在掌子面产生了轻微岩爆，使得后续掘进过程更为容易[70]。而美国西北部爱达荷州 Star Mine 工程则正好相反，由于岩体坚硬完整，石英含量高，导致后期掘进过慢，不得不改用钻爆法施工[71]。因此，对于 TBM 掘进硬岩分类，不能仅考虑 UCS 值。在 TBM 掘进效率预测模型中，常结合岩石摩擦性与 UCS 进行综合分析，表现岩石耐磨性的相关参数主要包括 Cerchar 摩擦性指数（CAI）、石英含量 q、总硬度 H_T 等，其中，以 CAI 在实际工程中使用最为广泛[72]，故此考虑以 CAI 作为岩石摩擦性指标的评价标准。通过统计分析建立的 CAI 对 TBM 施工的影响见表 10.5。

表 10.5　CAI 对 TBM 施工的影响[39]

摩擦性分级	CAI Cerchar 研究所	CAI NTNU 模型[50]	CAI CSM 模型	岩石示例	对 TBM 掘进状态的影响
无摩擦性	<0.3	0.3～0.5	<1.0	有机材料	轻微
低摩擦性	0.3～0.5	0.5～1.0	1.0～2.0	泥岩、页岩	轻微
中等摩擦性	0.5～1.0	1.0～2.0	2.0～4.0	板岩、石灰岩	轻微
高摩擦性	1.0～2.0	2.0～4.0	4.0～5.0	片岩、砂岩	一般
较高摩擦性	2.0～4.0	2.0～4.0	4.0～5.0	玄武岩、石英岩	严重

续表

摩擦性分级	CAI			岩石示例	对 TBM 掘进状态的影响
	Cerchar 研究所	NTNU 模型[50]	CSM 模型		
极高摩擦性	4.0~6.0	4.0~6.0	4.0~5.0	闪长岩、石英	严重
石英	6.0~7.0	6.0~7.0	5.0~6.0	闪长岩、石英	非常严重

TBM 施工环境中的特硬岩常以玄武岩、花岗岩、石英岩等高强度、高磨蚀性的岩体为主，其 CAI 与石英含量、硬度等指标有较好的相关性[73]，故此可以采用 CAI 作为特硬岩分类评价指标。分析表 10.5 可知，当 CAI 取值大于 4.0 时，将对 TBM 掘进状态产生较为明显的影响，故考虑将 CAI＝4.0 作为岩体分类评价界限值。

4. 特硬岩划分标准

除地下水、地应力等地质环境影响因素外，对于完整性良好的岩体，其本身的坚硬程度与摩擦性将直接影响到 TBM 施工掘进效率，因此采用 UCS 与 CAI 作为 TBM 施工围岩分类指标具有较好的合理性，能够更好地指导 TBM 选型、施工进度计划、刀盘布置、滚刀选材等实际施工过程。在前述研究的基础上，结合引汉济渭工程秦岭输水隧洞实际勘测与施工数据建立的 TBM 特硬岩类别划分标准见表 10.6。

表 10.6　　特硬岩类别划分标准

特硬岩类别	UCS/MPa	CAI	TBM 施工条件
H_1	150~200	>4.0	一般
H_2	>200		差

10.3.3　特硬岩基本特性与工程案例

随着各类型工程的不断开展，出现特硬岩状况的施工案例也在不断增多，本节在分析特硬岩基本特性的基础上，通过收集整理国内外几个典型特硬岩工程案例，总结了相关施工经验，为国内外类似工程提供参考。

1. 特硬岩基本特性

特硬岩基本特性主要包括从其本身特性出发岩石硬度、强度、耐磨性等物理力学特性，以及受地应力、地下水、施工方法、断面形式等多种因素影响的工程特性两方面。

（1）物理力学特性。岩石的抗压强度是反映特硬岩物理力学性质最主要的指标之一，新鲜完整的特硬岩具有很高的力学强度，其强度远远超过一般构筑物的要求。

岩石的物理力学性质极大地影响了 TBM 的掘进速度和效率，相关参数主要包括岩石的抗压强度、硬度和耐磨性等。其中，岩石的抗压强度反映了岩石在轴向受力时抵抗外界压力的性质，岩石耐磨性指数则与滚刀破岩的效率密切相关，这些指标均属于岩石工程地质特性和岩体质量评价中不可缺少的重要组成部分。一般地，TBM 掘进速度随岩石抗压强度的提高而降低，随岩石耐磨性指数的增加而降低。另外岩石的耐磨性也与 TBM 刀具的磨损程度直接相关，岩石坚硬矿物所占的百分比越高，岩石越致密，岩石的耐磨性越高，滚刀的寿命相应也越短。

(2) 工程特性。隧洞工程所处的地质环境复杂，包括岩性特征、地下水状态、应力状态、埋深等，同时还受施工方法、断面形式及尺寸等多个因素的影响，对隧洞的稳定性至关重要，岩体的破坏程度直接影响到隧洞开挖后围岩的稳定性。

不同类型围岩变形破坏形式不同，其表现出来的工程特性也存在差异，岩体结构类型和结构面特征从根本上控制了岩体的工程特性。特硬岩属于脆性材料，无塑性变形这一过程，只能产生脆性破坏的结果，其破坏类型主要包括围岩岩性控制型、岩体结构控制型和人工扰动控制型三种。围岩岩性控制型岩体结构完整，呈巨块状，结构面不发育，主要在高应力状态下产生，是岩体中积蓄的弹性应变超过岩体承受能力以后发生的剧烈破坏现象，表现形式为岩爆，往往伴随声响和震动。岩体结构控制型岩体结构完整，呈巨块状，发育有极个别控制性结构面，主要在高围压状态下产生，岩体在开挖卸载后可能沿结构面张开，产生滑移破坏，或沿构造端部的应力集中区域受开挖扰动而产生能量释放破坏，或沿构造面积聚的能量突然释放所产生的围岩破坏，或因构造面上的法向应力被解除，硬性起伏的构造面以滑动的形式释放能量产生的破坏，表现形式为岩爆，往往伴随声响和震动，破坏程度大。人工扰动控制型是人工挖掘形成采空区的岩体，形成机制、破坏特点及剧烈程度受采空区的位置、产状及分布特点控制。

2. 特硬岩工程案例

秦岭特长铁路隧道、秦岭终南山公路隧道、引汉济渭工程秦岭输水隧洞以及国外某引水隧洞等几个典型工程在其施工过程中均遇到了高强度、高磨蚀性的特硬岩体。通过对几个案例相关资料的汇总分析，可以整理特硬岩的施工经验，为类似工程及相关领域研究提供参考借鉴。

(1) 秦岭特长铁路隧道。秦岭特长铁路隧道位于西安安康铁路的青岔—营盘车站之间，单洞长18.456km，由两座相距30m单线隧道组成。右侧Ⅱ线隧道先由传统的钻爆法开挖平行导坑，再扩挖成洞；左侧Ⅰ线隧道由全断面TBM一次施工成洞。隧道所处地质条件复杂，构造上有多条断裂，岩性主要为混合片麻岩、混合花岗岩，其中硬岩及特硬岩地段长约占全隧道的80%。岩石抗压强度高、岩质坚硬是建造秦岭隧道的主要难题之一。秦岭Ⅰ线隧道两端用隧道掘进机掘进，中间段约7.6km通过特别坚硬的完整围岩，岩石单轴抗压强度152～325MPa，岩石单轴饱和抗压强度91～265MPa，石英含量占20%～35%，掘进进度难以提高，刀具磨损严重。因受工期限制，该段被迫改用钻爆法开挖，形成了2个TBM掘进与钻爆法开挖的贯通面。

(2) 秦岭终南山公路隧道。西康公路秦岭终南山特长隧道位于西安与柞水之间的秦岭山区，单洞长18.02km，由两座相距30m的单线隧道组成，双洞共长36.04km。采用传统钻爆法施工完成。隧道所处地质条件复杂，构造上有多条断裂，岩性主要为混合片麻岩、混合花岗岩，其中硬岩及特硬岩地段长约占全隧道的80%。岩石自然状态单轴抗压强度82～325MPa，平均值154MPa；岩石饱和单轴抗压强度67～264MPa，平均值134MPa。岩石抗压强度高、岩质坚硬，造成隧道开挖时掌子面打眼困难、钻时过长、用药量大，每循环进尺缓慢，是秦岭终南山公路隧道施工中遇到的主要难题之一。

(3) 引汉济渭工程秦岭输水隧洞。引汉济渭工程秦岭输水隧洞越岭段长约81.779km，节理裂隙不发育，岩石完整性好，岩性主要为石英岩、花岗岩。其中特别坚硬的完整围岩长度约 17km，主要岩性为花岗岩，岩石单轴饱和抗压强度 101～306.5MPa，石英占 25%～30%，个别达 45%。掘进进度缓慢，刀具磨损严重，是目前秦岭输水隧洞施工遇到的主要难题之一。

（4）国外某引水隧洞。国外采用 TBM 修建的某引水隧洞，全长 7.61km，坡度为 0.07%。从两个洞口向中间开挖，一进口端采用钻爆法施工，出口端低于进口端 5.3m，采用 TBM 施工。TBM 掘进隧洞区段直径为 2.6m，长度为 5.3km，施工期间遇到了许多不可预见的极端困难。隧洞的围岩主要为花岗岩，在某些区域存在花斑岩、角页岩、安山岩等侵入岩和变质岩，岩石单轴抗压强度 268～407MPa，岩石单轴抗拉强度 14.1～21.9MPa，纵波波速 4.75～6.60km/s，密度 2.61～2.97g/cm^3。设计阶段预测 TBM 在该特性围岩中的净掘进速度可达 2.34m/h 左右，但实际记录的平均掘进速度约为 1m/h，最低时曾有一个月掘进速度不超过 0.3m/h。为了找出掘进速度低的原因和存在的困难，在整个 TBM 施工中，沿 TBM 隧洞全线测得了围岩基本特性以及现场的 Schmidt 锤击反弹硬度和 RMR 值。从隧洞围岩取样进行试验分析发现，沿整座隧洞分布的花岗岩是一种抗压强度极大的硬岩，同时分布在距隧洞出口 400～460m 处的侵入岩和变质性花斑岩、角页岩和安山岩也显示出了特硬岩的力学特性。

10.4 秦岭输水隧洞特硬岩特性分析

10.4.1 特硬岩对秦岭输水隧洞工程的影响

2015 年 3 月 26 日至 2017 年 6 月 30 日属于敞开式 TBM 在秦岭输水隧洞越岭段特硬岩地层中掘进的主要工序时间和因故延误时间，起止桩号为 K28＋503.7～K33＋514.7，其掘进施工工序时间统计分析如图 10.5 所示。其中，刀盘作业包括更换刀具、检查刀盘等刀盘区域作业，岩爆段支护时间以岩爆段落钢拱架密集安装导致的掘进延误时间为主。

分析图 10.5 可以发现，除纯掘进（21.7%）外，刀盘作业（21.4%）为时间占比最高的工序。结合地质资料分析认为，长距离硬岩导致的刀具磨损和刀盘磨损是敞开式

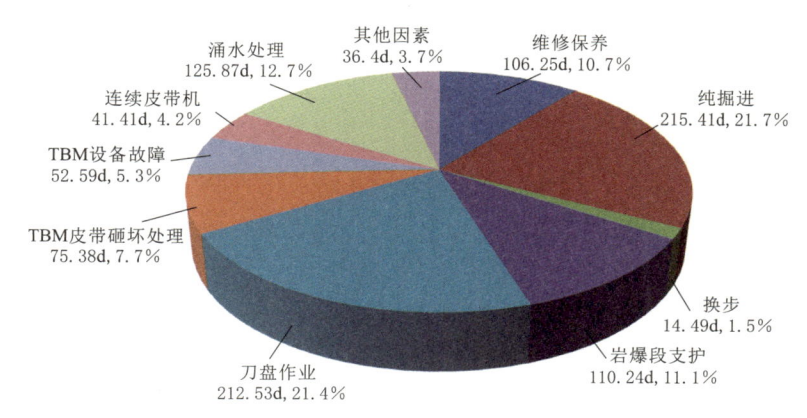

图 10.5 TBM 掘进施工工序时间统计分析

TBM 掘进最主要的问题之一。

掘进段围岩抗压强度为 107.0~306.5MPa，平均值为 166.7MPa；耐磨性指数为 4.65~5.71，平均值为 5.26，岩石耐磨性等级属于中等~强耐磨性；岩体中多处穿插有石英条带，完整性系数平均可达 0.7。从以上岩体力学性质指标来看，掘进段围岩具备强度高、耐磨性指数大、石英含量高以及完整性好等特点。其对施工进度的制约直接体现在刀盘部件，尤其是刀具消耗量大。

掘进过程中检查维修刀盘部件、更换刀具所占时间为 21.4%，主要原因为该区段掘进段围岩强度高、岩石中石英含量高，其耐磨性指数高达 5.71，高于类似工程（中天山隧道花岗岩耐磨性指数为 4.8~5.24），刀具正常磨损较为严重，需频繁更换刀具。掘进过程中掌子面发生岩爆或围岩节理裂隙发育引起刀盘正面岩块崩落，导致刀盘部件异常损坏，主要表现为刀圈崩刃、刀圈断裂、刀圈偏磨、刀盘铲齿过度磨损、铲齿座变形、V 形耐磨块磨损严重、挡渣板磨损大部分掉落、耐磨条磨损等。自 TBM 掘进以来，累计更换刀具 0.86 把/m，刀具消耗 0.7 把/m，折合成每立方米刀具消耗为 0.014 把，更换刮板 373 块，达到 0.2 块/m，加上相应刀盘系统部件处理及刀盘检查等时间，合计用时 70.6d。刀盘部件的现场损坏情况如图 10.6 和图 10.7 所示。

图 10.6　刀圈、刀体损坏　　　　　　图 10.7　刮板损坏

10.4.2　秦岭输水隧洞特硬岩特性检验

岩石物理力学性质极大地影响了 TBM 的掘进效率。如前节所述，影响 TBM 掘进性能的岩石物理力学参数主要有岩石的抗压强度、脆性、硬度和摩擦性等。一般地，TBM 掘进速度随岩石抗压强度的提高而降低，随岩石脆性指数的增加而提高。另外，岩石的摩擦性与 TBM 刀具的磨损程度直接相关，岩石坚硬矿物所占的百分比越高，岩石越致密，岩石的摩擦性越高，滚刀的寿命也越短。

图 10.8 和图 10.9 为对秦岭输水隧洞越岭段沿线的岭南段、岭北段部分岩石样本。通过室内单轴压缩变形试验（饱和、天然）、岩石劈裂试验、Cerchar 摩擦试验、矿物成分薄片分析等试验确定隧洞岩体的基本特性，部分相关成果见表 10.7~表 10.9。

10.4 秦岭输水隧洞特硬岩特性分析

图 10.8 秦岭输水隧洞岭南段部分岩石样本

(a) K33+810 处岩石样本；(b) K34+210 处岩石样本；(c) K35+280 处岩石样本；
(d) K35+510 处岩石样本

图 10.9 秦岭输水隧洞岭北段部分岩石样本

(a) 部分薄片岩石样本；(b) K61+100 处岩石样本天然破坏；(c) K59+410 处岩石样本局部破坏；
(d) K61+100 处岩石样本竖向开裂破坏

• 423 •

表 10.7　　　　　　　　　　秦岭输水隧洞岩体物理力学性质统计

岩　性		石英岩	花岗岩	闪长岩	变砂岩	石英片岩	千枚岩
物理性质	颗粒密度/(g/cm³)	2.75~2.89	2.65~2.81	2.73~3.01	2.80~2.86	2.72	2.78~30.90
	自然重度/(kN/m³)	26.60~27.70	25.00~27.10	—	26.40~29.30	26.30~26.40	26.60~30.20
	孔隙率/%	0~8.70	0.04~2.80	0.20~0.30	1.70	0.65	0.79~4.00
变形指标	变形模量/GPa	5.35~7.84	1.30~10.60	3.19~5.20	1.68~5.56	3.20~5.40	1.70~7.55
	弹性模量/GPa	3.66~6.05	3.52~9.39	3.24~5.60	5.42~6.10	3.85~5.95	0.26~5.72
	泊松比	0.18~0.19	0.13~0.25	0.17~0.31	0.18~0.24	0.18~0.24	0.19~0.26
抗剪强度	内摩擦角 Φ/(°)	58.00~62.60	51.00~68.50	51.00~67.00	56.00~58.00	46.00~66.60	38.50~68.10
	内聚力 C/MPa	2.90~16.20	1.40~12.50	1.80~15.20	2.60~2.90	1.30~11.50	0.95~9.30

注　数据来源于中铁第一勘察设计院《TBM适应性及技术规格书》。

表 10.8　　　　　　　秦岭输水隧洞岭北段部分岩石样本室内试验结果

桩号	饱和单轴抗压强度/MPa	CAI	岩石定名	石英含量/%	其他成分含量
K56+449	26.348	1.49	泥岩	20	黏土矿物75%，方解石5%
K57+475	26.618	2.03	泥岩	20	黏土矿物75%，方解石5%
K58+102	25.293	1.81	砂岩	85	长石10%，暗色矿物5%
K59+410	54.901	2.04	绢云母绿泥石石英片岩	40	绿泥石30%，绢云母20%，长石10%
K60+080	—	1.29	绢云母绿泥石石英片岩	45	绿泥石30%，绢云母25%
K61+100	44.808	2.80	绢云母绿泥石花岗岩	30	长石65%，暗色矿物5%
K62+428	40.426	2.64	泥岩	15	黏土矿物80%，方解石5%

表 10.9　　　　　　　秦岭输水隧洞岭南段部分岩石样本室内试验结果

桩号	饱和单轴抗压强度/MPa	CAI	特硬岩分类	岩石定名	石英含量/%	斜长石含量/%	黑云母含量/%
K28+551	172.53	4.30	H_1	花岗岩	73.6	13.5	12.9
K28+650	251.48	3.97	H_2	花岗岩	68.9	11.6	19.5
K28+745	160.68	4.17	H_1	花岗岩	69.2	12.9	17.9
K28+850	202.75	4.46	H_2	英长岩	86.2	12.1	1.7
K28+942	183.94	4.53	H_1	花岗岩	81.3	19.6	9.1
K29+054	158.61	4.10	H_1	花岗岩	86.5	12.3	1.2
K29+150	180.25	4.44	H_1	花岗岩	86.3	5.2	8.5
K29+250	150.69	4.02	H_1	花岗岩	67.1	15.6	17.3
K29+350	144.59	3.95	—	花岗岩	77.5	16.2	6.3
K29+445	239.38	3.80	H_2	花岗岩	67.9	18.3	13.8
K29+547	137.83	3.78	—	花岗岩	68.9	16.5	14.6
K29+652	149.92	3.99	—	花岗岩	63.5	12.6	23.9
K29+753	154.66	4.06	—	花岗岩	77.2	8.5	14.3

续表

桩号	饱和单轴抗压强度/MPa	CAI	特硬岩分类	岩石定名	石英含量/%	斜长石含量/%	黑云母含量/%
K29+850	150.80	4.02	H_1	花岗岩	65.5	26.2	8.3
K29+963	159.97	4.14	H_1	花岗岩	82.1	12.7	5.2
K30+066	235.11	3.76	H_2	花岗岩	55.3	16.2	28.5
K30+106	154.69	4.12	H_1	花岗岩	83.2	5.9	10.9
K30+160	244.48	3.89	H_2	花岗岩	61.9	26.5	11.6
K30+250	151.52	4.09	H_1	花岗岩	73.5	16.2	10.3
K30+350	154.49	4.09	H_1	花岗岩	75.2	15.9	8.9
K30+400	186.38	4.22	H_1	花岗岩	73.2	16.9	9.9
K30+451	302.66	4.27	H_1	花岗岩	68.2	18.3	13.5
K30+500	188.73	4.23	H_1	花岗岩	73.8	19.3	6.9
K30+556	223.70	3.78	H_2	英长岩	58.2	29.6	12.2
K30+584	128.90	4.33	—	花岗岩	83.5	13.2	3.3
K30+646	161.45	4.13	H_1	花岗岩	67.4	15.3	17.3
K30+656	130.61	4.08	—	花岗岩	61.5	13.3	25.2
K30+667	160.46	4.57	H_1	花岗岩	68.6	14.2	17.2
K30+678	204.42	3.97	H_2	花岗岩	59.8	16.5	23.7
K30+690	145.66	4.06	—	花岗岩	59.4	17.1	23.5
K30+701	110.82	4.12	—	花岗岩	60.5	15.6	23.9
K30+711	192.41	4.36	H_1	花岗岩	69.1	13.2	17.7
K30+810	189.45	3.87	—	花岗岩	56.7	18.3	25.0
K30+910	182.80	4.34	H_1	花岗岩	66.9	17.9	15.2
K31+010	221.90	4.53	H_2	花岗岩	70.2	14.8	15.0
K31+110	102.94	4.46		花岗岩	68.1	14.2	17.7
K31+210	162.67	3.79	—	花岗岩	56.4	19.3	24.3
K31+310	183.15	3.83	—	花岗岩	56.5	21.8	21.7
K31+360	163.04	4.23	H_1	花岗岩	87.3	3.5	9.2
K31+410	116.82	4.89	—	花岗岩	85.1	6.3	8.6
K31+460	103.48	4.60		花岗岩	79.6	8.6	11.8
K31+510	102.19	4.33	—	花岗岩	62.8	17.5	19.7
K31+530	306.50	4.70	H_2	花岗岩	81.6	4.9	13.5
K31+592	276.46	4.36	H_2	花岗岩	75.1	7.8	17.1
K31+640	209.85	4.06	H_2	花岗岩	61.4	13.2	25.4
K31+690	128.36	4.24	—	花岗岩	65.9	11.3	22.8
K31+710	111.46	4.27	—	花岗岩	67.8	16.5	15.7

续表

桩号	饱和单轴抗压强度/MPa	CAI	特硬岩分类	岩石定名	石英含量/%	斜长石含量/%	黑云母含量/%
K31+810	115.12	4.22	—	花岗岩	69.3	12.5	18.2
K31+910	208.90	4.90	H_2	花岗岩	85.2	7.1	7.7
K32+010	194.36	4.27	H_1	花岗岩	69.5	8.9	21.6
K32+110	174.90	4.17	H_1	花岗岩	64.8	11.7	23.5
K32+210	179.02	4.57	H_1	花岗岩	62.1	20.6	17.3
K32+310	177.58	4.62	H_1	花岗岩	61.5	21.7	16.8
K32+410	150.79	4.54	H_1	花岗岩	60.8	27.1	12.1
K32+510	190.78	4.48	H_1	花岗岩	60.3	24.4	15.3
K32+610	171.46	4.18	H_1	花岗岩	56.4	28.0	15.6
K32+710	156.42	3.80	—	花岗岩	49.3	33.8	16.9
K32+810	149.92	4.67	—	花岗岩	63.1	26.4	10.5
K32+910	173.94	4.74	H_1	花岗岩	72.5	11.4	16.1
K33+010	147.36	3.93	—	花岗岩	48.9	31.5	19.6
K33+110	174.95	4.24	H_1	花岗岩	59.8	25.7	14.5
K33+210	125.56	4.27	—	花岗岩	58.5	27.7	13.8
K33+310	179.78	4.63	H_1	花岗岩	63.2	22.7	14.1
K33+410	157.48	4.12	H_1	花岗岩	52.6	24.9	22.5
K33+510	193.50	3.77	—	花岗岩	47.8	34.0	18.2
K33+610	183.98	4.22	H_1	花岗岩	55.9	20.6	23.5
K33+710	234.08	4.12	H_2	花岗岩	43.5	42.6	13.9
K33+810	149.36	4.27	—	花岗岩	66.5	20.9	12.6
K33+910	163.70	4.18	H_1	花岗岩	63.4	21.5	15.1
K34+010	166.51	4.34	H_1	花岗岩	72.1	12.6	15.3
K34+110	141.33	4.30	—	英长岩	70.5	16.9	12.6
K34+210	166.18	4.43	H_1	花岗岩	85.3	9.2	5.5
K34+310	181.57	3.90	—	花岗岩	55.2	26.5	18.3
K34+410	162.43	3.85	—	花岗岩	53.6	25.9	20.5
K34+510	143.58	4.64	—	花岗岩	63.2	21.3	15.5
K34+600	206.20	4.63	H_2	花岗岩	62.1	19.6	18.3
K34+700	150.45	4.57	H_1	花岗岩	59.8	22.1	18.1
K34+810	118.79	4.37	—	花岗岩	55.6	25.2	19.2
K34+910	113.72	4.24	—	花岗岩	52.3	26.3	21.4
K35+010	102.10	4.54	—	花岗岩	59.5	25.1	15.4
K35+110	173.43	4.62	H_1	花岗岩	61.9	22.4	15.7

续表

桩号	饱和单轴抗压强度/MPa	CAI	特硬岩分类	岩石定名	石英含量/%	斜长石含量/%	黑云母含量/%
K35+210	251.91	4.76	H_2	花岗岩	65.3	18.5	16.2
K38+100	164.16	4.25	H_1	花岗岩	65.9	19.2	14.9
K38+200	140.55	4.29	—	花岗岩	66.2	18.1	15.7
K38+300	121.68	4.31		英长岩	68.3	20.1	11.6
K38+400	146.78	4.37		花岗岩	70.2	10.5	19.3
K38+500	144.60	4.33		花岗岩	68.6	18.5	12.9
K38+600	141.57	4.28		花岗岩	66.8	23.1	10.1
K38+700	164.20	4.25	H_1	花岗岩	65.5	22.2	12.3
K38+800	147.53	4.15		英长岩	63.1	25.1	11.8

通过表 10.8 和表 10.9 可知，秦岭输水隧洞 TBM 掘进段岩石成分复杂，岩性较为多变。岭北段部分以中等强度的泥岩为主，岭南段部分以高强度、高磨蚀性的花岗岩为主。岭南段部分 K31+530 处岩石饱和单轴抗压强度最大，高达 306.50MPa，石英含量达 81.6%，属典型的特硬岩。

10.5　秦岭输水隧洞硬岩 TBM 掘进

10.5.1　隧洞 TBM 施工情况

TBM 的设计制造及使用效率与隧洞围岩的地质因素密切相关。地质因素对 TBM 掘进的影响主要表现为两大方面：一是隧洞围岩的总体地质环境是否适宜于采用 TBM 进行施工；二是围岩稳定性及坚硬程度等主要地质参数对 TBM 工作效率的影响。前者属于隧洞工程建设项目规划和初步设计阶段就应解决的问题；而后者则是需要在 TBM 施工实施前和实施中应加以研究解决的问题，也是秦岭输水隧洞 TBM 掘进研究工作的重点。

TBM 施工能否尽可能高地发挥其应有的效率，并达到安全、快速掘进的目标，主要取决于 TBM 工作时隧洞围岩的工程地质条件。同时，对隧洞围岩 TBM 开挖特性的认识及在此基础上所进行的与地质条件相适应的 TBM 配套机具的准备，也是决定 TBM 掘进效率的重要因素。

引汉济渭工程秦岭输水隧洞 TBM 施工段分为岭南段与岭北段，其中，岭北段岩石强度中等，岭南段隧洞围岩呈现高强度、高磨蚀性的特点。岭南段受特硬岩影响较大。本节将对岭南段和岭北段 TBM 施工进度进行统计分析，并介绍完整岩土条件下的 TBM 施工掘进情况，以反映特硬岩对 TBM 施工的影响。

1. 岭北段 TBM 施工进度分析

岭北段起止桩号为 K45+245～K65+255，全线均有泥岩、千枚岩、炭质千枚岩的分布，岩性变化大，岩石抗压强度高，由中硬岩～坚硬岩（平均抗压强度为 76MPa）组成，变质岩中劈理面发育，其间穿越多条断层，断层破碎带宽度较大，岩体质量变化快，可能出现挤压性隧洞大变形问题，施工中可能造成卡机事故，故在该类地层中采用高强度的支护。由于断层的导水作用，施工过程中可能出现局部涌水、涌泥的情况。

在 2014 年 6 月至 2016 年 5 月 TBM 所掘进的将近 10km 隧洞中，TBM 掘进状态（包括 TBM 掘进与换步）占用时间比例为 26.3%，隧洞支护及喷混凝土所占时间为 12.0%，检测维修刀盘、更换刀具所占用时间为 4.8%，皮带（TBM 皮带、连续皮带以及洞外皮带）故障维修时间占 16.9%，机械电气故障维修时间占比 9.2%，TBM 设备维护（强制）与其他项目（包括后勤、电力、检测检查等）所占比例分别为 12.8% 与 18.0%，如图 10.10 所示。

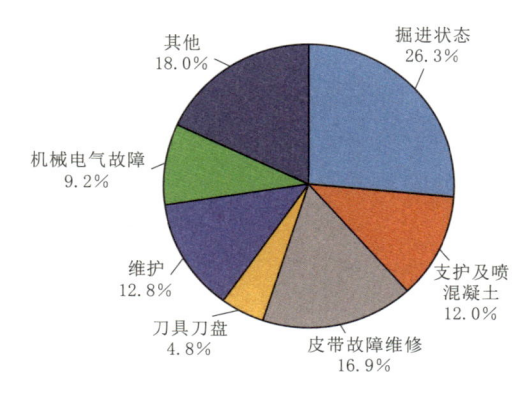

图 10.10 岭北段 TBM 施工工序饼状图

截至 2016 年 5 月，岭北段 TBM 累积施工 10747m，其中 TBM 掘进 9764.74m，TBM 累积工作 100 周，平均每周掘进 97.65m。根据每周 TBM 掘进里程与其掘进时间之比可知，每周平均掘进速度 2.93m/h（1.11～4.84m/h），TBM 每周利用率为 2.55%～44.84%，平均每周利用率达到 23.79%（图 10.11～图 10.13），其中在第 6～8 周由于供电故障、第 61～71 周由于 TBM 贯通及转场暂停施工。

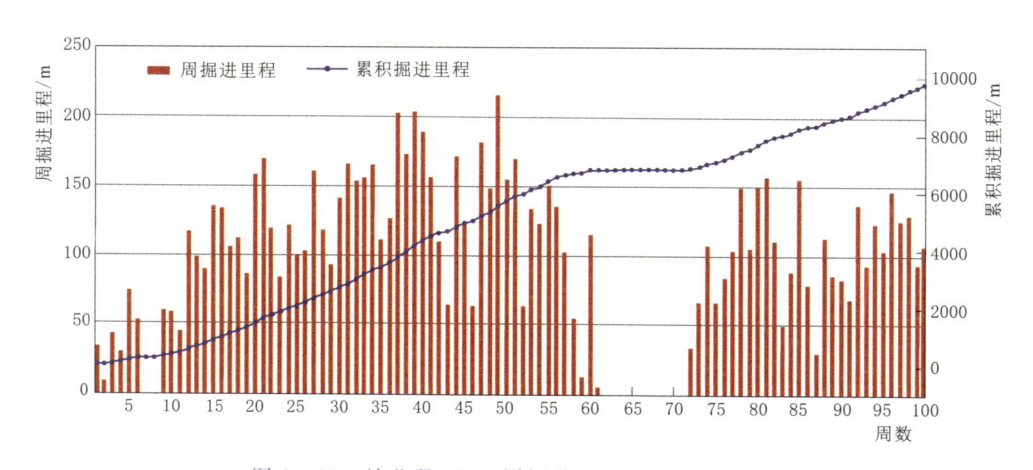

图 10.11 岭北段 TBM 周掘进里程及累积掘进里程

TBM 掘进速度一定时，其利用率越高，施工进度越快。TBM 掘进性能与利用率受到很多因素影响，包括 TBM 设备规格、操作参数、隧洞沿线的地质条件以及施工团队的经验技术水平和施工管理水平等。在项目前期规划与施工过程中很难判断哪些因素对 TBM 掘进性能起着主要的影响。一般地，地质条件或者操作参数的细小变化也可能对 TBM 掘进性能产生很大的影响。由图 10.14 可以看出，TBM 日掘进里程与其利用率呈明显的正相关，随着 TBM 利用率的增大，其掘进速度也逐渐增大。

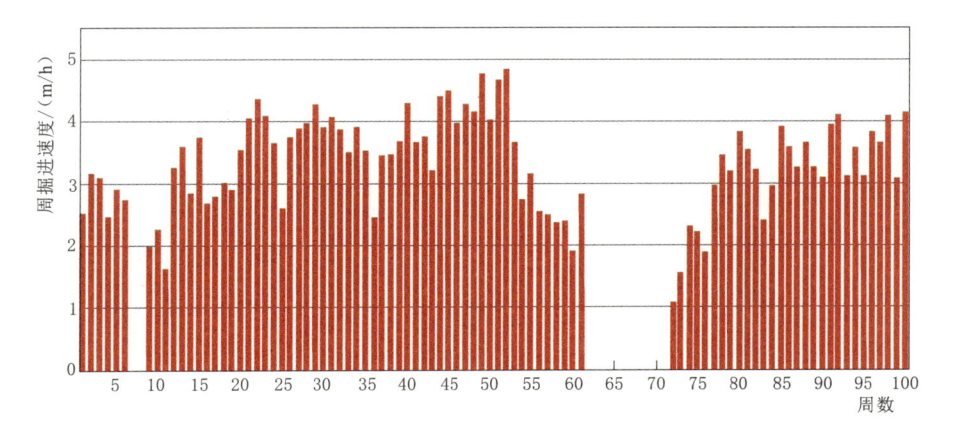

图 10.12　岭北段 TBM 周掘进速度

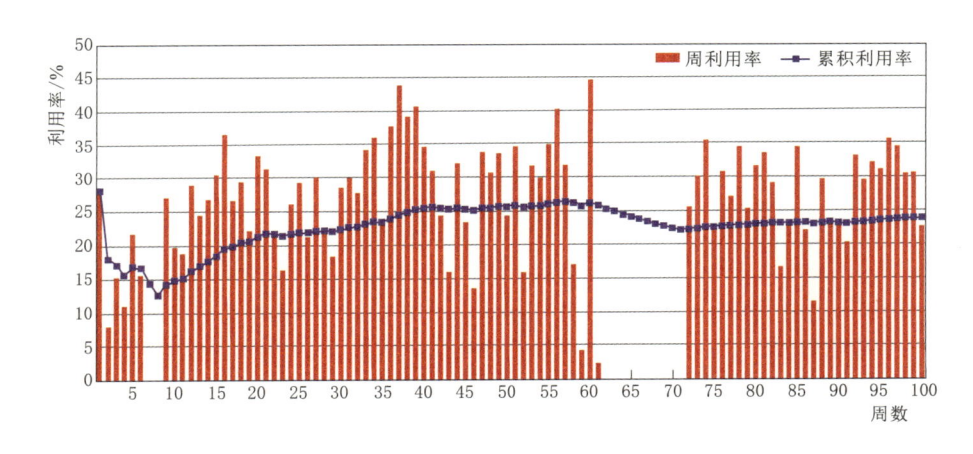

图 10.13　岭北段 TBM 周利用率及累积利用率

2. 岭南段 TBM 施工进度分析

岭南段 TBM 施工起止桩号为 K26+143～K45+245，所处区域岩石主要为以花岗岩、闪长岩、石英岩为主的特硬岩，岩石硬度大、强度高（平均抗压强度大于 150MPa）、岩体完整、磨蚀性大，出现了 TBM 掘进能力不足、刀盘及滚刀磨损量大的问题。

如图 10.15 所示，2015 年 10 月至 2016 年 8 月 TBM 所掘进近的 1.3km（2015 年 3—9 月资料缺失）中，TBM 掘进状态（包括 TBM 掘进与换步）占用时间比例为 20.90%，由于岭南隧洞围岩完整性好，但岩石强度高、磨蚀性大，隧洞支护及喷混凝土所占时间为 5.32%，而检测维修刀盘更换刀具所占用时间为 14.38%，皮带（TBM 皮带、连续皮带以及洞外皮带）故障维修时间占 15.82%，TBM 设备维护（强制）与其他项目（包括后勤、电力、检测检查等）所占比例分别为 7.29% 与 2.33%。另外，由于岭南段 TBM 施工中隧洞多次发生严重突涌水，造成长时间的施工停工、抽排水及抢修作业，所造成的停工时间占到总时间的 28.44%。

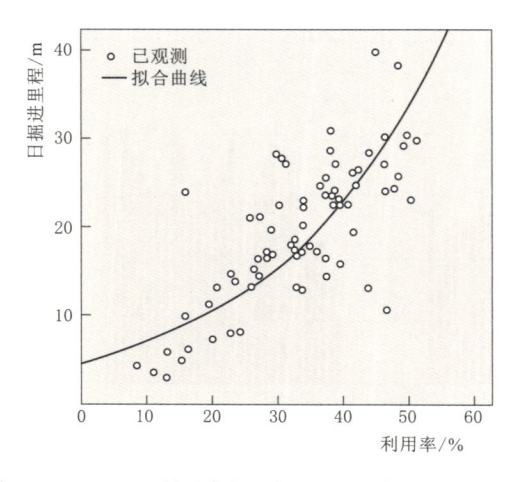

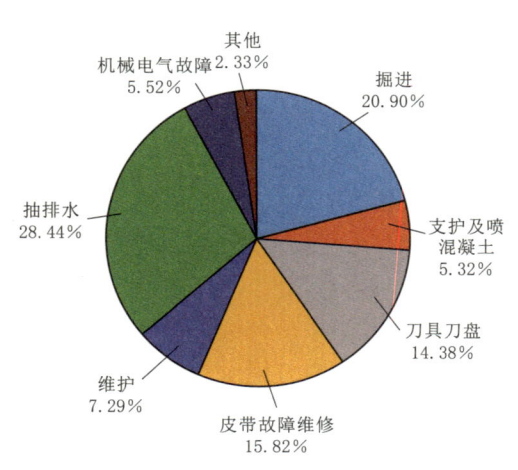

图 10.14　TBM 利用率与日掘进里程关系（$r=0.77$）　　图 10.15　岭北段 TBM 施工工序饼状图

如图 10.16～图 10.18 所示，2015 年 3 月至 2016 年 12 月累积掘进 3166m，TBM 累计工作 91 周，平均每周掘进 34.79m，根据每周 TBM 掘进里程与其掘进时间之比得到每周平均掘进速度 0.92m/h（0～2.41m/h），TBM 每周利用率为 0%～50.25%，平均每周利用率达到 19.95%。其中在 TBM 施工前 2 周由于岩石强度更高（超过 200MPa），撑靴未完全进入掘进断面，TBM 受力效果不佳，加大推力后出现撑靴打滑现象，掘进速度缓慢；第 16～17 周由于强降水导致隧洞沿线运输道路多处被冲毁，运输中断，水泥等材料供应中断，使项目停工 11d；第 28～29 周、第 67～69 周由于刀盘磨损严重，故进行刀盘维修，分别花费 9d、13d；第 35～38 周、第 41～42 周、第 50～61 周由于突涌水严重致使项目施工分别停止 22d、8d、77d。其中在第 50 周，即 2016 年 2 月 24 日 8 时 45 分左右 TBM 掘进至 K30+381.1 时面向掌子面右侧 2 点至 4 点方向突发涌水且掌子面围岩裂隙较发育，整个掌子面涌水量大约在 300m³/h，停机抽排水；2 月 28 日，掌子面中线至右侧出现大面积垮塌现象，再次出露新的出水点，掌子面涌水量急剧增大，立即停机抢险救援。

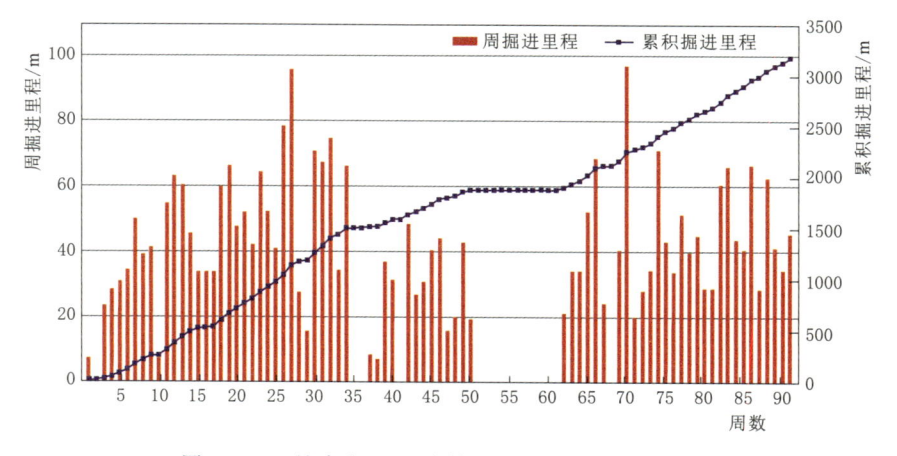

图 10.16　岭南段 TBM 周掘进里程及累积掘进里程

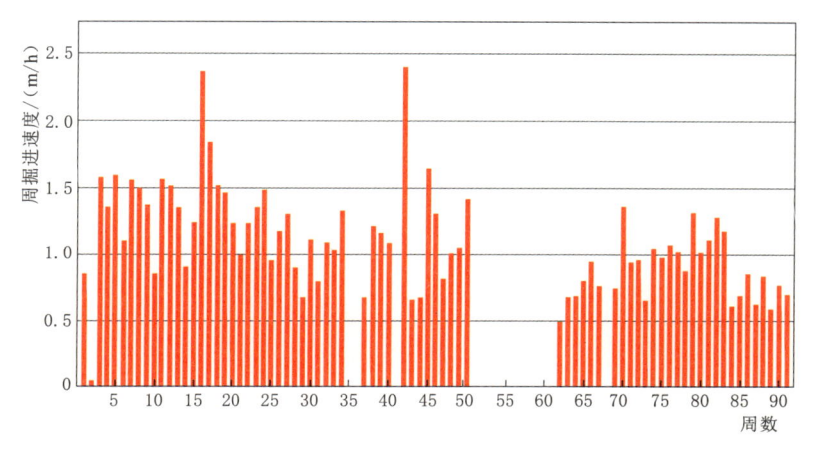

图 10.17　岭南段 TBM 周掘进速度

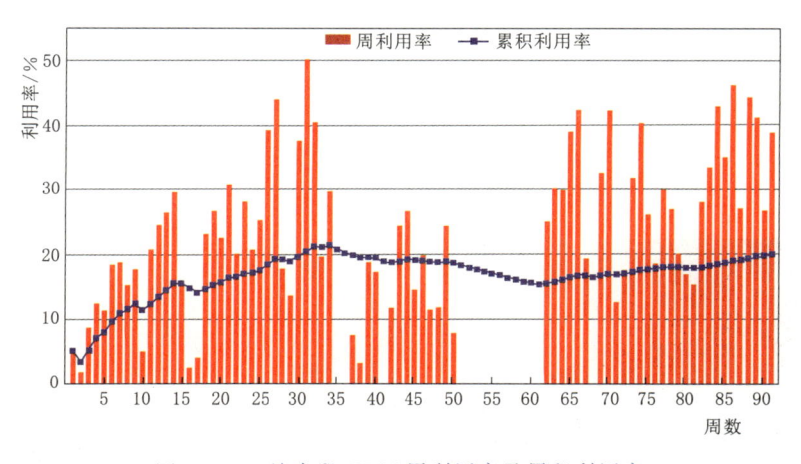

图 10.18　岭南段 TBM 周利用率及累积利用率

由图 10.19 可以看出类似于岭北段 TBM 施工，岭南段 TBM 日掘进里程与其利用率呈明显的正相关关系，随着 TBM 利用率的增大，其掘进速度增加。通过对比可以很明显发现，无论是掘进速度或者 TBM 利用率，岭南段 TBM 项目均比岭北段 TBM 项目低。其中有很大一部分原因是岭南段地质条件与突发地质灾害造成的：岭南段 TBM 开挖段主要以花岗岩、闪长岩、石英岩为主，强度高，在某些地段，TBM 掘进推力可达 21000kN，贯入度只有 2mm/rev，刀盘转速 6.6r/min，推进速度缓慢，每一进尺循环时间 2h 左右；岭南段 TBM 开挖的隧洞埋深在 400～1900m 之间，岩石脆性大，在围岩类别较高、岩体完整性好、地下水不丰富的区域多次发生岩爆，对刀盘、滚刀及支护系统等 TBM 设施设备造成破坏，导致工期延误；另外，也有在汛期发生强降雨及施工隧洞发生突涌水等问题导致项目较长时间停工的原因。

3. 完整岩体条件下的 TBM 掘进情况

完整岩体条件是指 TBM 掌子面岩体完整，无节理发育，岩层巨厚。在完整岩体条件下，受高强度及高磨蚀性岩石的影响，TBM 施工掘进主要出现了洞壁破坏、刀具非正常磨损等问题。

TBM 开挖过程完全依靠滚刀破岩效率，开挖后的掌子面平整，能见到完整的滚刀轨迹，掌子面素描与实际施工过程情况如图 10.20 和图 10.21 所示，开挖形成的渣片扁平，如图 10.22 所示，岩片两侧有滚刀留下的明显刀痕。

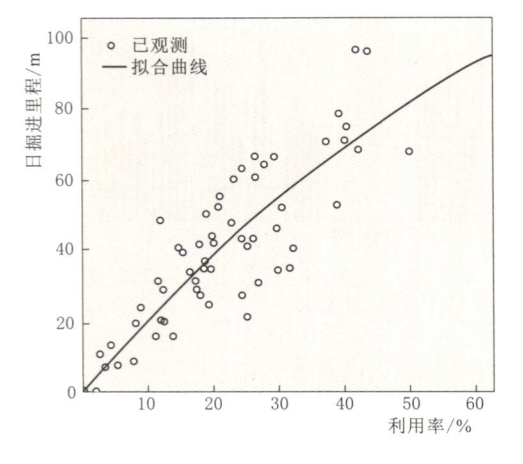

图 10.19　TBM 利用率与日掘进里程关系（$r=0.82$）

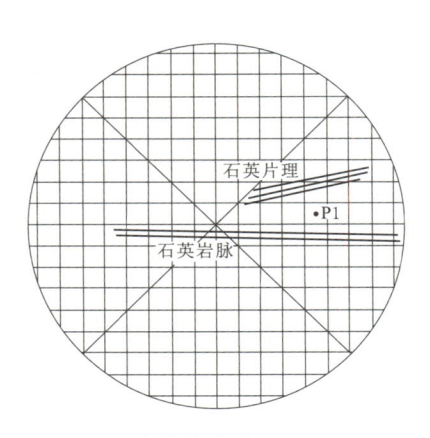

图 10.20　秦岭输水隧洞（K29+714）掌子面素描图

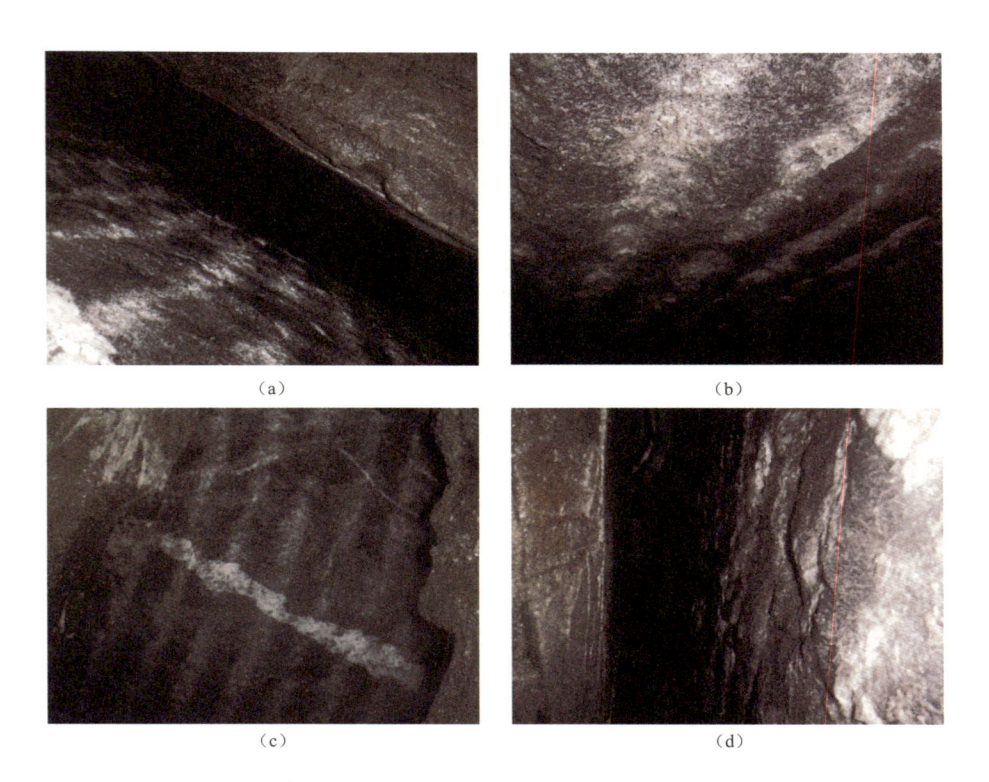

图 10.21　秦岭输水隧洞（K29+714 处）掌子面实际施工过程情况
(a) P1 下；(b) P1 右；(c) P1 上；(d) P1 左

10.5.2 室内破岩试验与 TBM 现场掘进数据对比

在 2016 年 8 月对秦岭输水隧洞岭南段部分施工过程进行了跟踪调查。该段时间内 TBM 施工至 K30+900~K30+920 区间,隧洞埋深约 650m,岩石为花岗岩,岩体完整,岩石平均单轴抗压强度为 161.2MPa。在埋深约 650m 处的 CZK-4 钻孔测得地应力为:垂直应力 13.09MPa,最大水平主应力 23.35MPa。在此施工段 TBM 掘进平均贯入度为 5.7mm,刀盘总推力为 16782kN,去除摩擦力后单刀推力约为 270kN。

图 10.22 开挖形成的渣片

在一组全尺寸滚刀破岩试验中,采用完整花岗岩,其单轴抗压强度为 172.2MPa,围压条件考虑双向等值围压设为 15-15MPa。试验结果分析表明,在刀间距为 80mm 的条件下,贯入度为 2.5mm,为最优贯入度,此时滚刀法向力为 144.33kN,其破岩效率达到最高。而现场 TBM 掘进速度平均值在 5.7mm/rev 左右,推力达到 270kN,且其岩石强度略低于破岩试验所用岩样强度。此外,此施工段采用了未考虑地应力影响因素的岩体特征模型进行预测,得到 TBM 预测掘进速度约为 8.8mm/rev。这些都表明在高地应力条件下,TBM 刀具破岩能力将受到直接影响,破岩效率也将产生明显变化。故此,在现场施工中,应根据地应力条件及时调整 TBM 运行参数,采用破岩效率最高的贯入度控制破岩(掘进速度控制);而未涉及地应力影响因素的岩体特征模型也不适用于深埋隧洞 TBM 掘进速率的预测。

早期的工程经验[74]认为,高地应力条件下需要更高的推进力来保持 TBM 的正常掘进。然而,随着更多深埋工程的建设,一些不同的工程经验[75]也表明,高围压下会有助于 TBM 掘进效率的提高。Yin 等[76]指出岩石随着地应力增大将从脆性破坏转变为延性破坏,且裂纹扩展方向由平行于刀具作用力方向逐渐垂直于刀具作用力方向;当围压达到一定程度后,地应力有利于裂纹扩展并形成破岩碎片,降低能量消耗。因此,对不同地应力条件下的典型深埋 TBM 隧洞岩体段进行围压条件下的室内全尺寸破岩试验,探究地应力对 TBM 破岩机理及破岩效率的影响是必不可少的,其试验结果将为现场施工提供优化依据,并且将为发展包含地应力影响因素的深埋 TBM 掘进预测模型提供数据支持。

10.5.3 TBM 施工预测与现场掘进数据对比

在 2016 年 8 月跟踪调查期间,岭南 TBM 施工在里程 K30+913~K30+969 段岩体节理体积数 J_V 为 5,TBM 预测掘进速度约为 8.8mm/rev(岩体特征模型)和 9.4mm/rev(NTNU 模型),而该段的实际开挖掘进速度平均值在 8.0mm/rev 左右,与预测掘进速度较为接近。在现场观测岩体节理体积数 J_V 为 4~5,与勘察预测情况相近。另外,在 2016 年 5 月对岭北 TBM 施工段进行了跟踪调研。该时期内岭北 TBM 掘进里程为 K51

+836～K51+938，勘查报告记录中显示该段岩体节理体积数 J_v 为 11～14，预测岭北 TBM 在此施工段的掘进速度约为 15mm/rev（岩体特征预测模型）和 10mm/rev（NTNU 模型）。实际开挖情况为，该段 TBM 施工掘进速度平均值为 13.8mm/rev 左右，略低于岩体特征预测模型预测掘进速度，而现场观测岩体节理体积数 J_v 为 16，稍大于勘察预测情况。主要原因为，此 TBM 施工段由于高地应力作用，掌子面岩体较破碎，为了保护刀盘及滚刀，保持掌子面稳定，现场施工降低了刀盘推力与转速。由此可见，在收集到的岩体数据与现场实际情况相近的情况下，岩体特征预测模型做出的 TBM 掘进速度预测值较为准确，但随着隧洞的开挖，隧洞的高地应力等越来越明显的环境作用可能会对预测模型的准确性造成影响。

表 10.10 记录了秦岭输水隧洞岭南段特硬岩施工掘进过程中的部分 TBM 实际施工掘进参数，可供相关技术人员参考。

表 10.10　　岭南段特硬岩 TBM 实际施工掘进参数统计

桩号	特硬岩类别	转速 R /(r/min)	掘进速度 PR/(mm/min)	刀盘推力 F /kN	单刀推力 /(kN/cutter)	贯入度 p/(mm/r)	FPI /(mm/rev)
K29+054		5.12	6.77	21367.01	418.96	1.32	316.61
K29+150		4.40	7.08	20334.28	398.71	1.61	247.46
K29+250		3.06	7.28	20404.65	400.09	2.38	168.06
K29+753		4.67	8.22	20481.09	401.59	1.76	228.07
K29+850		5.33	8.46	18682.02	366.31	1.59	230.66
K29+963		5.08	6.43	19120.51	374.91	1.26	296.54
K30+106		3.32	9.46	11027.36	216.22	2.85	75.91
K30+250		3.31	12.68	16363.63	320.86	3.83	83.84
K30+350		2.26	14.86	10798.39	211.73	6.56	32.27
K30+400		3.64	9.39	17076.90	334.84	2.58	129.87
K30+500		5.04	6.37	17125.76	335.80	1.27	265.22
K30+646	H_1	3.13	7.20	6963.10	136.53	2.30	59.31
K30+667		4.70	8.12	17309.94	339.41	1.73	196.64
K30+711		5.27	9.00	14172.48	277.89	1.71	162.70
K30+910		5.04	10.34	17901.30	351.01	2.05	171.06
K31+360		5.27	8.73	18193.30	356.73	1.65	215.60
K32+010		6.42	7.29	15644.81	306.76	1.14	270.25
K32+110		5.05	7.29	20016.82	392.49	1.44	271.90
K32+210		3.07	7.03	18813.73	368.90	2.29	161.32
K32+310		3.51	10.83	9796.71	192.09	3.09	62.16
K32+410		4.03	7.29	11396.96	223.47	1.81	123.44
K32+510		4.65	10.81	14124.73	276.96	2.33	119.10
K32+610		4.73	12.40	15615.43	306.18	2.62	116.70

续表

桩号	特硬岩类别	转速 R /(r/min)	掘进速度 PR/(mm/min)	刀盘推力 F /kN	单刀推力 /(kN/cutter)	贯入度 p/(mm/r)	FPI /(mm/rev)
K32+910	H₁	3.26	6.66	16132.40	316.32	2.04	155.03
K33+110		5.85	9.18	16602.67	325.54	1.57	207.25
K33+310		4.15	7.23	15128.93	296.65	1.74	170.47
K33+410		3.29	6.71	20339.18	398.81	2.04	195.44
K33+610		6.12	9.57	20092.40	393.97	1.57	251.71
K33+910		2.48	14.06	7102.18	139.26	5.68	24.53
K34+010		5.03	9.56	15664.63	307.15	1.90	161.69
K34+210		3.52	13.34	9291.88	182.19	3.79	48.13
K29+445	H₂	4.22	2.94	14000.95	274.53	0.70	394.93
K30+066		2.60	3.23	8841.00	173.35	1.24	139.36
K30+160		5.64	1.89	20472.09	401.41	0.33	1199.61
K30+451		5.05	1.97	19120.47	374.91	0.39	959.65
K30+556		4.98	5.31	18563.39	363.99	1.07	341.69
K30+678		5.05	5.42	19566.49	383.66	1.07	357.19
K31+010		4.88	3.78	13340.23	261.57	0.77	337.67
K31+530		4.06	2.52	15342.24	300.83	0.62	485.50
K31+592		4.71	5.03	17221.16	337.67	1.07	316.31
K31+640		4.51	4.34	17048.90	334.29	0.96	347.55
K31+910		5.20	3.77	18527.94	363.29	0.73	501.00
K33+710		3.63	4.06	9016.88	176.80	1.12	158.00

10.5.4 秦岭输水隧洞特硬岩施工应对措施

秦岭输水隧洞岭南段 TBM 掘进部分包含大量的特硬岩施工段，岩体强度大、耐磨性好、完整性良好，故此在施工开挖前与施工过程中，均考虑了可能出现的掘进能力不足、刀具磨损量大、岩爆等问题。针对可能出现的问题，制定了以下相关的掘进参考措施。

（1）对区内地质条件进行分段评价和 TBM 施工预测，并提出各段的 TBM 掘进建议，见表 10.11。

表 10.11　　　　　　　　　　分段 TBM 掘进建议

桩号	岩性	TBM 施工措施建议
K28+490～K28+630	石英岩	此段岩石强度高，节理组少，掘进速度受推力控制，建议大推力、高转速掘进
K28+630～K35+400	印支期花岗岩	此段岩石强度高，节理组少，掘进速度受推力控制，建议大推力、高转速掘进
K35+400～K35+450	印支期花岗岩	此段岩石强度较高，节理间距小，掘进速度受推力控制，观察洞壁与掌子面掉块情况，适当降低转速。靠近断层附近需观察推力变化，判断是否为断层影响带

续表

桩　号	岩性	TBM 施工措施建议
K35+450～K35+480	f_7 断层	断层带主要考虑掌子面稳定性，是否有涌水情况，是否需要对断层带进行提前处理，需小推力、低转速平稳掘进
K35+480～K35+530	印支期花岗岩	此段过断层带后，岩石强度较高，节理间距小，掘进速度受推力控制，观察洞壁与掌子面掉块情况，适当降低转速
K35+530～K38+730	印支期花岗岩	此段岩石强度高，节理组少，掘进速度受推力控制，建议大推力、高转速掘进。施工在岩体完整、干燥无水地段可能有中等强度岩爆发生
K38+730～K41+780	印支期花岗岩	此段岩石强度高，节理组少，掘进速度受推力控制，建议大推力、高转速掘进。施工在岩体完整、干燥无水地段可能有中等强度岩爆发生
K41+780～K42+280	印支期花岗岩	此段岩石强度高，节理组少，掘进速度受推力控制，建议大推力、高转速掘进。施工在岩体完整、干燥无水地段可能有强烈岩爆发生
K42+280～K42+380	印支期花岗岩	此段岩石强度较高，节理间距小，掘进速度受推力控制，观察洞壁与掌子面掉块情况及刀盘振动情况，适当降低转速。施工在岩体完整、干燥无水地段可能有强烈岩爆发生
K42+380～K44+880	华力西期闪长岩	此段岩石强度较高，节理间距小，掘进速度受推力控制，观察洞壁与掌子面掉块情况及刀盘振动情况，适当降低转速。施工在岩体完整、干燥无水地段可能有强烈岩爆发生

（2）开展刀具技术攻关研究。在刀具消耗形式以磨损为主的地段，试用多种刀具，做好对比分析，选用适合本标段所用刀具。增加刀盘检查频次及换刀人员，做好刀具调配工作。在掌子面围岩坍塌掉块地段，采用加厚刀刃、提高刀圈韧性等措施，增加其抗冲击能力。与参建各方、刀具厂家成立科研攻关小组，共同商讨施工中所遇刀具难题的解决措施。

（3）加强设备维修保养，提升设备完好率。硬岩条件下掘进，TBM 振动异常强烈，附属设备损坏频繁，现场及时快速做好相关设备维护工作，避免常见小问题发展成大问题，耽误现场施工进度。施工中重点对 TBM 刀盘进行检查，严密监控 TBM 电机、主轴承状态，同时对主驱动、液压系统、PLC 系统加大监控，发现问题及时进行维修，保障设备正常运转。现场通过加强设备的维修保养，努力提高设备利用率，全力维持设备正常运转。

（4）加强施工组织管理，提升设备利用率。施工过程中合理筹划设备维修保养计划，做到不因某一设备（部位）损坏而导致 TBM 长时间停机，合理筹划平行作业。加强设备构配件管理，对设备易损件提前规划购买，减少人为原因导致构配件短缺，造成不必要的损失；严格执行设备保养维护制度，提升设备利用率。

10.6　本章小结

本章首先介绍了长距离 TBM 隧洞施工掘进研究的基本现状，然后通过大量的文献调研并结合秦岭输水隧洞工程相关数据，研究并确立了针对 TBM 掘进施工的特硬岩分类标准，将特硬岩划分为两类：由岩石坚硬程度与摩擦性能共同决定的 H_1 类特硬岩（150MPa

＜UCS≤200MPa，CAI＞4.0），以及由岩石坚硬程度决定的 H_2 类特硬岩（UCS＞200MPa），并将该标准应用于秦岭输水隧洞施工过程，以辅助 TBM 的开挖作业。针对两类特硬岩条件下的 TBM 施工，给出了相应的施工建议：对于 H_1 等级围岩洞段，TBM 工作条件一般，应对滚刀材料、刀刃宽度和布置间距，以及刀具防磨蚀措施进行专门研究；对于 H_2 等级围岩洞段，TBM 工作条件差，故除了采取针对 H_1 等级围岩洞段的措施外，还应研究相关专门的辅助破岩手段。最后，介绍了秦岭输水隧洞 TBM 实际施工中遇到的问题，通过岭南段与岭北段施工进度、室内破岩试验与现场掘进数据、TBM 施工预测与现场掘进数据等方面的对比，说明了特硬岩对 TBM 施工的影响，并给出了部分特硬岩 TBM 施工掘进参数。

参考文献

[1] 于恒昌. 基于数字钻探测试技术的岩石力学参数测定方法研究 [D]. 济南：山东大学，2018.

[2] 刘泉声，黄兴，刘建平，等. 深部复合地层围岩与 TBM 的相互作用及安全控制 [J]. 煤炭学报，2015，40（6）：1213-1224.

[3] 罗华. 基于线性回归和深度置信网络的 TBM 性能预测研究 [D]. 杭州：浙江大学，2018.

[4] 张镜剑，傅冰骏. 隧道掘进机在我国应用的进展 [J]. 岩石力学与工程学报，2007（2）：226-238.

[5] 齐梦学. 我国 TBM 法隧道工程技术的发展、现状及展望 [J]. 隧道建设，2021，41（11）：1964-1979.

[6] 茅承觉. 我国全断面岩石掘进机（TBM）发展的回顾与思考 [J]. 建设机械技术与管理，2008（5）：81-84.

[7] 曹瑞琅，王玉杰，陈晨，等. TBM 净掘进速度预测模型发展现状及参数分析 [J]. 水利水电技术，2019，50（8）：96-105.

[8] 何发亮，谷明成，王石春. TBM 施工隧道围岩分级方法研究 [J]. 岩石力学与工程学报，2002（9）：1350-1354.

[9] 薛亚东，李兴，刁振兴，等. 基于掘进性能的 TBM 施工围岩综合分级方法 [J]. 岩石力学与工程学报，2018，37（S1）：3382-3391.

[10] 翟淑芳. 深部复杂地层的 TBM 滚刀破岩机理研究 [D]. 重庆：重庆大学，2017.

[11] 尚彦军，杨志法，曾庆利，等. TBM 施工遇险工程地质问题分析和失误的反思 [J]. 岩石力学与工程学报，2007（12）：2404-2411.

[12] 邓铭江. 深埋超特长输水隧洞 TBM 集群施工关键技术探析 [J]. 岩土工程学报，2016，38（4）：577-587.

[13] 李术才，刘斌，孙怀凤，等. 隧道施工超前地质预报研究现状及发展趋势 [J]. 岩石力学与工程学报，2014，33（6）：1090-1113.

[14] 陈炳瑞，冯夏庭，曾雄辉，等. 深埋隧洞 TBM 掘进微震实时监测与特征分析 [J]. 岩石力学与工程学报，2011，30（2）：275-283.

[15] 王梦恕. 中国盾构和掘进机隧道技术现状、存在的问题及发展思路 [J]. 隧道建设，2014，34（3）：179-187.

[16] 施虎，杨华勇，龚国芳，等. 盾构掘进机关键技术及模拟试验台现状与展望 [J]. 浙江大学学报（工学版），2013，47（5）：741-749.

[17] 谭青，易念恩，夏毅敏，等. TBM 滚刀破岩动态特性与最优刀间距研究 [J]. 岩石力学与工程学

报，2012，31（12）：2453-2464.
[18] 刘泉声，黄兴，时凯，等. 煤矿超千米深部全断面岩石巷道掘进机的提出及关键岩石力学问题[J]. 煤炭学报，2012，37（12）：2006-2013.
[19] 李术才，李树忱，张庆松，等. 岩溶裂隙水与不良地质情况超前预报研究[J]. 岩石力学与工程学报，2007，26（2）：217-225.
[20] 陈叔，王春明. 川藏铁路 TBM 施工适应性探讨及选型[J]. 建设机械技术与管理，2020，33（4）：38-47.
[21] 陈彬，刘计山. TBM 技术在当代岩石隧道工程中的应用[C]//上海市土木工程学会，上海隧道工程分会. 上海国际隧道工程研讨会文集. 上海：上海市土木工程学会，2005：292-300.
[22] 荆留杰，张娜，杨晨. TBM 及其施工技术在中国的发展与趋势[J]. 隧道建设，2016，36（3）：331-337.
[23] 杜立杰. 中国 TBM 施工技术进展、挑战及对策[J]. 隧道建设，2017，37（9）：1063-1075.
[24] 洪开荣，冯欢欢. 高黎贡山隧道 TBM 法施工重难点及关键技术分析[J]. 现代隧道技术，2018，55（4）：1-8.
[25] 宋法亮，赵海雷. 高黎贡山隧道复杂地质条件下敞开式 TBM 施工关键技术研究[J]. 隧道建设，2017，37（S1）：128-133.
[26] 王梦恕. 开敞式 TBM 在铁路长隧道特硬岩、软岩地层的施工技术[J]. 土木工程学报，2005（5）：54-58.
[27] 王玉杰，曹瑞琅，王胜乐. TBM 施工超硬岩分类指标和确定方法研究[J]. 隧道建设（中英文），2020，40（S2）：38-44.
[28] 周赛群. 全断面硬岩掘进机（TBM）驱动系统的研究[D]. 杭州：浙江大学，2008.
[29] ACAROGLU O，OZDEMIR L，ASBURY B. A fuzzy logic model to predict specific energy requirement for TBM performance prediction [J]. Tunnelling and Underground Space Technology，2007，23（5）：600-608.
[30] GONG Q M，ZHAO J，HEFNY A M. Numerical simulation of rock fragmentation process induced by two TBM cutters and cutter spacing optimization [J]. Tunnelling and Underground Space Technology，2005，21（3）：263-263.
[31] 刘志杰，史彦军，滕弘飞. 基于实例推理的全断面岩石隧道掘进机刀盘主参数设计方法[J]. 机械工程学报，2010，46（3）：158-164.
[32] LIU Jianqin，REN Jiabao，GUO Wei. Thrust and torque characteristics based on a new cutter-head load model [J]. Chinese Journal of Mechanical Engineering，2015，28（4）：801-809.
[33] 朱湘衡. TBM 刀盘掘进载荷分布特性研究[D]. 长沙：中南大学，2014.
[34] 龚秋明，赵坚，张喜虎. 岩石隧道掘进机的施工预测模型[J]. 岩石力学与工程学报，2004（S2）：4709-4714.
[35] 王健，王瑞睿，张欣欣，等. 基于 RMR 岩体分级系统的 TBM 掘进性能参数预测[J]. 隧道建设，2017，37（6）：700-707.
[36] 王旭，李晓，李守定. 关于用岩体分类预测 TBM 掘进速率 AR 的讨论[J]. 工程地质学报，2008（4）：470-475.
[37] BRULAND A. Hard rock tunnel boring [D]. Trondheim：Norwegian University of Science and Technology，1998.
[38] ROSTAMI J. Development of a force estimation model for rock fragmentation with disc cutters through theoretical modeling and physical measurement of crushed zone pressure [D]. Golden：Dept of Mining Engineering Colorado School of Mines，1997.
[39] BARTON N. TBM tunnelling in jointed and faulted rock [M]. Rotterdam：A A Balkema，2000.

[40] 朱杰兵，沈小轲，王小伟，等. TBM 施工中岩石可钻性测试与评价技术综述［J］. 人民长江，2019，50（8）：143-150.

[41] CHEN Z，ZHANG Y，LI J，et al. Diagnosing tunnel collapse sections based on TBM tunneling big data and deep learning：a case study on the Yinsong Project，China［J］. Tunnelling and Underground Space Technology，2021，108：7-23.

[42] WANG S，WANG Y，LI X，et al. Big data-based boring indexes and their application during TBM tunneling［J］. Advances in Civil Engineering，2021：1-18.

[43] XIAO H H，YANG W K，HU J，et al. Significance and methodology：preprocessing the big data for machine learning on TBM performance［J］. Underground Space，2022，7（4）：680-701.

[44] 王石春. 隧道掘进机与地质因素关系综述［J］. 世界隧道，1998（2）：39-43.

[45] 李春明，彭耀荣. TBM 施工隧洞围岩分类方法的探讨［J］. 中外公路，2006（3）：235-237.

[46] 王胜乐. 引汉济渭 TBM 施工隧洞围岩分类方法研究及应用［D］. 西安：西安理工大学，2021.

[47] DEERE D. The rock quality designation（RQD）index in practice［M］. Rock classification systems for engineering purposes. ASTM International，1988.

[48] BARTON N，LIEN R，LUNDE J. Engineering classification of rock masses for the design of tunnel support［J］. Rock Mechanics，1974，6（4）：189-236.

[49] BIENIAWSKI Z T. Classification of rock masses for engineering［M］. New York：Wiley，1993.

[50] 王石春，何发亮，李仓松. 隧道工程岩体分级［M］. 成都：西南交通大学出版社，2007.

[51] GB 50487—2008 水利水电工程地质勘察规范［S］

[52] GB/T 50218—2014 工程岩体分级标准［S］

[53] BARTON N. TBM performance in rock using Q_{TBM}［J］. Tunnels，1999，31：41-48.

[54] BIENIAWSKI Z T，CELADA B，GALERA J M. TBM excavability：prediction and machine-rock interaction［C］. Proceedings Rapid Excavation and Tunneling Conference，2007：1118-1130.

[55] LAUGHTON C. Evaluation and prediction of tunnel boring machine performance in variable rock mass［D］. Austin：The University of Texas at Austin，1998.

[56] 王学潮，伍法权. 南水北调西线工程岩石力学与工程地质探索［M］. 北京：科学出版社，2006.

[57] 祁生文，伍法权. 基于模糊数学的 TBM 施工岩体质量分级研究［J］. 岩石力学与工程学报，2011，30（6）：1225-1229.

[58] 闫长斌，路新景. 基于改进的距离判别分析法的南水北调西线工程 TBM 施工围岩分级［J］. 岩石力学与工程学报，2012，31（7）：1446-1451.

[59] GHOLAMI R，RASOULI V，ALIMORADI A. Improved RMR rock mass classification using artificial intelligence algorithms［J］. Rock Mechanics and Rock Engineering，2013，46（5）：1199-1209.

[60] XU J，WANG J，MA Y. Rock mass quality assessment based on BP artificial neural network（ANN）—A case study of borehole BS03 in Jiujing segment of Beishan，Gansu［J］. Uranium Geology，2007，23（4）：249-455.

[61] 李蓬喜. 基于机器学习的 TBM 掘进参数及围岩等级预测研究［D］. 哈尔滨：哈尔滨工业大学，2019.

[62] KLEIN S，SCHMOLL M，AVERY T. TBM performance at four hard rock tunnels in California［C］. Proceedings of the rapid excavation and tunneling conference. Society for Mining，Metallogy & Exploration，Inc，1995：61-76.

[63] HASSANPOUR J，ROSTAMI J，ZHAO J. A new hard rock TBM performance prediction model for project planning［J］. Tunnelling and Underground Space Technology，2011，26（5）：595-603.

[64] GRAHAM P C. Rock exploration for machine manufacturers [J]. Exploration for Rock Engineering, 1976: 173.

[65] YAGIZ S, KARAHAN H. Prediction of hard rock TBM penetration rate using particle swarm optimization [J]. International Journal of Rock Mechanics and Mining Sciences, 2011, 48 (3): 427-433.

[66] 杜立杰, 齐志冲, 韩小亮, 等. 基于现场数据的TBM可掘性和掘进性能预测方法 [J]. 煤炭学报, 2015, 40 (6): 1284-1289.

[67] HASSANPOUR J, ROSTAMI J, KHAMEHCHIYAN M, et al. TBM performance analysis in pyroclastic rocks: a case history of Karaj water conveyance tunnel [J]. Rock Mechanics and Rock Engineering, 2010, 43 (4): 427-445.

[68] KHADEMI Hamidi J, SHAHRIAR K, REZAI B, et al. Application of fuzzy set theory to rock engineering classification systems: an illustration of the rock mass excavability index [J]. Rock Mechanics and Rock Engineering, 2010, 43 (3): 335-350.

[69] SALIMI A, ROSTAMI J, MOORMANN C, et al. Examining feasibility of developing a rock mass classification for hard rock TBM application using non-linear regression, regression tree and generic programming [J]. Geotechnical and Geological Engineering, 2018, 36 (2): 1145-1159.

[70] TARKOY P J, MARCONI M. Difficult rock comminution and associated geological conditions [J]. International Journal of Rock Mechanics and Mining Sciences & Geomechanics Abstracts, 1992, 294 (4): 262.

[71] NICK Barton. TBM Tunnelling in jointed and faulted rock [M]. Abingdon: Taylor & Friancis Group, 2000.

[72] DELIORMANLI A H. Cerchar abrasivity index (CAI) and its relation to strength and abrasion test methods for marble stones [J]. Construction and Building Materials, 2012, 30: 16-21.

[73] PLINNINGER R, KÄSLING H, THURO K, et al. Testing conditions and geomechanical properties influencing the Cerchar abrasiveness index (CAI) value [J]. International Journal of Rock Mechanics and Mining Sciences, 2003, 40 (2): 259-263.

[74] GEHRING K H. Design criteria for TBM's with respect to real rock pressure [M]. Florida: CRC Press, 1996.

[75] BEZUIJEN A, SCHAMINEE P, KLEINJAN J A. Additive testing for earth pressure balance shields [C]. Twelfth European Conference on Soil Mechanics and Geotechnical Engineering, Netherlands. 1999: 1991-1996.

[76] YIN L. Rock fragmentation mechanism by TBM cutter and TBM tunnelling under stressed grounds [J]. Lausanne EPFL, 2013 (7): 1-10.

第 11 章　复杂工程地质条件与应对（四）：高地温与有害气体

11.1　引言

随着国民经济的飞速发展和隧道施工技术的不断进步，隧道工程和其他地下工程逐渐向"长大深"方向发展，高地温和有害气体病害已成为地下工程的难题。高地温不仅恶化了施工环境，影响到建筑材料，还可能引起衬砌开裂。有害气体严重威胁着施工人员的生命安全，甚至引发隧洞爆炸。大部分深埋长隧道都修建在比较坚硬的岩石中，如花岗岩、片麻岩、混合岩、石英岩、板岩、灰岩等。对于各类坚硬、致密岩石，由于热导率较低、传热性能差，在岩体中易于聚集热能，因此随着隧道工程埋深的增加，地温一般也逐渐增加。对于高地温危害，通常在隧洞施工过程中采取通风、喷淋冷水、个体防护、绝热风管和人工制冷等手段防治。施工和运营中遇到的可燃烧和可爆炸的气体被列为有害气体，对于有害气体，一般采取加强施工通风，采用"人工＋自动化"监测，进行专项超前地质预报等措施进行防治。引汉济渭工程秦岭输水隧洞 TBM 施工段最长通风距离 14.64km（岭南），位居世界前列，也创造了长距离斜井钻爆法无轨运输施工通风最长距离的纪录，同时隧洞山体宽厚、地温高，且该隧洞位于亚热带季风气候与温带季风气候的交界线处，气候条件复杂。这一系列不利因素对施工过程中的高地温及有害气体防治提出了新挑战，尤其是对通风技术的挑战最大。在铁路、公路、水利、水电、工矿、国防工程和城市地铁工程等隧道施工中，通风是不可缺少的技术环节。在机械化作业情况下，通风不仅为洞内施工地点供给新鲜空气、排除粉尘及各种有毒有害气体，创造良好的劳动环境，从而保障施工人员的健康与安全，而且是维持机电设备正常运行的必要条件。对于各种长隧道施工来说，通风常常对整个工程的施工方案和施工组织设计起不可忽视的甚至是决定性的作用。隧道施工长距离通风的技术水平，直接影响隧道独头掘进的规模，特别是在机械化施工技术高度发展的时代，长距离通风技术的发展不仅对隧道建设工期，而且对新线的勘测、选线、工程设计、施工组织及管理、设备选型与配套都有重要影响。对于钻爆法施工隧道，我国有丰富的经验，但长距离独头通风问题仍然是个难题，也是目前隧道施工通风研究的重点。针对秦岭输水隧洞工程的地质情况、运输方式、设备条件、掘进长度、断面面积及洞内污染物的种类和含量等情况进行施工通风技术的研究，以期提出适用于秦岭特长隧洞工程通风技术方案，为秦岭特长隧洞工程的安全顺利贯通提供有力的技术保证。本章介绍了高地温和有害气体的危害及评价指标，回顾了国内外防治这两种不利地质条件的发展历程，最后针对秦岭输水隧洞特点提出了施工过程中的防治措施。

11.2 高地温

传统意义上的地热害主要指由于地热增温、地下热水活动以及地下工程的施工影响造成地下洞室温度超过一定值时对施工造成的危害[1]。地热害还包括温度引起的围岩力学特性变化甚至失稳破坏，以及高温诱发的岩爆、瓦斯、涌水等。国内外的研究成果表明，温度对岩体力学行为有较大的影响[2-5]。在持续高温作用下，岩石的蠕变应变与蠕变速率均会随温度升高而增加，长期强度随温度的增加而减小。因此，持续高温作用对围岩的长期稳定性将产生不利影响。在这一情况下，围岩是否会在高温下发生蠕变失稳，应采取什么防治措施，是必须研究和解决的问题。

在国外，由于接触高温工程较早，有关地热害的研究工作起步早。如英国在18世纪末就开始系统地进行矿井巷道的温度观测[6]。目前，许多国家在不断增加经费大力开展地热害防治研究，已摸索出一些成功的经验和处理措施，但在矿山地热和区域地温预测方面，缺乏系统的研究资料[7-8]。

在我国，地下工程的地热害是随着采煤、采矿和修建长大隧道而向地下深部发展，在20世纪70年代才开始系统地研究。如1974年，平顶山矿务局与中国科学院地质研究所地热室合作，对平顶山矿区进行了地温评价和深部地温预测[9]；1982—1987年，铁道部第四勘测设计院在京广线大瑶山隧道进行了地温实测及计算[10]；1995—1998年，铁道部第一勘察设计院在西康铁路秦岭隧道进行了地温实测及计算，针对实际施工状况，提出了充分利用斜井与竖井加强与改善通风，向掌子面岩体及岩渣喷淋冷水、安装局部风扇等地热害防治措施[11]。工程中通过采取所提出的系列措施，有效地防止了地热害，避免了盲目配备降温设备、增加投资，从而节约了工程费用。

当前，以钻孔热平衡理论为基础建立的稳态测温、近似稳态测温和简易测温在地温勘探中已广泛应用[9]，利用炮眼测量原岩温度的技术也已成熟[9]。但由于受测温条件的限制以及影响地温的因素很多，真正的原始岩温不容易测到。对工程而言，在一定的测温条件下，对测温手段、测温仪器、测温方法，甚至测温数据的偏差校正等进行深入研究有重大的实用价值。

当隧道从温泉地带和地温异常高的地区通过时，地热引起洞内高温，再加上隧道原来固有的潮湿因素，就形成了高湿高温环境。在这种恶劣的环境中工作，将受到"热"的危害，不仅使劳动生产效率显著下降，同时还严重危害人体健康（中暑或热虚脱，甚至死亡）。目前环境"热害"问题引起了地下工程界的极大重视[13]，并对相关方面进行了研究：优化基于防止中暑、热虚脱的生理卫生条件，探求劳动环境的温度上限及减少因"热击"致死的处理办法；研究因高温造成劳动生产率下降的问题；改善高温环境的热排除问题；提出高温条件下修建隧洞工程技术经济的评价。

为了防治隧洞工程中的热害问题，近几十年来，许多国家对此进行了试验与研究工作[14]，提出了一系列措施，可以归纳为几方面：合理制定施工方案；控制和减少热源（抽、排热水和绝热物质隔热）；改善通风；人工制冷。当采取前面三项仍然达不到预期效果时，就不得不采取人工制冷降温技术。

人工制冷用于地下空间，至今已有五六十年的历史[15]。最早采用的是巴西的摩罗未尔赫金矿，之后还有印度、法国、英国、南非、苏联、日本、比利时、美国等国家采用；而使用制冷设备规模最大的是南非金矿，在它所属的 44 个矿井中都安装了用于降温的冷冻机[16]。国外一些高温隧道，如辛普伦隧道[17]、青函海底隧道[18] 等，也都采用了人工制冷措施。我国高温矿井和高温隧道出现较晚，高温矿井在 20 世纪 60 年代才开始应用制冷机降温（平顶山矿、九龙岗矿、711 矿等）[19-20]。因此，在制冷降温技术及其应用方面，需不断提高水平，以满足实际工作需求。

11.2.1　地表浅部温度场划分

开挖深埋地下工程时所面临的高温问题，皆由地球本身是一个巨大热体所致。地球始终保持着散热和吸热的平衡，这种平衡关系也决定着地球浅部的温度场。地壳浅部的温度场从地表向下依次分为变温层、恒温层和增温层。变温层为地壳最表层的温度场，主要受太阳辐射的影响。恒温层位于变温层以下，温度相对恒定。恒温层以下的地壳浅部范围则为增温层，该层温度场状况主要受地球内热控制。

11.2.2　洞内高温的热源与热害类型

温度是衡量洞内气候条件的重要指标，当开挖隧洞内气温超过规定允许值时就定义为高温隧洞。引起洞内高温的原因是多方面的，包括地理、地质方面自然形成的原因和施工中的人为因素。根据地热害来源分析，造成隧道内高温的热源有物理热源、化学热源和生理热源。物理热源包括岩体散热、地下热水、放射性元素、机电设备工作、照明设备等的放热及空气自然压缩热（有较深的竖井、斜井情况）。化学热源包括矿物氧化反应热、坑木腐烂发热及爆破热。生理热源即人体工作释放的热量。

针对热害成因，隧道热害大体上分为原生型热害和后生型热害两大类型[21]。原生型热害是指因隧洞地质因素影响（主要是地热因素）而产生的热害。地热通过各种不同表现而引起的热害有高温岩热型、热水（包括水热蒸汽与热气）涌出型和混合型（岩热和热水共同作用）三种。后生型热害并非地热因素的影响所引起，而是因隧洞开挖产生的各种人工热源因素，如爆破热、机械摩擦生热、机电设备放热、矿物氧化热、空气压缩热和人体散热等所引起的热害。

根据热害的形成可以看出，在同一隧洞中引起热害的因素是多种的，但是总有一种或两种因素占主要地位。因此，找出引起隧洞热害的原因及其规律，有助于区分热害类型，并在隧道设计中针对其类型采取合理的降温措施。

11.2.3　洞内高温环境的危害与评价指标

隧洞内气候条件是指空气的温度、湿度、压力和风速等因素的综合状态，它们之间是相互联系且相互制约的。地下空间高温环境的热害问题容易威胁工作人员的生命安全，并降低施工工作效率。研究高温环境的衡量指标，改善洞内工作环境，积极有效地进行降温能够保护洞内人员健康，可以保障生产安全，提高工效，改善经济效益。

1. 洞内高温环境的危害

洞内气候条件受气温、湿度和风速等多种因素的影响,各因素的综合作用也影响人体的散热条件。人体时刻在产生热量(与劳动强度成正比关系)和散失热量。当外界温度高时,人体就从外界吸收热量,但人体的产热量和从外界吸收的热量应与人体向外界散失的热量相平衡,以维持体温在36.5～37℃的范围内。如果人体的热平衡遭到破坏,人体内部的新陈代谢就不能正常进行,容易引起身体不适。

表11.1 科拉金矿工效与温度的关系

湿球温度/℃	工效/%
33.6	75
35.0	50
36.9	25

洞内不良的气候条件影响人体健康,尤其在洞内高温、高湿的环境中工作会更严重危害人身健康,甚至生命安全。另外,洞内作业工人的工效是随着空气温度和湿度的升高而降低,而且还会因休息而减少劳动时间,致使生产受到影响。南非科拉金矿井空气干球温度达43～49℃,实行三小时作业制。该矿考察了在进行笨重体力劳动时,不同湿球温度下劳动生产率的情况:湿球温度超过28.3℃时,劳动工效开始缓慢下降;湿球温度超过32℃时,劳动生产效率迅速下降。表11.1列出了湿球温度超过33℃时的工效百分比。各种不同气候条件(温度、湿度和风速)与工效的关系见表11.2。

表11.2 各种不同气候条件(温度、湿度和风速)与工效的关系

温度/℃	相对湿度/%	风速/(m/s)	升高1℃工效下降/%
>18	80	2	5
27	100	2	10
30	80	2	12

2. 高温环境的衡量指标及标准

高温环境的衡量指标主要有单项或双项气候因素、卡他度、实效温度和热应力指数四种,国内外施工条件不同,所采用的指标也不一样。单项或双项气候因素一般是以湿球温度或干球温度作为指标来概括地说明洞内气候条件,双项气候因素配合使用能更准确地反映人体热平衡,更能说明环境对人体的综合作用。卡他度是在一定程度上模拟空气温度、湿度、风速等综合作用对人体所产生的冷热感觉的一个指标。卡他度越大人体感觉越冷,卡他度越小则人体感觉越热,卡他度一般适用于没有高温物体辐射热的洞内环境。实效温度也称等感温度或有效温度,是以劳动者在不同温度、湿度和风速组合中的感觉与生理反应为基础而制定的一个指标。热应力指数通常以HSI表示,是以热交换值和人体热平衡为计算基础,加入劳动强度因素的一个综合性环境指标。热应力指数的大小与周围环境的冷热强度有关,环境越热,热应力指数值越大。

气候条件的上限常因人的体质、体格、劳动强度以及对高湿环境的适应性等不同而有所不同。一般在高温环境中工作、生活,人们有从不适应过渡到适应的本能。衡量指标的上限关系着是否实施降温和降温到何种程度的问题。有资料表明,当湿度达到饱和状态时,人们可忍受的最高极限温度是33.3℃。相对湿度很大,风速为4m/s时,最低极限温度为18～20℃。表11.3列出了各国规定的气温允许上限值,供进一步研究参考,由于各国

具体条件不同、看法各异，因此规定的标准也不一样。表 11.4 列出了采掘和回采工作面环境的研究情况，即在类似舒适感的前提下，不同的风速和湿度允许达到的最高允许温度。

表 11.3 　　　　　　　　各国相关行业规定的气候条件

国家	规 定 条 件
中国	我国铁路隧道工程施工安全技术规程中规定，隧道内温度不宜超过 28℃
苏联	苏联保安规程规定最高气温以 26℃ 为标准
波兰	波兰保安规程规定最高气温为 28℃
西德	在 1949 年规定干球温度在 28℃ 以上的工作面劳动时间缩短为 6h；从 1965 年开始，规定感觉温度为 32℃ 为正常工作的气温上限
捷克	规定以湿度为 90%、气温为 28℃，湿度为 80%、气温为 30℃ 作为标准
荷兰	禁止在干球温度为 35℃ 以上的环境中劳动；在 30℃ 以上劳动环境中，规定劳动时间为 6h。但是矿山监察长许可的场合不在此限
美国	美国矿业局规定，采掘工作面的实效温度不得超过 26.7℃
日本	日本佐藤雄三建议，工作面的湿球温度不应超过 29℃，卡他度值不应小于 100
赞比亚	赞比亚的诺卡纳铜矿公司规定湿球温度的上限为 30.8℃，超过此限就要进行制冷降温

表 11.4 　　　　　　　　采掘和回采工作面的最高允许温度

风速/(m/s)	最高允许温度/℃		
	60%～75%	76%～90%	90% 以上
0.25	24	23	22
0.50	25	24	23
1.00	26	25	24
2.00	26	26	25

11.2.4　秦岭输水隧洞地温预测方法

地温预测即预测工程所处区域内的地温状况，调查此区域是否存在地温异常的情况，划定异常区的范围，确定异常的类型及原因，并对区域地温状况做出评价。对地温正常，因深度增加而有热害的地区，测温孔应以精确测定地温梯度为主要任务；对地热异常，区域构造复杂，有热水活动的深部地区，应扩大勘探范围，对所有钻孔进行测温。

1. 西康铁路秦岭隧道的地温量测方法

西康铁路秦岭隧道是目前国内埋深最大的特长隧道之一。设计人员在设计和可行性研究阶段对该隧道区进行了钻孔测温，分析了该地区恒温层的温度与深度及平均地温梯度等特征，预测洞内最高岩温 31.5℃，最高气温 30℃，在此基础上提出了保证工作面安全施工所需的通风量和其他预备性的防热措施。施工过程中进行了地温实测工作，取得了较为可靠的真实数据。通过实测地温值与预测值对比分析后，在西康铁路秦岭隧道勘测和科研中首次提出了基于地形矫正的山岭隧道地温预测经验公式，即在地形起伏变化大的高海拔岭脊地区，依据地温梯度计算深部地温时必须进行地形校正，提出了地温计算中由于地形影响而进行地形矫正的依据，提供了地形矫正的计算方法，得出了山区地温梯度随埋深变化的修正值以及考虑地下水作用、地形效应的地温计算公式：

$$\theta = \theta_H + G_w(H_w - H) + G(Z - H_w) - \theta_{JZ} \tag{11.1}$$

式中：θ_H 为隧道区恒温层温度，℃；H 为隧道区恒温层深度，m；H_w 为隧道区地下水活跃影响带深度，m；Z 为隧道埋深，m；G_w 为隧道区地下水活跃带地温梯度，以每百米垂直深度上增加的温度数表示，℃/100m；G 为隧道区地下水滞留带地温梯度，℃/100m；θ_{JZ} 为隧道区由于地形效应而引起的地温计算偏差，℃。

此经验公式预测隧道岩温与实测岩温之间吻合较好，可在其他工程中推广应用。

2. 秦岭输水隧洞的地温预测

西康铁路秦岭隧道距秦岭输水隧洞工程 70～80km，同处秦岭构造带，秦岭输水隧洞通过地段最大高程 2420.00m，隧洞最大埋深约 2012m。根据区域地质资料显现，隧洞区无活动性断裂及近代火山岩浆活动，也未发现温泉、热泉等，属于"正常增温区"。因此，可以参考并利用西康铁路秦岭隧道的工程实践和经验公式进行地温计算。

秦岭输水隧洞在勘察设计阶段，曾采用 JGS-1B 型智能工程测井系统对 7 个钻孔进行了井温实测。通过对秦岭输水隧洞 7 个钻孔和参考西康铁路秦岭隧道 12 个钻孔实测岩温与深度、海拔及地形地质条件等综合对比分析，得出以下规律：

（1）岩温实测曲线在一个近于相互平行的带状范围内变动，钻孔岩温随深度增加，岩温随海拔增加而递减，总体变化趋势明显，充分反映了地温与地形、海拔、地质条件等的密切变化关系。

（2）节理裂隙发育段或断层破碎带，一般都具有地下水较为丰富且运移活跃的特点，岩体散热不断被地下水吸收并带走，因而地温普遍较低，地温梯度较小。

（3）地形起伏变化大的高海拔秦岭岭脊与其两侧相对较低的低海拔地区相比，前者的地温偏低。因此，依据同一地温梯度对地形起伏变化较大的深部地温推算时，必须对其进行地形校正。

（4）钻孔测温曲线在钻孔浅部具有明显的拐点，钻孔测温曲线在其浅部一定深度范围内变化较小。理论上的恒温层是一个面，而实际的恒温层却具有一定的厚度。在该区，取钻孔浅部一定深度范围内、温度变化较小的底面作为恒温层深度，相应点的温度作为恒温层温度。地形的起伏变化与下垫面的性质，特别是地层岩性、节理裂隙发育程度及水文地质条件等，对恒温层深度与温度的影响不可低估。鉴于秦岭地区地形起伏变化大，恒温层深度变化规律复杂，因而取其平均深度 67m 作为隧洞区的恒温层深度。

（5）单个钻孔地温梯度的确定主要依据钻孔实测岩温随深度变化规律性的强弱、地下水的发育程度和运移状况的强弱等。利用某两点的实测岩温数据与距离直接计算，或利用线性回归方法对其进行整体或分段计算。

秦岭输水隧洞区地表以下浅层地温梯度的确定，在节理裂隙发育，地下水补给、径流、排泄条件良好的地段，考虑到地下水分布的不均匀性，对于地温梯度小于 1（地下水发育较强）、大于 2（地下水发育较弱）的数值不予统计，对于介于二者之间的数值经算术平均及综合分析后确定，平均地温梯度为 1.50～1.70℃/100m，深度最深达 360m。秦岭输水隧洞地表 360m 以下深度的基本地温梯度，主要依据秦岭输水隧洞 7 个钻孔和参考西康铁路秦岭隧道 12 个钻孔实测岩温随钻孔深度及海拔总变化趋势确定，其变化范围为 2.15～2.29℃/100m。

经综合分析计算和参考西康铁路秦岭隧道的地温计算参数，确定秦岭输水隧洞地下水活跃带地温梯度取 16.7℃/1000m，地下水滞留带地温梯度取 22.3℃/1000m，恒温层温度可利用西康铁路秦岭隧道总结出的恒温层温度随海拔高度变化的计算公式（$\theta_H = -0.0077H + 21.307$）进行计算。

秦岭输水隧洞高温段预测统计详见表 11.5。实际施工中，部分测点实测岩温如图 11.1 所示。

表 11.5 秦岭输水隧洞高温段预测统计

序号	桩 号	长度/m	埋深/m	估算温度/℃
1	K18+300～K18+530	230	890～950	27～28
2	K20+980～K21+100	120	900～960	27～28
3	K22+700～K23+160	460	910～1080	27～29
4	K24+500～K24+720	220	970～1030	28～29
5	K25+300～K25+440	140	900～960	27～28
6	K25+580～K27+300	1720	910～1260	27～33
7	K31+750～K39+900	8150	890～1460	28～35
8	K39+900～K44+900	5000	1400～1890	35～42
9	K44+900～K48+300	3400	900～1480	27～35
10	K48+600～K48+900	300	950～1020	28～29
11	K49+240～K53+400	4160	870～1310	27～35
12	K53+400～K54+300	900	1300～1580	35～39
13	K54+300～K56+900	2600	870～1350	28～35
14	K57+480～K59+100	1620	830～1220	27～33
15	K59+470～K60+100	630	840～1050	27～30
16	K60+700～K61+250	550	820～990	27～30
17	K61+500～K62+260	760	820～930	27～29
18	K65+700～K67+150	1450	880～1240	27～33
19	K67+500～K67+550	50	840～860	27～28
20	K67+840～K70+170	2330	810～1140	27～32
21	K72+100～K72+920	820	820～1050	27～30

11.2.5 热害防治措施

深埋地下工程高温高湿的环境条件，不仅会使工作人员的身体健康受到损害，而且也将降低劳动生产率，甚至使地下施工工作无法进行。国务院 2005 年颁布的《中华人民共和国矿山安全法实施条例》第 22 条和 2020 年颁布的《铁路隧道工程施工安全技术规程》（TB 10304—2020）第 11.5.10 条均规定："井下作业地点的空气温度不得超过 28℃；超过时，应采取降温或者其他防护措施"[22]。据此，若秦岭输水隧洞施工中的洞室气温超过 28℃，就必须对其采取措施进行热害防治。

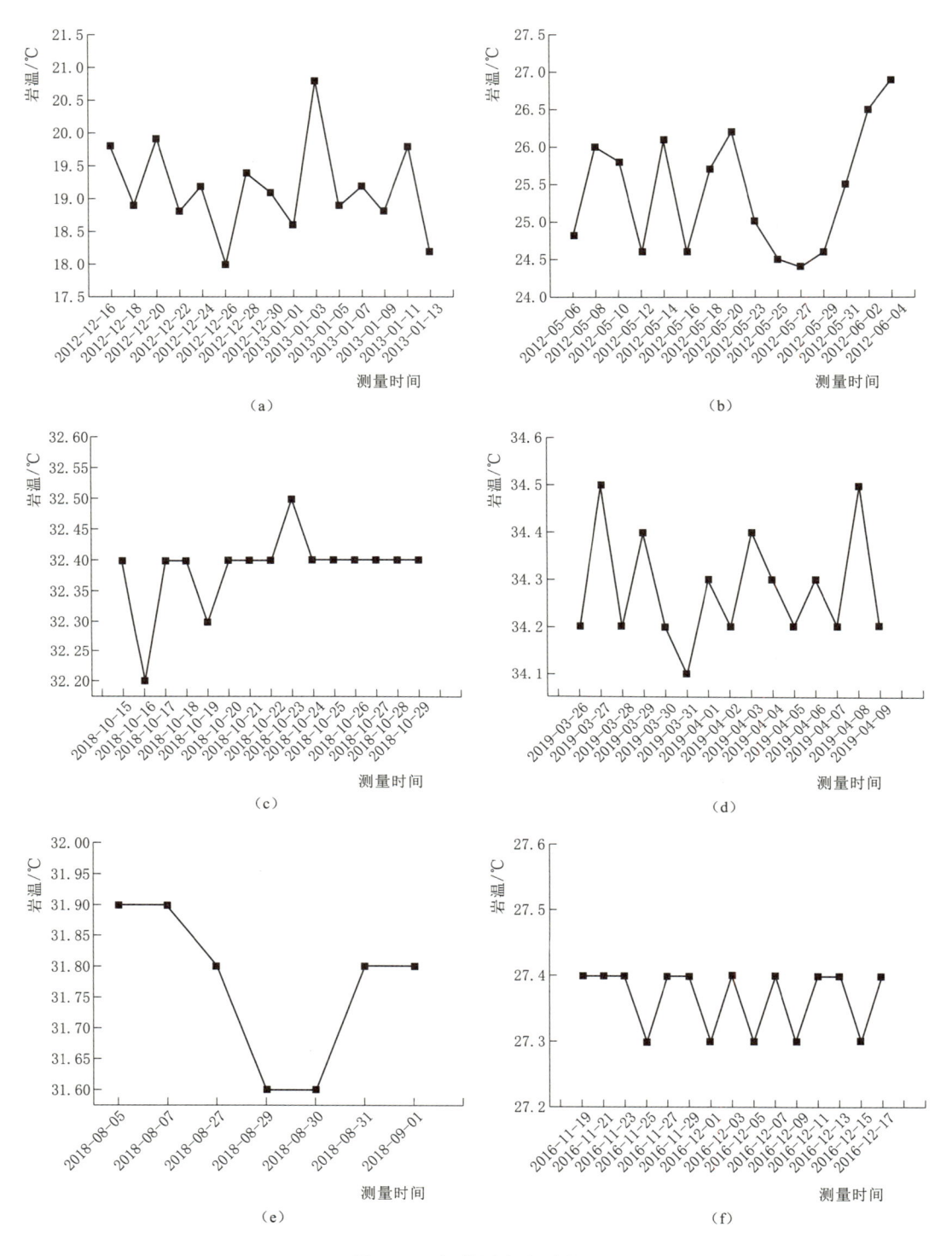

图 11.1 部分测点实测岩温

(a) 桩号 K18+400 处；(b) 桩号 K25+100 处；(c) 桩号 K34+000 处；
(d) 桩号 K39+500 处；(e) 桩号 K46+900 处；(f) 桩号 K68+790 处

热害的防治应针对热害类型、热害程度和施工条件有的放矢、因地制宜。秦岭输水隧洞热害一方面取决于来自围岩放热的内热源，随着隧洞埋深的增大，围岩温度增高；另一方面机电设备放热加剧了热害程度，必须加以考虑。因此，热害防治工作也应以此为重点展开，综合分析各种因素。结合西康铁路秦岭隧道的工程经验，设置的秦岭输水隧洞热害防治措施见表 11.6。

表 11.6　　　　　　　　　秦岭输水隧洞热害防治措施

防治方法	防治措施
加强通风	考虑到隧洞进出口端分别建有施工支洞的实际情况，应充分利用施工支洞以缩短通风距离，加强通风
喷淋冷水	当掌子面岩体温度高于 24℃ 时，应充分利用秦岭山区水温较低的特点，利用洞内既有的输水管道，用高压水向掌子面岩体及岩渣喷淋冷水，实现良好的降温效果
个体防护	在凿眼台车上靠近工作人员处安装局部风扇，以减少机械散热等对操作人员的影响，效果明显。当掌子面温度过高，已明显对掌子面附近工作人员的劳动产生严重影响时，宜进一步采用个体防护措施，穿上冷却服以解决热害对人体的危害
绝热风管	当掌子面掘进距离不断增加，通风距离将不断加长，当通风距离超过 3600m 时，风管进出口温差为 6.2～7.8℃。因此，宜选用双层绝热风管进行通风，否则由于风管内风流与洞室气温不断进行热交换，将使风流温度显著升高，大大降低通风效果
人工制冷	当洞室掘进很深时，洞内气温可能超过 35℃。此时，单靠非人工制冷难以改善洞室的环境条件时，可考虑采取人工制冷的措施。根据施工的实际情况，综合错车道的扩大断面，在洞内安装固定或移动式空调进行人工制冷，以减少洞室热害

11.3　有害气体

11.3.1　概述

铁路部门和公路部门专门把施工和运营中遇到的可燃烧和可爆炸的气体列为有害气体。在隧道工程中，瓦斯是从煤（岩）层内逸出的各种有害气体的总称［《铁路工程不良地质勘察规程》（TB 10027—2012）][23]。

瓦斯隧道安全施工技术是我国各大设计院和工程局的研究重点。目前我国隧道工程的评估理论已经初步具备，国内也已出台了相关的技术规范和工程技术指导措施，结合大量工程实践经验，针对瓦斯隧道的施工工艺、爆破技术、通风技术、瓦斯的监控技术及其预防措施、施工的设备使用与管理等方面的内容已有深入的研究成果，这不仅促进了我国瓦斯隧道安全施工技术的发展，也给世界上相关隧洞工程施工过程提供了参考与借鉴价值[24]。

11.3.2　瓦斯隧道中常见有害气体

瓦斯隧道中常见有害气体可根据其存在环境和基本成分分为可燃性气体、缺氧空气与毒气三类。其中，可燃性气体主要成分为甲烷（CH_4）和一些挥发性有机化合物（volatile organic compounds，VOC），主要危害是气体燃烧引起爆炸，从而对人的生命与财产造成危害。缺氧空气指的是含氧量过低的空气，会造成人和动物的窒息。

根据对人体不同的作用机理，隧道中的毒气可分为刺激性气体、窒息性气体和急性中毒的有机气体三大类。刺激性气体包括二氧化硫、氮氧化物、甲醛、氨气、臭氧等气体，刺激性气体对机体作用的特点是对皮肤、黏膜有强烈的刺激作用，其中一些具有强烈的腐蚀性。窒息性气体包括一氧化碳、硫化氢、氰氢酸、二氧化碳、氮气、甲烷、乙烷、乙烯、硝基苯的蒸气、氰化氢等气体，这些化合物进入机体后会导致组织细胞缺氧。急性中毒的有机气体有正己烷、二氯甲烷等，同刺激性气体与窒息性气体一样，也会对人体的呼吸系统与神经系统造成危害。

11.3.3 引汉济渭工程秦岭输水隧洞有害气体

引汉济渭工程秦岭输水隧洞施工过程中需要不断监测有害气体，并立刻做出相应应对措施以排除现场危害。为了防止有害气体进一步危害，需对有害气体及时进行室内检测并判断来源。

1. 现场施工及有害气体揭示过程

2018年2月23日凌晨3时25分，岭北TBM施工至K47+912.7，岩体纵向节理缝隙有不明可燃气体溢出，溢出气体被拱架支护作业中掉落的焊渣引燃，火焰高度45cm，沿节理面纵向长度95cm。通过便携式四合一气体检测仪现场检测，发现溢出气体为一氧化碳和硫化氢，两项有害气体均出现"爆表"，现场燃烧火焰及检测数据如图11.2所示。

图11.2 有害气体现场检测
(a) 燃烧火焰；(b) 检测数据

通过对气体进行现场检测与色谱分析，同时采集岩样送检，现场气体成分检测结果见表11.7。

表11.7 现场气体成分检测结果

测试时间：2018年2月25日

检测部位	CH$_4$含量/%	CO含量/ppm	H$_2$S含量/ppm
K47+919.5（着火位置溢出口）	11.00	爆表（>1000）	>1
K47+939.4（冒泡处溢出口）	17.00	爆表（>1000）	10
K47+979.7（TBM上层隧洞空间）	0.26	32	0～1

研究表明：本次有害气体溢出属岩层气，不具备瓦斯突出威胁，有害气体属蜂窝状、局部气体，不具备大量储存的可能。

2. 有害气体的分析预测及评价

经现场初步检测及样品的室内分析，秦岭输水隧洞逸出的有害气体为烷类气体，主要成分为甲烷。初期在出现有害气体逸出的裂隙处测得瓦斯浓度最高达17%。从几处瓦斯逸出点的连续检测数据测得，瓦斯浓度一般小于1.5%，局部可达4%（检测仪器的限值0~4%），超过有关规范规定的标准值，存在一定的爆炸危险性。

瓦斯主要来源于泥盆系中统刘岭群变质砂岩地层，随着地层构造破碎带上升运移储存在岩层裂隙内，并受隧洞施工的影响不断逸出。根据洞内瓦斯浓度检测和通风条件，初步判断隧洞内瓦斯绝对涌出量为微量。研究表明：秦岭输水隧洞洞室埋深大，具有良好的储存封闭条件，有利于地下有害气体的积聚；区内受构造作用影响严重，岩体中构造结构面发育，具备气体游离及运移的良好通道，不具备瓦斯突出发生条件；出现有害气体逸出的原因可能是有害气体从其他深部区域沿构造裂隙等通道运移而来。

11.3.4 有害气体的危害与评价指标

瓦斯隧道施工中会产生一氧化碳、二氧化碳、二氧化氮、一氧化氮、二氧化硫、硫化氢等主要有害气体。瓦斯作为隧洞工程中有害气体的总称，其危害可分为瓦斯窒息、瓦斯突出、瓦斯燃烧与爆炸[25]。不同行业都有各自的有害气体评价指标，分析铁路行业、公路行业、水利水电行业的规范标准中隧洞有害气体的评价指标，以保证工程的安全施工。

1. 铁路行业

铁路行业对瓦斯的预测与评估较为完备，一般在勘测阶段根据煤与瓦斯参数，结合施工方案、进度安排，分段分煤层预测隧道及辅助坑道的绝对瓦斯涌出量，并据此进行煤层突出危险性预测和瓦斯隧道的瓦斯工区、含瓦斯地段的等级划分［参见《铁路瓦斯隧道技术规范》(TB 10120—2002)][26]。瓦斯隧道分为低瓦斯隧道、高瓦斯隧道和瓦斯突出隧道三种，瓦斯隧道的类型按隧道内瓦斯工区的最高级确定。瓦斯工区根据其含瓦斯的情况，可划分为非瓦斯地段和三级、二级与一级三种含瓦斯地段（表11.8）。

表11.8　　　　　　　　　　　瓦 斯 地 段 等 级

地　段　等　级	瓦斯含量/(m³/min)	瓦斯压力/MPa
三	<0.5	<0.15
二	≥0.5	≥0.15且<0.74
一	—	≥0.74

低瓦斯工区和高瓦斯工区可按绝对瓦斯涌出量进行判定。当全工区的瓦斯涌出量小于 $0.5m^3/min$ 时，为低瓦斯工区；大于或等于 $0.5m^3/min$ 时，为高瓦斯工区。瓦斯隧道只要有一处有突出危险，该处所在的工区即为瓦斯突出工区。判定瓦斯突出必须同时满足下列4个指标：瓦斯压力 $P \geqslant 0.74MPa$、瓦斯放散初速度 $\Delta P \geqslant 10$、煤的坚固性系数 $f \leqslant 0.5$、煤的破坏类型为Ⅲ类及以上。

2. 公路行业

公路行业将瓦斯隧道分为微瓦斯、低瓦斯、高瓦斯及煤（岩）与瓦斯突出四类，瓦斯隧道与瓦斯工区类别按瓦斯地层的最高类别确定。在瓦斯隧道掘进过程中，隧道施工区段内检测有瓦斯时，则洞口至开挖掌子面的施工区段为瓦斯工区；当施工区段内经检测并评定无瓦斯时，则洞口至开挖掌子面的施工区段为非瓦斯工区。瓦斯工区或瓦斯地层类别判定指标为隧道内绝对瓦斯涌出量，具体分类见表11.9。隧道内瓦斯浓度限值及超限处理措施见表11.10。

表11.9 瓦斯地层或瓦斯工区绝对瓦斯涌出量判定指标

瓦斯地层或瓦斯工区类别	绝对瓦斯涌出量 Q_{CH_4}/(m³/min)
微瓦斯	$Q_{CH_4}<0.5$
低瓦斯	$1.5>Q_{CH_4}\geqslant 0.5$
高瓦斯	$Q_{CH_4}\geqslant 1.5$

表11.10 隧道内瓦斯浓度限值及超限处理措施

地 点	瓦斯浓度限值	超 限 处 理 措 施
低瓦斯工区任意处	0.5%	超限处20m范围内立即停工查明原因，加强通风监测
局部瓦斯积聚（体积大于0.5m³）	2.0%	超限处附近20m停工，断电，撤人，处理，加强通风
开挖工作面风流中	1.0%	停止电钻钻孔
	1.5%	超限处停工，撤人，切断电源，查明原因，加强通风等
回风巷或工作面回风流中	1.0%	停工，撤人，处理
放炮地点附近20m风流中	1.0%	严禁装药放炮
煤层放炮后工作面风流中	1.0%	继续通风，不得进入
局部通风机及电气开关10m范围内	0.5%	停机，通风，处理
电动机及开关附近20m范围内	1.5%	停止运转，撤出人员，切断电源，进行处理
竣工后洞内任何处	0.5%	查明渗漏点，进行整治

公路行业要求隧道施工时，煤层突出危险性预测工作应在距煤层最小法向距离10m前进行，地质构造复杂或岩石破碎的区域，应适当增加最小法向距离。超前预测孔的数量不少于3个。开挖工作面煤（岩）与瓦斯突出危险性预测的方法有瓦斯压力法、瓦斯含量法、钻屑指标法、综合指标法、R值指标法和钻孔瓦斯涌出初速度法。开挖工作面突出危险性预测方法中有任何一项指标超过临界指标，该工作面即为突出危险工作面。预测临界指标值应根据当地煤矿的实测临界指标值确定，无当地煤矿的实测临界指标值时，可参照表11.11中所列突出危险性临界值、突出参考指标及《公路瓦斯隧道设计与施工技术规范》（JTG/T 3374—2020）[27]。

3. 水利水电行业

水利水电行业缺乏专门针对有害气体的行业规范，只在工程建设过程中，对洞内施工环境标准制定了相应的要求。《水工建筑物地下工程开挖施工技术规范》（DL/T 5099—2011）规定：施工过程中，洞内氧气按体积计算不应少于20%，有害气体和粉尘的最高允许含量应符合表11.12的标准。

表 11.11　　　　　　　　　　　突出危险性预测指标临界值

预测指标	瓦斯压力/MPa	瓦斯含量/(m³/t)	综合指标		钻屑瓦斯解吸指标				R 值指标	钻孔瓦斯涌出初速度/(L/min)
			D	K	Δh_2 指标临界值/Pa		ΔK_1 指标临界值/[mL/(g·min$^{1/2}$)]			
				无烟煤 / 其他煤种	干煤样	湿煤样	干煤样	湿煤样		
临界值	0.74	8	0.25	20 / 15	200	160	0.5	0.4	6	5

表 11.12　　　　　　　　　空气中有害气体和粉尘的最高容许含量

名　称	最高容许含量/%（按体积计算）	最高容许含量/(mg/m³)	最高作业时间
二氧化碳（CO_2）	≤0.5		
甲烷（CH_4）	≤1		
一氧化碳（CO）	≤0.0024	30.0	1h 以内
氮氧化物换算成二氧化氮（NO_2）	≤0.00025	5.0	0.5h 以内
二氧化硫（SO_2）	≤0.00050	15.0	15~20min
硫化氢（H_2S）	≤0.00066	10.0	反复作业的间隔时间应在 2h 以上
醛类（丙烯醛）		0.3	
含有 10% 以上游离 SiO_2 的粉尘		2.0	含有 80% 以上游离粉尘不宜超过 1mg/m³ SiO_2 的生产
含有 10% 以下游离 SiO_2 的水泥粉尘		6.0	
含有 10% 以下游离 SiO_2 的其他粉尘		10.0	

11.3.5　有害气体监测

瓦斯隧道施工运营期间，宜根据洞内的有害气体浓度，采用人工巡检和连续自动监测结合的方式对有害气体进行监测。

1. 有害气体监测方法

高瓦斯工区和煤（岩）与瓦斯突出工区应采用自动监控报警系统与人工检测相结合的方式，低瓦斯工区宜采用自动监控报警系统与人工检测相结合的方式，微瓦斯可采用人工检测的方式。

瓦斯工区专职瓦检检测员应配备相应的瓦斯检测仪器、仪表，洞内工程技术人员、班组长、特殊工种等主要管理人员进入瓦斯工区应配备便携式甲烷检测报警仪。人工瓦斯巡检地点应包括隧道内各工作面、爆破地点附近 20m 内风流中、瓦斯易发生积聚处、过煤层、断层破碎带、裂隙带及瓦斯异常涌出点、隧道内可能产生火源的地点以及其他通风死角处。人工巡检频率、瓦斯自动监控报警系统设备、瓦斯检测设备的调试和校正都应按照规范执行，保证瓦斯检测和监测记录的连续性、完整性。

2. 有害气体的监测内容与标准

公路隧道瓦斯监测宜采用人工巡检和瓦斯遥测仪连续自动监测相结合的方式。

（1）人工巡检。人工巡检需配备专职瓦斯检测员，利用光学瓦检仪、便携式自动报警仪及迷你型四合一气体检测仪对巷道及工作面的 CH_4、CO、CO_2、H_2S 等有害气体进行监测。加强凿眼过程中及装药前和放炮后的瓦斯监测，重点检查电气设备集中的地点、二次衬砌作业面、开挖工作面等。

瓦斯检测地点应包括开挖工作面和回风流中、爆破地点附近 20m 内的风流及局部垮帮冒顶处、坑道总回风中、局部通风机前后 10m 内的风流中、各种作业平台和机械附近 20m 内的风流中、电动机及其开关附近 20m 内的风流中、避车洞及其他洞室中、煤层或接近地质构造破坏带、裂隙瓦斯与硫化氢和油气异常涌出地点。

有害气体人工检测时，可采用光干涉甲烷测定器进行瓦斯浓度测定，同时采用 AFC 机械式低速风速表对风速、温度进行测定。

（2）瓦斯遥测仪连续自动监测系统。自动化监控设备采用瓦斯遥测仪连续自动监测系统，同时安装风速传感器。瓦斯遥测仪连续自动监测系统是一种采用分割分布式结构，多位一体的全网络优化矿井安全生产综合监控系统。除了可以监控瓦斯外，还可以通过安装相应的传感器对隧道内 CO、CO_2、H_2S、O_2 等进行实时检测。

自动监测采用瓦斯遥测仪和遥测警报断电仪进行自动测试和手动报警，并建立风、瓦、电连锁系统和声光报警系统。在正洞开挖工作面、机电设备集中处、总回风巷、衬砌台车处各设一个 CH_4 传感器探头。当瓦斯浓度达到报警值时，传感器探头发出声、光报警信号，断电仪发出光报警信号，计算机发出声音报警信号。瓦斯浓度超过断电值时，断电仪可自动切断超限区的电源，自动检测系统仍正常工作。

3. 引汉济渭工程秦岭输水隧洞有害气体监测方案

水利工程无瓦斯隧洞的相关规定，引汉济渭工程秦岭输水隧洞设计中借鉴、参考其他行业的规范、标准编制专项方案。《公路瓦斯隧道设计与施工技术规范》（JTG/T 3374—2020）相关技术条款及要求能较好地满足目前实际技术水平，作为方案制订中主要参考依据；结合秦岭输水隧洞瓦斯的溢出特点，以《贵州省高速公路瓦斯隧道设计技术指南》及《铁路瓦斯隧道技术规范》（TB 10120—2002）作为补充参考依据。

（1）瓦斯监测系统及要求。瓦斯监测是防止瓦斯事故的主要技术措施之一，为了保证隧洞施工过程中的安全，瓦斯监控在施工期间进行全程不间断监控。引汉济渭工程秦岭输水隧洞瓦斯监测采用"人工＋自动化"监测，即采用自动监测系统与人工检测相结合的方式，现场监测如图 11.3 所示。自动监测系统由监控中心站、分站、输入和输出设备构成。监控中心站与分站之间通信，接收分站内的信息，可以对分站发出指令，对接收的信息进行处理、显示并报警。通过外围设备可以将信息进行打印、上传及发送等。分站接收由输入设备采集到的信号，通过逻辑变换，输出控制信号，再通过断电仪对控制对象进行通断电控制。

瓦斯监测系统通过在洞内安装的瓦斯传感器、风速传感器、一氧化碳传感器、烟雾传感器等测定洞内瓦斯参数，并将此信息回馈主控计算机分析处理，对洞内瓦斯、风速、风量和主要风机 TBM 设备实施风、电、瓦斯闭锁及风量控制。瓦斯超标自动进行洞内传感器和洞内外监控中心声光报警，再通过设备开停传感器、馈电断电器对被控设备自动断电。系统可及时准确地对洞内各工作面的瓦斯状况进行 24h 全方位监控。

（2）传感器的布置。监测传感器包括瓦斯传感器、风速传感器、一氧化碳传感器、温度传感器、烟雾传感器、设备开停传感器、馈电状态传感器，根据传感器的数量及种类按

11.3 有害气体

(a)　　　　　　　　　　　　　　(b)

图 11.3　有害气体现场监测
(a) 人工检测；(b) 自动监测传感器

控制要求，配置远程断电仪。

在开挖工作面迎头及距开挖工作面不同位置的敏感设备处、回风流处、模板台车前后、5 号洞底检修洞、5 号洞内、洞内变压器集中安设处、皮带驱动处、机电设备洞室等设置瓦斯传感器。风速传感器安装在距后配套末端 30m 回风流处、5 号支洞井底至掌子面的衬砌地段、5 号洞和 6 号洞之间的主洞已衬砌段、5 号支洞等主要测风站。在易自燃或有爆炸危险的瓦斯工区地段，设置一氧化碳传感器和温度传感器，模板台车前布置温度传感器。在 TBM 上每间隔 20m 设一处烟雾传感器，同时瓦斯工区使用的主通风机、局部通风机设置设备开停传感器，被控设备开关的负荷侧应设置馈电状态传感器。

（3）自动监测系统的安装。自动监测系统的安装主要包括洞口主控计算机监控中心、洞内分站、瓦斯断电仪和瓦斯风电闭锁装置、阻燃专用传输电缆、传感器等。

洞口主控计算机监控中心机房设置在 5 号洞口，机房基本环境符合《电子计算机场地通用规范》（GB/T 2887—2000）的要求，在动力、温度、防尘、防静电、防雷击等方面采取措施满足相应的指标要求。机房设专用配电箱，使用前对电源进线检测，满足供电电压和频率偏移要求。采用双路两级稳压电压供电，第一级为交流稳压器供一台 UPS 及其他计算机外设；第二级为 UPS，其输出主要供主控计算机，UPS 供电时间不少于 10min。

自动监测系统在洞内分站的安装要有利于系统维护人员的观察、调试、检修和维护，远离可燃物和杂物等，并且无滴水积水，方便安装。洞内分站安装时垫支架，支架间距/距离地面不小于 300mm 并可靠接地，接地电阻小于 2Ω。设专用配电箱，使用前对电源进线检测，分站电源箱所接入的动力电缆及控制电缆应与所配密封圈相匹配，接线端与外接电压等级应相符。

装设瓦斯断电仪和瓦斯风电闭锁装置的监控系统，远程断电使用 $1.5mm^2$ 电缆，分站到被控开关距离应小于 30m，严禁使用 DW 系列开关作为被控开关，被控开关应使用磁力防爆开关。在断电安装完成后，应在隧道内使用 1% 的标准气样检测是否正常断电。独立的声光报警箱悬挂位置应满足报警声可让附近的人能听到的要求。

监控中心机房到工区内的通信电缆应选用铠装电缆、不易燃橡套电缆或矿用塑料电缆。各设备之间的连接电缆需加长或分支连接时，被连接电缆的芯线盒应用螺钉压接，不得采用电缆芯线导体直接搭接或绕接。接线盒应使用防爆型，电缆线多路同向延伸布设时，可将其绑扎成束，固定在隧道洞壁上，支撑点间距不得大于 3m，与电力电缆的间距不得小于 0.5m，以防电磁干扰。

所有传感器的安装应充分考虑吊点、支撑及卡固强度、传感器接线走向及固定等。瓦斯传感器宜自由悬挂在拱顶以下 20cm 处，其迎风流和背风流 0.5m 内不得有阻挡物。风速传感器安装点前后 10m 内无分支风流、无拐弯、无障碍、断面无变化、能准确检测和计算测风断面平均风速及风量的位置。一氧化碳传感器、温度传感器应垂直悬挂在隧道拱顶上部，不影响行人和行车，方便安装、维护工作。设备开停传感器主要用于监测瓦斯工区内机电设备（如主风机、局部通风机、TBM 主要设备）的开停状态，安装时将电源及输出信号与系统电源及信号输入口对应接线正确，在负荷电缆上按传感器调整要求寻找合适的位置卡固好传感器即可正常工作。

（4）人工检测。瓦斯段落施工时，除配置自动监测系统外，应进行人工检测。微瓦斯工区人工巡检频率应不少于 1 次/4h，低瓦斯工区、高瓦斯工区不少于 1 次/2h。开挖工作面及瓦斯涌出量较大、变化异常区域，应专人随时检测瓦斯浓度。在进行钻孔作业、塌腔和焊接动火时，专职瓦检检测员应跟班作业，随时检测瓦斯。开挖工作面及台车位置的拱顶部位应悬挂便携式甲烷检测报警仪，随时检测瓦斯浓度。

安全监控设备必须定期进行调试、校正，每月至少 1 次。采用载体催化元件的甲烷传感器、便携式甲烷检测报警仪，便携式光学甲烷检测仪，每 7 天必须使用校准气样和空气样调校 1 次。每 7 天必须对"风电""瓦电"进行闭锁试验，并对甲烷超限断电功能进行测试。

每班人工瓦斯检测结果应及时上交瓦斯监控中心，由值班瓦斯检测员对人工检测结果与自动监控系统相应位置、时间的自动监控值进行比对，并填写光学瓦斯检测仪与甲烷传感器对照表，两种方式相互验证，发现异常应及时查明原因。瓦斯检测和监测记录应保持连续性、完整性，并由专人负责分类建档。在瓦斯工区顶部进行作业时，应随时检测作业范围的瓦斯浓度，重点检测瓦斯易积聚且风流不易到达的地方，当瓦斯积聚时，附近 20m 范围内必须立即停止作业，撤出人员，切断电源并进行相应处理。

11.3.6 防治措施

根据引汉济渭工程秦岭输水隧洞实际情况，结合 TBM 设备现状，参考瓦斯隧道相关施工技术标准，制定有害气体防治措施。

1. 防治措施的设计原则

防治措施的设计遵循严格管理、重视监测、动态处理的总体原则。其中瓦斯隧道应按实测瓦斯浓度、风速（风量）进行施工管理，瓦斯工区应按实际情况进行动态管理。已揭示的 K47+912.7～K47+940.4 段，初期支护厚度满足《铁路瓦斯隧道技术规范》（TB 10120—2002）的要求，提高二次衬砌的抗透气性能，在初期支护及二次衬砌混凝土中掺加气密剂。将已揭示的瓦斯溢出段设为封堵试验段，对瓦斯溢出点进行局部封堵；后期的封堵方案根据试验段的封堵效果及实际溢出情况确定。

本着安全、适用、经济的原则，在瓦斯规范规定的基础上，采取了一定的优化措施来保证瓦斯隧道施工安全。例如，加强施工通风，施工瓦斯监测采用"人工＋自动化"监测，洞内施工执行瓦斯规范的要求，对隧洞内照明灯具、相关电缆连接进行改造，布设瓦斯监测警报和熄火的装置，同时进行专项超前地质预报。

2. 防治措施的设计

防治措施的设计主要包括瓦斯地段衬砌结构设计、瓦斯隧道施工措施。

(1) 瓦斯地段衬砌结构设计。目前瓦斯地段衬砌结构调整暂考虑K47＋960～K47＋860段，长100m。此段围岩类别由Ⅳ类调整为Ⅲ类，受岩爆影响，同时考虑为限制有害气体排放，该段初期支护采用H125型钢钢架，如图11.4（a）所示。拱墙锚杆及喷射混凝土按Ⅳ类围岩参数执行，局部破碎段钢筋网调整为钢筋排，拱墙二次衬砌混凝土调整为C35。该段初喷及二次衬砌混凝土中掺加气密剂，要求掺用气密剂后，喷混凝土中透气系数不应大于10^{-10}cm/s，模筑混凝土中透气系数不应大于10^{-11}cm/s。对K47＋912.7～K47＋940.4段有害气体溢出点进行局部封堵，每个出气点设3～5孔局部注浆，注浆采用ϕ42钢化管，长度4.5m，浆液采用瑞诺化学浆，注浆封堵如图11.4（b）所示。

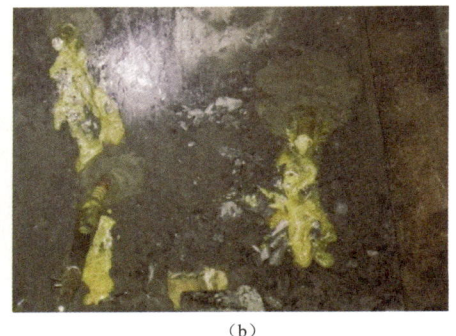

(a)　　　　　　　　　　　　(b)

图11.4　支护结构及注浆封堵

(a) 支护结构；(b) 注浆封堵

(2) 瓦斯隧道施工措施。图11.5为施工现场通风设施。瓦斯隧道的施工措施主要有：

1) 施工通风。施工通风是排烟除尘和稀释有害气体的主要手段，是保证施工安全的重要前提，因此要求秦岭输水隧洞施工期间必须不间断通风。

2) 钻孔作业。瓦斯工区的钻孔作业应满足《公路瓦斯隧道技术规程》（DB51/T 2243—2016）的基本要求，钻孔过程中应观察记录孔口排出的浆液、煤屑变化情况、喷孔和顶钻等信息，每个超前钻孔结束后均应及时整理钻孔原始记录表和成果图。超前钻孔过程中出现顶钻、喷孔等瓦斯动力现象时，应按揭煤防突的要求进行超前探测和试验检测。

3) 电气设备和作业机械。全部瓦斯地层施工完毕且经检测评定后续施工段落均为非瓦斯工区时，施工的电气设备与作业机械设备可按非瓦斯工区配置，但需按照瓦斯隧道的要求加强瓦斯监测。瓦斯工区使用的防爆电气设备和作业机械，在使用期间，除日常检查外，应随时由专人检查维护，不得失爆。

4) 超前地质预报。超前地质预报工作拟采用以地质分析法为基础，HSP为先导、超

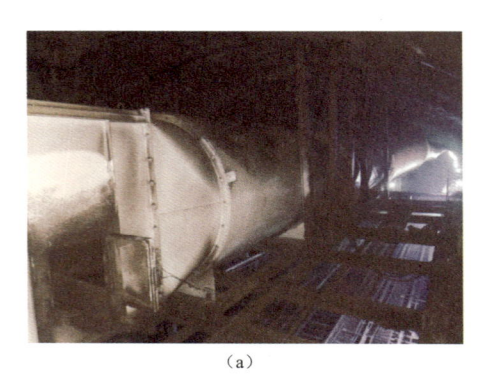

图 11.5　施工现场通风设施

(a) 接力风机；(b) 回程增压风机

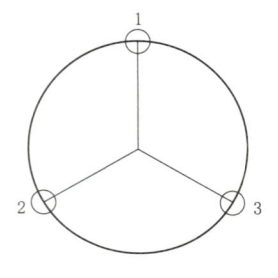

图 11.6　超前水平钻探探孔布置图

前水平钻孔配合瓦斯监测仪为主要手段的综合超前地质预报方法，重点预测预报前方围岩的破碎程度、产状、裂隙发育情况等。

根据前期探测地质条件，秦岭输水隧洞瓦斯工区采用洞内地质素描、HSP 连续探测，掌子面布置水平钻孔 3 孔、配合瓦斯监测仪进行瓦斯浓度、压力等监测。超前水平钻探探孔布置如图 11.6 所示，布孔参数见表 11.13。

3. 施工注意事项

(1) 专项施工方案的编制。为确保施工及运营安全，参考相关规范、规定，提出相关要求，施工前应编制完成专项施工方案，经审批后执行。应注意的相关事项主要包括：建立安全生产管理机构、安全生产责任制，健全各种安全管理制度，并确保有效实施；建立完善的有害气体监测系统，完善有害气体检测和监控管理制度、检测仪器和设备管理制度；改造通风系统、电气设备与作业机械，并完善其管理制度；建立防火和防爆管理制度，完善爆破安全管理规程、钻爆作业安全操作规程等；建立特殊工序审批制度、进洞管理制度；建立职业健康安全保护体系，确保职工身体健康，预防职业病；制定有害气体爆炸、中毒事故应急救援预案；按规范要求，做好洞内的施工通风系统的日常检查。

表 11.13　布 孔 参 数

孔号	钻 孔 位 置	外插角/(°)	钻孔深度/m
1	位于隧洞轴线正上方拱顶 12 点位置，距中心线上方 4m	5	25
2	位于隧洞轴线左侧 8 点位置，距中心线上方 4m 中心线径向	5	25
3	位于隧洞轴线右侧 4 点位置，距中心线上方 4m 中心线径向	5	25

(2) 初期支护。尽快完成瓦斯工区的喷锚支护，使得开挖轮廓能迅速得到支护，减短有害气体溢出时间，减少溢出量。

(3) 瓦斯监测。在施工期间，全程不间断进行瓦斯监测。考虑自动监测系统的单一性，要求瓦检检测员采用便携式瓦斯检测仪等专门仪器配合检查，确保开挖过程中不间断监测瓦斯等有害气体浓度。发现瓦斯溢出异常时，应根据实际揭示情况，立即调整、修正实施方案。

11.4　本章小结

本章通过介绍高地温和有害气体的危害和评价指标，分别提出了引汉济渭工程秦岭输水隧洞的高地温预测方法和防治措施、有害气体的检测方法和防治措施。引汉济渭工程秦岭输水隧洞参考西康铁路秦岭隧道工程进行地温预测，采用加强通风、喷淋冷水、个体防护，并使用绝热风管和人工制冷的方式进行隧洞热害防治。引汉济渭工程秦岭输水隧洞采用"人工＋自动化"监测的方法，实现了瓦斯气体的实时监测，并主要采取了包括优化瓦斯地段衬砌结构设计和瓦斯隧道施工措施的防治措施。引汉济渭工程秦岭输水隧洞对高地温和有害气体的有效防治优化了施工环境，避免了人员伤亡，并在一定程度上加快了工程进度。

参考文献

［1］　陈安国．矿井热害产生的原因、危害及防治措施［J］．中国安全科学学报，2004，14（8）：3-6.
［2］　刘亚晨，蔡永庆，刘泉声，等．温度饱和水下的裂隙岩体力学特性研究［J］．岩石力学与工程学报，2016.21（2）．
［3］　张国厅．高寒山区表层岩体的温度效应研究——以四川藏区主要公路为例［D］．成都：成都理工大学，2017.
［4］　李嘉豪，陈延可，文金萍，等．基于温度-渗流-应力耦合作用下地下采空区损伤岩体受力分析［J］．矿业工程研究，2021，36（2）：48-53.
［5］　后雄斌．高地温影响下的水工隧洞围岩应力变形规律分析［J］．西北水电，2021（2）：73-78.
［6］　ＲＣ福里斯，ＤＪ雷迪希，易宏伟．英国煤矿未来巷道的设计与支护［J］．江苏煤炭，1991（4）：45-47.
［7］　辛嵩．矿井热害防治［M］．北京：煤炭工业出版社，2011.
［8］　张明光，王伟，周明磊．基建矿井热害防治综合措施［J］．煤炭科学技术，2012，40（6）：4.
［9］　陈遂斋．平顶山矿区地下岩温的炮眼测定［J］．中州煤炭，1993（3）：28-30.
［10］　李定越．大瑶山隧道地温实测报告［C］//中国土木工程学会隧道及地下工程学会．中国土木工程学会隧道及地下工程学会1988年第五届年会论文集．南京：中国土木工程学会隧道及地下工程学会，1988.
［11］　楼文虎，舒磊．中国第一座特长越岭隧道——西康铁路秦岭隧道［J］．铁道工程学报，2005（zl）：7.
［12］　王世民，石耀霖．钻孔水与围岩间热平衡程度对地温测量的影响及其校正［R］．北京：中国地球物理学会，2013.
［13］　魏乐平，魏培旺．不可忽视的煤矿热害问题［J］．江西煤炭科技，2014（4）：151-153.
［14］　孙艳玲，桂祥友．煤矿热害及其治理［J］．辽宁工程技术大学学报，2003（S1）：35-37.
［15］　柳静献，李国栋，常德强，等．矿井降温技术研究进展与展望［J］．金属矿山，2021（12）：1-15.
［16］　王启晋．南非金矿的降温技术［J］．有色金属（采矿部分），1977（6）：52-57.

[17] 马积薪. 深埋隧道中的岩层温度计算和温度预报 [J]. 隧道建设, 1996 (1): 9.
[18] 王子岗. 日本青函海底隧道消防设施及防灾管理系统 [J]. 云南消防, 1994 (6): 31-32.
[19] 左金宝, 吕品, 程国军. 高温矿井热源分析与制冷降温技术应用 [J]. 煤矿安全, 2021 (11): 46-49.
[20] 黄顾华, 沈斐敏. 高温矿井降温技术研究动态 [J]. 安全健康, 2006 (11): 30.
[21] 陈奇, 陈寿根. 高温隧道热害等级划分方法 [J]. 四川建筑, 2019 (2): 4.
[22] TB 10304—2020 铁路隧道工程施工安全技术规程 [S]
[23] TB 10027—2012 铁路工程不良地质勘察规程 [S]
[24] 熊欣. 瓦斯隧道施工通风优化及安全控制技术研究 [J]. 工程机械与维修, 2021 (3): 256-257.
[25] 郝俊锁, 陈中方, 沈殿臣, 等. 瓦斯隧道通风在线监测与动态分析预警 [J]. 现代隧道技术, 2012, 49 (4): 32-36, 55.
[26] TB 10120—2002 铁路瓦斯隧道技术规范 [S]
[27] JTG/T 3374—2020 公路瓦斯隧道设计与施工技术规范 [S]

第 12 章 复杂工程地质条件与应对（五）：破碎岩体与大变形

12.1 引言

在深埋隧洞中施工时，由于有较大的垂向和水平地应力作用，导致围岩强度较低。TBM 通过诸如软岩、断层带和风化岩等软弱围岩时往往会由于强烈挤压变形和破坏而发生卡机、塌方、突涌水等事故，因此 TBM 卡机和塌方事故成为制约 TBM 施工效率的重要因素[1]。

断层破碎带是卡机事故的高发地段，必须引起足够重视。而对于非断层破碎带，围岩较为软弱，节理贯通性好，但咬合力弱时，也容易造成围岩大变形，发生卡机事故。

引汉济渭工程共发生三次卡机事故，具体过程如下：

(1) TBM 施工段 K51+597.6 卡机。岭北 TBM 掘进至 K51+597.6 处时，发生塌方和卡机问题。从 2016 年 5 月 31 日卡机开始，经过超前预报预判、支护监测、围岩加固、导洞超前泄压、管棚支护、超前接应等一系列的处理措施，于 2016 年 10 月 10 日重新启动，继续开挖掘进，整个过程历时 132d。

(2) TBM 施工段 K51+569.0 卡机。岭北 TBM 掘进至 K51+569.0 处时，发生塌方和卡机问题。从 2016 年 10 月 18 日开始，经过注浆加固、回填、拆换、试掘等一系列的处理措施，于 2016 年 12 月 10 日重新启动，继续开挖掘进，整个过程历时 54d 时间。

(3) TBM 施工段 K51+505.6 卡机。岭北 TBM 掘进至 K51+505.6 处时，发生塌方和卡机问题。从 2016 年 12 月 16 日开始，经过注浆加固、回填加固、掌子面加固等一系列的处理措施，于 2017 年 1 月 3 日重新启动，继续开挖掘进，整个过程历时 19d 时间。卡机现场如图 12.1 所示。

图 12.1 卡机现场

12.2 岭北 TBM 施工段破碎岩体卡机历程

TBM 卡机包括刀盘被卡和护盾被卡。刀盘被卡主要发生在围岩破碎带，通常采用刀盘瞬时脱困扭矩（可达到 1.7 倍左右额定扭矩）进行脱困处理。护盾被卡指围岩大变形导致 TBM 护盾被卡且作用护盾上的围岩应力引起的阻力超过了 TBM 脱困推力[2]。这种事故通常发生在高地应力软弱围岩洞室内，随着时间的推移，TBM 护盾被卡得越来越紧，主要是围岩变形随着时间的增加不断增大，即围岩变形表现出显著的流变特性。TBM 卡机和塌方事故均严重影响 TBM 的施工效率。因此，对岭北 TBM 施工段进行破碎岩体卡机处理十分必要。

12.2.1 卡机经过

2016 年 5 月 31 日上午 7 时 32 分，TBM 掘进至 K51+597.6 时，护盾后方 K51+603.2 处拱顶围岩松散，左侧护盾下方有砂砾状渣体不断涌出，盾尾碎渣如图 12.2 所示。考虑到人员和设备的安全，决定停止 TBM 掘进作业，护盾后方渣体堆积高度超过 TBM 主梁后停止外流，涌出渣量有近百立方米，刀盘内流渣已填充刀盘 2/3 空间，且右侧拱顶 1 点方向有线状流水。本处原设计为 Ⅲ 类围岩，岩性为千枚岩夹变砂岩，实际揭露岩性多为千枚岩，少量变砂岩、碎裂岩、糜棱岩及少量断层泥砾。鉴于此种情况，项目部人员立即通知参建各方相关人员进洞勘察，经现场会勘后，设计院地质专业人员对已开挖段围岩进行分析，认为 K51+616～K51+604 段（未完全揭示）发育一断层，初步判断为逆断层，大致产状为 N55°W/46°N，K51+616～K51+605 段岩性主要为千枚岩和少量变砂岩，有少量糜棱岩和断层泥砾夹层，K51+605 开始进入断层主带，岩性主要为碎裂岩、糜棱岩和断层泥砾，岩石胶结差，自稳能力差，本段地下水不发育，多干燥，在掌子面右上部有线状水发育[3]。

图 12.2 盾尾碎渣

受该断层影响，已开挖段部分钢拱架及钢筋排有明显挤压变形现象，主机操作室护盾压力监控数据显示，护盾顶部压力已达到设备极限值，刀盘无法转动。

12.2.2 地质预报

本次地质预报采用激发极化法来进行超前预报。激发极化法是根据岩石、矿石的激发极化效应来寻找金属和解决水文地质、工程地质等问题的一种电法勘探方法，初期主要用于寻找硫化金属矿床，后来发展到诸多领域，如氧化矿床、非金属矿床、工程地质问题等。近年来，其找水效果十分显著，被誉为"找水新法"。

1. 激发极化法超前预报原理

激发极化法（induced polarization，IP）是电法勘探方法的一个重要分支，在进行电阻率法勘探时，会出现如下现象：在向地下供入稳定电流的情况下测量电极之间的电位差并非瞬间达到饱和值，而是随时间而变化，经过一段时间后趋于稳定的饱和值；而断开供电电流后，电位差也并非瞬间衰减为零，而是在最初的一瞬间很快下降，而后随时间缓慢下降并趋于零。在人工电流场、磁场或激发场作用下，具有不同电化学性质的岩石或矿石，由于电化学作用将产生随时间变化的二次电场（激发极化场），主要包括电子导体的激发极化效应和离子导体的激发极化效应。这种发生在地质介质中，因外电流激发而引起介质内部出现电荷分离，并由电化学作用引起附加电场的物理化学现象，称为激发极化效应。影响激发极化效应的因素主要包括岩矿石物质成分、金属矿物的含量和结构、供电电流。时间域激发极化现象示意如图 12.3 所示。

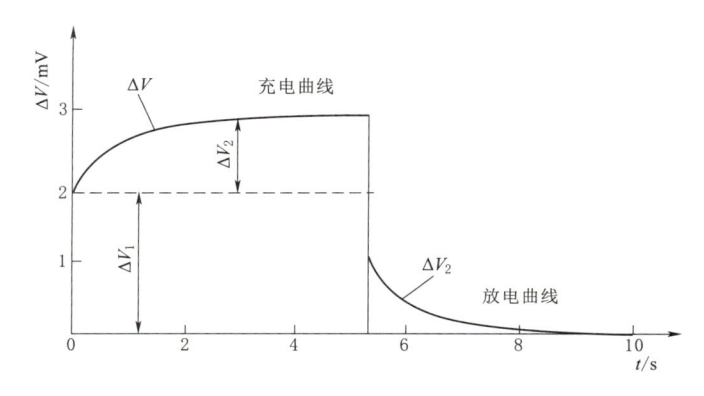

图 12.3 时间域激发极化现象示意图

通过对激发极化法中极化率、电阻率以及半衰时的差等参数进行分析和反演，可以得到掌子面前方岩体的电阻率、极化率结构，为超前地质预报提供重要的参考。

2. 激发极化法测线布置

本次测量采用激发极化超前预报仪器，主要采集了电阻率等参数，掌子面刀盘上布置 8 个测量电极，电极在刀盘上的布置如图 12.4 所示，图中的阿拉伯数字代表布置在刀盘上的探测电极编号。采用 1 条多芯电缆将供电与测量电极相连接，同时设计 1 根单芯电缆连接电极 B 与 N，再通过电缆连接到探测仪器。

3. 激发极化法探测结果

本次探测的激发极化三维成像如图 12.5 和图 12.6 所示，其中 X 方向表示竖直方向，Y 方向表示掌子面宽度方向，Z 方向表示开挖方向，坐标原点为掌子面中心位

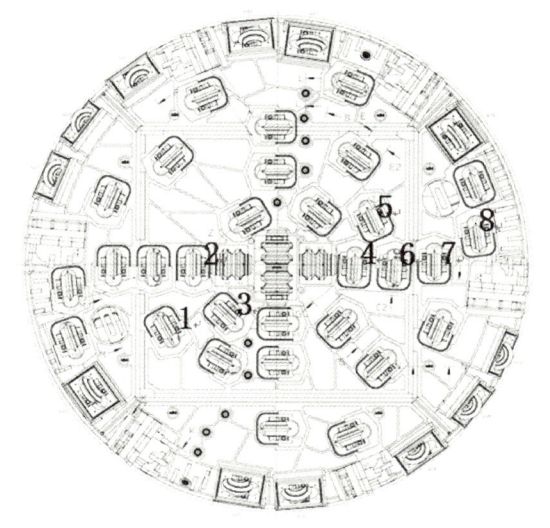

图 12.4 电极在刀盘上的布置示意图

置，反演区域为 $Y(-9\mathrm{m}, 9\mathrm{m})$、$X(-11\mathrm{m}, 11\mathrm{m})$，掌子面坐标为 $Y(-4.0\mathrm{m}, 4.0\mathrm{m})$、$X(-3.7\mathrm{m}, 3.7\mathrm{m})$，图中掌子面洞径范围外部分仅供参考，激发极化预报结果如下：

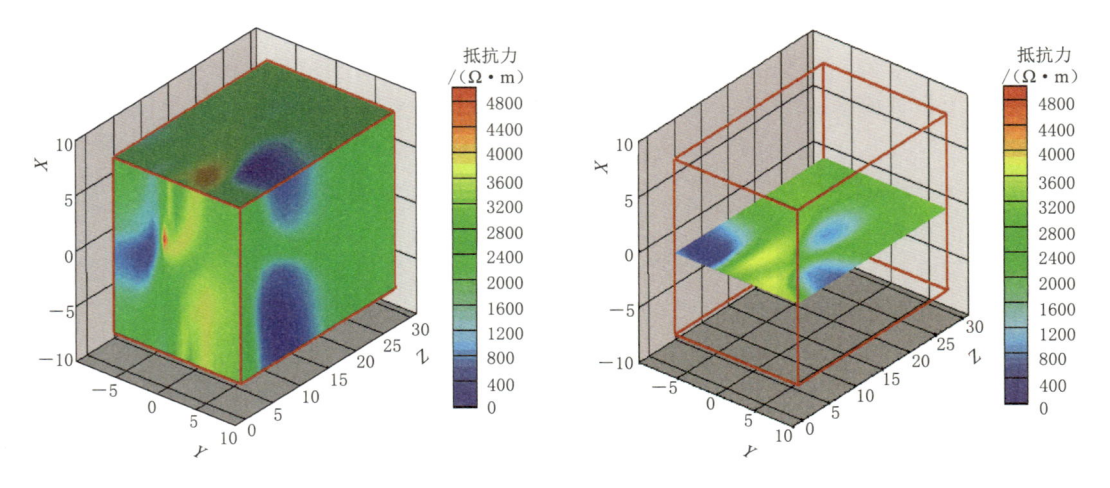

图 12.5　激发极化三维成像图　　图 12.6　激发极化成像 $X=0$ 切片图

K51+597.6～K51+587.6 段：三维反演图像中掌子面范围内电阻率值较低，在掌子面中部出现较大低阻区域，结合地质分析，推断掌子面左侧围岩破碎，地下水异常发育，开挖易出现股状涌水。

K51+587.6～K51+577.6 段：三维反演图像中掌子面范围内电阻率值较低，在掌子面中部出现低阻区域，结合地质分析，推断掌子面中部围岩破碎，地下水发育，开挖易出现股状涌水。

K51+577.6～K51+567.6 段：三维反演图像中该段落电阻率较前两段落略有增大，结合地质情况，可推断该段落围岩较破碎，裂隙发育，开挖易出现涌水或流水[4]。

4. 地震波法超前地质预报

三维地震探测是利用人工震源激发的地震波在地下岩层中传播的路径、时间和波长，探测地下岩层的埋藏深度、形状和速度结构等几何和物理属性，认识地下地质构造，进而发现隐伏断裂、特殊地质构造（如发震断裂和孕震构造等地下结构）的技术。二维探测系统所采用的观测系统虽具有一定的空间分布，然而受隧道空间范围及隧道壁等自由界面的限制，基于隧道壁布置的二维探测系统地震波激发接收角度极小，这使得该方法对隧道壁附近的异常体有较好的响应，对于掌子面前方异常体响应较弱，成像结果真实性和可靠性差。而三维探测系统的观测技术多采用环隧道壁三维空间布置检波器，隧道壁或掌子面上激发反射波的观测系统，采用地震层析成像、散射波叠加、克希霍夫深度偏移等地震数据处理方式进行异常体成像[5]。三维地震探测技术是一项集物理学、地震学、数学、计算机科学和工程技术等为一体的综合性应用技术。较传统的二维探测技术，三维地震探测技术能够使地下目标的图像更加清晰、位置预测更加可靠，是实现"地下清楚"目标的必经之路。

三维地震的震源和检波器采用分布式的立体布置方式，震源和检波器的布置示意如图 12.7 所示。

仪器的工作过程为：首先，在震源点上锤击，在锤击岩体产生地震波的同时，触发器

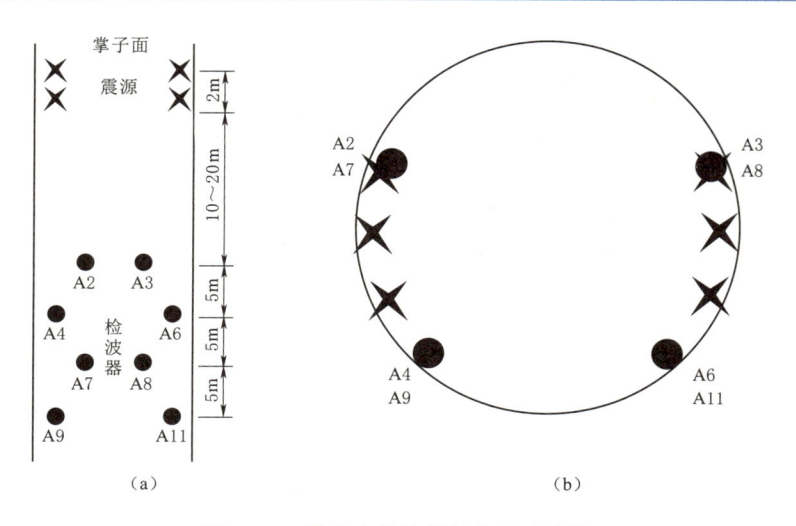

图 12.7 震源和检波器的布置示意图
(a) 震源布置；(b) 检波器布置

产生一个触发信号给基站，然后基站给无线远程模块下达采集地震波指令，把远程模块传回的地震波数据传输到专用笔记本电脑，完成地震波数据采集。地震波采集系统模型如图 12.8 所示。

三维地震成像结果采用相对解释原理，首先确定一个背景场，所有解释相对背景值进行，异常区域会偏离背景区域值，再根据偏离程度与分布情况解释隧道前方的地质情况。

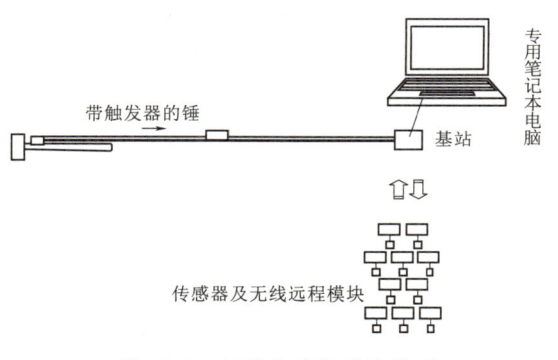

图 12.8 地震波采集系统模型

5. 地质成果解译与结论

勘测区域的地震波反射扫描三维地震成像图、地震波速如图 12.9～图 12.12 所示，超前地质预报结论见表 12.1。

表 12.1　　　　　　超前地质预报结论

桩号	长度/m	预报结论
K51+597.6～K51+567.6	30	该范围内存在较多负反射，推断该段落围岩破碎，节理裂隙发育
K51+567.6～K51+547.6	20	该范围内未出现明显正负反射，推断该段落围岩完整性差，局部节理裂隙发育
K51+547.6～K51+527.6	20	该范围内出现较连续的正负反射，推断该段落围岩较破碎，节理裂隙发育[6]

12.2.3　实施方案设计

根据综合超前地质预报成果制定实施方案，其总体思路为：从护盾后方右侧稳定岩体

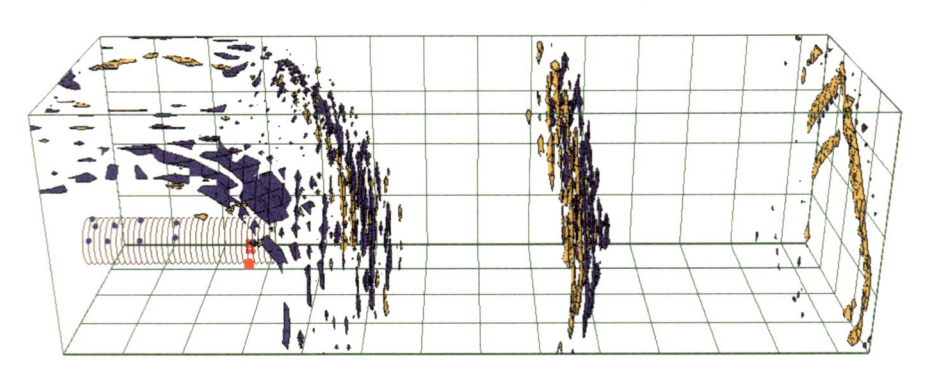

图 12.9 三维地震成像立体图

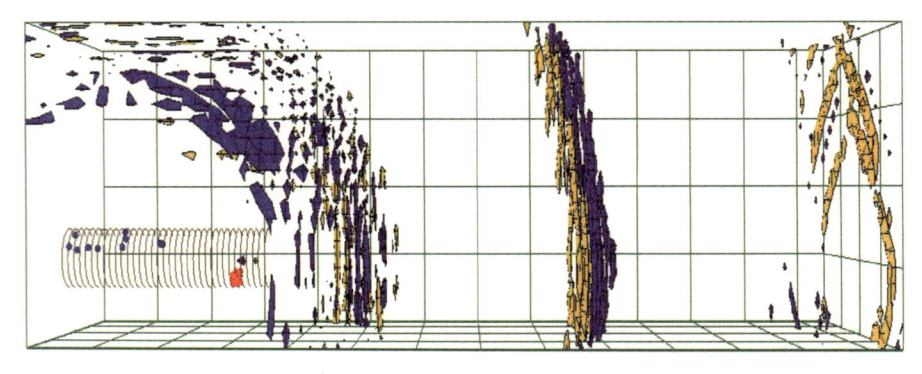

图 12.10 三维地震成像主视图

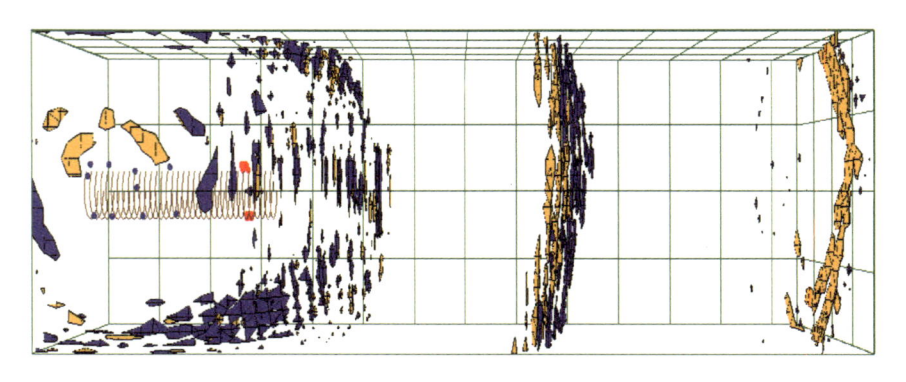

图 12.11 三维地震成像俯视图

开挖小导洞,逐步向左侧不稳定岩体扩挖,最终解除 TBM 护盾上方沉积的虚渣;然后利用护盾上方空间向刀盘前方破碎带实施超前注浆加固后开挖,刀盘中心线以上部分采用人工分台阶分区开挖,两侧撑靴位置施作撑靴梁,TBM 缓慢掘进通过此断层带。

岭北 TBM 施工项目部邀请有关专家对该断层处理初步方案进行论证,各参建方相关人员共同参会,专家组现场查勘地质情况及 TBM 现场状态,经共同研究讨论后认为:上述方案在实施过程中,存在一定的安全风险,主要是结合护盾后方流渣、刀盘内排渣情况分析,认为护盾左上方、刀盘附近存在塌腔的可能性很大,且规模大、范围广,直接开挖

12.2 岭北TBM施工段破碎岩体卡机历程

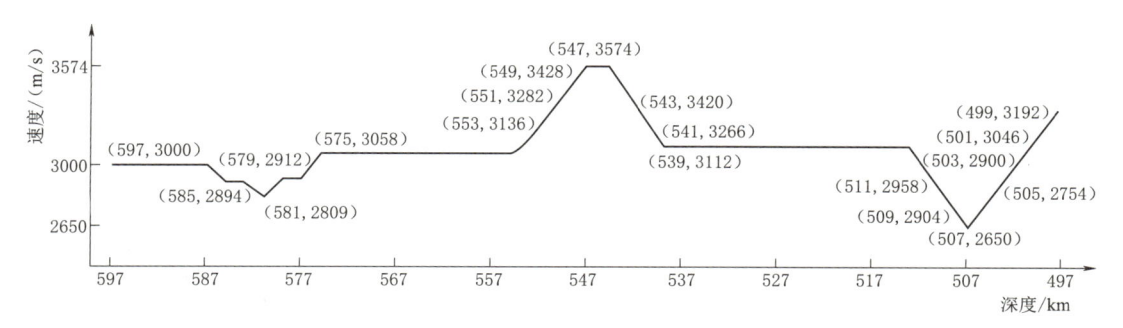

图 12.12 地震波速图

不易控制，因而对初步方案进行优化。优化后方案为：优化后的断层处理平面和立面示意如图 12.13 和图 12.14 所示，从 TBM 护盾后方相对稳定岩体中开挖纵向小导洞，纵向小导洞穿过破碎带进入围岩稳定洞段后施作横向导洞并形成管棚工作间，反向施作管棚并注浆加固破碎围岩，在管棚的安全防护下，配合超前小导管和环形钢拱架，人工开挖通过断层破碎带，并清除护盾顶堆积的渣体，帮助 TBM 完成脱困。整体施工工艺流程如图 12.15 所示。

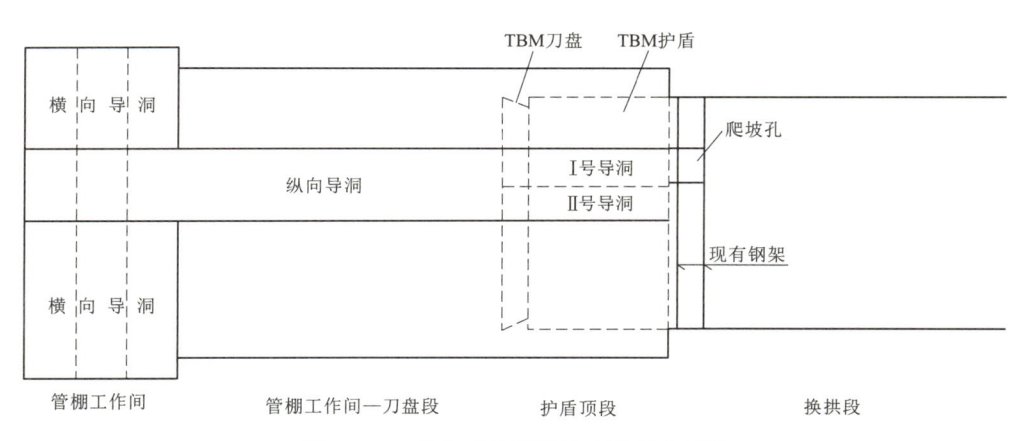

图 12.13 优化后的断层处理平面示意图

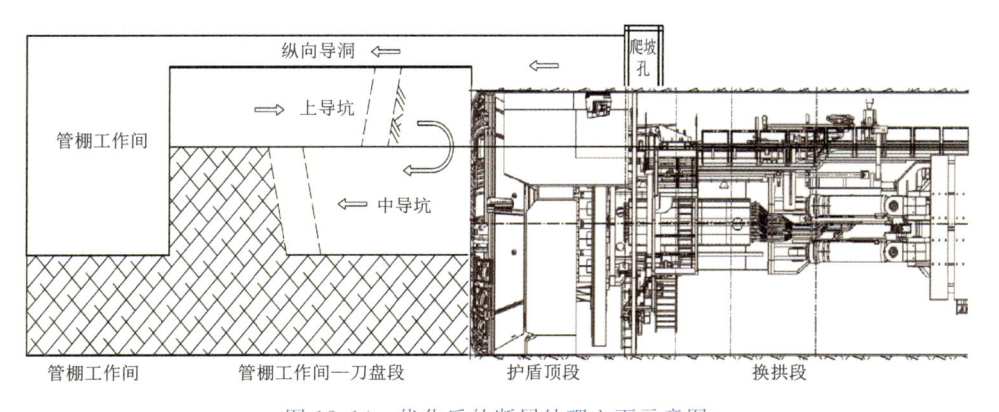

图 12.14 优化后的断层处理立面示意图

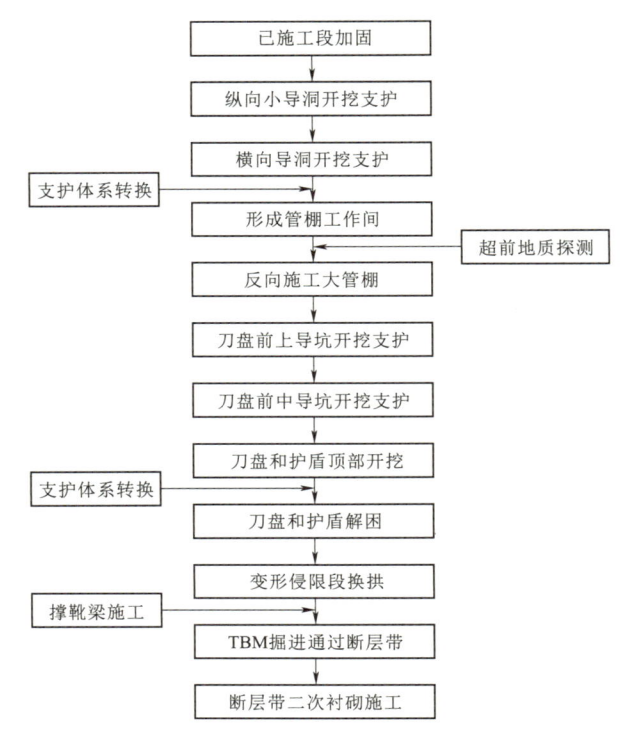

图 12.15 整体施工工艺流程

12.3 岭北 TBM 施工段破碎岩体卡机脱困处理

12.3.1 护盾后方已施工段加固

1. 支护加强加固

在 K51+625~K51+603 段，为防止已拼装的 H150 型钢拱架及钢筋排变形继续加大，利用 TBM 主梁作为支撑，用 H150 型钢对已拼装拱架进行竖向及斜向支撑。相邻拱架间用 H150 型钢代替纵向连接筋，型钢间距 1m。型钢支撑布置如图 12.16 所示。

在钢架支撑加固完毕后，在现有每 2 榀钢架间根据实际断面增设 1 榀全断面工 20a 型钢钢架，加密后钢架间距不小于 45cm/榀。钢架与围岩间空隙采用钢楔块填塞，楔块环向间距不大于 0.5m，相邻钢架之间用 H150 型钢连接，间距 0.5m/根。填塞钢楔块后应立即对钢架与围岩间空隙补喷混凝土，以保证钢架的整体受

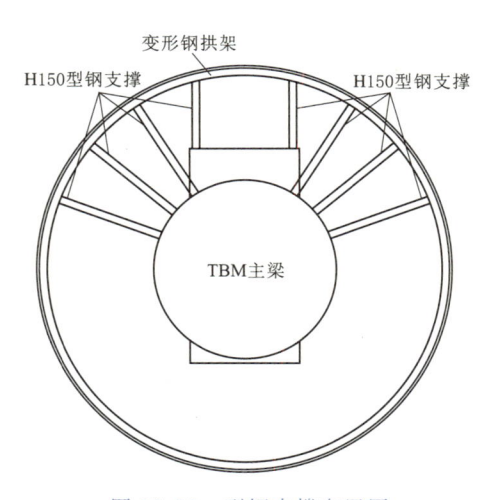

图 12.16 型钢支撑布置图

力条件处于稳定状态。

2. 喷锚支护

在 K51+640～K51+603 段，为防止已拼装的 H150 型钢拱架及钢筋排变形继续加大，对该段全断面施作 φ42 钢化管并注浆加固，锚管长 4.5m，间距 0.4m×0.45m（环×纵），钢化管靠近拱架施作，与拱架焊接连接。对于成孔困难部位，注浆时采用 φ32 自进式注浆锚管，锚管长 4.5m，间距 0.4m×0.45m（环×纵），并采用双液浆对其进行注射，注浆压力根据现场实际情况调整，并及时采用人工喷射 C20 混凝土，配合钢拱架及钢筋网片（钢筋排）形成联合支护体系，混凝土厚度 20cm。

在 K51+640～K51+667 段，为防止护盾前方断层带应力重分布造成影响，对其已拼装的 H150 型钢拱架及钢筋排采用人工超前喷射混凝土进行支护，混凝土厚度 20cm。

12.3.2 爬坡孔

考虑到右侧围岩有一定自稳能力，左侧围岩破碎，现场选取右侧偏设计中线 1.1m 处设置爬坡孔，对爬坡孔位置处原有 2 榀拱架进行加固，具体措施为：在每侧拱架开口部位采用 4 根 φ32 自进式注浆锚管进行锁脚，锚管长 6.0m。将靠近护盾 2 榀拱架用 2 根 H150 型钢与护盾连接，长度为 150cm，在爬坡孔三侧施作 φ32 自进式注浆锚管进行注浆加固，锚管长 4.5m，防止在掏孔过程中周边坍塌。加固后人工使用风镐开挖孔爬坡，完成后在爬坡孔四周设置 4 根 H150 立柱框架，底部与护盾和钢拱架连接，顶部利用角铁和 Φ22 钢筋封顶，并喷锚支护。

12.3.3 纵向小导洞

1. 护盾段纵向小导洞

爬坡段开挖完成后，向前开挖Ⅰ号导洞，为避免一次性开挖跨度过大导致开挖与支护间隔时间过长出现坍塌范围扩大到右侧，右侧开挖时预留部分完整岩体。开挖前先施作双层 φ32 自进式注浆锚管，锚管长 3.5m，环向间距 30cm，纵向 0.9m/环，外插角按 25°、45°控制，采用风镐人工开挖，护盾上方开挖循环长度为 45cm。开挖完成后，再架设 H150 门型钢架，门型钢架间距为 45cm，钢架外缘内侧焊接钢筋排，内侧焊接 6mm 钢板加固，内灌混凝土回填密实。门型钢架之间采用 H150 型钢焊接连接，型钢间距 0.5m，型钢底部焊接在护盾顶部。Ⅰ号导洞内设置横向门洞，方便Ⅱ号导洞开挖，Ⅱ号导洞施工工艺同Ⅰ号导洞。护盾段导洞断面布置如图 12.17 所示，护盾段导洞支护钢架如图 12.18 所示。

2. 刀盘前方纵向小导洞

当开挖至刀盘前方时，为方便前方施工，

图 12.17 护盾段导洞断面布置示意图

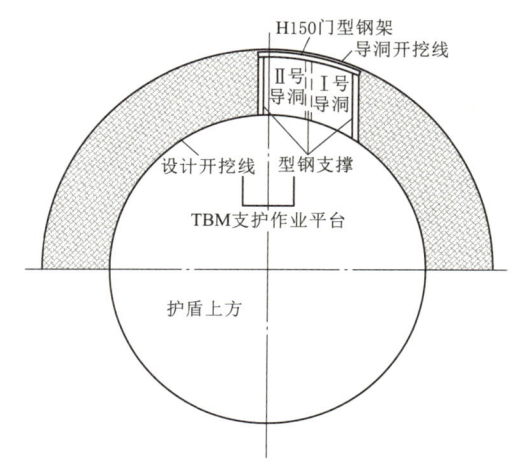

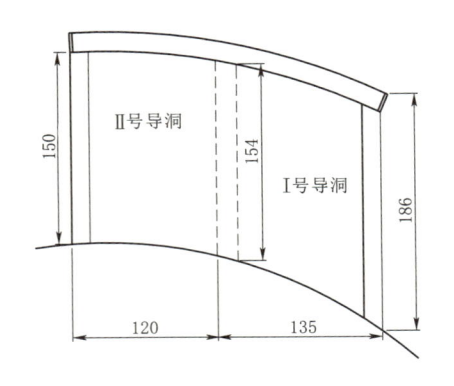

图 12.18　护盾段导洞支护钢架示意图
（单位：mm）

可以将后面两个导洞中间的钢架支撑拆除（必须保证拱架连接可靠，相邻钢架之间连接可靠的情况下方可拆除临时支撑），如若围岩较好，可以将Ⅰ号导洞和Ⅱ号导洞合并为一个纵向导洞施工。刀盘前方导洞施工断面为Ⅰ号导洞和Ⅱ号导洞合并后的断面（若围岩不好采用左右导洞开挖），由于围岩强度较低，开挖前先作双层 $\phi 32$ 自进式注浆锚管（或 $\phi 42$ 钢化管），锚管长 3.5m，环向间距 30cm，纵向 0.9m/环，外插角按 25°、45°控制。采用风镐人工开挖，开挖循环长度为 45cm，开挖完成后，再架设 H150 门型钢架，门型钢架间距为 45cm。钢架立柱底部焊接 25cm×25cm×10mm（长×宽×厚）钢板增大立柱支撑面积，相邻门型钢架之间增设型钢纵向连接，型钢间距 0.5m，底部采用 H150 型钢进行横向连接，形成封闭拱架支护体系。钢架施工完成后，拱架外缘内侧焊接钢筋排，拱架内侧采用 6mm 钢板加固拱架，钢板背后灌注 C30 混凝土，防止导洞底部及局部破碎区域坍塌。随后再进行下一循环作业。刀盘前导洞断面布置如图 12.19 所示，刀盘前导洞支护钢架如图 12.20 所示。

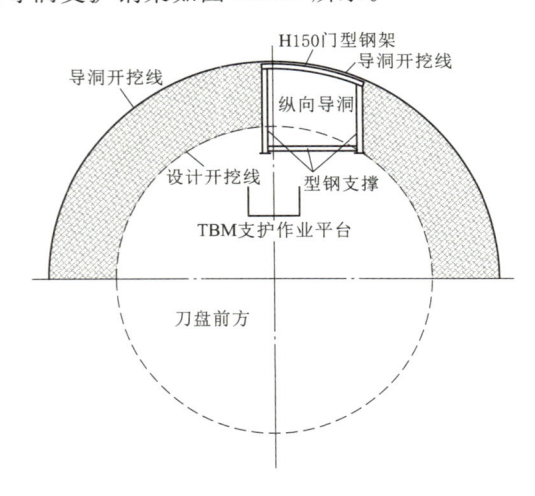

图 12.19　刀盘前导洞断面布置示意图

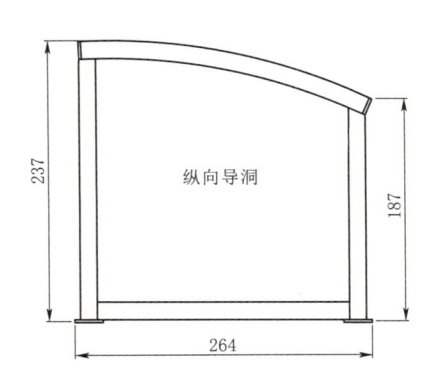

图 12.20　刀盘前导洞支护钢架示意图
（单位：mm）

12.3.4　横向导洞（管棚工作间）

纵向小导洞穿过塌腔影响区 3~5m 进入原状岩层内再行开挖横向导洞，横向导洞单洞宽 1.8m，共 3 个，最终 3 个横向导洞合并成管棚工作间。横向导洞利用纵向导洞进行开挖、支护。横向导洞开挖时，先施作双层 $\phi 32$ 自进式超前注浆锚管，锚管长 3.5m，环向间距 30cm，角度分别为 25°、45°，为防止顶部松散物由掌子面滑落，超前锚管纵向间距 1.2m/环。采用风镐人工开挖，开挖循环控制在 60cm，拱架采用 H150 门型钢架，门型钢架净间距 60cm/榀，钢架立柱底部焊制 25cm×25cm 钢板增大立柱支撑面积，底部横向采用 H150 型钢进行连接，形成封闭拱架支护体系。钢架外缘内侧焊接钢筋排，门型钢架之间采用［10 槽钢和Φ22 钢筋焊接连接，槽钢间距 0.5m，门架横梁内侧封焊 6mm 钢板，钢板背后灌注 C30 混凝土。待横向导洞右侧开挖、支护完毕后，开挖左侧，完成横向导洞的开挖支护。

横向导洞开挖、支护完成后，在门型钢架横梁下方拼接 H150 环形钢拱架，环形钢拱架两侧端头需焊制 25cm×25cm 钢板增大立柱支撑面积，钢架外缘内侧焊接钢筋排，拱架间采用槽钢连接，槽钢间距 0.5m，拱架内侧封焊 6mm 钢板，钢板背后灌注 C30 混凝土。在环向拱架每节接头及端头处均施作 2 根 ϕ42 锁脚锚管注浆锚管，锚管长 4.5m，对其进行锁脚固定。拱架内侧回填混凝土强度达到设计要求后，拆除门架立柱，完成横向导洞临时门型钢架支护体系到最终环形钢拱架支护体系的转换，形成管棚工作间。横向导洞（管棚工作间）开挖如图 12.21 所示，管棚工作间横断面如图 12.22 所示，横向导洞门型钢架如图 12.23 所示，横向导洞（管棚工作间）施工工序流程如图 12.24 所示。

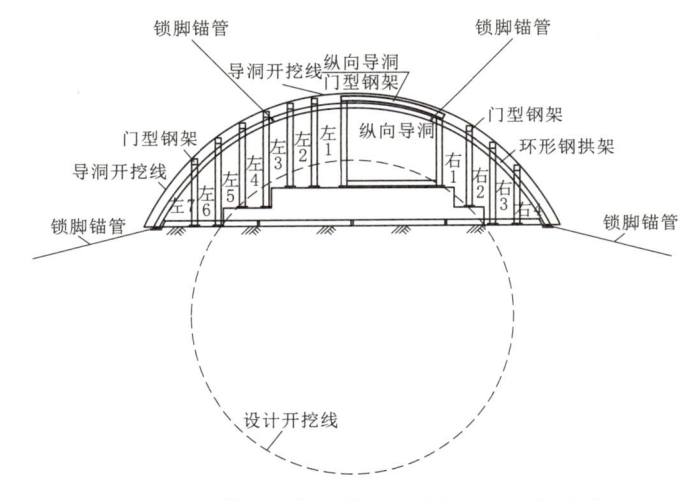

图 12.21 横向导洞（管棚工作间）开挖示意图

12.3.5 反向管棚施工

在管棚工作间大里程端管棚导向管下方拼接钢拱架，拱架间距 25cm，用来固定管棚导向管。导向管使用Φ22 钢筋焊接固定在钢拱架上，拱架之间采用［10 槽钢连接，增加其整体受力效果。支立模板，浇筑导向墙，导向墙厚度 50cm，混凝土导向墙强度满足要求后，向刀盘方向施作管棚。

由于管棚需要穿过断层破碎带，传统管棚施工方法先钻孔后安装钢管方法不能实现，加上管棚工作间作业空间狭小，只能采用分节跟进式管棚施工方法，成孔的同时，管棚钢管同步接长打入钻孔内。由于管棚施作长度较长，间距较小，必须加强管棚施作外插角控制，防止出现相邻管棚碰头或是出现管棚上漂，对护盾顶开挖段不能起到加固作用，或是钢管侵入护盾顶开挖范围，增加人工开挖难度。要保证相邻管棚加固圈彼此交叉相接，对

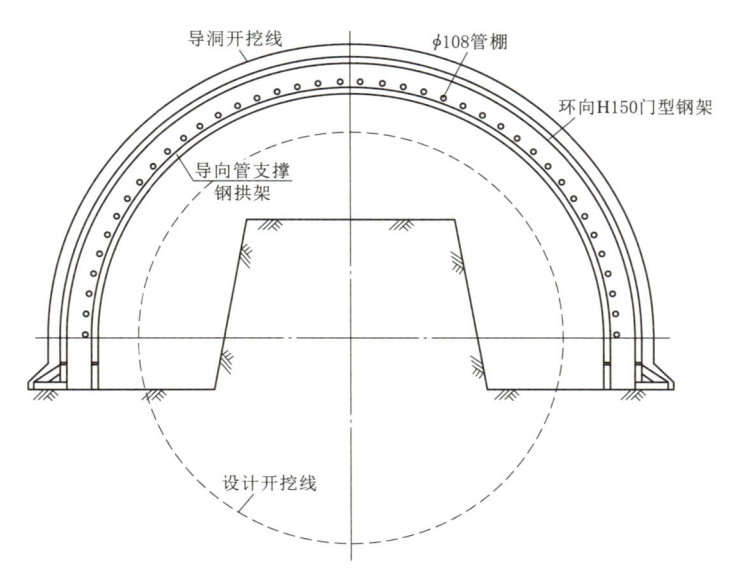

图 12.22 管棚工作间横断面示意图

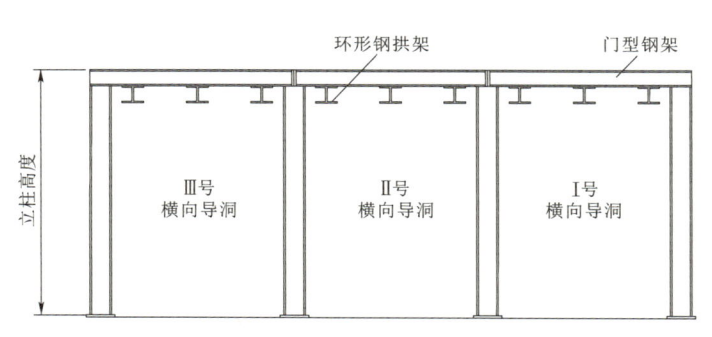

图 12.23 横向导洞门型钢架示意图

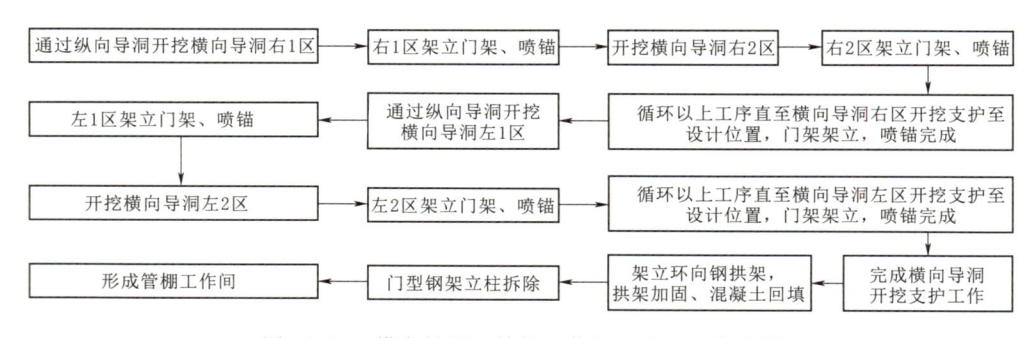

图 12.24 横向导洞（管棚工作间）施工工序流程

下方人工开挖起到应有的防护。管棚施作长度 20m（穿过护盾 3m），环向间距 40cm，外插角 5°。为加强管棚承载能力，管棚钻孔完成后，在管棚钢管内安装钢筋加强束，钢筋加强束采用在长 5cm 的 $\phi 32$ 钢化管周边均匀帮焊 4 根 $\Phi 22$ 钢筋，固定环间距 50cm，并对管棚注水泥砂浆。管棚施工示意如图 12.25 所示，管棚钢筋加强束示意如图 12.26 所示，管棚施工工序如图 12.27 所示。

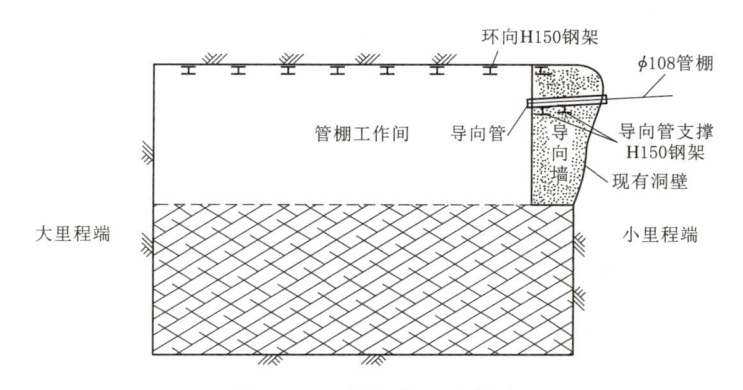

图 12.25　管棚施工示意图

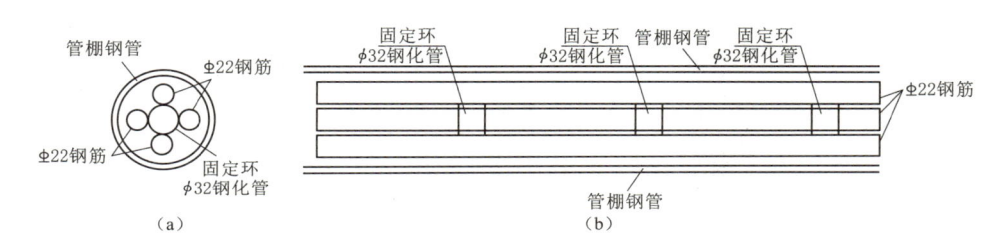

图 12.26　管棚钢筋加强束示意图

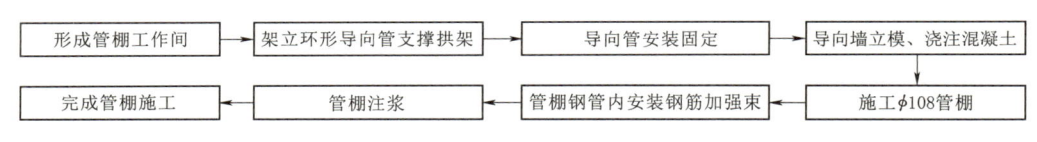

图 12.27　管棚施工工序

12.3.6　管棚工作间小里程端超前地质预报验证及掌子面处理

为了探测管棚工作间前方地质条件，在管棚工作间（桩号 K51+581.1）端墙设计掘进断面内，沿隧洞轴向往小里程方向施作两个 ϕ122 超前钻孔，左孔深 32m、右孔深 45m，采用钻孔电视成像技术探测前方地质条件变化情况，验证和修正前期超前地质预报结果。超前探孔电视成像结果如图 12.28 所示。

钻孔电视成像技术测试深度分别为：左孔 31.2m，右孔 35.6m（右孔由于设备原因未探测到孔底）。根据结构面发育程度将地质情况沿钻孔轴线方向（即小里程方向）分为三个区段，即裂隙密集段、裂隙稀疏段、岩体完整段。

左孔：左孔的裂隙密集段为 0~5m，该段共含裂隙 21 条，平均每米钻孔含裂隙 5.25 条；缝宽均值为 4.48mm，裂隙最宽达 40mm。左孔的裂隙稀疏段为 5~25m，该段共含裂隙 44 条，平均每米钻孔含裂隙 2.2 条；缝宽均值为 2.79mm，裂隙最宽仅为 7mm。左孔的岩体完整段为 25~31.2m，该段共含裂隙 4 条，平均每米钻孔含裂隙 0.6 条。

右孔：右孔的裂隙密集段为 0~5m，该段共含裂隙 21 条，平均每米钻孔含裂隙 5.25

图 12.28　超前探孔电视成像结果

(a) 钻孔深度为 2~4m；(b) 钻孔深度为 8~10m；(c) 钻孔深度为 14~16m；
(d) 钻孔深度为 26~28m；(e) 钻孔深度为 32~34m

条；缝宽均值为 2.62mm，裂隙最宽达 18mm。右孔的裂隙稀疏段为 5~24m，该段共含裂隙 29 条，平均每米钻孔含裂隙 1.5 条；缝宽均值为 2.5mm，裂隙最宽仅为 5mm。右孔的岩体完整段为 24~35.6m，该段共含裂隙 4 条，平均每米钻孔含裂隙 0.3 条[7]。

经分析，0~5m 受管棚工作间临空面影响，为裂隙密集段，存在大量明显裂隙，且裂隙与钻孔夹角较大，缝宽偏大，岩体张开度较大、结合较差、稳定性较差；裂隙稀疏段存在少量明显裂隙，裂隙较短，缝宽较小，岩体结合一般、稳定性一般；岩体完整段不存在明显裂隙，岩体张开度很小、结合较好、稳定性较强。右孔的裂隙条数、裂隙宽度、缝宽均值等明显小于左孔，且右孔岩体结合度好于左孔同等深度岩体[8]。探测结果与前期综合预报结果基本一致。

人工开挖通过此断层带后，掌子面施作中空玻璃纤维锚管，并注浆加固岩体；喷射玻璃纤维混凝土封闭掌子面。中空玻璃纤维锚管长 3.5m，锚管间距 0.8m×0.8m，梅花形布置。

12.3.7　管棚工作间至刀盘段处理

管棚工作间至刀盘段受断层影响严重，开挖过程中极易出现安全事故。开挖前，在相邻两根管棚之间施作双层自进式中空锚杆，在管棚的安全防护下，配合超前注浆小导管和钢拱架联合支护，使用风镐人工开挖断层破碎带。上导洞采用左右导洞法由管棚工作间向刀盘方向开挖。中导洞在上导洞开挖至刀盘后，由刀盘向管棚工作间采用左右分步开挖洞身段。

人工开挖前施作双层超前小导管预支护，加固围岩并止水。采用⌀32自进式注浆锚杆，锚杆长3.5m，环向间距30cm，纵向间距0.9m/环，角度分别为25°、45°，位置在相邻两根管棚之间。注浆固结后进行开挖，开挖循环控制在45cm，钢拱架采用H150型钢，拱架间距45cm/榀。在环向拱架每节接头及端头处均施作2根φ42锁脚注浆锚管，锚管长4.5m。两环拱架之间，按环向间距1m施作⌀32自进式中空锚杆，锚管长3.0m。钢架外缘内侧焊接钢筋排，钢拱架之间采用[10槽钢连接，槽钢间距0.5m，外侧焊接6mm厚钢板，钢板背后灌注混凝土，防止拱架背部岩体坍塌。管棚工作间至刀盘段施工纵断面示意如图12.29所示，管棚工作间至刀盘段施工横断面示意如图12.30所示，管棚工作间至刀盘段施工工序如图12.31所示。

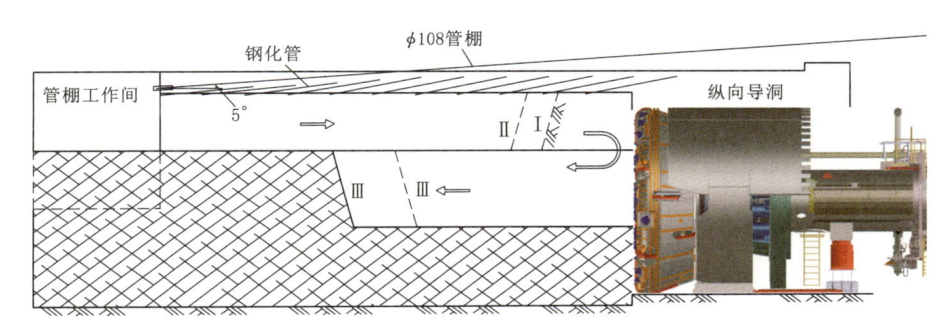

图12.29 管棚工作间至刀盘段施工纵断面示意图

12.3.8 护盾区域开挖与支护（K51+603.2～K51+597.6）

由于护盾段位于塌腔核心区，人工开挖还存在极大的安全隐患，人工开挖前必须对前方围岩进行注浆加固，开挖采用短进尺，超前小导管注浆配合型钢门型钢架支护[9]。管棚工作间至刀盘段上导洞开挖至刀盘后，为避免护盾顶部开挖时继续发生坍塌，利用上导洞底部平台向护盾上方及塌腔内施作自进式中空注浆锚杆。

护盾顶段利用已开挖完成的Ⅰ号导洞和Ⅱ号导洞向两侧开挖环形横向导洞。开挖前，周边施作双层⌀32自进式中空锚杆，并注浆加固前方围岩，锚杆间距30cm，采用风镐人工开挖，开挖循环控制在45cm。开挖完成后立即架设门型钢架，门型钢架间距45cm，钢架之间采用[10槽钢焊接连接，槽钢之间布设钢筋排，防止破碎渣体掉落，门型钢架立柱焊

图12.30 管棚工作间至刀盘段施工横断面示意图

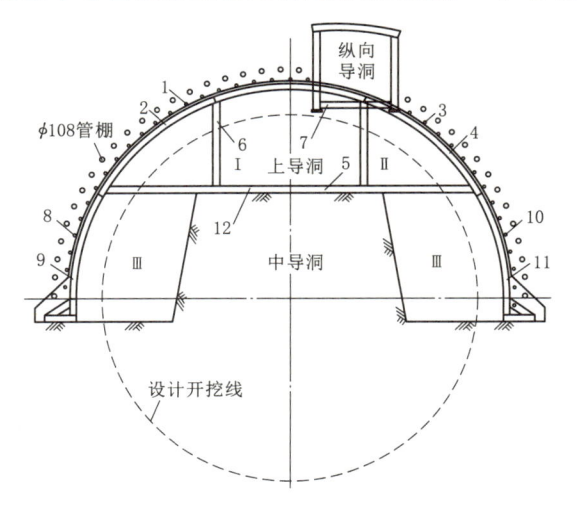

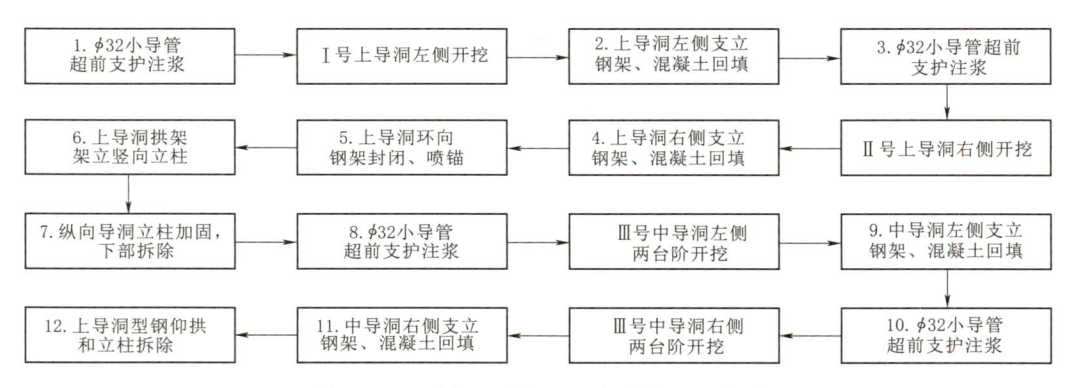

```
┌─────────────────┐    ┌─────────────────┐    ┌─────────────────┐    ┌─────────────────┐
│1. φ32小导管     │───→│ Ⅰ号上导洞左侧   │───→│2. 上导洞左侧支立│───→│3. φ32小导管超前 │
│   超前支护注浆  │    │    开挖         │    │   钢架、混凝土回填│    │   支护注浆      │
└─────────────────┘    └─────────────────┘    └─────────────────┘    └─────────────────┘
                                                                              │
┌─────────────────┐    ┌─────────────────┐    ┌─────────────────┐    ┌─────────────────┐
│6. 上导洞拱架    │←───│5. 上导洞环向    │←───│4. 上导洞右侧支立│←───│ Ⅱ号上导洞右侧   │
│   架立竖向立柱  │    │   钢架封闭、喷锚│    │   钢架、混凝土回填│    │    开挖         │
└─────────────────┘    └─────────────────┘    └─────────────────┘    └─────────────────┘
         │
┌─────────────────┐    ┌─────────────────┐    ┌─────────────────┐    ┌─────────────────┐
│7. 纵向导洞立柱  │───→│8. φ32小导管     │───→│ Ⅲ号中导洞左侧   │───→│9. 中导洞左侧支立│
│   加固,下部拆除 │    │   超前支护注浆  │    │   两台阶开挖    │    │   钢架、混凝土回填│
└─────────────────┘    └─────────────────┘    └─────────────────┘    └─────────────────┘
                                                                              │
┌─────────────────┐    ┌─────────────────┐    ┌─────────────────┐    ┌─────────────────┐
│12. 上导洞型钢仰 │←───│11. 中导洞右侧支立│←───│ Ⅲ号中导洞右侧   │←───│10. φ32小导管    │
│    拱和立柱拆除 │    │    钢架、混凝土回填│    │    两台阶开挖   │    │    超前支护注浆 │
└─────────────────┘    └─────────────────┘    └─────────────────┘    └─────────────────┘
```

图 12.31 管棚工作间至刀盘段施工工序图

接在护盾顶面,门型钢架顶拱内侧封焊钢板,内灌混凝土回填密实,两侧采用喷射混凝土封闭,保证施工安全。

护盾后边开挖完成后,在横向导洞门型钢架横梁下方架设双层环形钢拱架,每节钢拱架接头处施作 2 根锁脚锚杆,钢拱架之间采用［10 槽钢和Φ22 钢筋焊接连接,钢拱架内侧封焊钢板,内灌混凝土回填密实,形成永久支护结构。在开挖过程中,通过超前锚杆施作探明塌腔位置,在塌腔内预留注浆管,拱架内侧回填混凝土强度达到要求后,通过预留注浆管向塌腔内注满混凝土或其他回填材料。待回填材料强度达到要求后,拆除门型钢架立柱,完成护盾和刀盘脱困。护盾顶部开挖分区示意如图 12.32 所示,护盾顶部支护示意如图 12.33 所示,护盾顶部施工工序流程如图 12.34 所示,护盾顶部支护横断面示意如图 12.35 所示。

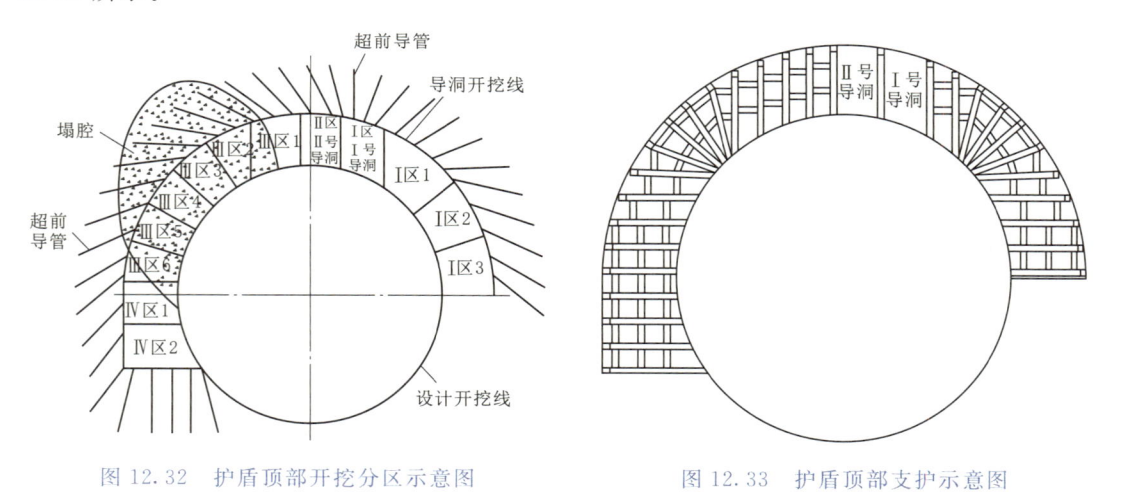

图 12.32 护盾顶部开挖分区示意图　　图 12.33 护盾顶部支护示意图

12.3.9 换拱

受断层影响,护盾尾部部分已开挖段收敛变形严重,初期支护侵入衬砌施工界限,TBM 后配套无法通过,必须进行换拱处理。由于换拱段围岩收敛严重,在扩挖换拱之前,必须在原有钢拱架下方设置足够的钢支撑,保证换拱期间原有支护稳定。换拱采用先

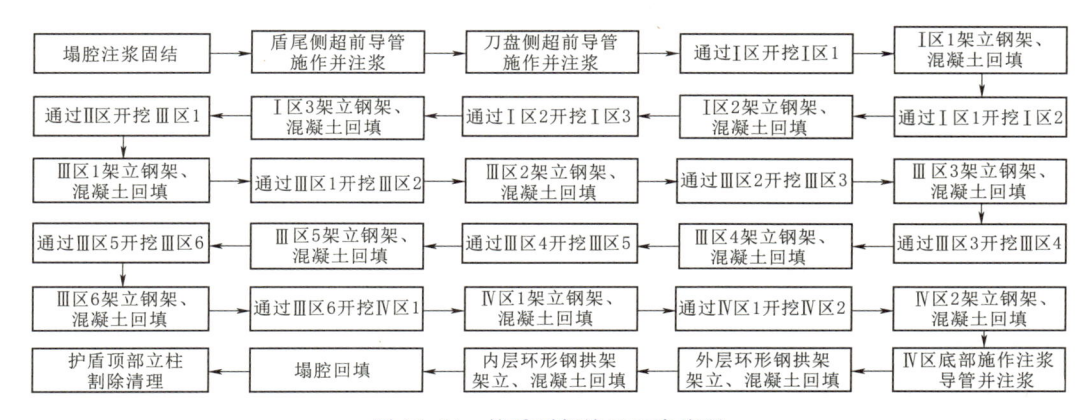

图 12.34 护盾顶部施工工序流程

立后拆施工顺序，换拱拱架加密设置。

待护盾顶塌方段处理完毕后，对护盾尾部支护变形且侵入衬砌施工界限的区段进行全断面换拱处理，换拱采用I20a钢拱架，拱架间距30cm，换拱扩挖半径4.36m，拱架预留变形量35cm。扩挖前，在拱部180°施作 ϕ42 超前注浆小导管，小导管长3.5m，环形间距30cm，纵向间距1.2m/环。换拱后拱架每侧均匀设置每侧3组（12根）长 ϕ42 锁脚锚管。采用风镐人工扩挖，开挖循环严格控制在30cm，扩挖完成后立即架立钢拱架，钢拱架之间采用双层[10槽钢连接，钢架内侧采用钢板封焊，拱架内灌注C30混凝土。换拱示意如图12.36所示。

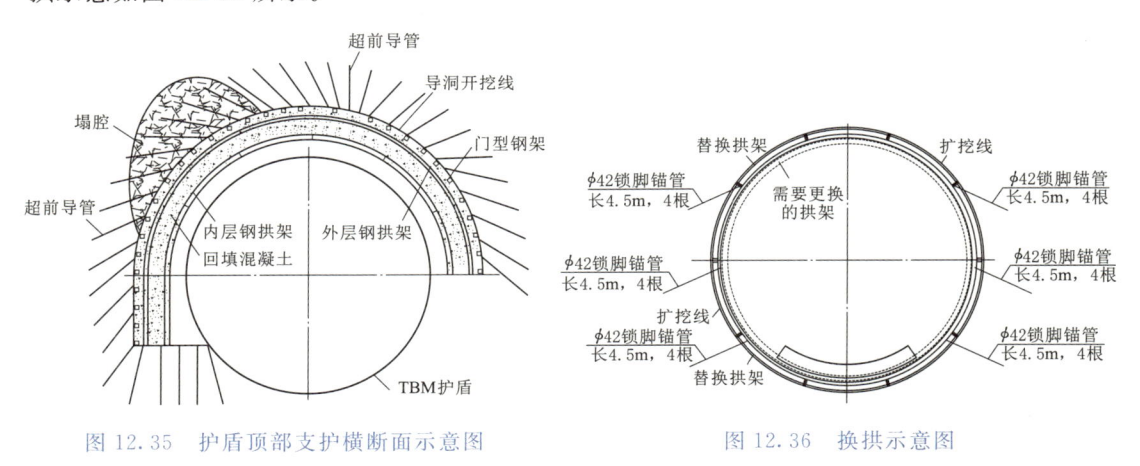

图 12.35 护盾顶部支护横断面示意图

图 12.36 换拱示意图

12.3.10 TBM 缓慢掘进通过断层带

待TBM前方断层全部处理完毕后，且护盾顶双层钢架回填的混凝土强度达到设计强度时，拆除护盾顶竖向钢支撑，并对护盾顶进行打磨防锈处理。及时对刀盘前方的临时型钢仰拱及竖向钢支撑等材料进行清除，防止对刀盘造成损坏。

护盾后方换拱完毕，拱架间回填混凝土达到设计强度及变形观测稳定后，即可拆除焊接在主梁上的支撑。首先拆除斜向支撑，而后拆除竖向支撑，拆除过程中实时进行收敛监测。

待护盾尾部换拱施工、护盾顶及刀盘前方临时支撑等材料全部清理完毕，所有影响TBM掘进施工的因素消除后，开始启动TBM，缓慢向前推进，利用TBM开挖刀盘前方剩余石方。由于此段围岩较差，在TBM缓慢推进期间，重点关注TBM机头标高及方向问题，保证掘进方向准确，避免出现机头下栽情况。

随着TBM向前推进，及时支立H150钢拱架，拱架间距0.9m/榀，钢架之间采用[10槽钢连接，槽钢间距0.5m，新立钢架与外层钢架之间采用H150型钢支撑加固，钢支撑间距1.0m。按照正常程序安装仰拱预制块，并灌注C20细石混凝土回填密实。

为保证撑靴受力可靠，隧洞结构不会由于撑靴撑紧而损伤，在左右侧撑靴位置设置钢筋混凝土撑靴梁。撑靴区段新立钢架之间纵向连接采用H150型钢，间距0.4m，两层拱架之间绑扎钢筋笼，拱架内侧封焊6mm钢板，灌注C30混凝土回填密实。待混凝土强度达到要求后方允许撑靴支撑。撑靴梁及拱架支护结构横断面如图12.37所示。

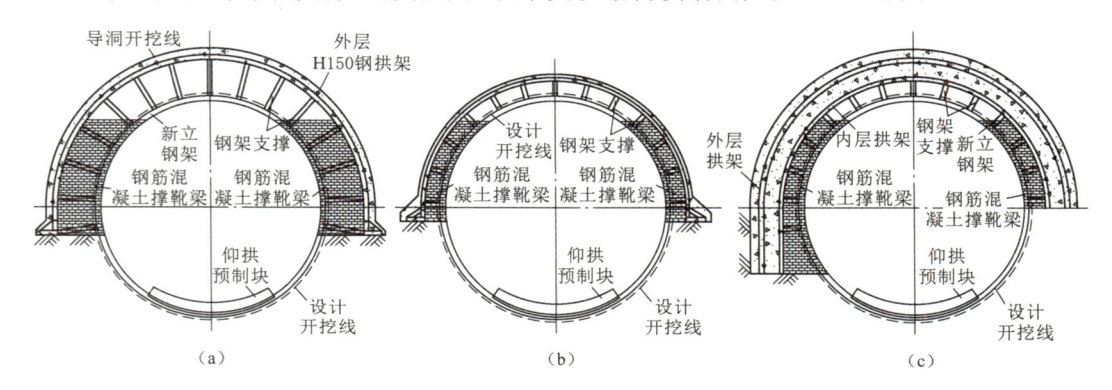

图12.37 撑靴梁及拱架支护结构横断面图
(a) 管棚工作间横断面图；(b) 管棚工作间—刀盘段横断面图；(c) 护盾顶横断面图

12.3.11 二次衬砌

TBM完全通过断层破碎带，具备边顶拱衬砌作业空间后，依据设计图纸及时施作二次衬砌。拱部两层拱架之间采用衬砌混凝土回填密实。

二次衬砌施作一般在围岩和初期支护变形趋于稳定后进行。在隧道洞口段、浅埋段、围岩松散破碎段，应尽早施作二次衬砌，并应加强衬砌结构。进行二次衬砌的作业区段的初期支护、防水层、环纵向排水系统等均已验收合格，并且防水层表面粉尘已清除干净。防水板铺设位置应超前二次衬砌施工。二次衬砌施工前检查隧道中线、高程及断面尺寸，必须符合设计要求。仰拱上的填充层或铺底调找平层已施工完毕；地下水已合理引排；施工缝已按设计要求处理合格；基础部位无杂物、积水。二次衬砌作业区域的照明、供电、供水、排水系统能满足衬砌正常施工要求，隧道内通风条件良好[10]。

12.3.12 围岩和支护钢拱架受力变形监测

为了顺利通过该断层带，准确掌握在断层破碎带内人工开挖洞室及换拱期间围岩及支护拱架受力及变形情况，现场先后设置多点位移计2套、锚杆应力计2套、光纤光栅应变

12.3 岭北 TBM 施工段破碎岩体卡机脱困处理

计 60 支、振弦式应变计 52 支、压力盒 10 个，实时监测岩体及支护拱架受力变形情况，发现监测数据突变或是增长加速时，第一时间发出预警并将监测结果通报项目部。项目部针对性制定处理方案，防止事态扩大，确保施工安全。秦岭输水隧洞已开挖段原有钢拱架光纤光栅应变曲线如图 12.38 所示，已开挖段加密钢拱架应力曲线如图 12.39 所示，护盾后方多点位移计监测曲线如图 12.40 所示，换拱钢拱架应力曲线如图 12.41 所示，管棚工作间钢拱架应力曲线如图 12.42 所示。

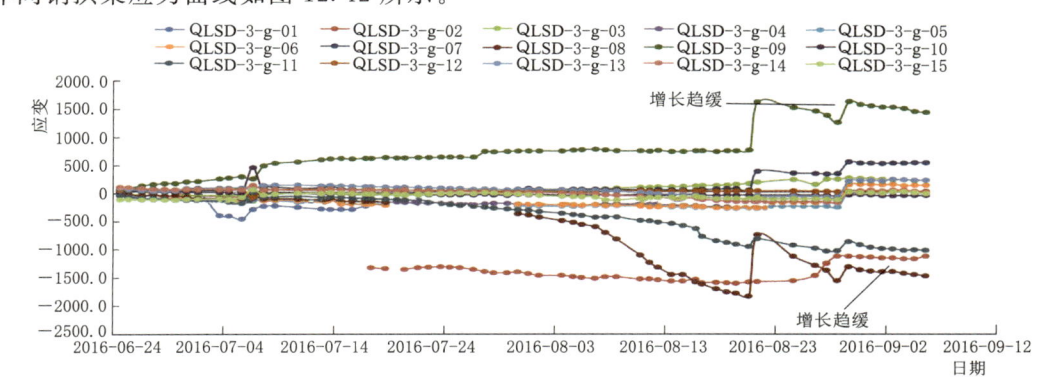

图 12.38　已开挖段原有钢拱架光纤光栅应变曲线

QLSD—秦岭隧洞简称

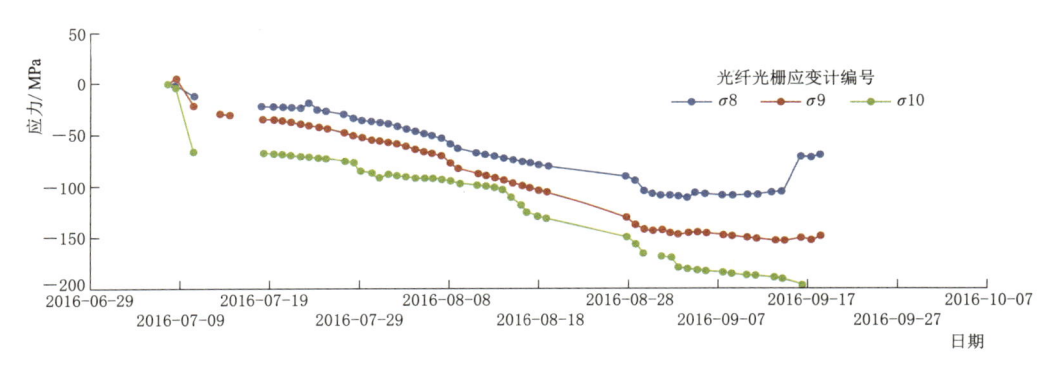

图 12.39　已开挖段加密钢拱架应力曲线（原第 5 榀钢架旁）

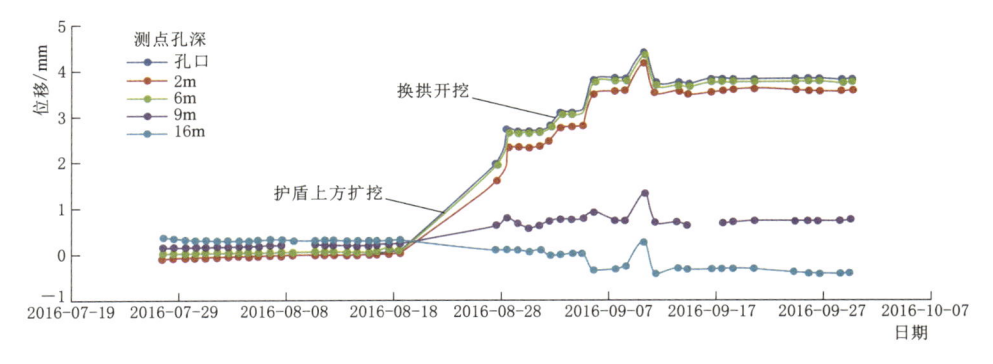

图 12.40　护盾后方多点位移计监测曲线

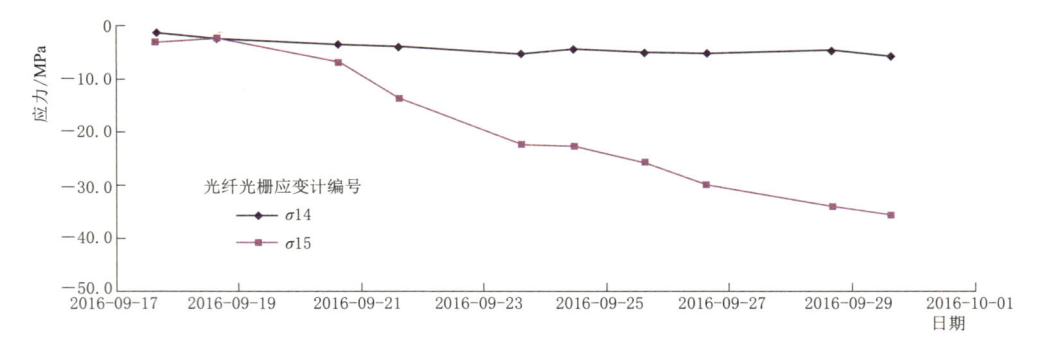

图 12.41　换拱钢拱架应力曲线（护盾后方第 3 榀和第 8 榀）

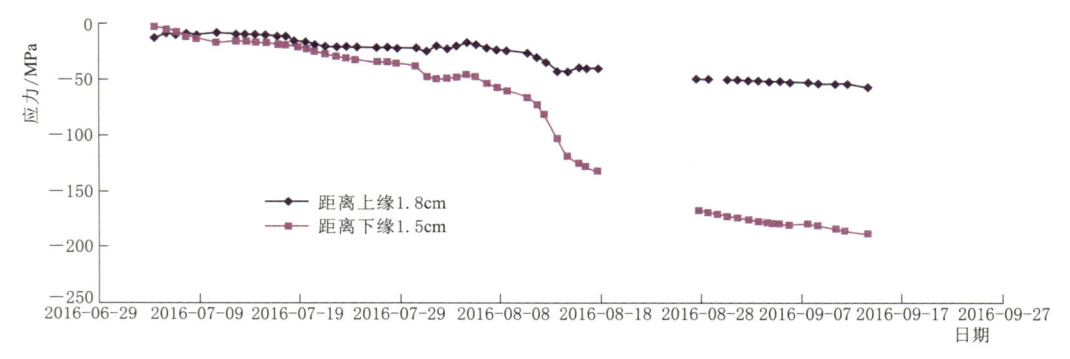

图 12.42　管棚工作间钢拱架应力曲线

12.4　本章小结

　　TBM 施工是隧洞等地下工程施工中的主要施工方法，在隧洞开挖中有着无法替代的作用。但当 TBM 通过诸如软岩、断层带和风化岩等软弱围岩时往往会由于强烈挤压变形和破坏而发生卡机、塌方、突涌水等事故。本章首先介绍了岭北 TBM 施工段的三次卡机过程，并有针对性地提出相应的 TBM 脱困措施。首次在 TBM 卡机处理中，全面系统地应用了围岩变形、支护结构应力监测、钻孔电视探测等手段，并辅以三维时效数值模拟分析法，揭示了大变形软岩地层开敞式 TBM 卡机脱困全过程围岩变形规律、钢拱架受力演化规律，形成了一套集现场变形和支护系统监测、钻孔电视超前地质探测、超前导洞扩挖拆拱换拱技术和三维时效数值分析于一体的深埋隧洞破碎带围岩 TBM 卡机脱困技术，有效解决了岭北破碎带围岩 TBM 卡机难题。

参考文献

[1]　温森．深埋隧道 TBM 卡机机理及控制措施研究 [J]．岩土工程学报，2015，1（1）：4-5．
[2]　杜立杰．深埋隧道 TBM 施工岩爆特征规律与防控技术 [J]．隧道建设（中英文），2020，2（4）：19-24．

参考文献

[3] 姜家兰. 陕西及其邻近地区现代构造应力场 [J]. 西北地震学报, 1991, 13 (4): 85-88.

[4] 徐文龙. 陕西北秦岭中段构造应力场的初步研究 [J]. 地震地质, 1991, 13 (2): 161-172.

[5] 宋翱. 基于隧道掌子面的三维地震智能超前地质预报探测技术研究 [D]. 北京: 中国地质大学, 2020: 2-3.

[6] 陈强, 朱宝龙, 王鹰. 秦岭越岭长隧道地区构造应力场特征分析 [J]. 中国铁道科学, 2004, 25 (1): 76-80.

[7] 周春华, 尹健民, 丁秀丽. 秦岭深埋引水隧洞地应力综合测量及区域应力场分布规律研究 [J]. 岩石力学与工程学报, 2012, 31 (A01): 2956-2964.

[8] 赵宪民, 李永松, 周春华. 引汉济渭工程秦岭区深埋隧洞地应力场研究 [J]. 地下空间与工程学报, 2013, 9 (2): 314-319.

[9] 谢海洋, 向晓莉. 隧道塌腔的力学行为分析及处治对策 [J]. 世界隧道, 1999 (4): 63-65.

[10] 赵占广, 谢永利, 杨晓华, 等. 黄土公路隧道衬砌受力特性测试研究 [J]. 中国公路学报, 2004, 17 (1): 66-69.

第 13 章 超长隧洞施工关键技术

13.1 引言

秦岭输水隧洞越岭段全长 81.779km，埋深超大为世界之最，最大埋深达 2012m，其工程意义独一无二，与此同时，工程也带来了一些空前的技术难点，主要包含长距离施工通风、超长距离的贯通测量、隧洞长距离运输、TBM 动态施工组织设计等问题。本章从引汉济渭工程秦岭输水隧洞在施工过程中遇到的关键性施工问题角度出发，介绍工程实际施工过程中对相关问题的解决措施。

13.2 施工通风

在长距离地下工程施工过程中，施工通风作业为洞内施工地点供给新鲜空气、排除粉尘及各种有毒有害气体，创造良好的劳动环境，保障施工人员的健康与安全，同时也是维持机电设备正常运行的必要条件。秦岭输水隧洞施工具有超长的通风距离，钻爆法施工段已实施独头通风距离分别为 3 号支洞工区 6386m、7 号支洞工区 6430m、出口工区 6493m。TBM 施工段已完成段独头通风距离达 11764m，规划岭北 TBM 最长通风距离达 13540m、岭南达 14642m，若考虑工区不平衡接应，则距离或更长。无论是钻爆法，还是 TBM 法，上述通风距离均远远超越了现有的工程实践，鲜有类似工程实例，加之埋深大、地温高等问题，使得施工通风具有极大的难度。

对于各种长隧道施工来说，通风常常对整个工程的方案和施工组织设计有着不可忽视甚至是决定性的作用。隧道施工长距离通风的技术水平，直接影响隧道独头掘进的规模，特别是在机械化施工技术高度发展的时代，长距离通风技术的发展不仅对隧道建设工期，而且对新线的勘测、选线、工程设计、施工组织及管理、设备选型与配套等都有重要影响。

13.2.1 施工通风研究概述

目前，国外采用 TBM 施工的隧道已达 1000 余座，在对 TBM 施工隧道的衬砌支护类型、通过软弱围岩的支护措施等方面也积累了较为成熟的经验[1]。国内也有一些采用 TBM 施工的实例，如引黄入晋工程[2]、辽宁大伙房水库输水工程[3] 等水工隧洞和西康铁路秦岭隧道[4]、西合线磨沟岭隧道[5]、桃花铺一号隧道[6]、中天山隧道[7] 等铁路隧道，但所积累的 TBM 施工经验仍较为有限，秦岭输水隧洞 TBM 施工通风设计仍存在较大困难与挑战。

对于钻爆法施工隧道，我国有丰富的经验，但长距离独头通风问题仍然是个难题，也是目前隧道施工通风研究的重点。

1. 工程概况

秦岭输水隧洞越岭段全长 81.779km，进口处位于子午河三河口水库坝后右侧与黄三段隧洞相接处，洞底高程 537.17m，出口位于金盆水库右侧 2km 处黄池沟内，洞底高程 510.00m，设计流量 70m³/s，年平均输水量 15.05 亿 m³，隧洞坡降 1∶2500，采用钻爆法加 2 台 TBM 的方式进行施工，工期 6.5 年。秦岭输水隧洞位置示意如图 13.1 所示。

秦岭输水隧洞越岭段工程具有埋深大、山体宽厚的特点。在初步拟订的施工方案中，全隧洞主要分为三大段，即进口钻爆法施工段、岭脊 TBM 施工段、出口钻爆法施工段。初步规划设置 10 座斜井作为施工辅助通道，施工方案总体布置如图 13.2 所示。

进口钻爆法施工段长 26.143km，主要由椒溪河明洞、0 号斜井、0-1 号斜井、1 号斜井、2 号斜井辅助承担正洞施工，该段通风距离最长的工区为 2 号斜井工区，通风距离长达 5.5km。岭脊 TBM 施工段长 39.082km，采用 2 台 TBM 掘进施工，2 台掘进机分别从 3 号、6 号斜井运入，井底进行组装，规划的 4 号、5 号斜井仅为 TBM 中间辅助施工斜井，仅当 TBM 施工通过 4 号、5 号斜井后，通风分别改至 4 号、5 号斜井，岭脊地段 TBM 拆卸洞设在 2 台 TBM 贯通面附近。出口钻爆法施工段长 16.554km，由于辅助坑道设置困难，仅设置一座斜井，主要有 7 号斜井及出口施工主洞，该斜井长 1.866km，最长施工通风距离达 6.493km。各斜井的施工通风长度见表 13.1。

表 13.1　　各斜井的施工通风长度

斜井	长度/m	No.1-可能施工通风长度/m	No.2-可能施工通风长度/m	No.3-可能施工通风长度/m
进口		2575（钻爆）		
椒溪河支洞	326	4349（钻爆）		
0 号	1055	4854，4756（钻爆）		
0-1 号	1562	1572，4506（钻爆）		
1 号	2375	4652，2414（钻爆）		
2 号	2729	4707，5807（钻爆）		
3 号	3885	5500（钻爆）	5500（钻爆）	5500（钻爆）
		12257（TBM）	16142（TBM）	21462（TBM）
4 号	5784	5320（TBM）	11140（TBM）	
5 号	4595	11560（TBM）	16180（TBM）	
6 号	2470	12424（TBM）		
		4479（钻爆）		
7 号	1866	5450，6654（钻爆）		
出口		6493（钻爆）		

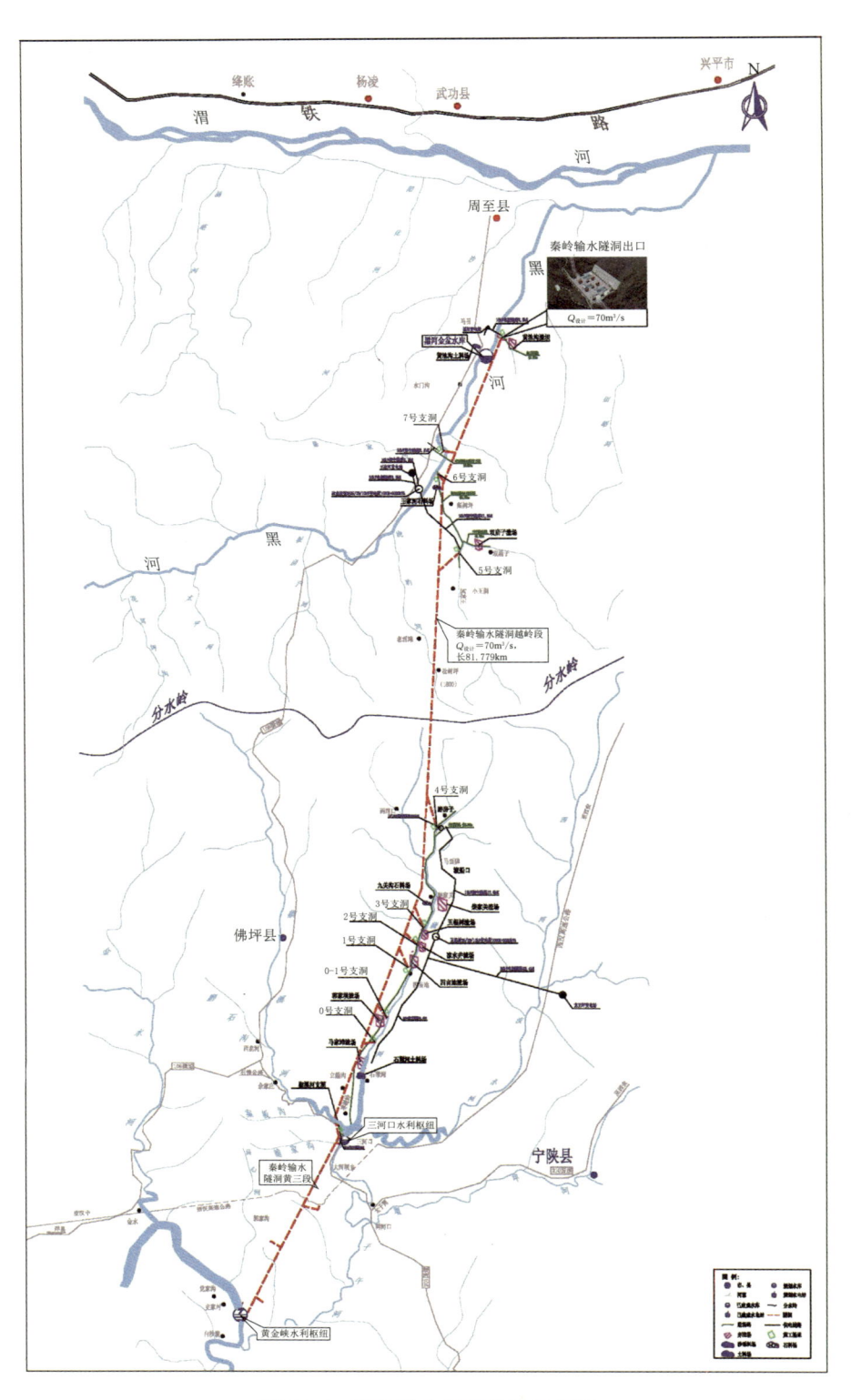

图 13.1 秦岭输水隧洞位置示意图

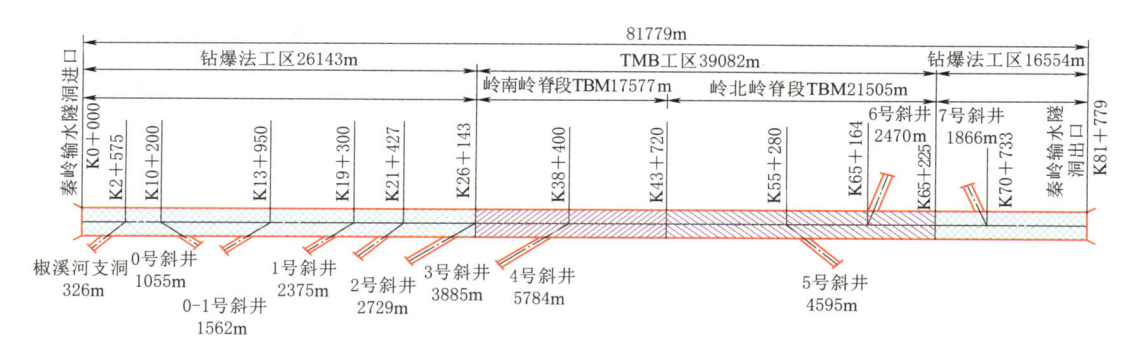

图 13.2 秦岭输水隧洞越岭段施工方案布置图

由表 13.1 可知，秦岭输水隧洞工程在进行钻爆法施工段时，施工通风长度将会达到 6.493km，而 TBM 施工段的施工通风长度达到 12km 以上。对于每一个斜井，将负责两个掌子面的施工通风，可见施工通风难度巨大。并且，参考和利用既有西康铁路秦岭隧道和西康公路秦岭终南山隧道（距本工程 70~80km，同处秦岭构造带）的工程实践和经验公式[8]，地下水活跃带地温梯度为 16.7℃/km，地下水滞留带地温梯度为 22.3℃/km。结合秦岭输水隧洞 6 个深钻孔测井资料计算的实测地温梯度，经综合分析初步估算，隧洞埋深最大处原岩温度约为 41℃，对隧洞施工会产生一定影响，也将对施工通风提出更高的要求。

秦岭输水隧洞工程 TBM 和钻爆法施工段通风距离长，隧洞场区内可能还存有地温及热害现象，这些因素都大大增加了施工通风的难度。该隧洞在施工通风过程中面临的主要问题是：独头掘进距离长导致风管漏风率增加，而随着隧洞掘进距离的增加，隧洞内的温度逐渐升高，粉尘、有害气体的浓度也逐渐增加。因此，如何制定合理的通风控制标准，给出施工通风的需风量计算方法并进行相应的施工通风方案设计，成为制约本工程施工的重点和难点。

2. 国内外研究现状

多数工程建设中，对工期起控制作用的是长大隧道的施工进度。为了缩短工期，组织多头掘进是通常惯用的措施，也就是长隧短打的方法[9]。而在多大规模上组织多头掘进，往往取决于通风技术能否为长距离独头快速掘进创造条件。尽可能延长独头通风的有效长度，也就延长了独头掘进的长度，因而就可以在较大规模上组织快速施工，减少辅助工程量，简化施工组织及管理，加快工程进度，节约工程建设投资。

在单洞独头掘进条件下，一般采用长距离大直径软管压入式通风，随着独头掘进长度的增加，风管直径也越来越大，现在最大已达到 $\phi2200$[10]。对于双洞或带有平行导坑的隧道长距离掘进，在可以组织平行作业的条件下，以双洞联合通风（常称巷道式通风）占多数，但有时也采用两洞独立形成各自的长管道压入式通风，以便于管理。对于钻爆法施工的隧道，长距离软管独头通风的最大长度为秦岭隧道Ⅱ线平导所创造，达 7500m，是在导坑小断面（28m²）条件下实现的[11]。双隧道联合通风方式已在太行山隧道、四川雅砻江锦屏工程等处实施。对于 TBM 施工的隧道，施工通风长度最大的是辽宁大伙房水库输水隧洞创造的，达 12.83km[12]。

采用斜井、横洞或竖井等辅助坑道进行隧道施工时，由于有多个工作面，为了保证施工通风效果，除了可以采用风管式和巷道式通风外，也可采用风仓式通风。瓦斯隧道也常采用风仓式通风方式。风仓式通风如图13.3所示。

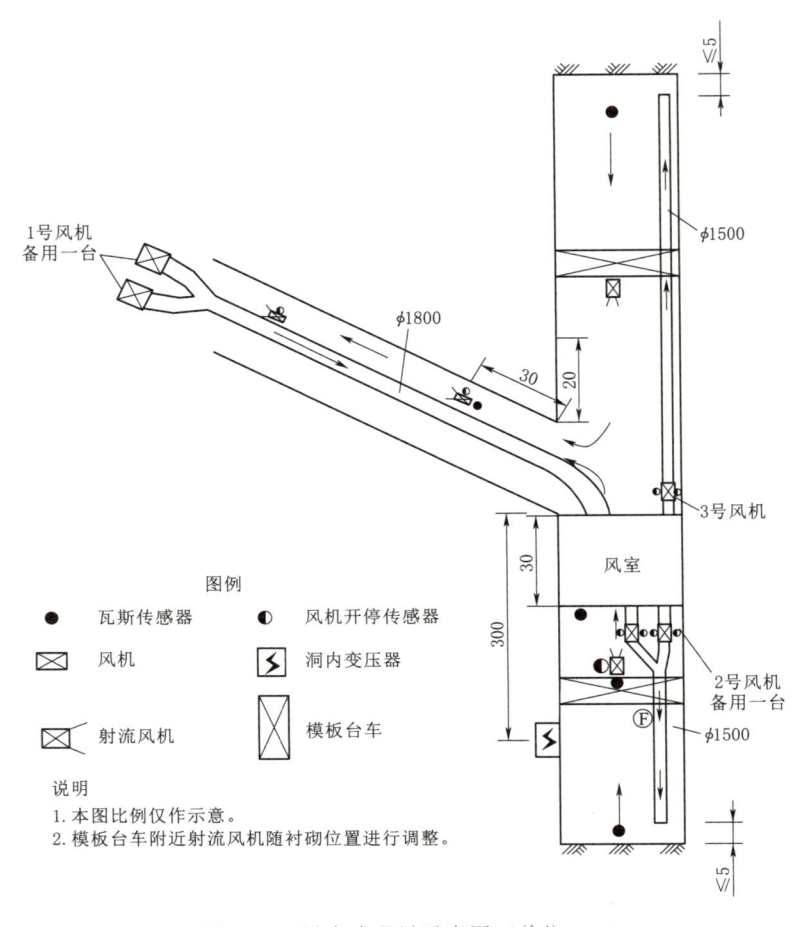

图 13.3 风仓式通风示意图（单位：m）

目前，在通风中常采用隔板风道式进行施工通风[13]。该通风方式增加了风道的断面积，在施工技术保证的条件下，漏风率也将大大降低，为长距离施工通风创造了条件，隔板风道式通风示意如图13.4所示。隧洞内的通风方式较多，常见的有风管式、联合式等，见表13.2，需根据通风需求和工程布置、施工方法等实际情况，采用经济合理的通风方式。

表 13.2 隧道常见施工通风方式

施工方法	隧道类型	常见通风方式	
		风管式	联合式
TBM	单洞	√	
	双洞	√	√
钻爆法	单洞	√	
	双洞	√	√

3. 国内外施工通风长度

在隧道发展史上具有划时代意义的大瑶山隧道全长14295m，采用3个工区同时施工，其中进口工区的施工任务最重，承担了3910m的正洞施工任务。在隧道进口端距左线50m处的线路右侧设置一座平行导坑，长2268m，中间设置3条横通道相接，正洞还有1642m需采用独头掘进。其施工通风方式为：进口正洞与平行导坑在贯通之前采用压入式通风，贯通后采用巷道式通风。其最长的独头压入式通风长度为1642m[14]。

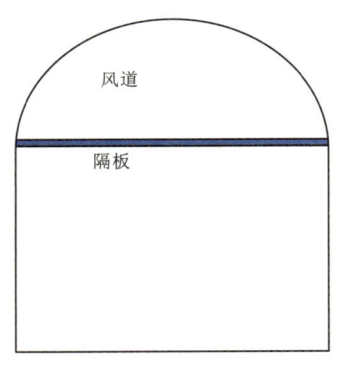

乌鞘岭特长隧道全长20050m，设计为2条单线隧道，隧道Ⅰ、Ⅱ线均采用钻爆法施工。由于施工工期较紧，采用了长隧短打的方案。隧道共设置了13个斜井、1个竖井，将隧道分为16个施工区段。多个工作面同时施工，缩短了每个工作面的施工长度，最长的工作面的长度仅为3.1km，避免了超长距离独头通风的难题[15]。

图13.4 隔板风道式通风示意图

太行山特长隧道为双洞单线隧道，隧道左线全长27839m，右线全长27848m。隧道共设9个斜井，共11个工作面。隧道1号、2号斜井工区的独头长度均为3700m，采用独头压入式通风[16]。

关角特长铁路隧道全长32.645km，共设10座斜井，采用长隧短打的方案。左右线在贯通前采用压入式通风，开辟横通道后采用混合式通风，将施工中产生的烟尘经通风管道排出隧道，有利于改善隧道内的作业环境。因该隧道地处3000m以上的高海拔地区，空气稀薄，含氧量低，故在施工通风设计过程中，按隧道全断面风速不小于0.3m/s、坑道内风速不小于0.5m/s取值[17]。

在我国铁路隧道建设史上具有重要里程碑意义的秦岭铁路隧道，为2座基本平行的单线隧道，其中Ⅰ线隧道全长18.64km，采用TBM施工；Ⅱ线隧道全长18.456km，采用钻爆法施工。Ⅱ线平行导坑进口段全长9506m，采用2台风机间隔串联的压入式通风，其加串距离为距第一台风机2km处，解决了独头通风长度为6.2km的施工通风难题[18]。

我国水电隧洞施工技术取得长足的进步，如辽宁大伙房水库输水隧洞全长85.3km，直径为8m，采用先进的全断面TBM施工，TBM施工段的独头通风距离达12.83km。隧道施工通风长度统计见表13.3。

表13.3　　　　　　　　　隧道施工通风长度统计

隧道名称	主洞长度/km	施工方法	独头通风长度/km
辽宁大伙房水库输水隧洞	85.300	TBM	12.83
英法海底隧道	50.000	TBM	7.50
瑞士圣哥达隧道	57.000	TBM、钻爆法	15.00
南水北调西线一期工程引水隧洞	73.000	TBM	3.40
新疆八十一大坂引水长隧洞	31.000	TBM	6.50
山西引黄工程北干隧洞（方案）	25.000	TBM	12.97

续表

隧道名称	主洞长度/km	施工方法	独头通风长度/km
青海引大济湟工程引水隧洞	24.166	TBM	7.00
南疆铁路吐库二线中天山隧道	22.500	TBM	5.50
西康铁路秦岭隧道	18.640	TBM	6.20
南水北调中线总干渠潮河段隧洞（方案）	18.147	TBM	9.10
西康铁路秦岭隧道	18.640	钻爆法	7.50
关角特长铁路隧道	32.645	钻爆法	3.00
太行山特长隧道	27.848	钻爆法	3.70
乌鞘岭特长隧道	20.050	钻爆法	3.10
福建高盖山隧道	17.587	钻爆法	3.20
锦屏二级水电站引水隧道	16.670	钻爆法	4.00
合武铁路大别山隧道	13.700	钻爆法	3.00
吉林松山引水工程隧洞	12.590	钻爆法	2.00
四川柳坪水电站	10.600	钻爆法	3.00
广西岩滩水电站拉平引水隧洞	10.100	钻爆法	2.60

由表 13.3 可知，已实施的采用 TBM 施工隧道的独头施工通风长度一般在 7km 以内，最长的是山西引黄工程北干隧洞（方案），独头施工通风长度达到 12.97km。而采用钻爆法施工隧道的独头施工通风距离基本在 4km 以内，最长的为西康铁路秦岭隧道，独头施工通风长度达到了 7.5km。

13.2.2 长距离隧洞施工通风控制标准

通过对我国《工业企业设计卫生标准》(GBZ 1—2010)、《水工建筑物地下开挖工程施工技术规范》(DL/T 5099—1999)、《金属非金属矿山安全规程》(GB 16423—2006)、《铁路隧道工程施工技术指南》(TZ 204—2008) 及《公路隧道通风照明设计规范》(JTJ 026.1—1999) 等相关规范标准进行调研，综合考虑各规范所规定的有害气体最高允许浓度、粉尘容许浓度、温度、氧气含量、内燃机械作业 1kW 供风量、隧道开挖时工作面风速，确定的引汉济渭工程秦岭输水隧洞施工通风控制标准见表 13.4。

表 13.4 秦岭输水隧洞施工通风控制标准

项目		说明
有害气体最高允许浓度	一氧化碳	不大于 30mg/m³。当施工人员进入开挖面检查时，浓度可为 100mg/m³，但必须在 30min 内降至 30mg/m³ (37.5ppm)
	二氧化碳	按体积不得大于 0.5%
	氮氧化物	氮氧化物（换算成 NO_2）低于 5mg/m³
粉尘容许浓度		空气中含有 10% 以上游离二氧化硅的粉尘为 2mg/m³

续表

项　目	说　明
温度	洞内温度不宜超过 28℃
氧气含量	按体积计，不得低于 20%
工作面风速	不应小于 0.15m/s
备注	隧道施工时，供给每人的新鲜空气量不应低于 3m³/min； 采用内燃机械作业时，1kW 供风量不宜小于 3m³/min

13.2.3　长距离隧洞施工通风设备选型

良好的施工通风是长大隧道工程安全施工的前提，也是施工进度和工程质量的保障。长大隧道施工中长距离独头通风设备选择应综合整个工程施工期全寿命进行技术和经济比选。隧道独头施工通风的主要设备包括通风机和通风管。对于风管的选择，应尽可能地选择大管径、低漏风率的风管，风管的选择是控制通风成本的关键[19]。

1. 风管实际性能全尺寸模型试验

风管漏风率为长距离施工通风方案确定中的重要参数，且实际施工过程中风管漏风率与出厂标称的漏风率有着巨大差异。因此，需要确定出针对秦岭输水隧洞长距离施工通风实际实施过程中合适的风管漏风率。为了得到更准确的结论，基于全尺寸模型试验、理论分析等方法，采用模型试验与现场测试相结合的方法对秦岭输水隧洞施工通风实际使用风管进行模拟及测试分析。

在进行测试方案设计时，参考规范包括《风筒漏风率和风阻的测定方法》（GB/T 15335—2019）[20]、《通风管道技术规程》（JGJ 142—2017）和《非金属及复合风管》（JG/T 258—2009）。

模型试验于 2011 年 6—9 月在西南交通大学峨眉校区试验场进行。主要设备包括风管，直径 2.2m；进口风管，长 200m；国产风管，长 80m；通风机，2 台；钢架等架设风管所需材料。

（1）模型试验风机。为了测试在不同风机风量工况下风管内的风量损失，将 2 台风机并联后经通道接入风管内，风机型号分别为 XPZ-Ⅳ-No.15/15kW 和 XPZ-Ⅰ-No.9/11kW。XPZ-Ⅳ-No.15/15kW 风机参数见表 13.5，XPZ-Ⅰ-No.9/11kW 风机参数见表 13.6。

表 13.5　　　　　　　　XPZ-Ⅳ-No.15/15kW 风机参数

技术参数项	技术参数值	技术参数项	技术参数值
叶轮直径	1500mm	功率	15kW
风量	57031~76042m³/h	电压	380V
全压	350~461Pa	噪声	≤78dB
转速	720r/min	重量	655kg

表 13.6 XPZ-Ⅰ-No.9/11kW 风机参数

技术参数项	技术参数值	技术参数项	技术参数值
叶轮直径	900mm	功率	11kW
风量	27513~33510m³/h	电压	380V
全压	562~840Pa	噪声	≤85dB
转速	1450r/min	重量	250kg

为了便于后续的风管安装，在风机与风管连接处设置喇叭口。喇叭口的具体形式如图 13.5 和图 13.6 所示。

图 13.5 风机并联处的喇叭口　　　　　图 13.6 喇叭口形式

(2) 风管支架。风管单位质量为 5kg/m。风管支架受较大拉力和弯矩，采用门型钢架结构，门型架高 3m、宽 2.5m，门型钢架之间钢绳连接，为控制风管自重引起的挠度在允许范围内，门型架之间距离约 10m。门型钢架方案设计如图 13.7 所示，实际布置如图 13.8 所示。

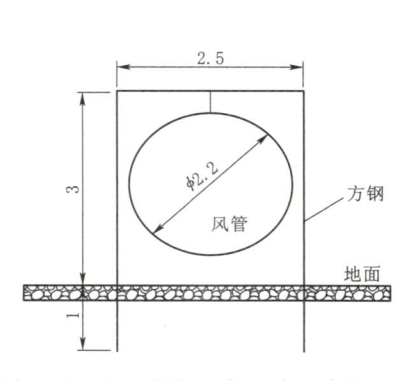

图 13.7 门型钢架方案设计（单位：m）　　　　　图 13.8 门型钢架实际布置

(3) 风管吊装。风管采用人工吊装，在初步吊装完成后将通风机开启，观察吊装效果，对局部区段进行调整，使风管大致处于同一水平面上。试验中进口风管和国产风管安装如图 13.9 和图 13.10 所示。

13.2 施工通风

图 13.9 进口风管安装

图 13.10 国产风管安装

风管吊装完成后开启通风机，风管的局部效果和整体效果如图 13.11 和图 13.12 所示。

图 13.11 风管的局部效果

图 13.12 风管的整体效果

（4）测试现场。对建立好的风管模型进行测试，现场测试的风管模型如图 13.13 所示。通过对建立的风管模型进行测试，测试现场情况如图 13.14 所示。

图 13.13 现场测试的风管模型

图 13.14 测试现场情况

(5) 测试工况。本次测试共分为两大类工况,即两台风机同时并联运行,此时风机功率为15kW+11kW;只开一台大风机,此时风机功率为15kW。具体测试工况见表13.7。

表13.7　　　　　　　　　　　　　　测　试　工　况

工况	进口风管模型试验		国产风管模型试验	
	功率/kW	全压/Pa	功率/kW	全压/Pa
工况1	15+11	1207.71	15+11	1207.71
工况2	15+11	1207.71	15+11	1207.71
工况3	15+11	1207.71	15+11	1207.71
工况4	15	461.00	15+11	1207.71
工况5	15	461.00	15+11	1207.71
工况6	15	461.00	15	461.00
工况7	15	461.00	15	461.00
工况8	15	461.00	15	461.00
工况9			15	461.00
工况10			15	461.00

(6) 测试结果综合分析。将测试数据进行整理后,分别采用百米计算式漏风率与日本青函隧道计算式漏风率[20],计算出不同公式下风管沿程漏风率,见表13.8。

表13.8　　　　　　　　　　　　不同公式下风管沿程漏风率

距风机距离/m	百米计算式漏风率/%	日本青函隧道计算式漏风率/%	距风机距离/m	百米计算式漏风率/%	日本青函隧道计算式漏风率/%
20~30	0.73	0.73	100~110	1.28	1.27
30~40	1.32	1.31	110~120	2.70	2.66
40~50	1.34	1.33	120~130	3.47	3.41
50~60	1.66	1.65	130~140	4.25	4.16
60~70	1.61	1.59	140~150	4.47	4.38
70~80	1.92	1.90	150~160	4.34	4.24
80~90	1.78	1.76	160~170	4.15	4.05
90~100	1.62	1.60	170~180	4.90	4.77

通过对表13.8的分析,得到隧洞内不同公式下风管沿程漏风率变化情况。隧洞内不同公式下风管沿程漏风率变化情况如图13.15所示。由此可知,漏风率最大为4.90%,位于距风机170~180m的曲线段上。直线段的漏风率基本相同,保持在1.5%左右。

为了分析曲线段测试断面风速分布,将处在曲线段上的每个测试断面测试结果进行统计分析,如图13.16~图13.23所示。由图可知,距风机120m处开始,风管由直线段进入曲线段,风管内靠近曲线外侧与靠近曲线内侧风速分布大致对称。

13.2 施工通风

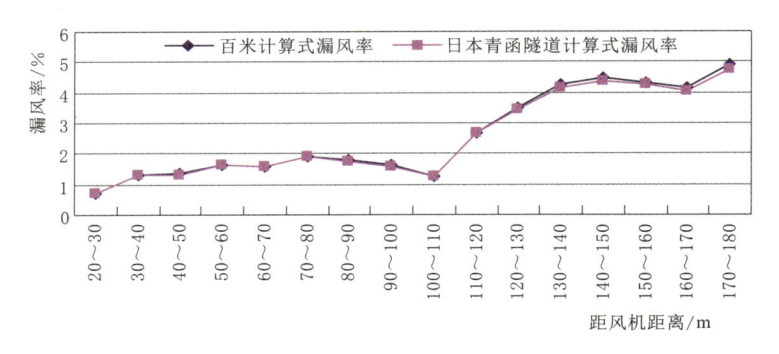

图 13.15 不同公式下风管沿程漏风率变化情况

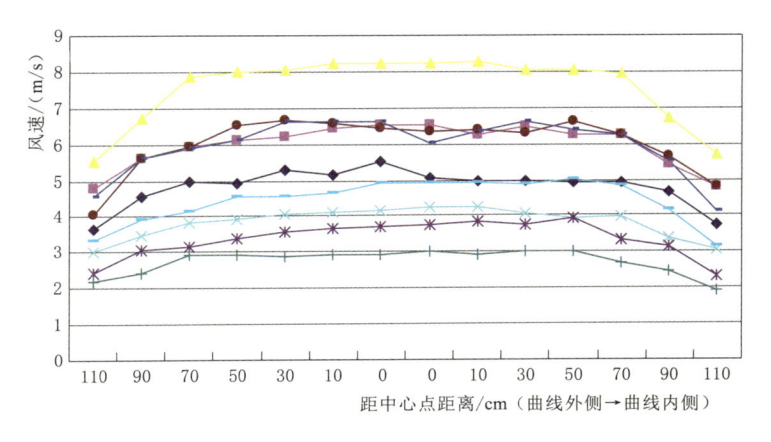

图 13.16 距风机 120m 处断面风速分布图

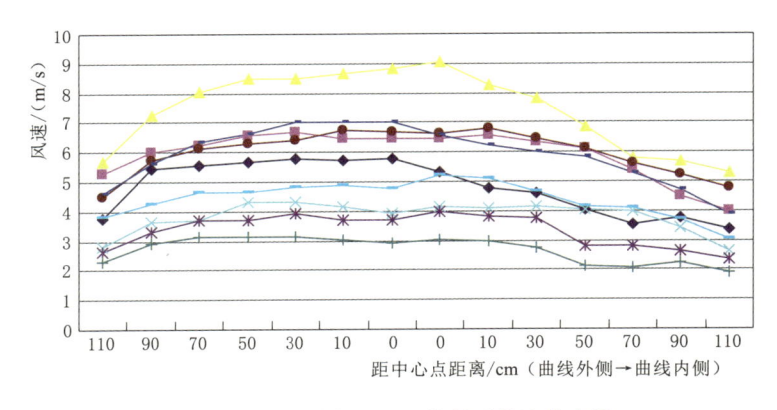

图 13.17 距风机 130m 处断面风速分布图

距风机 130m、140m、150m、160m、170m、180m、190m 处各断面，靠近曲线外侧风速较大，风速变化不明显，靠近曲线内侧风速较小，自风管中心到风管内侧壁面，风速减小较明显。

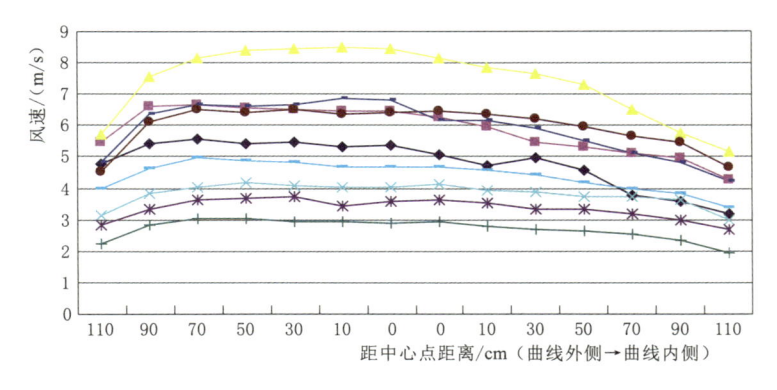

图 13.18　距风机 140m 处断面风速分布图

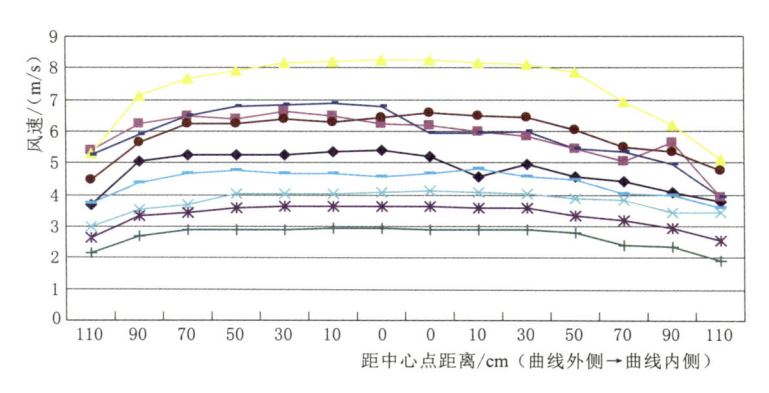

图 13.19　距风机 150m 处断面风速分布图

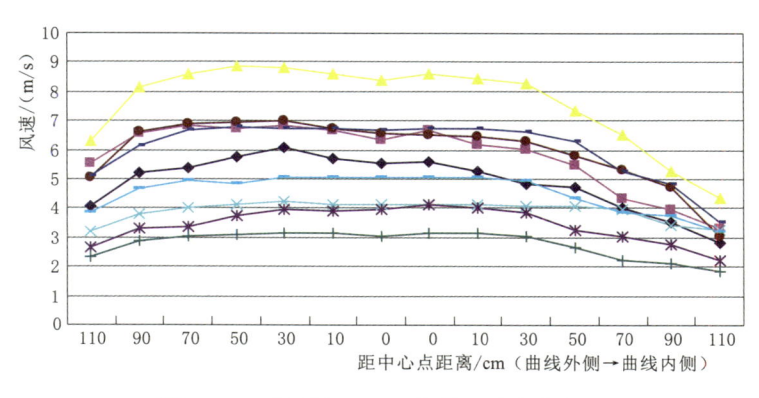

图 13.20　距风机 160m 处断面风速分布图

（7）国产风管模型试验结果与分析。国产风管共四段，每段长度为 20m，采用直线布置的形式。纵向间距每 10m 设置一个测试断面，每个测试断面测试不同半径处风速的大小。风机开启数量不同情况下，风管沿程漏风率统计见表 13.9。通过对测试数据的分析，风管漏风率沿程变化情况如图 13.24 所示。

13.2 施工通风

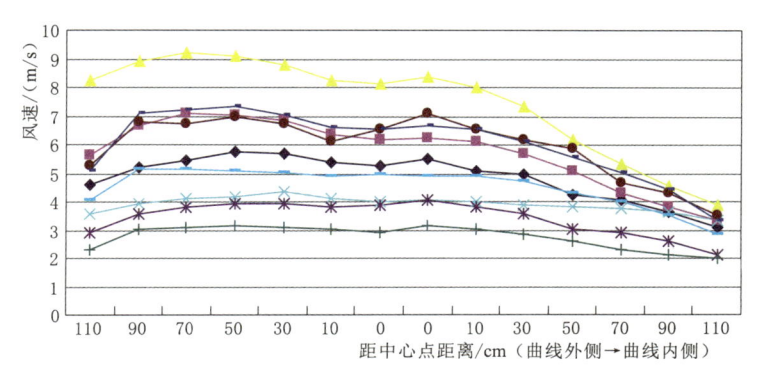

图 13.21 距风机 170m 处断面风速分布图

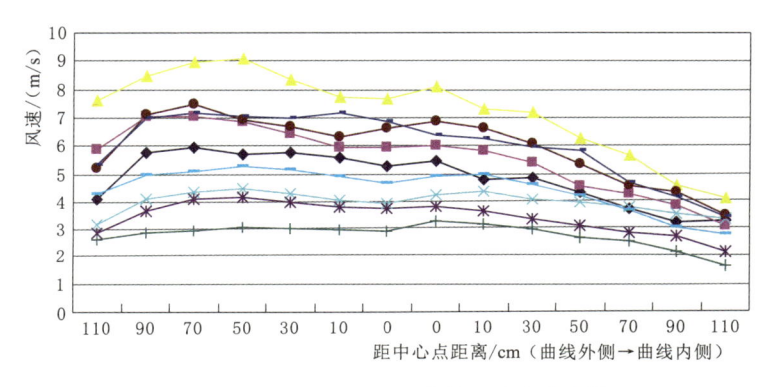

图 13.22 距风机 180m 处断面风速分布图

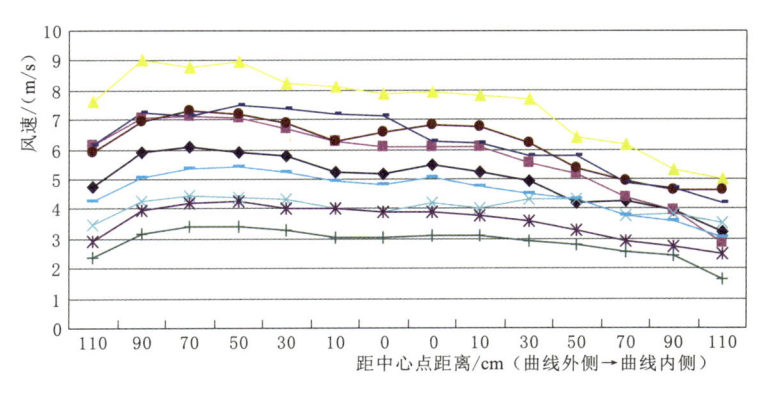

图 13.23 距风机 190m 处断面风速分布图

表 13.9　　　　　　　一台与两台风机方案时风管沿程漏风率

距风机 距离/m	漏 风 率/%									
	两台风机同时开启					开启一台风机				
20～30	1.65	0.63	0.22	0.51	0.33	0.36	1.35	0.81	1.79	0.24
30～40	1.90	0.95	0.57	1.08	0.66	1.45	1.58	2.26	1.99	0.52

续表

距风机距离/m	漏风率/%									
	两台风机同时开启					开启一台风机				
40～50	2.09	1.22	2.03	1.35	0.70	2.38	2.51	2.82	2.03	1.52
50～60	3.16	1.68	3.13	2.04	0.95	2.26	3.85	3.25	3.69	2.92
60～70	3.27	2.13	3.91	2.47	1.87	4.40	4.21	4.15	4.06	4.70
70～80	4.01	2.25	3.93	2.34	2.68	5.45	6.29	5.86	4.54	4.90
平均值	2.68	1.47	2.30	1.63	1.20	2.72	3.30	3.19	3.02	2.47
	1.86					2.94				

日本青函隧道计算式漏风率见表13.10。

表 13.10　　　　　　　日本青函隧道计算式漏风率

距风机距离/m	漏风率/%									
	两台风机同时开启					开启一台风机				
20～30	1.64	0.62	0.22	0.51	0.33	0.36	1.35	0.81	1.78	0.24
30～40	1.88	0.95	0.57	1.08	0.66	1.44	1.57	2.24	1.98	0.52
40～50	2.07	1.21	2.02	1.34	0.69	2.35	2.48	2.78	2.01	1.51
50～60	3.12	1.67	3.08	2.02	0.95	2.23	3.78	3.20	3.63	2.88
60～70	3.22	2.11	3.85	2.44	1.85	4.32	4.13	4.07	3.99	4.60
70～80	3.94	2.22	3.86	2.32	2.64	5.31	6.11	5.71	4.45	4.80
平均值	2.64	1.46	2.27	1.62	1.19	2.67	3.24	3.13	2.97	2.42
	1.84					2.89				

通过对测试数据的分析，得到了隧洞内的风量和漏风率的数据，将数据整理后绘制成图，风管漏风率沿程变化情况如图13.25所示。

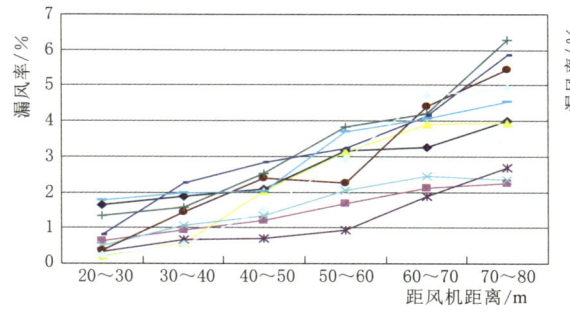

图13.24　不同工况下风管沿程漏风率 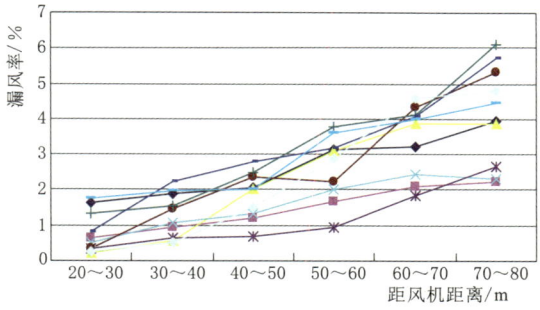　　　　图13.25　日本青函隧道计算式计算下不同工况风管沿程漏风率

根据日本青函隧道计算式，各组测试的平均漏风率为2.36%。两台风机开启时平均漏风率为1.84%，只开启一台风机时平均漏风率为2.89%；靠近风管末端漏风率逐渐增大。不同风机组合的漏风率见表13.11。

13.2 施工通风

表 13.11　　　　　　　　　　不同风机组合的漏风率

风机组合	风压/kPa	漏风率/% 国产	漏风率/% 进口
15kW+11kW	1207.71	2.17	1.856
15kW	461.00	3.05	2.940

根据长距离隧洞施工实际，确定的全尺寸模型试验原理如图 13.26 所示。

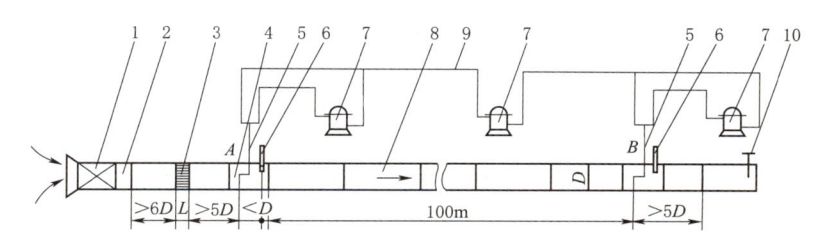

图 13.26　全尺寸模型试验原理图

1—通风机；2—连接风筒；3—整流段；4—测量段；5—皮托管；6—温度计；
7—微压计；8—被测风筒；9—胶管；10—风量调节器

通过试验对百米计算式与日本青函隧道计算式所计算的漏风率进行了比较，前者计算值较后者大 2% 左右；进口风管总长 200m，直线段平均百米漏风率为 1.47%，曲线段平均百米漏风率为 4.04%，曲线段漏风率大于直线段漏风率；国产风管各段平均百米漏风率为 2.40%；两台风机同时开启时所测得漏风率小于一台风机开启时的漏风率，即风量较大情况下漏风率较小；靠近风机段风管漏风率较小，风管末端漏风率较大；对于处在曲线处的测试断面，靠近曲线外侧风速较大，风速变化不明显；靠近曲线内侧风速较小，自风管中心到风管内侧壁面风速减小较明显，曲线处测试断面风速分布如图 13.27 所示；通过试验得到风管接头处风量损失与非接头处风量损失差别不大。

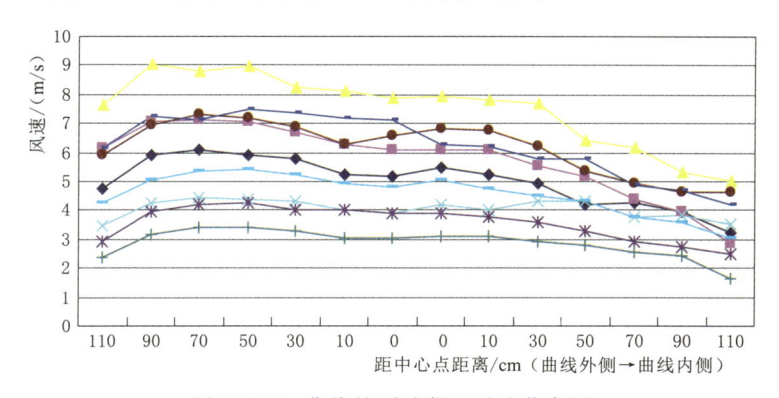

图 13.27　曲线处测试断面风速分布图

2. 施工需风量的确定

作为施工通风设计最重要的指标，在隧洞施工通风方案实施过程中，确定掘进面合理的需风量具有重要的意义。需风量与隧洞施工组织设计有关，不同的施工方法需要考虑的因素不同，其需风量计算亦不同[10]。

（1）钻爆法施工通风需风量标准确定。不同行业对其隧道施工通风的控制标准各有不同，因此需要综合分析各相关规范对施工通风的控制标准，进而确定合适的施工通风的控制标准。在施工通风计算中，计算风管漏风率的公式主要有百米计算式、吴中立公式、日本高木英夫公式、伏洛宁计算公式、日本青函隧道计算式及秦岭公式等。几个公式计算结果互不相同，而风管漏风影响施工通风计算及施工通风方案的确定，因此，需要对采用哪种风管漏风量计算公式进行研究[13]。由于钻爆法施工与TBM施工的工艺不同，因此其各自施工掌子面需风量是不同的，需要对各自的需风量进行研究确定。

《铁路施工手册》建议公式：

$$Q_s = \frac{5Ab}{tK} \tag{13.1}$$

式中：A 为一次爆破所用最大装药量，根据实际的现场调查及查照施工规范，初步取进尺 2.6m，岩体 1m³ 消耗炸药为 1.5kg，其具体取值见表 13.12，隧道的断面积为 60m²，则 $A=234$kg；b 为 1kg 炸药爆炸生成的有害气体量，取 b 为 40L/kg；t 为通风时间，按爆破 20min 内将工作面的有害气体排出或冲淡至容许浓度计算；K 为修正系数，当海拔超过 1000.00m 时，取 0.85。

表 13.12　　爆破 1m³ 岩石用药量

工程项目	炸药类型		爆破岩石用药量/(kg/m³)			
			软岩（Ⅰ～Ⅲ类）	次坚石（Ⅲ～Ⅳ类）	坚石（Ⅳ～Ⅴ类）	特坚石（Ⅵ类）
导坑	4～6m³	硝铵炸药	1.50	1.80	2.30	2.90
		62%胶质炸药	1.10	1.80	1.70	2.10
	7～9m³	硝铵炸药	1.30	1.60	2.00	2.50
		62%胶质炸药	1.10	1.25	1.60	2.00
	10～12m³	硝铵炸药	1.20	1.50	1.80	2.25
		62%胶质炸药	0.90	1.10	1.35	1.70
扩大炮眼		硝铵炸药	0.60	0.70	0.85	1.10
周边炮眼			0.55	0.65	0.75	0.90
底部炮眼			1.00	1.10	1.20	1.40
半断面（多台阶）	拱部	硝铵炸药	1.00～1.10			
	底部		0.50～0.60			
全断面		硝铵炸药	1.40～1.60			

吴中立公式（简化型）[21]：

$$Q = \frac{7.94}{t}\sqrt[3]{A(Sl_{or})^2} \tag{13.2}$$

式中：S 为隧道断面面积，m²；l_{or} 为炮烟的抛掷长度，m，因计算其长度的公式很多，且各种公式都有一定的适用范围，而公式 $l_{or}=15+A/5$ 更适合本书所讨论的情况，故经计算得到 $l_{or}=62$m。

伏洛宁计算公式[22]：

$$Q = \frac{7.8}{t}\sqrt[3]{AS^2L^2} \tag{13.3}$$

式中：L 为吸风管口到掌子面的距离，m。

日本青函隧道计算式：

$$Q = 0.368 \frac{P}{RC_X t} \tag{13.4}$$

式中：P 为爆破后 CO 的产生量，按炸药爆炸生成的有害气体量为 40L/kg 计算；R 为有效换气率，取 1；C_X 为炮烟带 CO 容许浓度。

采用四种不同的炮烟计算公式进行计算，得到不同炮烟计算公式下的爆破所需风量，见表 13.13。

表 13.13　　　　　　　　　不同计算公式下的爆破所需风量

公式类型	《铁路施工手册》建议公式	吴中立公式（简化型）	伏洛宁计算公式	日本青函隧道计算式
所需风量/(m³/min)	2753	735	723	2026

通过查阅文献资料及以上的计算比较发现，用伏洛宁计算公式和吴中立公式（简化型），其炮烟的抛掷长度的估算对于所需风量的计算影响较大，所以通过计算得到的值较小，对于混合式通风和吸出式通风，该公式使用较为广泛；日本青函隧道计算式主要考虑的是稀释有害气体，公式较为复杂，且计算结果比《铁路施工手册》建议公式的结果小；《铁路施工手册》建议公式计算简便，且其计算结果是各公式中最大的。综合考虑，采用《铁路施工手册》建议公式来进行掌子面需风量的计算。

依据水工建筑物地下开挖工程施工技术规范、铁路规范以及公路隧道规范，对开挖工作时的施工人员呼吸、一次爆破最大炸药、作业机械消耗、稀释洞内 CO、稀释洞内烟雾、满足洞内风速等所需风量进行计算，其结果见表 13.14。

表 13.14　　　　　　　　　钻爆法施工所需风量计算结果

项目	施工人员呼吸	一次爆破最大炸药	作业机械消耗	稀释洞内 CO	稀释洞内烟雾	满足洞内风速
所需风量/(m³/s)	7.0	46.0	50.0	40.0	38.0	8.7

（2）TBM 施工通风需风量标准确定。基于 TBM 施工的特点，在通风设计时不用考虑钻爆法中稀释、排放爆破有毒烟尘这一重要的通风要求，而只需满足 TBM 及其后配套人员及设备的需求，主要包括：TBM 及其后配套工作人员对新鲜空气的需求；TBM 各部件发热导致空气温度过高，有降温的需求；隧道内部机车燃烧柴油所需氧气及对其尾气的稀释与排放的需求；稀释工作面内粉尘的需求；地下有毒气体的稀释与排放的需求。依据规范，对开挖工作面所需风量的计算见表 13.15。

表 13.15　　　　　　　　　开挖工作面所需风量的计算

项目	施工人员呼吸	降温排尘	稀释机车尾气	满足洞内风速
理论计算所需风量/(m³/s)	2.30	24.31	21.64	9.12
项目	降温	排尘	稀释 CO	
实测确定所需风量/(m³/s)	28.27	56.43	19.30	

（3）现场实测分析获得的需风量。通过现场测试，对各个环境因素进行了分析，发现影响隧洞内环境的主要因素有温度、CO和粉尘。针对不同通风条件下的环境测试，得到通风量和温度、CO、粉尘之间的关系曲线。

对通风时隧洞内的最高温度进行测定，以及对送入掌子面的新鲜风量和隧洞内的最高温度进行分析发现，隧洞内的温度随着通风量的增加而降低，当新风输送量达到 $28.27m^3/s$ 时，温度达到规范要求的 28℃。工作面风量与隧洞内温度实测值见表 13.16。工作面风量与隧洞内最高温度关系如图 13.28 所示。

表 13.16　　　　　　　　工作面风量与隧洞内温度实测值

工作面风量/(m³/s)	16.20	24.90	26.29	28.84	25.91	17.41
隧洞内温度/℃	30.6	29.9	28.5	27.5	29.4	30.0

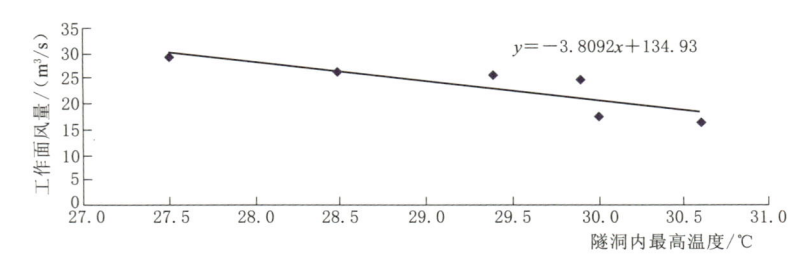

图 13.28　工作面风量与隧洞内最高温度关系

对通风时隧洞内的粉尘进行测定，以及对送入掌子面的新鲜风量和隧洞内的最高粉尘浓度进行分析发现，隧洞内的粉尘浓度随着通风量的增加而降低，但是变化并不很敏感。当粉尘降至 $2mg/m^3$ 时，需风量为 $56.43m^3/s$，工作面风量与隧洞内最高粉尘浓度见表 13.17。

表 13.17　　　　　　　　工作面风量与隧洞内最高粉尘浓度

风量/(m³/s)	38.34	35.90	35.60	30.50	26.29	25.91	16.50	16.50
粉尘浓度/(mg/m³)	5.2	19.0	9.7	14.6	8.2	4.0	23.5	19.0

通过对表 13.17 的分析，得到工作面出风口风量与隧洞内最高粉尘浓度关系曲线如图 13.29 所示。

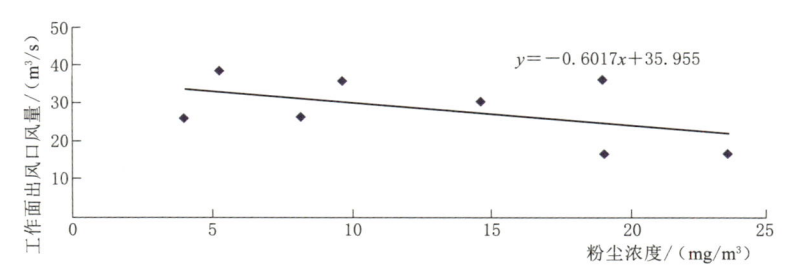

图 13.29　工作面出风口风量与隧洞内最高粉尘浓度关系

对通风时的隧洞内的CO浓度进行测定，以及对送入掌子面的新鲜风量和隧洞内的最高CO浓度进行分析发现，隧洞内的CO浓度随着通风量的增加而降低。当工作面风量达到19.3m³/s时，CO浓度达到规范要求的24ppm，见表13.18。

表13.18　　　　　　　　工作面风量与隧洞内最高CO浓度

风量/(m³/s)	38.40	35.90	26.29	24.90	19.30	16.50
CO浓度/ppm	6	10	26	22	24	21

通过对工作面出风口风量与隧洞内最高CO浓度的分析，工作面出风口风量与隧洞内最高CO浓度关系曲线如图13.30所示。

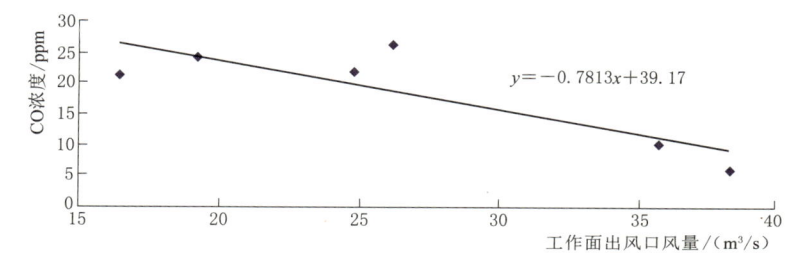

图13.30　工作面出风口风量与隧洞内最高CO浓度关系

经过现场实测，粉尘浓度单独依靠通风无法达到要求，必须采取综合除尘手段。综合理论计算和现场实测，取掌子面需风量为30m³/s。

3. 长距离施工隧洞风管选型

（1）风管的工程应用。不同工程根据其实际情况特点，所选用的风管类型各不相同，而不同直径、材质风管的漏风率也是不同的。表13.19为根据统计得到的一些重点工程所采用的风管直径和漏风率。

表13.19　　　　　　　　重要的隧道施工通风风管情况

隧道名称	施工方法	独头通风长度/km	风管直径/m	漏风率/%
辽宁大伙房水库输水隧洞	TBM	12.83	2.2	0.2
南水北调西线一期工程引水隧洞	TBM	3.40	2.2	1.0
新疆八十一大坂引水长隧洞	TBM	6.50	2.0	1.5
山西引黄工程北干隧洞（方案）	TBM	12.97	1.4	—
青海引大济湟工程引水隧洞	TBM	7.00	1.6	—
南疆铁路吐库二线中天山隧道	TBM	5.50	2.2	—
西康铁路秦岭隧道	TBM	6.20	1.3	1.0
南水北调中线总干渠潮河段隧洞（方案）	TBM	9.10	2.8	0.5
关角特长铁路隧道	钻爆法	3.00	2.2	1.0

续表

隧道名称	施工方法	独头通风长度/km	风管直径/m	漏风率/%
太行山特长隧道	钻爆法	3.70	1.6	1.0
乌鞘岭特长隧道	钻爆法	3.10	—	—
西康铁路秦岭隧道	钻爆法	7.50	1.3	
福建高盖山隧道	钻爆法	3.20	1.8	1.0
锦屏二级水电站引水隧道	钻爆法	4.00	—	—
合武铁路大别山隧道	钻爆法	3.00	1.8	1.0
吉林松山引水工程隧洞	钻爆法	2.00	0.8	
四川柳坪水电站	钻爆法	3.00	1.5	1.5
广西岩滩水电站拉平引水隧洞	钻爆法	0.60	0.6	1.0

西康铁路秦岭隧道Ⅱ线平导进口段全长9506m，采用两台风机间隔串联的压入式通风，其加串距离为距第一台风机2000m处，风管直径为1.3m，解决了独头通风长度为6.2km的施工通风难题。

辽宁省大伙房水库输水隧洞首次采用了每段长度为300m的2.2m直径的通风软管，取得了良好的通风效果。采用进口德国先进的通风机和通风软管，其风管的漏风率为0.2%。该隧洞的施工通风独头长度开创了我国地下工程施工通风的新纪元，达到了国际领先技术水平。

东京地下高速公路全长11km，双向4车道，处于东京市中心道路"山手路"地下约40m处，从东京的板桥区熊野町到目黑区青叶台，经过池袋、新宿和涩谷三个重要商业中心。根据调研情况，其施工通风采用钢风管压入式通风方式。东京地下高速公路施工通风情况如图13.31所示。

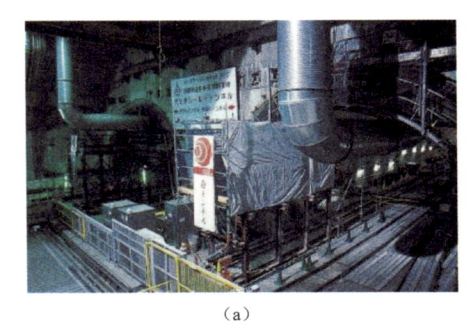

(a) (b)

图13.31 东京地下高速公路施工通风情况
(a) 东京地下高速公路施工通风管；(b) 东京地下高速公路施工现场

（2）风管通风适用长度。通过对长距离施工隧洞通风设备的调研及采用管道运输流体的其他行业进行调研，得到了常用的管道有柔性风管、钢风管和玻璃钢风管。

根据目前风机的参数和风管的承压及风机的功率，综合考虑柔性风管式通风的适用长度，其风管风压小于40000Pa，风机流量小于230m³/s，由此可得：在风管的百米漏风率为0.2%时，其柔性风管的适用长度为12km；在风管的百米漏风率为0.5%时，其柔性风管的适用长度为8km；在风管的百米漏风率为0.74%时，其柔性风管的适用长度为6km。

对于钢风管式通风：通过查阅相关的资料，考虑钢风管的漏风率为20%，其摩阻系数为0.012，能够得出其适用长度可以达到12km。

对于玻璃钢风管式通风：通过查阅相关的资料，考虑玻璃钢风管的漏风率为15%，其摩阻系数为0.015，能够得出其适用长度可以达到12km。

（3）现有风管参数及性能调研分析。随着采矿、交通隧道、水工隧洞等不同行业施工通风需求的增长，国内风管也经历了几次快速发展阶段，目前国内柔性风管的相关参数执行《煤矿用涂覆布正压风筒》（MT 164—2007）。从风管出厂标准可知，目前国内风管的通风性能不是非常理想，风管的物理机械配置能满足拟定通风方案中部分段落的要求。常用国内风管厂家的风筒直径范围可达3200mm，而且其管节长度可达100m或更长。

对于国外风管技术情况，通过调研发现，国外的风管生产商主要包括CMC、JP、ABC等公司。其中，JP公司提供的风管漏风率为0.5%，其不同风管材质的相关技术参数见表13.20。从相关参数可以看出，国外风管具有强度高、漏风率小的显著优点。但据初步询价，国外风管单价约为国产风管的10倍。因此，风管的选择应结合投资及后期使用费用综合考虑。

表13.20 不同风管材质的相关技术参数

型号	JP 501 FR			JP 551 FR
材质	PE 1100 Dtex	PE 1430 Dtex		PE 1100 Dtex
结构	网格 9in×9in	网格 12in×12in		网格 12in×12in
重量	500g/m²	650g/m²	750g/m²	550g/m²
扯断强力	950/950N/5cm	2100/2100N/5cm	2700/2700N/5cm	1250/1250N/5cm
撕裂力	350/350N	500/500N	600/600N	400/400N
接缝搭接强度	800N/5cm	1700N/5cm	2200N/5cm	1000N/5cm
阻燃性	FR/DIN 4102 B1	FR/DIN 4102 B1	FR/DIN 4102 B1	FR/DIN 4102 B1

13.2.4 秦岭输水隧洞长距离施工通风方案

1. 钻爆法施工段

秦岭输水隧洞越岭段采用TBM与钻爆法联合施工，其中钻爆法施工主要包括进口钻爆法施工段与出口钻爆法施工段两部分。初步拟规划设置7座斜井和2座竖井作为施工辅助通道，施工方案总体布置如图13.32所示。

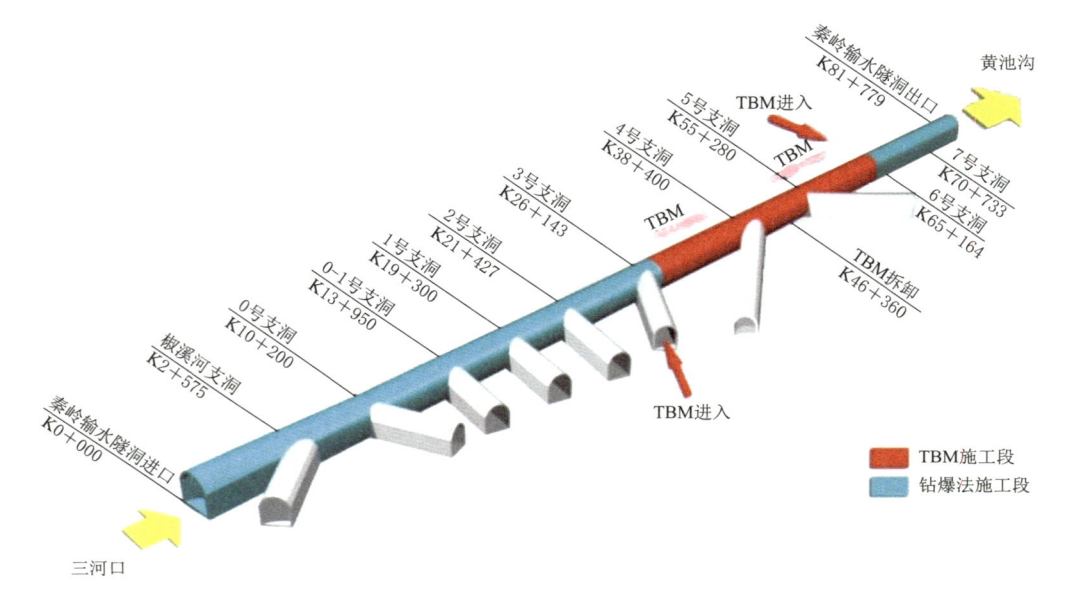

图 13.32　秦岭输水隧洞越岭段整体布置图

经系统分析研究，确定了钻爆法施工段的通风方案，钻爆法施工段均采用无轨交通运输，其钻爆法施工段施工通风方式见表13.21。

表 13.21　　　　　　　　　钻爆法施工段施工通风方式

斜井	进/出口	斜竖井长度/m	主洞通风长度/m	施工通风总长度/m	运输方式	施工通风方式
椒溪河支洞	进口		1875	1875	无轨	风管压入式
	出口		4235	4235	无轨	风管压入式
0号	进口	1055	3590	4645	无轨	风管压入式
	出口		3800	4855		
0-1号		1562	3270	4832	无轨	风管压入式
1号	进口	2375	2286	4661	无轨	风管压入式
	出口		2064	4439		
2号	出口	2729	2844	5573	无轨	风管压入式
3号		3885	1796	5681	无轨	风管压入式
6号	出口	2470	1000	3479	无轨	风管压入式
7号	进口	1866	4660	6526	无轨	风管压入式
	出口		4603	6469		
出口	出口		6487	6487	无轨	风管压入式

通过对通风方案拟定，以及对不同长度范围各选代表性断面及长度的通风区段进行计算分析，综合考虑钻爆法施工段的情况，选取的通风区段通风方式见表13.22。通风方案计算相关参数取值见表13.23。

13.2 施工通风

表 13.22　　　　　　　　　　选取的通风区段通风方式

斜竖井	进/出口	斜竖井长度/m	主洞通风长度/m	施工通风总长度/m	运输方式	施工通风方式
椒溪河支洞	进口		1875	1875	无轨	风管压入式
0号	出口	1055	3800	4855	无轨	风管压入式
3号	进口	3885	1796	5681	无轨	风管压入式
6号	出口	2470	1000	3479	无轨	风管压入式
7号	出口	1866	4603	6469	无轨	风管压入式

表 13.23　　　　　　　　　　通风方案计算相关参数取值

空气密度/(kg/m³)	风管百米漏风率/%	风管摩阻系数	标准大气压/(N/m²)	隧洞壁面摩擦损失系数	风机效率/%
1.225	0.5	0.018	101325	0.02	80

经过计算得到风机的入口风量和风管的总风阻，由此得到风机的功率。各个通风区段的计算结果见表 13.24。

表 13.24　　　　　　　　　　各个通风区段的计算结果

通风区段	进口方向	0号斜井出口方向段	3号斜井进口方向段	6号斜井出口方向段	7号斜井出口方向段
通风长度/m	1875	4855	5681	3479	6469
选用风管直径/m	1.8	1.8	2.2	2.2	1.8
风机风量/(m³/s)	55	64	66	60	69
风机风压/Pa	5193	14807	6645	3614	21556
风机功率/kW	324	1073	502	244	1693

2. TBM 施工通风方案

对于 TBM 施工段，针对有无竖井、斜井等共拟定了纵向接力（有风仓、无风仓、接力一次、接力两次）通风方案、钢风管＋柔性风管、玻璃钢风管＋柔性风管、风道＋柔性风管、风道＋柔性风管接力、混合式通风、两座竖井独头通风及两座斜井独头通风等共计 12 种方案，其对比情况见表 13.25。其中，无辅助坑道的为方案一~方案七，有辅助坑道的为方案八~方案十二。根据数值模拟结果，纵向接力的无风仓方案存在污风回流的风险。因此，对该方案不考虑做进一步深入研究。以下就其他有价值的 9 种方案做进一步的分析说明。

方案一：柔性风管设风仓纵向接力一次，如图 13.33 所示。其优势在于，无须增加竖井或斜井即可解决长距离施工通风问题；掘进机配套柔性风管施工，施工工艺及技术成熟。缺点在于，多台风机需联合启动，控制复杂；洞内风机功率大，需设立独立供配电系统；由于风量累计损失导致 1 号风机风量及风压过大；洞内噪声大，环境差。存在问题：此种通风模式尚无工程实例，存在风险；需进行现场实测，确定风机的布置及具体参数；风机的开启需现场逐步摸索协调。

表 13.25　通风方案分析对比

方案	方案一	方案二	方案三	方案四	方案五	方案六	方案七	方案八	方案九	方案十	方案十一	方案十二
	纵向接力一次	纵向接力两次	钢风管+柔性风管	玻璃钢风管+柔性风管	风道+柔性风管	风道+柔性风管接力	混合式	两座竖井	两座有机斜井	两座无机斜井	竖井+无轨斜井	有轨斜井+无轨斜井
风机功率/kW	2545	2445	826	887	2044	1980	阶段一：495　阶段二：876	阶段一：301　阶段二：532	阶段一：301　阶段二：530	阶段一：482　阶段二：657	阶段一：372　阶段二：613	阶段一：372　阶段二：587
用电费用/万元	2478	2380	804	864	1990	1928	667	405	405	555	480	467
风管材料费/万元	2043	2043	2267	3617	2395	2395	1800	900	1058	1328	1200	1275
风机费用/万元	500	480	160	160	400	400	280	120	120	220	200	190
土建费用/万元	—	—	—	—	—	—	—	5260	8925	25500	15280	16300
费用合计/万元	5021	4903	3231	4641	4785	4723	2747	6685	10508	27603	17160	18232
节省出渣/万元	—	—	—	—	—	—	—	—	2300	4400	2200	3700
费用汇总/万元	5021	4903	3231	4641	4785	4723	2747	6685	8208	23203	14960	14532
存在问题	工程应用少	工程应用少	工程应用少	工程应用少	工程应用少	工程应用少	工程应用少	费用稍高	建井困难	费用高	费用高	费用高
辅助施工正洞能力	无	无	无	无	无	无	无	很低	低	能力高，长度有限	岭南很低，岭北高	岭南低，岭北高
实施难易	易	易	难	较难	易	较难	易	较难	难	难	较难	较难
施工通风风险	较大	较大	大	大	较大	较大	大	小	小	小	小	小
TBM 施工风险	大	大	大	大	大	大	大	大	较大	小	较小	较小
工期风险	大	大	大	大	大	大	大	大	较大	小	较小	较小
隧洞运营检修	难	难	难	难	难	难	难	难	难	易	较难	较难

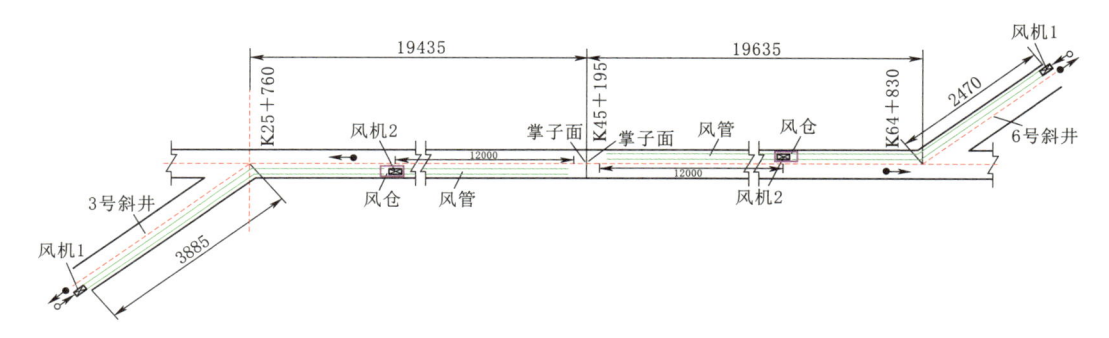

图 13.33　柔性风管设风仓纵向接力一次方案示意图（单位：m）

方案二：柔性风管设风仓纵向接力两次，如图 13.34 所示。与方案一相比，其优点为：风机功率略有降低；风管内压力较低，减弱了气锤效应；减小了各风管的管内压力，各风机功率降低。其缺点为：多台风机需联合启动，控制更复杂；洞内增加了两套供配电系统；洞内噪声大，环境差。

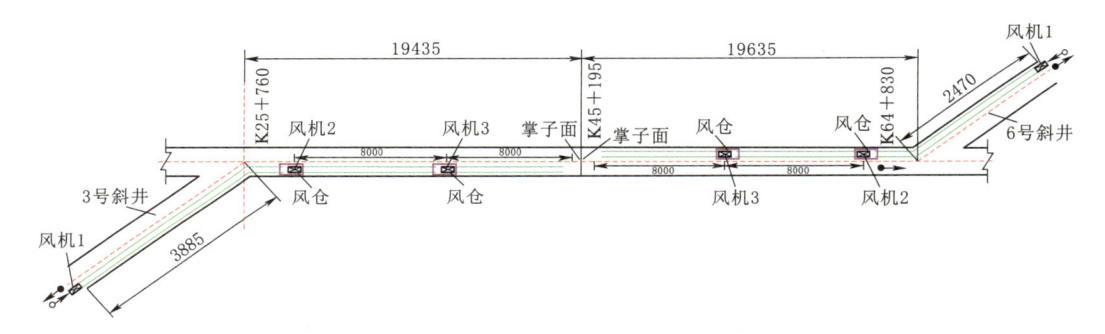

图 13.34　柔性风管设风仓纵向接力两次方案示意图（单位：m）

方案三：钢风管＋柔性风管独头送风方案，如图 13.35 所示。其优点为：无须增加竖井或斜井解决长距离施工通风问题；风机功率相对较低，后期电费较低；风流组织简单可靠，受环境影响小，通风效果有保证；系统控制简单，可靠；噪声小，洞内环境相对较好。其缺点为：目前钢风管应用于隧道施工的工程实例较少，实施效果依赖于施工质量和现场组织管理；隧道施工中，未有一流钢风管的施工工艺，施工工艺不成熟；重量大，运输安装不便；材料自身价格较高。存在问题：此种通风模式尚无工程实例，存在风险；20

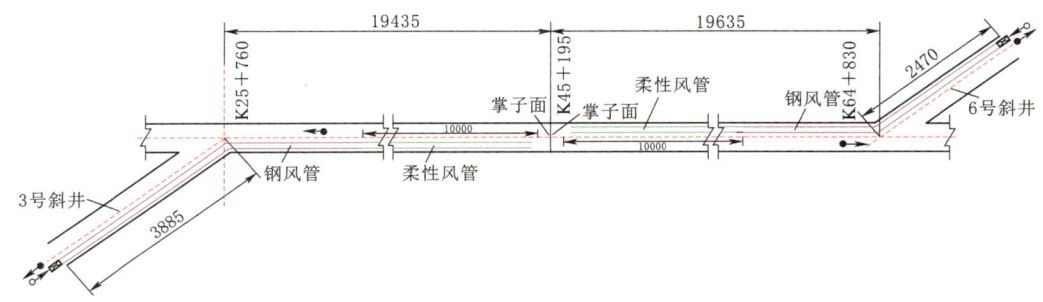

图 13.35　钢风管＋柔性风管独头送风方案示意图（单位：m）

世纪六七十年代的隧道施工采取的钢风管通风在实施中存在漏风率过大、环境较差的问题。现阶段研究中，经咨询认为现有工艺可解决漏风问题。

方案四：玻璃钢风管＋柔性风管独头送风方案，如图 13.36 所示。其优势在于：无须增加竖井或斜井解决长距离施工通风问题；风机功率相对较低，后期电费较低；风流组织简单可靠，受环境影响小，通风效果有保证；系统控制简单，可靠；噪声小，洞内环境相对较好；重量轻，运输安装方便；建筑行业应用普遍，技术成熟；可现场制作，操作性强。其缺点为：目前玻璃钢风管应用于隧道施工的工程实例较少，实施效果依赖于施工质量和现场组织管理；材料自身价格较高。存在问题：此种通风模式尚无工程实例，存在风险。

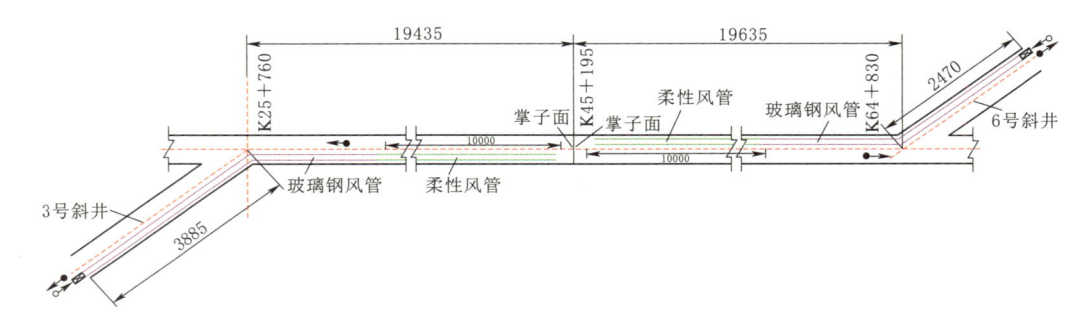

图 13.36　玻璃钢风管＋柔性风管独头送风方案示意图（单位：m）

方案五：风道＋柔性风管方案，如图 13.37 所示。其优点为：无须增加竖井或斜井解决长距离施工通风问题；风流组织简单可靠，受环境影响小，通风效果有保证；系统控制简单，可靠；噪声小，洞内环境相对较好；柔性风管段实施性强，技术成熟。其缺点为：风机功率相对较高，后期电费较高；风机风压大、功率高，需串联风机；风管中压力大，漏风率偏高。存在问题：此种通风模式尚无工程实例，存在风险；现有已实施的风道项目，其风道段漏风率偏高。

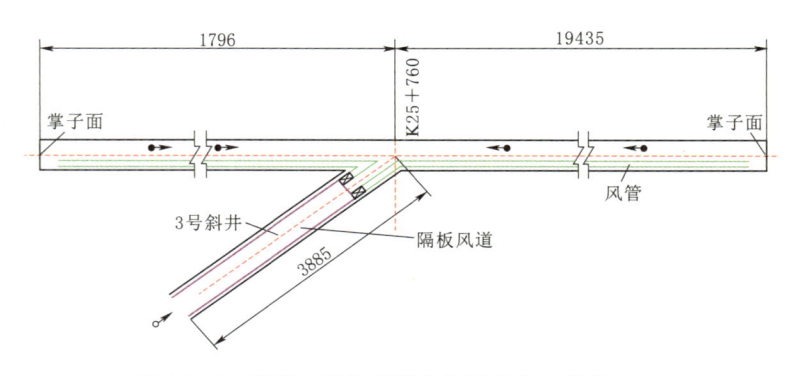

图 13.37　风道＋柔性风管方案示意图（单位：m）

方案六：风道＋柔性风管设风仓接力一次方案，如图 13.38 所示。较方案五的优势：风管中压力小，漏风率偏低；风机功率相对较偏低，节能。其缺点为：系统稍复杂；噪声大，洞内环境相对较差。

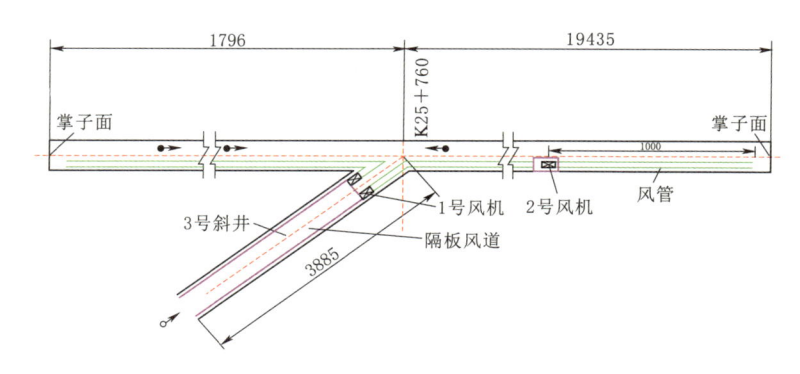

图 13.38　风道＋柔性风管设风仓接力一次方案示意图（单位：m）

方案七：混合式通风方案，第一阶段与第二阶段方案示意如图 13.39 和图 13.40 所示。其优点为：无须增加竖井或斜井解决长距离施工通风问题；风机功率相对小，后期电费较低；柔性风管实施性强，技术成熟。其缺点为：风流组织复杂，受洞内环境影响大；系统控制复杂；噪声大，洞内环境差。存在问题：此种通风模式尚无工程实例，存在风险。

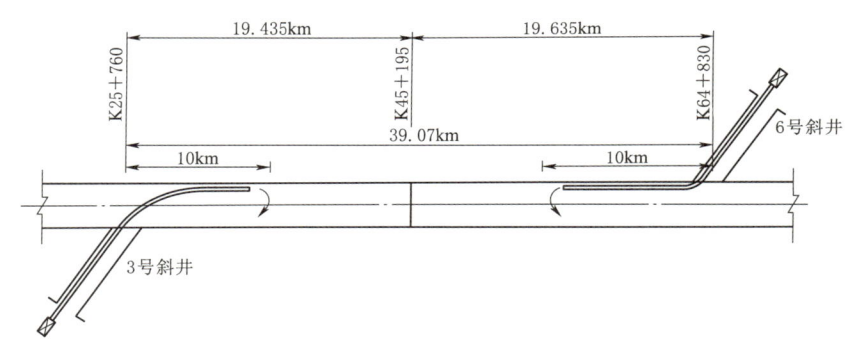

图 13.39　混合式通风方案第一阶段示意图

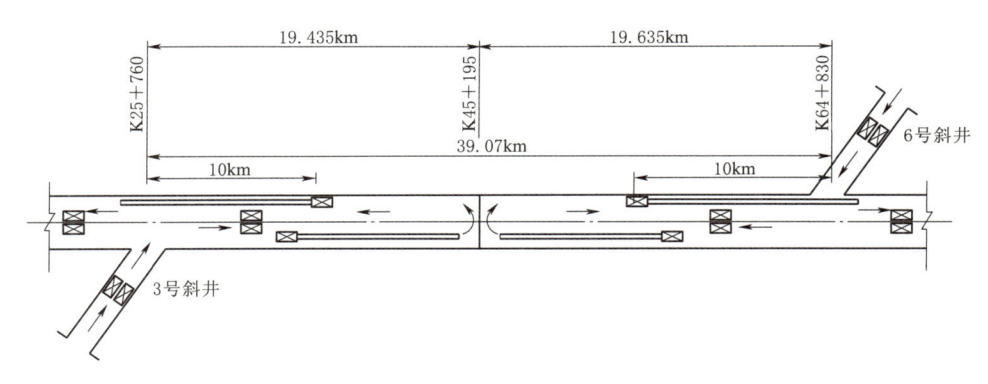

图 13.40　混合式通风方案第二阶段示意图

方案八：增设 4 号、5 号两座竖井方案，第一阶段与第二阶段方案示意如图 13.41 和图 13.42 所示。其优点为：技术成熟、系统可靠，实施性强，风险低；风机功率相对小，后期电费低。其缺点为：需增设竖井，将会增加土建费用。

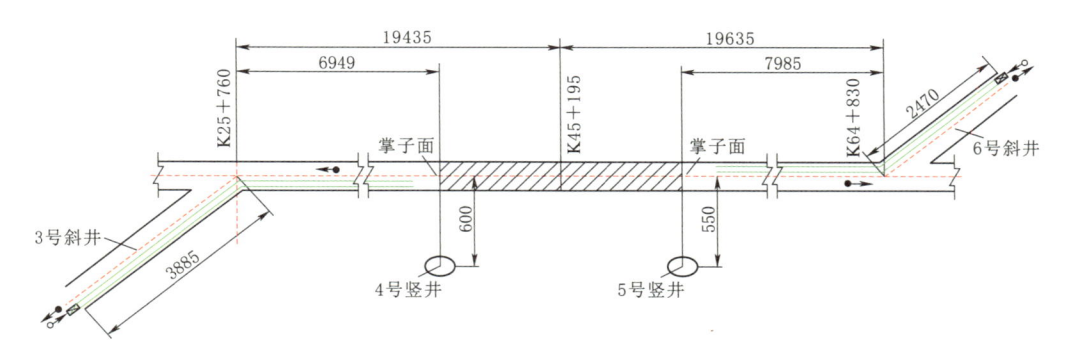

图 13.41　方案八第一阶段示意图（单位：m）

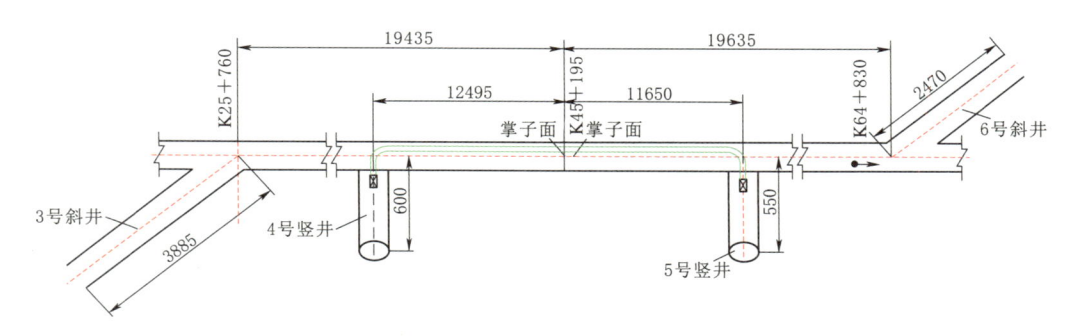

图 13.42　方案八第二阶段示意图（单位：m）

方案九：增设 4 号、5 号两座有轨斜井方案，第一阶段与第二阶段方案示意如图 13.43 和图 13.44 所示。其优点为：技术成熟、系统可靠，实施性强，风险低；风机功率相对小，后期电费低。其缺点为：需增设斜井，将会增加土建费用。存在问题：斜井采用有轨运输方案，坡度大，实施困难；若考虑利用斜井出渣，则施工通风的电费及通风工程的投资与之比较所占比重小。

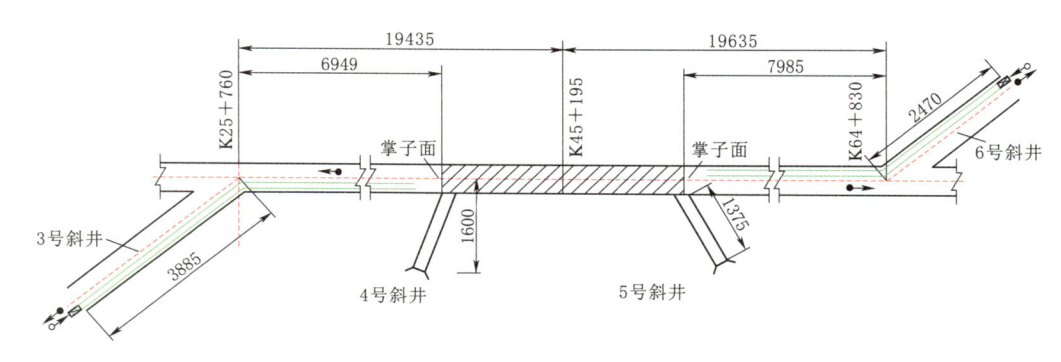

图 13.43　方案九第一阶段示意图（单位：m）

通过各方案分析可以看出，各方案的实施费用差别较小。风机功率相对较小、实施费用最低的为混合式通风方案，但该方案风流组织复杂，受控因素多，通风效果保证率低。斜井方案实施费用最大，但方案分析中未考虑利用斜井进行有轨出渣。经估算，若利用 4

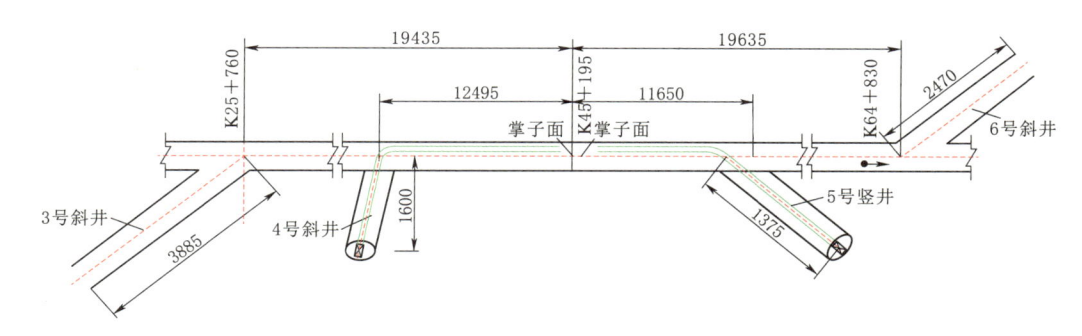

图 13.44 方案九第二阶段示意图（单位：m）

号、5 号斜井进行有轨出渣，可节省皮带材料及约 10km 有轨运输，折合费用 2500 万～3000 万元。

综合分析，认为各方案实施费用差距不大，因此，建议对斜井方案进一步研究，若大坡度斜井建井可行，则建议采用斜井方案。否则，建议采用软风管纵向接力两次方案。

13.2.5 秦岭输水隧洞长距离施工通风实施方法

1. 风道的材质、性能参数，实施手段及方法

目前，隧道施工中采用风道的情况较少，而风道在建筑行业中应用较普遍、成熟。住房和城乡建设部针对风道专门颁布了《通风管道技术规程》（JGJ/T 141—2017）[24]，在标准中对不同风道材质的制作、安装、连接、检测及相关施工工艺等均进行了严格规定。建筑行业中常用的风道材料有金属材料、非金属材料[22-23]。

金属风道包括镀锌钢板及普通钢板风道、不锈钢风道、铝板风道等，非金属风道包括酚醛复合风道、聚氨酯复合风道、玻璃纤维复合风道、无机玻璃钢风道、硬聚氯乙烯风道等。另外，针对存在土建风道的项目，可采用砖砌体或石膏板隔墙等形式。

针对秦岭输水隧洞的具体特点，若选用复合式材料如酚醛复合风道、聚氨酯复合风道、玻璃纤维复合风道等，由于其材料强度、价格、安装运输等方面存在问题，不宜采用。非金属材料中强度满足要求的可选材料为玻璃钢风道。在金属材料中，因施工通风为临时工程，对防腐、耐久性方面要求不高，因此选择普通钢板风道。若采用竖向分隔则可采用土建风道，对土建风道经综合分析比较，秦岭输水隧洞可行的风道暂定为普通砖砌体、石膏板隔墙、现浇混凝土隔墙等结构。

经初步估算分析，普通砖砌体建筑风道（竖向分隔）若采用一二墙，则风道内需较均匀布置约 60 台射流风机，且隔墙需设混凝土立柱、横梁及拉杆；若采用二四墙，则风道内需较均匀布置 20 台射流风机，且隔墙需设混凝土立柱、横梁及拉杆。

采用石膏板隔墙（竖向分隔），石膏板规格为 600mm×3000mm（宽×高），厚度分 90mm 和 120mm。采用此方案，需设钢龙骨及拉杆，内填石膏板，完成后需批腻子防止漏风。另外，此方案需较均匀布置约 70 台射流风机。

现浇钢筋混凝土隔墙（竖向分隔）120mm，内配构造筋并设拉杆。

钢板风道：方案一，采用直径 2000～2800mm 的普通螺旋焊接型钢风筒，接头采用法兰连接，并设橡胶垫，风管安装于隧洞顶部；方案二，采用异型普通钢风筒，风筒设于隧洞一侧，顶部可用作人行通道。

横向分隔建筑风道：方案一，采用型钢＋钢板吊顶方案，横向分隔；方案二，采用型钢＋钢龙骨＋PVC 板吊顶方案，横向分隔。

采用玻璃钢风道方案：方案一，有机玻璃钢矩形风道方案，吊于隧道顶部；方案二，有机玻璃钢异型风管方案，设于隧洞一侧。

2. 风管及风道材料的选型分析

(1) 风管。经初步通风计算，国内外风管的物理机械性能均能满足要求，但国内风管的漏风率大，因此风管的适用长度小、风机功率大。而国外风管的物理机械性能及漏风率都具有明显优势，国内风管单价取 50 元/延米，国外风管单价取 350 元/延米，按每天风机开启 8h 计，电费按 0.7 元/(kW·h) 计算，隧洞进尺按 180m/月计，则不同长度隧洞所需风管费用及其施工电费如图 13.45 所示。

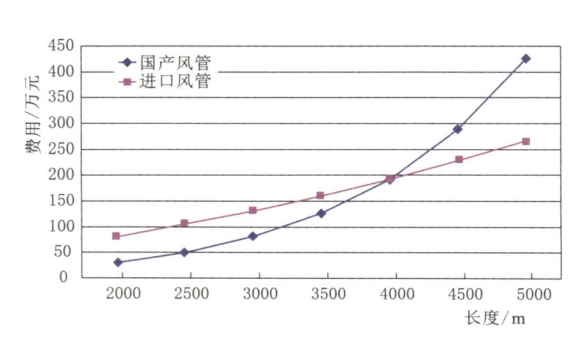

图 13.45 不同长度隧洞所需风管费用及其施工电费

从图 13.45 可以看出，隧道长度大于 4km 时，虽然性能较好的风管本身单价较高，但因其具有良好的性能，总体费用偏低（分析中未考虑风管的摊销）。因此建议：工区长度在 4km 以下时，选择单价较低的国产风管；工区长度在 4.0km 以上时，选择通风性能较好的进口风管。

(2) 风道。竖向建筑风道均存在施工工序较多、空间尺寸不足、连接处不好封堵、风道内需布设射流风机等缺点，因此不建议采用。钢板风道及玻璃钢风道，由于技术成熟、工艺简单，建议根据通风计算结果及实施工艺选用。而横向建筑风道建议进一步研究材料及工艺后，根据研究情况选用。

3. 通风设备的经济性比较

对不同的通风方式下的费用进行经济性比较，其费用暂考虑材料的造价和电费，电费按 0.7 元/(kW·h) 计，其各种材料的造价见表 13.26。

表 13.26　　　　　　　　　　各种材料的造价

风管类型	柔性风管	钢风管	玻璃钢风管
材料的价格	350 元/m	5100 元/t	90 元/m²

TBM 施工和钻爆法施工每月的掘进进度不同，TBM 施工掘进进度为 450m/月，钻爆法施工掘进进度为 180m/月。

4. 不同通风方式的经济风速

为了对各种通风方式进行经济性比较，需得出钢风管和玻璃钢风管的经济风速。经过计算得到不同通风方式下风管直径的经济性比较见表 13.27。

13.2 施工通风

表 13.27　　　　　　　　　不同通风方式下风管直径的经济性比较

通风方式	风管直径/m	1.4	1.6	1.8	2.0	2.2	2.4	2.6	2.8	3.0
柔性风管式通风	总费用/万元	13742	7217	4179	2647	1826	1368	1106	956	871
	风管平均风速/(m/s)	45.9	35.1	27.8	22.5	18.6	15.6	13.3	11.5	10.0
钢风管式通风	总费用/万元	4035	2289	1497	1117	932	846	813	811	827
	风管平均风速/(m/s)	35.7	27.4	21.6	17.5	14.5	12.2	10.4	8.9	7.8
玻璃钢风管式通风	总费用/万元	4693	2706	1811	1387	1186	1099	1073	1081	1111
	风管平均风速/(m/s)	34.9	26.7	21.1	17.1	14.1	11.9	10.1	8.7	7.6

不同柔性风管直径下的通风总费用情况如图 13.46 所示，不同钢风管直径下的通风总费用情况如图 13.47 所示，不同玻璃钢风管直径下的通风总费用情况如图 13.48 所示。

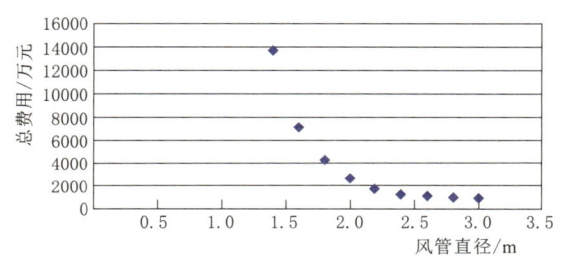

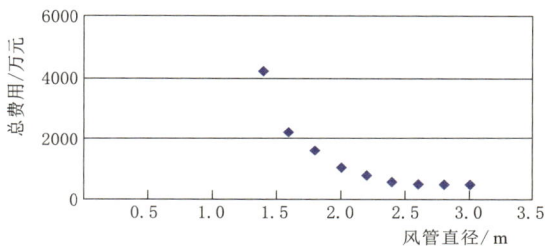

图 13.46　不同柔性风管直径下的通风总费用散点图

图 13.47　不同钢风管直径下的通风总费用散点图

由以上的计算结果可以得到柔性风管、钢风管和玻璃钢风管在独头掘进 12km 时最经济的费用分别为 871 万元、811 万元和 1073 万元，其风管的直径分别为 3.0m、2.8m 和 2.6m，即柔性风管的经济风速为 10.0m/s，钢风管的经济风速为 8.9m/s，玻璃钢风管的经济风速为 10.1m/s。

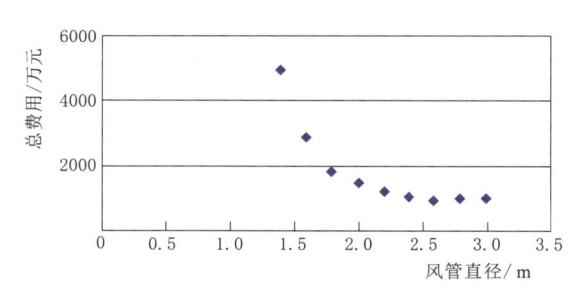

图 13.48　不同玻璃钢风管直径下的通风总费用散点图

5. 不同通风方式的费用比较

不同通风方式下的费用比较如下：考虑不同独头距离下隔板风道的风机功率都较大，故风道式通风的方式不适合，所以不予经济性比较。不同风管的费用见表 13.28。

表 13.28　　　　　　　　　　　不同风管的费用

独头距离/km	费用/万元		
	柔性风管	钢风管	玻璃钢风管
2	95	116	147
4	191	232	294
6	286	348	441

续表

独头距离/km	费用/万元		
	柔性风管	钢风管	玻璃钢风管
8	382	464	588
10	477	580	735
12	573	696	882
14	668	812	1029
16	764	928	1176
18	859	1044	1323
20	955	1160	1470
22	1050	1276	1616

不同通风长度、不同风管材质下的通风用电费用见表13.29。由此得到不同通风方式下的总费用见表13.30。

表13.29　　　　　　　　　不同风管材质下的通风用电费用

施工方式	通风长度/km	费用/万元		
		柔性风管	钢风管	玻璃钢风管
TBM施工	2	3	3	5
	4	14	13	21
	6	39	29	48
	8	86	51	85
	10	166	80	133
	12	298	115	191
	14	507	157	260
	16	829	205	339
	18	1317	259	430
	20	2047	320	530
	22	3128	387	642
钻爆法施工	2	7	8	13
	4	35	32	53
	6	98	72	119
	8	215	128	212
	10	416	200	332

在TBM施工的隧洞内，不同的通风方式下，总费用随着掘进长度增加而变化的对比情况如图13.49所示。掘进长度比较短的时候柔性风管式通风和钢风管式通风费用比较合适，距离比较长的时候钢风管式通风费用比较合适。在钻爆法施工的隧洞内，不同通风方式的总费用对比情况如图13.50所示。

表 13.30　　　　　　　　　　　　　　不同通风方式下的总费用

施工方式	通风长度/km	总费用/万元		
		柔性风管	钢风管	玻璃钢风管
TBM 施工	2	98	119	152
	4	205	245	315
	6	325	377	489
	8	468	515	673
	10	643	660	868
	12	871	811	1073
	14	1175	969	1289
	16	1593	1133	1515
	18	2176	1303	1753
	20	3002	1480	2000
	22	4178	1663	2258
钻爆法施工	2	103	124	160
	4	226	264	347
	6	384	420	560
	8	597	592	800
	10	893	780	1066

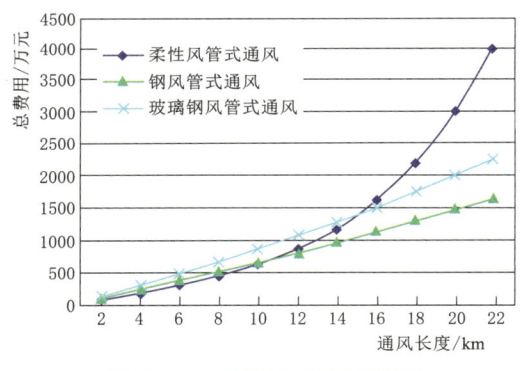

图 13.49　TBM 法施工总费用 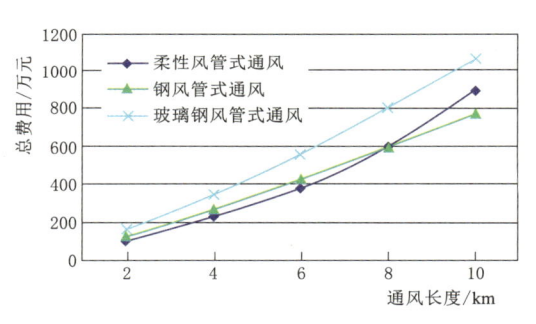　　　　　　图 13.50　钻爆法施工总费用

6. 超长距离施工通风风管安全性分析

分别对瑞典风管性能参数与国产风管性能参数进行调研，其结果见表 13.31～表 13.33。

表 13.31　　　　　　　　　　　　　　瑞典风管性能参数

项目	参数	项目	参数
风管直径/m	2.2	张紧强度/(N/5cm)(经线)	2400
最低温度/℃	−30	张紧强度/(N/5cm)(纬线)	3000
通风方式	压入式	撕裂强度/(N/5cm)(经线)	550
Zeta 系数	0.2	撕裂强度/(N/5cm)(纬线)	750
阻力系数	0.015	可承受最大工作压力/kPa	17.8
重量/(g/m²)	600		

表 13.32　　　　　　　　　　国 产 风 管 规 格

直径/mm	节长/m	重量/kg	允许工作压力/Pa
500	5~50	12~66	2450
600~800	5~50	15~78	2940
1000~1500	5~30	25~120	4900
1600 以上	5~20	30~300	6000

表 13.33　　　　　　　　　国 产 风 管 性 能 参 数

项 目	参 数	项 目	参 数
风管直径/m	2.2	风筒允许压力/Pa	2450~6000
摩擦阻力系数	0.003~0.035	破坏压力/Pa	10000~17640

瑞典风管可承受最大工作压力为 17800Pa，为了保证通风风量，保障风管的安全，经综合比较，取安全系数为 1.6 时的通风方案，相关计算结果见表 13.34。

表 13.34　　　钻爆法施工各个通风区段的计算结果（安全系数为 1.6）

区 段	方向	通风长度/m	风机风速/(m³/s)	风机风压/Pa	风机功率/kW
椒溪河支洞	进口	2979	84.41	5441.38	521.76
	出口	4307	86.45	8803.20	864.56
0号斜井	进口	4710	87.08	9855.49	974.96
	出口	4848	87.30	10219.37	1013.47
0-1号斜井	出口	4546	86.83	9425.42	929.66
1号斜井	进口	4769	87.18	10010.84	991.38
2号斜井	进口	4692	87.06	9808.16	969.96
	出口	5792	88.80	12757.84	1286.92
3号斜井	进口	5488	88.31	11930.86	1196.93
6号斜井	出口	4470	86.71	9226.97	908.84
7号斜井	进口	5436	88.23	11790.32	1181.72
	出口	6440	89.84	14550.91	1485.03
出口	进口	6493	89.93	14699.42	1501.62

对 TBM 施工的各个隧洞通风区段进行计算，计算结果见表 13.35。

表 13.35　　　TBM 施工各个隧洞通风区段的计算结果（安全系数为 1.6）

区 段	方向	通风长度/m	风机风速/(m³/s)	风机风压/Pa	风机功率/kW
3号斜井	出口	10809	58.32	10007.07	662.96
4号斜井	出口	14191	61.98	14250.06	1003.36
5号斜井	进口	14205	62.00	14268.71	1004.93
6号斜井	进口	12354	59.97	11881.39	809.35

7. 施工通风管理措施及实施关键技术

由现场实测结果及数值模拟计算结果可知，实际施工过程中由于受到各种因素的影响，风管往往受到破坏，供风量受到很大影响。施工通风能力不足造成有害气体在洞内长时间集聚，浓度大于规范控制标准。为保障通风能力及洞内良好施工环境，采取措施如下：

施工通风方案实施过程中，应在设计基础上进一步细化，制定实施细则；选择风管时，在不影响隧洞施工作业的前提下尽量选择大直径风管，减少风管漏风率及风管承受风压；风管及风机安装时，保证风机与风管在同一水平线上，减少风管弯折现象，在拐弯处设置伸缩风管，做到平、直、稳、圆滑等，保证其通风能力；及时修补风管破损部位，更换漏洞较多或较大的风管，以免漏掉大量新鲜空气，造成风管末端出风量不足；为保证风管末端与掌子面的距离，防止柔性风筒受爆破损坏，可在风管末端设置一段刚性风管；风管通风措施一般分阶段设计，因此施工过程中应加强现场测试工作，对洞内作业环境实时监测，在保证洞内环境情况下调整通风时间；由于施工距离的不同，施工通风时间及所需风量也会有所变化，施工现场应有专业通风技术人员进行指导，调整风机供风量；由于施工人员主要集中在工作面附近区域，因此，可采用喷雾洒水的方式快速降低工作面附近温度、粉尘浓度及其他可溶于水的有害气体的浓度。

13.2.6　秦岭输水隧洞长距离 TBM 施工通风效果及环境自动监测

1. 洞内环境监测及效果

秦岭输水隧洞长距离施工通风实际施工过程中风管过台车段的平均漏风率达到 20.06%，建议风管漏风率分段设定，台车段漏风率取 20%；洞内温湿度及 CO_2 浓度均未超标，洞内 NO_2 浓度在 2 号斜井段基本未超标。由于风管破损及弯折，导致风管漏风率较大，最大百米漏风率达 9.10%，因此应加强通风管理，保证风管的平顺并及时修补破损位置，减小漏风率，保证掌子面风量；对于采用风管式通风方式，在 TBM 施工隧道中，CO、O_2 满足要求，粉尘、温度略有超标，因此以粉尘和温度为主要的环境控制因素。当风量小于 $28m^3/s$ 时，工作面温度将高于 28℃，影响工作环境，台车段为漏风重点部位，需要加强风管架设以及施工管理，提高施工通风效果，应把改善 TBM 自身配套通风系统作为重点；实测风量情况下，由数值模拟结果与测试数据对比可知，二者存在一定误差，其中距掌子面 50m 处 CO 浓度误差范围为 5.4%～21.5%，但数值模拟结果基本符合实际情况。

2. 秦岭输水隧洞自动气象站监测

根据气象测试设计方案，在秦岭输水隧洞 3 号洞口、6 号洞口各设置一个自动气象站，均选取地势相对平坦，无高大树木、建筑遮掩，视野开阔处。自 2010 年 4 月 30 日建立自动气象站起至 2013 年 9 月 9 日止，已经对隧洞气象条件进行监测 1228d，得到大量现场气象数据，其中 3 号洞口自动气象站观测时间为 2010 年 4 月 30 日至 2012 年 4 月 19 日，6 号洞口自动气象站观测时间为 2010 年 4 月 30 日至 2013 年 9 月 9 日。截至 2013 年 8 月 30 日，长期气象监测内容、各测点位置取得的数据量见表 13.36。

表 13.36　　　　　　　　　　　　　长期气象观测情况

监测内容	3号洞自动气象站监测天数/d	6号洞自动气象站监测天数/d
风速	720	1218
风向	720	1218
温度	720	1218
湿度	720	1218
气压	720	1218

经过统计，得到该监测期间内3号洞口自动气象站（区站号V9024）及6号洞口自动气象站（区站号V9023）各监测数据的分布图，以及风速、风向玫瑰图。分别处理得到3号洞口、6号洞口自动气象站每个月的温度频率分布图、相对湿度频率分布图、大气压力频率分布图、风速频率分布图。

根据统计所得的各项指标的频率分布情况分别对3号洞口、6号洞口自动气象站湿度、风速、温度、大气压力进行分析。

（1）湿度。各处相差不大，且湿度对空气密度影响很小，故不考虑。

（2）风速。隧洞外风速不大，因此认为外界大气风流的风压影响有限，故不考虑。

（3）温度。隧洞埋深大，斜井与洞口的高程相差很大，且围岩温度较高，由洞内外温度差异引起的自然风压不可忽略。

（4）大气压力。隧洞跨越的区域范围较大，各洞口气候环境各异，极大影响着洞口附近的大气压力。通过试算得知，各洞口的超静压差较大，需重点考虑。

通过对各影响因素进行分析，将大气压力、温度作为隧洞通风的主要影响因素。

13.3　超长隧洞测量设计

隧洞贯通测量旨在标定出隧洞的设计中心线和高程，为开挖、衬砌和施工指定方向和位置，特别是保证两个相向开挖面的掘进中，施工中线在平面和高程上按设计的要求正确贯通，保证开挖不超过设计规定的界线。国内长距离隧洞施工主要采用长隧短打的施工方式，尚未有相向开挖贯通距离超出20km的先例，同时现有的测量规范中也未对相向开挖长度大于20km的隧洞确定相关技术标准。在秦岭输水隧洞工程中，最大隧洞贯穿距离达到27.259km，远远超过了现有的工程实践，故此对于隧洞的贯通测量技术提出了极大挑战。

13.3.1　概述

一些超长隧洞普遍都位于山区，大部分具有超长、大埋深、地质条件复杂、高地温、高地应力的特征。结合工程的实际情况，隧洞出口及各斜井口处大多地势险峻、地形复杂，洞外测量控制点的选点、埋设十分困难，也给洞内外联系测量带来不利的影响。如何通过科学的超长隧洞洞内外控制测量和联系测量方法，形成科学合理的洞内外控制测量方法和技术标准，对确保隧洞顺利贯通至关重要。

对于一些长大隧洞，当前的测量工作普遍存在一些值得商榷的问题。例如，对于长贯通距离的隧洞，由于地形原因，洞外的进洞联系边存在长度偏短的情况，进洞联系边短边的方位角误差将是洞内横向贯通误差的主要来源。对于长大隧洞，当前的洞内平面控制测量方法主要为单导线或横向间距短的导线环网，而这两种洞内平面控制测量方法均不适用于长大隧洞洞内平面控制测量。目前洞内控制测量的精度设计为二等平面控制网，而在洞内潮湿、高温、粉尘、小断面和短边（高湿和高温环境下，全站仪自动距离测量的最长边不大于350m）的环境下，国内没有施测洞内二等平面控制网的先例，《水利水电工程施工测量规范》（SL 52—2015）中虽然有洞内二等导线测量的简单规定，但能否达到二等平面控制网的相应精度要求值得探讨。目前相关施工单位是按照二等平面控制网的技术指标，进行洞内的横向贯通误差估算和测量精度设计，如此将导致估算的精度误差偏高和实际测量的精度达不到要求，其结果将误导洞内施工的平面控制测量。一些长大隧洞按照600m的导线边长进行洞内的横向贯通误差估算，但是对于其他隧洞，这也将导致估算的精度误差偏高。洞内平面控制测量没有考虑测站和棱镜对中误差的累积影响。另外，超长隧洞各个施工单位洞内测量作业的技术方法、仪器和执行的技术标准不统一，且各施工单位联系测量和洞内控制测量无明确、统一的技术规范和测量作业指导书。

从以上可以看出，在长大隧洞控制测量中，对洞内外控制测量方法和联系测量方法进行分析研究成为一个重要且迫切的课题。要解决长大隧洞控制测量问题，首先应对特长隧洞的洞外控制测量技术进行研究和实验，确保隧洞工程施工有可靠和高精度的洞外控制基准；然后对洞外和支洞洞内间、支洞和正洞间的联系测量方法进行研究和实验，实现用最好的方法进行联系测量，确保经过联系测量后的进洞精度不降低或精度损失不大；之后再对洞内控制测量的技术和方法进行研究和实验，实现用最好的方法进行洞内控制测量，确保经过洞内控制测量后最终的横向和竖向贯通误差达到规范的要求。

1. 国内外概况

永古高速（永登至古浪）公路乌鞘岭隧道群包括乌鞘岭、安远、福尔湾、高岭和古浪5座隧道，隧道群单洞长度43.841km，是连霍国道主干线全线最密集、施工难度最大的隧道群。西秦岭特长隧道全长28.2km，是兰渝铁路全线控制性工程，采用TBM和钻爆法相结合施工，是国内结合两种方法建成的掘进里程最长的铁路隧道。我国拟建的烟台至大连的海底隧道长123km，是将要建设的世界最长的海底隧道。

日本青函海底隧洞是目前世界上已通车的最长双线铁路隧洞，长53.85km，1964年5月开工，1985年3月正洞凿通，该隧道海底段长23.30km，最大水深140m，最小覆盖层厚100m，采用超前导坑和平行导坑法施工，陆上部分本州岛端长13.55km，北海道端长17km，各设3座斜井和1座竖井。

现代工程测量技术发展日新月异，隧道工程测量技术发展亦是如此。洞外平面控制测量由最初的三角网测量、导线控制测量发展到当今采用的全球卫星定位技术，不但提高了定位精度，扩大了点间距离，降低了点间通视要求，加快了建网速度，还降低了成本。另外，隧道洞内平面控制测量已开始采用测量机器人，测角精度最高可达到0.5″，同时实现测量自动化。高程测量采用新的测量技术，在山区可达到二等水准测量精度。方位测量采用高精度的陀螺经纬仪，已在或正在长隧道工程贯通测量中发挥重要的作用[25-28]。

2. 主要研究内容及研究思路

（1）洞外平面控制网布设与测量设计的分析研究。分析、论证和选择超长引水隧洞洞外平面控制网最佳的坐标系统、洞口控制点布设和数据处理方法，如独立坐标系的建立、高山峻岭区域支洞口 GNSS 控制点如何布设，如何进行超长引水隧洞洞外平面控制网的平差计算，并对现场施工测量设计进行分析评估。针对隧洞贯通距离长等特点，研究如何建立该区段控制隧洞施工的洞外独立平面控制网，并进行洞外控制测量误差引起的贯通面处的横向贯通精度分析。

（2）高程控制网测量方案优化研究。试验研究测量机器人同时对向精密三角高程控制测量的可行性及其精度，对比试验测量成果与二等水准测量数据，分析山区精密三角高程控制测量新技术代替常规二等水准测量的可行性。

（3）超长隧洞进洞联系测量方法分析研究。超长隧洞进洞联系测量时旁折光对方向测量影响情况的试验与分析；洞外控制点间高差较大时，垂线偏差对联系测量方向测量精度的影响分析；洞外联系边长短对联系测量方向测量精度的影响分析；提出最优的联系测量方案，以确保方向联系测量误差对横向贯通精度的影响达到最小。

（4）超长隧洞洞内控制测量方法及其精度的分析研究。洞内平面控制网的测量方案研究，重点分析交叉导线和自由测站边角交会网哪种测量方案适合目前国内贯通距离最长隧洞洞内平面控制测量；进行洞内控制测量误差引起的贯通面处的横向贯通误差的仿真计算与分析；结合隧洞施工对洞内测量的需求和单向掘进距离长的情况，提出洞内控制测量的最佳方案[26]。

（5）多源数据在特长隧洞洞内控制测量中的融合技术分析研究。研究在洞内何处和加测多少条陀螺定向边，对提高横向贯通精度最为有利；研究加测陀螺经纬仪方向边后的洞内平面控制网数据处理方法[27]。

13.3.2 洞外控制测量设计

1. 洞外平面控制网布设与测量设计

超长隧洞的长度一般超过 50km，其洞外平面控制网的布设主要是为了控制超长隧洞各个洞口（包括进出洞的正洞口、支洞口和竖井口）间的相对位置关系，并为各个洞口子网的加密测量打下良好的基础，最终达到控制各个贯通面的横向贯通误差在设计允许的范围内的目的。经过分析研究和精度仿真计算，特长隧洞洞外平面控制网应该分两级布设：第一级网为控制各个洞口间相对位置关系的首级平面控制网，该控制网由每个洞口的一个主洞口控制点和联测的 2~3 个已知坐标的国家点组成，首级平面控制网的精度应该按照《全球定位系统（GNSS）测量规范》（GB/T 18314—2009）中 C 级网的技术和精度要求进行设计和观测；第二级网为各个洞口的加密平面控制网，由各个洞口的主洞口控制点和各个洞口加密的 2~3 个洞口控制点（其中至少有一个进度联系点）组成，加密平面控制网的精度应该按照《水利水电工程施工测量规范》（SL 52—2015）中的 GNSS 二等网的技术和精度要求进行设计和施测。

特长隧洞的首级平面控制网应该采用工程独立坐标系统。工程独立坐标系中央子午线的经度为各个洞口的主洞口控制点经度的均值，投影面高程为各个洞口的主洞口控制点大地高程的均值。

特长隧洞首级平面控制网的各个控制点的点位选择应该满足 GNSS 观测的要求，所有控制点建立强制观测墩，点位应位于地质稳定和不容易被人为破坏的地方；各个洞口的加密平面控制网中，至少有一个控制点是进洞联系点，其点位应该位于方便固定设站进洞联系测量和满足 GNSS 观测要求的地方，至少有 1～2 个进洞后视点，进洞后视点应该布设在距进洞联系点 500m 以外且与进洞联系点通视、不容易被人为破坏和满足 GNSS 观测要求的地方，所有洞口加密点也应该建立强制观测墩。

长大隧洞的各个洞口（包括支洞口）一般都布设于山谷深处，各个洞口，特别是支洞口的控制点选择较为困难，因此在支洞口控制点点位布设时需特别注意以下几点：由于相邻支洞之间对向贯通距离特别长，而洞内导线网又全部由支洞口外控制点起算，所以支洞口外控制点间在保证通视的前提下，需要尽量延长定向边长度；为了减少对中误差在定向边测量时带来的影响，洞外控制点应全部布设为强制观测墩，将对中误差带来的影响降至最小；研究表明，垂线偏差对于联系测量的影响大小与各控制点之间的高差有关，所以在洞外控制点选点时，需尽量将各控制点选取在同一高程面上，以减小垂线偏差对导线测量带来的系统性偏差。

首级和加密的洞外控制网应该按照表 13.37 的技术要求进行外业测量。

表 13.37　　　　　　　C 级和二等 GNSS 网外业观测技术要求

控制网类型	C 级网	二等 GNSS 网	控制网类型	C 级网	二等 GNSS 网
接收机类型	双频	双频	观测时段数	2	2
固定误差/mm	5	5	时段长度/min	≥240	≥180
比例误差系数/(mm/km)	1	2	采样间隔/s	15	15
相邻点平均距离/km	20	1～3	GDOP	≤6	≤6
卫星截止高度角/(°)	15	15	最弱边相对精度	1/1000000	1/150000
有效卫星总数	≥5	≥5			

需要说明的是，由于特长隧洞大多位于山高林密的山区，GNSS 的信号遮挡严重，因此表 13.37 中 C 级网和二等 GNSS 网的时段长度都要比相应等级规范要求的时段长度长一些。

首级和加密的洞外控制网外业观测结束后，应采用商用软件 LGO 或其他商用软件进行基线解算，当地面控制点两点间距大于 20km 时应采用精密星历进行基线解算。基线解算出来后，应该按照以下标准判断基线质量是否满足要求：

(1) 同一时段基线观测值的数据剔除率不大于 10%。

(2) 重复观测的基线长度较差时应满足：

$$|d_s| \leqslant 2\sqrt{2}\sigma \tag{13.5}$$

(3) 异步环坐标分量闭合差和环线全长闭合差应满足：

$$|w_x|,|w_y|,|w_z| \leqslant 3\sqrt{n}\sigma \tag{13.6}$$

且

$$|w| \leqslant 3\sqrt{3n}\sigma$$

其中

$$\sigma = \pm\sqrt{a^2+(bD)^2}$$

式中：w_x、w_y、w_z 为异步环坐标分量闭合差；n 为异步环的边数；w 为异步环全长闭合差，同步环的坐标分量闭合差的限差为异步环闭合差限差的 1/2；σ 为基线向量的弦长中误差；a 为固定误差；b 为比例误差系数。首级网和加密网的 a、b 取值见表 13.37。

当首级网和加密网的所有基线解算结果满足上述要求后，可以使用合格的基线进行控制网的网平差。首级网的网平差包括三维无约束平差和三维约束平差，加密网的网平差包括三维无约束平差和二维约束平差。

首级网的三维无约束平差时，选择网中部的一个控制点作为约束点，然后进行三维无约束平差，平差后分析各条基线边 X、Y、Z 方向的改正数大小以及相邻控制点间的相对中误差大小，这些指标达到表 13.37 中的要求后，可以进行首级网的三维约束平差。首级网的三维约束平差的起算点为联测的 2～3 个国家控制点，平差后同样分析各条基线边 X、Y、Z 方向的改正数大小以及相邻控制点间的相对中误差大小，这些指标达到要求后，首级网的三维约束平差工作结束。之后，根据设计的工程独立坐标系参数，把首级网三维约束平差后的洞口主控制点三维坐标投影转换到工程独立坐标系中，得到各个洞口主控制点的二维坐标。

加密网三维无约束平差时，同样选择网中部的一个控制点作为约束点，然后进行三维无约束平差，平差后分析各条基线边 X、Y、Z 方向的改正数大小以及相邻控制点间的相对中误差大小，这些指标达到要求后，可以进行加密网的二维约束平差。加密网的二维约束平差的起算点为网中的各个洞口主控制点的二维坐标，平差后同样分析各条基线边 X、Y 方向的改正数大小以及相邻控制点间的相对中误差大小，这些指标达到要求后，加密网的二维约束平差工作结束。

理论分析和实践经验表明，按照上面所说的方法和技术要求进行特长隧洞洞外首级平面控制网和加密平面控制网的测量与数据处理，不仅可以较好地控制特长隧洞各个洞口主控制点间的相对位置关系，而且相邻两洞口间的相对位置关系也得到了较好的控制。因为最终要实现的是相邻两洞口间的横向贯通误差要小于其允许限差，所以相邻两洞口间的相对位置关系控制是隧洞施工洞外控制测量的主要任务。除此之外，按照上述方法进行特长隧洞洞外平面控制网测设，还可以确保每个洞口有足够的进洞联系点和进洞后视边，从而为各个洞口的进洞联系测量奠定良好的基础。

2. 洞外 GNSS 控制网测量误差引起的横向贯通误差预计及其应用

隧洞施工控制测量由洞外和洞内两部分组成，每一部分又包含平面控制测量和高程控制测量。隧洞洞外平面控制测量传统的方法大致有三角网（三角锁）和电磁波测距导线，但是随着 GNSS 技术的不断发展和完善，近年所修建的长大隧洞基本都采用 GNSS 技术布设洞外平面控制网[29-30]。在已布设的洞外平面控制网的基础上，将洞外坐标系统通过平面联系测量引测进洞，完成坐标及方位的传递。隧洞洞外平面控制测量对于隧洞的正确贯通非常的重要，若洞外控制网出现偏差，洞内导线网在错误的基准下进行延伸测量，势必导致隧洞无法正确精准的贯通。

长大隧洞洞内的测量环境异常复杂，洞内导线测量面临着高温、高压、高湿度以及高粉尘的影响，洞内导线网的测量难度较 GNSS 控制网大，因此洞外 GNSS 控制网的精准建立，可在洞内外贯通中误差的分配上为洞内导线网测量留有较大余地，现有规范规定的横向贯通中误差在地面分配的比例一般小于地下分配的比例。

本节重点介绍根据 GNSS 控制网误差严密计算横向贯通误差影响值的方法。该方法使用 GNSS 控制网验后单位权和坐标协因数阵严密预计隧洞横向贯通误差影响，以秦岭输水隧洞工程为例，计算 4 号与 5 号支洞间（贯通距离约为 28km）洞外控制测量误差引起的横向贯通误差。

洞外 GNSS 控制网测量误差对横向贯通误差影响值的预计方法有很多种，常用的有导线法、平均相对误差估计法以及误差来源分析法[31]，其中导线法由于洞外控制测量不再采用导线网和三角网（三角锁），该方法已经不再适用于洞外控制网误差对横向贯通误差影响值预计；平均相对误差估计法根据隧洞长度 L 以及 GNSS 控制网平均相对误差 $1/T$ 进行隧洞横向贯通误差影响值的预计，其值为 L/T；误差来源分析法是目前使用较多的一种横向贯通误差预计方法。《高速铁路工程测量规范》（TB 10601—2009）及《铁路工程测量规范》（TB 10101—2018）都规定洞外 GNSS 控制网测量误差对隧洞横向贯通的影响值依下式计算：

$$M^2 = m_J^2 + m_C^2 + \left(\frac{L_J \cos\theta \times m_{\alpha_J}}{\rho}\right)^2 + \left(\frac{L_C \cos\varphi \times m_{\alpha_C}}{\rho}\right)^2 \tag{13.7}$$

式中：m_J、m_C 分别为进口、出口 GNSS 控制点的 Y 坐标误差；L_J、L_C 分别为进口、出口 GNSS 控制点至贯通点的长度；m_{α_J}、m_{α_C} 分别为进口、出口 GNSS 联系边的方位中误差；θ、φ 分别为进口、出口控制点至贯通点连线与贯通点线路切线的夹角。

误差来源分析法使用的相关参数都可以通过控制网精度估算以及控制网的设计参数得到。因此，此方法适合于控制测量开始前、精度估算后对隧洞贯通误差进行预计。

上述方法都是洞外 GNSS 控制测量前进行的隧洞横向贯通误差估计，属于较为粗略的横向贯通误差估计方法。为了更加准确地估算横向贯通误差，需要按照理论上严密的方法进行计算，基于 GNSS 控制网坐标协因数阵的隧洞横向贯通误差预计法是所有估算方法中最严密的算法。

基于 GNSS 网坐标协因数阵严密计算隧洞横向贯通误差的原理：设隧洞工程独立坐标系与隧洞贯通面的相对位置关系如图 13.51 所示，将隧洞工程独立坐标系顺时针旋转，使得旋转后的轴与隧洞贯通面垂直，旋转后的坐标系为 $X'AY'$。

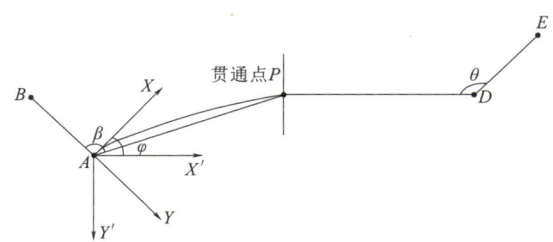

图 13.51　隧洞工程独立坐标系与隧洞贯通面相对位置关系示意图

由图 13.51 中各点的几何关系可得贯通点 P 从进洞推算的坐标与从出洞推算坐标的坐标差表达式，即

$$\begin{cases} \Delta X_P = X_{PD} - X_{PA} = X_D - X_A + S_{DP}\cos(\alpha_{DE}-\theta) - S_{AP}\cos(\alpha_{AB}+\beta) \\ \Delta Y_P = Y_{PD} - Y_{PA} = Y_D - Y_A + S_{DP}\sin(\alpha_{DE}-\theta) - S_{AP}\sin(\alpha_{AB}+\beta) \end{cases} \tag{13.8}$$

式中：X、Y、S 分别为由洞口点 A、D 推算贯通点 P 的坐标；β、θ 分别为 AB、DE 边的方位角。

不考虑联系测量中定向角以及洞内导线测量边长的测量误差（因为本节仅考虑洞外控制测量误差引起的横向贯通误差），可得贯通面的横向贯通中误差的微分表达式为

$$\mathrm{d}P = -\sin\varphi \mathrm{d}\Delta X_P + \cos\varphi \mathrm{d}\Delta Y_P \tag{13.9}$$

考虑到以下两式：

$$\begin{cases} \Delta X_{AP}\cos\varphi + \Delta Y_{AP}\sin\varphi = \Delta X'_{AP} \\ \Delta X_{DP}\cos\varphi + \Delta Y_{DP}\sin\varphi = \Delta X'_{DP} \end{cases} \tag{13.10}$$

$$\begin{cases} a_{AB} = \dfrac{\sin\alpha_{AB}}{S_{AB}},\ b_{AB} = -\dfrac{\cos\alpha_{AB}}{S_{AB}} \\ a_{DE} = \dfrac{\sin\alpha_{DE}}{S_{DE}},\ b_{DE} = -\dfrac{\cos\alpha_{DE}}{S_{DE}} \end{cases} \tag{13.11}$$

整理可得到横向贯通中误差的详细微分表达式，即

$$\mathrm{d}P = f_P^{\mathrm{T}} \mathrm{d}\mathbf{Z} \tag{13.12}$$

其中

$$\boldsymbol{f}_P^{\mathrm{T}} = \begin{bmatrix} \sin\varphi - a_{AB}\Delta X'_{AP} \\ -\cos\varphi - b_{AB}\Delta X'_{AP} \\ a_{AB}\Delta X'_{AP} \\ b_{AB}\Delta X'_{AP} \\ -\sin\varphi + a_{DE}\Delta X'_{DP} \\ \cos\varphi + b_{DE}\Delta X'_{DP} \\ -a_{DE}\Delta X'_{DP} \\ -b_{DE}\Delta X'_{DP} \end{bmatrix}^{\mathrm{T}} \tag{13.13}$$

$$\mathrm{d}\mathbf{Z} = [\mathrm{d}X_A \quad \mathrm{d}Y_A \quad \mathrm{d}X_B \quad \mathrm{d}Y_B \quad \mathrm{d}X_D \quad \mathrm{d}Y_D \quad \mathrm{d}X_E \quad \mathrm{d}Y_E]^{\mathrm{T}} \tag{13.14}$$

由误差传播定律可知，横向贯通中误差为

$$m_P = \pm \sigma_0 \sqrt{f_P^{\mathrm{T}} Q_{XX} f_P} \tag{13.15}$$

式中：σ_0 为洞外控制网的验后单位权中误差；Q_{XX} 为其坐标协因数矩阵。

通过上面一系列的推导可知，当隧洞洞外控制网的 σ_0 和 Q_{XX} 可知时，其横向贯通中误差就可以按照式（13.15）严密计算得到。但是上文中提到的一系列商用软件一般都不提供验后坐标协因数矩阵，如何才能得到这两个必要的参数，就成了严密计算 GNSS 网隧洞横向贯通误差的关键所在。

（1）一点一方向平差中单位权中误差和坐标协因数矩阵的计算方法。前文已经提到，由于长大隧洞对施工精度和贯通误差的严格要求，需要建立工程独立控制网。采用 GNSS 建立隧洞工程独立控制网的步骤为：结合具体的隧洞工程独立控制网的建网需求，挑选出一个适宜的地面固定点及与其相关的一个特定方向；选择合适的中央子午线与工程投影面大地高，进行 GNSS 控制网一点一方向平差。平差时先在 WGS84 坐标系中进行三维控制网无约束平差，再将三维无约束平差结果转换至高斯平面，最后在高斯平面上通过平移旋

转即可得到工程独立坐标系中的成果。

设固定地面起算点的平面坐标为(x'_0, y'_0)，其同一坐标系中的特定起算方向方位角为α'_{01}，二者均为隧洞独立坐标系中的成果；该点对应的三维无约束平差后转换得到的高斯平面直角坐标为(x_0, y_0)，由三维无约束平差成果转换至高斯平面直角坐标系，经反算得到的该方向坐标方位角为α_{01}，则洞外控制网一点一方向平差后的高斯平面直角坐标经平移旋转后在独立坐标系中的坐标为

$$\begin{cases} x'_i = x_i + (x'_0 - x_0) + (x_i - x_0)\cos(\alpha'_{01} - \alpha_{01}) - (y_i - y_0)\sin(\alpha'_{01} - \alpha_{01}) \\ y'_i = y_i + (y'_0 - y_0) + (x_i - x_0)\sin(\alpha'_{01} - \alpha_{01}) + (y_i - y_0)\cos(\alpha'_{01} - \alpha_{01}) \end{cases} \quad (13.16)$$

式中：x'_i、y'_i为GNSS控制点在隧洞独立坐标系中的平面坐标；x_i、y_i为经过三维无约束平差后转换得到的高斯平面直角坐标系中的坐标。

基于上述一系列的平差转换思想，根据方差—协方差传播定律，可以得到变换后坐标的协方差阵为

$$D'_{xy} = R_a D_{xy} R_a^T \quad (13.17)$$

式中：D_{xy}为经三维无约束平差转换计算得到的高斯平面直角坐标中的相应方差阵；R_a为分块对角阵，其主对角线上的矩阵子块为

$$R'_a = \begin{bmatrix} \cos(\alpha'_{01} - \alpha_{01}) & -\sin(\alpha'_{01} - \alpha_{01}) \\ \sin(\alpha'_{01} - \alpha_{01}) & \cos(\alpha'_{01} - \alpha_{01}) \end{bmatrix} \quad (13.18)$$

通过工程独立控制网一点一方向平差，可以直接得到隧洞独立控制网的验后单位权中误差，又通过式（13.17）和式（13.18）可以计算得到隧洞独立坐标系下的协因数矩阵，由此便可通过式（13.15）严密计算得到GNSS误差引起的隧洞横向贯通中误差。

（2）GNSS控制网坐标协因数阵计算的另外一种方法。GNSS控制网所在的坐标系为WGS84坐标系，GNSS测量得到的基线向量经平差、转换可得到大地坐标系坐标；再经过高斯投影可得到高斯平面直角坐标系坐标；最后经转换可得隧洞独立坐标系坐标。隧洞洞外GNSS控制网的坐标协因数矩阵亦可通过上述一系列三维和二维坐标转化得到，下面介绍其详细计算过程。

1）GNSS控制网空间直角坐标协因数阵的计算。洞外GNSS控制网以空间直角坐标系中基线向量$(\Delta_{xij}, \Delta_{yij}, \Delta_{zij})^T$为观测值，其误差方程可表达为

$$\begin{bmatrix} \Delta_{xij} - x^o_j + x^o_i \\ \Delta_{yij} - y^o_j + y^o_i \\ \Delta_{zij} - z^o_j + z^o_i \end{bmatrix} + \begin{bmatrix} \nu_{\Delta_{xij}} \\ \nu_{\Delta_{yij}} \\ \nu_{\Delta_{zij}} \end{bmatrix} = \begin{bmatrix} -1 & 0 & 0 & 1 & 0 & 0 \\ 0 & -1 & 0 & 0 & 1 & 0 \\ 0 & 0 & -1 & 0 & 0 & 1 \end{bmatrix} \begin{bmatrix} \delta_{xi} \\ \delta_{yi} \\ \delta_{zi} \\ \delta_{xj} \\ \delta_{yj} \\ \delta_{zj} \end{bmatrix} \quad (13.19)$$

式中：x^o_i、y^o_i、z^o_i等为近似坐标；δ_{xi}、δ_{yi}、δ_{zi}等为近似坐标相应改正数；$\nu_{\Delta_{xij}}$、$\nu_{\Delta_{yij}}$、$\nu_{\Delta_{zij}}$为基线分量残差。

将所有独立基线向量的观测方程组合成矩阵形式，即

$$V = A\delta_X - l \quad (13.20)$$

式中：V 为残差项；A 为系数阵；δ_x 为改正数项；l 为常数项。

使用间接平差原理可分别得到验后单位权中误差以及空间直角坐标协因数矩阵：

$$\begin{cases} \sigma_0 = \sqrt{\dfrac{v^{\mathrm{T}} p v}{r}} \\ Q_{\hat{x}} = (A^{\mathrm{T}} P A)^{-1} \end{cases} \tag{13.21}$$

式中：r 为多余观测的个数；P 为相应权矩阵。

2）GNSS 控制网大地坐标协因数矩阵的计算。GNSS 控制网空间直角坐标与大地坐标的微分关系式为

$$\begin{bmatrix} \mathrm{d}_x \\ \mathrm{d}_y \\ \mathrm{d}_z \end{bmatrix} = \begin{bmatrix} -(M+h)\sin B \cos L & -(N+h)\cos B \sin L & \cos B \cos L \\ -(M+h)\sin B \sin L & -(N+h)\cos B \cos L & \cos B \sin L \\ (M+h)\cos B & 0 & \sin B \end{bmatrix} \begin{bmatrix} \mathrm{d}B \\ \mathrm{d}L \\ \mathrm{d}h \end{bmatrix} \tag{13.22}$$

式中：L、B 分别为大地经度、纬度；h 为大地高；M、N 分别为子午圈、卯酉圈曲率半径。

若忽略 GNSS 控制网中各点间的相关性，并令其为分块矩阵，即

$$E = \begin{bmatrix} D_1^{-1} & & & \\ & D_2^{-1} & & \\ & & \ddots & \\ & & & D_n^{-1} \end{bmatrix} \tag{13.23}$$

则由协因数传播律可得大地坐标协因数阵，即

$$Q_{BLh} = E Q_{\hat{x}} E^{\mathrm{T}} \tag{13.24}$$

3）GNSS 控制网高斯平面直角坐标协因数矩阵的计算。大地坐标转换到高斯平面直角坐标需要用到以下微分关系式：

$$\begin{bmatrix} \mathrm{d}_x \\ \mathrm{d}_y \end{bmatrix} = \begin{bmatrix} g_{11} & g_{12} \\ g_{21} & g_{22} \end{bmatrix} \begin{bmatrix} \mathrm{d}B \\ \mathrm{d}L \end{bmatrix} = G \begin{bmatrix} \mathrm{d}B \\ \mathrm{d}L \end{bmatrix} \tag{13.25}$$

其中

$$\begin{cases} g_{11} = N[(1-e^2)/w^2 + (1-2\sin^2 B + e^2 \sin^2 B \cos^2 B)\lambda^2/2] \\ g_{12} = N[\lambda + (5-6\sin^2 B)\lambda^3/6]\sin B \cos B \\ g_{21} = -N[\lambda(1-e^2)/w^2 + (5-6\sin^2 B)\lambda^3/6]\sin B \\ g_{22} = N[1 + (1-2\sin^2 B + e^2 \cos^4 B)\lambda^2/2]\cos B \\ w^2 = 1 - e^2 \sin^2 B \\ \lambda = L - \lambda_0 \end{cases} \tag{13.26}$$

式中：λ_0 为中央子午线的经度；e 为参考椭球的第一偏心率。

对于 GNSS 控制网中的每一个控制点，从 Q_{BLh} 中提出 B、L 的协因数矩阵，组成新的 Q_{BL}，令 J 为分块矩阵，即

$$J = \begin{bmatrix} G_1 & & & \\ & G_1 & & \\ & & \ddots & \\ & & & G_n \end{bmatrix} \tag{13.27}$$

由协因数传播律可得高斯平面直角坐标协因数矩阵:

$$Q_{xy} = J Q_{BL} J^T \tag{13.28}$$

4) GNSS 控制网隧洞独立坐标协因数矩阵的计算。高斯平面直角坐标与隧洞独立坐标的转换关系如下:

$$\begin{bmatrix} X \\ Y \end{bmatrix} = \begin{bmatrix} \Delta X \\ \Delta Y \end{bmatrix} + \begin{bmatrix} \cos\alpha & -\sin\alpha \\ \sin\alpha & \cos\alpha \end{bmatrix} \begin{bmatrix} x \\ y \end{bmatrix} \tag{13.29}$$

式中: ΔX、ΔY 为两个平面坐标系之间的平移参数; α 为旋转参数。

对上式全微分,可得

$$[dX \quad dY]^T = R[dx \quad dy]^T$$

令 S 为分块矩阵,即

$$S = \begin{bmatrix} R_1 & & & \\ & R_2 & & \\ & & \ddots & \\ & & & R_n \end{bmatrix} \tag{13.30}$$

由协因数传播定律可知隧洞独立坐标的协因数矩阵为

$$Q_{XX} = S Q_{XY} S^T \tag{13.31}$$

根据上述方法,即可得到隧洞独立坐标系的协因数矩阵 Q_{XX}。

使用上述介绍的验后单位权中误差和坐标协因数矩阵计算方法,以引汉济渭工程为例,预计 4 号、5 号支洞间(对向贯通距离约为 28km)的横向贯通误差,结果显示其洞外控制网测量误差引起的横向贯通中误差为 37mm,而相应贯通距离的横向贯通误差规范规定的限差为 100mm,由此可知这两个支洞间的洞外 GNSS 控制测量误差对横向贯通误差的影响在规范要求的范围内,并且距限差还有较大余量,可见引汉济渭隧洞工程现有的洞外 GNSS 平面控制网为洞内控制测量的起算提供了可靠基准,即洞外控制网的精度能够满足各个支洞间正确贯通的需求。

3. 洞外高程控制网布设与测量设计的分析研究

特长隧洞,特别是特长引水隧洞,其洞外高程控制网布设至关重要,它决定着隧洞贯通后洞内水流的正确流向。特长引水隧洞的洞外高程控制网可以一次布设、整网测量和数据处理。各个洞口应该至少布设 3 个洞外高程控制点,形成洞口子网,这些高程控制点应该布设在洞口附近便于联测进洞、点位稳定和不容易被施工破坏的地方。

根据竖向贯通误差分析和实践经验,特长引水隧洞洞外高程控制网的精度等级应该设计为二等。各个洞口子网内各个高程控制点间的高差测量、相邻洞口高程控制点间的高差联测、洞口高程控制点与国家一等水准点间的高差联测,既可以采用二等水准测量的技术与方法测量,在地形复杂、高差大和水准测量效率低的山区,也可以采用两台智能型全站仪同时对向间接高差测量的技术和方法进行测量,该技术可以大幅度地提高大高差测段高差测量的效率，而且测量的精度也可以达到二等的要求。

二等水准测量应该采用 DS05 级或 DS1 级的电子水准仪及其配套的条码尺进行测量，测量应满足二等水准测量的精度。二等水准测量作为成熟的高程测量方法，此处不再赘述。

对于长距离隧洞的贯通测量来说，高程控制网的精确建网是贯通测量工作的重要组成部分。尤其在地形复杂、高差大的区域，传统水准测量效率低，在超长隧洞高程控制测量中，在洞外高程控制网中的部分测段，可采用自由测站精密光电测距三角高程测量方案代替传统水准测量方法进行高程控制测量，以提高山区高程控制测量精度和外业测量效率。

精密光电测距二等三角高程测量试验外业观测的主要技术要求应符合表 13.38 的规定。

表 13.38　精密光电测距二等三角高程测量试验外业观测的主要技术要求

等级	边长/m	测回数	指标差较差/(″)	测回间垂直角较差/(″)	测回间测距较差/mm	测回间高差较差/mm
二等	≤100	2	5	5	3	±4
	100～500	4				
	500～800	6				
	800～1000	8				

精密三角高程测量试验外业施测需要的仪器设备主要有：全站仪，水平方向测量标称精度不低于±0.5″、距离测量标称精度不低于±（1mm+1ppm），全站仪具有自动目标搜索、自动照准（ATR）、自动观测、自动记录功能；测量手簿及配套数据采集软件；高精度金属外壳棱镜等。特制的水准点对中棱镜杆或强制对中棱镜基座，如图 13.52 所示。

为了保证三角高程外业测量精度及后续数据处理的自动化，外业测量时应采用具有自动控制全站仪采集数据的数据采集软件。

自由测站和仪器设置：智能型全站仪同时对向三角高程测量新方法，使用两台全站仪，采用自由测站法，把全站仪架设在与两个棱镜均通视的合适地方，通过观测测站至两个棱镜间的高差，间接测量测段起终点间的往返测高差。观测时应采用两台同精度全站仪同时对向观测，不量取仪器高和棱镜高，观测距离一般不大于 1000m，最长不应超过 1200m，竖直角不宜超过 10°。测段起终点观测时使用强制对中专用装置。

每次自由测站前，应进行气温、气压的测定，气温读至 0.5℃，气压读至 1.0hPa。将测定的气温、气压输入全站仪，利用其内置程序对所观测的外业数据自动进行气象改正。自由测站三角高程网的外业观测值包括距离和竖直角，外业观测应满足表 13.38 的要求。

为使一个测段高差的三角高程测量既能够实现同时对向观测，又能够使各测段的仪器和棱镜高能

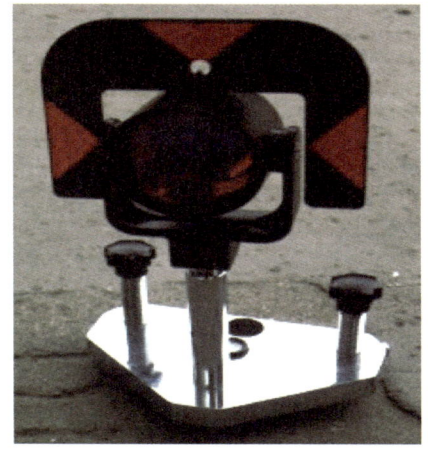

图 13.52　特制定长强制对中装置

够相互抵消，可采用如图 13.53 所示的同时对向间接高差观测三角高程测量方法进行测量。图中，A、N 为放置在水准点上具有整平装置带棱镜的特制基座，Z1、Z2、…、Zn 为使用脚架安置的全站仪，B、C、…、M 为使用脚架和普通基座安置的棱镜。该方法的测量过程如下：

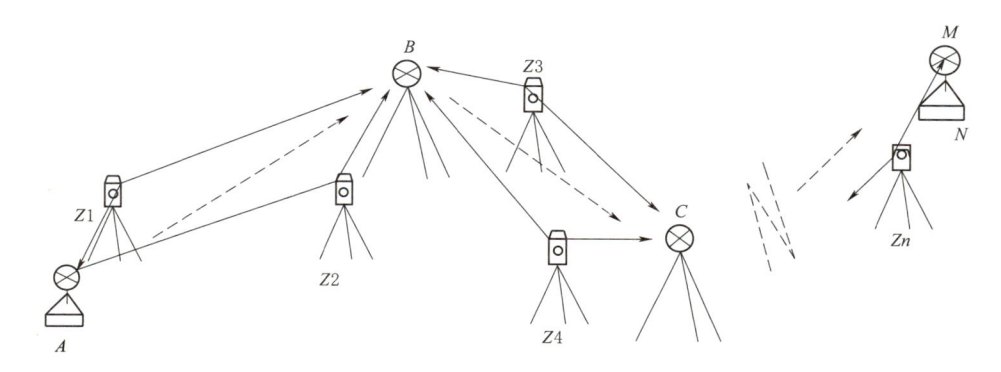

图 13.53　测量仪器高和觇标高同时对向观测三角高程测量方法示意图

在水准点 A 上，安置带棱镜的特制基座并整平，把前视棱镜 B 放置在测量前进的方向且通视条件好的地方，用两台高精度智能型全站仪 Z1 和 Z2 进行观测，Z1 自由测站摆放在离 A 点 10～20m 的地方，Z2 自由测站摆放在离 B 点 10～20m 的地方，AB 的间距可根据通视情况确定，Z1 至 A 点的距离与 Z2 至 B 点的距离大致相等，A、Z1、Z2 和 B 四个点大致在同一条直线上。通视条件差的地方 AB 间距可为 300～500m，通视条件好的地方 AB 间距可为 800～1200m，然后两台全站仪对 A、B 两个棱镜同时进行多测回的自动观测，之后根据观测值通过计算得到 AB 间的高差。

第一测站观测完成后，棱镜 B 不动，为节约搬站时间，Z2 自由测站移到 Z4 自由测站上，Z1 自由测站移到 Z3 自由测站上，同样在测量的前进方向且通视条件好且 BC 距离适中的地方，架设前视棱镜 C，之后两台全站仪同时对 B、C 两个棱镜进行多测回观测，得到 BC 间的高差。

同理，采用相同的方法进行后续双测站的观测，只是在最后一个双测站，由于要附合到水准点 N（或是转点）上，此时 N 上的前视棱镜应使用和水准点 A 上同样的带棱镜的特制基座。测站转点编号可按 Z1、Z2、…、Zn 进行编号，并在观测时做好记录，起终点的编号与控制点编号一致。

如图 13.53 所示，由于采用对向观测，A、B 间的高差取两台全站仪测量所得高差的平均值，经推算，A、B 间的高差为

$$h_{AB} = 0.5[(S_{Z1B}\sin V_{Z1B} - S_{Z1A}\sin V_{Z1A} + S_{Z2B}\sin V_{Z2B} - S_{Z2A}\sin V_{Z2A})] + (\nu_0 - \nu_B)$$

(13.32)

式中：S 为两点之间斜距；V 为竖直角；ν 为棱镜高。

通过同时对向观测和取往返测高差平均值的方法，基本消除了仪器高、地球曲率和大气折光的影响。

同理，其他各段高差分别为

$$h_{BC}=0.5[(S_{Z3C}\sin V_{Z3C}-S_{Z3B}\sin V_{Z3B}+S_{Z4C}\sin V_{Z4C}-S_{Z4B}\sin V_{Z4B})]+(\nu_B-\nu_C) \tag{13.33}$$

$$h_{CD}=0.5[(S_{Z4D}\sin V_{Z4D}-S_{Z4C}\sin V_{Z4C}+S_{Z5D}\sin V_{Z5D}-S_{Z5C}\sin V_{Z5C})]+(\nu_C-\nu_D) \tag{13.34}$$

$$h_{N-1N}=0.5[(S_{Zn-1N}\sin V_{Zn-1N}-S_{Zn-1N-1}\sin V_{Zn-1N-1}+S_{ZnN}\sin V_{ZnN}-S_{ZnN-1}\sin V_{ZnN-1})]$$
$$+(\nu_{N-1}-\nu_0) \tag{13.35}$$

依据式（13.32）~式（13.35）求和，可计算测段 h_{AN} 的总高差为

$$h_{AN}=h_{AB}+h_{BC}+h_{CD}+\cdots+h_{N-1N} \tag{13.36}$$

由于采用自由测站和转点处的棱镜既为前一双测站的前视点，又为后一双测站的后视点，因此式（13.36）中没有仪器高和棱镜高，所以按本方法进行三角高程测量，无需测量仪器高和棱镜高。数据处理时，A、N 点为实际联测的已知水准点或待求高程的水准点，B、C 直到 $N-1$ 为中间双测站的转点。

精密三角高程测量试验线路的选取：为验证两台智能型全站仪同时对向间接高差测量技术，选取引汉济渭工程的一段二等水准路线进行试验，试验线路如图 13.54 所示。起点 Ⅱ 周西 2（BM1）及终点 Ⅱ 周西 3（BM2）均为国家二等水准点，BM1 点的高程为 516.00m，BM2 点的高程为 658.66m，两点之间高差为 142.66m。该线路在利用水准测量时，水准测量单程测量的路线长度为 5.03km，水准路线基本沿着 G108 进行外业测量，路面为柏油路，高低起伏较大，水准单程测站数达到 178 站。

精密三角高程测量试验实施时，在该三角高程线路上选取了 4 个水准点，分别为 SY03、SY04、SY05、SY06，将该条线路分为了 5 个测段，对每一个测段分别单独进行三角高程往返测量，如图 13.54 所示。总共测量了 13 个双测站，比水准测量减少了 165 个测站；单程的路线长度为 3.94km，比水准测量的路线长度短 1.09km。

统计三角高程往返测高差的较差，均小于二等水准的相应限差要求，说明按精密三角高程测量试验的方法进行三角高差测量，其内符合精度可达到二等水准的要求。为验证三角高程测量的外符合精度，利用二等水准的高差检测三角高程的高差，根据规范要求两者较差的限差应小于 11.9mm，见表 13.39。

图 13.54　BM1 至 BM2 三角高程测量线路示意图

表 13.39　三角高程测量与水准测量高差较差比较

起点	终点	三角高程距离/km	水准距离/km	三角高程高差/m	水准高差/m	高差较差/mm	限差/mm
BM1	BM2	3.94	5.03	142.6525	142.6555	−3.0	±11.9
BM2	BM1	3.94	5.03	142.6580	142.6555	2.5	±11.9

从表 13.39 可见，该线路的三角高程高差与水准高差的较差小于限差要求，说明按精密三角高程测量试验的方法进行三角高差测量，其精度可达到二等水准的要求。

综上分析，由于采用测量机器人自动测量和双测站同时对向间接高差观测的新方法，既消除了大气折光和地球曲率的影响，还实现了不量仪器高和觇标高。理论分析和工程实践证明，该方法不但可以达到二等水准测量的精度，而且在山区地段的测量效率相对于传统水准测量要高得多。

13.3.3　进洞联系测量方案

长大隧洞洞外控制网测设以后，如何高精度地把洞外控制网的坐标、高程和方位基准传递到洞内，是进洞联系测量及其精度分析研究的内容。由于洞外控制点高程传递到洞内的方法比较简单且精度较高，所以本节主要分析研究如何把洞外平面控制网的坐标和方位基准准确地传递到支洞内，以及支洞内平面控制网的坐标和方位基准如何准确地传递到正洞。

1. 平面进洞联系测量新方法及其优势分析

所谓平面联系测量，就是在正洞口或支洞口把洞外平面控制网的坐标和方位角引测进洞，作为洞内平面控制网的起算点和起算边。除此之外，对设有支洞的特长隧洞而言，还存在支洞与正洞间的平面联系测量。通过分析和以往类似工作的实践经验，认为目前常用的平面联系测量方法存在以下几个方面的问题：

（1）山区特长隧洞的支洞口一般处于两山之间的山沟里，进洞联系点距进洞后视点的距离一般较短，即进洞联系边较短，这将导致进洞联系边的方位角中误差（即洞外控制网短边方位角的中误差）在引测进洞后对洞内平面控制网产生较大的影响，并由此在贯通面处产生较大的横向贯通中误差。

（2）山区洞口洞内外的环境差异较大，洞内阴暗、潮湿、粉尘大，洞外相对明亮、干燥、空气清新，较大的环境差异将造成洞内外的两条方位角传递边受到环境（折光）的影响显著，这也将给洞内外的方位角联系测量产生较大的不利影响。

（3）传统固定测站平面联系测量方法示意如图 13.55 所示。以进洞口的平面联系测量为例，把全站仪固定测站架设在进洞联系点 CPI2 上，后视进洞后视点 CPI1，然后分别观测 CPI1、CP001、CP002 的水平方向值，这样就把进洞联系边 CPI1 - CPI2 的方位角传递到 CPI2 - CP001 和 CPI2 - CP002 两条边上，然后再在 CP001 和 CP002 上分别架设全站仪进行方向测量，就把 CPI2 - CP001 和 CPI2 - CP002 边的方位角传递进洞了。从上述传统平面联系测量方法可知，这种平面联系测量仅仅是把方位角传递进洞了，但是方位角传递的精度情况不得而知。

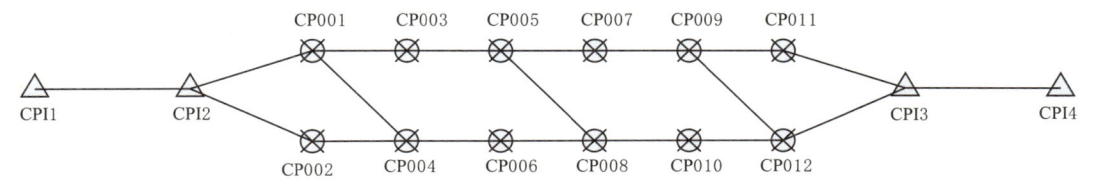

图 13.55　传统固定测站平面联系测量方法示意图

为了克服传统平面联系测量存在的问题，可采用构网形式的平面联系测量方法，通过固定测站与自由测站相结合构网进行平面联系测量，如图 13.56 所示。该方法与传统方法有明显的差异。

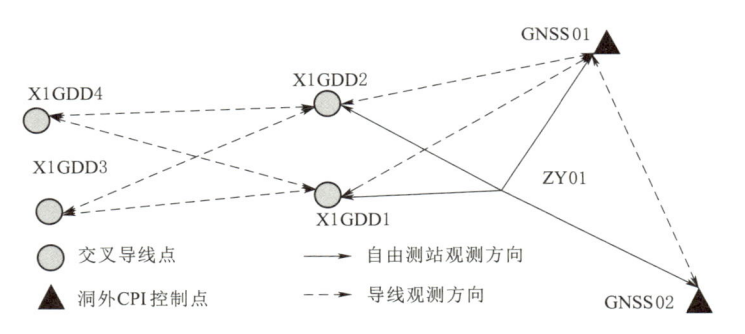

图 13.56　固定测站与自由测站相结合构网进行平面联系测量示意图

传统的平面联系测量是把全站仪固定测站架设在进洞联系点 GNSS01 上，后视 GNSS02，前视 X1GDD1 和 X1GDD2，进行方向测量就完成了后视边 GNSS01 - GNSS02 方位角的联测进洞。而新方法是在传统方法的基础上，在洞口某处既能够看到 GNSS01、GNSS02 点，又能够看到 X1GDD1 和 X1GDD2 点的地方布设 ZY01 自由测站，然后对这 4 个点进行边角测量，这样即可把传统方法的单边联系测量转变为构网形式的平面联系测量。固定测站与自由测站相结合构网形式进行平面联系测量的优势在于，把单边的联系测量变成了多边的联系测量，使联系测量具有多余观测，同时也可以对联系测量局域网进行严密平差，经平差后，即可得到局域网中每一条边的方位角中误差，然后以局域网中方位角中误差最小的边的方位角作为洞内平面控制网的方位角起算边。

分别在不同的时间段（上午、下午、上半夜、下半夜）多时段对联系测量局域网进行测量，然后对多时段观测的局域网分别进行平差和平差结果的比较分析，最后取某一时段平差后局域网中方位角中误差最小的边作为洞内平面控制网的方位角起算边。

对于支洞与正洞间的平面联系测量，也可以采用构网形式进行平面联系测量，如图 13.57 所示。

综上所述，针对传统平面联系测量的缺陷，采用以固定测站和自由测站相结合的构网形式进行平面联系测量。该构网形式的平面联系测量优势是有多余观测，能够对联系测量的局域网进行严密平差和精度评定，然后以洞内某一条方位角精度较高的边的方位角作为洞内平面控制网的起算方位角，以提高洞内控制测量的横向精度和减小最终的横向贯通误差。

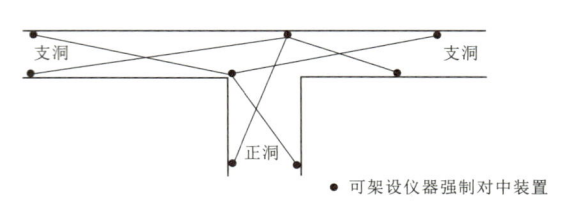

图 13.57　支洞与正洞控制点间以构网形式进行平面联系测量示意图

除此之外，还可以对平面联系测量的局域网进行多时段观测，通过把不同时段的进洞联系测量数据进行组合和构网严密平差，就可以得到进洞联系边方位角中误差最小的边及其方位角，之后再用这条边的方位角进行洞内控制测量，这样可以最大限度地保证联系测量的精度和减小由于联系边方位角中误差而引起的横向贯通误差。

2. 平面进洞联系测量新方法测量试验

为验证平面进洞联系测量新方法，选择引汉济渭工程秦岭输水隧洞进行联系测量实验，联系测量采用水平方向测量标称精度低于 $1''$、距离测量标称精度为 $1mm+1ppm$ 的瑞士徕卡公司的智能型全站仪，且对全站仪配置了一套能够控制全站仪进行全圆方向和距离测量的数据采集软件，实现在联系测量试验中全部进行方向和距离的自动化测量，以最大限度地消除人工照准的误差对试验结果的影响。

本次洞内外联系测量试验主要是在引汉济渭工程秦岭输水隧洞 4 号支洞口进行白天和黑夜的多时段和多测回的构网平面进洞联系测量观测试验，以分析洞口处大气折光及洞内外环境差异对进洞方向联系测量的影响情况和影响规律，并对进洞联系测量的局域网进行平差计算和比较分析，以验证构网形式多时段进洞联系测量的优势。

当洞外 GNSS 控制网测量完毕和进洞施工一定的距离后，即可进行平面进洞联系测量。传统的平面进洞联系测量一般在固定点上架设全站仪，后视已知 GNSS 控制点，前视斜井口的洞内导线点，以洞外两已知点作为基准推算洞内导线点坐标和两导线点间的方位角。图 13.58 为平面进洞联系测量的新方法，该方法在传统固定设站测量的基础上增加自由测站测量，由此增加了联系测量观测值的数量，提高了平面联系测量的精度。图 13.59 为根据新方法思想设计的 4 号支洞进洞联系测量方法示意图。斜井口进洞联系测量由于洞口气象条件复杂，温度及湿度变化大，为了确保平面联系测量的精度，需要进行多时段和多测回的观测，最好在晚上进行进洞联系测量，以减少光照对联系测量的影响。

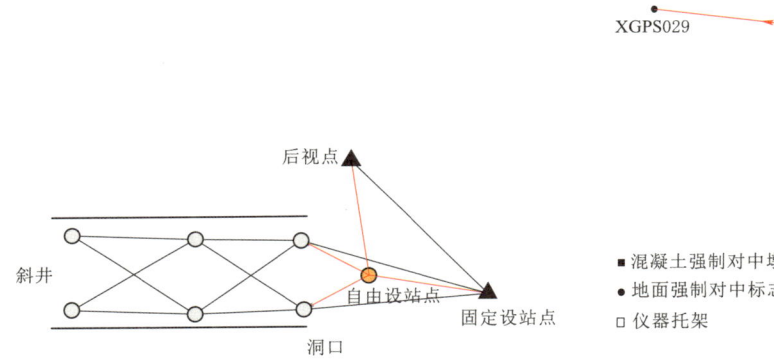

图 13.58　斜井口平面进洞联系测量新方法示意图 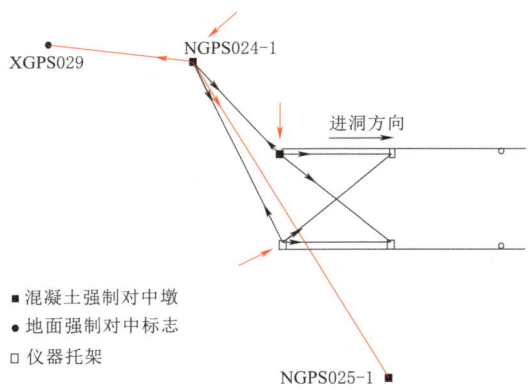　　图 13.59　4 号支洞进洞联系测量方法示意图

洞内外联系测量时，分别在 NGPS024-1 及洞口附近的两个进洞联系点上架设仪器进行边角多测回测量，每个测站观测 6 个测回（或依现场情况再定），考虑到旁折光对方向联系测量的影响，拟每间隔 3h 重复进行一次进洞联系测量，连续测量时间在 36h 左右（计划从当日 8 时开始至次日 20 时结束）。

当斜井内平面控制网测量到与正洞交界处后，就需要进行斜井内平面控制网与正洞内平面控制网的平面联系测量。如图 13.60 所示，斜井与正洞的平面联系测量可采用交叉导线的构网形式进行，导线点间的横向间距以各个点距离侧壁的距离大于 2m 为宜。

图 13.60　斜井与正洞的平面联系测量方法示意图

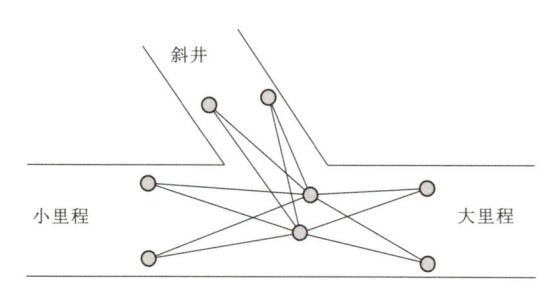

平面联系测量外业观测采用高精度智能型全站仪进行，测量方法宜为全圆方向距离观测法，水平方向和边长测量过程中的各项技术要求可按照表 13.40 及表 13.41 的相关规定执行。

本次试验中，在洞外 NGPS024-1 测站观测时，上午阴天多云，中午云散阴转晴天，此时阳光最强，17 时左右天气转阴。由于正午 2 个时段在观测时因阳光强烈总是超限不满足要求，故把这 2 个时段的观测数据剔掉，而其余 4 组数据均是在多云或阳光较弱的时候测得的，外业观测质量检查合格。计算这 4 组数据，各方向观测值的极差为 1.5″，各距离观测值的极差为 2.6mm，说明在一天中阳光较弱时所观测的数据差异不大。

表 13.40　水平方向观测的技术要求

等级	仪器等级	半测回归零差/(″)	一测回内 2C 互差/(″)	同一方向值各测回互差/(″)
二等	0.5″级	4	6	3
隧洞二等	0.5″级	4	8	4
	1.0″级	6	9	6

表 13.41　边长测量的技术要求

等级	测距仪等级	每边测回数 往测	每边测回数 返测	一测回读数较差限值/mm	测回间较差限值/mm	往返观测平距较差限值
二等	I	2	2	2	3	$2m_D$

注　$m_D = \pm(a + bD)$，式中：a 为固定误差；b 为比例误差；D 为测距长度，km。

洞口及洞内的测站分别在夜间和白天观测得到 4 组数据，此测量过程 4 个测站观测平均每时段观测需要两个多小时，而白天测量时超限次数较夜间多些。统计数据可知，4 组数据中各方向观测值的极差为 5.8″，各距离观测值的极差为 3.1mm，其中靠近洞内侧壁的方向值各组间的差异最大。从方向和距离这两项外业观测值的差异性统计情况来看，夜间的 2 个时段或白天的 2 个时段的观测值各自相差不大，但夜间的 2 个时段和白天的 2 个时段之间的观测值差异要稍微大些。

最后，将 NGPS024-1 测站观测的 4 组数据和洞口及洞内测站观测的 4 组数据任意组合，平差计算各条联系边的方位角，并单独对夜间和白天的结果以及对全部结果进行较差统计。可以发现，不同时段的进洞联系边的方位角中误差还是有些小的差异，通过把不同时段的进洞联系测量数据进行组合，再通过严密平差，最后可以得到进洞联系边方位角中误差最小的时段，之后再用这样的方位角作为起算数据进行洞内控制测量。

平面联系测量精度好坏是影响特长隧洞最终横向贯通误差的主要因素之一，特长隧洞由于洞内控制测量的不定因素较多，因此减小平面联系测量误差导致的横向贯通误差，是特长隧洞测量误差分析与控制的主要内容之一。通过对平面联系测量的方法研究与测量试验，可以得到如下主要结论：

研究与测量试验的结果可以说明，构网方式进行平面联系测量是当前最好的一种平面联系测量方法。该方法可以构成平面联系测量的局域网，具有多余观测，可以通过对局域网的平差获得各条进洞边方位角中误差的情况和提高进洞边方位角的精度。构网的方式可以是把洞内外的控制点固定测站观测构成局域网，但是最好的构网方式是固定测站与自由测站相结合。

洞内外联系测量受外界天气情况及施工干扰等影响较大，在洞外的控制点上架站测量应尽量选择在阴天或阳光较弱时进行；而洞口测站测量受洞内外的温差及风机往掌子面送风在洞口附近形成的空气湍流等因素影响显著，测量数据存在一定的波动，因此应该在夜间施工干扰小的时候进行测量。

平面进洞联系测量可以通过多个时段重复观测的方式以减弱环境带来的观测误差，而把洞外、洞口和洞内多时段的观测数据组合形成更多时段的局域网数据并平差分析，可以得到最好的进洞联系边及其精度最高的方位角。

13.3.4 洞内控制测量方案

1. 洞内控制测量方法与精度对于特长隧洞正确贯通的重要性

洞内控制测量包括洞内平面和高程控制测量。众所周知，对于横向贯通误差控制而言，洞内平面控制测量的方法及其精度至关重要。这是因为目前的洞外平面控制测量基本上采用 GNSS 技术，前已述及 GNSS 技术的众多优势，使得由于洞外 GNSS 平面控制网测量误差引起的横向贯通误差在总的横向贯通误差中所占的比例较小；其次，洞内外和支洞与正洞间的平面联系测量误差也将在贯通面处产生一定量值的横向贯通误差，但是只要平面联系测量方法得当，就会使由于平面联系测量误差引起的横向贯通误差在总的横向贯通误差中所占的比例较小。因此，不论是中长隧洞还是特长隧洞，由于洞内控制测量误差引起的横向贯通误差在总的横向贯通误差中所占的比例总是最大的，所以说对于特长隧洞的横向贯通误差控制而言，主要取决于洞内平面控制测量的方法及其精度。

特长隧洞的竖向贯通误差大小则主要取决于洞内高程控制测量的方法及其精度。由于特长隧洞的洞外地形高低起伏较大，相对地，不论是支洞洞内还是正洞洞内，洞内的地面起伏总体而言较小（一般情况下支洞的地面坡度比正洞的大），因此洞内的高程控制测量主要采用二等水准测量。由于当前二等水准测量均采用电子水准仪和配套的钢钢条码尺，使得洞内二等水准测量的精度有保障，而且测量结果的正确性和可靠性很高，因此理论分析及实践经验均证明，采用二等水准测量方法进行洞内高程控制测量时，无论隧洞的长度的大小，还是由洞内二等水准测量误差引起的贯通面处的竖向贯通误差，一般情况下均能够满足相关规范的要求。

综上所述，本章主要对洞内平面控制测量方法与精度进行分析研究，而对于洞内高程控制测量方法与精度则只进行简单的分析研究。

2. 洞内平面控制测量方法与精度分析研究的总体思路

由于洞内平面控制测量误差是引起特长隧洞最终横向贯通误差的主要因素，因此，对洞内平面控制测量方法与精度分析研究的总体思路是先对现有的洞内平面控制测量的各种方法及其精度进行定性分析，然后采用仿真计算的技术手段对各种方法的精度进行仿真计算和量化分析，再根据定性和量化分析的结果综合比较得到目前为止最好的洞内平面控制测量的方法，最后在引汉济渭工程秦岭输水隧洞的支洞和正洞分别进行洞内平面控制测量新方法的测量试验，并与现有方法的测量结果进行对比分析，以验证新方法的可行性、可靠性和优势。

3. 洞内平面控制测量方法与精度的定性分析

隧洞施工控制测量的目的主要是控制隧洞施工的横向贯通误差和指导洞内的施工，而横向贯通误差的大小主要取决于隧洞施工的平面控制测量。隧洞施工平面控制测量包括洞外平面控制测量和洞内平面控制测量，目前洞外平面控制测量已经全部采用GPS测量技术，而洞内平面控制测量由于受测量条件的限制，只能采用各种形式的导线或边角网。由于GPS隧洞洞外控制网具有测量精度高、图形强度好和控制点数量少等优势，因此目前隧洞施工的横向贯通误差的大小主要取决于洞内平面控制测量的方法和精度。

根据隧洞的长短，洞内平面控制测量可以采用不同的测量方法。目前，洞内平面控制测量一般采用附合单导线、导线环网、交叉导线网和自由测站边角交会网四种方法。

（1）附合单导线。对于长度小于2km的短小隧洞，洞内平面控制网可以采用全站仪附合单导线的方法进行测量。洞内附合单导线的测量网形如图13.61所示。

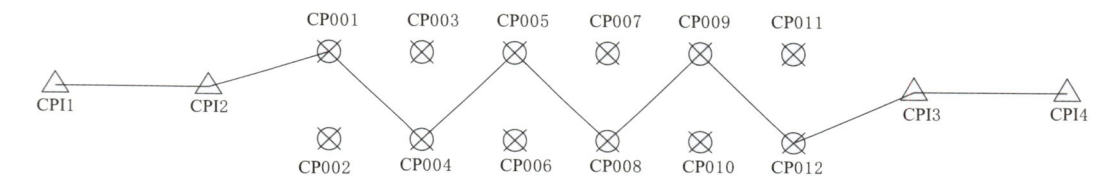

图13.61　洞内附合单导线的测量网形示意图

图13.61中，CPI1、CPI2和CPI3、CPI4分别是隧洞进出口外的洞口控制点，即隧洞的洞外平面控制点，进口或出口的两控制点之间的间距一般为800m左右，两点之间要求相互通视。CP001、CP004、CP005、CP008、CP009和CP012为洞内导线点，由于洞内测量条件较差，所以相邻导线点间的纵向间距一般为400m左右，各导线点分别布设在隧洞的左右侧靠近隧洞侧壁的地面上。附合单导线的观测值为各测站上的水平方向和相邻导线点间的水平距离，要求采用智能型全站仪进行自动测量。

附合单导线由于多余观测值和检核条件均少，以及在导线点上方安置全站仪或棱镜均存在对中误差等问题，导致洞内导线点的横向摆动大，因此仅适用于隧洞长度小于2km隧洞的洞内平面控制测量。

（2）导线环网。对于长度为2~6km的中长隧洞，洞内平面控制网要求采用全站仪导线环网的方法进行测量，洞内导线环网的测量网形如图13.62所示。

图13.62中，CPI1、CPI2和CPI3、CPI4分别是隧洞进出口外的洞口控制点，也是洞内外平面联系测量的洞外控制点。当洞内平面控制网是导线环网时，CP001、CP002、CP003、…、CP012均为洞内导线点。洞内导线点要求成对布设，导线点一般布设在靠近隧洞左右侧壁的地面上，点对间的横向间距一般为隧洞的宽度，相邻点对间的纵向间距一

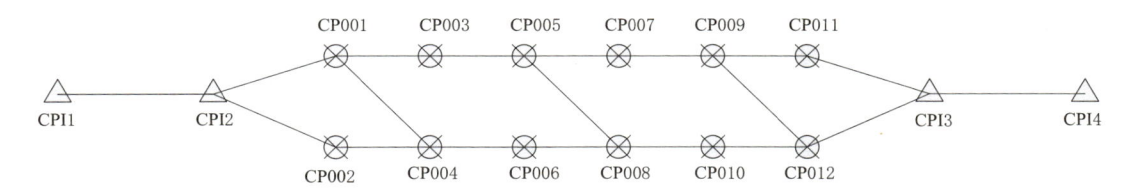

图 13.62　洞内导线环网的测量网形示意图

一般为 400m 左右，要求左右侧的导线点每隔 6 条导线边左右构成一个闭合环。洞内导线环网的观测值为各测站上的水平方向和相邻导线点间的水平距离，要求采用智能型全站仪进行自动测量。

由于洞内导线环网相当于在洞内布设了两条附合单导线，且两条单导线间还要相互连接，多余观测数多且构成了多个多边形闭合环，可以进行角度闭合差的计算与检核，因此其横向精度比附合单导线好得多。但是由于导线点仍布设在地面上，因此在导线点上安置全站仪或棱镜时均存在对中误差，而各个导线点上对中误差的累积将引起较大的横向误差。此外，在导线环网中，存在平行于和靠近隧洞侧壁的观测边，这些边在进行方向观测时，其水平方向观测值将受到隧洞侧壁旁折光的影响，而旁折光对这些水平方向观测值的累积影响，也将导致导线环网在隧洞中部的横向摆动。

（3）交叉导线网。对于长度在 7km 以上的长大隧洞，洞内平面控制网最好采用全站仪交叉导线网的方法进行测量，交叉导线网的测量网形如图 13.63 所示。

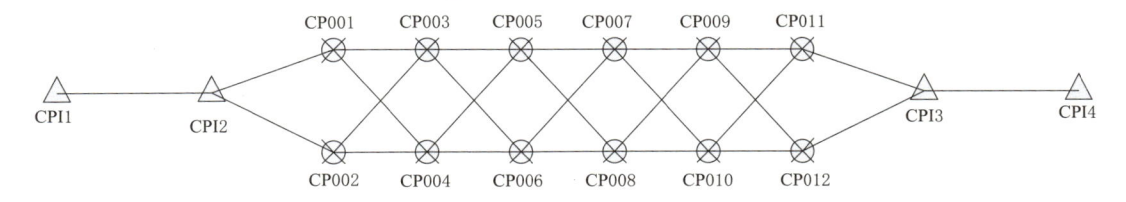

图 13.63　交叉导线网的测量网形示意图

图 13.63 中，CPI1、CPI2 和 CPI3、CPI4 分别是隧洞进出口附近的洞外控制点，也是洞内外平面联系测量的控制点。当洞内平面控制网是交叉导线网时，洞内控制点也要求像导线环网一样成对布设，CP001、CP002、CP003、…、CP012 为洞内导线点，要求成对布设，分别布设在隧洞靠近左右侧壁的地面上，点对间的横向间距略小于隧洞的宽度，相邻点对间的纵向间距一般为 400m 左右。洞内交叉导线网的观测值为各测站上的水平方向和相邻导线点间的水平距离，同一点对间短边的水平方向和水平距离不需要观测，同样要求采用智能型全站仪进行自动测量。

对比图 13.62 和图 13.63 可知，交叉导线网比导线环网具有更多的多余观测数和闭合网形，因此其横向精度比导线环网横向精度更好。但是，由于交叉导线网的导线点仍然在地面上和仍然存在靠近且平行于隧洞侧壁的导线边，因此仍然受对中误差和旁折光的累积影响，导致交叉导线网在贯通距离较长时仍然存在较大的横向摆动误差。

（4）自由测站边角交会网。对于长度在 7km 以上的长大隧洞，特别是特长隧洞，洞内平面控制网还可以采用全站仪自由测站边角交会网的方法进行测量,自由测站边角交会网的测量网形如图13.64所示。

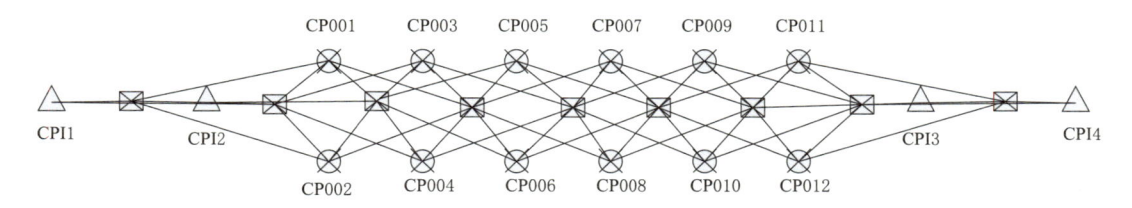

图13.64 自由测站边角交会网的测量网形示意图

洞内自由测站边角交会网采用图13.64所示的构网方式进行外业测量。图13.64中,与前述的附合单导线、导线环网和交叉导线网不同的是,洞内自由测站边角交会网的控制点是成对布设在洞内围岩的双侧壁上,并采用强制对中标志安装测距棱镜,因此在这样的控制点上是无法架设全站仪的。洞内自由测站边角交会网控制点点对间间距一般为250~300m,外业测量时全站仪自由测站架设在相邻两对控制点中部,观测值是自由测站至各控制点间的边长长度与水平方向角度,此时边长只能单向观测。从图13.64中可以看出,洞内自由测站边角交会网的多余观测值也较多,其最大优势是在测量时全站仪和棱镜均没有对中误差。此外,从图13.64还可以看到该网形中没有靠近隧洞侧壁的视线,因此旁折光对网中水平方向观测值的影响较小,以上这些使得洞内自由测站边角交会网的横向精度得到了较好的控制。

图13.64中CPI1、CPI2和CPI3、CPI4点分别是隧洞进出洞口处的洞外控制点,也是隧洞洞内自由测站边角交会网的起算数据。图中没有标明点号,在隧洞中线附近的点就是自由测站边角交会网外业测量时全站仪的自由测站点。

相对而言,自由测站边角交会网具有没有对中误差的累积影响、少受旁折光影响和多余观测数多的优势,从定性方面而言应该是目前为止特长隧洞洞内平面控制测量的最新和最好的方法。

4. 洞内平面控制测量方法与精度的定量分析

随着GNSS测量新技术广泛应用于隧洞洞外控制测量,由洞外控制测量误差引起的横向贯通误差已大大减小,由此,洞内控制测量方法及其精度对于长大隧洞的正确贯通起着决定性的作用。隧洞贯通误差由三部分误差组成,分别是纵向贯通误差、竖向贯通误差和横向贯通误差。其中,纵向贯通误差为隧洞前进方向的误差,其误差大小对于隧洞是否正确贯通无实质影响;竖向贯通误差为高程测量误差,高精度电子水准仪的使用使得高程贯通误差都在可控的范围之内;而横向贯通误差为垂直于隧洞施工中线的水平方向偏差,其偏差大小直接决定了隧洞的正确贯通与否。因此,研究长大隧洞洞内平面控制网的精度及其横向摆动规律,对如何有效地控制长大隧洞的横向贯通误差而言,是一项非常重要的研究内容。

前已述及,隧洞洞内平面控制网主要有附合单导线、导线环网、交叉导线网和自由测站边角交会网等方法,其中附合单导线主要适用于隧洞长度小于2km的短小隧洞,且众所周知附合单导线的横向精度差,图形强度弱,容易造成横向摆动;导线环网的图形强度和检核条件较附合单导线多，是中长隧洞洞内平面控制测量的常用方法；交叉导线网基本适用于所有长大隧洞的洞内平面控制，是长大隧洞洞内平面控制测量的主要方法，但其测量工作强度较大，其横向精度不可避免地存在对中误差及旁折光的影响；自由测站边角交会网是洞内平面控制测量的一种新方法，相较于前述几种导线形式而言，其在实际工作中应用的时间短，且具有受施工干扰小、点位可靠稳定、无对中误差、受旁折光影响小等优势，因此是一种极具推广潜力的洞内平面控制测量新方法。

目前，已有学者就传统导线网和自由测站边角交会网在洞内平面控制测量应用中的优劣，通过仿真计算的方式进行了大量计算研究，并指出：在不考虑旁折光、对中误差的情况下，洞内附合单导线精度最低；导线环网明显好于附合单导线；交叉导线网和自由测站边角交会网在小于15km的隧洞中精度大致相同，当隧洞长度大于15km时交叉导线网要略优于自由测站边角交会网[32-33]。但是应该强调的是，上述结论得出的前提是不考虑对中误差和旁折光的影响，然而事实上，对中误差对于导线测量的精度影响是难以忽略的。通过研究考虑对中误差影响的洞内常用平面控制网精度仿真计算的方法，得出最佳的长大隧洞洞内平面控制测量方式。

已有学者的研究结果表明，附合单导线、导线环网和交叉导线网等几种传统的导线控制测量方式中，交叉导线网在网型强度以及控制导线网横向摆动等方面是最优的，而自由测站边角交会网这种较为新颖的测量方式也在网型强度、减弱旁折光影响和消除对中误差影响等方面具有较大的优势[34-35]。故本节选取目前长大隧洞洞内平面控制测量中最具代表性的交叉导线网和自由测站边角交会网，作为考虑对中误差影响的洞内平面控制网精度仿真计算的对比研究和分析的对象。

仿真计算实验分为三个部分进行：首先按照隧洞的设计要求和洞内外控制点的布设间隔及其位置要求，尽可能真实地模拟洞内交叉导线网和自由测站边角交会网的网型；然后对交叉导线网分别进行不添加对中误差的精度仿真计算和添加对中误差的精度仿真计算，以及在控制网中部断开情况下横向贯通误差的仿真计算，并进行交叉导线网横向间距的长短对交叉导线网精度影响的仿真计算；最后进行同等隧洞长度情况下的自由测站边角交会网的精度仿真计算。

在前述仿真计算实验的基础上，以秦岭输水隧洞为例，在不考虑与考虑对中误差情况下计算交叉导线网的横向贯通误差的大小，以及自由测站边角交会网的横向贯通误差的大小。

通过对上述两种洞内平面控制网精度进行仿真计算，统计在添加和不添加对中误差的情况下交叉导线网的点位偏差、横向贯通误差以及对控制网精度的影响差异；研究交叉导线网和自由测站边角交会网的横向摆动大小及其规律的量化指标，据此寻找最适合进行长大隧洞洞内平面控制测量的最佳方法。

(1) 仿真计算实验设计。仿真计算实验以引汉济渭工程秦岭输水隧洞4号支洞—正洞—5号支洞这一贯通段作为研究对象。为了便于分析横向误差摆动规律，将隧洞正洞设计为直线隧洞且与X轴平行。隧洞洞内控制点成对布设，每对控制点纵向间隔设计为350m，同一点对间的横向间隔设计为8m，第一对洞内控制点布置在4号支洞隧洞入口处，最后一对洞内控制点布置在5号支洞隧洞出口处。

设隧洞正洞中线与 X 轴平行，Y 轴与 X 轴垂直建立左手测量坐标系。为了计算方便，将整个隧洞都置于坐标系的第一象限，如图 13.65 所示。由于设计的测量坐标系 X 轴与隧洞正洞中线平行，因此洞内平面控制网点的 Y 坐标误差即为洞内控制网的横向摆动，Y 方向的误差即为洞内控制点的横向误差。

由前一节建立的测量坐标系及其与实验计算隧洞的相对关系，根据正洞、斜井的设计参数及控制点间的相对位置关系，可以获得所有测站和控制点在测量坐标系下的设计坐标。根据控制网中各个点的设计坐标，反推设计的洞内平面控制网中的理论观测数据（即没有误差的观测值），包括水平距离和水平方向观测值。这种利用控制点坐标反算出来的理论观测值仅包含有微小的舍入误差，可以将其视为无误差的观测值。

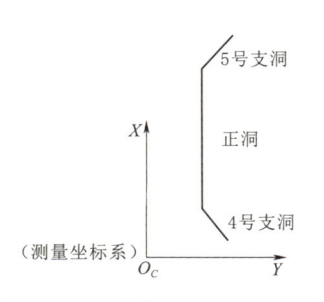

图 13.65　4 号支洞—正洞—5 号支洞与测量坐标系关系示意图

对中误差作为平面控制网中边角观测值测量的主要误差之一，一直为众多学者所研究。根据式（13.37）可知，仪器的对中误差对水平角观测精度的影响 $m_{器}$ 与两目标点 A、B 间的距离 S_{AB}，地面标志中心与仪器中心在地面上的投影点间的水平距离 ρ，以及对中误差 e 成正比；与测站点到两个目标点 A、B 距离的乘积 S_1S_2 成反比。

$$m_{器}=\pm\frac{e^2\rho S_{AB}^2}{\sqrt{2}S_1S_2} \quad (13.37)$$

即观测边长 S_1、S_2 越短，仪器对中误差对测角误差的影响越大；对中误差 e 越大，对测角误差的影响呈线性增加。

根据式（13.38）可确定目标点 A、B 照准标志的对中误差对水平角观测值的影响，可以发现，观测边长 S_1、S_2 越短，A、B 照准标志对中误差对于水平角的影响越大。

$$m_{标}=\pm\frac{\rho}{\sqrt{2}}\sqrt{\frac{e_1^2}{S_1^2}+\frac{e_2^2}{S_2^2}} \quad (13.38)$$

由式（13.37）和式（13.38）可知，仪器以及照准标志的对中误差对于水平角或水平方向的观测精度起着直接的影响作用，而水平方向观测值的精度又直接决定了隧洞横向贯通误差的大小，所以要保证水平方向的观测精度，必须设法减小或消除仪器以及照准标志的对中误差，并在可能的情况下尽量避免进行短边情况下的水平角或水平方向观测。

一般来说，光学对中法的对中误差在 2mm 以内，而且为偶然误差。本次仿真计算实验取 1mm 作为对中误差的限差，按两倍中误差作为限差，即仿真计算实验过程的对中误差的中误差取值为 $m_{中}=0.5$mm。使用正态分布函数生成服从 $N(0, m_{中}^2)$ 分布的对中误差在 x、y 方向的仪器对中误差分量值（e_{Ox}，e_{Oy}）和照准点的对中偏差分量值（e_{Ax}，e_{Ay}）。

全站仪架设在平面控制网的某一个平面控制点上，若没有对中误差的话，则仪器整平后仪器中心和地面控制点的标志中心在同一根铅垂线上，否则就不在同一根铅垂线上。根据上述思路，设某个控制点的理论坐标为（O_x，O_y），全站仪架设在该控制点上，若没有对中误差的话，此时仪器中心 O 点的理论坐标也为（O_x，O_y）；若该测站存在仪器对

中误差分量值为 (e_{Ox}, e_{Oy})，则此时仪器中心的实际坐标将发生变化，变化结果见式 (13.39)。同样地，设另一个控制点上的理论坐标为，棱镜架设在该控制点上，若照准点的对中偏差分量值为 (e_{Ax}, e_{Ay})，则此时棱镜中心的实际坐标也将发生变化，变化的结果同式 (13.39)。

$$\begin{cases} O_{xw} = O_x + e_{Ox} \\ O_{yw} = O_y + e_{Oy} \\ A_{xw} = A_x + e_{Ax} \\ A_{yw} = A_y + e_{Ay} \end{cases} \tag{13.39}$$

使用上述含有对中误差的仪器中心及照准点中心坐标，根据坐标反算公式即可得到两点间含有对中误差影响的水平距离和方位角观测值，而两点间的方位角观测值又可视为这两点间的水平方向观测值，即

$$\begin{cases} d_{OA} = \sqrt{(A_{xw} - O_{xw})^2 + (A_{yw} - O_{yw})^2} \\ \alpha_{OA} = \arctan \dfrac{A_{yw} - O_{yw}}{A_{xw} - O_{xw}} \end{cases} \tag{13.40}$$

式 (13.40) 即为含有对中误差影响的水平距离和水平方向观测值，此时的水平距离和水平方向观测值中仅含有对中误差的影响，还没有顾及观测误差的影响。

通过以上方法得到了仅含有对中误差影响的平面控制网中水平距离和水平方向观测值，接着对这样的观测值再添加人为可控的随机误差，以模拟实际测量条件下观测值中带入的观测误差，然后再对含有对中误差和观测误差的洞内交叉导线网及仅含有观测误差的自由测站边角交会网进行仿真平差计算，最后分析和比较这两种洞内平面控制网的横向摆动及横向贯通误差的大小。

设定水平角 α 测角的中误差为 $m_\alpha = 1.3''$，而 $\alpha = l_2 - l_1$（l_1、l_2 为水平方向值），假定每个水平方向值测量为等精度测量，根据误差传播定律可知 $m_{l1} = m_{l2} = 0.92''$，也即方向测量中误差应定为 $0.92''$，在每个方向观测值中再添加上服从 $N(0, 0.92''^2)$ 分布的水平方向测量误差。

设定测距相对中误差应为 1/250000，即 4mm/km，考虑到测距仪测距误差中包括固定误差和比例误差，因此将测距误差定位为 2mm+2mm/km，前者为固定误差，后者为比例误差。本次仿真计算实验给每个距离观测值均添加上 $[-2\text{mm}, 2\text{mm}]$ 随机且概率相同的误差作为测距固定误差，将服从 $N(0, (2S)^2)$（S 是以 km 为单位的边长观测值）的随机误差作为测距比例误差。也就是说，对交叉导线网而言，本次仿真计算对含有对中误差的距离观测值，每个观测值中均添加上了服从 $[-2\text{mm}, 2\text{mm}]$ 均匀分布的测距固定误差和服从 $N(0, (2S)^2)$ 正态分布的测距比例误差。

通过以上方法，就获得了含有对中误差和观测误差综合影响的洞内交叉导线网中各个水平方向和距离观测值。此时观测值既含有对中误差影响同时也含有距离及方向观测误差影响，由此观测值可组成用于洞内交叉导线网仿真平差计算的观测值文件。根据仿真计算实验的目的，本次仿真计算实验的主要内容包括以下三个方面：

交叉导线网不添加对中误差，即仅添加了观测误差的精度仿真计算和既添加了对中误

差又添加了观测误差的精度仿真计算；交叉导线网在中部人为断开（模拟隧洞刚刚贯通、测量实际贯通误差）的情况下贯通误差的仿真计算，以及交叉导线网同一点对间横向间距大小对于交叉导线网精度影响的仿真计算；同等长度隧洞仅添加了观测误差的自由测站边角交会网的精度仿真计算。

（2）仿真计算结果分析。交叉导线网精度仿真计算：按照上文设计的28km长交叉导线网网型，首先对网中水平距离和水平方向观测值仅添加随机误差，并组成平差计算的观测值文件，再对该观测值文件进行仿真平差计算。为了避免随机性对于统计规律的影响，对该控制网重复10次仿真计算，这样的数据称为实验组一。其次，对网中各个控制点设计坐标添加对中误差，再在已施加对中误差影响的水平距离和水平方向观测值中继续添加随机观测误差，并对此观测值组成的交叉导线网进行仿真平差计算，同样也对该控制网重复10次仿真计算。为了更加细致地探究对中误差对于长大隧洞洞内交叉导线网精度的影响情况，本次仿真计算实验设计了对中中误差分别为0.5mm和1mm的两组对比实验数据，这两组数据分别称为实验组二和实验组三。

对上述三组仿真数据分别进行平差计算，Y坐标偏差结果见表13.42。

表13.42　　　　实验组一、实验组二及实验组三 Y 坐标偏差结果统计

实验次数	实验组一：不添加对中误差实验组 Y坐标中误差最大值	实验组一：不添加对中误差实验组 Y坐标与设计坐标偏差最大值	实验组二：添加对中误差实验组（0.5mm） Y坐标中误差最大值	实验组二：添加对中误差实验组（0.5mm） Y坐标与设计坐标偏差最大值	实验组三：添加对中误差实验组（1mm） Y坐标中误差最大值	实验组三：添加对中误差实验组（1mm） Y坐标与设计坐标偏差最大值
1	26.33	28.07	26.10	46.49	36.74	59.70
2	27.18	−19.69	28.98	−33.14	33.38	37.72
3	25.86	−13.38	27.90	47.18	34.53	−53.72
4	25.82	20.35	27.92	−20.13	34.53	53.72
5	25.18	29.87	29.13	31.38	35.62	42.15
6	25.99	−49.47	30.05	27.13	35.07	−44.90
7	25.43	21.71	29.62	−28.39	36.09	−87.07
8	26.43	−42.68	28.53	22.23	35.75	91.78
9	26.00	19.47	29.95	−37.98	33.89	−56.48
10	24.93	−30.06	28.87	−45.25	32.89	20.14
均值	25.92	27.48	28.71	33.93	34.85	54.74

注　表中数据均以mm为单位，均值为绝对值的均值。

由表13.42可以看出：没有添加对中误差的实验组，其 Y 坐标中误差最大值的均值最小，添加了对中误差后该指标增大，且随着添加对中误差值的增大而增大；三个实验组的 Y 坐标与设计坐标偏差最大值波动均较大，但其均值同样随着添加对中误差值的增大而增大；Y 坐标与设计坐标偏差的正、负号是随机出现的，可以看出洞内控制网点受偶然误差的影响其横向摆动是随机的；对中中误差为1mm时 Y 坐标与设计坐标偏差出现的波动较对中中误差为0.5mm时大，说明随着对中误差增大洞内控制网横向位置出现更大摆动的可能性也在增大。

13.3 超长隧洞测量设计

由以上这几条规律能够看出，以前在进行洞内控制网精度仿真计算时忽略的对中误差，其实是一个很重要的精度影响因素，其对于洞内控制网的精度有着不可忽视的影响。

统计了交叉导线网的一些重要的验前及验后精度指标，包括附合路线角度闭合差、导线全长相对闭合差和验后单位权中误差。统计表明附合路线角度闭合差随着对中误差增大而增大；导线全长相对闭合差也随着对中误差的增大而明显增大，即相对精度在降低；验后单位权也随着对中误差的增大而变大，也表明了洞内控制网的这些精度指标在对中误差的影响下在降低。因此，对中误差对洞内交叉导线网的影响包含附合路线角度闭合差、导线全长相对闭合差、验后单位权中误差以及控制网的横向摆动等指标，对中误差对交叉导线网精度的影响直接而且显著，说明了在长大隧洞洞内平面控制网精度仿真计算过程中考虑对中误差的影响非常必要和重要。

交叉导线网贯通误差仿真计算：模拟隧洞洞内控制网前端在贯通前的摆动情况，将28km长的示例隧洞控制网从中间断开，分别从隧洞入口和出口向中间进行平差计算，即只用洞口2个控制点约束半个洞内控制网。在隧洞中段确定一贯通面，以贯通面上一控制点作为贯通误差计算点，该点在出、入口两端的控制网中分别平差得到其两个坐标，两个坐标的差值即为该隧洞洞内控制网的实际贯通误差，此项仿真计算结果见表13.43。

表 13.43　　　　　　　　　交叉导线网贯通误差仿真计算结果

实验次数	无对中误差			对中误差 0.5mm			对中误差 1mm		
	Q	H	Q-H	Q	H	Q-H	Q	H	Q-H
1	159.7	189.1	-29.4	-55.8	254.8	-310.6	-186.9	3.8	-190.7
2	140.6	6.9	133.7	-93.2	335.6	-428.8	-202.0	-103.2	-98.8
3	42.2	6.6	35.6	36.0	-34.2	70.2	-105.0	-72.1	-32.9
4	32.1	167.5	-135.4	60.9	216.7	-155.8	-308.6	340.9	-649.5
5	43.5	-148.3	191.8	71.3	87.3	-16.0	-300.3	241.9	-542.2
6	-10.3	36.8	-47.1	-168.8	65.0	-233.8	-163.9	53.9	-217.8
7	-22.4	23.6	-46.0	-33.1	-127.5	94.4	-87.0	-16.9	-70.1
8	-11.1	1.5	-12.6	-100.1	4.6	-104.7	342.9	-70.6	413.8
9	112.3	0.5	111.8	-109.5	82.3	-191.9	-8.7	7.8	-16.5
10	-76.7	168.9	-245.6	-32.2	74.3	-106.5	7.3	252.2	-244.9
均值	65.1	75.0	98.9	76.1	128.2	171.3	171.2	116.4	247.7

注　表中 Q 代表前半段控制网在贯通面处控制点 Y 坐标与设计坐标差值，H 代表后半段控制网在贯通面处控制点 Y 坐标与设计值的差值，Q、H 及 $Q-H$ 的均值为绝对值的均值。

从表13.43可以看出，隧洞在洞内左偏或者右偏的摆动是随机的；前半段控制网与后半段控制网同时向同侧偏移与异侧偏移的概率是相等的；当前、后两控制网向同侧偏移时，贯通点的横向坐标偏差较小（但还是有可能偏离设计位置），即贯通误差小，反之则贯通误差大；随着对中误差的增大，隧洞的实际横向贯通误差亦同时增大。

横向间距长短对交叉导线网横向摆动影响的仿真计算：上已述及，对中误差在隧洞洞内平面控制网精度仿真计算中是必不可少的，但是对于隧洞洞内平面控制网测量来说，还有一个不可忽视的精度影响因素，即旁折光。由于旁折光的影响比较复杂，很难对其进行规律性的研究，为了减弱旁折光对于交叉导线网的影响，可以将交叉导线网的同一点对间的横向间距缩短，即使平行于隧洞侧壁的边距隧洞侧壁的距离增大，但是横向间距的缩短对于交叉导线网精度的影响究竟有多大，还需要进一步的仿真计算实验，并用计算结果加以证明。

前面的仿真计算实验设计的控制网同一点对间的横向间距为12m。为了验证横向间距的缩短对于交叉导线网的横向摆动以及控制网精度的影响，又设计了一组仿真计算实验。实验将控制网横向间距从1～12m每隔1m设计一个对照实验，共计12种横向间距不同的交叉导线网，并按照上文所述的仿真计算方法进行了仿真计算实验。此次仿真计算实验添加的对中中误差为1mm。通过对仿真计算实验的结果进行统计，并绘制如图13.66所示的统计图（统计结果为100次仿真计算结果均值）。

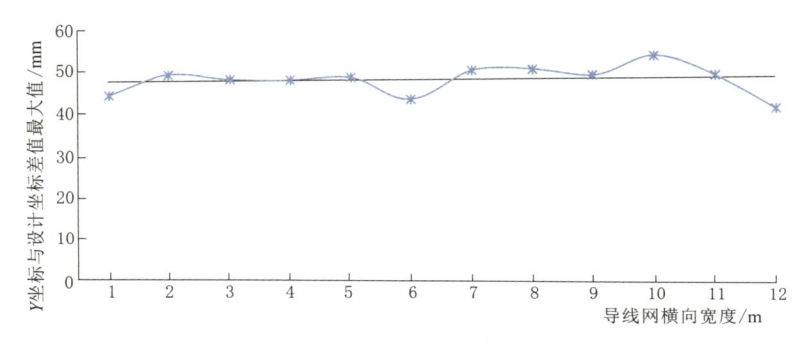

图 13.66　仿真计算结果统计图 1

从图 13.66 可以看出，随着交叉导线网的横向宽度从1m增加到12m，控制网的 Y 坐标与设计坐标差值最大值并没有明显的变化趋势，其趋势线大致平行于横轴，说明交叉导线网的横向宽度变化对于控制网的横向摆动没有显著的影响。在统计控制网的 Y 坐标与设计坐标差值最大值的同时，还统计了 Y 坐标中误差最大值（统计结果为100次仿真计算结果均值），并绘制了如图13.67所示的统计图。

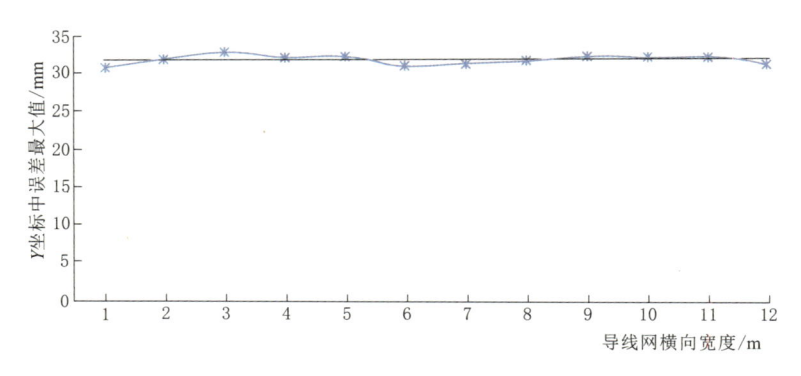

图 13.67　仿真计算结果统计图 2

通过图 13.67 同样可以看出，洞内控制网的横向精度随着导线网横向宽度的增大并没有明显提高，控制网 Y 坐标中误差最大值基本稳定在一定范围内，其相应趋势线亦大致平行于横轴。

通过图 13.66 和图 13.67 的统计结果及其相应的分析可知，当导线网的横向宽度在 1～12m 范围内时，洞内控制网的横向摆动和控制网精度随着导线网横向宽度的增加无明显变化，说明通过缩短洞内控制网点对间横向间距的方法，既可减弱旁折光的影响，又可保证控制网的精度和控制导线网的横向摆动。

自由测站边角交会网精度仿真计算：通过上述对洞内交叉导线网的仿真观测数据进行平差计算，计算结果显示对中误差对于洞内平面控制网精度仿真计算不可或缺。但是对于洞内自由测站边角交会网来说，仪器自由测站测量没有对中误差，棱镜固定在隧洞双侧壁，同样也没有对中误差，因此在进行自由测站边角交会网精度仿真计算时，就只在其水平距离和水平方向理论观测值中添加随机观测误差，并组成用于平差计算的观测值文件。洞内自由测站边角交会网同样进行 10 组仿真计算实验，其仿真数据简称为实验组四。需要说明的是，实验组四的隧洞长度（28km）与前面的实验组一、实验组二、实验组三的隧洞长度相同。实验组四的仿真计算实验结果见表 13.44。

表 13.44　　　　　自由测站边角交会网精度仿真计算实验结果

实验次数	Y 坐标中误差最大值	Y 坐标与设计坐标偏差最大值	实验次数	Y 坐标中误差最大值	Y 坐标与设计坐标偏差最大值
1	30.58	59.14	6	27.93	47.46
2	31.62	−59.45	7	29.33	−44.24
3	32.17	30.43	8	28.76	54.81
4	31.21	36.48	9	31.29	−34.97
5	28.13	−47.89	10	30.75	37.57

由表 13.44 可知，实验组四的 Y 坐标中误差最大值介于实验组二和实验组三之间，Y 坐标与设计坐标偏差最大值也介于实验组二和实验组三之间。说明当交叉导线网所有控制点对中中误差都控制在 0.5mm 以内时，交叉导线网的精度要优于自由测站边角交会网；当交叉导线网控制点对中中误差超过 1mm 时，自由测站边角交会网在点位中误差以及控制网横向摆动方面更胜一筹。

考虑到传统洞内交叉导线网在每一个控制点上全站仪都需要进行整平、对中工作，且照准目标均需进行脚架置镜及整平、对中工作，而自由测站边角交会网仅仪器架设需要整平，棱镜也是强制对中，这些都给外业测量带来了极大的便捷。

仿真计算实验结论：在隧洞长度相等的情况下，仿真计算结果说明当交叉导线网对中中误差大小控制在 0.5mm 以内时交叉导线网在控制网精度方面才有优势，但是当对中中误差大于 0.5mm 时，自由测站边角交会网精度比交叉导线网好；通过缩短洞内控制网点对间的横向间距，既可减弱旁折光的影响，又可保证控制网的精度和控制导线网的横向摆动。

5. 洞内平面控制测量方法与精度实验

通过上述洞内平面控制测量方法及其精度的仿真计算实验结果，可以知道目前长大隧洞洞内平面控制测量的首选方法为对中误差小的交叉导线网，或为没有对中误差影响和旁折光影响小的自由测站边角交会网。

（1）交叉导线网方案。当洞内平面控制采用交叉导线网的方法时，洞内导线点应该成对布设，即一个断面布设两个导线点，同一个断面的左侧导线点横向距左侧壁的长度和右侧导线点横向距右侧壁的长度均宜大于2m，以减小旁折光对水平方向观测值的影响，点对间的纵向间距宜大于300m为好。洞内交叉导线网示意如图13.68所示。

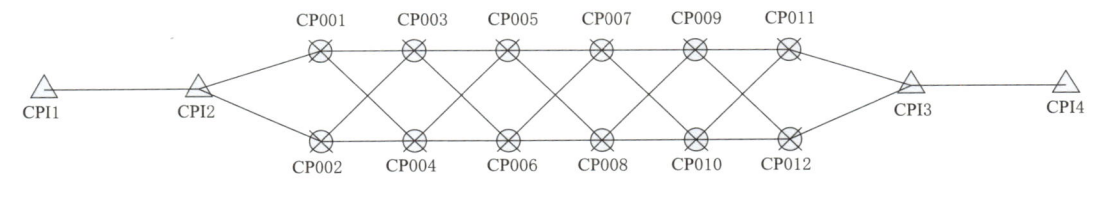

图13.68 洞内交叉导线网示意图

为了外业测量时的快捷，每个测站的水平方向和距离应当使用智能型全站仪进行自动观测。由于洞内自动观测测距的测程较人工观测短，建议斜井导线边长为300m左右、正洞导线边长为400m左右，可根据现场具体情况适当延长导线边长。洞内导线边越长，导线点的数量就少，水平方向观测误差引起的横向贯通误差就小。

导线点尽量埋设在到边墙距离不小于2m位置。支洞、主洞交叉口埋设桩点时应特别注意，尽可能使点间视线距边墙、拱顶和风管较远，以减小旁折光对水平方向观测值影响。

按照交叉导线网的网形和测量方法，进行实验网各测站的外业观测，要求各个测站的观测值满足设计的精度要求。外业测量结束且精度满足要求后，采用软件先进行外业观测数据质量检查，合格后进行闭合环角度闭合差和全长相对闭合差的搜索与计算。外业观测数据合格，先将距离进行高程归化，所有距离均投影到工程投影面，再进行常规定权约束平差。

（2）自由测站边角交会网方案。控制点成对布设在洞内围岩的双侧壁上，并采用强制对中测量标志在控制点上安装测距棱镜，如图13.69所示，以消除棱镜对中和整平误差对洞内控制测量精度的影响。洞内自由测站边角交会网控制点点对纵向间距一般为250～300m，可根据现场情况适当延长。全站仪自由测站架设在相邻两对控制点中部，观测值是测站至各控制点间的边长与水平方向。

图13.69 自由测站边角交会网侧壁强制对中测量标志示意图

按照上述布点方式进行点位布设，之后主要使用自由测站边角交会法进行施测，自由测站边角控制网每个测站的外业观测方法与交叉导线网每个测站的外业观测方法相同。网形如图13.70所示。

洞内自由测站边角交会网平差计算前，先进行外业观测数据的质量检查，合格后进行高程归化，把网中所有距离均投影到工程投影面上，再输入起算点采用数据处

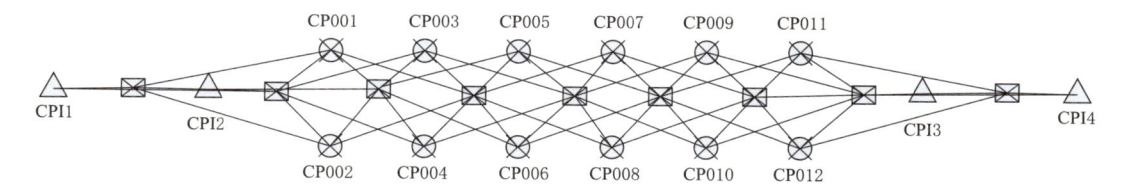

图 13.70 洞内平面控制测量实验网形示意图

理软件进行常规定权约束平差。

以秦岭输水隧洞工程为例，对一隧洞内的控制网同时采用交叉导线网和自由测站边角交会网进行测量，其中，自由测站边角交会网最弱边的相对精度为 1/197907，这是该边较短的缘故。此外方向改正数最大值略大于交叉导线网，其余指标均比交叉导线网好，说明自由测站边角交会网与交叉导线网的精度相差不大。

13.3.5 多源数据融合处理

国内目前在铁路与地铁隧道洞内控制测量中已经有加测陀螺方位角的先例，但是未进行理论推导加测陀螺边的位置与数量，在输水隧洞项目中也未见加测陀螺边的案例。本节以秦岭输水隧洞工程为例，按照未加测陀螺边、加测陀螺边等情况，通过大量的试验研究和仿真计算，获得了加测陀螺边对横向贯通误差的增益规律，明确了加测陀螺边的位置和数量，从而确保隧洞的正确贯通。

1. 陀螺方位角加测及其对贯通误差影响估计

（1）陀螺方位角加测数量与加测位置优化分析。针对试验直线型隧洞的布网形式，从横向贯通精度增益与工作量两方面，对导线陀螺方位角加测数量和加测位置进行分析研究。

1) 陀螺方位角加测数量分析——直伸型导线未加测陀螺方位角。

如图 13.71 所示，对于未加测陀螺方位角直伸型导线，N 点横向贯通误差估算公式为

$$m_q^2 = \frac{m_{\alpha 0}^2}{\rho^2}(ns)^2 + \frac{m_\beta^2}{\rho^2}s^2 \frac{n(n+1)(2n+1)}{6} \tag{13.41}$$

式中：$m_{\alpha 0}$ 为地下导线起始方位角误差；m_β 为地下导线转折角中误差；n 为地下导线边数；s 为地下导线平均边长。

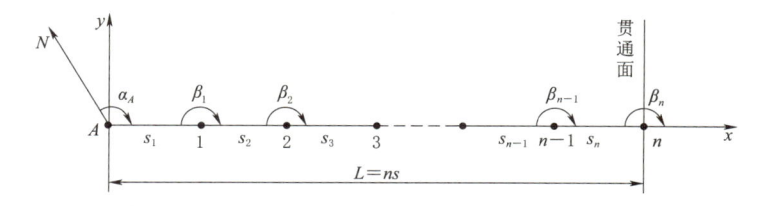

图 13.71 未加测陀螺边直伸导线

2) 陀螺方位角加测数量分析——加测一个陀螺方位角。如图 13.72 所示，在导线 $K-1$ 至 K 边上加测一个陀螺方位角，推导出 N 点横向贯通误差估算公式为

$$m_q^2 = \frac{m_\beta^2}{\rho^2}s^2\left[\frac{K(K-1)(2K-1)}{6} + K^2W^2 - \frac{K^2(K-1+2W^2)}{4}\right] +$$
$$\frac{m_a^2}{\rho^2}s^2(n-K)^2 + \frac{m_\beta^2}{\rho^2}s^2\frac{(n-K)(n-K+1)(2n-2K+1)}{6} \tag{13.42}$$

其中

$$W = \frac{m_a}{m_\beta}$$

式中：m_a 为陀螺方位角误差；m_β 为地下导线转折角中误差；n 为地下导线边数；s 为地下导线平均边长。

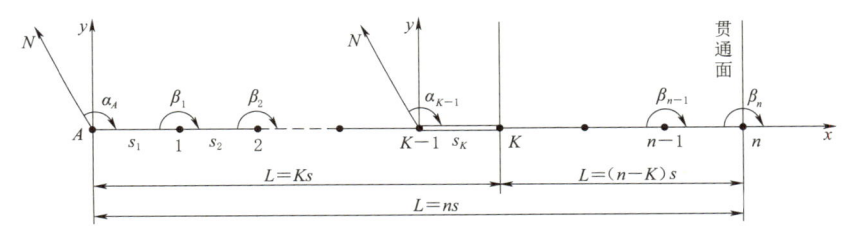

图 13.72 加测一条陀螺边的导线

3）陀螺方位角加测数量分析——等间隔加测 i 个陀螺方位角。假设直伸型导线等间隔独立观测了 i 个陀螺方位角，取其定向相中误差均为 m_a，则导出 N 点横向贯通误差估算公式为

$$m_q^2 = \frac{m_\beta^2}{\rho^2}s^2 i\left[\frac{K(K-1)(2K-1)}{6} + K^2W^2 - \frac{K^2(K-1+2W^2)}{4}\right] +$$
$$\frac{m_a^2}{\rho^2}s^2(n-K)^2 + \frac{m_\beta^2}{\rho^2}s^2\frac{(n-iK)(n-iK+1)(2n-2iK+1)}{6} \tag{13.43}$$

4）陀螺方位角加测数量分析——陀螺导线。若每条导线边均进行陀螺定向测量，则 N 点横向贯通误差估算公式为

$$m_q^2 = \frac{m_\beta^2}{\rho^2}s^2 n \tag{13.44}$$

确定了加测陀螺方位角的数量后，进一步讨论加测陀螺方位角在导线的何处最有利。加测陀螺边位置的优选应以加测陀螺方位角对减小横向贯通误差最有利为目的。陀螺方位角的最优位置问题等价于在 m_q^2 取最小值条件下确定地下导线边数 n 与加测陀螺方位角导线边序号 K 的相互关系。

以式（13.42）为例，当 $m_{a_k} = m_\beta$ 时，可简化为

$$m_q^2 = \frac{m_\beta^2}{12\rho^2}s^2\left[(i-4i^3)K^3 + (3i+18i^2+12i^2n)K^2\right.$$
$$\left. - (12in^2+36in)K + (4n^3+18n^2+2n)\right] \tag{13.45}$$

对上式进行微分并令其等于 0，得

$$\frac{\partial m_q^2}{\partial K} = \frac{m_\beta^2 s^2}{12\rho^2}(aK^2 + bK + c) = 0 \tag{13.46}$$

其中 $a = 3i - 12i^3$，$b = 6i + 36i^2 + 24ni^2$，$c = -12in^2 - 36in$，由此解得

$$K = \frac{-b \pm \sqrt{b^2 - 4ac}}{2a} \tag{13.47}$$

式中：K 为加测陀螺方位角之间的导线边数，随着加测陀螺方位角个数 i 不同而变化；n 为地下导线边数。

求解陀螺方位角的最优配置，就是在 m_q^2 取最小值条件下，求出 K/n 的比值，从而得到加测陀螺方位角的具体分布位置。现在以 i 和 n 为变量，按照式（13.47）计算 K 与 K/n 的比值，其结果见表 13.45。

表 13.45　　　　　　　　　　陀螺方位角加测最优位置列表

n	i=1 K	i=1 K/n	i=2 K	i=2 2K	i=2 K/n	i=3 K	i=3 2K	i=3 3K	i=3 K/n
5	3.7	0.74	2.2	4.4	0.44	1.5	3.0	4.5	0.31
10	7.2	0.72	4.2	8.4	0.42	3.0	6.0	9.0	0.30
13	9.2	0.71	5.5	11.0	0.42	3.9	7.8	11.7	0.30
15	10.6	0.71	6.3	12.6	0.42	4.5	9.0	13.5	0.30
20	13.9	0.70	8.3	16.6	0.42	5.9	11.8	17.7	0.30
25	17.3	0.69	10.3	20.6	0.41	7.4	14.8	22.2	0.30
30	20.6	0.69	12.3	24.6	0.41	8.8	17.6	26.4	0.29

由上可以得出结论：对于直伸型隧洞，当加测一条陀螺方位角时，加测在导线全长 2/3 处为最优；若加测两条以上陀螺方位角，则以导线全长均匀布设为最优。确定了加测的最优位置后，进一步讨论陀螺方位角的加测数量，方位角的加测数量应以最大限度减小贯通误差为目的。

根据导线测量需要，现模拟几种导线布设方案，其模拟参数见表 13.46。由于洞内观测环境较差，使用设备有可能无法达到标称精度要求，且实际测量过程中有对中误差、照准误差、旁折光误差等因素的影响，因此在模拟贯通误差预计时，适当地将仪器先验误差放大，以达到误差预计结果相对保守，确保实际贯通误差小于预计结果。

表 13.46　　　　　　　　　　导线布设方案模拟参数

布设方案	导线总长/km	导线平均边长/m	导线边数 n	陀螺方位角误差/(″)	导线测角误差/(″)
1	10	250	40	5	2
2	12	250	48	5	2
3	14	250	56	5	2
4	16	250	64	5	2
5	18	250	72	5	2

续表

布设方案	导线总长/km	导线平均边长/m	导线边数 n	陀螺方位角误差/(″)	导线测角误差/(″)
6	20	250	80	5	2
7	22	250	88	5	2
8	24	250	96	5	2
9	26	250	104	5	2
10	28	250	120	5	2
11	30	250	128	5	2

将表中参数代入式（13.42），计算出不同情况下的横向贯通误差，如图 13.73 所示。

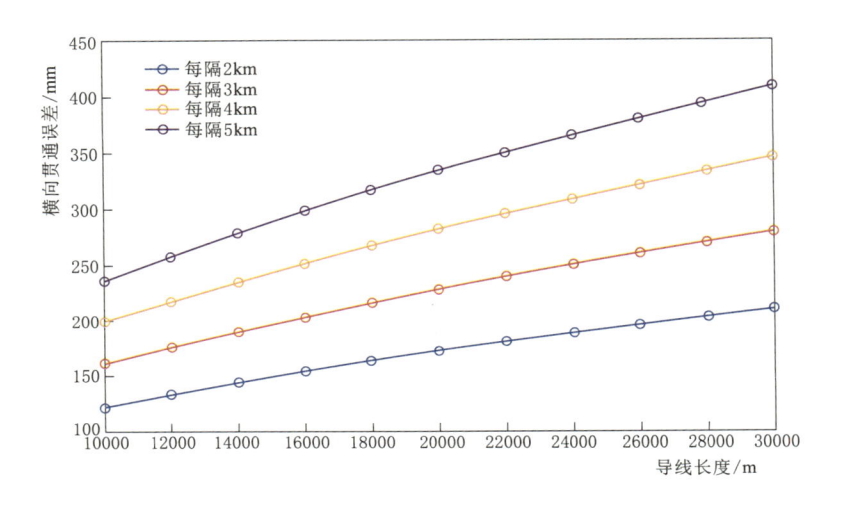

图 13.73　不同情况下的贯通误差计算示意图

由图 13.73 可知，每隔 2km 加测一条陀螺边虽能有效减小贯通误差，但从实际工程的角度考虑成本过高，而每隔 4km 加测一条陀螺边所得到的贯通误差与限差较为接近，每隔 5km 加测一条陀螺边则不能满足限差要求，因此以每隔约 3km 处加测一条陀螺边为宜。在实际工程中，应根据具体情况确定陀螺边加测位置，如在斜井支洞与主洞相连接的部分宜加测陀螺边，离贯通面较近的部位应加测陀螺边，陀螺边的边长应尽量超过 200m，同时陀螺边的选择应尽量远离施工震动、车辆交汇、大型电子设备的位置。

（2）导线中加测陀螺定向边后导线终点的误差估算。在实际工作中经常采用在导线中加测一些高精度陀螺边的方法来建立底下平面控制，尤其是用在大型重要贯通的平面控制。这样一来，可以在不增加导线测角工作量的前提下，显著减小测角误差对导线测量点位误差的影响，从而保证巷道正确贯通。

如图 13.74 所示，由起始点 A 和起始定向边 $AA1$（坐标方位角为 α_0）测设导线至终点 K，并加测陀螺定向边 α_I、α_{II}、…、α_N 共 N 条，将导线分为 N 段，各段重心为 O_I、O_{II}、…、O_N，其坐标为

$$\begin{cases} X_{O_j} = \sum_1^{n_j} X_i/n_j \\ Y_{O_j} = \sum_1^{n_j} Y_i/n_j \end{cases} \quad j = \text{I}, \text{II}, \cdots, N \tag{13.48}$$

图 13.74 中，B 点至 K 点的一段为支导线。

图 13.74 导线分布示意

由导线量边误差引起的 K 点的贯通误差为

$$M_{x'k\text{I}} = \pm \sqrt{\sum m_1^2 \cos^2 \alpha'} \tag{13.49}$$

式中：m_1 为量边中误差；α' 为导线边与其贯通重要方向之间的夹角。

由导线测角误差引起的 K 点的贯通误差为

$$M_{x'k\beta}^2 = \frac{m_\beta^2}{\rho^2} \times ([\eta^2]_\text{I} + [\eta^2]_\text{II} + \cdots + [\eta^2]_N + [R_{y'}^2]_B^K) \tag{13.50}$$

式中：η 为各导线点至本段导线重心 O 的连线在 y' 轴上的投影长度；$R_{y'}$ 为由 B 点至 K 点的支导线各导线点与 K 点连线在 y' 轴上的投影长度。

假设各条陀螺定向边精度相同，其中误差为 m_{α_0}，则由陀螺定向边的定向误差引起的 K 点的贯通误差为

$$M_{x'K} = \frac{m_\alpha}{\rho}(y_O' - y_{O_\text{I}}') + \cdots + \frac{m_{\alpha_{N-1}}}{\rho}(y_{O_{N-1}}' - y_{O_N}') + \frac{m_{\alpha_N}}{\rho}(y_k' - y_{O_N}') \tag{13.51}$$

当 $m_{\alpha_0} = m_{\alpha_\text{I}} = \cdots = m_{\alpha_N}$ 时，可约化为

$$M_{x'KO}^2 = \frac{m_\alpha}{\rho}[(y_A' - y_{O_\text{I}}')^2 + (y_{O_\text{I}}' - y_{O_\text{II}}')^2 + \cdots + (y_{O_{N-1}}' - y_{O_N}')^2 + (y_{O_N}' - y_K')^2] \tag{13.52}$$

当一井巷道贯通时，贯通导线分布如图 13.75 所示。在贯通导线 K—E—A—B—C—D 中加测三条陀螺定向边 α_1、α_2 和 α_3，将导线分成四段，其中 A—B 和 C—D 两段是两端附合在陀螺定向边上的方向附合导线，其重心分别为 O_I 和 O_II，而 E—K 和 F—K 两段是支导线，导线独立施测两次。这时 K 点在水平重要方向 x' 上的贯通误差估算公式为

$$M_{x'kl}^2 = \frac{1}{2} \sum m_{l_i}^2 \cos^2 \alpha_i' \tag{13.53}$$

$$M_{x'\beta}^2 = \frac{m_\beta^2}{2\rho^2} \times \left(\sum_A^B \eta^2 + \sum_C^D \eta^2 + \sum_E^K R_{y'}^2 + \sum_F^K R_{y'}^2 \right) \tag{13.54}$$

$$M_{x'\alpha}^2 = \frac{m_{\alpha_0}^2}{\rho^2}[(y_K' - y_{O_\text{I}}')^2 + (y_{O_\text{I}}' - y_{O_\text{II}}')^2 + (y_{O_\text{II}}' - y_K')^2] \tag{13.55}$$

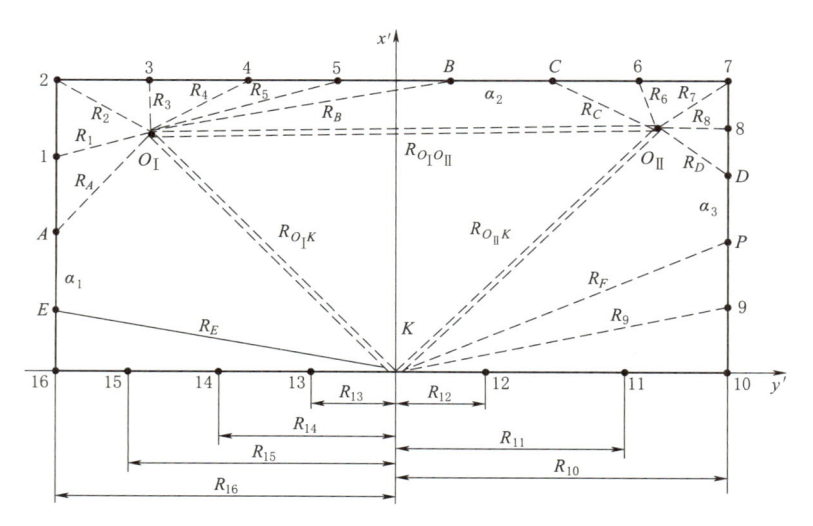

图 13.75 一井巷道贯通导线分布

最终可得

$$M_{x'} = \pm\sqrt{M_{x'l}^2 + M_{x'\beta}^2 + M_{x'\alpha}^2} \tag{13.56}$$

贯通相遇点 K 在水平重要方向 x' 上的预计误差为

$$M_{x'预} = 2M_{x'} \tag{13.57}$$

当两井巷道贯通时，贯通导线分布如图 13.76 所示。地面近井点 P 向 1 号、2 号井分别敷设支导线 $P—Ⅰ—Ⅱ—Ⅲ$ 和 $P—Ⅳ—Ⅴ—Ⅵ$，测角中误差为 $M_{\beta上}$，量边中误差为 $M_{l上}$，导线独立施测两次，井下用陀螺经纬仪测定 5 条导线边的坐标方位角 α_1、α_2、…、α_5，其定向中误差分别为 m_{α_1}、m_{α_2}、…、m_{α_5}，在 1 号井和 2 号井中各挂一根垂球线（长钢丝下悬重锤），与井下定向边 $A—1$ 和 $C—20$ 连测，以传递平面坐标。井下导线被分成

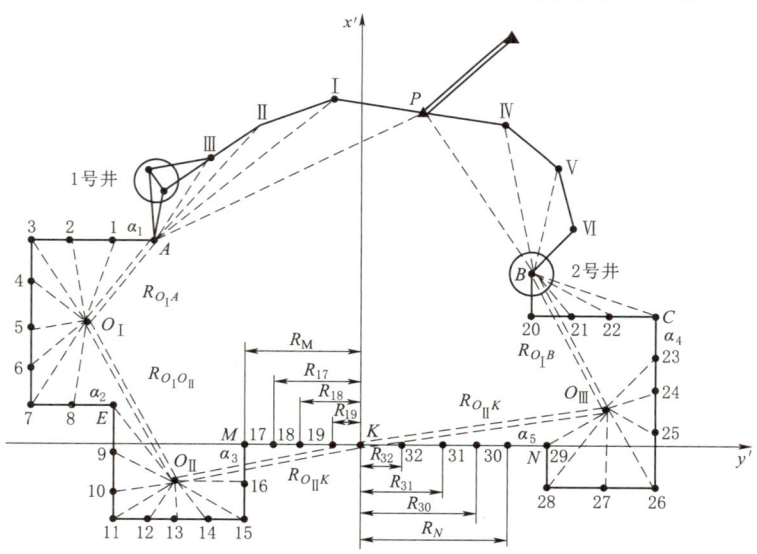

图 13.76 两井巷道贯通导线分布

六段，即 $A-E$、$E-M$、$M-K$、$B-C$、$C-N$ 和 $N-K$，其中 $M-K$、$B-C$、$N-K$ 三段为支导线，$A-E$、$E-M$、$C-N$ 三段为方向附合导线，井下导线独立施测两次，测角中误差为 $M_{\beta下}$，量边中误差为 $M_{l下}$。

由地面导线测量引起的 K 点在 x' 上的误差为

$$M^2_{x'上}=\frac{m^2_{\beta上}}{2\rho^2}\left(\sum_P^A R^2_{y'}+\sum_P^B R^2_{y'}\right)+\frac{1}{2}\left(\sum_P^A m^2_{l上}\cos^2\alpha'+\sum_P^B m^2_{l上}\cos^2\alpha\right) \quad (13.58)$$

式中：$R_{y'}$ 为地面导线各点与井下导线的起始点 A 和 B（视为近井导线的终点）的连线在 y' 轴上的投影长度；α' 为地面导线各边与 x' 轴夹角。

假设各条陀螺定向边精度相同为 m_{α_0} 时，由陀螺定向误差引起的 K 点在 x' 上的误差为

$$M^2_{x'\alpha}=\frac{m^2_{\alpha_0}}{\rho^2}\left[(y'_1-y'_{O_I})^2+(y'_{O_I}-y'_{O_{II}})^2+(y'_{O_{II}}-y'_K)^2+(y'_B-y'_{O_{III}})^2+(y'_{O_{III}}-y'_K)^2\right]$$
$$(13.59)$$

由井下导线测角误差引起的 K 点在 x' 上的误差，得

$$M^2_{x'\beta下}=\frac{m^2_{\beta下}}{2\rho^2}\left(\sum_{O_I}\eta^2+\sum_{O_{II}}\eta^2+\sum_{O_{III}}\eta^2+\sum_M^K R^2_{y'}+\sum_N^K R^2_{y'}+\sum_C^B R^2_{y'}\right) \quad (13.60)$$

式中：η 为各段方向附合导线的重心与该段导线各点连线在 y' 轴上的投影长度；$R_{y'}$ 为支导线段终点 K 与该段支导线上各点连线在 y' 轴上的投影长度。

由井下导线量边误差引起的 K 点在 x' 上的误差为

$$M_{x'K}=\frac{1}{2}\sum m^2_{l下}\cos^2\alpha' \quad (13.61)$$

K 点在 x' 上的总中误差为

$$M_{x'K总}=\pm\sqrt{M^2_{x'上}+M^2_{x'\alpha}+M^2_{x'\beta下}+M^2_{x'l下}} \quad (13.62)$$

贯通相遇点 K 在 x' 上的预计误差为

$$M_{x'预}=2M_{x'K} \quad (13.63)$$

（3）秦岭输水隧洞 3 号、4 号、5 号、6 号洞贯通误差预计。以秦岭输水隧洞工程为例，预计 3 号洞至 4 号洞横向贯通误差、4 号洞至 5 号洞贯通误差、5 号洞至 6 号洞贯通误差，并计算加测陀螺边后对贯通误差增益精度。

洞内平面控制测量采用测角精度为 1″、测边精度为 1mm+1.5ppm 的莱卡全站仪。由于洞内潮湿、高温、粉尘、小断面和短边的影响，实测导线测角精度难以满足仪器标称精度，故在进行误差预计时，取测角精度为 2″。另外，5 号洞至 6 号洞在进行贯通误差预计时，起算数据采用实测洞内导线坐标，按施工单位给定的导线实测测角精度 1″进行计算，陀螺定向误差精度取 3.5″，洞内每条陀螺定向边观测两个测回。

依据隧洞设计里程，按照二等支导线一次测量的方式，导线平均长度取 250m，对 3 号、4 号、5 号、6 号洞分别进行贯通误差预计。各项起算条件见表 13.47。

3 号洞长度为 3885m，4 号洞长度为 5784m，主洞段长度为 12257m，贯通面里程为 K38+400，贯通误差预计结果见表 13.48。

表13.47　　　　　　　　　　　贯通误差预计起算条件

测量段	测角精度/(″)	测边精度	陀螺定向误差精度/(″)	导线平均长度/m
3号、4号支洞及主洞	2	1mm+1.5ppm	3.5	250
5号、6号支洞	1	1mm+1.5ppm	3.5	250

表13.48　　　　　　　　　　　贯通误差预计结果　　　　　　　　　　　　　　　单位：mm

测量方法	3号支洞贯通误差	4号支洞贯通误差	横向贯通误差	精度增益
未加测陀螺边	734	160	751	496
加测陀螺边后	239	89	255	

若按照每隔3km加测一条陀螺边的方式，3号支洞至4号支洞间主洞段长度约为12km，拟加测5条陀螺边，4号支洞内加测1条陀螺边，加测陀螺边位置如图13.77所示。

图13.77　3号支洞至4号支洞间陀螺边加测位置

结果显示，3号支洞至4号支洞间未加测陀螺边时，横向贯通误差大于规定限差300mm，加测陀螺边后横向贯通误差为255mm，相比未加测陀螺边减小约496mm，符合限差要求。

4号支洞至5号支洞为TBM穿岭关键工作段，其中4号支洞长度为5784m，5号支洞长度为4595m，主洞段长度为16880m，贯通面里程为K45+245，贯通误差预计结果见表13.49。

表13.49　　　　　　　　　4号支洞至5号支洞贯通误差预计结果　　　　　　　　　单位：mm

测量方法	4号支洞贯通误差	5号支洞贯通误差	主洞贯通误差	横向贯通误差	精度增益
未加测陀螺边	206	360	422	592	352
加测陀螺边后	95	145	166	240	

若按照每隔3km加测一条陀螺边的方式，4号支洞至5号支洞主洞段长度约为17km，拟加测6条陀螺边，4号、5号支洞内各加测1条陀螺边，加测陀螺边位置如图13.78所示。

结果显示，4号支洞与5号支洞间未加测陀螺边时，横向贯通误差为592mm，接近规定限差600mm，加测陀螺边后横向贯通误差为240mm，相比未加测陀螺边减小约352mm，符合限差要求。

5号支洞至6号支洞已于2015年8月贯通，在进行贯通误差预计时，起算数据采用实测洞内导线坐标，按施工单位给定的导线实测测角精度1″进行计算，5号支洞与主洞各测定了一条陀螺定向边。加测陀螺边位置如图13.79所示。

5号支洞长度为4595m，6号支洞长度为2470m，主洞段长度为9884m，贯通面里程为K55+280，贯通误差预计结果见表13.50。

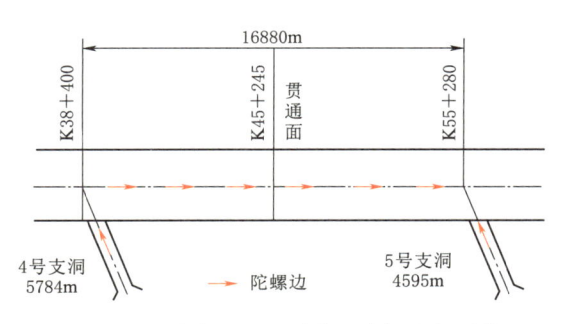

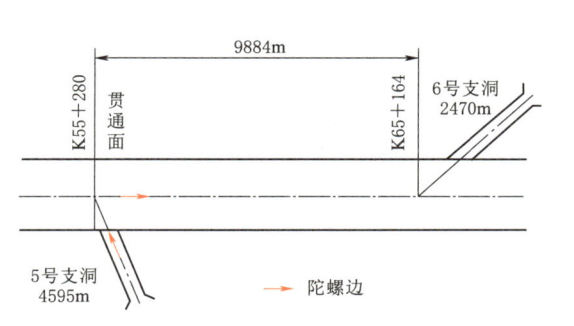

图 13.78　4号支洞至5号支洞陀螺边加测位置　　　图 13.79　5号支洞至6号支洞陀螺边加测位置

表 13.50　　　　　　　　　5号支洞至6号支洞贯通误差预计结果　　　　　　　　单位：mm

测量方法	5号支洞贯通误差	6号支洞贯通误差	横向贯通误差	精度增益
未加测陀螺边	60	236	244	109
加测陀螺边后	44	128	135	

结果显示，5号支洞与6号支洞间未加测陀螺方位边时，横向贯通误差为244mm，接近规定限差300mm，加测陀螺边后横向贯通误差为135mm，相比未加测陀螺边减小约109mm，符合限差要求。

（4）陀螺边加测方案。根据上述分析，为了满足贯通误差限差要求，在洞内每隔3km加测一条陀螺方位边，加测陀螺边数量见表13.51。

表 13.51　　　　　　　　　　　加测陀螺边方案

加测陀螺边	3号支洞	3~4号主洞	4号支洞	4~5号主洞	5号支洞	5~6号主洞	6号支洞
数量	0	5	1	6	1	1	0

5号支洞与5号、6号主洞段已分别加测一条陀螺边，其余3号、4号、5号、6号支洞加测陀螺边的位置如图13.80所示。

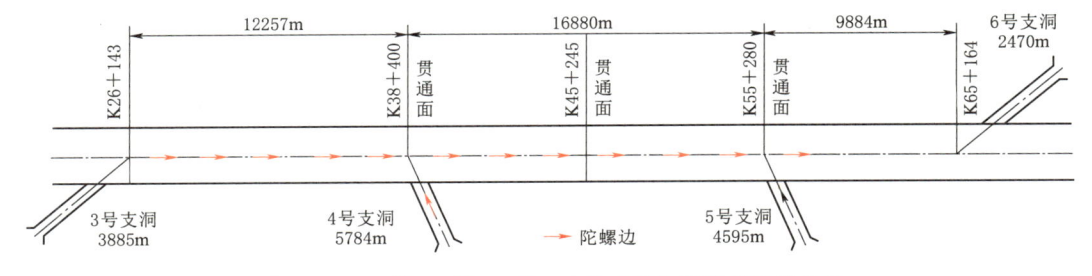

图 13.80　3号、4号、5号、6号支洞加测陀螺边的位置

以秦岭输水隧洞为例，对各个支洞间的横向贯通误差进行预计，分析比较地下导线加测和未加测陀螺边对横向贯通误差的影响，研究在洞内何处和加测多少条陀螺方位边对提高横向贯通精度最为有利。分析结果表明，为了满足引汉济渭工程秦岭输水隧洞横向贯通误差限差要求，宜在洞内每隔3km加测一条陀螺方位边。将实测的陀螺定向方位角作为已知方位角引入导线网进行联合平差后，与未加测陀螺边的导线网相比，横向贯通误差减

小,说明加测陀螺边后能有效地控制隧洞贯通误差。

2. 秦岭输水隧洞 5 号、6 号洞垂线偏差对贯通误差影响研究

在隧洞测量中,由于 GNSS 技术相对定位精度高,常常采用 GNSS 测量隧洞地面定向边来进行方位角的传递(井口点)。测量外业观测数据都是以垂线作为基准,而在几何大地测量中是以椭球面的法线为基准,将观测数据投影到椭球面上进行计算。即 GNSS 测量成果属于法线系统,而全站仪导线测量均以垂线为准。在地面一点的铅垂线方向同相应的椭球面的法线之间的夹角,称作该点的垂线偏差。垂线偏差的研究是大地测量中的一项重要工作。它的大小一般为 3″~5″,最大的可以达到 20″~30″。垂线偏差对贯通误差的影响取决于两端洞口起始方向误差、观测方向的高度角和方位角。受地形因素的限制,在崇山峻岭中修建隧洞,洞外控制点与洞口投点之间的高度角很大,且洞外控制点间高差很大,因此,在崇山峻岭处修建隧洞需要考虑垂线偏差的影响。

垂线偏差的测定方法一般分为重力测量方法、天文大地测量方法、地球重力场模型法、GNSS/水准法等。重力测量方法是利用重力异常数据,采用 Stokes 函数逼近等技术确定,受重力异常精度及分辨率的影响较大。宁津生等[36]利用全国重力资料确定了我国陆地相对于 WGS84 椭球的垂线偏差,总体精度优于 1.5″。天文大地测量方法是通过测定地面点的天文经纬度确定该点的铅垂方向,再计算参考椭球面上的大地经纬度确定法线方向,从而求定垂线偏差。地球重力场模型法是根据模型位系数直接求解垂线偏差,但受模型精度和分辨率影响较大,且不同区域模型精度有差异。GNSS/水准法是通过应用 GNSS 技术与水准测量技术,获取高程异常值从而求解垂线偏差。

重力测量方法与天文大地测量方法可以获得精度更高的垂线偏差值,但这两种方法的解算过程比较复杂。显然在隧洞测量过程中,十分精确地测量各控制点的垂线偏差值是不现实也是没有必要的。因此,对于隧洞测量,采用 GNSS/水准法和地球重力场模型法是获取垂线偏差的快捷方法。为了减小垂线偏差对隧洞贯通误差的影响,确保超长隧洞顺利贯通,可采用 GNSS/水准法计算隧洞洞外各控制点垂线偏差,并对其计算方法的精度进行分析,研究垂线偏差对超长隧洞贯通误差的影响规律。以秦岭输水隧洞 5 号支洞和 6 号支洞间的贯通工程为例,计算两端洞口控制点垂线偏差,推算其对贯通误差的影响值,对影响值较大的定向边予以修正。

(1)垂线偏差计算方法。

1) GNSS/水准法。采用 GNSS 相对定位、定向方法很容易获得基线的长度、方位角和大地高差,基线点间的正常高差也可通过水准测量或三角高程测量求得,在面积不大且地形呈线性变化的地区,用该方法测定垂线偏差是一种理想的途径。

大地高和正常高的关系为

$$H = H_r + \xi$$

当采用 GNSS 测定基线时,有

$$\Delta H = \Delta H_r + \Delta \xi \tag{13.64}$$

式中:H 为大地高;H_r 为正常高;ξ 为高程异常;ΔH 为基线两端点之间的大地高差;ΔH_r 为基线两端点之间的正常高差;$\Delta \xi$ 为基线两端点之间的高程异常差。

ΔH 可由 GNSS 差分定位获得,ΔH_r 由精密水准测量或三角高程测量确定,从而可

以求得 $\Delta\xi$。根据天文水准原理，$\Delta\xi$ 也可采用如下公式求得。

$$\Delta\xi = -\frac{\delta_A + \delta_B}{2}S_{AB} - \frac{(g-\gamma)_A + (g-\gamma)_B}{2}h_{AB} \tag{13.65}$$

式中：δ_A、δ_B 为地面两点天文大地垂线偏差在 AB 方向上的分量；S_{AB} 为基线长度；h_{AB} 为 A、B 两点高差；$(g-\gamma)_A$、$(g-\gamma)_B$ 分别为 A、B 两点重力异常修正项。

一般 $(g-\gamma) \leqslant 50 \text{mg}$ 可以忽略第 2 项的影响，若取 $\delta_A = \delta_B = \delta$，有

$$\delta = -\frac{\Delta\xi}{S_{AB}} \tag{13.66}$$

式中：δ 为垂线偏差在任意观测方向上的分量。

设有某一基线 A、B 两点有垂线偏差，它们在基线方向的分量分别为 δ_A、δ_B，其计算公式为

$$\begin{cases}\delta_A = \xi\cos\alpha_A + \eta\sin\alpha_A \\ \delta_B = \xi\cos\alpha_B + \eta\sin\alpha_B\end{cases} \tag{13.67}$$

解方程组可得

$$\begin{cases}\xi = \dfrac{\delta_A \sin\alpha_B - \delta_B \sin\alpha_A}{\sin(\alpha_B - \alpha_A)} \\ \eta = \dfrac{\delta_A \cos\alpha_B - \delta_B \cos\alpha_A}{\sin(\alpha_A - \alpha_B)}\end{cases} \tag{13.68}$$

上式可以求出垂线偏差的子午分量 ξ 和卯酉分量 η。

由式 (13.64) 可知，垂线偏差的计算精度受 GNSS 测高精度、水准测量精度和基线长度的影响。其中，水准测量精度达亚毫米级，可忽略不计，根据误差传播定律，垂线偏差的误差为

$$m_\delta = \pm\frac{\sqrt{2}\rho}{S_{AB}}m_{H_{GNSS}} \tag{13.69}$$

式中：$m_{H_{GNSS}}$ 为 GNSS 测高精度。

一般情况下，若采用 GNSS 事后差分定位技术，$m_{H_{GNSS}}$ 可达到毫米级，因此当基线长度大于 500m 时，取 $m_{H_{GNSS}} = 5\text{mm}$，采用 GNSS/水准法解算垂线偏差精度可优于 $3''$。

从式 (13.68) 可知，ξ、η 的精度受基线之间夹角的影响明显，根据误差传播定律，垂线偏差子午分量与卯酉分量的误差为

$$\begin{cases}m_\xi = \pm\dfrac{\sqrt{\sin^2\alpha_B + \sin^2\alpha_A}}{\sin(\alpha_B - \alpha_A)}m_\delta = K_1 m_\delta \\ m_\eta = \pm\dfrac{\sqrt{\cos^2\alpha_B + \cos^2\alpha_A}}{\sin(\alpha_A - \alpha_B)}m_\delta = K_2 m_\delta\end{cases} \tag{13.70}$$

式中：K_1、K_2 分别为两基线夹角对垂线偏差子午分量、卯酉分量影响系数。因此使用 GNSS 测定垂线偏差时应特别注意两基线间的夹角。

2) 地球重力场模型法。随着全球重力场模型精度的不断提高，利用高分辨率地球重力场模型 (global gravity model plus, GGMplus) 可解算地球表面上任意一点的垂线偏差，在亚洲区域其精度可达到 $5''$。该模型由慕尼黑理工大学和科廷大学联合研制，采用

了 GRACE 卫星跟踪数据、卫星测高数据和地面重力数据等，空间分辨率可达 7.2″，相比分辨率为 5′的 EGM2008 模型，精度有所提升。GGMplus 模型计算垂线偏差的公式为

$$\begin{cases} \xi = \dfrac{GM}{\gamma a^2} \sum_{n=0}^{N} \left(\dfrac{a}{r}\right)^n \sum_{m=0}^{n} (\overline{C}_{nm}\cos m\lambda + \overline{S}_{nm}\sin m\lambda) \dfrac{\mathrm{d}\overline{P}_{nm}(\cos\theta)}{\mathrm{d}\theta} \\ \eta = \dfrac{GM}{\gamma a^2 \sin\theta} \sum_{n=0}^{N} \left(\dfrac{a}{r}\right)^n \sum_{m=0}^{n} (-\overline{C}_{nm}\sin m\lambda + \overline{S}_{nm}\cos m\lambda) \overline{P}_{nm}(\cos\theta) \end{cases} \quad (13.71)$$

式中：r 为半径；θ 为地心余纬；λ 为经度；G 为万有引力常量；M 为地球的质量；γ 为椭球上的正常重力；a 为地球赤道的平均半径；$\overline{C}_{nm}$、$\overline{S}_{nm}$ 为 n 阶 m 次完全正常化地球扰动引力位（stokes）系数，GGMplus 模型为 2190 阶 2159 次；$\overline{P}_{nm}$ 为 4π 标准化勒让德（Legendre）函数。

（2）垂线偏差对贯通误差影响分析。计算出地面点垂线偏差的子午分量和卯酉分量后，现研究分析推算垂线对贯通误差的影响规律。由大地测量学知，以法线为准的观测方向和以垂线为准的观测方向之间的差值为

$$\Delta L_{ji} = (-\xi_j \sin A_{ji} + \eta_j \cos A_{ji}) \tan\alpha_{ji} \quad (13.72)$$

式中：ξ_j、η_j 为测点 j 的垂线偏差在南北和东西方向上的分量；A_{ji} 为方位角；α_{ji} 为高度角。

设由 i、j、k 组成的水平角为 β_j，则以法线为准的角度和以垂线为准的角度差别 $\Delta\beta$ 为

$$\Delta\beta_j = (-\xi_j \sin A_{jk} + \eta_j \cos A_{jk}) \tan\alpha_{jk} - (-\xi_j \sin A_{ji} + \eta_j \cos A_{ji}) \tan\alpha_{ji} \quad (13.73)$$

两种角度之间的关系为

$$\beta_N \approx \beta_V + \Delta\beta$$

式中：β_N、β_V 分别为角度 β_j 在法线基准与垂线基准中的角度值。

由式（13.72）和式（13.73）知，当两点的高程基本相等，即 $\alpha \approx 0$ 时，垂线偏差对观测方向的影响 $\Delta L \approx 0$。对于某个夹角，当 α_{ji} 和 α_{jk} 均接近于零时，i、j、k 基本在同一个高程面上。由于洞内导线多为直伸型，有 $\Delta\beta \approx 0$，即洞内导线测量受垂线和法线差异的影响极小。但是当地面 GNSS 边引测进洞时，由于 GNSS 控制点与投点间存在高差，GNSS 控制点之间也存在高差，坐标方位角向洞内传递时必定会受垂线偏差的影响，从而增大横向贯通误差。

（3）两端洞口进洞垂线偏差影响规律。如图 13.81 所示，点 A 和点 B 为洞外 GNSS 的控制点，点 1、点 2 为洞内导线点。测量时以 A—B 为定向边测量出 A—1 的方向，进而确定点 1，逐步向洞内延伸。

图 13.81 GNSS 基线引测进洞示意图

垂线偏差对横向贯通误差的影响反映在 β_A 和 β_1 两个角度上。由式（13.72）可得

$$\Delta\beta_A = \Delta L_{A1} - \Delta L_{AB} = (-\xi_A \sin A_{A1} + \eta_A \cos A_{A1}) \tan\alpha_{A1} (-\xi_A \sin A_{AB} + \eta_A \cos A_{AB}) \tan\alpha_{AB}$$

$$(13.74)$$

同理得

$$\Delta\beta_1 = (-\xi_1 \sin A_{12} + \eta_1 \cos A_{12})\tan\alpha_{12} - (-\xi_1 \sin A_{1A} + \eta_1 \cos A_{1A})\tan\alpha_{1A} \quad (13.75)$$

式中：AB 为 GNSS 基线；点 1，点 2，$\cdots$，点 N 为地下导线点；β_i 为导线转折角。

假设在局部地区各点垂线偏差大小相等，即 $\Delta L_{A1} = \Delta L_{1A}$，洞内导线点 1、点 2 基本等高，$\alpha_{12} \approx 0$，则有 $\Delta L_{12} \approx 0$，垂线偏差对观测方向的总影响值为

$$\Delta = \Delta\beta_A + \Delta\beta_1 = \Delta L_{A1} - \Delta L_{AB} - \Delta L_{1A} + \Delta L_{12} = -\Delta L_{AB} \quad (13.76)$$

起始观测方向误差对横向贯通误差的影响值为

$$\Delta L = \frac{|\Delta L_{AB}|S}{\rho} \quad (13.77)$$

式中：S 为点 A 至贯通面的垂直距离。

当两端洞口 GNSS 的两个控制点 A 和点 B 高程基本相等时，垂线偏差对横向贯通误差的影响几乎为零。

（4）斜井洞口进洞对贯通误差的影响规律。如图 13.82 所示，点 A 和点 B 为斜井口 GNSS 控制点，点 E 为斜井底部与隧洞交接点。对于斜井直伸部分的任意导线角 i-j-k，有

$$\begin{cases} A_{ji} = A_{jk} + 180° \\ \sin A_{ji} = \sin(A_{jk} + 180°) = -\sin A_{jk} \\ \cos A_{ji} = \cos(A_{jk} + 180°) = -\cos A_{jk} \end{cases} \quad (13.78)$$

由式（13.75）可推出：

$$\Delta\beta_j = (-\xi_j \sin A_{jk} + \eta_j \cos A_{jk})(\tan\alpha_{jk} + \tan\alpha_{ji}) \quad (13.79)$$

当斜井为直伸且坡度均匀时，因为 $\alpha_{ji} \approx -\alpha_{jk}$，则有 $\Delta\beta_j \approx 0$。在斜井入口处，若控制点 A、B 基本等高，即 $\alpha_{BA} \approx 0$，则有 $\Delta L_{BA} \approx 0$。在斜井底部，因点 E 和点 F 基本等高，即 $\alpha_{EF} \approx 0$，则有 $\Delta L_{EF} \approx 0$。

$$\begin{cases} \Delta\beta_B = \Delta L_{BC} - \Delta L_{BA} \approx \Delta L_{BC} \\ \Delta\beta_E = \Delta L_{ED} - \Delta L_{EF} \approx \Delta L_{ED} \end{cases} \quad (13.80)$$

假设点 B 和点 E 处垂线偏差符号相同且大小相等，可得 $\alpha_{ED} \approx -\alpha_{BC}$，垂线偏差对观测方向的总影响为

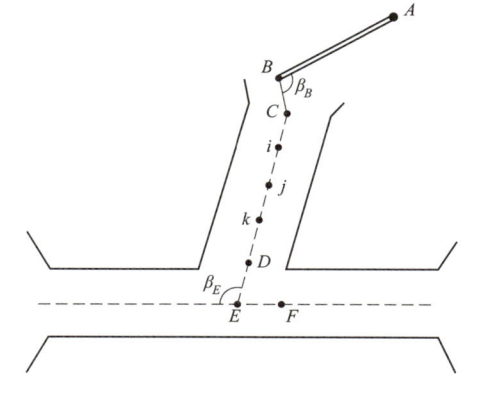

$$\Delta = (-\xi \sin A_{BC} + \eta \cos A_{BC})(\tan\alpha_{BC} + \tan\alpha_{ED}) \approx 0 \quad (13.81)$$

图 13.82　斜井 GNSS 基线引测进洞示意图

因此，当斜井为直伸型且坡度均匀，洞口 GNSS 定向边两控制点高程基本相等时，垂线偏差对横向贯通误差的影响几乎为零。

（5）垂线偏差综合贯通误差影响值计算。由于垂线偏差是系统误差，不具有随机性，也不是中误差，垂线偏差对贯通误差的影响值只能与贯通误差的极限误差综合，不能与计算的中误差均方综合。为安全起见，可按最不利条件进行估计。因此，顾及垂线偏差影响时，横向贯通误差估计值可表示为

$$\begin{cases} \Delta_L = 2\sqrt{m_U^2 + m_G^2} + \Delta_V \\ \Delta_V = \Delta_I + \Delta_O = \left(\dfrac{|\Delta_L|S}{\rho}\right)_I + \left(\dfrac{|\Delta_L|S}{\rho}\right)_O \end{cases} \quad (13.82)$$

式中：Δ_L 为定向边坐标方位角的垂线偏差改正；m_U、m_G 分别为洞内外控制测量误差对横向贯通误差的影响值；Δ_I、Δ_O 分别为进洞端、出洞端垂线偏差对贯通误差的影响值；Δ_V 为垂线偏差对贯通误差总影响值；S 为 GNSS 控制点至贯通面垂直距离。

（6）秦岭输水隧洞 5 号、6 号洞垂线偏差对贯通误差影响值计算。针对 5 号、6 号洞洞外控制点间高差较大的实际情况，需要考虑垂线偏差对联系测量方向测量精度的影响。因此拟通过水准测量和 GNSS 定位数据计算出某一点或某一区域的垂线偏差分量，按最不利情况进行估计，在考虑垂线偏差影响条件下进行横向贯通误差预计。分析从隧洞入口及出口处进行联系测量时，选取不同控制点时不同垂线偏差对引测方向产生的影响，以及对隧洞贯通误差的影响。然后根据实验结果确定最佳的联系测量方案，以科学指导施工单位进行联系测量工作。

研究工作主要内容包括：采用 GNSS/水准数据计算 5 号、6 号洞外控制点垂线偏差的子午分量与卯酉分量。根据计算的垂线偏差，推算横向贯通误差影响值，进行贯通误差预计。根据预计的结果，确定适宜的联系测量方案。

如图 13.83 所示，两支洞采用斜井开挖的方式进洞，其中，5 号支洞段长度为 4595m，6 号支洞段长度为 2470m，5 号支洞与 6 号支洞间主洞段长度为 9884m。

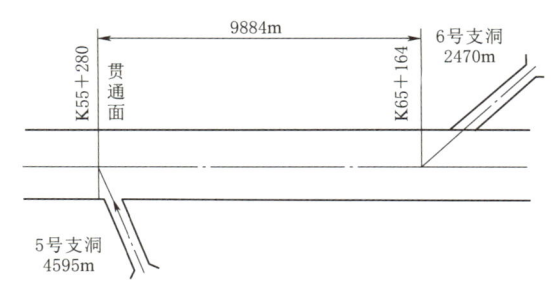

图 13.83　5 号支洞至 6 号支洞贯通示意图

5 号、6 号支洞洞外控制点与进洞点布设位置如图 13.84 所示。

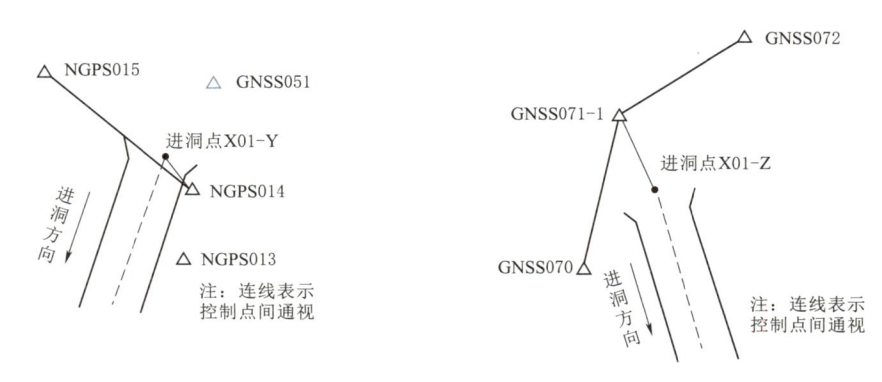

图 13.84　5 号、6 号支洞洞外 GNSS 控制点分布示意图

由式（13.71）可以求出垂线偏差的子午分量 ξ 和卯酉分量 η。

根据 GNSS/水准数据，5 号、6 号支洞各 GNSS 控制点的垂线偏差子午分量和卯酉分量解算见表 13.52。

当两点的高程基本相等，即 $\alpha \approx 0$ 时，垂线偏差对观测方向的影响 $\Delta L \approx 0$，对于某个夹角，当 α_{ji} 和 α_{jk} 均接近于零时，即三点基本在同一个高程面上时，$\Delta \beta \approx 0$。由于主洞段导线多为直伸型，主洞段导线测量受垂线和法线差异的影响极小。当斜井为直伸且坡度比较均匀时，因为 $\alpha_{ji} \approx -\alpha_{jk}$，则有 $\Delta \beta_j \approx 0$。因此主洞段与支洞段的洞内导线测量受垂线偏差的影响很微小，可以忽略不计。

表 13.52　　　　　　　洞外 GNSS 控制点垂线偏差子午分量和卯酉分量解算

支洞	控制点	子午分量/(″)	均值/(″)	卯酉分量/(″)	均值/(″)
5号	NGPS014	13.12	13.17	−0.73	−0.44
	NGPS013	13.17		−0.60	
	NGPS015	13.33		−0.19	
	GNSS051	13.04		−0.25	
6号	GNSS072	13.42	13.42	−0.12	−0.12
	GNSS071−1	13.42		−0.12	
	GNSS070	13.42		−0.13	

综上所述，垂线偏差对贯通误差的影响主要反映在起始定向边的误差上，由于洞口控制点与投点间存在高差，控制点之间也存在高差，坐标方位角向洞内传递时必定会受垂线偏差的影响，从而增大横向贯通误差。根据各 GNSS 控制点以及进洞点的坐标和水准高，可计算不同起始定向边由垂线偏差引起横向贯通误差的影响值，见表 13.53。

表 13.53　　　　　　　垂线偏差引起横向贯通误差的影响值计算

进洞方位	起始定向边	起始定向边误差/(″)	贯通误差影响值/mm
NGPS014→X01−Z	NGPS015→NGPS014	−5.47	119.36
	GNSS051→NGPS014	−4.24	92.49
	GNSS013→NGPS014	−5.38	117.41
NGPS013→X01−Z	NGPS014→NGPS013	0.16	3.43
	NGPS015→NGPS013	0.00	0.07
	GNSS051→NGPS013	0.37	8.14
NGPS015→X01−Z	NGPS014→NGPS015	1.18	25.75
	NGPS013→NGPS015	1.09	23.88
	GNSS051→NGPS015	3.89	84.82
NGPS051→X01−Z	NGPS014→GNSS051	−3.06	66.74
	NGPS013→GNSS051	−3.89	84.96
	NGPS015→GNSS051	−1.50	32.83
GNSS072→X01−Y	GNSS071−1→GNSS072	−0.63	38.42
	GNSS070→GNSS072	−0.46	28.09
GNSS071−1→X01−Y	GNSS072→GNSS071−1	−0.60	36.36
	GNSS070→GNSS071−1	−0.23	14.11

续表

进洞方位	起始定向边	起始定向边误差/(″)	贯通误差影响值/mm
GNSS070→X01-Y	GNSS071-1→GNSS070	0.18	11.05
	GNSS072→GNSS070	-0.01	0.87

由表 13.53 可知，选择不同的 GNSS 边引测进洞，其对贯通误差的影响有所不同。控制点间的高差、控制点与进洞点的高差越大，对贯通误差影响越大。综合两端洞外 GNSS 控制点情况，垂线偏差对贯通误差的综合影响值见表 13.54。

表 13.54　　　不同起始定向边选择方案的贯通误差综合影响值计算

方　案	5号支洞起始定向边	6号支洞起始定向边	综合贯通误差/mm
方案 1	NGPS015→NGPS013	GNSS072→GNSS070	0.87
方案 2	NGPS015→NGPS014	GNSS072→GNSS071-1	125.39

对于 5 号支洞而言，选取 NGPS015→NGPS013 测线作为起始定向边对贯通误差影响较小，以 NGPS015→NGPS014 测线作为起始定向边对贯通误差最大。对于 6 号支洞而言，选取测线 GNSS072→GNSS070 作为起始定向边对贯通误差影响较小，选取测线 GNSS072→GNSS071-1 作为起始定向边对贯通误差影响最大。方案 1、方案 2 分别表示综合贯通误差最小值和最大值的起始定向边选择方案。受隧洞施工现场各控制点间通视条件的限制，实际工作中定向边的选取未必能采用最优方案，因此在进行综合贯通误差预计时，为安全起见，以垂线偏差最大影响情况作为预计，对于引汉济渭工程秦岭输水隧洞 5 号支洞与 6 号支洞贯通工程，垂线偏差对贯通误差最大影响值为 125mm，综合加测陀螺定向边后的洞内导线测量误差，综合贯通误差预计值为 260mm，能够满足限差（300mm）要求。

（7）结论与建议。由分析计算可得出结论：垂线偏差对隧洞贯通测量的影响主要反映在起始定向边的误差上，由于洞口控制点与投点间存在高差，控制点之间也存在高差，坐标方位角向洞内传递时必定会受垂线偏差的影响，从而增大横向贯通误差。垂线偏差对起始定向边的影响取决于洞外 GNSS 控制点的垂线偏差量值，同时也与定向边方位角和高度角有关。高度角越大，垂线偏差对贯通误差影响值越大。为了进一步提高隧洞贯通精度，对于尚未贯通的隧洞，建议在考虑垂线偏差影响条件下进行横向贯通误差预计。分析从隧洞两端进行联系测量时，选取不同控制点不同垂线偏差对隧洞贯通误差的影响，根据实验结果确定最佳的联系测量方案。为了消除垂线偏差的影响，在布设 GNSS 洞外控制点时，应尽量等高，控制点间高度角不应大于 3°，定向边长尽可能大于 500m，洞外控制点与进洞点间的高度角不应大于 10°。

13.3.6　结论

对于长度超过 50km 的特长隧洞施工，其洞外平面控制网可以分级布设。第一级为控制整个隧洞工程的首级平面控制网，可以在隧洞进口、出口和各个支洞口分别布设一个首级平面控制点，之后按照国家 C 级网的技术要求对首级平面网进行 GNSS 外业静态相对定位测量，接着在国家坐标系统和工程独立坐标系统下分别进行首级平面控制网的约束平差，约束点为首级平面网联测的，需要 2~3 个国家 B 级以上的控制点，平差后首级平面网的验后精度（相邻点的相对点位中误差、最弱边的方位角中误差和最弱边的相对中误差）应该达到国家C级网的要求；第二级为相邻两个洞口间的平面加密网，也就是在各个洞口一个首级控制点的基础上，每个洞口至少应该加密2～3个洞口控制点，其中一个为进洞联系点，其他两个为进洞联系边，联系边的长度应该大于700m，用于进行每个洞口的进洞联系测量，平面加密网仍用GNSS技术按照二等水准网的技术要求进行外业静态相对定位测量，然后用每个洞口的首级控制点工程独立坐标系下的坐标进行加密网的约束平差，平差后加密网的验后精度（相邻点的相对点位中误差、最弱边的方位角中误差和最弱边的相对中误差）应该达到二等网的要求。理论分析和实践均证明，按照上述技术和方法进行特长隧洞的洞外平面控制测量，可以确保相邻各个洞口间由于洞外平面控制测量误差引起的横向贯通误差满足规范的要求。

对于长度超过50km的特长隧洞施工，其洞外高程控制网可以分级布设。第一级为控制整个隧洞工程的首级高程控制网，可以在隧洞进口、出口和各个支洞口分别布设1～2个首级高程控制点，之后按照国家二等水准网的技术要求对首级网进行二等水准测量的外业观测，接着在国家高程系统下进行首级网的约束平差，约束点为首级网联测的，需要2～3个国家二等以上的水准点，首级网的精度（每千米高差中数的偶然中误差和全中误差）应该达到国家二等水准网的要求；第二级为每个洞口的高程加密网，也就是在各个洞口1～2个首级高程控制点的基础上，每个洞口至少应该加密3～4个洞口高程控制点，用于进行每个洞口的进洞联系测量和控制点的稳定性复核，高程加密网仍用水准测量方法按照二等水准网的技术要求进行外业测量，构成附合或闭合路线，在附合或闭合路线的高差闭合差满足要求后，用每个洞口的首级高程控制点的高程进行高程加密网的约束平差，平差后加密高程网的精度（每千米高差中数的偶然中误差和全中误差）应该达到国家二等水准网的要求。理论分析和实践均证明，按照上述技术和方法进行特长隧洞的洞外高程控制测量，可以确保相邻各个洞口间的竖向贯通误差满足规范的要求。

特长引水隧洞相邻洞口间的高差大多数比较大，由于在大高差测段水准测量的效率特别低，可以利用两台测量机器人同时对向间接高差测量技术进行大高差测段的高差测量。该技术自动照准、不量仪器和棱镜高、同时对向观测，能够很好地消除地球曲率和大气折光的影响，测量的高差可以达到二等水准网的精度。

特长引水隧洞除了进洞口和出洞口外，一般还有较多的支洞口（斜井口），因此，为了把洞外的平面和高程基准先引测至支洞内，以指导支洞洞内的施工，并引测至正洞，指导正洞的施工并最后确保平面和竖面贯通误差在允许范围内，需要进行洞外与支洞间的联系测量和支洞与正洞间的联系测量。传统的联系测量存在方法简单、没有多余观测数和无法严密平差及其精度评定等缺陷，而对于特长隧洞的联系测量，特别是方位的联系测量至关重要，为此本书提出了固定测站与自由测站相结合的构网联系测量方法。该方法在洞外与支洞内之间、支洞与正洞之间构成了一个联系测量的局域网，具有多余观测，而且可以对该局域网进行多时段观测，然后对各个时段的局域网进行严密平差和精度评定，最后以引测到洞内的某一条方位角中误差最小的边的方位角作为洞内平面控制网平差计算的起算方位角。这种新的联系测量方法不但理论上严谨，而且技术上先进，还能够知道洞内方位角起算边的精度，除了能够提高洞内横向精度外，还能够提高贯通误差预计的精度。

现代特长引水隧洞的最终横向和竖向贯通误差中，洞外控制测量误差引起的横向和竖向贯通误差较小，联系测量误差引起的横向和竖向贯通误差次之，而洞内控制测量误差引起的横向和竖向贯通误差占绝大部分，因此洞内控制测量的方法及其精度至关重要。洞内控制测量包括平面和高程控制测量，洞内的高程控制测量只要严格按照二等水准测量的技术要求进行施测和确保测量数据不出错，最终的特长引水隧洞高程贯通误差肯定能够满足规范要求，这是因为现代的电子水准仪及其条码尺能够保证每一个测站观测数据的高精度。

目前长大隧道常规洞内平面控制测量的方法中只有导线环网和交叉导线网具有一定的优势，但是这两种方法均不可避免地受到仪器和棱镜对中误差的累积影响以及靠近侧壁视线的方向观测值不可避免地受到旁折光的累积影响，最后导致在两洞口间的贯通距离较长时，最终的横向贯通误差无法满足规范的要求。针对以上问题，可采用自由测站边角交会网的测量、平差和精度评定方法，该方法在进行洞内平面控制测量时，相对于传统的导线环网和交叉导线网存在以下明显的优势：

洞内控制点布设位置不同，前者是成对布设在洞内的双侧壁上，后者是成对布设在洞内靠近双侧壁的地面上，前者的点位能够保护得较好，后者的点位受到洞内车辆、积水和污泥的影响严重；测点标志不同，前者是采用高铁的CPⅢ测量标志，即预埋件、棱镜杆和棱镜，后者是传统的脚架、基座和棱镜，前者在使用时只要安装到位就行，没有对中和整平的问题，后者存在对中和整平的误差；测站位置不同，前者是自由测站，把仪器安置在洞内靠近中线的地方，不需要对中，只要整平，后者是把仪器安置在洞内控制点的正上方，需要对中和整平；测量时视线方向不一样，前者的视线方向一直都是从中部指向侧壁，没有平行于双侧壁的视线，后者存在平行于双侧壁的视线，因此前者基本不受侧壁旁折光的影响，后者平行于双侧壁的视线受到旁折光的影响显著；前者测量时仪器不对中只整平，棱镜既不对中又不整平，后者测量时仪器和棱镜均需要对中和整平；因此前者的测量效率明显高于后者的测量效率。

顾及对中误差影响的洞内导线环网和交叉导线网的精度仿真计算方法，能够同时顾及仪器和棱镜对中误差以及观测误差的综合影响，理论上合理，技术上可行，第一次在洞内平面控制网的精度仿真计算时既可以顾及对中误差的累积影响，又可以顾及观测误差的累积影响，仿真计算过程与实际测量过程的仿真度较高，因此按照这种方法进行洞内平面控制网的精度仿真计算，其结果更接近实际测量的结果。

针对超长隧道高温度、高地应力、大深埋等特征，对温度、旁折光等复杂环境影响对全站仪测角的影响规律进行分析，得出加测陀螺边能对因全站仪视线受旁折光影响而产生的测角误差具有明显的纠正作用；同时根据布设的洞内控制网网型和仪器先验精度，获得了加测陀螺边对横向贯通误差的增益规律，明确了加测陀螺边的位置和数量。

13.4　长距离运输

13.4.1　岭北TBM洞内运输设计

岭北TBM洞内运输主要包括材料运输、人员运输，其中材料运输主要包括以钢筋网、锚杆、混凝土、钢拱架等为主的初期支护材料，以水管、皮带架、轨道、仰拱块、钢枕等为主的延伸材料，以及相关衬砌材料。人员运输主要指工作人员正常上下班的运输。

岭北 TBM 施工段仰拱采用洞外集中预制生产，洞内同步铺装形式。洞内运输采用四轨三线制有轨运输模式，在仰拱预制块内弧面铺设钢支撑，轨道系统铺设在钢支撑上。为了保证轨道系统的稳定，仰拱预制块预制生产时，在仰拱预制块内弧面上预留轨道钢支撑安防卡槽，轨道钢支撑设计为双腿形式，间距 60cm。安放时，钢支撑两根直腿坐落在仰拱预制块内弧面上，两端头卡在仰拱预制块预留的卡槽内，相邻两根钢支撑使用钢筋焊接连接，保证钢支撑整体的稳定性，轨道系统轨间距 97cm。

岭北 TBM 洞内运输分为第一阶段运输、第二阶段运输。第一阶段为 6 号支洞口至 TBM 掘进掌子面，分为无轨运输（4593m）和有轨运输（最远 7260m）。第二阶段为 5 号支洞口至 TBM 掘进掌子面，分为无轨运输（4595m）和有轨运输（最远 8920m）。

在 TBM 仰拱上铺设钢枕，钢枕采用 20a 热轧普通工字钢，轨枕间距 0.6m，长度为 3.8m，在工字钢上布设 4 根钢轨，能够满足以 900mm 相同轨距车辆行走，最外侧的两条轨线供 TBM 后配套、二次衬砌台车及其他台车行走。轨道布设示意如图 13.85 所示。

TBM、钢筋台车、衬砌台车及注浆作业台车等大型设备行走在轨道 1 和轨道 4 组成的外行线上；有轨机车编组行走在轨道 1 与轨道 2 组成的下行线、轨道 3 与轨道 4 组成的上行线和轨道 2 与轨道 3 组成的中间线路上；在 TBM 与作业台车区段，有轨机车编组行走在轨道 2 与轨道 3 组成的中间线路上。在轨道系统中间段落相应位置设置道岔解决不同线路之间轨道变换问题，保证运输通道时刻畅通。由于洞内空间有限，道岔在洞内装卸难度很大，为此在 TBM 施工段全部选用浮动道岔，浮动道岔底部设置有滚轮，根据施工需要，可以使用有轨机车将浮动道岔移动到需要安放的位置固定。

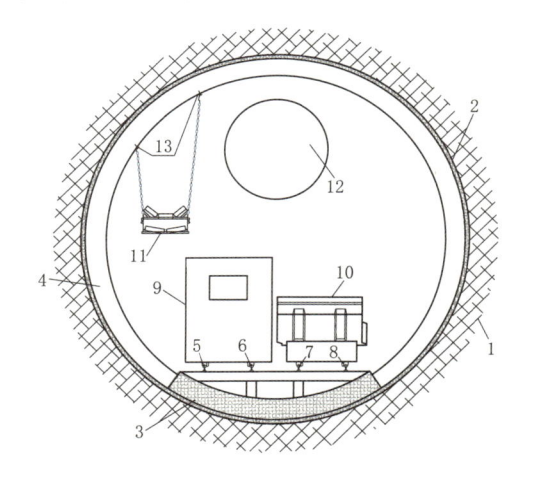

图 13.85 轨道布设示意图
1—隧洞围岩；2—隧洞初期支护；3—仰拱预制块；
4—现浇拱墙衬砌；5—轨道 1；6—轨道 2；
7—轨道 3；8—轨道 4；9—人员运输车；
10—仰拱块运输车；11—皮带机；
12—通风软管；13—皮带机吊点

13.4.2 运输组织与调度

因 TBM 掘进和二次衬砌同步作业，并且衬砌台车数量多，各工序之间关系非常密切，对有轨运输要求很高，因此必须加强列车运行组织与调度。如果有轨运输组织不力，就会造成混乱，阻塞运输线路，车辆排队，空车出不来，TBM 掘进用料、衬砌混凝土等无法运输到位，甚至造成混凝土的凝固进而导致罐车受损，严重影响施工生产的正常运转。运输组织与调度工作有两个重要环节：一是搞好车辆调度工作，以加强有轨运输工作的计划性；二是建立健全运输调度规章制度，以加强日常运输管理。

运输过程中的车辆主要包括混凝土输送罐车、材料车、机车等。其中，材料车的编组必须由车辆调度直接和洞内施工人员联系，根据施工的需要安排车辆的前后顺序。正常情况下，料车包括混凝土罐车和运送仰拱、钢枕、锚杆等的材料运输车。根据施工需要和顺序，安排车辆前后顺序依次为仰拱、钢枕和锚杆材料运输车，混凝土罐车。机车在整列车的尾部。需要运送施工人员时在机车的尾部挂接人车。在铺设钢轨的时候，运送钢轨的车辆安排在混凝土罐车和钢支撑材料运输车之前。机车编组如图 13.86 所示。

| 仰拱运输车 | 材料运输车 | 材料运输车 | 混凝土罐车 | 混凝土罐车 | 机车 |

图 13.86 车辆编组示意图

岭北 TBM 施工段施工期间，TBM 掘进和同步衬砌同时作业，所配置的运输设备数量多，行驶路线长，极易出现机车相向而行的情况，导致整个隧洞运输效率大幅度降低。所以为了最大限度保障洞内运输系统正常运行，必须采取合理有效的管理措施，以保证安全行车、及时运输。主要措施包括：洞内运输统一由洞内运输调度室协调管理；车辆严格按规定行车线路行驶，设专人对整个运输系统轨道进行养护，在运输线路进行轨道养护的其他作业时，设专职防护人员和作业标志，封闭线路要限时作业；加强线路信号管理，确保信号准确无误；提高轨道铺设质量，保持轨道状态持续良好；严格限制行车速度，洞内成洞地段视线良好，准行速度 15km/h；过道岔、错车平台、衬砌台车等错车处或作业面时必须鸣笛减速，时速不得高于 5km，同向而行的机车间距不得小于 100m；对所有洞内运输系统人员进行培训，经考核合格者方能上岗。

13.4.3 有轨运输设备配置

1. TBM 需要配置的运输设备数量

TBM 施工需要配置的机车、混凝土罐车、仰拱运输车、平板车数量的多少主要取决于混凝土和仰拱块的运输需求。

喷混支护参数的计算以Ⅳ类围岩支护参数为基准，掘进速度取 3.6m/h，每个循环的时间为 30min。经计算得知，TBM 每小时完成 2 个循环的情况下，需要 3 台混凝土罐车。机车洞内运行时速按 15km/h 计，最远运距为 18803.517m，理想状态下机车从运输洞至 TBM 再返回到运输洞需要 2.5h，考虑到沿途一共有 5 个错车平台，每处错车时间按 3min 计，共需 15min，最不理想情况下罐车完成混凝土泵送来回耗时为 3.5h（每台机车带 2 台混凝土罐车）。在 3.5h 内 TBM 完成掘进共计 7 个循环（12.6m），需要供应 10 罐混凝土进洞。假定当第一台机车抵达 TBM 时开始掘进并喷射混凝土为起始时间，此时总耗时为 3h。第一台机车泵送完混凝土返回至运输洞距起始时间为 1.5h，接料后再次出发至 TBM 距起始时间为 3.25h。在剩下的 0.25h 内只能完成 1 罐混凝土的泵送，不能满足要求。由此可知 3.5h 内每台机车只能运行一次，按照 1 台机车牵引 2 台混凝土罐车计，共需 5 车次才能满足喷射混凝土的要求。故此，根据上述分析计算，配置 5 台机车，10 台混凝土罐车间隔 0.25h 发车，方可满足 TBM 喷射混凝土的需要。

根据混凝土运输机车及混凝土罐车数量计算结果，在 3.5h 内 TBM 完成 7 个循环，共需铺设 7 个仰拱块，仰拱块可以由运送混凝土的机车牵引两节增加的仰拱块车分 4 次运送，由此可知仰拱块运输不需要增加机车，只增加 8 台仰拱运输车就能满足施工需要。其他材料（锚杆、网片、液压油、柴油、钢轨、钢枕等）通过运送混凝土时增挂平板车运输至 TBM，共分 3 次运送。考虑到钢轨长度达 12.5m，至少需要 2 台平板车，因此 3 次运送共需 6 台平板车。在不良地质段，TBM 掘进速度较低，仰拱块的运输需求不大，主要是支护材料（混凝土、钢拱架、锚杆、网片等）的运输，不需要增加运输设备。

综上所述，配置 5 台机车、8 台仰拱运输车、10 台 6m³ 混凝土罐车、6 台平板车才能保证 TBM 掘进施工正常进行。考虑到运输过程中可能出现设备故障、机车掉道等不利状况，增加 2 台仰拱运输车、2 台混凝土罐车作为备用保障。最终 TBM 需求的运输设备配置为机车 5 台、仰拱运输车 10 台、6m³ 混凝土罐车 12 台、平板车 6 台。

2. 同步衬砌需要配置的运输设备数量

同步衬砌需要配置的机车和混凝土罐车的数量取决于混凝土运输需求。按照 1 台机车牵引 2 台混凝土罐车作为前提进行分析计算，得到每模所需混凝土单组机车运送总时间为 22.375h，每模衬砌混凝土运输理论上需要的列车机组为 3 组。考虑到在 TBM 第二阶段，同步衬砌台车达到 4 台，期间将出现 2 台台车在某段时间内同时进行衬砌，所以需要的列车机组为 6 组，包括机车 6 台、8m³ 混凝土罐车 12 台。

上述分析的基础构建在最远运距的需求上，在实际施工中同步衬砌主要是在 TBM 后部作业，与 TBM 相隔有一段距离，运输时间和运输距离小于分析中所设定的参数，对运输设备的需求量小于理论计算值。当 TBM 拆卸运送出洞后，同步衬砌可以使用为 TBM 施工配置的机车、平板车以及混凝土罐车，增加的运输设备完全能够满足最远运距施工的需要。考虑到机车可能出现的故障，增加 1 台机车、4 台 8m³ 混凝土罐车作为备用保障。最终同步衬砌需求的运输设备配置为 7 台机车、16 台 8m³ 混凝土罐车。

3. 人员运输的设备配置数量

洞内人员运输设备配置数量主要取决于 TBM 作业人员和衬砌作业人员的人数、班次。因为 TBM 施工作业人员和班次固定，上下班时，施工材料随人车一起运至 TBM，所以不需要增加机车，配置 2 节人车车厢即可满足人员运输需求。同步衬砌作业人员的上下班时间主要跟衬砌工作的工序有关，上下班时间不定，在未浇筑混凝土时，未使用的运输混凝土的机车可牵引 2 节人车车厢运送人员；浇筑混凝土时，在混凝土机车后增挂 2 节人车车厢可满足人员运输需求。所以为其配置 2 节人车车厢即可满足人员运输需求。

综上分析，配置 4 节人车车厢作为人员运输设备可以满足施工需要。

13.5　TBM 动态施工组织设计

对于一些 TBM 施工的超长隧洞，在整个施工过程中，会发生各种不可预测的事件，导致修改最初的施工组织设计或增加动态施工组织设计。本节从引汉济渭工程岭北较大事件出发，来描述 TBM 动态施工组织设计。

13.5.1　TBM 刀盘边块更换

岭北 TBM 自 2014 年 6 月至 2019 年 5 月已累计掘进 15.9km，期间对刀盘进行了 3 次大的整修，整修区主要集中于面板耐磨层、C型块、弧形过渡区域、刀箱等的检修更换。因长期磨损和多次整修，刀盘面板区域局部出现沟槽，边块母体磨损严重。根据第三方检测评估并综合专家会议商讨决定，在TBM检修改造中更换4块刀盘边块，并对中心块进行检修。

1. 边块更换方案

由于TBM所处围岩状况很差，不具备施工"TBM扩大洞"条件，采用基坑法更换TBM边块方案。即在TBM后支腿后方施作基坑并安装起吊设备，基坑作为运输边块的通道，起吊设备作为边块吊放的工具，然后TBM前后移动使边块越过刀盘，如图13.87所示。

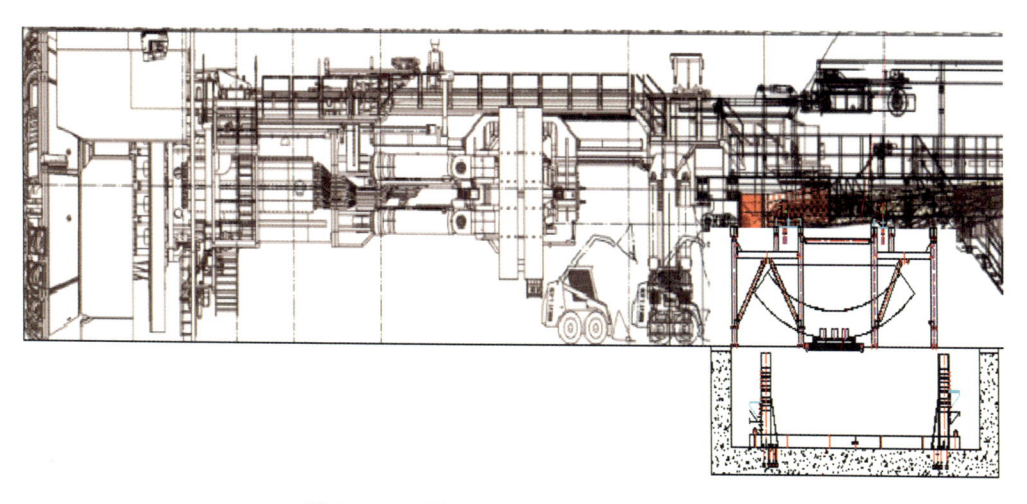

图13.87 基坑法更换TBM边块示意图

边块更换工作主要包括施工准备、基坑施工、起吊设备安装、边块更换，边块更换完成后再刀盘检修，如图13.88所示。

图13.88 刀盘更换总体流程

2. 边块更换流程

刀盘边块重量分别为25.2t、25.3t、26.2t、26.7t，其更换涉及大件运输、重件起吊、边块旋转、边块拆卸和安装等。因无扩大洞室，在TBM区域施工基坑用于边块穿越刀盘，边块升降和旋转分别采用定做的起吊设备和转盘来完成，边块更换流程如图13.89所示。

3. 基坑施工

基坑施工需考虑TBM往返步进时基坑的稳定性、底护盾的通过性及提升设备的安装尺寸等方面的要求，在满足需求的情况下，尽量减小开挖量。

因边块无法通过TBM后支撑，基坑布置于后支撑后方。纵向布置于掌子面后方25～35m（K45+735～K45+745）处，横向布置于隧洞底部开挖轮廓线以外，基坑中线与隧洞

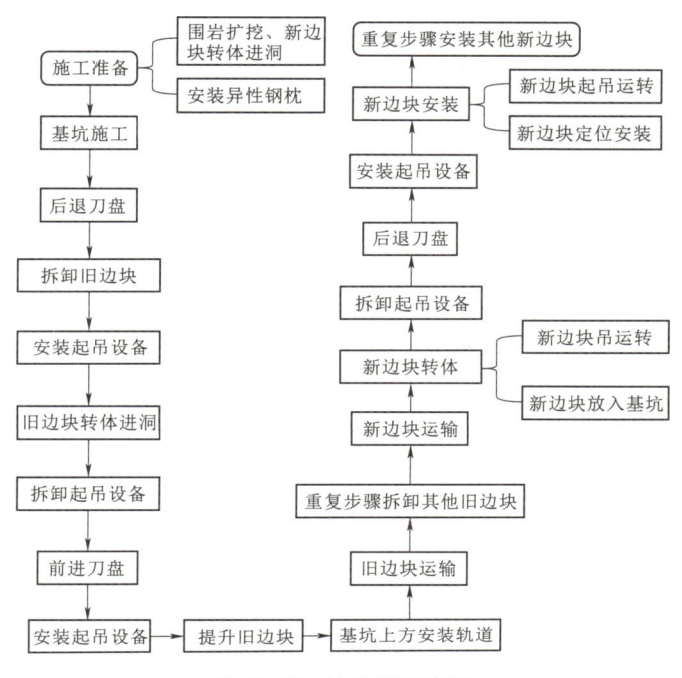

图 13.89　边块更换流程

中心线重合，基坑布置如图 13.90 所示。

4. 主机段扩挖

基坑位于后支腿后方，TBM 需多次前进、后退以使边块穿越刀盘。当处于岩爆地段时，边块更换前应对主机区域进行扩挖、换拱以便于 TBM 后退。

为了基坑安全，拟对掌子面后方 6～43m（K45+716.2～K45+753.2）范围内进行换拱、扩挖。换拱施工采用先立后拆施工顺序，拱架间距（中心间距）45cm。扩挖范围拱部 180°，扩挖半径 4.51m，扩挖完成后岩面喷 5cm 厚 C20 混凝土封闭，然后架设 H150 钢拱架，钢拱架半径 4.385m，两端拱脚坐落在坚实岩体上，遇到拱脚岩体破碎时继续向下扩挖延伸至坚实岩体，每节钢架两端各设置 2 根 4m 长 $\phi22$ 锁脚锚杆。扩挖由人工使用风镐开挖，开挖循环严格控制在 45cm，开挖后立即支立钢拱架，钢拱架外翼板内侧焊接 ⊕16 钢筋，钢筋环向间距 10cm。钢拱架内侧封焊 6mm 厚钢板，回填 C30 混凝土。

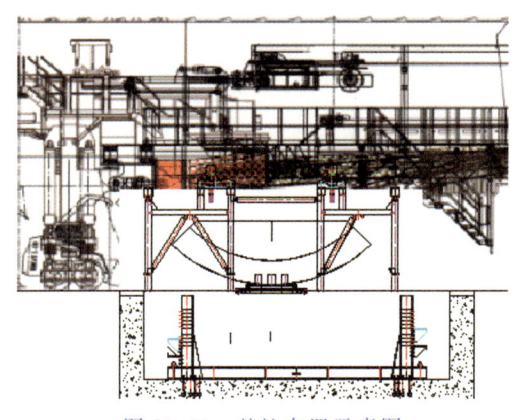

图 13.90　基坑布置示意图

在整个方案实施过程中都需要对围岩进行监测，防止围岩变形收敛。监测点分别布置于 TBM 主机区域 10 点半、12 点、1 点半位置，相邻监测点的轴向距离为 1.5m。监测点布置完成后，每天对监测点进行人工测量 2 次，监测是否有围岩变形收敛情况。

5. 起吊设备

边块起吊设备包括吊耳、基坑起吊机、中转支撑、托盘、转盘等。基坑起吊机包括卸车吊机和提升吊机，由"起吊架＋油缸＋接力杆"组成。起吊架安装在基坑上部两侧岩壁梁上，油缸安装于起吊架上，接力杆用于中转需求，如图13.91所示。

6. 拆卸旧边块

拆卸旧边块包括拆卸、入坑、提升、装车、运输五个步骤。

13.5.2 TBM 主驱动故障处理

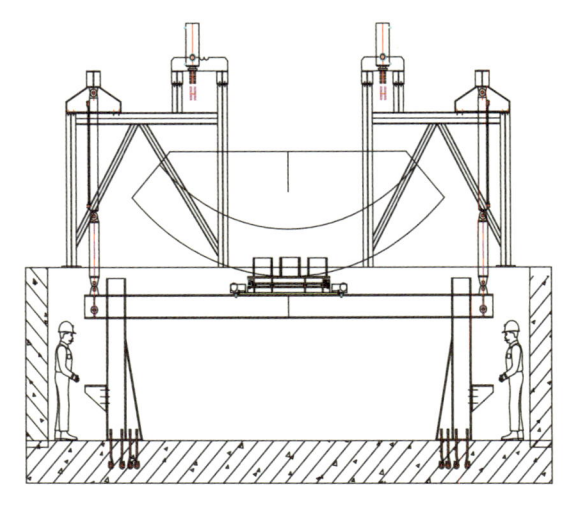

图 13.91 基坑起吊机示意图

2019年6月26日凌晨5时40分，TBM向前掘进0.9m至K45+710.1处，掌子面12点～2点位置和护盾左下侧7点位置再次发生强烈岩爆。岩爆造成掌子面形成爆坑深度约2.5m和左下侧起拱高约50cm，刀盘前方有大量渣石堆积，拱架安装仪器左下侧受到强烈冲击和挤压而变形，如图13.92所示。

（a）　　　　　　　　　　（b）

图 13.92　掌子面岩爆、拱架安装仪器损坏情况
（a）岩爆现场；（b）拱架安装仪器损坏

岩爆发生后，刀盘被卡、护盾因受压至极限位置而卡死。检查发现主轴承内密封漏油，6点位置有润滑油流出，油液清亮、通透，无乳化和严重污染迹象，如图13.93所示。

1. 故障检查

2019年7月9日，将1号和12号主驱动盖板打开，对主轴承大齿圈进行全面检查。大齿圈状态完好，无明显磨损痕迹，无压痕及其他异常。经测量，大齿圈与机头架之间的最大间隙变化为0.5mm。

在1号主驱动腔内检查发现转接座的定位环上部存在断裂、开裂情况，旋转大齿圈全圆测量断裂部位，转接座定位环断裂情况如图13.94所示。拆开内密封的密封压盖，检查发现隔环被挤压，边缘已变形、局部有毛刺；唇形密封部分被挤压在耐磨环与隔环之间，

13.5 TBM 动态施工组织设计

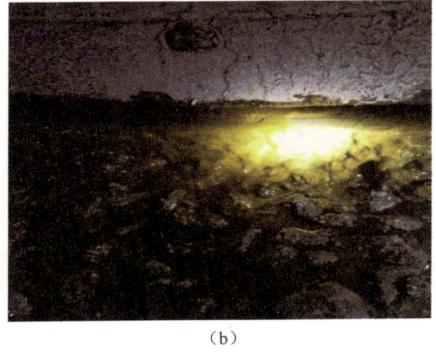

图 13.93 主轴承内密封油液泄漏
(a) 现场 1；(b) 现场 2

局部出现磨损。

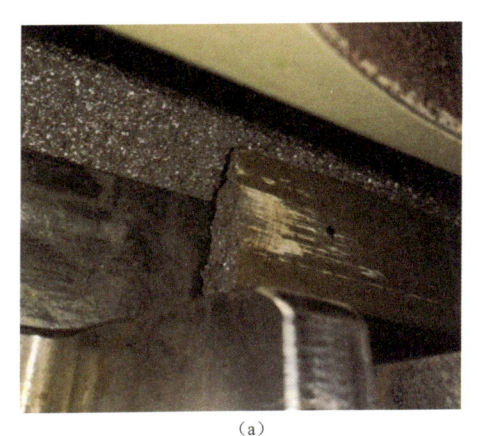

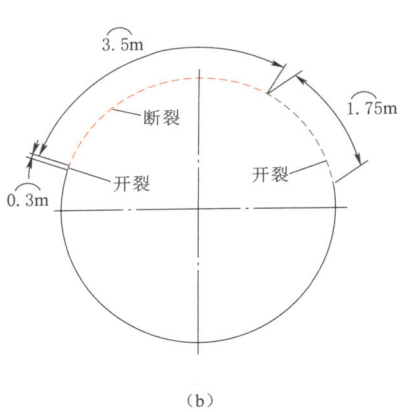

图 13.94 转接座定位环断裂情况
(a) 定位环断裂现场；(b) 定位环断裂示意图

2. 故障结论

通过研判，此次故障的主要原因是强烈岩爆冲击刀盘导致转接座定位环断裂，转接座与主轴承发生错位，错位量 5mm，挤压唇形密封、隔环、结合面密封条等并导致双头螺柱和其他连接螺栓受剪。

微震监测数据显示，本次岩爆能量达 134.5 万 J，属于强烈岩爆，相当于刀盘附近发生二级地震。岩爆发生在刀盘右上方和底支撑左下方，造成转接座的定位环受剪切力而断裂。岩爆损坏转接座如图 13.95 所示。

3. 处理总体方案

经过多方 TBM 专家研究讨论，并结合海瑞克、铁建重工等厂家意见，确定处理方案为：先取出断裂及开裂的定位环，加固顶部围岩并处理掌子面，然后将刀盘固定到掌子面并与主机分离，最后拆除转接座、去除所有定位环并处理断口、修复转接座、改进转接座

• 571 •

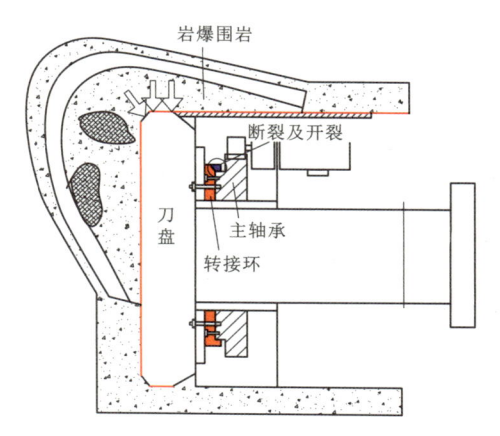

图 13.95 岩爆损坏转接座示意图

与主轴承的连接方式、检测主轴承、更换损坏的密封及螺栓等。故障处理完成后将转接座和刀盘等重新定位安装。主驱动故障处理完成后继续完成刀盘边块更换和其他整修改造工作。主驱动故障处理相关流程如图 13.96 所示。

4. 围岩处理

为保证人员及设备安全和支撑刀盘，需将护盾上方的围岩进行加固并处理掌子面。

护盾顶部围岩较破碎，已将护盾挤压至极限位置且多次尝试依然无法顶升，需先对顶部围岩进行处理，再施工管棚。管棚施工如图 13.97 所示。

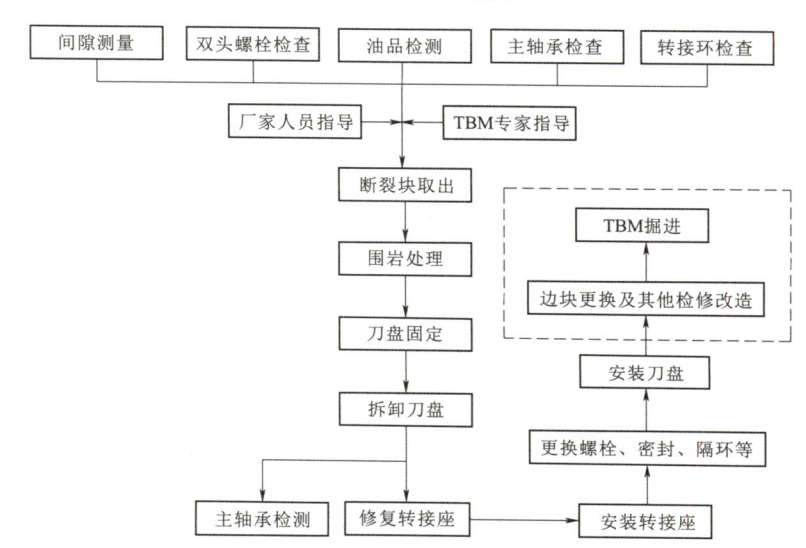

图 13.96 主驱动故障处理相关流程

掌子面的围岩坍塌严重，固定刀盘前需要先对掌子面进行处理，使掌子面为平面。转接座、唇形密封等已经损坏，为了避免 TBM 掘进时对主轴承、唇形密封等造成二次损伤，需人工处理掌子面。

掌子面及护盾段岩面喷射 8cm 厚 C20 玻璃纤维混凝土封闭，人工对刀盘前方坍塌渣体进行清理。清理完毕后，护盾段拱部 180°及掌子面施作 5m 长 Φ32 自进式玻璃纤维锚杆，间距 1.2m×1.2m，梅花形布置，注水泥浆。为减少回填混凝土方量，降低支撑墙高度，在刀盘前方架立模板浇筑 C30 混凝土形成刀盘支撑墙，支撑

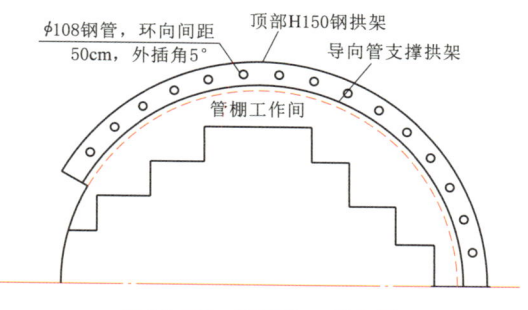

图 13.97 管棚施工示意图

墙厚1.3m、高5m，墙高范围内塌腔回填C30混凝土。

支撑墙施作完成后，在挡墙上部施作5根钢管混凝土纵梁支撑刀盘。纵梁采用φ300的钢管内浇混凝土完成，一端顶在岩壁上，一端焊接在刀盘上，防止刀盘倾倒。刀盘支撑墙如图13.98所示。

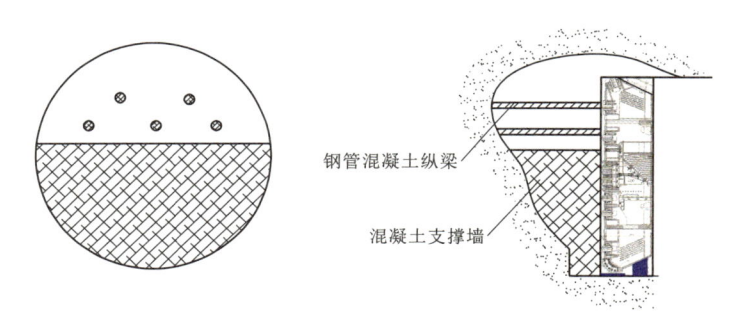

图13.98　刀盘支撑墙

5. 其他

如若监测TBM主机区和掌子面区域的围岩稳定，无收敛情况，则开始固定刀盘。固定刀盘采用底部支撑、前部靠掌子面、周围锚杆锁固的方式。

刀盘固定并检测正常后，拆卸刀盘，后退TBM，将刀盘与主机分离。调整转接座并拆卸部分连接螺栓，然后安装吊机，拆除唇形密封、隔环和转接座。转接座拆除后，邀请专业人员用内窥镜或其他方式对主轴承进行检测，确认其状态。

采用拆卸逆步骤依次安装转接座及配套密封、唇形密封、隔环、密封压盖。缓慢推进TBM主机靠近刀盘，调整TBM姿态来对正螺栓孔位，然后TBM与刀盘紧密贴合并上紧所有螺栓。最后将固定刀盘的锚杆割除并试转刀盘。

参考文献

[1] 魏文杰，王明胜，于丽敞. 开式TBM隧道施工应用技术［M］. 成都：西南交通大学出版社，2015.
[2] 梁承喜. TBM法在山西引黄入晋工程中的应用［J］. 水利技术监督，2002（4）：38-39，44.
[3] 白大成. TBM法掘进技术在大伙房水库输水隧洞工程施工中的应用［J］. 黑龙江水利科技，2017，45（2）：134-136.
[4] 彭道富. 西康铁路秦岭特长隧道Ⅰ线出口段TBM施工［J］. 现代隧道技术，2001（6）：33-37.
[5] 高存成，李向阳，夏安琳，等. 浅述敞开式TBM技术在磨沟岭隧道软岩中的应用［C］//中国铁道学会. 铁路长大隧道设计施工技术研讨会论文集. 北京：中国铁道学会，2004：6.
[6] 杨智国. 地质超前预报在桃花铺一号隧道TBM施工中的应用［J］. 铁道工程学报，2004（1）：65-68.
[7] 余洁. 中天山隧道TBM掘进施工适应性研究［J］. 现代隧道技术，2014，356（3）：57-60，66.
[8] 唐经世，苟彪，陈万忠，等. 西康铁路秦岭隧道北段Ⅰ线钻爆法段施工通风［J］. 筑路机械与施工机械化，1999（4）：31.
[9] 巨邦强，付宏平，陈光金，等. 特长隧道整体贯通前先期铺设无砟轨道施工测量方法探讨［J］. 隧道建设，2015，35（8）：841-845.

- [10] 王晓亮. 长距离输水隧洞 TBM 施工通风设计方法研究 [D]. 成都：西南交通大学，2019：43-44.
- [11] 赖涤泉，彭道富. 秦岭铁路隧道Ⅱ线出口平导独头掘进 9km 施工通风系统的研究与实现 [J]. 铁道标准设计，2002（9）：53-55.
- [12] 朱齐平，郭京波，赖涤泉. 辽宁大伙房输水隧洞 TBM1 段通风技术研究 [J]. 石家庄铁道学院学报，2004（4）：13-16，56.
- [13] 曹正卯. 长大隧道与复杂地下工程施工通风特性及关键技术研究 [D]. 成都：西南交通大学，2016：28-33.
- [14] 崔云雷. 关于大瑶山隧道的施工通风 [J]. 隧道建设，1986（1）：19-27.
- [15] 文珂. 乌鞘岭隧道斜井施工通风研究与实施 [J]. 现代隧道技术，2006（3）：67-71.
- [16] 曾满元，赵海东，王明年. 太行山特长隧道防灾通风方案探讨 [J]. 现代隧道技术，2009，46（5）：6-12.
- [17] 许先亮. 关角隧道施工机械配套与通风技术研究 [D]. 兰州：兰州交通大学，2015.
- [18] 司军平，张亚果，张金夫. 东秦岭隧道进口段施工通风设计 [J]. 现代隧道技术，2001（2）：5-9，18.
- [19] 孙振川，苟红松. 隧道长距离独头施工通风设备选型探讨 [J]. 隧道建设，2014，34（5）：408-412.
- [20] GB/T 15335—2019 风筒漏风率和风阻的测定方法 [S]
- [21] 吴中立. 独头巷道爆破后通风 [M]. 北京：冶金工业出版社，1959.
- [22] 黄成光. 公路隧道施工 [M]. 北京：人民交通出版社，2001.
- [23] 杜江林，王宇皓，周雄华，等. 特长公路隧道联络风道的通风方案优化 [J]. 筑路机械与施工机械化，2019，292（5）：91-94，101.
- [24] JGJ/T 141—2017 通风管道技术规程 [S]
- [25] 曾强，邹磊. 高精度测量技术在矿山法隧道工程中的应用 [J]. 世界有色金属，2021，575（11）：188-189.
- [26] 甘立彬. 基于三维激光扫描技术的隧道工程测量与建模 [J]. 工程勘察，2021，383（6）：58-61.
- [27] 孙浩. 隧道工程施工中的测量技术应用 [J]. 河南科技，2020，(19)：103-105.
- [28] 李阳，葛纪坤，李海峰. 隧道工程测量中三维激光扫描点云配准方案的优化设计 [J]. 北京测绘，2020，34（11）：1525-1529.
- [29] 戴志强. GNSS 实时精密定位服务系统若干关键技术研究 [D]. 武汉：武汉大学，2016.
- [30] 许双安. 复杂艰险山区铁路超长隧道施工控制测量难点及对策研究 [J]. 铁道标准设计，2022，5（17）：189-193.
- [31] 任传刚，高星，袁霄. 隧道贯通测量横向贯通误差来源分析 [J]. 经纬天地，2021，200（3）：10-12，16.
- [32] 邹浜，刘成龙，王鹏，等. 长大隧道洞内自由测站边角交会网平面控制测量 [J]. 测绘科学，2014，39（10）：42-47.
- [33] 李学仕. 长大隧道洞内平面控制测量关键技术实验研究 [D]. 成都：西南交通大学，2016.
- [34] 黄建萍，赖鸿斌. 铁路长大隧道洞内平面控制测量新方法研究 [J]. 测绘，2017，171（4）：181-185.
- [35] 胡晓威. 长大隧道洞内平面控制测量方法研究 [J]. 住宅与房地产，2020，568（9）：231.
- [36] 宁津生，管泽霖. 地球重力场在工程测绘中的应用 [M]. 北京：测绘出版社，1990.

附录 A　国内外典型 TBM 施工长隧洞工程

A.1　兰州市水源地工程输水隧洞主洞

A.1.1　工程简介与地质概况

甘肃地处我国西北干旱地区的河西走廊中段和青藏高原北部边缘地带，兰州市水源地工程输水隧洞主洞起于临夏州东乡族自治县祁家渡村祁家渡大桥下游约 430m 处，途经永靖县刘家峡镇、三条岘乡、徐顶乡、关山乡至兰州市西固区寺儿沟。该引水工程以刘家峡水库电站为引水源向兰州市区供水，力争保障城乡居民用水，输水隧洞主洞采用压力引水隧洞作为主洞，总长度为 31.57km，平均埋深约 400m[1]。

隧洞施工主要采用双护盾 TBM 为主，钻爆法进行辅助。TBM 施工洞段全长 24.63km，由 TBMⅠ和 TBMⅡ两个标段部分组成，断面形状设计为人字坡式，坡度 0.1% 和 0.0485%，内径大小为 4.6m，四边形管片衬砌。隧洞沿线Ⅱ类围岩长度 6155m，岩性以石英岩片、花岗岩等为主，Ⅲ类、Ⅳ类围岩长度 4289m，以泥质砂岩为主。隧洞施工线路地区围岩基本稳定，但受地层断裂带等因素的影响，涌水和突泥风险较高[2]。

TBMⅠ标段采用中铁工程装备生产的双护盾 TBM，部分参数见表 A.1。

表 A.1　兰州市水源地工程输水隧洞主洞双护盾 TBM 基本参数[1]

技术指标	参　数	技术指标	参　数
刀盘直径	5.48m	滚刀数	37 把
刀盘转速	0~10.3r/min	主推进系统最大推力	22160kN
整机长度	415m	辅助推进系统最大推力	42970kN
整机质量	1000t	额定扭矩	3458kN·m

A.1.2　掘进过程

兰州市水源地项目 TBMⅠ标段是全线地质条件最为复杂、岩石抗压强度最大、全线唯一一个兼具转弯、上坡和下坡等特点的标段，全线工程浩大，施工技术复杂，施工条件极其困难。从 2016 年 3 月 1 日开始施工，揭露的围岩状态呈现出岩石强度高、岩性变化频繁、石英含量大、涌水量大、软硬不均、涌水多发等特点。TBMⅠ标段顺利通过了 9 处 10m 以上破碎带和 4 处大规模的涌水地段，成功应对了围岩单轴抗压强度高、掌子面软硬不均、小曲线调向、掘进姿态控制等诸多施工难点。截至 2017 年 4 月 7 日，TBM 累计掘进 6373m，日最高进尺 43.5m，单班最高进尺 27.1m。

TBMⅡ标段掘进过程中，由于地质条件与 TBMⅠ标段有较大差别，遭遇了因泥质砂岩、互层状的泥质粉砂岩及砂砾岩发生收敛变形造成的严重卡机等困难[2]。

A.2 台湾省新武界引水隧洞

A.2.1 工程简介与地质概况

日月潭水库水源主要依靠武界引水隧洞自武界坝上游浊水溪引水，但该隧洞年久失修，台湾电力公司评估后拟建新武界引水隧洞，并将浊水溪支流栗栖溪的溪水一并引入日月潭综合利用，预计完工后日月潭年均引水量可达 8.3 亿 m³。隧洞总长约 16.5km，在设计阶段时考虑到已评估部分的地质条件尚佳，为缩减工期、减少环境扰动、提高隧洞建设质量，决定在过河段至暗渠段间约 6.5km（桩号 K3+668～K10+194）采用 TBM 施工，其余部分仍采用钻爆法。新武界引水隧洞是台湾省隧道工程中第 3 个采用 TBM 施工的案例，也是首次成功贯通的案例。

新武界引水隧洞在施工时考虑到不同阶段存在各式各样的地质问题，故将分阶段选择施工方式。武界断层、梨山构造等多处地质不良带出现在引水隧洞的上游进水口至浊水溪过河段（长约 2.65km）和栗栖溪引水隧洞（长约 2.43km）处；且下游的木屐栏暗渠段至日月潭出水口（长约 3.15km）通过地质断层，岩层剪切破碎夹断层泥且有涌水危险，均选择钻爆法进行施工；而在勘察中游过河段至木屐栏暗渠段时未发现有明显的地质构造，则采用全断面隧道掘进机法施工[3]。TBM 段中，在桩号 K2+547～K9+568（占比大约为 90%）范围内的地层岩性以板岩为主；桩号 K9+568～K10+354（约占 10%）区间岩性则以石英砂岩为主，夹有板岩。

隧洞施工方向罗宾斯公司采购了一台二手敞开式 TBM，该 TBM 于 1994 年制造，曾先后于瑞士 Lotschberg 隧洞、我国香港地区 MTRC-680 项目施工，分别掘进 9.3km、1.5km。TBM 基本参数见表 A.2。

表 A.2　　　　　　　　　　新武界引水隧洞 TBM 基本参数

技术指标	参　　数	技术指标	参　　数
型号	Robbins 1610-279 敞开式 TBM	单刀承载力	267kN
机头重量	380t	刀盘最大推力	13000kN
刀盘直径	6.2m	刀盘扭矩	2150kN·m
滚刀直径	432mm	最大转速	8.4r/min
滚刀数量	42 把		

A.2.2 掘进情况

设备经改装及维修后，于 2000 年 3 月 22 日运抵工地，4 月 25 日开始组装，6 月 23

日推进至开挖位置,并于 7 月 3 日自 K10+191 开始试掘进工作。初期掘进期间,因油压及电力系统故障率高,调校耗时,部分零件储备不足,导致进度不高,7—8 月仅掘进 154.2m。自 9 月起开始全功能掘进开挖,TBM 利用率上升至 30%以上。自 10 月 19 日起隧洞进入强度适中的均质板岩层,掘进进度逐渐加快。施工期间先后受"9·21"地震、挤压地层以及台风桃芝的影响,在采取适当应急措施后,TBM 仍顺利施工,最终在 2002 年 6 月 7 日于 K3+668 处顺利贯通,成为台湾省第一例 TBM 施工贯通的隧洞工程。

经统计,TBM 施工 20.7 个月(不含台风桃芝灾害修复及贯通前 3 天准备工作未施工),平均月进度为 315m,并在 2000 年 11 月创下最大月进度 659.3m 的纪录,2001 年 1 月 8 日最大日进度 44.3m、隧洞掘进长度 6523m,均为当时台湾省 TBM 掘进最佳纪录。

新武界引水隧洞在掘进中虽没有受到明显地质构造影响,但仍遭遇挤压变形的不利地质条件,具体位于桩号 K7+653～K7+775 处,造成隧洞局部仰拱过大变形而侵入设计开挖线以及部分拱顶坍塌的状况。在处理挤压地层时,开挖支撑一般有主动式与被动式两种工法,前者利用刚度较高、厚度较大的支撑,抑制过量变形发生;后者预测可能变形量,以扩挖预留变形空间,再以弹性支撑稳定岩体。该工程采用后者进行处理,将仰拱隆起部分挖除,拱顶回填后喷射混凝土处理。经现场量测,隧洞最大变形量约 10cm,施工中在外围滚刀刀座增设垫片,将开挖直径从 6.2m 扩大至 6.26m,使组装外径 6.15m 的环形钢支护通过挤压地层段[3]。

A.3 锦屏二级水电站

A.3.1 工程概况

锦屏二级水电站坐落于四川省雅砻江干流锦屏大河湾下游河段的锦屏山上,利用长 16.7km 的引水隧洞进行截弯取直,取得 310m 水头,电站总装机容量 4800 万 kW,共开挖 4 条引水隧洞进行取直引水发电。其中 1 号、3 号引水隧洞出口端施工长度 11487m,采用 TBM 与钻爆法结合施工;2 号、4 号引水隧洞出口端施工长度 11472m,采用钻爆法施工。对引水隧洞立面进行缓坡布置,设置底坡 3.65‰,隧洞沿线覆岩体埋深为 1500～2000m,最大埋深 2525m。最大水位约 1200m。引水隧洞 TBM 开挖断面直径约 12.4m,是目前国内最大的 TBM 开挖断面。钻爆法开挖断面为 13m 的马蹄形断面。排水隧洞为直径 7.2m 的圆断面,辅助交通洞分别为宽 5.5m、6.0m 的城门洞断面[4]。

隧洞沿线地层主要隶属三叠系上三叠统和中三叠统,主要包括灰岩、砂岩、板岩、大理岩、绿片岩和结晶灰岩等。全洞线长高达 93%的岩石均为灰岩、大理岩和结晶灰岩,沿隧洞轴线方向,此类别岩层由薄层到巨厚层均有分布,层间厚度变化大。大部分 TBM 开挖岩石为中硬岩,岩石脆性很高[5]。

A.3.2 基本施工情况

1 号、3 号引水隧洞以及排水洞都进行开敞式 TBM 施工。1 号引水隧洞所用为美国罗宾斯公司生产的 TBM401-319 型掘进机,开挖直径 12.43m,TBM 实际洞内组装调试工期为4.5个月。2008年11月18日开始掘进，至2010年11月30日，共完成5860m的掘进和支护工作，最高日进尺37m，最高月进尺578m，平均掘进利用率22.36%。3号引水隧洞所用的TBM是德国海瑞克公司（Herrenknech）生产的S-405开敞式掘进机，直径为12.4m。3号引水隧洞TBM于2008年11月16日开始试掘进，至2011年2月20日刀盘卡机，共计掘进6295.69m，平均月进尺233.17m，平均日进尺10.17m，最高月进尺682.92m，最高日进尺33.67m。排水洞采用1台罗宾斯TBM施工，开挖直径7.2m。截至2009年11月28日，累计掘进5679m，因遭遇极强岩爆，继而发生塌方，导致刀盘设备被掩埋。

A.3.3 主要问题

由于锦屏二级水电站隧洞埋深大，地应力极高，岩石脆硬，施工过程中遇到了一系列工程地质问题，典型问题如下：

（1）岩爆。工程区地处我国西南高地应力区，已知实测最大应力值可高达42.11MPa，岩爆问题突出[4]。两条辅助洞采用钻爆法施工，强岩爆范围在300～400m，最大爆坑深度约3m。排水洞强岩爆范围达到约800m，最大爆坑深度4m。2009年11月28日，排水洞9+283处遭遇极强岩爆，现有支护系统都被摧毁，TBM主机被掩埋。3号引水隧洞TBM掘进至桩号9+629时，在TBM撑靴右侧桩号9+637～9+675范围内发生岩爆，岩爆造成洞室塌方，塌腔最深部位达3.2m，平均深度2m。塌落的大石块将TBM部分设备和油管砸坏，塌落石渣约400m³[6]。

（2）涌水。在锦屏二级水电站引水隧洞施工中，最为突出和难以解决的困难就是隧洞涌水问题。参考基本明确的工程区岩溶水文地质条件，总结出引水隧洞的涌水主要具有高水头、大流量的特点。单点最大达到3.8m³/s，最大水压实测高达10MPa。单点涌水稳定流量（旱季）为1.44m³/s，涌水口直径为1m。

A.4 辽宁大伙房水库输水工程

A.4.1 工程概况

大伙房水库输水工程坐落在辽宁省东部山区的本溪市桓仁县和新宾县两个县级行政区域内，工程将浑江桓仁水库的发电尾水，经输水隧洞自流引水至大伙房水库，通过该水库反调节后，输送至下游的抚顺、沈阳等6个城市。输水工程主体建筑物为一条长85.308km、底坡为1/2380的自流输水隧洞，埋深大多为100～300m，洞室埋深为52～600m，其中埋深不大于100m洞段长约7km，埋深100～300m洞段长约46.5km，埋深不小于300m的洞段长约31.5km，沿主洞线布置了16条施工支洞。

工程区处于长白山脉的南延部分，属低山丘陵区。区内沟谷相间，地震基本烈度小于Ⅵ度，区内无大的区域性壳断裂、岩石圈断裂通过，均属于一般断裂，且以中、小型为主，也未发现活动迹象，属区域构造相对稳定区。区域地应力值属中等水平，最大主应力方向近东西向，与洞线夹角一般为30°～40°，对洞室围岩稳定尚属有利，但与个别支洞交角较大,对洞室稳定不利。洞线穿越了太古代、元古代、中生代地层,多为中硬岩,微风化~新鲜,整体强度一般较高,围岩稳定性总体较好。岩性主要有混合岩、混合花岗岩、白云石大理岩、大理岩夹变粒岩、浅粒岩、石英砂岩、砂岩、页岩、火山角砾岩、安山岩、凝灰岩、正长斑岩。已发现29条大小不同的断层穿越主洞线,因多数断层埋深较大,且多为压性、压扭性的中小断层,并与洞线大角度斜交,对成洞相对较为有利。但钻爆法施工段中F_3、F_{11}、F_{13}、F_{14}和F_{41} 5条断层对围岩稳定性影响较大,均为区内一般断裂中的大型压扭性断层,须采取适当措施重点处理[7]。

A.4.2 施工情况及典型问题

隧洞施工采用以掘进机为主、钻爆法为辅的联合施工方法,中间设辅助施工支洞。隧洞前24.85km采用钻爆法施工,后60.73km分为3个标段,即TBM1、TBM2、TBM3,除TBM2标段中规模较大的F_{41}断层附近2km段采用钻爆法先施工外,其余皆采用TBM施工,每台TBM掘进长度控制在18~20km。TBM施工段开挖断面为圆形,开挖直径8m,成洞直径7.16m。TBM通过段采用钻爆法施工,马蹄形断面,初期支护后洞径为8.60m,TBM通过后,顶拱及侧墙再衬砌72cm的混凝土,使其最终成洞直径为7.16m。

施工突涌水情况:按照出露地层和岩性将该线路划分为9个地质段,但在实际施工过程中仅有大理岩地质段存在涌水现象,而且次数较多、流量较大,一些涌水点水头压力也比较高,这些在以往的隧洞施工中均不多见。该大理岩段的工程桩号为12+420~20+320,涌水现象多次发生,涌水点多,且涌水强度大。经统计,该大理岩段涌水次数高达18次,涌水量为10~1500m³/h,涌水压力为0.6~2.4MPa,类型以结构面涌水和管状岩溶涌水为主。不同于其他岩性地质段,该大理岩段大型赋水性断层发育、岩溶发育、连通性较强的构造裂隙发育,且赋存有较丰富的地下水。鉴于洞室埋深大,水的补给来源丰富且压力大,因此一旦洞室开挖与堵水工作不当,就极易形成涌水现象。该大理岩段最终选择采用灌浆的处理方式,全部封堵成功。

A.5 南水北调中线一期穿黄隧洞

A.5.1 工程概况

穿黄工程是南水北调中线总干渠穿越黄河的关键性工程,位于郑州市以西、黄河上游约30km的河段上,南起河南荥阳市李村村西,北至河南焦作市温县陈沟村西,南岸为邙山黄土丘陵,北岸为黄河滩地[8]。穿黄工程为双线布置,采用泥水加压平衡式盾构穿越黄河河床覆盖层,单条隧洞长4250m(过黄河隧洞段长3450m,邙山隧洞段长800m),工程设计流量为265m³/s,加大流量为320m³/s。过黄河隧洞的坡度由北向南由2‰变为1‰,邙山隧洞由北向南设计坡度为49.107‰。

穿黄隧洞的地层主要以砂砾石层、中砂、细砂、粉质黏土和粉质壤土为主。邙山隧洞全长约800m,地层以黄土状粉质壤土、第四系中更新统冲积洪积层、粉质壤土和古土壤为主，其他为多富积钙质结核或钙质结核层，地下水位较高，高于隧洞底部 24.25～28.5m，多为河床及漫滩地下潜水，含水层水量较为充沛。过黄河隧洞全长约 3450m，河床中间隔分布 3 种类型的软土结构：①单一砂土结构，隧洞围土为 Q_1^2 中砂层，局部为粗砂层，砂层中零星分布砂砾石透镜体，长约 875m；②上砂下土结构，隧洞围土上部为 Q_1^2 砂层，下部为 Q_2 粉质壤土层，共长 1390m；③单一黏土结构，隧洞围土为 Q_2 粉质黏土层，共长 1185m。

穿黄隧洞内径 7m，外径 8.7m，双层衬机外衬为厚 40cm 的预制管片，随盾构掘进完成管片拼装；内衬采用厚为 45cm 的混凝土预应力环锚，现浇施工。隧洞的最大埋深为 35m，最小埋深为 23m；最大内水压力为 52m，最大外水压力为 37m。针对穿黄隧洞同时穿越透水砂层和粉质壤土层，特别是砂性土层透水性强，开挖面自稳性差，同时还承受高水压力，因此选择采用泥水加压平衡式盾构机。隧洞施工划分为上游线和下游线两个标段，均采用一台泥水加压平衡式盾构机由北至南掘进。

A.5.2 施工遇到的主要典型问题

2008 年 8 月 1 日、8 月 14 日、8 月 26 日，穿黄下游线隧洞施工掘进至 705 环、768 环、818 环处时分别发现了滚刀刀圈、挡圈、边缘铲刀耐磨块、磨成刀刃状的铲刀固定螺栓、滚刀楔块等碎块。9 月 2 日，掘进机施工参数发生异常，扭矩增大，掘进速度降低[9]。后经长达 7 个月的停机维修发现，掘进机刀盘受到了强烈的磨损和破坏[10]。除此以外，隧洞在掘进的过程中遇到的主要问题如下：

（1）涌水。隧洞从黄河底部穿过且处在主要区域含水层内，埋深 40～70m，外水压力较大，围岩虽经探洞帷幕灌浆及后期加固灌浆阻水处理，对外水内渗起到了控制作用，但由于帷幕在地下水长期侵蚀下导致局部效果降低。隧洞开挖时在进行超前探水及灌浆处理过程中，依然发生了多处涌水，这也说明该地区构造和岩溶地下水空间分布极不均匀。通过采取封堵、灌浆、喷锚等技术措施，均达到了止水效果。

（2）障碍物。在穿黄隧洞轴线上游约 2km 的北岸河边钻孔和北岸下游竖井施工开挖过程中发现漂石、块石，直径 15～60cm，分别为砂岩和石英岩。在桩号 6+560 的钻孔中，取出一截古木芯样，长 23cm。盾构机必须有气压舱和能进入到开挖面的人工通道，从而使工作人员可以带压进舱到开挖面进行人工清除。同时，在盾构机上设置超声波探测仪，进行超前预报。

（3）坚硬砂岩薄层。隧洞下方基岩属上第三系的黏土岩、砂岩等，成岩条件较差，而局部发育有薄层钙质胶结的砂岩，质地坚硬，强度较高。钻孔揭露的分布范围最大的一层钙质胶结砂岩厚 0.5m，低于隧洞底板 1.6m。因此，需要在盾构刀盘、刀具设计时，考虑坚硬砂岩薄层的处理措施，对隧洞掘进时若遇钙质胶结砂岩可能发生的偏向问题进行研究。

（4）沉降问题。在隧洞设计中，隧洞下卧有压缩性较高的黏性土层或在砂、土过渡段存在沉降或差异沉降问题，这些需要着重考虑。在桩号 8+670～8+940 之间，隧洞底板以下 4.60～6.40m，分布厚 3.0～7.5m 的 Q_3 粉质黏土层，其含水量 27.7%、孔隙比 0.800、压缩系数 0.24～0.37MPa，具中等压缩性，盾构掘进过程中，隧洞底板有可能会产生沉降。在盾构掘进过程中，要求尽量减少超额开挖量，有效保持开挖面的稳定，并进行同步注浆，减轻对周围土体的扰动。在砂、土过渡段应加密沉降分缝，即要缩短衬砌的分段长度。

（5）砂土液化。黄河河床和滩地（5+708～15+500）分布有 Q_4 砂质粉土和粉砂、细砂，饱水条件下存在砂土振动液化问题，最大液化深度 16m。因场地处于地震基本烈度Ⅶ区，北岸河滩明渠段（9+336～15+463）存在遭受砂土液化危害的危险性，预测危险性为中等，需采取加固处理措施。过黄河隧洞顶板埋深 23～35m，不受砂土液化影响。

A.6　天生桥二级水电站

A.6.1　工程概况

天生桥二级水电站位于广西隆林县红水河上游的南盘江上，横跨黔桂两省（自治区），为低坝长隧洞引水式开发，装机容量 132 万 kW。利用河湾集中水头差，通过 3 条隧洞引水发电。3 条引水发电隧洞为该电站重要的主体工程。单条隧洞长度 9.55km，总长约 30km。采用钻爆法和掘进机（主）开挖，钻爆法采用全断面法，断面为圆形，开挖洞段内径为 8.7m；掘进机开挖洞段内径为 9.8～10.8m。隧洞埋深一般在 400～800m，少数洞段埋深为 100～350m。隧洞全线 85% 的洞段通过三叠系石灰岩、白云岩分布区，15% 的洞段通过砂页岩分布区。沿线有多条断层与洞线相交，岩溶十分发育，不完全统计表明，已遇到大小各异的溶洞 600 余个，有多条暗河系统连通，地下水活跃，变化幅度较大。

隧洞穿越三叠系中统及少部分下统地层。其中北相区为边阳组（T_2b）、青岩组（T_2q）和永宁镇组（T_1yn）地层，岩性主要为灰岩、白云质灰岩、灰质白云岩及白云岩，占全洞长 86.65%；南相区为江洞沟组（T_2j）地层，岩性以砂页岩为主，占全洞长 13.35%。两相区地层为相变接触关系。此外，北相区碳酸盐岩中还间断出现 T_2jj 紫红色以角砾为主的复杂岩带及棕色、蓝灰色泥岩与泥灰岩透镜体，占碳酸盐岩洞段长的 6.4%[11]。

A.6.2　施工遇到的主要典型问题

自隧洞掘进以来，不断发生岩爆、暗河涌水、塌方失稳、溶洞涌泥和裂缝等自然灾害，给施工生产带来很多意想不到的困难，严重影响工程的进展。

（1）岩爆。1985 年 5 月，在 2 号施工支洞首次出现岩爆。在隧洞开挖过程中，岩爆现象频发，其烈度不一，轻则围岩劈裂呈现鱼鳞状，重则单次爆裂岩石达数百立方米，不断造成人身伤亡、砸坏机器设备等事故。岩爆多发生在距掌子面 5～10m 处。采用钻爆法施工的洞段，放炮后即可观察到岩爆坑。而掘进机施工的洞段，随着掌子面向前推进可听到岩石的爆裂声和岩爆块体掉在护盾板上的声响。

（2）暗河涌水。掘进机开挖过程中遇到的大小涌水点近百个，对于流量小于 $0.3m^3/s$

的涌水点，一般只将涌水引排到洞内排水沟，对于流量大于 0.3m³/s 的涌水口均采用封堵的治理措施。Ⅰ号隧洞桩号 6+510～6+547 的暗河涌水段有多处涌水点，对此段隧洞的底拱沿流水方向左侧的涌水口，先架钢支撑喷混凝土封堵，后用水泥水玻璃双液灌浆治理。对顶拱的涌水点，采用预埋排水管回填混凝土封堵的治理办法。在沿隧洞水流向左侧腰线部位有一暗河涌水口，洪水期涌水峰值达 3m³/s。掘进机通过后采用铁皮封挡涌水口，让水沿洞壁自流而下的治理措施，基本保证掘进机正常施工。

（3）塌方失稳。砂页岩洞段埋深 150～330m，在褶皱核部、断层交会带、裂隙密集带及节理组合切割带的局部洞段，围岩为碎裂结构，岩体强度低、地下水活动较集中，容易发生变形失稳，属Ⅳ～Ⅴ类围岩，往往在重力作用下会出现塌落、滑移、松动变形和收敛变形 4 类破坏。碳酸盐岩洞段埋深达 400～810m，洞线与岩层走向夹角 30°～50°，与主要断裂构造夹角 40°～50°，围岩大部分呈块状或层状结构，地下水活动强烈，岩溶发育，在断层、溶隙、溶洞及早期浊流沉积物等松散围岩洞段发生重力失稳。Ⅲ号引水隧洞揭露溶洞多以半充填型和全充填型为主。充填物主要为块碎石、黏土、粉砂、细砂、钙华等，其结构松散、强度低，开挖时发生顶拱充填物塌落，或与地表连通发生冒顶、边墙滑移及底拱陷落和沉降[12]。

（4）溶洞涌泥。Ⅱ号引水隧洞桩号 0+619 特大溶洞，曾涌下黄泥、块石充填物近 13000m³，将掘进机推出掌子面 26m 外。经现场勘察和方案比较，采取打导坑进入溶洞。先采用直径 1.2m 的钢管做一排沉井，沉井底打锚杆，沉井内浇混凝土；再用工字钢将沉井连成支撑墩排架，挡住未下滑或即将下滑的充填物；然后人工清除涌下的充填物，前后历时半年，终于使掘进机顺利通过。该洞段第二次出现泥石流时采用钢拱架，浇双层钢筋混凝土封顶，治理成功。非填充式溶洞可分为干燥型和涌水型，两种类型治理方法和措施基本一样，一般均采用回填混凝土的办法，不同的是涌水型溶洞回填混凝土前需预埋排水管。

（5）裂缝。充水前，在检查 3 条引水隧洞的混凝土衬砌表面后，发现多处裂缝。Ⅰ号引水隧洞共计有裂缝 737 条，其中纵缝 127 条、环向缝 419 条，裂缝长度一般为 1～2cm，最长 4～5cm，多见于常规洞段。Ⅱ号引水隧洞混凝土衬砌表面平整，裂缝较少，但施工冷缝较多。Ⅲ号引水隧洞大小裂缝共计 132 条，主要为环向缝，多出现在素混凝土衬砌洞段。

A.7 滇中引水工程

A.7.1 工程概况

滇中引水工程是云南省内的重点水利工程，包含输水工程与水源工程两部分，其受水区包括丽江、大理、楚雄、昆明、玉溪、红河 6 州市的 35 个县、市、区，总受水区面积 3.69 万 km²，工程多年平均引水量为 34.03 亿 m³，渠首设计流量 135m³/s。滇中引水工程输水工程部分由水源工程石鼓提水泵站和输水总干渠两部分组成，由大理Ⅰ段、大理Ⅱ段、楚雄段、昆明段、玉溪红河段五大段组成，总长 661.07km。其中穿越隧洞 63 座，累计长度 607.22km[13]。香炉山隧洞工程作为整个引水工程中的首个输水建筑物与关键性控制性工程，对于滇中引水工程起到至关重要的作用，采用 TBM 与钻爆法联合施工。

香炉山隧洞工程是滇中引水工程中最长的隧洞，全长 62.6km，地跨金沙江与澜沧江，沿线地壳活动较为频繁，褶皱、断裂构造发育，工程地质与水文地质条件复杂。工程整体埋深为 600～1000m，最大埋深 1450m，其中累计超过 600m 埋深的隧洞长度 42.175km，占总长的 67.37%，累计超过 1000m 埋深的施工段落达 21.43km，软岩施工洞段总长度 13.11km。隧洞采用无压输水形式，断面直径 8.3～8.5m，施工纵坡比 1/1800，设计流量 135m³/s，采用两台 TBM 与钻爆法联合施工掘进，其中 TBM 施工段总长 35.52km，钻爆法施工 27.08km[14]。根据香炉山隧洞工程地质特点工程，工程设计定做了"云岭号"TBM，属当前世界引调水工程最大直径的 TBM，其基本参数见表 A.3。

表 A.3　　　　　　　香炉山隧洞工程"云岭号"TBM 基本参数[14]

技术指标	参　数	技术指标	参　数
正常开挖直径	9.83m	整机质量	2050t
最大开挖直径	10.13m	设备总长	235m
额定扭矩	15719kN·m	掘进行程	2000m
最大扭矩	23578kN·m	最大推力	31526kN
护盾长度	5.35m	最大撑靴力	84267kN

A.7.2　典型问题

香炉山隧洞工程跨越澜沧江与金沙江分水岭，区域经历多期地质构造运动的影响，且地壳活动频繁，其工程地质与水文地质条件极为复杂。工程沿线发育大栗树断裂（F_9）、龙蟠—乔后断裂（F_{10}）、丽江—剑川断裂（F_{11}）、鹤庆—洱源断裂（F_{12}）等 13 条大断（裂）层，分布Ⅰ白汉场、Ⅱ拉什海、Ⅳ鹤庆—西山等多个溶岩水系统，整体穿越软岩区域总长 13.1km，可溶岩区域长度 17.9km。隧洞沿线岩体岩性主要以灰岩类、泥砂岩类、玄武岩类、片岩类为主，Ⅳ类围岩段累计长度 28.2km，Ⅴ类围岩段累计总长 13.7km，两者总共占隧洞总长的 66.9%[15]。通过对香炉山隧洞工程基本地质条件的分析可以看出，隧洞面临较为严重的软岩变形及破碎岩体、隧洞突涌水（泥）、高地应力与硬岩岩爆等问题[16]。

（1）软岩变形及破碎岩体。香炉山隧洞施工区域穿越了多条胶结能力差、性状表现软弱的断裂破碎带，软岩区域长度占总长的 20.94%，其强度低、易软化崩解等特性及可能导致的大变形问题对工程的设计施工提出了较高的要求。

（2）隧洞突涌水（泥）。香炉山隧洞沿线可溶岩地层广泛分布，规模最大的鹤庆—西山岩溶水系统汇水面积高达 355km²，计算所得最大突涌水量 0.807m³/s，对工程施工极为不利。

（3）高地应力与硬岩岩爆。香炉山隧洞距离长、埋深大，最大埋深 1450m，虽然软岩问题在工程中较为突出，但仍存在高地应力与局部硬岩岩爆问题。根据实测资料与应力分布一般规律，计算所得香炉山隧洞最大地应力可达 40～46MPa。

A.8　挪威新斯瓦蒂森水电站引水隧洞

A.8.1　工程简介与地质概况

挪威大约99%的电力是通过水力发电项目获得，这使得大型水电计划项目成为该国基础设施的关键组成部分。斯瓦蒂森（Svartisen）水电站项目位于北极圈以北，长40km，直径3.5～5m的隧洞连接着沿线46个竖井。这些隧洞用于收集来自冰川覆盖的特罗伯尔（Trollberget）山脉的水，最终运至斯多哥摩瓦特（Storglomvatnet）水库，后通过一条7km的引水隧洞流入位于荷兰托尔顿克维克的一座海面发电厂。

1988年，挪威国家电力公司与罗宾斯公司签约，就新斯瓦蒂森水电站项目提供掘进机，挖掘长57km的隧洞，占该项目隧洞总长的62%。其中2台机器分别是直径8.5m（型号：117-226）和3.5m（型号：117-220）的二手隧道掘进机，另3台为新的罗宾斯高性能（HP）隧道掘进机，每个直径19英寸（约483mm）刀具的推力负荷可高达312kN。

该地区大部分岩石为沉积岩，年代从寒武纪到奥陶纪，包含强烈褶皱变形，方位主要为NE—SW，而倾角从水平到垂直不等。地层岩性主要包括云母片岩和云母片麻岩（80%）；变质砂岩（纯石英岩）、花岗岩和花岗片麻岩（13%）；还有石灰石和大理石（7%）。石灰岩床的厚度从几厘米到超过100m不等，溶洞和地下水的基本特征也能从地表上观察。斯瓦蒂森地区地质岩群组的无侧限抗压强度UCS从100～300MPa不等。在纯石英岩，或在坚硬的片麻岩、石英岩与云母片岩混合的复合地层中，每个刀具的平均寿命可能小于50m^3；而在具有发达片理的云母片岩中，每个刀具的平均寿命可超过400m^3。同时，陡峭的、不均匀的地形给岩石群带来了不规则的地应力，并受极端的地质构造和残余压力的影响。由于95%以上的隧洞中岩石坚硬稳定，因此没有做任何衬砌[17]。

A.8.2　TBM参数

挪威国家电力公司在1981年购置过一台直径3.5m的罗宾斯117-220型TBM，该掘进机在1981—1991年间挖掘了4条隧洞，共计27km，大部分岩体条件为坚硬的花岗岩与片麻岩。掘进机已经翻新改造过数次，滚刀尺寸提升至431.8mm。

新订购的3台TBM中，1410-251与1410-252参数相同，直径为4.3m，但1410-251型TBM在掘进中更换过刀盘，直径变为5.0m，1410-257型TBM直径为3.5m，详细参数见表A.4。

A.8.3　掘进效果

1410-251型TBM在1989年9月至1990年10月间，自水库向通往维格达伦（Vegdalen）的隧洞交汇处掘进了6021m，在第一次掘进中平均每小时掘进3.8m，随后刀盘更换为5m，第二次掘进中平均每小时掘进2.74m。该TBM的最佳日进尺为75.8m，最佳周进尺为312m，最佳月进尺为1068m，这些都成了当时的挪威纪录。

表 A.4　　　　　　挪威新斯瓦蒂森水电站引水隧洞 TBM 参数[17]

TBM 型号	Robbins HP 1410-251	Robbins HP 1410-251-1	Robbins HP 1410-252	Robbins HP 1410-257	Robbins HP 117-220
隧洞名称	Storglomvatn	Storglomvatn	Bogvasselv	Staupaga	Vegdalen
生产年份	1989	1989/1990	1989	1991	1981
刀盘直径/m	4.3	5	4.3	3.5	3.5
滚刀直径/英寸	19	19	19	19	17
滚刀数量/把	29	36	29	25	27
单刀最大推力/t	32	32	32	32	22
总推力/t	930	1150	930	800	600
滚刀间距/mm	100	100	100	90	75
转速/(r/min)	11.94	11.94	11.94	12.5	10.8
刀盘功率	7×355.8kW	7×355.8kW	7×355.8kW	4×355.8kW	4×149.3kW
掘进步长/m	1.8	1.8	1.8	1.5	1.5
TBM 重量/t	270	290	270	180	120
掘进时间	1989.9—1990.10	1991.1—1992.7	1989.9—1991.4	1990.7—1992.4	1991.5—1992.1
掘进总长/m	6021	7816	11861	8219	6162
开挖方量/m³	87500	153500	172200	79000	59200

1410-252 型 TBM 比 1410-251 型始发晚一周，朝博格瓦塞尔夫（Bogvasselv）方向掘进了 11861m，平均每小时 3.55m。最佳单次轮班掘进 61.2m、最佳日掘进 90.2m、最佳周掘进 360.5m，24h 内挖掘出最高土石方量为 1309m³。

1990 年 7 月，1410-257 型 TBM 开始向斯塔帕加（Staupaga）方向掘进。1991 年 5 月，大约掘进了 4700m 时，机器遇到了极差的地质条件和涌水，涌水量超过 0.5m³/s，基岩为大理石褶皱，包含岩溶和黏土区，延缓了约 4 个月的掘进工作。施工单位采取锚杆、混凝土注浆、喷混凝土等措施保持掘进，持续了数百米后最终通过不良地质段，剩余的掘进段没有再出现工程问题，周进尺近 200m。

117-220 型 TBM 向维格达伦（Vegdalen）方向施工排水隧洞，6.162km 长的隧洞在施工中没有遇到任何问题，最佳周进尺 200m。

详细掘进情况见表 A.5。

表 A.5　　　　　　挪威新斯瓦蒂森水电站引水隧洞 TBM 掘进效果[17]

TBM 型号	直径/m	掘进长度/m	净掘进率/(m/h)	贯入度/(mm/rev)	周掘进率/(m/周)	滚刀寿命/(m³/把)	利用率/%	支护占比/%
117-226（主隧洞）	8.5	7334	1.08	3.1	53	135	48.8	7
117-220（排水洞）	3.5	9273	2.78	4.29	127	88	45.3	7.4
1410-251	4.3	6021	3.76	5.25	125	145	32.4	8.8
1410-251-1	5.0	7816	2.74	3.82	137	152	48.7	0.6
1410-252	4.3	11861	3.55	4.96	181	150	49.6	0.1

续表

TBM 型号	直径/m	掘进长度/m	净掘进率/(m/h)	贯入度/(mm/rev)	周掘进率/(m/周)	滚刀寿命/(m³/把)	利用率/%	支护占比/%
1410-257	3.5	8219	3.69	4.92	130	138	34.5	13.8
117-220	3.5	6162	3.85	5.94	200	180	50.7	0.2
合计		56686						

A.9 加拿大尼亚加拉引水隧洞

A.9.1 工程概况与地质条件

2005年8月，加拿大安大略省发电公司（OPG）选择奥地利的斯特拉巴格（Strabag AG）公司作为主要承包商，以6.23亿加元的价格设计和建造尼亚加拉引水隧洞项目（Niagara Tunnel Project，NTP）。NTP通过有压引水隧洞将尼亚加拉瀑布上游尼亚加拉的河水以500m³/s的速度输送到Sir Adam Beck发电厂的上游，每年产生1.6TW·h的电量来提高现有发电厂的效率[18-19]。

隧洞穿过尼亚加拉峡谷的全部水平地层。隧洞首先下降到峡谷底部的Queenston组地层，随后从掩埋的St. Davids峡谷下方通过，隧洞距离峡谷地面最低点约140m。掩埋的St. Davids峡谷原是一条古河道，在第三威斯康星冰川移动之前存在。杨维九等[20]研究发现80%的隧洞地处页岩和泥岩之中，其中大部分岩石强度为10~118MPa，平均强度38~45MPa，其余部分岩性有灰岩、白云岩、砂岩。

Strabag AG公司最终选购了直径14.4m的罗宾斯主梁式掘进机，同时包括一个105m长的后配套系统，该后配套系统可在三年以内经皮带输送高达170万m³的渣料。由于严格的施工期限，Strabag AG公司采用了现场首次组装技术（onsite first time assembly，OFTA），由美国、加拿大等地生产的TBM主要构件以及英国生产的刀盘将直接发往现场进行组装，相比于传统的工厂预组装、拆卸运输、现场再组装的近11~12个月的流程，OFTA技术缩减了4~5个月的时间，节省资金130万~180万美元。这项技术后来被借鉴用于印度AMR工程中的10m直径双护盾TBM和我国锦屏二级水电站中的12.4m开敞式TBM组装中[21]。

A.9.2 TBM参数

该罗宾斯主梁式TBM在生产时是当时世界上直径最大的硬岩掘进机，其造价高达3000万美元。TBM刀盘直径14.4m，其中包括12个铲斗、85把滚刀，滚刀间距89mm，单刀推荐推力35t，极限推力50t，刀盘重达440t。刀盘变频电机功率4875kW（15×325kW），最高输出功率可达5040kW。刀盘转速0~5r/min；在0~2.4r/min时，扭矩可达18800kN·m；5r/min时，对应扭矩为9025kN·m。TBM脱困推力为27900kN，撑靴最大作用力可达71500kN。液压系统最大输出功率为225kW，最高工作压力为

27.57MPa。三支点主轴承直径 6.6m，设计使用寿命 13000h。TBM 总重 2000t，掘进步长 1.73m，计划日进尺达到 12～15m[22]。

A.9.3　掘进情况

2006 年 9 月，准备工作完成后，TBM 正式开始掘进。掘进过程中发现进洞段涌水量高出预计值，若继续沿 7.82% 坡度施工，排水问题将会更加突出。针对这一突发情况，及时对排水设施进行了改建完善。随着一段较长时间的起步掘进过程，终于在 2007 年 4 月，日均进尺达到 10m 左右，最佳日进尺 18m。在掘进了大约 793m 后，掘进机进入昆士顿页岩地层，拱顶出现了连续大块落石，距离支撑盾 3m 以上的严重超挖情况反复发生。

为应对各种不同的地质问题，Strabag AG 公司研发出了一套针对性围岩支护系统。该系统含有 3～4m 长的锚杆、自钻锚栓、钢条、钢丝网和含钢丝的喷射混凝土。此外使用 9m 长的管棚对隧洞顶部注浆，每次重叠 4.5m，以减少超挖现象。当采用新方法后，超挖将被限制在支撑盾的上方约 0.9m。在近 500m 的异常困难掘进段，平均日进尺约 3m。

OPG 和 Strabag AG 公司最终选择改变隧洞的纵断面高程，将隧洞的垂直方向提高至 446m，以便隧洞直接从昆斯顿页岩中移出。2009 年 7 月，月进尺 468m，其中最佳周进尺 153m。2011 年 5 月 13 日，14.4m 直径的罗宾斯主梁式掘进机最终完成隧洞贯通。

A.10　南非莱索托高原水利工程

A.10.1　工程概况

莱索托高原水利工程（Lesotho Highlands Water Project，LHWP）位于非洲南部，工程包含 4 条引水隧洞和 2 条输水隧洞，长度共计约 200km。主要建筑物有 6 座高坝、2 座电站、3 个泵站等，总投资约 52 亿美元。工程目的在于将莱索托王国高原地区森库（Senqu）河水系的水向北调至南非瓦尔（Val）河水系，最终总调水量为 73m³/s。建成后，不但可以向南非经济、工业中心地区（Pretoria - Witwaterand - Vereeniging，PWV）供水，而且可以在莱索托开发水电。

整个工程共分 4 期执行，其中第 1 期工程又分 IA 期和 IB 期。IA 期工程的主要建筑物为：卡泽（Katse）双曲拱坝，位于马里巴马策河（Malibamatso），最大坝高 185m，混凝土方量为 2200 万 m³，总库容 19.50 亿 m³；引水隧洞，从卡泽水库引水直达莫拉（Muela）地下水电站，全长 45km，开挖直径 4.95m；莫拉地下水电站总装机 72MW；莫拉混凝土重力坝最大坝高 55m；输水隧洞，从莫拉大坝输水至艾克索（Axle）口，总长 37km。该工程又以两国边界划分为南段和北段。南段长约 15km，开挖直径约 5.18m。北段长约 22km，开挖直径约 5.4m。IB 期的主要建筑物为：马黑尔（Mohale）大坝，总库容为 9.58 亿 m³；马黑尔引水隧洞，从马黑尔大坝引水到卡泽水库，总长 32km，衬砌后，隧洞直径约 4.5m；马泽库（Matsoku）水库和输水隧洞，总长 64km；莫拉水电站扩机增容至 110MW[23]。

A.10.2　IA 期工程隧洞建设介绍

（1）工程地质概况。IA 期隧洞工程长 82km，位于莱索托王国境内长约 60km 的隧洞由莱索托高原工程联营体承包（Lesotho highlands project contractors，LHPC），在南非境内长约 22km 的输水隧洞北段由 HMC 联营体承包。

从卡泽水库进水口到莫拉地下水电站总长约 45km 的引水隧洞（tansfer tunnel，TT）主要由莱索托地层（Lesotho formation）玄武岩组成，岩块的无侧限单轴抗压强度为 85~190MPa。由于围岩自承条件好，大部分无须衬砌。但沿隧洞线也可能遇到某些不良地质条件，如可能通过高度杏仁状的玄武岩破碎带（抗压强度会降低到 40~80MPa），某些玄武岩可能遇水膨胀，某些地段还埋藏有极为坚硬的粒玄岩侵入体，其抗压强度可能高达 300MPa，掘进机的进尺可能从最大 6m/h 降低到 2m/d。在赫劳泽（Hlotse）南，有一段隧洞的上覆岩层最大厚度达 1200m，可能发生岩爆，需要加强锚杆支护。

输水隧洞南段（delivery tunnel south，DTS）长约 15km，围岩为克莱伦斯地层块状砂岩，岩块的无侧限抗压强度为 20~180MPa，平均值为 50~120MPa，具有较高的 RQD 值。使用隧洞掘进机开挖时大部分地段可以不衬砌，但有长约 4567m 的地段由于结构上的要求，需设置厚 200~300mm 的不配筋就地浇注的混凝土衬砌。在其余的砂岩地段，只需采用岩石锚杆及喷混凝土支护即可。

在南非境内，长约 22km 的输水隧洞北段（delivery tunnel north，DTN）的地质条件最为复杂。该地段围岩主要包括软弱泥岩砂岩、黏土岩以及粒玄岩岩脉，局部地段为挤压地层。在这些地段，需要采用双护盾掘进机开挖，并用带密封防水垫圈的预制钢筋混凝土管片来衬砌。

（2）TBM 参数及掘进效果。工程 IA 期 TBM 掘进概况见表 A.6[24]。

表 A.6　　　　　　　莱索托高原水利工程 IA 期 TBM 掘进概况

工程区段	掘进工程	长度/km	掘进机型号	承包单位
引水隧洞段	卡泽（Katse）进水口以北	10.7	Jarva MK-15	LHPC 联营体
	赫劳泽（Hlotse）平洞以南	17.4	Robbins 167-267	
	莫拉（Muela）平洞以南	17.5	Robbins 167-266	
输水隧洞南段	赫拉拉（Hololo）至莫拉进水口	2.1	Robbins 186-206（翻新）	
	高延（Ngoajane）至赫拉拉	5.2		
	高延至 5 号竖井	5.7		
输水隧洞北段	卡勒顿（Caledon）洞段	8.0	Wirth	HMC 联营体
	阿士（Ash）洞段	11.0		

1）Jarva MK-15 型掘进机。刀盘直径 5.02m，装配 34 把直径 423mm 的滚刀，可达到的最大推力为 8300kN，扭矩为 1580kN·m，装机功率为 1680kW，刀盘转速为 10r/min，推进油缸行程为 1.525m。

在卡泽掘进段，利用 Jarva MK-15 型掘进机的开挖工作于 1992 年 5 月 11 日开始，1994 年 9 月 23 日结束。最佳日进尺 60.9m，最佳周进尺 289m，最佳月进尺 987m，平均日进尺 17.1m，平均月进尺 376m。

开挖过程中遇到的主要问题有：①部分地带的玄武岩中夹有大量浊沸石，这种次生矿物遇水后会产生膨胀，导致玄武岩剥离、碎裂，因此，需要用更多的岩石锚杆和喷混凝土进行支护；②在开挖裂隙十分发育及中等发育的玄武岩时，从隧洞掌子面散落的大块碎石会卡在滚刀之间，为解决这个问题，在刀盘结构前方设一挡板封住滚刀之间的空隙。在掘进过程中，仅让一小部分滚刀在挡板前突出，在这种情况下，还需使用长 2m、张拉力为 100kN 的岩石锚杆进行支护。

2）新建造的 Robbins 167-266/267 型掘进机。两台 TBM 性能规格完全一致，刀盘直径 5.03m，装有 35 把直径 432mm 滚刀，单刀承载力为 222~266kN，刀盘推力为 7770kN，总功率为 1575kW，刀盘扭矩为 1560kN·m，刀盘转速为 10r/min。

1992 年 6 月，第一台 TBM 开始掘进赫劳泽平洞以南的 17.4km 隧洞，实现了最佳日进尺 86.3m，最佳周进尺 399.8m，最佳月进尺 1344.3m。该机器的平均净掘进速度为 4.59m/h，平均日掘进速度为 33.4m，最后于 1994 年 9 月贯通。

第二台 TBM 于 1992 年 7 月开始 17.5km 的掘进工作。它的平均净掘进速度达到 4.1m/h，平均日进尺为 27.6m，月进尺 620m。最佳日进尺为 66.8m，最佳周进尺为 325m，最佳月进尺为 1221m。

在掘进过程中存在的主要问题有：1992 年 2—5 月，两台掘进机上的外密封连续损坏，后来不得不更换新密封，此外还改善了刀盘上的集渣系统，使密封与外界环境隔离，避免刀盘和刀盘支承间出现岩渣堵塞；1992 年 11 月在赫劳泽洞段开挖时，Robbins 167-267 主梁上的一个法兰螺栓全部碎裂，主梁本身也受到一些损伤。尽管采用了一些补救措施，但问题并未彻底解决，不得不停工维修；1993 年 2 月，Robbins 167-267 达到 3688m 里程点时，上覆岩层厚度达 1050m，可能引起岩爆，为了保持围岩稳定，使用 12 根长 1~1.5m 的岩石锚杆和钢丝网立即进行支护；在莫拉工段掘进的 Robbins 167-266，在穿过高地应力区时，围岩顶部及仰拱都发生一定程度的剥离，此时用长 1.5m 的随机锚杆进行支护。

3）翻新的 Robbins 186-206 型掘进机。工程使用的 Robbins 186-206 型掘进机是一台在沙特阿拉伯及北美大陆开挖过 6 个隧道工程的二手机器，在开挖输水隧洞南段之前，已开挖过 24km 的隧洞，开挖直径为 5.18~6.15m，大部分位于沉积岩中。翻新后刀盘直径为 5.03m，刀盘推力为 7475kN，总功率为 1007kW，刀盘扭矩为 1335kN·m，刀盘转速为 7.2r/min。

输水隧洞南段分三个工段开挖：第一工段总长 2.1km。开挖工作于 1992 年 2 月开始，1992 年 5 月结束，最佳日进尺 54.5m，最佳周进尺 209.7m，最佳月进尺 819m，平均日进尺 26.5m，平均月进尺 609m。第二工段从高延至赫拉拉，总长 5.2km。开挖工作于 1992 年 6 月开始，1993 年 1 月结束。最佳日进尺 68.9m，最佳周进尺 332m，最佳月进尺 1203m，平均日进尺 39.3m，平均月进尺 904m。第三工段从高延到 5 号竖井，总长 5.7km。开挖工作于 1993 年 3 月开始，1993 年 8 月结束。最佳日进尺 82.9m，最佳周进尺 384m，最佳月进尺 1324m，平均日进尺 46.4m，平均月进尺 1066m。尽管在掘进过程中，曾停机 3 周（1992 年 10—11 月），对长约 140m 的不良地质地段进行灌浆处理（耗浆量为 120t），以阻止地下水的涌出（涌水量为 25L/s），但从总体上看，该机工作状态良好。

4）Wirth 掘进机。输水隧洞北段采用 Wirth 双护盾掘进机。机长 11m，直径 5.39m，重 470t。该机装有 6 台电机，每台功率为 250kW，最大推力为 21000kN，推进油缸行程为 1.40m，刀盘扭矩为 2700～1250kN·m，刀盘旋转速率为 0～8.6r/min。在不切割岩石时可反向旋转，刀盘上装有 42 把直径为 416mm 的盘型滚刀和 40 把刮刀，主要用于盘型滚刀不能有效开挖的软弱地层。在刀盘周边除装有 3 把边刀外，还装有 2 把可伸缩的直径为 360mm 的边刀，当利用小油缸使其向外伸出时，可使隧洞开挖直径增大 80mm。这种超挖可在一定程度上抵消软弱地层的挤压，也可使掘进机转向操作更加方便。

开挖工程于 1992 年 5 月开始，1995 年 3 月结束。在卡勒顿洞段（8km），最佳日进尺 57m，最佳周进尺 266m，最佳月进尺 937m；在阿士洞段（11km），最佳日进尺 70m，最佳周进尺 307m，最佳月进尺 1078m。整个洞段的平均日进尺 35m，平均月进尺 662m。施工中，遇到的主要问题是需要对分布于软弱围岩中的岩脉进行处理，这些岩脉是喷出岩侵入到沉积岩层后形成的。在阿士洞段发现 18 条岩脉，最大的是伊里母岩脉，宽约 20m，两侧断裂发育，埋藏有丰富的地下水，承压水头为 9bar，涌水量为 400L/min，大约用了 120m³ 的水泥对断裂带进行灌浆处理。为提高灌注质量，水泥中普遍含有抗冲和抗收缩添加剂。

A.10.3 IB 期工程隧洞建设介绍

（1）工程地质概况。连接马黑尔水库和卡泽水库的马黑尔引水隧洞，总长 32km，内径 4.5m。设计监理由莱索托高原隧洞联合体（Lesotho highlands tunnel partnership，LHTP）承担，该联合体由德国 Lahmeyer 及英国 Mott MacDonald 公司牵头，联合南非 5 家公司为合作伙伴。施工由马黑尔隧洞承包联合体（Mohale tunnel contractor，MTC）负责，该联合体由德国 Hochtief 公司牵头联合意大利 Impregilo 公司及南非 Concor 公司为合作伙伴。

沿隧洞全线主要分布为莱索托/德拉根伯地层（Lesotho/Drakenberg formation）的玄武熔岩（basaliclavas），其中经常发现粒玄岩侵入体，后者有时形成几乎垂直的岩墙（dykes），有时形成近乎水平的岩床（sills）。玄武岩岩块的无侧限抗压强度为 105～150MPa，坚硬岩墙或岩床侵入体岩块的无侧限抗压强度高达 300MPa。经过耐久性研究，发现玄武岩遇气遇水均易分崩离析，因此隧洞应全面进行衬砌，不能采用敞开式掘进机进行开挖[25]。

（2）TBM 掘进参数及掘进效果。选用 2 台双护盾隧道掘进机，分别从隧洞两端向中间开挖。2 台掘进机均为二手，其中一台是 Wirth 掘进机，在输水隧洞北段开挖完毕后，经过部分改装继续在本工地使用。另一台是国际隧道工程服务中心（International Tunnelling Service，ITS）建议采用的法马通/三菱（NFM/Mitsubishi）掘进机，该机于 1984 年制造，曾在西班牙、厄瓜多尔等地使用，完成过 20km 的开挖，工作了大约 3000h。详细参数见表 A.7。

表 A.7　　　　　　　　莱索托高原水利工程 IB 期 TBM 参数

生产商	Wirth	法马通/三菱（NFM/Mitsubishi）
刀盘直径	5.38m	4.88m
刀盘马达	6×295kW	6×250kW
刀盘驱动	液压，变速	电动，变速，变频
转速	0～10r/min	0～9r/min
刀具	42×432mm	33×432mm
单刀推力	220kN	222kN
油缸行程	1400mm	1350mm
刀盘最大推力	10500kN	8250kN
刀盘扭矩	2900kN·m（0～4.4r/min） 1250kN·m（10r/min）	2600kN·m（0～4r/min） 1300kN·m（9r/min）
总功率	2100kW	约 1880kW

Wirth 掘进机于 1999 年 3 月从马黑尔一端开始掘进，NFM/Mitsubishi-Bortec 掘进机于 1999 年 7 月从卡泽一端掘进。至 1999 年 4 月中旬，Wirth 掘进机的最佳日进尺为 41.7m，最佳月进尺 665.5m，NFM/Mitsubishi 掘进机最佳日进尺 47.7m，最佳月进尺 717.2m。从总体上看，由于当地工人技术不熟练及机械故障等原因，达不到原计划平均每天 30m 进尺的要求，不得不改变施工计划。机械故障主要产生在 NFM/Mitsubishi 掘进机，该机的大刀盘屡次出现裂缝，经过反复焊接，成效不大，最后不得不更换新刀盘。为了防止高水头地下水及甲烷气体带来的危害，要求进行超前钻探，以便查明情况后，及时进行处理。钻孔的最短长度为 40m，搭接长度为 10m，一旦发现地下水流量大于 3L/s，立即进行灌浆处理。

A.11　巴基斯坦尼拉姆-吉拉姆（N-J）水电站工程

A.11.1　工程概况

巴基斯坦 AJK 地区的尼拉姆-吉拉姆（N-J）水电站属筑坝与引水协同的混合开发式水电站，额定水头 420m，总装机 963MW，其中引水部分管线总长 28.6km，采用钻爆法与 TBM 联合施工的形式，TBM 施工段总长 11.6km。隧洞纵坡为 0.78%，开挖断面为四心圆弧形，单双线混合布置，TBM 洞段为直径 8.53m 的圆形断面。隧洞进口至 TBM 安装间隧洞段沿线埋深超过 500m 的部分占全长的 96%，埋深 1000m 以上洞段比例高达 60%，岩性以砂岩、泥质粉砂岩、粉砂质泥岩、泥岩等为主[26]。

A.11.2　引水隧洞典型问题

尼拉姆-吉拉姆水电站引水隧洞工程部分埋深大，其中 TBM 施工段平均埋深 1250m，最大埋深接近 2000m，故此岩爆问题突出。据统计，在采用 TBM 施工的双线洞左洞共发生有记录岩爆 430 次，右洞 416 次。其中引水隧洞左洞 TBM 施工段发生轻微、中等、强烈、极强 4 个级别岩爆次数分别为 370、53、7、0；隧洞右洞 TBM 施工段发生轻微、中等、强烈、极强 4 个级别岩爆次数分别为 359、52、4、1。其基本位置如图 A.1 所示。

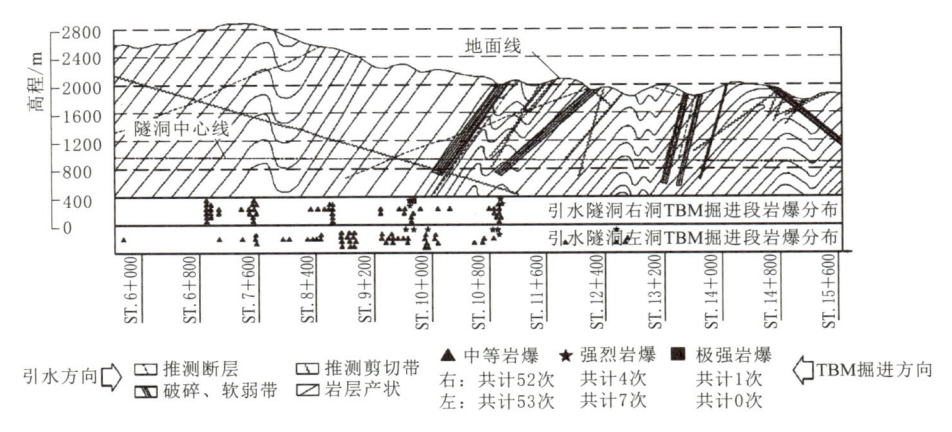

图 A.1　尼拉姆-吉拉姆水电站引水隧洞 TBM 掘进段岩爆统计[26]

A.12　厄瓜多尔 CCS 水电站

A.12.1　工程概况

位于厄瓜多尔 Napo 与 Sucumbios 亚马孙二级支流 Coca 河中游的科卡科多辛克雷（Coca Codo Sinclair，CCS）水电站是由中国电建集团负责施工建造的一座引水式水电站，总装机容量 1500MW。工程通过筑坝蓄水与引水隧洞输水相结合的形式实现蓄调水与发电。水电站主要包含首部枢纽、地下厂房、调蓄水库、引水隧洞、压力管五大组成部分。水电站所处区域分布有较多火山，地震活动频繁，地质构造复杂[27]。作为水电站工程的重要组成部分，CCS 水电站引水隧洞工程的成败对工程起到决定性的作用。工程施工布局如图 A.2 所示。

CCS 水电站引水隧洞工程全长 24.8km，采用无压输水形式，设计流量 222m³/s，纵坡 0.173%。隧洞全断面钢筋混凝土管片衬砌，设计断面内部直径 8.20m，采用钻爆法与 TBM 法联合施工的形式，选用 2 台护盾式 TBM，开挖直径 9.11m，隧洞埋深为 300～600m，最大埋深达 800m 以上。

由于火山、地震活动等因素的影响，CCS 水电站引水隧洞工程沿线地质

图 A.2　CCS 水电站工程施工布局示意图[28]

条件复杂，洞线区域内植被发育，河流、沟谷众多，断层倾角较陡，多数沿谷地、河床及岩石入侵体界限发育。隧洞围岩以Ⅱ类、Ⅲ类围岩为主，累计长度占隧洞总长的94.58%，围岩稳定性较好，其中Ⅱ类围岩施工段累计总长 2544.25m，Ⅲ类围岩施工段总长 20910.91m[28-29]。

A.12.2 典型问题

CCS 水电站引水隧洞工程隧洞区域工程地质、水文地质条件复杂，沿线分布断层构造约 25 条，构造活动频繁并导致破碎带众多。隧洞所处流域降雨量充沛，地下水资源丰富[30]。因此隧洞施工过程中遇到的主要问题为断层破碎带和突涌水。

（1）断层破碎带。由于断层破碎带的影响，2013 年 12 月 9 日，隧洞施工至桩号 K16+127 位置时，遭遇到了较大的塌方事故，TBM 施工被迫暂停。事后，经项目组专家研究讨论，决定采用导洞揭顶开挖与管棚法相结合的方式处理该区域内的断层破碎带，直到满足 TBM 施工条件为止[31]。

（2）突涌水。基本勘测设计资料显示，CCS 水电站引水隧洞预测最大涌水量可达 750L/s。根据实际施工资料，隧洞在掘进过程中共发生了 4 次较大的突涌水，分别位于桩号 K0+864～K0+869、K2+017～K2+199、K15+292～K15+332、K22+800～K23+080 处，其涌水量分别为 400L/s、420L/s、370L/s、1000L/s，给工程施工带来了极大的影响。

参考文献

[1] 杨继华，闫长斌. 复杂地质条件下双护盾 TBM 掘进性能研究 [J]. 人民黄河，2022 (9)：1-6.
[2] 宁向可，姜桥，田鹏. 国产双护盾 TBM 在兰州市水源地建设工程中的应用 [J]. 隧道建设，2017，37 (S1)：149-154.
[3] 李明雄，李鸿洲，李庆龙，等. 台湾水利隧道工程 TBM 开挖首次贯通案例 [J]. 岩石力学与工程学报，2004 (S2)：4795-4801.
[4] 吴世勇，王鸽，王坚. 锦屏二级水电站深埋长隧洞岩爆治理对策研究 [J]. 山东大学学报（工学版），2009，39 (S2)：58-63.
[5] 张继勋，任旭华，姜弘道，等. 锦屏二级水电站引水隧洞主要工程地质问题分析 [J]. 水利水电科技进展，2006，26 (6)：66-70.
[6] 张鹏，曾新华，李现臣，等. 锦屏二级水电站引水隧洞工程强岩爆综合防治措施研究 [J]. 水利水电技术，2011，42 (3)：61-65.
[7] 张军伟，梅志荣，高菊茹，等. 大伙房输水工程特长隧洞 TBM 选型及施工关键技术研究 [J]. 现代隧道技术，2010，47 (5)：1-10.
[8] 钮新强. 南水北调中线工程穿黄隧洞关键技术研究 [J]. 南水北调与水利科技，2009，7 (6)：42-46.
[9] 陈曦川. 南水北调中线穿黄工程隧洞盾构施工规律的探讨 [J]. 南水北调与水利科技，2010，8 (4)：152-154.
[10] 王晓燕，张怀军，姜冰川. 穿黄隧洞工程地质条件及工程地质问题分析 [J]. 海河水利，2010 (3)：20-22.
[11] 叶明. 天生桥二级水电站Ⅲ号引水隧洞工程地质问题综述 [J]. 贵州水力发电，2001 (3)：20-24.
[12] 梁甘. 天生桥二级电站引水洞混凝土裂缝分析及处理 [J]. 人民长江，2005 (5)：7-8，56.

[13] 张咪，曾阳益，邓通海，等．深埋软岩隧道开挖及支护变形特征研究 [J]．水电能源科学，2017，35（1）：123-127．
[14] 刘琪，张传健，颜天佑，等．敞开式 TBM 穿越断层破碎带时岩机作用分析——以滇中引水工程香炉山隧洞为例 [J]．人民长江，2021，52（10）：165-175．
[15] 朱学贤，吴俊，苏利军，等．香炉山深埋长隧洞 TBM 法及钻爆法施工方案研究 [J]．人民长江，2021，52（9）：167-171，177．
[16] 王旺盛，陈长生，王家祥，等．滇中引水工程香炉山深埋长隧洞主要工程地质问题 [J]．长江科学院院报，2020，37（9）：154-159．
[17] ASKILSRUD O G，DRAKE J. New high performance hard rock tunnel boring systems at svartisen hydro electric scheme，Norway [C]//Proceedings of the International Congress. Tunnel and Underground Works Today and Future (Volume 2). Chengdu: Proceeding of the International Congress，1990．
[18] GSCHNITZER E，GOLIASCH R. TBM modification for challenging rock conditions - a progress report of the Niagara Tunnel Project (NTP) [J]. Geomechanics and Tunnelling，2009，2 (2): 168-178．
[19] PERRAS M A，DIEDERICHS M S，BESAW D. Geological and geotechnical observations from the Niagara Tunnel Project [J]. Bulletin of Engineering Geology and the Environment，2014，73 (4): 1303-1323．
[20] 杨维九，赵大洲，邢建营．尼亚加拉引水发电洞——世界最大硬岩 TBM 设计施工 [J]．南水北调与水利科技，2010，8（1）：144-147．
[21] ROBY J，WILLIS D. Onsite，first time assembly of TBMs: Merging 3D digital modeling，quality control，and logistical planning [J]. North American Tunneling 2010 Proceedings，2010: 65．
[22] 王梦恕，李典璜，张镜剑，等．岩石隧道掘进机（TBM）施工及工程实例 [M]．北京：中国铁道出版社，2004：1-3．
[23] 李蓉．莱索托高原供水工程施工现状 [J]．水利水电快报，1997（3）：20-21．
[24] 王彬．莱索托水利工程中隧洞掘进机的使用情况 [J]．隧道译丛，1994（3）：28-39．
[25] J 索亚，蔡金栋．莱索托高地水利工程项目的实施与管理 [J]．水利水电快报，2017，38（2）：39-43．
[26] 鲁永华，王水山，李森，等．巴基斯坦 N-J 水电站工程岩爆预警与防治 [J]．水利水电工程设计，2018，37（4）：1-3，27．
[27] 尹德文，汪雪英，杨晓箐．厄瓜多尔 CCS 水电站输水隧洞优化设计总结及体会 [J]．隧道建设（中英文），2019，39（2）：246-253．
[28] 杨继华，齐三红，郭卫新，等．厄瓜多尔 CCS 水电站引水隧洞 TBM 选型及工程地质问题与对策 [J]．资源环境与工程，2017，31（4）：425-430．
[29] 杨继华，齐三红，郭卫新，等．厄瓜多尔 CCS 水电站 TBM 法施工引水隧洞工程地质条件及问题初步研究 [J]．隧道建设，2014，34（6）：513-518．
[30] 谢遵党，杨顺群．厄瓜多尔 CCS 水电站的设计关键技术综述 [J]．水资源与水工程学报，2019，30（1）：137-142，149．
[31] 杨弦，周长虹．厄瓜多尔 CCS 水电站双护盾 TBM 针对大断层脱困采取的施工技术 [J]．四川水力发电，2015，34（2）：21-24．